W0263560

D'Ans-Lax

Taschenbuch
für
Chemiker und Physiker

Band III

Eigenschaften von Atomen und Molekeln

Herausgegeben von

Professor Dr. Klaus Schäfer

und

Dr. Claudia Synowietz

Springer-Verlag Berlin Heidelberg GmbH 1970

ISBN 978-3-662-35993-8   ISBN 978-3-662-36823-7 (eBook)
DOI 10.1007/978-3-662-36823-7

Titel Nr. 1269

Vorwort

Gegenüber der letzten Auflage des Taschenbuchs ist der in dem vorliegenden Band enthaltene Teil über die Physik und Chemie der Atome und Molekeln wesentlich erweitert und gänzlich neu geschrieben worden. Der Band wurde in 6 größere Abschnitte eingeteilt, von denen der erste einen Überblick über die Atomkerne und ihre wesentlichen Eigenschaften einschließlich der wichtigsten Kernreaktionen gibt. Es folgen dann im zweiten Abschnitt ausführliche Angaben über Atom- und Molekelspektren sowie über die aus diesen zu gewinnenden molekularen Daten; dabei werden neben den IR und Raman-Spektren auch Mikrowellenspektren, Bandenspektren usw. eingehend erörtert.

Weitere auch für makroskopische Eigenschaften direkt bedeutsame Eigenschaften wie die Ionenradien, Ionisierungsspannungen, Wirkungsquerschnitte, Polarisierbarkeiten und die Dipolmomente der Atome und Molekeln bilden den wesentlichen Inhalt der Abschnitte 3 und 4, während im Abschnitt 5 zunächst der nach den Statistiken (Boltzmann-Statistik, Bose-Einstein- und Fermi-Dirac-Statistik) maßgebende von der Temperatur abhängende Zusammenhang zwischen molekularen und direkt beobachteten makroskopischen Eigenschaften behandelt wird. Hier finden sich Tabellen über Molekulargeschwindigkeiten, Stoßintegrale usw. Den Abschluß des Kapitels bildet eine größere Tabelle über kristallographische Gitterstrukturen.

Der letzte Abschnitt des Buches (Kapitel 6) bringt eine ausführliche Tabelle der Spektrallinien für analytische Zwecke.

Die meisten Tabellen werden durch grundsätzliche Erörterungen eingeleitet, die nicht nur der Benutzung der Einzeltabellen dienen, sondern außerdem kurz an die wichtigsten theoretischen Zusammenhänge erinnern sollen.

In allen diesen Abschnitten wurde die Anordnung der Elemente und der anorganischen Verbindungen alphabetisch nach den chemischen Symbolen vorgenommen, während die organischen Verbindungen nach dem Hillschen System geordnet sind. Für die Atomspektren ist eine andere Anordnung gewählt, deren Zurückführung auf die normale Anordnung durch das Schema auf Seite 666 erleichtert wird.

Für die neu berechneten Tabellen der Stoßintegrale und der Virialkoeffizienten als Funktionen der zwischenmolekularen Kräfte sind wir den Herren Dr. B. SCHRAMM und Dr. R. LICHTENTHALER zu Dank verpflichtet.

Heidelberg, Mai 1970

Die Herausgeber

Inhaltsverzeichnis

1. Grundkonstanten und Kerneigenschaften

11. Grundkonstanten des Atomismus

	Kurzzeichen oder Definitionsgleichung	Zahlenwerte
Atommasseneinheit, relative, der Atommassenskala $^{12}C = 12$	u	$1,66043 \cdot 10^{-24}$ g
Avogadrosche Konstante (Zahl der Moleküle im Mol)	N_A	$6,02252 \cdot 10^{23}$ mol^{-1}
α-Teilchen: Ruhmasse	m_α	$6,6442 \cdot 10^{-24}$ g $4,0015$ u
Ruhenergie	$m_\alpha c_0^2$	$3,7273 \cdot 10^3$ MeV $5,9715 \cdot 10^{-3}$ erg $1,4263 \cdot 10^{-10}$ cal$_{IT}$
Spezifische Ladung	$\dfrac{2\,e}{m_\alpha}$	$4,8227 \cdot 10^4$ Cg^{-1}
Bohrsches Magneton	$\mu_B = \dfrac{e \cdot h}{4\,\pi\,m_e}$	$9,273 \cdot 10^{-24}$ Am^2 $9,273 \cdot 10^{-21}$ erg/Oersted
Bohrscher Wasserstoffradius	$a_0 = \dfrac{h^2}{4\,\pi^2\,m_e\,e^2}$	$5,2917 \cdot 10^{-9}$ cm
Boltzmannsche Entropiekonstante	$k = \dfrac{R_0}{N_A}$	$1,38054 \cdot 10^{-16}$ erggrd^{-1} $3,29736 \cdot 10^{-24}$ cal$_{IT}$grd^{-1}
Compton-Wellenlänge des Elektrons	$\lambda_{ce} = \dfrac{h}{m_e c_0}$	$2,4262 \cdot 10^{-10}$ cm
des Protons	$\lambda_{cp} = \dfrac{h}{m_p c_0}$	$1,3214 \cdot 10^{-13}$ cm
Deuteron: Ruhemasse	m_d	$3,3433 \cdot 10^{-24}$ g $2,0135$ u
Ruhenergie	$m_d c_0^2$	$1,87563 \cdot 10^3$ MeV $3,0048 \cdot 10^{-3}$ erg $7,1768 \cdot 10^{-11}$ cal$_{IT}$
Spezifische Ladung	$\dfrac{e}{m_d}$	$4,7920 \cdot 10^4$ Cg^{-1}

	Kurzzeichen oder Definitionsgleichung	Zahlenwerte
Elektrische Elementar-ladung	e	$1{,}60203\cdot10^{-19}$ C $4{,}8030\ 10^{-10}$ (cgs) $_s$
Elektron:		
Radius klass.	r_e	$2{,}8178\cdot10^{-13}$ cm
Ruhmasse	m_e	$9{,}10891\cdot10^{-28}$ g $0{,}54860\cdot10^{-3}$ u
Ruhenergie	$m_e c_0^2$	$0{,}51101$ MeV $8{,}1866\cdot10^{-7}$ erg $1{,}9553\cdot10^{-14}$ cal$_\text{IT}$
Spezifische Ladung	$\dfrac{e}{m_e}$	$1{,}7589\cdot10^{8}$ Cg^{-1}
Energieäquivalent der Masse	1 g	$5{,}60986\cdot10^{26}$ MeV $8{,}98755\cdot10^{20}$ erg $2{,}14664\cdot10^{13}$ cal$_\text{IT}$
Gravitationskonstante	G	$6{,}670\cdot10^{-8}$ cm^{3}g^{-1}s^{-2}
Kernmagneton	$\mu_N=\dfrac{h\cdot e}{4\pi\,m_p}=\mu_B\cdot m_e/m_p$	$5{,}0504\cdot10^{-27}$ Am^2 $5{,}0504\cdot10^{-24}$ erg/Oersted
Kryptonlinie	$^{86}\mathrm{Kr}(5d_5\to 2p_{10})$	$6057{,}8021\cdot10^{-8}$ cm
Lichtgeschwindigkeit im Vakuum	c_0	$2{,}99793\cdot10^{10}$ cms^{-1}
Loschmidtsche Konstante (Zahl der Moleküle in cm³)	$\dfrac{N_A}{V_0}$	$2{,}68699\cdot10^{19}$ cm^{-3}
Neutron:		
Ruhmasse	m_n	$1{,}67481\cdot10^{-24}$ g $1{,}0086$ u
Ruhenergie	$m_n\cdot c^2$	$9{,}3954\cdot10^{2}$ MeV $1{,}50525\cdot10^{-3}$ erg $3{,}59521\cdot10^{-11}$ cal$_\text{IT}$
Plancksches Wirkungs-quantum	h	$6{,}6256\cdot10^{-27}$ erg s $4{,}13557\cdot10^{-15}$ eVs
Proton:		
Ruhmasse	m_p	$1{,}67252\cdot10^{-24}$ g $1{,}00728$ u
Ruhenergie	$m_p\cdot c_0^2$	$9{,}3826\cdot10^{2}$ MeV $1{,}50319\cdot10^{-3}$ erg $3{,}59030\cdot10^{-11}$ cal$_\text{IT}$
Spezifische Ladung	$\dfrac{e}{m_p}$	$9{,}5794\cdot10^{4}$ Cg^{-1}
Ruhmasse Proton zu Ruhmasse Elektron	$\dfrac{m_p}{m_e}$	$1836{,}1$
Gyromagnetisches Verhältnis	γ_p	$2{,}6752\cdot10^{8}$ Am^2/Js

	Kurzzeichen oder Definitionsgleichung	Zahlenwerte
Quantenmechanische Einheit des Drehimpulses	$\hbar = \dfrac{h}{2\pi}$	$1{,}0544 \cdot 10^{-27}$ erg·s $6{,}5818 \cdot 10^{-16}$ eVs
Rydberg-Konstante für Wasserstoff für ∞ große Kernmasse	R_H R_∞	$1{,}0967757 \cdot 10^5$ cm^{-1} $1{,}097373 \cdot 10^5$ cm^{-1}
Sommerfeldsche Feinstrukturkonstante	α $1/\alpha$	$7{,}29720 \cdot 10^{-3}$ $137{,}039$

12. Elementarteilchen

121. Einleitung

Die Vorstellung, die sog. Elementarteilchen als Zustände (Energiezustände) mehr oder weniger großer Stabilität zu betrachten, aus denen sich dann die schwereren Atome zusammensetzen, ist z.Z. noch nicht vollständig durchführbar. Man versucht jedoch mit Erfolg, die Energiewerte der verschiedenen Elementarpartikel ähnlich wie in der Optik zu Singletts, Dubletts, Tripletts usw. zusammenzufassen, die sich nur geringfügig in ihrer Energie ($= mc^2$) unterscheiden. Bei diesem Vorgehen spielen für die Kernphysik charakteristische Quantenzahlen eine Rolle, die mit gewissen Symmetrieoperationen zusammenhängen; im einfachsten Fall sind dies Drehoperationen, welche zu Drehimpulsquantenzahlen ähnlich wie in der Atomhülle führen. Weitere Quantenzahlen sind neben dem normalen Kernspin, der dem Elektronenspin analog ist:

Der sog. Isospin I mit seiner Komponente I_z.

Ebenso wie beim Drehimpuls und dem normalen Spin hat nur eine Komponentente physikalische Bedeutung.

Die Komponente I_z besitzt z.B. für Neutron (n) und Proton (p) die Werte $-1/2$ und $+1/2$, für die Antiteilchen ($\bar{n}$) und ($\bar{p}$) die Werte $+1/2$ und $-1/2$. Proton und Neutron bilden danach ein Isospindublett (kurz Isodublett). Ein Multiplett besteht jeweils aus ($2I + 1$) Komponenten. Die Pionen, welche offenbar ein Triplett π^+, π^0 und π^- bilden, haben demnach den Isospin 1 usw.

Bei einem zusammengesetzten Atomkern mit N-Neutronen und Z-Protonen gilt für die resultierende Isospinkomponente

$$I_z(\text{res}) = -1/2\,(N - Z)\,. \tag{1}$$

Die Baryonenzahl B. Diese hat für die schweren Elementarteilchen, welche der Fermi-Dirac-Statistik genügen (s. Tabelle 51) den Wert $+1$, für die Antiteilchen den Wert -1 und für die Mesonen, welche der Bose-Einstein-Statistik genügen, den Wert 0. Daneben wird auch noch eine *Lep-*

tonenzahl angeführt, welche für Leptonen den Wert $+1$, für Antileptonen den Wert -1 und für alle anderen Elementarteilchen den Wert 0 hat. Die Leptonenzahlen werden manchmal in elektronische und myonische Leptonenzahlen aufgeteilt.

Die Hyperladung Y. Es ist dies der doppelte Wert des Schwerpunkts der Ladungszahlen eines Multipletts, so sind beim Neutron-Proton Dublett die Ladungszahlen 0 und $+1$ (in Elementarladungseinheiten), so daß der Ladungsschwerpunkt $(0+1)/2 = {}^1/_2$ und damit die Hyperladung dieses Dubletts $Y = 1$ ist. Es gilt mit der Ladungszahl Q für die Einzelkomponenten

$$I_z = Q - {}^1/_2\,Y \tag{2}$$

(Gleichung von GELL-MANN und NISHIJIMA).

Die Fremdheit (oder Seltsamkeit, englisch Strangeness) S. Diese kann aus der Hyperladung und der Baryonenzahl über die Beziehung

$$S = Y - B \tag{3}$$

gewonnen werden.

Die Parität P. Hiermit wird das Symmetrieverhalten der Wellenfunktionen beschrieben, welche die Elementarteilchen im jeweiligen Schwerpunktsystem besitzen. Ist die Wellenfunktion gegenüber einer Vertauschung von $x\,y\,z$ mit $-x\,-y\,-z$ symmetrisch, so erhält P den Wert $+1$, ist die Wellenfunktion gegenüber dieser Operation antisymmetrisch, so ist $P = -1$.

Als weitere Operationen, die auf Kerne bzw. Elementarteilchen angewandt werden, sind neben der eben genannten Vertauschung die Ladungsumkehr (C) (i. a. Übergang zum Antiteilchen) und die Zeitumkehr (T) zu nennen. Diese Operationen P, C und T spielen eine ausgezeichnete Rolle, auch bei gemeinsamer Anwendung von mehreren dieser Einzeloperationen.

122. Elementarteilchentabelle I

Klasse	Teilchen x	Anti-teilchen $\bar{x}$	Spin J	Isospin I	Komponente I_z	Parität P	Baryonen-zahl B
Photon	γ		1	—	—	-1	
Lep-tonen	ν_e	$\bar{\nu}_e$	$^1/_2$	—	—	—	
	ν_μ	$\bar{\nu}_\mu$	$^1/_2$	—	—	—	
	e^-	e^+	$^1/_2$	—	—	1	
	μ^-	μ^+	$^1/_2$	—	—	1	
Me-sonen	π^+ π^0	π^-	0	1	$\begin{array}{cc}1 & -1\\ & 0\end{array}$	-1	0
	K^+ K^0	K^- $\overline{K^0}$	0	$^1/_2$	$\begin{array}{cc}^1/_2 & -^1/_2\\ -^1/_2 & +^1/_2\end{array}$	-1	0
	η^0		0	0	0	-1	0

Diese für die Kerne und Elementarteilchen maßgebenden Quantenzahlen genügen bei Kernreaktionen bzw. Elementarteilchenreaktionen im allgemeinen gewissen Erhaltungssätzen, die jedoch gelegentlich — insbesondere bei der sog. schwachen Wechselwirkung — durchbrochen werden.

Die folgende Tabelle gibt in der ersten Spalte die Klasse der Elementarteilchen wie Baryonen, Mesonen usw. an; von denen die Baryonen und die Mesonen oft noch gemeinsam als Hadronen bezeichnet werden, das sind Teilchen, welche einer starken Wechselwirkung unterliegen können, während die Leptonen und Photonen, welche diesen auf die starken Kernkräfte zurückgehenden Wechselwirkungen nicht zu unterliegen vermögen, davon abgetrennt werden.

Die zweite Spalte gibt dann die Bezeichnung des Teilchens durch das übliche kernphysikalische Symbol, wobei die Antiteilchen durch einen darübergesetzten Querstrich gekennzeichnet sind; weiter ist die Ladung durch ein oben rechts an das Symbol gesetztes $+$ oder $-$-Zeichen angedeutet bzw. eine ^{0} wenn das Teilchen neutral ist. Die dritte Spalte gibt die Kernspinquantenzahl J und die vierte den Wert des Isospins I und seiner Komponente I_z. Die nächsten Spalten geben die Parität P, die Baryonenzahl B und die Fremdheit S (strangeness). Es folgt dann in den letzten Spalten die Angabe der Masse in MeV und in Vielfachen der Elektronen-Ruhmasse sowie ein Hinweis auf die mittlere Lebensdauer des Teilchens und die häufigsten Zerfallsarten.

In Tabelle 122 sind die Daten derjenigen Elementarpartikel (in Multipletts) zusammengestellt, welche als Grundzustände angesprochen werden können, und die relativ langlebig sind, so daß sie als „stabil" bezeichnet werden. Tabelle 123 enthält dann die Daten für einige angeregte kurzlebige Zustände, deren Lebensdauer im allgemeinen unter 10^{-16} sec liegen. Hier ist an Stelle der Lebensdauer die Breite Γ des Energiezustandes gegeben, denn infolge der Ungenauigkeitsrelation kann ein sehr kurzlebiger Zustand energetisch nicht scharf sein.

(langlebige „stabile" Partikel)

Fremdheit	Masse		Mittlere Lebensdauer	Hauptzerfallsarten
S	MeV	m/m_e	τ in sec	
—	0	0	∞	
—	0	0^1	∞	
—	0	0^2	∞	
—	$0{,}511_0$	1	∞	
—	$105{,}6_2$	206,8	$2{,}2 \cdot 10^{-6}$	$\mu \to e + \nu_e + \nu_\mu$
0 0	139,6	273,2	$2{,}6 \cdot 10^{-8}$	$\pi \to \mu + \nu_\mu$
0	125,0	264,2	$0{,}9 \cdot 10^{-16}$	$\to 2\gamma$
1 -1	494	966	$1{,}2 \cdot 10^{-8}$	$\to 2\pi,\ 3\pi$ $\to \pi + \mu + \nu_\mu$
1 -1	498	975	$0{,}8 \cdot 10^{-10\,(3)}\ 5 \cdot 10^{-8}$	$\to 2\pi$ $\to \pi + e + \nu_e$
0	548,8	1074	?	$\to \nu + \gamma$

[1] Die Masse von ν_e ist nach den neuesten Experimenten kleiner als 200 eV.
[2] Die Masse von ν_μ ist nach den neuesten Experimenten kleiner als 1,6 MeV.
[3] K^0-($\overline{K^0}$)-Teilchen zu 50% kurzlebig ($\tau \approx 10^{-10}$ sec) und zu 50% langlebig ($\tau \approx 5 \cdot 10^{-8}$ sec).

Klasse	Teilchen x	Anti-teilchen $\tilde{x}$	Spin J	Isospin I	Komponente I_z		Parität P	Baryonen-zahl B	
Bary-onen	p^+ n^0	$\overline{p^-}$ $\overline{n^0}$	$^1/_2$	$^1/_2$	$^1/_2$ $-^1/_2$	$-^1/_2$ $+^1/_2$	1	1 1	-1 -1
	Λ^0	$\overline{\Lambda^0}$	$^1/_2$	0	0	0	1	1	-1
	Σ^+ Σ^0 Σ^-	$\overline{\Sigma^-}$ $\overline{\Sigma^0}$ $\overline{\Sigma^+}$	$^1/_2$	1	1 0 -1	-1 0 1	1	1 1 1	-1 -1 -1
	Ξ^0 Ξ^-	$\overline{\Xi^0}$ $\overline{\Xi^+}$	$^1/_2$	$^1/_2$	$^1/_2$ $-^1/_2$	$-^1/_2$ $+^1/_2$	1	1 1	-1 -1
	Ω^-	$\overline{\Omega^+}$	$^3/_2$	0	0		1	1	-1

123. Elementarteilchentabelle II (Auswahl sehr

Klasse	Teilchen x	Anti-teilchen $\tilde{x}$	Spin J	Isospin I	Komponente I_z		Parität P	Baryonen-zahl B	
Me-sonen	η^0_ω $\eta^{0\,\prime}$		1 0	0 0	0 0		-1 -1	0 0	
Bary-onen	Δ^{++} Δ^+ Δ^0 Δ^-	$\overline{\Delta^{--}}$ $\overline{\Delta^-}$ $\overline{\Delta^0}$ $\overline{\Delta^+}$	$^3/_2$	$^3/_2$	$^3/_2$ $-^3/_2$ $^1/_2$ $-^1/_2$ $-^1/_2$ $+^1/_2$ $-^3/_2$ $+^3/_2$		1	1 1 1 1	-1 -1 -1 -1
	N'^+ N'^0	$\overline{N'^-}$ $\overline{N'^0}$	$^1/_2$	$^1/_2$	$^1/_2$ $-^1/_2$	$-^1/_2$ $+^1/_2$	1	1 1	-1 -1
	Λ^0_*	$\overline{\Lambda^0_*}$	$^1/_2$	0	0	0	-1	1	-1
	N^+ N^0	$\overline{N^-}$ $\overline{N^0}$	$^5/_2$	$^1/_2$	$^1/_2$ $-^1/_2$	$-^1/_2$ $+^1/_2$	1	1 1	-1 -1
	Δ^{++} Δ^+ Δ^0 Δ^-	$\overline{\Delta^{--}}$ $\overline{\Delta^-}$ $\overline{\Delta^0}$ $\overline{\Delta^+}$	$^7/_2$	$^3/_2$	$^3/_2$ $-^3/_2$ $^1/_2$ $-^1/_2$ $-^1/_2$ $+^1/_2$ $-^3/_2$ $+^3/_2$		1	1 1 1 1	-1 -1 -1 -1

Fremdheit	Masse		Mittlere Lebensdauer	Hauptzerfallsarten
S	MeV	m/m_e	τ in sec	
0	938,26	1836,10	∞	
	939,55	1838,63	932	$n \to p + e^- + \overline{\nu}_e$
$-1 \;\; +1$	1115,6	2183,2	$2{,}5 \cdot 10^{-10}$	$\Lambda \to N^4 + \pi$
$-1 \;\; +1$	1189,4	2327,6	$0{,}8 \cdot 10^{-10}$	$\Sigma \to N + \pi$
$-1 \;\; +1$	1192,5	2333,6	$< 1 \cdot 10^{-14}$	$\to \Lambda + \gamma$
$-1 \;\; +1$	1197,3	2343,0	$1{,}6 \cdot 10^{-10}$	
$-2 \;\; +2$	1315	2573	$3{,}0 \cdot 10^{-10}$	$\Xi \to \Lambda + \pi$
$-2 \;\; +2$	1321	2586	$1{,}7 \cdot 10^{-10}$	
$-3 \;\; +3$	1672	3273	$1 \cdot 10^{-10}$	$\Omega \to \Xi + \pi$ $\to \Lambda + K$

[4] $N =$ gemeinsame Bezeichnung (Nukleon) für p bzw. n.

kurzlebiger angeregter Partikelzustände)

Fremdheit	Masse		Lebensdauer gemessen durch Γ in MeV	Hauptzerfallsarten
S	MeV	m/m_e		
0	~ 783	~ 1533	12,6	$\to \pi^+ + \pi^- + \pi^0$
	~ 958	~ 1875	< 4	$\to \pi^+ + \pi^- + \eta^0$
0 0	~ 1236	~ 2419		$\to \pi + N$
0 0			120	
0 0				$\to N + \gamma$
0 0				
0 0	~ 1470	~ 2877	260	$\to N + \pi$
0 0				$N + \pi + \pi$
$-1 \;\; +1$	~ 1670	~ 3268	25	$\to \Sigma + \pi$ $\to N + \overline{K}$ $\to \Lambda + \eta$
0 0	~ 1688	~ 3305	125	$\to N + \pi$
0 0				$\to N + \pi + \pi$
0 0				$\to N + \pi$
0 0				$\to K + \Sigma$
0 0	~ 1950	~ 3816	210	
0 0				

13. Isotopengewichte, Massendefekte, Packungsanteil und Kerneigenschaften

Spalte 1: Ordnungszahl. Spalte 2: Chemisches Symbol. Spalte 3: Massenzahl A der einzelnen Atome, d.h. Zahl der Protonen und Neutronen im Kern. Spalte 4: Relative Häufigkeit in %. Spalte 5: Isotopengewicht in ME bezogen auf $^{12}C = 12$. Die Masseneinheit hat die Größe $1{,}66043 \cdot 10^{-24}$ g. Spalte 6: Packungsanteil f. Diese von ASTON eingeführte Größe ist gleich dem Isotopengewicht abzüglich der Massenzahl, dividiert durch die Massenzahl. Spalten 7 und 8: Der Massendefekt ΔM in 10^{-3} ME (TME) und in 10^6 eV (MeV) ist die Differenz zwischen der Summe der Einzelgewichte aller im Isotop vorhandenen Wasserstoffatome und Neutronen und dem Isotopengewicht. Die Bindungsenergie E des Kerns ist, wenn ΔM in TME ausgedrückt wird, gleich $E = \Delta M \cdot 1{,}66043 \cdot 10^{-27}$ c^2 erg $= \Delta M \cdot 1{,}492 \cdot 10^{-6}$ erg $= \Delta M \cdot 0{,}9315$ MeV. Spalte 9: Die relative Atommasse 1961 ist bereits identisch mit $\Sigma x_i M_i$ wo x_i die Molenbrüche der Isotopen ($= ^1/_{100}$ der relativen Häufigkeit in % von Spalte 4) und M_i die Isotopengewichte des Elements von Spalte 5 sind. Spalte 10: Kernspin I in Vielfachen von $\hbar$ und das magnetische Moment in Kernmagnetonen

$$\frac{1}{1836{,}12} \cdot \frac{\hbar\, e_0}{2\, m_e\, c} = 5{,}0504 \cdot 10^{-24} \text{ erg/Oersted} \quad (m_e = \text{Elektronenruhmasse}, \quad e_0 = \text{Elementarladung}, \quad c = \text{Lichtgeschwindigkeit im Vakuum}).$$

Ordnungs-zahl	Symbol	A	Relative Häufigkeit %	Isotopen-gewicht	Packungs-anteil $f \cdot 10^4$ in u	Massendefekt		Relative Atommasse 1961	Kernspin I und μ/μ_N		Bemerkungen
						TME	MeV				
0	n	1		1,0086654					$^1/_2$	$-1{,}9130$	
1	H	1	99,986	1,00782522	78,252			1,00797	$^1/_2$	2,7927	β^-, 12,8 min
	D	2	0,014	2,0141022	70,511	2,3884	2,2248		1	0,8573	
	T	3		3,0160494	53,498	9,1066	8,4830		$^1/_2$	2,9788	β^-, 12,4 a
2	He	3	$1{,}3 \cdot 10^{-4}$	3,0160299	53,433	8,2859	7,7185	4,0026	$^1/_2$	$-2{,}1274$	
	He	4	100	4,0026036	6,509	30,3776	28,297		0	—	
3	Li	6	7,30	6,015126	25,21	34,3458	31,994		1	0,8219	
		7	92,70	7,016005	22,864	42,1322	39,247	6,939	$^3/_2$	3,2560	
4	Be	9	100	9,0121858	13,54	62,442	58,166	9,0122	$^3/_2$	$-1{,}1774$	
5	B	10	18,83	10,0129389	12,94	69,5141	64,754	10,811	3	1,8006	
		11	81,17	11,0093051	8,46	81,8133	76,211		$^3/_2$	2,6880	
6	C	12	98,892	12,0000000	0	98,9436	92,169	12,01115	0	—	
		13	1,108	13,0033543	2,58	104,255	97,11		$^1/_2$	0,7022	
		14	10^{-10}	14,0032419	2,316	113,03	105,29		0	—	β^-, 5730 a

Z		A	%						Spin	
7	N	14	99,635	14,0030744	2,196	112,36	104,66	14,0067	1	0,4036
		15	0,365	15,0001081	0,7206	123,99	115,50		1/2	− 0,2830
8	O	16	99,759	15,9949149	− 3,178	137,01	127,62		0	—
		17	0,0374	16,9991334	− 0,51	141,457	131,77	15,9994	5/2	− 1,8930
		18	0,2036	17,9991598	− 0,467	150,096	139,81		0	—
9	F	19	100	18,9984046	− 0,84	158,676	147,81	18,9984	1/2	2,6273
10	Ne	20	90,92	19,9924404	− 3,979	172,466	160,65		0	—
		21	0,257	20,993849	− 2,929	179,72	167,41	20,183	3/2	− 0,6617
		22	9,823	21,9913845	− 3,916	190,85	177,78		0	—
11	Na	23	100	22,989773	− 4,446	200,289	186,57	22,9898	3/2	2,2161
12	Mg	24	78,98	23,985045	− 6,23	212,84	198,26		0	—
		25	10,05	24,985840	− 5,66	222,71	207,46	24,312	5/2	− 0,8547
		26	10,97	25,982591	− 6,696	232,627	216,69		0	—
13	Al	27	100	26,981535	− 6,84	241,508	224,97	26,9815	5/2	3,6385
14	Si	28	92,18	27,976927	− 8,24	253,94	236,55		0	—
		29	4,71	28,976491	− 8,106	263,043	245,03	28,086	1/2	− 0,5548
		30	3,12	29,973761	− 8,746	274,438	255,64		0	—
15	P	31	100	30,973763	− 8,46	282,26	262,93	30,9738	1/2	1,1305
16	S	32	95,018	31,972074	− 8,727	291,775	271,79		0	—
		33	0,750	32,971460	− 8,65	301,06	280,44	32,064	3/2	0,6427
		34	4,215	33,967864	− 9,45	313,316	291,86		0	—
		36	0,017	35,967091	− 9,14	331,42	308,72		0	—
17	Cl	35	75,40	34,968854	− 8,899	320,15	298,23	35,453	3/2	0,8209
		37	24,60	36,965896	− 9,22	340,44	317,13		3/2	0,6833
18	Ar	36	0,337	35,967548	− 9,014	329,28	306,74		0	—
		38	0,063	37,962724	− 9,81	351,44	327,37	39,948	0	—
		40	99,600	39,9623838	− 9,29	369,11	343,84		0	—
19	K	39	93,800	38,963714	− 9,304	358,273	333,74		3/2	0,3990
		40	0,0119	39,964008	− 8,998	366,644	341,54	39,102	4	− 1,296
		41	6,9081	40,961835	− 9,308	377,483	351,64		3/2	0,2145

β^-, $1{,}3 \cdot 10^9$ a und K (11 %)

Ordnungs-zahl	Symbol	A	Relative Häufigkeit %	Isotopen-gewicht	Packungs-anteil $f \cdot 10^4$ in u	Massendefekt		Relative Atommasse 1961	Kernspin I und μ/μ_N		Bemerkungen
						TME	MeV				
20	Ca	40	96,92	39,962589	− 9,35	367,223	342,08		0		
		42	0,64	41,958627	− 9,85	388,516	361,915		0		
		43	0,129	42,958780	− 9,586	397,028	369,84	40,08	$7/_2$	− 1,3153	
		44	2,13	43,955490	−10,11	408,984	380,98		0		
		46	0,003	45,95369	−10,07	428,114	398,80		0		
		48	0,178	47,95236	− 9,925	446,775	416,185		0		
21	Sc	45	100	44,955919	− 9,796	416,38	387,87	44,956	$7/_2$	4,7491	
22	Ti	46	7,95	45,952633	−10,297	427,49	398,22		0		
		47	7,75	46,951758	−10,26	437,03	407,11		$5/_2$	− 0,7871	
		48	73,45	47,947948	−10,84	449,507	418,73	47,90	0		
		49	5,51	48,947867	−10,64	458,25	426,877		$7/_2$	− 1,1023	
		50	5,34	49,944789	−11,04	469,99	437,82		0		
23	V	50	0,23	49,947165	−10,567	466,78	434,82		6	3,3413	K, $4 \cdot 10^{14}$ a
		51	99,77	50,943978	−10,98	478,63	445,86	50,942	$7/_2$	5,1392	
24	Cr	50	4,312	49,946051	−10,79	467,05	435,07		(0)		
		52	83,76	50,940514	−11,43	489,92	456,37		(0)		
		53	9,55	52,940651	−11,197	498,45	464,32	51,996	$3/_2$	− 0,4735	
		54	2,38	53,938879	−11,32	508,89	474,04		(0)		
25	Mn	55	100	54,938054	−11,26	517,54	482,10	54,938	$5/_2$	3,4610	
26	Fe	54	5,81	53,939621	−11,18	506,465	471,78		(0)	—	
		56	91,64	55,934932	−11,62	528,485	492,30		(0)	—	
		57	2,2	56,935394	−11,33	536,69	499,94	55,847	$1/_2$	0,090	
		58	0,34	57,933272	−11,50	547,476	509,99		(0)	—	
27	Co	59	100	58,933189	−11,32	555,38	517,35	58,9332	$7/_2$	4,6388	
28	Ni	58	67,77	57,935342	−11,15	543,72	506,49		(0)		
		60	26,16	59,930783	−11,536	565,615	526,88		(0)		
		61	1,25	60,931049	−11,30	574,015	534,71	58,71	$3/_2$	(0,30)	
		62	3,66	61,928345	−11,56	585,38	545,30		(0)		
		64	1,16	63,927959	−11,256	603,10	561,80		(0)		

29	Cu	63	68,94	62,929594	—11,17	591,96	551,43	63,54	3/2	2,2206
		65	31,06	64,927786	—11,11	611,10	569,25		3/2	2,3790
30	Zn	64	48,89	63,929145	—11,07	600,23	559,13	65,37	(0)	
		66	27,81	65,926048	—11,20	620,66	578,16		(0)	0,8735
		67	4,07	66,92715	—10,87	628,226	585,21		5/2	
		68	18,61	67,924865	—11,05	639,176	595,41		(0)	
		70	0,62	69,92535	—10,66	656,02	611,10		(0)	
31	Ga	69	60,16	68,92568	—10,77	646,186	601,94	69,72	3/2	2,0108
		71	39,84	70,92484	—10,58	664,36	618,87		3/2	2,5549
32	Ge	70	20,52	69,92428	—10,82	655,41	610,53	72,59	(0)	—
		72	27,43	71,92174	—10,87	675,28	629,04		(0)	—
		73	7,76	72,92336	—10,50	682,33	635,61		9/2	—0,8768
		74	36,54	73,92115	—10,655	693,20	645,74		(0)	—
		76	7,76	75,92136	—10,35	710,32	661,68		(0)	—
33	As	75	100	74,92158	—10,456	700,598	652,63	74,9216	3/2	1,4349
34	Se	74	0,87	73,92245	—10,48	690,223	642,96		(0)	—
		76	9,02	75,91923	—10,63	710,77	662,10		(0)	—
		77	7,58	76,91993	—10,40	718,74	669,52	78,96	1/2	0,5333
		78	23,52	77,91735	—10,34	727,98	678,13		(0)	—
		80	49,82	79,91651	—10,436	748,15	696,92		(0)	—
		82	9,19	81,91666	—10,16	765,336	712,93		(0)	—
35	Br	79	50,53	78,91835	—10,335	736,81	686,36	79,909	3/2	2,0990
		81	49,47	80,91634	—10,33	756,15	704,37		3/2	2,2626
36	Kr	78	0,354	77,920368	—10,21	725,286	675,62	83,80	(0)	—
		80	2,266	79,91639	—10,45	746,59	695,47		(0)	—
		82	11,56	81,913483	—10,55	766,83	714,32		(0)	—
		83	11,55	82,914131	—10,345	774,85	721,79		9/2	—0,968
		84	56,90	83,911504	—10,535	786,14	732,31		(0)	—
		86	17,37	85,910617	—10,39	804,36	749,28		(0)	—
37	Rb	85	72,20	84,91171	—10,39	793,76	739,41	85,47	5/2	1,3483
		87	27,80	86,90918	—10,44	813,62	757,91		3/2	2,7415 ($\beta-$, $6 \cdot 10^{10}$ a)

Ordnungs-zahl	Symbol	A	Relative Häufigkeit %	Isotopen-gewicht	Packungs-anteil $f \cdot 10^4$ in u	Massendefekt		Relative Atommasse 1961	Kernspin I und μ/μ_N		Bemerkungen
						TME	MeV				
38	Sr	84	0,55	83,91337	— 10,31	782,596	729,01		(0)		
		86	9,75	85,90926	— 10,55	804,037	748,98		(0)		
		87	6,96	86,90889	— 10,47	813,07	757,40	87,62	$^9/_2$	— 1,0893	$(\beta^-\,?)$
		88	82,74	87,90561	— 10,73	825,02	768,53		(0)		
39	Y	89	100	88,90543	— 10,63	833,023	775,98	88,905	$^1/_2$	— 0,1368	
40	Zr	90	51,46	89,90432	— 10,63	841,96	784,31		(0)		
		91	11,23	90,9052	— 10,42	849,74	791,56		$^5/_2$	— 1,3	
		92	17,11	91,9046	— 10,37	859,01	800,19	91,22	(0)		
		94	17,40	93,9061	— 9,99	874,84	814,94		(0)		
		96	2,80	95,9082	— 9,56	890,07	829,13		(0)		
41	Nb	93	100	92,9060	— 10,11	865,43	806,17	92,906	$^9/_2$	6,1435	$(\beta^-,\ > 10^{17}\,a\,?)$
42	Mo	92	15,84	91,9063	— 10,185	855,63	797,04		(0)		
		94	9,04	93,9047	— 10,14	874,56	814,68		(0)		
		95	15,72	94,9057	— 9,926	882,22	821,82		$^5/_2$	— 0,9099	
		96	16,53	95,9045	— 9,95	892,09	831,01	95,94	(0)		
		97	9,46	96,9057	— 9,72	899,55	837,95		$^5/_2$	— 0,9290	
		98	23,78	97,9055	— 9,64	908,42	846,22		(0)		
		100	9,63	99,9076	— 9,24	923,65	860,40		(0)		
43	Tc	99	—	98,9064	— 9,45	915,35	852,67	(99)	$^9/_2$	5,6572	$\beta^-,\ 21 \cdot 10^5\,a$
44	Ru	96	5,68	95,9076	— 9,625	887,31	826,56		(0)		
		98	2,22	97,9055	— 9,64	906,74	844,66		(0)		
		99	12,81	98,9061	— 9,48	914,806	852,17		$^5/_2$	— 0,6	
		100	12,70	99,9030	— 9,70	926,57	863,13	101,07	(0)		
		101	16,98	100,9041	— 9,495	934,14	870,17		$^5/_2$	— 0,7	
		102	31,4	101,9037	— 9,44	943,20	878,62		(0)		
		104	18,27	103,9055	— 9,086	958,73	893,09		(0)		
45	Rh	103	100	102,9048	— 9,24	949,93	884,88	102,905	$^1/_2$	— 0,0879	

Z		A	%	Isotopengewicht				Atomgewicht		Massendefekt	
46	Pd	102	0,80	101,9049	— 9,32	940,32	875,94		(0)		
		104	9,30	103,9036	— 9,27	958,95	893,29		(0)		
		105	22,60	104,9046	— 9,086	966,62	900,43	106,4	$^5/_2$	— 0,57	
		106	27,10	105,9032	— 9,13	976,68	909,81		(0)		
		108	26,70	107,9039	— 8,9	993,31	925,30		(0)		
		110	13,50	109,9045	— 8,68	1009,94	940,79		(0)		
47	Ag	107	51,92	106,9050	— 8,88	982,71	915,42	107,87	$^1/_2$	— 0,1130	
		109	48,08	108,9047	— 8,74	1000,34	931,84		$^1/_2$	— 0,1299	
48	Cd	106	1,215	105,9059	— 8,88	972,30	905,73		(0)		
		108	0,875	107,9040	— 8,89	991,53	923,64		(0)		
		110	12,39	109,9030	— 8,82	1009,86	940,72		(0)		
		111	12,75	110,9041	— 8,64	1017,43	947,76		$^1/_2$	— 0,5922	
		112	24,07	111,9028	— 8,68	1027,39	957,05	112,40	(0)		
		113	12,26	112,9046	— 8,44	1034,26	963,44		$^1/_2$	— 0,6195	β–? $> 8\cdot10^{15}$ a $(K\,?)$
		114	28,86	113,9036	— 8,46	1043,93	972,45		(0)		
		116	7,78	115,9050	— 8,19	1059,86	987,29		(0)		
49	In	113	4,23	112,9043	— 8,47	1033,72	962,94	114,82	$^9/_2$	5,4960	
		115	95,77	114,9041	— 8,34	1051,25	979,27		$^9/_2$	5,5072	β–, $6\cdot10^{14}$ a
50	Sn	112	0,94	111,9049	— 8,49	1023,61	953,53		(0)		
		114	0,65	113,9030	— 8,51	1042,85	971,44		(0)		
		115	0,33	114,9035	— 8,39	1051,01	979,05		$^1/_2$	— 0,9132	
		116	14,36	115,9021	— 8,44	1061,076	988,42		(0)		
		117	7,51	116,9031	— 8,28	1068,74	995,56	118,69	$^1/_2$	— 0,9949	
		118	24,21	117,9018	— 8,32	1078,71	1004,85		(0)		
		119	8,45	118,9034	— 8,12	1085,77	1011,43		$^1/_2$	— 1,0409	
		120	33,11	119,9021	— 8,16	1095,74	1020,71		(0)		
		122	4,61	121,9034	— 7,92	1111,77	1035,64		(0)		
		124	5,83	123,9052	— 7,645	1127,3	1050,11		(0)		
51	Sb	121	57,25	120,9037	— 7,96	1101,96	1026,51	121,75	$^5/_2$	3,3417	
		123	42,75	122,9041	— 7,796	1118,89	1042,28		$^7/_2$	2,5334	

Ordnungs-zahl	Symbol	A	Relative Häufigkeit %	Isotopen-gewicht	Packungs-anteil $f \cdot 10^4$ in u	Massendefekt TME	Massendefekt MeV	Relative Atommasse 1961	Kernspin I	$\mu/\mu N$	Bemerkungen
52	Te	120	0,09	119,9045	− 7,96	1091,66	1016,91	127,60	(0)		
		122	2,43	121,9030	− 7,95	1110,49	1034,45		(0)		
		123	0,85	122,9042	− 7,79	1117,95	1041,41		$\frac{1}{2}$	− 0,7319	$(K\,?) > 5 \cdot 10^{13}$ a
		124	4,59	123,9028	− 7,84	1128,02	1050,78		(0)		
		125	6,98	124,9044	− 7,65	1135,08	1057,36		$\frac{1}{2}$	− 0,8824	
		126	18,70	125,9032	− 7,68	1144,95	1066,55		(0)		
		128	31,85	127,9047	− 7,44	1160,78	1081,30		(0)		
		130	34,51	129,9067	− 7,177	1176,11	1095,58		(0)		
53	J	127	100	126,90435	− 7,57	1151,62	1072,77	126,9044	$\frac{5}{2}$	2,7939	
54	Xe	124	0,096	123,90612	− 7,57	1123,02	1046,12		(0)		
		126	0,020	125,90417	− 7,60	1142,30	1064,08		(0)		
		128	1,919	127,90354	− 7,536	1160,26	1080,82		(0)		
		129	26,44	128,90478	− 7,39	1167,68	1087,73		$\frac{1}{2}$	− 0,7726	
		130	4,075	129,90351	− 7,42	1177,62	1096,99	131,30	(0)		
		131	21,18	130,90508	− 7,246	1184,72	1103,60		$\frac{3}{2}$	0,6868	
		132	26,89	131,904162	− 7,26	1194,30	1112,52		(0)		
		134	10,44	133,905398	− 7,06	1210,39	1127,52		(0)		
		136	8,87	135,90722	− 6,82	1225,90	1141,96		(0)		
55	Cs	133	100	132,9051	− 7,13	1201,19	1118,94	132,905	$\frac{7}{2}$	2,5642	
56	Ba	130	0,102	129,90625	− 7,21	1173,20	1092,87		(0)		
		132	0,098	131,9051	− 7,19	1191,78	1110,18		(0)		
		134	2,42	133,9043	− 7,14	1209,81	1126,97		(0)		
		135	6,59	134,9056	− 6,99	1217,18	1133,84	137,34	$\frac{3}{2}$	0,837	
		136	7,81	135,9044	− 7,03	1227,04	1143,03		(0)		
		137	11,32	136,9056	− 6,89	1234,51	1149,98		$\frac{3}{2}$	0,936	
		138	71,66	137,90501	− 6,88	1243,76	1158,60		(0)		
57	La	138	0,89	137,90681	− 6,75	1241,11	1156,13	138,91	5	3,6844	β^-, $1,1 \cdot 10^{11}$ a; K 11 %
		139	99,91	138,90606	− 6,76	1250,54	1164,91		$\frac{7}{2}$	2,7615	

58	Ce	136	0,19	135,9071	— 6,83	1222,66	1138,94	140,12	(0)	—	
		138	0,25	137,90572	— 6,83	1240,37	1155,44		(0)	—	
		140	88,49	139,90528	— 6,76	1259,14	1172,93		(0)	—	
		142	11,07	141,90904	— 6,40	1272,715	1185,57		(0)	—	α, 5·10^{15} a
59	Pr	141	100	140,90739	— 6,57	1264,86	1178,25	140,907	$^5/_2$	3,8	
60	Nd	142	26,80	141,90748	— 6,51	1272,59	1185,46		(0)	—	
		143	12,12	142,90962	— 6,32	1279,12	1191,54		$^7/_2$	— 1,1	α, 5·10^{15} a
		144	23,91	143,90990	— 6,26	1287,50	1199,35		(0)	—	
		145	8,35	144,9122	— 6,05	1293,87	1205,28	144,24	$^7/_2$	— 0,69	
		146	17,35	145,9127	— 5,98	1302,04	1212,88		(0)	—	
		148	5,78	147,9165	— 5,64	1315,57	1225,49		(0)	—	
		150	5,69	149,9207	— 5,28	1328,70	1237,72		(0)	—	
61	Pm	141	—	140,90739	— 5,496	1331,89	1240,70	(145)	$^5/_2$	3,8	
62	Sm	144	2,95	143,9116	— 6,14	1284,125	1196,20		(0)	—	
		147	14,62	146,9146	— 5,81	1307,12	1217,62		$^7/_2$	— 0,68	α, 1,3·10^{11} a
		148	10,97	147,9146	— 5,77	1315,79	1225,69		(0)	—	
		149	13,56	148,9169	— 5,58	1322,15	1231,62	150,35	$^7/_2$	— 0,55	
		150	7,27	149,9170	— 5,53	1330,72	1239,60		(0)	—	
		152	27,34	151,9195	— 5,296	1345,55	1253,42		(0)	—	
		154	23,29	153,9220	— 5,06	1360,38	1267,23		(0)	—	
63	Eu	151	47,77	150,9196	— 5,32	1335,94	1244,47	151,96	$^5/_2$	3,4	
		153	52,23	152,9209	— 5,17	1351,97	1259,40		$^5/_2$	1,5	α, ~10^{15} a
64	Gd	152	0,2	151,9195	— 5,296	1343,87	1251,85		(0)	—	
		154	2,16	153,9207	— 5,15	1359,999	1266,88		(0)	—	
		155	14,68	154,9226	— 4,99	1366,76	1273,18		$^3/_2$	— 0,32	
		156	20,36	155,9221	— 4,99	1375,93	1281,72	157,25	(0)	—	
		157	15,64	156,9239	— 4,84	1382,79	1288,11		$^3/_2$	— 0,40	
		158	24,95	157,9241	— 4,80	1391,26	1296,00		(0)	—	
		160	22,01	159,9271	— 4,556	1405,59	1309,35		(0)	—	
65	Tb	159	100	158,9250	— 4,72	1398,186	1302,45	158,924	$^3/_2$	(1,5)	

Ordnungs-zahl	Symbol	A	Relative Häufigkeit %	Isotopen-gewicht	Packungs-anteil $f \cdot 10^4$ in u	Massendefekt TME	Massendefekt MeV	Relative Atommasse 1961	Kernspin I	Kernspin μ/μ_N	Bemerkungen
66	Dy	156	0,0525	155,9238	— 4,88	1372,55	1278,57		(0)	—	
		158	0,0905	157,9240	— 4,81	1389,68	1294,53		(0)	—	
		160	2,297	159,9248	— 4,70	1406,21	1309,93		(0)	—	
		161	18,88	160,9266	— 4,56	1413,08	1316,32	162,50	5/2	(0,38)	
		162	25,53	161,9265	— 4,54	1421,84	1324,49		(0)	—	
		163	24,97	162,9284	— 4,39	1428,61	1330,79		7/2	(0,53)	
		164	28,18	163,9288	— 4,34	1436,87	1338,49		(0)	—	
67	Ho	165	100	164,9303	— 4,22	1443,20	1344,38	164,93	7/2	(3,3)	
68	Er	162	0,154	161,9288	— 4,39	1417,86	1320,78		(0)		
		164	1,606	163,9283	— 4,37	1435,69	1337,39		(0)		
		166	33,36	165,9304	— 4,19	1450,92	1351,58		(0)		
		167	22,82	166,9321	— 4,06	1457,89	1358,07	167,26	7/2	(0,5)	
		168	27,02	167,9324	— 4,02	1466,25	1365,86		(0)		
		170	15,04	169,9355	— 3,79	1480,48	1379,11		(0)		
69	Tm	169	100	168,9343	— 3,89	1472,18	1371,38	168,934	1/2	—0,20	
70	Yb	168	0,13	167,9339	— 3,93	1463,07	1362,90		(0)		
		170	3,03	169,9349	— 3,83	1479,40	1378,11		(0)		
		171	14,27	170,9365	— 3,71	1486,47	1384,69		1/2	0,45	
		172	21,77	171,9366	— 3,69	1495,03	1392,67	173,04	(0)		
		173	16,08	172,9383	— 3,57	1502,00	1399,16		5/2	—0,65	
		174	31,92	173,9390	— 3,51	1509,96	1406,58		(0)		
		176	12,80	175,9427	— 3,26	1523,60	1419,27		(0)		
71	Lu	175	97,40	174,9409	— 3,38	1515,89	1412,10	174,97	7/2	2,6	
		176	2,60	175,94274	— 3,25	1522,72	1418,45		7	(2,8)	β^-, $4,6 \cdot 10^{10}$ a
72	Hf	174	0,199	173,9403	— 3,43	1506,98	1403,80		(0)		α, $\sim 4 \cdot 10^{15}$ a
		176	5,23	175,94165	— 3,315	1522,97	1418,69		(0)		
		177	18,55	176,94348	— 3,19	1529,80	1425,05		(7/2)	0,61	
		178	27,23	177,94387	— 3,15	1538,08	1432,76	178,49	(0)		
		179	13,73	178,9460	— 3,02	1544,61	1438,85		(9/2)	—0,47	
		180	35,07	179,9468	— 2,955	1552,48	1446,18		(0)		

Z			A	%						At.-Gew.		μ	
73	Ta	180	0,0123	179,94752	− 2,92	1550,92	1444,72	180,948	7/2	2,1	
		181	99,988	180,94798	− 2,87	1559,12	1452,37		(0)	−	
74	W	180	0,16	179,94698	− 2,945	1550,62	1444,45		(0)	−	$\alpha,\ \sim 3\cdot10^{14}$ a
		182	26,35	181,94827	− 2,84	1566,66	1459,39		(0)	−	
		183	14,32	182,95029	− 2,716	1573,30	1465,58	183,85	1/2	0,115	
		184	30,68	183,95099	− 2,66	1581,27	1473,00		(0)	−	
		186	28,49	185,95434	− 2,45	1595,25	1486,02		(0)	−	
75	Re	185	37,07	184,95302	− 2,54	1587,06	1478,40	186,2	5/2	3,1437	
		187	62,93	186,95596	− 2,35	1601,45	1491,80		5/2	3,1760	$\beta^-,\ \sim 5\cdot10^{10}$ a
76	Os	184	0,018	183,9526	− 2,576	1577,98	1469,93		(0)	−	
		186	1,582	185,95394	− 2,476	1593,97	1484,83		(0)	−	
		187	1,64	186,95596	− 2,35	1600,61	1491,02		1/2	0,065	
		188	13,27	187,95597	− 2,34	1609,27	1499,08	190,2	(0)	−	
		189	16,14	188,9582	− 2,21	1615,70	1505,08		3/2	0,6507	
		190	26,38	189,95860	− 2,18	1623,97	1512,78		(0)	−	
		192	40,97	191,96141	− 2,01	1638,49	1526,30		(0)	−	
77	Ir	191	38,5	190,96085	− 2,05	1629,55	1517,97	192,2	3/2	0,16	
		193	61,5	192,96328	− 1,90	1644,45	1531,85		3/2	0,17	
78	Pt	190	0,012	189,95995	− 2,11	1620,94	1509,95		(0)	−	$\alpha,\ 10^{12}$ a
		192	0,8	191,96143	− 2,01	1636,79	1524,72		(0)	−	$\alpha,\ \sim 10^{15}$ a
		194	30,2	193,96281	− 1,92	1652,74	1539,58	195,09	(0)	−	
		195	35,2	194,96482	− 1,80	1659,40	1545,78		1/2	0,6004	
		196	26,6	195,96498	− 1,79	1667,90	1553,70		(0)	−	
		198	7,2	197,9675	− 1,64	1682,71	1567,50		(0)	−	
79	Au	197	100	196,96655	− 1,698	1674,16	1559,53	196,967	3/2	0,136	
80	Hg	196	0,15	195,96582	− 1,74	1665,38	1551,35		(0)	−	
		198	10,12	197,96677	− 1,68	1681,76	1566,61		(0)	−	
		199	17,04	198,96826	− 1,595	1688,94	1573,30	200,59	1/2	0,4993	
		200	23,25	199,96834	− 1,58	1697,52	1581,29		(0)	−	
		201	13,18	200,97031	− 1,48	1704,22	1587,53		3/2	− 0,607	
		202	29,54	201,97063	− 1,45	1712,56	1595,30		(0)	−	
		204	6,72	203,97348	− 1,30	1727,04	1608,79		(0)	−	

Ordnungs-zahl	Symbol	A	Relative Häufigkeit %	Isotopen-gewicht	Packungs-anteil $f \cdot 10^4$ in u	Massendefekt		Relative Atommasse 1961	Kernspin I und μ/μ_N		Bemerkungen
						TME	MeV				
81	Tl	203	29,46	202,97233	− 1,36	1718,69	1601,01	204,37	$^1/_2$	1,5960	
		205	70,54	204,97446	− 1,246	1733,69	1614,98		$^1/_2$	1,6114	
82	Pb	204	1,54	203,97307	− 1,32	1725,775	1607,61		(4)	0,22	α, $1,4 \cdot 10^{17}$ a
		206	22,62	205,97446	− 1,24	1741,72	1622,46	207,19	(0)	−	
		207	22,62	206,97590	− 1,16	1748,94	1629,19		$^1/_2$	0,5837	
		208	53,22	207,97664	− 1,12	1756,87	1636,57		(0)	−	
83	Bi	209	100	208,98042	− 0,94	1760,91	1640,35	208,98	$^9/_2$	4,0389	
84	Po	210	−	209,98287	− 0,816	1766,29	1645,35	(210)		−	α, 140 d
85	At	210	−	209,9870	− 0,619	1761,32	1640,72	(210)		−	K, α, 8,3 h
86	Rn	222	−	222,01753	+ 0,789	1833,93	1708,36	(222)		−	α, 3,8 d
87	Fr	223	−	223,01980	+ 0,888	1839,49	1713,54	(223)		−	$\beta^-(\alpha)$ 22 min
88	Ra	226	−	226,02536	1,122	1859,08	1731,79	(226,05)		−	α, $1,6 \cdot 10^3$ a
89	Ac	227	−	227,02781	1,225	1864,46	1736,80	227	$^3/_2$	1,1	$\beta^-(\alpha)$ 22 a
90	Th	232	100	232,03821	1,647	1896,54	1766,69	232,038		−	α, 10^{10} a
91	Pa	231	100	231,03594	1,556	1889,31	1759,95	(231)	$^3/_2$	(1,96)	α, $3,2 \cdot 10^4$ a
92	U	234	0,006	234,04090	1,748	1909,50	1778,76		(0)	−	α, $2,5 \cdot 10^5$ a
		235	0,720	235,04393	1,869	1915,14	1784,01	238,03	$^7/_2$	− 0,34	α, $7 \cdot 10^8$ a
		238	99,274	238,05076	2,13	1934,31	1801,86		(0)	−	α, $4,5 \cdot 10^9$ a
93	Np	237		237,04803	2,03	1927,53	1795,55	(237)	$^5/_2$	(− 8,50)	α, $2,2 \cdot 10^6$ a
94	Pu	239		239,05216	2,18	1939,89	1807,07	(242)	$^1/_2$	−	α, $3,8 \cdot 10^5$ a
95	Am	243		243,06138	2,53	1964,49	1829,98	(243)	$^5/_2$	1,4	α, $8 \cdot 10^3$ a
96	Cu	245		245,06534	2,67	1977,02	1841,66	(247)			α, 10^4 a
97	Bk	247		247,07018	2,84	1988,67	1852,51	(249)			α, 10^4 a
98	Cf	248		−	−	−	−	(251)			α, 360 a
99	Es	255		255,0881	3,455	2028,40	1889,51	−			β^-, 38 h
100	Fm	252		252,08265	3,28	2017,01	1878,91	−			α, 30 h

14. Natürliche und künstliche Radioaktivität

141. Zerfallsreihen

Uran-Radium-Reihe (s. auch Abb. 1, S. 22)

Atomart	Symbol	Kern-ladungs-zahl	Massen-zahl	Halbwertszeit	Zerfall	Mittlere Reichweite der α-Teilchen in cm Luft bei 15° C und 760 mm Hg	Energie der α-Strahlen in 10^6 eV	Maximale Energie der β-Strahlen in 10^6 eV
1	2	3	4	5	6	7	8	9
Uran I	UI	92	238	$[4,49 \pm 0,01] \cdot 10^9$a	α	2,653	4,18 $\pm$ 0,03	—
Uran X_1	UX_1	90	234	24,101 $\pm$ 0,025 d	β^-	—	—	0,112; 0,205 $\pm$ 0,01
Uran X_2	UX_2	91	234	1,14 m	β^-:99,85 % I. Ü.:0,15 %	—	—	1,52 2,32
Uran Z (0,15 %)	UZ	91	234	6,7 h	β^-	—	—	0,45 $\pm$ 0,03 $\sim$1,2
Uran II	UII	92	234	$[2,522 \pm 0,008] \cdot 10^5$a $[2,67 \pm 0,04] \cdot 10^5$a $[2,33 \pm 0,14] \cdot 10^5$a	α	3,211	4,78 $\pm$ 0,03	—
Ionium	Io	90	230	8,3 $\cdot$ 10^4a 8,0 $\cdot$ 10^4a	α	3,176	4,682 $\pm$ 0,01	—
Radium	Ra	88	226	1590 a	α	3,30	4,791	—
Radon (Radium-Emanation)	Rn	86	222	3,825 d	α	4,051	5,4860	—
Radium A	RaA	84	218	3,05 m	α β^- 3,1 $\cdot$ 10^{-2} %	4,657	5,9981	—
Radium B	RaB	82	214	26,8 m	β^-	—	—	0,65

Atomart	Symbol	Kernladungszahl	Massenzahl	Halbwertszeit	Zerfall	Mittlere Reichweite der α-Teilchen in cm Luft bei 15° C und 760 mm Hg	Energie der α-Strahlen in 10^6 eV	Maximale Energie der β-Strahlen in 10^6 eV
1	2	3	4	5	6	7	8	9
Astat (3,1 · 10^{-2}%)	At	85	218	1,5—2 s	α:99,9% β:0,1%	—	6,57	—
Radium C	RaC	83	214	19,7 m	β⁻:99,96% α:0,04%	4,039	5,5048	3,15
Radon 218 (0,1%)	^{218}Rn	86	218	$1,9 \cdot 10^{-2}$ s	α	—	7,12 ±0,025	—
Radium C' (99,96%)	RaC'	84	214	$1,55 \cdot 10^{-4}$ s	α	6,907	7,6802	—
Radium C'' (0,04%)	RaC''	81	210	1,32 m	β⁻	—	—	1,95
Radium D	RaD	82	210	22 a	β⁻	—	—	0,0255 ±0,001
Radium E	RaE	83	210	5,0 d	β⁻	—	—	1,17
Polonium	Po	84	210	140 d	α	3,842	5,2984	—
Thallium 206 (5 · 10^{-5}%)	^{206}Tl	81	206	4,23 m	β	—	—	1,65
Radium G (Uranblei)	RaG	82	206	—	—	—	—	—

Actinium-Reihe (s. auch Abb. 1, S. 22)

Actinouran	AcU	92	235	$7,13 \cdot 10^8$ a[1])	α	3,02	4,52	—
Uran Y	UY	90	231	25,51 h	β^-	—	—	0,21
Protactinium	Pa	91	231	$3,2 \cdot 10^4$ a	α	$3,511 \pm 0,010$	$5,033 \pm 0,007$	—
Actinium	Ac	89	227	21,7 a	98,8 % : β^- 1,2 % : α	$3,46 \pm 0,010$	$4,95 \pm 0,02$	< 0,010
Radioactinium (98,8 %)	RdAc	90	227	18,9 d	α	4,71	6,0302	—
Francium (Actinium K) (1,2 %)	Fr (AcK)	87	223	21 ± 1 m	β^-	—	—	$1,2 \pm 0,1$
Actinium X	AcX	88	223	11,4 d	α	4,32	5,7169	—
Actinon (Actinium-Emanation)	An	86	219	3,92 s	α	5,692	6,8235	—
Actinum A	AcA	84	215	$(1,83 \pm 0,04) \cdot 10^{-3}$ s	α: [1] β^-: [$5 \cdot 10^{-6}$]	6,457	7,3653	—
Actinium B	AcB	82	211	$36,1 \pm 0,2$ m	β^-	—	—	0,5 1,39
Astat 215 $5 \cdot 10^{-4}$ %	At	82	215	$\sim 10^{-4}$ s	α	—	8,00	—
Actinium C	AcC	83	211	2,16 m	99,68 % : α 0,32 % : β^-	5,429	6,6186	—
Actinium C' (0,32 %)	AcC'	84	211	ca. $5 \cdot 10^{-3}$ s	α	6,55	7,4343	—
Actinium C'' (99,68 %)	AcC''	81	207	$4,76 \pm 0,02$ m	β^-	—	—	1,47
Actinium D (Actiniumblei)	AcD	82	207	—	—	—	—	—

[1] Für das Verzweigungsverhältnis der Actinium-Reihe zur Uran-Reihe ist der Wert 4,6 % benutzt worden. Abweichend hiervon ist neuerdings [$3,69 \pm 0,48$]% gefunden worden. Gleichzeitig hat eine Neubestimmung der Halbwertszeit des AcU den größeren Wert [$8,8 \pm 1,1$] $\cdot 10^8$ a ($\lambda = 2,5 \cdot 10^{-17}$) ergeben.

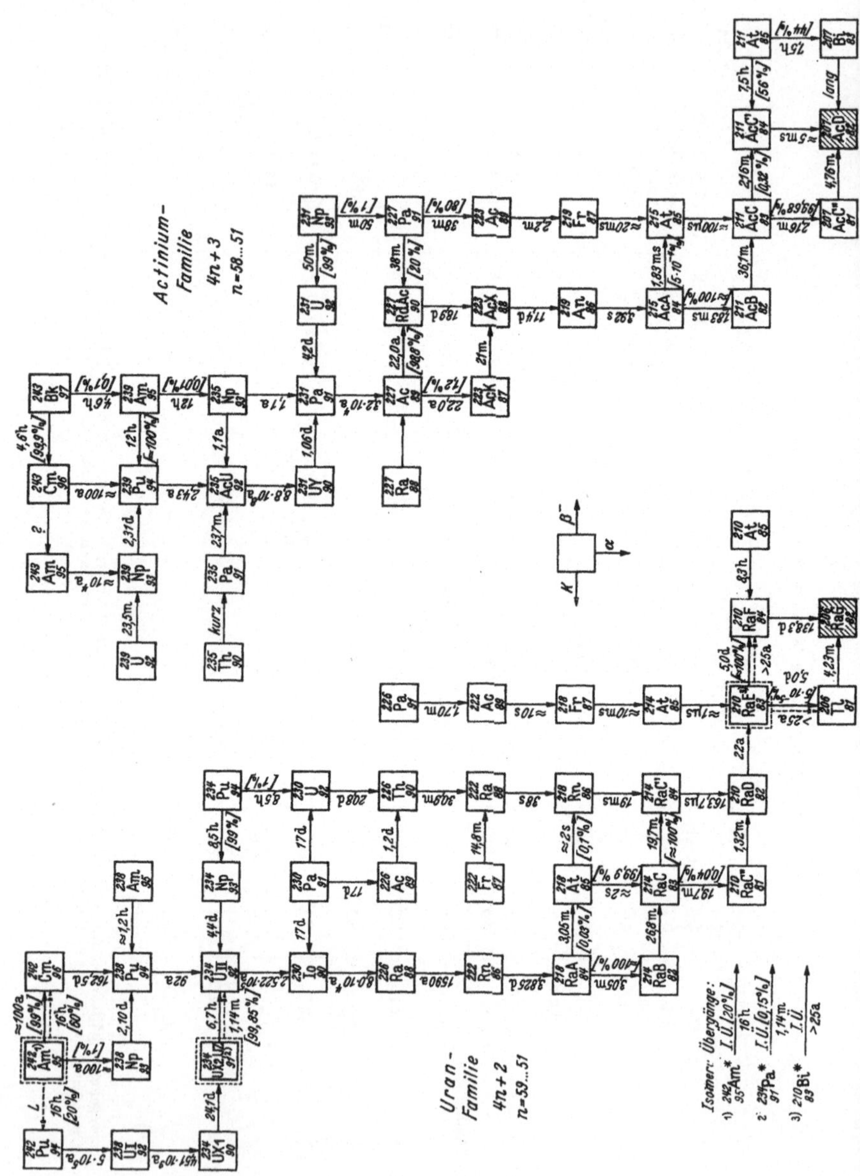

Abb. 1. Uran- und Actiniumfamilie

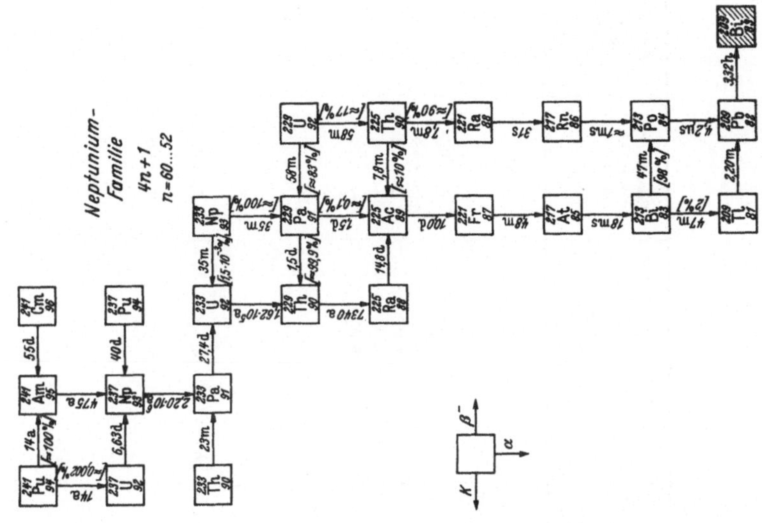

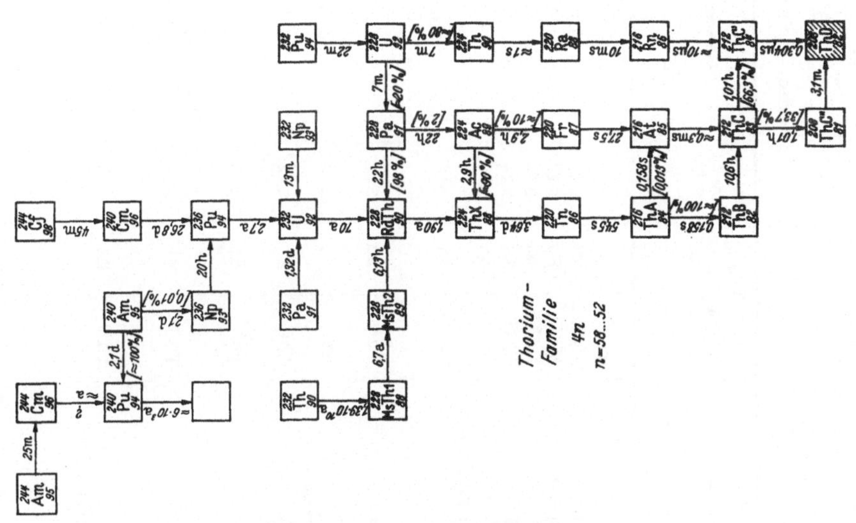

Abb. 2. Thorium- und Neptuniumfamilie

Thorium-Reihe (s. auch Abb. 1, S. 22)

Atomart	Symbol	Kern-ladungs-zahl	Massen-zahl	Halbwertszeit	Zerfall	Mittlere Reichweite der α-Teilchen in cm Luft bei 15° C und 760 mm Hg	Energie der α-Strahlen in 10^6 eV	Maximale Energie der β-Strahlen in 10^6 eV
1	2	3	4	5	6	7	8	9
Thorium	Th	90	232	$1,39 \cdot 10^{10}$a	α	2,70	4,20	—
Mesothorium 1	MsTh$_1$	88	228	6,7 a	β^-	—	—	$0,053 \pm 0,004$
Mesothorium 2	MsTh$_2$	89	228	6,13 h	β^-	—	—	$1,55 \pm 0,07$
Radiothor	RdTh	90	228	1,90 a	α	3,98	5,4180	—
Thorium X	ThX	88	224	3,64 d	α	4,28	5,6813	—
Thoron (Thorium-Emanation)	Tn	86	220	54,5 s	α	4,004	6,2818	—
Thorium A	ThA	84	216	$0,158 \pm 0,08$ s	$\alpha : [1]$ β^-: $[1,3 \cdot 10^{-4}]$	5,638	6,7744	—
Thorium B	ThB	82	212	10,6 h	β^-	—	—	0,589
Astat 216 $(1,3 \cdot 10^{-2}\%)$	At	85	216	$\sim 3 \cdot 10^{-4}$	α	—	7,79	—
Thorium C	ThC	83	212	60,5 m	$66,3\% : \beta^-$ $33,7\% : \alpha$	4,730	6,0537	2,20
Thorium C' (66,3%)	ThC'	84	212	$[2,2 \pm 0,1] \cdot 10^{-7}$s	α	8,570	8,7759	—
Thorium C'' (33,7%)	ThC''	81	208	$[3,0 \pm 0,15] \cdot 10^{-7}$s 3,1 m	β^-	—	—	$1,792 \pm 0,007$
Thorium D (Thoriumblei)	ThD	82	208	—	—	—	—	—

142. Kernreaktionen

In Tabelle 142 ist für jedes Isotop eine Zeile vorgesehen, in der nach der Nennung des Isotops zunächst die Halbwertszeit und die Art des Zerfalls sowie die Zerfallsenergie (in MeV) angegeben sind. In den folgenden Spalten ist das Isotop genannt, aus dem das in der ersten Spalte aufgeführte Isotop durch die am Kopf der jeweiligen Spalte gekennzeichnete Kernreaktion entsteht. Dabei bedeutet z. B. (α, n) usw. eine Kernreaktion, bei der nach Beschuß mit einem α-Teilchen aus dem getroffenen Kern ein Neutron in Freiheit gesetzt wird usw.

Ferner bedeuten die Symbole Sp bzw. Spall am Kopf dieser Spalten, daß das jeweilige Isotop durch einen Spaltprozeß bzw. eine Spallation aus dem in der Spalte aufgeführten Element oder Isotop beim Beschuß mit der ebenfalls genannten Teilchenart erhalten wird. In den letzten Spalten sind einfache α-, β^-- und β^+-Zerfallsarten genannt, bei denen das Isotop ebenfalls entstehen kann.

Die Spalte Bemerkungen gibt meist weitere Reaktionen an, bei denen das in der ersten Spalte aufgeführte Isotop entsteht.

Tabelle siehe S. 26—75.

	Halbwertszeit	Zerfall	Energie	(α, p)	(α, n)	(α, d)	(γ, p)	(γ, n)	(p, α)	(p, n)	(p, γ)	(d, n)	(d, α)
^{1}n	12,8 m	β^-	0,78				^{2}H						
^{1}H								^{2}H					
^{2}H													
^{3}H	12,4 a	β^-	0,0186										
^{3}He									^{6}Li	^{3}H	^{2}H	^{2}H	
^{4}He									^{7}Li		^{3}H	^{3}H	^{6}Li
^{5}He	$6 \cdot 10^{-20}$ s	$\alpha + n$	0,96										^{7}Li
^{6}He	$0,823 \pm 0,013$ s	β^-	3,5*				^{7}Li						
^{6}Li									^{9}Be				
^{7}Li													^{9}Be
^{8}Li	$0,89 \pm 0,02$ s	β^-	16,0*				^{9}Be						
^{7}Be	53 d	K, β^+	0,86										
^{8}Be	< 1 s	$\alpha + \alpha$	0,09					^{9}Be	^{11}B		^{7}Li	^{7}Li	^{10}B
^{9}Be													^{11}B
^{10}Be	$2,5 \pm 0,5 \cdot 10^6$ a	β^-	0,555										
^{8}B	$0,65 \pm 0,1$ s	$\beta^+ (\alpha)$	14										
^{9}B	inst.									^{9}Be			
^{10}B					^{7}Li						^{9}Be	^{9}Be	
^{11}B							^{12}C						^{13}C
^{12}B	27 ± 2 ms	β^-	13,4	^{9}Be									^{14}C
^{10}C	$19,1 \pm 0,8$ s	β^+	2,6							^{10}B			
^{11}C	$20,35 \pm 0,08$ m	β^+	0,96					^{12}C		^{11}B	^{10}B	^{10}B	
^{12}C					^{9}Be				^{15}N		^{11}B	^{11}B	^{14}N
^{13}C				^{10}B									^{15}N
^{14}C	5589 ± 75 a	β^-	0,15	^{11}B									

	$(d, {}^3\text{H})$	(d, p)	(n, γ)	(n, α)	(n, p)	$(n, 2n)$	Sp	Spall	Sonstige
^{1}n									aus ^{1}n durch β^--Zerfall; ^{2}H (p, pn); ^{2}H (e^-, e^-n)
^{1}H						^{2}H			
^{2}H			^{1}H						
^{3}H		^{2}H	^{2}H	^{6}Li	^{3}He				
^{3}He		^{3}He							^{6}Li $(d, n\alpha)$
^{4}He							^{235}U, n	^{11}B, d	^{2}H $({}^3\text{He}, p)$; ^{12}C $(\gamma, 2\alpha)$; ^{16}O $(\gamma, 3\alpha)$; ^{12}C $(n, n\,2\alpha)$; ^{2}H $({}^3\text{H}, n)$; ^{3}H $({}^3\text{H}, 2n)$; ^{11}B $(\gamma, {}^3\text{H}\alpha)$; ^{10}B $(\gamma, d\alpha)$; ^{6}Li (γ, d); ^{7}Li $(\gamma, {}^3\text{H})$; ^{239}Pu (n, Sp); U (γ, Sp)
^{5}He		^{4}He							
^{6}He				^{9}Be	^{6}Li				* betr. Übergang auf ^{6}Li
^{6}Li									
^{7}Li		^{6}Li		^{10}B					
^{8}Li		^{7}Li	^{7}Li	^{11}B				^{12}C, p	(p, Spall) von N, Ne, Ar, Xe, Kr; (d, Spall) von C, N, Ne, Ar, Kr, Xe; *betr. Übergang auf ^{8}Be
^{7}Be		^{6}Li		^{10}B					
^{8}Be	^{9}Be					^{9}Be			^{9}Be (p, d); ^{9}Be (e^-, n); ^{6}Li $({}^3\text{H}, n)$; ^{12}C (γ, α)
^{9}Be				^{12}C					
^{10}Be		^{9}Be	^{9}Be	^{13}C					
^{8}B									^{10}B $(p, {}^3\text{H})$; ^{9}Be $(p, 2n)$; ^{12}C $(p, n\alpha)$
^{9}B									
^{10}B									^{14}N (γ, α)
^{11}B		^{10}B		^{14}N					
^{12}B		^{11}B		^{15}N					
^{10}C									
^{11}C						^{12}C			^{12}C $(\alpha, \alpha n)$; ^{12}C (d, dn); ^{12}C (p, pn); ^{12}C (p, d); ^{14}N $(\gamma, p\,2n)$; ^{14}N $(n, p\,3n)$; ^{16}O $(n, 2p\,4n)$; ^{16}O $(p, 3p\,3n)$; ^{19}F $(n, 3p\,6n)$
^{12}C									^{16}O (γ, α)
^{13}C		^{12}C	^{12}C	^{16}O					
^{14}C		^{13}C	^{13}C	^{17}O	^{14}N				

Nuklid	Halbwertszeit	Zerfall	Energie	(α, p)	(α, n)	(α, d)	(γ, p)	(γ, n)	(p, α)	(p, n)	(p, γ)	(d, n)	(d, α)
^{15}C	$2,4 \pm 0,2$ s	β^-	9,773										
^{12}N	13 ± 1 ms	$\beta^+ (\alpha)$	16,4							^{12}C			
^{13}N	$10,13 \pm 0,1$ m	β^+	1,2		^{10}B			^{14}N		^{13}C	^{12}C	^{12}C	
^{14}N					^{11}B					^{14}C	^{13}C	^{13}C	^{16}O
^{15}N							^{16}O		^{18}O			^{14}C	
^{16}N	$7,35 \pm 0,05$ s	β^-	10,4										
^{17}N	$4,5 \pm 1,0$ s	$\beta^- (n)$	4,534	^{14}C			^{18}O						
^{14}O	$1,28 \pm 0,03$ m	β^+	4,1							^{14}N			
^{15}O	$1,97 \pm 0,01$ m	β^+	1,7		^{12}C			^{16}O			^{14}N	^{14}N	
^{16}O									^{19}F		^{15}N	^{15}N	
^{17}O				^{14}N									^{19}F
^{19}O	$27,0 \pm 0,5$ s	β^-	4,82										
^{17}F	$1,17 \pm 0,02$ m	β^+	1,72		^{14}N						^{16}O	^{16}O	
^{18}F	$1,92 \pm 0,06$ h	β^+	0,65					^{19}F		^{18}O	^{17}O	^{17}O	^{20}Ne
^{20}F	$10,7 \pm 0,2$ s	β^-	7,0										
^{19}Ne	$18,2 \pm 0,6$ s	β^+	2,2							^{19}F			
^{20}Ne									^{23}Na		^{19}F	^{19}F	
^{21}Ne													^{23}Na
^{22}Ne				^{19}F									
^{23}Ne	$40,2 \pm 0,4$ s	β^-	4,38										
^{20}Na	$0,25$ s	$\beta^+ (\alpha)$								^{20}Ne			
^{21}Na	23 ± 2 s	β^+	3,52							^{21}Ne	^{20}Ne	^{20}Ne	
^{22}Na	$2,6$ a	β^+	1,83		^{19}F						^{21}Ne		^{24}Mg
^{23}Na				^{20}Ne							^{22}Ne		^{25}Mg

	(d, ^{3}H)	(d, p)	(n, γ)	(n, α)	(n, p)	(n, 2n)	Sp	Spall	Sonstige
^{15}C		^{14}C							
^{12}N									
^{13}N	^{14}N					^{14}N			^{16}O $(n, p\ 3n)$; ^{19}F $(n, 2p\ 5n)$
^{14}N									^{12}C (d, γ)
^{15}N		^{14}N	^{14}N						
^{16}N		^{15}N		^{10}F	^{16}O				
^{17}N					^{17}O				$^{17\cdot18}$O $(d, 2p\ 0\cdot1n)$; ^{19}F $(d, 3\,pn)$; ^{23}Na $(d, 5p\ 3n)$; ^{24}Mg $(d, 6p\ 3n)$; ^{27}Al $(d, 7p\ 5n)$; ^{28}Si $(d, 8p\ 5n)$; ^{31}P $(d, 9p\ 7n)$; ^{32}S $(d, 10p\ 7n)$ $^{35\cdot37}$U $(d, 11p\ 9\cdot11n)$; $^{39\cdot41}$K $(d, 13p\ 11\cdot13n)$
^{14}O									
^{15}O						^{16}O			^{10}F $(n, p\ 4n)$
^{16}O									
^{17}O		^{16}O		^{20}Ne					
^{19}O			^{18}O		^{19}F				
^{17}F									^{19}F $(\gamma, 2n)$; ^{19}F $(n, 3n)$
^{18}F	^{19}F					^{19}F		Mg, n	^{16}O (α, np); ^{16}O $(^3$H$, n)$; aus ^{18}Ne durch β^--Zerfall; ^{23}Na $(n, 2p\ 4n)$; ^{27}Al $(p,$ Spall$)$; Si $(n,$ Spall$)$; ^{27}Al $(n,$ Spall$)$
^{20}F		^{19}F	^{19}F	^{23}Na					
^{19}Ne									
^{20}Ne									
^{21}Ne		^{20}Ne							
^{22}Ne		^{21}Ne							^{22}Na, K-Einfang; aus ^{22}Na durch β^+-Zerfall
^{23}Ne		^{22}Ne		^{26}Mg	^{23}Na				
^{20}Na									
^{21}Na									
^{22}Na									^{27}Al $(\alpha, 4p\ 5n)$
^{23}Na									

	Halbwertszeit	Zerfall	Energie	(α, p)	(α, n)	(α, d)	(γ, p)	(γ, n)	(p, α)	(p, n)	(p, γ)	(d, n)	(d, α)
^{24}Na	15,04 ± 0,06h	β^-	5,5				^{25}Mg						^{26}Mg
^{25}Na	58,2 ± 1,3 s	β^-	3,80				^{26}Mg						
^{23}Mg	11,9 ± 0,3s	β^+	3,09					^{24}Mg		^{23}Na			
^{24}Mg									^{27}Al		^{23}Na	^{23}Na	
^{25}Mg													^{27}Al
^{26}Mg				^{23}Na			^{27}Al						
^{27}Mg	9,58 ± 0,10m	β^-	2,61										
^{25}Al	7,3s	β^+	4,26							^{25}Mg	^{24}Mg	^{24}Mg	
^{26}Al	6,3s	β^+	4,01		^{23}Na			^{27}Al		^{26}Mg	^{25}Mg	^{25}Mg	
^{27}Al				^{24}Mg							^{26}Mg	^{26}Mg	
^{28}Al	2,30 ± 0,03 m	β^-	4,64	^{25}Mg			^{29}Si						
^{29}Al	6,56 ± 0,06m	β^-	3,76	^{26}Mg			^{30}Si						
^{27}Si	4,92 ± 0,1s	β^+	4,815		^{24}Mg			^{28}Si		^{27}Al			
^{28}Si					^{25}Mg						^{27}Al	^{27}Al	
^{29}Si													
^{30}Si				^{27}Al									
^{31}Si	2,59 ± 0,02h	β^-	1,477										
^{29}P	4,6 ± 0,2s	β^+	4,96							^{29}Si		^{28}Si	
^{30}P	2,18 ± 0,03 m	β^+	4,247		^{27}Al			^{31}P		^{30}Si			^{32}S
^{31}P				^{28}Si								^{30}Si	
^{32}P	14,07 ± 0,01 d	β^-	1,708	^{29}Si									^{34}S
^{34}P	12,40 ± 0,12s	β^-	5,1										
^{31}S	3,18 ± 0,04s	β^+	5,44		^{28}Si			^{32}S		^{31}P			
^{32}S											^{31}P	^{31}P	
^{33}S													^{35}Cl
^{34}S				^{31}P									
^{35}S	88 ± 3d	β^-	0,167										^{37}Cl
^{37}S	5,04 ± 0,02m	β^-	4,79										
^{33}Cl	2,4 ± 0,2s	β^+	5,575							^{33}S		^{32}S	

	$(d, {}^3H)$	(d, p)	(n, γ)	(n, α)	(n, p)	$(n, 2n)$	Sp	Spall	Sonstige
^{24}Na		^{23}Na	^{23}Na	^{27}Al	^{24}Mg			^{31}P, n	^{27}Al $(d, p\alpha)$; ^{28}Si $(\gamma, 3pn)$; Si $(n,$ Spall); S $(n,$ Spall); ^{27}Al $(p,$ Spall)
^{25}Na					^{25}Mg				^{27}Al $(\gamma, 2p)$;
^{23}Mg									
^{24}Mg									
^{25}Mg		^{24}Mg							
^{26}Mg		^{25}Mg							
^{27}Mg		^{26}Mg	^{26}Mg		^{27}Al			Si, n	^{27}Al $(d, 2p)$
^{25}Al									
^{26}Al									
^{27}Al		^{27}Al	^{27}Al	^{31}P	^{28}Si				
^{28}Al									
^{29}Al									
^{27}Si									
^{28}Si									
^{29}Si		^{28}Si		^{32}S					
^{30}Si		^{29}Si							
^{31}Si		^{30}Si	^{30}Si	^{34}S	^{31}P			S, n	
^{29}P									^{31}P $(\gamma, 2n)$
^{30}P						^{31}P			^{28}Si $({}^3$He, $p)$; ^{32}S $(n, p\,2n)$
^{31}P									
^{32}P		^{31}P	^{31}P	^{35}Cl	^{32}S				
^{34}P				^{37}Cl	^{34}S				
^{31}S									
^{32}S									
^{33}S		^{32}S	^{32}S						
^{34}S		^{33}S							
^{35}S		^{34}S	^{34}S		^{35}Cl				
^{37}S									
^{33}Cl									

	Halbwertszeit	Zerfall	Energie	(α, p)	(α, n)	(α, d)	(γ, p)	(γ, n)	(p, α)	(p, n)	(p, γ)	(d, n)	(d, α)
^{34}Cl	33,2 ± 0,5 m	β^+	5,66		^{31}P			^{35}Cl		^{34}S		^{33}S	
^{35}Cl				^{32}S									
^{36}Cl	0,44 ± 0,05 · 10^6 a	β^-	1,138										
^{38}Cl	37,29 ± 0,04 m	β^-	4,916										^{40}Ar
^{39}Cl	55,5 ± 0,2 m	β^-	3,43*				^{40}Ar						
^{35}Ar	1,88 ± 0,04 s	β^+	5,98		^{32}S					^{35}Cl			
^{37}Ar	34,1 ± 0,3 d	K	0,816		^{34}S					^{37}Cl	^{37}Cl		^{39}K
^{39}Ar	265 a	β^-	0,565										
^{40}Ar													
^{41}Ar	1,82 ± 0,02 h	β^-	2,49										
^{38}K	7,65 ± 0,1 m	β^+	5,929		^{35}Cl			^{39}K					^{40}Ca
^{40}K	12,7 ± 0,5 · 10^8 a	β^-, K	1,321							^{40}Ar			
^{41}K											^{40}Ar	^{40}Ar	
^{42}K	12,44 ± 0,1 h	β^-	3,55										
^{43}K	22,4 h	β^-	1,817	^{40}Ar									
^{42}Ca				^{39}K									
^{43}Ca					^{40}Ar								
^{45}Ca	152 d	β^-	0,252										
^{49}Ca	8,5 m	β^-	5,19*										
^{41}Sc	0,87 ± 0,03 s	β^+	5,95*										^{40}Ca
^{43}Sc	3,92 ± 0,02 h	β^+	2,22	^{40}Ca						^{43}Ca		^{40}Ca	
^{44}Sc	3,92 ± 0,03 h	β^+, K	3,648		^{41}K			^{45}Sc		^{44}Ca		^{42}Ca	
^{46}Sc	85 ± 1 d	β^-	2,365	^{43}Ca								^{43}Ca	^{46}Ti
^{47}Sc	3,43 ± 0,03 d	β^-	0,60	^{44}Ca							^{46}Ca	^{46}Ca	^{48}Ti
^{48}Sc	1,81 ± 0,02 d	β^-	3,99							^{48}Ca			^{49}Ti
^{49}Sc	57 ± 2 m	β^-	2,07				^{50}Ti					^{48}Ca	^{50}Ti
^{45}Ti	3,09 ± 0,03 h	β^+, K	2,058					^{46}Ti		^{45}Sc			
^{51}Ti	6 m	β^-	2,47										
^{47}V	33,0 ± 0,5 m	β^+	2,912							^{47}Ti	^{46}Ti	^{46}Ti	

	$(d, {}^3H)$	(d, p)	(n, γ)	(n, α)	(n, p)	$(n, 2n)$	Sp	Spall	Sonstige
^{34}Cl						^{35}Cl			^{32}S (α, np); ^{32}S $({}^3H, n)$; ^{35}Cl (p, pn); ^{27}Al $({}^{12}C, \alpha n)$
^{35}Cl									
^{36}Cl		^{35}Cl	^{35}Cl						
^{38}Cl		^{37}Cl	^{37}Cl	^{41}K				Cu, p	${}^{63 \cdot 65}$Cu $(d, 13p\ 14 \cdot 16\,n)$
^{39}Cl									* betr. Übergang auf ^{39}Ar
^{35}Ar									
^{37}Ar		^{36}Ar	^{36}Ar	^{40}Ar					^{37}Cl $(d, 2n)$
^{39}Ar		^{38}Ar			^{39}K				
^{40}Ar									^{40}K, K-Einfang
^{41}Ar		^{40}Ar	^{40}Ar		^{41}K				
^{38}K						^{39}K			
^{40}K		^{39}K	^{39}K						
^{41}K									
^{42}K		^{41}K	^{41}K	^{45}Sc	^{42}Ca				^{40}Ar (α, pn)
^{43}K									
^{42}Ca									
^{43}Ca									
^{45}Ca		^{44}Ca	^{44}Ca	^{48}Ti	^{45}Sc		^{209}Bi, α		^{209}Bi (d, Sp)
^{49}Ca									* betr. Übergang auf ^{49}Sc
^{41}Sc									* betr. Übergang auf ^{41}Ca; ^{41}Ca $\beta^- \!\to {}^{41}$K 0,413 MeV, $\tau_{1/2}$ 1,1 $\cdot$ 10^{5}a
^{43}Sc									
^{44}Sc						^{45}Sc		Br, p	^{44}Ca $(d, 2n)$
^{46}Sc		^{45}Sc	^{45}Sc						
^{47}Sc									
^{48}Sc				^{51}V	^{48}Ti				^{48}Ca $(d, 2n)$
^{49}Sc					^{49}Ti				aus ^{40}Ca durch β^--Zerfall
^{45}Ti						^{46}Ti			^{45}Sc $(d, 2n)$
^{51}Ti		^{50}Ti	^{50}Ti						
^{47}V									

	Halbwertszeit	Zerfall	Energie	(α, p)	(α, n)	(α, d)	(γ, p)	(γ, n)	(p, α)	(p, n)	(p, γ)	(d, n)	(d, α)
^{48}V	$16,0 \pm 0,2\,$d	$\beta^+,\ K$	4,017		^{45}Sc					^{48}Ti		^{47}Ti	^{50}Cr
^{49}V	$1,65 \pm 0,15\,$a	K	0,611									^{48}Ti	
^{51}V				^{48}Ti									
^{52}V	$3,74 \pm 0,01\,$m	β^-	3,994				^{53}Cr						^{54}Cr
^{49}Cr	$41,9 \pm 0,3\,$m	β^+	2,56		^{46}Ti			^{50}Cr					
^{51}Cr	$25\,$d	K	0,753							^{51}V			
^{53}Cr													
^{54}Cr													
^{55}Cr	$3,5\,$m	β^-	2,82										
^{51}Mn	$44,3 \pm 0,5\,$m	β^+	3,18*							^{50}Cr		^{50}Cr	
^{52}Mn	$6,2\,$d	$K,\ \beta^+$	4,703							^{52}Cr			^{54}Fe
^{54}Mn	$310 \pm 20\,$d	$K,\ \beta^-$	1,379		^{51}V			^{55}Mn		^{54}Cr		^{53}Cr	^{56}Fe
^{56}Mn	$2,586 \pm 0,005\,$h	β^-	3,705	^{53}Cr			^{57}Fe						^{58}Fe
^{52}Fe	$7,8\,$h	β^+	2,38*										
^{53}Fe	$8,8 \pm 0,2\,$m	β^+	3,99		^{50}Cr			^{54}Fe					
^{55}Fe	$2,94 \pm 0,03\,$a	K	0,232							^{55}Mn			
^{57}Fe													
^{58}Fe													
^{59}Fe	$46\,$d	β^-	1,563										
^{55}Co	$18,0\,$h	β^+	3,460*								^{54}Fe	^{54}Fe	
^{56}Co	$80 \pm 5\,$d	β^+	4,60										^{58}Ni
^{57}Co	$270\,$d	$K,\ \beta^+$	0,89								^{56}Fe	^{56}Fe	
^{58}Co	$72\,$d	$\beta^+,\ K$	2,312		^{55}Mn					^{58}Fe	^{57}Fe	^{57}Fe	^{60}Ni
^{60}Co	$5,26 \pm 0,15\,$a	β^-	2,816										^{62}Ni
^{61}Co	$1,75 \pm 0,05\,$h	β^-	1,294				^{62}Ni		^{64}Ni				
^{62}Co	$13,9 \pm 0,2\,$m	β^-	5,22										^{64}Ni
^{57}Ni	$1,52 \pm 0,04\,$d	$K,\ \beta^+$	3,24		^{54}Fe			^{58}Ni					

	$(d, {}^3\text{H})$	(d, p)	(n, γ)	(n, α)	(n, p)	$(n, 2n)$	Sp	Spall	Sonstige
^{48}V									$^{63\cdot 65}$Cu $(d, 7p\ 10\cdot 12n)$
^{49}V						^{50}V			
^{51}V									
^{52}V		^{51}V	^{51}V	^{55}Mn	^{52}Cr				
^{49}Cr						^{50}Cr		^{59}Co, p	$^{63\cdot 65}$Cu $(d, 6p\ 10\cdot 12n)$; ^{75}As $(d,\ \text{Spall})$
^{51}Cr		^{50}Cr	^{50}Cr						^{75}As $(d, 10p\ 16n)$; $^{63\cdot 65}$Cu $(d, 6p\ 8\cdot 10n)$; aus ^{51}Mn durch β^+-Zerfall
^{53}Cr			^{52}Cr	^{56}Fe					
^{54}Cr			^{53}Cr						
^{55}Cr			^{54}Cr						
^{51}Mn									* betr. Übergang auf ^{51}Cr
^{52}Mn								^{59}Co, p	^{52}Cr $(d, 2n)$; ^{75}As $(d, 9p\ 16n)$; aus ^{52}Fe durch β^+-Zerfall; $^{63\cdot 65}$Cu $(d, 5p\ 8\cdot 10n)$
^{54}Mn					^{54}Fe				
^{56}Mn		^{55}Mn	^{55}Mn	^{59}Co	^{56}Fe			^{59}Co, p	^{75}As $(d, 9p\ 12n)$; $^{63\cdot 65}$Cu $(d, 5p\ 4\cdot 6n)$
^{52}Fe									$^{63\cdot 65}$Cu $(d, 4p\ 9\cdot 11n)$; * Übergang auf ^{52}Mn
^{53}Fe						^{54}Fe			$^{63\cdot 65}$Cu $(d, 4p\ 8\cdot 10n)$
^{55}Fe		^{54}Fe	^{54}Fe						aus ^{55}Co durch β^+-Zerfall
^{57}Fe		^{56}Fe	^{56}Fe						
^{58}Fe			^{57}Fe						
^{59}Fe		^{58}Fe	^{58}Fe		^{59}Co		^{209}Bi, d		^{75}As $(d, 8p\ 10n)$; $^{63\cdot 65}$Cu $(d, 4p\ 2\cdot 4n)$; ^{209}Bi $(\alpha,\ \text{Sp})$
^{55}Co								^{59}Co, p	$^{63\cdot 65}$Cu $(d, 3p\ 7\cdot 9n)$; * betr. Übergang auf ^{55}Fe
^{56}Co								Cu, d	^{56}Fe $(d, 2n)$; ^{54}Fe (α, np)
^{57}Co									
^{58}Co					^{58}Ni			Cu, d	
^{60}Co					^{60}Ni				
^{61}Co		^{59}Co	^{59}Co		^{61}Ni			Ag, p	^{64}Ni $(d, \alpha n)$; ^{65}Cu $(n, \alpha n)$; ^{63}Cu $(\gamma, 2p)$; ^{59}Co $({}^3\text{H}, p)$; ^{75}As $(d, 7p\ 9n)$; $^{63\cdot 65}$Cu $(d, 3p\ 1\cdot 3n)$
^{62}Co				^{65}Cu	^{62}Ni				^{65}Cu $(d, \alpha p)$
^{57}Ni								Cu, d	^{59}Co $(d,\ \text{Spall})$; ^{75}As $(d,\ \text{Spall})$

	Halbwertszeit	Zerfall	Energie	(α, p)	(α, n)	(α, d)	(γ, p)	(γ, n)	(p, α)	(p, n)	(p, γ)	(d, n)	(d, α)
^{59}Ni	$8 \cdot 10^4$ a		1,075		^{56}Fe			^{60}Ni					
^{60}Ni													
^{61}Ni													^{59}Co
^{62}Ni													
^{63}Ni	120a	β^-	0,067										
^{65}Ni	$2,564 \pm 0,005$ h	β^-	2,10										
^{66}Ni	2,33 d	β^-	2,83										
^{58}Cu	$7,9 \pm 0,05$ m	β^+	8,527							^{58}Ni			
^{59}Cu	$1,35 \pm 0,03$ m	β^+	4,802								^{58}Ni		
^{60}Cu	$24,6 \pm 0,3$ m	β^+	6,154							^{60}Ni			
^{61}Cu	3,4 h	K, β^+	2,231	^{58}Ni						^{61}Ni	^{60}Ni	^{60}Ni	
^{62}Cu	$10,1 \pm 0,1$ m	β^+	3,930		^{59}Co			^{63}Cu		^{62}Ni	^{61}Ni		
^{64}Cu	$12,88 \pm 0,03$ h	β^-, β^+, K	1,678					^{65}Cu		^{64}Ni			^{66}Zn
^{66}Cu	$5,18 \pm 0,10$ m	β^-	2,63										
^{67}Cu	$2,44 \pm 0,02$ d	β^-	0,572	^{64}Ni			^{68}Zn						
^{62}Zn	9,5 h	K, β^+	1,69*										
^{63}Zn	$38,3 \pm 0,5$ m	β^+, K	3,366		^{60}Ni			^{64}Zn		^{63}Cu			
^{65}Zn	250 ± 5 d	β^+, K	1,348							^{65}Cu			
^{69}Zn	57 ± 2 m	β^-	0,905					^{70}Zn					
^{72}Zn	49 h	β^-	1,6*										^{71}Ga
^{64}Ga	2,6 m	β^+	7,07							^{64}Zn			
^{65}Ga	15 m	K	3,26									^{64}Zn	
^{66}Ga	9,45 h	β^+, K	5,17		^{63}Cu					^{66}Zn		^{64}Zn	
^{67}Ga	$3,26 \pm 0,02$ d	K	0,998	^{64}Zn						^{67}Zn			^{66}Zn

	$(d, {}^{3}\text{H})$	(d, p)	(n, γ)	(n, α)	(n, p)	$(n, 2n)$	Sp	Spall	Sonstige
^{59}Ni		^{58}Ni	^{58}Ni			^{60}Ni			^{63,65}Cu $(d, 2p\ 4 \cdot 6n)$
^{60}Ni									
^{61}Ni			^{60}Ni						
^{62}Ni			^{61}Ni						
^{63}Ni			^{62}Ni						
^{65}Ni		^{64}Ni	^{64}Ni	^{68}Zn	^{65}Cu		U, α; ^{209}Bi, d		^{209}Bi (d, Sp); ^{75}As $(d, 6p\ 6n)$; ^{65}Cu $(d, 2p)$
^{66}Ni									^{209}Bi (α, Sp); ^{75}As $(d, 6p\ 5n)$
^{58}Cu									^{58}Ni $(d, 2n)$
^{59}Cu									
^{60}Cu									^{60}Ni $(d, 2n)$; ^{58}Ni (α, pn) ^{63,65}Cu $(d, p\ 4 \cdot 6n)$
^{61}Cu									^{59}Co $(\alpha, 2n)$; ^{64}Zn $(d, \alpha n)$; ^{75}As $(d, 5p\ 11n)$; ^{63,65}Cu $(d, p\ 3 \cdot 5n)$; ^{63}Cu $(\gamma, 2n)$; ^{61}Ni $(d, 2n)$; ^{64}Zn $(\gamma, p\ 2n)$
^{62}Cu	^{63}Cu					^{63}Cu		^{75}As, d	^{63,65}Cu $(d, p\ 2 \cdot 4n)$; ^{60}Ni (α, pn); ^{63}Cu (p, pn); ^{64}Zn (γ, pn); ^{62}Zn, K-Einfang: ^{63}Cu (e^-, ne^-)
^{64}Cu		^{63}Cu	^{63}Cu		^{64}Zn	^{65}Cu			^{65}Cu (p, pn); ^{75}As $(d, 5p\ 8n)$; ^{63,65}Cu $(d, p\ 0 \cdot 2n)$
^{66}Cu		^{65}Cu	^{65}Cu	^{69}Ga	^{66}Zn				aus ^{66}Ni durch β^--Zerfall
^{67}Cu					^{67}Zn		^{209}Bi, α		^{209}Bi (d, Sp); ^{75}As $(d, 5p\ 5n)$
^{62}Zn								^{75}As, d	^{63,65}Cu $(d, 3 \cdot 5n)$; ^{60}Ni $(\alpha, 2n)$; ^{64}Zn $(\gamma, 2n)$; ^{63}Cu $(p, 2n)$; * betr. Übergang auf ^{62}Cu
^{63}Zn						^{64}Zn		^{75}As, d	^{63}Cu $(d, 2n)$; ^{63,65}Cu $(d, 2 \cdot 4n)$
^{65}Zn		^{64}Zn	^{64}Zn					^{75}As, d	^{65}Cu $(d, 2n)$; ^{65}Ga, K-Einfang
^{69}Zn		^{68}Zn	^{68}Zn		^{69}Ga				^{75}As $(d, 4p\ 4n)$
^{72}Zn							U, n		^{209}Bi (α, Sp); ^{209}Bi (d, Sp); ^{75}As $(d, 4pn)$; * betr. Übergang auf ^{72}Ga
^{64}Ga									
^{65}Ga									
^{66}Ga									^{66}Zn $(d, 2n)$; ^{75}As $(d, 3p\ 8n)$
^{67}Ga									^{67}Zn $(d, 2n)$; ^{75}As $(d, 3p\ 7n)$; ^{65}Cu $(\alpha, 2n)$; aus ^{67}Ge durch β^+-Zerfall

	Halbwertszeit	Zerfall	Energie	(α, p)	(α, n)	(α, d)	(γ, p)	(γ, n)	(p, α)	(p, n)	(p, γ)	(d, n)	(d, α)
^{68}Ga	1,13h	β^+	2,917		^{65}Cu			^{69}Ga		^{68}Zn	^{67}Zn	^{67}Zn	^{70}Ge
^{70}Ga	19,8 ± 0,4 m	$\beta^-,\ K$	1,65	^{67}Zn				^{71}Ga		^{70}Zn			^{72}Ge
^{72}Ga	14,08 ± 0,02h	β^-	4,00										
^{73}Ga	5h	β^-	1,55				^{74}Ge						^{74}Ge
^{66}Ge	2,5h	β^+	~3 *										
^{67}Ge	21 m	β^+	4,40*										
^{68}Ge	250d	$K,\ \beta^+$	0,7*										
^{69}Ge	1,67 ± 0,02d	$K,\ \beta^+$	2,237		^{66}Zn			^{70}Ge					
^{71}Ge	11,4 ± 0,1d	K	0,233										
^{74}Ge													
^{75}Ge	1,37 ± 0,02h	β^-	1,19					^{76}Ge					
^{77}Ge	12h	β^-	2,75*										
^{70}As	52m	β^+	6,3										
^{71}As	62h	$K,\ \beta^+$	2,0*										
^{72}As	1,08d	$K,\ \beta^+$	4,36		^{69}Ga					^{72}Ge		^{71}Ge	^{74}Se
^{73}As	76 ± 3d	K	0,37	^{70}Ge								^{72}Ge	
^{74}As	17,5 ± 0,1d	$\beta^-,\ \beta^+$	2,53		^{71}Ga			^{75}As		^{74}Ge		^{73}Ge	^{76}Se
^{76}As	1,187 d	β^-	2,97				^{77}Se			^{76}Ge			^{78}Se
^{77}As	1,58 ± 0,02d	β^-	0,684										
^{78}As	91 m	β^-	4,27										
^{81}As	31 s	β^-	3,8*										
^{70}Se	44 m	β^+	2,5*										
^{72}Se	9,5 d	K	0,5*										
^{73}Se	7,1h	$\beta^+,\ K$	2,75*		^{70}Ge								
^{75}Se	127 ± 2d	K	0,865		^{72}Ge								

	$(d, {}^3\mathrm{H})$	(d, p)	(n, γ)	(n, α)	(n, p)	$(n, 2n)$	Sp	Spall	Sonstige
^{68}Ga						^{69}Ga			^{75}As $(d,\, 3p\, 6n)$; ^{68}Ge, K-Einfang; ^{70}Ge $(\gamma,\, pn)$
^{70}Ga		^{69}Ga	^{69}Ga		^{70}Ge	^{71}Ga		^{75}As, d	
^{72}Ga		^{71}Ga	^{71}Ga		^{72}Ge		U, n	Bi, d	Bi $(\alpha,\, \mathrm{Sp})$; Sn $(p,\, \mathrm{Spall})$; aus ^{72}Zn durch β^--Zerfall
^{73}Ga					^{73}Ge		U, n		^{209}Bi $(d,\, \mathrm{Sp})$; aus ^{73}Zn durch β^--Zerfall
^{66}Ge								Ge, d	^{75}As $(d,\, \mathrm{Spall})$; * betr. Übergang auf ^{66}Ga
^{67}Ge								Ge, d	^{75}As $(d,\, \mathrm{Spall})$; * betr. Übergang auf ^{67}Ga
^{68}Ge									^{66}Zn $(\alpha,\, 2n)$; ^{75}As $(d,\, 2p\, 7n)$; * betr. Übergang auf ^{68}Ga
^{69}Ge						^{70}Ge			^{69}Ga $(d,\, 2n)$; ^{75}As $(d,\, 2p\, 6n)$; aus ^{69}As durch β^+-Zerfall
^{71}Ge		^{70}Ge	^{70}Ge						^{71}Ga $(d,\, 2n)$; ^{75}As $(d,\, 2p\, 4n)$; ^{71}As, K-Einfang oder β^+-Zerfall
^{74}Ge			^{73}Ge						
^{75}Ge		^{74}Ge	^{74}Ge	^{78}Se	^{76}As	^{76}Ge			
^{77}Ge		^{76}Ge	^{76}Ge	^{80}Se			U, n		^{209}Bi $(\gamma,\, \mathrm{Sp})$; * betr. Übergang auf ^{77}As
^{70}As								^{75}As, d	aus ^{70}Se durch β^+-Zerfall
^{71}As								^{75}As, d	^{69}Ga $(\alpha,\, 2n)$; * betr. Übergang auf ^{71}Ge
^{72}As									^{75}As $(d,\, p\, 4n)$; ^{72}Se, K-Einfang
^{73}As								^{75}As, d	^{71}Ga $(\alpha,\, 2n)$
^{74}As						^{75}As	^{209}Bi, α		^{209}Bi $(d,\, \mathrm{Sp})$
^{76}As		^{75}As	^{75}As	^{79}Br	^{76}Se				
^{77}As							U, n		^{209}Bi $(\alpha,\, \mathrm{Sp})$; ^{209}Bi $(d,\, \mathrm{Sp})$; ^{209}Bi $(\gamma,\, \mathrm{Sp})$; aus ^{77}Ge durch β^--Zerfall
^{78}As				^{81}Br	^{78}Se				
^{81}As							U, n		* betr. Übergang auf ^{81}Se
^{70}Se								As, d	* betr. Übergang auf ^{70}As
^{72}Se									^{75}As $(d,\, 5n)$; * betr. Übergang auf ^{72}As
^{73}Se									^{75}As $(d,\, 4n)$; * betr. Übergang auf ^{73}As
^{75}Se			^{74}Se						^{75}As $(d,\, 2n)$; ^{75}Br, K-Einfang oder β^+-Zerfall

	Halbwertszeit	Zerfall	Energie	(α, p)	(α, n)	(α, d)	(γ, p)	(γ, n)	(p, α)	(p, n)	(p, γ)	(d, n)	(d, α)
^{81}Se	18 ± 1 m	β^-	1,40					^{82}Se					
^{83}Se	~ 30 m	β^-	2,8*										
^{84}Se	~ 2 m	β^-	4,68										
^{75}Br	1,7 h	K, β^+	2,7*								^{74}Se	^{74}Se	
^{77}Br	2,4 d	K, β^+	1,365	^{74}Se						^{77}Se	^{76}Se	^{76}Se	
^{78}Br	$6,4 \pm 0,1$ m	β^+	3,55		^{75}As			^{79}Br		^{78}Se		^{77}Se	
^{80}Br	$18,5 \pm 0,5$ m	K, β^+, β^-	1,888					^{81}Br		^{80}Se			
^{82}Br	1,5 d	β^-	3,092							^{82}Se			
^{83}Br	$2,33 \pm 0,17$ h	β^-	1,00	^{80}Se								^{82}Se	
^{84}Br	30 ± 5 m	β^-	4,68										
^{85}Br	$3,00 \pm 0,05$ m	β^-	2,8*										
^{87}Br	$55,6 \pm 0,2$ s	β^- (n)	8,0*										
^{88}Br	$15,5 \pm 0,3$ s	β^-											
^{77}Kr	1,1 h	K, β^+	2,89*		^{74}Se								
^{79}Kr	$1,44 \pm 0,04$ d	K, β^+	1,62		^{76}Se					^{79}Br			
^{81}Kr	$2 \cdot 10^5$ a	K	0,3							^{81}Br			
^{83}Kr													
^{84}Kr													

	$(d, {}^3H)$	(d, p)	(n, γ)	(n, α)	(n, p)	$(n, 2n)$	Sp	Spall	Sonstige
^{81}Se		^{80}Se	^{80}Se		^{81}Br	^{82}Se	U, n		aus ^{81}As durch β^--Zerfall
^{83}Se		^{82}Se	^{82}Se				U, n		* betr. Übergang auf ^{83}Br
^{84}Se							U, n		
^{75}Br									* betr. Übergang auf ^{75}Se
^{77}Br									^{77}Se $(d, 2n)$;
^{78}Br						^{79}Br			
^{80}Br		^{79}Br	^{79}Br			^{81}Br			
^{82}Br		^{81}Br	^{81}Br	^{85}Rb			U, n		Bi $(\alpha,$ Sp$)$; U $(\alpha,$ Sp$)$; ^{209}Bi $(\gamma,$ Sp$)$; ^{82}Se $(d, 2n)$
^{83}Br							U, n		Th $(n,$ Sp$)$; Bi $(\alpha,$ Sp$)$; ^{207}Bi $(d,$ Sp$)$; ^{209}Bi $(\gamma,$ Sp$)$; aus ^{83}Se durch β^--Zerfall
^{84}Br				^{87}Rb			U, n		Th $(n,$ Sp$)$; ^{209}Bi $(\gamma,$ Sp$)$
^{85}Br							U, n		* betr. Übergang auf ^{85}Kr
^{87}Br							U, n		^{239}Pu $(n,$ Sp$)$; Th $(n,$ Sp$)$; * Übergang auf ^{87}Kr
^{88}Br							U, n		
^{77}Kr									* betr. Übergang auf ^{77}Br
^{79}Kr		^{78}Kr							^{79}Br $(d, 2n)$
^{81}Kr			^{80}Kr						^{81}Rb, K-Einfang; aus ^{81}Rb durch β^+-Zerfall
^{83}Kr			^{82}Kr				U, n		^{238}U (spont. Sp)
^{84}Kr			^{83}Kr				U, n		^{238}U (spont. Sp)

	Halbwertszeit	Zerfall	Energie	(α, p)	(α, n)	(γ, p)	(γ, n)	(p, n)	(d, n)	(d, α)	(d, p)	(n, γ)
^{85}Kr	10,6 a	β^-	0,672									^{84}Kr
^{86}Kr												
^{87}Kr	1,30 ± 0,03 h	β^-	3,96*								^{86}Kr	^{86}Kr
^{88}Kr	2,77 ± 0,05 h	β^-	2,8*									
^{89}Kr	2,5…3 m	β^-	5,5*									
^{90}Kr	33 s	β^-	4,2*									
^{91}Kr	9,8 s	β^-	~5,5									
^{81}Rb	4,7 h	K, β^+	2,24*									
^{82}Rb	1,3	K, β^+	4,17		^{79}Br							
^{83}Rb	83 d	K	0,76									
^{84}Rb	34 d	K, β^+	2,652		^{81}Br				^{83}Kr	^{86}Sr		
^{86}Rb	19,5 ± 1 d	β^-	1,777				^{87}Rb			^{88}Sr		^{85}Rb
^{88}Rb	17,8 ± 0,2 m	β^-	5,21									^{87}Rb
^{89}Rb	15,4 ± 0,2 m	β^-	3,92*									
^{90}Rb	2,9 m	β^-	6,59*									
^{91}Rb	1,7 m	β^-	~5									
^{97}Rb	kurz	β^-	~7*									
^{85}Sr	66 d	K	1,11					^{85}Rb				
^{87}Sr												
^{89}Sr	54,5 d	β^-	1,463								^{88}Sr	^{88}Sr
^{90}Sr	19,9 ± 0,3 a	β^-	0,544*									
^{91}Sr	10 h	β^-	2,67*									
^{97}Sr	kurz	β^-	~6*									
^{84}Y	3,7 ± 0,1 h	K, β^+	8					^{84}Sr				

	(n, α)	(n, p)	$(n, 2n)$	Sp	Spall	Durch Zerfall von … über Strahlung			Sonstige
						α	β^-	β^+	
^{85}Kr				U, n					
^{86}Kr				U, n					^{238}U (spont. Sp)
^{87}Kr		^{87}Rb		U, n			^{87}Br		* betr. Übergang auf ^{87}Rb; ^{87}Rb $\beta^- \to {}^{87}$Sr, $\tau_{1/2} = 4{,}7 \cdot 10^{10}$ a, $E = 0{,}273$ MeV
^{88}Kr				U, n			^{88}Br		Th (n, Sp); * betr. Übergang auf ^{88}Rb;
^{89}Kr				U, n					* betr. Übergang auf ^{89}Rb
^{90}Kr				U, n					* betr. Übergang auf ^{90}Rb
^{91}Kr				U, n					
^{81}Rb									^{79}Br $(\alpha, 2n)$; ^{81}Br $(\alpha, 4n)$; * betr. Übergang auf ^{81}Kr
^{82}Rb									^{82}Kr $(d, 2n)$; ^{81}Br $(\alpha, 3n)$
^{83}Rb									^{81}Br $(\alpha, 2n)$
^{84}Rb			^{85}Rb	^{209}Bi, d					
^{86}Rb				U, n					^{209}Bi (α, Sp); ^{209}Bi (d, Sp)
^{88}Rb		^{88}Sr		U, n			^{88}Kr		Th (n, Sp); Pa (n, Sp)
^{89}Rb				U, n			^{89}Kr		* betr. Übergang auf ^{89}Sr
^{90}Rb				U, n			^{90}Kr		* betr. Übergang auf ^{90}Sr
^{91}Rb				U, n			^{91}Kr		
^{97}Rb				U, n			^{97}Kr		* betr. Übergang auf ^{97}Sr
^{85}Sr									^{85}Rb $(d, 2n)$
^{87}Sr							^{87}Rb		
^{89}Sr	^{92}Zr	^{89}Y		U, n			^{89}Rb		U (α, Sp); ^{209}Bi (α, Sp); ^{209}Bi (d, Sp)
^{90}Sr				U, n			^{90}Rb		209 (d, Sp); * betr. Übergang auf ^{90}Y
^{91}Sr	^{94}Zr			U, n			^{91}Rb		Th (n, Sp); Bi (α, Sp); ^{209}Bi (γ, Sp) * betr. Übergang auf ^{91}Y
^{97}Sr				U, n			^{97}Rb		* betr. Übergang auf ^{97}Y
^{84}Y									

	Halbwertszeit	Zerfall	Energie	(α, p)	(α, n)	(γ, p)	(γ, n)	(p, n)	(d, n)	(d, α)	(d, p)	(n, γ)
^{87}Y	3,33 ± 0,04 d	K, β^+	1,67	^{84}Sr					^{86}Sr			
^{88}Y	105 d	K, β^+	3,44		^{85}Rb			^{88}Sr				
^{90}Y	2,54 ± 0,04 d	β^-	2,27		^{87}Rb					^{92}Zr	^{89}Y	^{89}Y
^{91}Y	61 d	β^-	1,54									
^{95}Y	10,5 m	β^-	4,7*									
^{97}Y	kurz	β^-	—									
^{87}Zr	94 m	β^+, K	3,50*		^{84}Sr							
^{89}Zr	79 h	β^+	2,838				^{90}Zr	^{89}Y				
^{90}Zr							^{91}Zr					
^{91}Zr											^{90}Zr	^{90}Zr
^{92}Zr											^{91}Zr	^{91}Zr
^{93}Zr	$9{,}5 \cdot 10^5$ a	β^-	0,063									
^{95}Zr	65 d	β^-	1,12*								^{94}Zr	^{94}Zr
^{97}Zr	17 h	β^-	2,66									^{96}Zr
^{90}Nb	15,0 h	β^+, K	6,11							^{92}Mo		
^{92}Nb	9,8 ± 0,7 d	K, β^+	2,07		^{89}Y		^{93}Nb	^{92}Zr				
^{95}Nb	38,7 d	β^-	0,928						^{94}Zr	^{97}Mo		
^{96}Nb	23,35 ± 0,05 h	β^-	3,13					^{96}Zr				
^{97}Nb	74 m	β^-	1,932			^{98}Mo						
^{99}Nb	2,5 m	β^-	3,2			^{100}Mo						
^{91}Mo	16 m	β^+	4,46*				^{92}Mo					
^{96}Mo												^{95}Mo
^{99}Mo	2,8 ± 0,1 d	β^-	1,37*		^{96}Zr		^{100}Mo				^{98}Mo	^{98}Mo
^{101}Mo	14,6 ± 0,3 m	β^-	1,63								^{100}Mo	^{100}Mo

	(n, α)	(n, p)	$(n, 2n)$	Sp	Spall	Durch Zerfall von … über Strahlung			Sonstige
						α	β^-	β^+	
^{87}Y					Sb, d				
^{88}Y			^{89}Y						^{88}Sr $(d, 2n)$
^{90}Y	^{93}Nb	^{90}Zr		U, n			^{90}Sr		Bi $(\alpha,$ Sp$)$
^{91}Y		^{91}Zr		U, n	Sb, d		^{91}Sr		Bi $(\alpha,$ Sp$)$; ^{233}U $(n,$ Sp$)$; ^{209}Bi $(d,$ Sp$)$
^{95}Y				U, n					* betr. Übergang auf ^{95}Zr
^{97}Y				U, n			^{97}Sr		
^{87}Zr									* betr. Übergang auf ^{87}Y
^{89}Zr	^{92}Mo		^{90}Zr						
^{90}Zr									
^{91}Zr									
^{92}Zr									
^{93}Zr				U, n					
^{95}Zr	^{98}Mo		^{96}Zr	U, n			^{95}Y		^{233}U $(n,$ Sp$)$; ^{209}Bi $(\alpha,$ Sp$)$; ^{209}Bi $(d,$ Sp$)$ * betr. Übergang auf ^{95}Nb
^{97}Zr	^{100}Mo			U, n			^{97}Y		Th $(n,$ Sp$)$; ^{209}Bi $(\gamma,$ Sp$)$; * betr. Übergang auf ^{97}Nb
^{90}Nb									^{90}Zr $(d, 2n)$
^{92}Nb		^{92}Mo	^{93}Nb						^{93}Nb $(d, {}^{3}$H$)$
^{95}Nb				U, n			^{95}Zr		^{209}Bi $(d,$ Sp$)$
^{96}Nb									
^{97}Nb		^{97}Mo		U, n			^{97}Zr		Th $(n,$ Sp$)$
^{99}Nb									
^{91}Mo		^{92}Mo							* betr. Übergang auf ^{91}Nb
^{96}Mo									
^{99}Mo			^{100}Mo	U, n	Sb, d				Th $(n,$ Sp$)$; Bi $(\alpha,$ Sp$)$; ^{208}Bi $(d,$ Sp$)$; * betr. Übergang auf ^{99}Tc
^{101}Mo				U, n					

	Halbwertszeit	Zerfall	Energie	(α, p)	(α, n)	(γ, p)	(γ, n)	(p, n)	(d, n)	(d, α)	(d, p)	(n, γ)
^{105}Mo	~2 m	β^-	~6									
^{92}Tc	$43,5 \pm 1$ m	K	>4,1					^{92}Mo				
^{93}Tc	2,8 h	β^+	3,15						^{92}Mo			
^{94}Tc	$52,5 \pm 1,5$ m	K, β^+	4,31					^{94}Mo				
^{95}Tc	20 h	K	1,66	^{92}Mo				^{95}Mo	^{95}Mo			
^{96}Tc	$4,35 \pm 0,02$ d	K	~3		^{93}Nb			^{96}Mo	^{97}Mo			
^{98}Tc	$1,5 \cdot 10^6$ a	β	1,72									
^{99}Tc	$0,2 \cdot 10^6$ a	β^-	0,292									
^{100}Tc	16 s	β^-	3,37									
^{101}Tc	14 m	β^-	1,63			^{102}Ru			^{100}Mo			
^{105}Tc	10 m	β^-	—									
^{95}Ru	$1,65 \pm 0,05$ h	β^+, K	2,2*		^{92}Mo		^{96}Ru					
^{97}Ru	$2,8 \pm 0,1$ d	K	0,9*		^{94}Mo		^{98}Ru				^{96}Ru	^{96}Ru
^{102}Ru						^{103}Rh						
^{103}Ru	$39,8 \pm 0,5$ d	β^-	0,75		^{100}Mo		^{104}Ru				^{102}Ru	^{102}Ru
^{105}Ru	$4,4 \pm 0,1$ h	β^-	1,905*								^{104}Ru	^{104}Ru
^{106}Ru	330 d	β^-	0,039*									
^{100}Rh	19,4 h	K, β^+	3,64									
^{101}Rh	4,3 d	K	0,7	^{98}Ru				^{101}Ru				
^{102}Rh	210 ± 6 d	β^+, β^-, K	2,27				^{103}Rh		^{101}Ru			
^{104}Rh	$41,8 \pm 0,7$ s	β^-	2,44			^{105}Pd		^{104}Ru				^{103}Rh
^{105}Rh	$1,54 \pm 0,04$ d	β^-	0,56						^{104}Ru			
^{106}Rh	30 s	β^-	3,54									
^{109}Rh	30 s	β^-	2,8*									

142. Kernreaktionen

	(n, α)	(n, p)	$(n, 2n)$	Sp	Spall	Durch Zerfall von … über Strahlung			Sonstige
						α	β^-	β^+	
^{105}Mo				U, n					
^{92}Tc									^{92}Mo $(d, 2n)$
^{93}Tc									^{92}Mo (p, γ)
^{94}Tc									
^{95}Tc								^{95}Ru	^{95}Mo $(d, 2n)$; ^{95}Ru, K-Einfang
^{96}Tc									^{96}Mo $(d, 2n)$
^{98}Tc		^{98}Ru							^{98}Mo $(d, 2n)$
^{99}Tc				U, n			^{99}Mo		
^{100}Tc									^{100}Mo $(d, 2n)$
^{101}Tc				U, n			^{101}Mo		
^{105}Tc				U, n			^{105}Mo		
^{95}Ru			^{96}Ru						* betr. Übergang auf ^{95}Tc
^{97}Ru			^{98}Ru		Sb, d				^{95}Mo $(\alpha, 2n)$; Sb (α, Spall); * betr. Übergang auf ^{97}Tc
^{102}Ru									
^{103}Ru			^{104}Ru	U, n	Sb, d				^{209}Bi (d, Sp); ^{209}Bi (α, Sp); ^{233}U (n, Sp)
^{105}Ru				U, n	Sb, d		^{105}Tc		Th (n, Sp); Bi (α, Sp); U (α, Sp); ^{209}Bi (d, Sp); * betr. Übergang auf ^{105}Rh
^{106}Ru				U, n	Sb, d				^{233}U (n, Sp); ^{209}Bi (d, Sp); ^{209}Bi (α, Sp); * betr. Übergang auf ^{106}Rh
^{100}Rh									^{100}Pd, K-Einfang
^{101}Rh									^{101}Pd, K-Einfang
^{102}Rh		^{103}Rh							
^{104}Rh									
^{105}Rh				U, n			^{105}Ru		Bi (α, Sp); ^{103}Rh $(^3\text{H}, p)$
^{106}Rh				U, n			^{106}Ru		
^{109}Rh				U, n					* betr. Übergang auf ^{109}Pd

	Halbwertszeit	Zerfall	Energie	(α, p)	(α, n)	(γ, p)	(γ, n)	(p, n)	(d, n)	(d, α)	(d, p)	(n, γ)
^{100}Pd	4,0 d	K	0,4*									
^{101}Pd	9 h	K, β^+	1,76*		^{98}Ru							
^{103}Pd	17 d	K	0,56					^{103}Rh				
^{109}Pd	14,1 $\pm$ 0,3 h	β^-	1,113				^{110}Pd				^{108}Pd	^{108}Pd
^{111}Pd	26 m	β^-	2,19*								^{110}Pd	^{110}Pd
^{112}Pd	17 h	β^-	0,30*									
^{105}Ag	40 $\pm$ 0,7 d	K	1,2					^{105}Pd	^{104}Pd			
^{106}Ag	24,3 $\pm$ 0,1 m	β^+	2,98		^{103}Rh		^{107}Ag	^{106}Pd	^{105}Pd			
^{108}Ag	2,44 $\pm$ 0,06 m	β^-	1,65				^{109}Ag	^{108}Pd			^{107}Ag	^{107}Ag
^{110}Ag	24,5 $\pm$ 0,3 s	β^-	2,869			^{111}Cd						^{109}Ag
^{111}Ag	7,5 $\pm$ 0,1 d	β^-	1,05	^{108}Pd		^{112}Cd			^{110}Pd			
^{112}Ag	3,2 h	β^-	4,04			^{113}Cd						
^{113}Ag	5,3 h	β	2,00*			^{114}Cd						
^{114}Ag	2 m	β^-	5,1									
^{115}Ag	20 m	β^-	2,9*			^{116}Cd						
^{105}Cd	57 $\pm$ 2 m	K, β^+	~3,1*		^{102}Pd							
^{107}Cd	6,7 h	K, β^+	1,44					^{107}Ag				^{106}Cd
^{109}Cd	1,29 $\pm$ 0,02 a	K	0,158		^{106}Pd			^{109}Ag				^{108}Cd
^{112}Cd							^{113}Cd					

	(n, α)	(n, p)	$(n, 2n)$	Sp	Spall	Durch Zerfall von … über Strahlung			Sonstige
						α	β^-	β^+	
^{100}Pd					Sb, d				Sb (α, Spall); ^{103}Rh (d, 5n); * betr. Übergang auf ^{100}Rh
^{101}Pd					Sb, d				Sb (α, Spall); ^{103}Rh (d, 4n); * betr. Übergang auf ^{101}Rh
^{103}Pd					Sb, d				Sb (α, Spall); ^{103}Rh (d, 2n)
^{109}Pd		^{109}Ag	^{110}Pd	U, n	Sb, d		^{109}Rh		Sb (α, Spall); ^{209}Bi (d, Sp); ^{109}Ag (d, 2p) ^{109}Ag (^{3}H, ^{3}He)
^{111}Pd				U, n	Sb, d				Th (n, Sp); * betr. Übergang auf ^{111}Ag
^{112}Pd				U, n	Sb, d				Th (n, Sp); ^{209}Bi (α, Sp); ^{209}Bi (d, Sp); Sb (α, Spall); * betr. Übergang auf ^{112}Ag
^{105}Ag					Sb, d				^{103}Rh (α, 2n); ^{102}Pd (α, p); ^{105}Pd (d, 2n); Sb (α, Spall)
^{106}Ag		^{106}Cd	^{107}Ag		Sb, d				^{107}Ag (d, ^{3}H); Sb (a, Spall); ^{107}Ag (e^-, ne^-)
^{108}Ag		^{108}Cd	^{109}Ag						^{109}Ag (e^-, ne^-)
^{110}Ag		^{110}Cd							
^{111}Ag		^{111}Cd		U, n	Sb, d Sb, α				Th (n, Sp); ^{109}Ag (^{3}H, p); ^{209}Bi (α, Sp); U (α, Sp); ^{209}Bi (γ, Sp); ^{209}Bi (d, Sp)
^{112}Ag	^{115}In	^{112}Cd		^{209}Bi, d	Sb, d		^{112}Pd		Sb (α, Spall);
^{113}Ag				U, n					^{209}Bi (γ, Sp); * betr. Übergang auf ^{113}Cd; ^{113}Cd $\beta^- \rightarrow$ ^{113}In, $\tau_{1/2} > 3 \cdot 10^{15}$ a, $E = 0{,}31$ MeV
^{114}Ag		^{114}Cd							
^{115}Ag		^{115}Cd		U, n					* betr. Übergang auf ^{115}Cd
^{105}Cd			^{106}Cd						* betr. Übergang auf ^{105}Ag
^{107}Cd					Sb, α				^{107}Ag (d, 2n); ^{107}Ag (α, p 3n); Sb (d, Spall)
^{109}Cd					Sb, d				^{109}Ag (d, 2n); Sb (α, Spall) ^{109}Ag (α, p 3n); ^{107}Ag (α, pn)
^{112}Cd									

	Halbwertszeit	Zerfall	Energie	(α, p)	(α, n)	(γ, p)	(γ, n)	(p, n)	(d, n)	(d, α)	(d, p)	(n, γ)
$^{114}\mathrm{Cd}$												
$^{115}\mathrm{Cd}$	2,25 d	β^-	1,45				$^{116}\mathrm{Cd}$					$^{113}\mathrm{Cd}$
$^{117}\mathrm{Cd}$	2,83 ± 0,16 h	β^-	2,6*								$^{114}\mathrm{Cd}$	$^{114}\mathrm{Cd}$
$^{107}\mathrm{In}$	33 ± 2 m	β^+	~3,2*						$^{106}\mathrm{Cd}$		$^{116}\mathrm{Cd}$	$^{116}\mathrm{Cd}$
$^{108}\mathrm{In}$	1,17 h	β^+	5,1									
$^{109}\mathrm{In}$	4,30 ± 0,15 h	K	2,02	$^{106}\mathrm{Cd}$					$^{108}\mathrm{Cd}$			
$^{110}\mathrm{In}$	1,1 ± 0,1 h	β^+	3,96		$^{107}\mathrm{Ag}$			$^{110}\mathrm{Cd}$	$^{110}\mathrm{Cd}$			
$^{111}\mathrm{In}$	2,7 d	K	0,9	$^{108}\mathrm{Cd}$				$^{111}\mathrm{Cd}$				
$^{112}\mathrm{In}$	9 m	β^+, β^-, K	0,656*		$^{109}\mathrm{Ag}$							
$^{114}\mathrm{In}$	1,2 m	β^-, K	1,984				$^{115}\mathrm{In}$	$^{114}\mathrm{Cd}$	$^{113}\mathrm{Cd}$			$^{113}\mathrm{In}$
$^{116}\mathrm{In}$	13 s	β^-	3,29			$^{117}\mathrm{Sn}$		$^{116}\mathrm{Cd}$	$^{116}\mathrm{Cd}$		$^{115}\mathrm{In}$	$^{115}\mathrm{In}$
$^{117}\mathrm{In}$	1,95 ± 0,05 h	β^-	1,47			$^{118}\mathrm{Sn}$						
$^{118}\mathrm{In}$	4,5 ± 0,5 m	β^-	4,5			$^{119}\mathrm{Sn}$						
$^{119}\mathrm{In}$	17,1 ± 1 m	β^-	2,4			$^{120}\mathrm{Sn}$						
$^{108}\mathrm{Sn}$	4,5 h	K	1,9*									
$^{111}\mathrm{Sn}$	35,0 ± 0,5 m	β^+, K	2,53*		$^{108}\mathrm{Cd}$							
$^{113}\mathrm{Sn}$	105 ± 15 d	K	0,684		$^{110}\mathrm{Cd}$		$^{114}\mathrm{Sn}$	$^{113}\mathrm{In}$				
$^{118}\mathrm{Sn}$							$^{119}\mathrm{Sn}$				$^{112}\mathrm{Sn}$	$^{112}\mathrm{Sn}$
$^{121}\mathrm{Sn}$	27 h	β^-	0,383							$^{123}\mathrm{Sb}$	$^{120}\mathrm{Sn}$	$^{120}\mathrm{Sn}$
$^{123}\mathrm{Sn}$	130 ± 5 d	β^-	1,42								$^{122}\mathrm{Sn}$	$^{122}\mathrm{Sn}$

	(n, α)	(n, p)	$(n, 2n)$	Sp	Spall	Durch Zerfall von … über Strahlung			Sonstige
						α	β^-	β^+	
^{114}Cd									
^{115}Cd		^{115}In	^{116}Cd	U, α	Sb, d				Sb (α, Spall); ^{209}Bi (d, Sp)
^{117}Cd				U, n					* betr. Übergang auf ^{117}In
^{107}In									* betr. Übergang auf ^{107}Cd
^{108}In									^{108}Cd (d, 2n); ^{108}Sn, K-Einfang
^{109}In									^{107}Ag (α, 2n)
^{110}In									^{10}Cd (d, 2n); ^{109}Ag (α, 3n)
^{111}In					Sb, d				^{113}In (n, 3n); Sb (α, Spall); ^{109}Ag (α, 2n)
^{112}In			^{113}In						* betr. Übergang auf ^{112}Sn; Übergang auf ^{112}Cd 2,623 MeV
^{114}In			^{115}In						
^{116}In									
^{117}In		^{117}Sn		U, n			^{117}Cd		
^{118}In									
^{119}In									
^{108}Sn					Sb, d				^{106}Cd (α, 2n); Sb (α, Spall); * betr. Übergang auf ^{108}In
^{111}Sn									* betr. Übergang auf ^{111}In
^{113}Sn					Sb, d				^{113}In (d, 2n); Sb (α, Spall)
^{118}Sn									
^{121}Sn			^{122}Sn	U, α	Sb, d				U (n, Sp); Sb (α, Spall)
^{123}Sn			^{124}Sn	U, n					

	Halbwertszeit	Zerfall	Energie	(α, n)	(γ, p)	(γ, n)	(p, n)	(d, n)	(d, α)	(d, p)	(n, γ)	(n, α)
^{125}Sn	9,4 d	β^-	2,34							^{124}Sn	^{124}Sn	
^{116}Sb	15,5 m	β^+	4,7									
^{117}Sb	2,8 ± 0,3 h	K	1,82				^{117}Sn	^{116}Sn				
^{118}Sb	5,1 ± 0,3 h	K	3,91	^{115}In								
^{119}Sb	1,63 ± 0,04 d	K	0,579				^{119}Sn	^{118}Sn				
^{120}Sb	15 ± 0,8 m	K, β^+	2,72			^{121}Sb	^{120}Sn	^{119}Sn				
^{122}Sb	2,63 d	β^-	1,971			^{123}Sb	^{122}Sn			^{121}Sb	^{121}Sb	
^{124}Sb	60 d	β^-	2,916						^{126}Te	^{123}Sb	^{123}Sb	^{127}J
^{125}Sb	2,7 a	β^-	0,757					^{124}Sn				
^{127}Sb	3,95 d	β^-	1,57*									
^{129}Sb	4,2 h	β^-	2,4*									
^{133}Sb	4,1 m	β^-	~4*									
^{119}Te	4,5 d	K	2,294*									
^{121}Te	17 ± 1 d	K	1,3				^{121}Sb					
^{127}Te	9,3 ± 0,5 h	β^-	0,689							^{126}Te	^{126}Te	
^{129}Te	1,12 h	β^-	1,48*			^{130}Te				^{128}Te	^{128}Te	
^{131}Te	25 ± 5 m	β^-	2,28							^{130}Te	^{130}Te	
^{133}Te	1 h	β^-	3,0*									
^{135}Te	~15 m	β^-	~6*									
^{124}J	4,5 d	K, β^+	3,17	^{121}Sb			^{124}Te					
^{125}J	56 d	K	0,15					^{124}Te				
^{126}J	13,3 ± 0,3 d	β^-	1,25	^{123}Sb		^{127}J	^{126}Te	^{125}Te				
^{128}J	25 m	β^-, K	2,12				^{128}Te				^{127}J	
^{129}J	$1,6 \cdot 10^7$ a	β^-	0,189									
^{130}J	12,5 ± 0,5 h	β^-	2,6				^{130}Te				^{129}J	^{133}Cs
^{131}J	8,1 d	β^-	0,97					^{130}Te				
^{133}J	18,5 h	β^-	1,80*									
^{135}J	6,6 ± 0,3 h	β^-	~2,7*									
^{137}J	22 ± 0,2 s	$\beta^- (n)$	5,5*									
^{138}J	5,9 ± 0,4 s	β^-										
^{139}J	20 s	β^-	~5,8*									

	(n, p)	$(n, 2n)$	Sp	Spall	α	β^-	β^+	Sonstige
^{125}Sn			U, n					^{232}Th $(d,\ \mathrm{Sp})$
^{116}Sb								^{115}In $(\alpha,\ 3n)$
^{117}Sb				Sb, d				^{117}Sn $(d,\ 2n)$; ^{115}In $(\alpha,\ 2n)$; Sb $(\alpha,\ \mathrm{Spall})$
^{118}Sb				Sb, d				Sb $(\alpha,\ \mathrm{Spall})$
^{119}Sb				Sb, d				^{119}Sn $(d,\ 2n)$; ^{119}Te, K-Einfang; ^{120}Sn $(d,\ 3n)$
^{120}Sb		^{121}Sb	^{209}Bi, d	Sb, d				^{121}Sb $(d,\ ^3\mathrm{H})$; ^{121}Sb $(p,\ pn)$; ^{120}Sn $(d,\ 2n)$
^{122}Sb			^{209}Bi, α	Sb, d				^{122}Sn $(d,\ 2n)$; ^{209}Bi $(d,\ \mathrm{Sp})$; Sb $(\alpha,\ \mathrm{Spall})$
^{124}Sb			^{209}Bi, d	^{123}Sb, α				^{124}Sn $(d,\ 2n)$
^{125}Sb			^{233}U, n			^{125}Sn		
^{127}Sb			U, n					* betr. Übergang auf ^{127}Te
^{129}Sb			U, n					* betr. Übergang auf ^{129}Te
^{133}Sb			U, n					Th $(n,\ \mathrm{Sp})$; * betr. Übergang auf ^{133}Te
^{119}Te			^{209}Bi, d	Sb, d				^{209}Bi $(\alpha,\ \mathrm{Sp})$; Sb $(\alpha,\ \mathrm{Spall})$; * betr. Übergang auf ^{119}Sb
^{121}Te								^{121}Sb $(d,\ 2n)$
^{127}Te	^{127}J	^{128}Te	U, n			^{127}Sb		
^{129}Te		^{130}Te	U, n			^{129}Sb		* Betr. Übergang auf ^{129}J
^{131}Te								
^{133}Te			U, n			^{133}Sb		Th $(n,\ \mathrm{Sp})$; betr. Übergang auf ^{133}J
^{135}Te			U, n					Th $(n,\ \mathrm{Sp})$; betr. Übergang auf ^{135}J
^{124}J			^{209}Bi, d					^{209}Bi $(\alpha,\ \mathrm{Sp})$; ^{123}Sb $(\alpha,\ 3n)$
^{125}J			^{209}Bi, d					^{209}Bi $(\alpha,\ \mathrm{Sp})$; ^{123}Sb $(\alpha,\ 2n)$
^{126}J		^{127}J	^{209}Bi, α					^{209}Bi $(d,\ \mathrm{Sp})$
^{128}J			U, n					^{128}Te $(d,\ 2n)$
^{129}J						^{129}Te		
^{130}J								^{130}Te $(d,\ 2n)$
^{131}J			^{233}U, n			^{131}Te		Bi $(\alpha,\ \mathrm{Sp})$
^{133}J			U, n			^{133}Te		Th $(n,\ \mathrm{Sp})$; * betr. Übergang auf ^{133}Xe; ^{133}Xe $\beta^- \rightarrow\ ^{133}$Cs $\tau_{1/2}$ 5,3 d, $E = 0{,}428$ MeV
^{135}J			U, n			^{135}Te		Th $(n,\ \mathrm{Sp})$; * betr. Übergang auf ^{135}Xe
^{137}J			U, n					Th $(n,\ \mathrm{Sp})$; ^{239}Pu $(n,\ \mathrm{Sp})$; * betr. Übergang auf ^{137}Xe
^{138}J			U, n					
^{139}J			U, n					* betr. Übergang auf ^{139}Xe

	Halbwertszeit	Zerfall	Energie	(α, p)	(α, n)	(γ, p)	(γ, n)	(p, n)	(d, n)	(d, α)	(d, p)	(n, γ)
^{125}Xe	20 ± 1 h	$K, (\beta^+)$	1,7*		^{122}Te							
^{127}Xe	32 ± 2 d	(K)	0,7		^{124}Te			^{127}J				
^{130}Xe												^{129}Xe
^{131}Xe												^{131}Xe
^{132}Xe												
^{134}Xe												
^{135}Xe	$9,5 \pm 0,4$ h	β^-	1,16								^{134}Xe	^{134}Xe
^{136}Xe												^{136}Xe
^{137}Xe	$3,9 \pm 0,1$ m	β^-	$\sim$4,3									
^{138}Xe	17 ± 1 m	β^-	$\sim$2,8*									
^{139}Xe	45 s	β^-	$\sim$4,2*									
^{127}Cs	$5,5 \pm 0,5$ h	β^+	2,085*									
^{129}Cs	$1,29 \pm 0,04$ d	K	1,2									
^{131}Cs	$9,6 \pm 0,1$ d	K	0,355									
^{132}Cs	7,1 d	K	1,84									
^{134}Cs	2,2 a	β^-	2,055								^{133}Cs	^{133}Cs
^{135}Cs	$2,1 \pm 0,7 \cdot 10^6$ a	β^-	0,21									^{135}Cs
^{136}Cs	13 ± 1 d	β^-	2,83									
^{137}Cs	33 a	β^-	1,176									
^{138}Cs	$32 \pm 0,5$ m	β^-	4,83									
^{139}Cs	7 m	β^-	4,3*									
^{140}Cs	66 s	β^-	$\sim$6*									
^{141}Cs	kurz	β^-										
^{143}Cs	kurz	β^-										
^{144}Cs	kurz	β^-										
^{129}Ba	$2,0 \pm 0,1$ h	β^+	2,6*									

	(n, α)	(n, p)	$(n, 2n)$	Sp	Spall	Durch Zerfall von … über Strahlung			Sonstige
						α	β^-	β^+	
^{125}Xe									* betr. Übergang auf ^{125}J
^{127}Xe								^{127}Cs	
^{130}Xe									
^{131}Xe				U, n			^{131}J		
^{132}Xe									
^{134}Xe				U, n					
^{135}Xe	^{138}Ba		^{136}Xe	U, n			^{135}J		Th (n, Sp)
^{136}Xe				U, n					^{238}U (spont. Sp)
^{137}Xe				U, n			^{137}J		Th (n, Sp); * betr. Übergang auf ^{138}Cs
^{138}Xe				U, n			^{138}J		Th (n, Sp); * betr. Übergang auf ^{139}Cs;
^{139}Xe				U, n			^{139}J		^{140}Xe bis ^{144}Xe U (n, Sp)
^{127}Cs									^{127}J (α, $4n$); * betr. Übergang auf ^{127}Xe
^{129}Cs								^{129}Ba	^{127}J (α, $2n$)
^{131}Cs				^{209}Bi, d					^{131}Ba, K-Einfang
^{132}Cs			^{133}Cs	^{209}Bi, d					
^{134}Cs				U, n					
^{135}Cs				U, n			^{135}Xe		Pu (n, Sp)
^{136}Cs	^{139}La			^{233}U, n					
^{137}Cs				^{233}U, n			^{137}Xe		Th (n, Sp); Pa (n, Sp)
^{138}Cs		^{138}Ba		U, n			^{138}Xe		Th (n, Sp); * betr. Übergang auf ^{139}Ba
^{139}Cs				U, n			^{139}Xe		Th (n, Sp); * betr. Übergang auf ^{140}Ba
^{140}Cs				U, n			^{140}Xe		
^{141}Cs				U, n			^{141}Xe		
^{143}Cs				U, n			^{143}Xe		
^{144}Cs				U, n			^{144}Xe		
^{129}Ba									^{133}Cs (p, $5n$); * betr. Übergang auf ^{129}Cs

	Halbwertszeit	Zerfall	Energie	(α, p)	(α, n)	(γ, p)	(γ, n)	(p, n)	(d, n)	(d, α)	(d, p)	(n, γ)
^{131}Ba	$11,5 \pm 0,2$ d	K	1,7*								^{130}Ba	^{130}Ba
^{139}Ba	$1,40 \pm 0,02$ h	β^-	2,34								^{138}Ba	^{138}Ba
^{140}Ba	12,5 d	β^-	1,05*									^{139}Ba
^{133}La	4,0 h	K, β^+	$> 2,2$*									
^{135}La	$17,5 \pm 0,5$ h	β^+, K	1,3					^{135}Ba				
^{136}La	$9,0 \pm 0,5$ m	β^+, K	2,87		^{133}Cs				^{135}Ba			
^{137}La	$6 \cdot 10^4$ a	β^+	0,3				^{138}La					
^{140}La	$1,67 \pm 0,004$ d	β^-	3,80								^{139}La	^{139}La
^{141}La	$3,5 \pm 0,35$ h	β^-	2,43*									^{140}La
^{143}La	15 m	β^-	3,2*									
^{144}La	kurz	β^-										
^{135}Ce	22 h	β^+	$\sim 2,3$*									
^{137}Ce	8,7 h	β^+	$\sim 1,2$									^{136}Ce
^{139}Ce	140 ± 1 d	K	0,27		^{136}Ba		^{140}Ce	^{139}La				^{138}Ce
^{141}Ce	$32,5 \pm 0,2$ d	β^-	0,58								^{140}Ce	^{140}Ce
^{143}Ce	$1,4 \pm 0,1$ d	β^-	1,44*								^{142}Ce	^{142}Ce
^{144}Ce	310 ± 20 d	β^-	0,313*									
^{140}Pr	$3,4 \pm 0,1$ m	β^+	3,25				^{141}Pr					
^{142}Pr	19,1 h	β^-	2,153		^{139}La			^{142}Ce			^{141}Pr	^{141}Pr
^{143}Pr	$13,7 \pm 0,1$ d	β^-	0,933						^{142}Ce			
^{144}Pr	17 ± 2 m	β^-	2,996									
^{141}Nd	$2,42 \pm 0,05$ h	K, β^+	1,80				^{142}Nd	^{141}Pr				
^{144}Nd												^{143}Nd
^{145}Nd												
^{146}Nd												

	(n, α)	(n, p)	$(n, 2n)$	Sp	Spall	Durch Zerfall von … über Strahlung			Sonstige
						α	β^-	β^+	
^{131}Ba				^{209}Bi, d					^{133}Cs $(p, 3n)$; * betr. Übergang auf ^{131}Cs
^{139}Ba	^{142}Ce	^{139}La		^{238}U, γ			^{139}Cs		^{209}Bi (γ, Sp); Th (n, Sp); U (n, Sp)
^{140}Ba				U, α			^{140}Cs		U (n, Sp); Th (n, Sp); ^{209}Bi (d, Sp); * betr. Übergang auf ^{140}La
^{133}La									^{133}Cs $(\alpha, 4n)$; * betr. Übergang auf ^{133}Ba
^{135}La								^{135}Ce	^{135}Ba $(d, 2n)$; ^{133}Cs $(\alpha, 2n)$
^{136}La									^{136}Ba $(d, 2n)$
^{137}La									
^{140}La		^{140}Ce		U, n			^{140}Ba		Th (n, Sp)
^{141}La				U, n			^{141}Ba		Th (n, Sp); * betr. Übergang auf ^{141}Ce
^{143}La				U, n			^{143}Ba		* betr. Übergang auf ^{143}Ce
^{144}La				U, n			^{144}Ba		
^{135}Ce									^{139}La $(d, 6n)$; ^{139}La $(p, 5n)$; * betr. Übergang auf ^{135}La
^{137}Ce									^{139}La $(d, 4n)$; ^{139}La $(p, 3n)$
^{139}Ce			^{140}Ce	^{209}Bi, α					^{139}La $(d, 2n)$; ^{209}Bi (d, Sp)
^{141}Ce			^{142}Ce	^{209}Bi, d					U (n, Sp)
^{143}Ce				U, α					* betr. Übergang auf ^{143}Pr
^{144}Ce				^{233}U, n					U (α, Sp); * betr. Übergang auf ^{144}Pr
^{140}Pr			^{141}Pr						
^{142}Pr		^{142}Nd							^{142}Ce $(d, 2n)$
^{143}Pr				U, n			^{143}Ce		
^{144}Pr				U, n			^{144}Ce		
^{141}Nd			^{142}Nd						^{141}Pr $(d, 2n)$; ^{142}Nd $(d, {}^3\text{H})$
^{144}Nd				^{235}U, n					
^{145}Nd				^{235}U, n					
^{146}Nd				^{235}U, n					

	Halbwertszeit	Zerfall	Energie	(α, p)	(α, n)	(γ, p)	(γ, n)	(p, n)	(d, n)	(d, α)	(d, p)	(n, γ)
^{147}Nd	11,1 ± 0,2 d	β^-	0,90*									^{146}Nd
^{148}Nd												
^{149}Nd	2,00 ± 0,05 h	β^-	∼1,6*				^{150}Nd				^{148}Nd	^{148}Nd
^{150}Nd												
^{143}Pm	285 ± 3 d	K	∼1,1						^{142}Nd			
^{147}Pm	2,26 a	β^-	0,225									^{147}Pm
^{148}Pm	46 d	β^-	2,33	^{145}Nd				^{148}Nd				
^{149}Pm	2,0 ± 0,06 d	β^-	1,06									
^{145}Sm	340 d		0,64*									^{144}Sm
^{150}Sm												^{149}Sm
^{151}Sm	93 a	β^-	0,075									^{150}Sm
^{152}Sm												^{151}Sm
^{153}Sm	1,96 ± 0,04 d	β^-	0,803				^{154}Sm				^{152}Sm	^{152}Sm
^{154}Sm												
^{156}Sm	10 h	β^-	0,9*									
^{152}Eu	13 a	β^-, K	1,86*								^{151}Eu	^{151}Eu
^{154}Eu	16 a	β^-	1,97								^{153}Eu	^{153}Eu
^{155}Eu	1,7 a	β^-	0,25						^{154}Sm			^{154}Eu
^{156}Eu	15,4 d	β^-	2,455									^{155}Eu
^{157}Eu	15,4 h	β^-	∼1,7									
^{151}Gd	120 d	β^+	∼0,7									
^{153}Gd	236 ± 2 d	K	0,28									
^{156}Gd												^{152}Gd
^{158}Gd												^{155}Gd
^{159}Gd	18,0 ± 0,2 h	β^-	0,95								^{158}Gd	^{157}Gd
^{160}Gd												^{158}Gd

	(n, α)	(n, p)	$(n, 2n)$	Sp	Spall	Durch Zerfall von … über Strahlung			Sonstige
						α	β^-	β^+	
^{147}Nd									* betr. Übergang auf ^{147}Pm
^{148}Nd				^{235}U, n					
^{149}Nd			^{150}Nd						* betr. Übergang auf ^{149}Pm
^{150}Nd				^{235}U, n					
^{143}Pm									^{141}Pr $(\alpha, 2n)$
^{147}Pm				^{233}U, n			^{147}Nd		
^{148}Pm									^{148}Nd $(d, 2n)$
^{149}Pm				U, n					
^{145}Sm									* betr. Übergang auf ^{145}Pm
^{150}Sm									
^{151}Sm				U, n					
^{152}Sm				^{235}U, n					
^{153}Sm				U, n			^{153}Pm		
^{154}Sm				^{235}U, n					
^{156}Sm				U, n			^{156}Pm		* betr. Übergang auf ^{156}Eu
^{152}Eu		^{153}Eu							* betr. Übergang auf ^{152}Sm; Übergang auf ^{152}Gd $E = 1,81$ MeV
^{154}Eu									
^{155}Eu				U, n			^{155}Sm		
^{156}Eu				U, n			^{156}Sm		U (α, Sp)
^{157}Eu				U, n					
^{151}Gd									^{151}Eu $(d, 2n)$
^{153}Gd									^{153}Eu $(d, 2n)$
^{156}Gd									
^{158}Gd				^{235}U, n					
^{159}Gd									
^{160}Gd				^{235}U, n					

	Halbwertszeit	Zerfall	Energie	(α, p)	(α, n)	(γ, p)	(γ, n)	(p, n)	(d, n)	(d, α)	(d, p)	(n, γ)
^{160}Tb	71 ± 1 d	β^-	1,827									^{159}Tb
^{159}Dy	140 ± 10 d	K	$\sim 0,4$									^{158}Dy
^{165}Dy	$2,42 \pm 0,05$ h	β^-										^{164}Dy
^{166}Dy	3,42 d	β^-	1,28									^{165}Dy
^{161}Ho	2,5 h	K	$> 0,3$					^{161}Dy	^{160}Dy			
^{162}Ho	$65,0 \pm 0,5$ d	K, β^-	~ 2		^{159}Tb			^{162}Dy	^{161}Dy			
^{163}Ho	20 a	β^+	~ 0					^{163}Dy				
^{164}Ho	37 m	β^-	0,99				^{165}Ho	^{164}Dy				
^{166}Ho	$1,11 \pm 0,02$ d	β^-	1,847									^{165}Ho
^{165}Er	$10, \pm 0,1$ h	K	$> 0,2$					^{165}Ho				
^{166}Tm	$7,7 \pm 0,1$ h	K, β^+	3,375					^{166}Er				
^{167}Tm	$9,6 \pm 0,1$ d	β^+	0,7					^{167}Er				
^{168}Tm	85 ± 2 d	β^+	~ 2		^{165}Ho			^{168}Er				
^{170}Tm	127 ± 5 d	β^-	0,967									
^{169}Yb	$31,83 \pm 0,21$ d	K	0,9									^{169}Tm
^{175}Yb	$4,2 \pm 0,2$ d	β^-	0,467									^{168}Yb
^{170}Lu	2,15 d	K, β^+	3,54									^{174}Yb
^{171}Lu	9 d	K	$\sim 1,5$									
^{176}Lu	$2,4 \cdot 10^{10}$ a	β^-, K	1,02									
^{177}Lu	$6,8 \pm 0,2$ d	β^-, K	0,497									^{175}Lu
^{181}Hf	45 d	β^-										^{176}Lu
^{176}Ta	$8,0 \pm 0,1$ h	K	~ 3									^{180}Hf
^{177}Ta	$2,2 \pm 0,1$ d	K	1,15					^{177}Hf				
^{179}Ta	1,64 a	K	0,094		^{176}Lu			^{179}Hf				
^{180}Ta	$8,00 \pm 0,05$ h	β^-	$\sim 0,7^*$				^{181}Ta					

	(n,α)	(n,p)	$(n,2n)$	Sp	Spall	Durch Zerfall von … über Strahlung			Sonstige
						α	β^-	β^+	
^{160}Tb									
^{159}Dy									^{159}Tb $(d,\,2n)$
^{165}Dy									
^{166}Dy									
^{161}Ho									^{159}Tb $(\alpha,\,2n)$
^{162}Ho									^{162}Dy $(d,\,2n)$
^{163}Ho									Dy $(d,\,1\cdot2n)$
^{164}Ho			^{165}Ho						$\dot{U}\,(\beta^+) \to {}^{164}$Dy $E \sim 1{,}0$ MeV
^{166}Ho							^{166}Dy		
^{165}Er									^{164}Dy $(\alpha,\,3n)$; Erzeugungsprozeß anderer Er-Isotope unsicher
^{166}Tm									^{165}Ho $(\alpha,\,3n)$
^{167}Tm									^{165}Ho $(\alpha,\,2n)$; ^{181}Ta $(d,\,5p\,11\,n)$
^{168}Tm			^{169}Tm						
^{170}Tm									
^{169}Yb									
^{175}Yb									
^{170}Lu									^{169}Tm $(\alpha,\,3n)$; $^{170\cdot171}$Yb$(d,\,2\cdot3\,n)$; ^{181}Ta$(d,\,3p\,10n)$
^{171}Lu									^{169}Tm $(\alpha,\,2n)$; ^{181}Ta $(d,\,3p\,9n)$
^{176}Lu									
^{177}Lu							^{177}Yb		
^{181}Hf		^{181}Ta							
^{176}Ta									^{175}Lu $(\alpha,\,3n)$; ^{181}Ta $(d,\,p\,6n)$; ^{176}W, K-Einfang
^{177}Ta									^{175}Lu $(\alpha,\,2n)$; ^{181}Ta $(d,\,p\,5n)$; Hf $(d,\,3\cdot2\cdot1n)$; ^{177}W, K-Einfang
^{179}Ta									^{181}Ta $(p,\,p\,2n)$; ^{179}W, K-Einfang
^{180}Ta			^{181}Ta						* betr. Übergang auf ^{180}W; $\dot{U}\,(\beta^+) \to {}^{180}$Hf $\tau_{1/2} = 10^{13}$ a, $E = 0{,}8$ MeV; ^{181}Ta $(p,\,pn)$

	Halbwertszeit	Zerfall	Energie	(α, p)	(α, n)	(γ, p)	(γ, n)	(p, n)	(d, n)	(d, α)	(d, p)	(n, γ)
^{182}Ta	117 ± 2 d	β^-	1,736								^{181}Ta	^{181}Ta
^{185}Ta	46 m	β^-	1,90*			^{186}W						
^{177}W	2,17 ± 0,05 h	K	~2									
^{179}W	30 ± 1 m	K	~1,2									
^{181}W	140 ± 2 d	K	0,18					^{181}Ta				
^{182}W									^{181}Ta			
^{185}W	73,2 ± 0,5 d	β^-	0,432				^{186}W			^{187}Re	^{184}W	^{184}W
^{187}W	24,1 ± 0,1 h	β^-	1,315*								^{186}W	^{186}W
^{182}Re	2,67 ± 0,02 d	K	2,30					^{182}W				
	12,7 ± 0,2 h	K	2,30									
^{184}Re	54 ± 2 d	K	~1,55					^{184}W				
^{186}Re	3,87 ± 0,01 d	β^-	1,07				^{187}Re	^{186}W			^{185}Re	^{185}Re
^{188}Re	18,9 ± 0,2 h	β^-	2,116					^{185}Re			^{187}Re	^{187}Re
^{185}Os	94,7 ± 2 d	K	0,982								^{184}Os	^{184}Os
^{191}Os	1,27 ± 0,02 d	β^-	0,314							^{193}Ir	^{190}Os	^{190}Os
^{193}Os	16,0 ± 0,3 d	β^-	1,132								^{192}Os	^{192}Os
^{187}Ir	11,8 ± 0,3 h	K, β^+	~1,7									
^{188}Ir	1,73 ± 0,02 d	K, β^+	3,00		^{185}Re							
^{190}Ir	12,6 ± 0,3 d	K	~2		^{187}Re				^{189}Os			
^{192}Ir	70 ± 2,5 d	β^-	1,453*							^{194}Pt	^{191}Ir	^{191}Ir
^{194}Ir	19,0 ± 0,2 h	β^-	2,236							^{196}Pt	^{193}Ir	^{193}Ir
^{193}Pt	< 500 a	K	0,045								^{192}Pt	^{192}Pt
^{197}Pt	18 ± 1 h	β^-	0,75				^{198}Pt				^{196}Pt	^{196}Pt
^{199}Pt	29 ± 1 m	β^-	1,7*								^{198}Pt	^{198}Pt
^{193}Au	15,8 ± 0,3 h	K	1,3									
^{196}Au	14,0 ± 0,3 h	K	1,12				^{197}Au	^{196}Pt	^{195}Pt			
^{198}Au	2,69 ± 0,02 d	β^-	1,37					^{198}Pt			^{197}Au	^{197}Au

	(n, α)	(n, p)	$(n, 2n)$	Sp	Spall	Durch Zerfall von … über Strahlung			Sonstige
						α	β^-	β^+	
^{182}Ta									* betr. Übergang auf ^{185}W
^{185}Ta									^{181}Ta $(d, 6n)$; ^{181}Ta $(p, 5n)$
^{177}W									^{181}Ta $(p, 3n)$
^{179}W									^{181}Ta $(d, 2n)$
^{181}W									
^{182}W									
^{185}W			^{186}W						^{238}U $(\alpha, 20p\ 35n)$; * betr. Übergang auf ^{187}Re
^{187}W									^{181}Ta $(\alpha, 3n)$; ^{183}W $(d, 3n)$
^{182}Re									^{182}W $(d, 2n)$; ^{182}Os, K-Einfang
^{184}Re			^{185}Re						^{184}W $(d, 2n)$; ^{183}W (d, n)
^{186}Re			^{187}Re						^{186}W $(d, 2n)$
^{188}Re									^{238}U $(\alpha, 19p\ 35n)$
^{185}Os									^{185}Re $(d, 2n)$; ^{185}Re $(\alpha, p\ 3n)$; $^{182 \cdot 183}$W $(\alpha, 2 \cdot 1n)$
^{191}Os			^{192}Os						^{238}U $(\alpha, 18p\ 31n)$
^{193}Os									^{185}Re $(\alpha, 2n)$; ^{188}Os $(d, 3n)$
^{187}Ir									^{187}Re $(\alpha, 3n)$; ^{188}Os $(d, 2n)$; ^{189}Os $(d, 3n)$
^{188}Ir									^{190}Os $(d, 2n)$
^{190}Ir									^{192}Os $(d, 2n)$; * betr. Übergang auf ^{192}Pt
^{192}Ir			^{193}Ir						
^{194}Ir									
^{193}Pt	^{196}Hg		^{194}Pt						^{193}Ir $(d, 2n)$; ^{191}Ir (α, pn); ^{193}Au, K-Einfang
^{197}Pt	^{200}Hg	^{197}Au	^{198}Pt						* betr. Übergang auf ^{199}Au
^{199}Pt	^{202}Hg								^{191}Ir $(\alpha, 2n)$; ^{194}Pt $(d, 3n)$
^{193}Au									
^{196}Au			^{197}Au						^{196}Pt $(d, 2n)$
^{198}Au		^{198}Hg							^{198}Pt $(d, 2n)$; ^{238}U $(\alpha, 15p\ 29n)$

	Halbwertszeit	Zerfall	Energie	(α, p)	(α, n)	(γ, p)	(γ, n)	(p, n)	(d, n)	(d, α)	(d, p)	(n, γ)
^{199}Au	3,4 d	β^-	0,46						^{198}Pt			^{198}Au
^{197}Hg	2,66 d	K	0,5					^{197}Au	^{197}Au		^{196}Hg	^{196}Hg
^{198}Hg												
^{200}Hg							^{201}Hg					^{199}Hg
^{203}Hg	43,5 ± 0,5 d	β^-	0,486								^{202}Hg	^{202}Hg
^{205}Hg	5,5 ± 0,2 m	β^-	1,6								^{204}Hg	^{204}Hg
^{200}Tl	1,12 d	K	2,45		^{197}Au							
^{202}Tl	11,50 ± 0,05 d	K	1,11									
^{204}Tl	3,5 ± 0,5 a	β^-	0,766*				^{205}Tl				^{203}Tl	^{203}Tl
^{206}Tl	4,23 ± 0,03 m	β^-	1,51								^{205}Tl	^{205}Tl
^{207}Tl	4,76 m	β^-	1,44									
^{208}Tl	3,1 m	β^-	4,99									
^{209}Tl	2,20 ± 0,07	β^-	3,93*									
^{210}Tl	1,32 m	β^-	5,4*									
^{203}Pb	2,16 ± 0,02 d	K	0,93				^{204}Pb					
^{205}Pb							^{206}Pb					
^{206}Pb							^{207}Pb					
^{207}Pb							^{208}Pb				^{206}Pb	^{206}Pb
^{208}Pb											^{207}Pb	^{207}Pb
^{209}Pb	3,32 h	β^-	0,635								^{208}Pb	^{208}Pb
^{210}Pb	22 a	β^-	0,06*									
^{211}Pb	36,1 ± 0,2 m	β^-	1,39*									
^{212}Pb	10,6 h	β^-	0,58*									
^{214}Pb	26,8 m	β^-	1,05									
^{203}Bi	12 h	K	3,19*									
^{204}Bi	12 h	K	—									
^{206}Bi	6,4 ± 0,1 d	K	3,70		^{203}Tl							

	(n, α)	(n, p)	$(n, 2n)$	Sp	Spall	Durch Zerfall von … über Strahlung			Sonstige
						α	β^-	β^+	
^{199}Au		^{199}Hg					^{199}Pt		^{238}U $(\alpha, 15\,p\ 28\,n)$
^{197}Hg			^{198}Hg						^{197}Au $(d, 2\,n)$
^{198}Hg							^{198}Au		
^{200}Hg									
^{203}Hg		^{203}Tl		^{204}Hg					
^{205}Hg	^{208}Pb	^{205}Tl							
^{200}Tl									^{200}Pb, K-Einfang
^{202}Tl			^{203}Tl						^{200}Hg $(d, 2\,n)$
^{204}Tl									* betr. Übergang auf ^{204}Pb
^{206}Tl						^{210}Bi			^{208}Pb $(\gamma, p\,n)$
^{207}Tl		^{207}Pb				^{211}Bi			
^{208}Tl						^{212}Bi			
^{209}Tl						^{213}Bi			* betr. Übergang auf ^{209}Pb
^{210}Tl						^{214}Bi			* betr. Übergang auf ^{210}Pb
^{203}Pb			^{204}Pb						^{203}Bi, K-Einfang
^{205}Pb									
^{206}Pb						^{210}Po			
^{207}Pb							^{207}Tl		
^{208}Pb							^{208}Tl		
^{209}Pb		^{209}Bi				^{213}Po	^{209}Tl		
^{210}Pb							^{210}Tl		* betr. Übergang auf ^{210}Bi
^{211}Pb						^{215}Po			* betr. Übergang auf ^{211}Bi
^{212}Pb						^{216}Po			* betr. Übergang auf ^{212}Bi
^{214}Pb						^{218}Po			
^{203}Bi					Pb, p				* betr. Übergang auf ^{203}Pb
^{204}Bi									^{204}Pb $(d, 2\,n)$; ^{203}Tl $(\alpha, 3\,n)$
^{206}Bi									^{206}Po, K-Einfang; ^{206}Pb $(d, 2\,n)$; ^{205}Tl $(\alpha, 3\,n)$; ^{207}Pb $(d, 3\,n)$

	(n, α)	(n, p)	$(n, 2n)$	Sp	Spall	Durch Zerfall von … über Strahlung			Sonstige
						α	β^-	β^+	
^{207}Bi						^{211}At			
^{208}Bi									
^{210}Bi						^{214}At	^{210}Pb		^{208}Pb (α, pn); * betr. Übergang auf ^{210}Po
^{211}Bi						^{215}At	^{211}Pb		* betr. Übergang auf ^{211}Po; Übergang auf ^{207}Tl (α) 6,745 MeV
^{212}Bi						^{216}At	^{212}Pb		* betr. Übergang auf ^{212}Po; Übergang auf ^{208}Tl (α) 6,2 MeV
^{213}Bi						^{217}At			* betr. Übergang auf ^{213}Po; Übergang auf ^{209}Tl (α) 5,99 MeV
^{214}Bi						^{218}At	^{214}Pb		
^{206}Po									^{204}Pb $(\alpha, 2n)$; * betr. Übergang auf ^{206}Bi
^{207}Po									^{206}Pb $(\alpha, 3n)$; * betr. Übergang auf ^{207}Bi
^{208}Po						^{212}Rn			^{207}Pb $(\alpha, 3n)$; ^{209}Bi $(d, 3n)$; ^{209}Bi $(p, 2n)$; ^{208}At, K-Einfang
^{210}Po							^{210}Bi		^{210}At, K-Einfang; ^{208}Pb $(\alpha, 2n)$
^{211}Po							^{211}Bi		^{211}At, K-Einfang
^{212}Po						^{216}Rn	^{212}Bi		
^{213}Po						^{217}Rn	^{213}Bi		
^{214}Po						^{218}Rn	^{214}Bi		
^{215}Po						^{219}Rn			* betr. Übergang auf ^{215}At; $\dot{U}\,(\alpha) \rightarrow {}^{211}$Pb $E = $ 7,51 MeV
^{216}Po						^{220}Rn			* betr. α-Strahlung; $E\,\beta^-$-Strahlung $=$ 0,454 MeV
^{218}Po						^{222}Rn			* betr. α-Strahlung; $E\beta^-$-Strahlung $= 0,35$ MeV
^{208}At						^{212}Fr			^{209}Bi $(\alpha, 5n)$; * betr. K-Einfang; α-Zerfall: $\tau_{1/2} = 1,6$ h, $E = 5,65$ MeV
^{210}At									^{209}Bi $(\alpha, 3n)$; * betr. Übergang auf ^{210}Po

	Halbwertszeit	Zerfall	Energie	(α, p)	(α, n)	(γ, p)	(γ, n)	(p, n)	(d, n)	(d, α)	(d, p)	(n, γ)
207Bi	28 a	K	2,40				209Bi					
208Bi	$8 \cdot 10^5$ a	K	2,807								209Bi	209Bi
210Bi	5,0 d	β^-	1,15*									
211Bi	2,16 m	α, β^-	0,6*									
212Bi	1,01 h	β^-, α	2,25*									
213Bi	47 ± 1 m	β^-, α	1,39*									
214Bi	19,7 m	β^-, α	5,615									
206Po	9 d	K, α	1,6*									
207Po	$5,7 \pm 0,1$ h	K, α	2,9*									
208Po	$2,93 \pm 0,03$ a	α	5,11									
210Po	$138,3 \pm 0,1$ d	α	5,40						209Bi			
211Po	0,52 s	α	7,58									
212Po	$3 \cdot 10^{-7}$ s	α	8,949									
213Po	$4,2 \pm 0,8$ μs	α	8,513									
214Po	163,7 μs	α	7,834									
215Po	1,83 s	α, β^-	0,755*									
216Po	0,158 s	α, β^-	6,909*									
218Po	3,05 m	α, β^-	6,115									
208At	6,2 h	α, K	1,5*									
210At	8,3 h	K	3,92*									

	Halbwertszeit	Zerfall	Energie	(α, p)	(α, n)	(γ, p)	(γ, n)	(p, n)	(d, n)	(d, α)	(d, p)	(n, γ)
^{211}At	7,5 h	α, K	0,78*									
^{212}At	0,25 s	α			^{209}Bi							
^{214}At	$\sim$1 µs	α	8,95									
^{215}At	$\sim$100 µs	α	8,16									
^{216}At	$\sim$0,3 ms	α	7,945									
^{217}At	18 ± 2 ms	α	7,185									
^{218}At	1,5 s	α, β^-	6,815*									
^{212}Rn	23 m	α	6,264									
^{216}Rn	$\sim$100 µs	α	8,17									
^{217}Rn	$\sim$1 ms	α	7,895									
^{218}Rn	19 ms	α	7,263									
^{219}Rn	3,92 s	α	6,940									
^{220}Rn	54,5 s	α	6,404									
^{222}Rn	3,825 d	α	5,575									
^{212}Fr	$19,3 \pm 0,5$ m	α, K										
^{218}Fr	5 ms	α	8,00									
^{219}Fr	$\sim$20 ms	α	7,44									
^{220}Fr	$27,5 \pm 1,5$ s	α	6,82									
^{221}Fr	$4,8 \pm 0,1$ m	α	6,451									
^{222}Fr	14,8 m	β^-	2,05									
^{223}Fr	21 ± 1 m	β^-	1,152									
^{220}Ra	0,03 s	α	7,577									
^{221}Ra	$31 \pm 1,5$ s	α	6,837									
^{222}Ra	38,0 s	α	6,678									
^{223}Ra	11,4 d	α	5,997									

	(n, α)	(n, p)	$(n, 2n)$	Sp	Spall	Durch Zerfall von … über Strahlung			Sonstige
						α	β^-	β^+	
^{211}At									^{209}Bi $(\alpha, 2n)$; ^{238}U $(\alpha, 9p\ 22n)$; * betr. Übergang auf ^{211}Po; $E\ \alpha$-Strahlung = 5,975 MeV
^{212}At									
^{214}At						^{218}Fr			
^{215}At						^{219}Fr	^{215}Po		
^{216}At						^{220}Fr	^{216}Po		
^{217}At						^{221}Fr			
^{218}At							^{218}Po		
^{212}Rn					^{232}Th, p				* betr. α-Strahlung; $E\ \beta^-$-Strahlung = 2,769 MeV ^{212}Fr, K-Einfang
^{216}Rn						^{220}Ra			
^{217}Rn						^{221}Ra			
^{218}Rn						^{222}Ra	^{218}At		
^{219}Rn						^{223}Ra			
^{220}Rn						^{224}Ra			
^{222}Rn						^{226}Ra			
^{212}Fr					^{232}Th, p				
^{218}Fr						^{222}Ac			
^{219}Fr						^{223}Ac			
^{220}Fr						^{224}Ac			
^{221}Fr						^{225}Ac			
^{222}Fr					Th, p				$U\ (\alpha) \rightarrow {}^{218}$At $E = 6{,}05$ MeV
^{223}Fr									$U\ (\alpha) \rightarrow {}^{219}$At $E = 5{,}439$ MeV
^{220}Ra						^{224}Th			
^{221}Ra						^{225}Th			
^{222}Ra						^{226}Th			
^{223}Ra						^{227}Th	^{223}Fr		^{238}U $(\alpha, 6p\ 13n)$

	Halbwertszeit	Zerfall	Energie	(α, p)	(α, n)	(γ, p)	(γ, n)	(p, n)	(d, n)	(d, α)	(d, p)	(n, γ)
[224]Ra	3,64 d	α	5,79									
[225]Ra	$14,8 \pm 0,2$ d	β^-	0,35									
[226]Ra	1590 a	α	4,875									
[227]Ra	41,2 m	β^-	1,310									[226]Ra
[228]Ra	6,7 a	β^-	0,055									
[222]Ac	5,5 s	α	7,09									
[223]Ac	$2,2 \pm 0,1$ m	α	6,768									
[224]Ac	$2,9 \pm 0,2$ h	K, α	1,370*									
[225]Ac	$10,0 \pm 0,1$ d	α	5,927									
[226]Ac	1,2 d	β^-	0,77									
[227]Ac	$22,0 \pm 0,3$ a	β^-, α	5,038									
[228]Ac	6,13 h	β^-	2,254									
[224]Th	~ 1 s	α	7,268									
[225]Th	$7,8 \pm 0,3$ m	K, α	0,48*									
[226]Th	30,9 m	α	6,447									
[227]Th	18,9 d	α	6,147									
[228]Th	1,90 a	α	5,523									
[229]Th	$7,34 \pm 0,16 \cdot 10^3$ a	α	5,13									
[230]Th	$8,0 \cdot 10^4$ a	α	4,775									
[231]Th	$1,06 \pm 0,01$ d	β^-	0,386									
[233]Th	23,0 m	β^-	1,230									[232]Th
[234]Th	24,10 d	β^-	0,407									
[226]Pa	$1,70 \pm 0,15$ m	α	6,93									
[227]Pa	38 ± 1 m	α, K	0,95*									
[228]Pa	22 ± 1 h	K, α	6,205									

	(n, α)	(n, p)	$(n, 2n)$	Sp	Spall	Durch Zerfall von … über Strahlung			Sonstige
						α	β^-	β^+	
^{224}Ra						^{228}Th			^{224}Ac, K-Einfang; ^{238}U (α, $6p$ $12n$)
^{225}Ra						^{229}Th			
^{226}Ra						^{230}Th			
^{227}Ra									
^{228}Ra						^{232}Th			
^{222}Ac						^{226}Pa			
^{223}Ac						^{227}Pa			
^{224}Ac						^{228}Pa			* betr. Energie der α-Strahlung $E = 6{,}290$ MeV
^{225}Ac						^{229}Pa	^{225}Ra		^{225}Th, K-Einfang
^{226}Ac						^{230}Pa			
^{227}Ac						^{231}Pa	^{227}Ra		
^{228}Ac							^{228}Ra		
^{224}Th						^{228}U			
^{225}Th						^{229}U			* betr. Übergang auf ^{225}Ac; $U(\alpha) \rightarrow {}^{221}$Ra $E = 6{,}695$ MeV
^{226}Th						^{230}U	^{226}Ac		
^{227}Th							^{227}Ac		^{227}Pa, K-Einfang
^{228}Th							^{228}Ac		^{228}Pa, K-Einfang
^{229}Th						^{233}U			
^{230}Th						^{234}U			
^{231}Th			^{232}Th			^{235}U			
^{233}Th									
^{234}Th						^{238}U			
^{226}Pa									^{232}Th (d, $8n$)
^{227}Pa						^{231}Np			^{232}Th (d, $7n$); ^{238}U (α, $3p$ $12n$); * betr. Übergang auf ^{227}Th; α-Energie $= 6{,}582$ MeV
^{228}Pa									^{232}Th (d, $6n$); ^{228}U, K-Einfang

	Halbwertszeit	Zerfall	Energie	(α, p)	(α, n)	(γ, p)	(γ, n)	(p, n)	(d, n)	(d, α)	(d, p)	(n, γ)
^{229}Pa	1,5 d	K, α	5,78									
^{230}Pa	17 ± 0,5 d	K, β^-, α										
^{231}Pa	$32 \cdot 10^3$ a	α										
^{232}Pa	1,32 d	β^-	1,250								^{231}Pa	^{231}Pa
^{233}Pa	27,4 ± 0,3 d	β^-	0,568						^{232}Th	^{235}U		^{232}Pa
^{228}U	9,3 ± 0,5 m	α, K										
^{229}U	58 ± 3 m	α, K	6,545									
^{230}U	20,8 d	α	5,991									
^{231}U	4,2 d	K										
^{232}U	70 a	α	5,416						^{231}Pa			
^{233}U	1,62 ± 0,01 · 10^5 a	α	4,904									
^{234}U	2,522 ± 0,008 · 10^5 a	α	4,855									
^{237}U	6,63 ± 0,05 d	β^-										
^{239}U	23,5 ± 0,7 m	β^-									^{238}U	^{238}U
^{231}Np	50 ± 3 m	K, α	6,39									
^{233}Np	35 ± 3 m	α, K	5,634*									
^{234}Np	4,4 d	K, β^+	1,80		^{231}Pa				^{233}U			
^{235}Np	1,1 ± 0,05 a	K										
^{236}Np	20 h	K, β^-	0,830*	^{233}U					^{235}U			
^{237}Np	2,20 ± 0,05 · 10^6 a	α	4,954									
^{238}Np	2,10 ± 0,01 d	β^-									^{237}Np	^{237}Np

	(n, α)	(n, p)	$(n, 2n)$	Sp	Spall	Durch Zerfall von … über Strahlung			Sonstige
						α	β^-	β^+	
^{229}Pa					^{231}Pa, d				^{230}Th $(d, 2n)$; ^{229}U, K-Einfang
^{230}Pa					^{231}Pa, d				^{232}Th $(d, 4n)$; ^{232}Th $(\alpha, p5n)$; ^{233}U $(d, \alpha n)$; ^{231}Pa $(\alpha,$ Spall$)$
^{231}Pa							^{231}Th		^{232}Th $(d, 3n)$
^{232}Pa									^{232}Th $(d, 2n)$; ^{232}Th $(\alpha, p\,3n)$
^{233}Pa						^{237}Np	^{233}Th		^{232}Th $(\alpha, p\,2n)$
^{228}U						^{232}Pu			^{232}Th $(\alpha, 8n)$
^{229}U					^{231}Pa, α				^{232}Th $(\alpha, 7n)$
^{230}U							^{230}Pa		^{232}Th $(\alpha, 6n)$; ^{231}Pa $(d, 3n)$; ^{231}Pa $(\alpha, p\,4n)$
^{231}U									^{231}Pa $(d, 2n)$; ^{231}Pa $(\alpha, p\,3n)$
^{232}U						^{236}Pu	^{232}Pa		^{232}Th $(\alpha, 4n)$; ^{231}Pa $(\alpha, p\,2n)$
^{233}U							^{233}Pa		
^{234}U							^{234}Pa		
^{237}U			^{238}U			^{241}Pu			^{238}U $(d, {}^3$H$)$; ^{238}U $(\alpha, \alpha n)$
^{239}U									
^{231}Np									^{238}U $(d, 9n)$; ^{233}U $(d, 4n)$; ^{235}U $(d, 6n)$
^{233}Np									^{233}U $(d, 2n)$; ^{235}U $(d, 4n)$; * betr. α-Strahlung; U $(K) \rightarrow {}^{233}$U $E = 1{,}036$ MeV
^{234}Np									^{235}U $(d, 3n)$; ^{235}U $(\alpha, p\,4n)$; ^{233}U $(\alpha, p\,2n)$; ^{234}Pu, K-Einfang; ^{235}U $(p, 2n)$; ^{238}U $(d, 6n)$
^{235}Np									^{235}U $(d, 2n)$; ^{235}U $(\alpha, p\,3n)$; ^{233}U (α, pn); ^{238}U $(d, 5n)$
^{236}Np			^{237}Np						^{237}Np $(d, {}^3$H$)$; ^{238}U $(d, 4n)$; * betr. K; U $(\beta^-) \rightarrow {}^{236}$Pu $E = 0{,}515$ MeV; ^{235}U $(\alpha, p\,2n)$; ^{237}Np $(\alpha, \alpha n)$
^{237}Np						^{241}Am	^{237}U		
^{238}Np						^{242}Am			^{238}U $(d, 2n)$; ^{238}U $(\alpha, p\,3n)$

	Halbwertszeit	Zerfall	Energie	(α, p)	(α, n)	(γ, p)	(γ, n)	(p, n)	(d, n)	(d, α)	(d, p)	(n, γ)
^{239}Np	$2,31 \pm 0,11$ d	β^-							^{238}U			
^{232}Pu	22 m	α	6,701									
^{234}Pu	8,5 h	α, K	6,305*									
^{236}Pu	2,7 a	α	5,869		^{233}U							
^{237}Pu	45 d	α	5,752									
^{238}Pu	86,4 a	α	5,605		^{235}U				^{237}Np			
^{239}Pu	$2,430 \pm 0,037$ a	α										
^{240}Pu	$\sim 6 \cdot 10^3$ a	α	5,251									^{239}Pu
^{241}Pu	14 a	β^-, α	5,148*		^{238}U							^{240}Pu
^{242}Pu	$5 \cdot 10^5$ a	α										^{241}Pu
^{239}Am	12 h	K, α	5,867*					^{239}Pu				
^{240}Am	2,1 d	K	1,43		^{237}Np				^{239}Pu			
^{241}Am	475 a	α	5,64									
^{242}Am	16 h	β^-	0,633									^{241}Am
^{243}Am	$\sim 10^4$ a	α	5,440									^{242}Am
^{244}Am	25 m	β^-	1,5									^{243}Am
^{240}Cm	$26,8 \pm 0,3$ d	α	6,360									
^{242}Cm	$162,5 \pm 2$ d	α	6,215		^{239}Pu							
^{243}Cm	~ 100 a	(K), α	6,159									^{242}Cm
^{244}Cm	~ 17 bis 19 a	α	5,897									^{243}Cm
^{243}Bk	4,5 h	α, K	6,835*									
^{244}Cf	25 m	α	7,29									

	(n, α)	(n, p)	$(n, 2n)$	Sp	Spall	Durch Zerfall von … über Strahlung			Sonstige
						α	β^-	β^+	
^{239}Np							^{239}U		^{238}U $(\alpha, p\,2n)$
^{232}Pu									^{235}U $(\alpha, 7n)$
^{234}Pu									^{233}U $(\alpha, 3n)$; * betr. α-Strahlung; $U(K) \rightarrow {}^{234}$Np $E = 0{,}43$ MeV
^{236}Pu						^{240}Cm	^{236}Np		^{235}U $(\alpha, 3n)$; ^{238}U $(\alpha, 6n)$; ^{237}Np $(d, 3n)$; ^{237}Np $(\alpha, p\,4n)$
^{237}Pu									^{235}U $(\alpha, 2n)$; ^{238}U $(\alpha, 5n)$; ^{237}Np $(d, 2n)$
^{238}Pu						^{242}Cm	^{238}Np		^{238}U $(\alpha, 4n)$
^{239}Pu							^{239}Np		^{238}U $(\alpha, 3n)$
^{240}Pu									^{238}U $(\alpha, 2n)$
^{241}Pu									* betr. α-Strahlung; E der β-Strahlung $= 0{,}021$ MeV
^{242}Pu						^{243}Bk			^{237}Np $(\alpha, 2n)$; ^{239}Pu $(d, 2n)$; * betr. α-Str.
^{239}Am									
^{240}Am							^{241}Pu		
^{241}Am									$U(K) \rightarrow {}^{242}$Pu $E = 0{,}740$ MeV
^{242}Am									
^{243}Am									
^{244}Am									^{239}Pu $(\alpha, 3n)$
^{240}Cm									
^{242}Cm							^{242}Am		^{243}Bk, K-Einfang
^{243}Cm									
^{244}Cm							^{244}Am		
^{243}Bk									^{241}Am $(\alpha, 2n)$; * betr. α-Strahlung; $U(K) \rightarrow {}^{243}$Cm $E = 1{,}43$ MeV; ^{242}Cm $(\alpha, 2n)$
^{244}Cf									

15. Kernmagnetische Resonanz und chemische Verschiebung

(NMR-Spektroskopie)

Die Atomkerne besitzen beim Vorliegen eines endlichen Kernspins I bekanntlich ein magnetisches Moment, welches der Größenordnung nach 1000mal kleiner als das des Elektrons ist; seine genaue Größe wird oft in Vielfachen des sogenannten Kernmagnetons $\mu_N = \mu\,\text{Bohr} \cdot \dfrac{m_e}{m_p} =$ 5,05 · 10^{-24} erg/Oersted gemessen.

[μ Bohr $=$ Bohrsches Magneton, $m_e =$ Masse des Elektrons, $m_p =$ Masse des Protons.]

In einem magnetischen Felde H kann sich der Kernmagnet einquanteln, wobei $(2I + 1)$ Einorientierungsmöglichkeiten existieren. Die mit dieser Einorientierung verbundene magnetische Energie E_H beträgt

$$E_H = -\mu_K \cdot H \cdot \cos \vartheta = -\frac{m}{I} \cdot \mu_K \cdot H = -\frac{m}{I} \cdot g \cdot \mu_N \cdot H \qquad (1)$$

wo m eine der Zahlen der Reihe

$$I, (I-1, (I-2) \ldots -(I-1), -I \qquad (1\,a)$$

ist, H die magnetische Feldstärke und g der Zahlfaktor, der angibt, wieviel mal größer die Maximalkomponente des Kernmoments μ_K des vorliegenden Kerns ist als das Kernmagneton μ_N.

Zwischen den verschiedenen Energieniveaus nach Gl. (1) können durch ein hochfrequentes magnetisches Wechselfeld mit der Frequenz ν, welches dem Felde H überlagert wird, Übergänge mit der Auswahlregel $\Delta m = \pm 1$ induziert werden, sofern die Resonanzbedingung

$$h \cdot \nu = \Delta E_H = \frac{g \cdot \mu_N \cdot H}{I} \qquad (2)$$

erfüllt ist. Die Resonanzfrequenzen ν lassen sich als kernmagnetische Resonanzsignale mit außerordentlicher Genauigkeit messen. Aus diesem Grunde spielt für die genaue Lage des Resonanzsignals der kleine Unterschied der Größe des magnetischen Feldes am Ort des Kerns und im freien Raum bereits eine Rolle, denn das magnetische Feld wird bekanntlich durch die Anwesenheit der Elektronen in der Nähe des Kerns modifiziert, wobei die Größe dieses Effektes noch von der genauen Verteilung der Elektronen in Kernnähe abhängt, die ihrerseits wieder eine Funktion der Natur der chemischen Bindung ist.

Infolgedessen kann man zwar in erster Näherung bei der Vorgabe eines äußeren Magnetfeldes nach Gl. (2) angeben, wo die Resonanzstelle liegt, aber die exakte Lage derselben ist beim gleichen Kern in der einen chemischen Verbindung ein wenig von der in einer anderen Verbindung verschieden. Man nennt diesen Effekt die chemische Verschiebung des Signals (chemical shift).

Aus nachstehender Tabelle entnehmen wir z. B. für den Wasserstoffkern $g = 2{,}7927$; $I = \frac{1}{2}$, so daß aus Gl. (2) für die Protonenresonanz bei $H = 10^4$ Oersted folgt

$$^{\circ}\nu\,\text{Res} = \frac{2{,}7929 \cdot 5{,}050 \cdot 10^{-24} \cdot 10^4}{\frac{1}{2} \cdot 6{,}6256 \cdot 10^{-27}} = 42{,}58 \cdot 10^6/\text{sec.} \qquad (3)$$

Die für die am meisten in der kernmagnetischen Resonanzspektroskopie benutzten Kerne maßgebenden Konstanten, Resonanzstellen usw. sind in folgender Tabelle zusammengestellt.

Kerneigenschaften

Isotop (radioakt. Isotope sind mit einem * bezeichnet)	NMR-Frequenz für ein Feld von 10000 Oersted [MHz]	Natürliche Häufigkeit %	g Magnetisches Moment in Vielfachen des Kernmagnetons	Spin I, in Vielfachen von $\hbar$	Elektr. Quadrupolmoment Q, in Vielfachen von $e \cdot 10^{-24}$ cm^2
.n^1*	29,165	—	$-1,9130$	$^1/_2$	—
.H^1	42,577	99,9844	2,79270	$^1/_2$	—
.H^2	6,536	$1,56 \times 10^{-2}$	0,85738	1	$2,77 \times 10^{-3}$
.H^3*	45,414	—	2,9788	$^1/_2$	—
.B^{10}	4,575	18,83	1,8006	3	0,111
.B^{11}	13,660	81,17	2,6880	$^3/_2$	$3,55 \times 10^{-2}$
.C^{13}	10,705	1,108	0,70216	$^1/_2$	—
.N^{14}	3,076	99,635	0,40357	1	2×10^{-2}
.N^{15}	4,315	0,365	$-0,28304$	$^1/_2$	—
.O^{17}	5,772	$3,7 \times 10^{-2}$	$-1,8930$	$^5/_2$	-4×10^{-3}
.F^{19}	40,055	100,	2,6273	$^1/_2$	—
.Si^{29}	8,460	4,70	$-0,55477$	$^1/_2$	—
.P^{31}	17,235	100,	1,1305	$^1/_2$	—
.S^{33}	3,266	0,74	0,64274	$^3/_2$	$-6,4 \times 10^{-2}$
S^{35}*	5,08	—	1,00	$^3/_2$	$4,5 \times 10^{-2}$
.Cl^{35}	4,172	75,4	0,82089	$^3/_2$	$-7,97 \times 10^{-2}$
.Cl^{36}*	4,893	—	1,2838	2	$-1,68 \times 10^{-2}$
.Cl^{37}	3,472	24,6	0,68329	$^3/_2$	$-6,21 \times 10^{-2}$

Durch die chemische Verschiebung findet eine Verlagerung der Resonanzstelle statt, die proportional der Frequenz $^\circ v_{\text{Res}}$ ist und in Millionstel Anteilen gemessen wird. Gewöhnlich wird die Messung freilich in der Weise vorgenommen, daß eine Resonanzfrequenz genau definierter Größe gewählt wird und das äußere Feld H derart variiert wird, daß Resonanz eintritt. Dabei pflegt man die Größe dieser Feldstärkenvariation auf eine Standartsubstanz zu beziehen und die Verschiebung des Feldstärkenwertes gegen die Feldstärke für die Standartsubstanz in Bruchteilen gemäß

$$\delta_x = \frac{H_x - H_{\text{Standard}}}{H_{\text{Standard}}} \tag{4}$$

anzugeben, was offenbar mit

$$\delta_x = \frac{v_{\text{Res, Stand.}} - v_{\text{Res},x}}{v_{\text{Res, Stand.}}} \tag{4a}$$

identisch ist, wenn die Frequenzänderung bestimmt werden sollte. Speziell im Falle der Protonenresonanz pflegt man die Verschiebung oft in τ-Einheiten anzugeben, welche durch

$$\tau \equiv 10 - \delta \cdot 10^6 \tag{5}$$

definiert sind, wobei δ auf die Standardsubstanz Tetramethylsilan Si(CH$_3$) bezogen ist. Die Definition von τ hat den Vorteil, daß τ für praktisch alle organischen Substanzen positiv ist, während δ natürlich positiv und negativ sein kann.

Der Vorteil der kernmagnetischen Resonanzmessungen liegt darin, daß für verschieden gebundene Kerne der gleichen Atomsorte in einer Verbindung weit auseinanderliegende Signale erhalten werden, wenn die Feldstärke groß genug ist, so daß die Absorptionsintensität direkte Rückschlüsse auf die Zahl der in der einen oder anderen Art gebundenen Kerne der gleichen Atomart in der Verbindung gestattet. Wegen weiterer Einzelheiten über die Theorie und Praxis der Methode vgl. EKKEHARD FLUCK: Die kernmagnetische Resonanz und ihre Anwendung in der anorganischen Chemie. Springer-Verlag 1963. — HARALD SUHR: Anwendung der kernmagnetischen Resonanz in der organischen Chemie, Springer-Verlag 1965. Daselbst auch Bemerkungen über den Einfluß des Quadrupolmomentes auf die Resonanz.

Die folgenden Tabellen enthalten Angaben über die chemische Verschiebung einiger Stoffe. Am Kopf der Tabelle ist jeweils die Standardbezugsubstanz aufgeführt. Die Zahlen der Tabellen beziehen sich auf δ oder τ. Die Ordnung wurde nicht nach chemischen Symbolen vorgenommen, sondern nach der Größe der Verschiebung. Bei Verbindungen, in denen das fragliche Atom mehrmals, aber in verschiedenen Bindungszuständen vorliegt und bei dem infolgedessen mehrere Verschiebungen auftreten, sind die fraglichen Verschiebungen mehrmals aufgeführt, nämlich überall dort, wo die jeweilige Verschiebung ihrer Größe nach hingehört. In diesen Fällen wird durch in Klammern gesetzte Werte auf die übrigen Verschiebungen hingewiesen.

Chemische Verschiebungen δ_{19F} von Fluorverbindungen

Standardsubstanz ist Trifluoressigsäure CF_3COOH,

d. h. es gilt $\delta_{CF_3COOH} = 0{,}000$

Verbindung	gemessen in	$\delta \cdot 10^{-6}$
AgF		181,1
HF		117,9
$S_3N_3F_3$	Dioxan	105,9
GeF_4		99,0
BeF_2		97,0
CH_3SiF_3		91,8
$BF_3O(C_2H_5)_2$	Substanz	84,1
SiF_4		83,3
$[BF_4]^-$	Wasser	72,3
$(CH_3)_2SiF_2$		59,2
$(CH_3)_3SiF$		54,2
SbF_5		52,0 (6,83; 26,2)
SiF_6^{--}	Wasser	49,8
BF_3	Substanz	48,4
KF	Wasser	41,1
$OPF(ONa)_2$	Wasser	26,8
SbF_5		26,2 (6,83; 52,0)
OPF_3		15,8
$OPF_2(OH)$		9,0

Verbindung	gemessen in	$\delta \cdot 10^{-6}$
SbF_5		6,83 (26,2; 52,0)
HPF_6		5,5
CF_3COOH		0,000
PF_5	flüssig	$-0,68$
$OPF(OH)_2$		$-2,5$
BF_2Cl		$-3,1 \pm 0,2$
PF_5	Substanz	$-5,2$
KPF_6	Wasser	$-7,7$
AsF_5		$-11,3$
PF_6^-		$-11,6$
SeF_4		-14
AsF_6^-		$-18,1$
BF_2Br		$-20,0 \pm 0,3$
TeF_6		$-20,6$
SbF_3		$-23,9$
CH_3POF_2		$-25,0$
OPF_2Cl		$-30,4$
AsF_3		$-35,0$
PF_3		$-42,3$
Ag_2F		$-48,9$
$BFCl_2$		$-50,6 \pm 0,6$
TeF_4		$-51,4$
BrF_3		$-54,3; (-64,0)$
$BFClBr$		$-66,4 \pm 0,6$
$OPFCl_2$		$-69,0$
N_2F_4		-75
ClF_3		$-81; (-193)$
$BFBr_2$		$-82,0 \pm 0,7$
JF_5		$-95,8; (-138)$
SO_3F_2		$-107,5; (-307,5)$
$S_4N_4F_4$	Dioxan	$-113,9$
$S_2O_6F_2$		$-114,5$
SOF_6		$-118,5; (-250,5)$
SeF_6		-128
SF_6		$-131,5; (-127)$
JF_5		$-138; (-95,8)$
NSF_3	Substanz	$-145,9$
SF_4		$-148; (-195)$
SOF_4		$-164,5$
ClF_3		$-193; (-81)$
SF_4		$-195; (-148)$
BrF_5		$-217,1; (-354,7)$
NF_3		-219
WF_6		-242
JF_7		$-245,6$
SOF_6		$-250,5; (-118,5)$
$FOClO_3$		$-302,5$
SO_3F_2		$-307,5 (-107,5)$
SNF		$-316,9$
OF_2		$-326,6$
BrF_5		$-354,7; (-217,1)$
MoF_6		-355
$FClO_3$		$-363,6$
F_2		$-507,1$

Chemische Verschiebungen δ_{11B} von Borverbindungen

Standardsubstanz ist Borsäuretrimethylester,

d.h. es gilt $\delta_{B(OCH_3)_3} = 0,000$

Verbindung	gemessen in	$\delta \cdot 10^{-6}$
BJ_4^-		145,9
$B_{10}H_{12} \cdot (CH_3)_2S$	Acetonitril	90,1; (30,6; 47,2; 72,1)
$NaB_{10}H_{12}CN \cdot (CH_3)_2S$	Wasser	80,5; (30,6; 45,2; 67,7)
B_5H_8J (Spitze)	CS_2	73,1 ± 0,5
$B_{10}H_{12} \cdot (CH_3)_2S$		72,1; (30,6; 47,2; 90,1)
B_5H_{11} (Spitze)		71,6 ± 0,5
$NaB_{10}H_{13} \cdot (CH_3)_2S$	Wasser	70,0 (23,1; 36,2; 55,0)
B_5H_9 (Spitze)		69,6 ± 0,5
B_6H_{10} (Spitze)		69,3 ± 0,5
$B_{10}H_{12} \cdot 2(CH_3)_2S$	Acetonitril	68,0 (19,3; 33,8; 51,9)
$NaB_{10}H_{12}CN \cdot (CH_3)_2S$	Wasser	67,7 (30,6; 45,2; 80,5)
$NaBH_4$	0,1 n NaOH	61,0
$Na_2B_{10}H_{13}CN$	Wasser	61,0 (14,3; 27,0; 46,7)
$B_{10}H_{12}J_2$		60,7 (4,0; 17,6)
$(CH_3)_4NB_{10}H_{13}$	Acetonitril	60,0 (14,5; 29,4; 48,1)
B_4H_{10} (BH)		58,1 ± 0,5
$LiBH_4$	Äther	56,3 ± 0,5
$BH_3 \cdot HP(CH_3)_2$		55,6
$Al(BH_4)_3$		55,1
$NaB_{10}H_{13} \cdot (CH_3)_2S$		55,0 (23,1; 36,2; 70,0)
B_5H_8Br (Spitze)	CS_2	54,5 ± 0,5
$B_{10}H_{14}$		53,0 ± 0,5 (5,7; 17,6)
$B_{10}H_{12} \cdot 2(CH_3)_2S$	Acetonitril	51,9 (19,3; 33,8; 68,0)
$LiB (C \equiv C \cdot C_6H_5)_4$		49,4
$(CH_3)_4NB_{10}H_{13}$	Acetonitril	48,1 (14,5; 29,4; 60,0)
$B_{10}H_{12} \cdot (CH_3)_2S$	Acetonitril	47,2 (30,6; 72,1; 90,1)
$Na_2B_{10}H_{13}CN$	Wasser	46,7 (14,3; 27,0; 61,0)
NaB_3H_8	Wasser	46,5
$NaB_{10}H_{12}CN \cdot (CH_3)_2S$	Wasser	45,2 (30,6; 67,7; 80,5)
BBr_4^-		45,1
$B_2H_5 \cdot N(CH_3)_2$		36,7
$NaB_{10}H_{13} \cdot (CH_3)_2S$		36,2 (23,1; 55,0; 70,0)
$B_{10}H_{12} \cdot 2 (CH_3)_2S$		33,8 (19,3; 51,9; 68,0)
$(CH_3)_2HN \cdot BH_3$	Benzol	33,2
$BH_3 \cdot NC_5H_5$	Substanz	31,4
$NaB_{10}H_{12}CN \cdot (CH_3)_2S$	Wasser	30,6 (45,2; 67,7; 80,5)
$B_{10}H_{12}(CH_3)_2S$	Acetonitril	30,6 (47,2; 72,1; 90,1)
B_5H_9 (Basis)		30,6
B_5H_8Br (Basis)	CS_2	30,6
B_5H_8J (Basis)	CS_2	29,9
$BH_3 \cdot NC_5H_5$	flüssig	29,6
$(CH_3)_4NB_{10}H_{13}$	Acetonitril	29,4 (14,5; 48,1; 60,0)
$(CH_3)_3NBH_3$	Benzol	27,2
$Na_2B_{10}H_{13}CN$	Wasser	27,0 (14,3; 46,7; 61,0)
$NaB (C_6H_5)_4$	Wasser	26,3
$B_3H_7 \cdot O(C_2H_5)_2$		25,8
$B_4H_{10}(BH_2)$		24,6 ± 0,5
BJ_3		23,6 ± 0,5
$NaB_{10}H_{13} \cdot (CH_3)_2S$	Wasser	23,1 (36,2; 55,0; 70,0)
$NaBF_4$	Wasser	20,4

Verbindung	gemessen in	$\delta \cdot 10^{-6}$
$BF_3 \cdot Piperidin$	CS_2	$20,4 \pm 0,5$
$AgBF_4$	Wasser	$20,3$
BF_4^-		$20,2$
$BF_3 \cdot NH_3$	Wasser	$20,2$
B_5H_{11} (Basis BH)		20
NH_4BF_4	Wasser	$19,9$
$BF_3 \cdot$ Hexamethylen-tetramin		$19,5 \pm 0,5$
$B_{10}H_{12} \cdot 2(CH_3)_2S$	Acetonitril	$19,3$ $(33,8;\ 51,9;\ 68,0)$
$BF_3 \cdot CH_3OH$		$19,1$
$BH_3 \cdot O(CH_2)_4$		$19,0$
$BF_3 \cdot O(CH_2)_4$		$19,0$
$TlBF_4$	Wasser	$18,8$
$H_3BO_2F_2$		$18,7$
$BF_3 \cdot N(CH_3)_3$	Benzol-Methanol	$18,6$
$BF_3 \cdot O(n\text{-}C_4H_9)_2$		$18,1 \pm 0,5$
$BF_3 \cdot O(C_2H_5)_2$		$18,1 \pm 0,5$
HBF_4	Wasser, 50%	$18,0 \pm 0,5$
$BF_3 \cdot P(C_6H_5)_3$	Chloroform	$17,7 \pm 0,5$
$BF_3 \cdot S(C_2H_4 \cdot C_6H_5)_2$	Chloroform	$17,6 \pm 0,5$
$B_{10}H_{12}J_2$		$17,6$ $(4,0;\ 60,7)$
$B_{10}H_{14}$		$17,6$ $(5,7;\ 53,0)$
$NaBO_2[B(OH)_4^-]$	Wasser	$16,8 \pm 0,5$
$NaB(C_6H_5)_4$	Wasser	$16,1$
B_5H_{11}(Basis BH_2)		$15,2$ $(20;\ 71,6)$
$NaB(CH_3O)_4$	Wasser	$15,2$
$LiB(CH_3O)_4$	Methanol	$15,2 \pm 0,5$
$(CH_3)_4NB_{10}H_{13}$	Acetonitril	$14,5$ $(29,4;\ 48,1;\ 60,0)$
$B_2H_4 \cdot 2N(CH_3)_2$		$14,5$
$Na_2B_{10}H_{13}CN$	Wasser	$14,3$ $(27,0;\ 46,7;\ 61,0)$
$NaBO_3$	Wasser	$12,6 \pm 0,5$
BCl_4^-		$11,4$
$K_2B_4O_7$	Wasser	$10,6 \pm 0,5$
$HBCl_2 \cdot O(C_2H_5)_2$		$10,2 \pm 0,5$
$DBCl_2 \cdot O(C_2H_5)_2$		$10,1 \pm 0,5$
$Na_2B_4O_7$	Wasser	$9,2 \pm 0,5$
$(NH_4)_2B_4O_7$	Wasser	$7,8 \pm 0,5$
$BCl_3 \cdot O(C_2H_5)_2$	Äther	$7,6 \pm 0,5$
$B(CH_2CH_2O)_3N$	Wasser	$7,4 \pm 0,5$
	Chloroform	$6,9$
BF_3		$6,6$
$B_{10}H_{14}$		$5,7$ $(17,6;\ 53,0)$
KB_5O_8	Wasser	$5,1 \pm 1,0$
$B_{10}H_{12}J$		$4,0$ $(17,6;\ 60,7)$
NaB_5O_8	Wasser	$3,7 \pm 1,0$
$B(o\text{-}CH_3C_6H_4O)_3$	Äther	$3,1 \pm 1,0$
B_2H_6		$1,5 \pm 0,5$
$B(CH_3O)O$	Benzol	$0,8 \pm 0,5$
$B(n\text{-}C_4H_9O)O$	Benzol	$0,6 \pm 0,5$
$B(CH_2 = CHCH_2O)_3$	Benzol	$0,6 \pm 0,5$
$B(C_2H_5O)_3$		$0,6$
$B(n\text{-}C_3H_7O)_3$		$0,5$
$B(CH_3O)_3$		$0,000$
$B(n\text{-}C_4H_9O)_3$		$-0,1$

Verbindung	gemessen in	$\delta \cdot 10^{-6}$
H_3BO_3		$-0,7 \pm 1,0$
$B(OC_2H_5)_2Cl$		$-5,2 \pm 1,0$
$BH(OCH_3)_2$		$-8,0 \pm 0,5$
$BD(OCH_3)_2$		$-8,6 \pm 0,5$
$C_6H_5B(OC_2H_5)_2$		$-10,4$
$B(OH)_2(n\text{-}C_9H_{19})$	Äther	$-11,2 \pm 0,5$
$[BHNH]_3$		$-12,3$
$B[N(C_2H_5)_2]_3$		$-12,9$
$[BHN(CH_3)]_3$		$-14,3$
$C_4H_9B(OH)_2$	Aceton	$-14,3$
$BCl_2(OC_2H_5)$		$-14,4$
$C_6H_5B(OH)_2$	Pyridin	$-15,2$
$B_2H_2O_3$		$-15,5 \pm 3,0$
BBr_3		$-22,0 \pm 0,5$
BCl_3	Substanz, fl. oder gasf.	$-29,6 \pm 0,5$
$B(C_2H_5)_3$		$-66,6 \pm 1$
$B(CH_3)_3$		$-68,2$

Chemische Verschiebungen δ_{31P} von Phosphorverbindungen
Standardsubstanz ist H_3PO_4 in 85 %iger wäßriger Lösung,
d.h. es gilt $\delta_{H_3PO_4} = 0,000$

Verbindung	gemessen in	$\delta \cdot 10^{-6}$
P_4	CS_2	488
	Substanz, fest	450
$[PCl_6]^-$		305 ± 5
PH_3	Substanz, $-90°$	241
H_2PCH_3	Substanz	$163,5 \pm 1$
$[PF_6]^-$		118 ± 10
$OPBr_3$	Substanz	$103,4$
$HP(CH_3)_2$	Substanz	$98,5 \pm 1$
PCl_5	CS_2	80 ± 2
$OPBr_2Cl$		$64,8$
$P(CH_3)_3$	Substanz	62 ± 1
$O=P-O-$ (mit O oben und unten)		50 ± 3 breit
OPF_3	Substanz, fl.	$35,5 \pm 1,5$
PF_5	fl.	$35,1$
$OPCl_2Br$		$29,6$
$P(C_2H_5)_3$	Substanz	$20,4$
$[NPCl_2]_8$		18 ± 1
$[NPCl_2]_7$		18 ± 1
$[NPCl_2]_5$		17 ± 1
$[NPCl_2]_6$		16 ± 1
$OPClF_2$		$14,8$
$H_4P_2O_7$		11
$Na_2H_2P_2O_7$		$9,5$
$[NPCl_2]_4$	Benzol	7 ± 1
$Na_4P_2O_7$	Wasser	$5,5 \pm 0,5$
Na_2HPO_4	Wasser	3 ± 1
H_3PO_4	85 %ige wss.Lsg.	$0,000$

Verbindung	gemessen in	$\delta \cdot 10^{-6}$
$OPCl_2F$		0,0
NaH_2PO_4	Wasser	0 ± 1
H_3PO_4	42%ige wss.Lsg.	$-1 \pm$
KH_2PO_4	Wasser	-1 ± 1
$NH_4H_2PO_4$	Wasser	-1 ± 1
K_2HPO_4	Wasser	-1 ± 1
$(NH_4)_2HPO_4$	Wasser	-1 ± 1
$OPCl_3$	Substanz	$-2,2$
$S=P-O-$ mit O		-3
Na_3PO_4	Wasser, p_H 12	$-5,4 \pm 0,5$
K_3PO_4	Wasser	-6 ± 1
$Na_2PO_3NH_2$	Wasser	$-8,9 \pm 0,5$
$[NPCl_2]_3$	Benzol	-19 ± 1
$Na_2PO_3NH_2$	Wasser	$-8,9 \pm 0,5$
$[NPU_2]_3$	Benzol	-19 ± 1
$S=P-S-$ mit O		-20
Na_3PO_3S	3% Na_2S	$-33,8$
$S=P-S-$ mit S		-60
$Na_3PO_2S_2$	3% Na_2S	$-61,9$
Na_3POS_3	3% Na_2S	$-86,5$
Na_3PS_4	3% Na_2S	$-87,5$
PF_3		$-97,0$
P_2J_4	CS_2	-170 ± 10
PCl_3	Substanz	-220 ± 1
PCl_2Br	Substanz	-225
$PClBr_2$		-228
PBr_3	Substanz	-229 ± 1

Chemische Verschiebungen τ [Protonenresonanz] von Paraffinen, gemessen in Tetrachlorkohlenstoff
(Bezugsubstanz Tetramethylsilan)

Kohlenwasserstoff	C_n	Konz. %	$CH_3\,CH_2$ Endst. Kette	$\begin{matrix}CH_3\\>CH-\\CH_3\end{matrix}$	$(CH_3)_3C-$
Methan	1		9,77		
Äthan	2		9,14		
n-Propan	3		9,09 8,55		
n-Butan	4	50	9,10 8,77		
n-Pentan	5	50	9,11 8,74		
n-Hexan	6	50	9,10 8,73		
n-Heptan	7	50	9,09 8,71		
n-Octan	8	10	9,18 8,82		
n-Nonan	9	50	9,11 8,73		
n-Undecan	11	50	9,13 8,70		
n-Dodecan	12	50	9,11 8,72		

Kohlenwasserstoff	C_n	Konz. %	CH_3 CH_2 Endst.Kette	$\begin{matrix} CH_3 \\ CH_3 \end{matrix} {>}CH-$	$(CH_3)_3C-$
$\begin{matrix} CH_3 \\ \| \\ CH_3-CH-CH_3 \end{matrix}$	4	50		9,12 8,23	
$\begin{matrix} CH_3 \\ \| \\ CH_3-C-CH_3 \\ \| \\ CH_3 \end{matrix}$	5	5			9,07
$\begin{matrix} CH_3 \\ \| \\ CH_3-C-CH_2-CH_2-CH_2-CH_3 \\ \| \\ CH_3 \end{matrix}$	8	50	8,8		9,15
$\begin{matrix} CH_3CH_3 \\ \| \quad \| \\ CH_3-C-C-CH_3 \\ \| \quad \| \\ CH_3CH_3 \end{matrix}$	8	5			9,13
$\begin{matrix} CH_3CH_2-CH_3 \\ \| \quad \| \\ CH_3-C-CH-CH_2-CH_3 \\ \| \\ CH_3 \end{matrix}$	9	50			9,17

Chemische Verschiebungen τ von Halogenverbindungen

	F	Cl	Br	J
CH_3X	5,74	6,95	7,32	7,81
CH_2X_2	—	4,67	5,06	6,10
CHX_3	—	2,74	3,17	5,09
CH_3CH_2X	8,73	8,58	8,40	8,27
	5,65	6,65	6,75	6,90
CH_2X-CH_2X	—	6,31	6,38	—
CH_3-CHX_2	—	—	7,51	—
	—	—	4,05	—
CHX_2-CH_2X	—	6,03	—	—
	—	4,26	—	—
CH_3-CX_3	—	7,28	—	—
CHX_2-CX_3	—	3,95	—	—
CHX_2-CHX_2	—	4,06	3,97	—
$CH_3-CH_2-CH_2X$	—	8,96	8,96	8,96
	—	8,17	8,11	8,14
	—	6,55	6,64	6,80
$CH_3-CHX-CH_3$	—	8,46	8,29	8,12
	—	5,87	5,80	5,76
$CH_2X-CH_2-CH_2X$	—	7,80	7,64	—
	—	6,30	6,42	—
$CH_3-CH_2-CH_2-CH_2X$	—	9,04	9,04	9,04
	—	—	—	—
	—	8,34	8,30	8,33
	—	6,54	6,66	6,81
$(CH_3)_2CH-CH_2X$	—	8,99	8,96	9,02
	—	8,42	8,20	8,44
	—	6,65	6,74	6,93

	F	Cl	Br	J
$(CH_3)_3CX$	—	8,42	8,24	8,07
$CH_3–CH_2–CHX–CH_3$	—	9,02	—	8,98
	—	8,32	—	8,30
	—	6,10	—	5,83
	—	8,53	—	8,08
$CH_2X–CH_2–CH_2–CH_2X$	—	6,43	6,58	—
	—	8,04	—	—

Chemische Verschiebungen τ von Äthern

Verbindung	CH_3O $\overset{\alpha}{}$ CH_2O		β	$–O–CH–O$
$CH_3–O–CH_3$	6.76	—	—	—
$(CH_3–CH_2)_2O$	—	6,64	8,84	—
$C_6H_5–CH_2–O–CH_3$	6.58	5.54	—	—
$(CH_3–CH_2–O)_3CH$	—	6,41	8,82	4,88

Chemische Verschiebungen τ von Estergruppen

Säurerest	$CH_3–$	$–CH_2–CH_3$		$C_6H_5–CH_2–$	$(CH_3)_3C–$
$HCOO–$	6,23	—		—	—
$CH_3COO–$	6,41	5,88	8,75	4,76	8,55
$CH_2Cl–COO–$	—	5,75	8,70	—	—
$CHCl_2–COO–$	—	5,67	8,65	—	—
$CH_2=CH–COO–$	6,25	5,78	8,82	—	—
$C_6H_5–COO–$	5,96	—		4,46	—

Chemische Verschiebungen τ von Aldehyden

Verbindung	$–CHO$	α	β
$H–CHO$	0,39	—	—
$CH_3–CHO$	0,28	7,83	—
$CH_3–CH_2–CHO$	—	7,54	8,88

Chemische Verschiebungen τ von Ketonen

Verbindung	α		β
	CH_3	CH_2	
$CH_3–CO–CH_3$	7,83	—	—
$CH_3–CO–CH_2–CH_3$	—	7,53	8,95
$CH_3–CH_2–CO–CH_2–CH_3$	—	7,61	8,96
Cyclobutanon	6,97	8,04	—
Cyclopentanon	7,94	7,98	—
Cyclohexanon	7,78	8,21	—

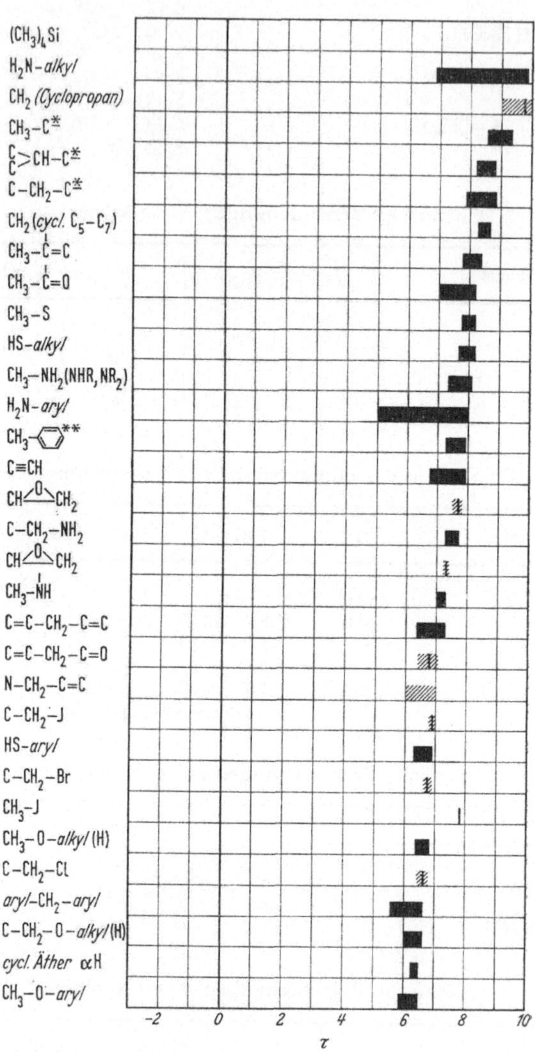

* Einschließlich β-substituierter Verbindungen.
** Einschließlich substituierter Ringe.

Abb. 3. Charakteristische

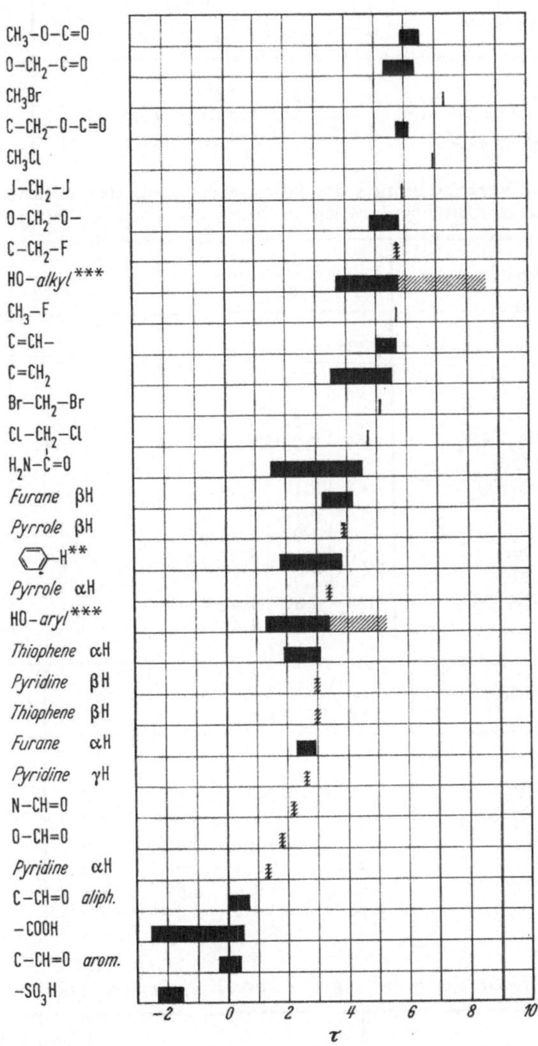

*** Mit starken Wasserstoffbrücken (unverd. Alkohole) ▉; mit schwachen Wasserstoffbrücken ▨.

τ-Werte organischer Gruppen

Chemische Verschiebungen τ aliphatischer Carbonsäuren

Verbindung	τ-Werte				Lösungs-mittel
	–COOH	α	β	γ	
$CH_3–COOH$	– 1,37	7,90	–	–	$CDCl_3$
$CH_3–CH_2–COOH$	– 1,61	7,65	8,89	–	kein
$CH_3–CH_2–CH_2–COOH$	–	7,70	8,33	9,01	CCl_4

Chemische Verschiebung τ der Protonenresonanz der ursprünglichen CH_3-Gruppe in Abhängigkeit der Stellung der stickstoffhaltigen Gruppe

Verbindung	τ						Lösungs-mittel
	α	β	γ	δ	ε	ζ	
CH_2NO_2	5,72	–	–	–	–	–	CCl_4
$CH_2(NO_2)_2$	3,90	–	–	–	–	–	CCl_4
$CH(NO_2)_3$	2,48	–	–	–	–	–	CCl_4
$CH_3–CH_2–NO_2$	5,71	8,52	–	–	–	–	CCl_4
$CH_3–CH_2–CH_2–NO_2$	5,62	7,93	8,97	–	–	–	$CDCl_3$
$(CH_3)_2CH–NO_2$	5,33	8,45	–	–	–	–	$CDCl_3$
$CH_3–CH_2–CH(NO_2)–CH_3$	5,48	8,1 8,42	9,05	–	–	–	$CDCl_3$
$CH_3–CH_2–CH_2–CH_2–NO_2$	5,67	7,97	8,54	9,00	–	–	CCl_4
$CH_3–(CH_2)_4–NO_2$	5,70	7,97	8,57	8,57	9,04	–	CCl_4
$CH_3–(CH_2)_5–NO_2$	5,70	8,00	8,63	8,63	8,63	9,08	CCl_4
$CH_2=CH–CH_2–NO_2$	5,13	3,80	4,42	–	–	–	CCl_4
	–	–	4,49	–	–	–	–

Verbindung	τ				Lösungs-mittel
	NH	α	β	γ	
$CH_3–NH_2$	6,74	7,54	–	–	CCl_4
$CH_3–CH_2–NH_2$	–	7,64	8,69	–	CCl_4
$CH_3–CH_2–CH_2–NH_2$	–	7,39	8,58	9,08	CCl_4
$(CH_3)_2CH–NH_2$	–	7,13	8,99	–	CCl_4
$(CH_3)_2NH$	9,2	7,69	–	–	CCl_4
$(CH_3–CH_2)_2NH$	9,56	7,49	8,97	–	CCl_4
$(CH_3–CH_2–CH_2)_2NH$	9,10	7,51	8,64	–	CCl_4
$(CH_3)_3N$	–	7,88	–	–	CCl_4

Chemische Verschiebungen τ von aliphatischen Alkoholen

Verbindung	τ				Lösungs-mittel	Konzen-tration %
	–OH	α	β	γ		
$CH_3–OH$	8,57	6,53	–	–	$CDCl_3$	5
$CH_3–CH_2–OH$	7,42	6,30	8,78	–	$CDCl_3$	5
$CH_3–CH_2–CH_2–OH$	7,72	6,42	8,43	9,08	$CDCl_3$	5
$(CH_3)_3C–OH$	–	–	8,78	–	CCl_4	5
$CH_3–(CH_2)_3–CH_2–OH$	5,20	6,40	–	–	–	–
$CH_3–CH_2–CHOH–CH_2–CH_3$	5,45	6,58	8,59	9,07	–	–
Cyclohexanol	–	6,73	–	–	–	–

2. Periodensysteme und Spektren
21. Periodensysteme und Grundterme
211. Periodensysteme und Nullpunktsvolumina

Periodensysteme

	Ia	IIa	IIb	IIIa	IIIb	IVb	IVa	Vb	Va	VIb	VIa	VIIb	VIIa	VIIIb	VIIIb	VIIIb	Ib	0
1	1 H 1,00797																	2 He 4,0026
2	3 Li 6,939	4 Be 9,0122		5 B 10,811			6 C 12,01115		7 N 14,0067		8 O 15,9994		9 F 18,9984					10 Ne 20,183
3	11 Na 22,9898	12 Mg 24,312		13 Al 26,9815			14 Si 28,086		15 P 30,9738		16 S 32,064		17 Cl 35,453					18 Ar 39,948
4	19 K 39,102	20 Ca 40,08	30 Zn 65,37	21 Sc 44,956	31 Ga 69,72	22 Ti 47,90	32 Ge 72,59	23 V 50,942	33 As 74,9216	24 Cr 51,996	34 Se 78,96	25 Mn 54,938	35 Br 79,909	26 Fe 55,847	27 Co 58,9332	28 Ni 58,71	29 Cu 63,54	36 Kr 83,80
5	37 Rb 85,47	38 Sr 87,62	48 Cd 112,40	39 Y 88,905	49 In 114,82	40 Zr 91,22	50 Sn 118,69	41 Nb 92,906	51 Sb 121,75	42 Mo 95,94	52 Te 127,60	43 Te 99	53 J 126,9044	44 Ru 101,07	45 Rh 102,905	46 Pd 106,4	47 Ag 107,87	54 Xe 131,30
6	55 Cs 132,905	56 Ba 137,34	80 Hg 200,59	57 La 138,91 59...70* 71 Lu 174,97	81 Tl 204,37	58 Ce 140,12 72 Hf 178,49	82 Pb 207,19	73 Ta 180,948	83 Bi 208,98	74 W 183,85	84 Po 210	75 Re 186,2	85 At 210	76 Os 190,2	77 Ir 192,2	78 Pt 195,09	79 Au 196,967	86 Rn 222
7	87 Fr 223	88 Ra 226,05		89 Ac 227		90 Th 232,038		91 Pa 231		92 U** 238,03								

*	59 Pr 140,907	60 Nd 144,24	61 Pm 145	62 Sm 150,35	63 Eu 151,96	64 Gd 157,25	65 Tb 158,924	66 Dy 162,50	67 Ho 164,93	68 Er 167,26	69 Tm 168,934	70 Yb 173,04
**	93 Np 237	94 Pu 242	95 Am 243	96 Cm 247	97 Bk 249	98 Cf 251	99 Es	100 Fm	101 Md	102 No	103 Lr	104 Ku

		s $(l=0,\ m=0)$		p $(l=1,\ m=0,\ \pm 1)$					
K	$n=1$	1,0 **H** 1							4,0 **He** 2
L	2	6,9 **Li** 3	9,0 **Be** 4	10,8 **B** 5	12,0 **C** 6	14,0 **N** 7	16,0 **O** 8	19,0 **F** 9	20,2 **Ne** 10
M	3	23,0 **Na** 11	24,3 **Mg** 12	27,0 **Al** 13	28,1 **Si** 14	31,0 **P** 15	32,1 **S** 16	35,5 **Cl** 17	40,0 **Ar** 18
N	4	39,1 **K** 19	40,1 **Ca** 20	69,7 **Ga** 31	72,6 **Ge** 32	74,9 **As** 33	79,0 **Se** 34	79,9 **Br** 35	83,8 **Kr** 36
O	5	85,5 **Rb** 37	87,6 **Sr** 38	114,8 **In** 49	118,7 **Sn** 50	121,8 **Sb** 51	127,6 **Te** 52	126,9 **J** 53	131,3 **Xe** 54
P	6	132,9 **Cs** 55	137,3 **Ba** 56	204,4 **Tl** 81	207 **Pb** 82	209 **Bi** 83	210 **Po** 84	210 **At** 85	226 **Rn** 86
Q	7	223 **Fr** 87	222 **Ra** 88						

$$n = 1, 2, \ldots$$
$$l = 0, 1, 2, \ldots, n-1$$
$$m = 0, \pm 1, \ldots, \pm l$$
$$s = \pm {}^1/_2$$

d-Block ($l = 1$; $m = 0, \pm 1, \pm 2$)

3d	45,0 **Sc** 21	48,6 **Ti** 22	51,0 **V** 23	52,0 **Cr** 24	55,0 **Mn** 25	55,8 **Fe** 26	58,9 **Co** 27	58,7 **Ni** 28	63,5 **Cu** 29	65,4 **Zn** 30
4d	88,9 **Y** 39	91,2 **Zr** 40	92,9 **Nb** 41	96,0 **Mo** 42	99 **Tc** 43	101,1 **Ru** 44	102,9 **Rh** 45	106,4 **Pd** 46	107,9 **Ag** 47	112,4 **Cd** 48
5d	138,9 **La** 57	178,5 **Hf** 72	180,9 **Ta** 73	183,9 **W** 74	186,2 **Re** 75	190,2 **Os** 76	192,2 **Ir** 77	195,1 **Pt** 78	197,0 **Au** 79	200,6 **Hg** 80
6d	227 **Ac** 89									

f-Block ($l = 3$; $m = 0, \pm 1, \pm 2, \pm 3$)

4f	140,1 **Ce** 58	140,9 **Pr** 59	144,2 **Nd** 60	149 **Pm** 61	150,3 **Sm** 62	152,0 **Eu** 63	157,2 **Gd** 64	158,9 **Tb** 65	162,5 **Dy** 66	164,9 **Ho** 67	167,2 **Er** 68	168,9 **Tm** 69	173,0 **Yb** 70	175,0 **Lu** 71
5f	232 **Th** 90	231 **Pa** 91	238 **U** 92	**Np** 93	**Pu** 94	**Am** 95	**Cm** 96	**Bk** 97	**Cf** 98	**Es** 99	**Fm** 100	**Md** 101	**No** 102	**Lr** 103

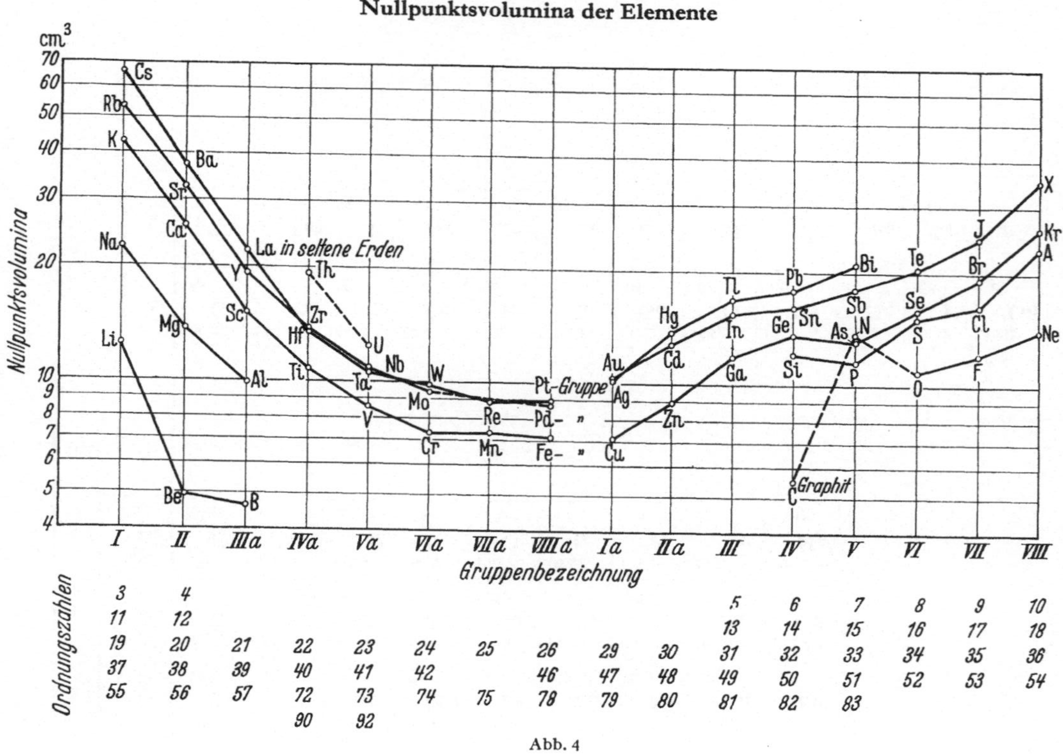

Nullpunktsvolumina der Elemente
cm³
Nullpunktsvolumina
La in seltene Erden
Pt-Gruppe
Pd– „
Fe– „
Graphit
Gruppenbezeichnung
Ordnungszahlen
Abb. 4

212. Grundterme und Verteilung der Elektronen der Atome

Z	A	K	L		M			N				O				Grundterm
		1s	2s	2p	3s	3p	3d	4s	4p	4d	4f	5s	5p	5d	5f (5g)	
1	H	1														$^2S_{1/2}$
2	He	2														$^1S_0$
3	Li	2	1													$^2S_{1/2}$
4	Be	2	2													$^1S_0$
5	B	2	2	1												$^2P_{1/2}$
6	C	2	2	2												$^3P_0$
7	N	2	2	3												$^4S_{3/2}$
8	O	2	2	4												$^3P_2$
9	F	2	2	5												$^2P_{3/2}$
10	Ne	2	2	6												$^1S_0$
11	Na	2	2	6	1											$^2S_{1/2}$
12	Mg	2	2	6	2											$^1S_0$
13	Al	2	2	6	2	1										$^2P_{1/2}$
14	Si	2	2	6	2	2										$^3P_0$
15	P	2	2	6	2	3										$^4S_{3/2}$
16	S	2	2	6	2	4										$^3P_2$
17	Cl	2	2	6	2	5										$^2P_{3/2}$
18	Ar	2	2	6	2	6										$^1S_0$
19	K	2	2	6	2	6		1								$^2S_{1/2}$
20	Ca	2	2	6	2	6		2								$^1S_0$
21	Sc	2	2	6	2	6	1	2								$^2D_{3/2}$
22	Ti	2	2	6	2	6	2	2								$^3F_2$
23	V	2	2	6	2	6	3	2								$^4F_{3/2}$
24	Cr	2	2	6	2	6	5	1								$^7S_3$
25	Mn	2	2	6	2	6	5	2								$^6S_{5/2}$
26	Fe	2	2	6	2	6	6	2								$^5D_4$
27	Co	2	2	6	3	6	7	2								$^4F_{9/2}$
28	Ni	2	2	6	2	6	8	2								$^3F_4$
29	Cu	2	2	6	2	6	10	1								$^2S_{1/2}$
30	Zn	2	2	6	2	6	10	2								$^1S_0$
31	Ga	2	2	6	2	6	10	2	1							$^2P_{1/2}$
32	Ge	2	2	6	2	6	10	2	2							$^3P_0$
33	As	2	2	6	2	6	10	2	3							$^4S_{3/2}$
34	Se	2	2	6	2	6	10	2	4							$^3P_2$
35	Br	2	2	6	2	6	10	2	5							$^2P_{3/2}$
36	Kr	2	2	6	2	6	10	2	6							$^1S_0$
37	Rb	2	2	6	2	6	10	2	6			1				$^2S_{1/2}$
38	Sr	2	2	6	2	6	10	2	6			2				$^1S_0$
39	Y	2	2	6	2	6	10	2	6	1		2				$^2D_{3/2}$
40	Zr	2	2	6	2	6	10	2	6	2		2				$^3F_2$
41	Nb	2	2	6	2	6	10	2	6	4		1				$^6D_{1/2}$
42	Mo	2	2	6	2	6	10	2	6	5		1				$^7S_3$
43	Tc	2	2	6	2	6	10	2	6	(5)		(2)				$(^6S_{5/2})$
44	Ru	2	2	6	2	6	10	2	6	7		1				$^5F_5$
45	Rh	2	2	6	2	6	10	2	6	8		1				$^4F_{9/2}$
46	Pd	2	2	6	2	6	10	2	6	10						$^1S_0$

Z	A	K	L	M	N 4s 4p 4d 4f	O 5s 5p 5d 5f (5 g)	P 6s 6p 6d 6f (6 g 6 h)	Q 7s..	Grundterm
47	Ag	2	8	18	2 6 10	1			$^2S_{1/2}$
48	Cd	2	8	18	2 6 10	2			$^1S_0$
49	In	2	8	18	2 6 10	2 1			$^2P_{1/2}$
50	Sn	2	8	18	2 6 10	2 2			$^3P_0$
51	Sb	2	8	18	2 6 10	2 3			$^4S_{3/2}$
52	Te	2	8	18	2 6 10	2 4			$^3P_2$
53	J	2	8	18	2 6 10	2 5			$^2P_{3/2}$
54	Xe	2	8	18	2 6 10	2 6			$^1S_0$
55	Cs	2	8	18	2 6 10	2 6			$^2S_{1/2}$
56	Ba	2	8	18	2 6 10	2 6	1		$^1S_0$
57	La	2	8	18	2 6 10	2 6 1	2		$^2D_{3/2}$
58	Ce	2	8	18	2 6 10 1	2 6 1	2		$^3H_4$
59	Pr	2	8	18	2 6 10 3	2 6	2		$^4I_{9/2}$
60	Nd	2	8	18	2 6 10 4	2 6	2		$^5I_4$
61	Pm	2	8	18	2 6 10 5	2 6	(2)		$^6H_{5/2}$
62	Sm	2	8	18	2 6 10 6	2 6	2		$^7F_0$
63	Eu	2	8	18	2 6 10 7	2 6	2		$^8S_{7/2}$
64	Gd	2	8	18	2 6 10 7	2 6 1	2		^9D
65	Tb	2	8	18	2 6 10 9	2 6	2		—
66	Dy	2	8	18	2 6 10 10	2 6	2		$^5I_8$
67	Ho	2	8	18	2 6 10 11	2 6	2		$^4I_{15/2}$
68	Er	2	8	18	2 6 10 12	2 6	2		$^3H_6$
69	Tm	2	8	18	2 6 10 13	2 6	2		$^2F_{7/2}$
70	Yb	2	8	18	2 6 10 14	2 6	2		$^1S_0$
71	Cp	2	8	18	2 6 10 14	2 6 1	2		$^2D_{3/2}$
72	Hf	2	8	18	2 6 10 14	2 6 2	2		$^3F_2$
73	Ta	2	8	18	2 6 10 14	2 6 3	2		$^4F_{3/2}$
74	W	2	8	18	2 6 10 14	2 6 4	2		$^5D_0$
75	Re	2	8	18	2 6 10 14	2 6 5	2		$^6S_{5/2}$
76	Os	2	8	18	2 6 10 14	2 6 6	2		$^5D_4$
77	Ir	2	8	18	2 6 10 14	2 6 7	2		^4F
78	Pt	2	8	18	2 6 10 14	2 6 9	1		$^3D_3$
79	Au	2	8	18	2 6 10 14	2 6 10	1		$^2S_{1/2}$
80	Hg	2	8	18	2 6 10 14	2 6 10	2		$^1S_0$
81	Tl	2	8	18	2 6 10 14	2 6 10	2 1		$^2P_{1/2}$
82	Pb	2	8	18	2 6 10 14	2 6 10	2 2		$^3P_0$
83	Bi	2	8	18	2 6 10 14	2 6 10	2 3		$^4S_{3/2}$
84	Po	2	8	18	2 6 10 14	2 6 10	2 4		$^3P_2$
85	At	2	8	18	2 6 10 14	2 6 10	2 5		$^2P_{3/2}$
86	Rn	2	8	18	2 6 10 14	2 6 10	2 6		$^2S_0$
87	Fr	2	8	18	2 6 10 14	2 6 10	2 6	1	$^2S_{1/2}$
88	Ra	2	8	18	2 6 10 14	2 6 10	2 6	2	$^1S_0$
89	Ac	2	8	18	2 6 10 14	2 6 10	2 6 (1)	(2)	$(^2D_{3/2})$
90	Th	2	8	18	2 6 10 14	2 6 10	2 6 (2)	(2)	$(^3F_2)$
91	Pa	2	8	18	2 6 10 14	2 6 10 2	2 6 (1)	(2)	$(^1F_{3/2})$
92	U	2	8	18	2 6 10 14	2 6 10 3	2 6 (1)	(2)	$^5D_0$
93	Np	2	8	18	2 6 10 14	2 6 10 4	2 6 (1)	(2)	—
94	Pu	2	8	18	2 6 10 14	2 6 10 6	2 6	(2)	—
95	Am	2	8	18	2 6 10 14	2 6 10 7	2 6	(2)	—

Z	A	K	L	M	N 4s 4p 4d 4f	O 5s 5p 5d 5f	P 6s 6p 6d 6f	Q 7s	Grund- term
96	Cm	2	8	18	2 6 10 14	2 6 10 7	2 6 (1)	(2)	—
97	Bk	2	8	18	2 6 10 14	2 6 10 9	2 6	(2)	—
98	Cf	2	8	18	2 6 10 14	2 6 10 10	2 6	(2)	—
99	Es	2	8	18	2 6 10 14	2 6 10 11	2 6	(2)	—
100	Fm	2	8	18	2 6 10 14	2 6 10 12	2 6	(2)	—
101	Md	2	8	18	2 6 10 14	2 6 10 13	2 6	(2)	—
102	No	2	8	18	2 6 10 14	2 6 10 14	2 6	(2)	—
103	Lr	2	8	18	2 6 10 14	2 6 10 14	2 6 (1)	(2)	—

Eingeklammerte Zahlen und Termsymbole sind unsicher.

Die Grundzustände der Transurane noch unsicher, daher keine Angaben.

22. Spektren

221. Röntgenspektren

Die folgende Tabelle enthält die Röntgenspektrallinien der wichtigsten Elemente und Übergänge.

Die Tabelle enthält in den ersten beiden Spalten die Ordnungszahl und das chemische Symbol des Elements und in den folgenden Spalten die jeweiligen Röntgenwellenlängen in X-Einheiten [1 XE $= (1{,}00202 \pm 0{,}00003) \cdot 10^{-11}$ cm].

Am Kopf der Tabelle ist jeweils der Niveauübergang nach Maßgabe der Abbildung vermerkt, so daß ein Übergang zwischen K- und L-Schale zunächst durch ein Symbol KL gekennzeichnet ist. Die Deutung des Index an dem Symbol KL usw., der die jeweilige Unterschale charakterisiert, geht aus der Abbildung hervor, in der der Zusammenhang der Indices mit den Quantenzahlen angegeben ist. Außerdem findet sich neben dieser Bezeichnung KL usw. die Charakterisierung der Linien nach SIEGBAHN α_1, α_2, vgl. Abbildung.

Gelegentlich, vornehmlich bei den leichteren Elementen, sind die Niveauübergänge zwischen der einen und den verschiedenen Unterschalen der nächsthöher gelegenen so wenig unterschieden, daß dann nur eine gemeinsame Wellenlänge angegeben wurde.

The columns under **K-Serie** are KL_{II} (α_1), KL_{III} (α_2), KM_{III} (β_1) and KN_{III} (β_2^{II}, β_2^{I}).

Ordnungszahl	Element	KL_{II} α_1	KL_{III} α_2	KM_{III} β_1	KN_{III} β_2^{II}	KN_{III} β_2^{I}	$L_{III}M_{I}$ l	$L_{III}M_{IV}$ α_2	$L_{III}M_{V}$ α_1
11	Na	11,885		11,594					
12	Mg	9,869		9,539					
13	Al	8,3229		7,951					
14	Si	7,1111		6,751					
15	P	6,1425		5,7921					
16	S	5,3639	5,3611	5,0125			78,37		
17	Cl	4,7201	4,7181	4,3942			66,47		
18	Ar	4,1861	4,1831	3,8779			55,56		
19	K	3,7371	3,7337	3,4468			46,78		
20	Ca	3,3547	3,3515	3,0834			40,13	35,59	
21	Sc	3,0284	3,0250	2,7739			34,88	30,70	
22	Ti	2,7465	2,7429	2,5087			30,73	26,84	
23	V	2,5021	2,4984	2,2797			27,21	23,77	
24	Cr	2,2889	2,2850	2,0805			24,29	21,23	
25	Mn	2,1015	2,0975	1,9062			21,82	19,06	
26	Fe	1,9360	1,9321	1,7530			19,742	17,112	
27	Co	1,7892	1,7853	1,6174			17,928	15,646	
28	Ni	1,6584	1,6545	1,4971	1,4856		16,373	14,272	
29	Cu	1,5412	1,5374	1,3894	1,3782		14,987	13,061	
30	Zn	1,4360	1,4322	1,2926	1,2811		13,769	12,009	
31	Ga	1,3409	1,3372	1,2052	1,1938		12,688	11,062	
32	Ge	1,2552	1,2513	1,1267	1,1146		11,922	10,224	
33	As	1,1774	1,1734	1,0551	1,0429		11,048	9,652	
34	Se	1,1065	1,1025	0,99012	0,97788		10,272	8,972	
35	Br	1,0417	1,0376	0,93085	0,91858		9,564	8,358	
36	Kr	0,9821	0,9781	0,87668	0,86434		—	—	—
37	Rb	0,9278	0,9236	0,82696	0,81476		8,3644	7,3101	7,3033
38	Sr	0,8776	0,8735	0,78130	0,76921		7,822	6,8556	6,8487
39	Y	0,8313	0,8271	0,73919	0,72727		7,3412	6,4425	6,4355
40	Zr	0,7885	0,7843	0,70028	0,68850		6,9043	6,0653	6,0580
41	Nb	0,7489	0,7447	0,66438	0,65280		6,5042	5,7201	5,7125
42	Mo	0,71211	0,70783	0,63098	0,61970		6,1381	5,40315	5,39535
43	Tc	0,6778	0,6735	0,6014	0,5899		—	—	—
44	Ru	0,64606	0,64174	0,57131	0,56051		5,4923	4,83575	4,83575
45	Rh	0,61637	0,61201	0,54449	0,53396		5,2062	4,5880	4,5880
46	Pd	0,58861	0,58424	0,51947	0,50918		4,9423	4,3588	4,3588
47	Ag	0,56264	0,55824	0,49601	0,48603		4,6979	4,14575	4,14575
48	Cd	0,53832	0,53390	0,47412	0,46437		4,4709	3,9483	3,9483
49	In	0,51548	0,51106	0,45360	0,44407		4,2599	3,7643	3,7643
50	Sn	0,49402	0,48957	0,43434	0,42504		4,0633	3,5926	3,5926
51	Sb	0,47383	0,46937	0,41622	0,40713		3,8803	3,44133	3,43222
52	Te	0,45483	0,45035	0,39917	0,39029		3,7094	3,2917	3,28246
53	J	0,43692	0,43242	0,38311	—		3,5502	3,15143	3,14214
54	Xe	0,41958	0,41512	0,36772	0,35916		—	—	—
55	Cs	0,40400	0,39946	0,35363	0,34539		3,2601	2,8958	2,8862
56	Ba	0,38886	0,38431	0,34010	0,33207		3,1287	2,7793	2,7696
57	La	0,37452	0,36996	0,32730	0,31973	0,31945	3,000	2,6689	2,6597
58	Ce	0,36094	0,35636	0,31516	0,30777	0,30751	2,8857	2,5651	2,5560
59	Pr	0,34803	0,34343	0,30363	0,29643	0,29617	2,7781	2,4676	2,4577
60	Nd	0,33577	0,33115	0,29268	0,28573		2,6703	2,3756	2,3653
61	Pm	0,32368	0,31902	0,28200	0,27503		—	2,2879	2,2775
62	Sm	0,31302	0,30833	0,27250	0,26575		2,477	2,2057	2,1950
63	Eu	0,30265	0,29790	0,26307	0,25645		2,3903	2,1273	2,1163
64	Gd	0,29261	0,28782	0,25394	0,24762		2,3071	2,0526	2,0419
65	Tb	0,28286	0,27820	0,24551	0,23912		2,2290	1,9823	1,9715
66	Dy	0,27375	0,26903	0,23710	0,23128		2,1540	1,91593	1,90485
67	Ho	0,26499	0,26030	—	—		2,0821	1,8521	1,8410
68	Er	0,25664	0,25197	0,22215	0,21671		2,0151	1,7914	1,7804
69	Tm	0,24861	0,24387	0,21487	—		1,9511	1,7339	1,7228
70	Yb	0,24098	0,23628	0,20834	0,20322		1,890	1,6793	1,6685
71	Lu	0,23358	0,22882	0,20171	0,19649		1,8318	1,6260	1,61617
72	Hf	0,22653	0,22173	0,19515	0,19042		1,7777	1,5778	1,5663
73	Ta	0,21985	0,21505	0,18969	0,184802	0,184625	1,7248	1,5297	1,5188
74	W	0,21339	0,20858	0,18397	0,179212	0,179038	1,6750	1,48438	1,47336
75	Re	0,20718	0,20236	0,17851	0,173899	0,173698	1,6272	1,44096	1,42997
76	Os	0,20122	0,19639	0,17326	0,168756	0,168558	1,5817	1,39943	1,38833
77	Ir	0,19549	0,19065	0,16819	0,163808	0,163613	—	1,3598	1,34847
78	Pt	0,18999	0,18513	0,16333	0,159053	0,158863	1,4964	1,32155	1,31033

L-Serie						M-Serie			
$L_{II}M_I$	$L_{II}M_{IV}$	$L\,M_{II}$	$L_I M_{III}$	$L_{III}N_V$	$L_{II}N_{IV}$	$M_V N_{VI}$	$M_V N_{VII}$	$M_{IV}N_{VI}$	$M_{III}N_V$
η	β_1	β_4	β_3	β_2	γ_1	α_2	α_1	β	γ
77,69									
65,89									
55,0									
46,28									
39,64									
34,42									
30,26									
26,77									
23,80									
21,38									
19,33		15,37							
17,48		14,07							
15,94		12,90							
14,61		11,85							
13,416		10,976							
12,341		—							
11,587		—							
10,711		8,912							
9,939		—	—						
9,235		—	—						
—		—	—						
8,0247	7,0614	6,8067	6,7736						
7,5046	6,6103	6,3897	6,3544						
7,0269	6,1992	6,0062	5,9708						
6,5933	5,8240	5,6565	5,6214	5,5748	5,3732				
6,1981	5,4810	5,3345	5,2993	5,2271	5,0258				
5,8354	5,16635	5,0384	5,0030	4,9131	4,7161				
—	—	—	—	—	—				
5,1944	4,6111	4,5137	4,4775	4,3627	4,1736				
4,9116	4,3651	4,2800	4,2435	4,1222	3,9355				
4,6508	4,1376	4,0627	4,0262	3,9008	3,7169				
4,4092	3,9265	3,8624	3,82545	3,6956	3,51545				
4,1845	3,73054	3,67435	3,6374	3,50699	3,3288				
3,97505	3,54803	3,49975	3,4627	3,33159	3,1557				
3,78095	3,37796	3,3365	3,2991	3,16879	2,995				
3,60025	3,2191	3,1836	3,1461	3,01724	2,84575				
3,4313	3,07046	3,04035	3,00275	2,87626	2,70648				
3,27325	2,9314	2,9061	2,8684	2,74489	2,57714				
—	—	—	—	—	—				
2,9867	2,6780	2,6611	2,6229	2,5064	2,3430				
2,8562	2,5622	2,5497	2,5109	2,3994	2,2367				
2,734	2,4533	2,4438	2,4053	2,2980	2,1372				
2,6147	2,3510	2,3442	2,3059	2,2041	2,0443				
2,507	2,2539	2,2501	2,2124	2,1148	1,9568				10,975
2,4042	2,1622	2,1622	2,1222	2,0314	1,8738		12,65	12,375	10,483
—	2,0754	—	2,0379	1,9518	1,7952		—	—	—
2,214	1,9936	1,9964	1,9580	1,8781	1,7231		11,406	11,238	9,580
—	1,9163	1,9221	1,8827	1,8082	1,6543		10,932	10,723	9,192
—	1,8425	1,8493	1,8109	1,7419	1,5886		10,394	10,233	8,826
—	1,7729	1,7814	1,7425	1,6790	1,52728		9,917	9,772	8,468
1,8922	1,7071	1,7167	1,6777	1,62034	1,46962		9,524	9,345	8,127
1,8220	1,6435	1,6553	1,6160	1,5637	1,4142		9,143	8,947	7,849
1,7548	1,5834	1,5964	1,5579	1,5106	1,3623		8,783	8,576	7,530
1,6923	1,5268	1,5412	1,5023	1,4602	1,3127		—	—	—
1,631	1,4726	1,4883	1,4494	1,4125	1,2650		8,122	7,893	7,009
1,5738	1,4206	1,4376	1,3986	1,3673	1,2198		7,824	7,585	6,748
1,5201	1,37125	1,3893	1,3502	1,32364	1,17656	—	7,524	7,289	6,530
1,4680	1,3243	1,3429	1,3041	1,28188	1,13564	—	7,237	7,008	6,299
1,4181	1,2792	1,2988	1,2599	1,24203	1,09630	6,978	6,969	6,743	6,076
1,3706	1,2360	1,2566	1,2178	1,20415	1,05881	—	6,715	6,491	5,875
1,3251	1,1948	1,2159	1,1771	1,16742	1,02292	—	6,477	6,254	5,670
1,2817	1,1554	1,1771	1,1385	1,13297	0,98876	6,262	6,249	6,025	5,490
1,2403	1,1176	1,1399	1,1017	1,09974	0,95599	6,045	6,034	5,816	5,309

K-Serie

Ordnungszahl	Element	KL_{II}	KL_{III}	KM_{III}	KN_{III}	
		α_1	α_2	β_1	β_2^{II}	β_2^{I}
79	Au	0,18469	0,17982	0,15865	0,154505	0,154295
80	Hg	—	—	—	—	—
81	Tl	0,17468	0,16979	0,14983	—	—
82	Pb	0,16994	0,16503	0,14567	0,14183	0,14162
83	Bi	0,16537	0,16045	0,14166	0,13786	0,13769
84	Po	—	0,155	—	0,134	
85	At	—	0,151	—	—	—
88	Ra	—	—	—	—	—
90	Th	0,13754	0,13254	0,11715	0,11405	0,11381
91	Pa	—	—	—	—	—
92	U	0,13070	0,12569	0,11116	0,10842	

L-Serie

Ordnungszahl	Element	$L_{III}M_I$	$L_{III}M_V$	$L_{III}M_V$	$L_{II}M_I$	$L_{II}M_{IV}$	L_IM_{II}	L_IM_{III}	$L_{III}N_V$	$L_{II}N_{IV}$
		l	α_2	α_1	η	β_1	β_4	β_3	β_2	γ_1
79	Au	1,4567	1,28502	1,27368	1,2003	1,0813	1,1043	1,0656	1,06801	0,92470
80	Hg	1,4187	1,25005	1,23864	1,1616	1,0465	1,0700	1,0315	1,03756	0,89461
81	Tl	1,3820	1,21633	1,20492	1,1254	1,01314	1,0371	0,99863	1,00829	0,86580
82	Pb	1,3471	1,18405	1,17267	1,0903	0,98099	1,00538	0,96710	0,98024	0,83802
83	Bi	1,3135	1,15298	1,14154	1,0564	0,95005	0,97491	0,93664	0,95321	0,81148
84	Po	—	1,12329	1,11152	—	0,92033	0,94554	0,90722	0,92743	0,78590
85	At	—	—	1,0826	—	0,892	—	—	—	—
88	Ra	1,1648	1,01445	1,00265	0,9055	0,81206	0,83897	0,80107	0,83364	0,69319
90	Th	1,1128	0,96576	0,95405	0,8527	0,76363	0,79098	0,75328	0,79192	0,65185
91	Pa	1,0885	0,9427	0,9309	0,8278	0,7407	0,7683	0,7307	0,7721	0,6325
92	U	1,0649	0,92062	0,90874	0,8035	0,7185	0,7464	0,70879	0,75307	0,61359

M-Serie

Ordnungszahl	Element	M_VN_{VI}	M_VN_{VII}	$M_{VI}N_{VI}$	$M_{III}N_V$
		α_2	α_1	β	γ
79	Au	5,842	5,828	5,612	5,135
80	Hg	5,541		5,331	—
81	Tl	5,461	5,450	5,239	4,815
82	Pb	5,288	5,274	5,065	4,665
83	Bi	5,119	5,108	4,899	4,522
84	Po	—	—	—	—
85	At	—	—	—	—
88	Ra	—	—	—	—
90	Th	4,143	4,130	3,934	3,672
91	Pa	4,027	4,014	3,819	3,570
92	U	3,916	3,902	3,708	3,473

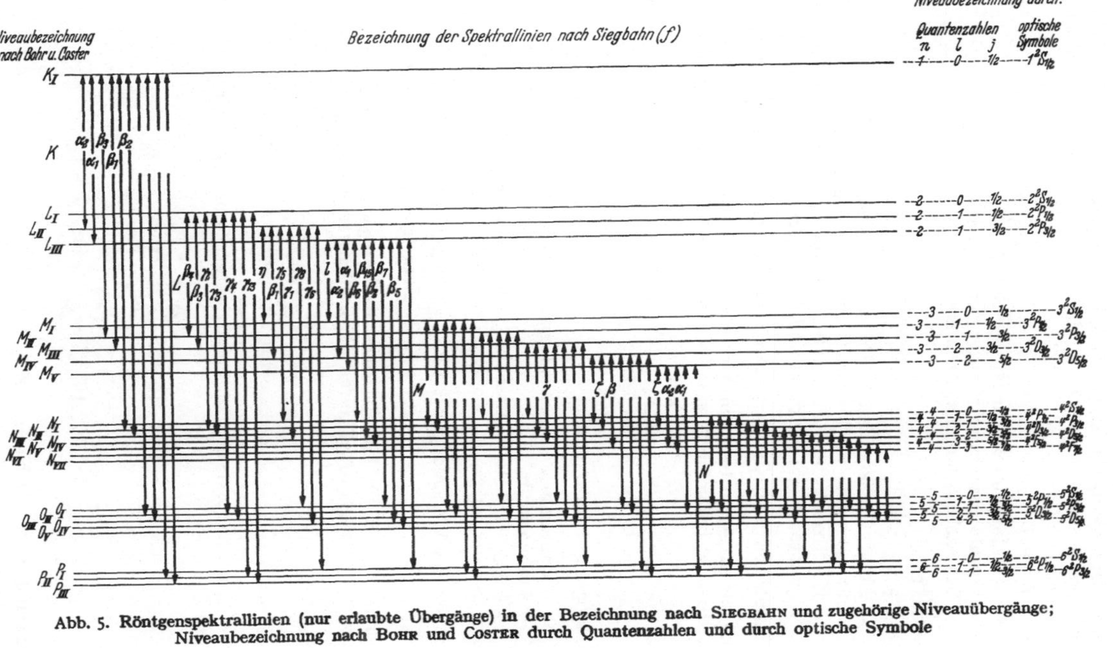

Abb. 5. Röntgenspektrallinien (nur erlaubte Übergänge) in der Bezeichnung nach SIEGBAHN und zugehörige Niveauübergänge; Niveaubezeichnung nach BOHR und COSTER durch Quantenzahlen und durch optische Symbole

222. Absorption von Röntgenstrahlen
Definitionen und Bezeichnungen

Beim Durchgang eines parallelen Röntgenstrahlenbündels von der Wellenlänge λ durch eine D cm dicke Schicht eines Stoffes von der Dichte ϱ gilt:

$$J = J_0\, e^{-\mu D}.$$

J_0 = Strahlungsintensität vor der Schicht.
J = Strahlungsintensität hinter der Schicht.
μ = Schwächungskoeffizient in cm^{-1}.

Ferner gilt:

$$\mu = \tau + \sigma + \varkappa.$$

τ = Absorptionskoeffizient (Photoabsorptionskoeffizient).
σ = Streukoeffizient (klassische Streuung und *Compton*streuung).
$\varkappa$ = Koeffizient der „Paarbildung" (Umwandlung eines Strahlungsquantes in ein Elektron und ein Positron).

Betreffs der Aufteilung in die einzelnen Prozesse siehe Abb. 6.

Die auf ein Atom bzw. ein Atomelektron bezogenen Koeffizienten sind mit μ_a bzw. μ_e bezeichnet; es ist der Massenschwächungskoeffizient

$$\frac{\mu}{\varrho} = \frac{N_L}{M}\,\mu_a = \frac{N_L Z}{M}\,\mu_e \text{ in } \text{g}^{-1}\,\text{cm}^2.$$

Analoges gilt für $\sigma, \tau, \varkappa$.

Z = Atomnummer im periodischen System.
M = Atomgewicht.
N_L = $6{,}023 \cdot 10^{23}$ Mol^{-1} (Loschmidtsche Konstante).
ϱ = Dichte in $\text{g}\,\text{cm}^{-3}$.

Einheit der Wellenlänge ist 1 kX = $1{,}00202 \cdot 10^{-8}$ cm
oder 1 X (X-Einheit) = $1{,}00202 \cdot 10^{-11}$ cm.

Der Energie E (in M-eVolt) eines Strahlungsquantes $h\nu$ ist die Wellenlänge λ (in X) zugeordnet durch die Zahlenwertgleichung:

$$\lambda = \frac{12{,}39}{h\nu} = \frac{12{,}39}{E}\,.$$

Für den Photoabsorptionskoeffizienten gilt näherungsweise nach WALTER

$$\frac{\tau}{\varrho} = 1{,}60 \cdot 10^{-2}\,\lambda^3\,\frac{Z^{3,94}}{M} \quad \text{für} \quad \lambda < \lambda_K$$

$$\frac{\tau}{\varrho} = 5{,}29 \cdot 10^{-4}\,\lambda^3\,\frac{Z^{4,3}}{M} \quad \text{für} \quad \lambda > \lambda_K$$

Gültigkeitsbereich 0,1 bis 1,0 kX.

Beim Überschreiten der Absorptionskanten des K-Absorptionssprunges gilt für den totalen Schwächungskoeffizienten μ angenähert

$$\frac{\mu_K}{\mu_L} = \frac{63{,}868}{Z^{0,6207}}$$

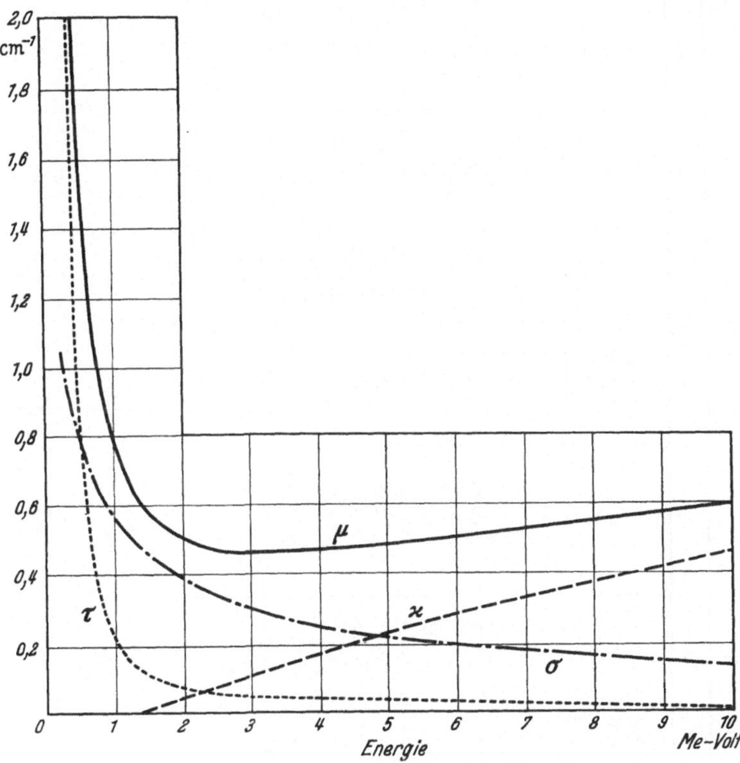

Abb. 6. Unterteilung der Schwächung in Blei (nach PHILIPP und WIEDEMANN)

Schwächungskoeffizienten

Messungen mit spektral zerlegter Strahlung.

μ/ϱ *in* g^{-1} *cm²* *für Blei im ultrakurzwelligen Gebiet*

λ_X	0,72	2,05	4,65	6,6	7,3	9,3	15,5	21
$h\nu$ MeV	17,2	6,0	2,66	1,88	1,70	1,33	0,80	0,59
μ/ϱ	0,058[1]	0,036	0,041	0,048	0,047	0,058	0,090	0,138
λ_X	27	30	36	39	40	45	46	50
$h\nu$ MeV	0,46	0,41	0,34	0,32	0,31	0,28	0,27	0,25
μ/ϱ	0,186	0,218	0,298	0,353	0,394	0,485	0,528	0,600

[1] Wiederanstieg infolge von Paarbildung.

$$\mu/\varrho \text{ in } g^{-1} \text{ cm}^2$$

λ_{kX}	C	Al	Ni	Cu	Mo	Ag	Sn	Ta	Pb	Au
0,0228	0,084	0,081	—	0,084	—	—	0,093	—	0,152	—
0,0284	—	—	—	0,087	—	—	0,098	—	0,191	—
0,0363	0,100	0,097	—	—	—	—	—	—	—	—
0,0384	0,102	0,099	—	—	—	—	0,104	—	0,350	—
0,040	0,105	—	—	—	—	—	—	—	0,394	—
0,0416	—	—	—	0,116	—	—	—	—	0,398	—
0,0485	—	—	—	0,132	—	—	—	—	0,595	—
0,0500	0,114	0,113	0,126	0,129	0,177	0,229	0,246	0,458	0,600	—
0,0504	0,113	0,109	—	—	—	—	—	—	0,636	—
0,060	0,120	0,121	0,163	0,160	0,227	0,283	0,314	0,689	0,900	—
0,070	0,126	0,131	0,187	0,182	0,319	0,400	0,430	1,018	1,455	—
0,080	0,132	0,138	0,218	0,215	0,412	0,544	0,607	1,357	1,829	—
0,090	0,137	0,144	0,250	0,259	0,535	0,715	0,800	1,819	2,490	—
0,100	0,142	0,150	0,297	0,306	0,650	0,900	1,020	2,435	3,248	—
0,110	0,147	0,158	0,349	0,371	0,821	1,081	1,222	3,014	4,079	—
0,120	0,151	0,168	0,420	0,434	1,036	1,362	1,587	3,770	5,150	—
0,130	0,154	0,176	0,490	0,513	1,243	1,656	1,912	4,553	6,412	—
0,140	0,158	0,191	0,594	0,606	1,513	2,038	2,310	5,476	—	6,40
0,160	0,163	0,213	0,771	0,830	2,108	—	—	—	—	—
0,184	0,171	0,240	1,10	1,17	3,193	—	—	—	—	—
0,200	0,175	0,270	1,42	—	4,20	5,40	6,10	—	—	—
0,209	0,177	0,279	1,56	1,63	—	—	—	—	5,108	—
0,260	0,188	0,402	2,90	—	8,30	11,4	12,8	—	—	—
0,417	0,256	1,18	10,45	—	30,3	40,5	45,5	—	—	—
0,497	0,315	1,90	17,9	—	50,2	—	—	—	—	—
0,631	0,474	3,73	34,2	—	—	—	—	—	—	—
0,710	0,605	5,22	48,1	—	—	26,8	32,5	—	140	—
0,880	0,990	9,75	81,3	—	—	—	—	—	—	122

1,00	1,365	14,12	118,5	—	—	73	87	—	77	110
1,235	2,42	26,3	208	—	—	—	—	—	—	—
1,389	3,35	36,8	286	—	—	173	205	—	180	210
1,540	4,52	49,0	47,5	—	—	225	275	—	230	387
1,934	8,77	93,5	90	—	—	410	490	—	420	720
2,498	20,0	188	180	200	—	740	—	—	—	1250
3,025	34,0	333	319	320	—	1325	—	—	—	1470
3,352	43,8	445	384	420	—	1380	—	—	—	1910
4,146	—	800	625	695	—	490	—	—	—	2450
4,359	—	917	735	850	—	585	—	—	—	2550
4,718	—	1090	—	—	—	720	—	—	—	—
5,395	—	1550	1250	1300	—	930	—	—	—	1210
6,057	—	2050	—	—	—	1300	—	—	—	—
6,973	—	2900	2000	2150	—	1350	—	—	—	1730
7,111	—	3100	—	—	—	2100	—	—	—	2450
8,321	—	400	3140	3500	—	2900	—	—	—	—
9,868	—	550	4540	5100	—	—	—	—	—	—
11,9	—	767	—	7550	—	—	—	—	—	—
13,3	—	2180	—	4340	—	9920	—	—	—	—
14,6	—	2290	—	2470	—	10050	—	—	—	—
17,6	—	3520	—	3770	—	—	—	—	—	—
23,7	—	7330	—	6870	—	—	—	—	—	—

223. Streukoeffizient

Direkte Absolutmessungen des Massenstreustrahlungskoeffizienten σ_s/ϱ in $g^{-1}\,cm^2$.

λ in kX	$_1$H	$_3$Li	$_5$B	$_6$C	Luft	H_2O	$_{11}$Na	$_{12}$Mg	$_{13}$Al	$_{16}$S	$_{29}$Cu	$_{47}$Ag	$_{82}$Pb
0,0199	—	—	—	0,080	—	—	—	—	0,077	—	—	—	—
0,0208	—	—	—	0,082	—	—	—	—	0,079	—	—	—	—
0,0248	—	—	—	0,086	—	—	—	—	0,083	—	—	—	—
0,0256	—	—	—	0,087	—	—	—	—	0,084	—	—	—	—
0,0363	—	—	—	0,100	—	—	—	—	0,097	—	—	—	—
0,0504	—	—	—	0,113	—	—	—	—	0,109	—	—	—	—
0,082	—	—	—	—	—	—	—	—	0,130	—	—	—	—
0,10	0,285	—	—	0,121	—	—	0,124	0,126	0,121	0,118	—	—	—
0,12	—	—	—	—	—	—	—	—	—	—	—	—	0,67
0,14	0,303	—	—	0,129	—	—	0,140	0,141	0,134	0,126	—	—	—
0,161	—	—	—	—	—	0,185	—	—	—	—	—	—	—
0,173	—	—	—	—	—	—	—	—	0,161	—	—	—	—
0,20	0,316	—	—	0,135	—	—	0,146	0,148	0,139	0,132	—	—	—
0,225	—	—	—	—	—	—	—	—	0,147	—	—	—	—
0,240	—	—	—	0,138	—	0,206	0,148	0,159	0,146	0,142	—	—	—
0,28	0,333	—	—	0,140	—	—	0,153	0,177	0,154	0,183	—	—	—
0,285	—	—	—	—	—	0,170	—	—	—	—	—	—	—
0,32	—	0,133	0,154	0,166	—	0,198	0,173	—	—	—	—	—	—
0,35	—	—	—	—	—	—	—	—	—	—	—	—	0,75
0,373	—	—	—	—	—	—	—	—	0,156	—	—	—	—
0,43	—	0,165	0,162	0,182	—	0,206	0,191	—	—	—	—	—	—
0,458	—	—	—	—	—	—	—	—	0,260	—	—	—	—
0,501	—	—	—	—	—	0,201	—	—	—	—	—	—	—
0,54	—	0,157	0,169	0,194	—	0,210	0,248	—	—	—	—	—	—
0,56	—	—	—	0,2	0,2	—	—	—	0,2	—	0,4	—	—
0,66	—	0,169	0,165	0,214	—	0,216	—	—	—	—	—	—	—
0,71	0,46	0,168	—	0,20	—	—	—	—	—	—	—	—	—
0,79	—	0,200	0,179	0,234	—	0,228	—	—	—	—	—	—	—
2,28	—	—	—	0,2	0,2	—	—	—	0,2	—	0,4	1,5	—

224. Atomterme, Atomspektren und Oszillatorenstärken

1. Die Terme.

Die Zustände, in denen sich ein aus Kern und Elektronen bestehendes Atom bzw. Ion befinden kann, sind durch bestimmte Werte der Energie gekennzeichnet. Außerdem läßt sich neben der Energie in einem definierten Atomzustand noch der Wert des gesamten Drehimpulses und *einer* Komponente dieses Drehimpulses festlegen, wenn wir zunächst noch von der Existenz eines Elektronenspins absehen. Während die Energie von Atom zu Atom recht unterschiedliche Werte aufweisen kann, ist der Drehimpuls stets auf die Werte $\sqrt{L(L+1)}\,\hbar$ und seine Komponente auf $M\hbar$ beschränkt, wo L eine ganze Zahl ≥ 0 (Quantenzahl) und M eine Zahl der Reihe $-L, -(L-1), -(L-2)\ldots 0, 1, 2, \ldots +L$ ist.

Am einfachsten liegen die Verhältnisse beim Wasserstoff oder sog. wasserstoffähnlichen Systemen, das sind mehrfach geladene Kerne, die nur von einem Elektron umlaufen werden. Bei diesen Einelektronenproblemen hängen die Energien nur vom mittleren Abstand der Elektronen vom Kern ab, der Drehimpuls hat dann in erster Näherung keinen Einfluß auf die Größe der Energie.

Normiert man die Energie so, daß diese den Wert Null besitzt für den Fall, daß das Elektron unendlich weit vom Kern ruht, so besitzt das Atom die durch eine sog. Hauptquantenzahl n gekennzeichneten Energiewerte:

$$E_n = \frac{-Z^2 \cdot 2\pi^2 m_e e_0^4}{h^2\left(1 + \dfrac{m_e}{M_K}\right)} \cdot \frac{1}{n^2} \qquad n = 1, 2, 3, \ldots \tag{1}$$

(Z = Kernladungszahl, m_e = Elektronenmasse, e_0 = Elementarladung, h = Plancksche Konstante, M_K = Kernmasse).

Hier berücksichtigt der Faktor $(1 + m_e/M_K)$ im Nenner die Mitbewegung des Kerns. Der Energiewert E_n enthält alle Zustände mit Gesamtdrehimpulsen, die zu Werten $\sqrt{l(l+1)}\,\hbar$ gehören, wo l eine Zahl der Reihe $0, 1, 2, \ldots (n-1)$ ist (azimutale Quantenzahl).

Hier bei Einelektronenproblemen pflegt man die den Drehimpuls charakterisierende Quantenzahl mit einem kleinen l zu bezeichnen, während das große L als Bezeichnung des Gesamtdrehimpulses bei Mehrelektronenproblemen verwandt wird.

Zählt man die verschiedenen Einorientierungen der Drehimpulskomponenten als jeweils verschiedene Zustände, so sind — wieder unter Vernachlässigung des Spins — in E_n insgesamt n^2 verschiedene Zustände gleicher Energie enthalten (bei Berücksichtigung der Spin-Aufspaltung sind es $2n^2$ Zustände). Man spricht deshalb auch von einer n^2-fachen [bzw. (n^2-1)-fachen] Entartung dieses Energiewertes. Vielfach ist es üblich, den Energiewert in cm^{-1} anzugeben, er wird dann als Termwert $T_n = E_n/hc$ aufgeführt. Die Differenz zweier Termwerte $T_{n_1} - T_{n_2}$ ergibt dann nach der Grundbeziehung der Quantentheorie $\Delta E = h\nu$ direkt die Frequenz (in Wellenzahlen) der mit diesem Übergang im Atom verbundenen Spektrallinie an, die dann auf Wellenlängeneinheiten umgerechnet werden kann. Gl. (1) erhält damit die Form:

$$\frac{E_n}{hc} \equiv T_n = -\frac{2\pi^2 m_e e_0^4}{h^3 c\left(1 + \dfrac{m_e}{M_K}\right)} \cdot \frac{Z^2}{n^2} = -\frac{R_{y,\infty}}{\left(1 + \dfrac{m_e}{M_K}\right)} \cdot \frac{Z^2}{n^2} \tag{1a}$$

wobei

$$R_{y,\infty} = \frac{2\pi^2 m_e e_0^4}{h^3 c} = 1{,}097373 \cdot 10^5 \text{ cm}^{-1}$$

als Rydberg-Konstante für unendlich schwere Kerne bezeichnet wird, aus der dann z.B. mit $m_e/M_K = 1:1836{,}12$ die für den Wasserstoff gültige Konstante

$$R_{y,H} = \frac{R_{y,\infty}}{1 + \dfrac{1}{1836{,}12}} = 1{,}0967757 \cdot 10^5 \ \text{cm}^{-1}$$

entnommen werden kann. Natürlich kann nur $R_{y,H}$ direkt gemessen werden, $R_{y,\infty}$ wird dann daraus abgeleitet.

Umlaufen mehrere Elektronen einen Kern, so bewegt sich ein weiter außen befindliches Elektron, das im allgemeinen als Valenz- oder Leuchtelektron bezeichnet wird, nicht mehr in dem reinen Coulomb-Feld des Kerns, sondern in einem Feld, das aus dem Coulomb-Feld des praktisch ruhenden Kerns und dem Felde der übrigen, sich mehr oder weniger rasch bewegenden Elektronen gebildet wird, und das nicht mehr als ein mit dem Abstand vom Kern entsprechend dem Coulomb-Gesetz variierendes Feld angesehen werden kann. In diesem Fall hängt die Energie des Elektronensystems explizit von dem Gesamtdrehimpuls — nicht aber von der Komponente desselben — ab und außerdem natürlich von der Hauptquantenzahl n.

Die Terme, welche zum Gesamtdrehimpuls mit der Quantenzahl

$$L = 0, \quad 1, \quad 2, \quad 3, \quad 4, \quad 5 \quad \text{usw. gehören, pflegt man als}$$
$$S, \quad P, \quad D, \quad F, \quad G, \quad H \quad \text{usw. -Terme zu bezeichnen.}$$

Bei Einelektronentermen sind die entsprechenden Bezeichnungen:

$$l = 0, \quad 1, \quad 2, \quad 3$$
$$s, \quad p, \quad d, \quad f \ \text{-Terme.}$$

Die Termwerte lassen sich dann vielfach nach Art der Gl. (1) darstellen durch

$$T_{n,l} = R_y \frac{(Z - \varepsilon)^2}{(n - \delta_{n,l})^2} \tag{2}$$

wobei $\delta_{n,l}$ meist als nur von l abhängig angesehen werden kann.

Die Zahl ε gibt dabei die Abschirmung des Kernfeldes durch die restlichen Elektronen an. Speziell beim Natrium gilt $Z - \varepsilon = 1$ und $\delta_{n,0} = 1{,}371$; $\delta_{n,1} = 0{,}884$; $\delta_{n,2} = 0{,}010$. Die Hauptquantenzahl ist dabei $n = 3, 4, 5, \ldots$; weiter ist $\delta_{n,3} = 0{,}001$ bei $n = 4, 5 \ldots$ usw.

Die Elektronenzustände der Einelektronenprobleme sind nun wegen des Elektronenspins doppelt zu zählen, weil der Spin sich als Eigendrehimpuls des Elektrons parallel oder antiparallel zu einer gegebenen Raumrichtung einzustellen vermag, also etwa zur Richtung der Komponente des Drehimpulses der Elektronenbahn. Der Elektronenspin eines einzigen Elektrons besitzt nämlich nur die beiden möglichen Drehimpulskomponenten $+\frac{1}{2}\hbar$ bzw. $-\frac{1}{2}\hbar$, wozu wieder ein Gesamtdrehimpuls des Spins $\sqrt{\frac{1}{2}(\frac{1}{2}+1)}\,\hbar = \frac{1}{2}\hbar\sqrt{3}$ gehört, wenn man die oben beim normalen Drehimpuls gültige Formel für $l = \frac{1}{2}$ anwendet. Es ist üblich, den Spin eines Elektrons mit der Quantenzahl $s = \frac{1}{2}$ (zum Unterschied von der den gewöhnlichen Drehimpuls beschreibenden Quantenzahl l) zu bezeichnen.

Es war oben gesagt, daß neben der Energie eines atomaren Systems auch der Drehimpuls der Elektronenbewegung und die Komponente desselben definierte Werte haben könnten; dies gilt bei der Berücksichtigung des Spins nicht mehr exakt, sondern man kann nur mit einer gewissen Annäherung bei einem Einelektronenproblem von einem definierten Werte des Drehimpulses sprechen. Nur der aus Drehimpuls der Elektronenbahnbewegung *und* dem Drehimpuls des Spins zusammengesetzte Totaldrehimpuls und dessen Komponente in einer Raumrichtung sind Konstante der Bewegung und besitzen neben der Energie definierte Werte.

Diese Werte werden wieder durch eine Quantenzahl j (bzw. bei Mehrelektronenproblemen J) beschrieben, die sich — wenigstens mit meist guter Näherung — vektoriell aus den Quantenzahlen l und s (bzw. L und S) zusammensetzt, also halbzahlige Werte aus dem Bereich $l-1/_2$ bis $l+1/_2$ (bzw. ganz- oder halbzahlige Werte aus dem Bereich $L-S$ bis $L+S$) haben kann, mit denen dann der Totaldrehimpuls die Werte $\sqrt{j(j+1)}\,\hbar$ (bzw. $\sqrt{J(J+1)}\,\hbar$) und die Komponente die Werte $m_j\,\hbar$ (bzw. $M_J\,\hbar$) erhält, wo m_j eine Zahl des Bereichs $-j,\,-(j-1),\,\dots 0,\,1,\,2,\dots +j$ ist (und entsprechend für M_J). Die Quantenzahl j bzw. J wird als innere Quantenzahl bezeichnet.

Die Energien der Zustände, die bei der gleichen Hauptquantenzahl n und der gleichen azimutalen Quantenzahl l sich durch verschiedene innere Quantenzahlen j (beim Einelektronenproblem) unterscheiden, sind ein wenig voneinander verschieden, im allgemeinen sind dies $2s+1=2$ Zustände beim Einelektronenproblem (und sonst $2S+1$ Zustände beim Mehrelektronenproblem). Man spricht deshalb von Multiplett-Zuständen der Terme, nämlich von Singlett-, Dublett-, Triplett- usw. Zuständen.

Vielfach kann man bei Mehrelektronensystemen die Quantenzahlen l_i der Einzelelektronen vektoriell zu einer resultierenden L zusammensetzen und entsprechend die Spinquantenzahlen $s_i=1/_2$ zur resultierenden Quantenzahl S, die dann durch Vektoraddition die Möglichkeiten für die innere Quantenzahl J ergeben, die ja die eigentlich konstante Größe des Systems ist, während den Einzelgrößen l_i nur näherungsweise eine Konstante der Bewegung e i n e s Elektrons im Atom entspricht. Oftmals ist es nur möglich, die inneren Quantenzahlen der Einzelelektronen vektoriell zur resultierenden inneren Quantenzahl J zusammenzusetzen, den Einzelwerten von L und S kommt dann keine besondere Bedeutung mehr zu. Im ersten Falle spricht man von (l, s)-Kopplung oder Russel-Saunders Kopplung, im zweiten von (j, j)-Kopplung im Atom.

In den folgenden Tabellen sind die Termwerte der atomaren Systeme (meist der Valenzelektronen) angegeben, wobei gewöhnlich der ionisierte Zustand den Termwert 0 erhält und demnach die gebundenen Zustände entsprechend Gl. (1a) negative Werte bekommen. Das Minuszeichen ist dann üblicherweise bei der Termangabe fortgelassen. Manchmal wird auch dem Grundzustand der Termwert 0 zugeschrieben und von dort aus gezählt. Der Term selbst wird durch Angabe des Symbols für die Quantenzahl L gekennzeichnet, an welches oben links die Multiplizität $2S+1$ geschrieben ist und unten rechts der Wert der Quantenzahl J. Dieses Symbol befindet sich in der ersten Spalte der Termwerttabelle, nach rechts schließen sich dann die Termwerte an, die sich dann nur noch durch die Hauptquantenzahl unterscheiden, oft durch eine Gleichung der Form (2) beschrieben werden können, und die, wie man sagt, zu einer Serie gehören.

Am Kopf der Termtabelle befinden sich Angaben über die Kernladungszahl Z, die Zahl der Valenzelektronen Z_v, die Struktur des Grundterms und das Termsymbol des Grundzustandes. Außerdem findet man dort den Wert der Ionisierungsenergie V_J in eV und den Wert der Anregungsspannung V_a zum ersten angeregten Elektronenzustand, ebenfalls in eV.

So findet man z. B beim Natrium $Z=11$, $Z_v=1$ und die Struktur des Grundterms zu (Ne) $3s$, was soviel bedeutet, daß in der M-Schale sich ein $3s$-Elektron befindet und die übrigen Elektronen die Konfiguration der abgeschlossenen Ne-Konfiguration haben, also zwei $1s$-Elektronen, zwei $2s$-Elektronen und sechs $2p$-Elektronen, was oft abgekürzt wird mit $1s^2\,2s^2\,2p^6$. Die Neonkonfiguration hat den Drehimpuls $L=0$ und den

Spin $S = 0$, so daß das $3s$-Elektron dann zu $L = 0$ und $S = \frac{1}{2}$, also zu $J = \frac{1}{2}$ und damit zum Grundterm $3\,^2S_{1/2}$ führt, dem der Termwert $41\,449{,}463$ cm^{-1} zukommt und dem bei Umrechnung auf Elektronenvolt die Ionisierungsspannung von $5{,}14$ V entspricht. Der erste angeregte Term ist der $3\,^2P_{1/2}$-Term mit $24\,493{,}280$ cm^{-1}, der die sog. Resonanzlinie liefert und außerdem die Anregungsspannung von $2{,}10$ eV. Der $3\,^2P_{3/2}$-Term bildet mit dem $3\,P_{1/2}$-Term das bekannte erste Natriumdublett. In einer Reihe von Fällen sind die Termzustände einzelner Atome graphisch veranschaulicht (s. S. 167 f., Abb. 7—20).

Obwohl man über die Auswahlregeln $\Delta J = \pm 1{,}0$ und $\Delta l = \pm 1; \Delta L = \pm 1{,}0$ aus den Termtabellen entnehmen kann, welche Spektrallinien mit endlicher Intensität bei einem gegebenen Atom oder Ion auftreten werden, sind neben den Termtabellen noch Tabellen angegeben, welche in der linken Spalte die jeweiligen Übergänge von sog. Serien wie z. B. Übergänge von $3\,^2S_{1/2} - n\,^2P_{1/2}$ mit variablem n kennzeichnen, während rechts daneben die zugehörigen Wellenlängen unter dem jeweiligen n-Wert in Å-Einheiten aufgeführt werden. Dabei sind die Wellenlängen für $\lambda < 2000$ Å aufs Vakuum bezogen und die für $\lambda > 2000$ Å auf Luft als Medium der Ausbreitung der Lichtwellen. Eine Umrechnung ist mit dem Brechungsindex n_L von Luft gemäß $\lambda_{\text{Luft}} = \lambda_{\text{Vak}}/n_L$ vorzunehmen, wobei n_L etwa aus Tabelle $214\,512$, Bd. I, S. 190 entnommen werden kann.

Betreffs der Reihenfolge der Spektren siehe Sachregister Stichwort Atomspektren.

2. Oszillatorenstärken

Gelegentlich findet man in den Tabellen außer den Angaben über die Wellenlänge des Übergangs noch solche über die Oszillatorenstärke f bzw. die Lebensdauer τ eines angeregten Zustandes, welche die Intensität einer Spektrallinie charakterisieren. Da diesbezügliche Untersuchungen jedoch nur in geringer Zahl vorliegen, sind die f-Werte oder τ-Werte nur bei einem kleinen Bruchteil der Spektrallinien gebracht.

Die Absorption von Licht in einem Spektralbereich der Frequenz ν längs eines Absorptionsgefäßes gehorcht dem Lambertschen Gesetz

$$J = J_0\, e^{-k(\nu)\cdot x} \tag{3}$$

wenn J die Lichtintensität an der Stelle x und J_0 die Intensität beim Eintritt ($x = 0$) in das Absorptionsgefäß bedeutet. Das Integral über die gesamte gerade betrachtete Spektrallinie

$$l \int k(\nu)\, d\nu = A(\nu) \tag{3a}$$

ist die sog. Gesamtabsorption im Absorptionsgefäß der Länge l in Frequenzeinheiten (sec^{-1}) und hängt mit der Oszillatorenstärke über

$$A(\nu) = \frac{\pi\, e_0^2}{m_e \cdot c}\,{}^1N \cdot l \cdot f \tag{3b}$$

($e_0 =$ Elementarladung, $m_e =$ Elektronenmasse, $c =$ Lichtgeschwindigkeit, ${}^1N =$ Zahl der Atome im Ausgangszustand/cm^3, $l =$ Schichtdicke der Absorptionsschicht, $f =$ Oszillatorenstärke) zusammen.

Zwischen der Oszillatorenstärke einer den Übergang vom Zustand n_1 in den Zustand n_2 kennzeichnenden Spektrallinie und der spontanen Übergangswahrscheinlichkeit $A_{n_1 \to n_2}$ besteht der Zusammenhang

$$f_{n_1 \to n_2} = \frac{m_e \cdot c^3}{8\,\pi^2\, e_0^2\, \nu^2}\,\frac{g_{n_1}}{g_{n_2}} \cdot A_{n_1 \to n_2}, \tag{3c}$$

wo jetzt die g_{n_i} die statistischen Gewichte $2j + 1$ der einzelnen atomaren Zustände sind, denn jeder zu einer inneren Quantenzahl j gehörende Zustand zählt entsprechend den $2j + 1$ Einstellungsmöglichkeiten der Komponente des Totaldrehimpulses mehrfach.

Zu diesen verschiedenen Zuständen gehört die gleiche Energie des Atoms, so daß die Spektrallinien beim Übergang zwischen diesen an sich *verschiedenen* Zuständen zusammenfallen. Nur beim Anlegen eines starken magnetischen oder elektrischen Feldes rücken die atomaren Zustände energetisch auseinander und man erhält dann mehrere Spektrallinien (Zeeman-Aufspaltung oder Stark-Effekt). Für die f-Werte gilt ein Summensatz derart, daß bei Einelektronenproblemen $\sum_k f_{n_1 \to n_k} = 1$ gilt, wo jetzt n_1 der Grundzustand und n_k die angeregten Zustände sind.

Die Lebensdauer τ (genauer mittlere Lebensdauer) eines angeregten Zustandes ist so definiert, daß nach Ablauf der Zeit τ nur noch

$$Z(t) = Z(0)\, e^{-t/\tau} \tag{4}$$

Atome in dem angeregten Zustand vorliegen, wenn ursprünglich $Z(0)$ angeregte Atome vorhanden waren.

Die restlichen Atome sind dann in irgendwelche andere Zustände spontan (durch Strahlung) übergegangen.

Die Lebensdauer τ eines angeregten Niveaus n_1 hängt mit den Übergangswahrscheinlichkeiten $A_{n_1 \to n_k}$ gemäß

$$\tau = \frac{1}{\sum_k A_{n_1 \to n_k}} \tag{4a}$$

zusammen, so daß im Falle $A_{n_1 \to n_2} \gg A_{n_1 \to n_3}$ usw., wenn also nur eine Übergangswahrscheinlichkeit in der Summe (4) ins Gewicht fällt, die Lebensdauer über Gl. (3c) auch einen Aufschluß über die Oszillatorenstärke gibt.

H I: $Z = 1$, $Z_v = 1$, $V_J = 13{,}59$. G.T.: $1s$; $^2S_{1/2}$. $V_a = 10{,}20$

Die Termwerte des Wasserstoffatoms sind nach der Quantenmechanik gegeben durch:

$$T(n, l, j) = -\frac{E(n, l, j)}{h\,c} = \frac{109\,677{,}759 \pm 0{,}05}{n^2}$$
$$+ \frac{5{,}820 \pm 0{,}009}{n^3} \cdot \left(\frac{3}{4n} - \frac{1}{j + \frac{1}{2}} \right).$$

Das zweite Glied dieser Entwicklung enthält die Dublett-Feinstruktur der einzelnen Wasserstoffterme. Die Intensität der einzelnen Feinstrukturkomponenten ist abhängig von der Anregungsart und somit nicht vollständig definiert. PASCHEN hat aus der Balmerserie für die Lymanserie die genaue Lage der Linienschwerpunkte unter Berücksichtigung der unaufgelösten Feinstruktur berechnet.

Serienformel: $\qquad \bar{\nu} = 109\,677{,}583 \left(\dfrac{1}{n^2} - \dfrac{1}{m^2} \right) = R_H \left(\dfrac{1}{n^2} - \dfrac{1}{m^2} \right),$

$$R_H = 109\,677{,}583 \text{ cm}^{-1}; \quad R_D = 109\,707{,}42 \text{ cm}^{-1}.$$

Lymanserie

$n = 1$; $m = 2, 3 \dots$ — Seriengrenze $911{,}76$ Å

m	λ (gemessen)	λ (berechnet)	m	λ (gemessen)	λ (berechnet)
2	1215,68	1215,664	7	930,76	930,745
3	1025,83	1025,717	8	926,24	926,222
4	972,54	972,532	9	923,17	923,148
5	949,74	949,739	10	920,17	
6	937,81	937,745			

Balmerserie

$$n = 2; \quad m = 3, 4, \ldots \quad - \quad \text{Grenze: } 3645{,}981$$

m	λ	m	λ	m	λ
3	6562,793	15	3711,973	27	3666,097
4	4861,327	16	3703,855	28	3664,679
5	4340,466	17	3697,154	29	3663,405
6	4101,738	18	3691,557	30	3662,258
7	3970,075	19	3686,834	31	3661,221
8	3889,052	20	3682,810	32	3660,280
9	3835,387	21	3679,355	33	3659,423
10	3797,900	22	3676,365	34	3658,641
11	3770,633	23	3673,761	35	3657,926
12	3750,154	24	3671,478	36	3657,269
13	3734,371	25	3669,466	37	3656,666
14	3721,941	26	3667,684		

Paschenserie

$$n = 3; \quad m = 4, 5, \ldots$$

m	λ	m	λ
4	18751,05	8	9546,2
5	12818,11	9	9229,7
6	10938	10	9015,3
7	10049	11	8863,4

Brackettserie

$$n = 4; \quad m = 5, 6, \ldots$$

m	λ
5	$4{,}05 \pm 0{,}03 \; \mu$
6	$2{,}63 \pm 0{,}02 \; \mu$

Pfundserie

$$n = 5; \quad m = 6$$

m	λ
6	$7{,}40 \; \mu$

H.F.S. Die Wasserstofflinien zeigen auf der kurzwelligen Seite je einen schwachen Trabanten, der dem Wasserstoffisotop D zuzuschreiben ist.

Oszillatorenstärke f

$n = 2,$ $m =$	f	$n = 3,$ $m =$	f	$n = 4,$ $m =$	f
3	0,637	4	0,841	5	1,038
4	0,119	5	0,150	6	0,180
5	0,044	6	0,055		
6	0,022	7	0,027		
7	0,0125	8	0,016		
8	0,0082				

He II: $Z = 2$, $Z_v = 1$, $V_J = 54{,}14$. G.T.: $1s$; $^2S_{1/2}$

Das He II-Spektrum ist dem H I-Spektrum analog gebaut. Die Termwerte sind gegeben durch

$$T(n, l, j) = -\frac{E(n, l, j)}{hc} = \frac{109\,722{,}256 \cdot 4}{n^2} + \frac{5{,}821 \cdot 16}{n^3} \cdot \left(\frac{3}{4n} - \frac{1}{j + \frac{1}{2}}\right).$$

Das zweite Glied enthält die Feinstruktur der einzelnen He II-Terme.

Die angeführten Wellenlängen geben nur die Intensitätsmaxima der unaufgelösten Linien an. PASCHEN hat mit Hilfe der genau gemessenen Linien der langwelligen Serien die optischen Schwerpunkte der kurzwelligen Serienlinien mit großer Genauigkeit berechnet.

Serienformel (ohne Feinstruktur):

$$\bar{\nu} = 109\,722{,}403 \; 4 \cdot \left(\frac{1}{n^2} - \frac{1}{m^2}\right) = 4\,R_{He}\left(\frac{1}{n^2} - \frac{1}{m^2}\right).$$

Lymanserie

$n = 1$; $m = 2, 3, \ldots$

m	λ (gemessen)	λ (berechnet)	m	λ (gemessen)	λ (berechnet)
2	303,782	363, 788	7	232,540	232,5821
3	256,547	256,3145	8	231,472	231,4520
4	243,222	243,0244	9	230,691	230,6836
5	237,264	237,3297	10	230,208	230,1370
6	234,340	234,3452			

$n = 2$; $m = 3, 4, \ldots$

m	λ	m	λ
3	1640,49	5	1084,98
4	1215,18	6	1025,31

Fowlerserie

$n = 3$; $m = 4, 5, \ldots$

m	λ	m	λ
4	4685,75	8	2385,42
5	3203,14	9	2306,22
6	2733,32	10	2252,71
7	2511,22		

Pickeringserie

$n = 4$; $m = 5, 6, \ldots$

m	λ	m	λ
5	10 123,63	8	4859,34
6	6 560,13	9	4541,61
7	5 411,55	10	4338,69

Termwerte in Wellenzahlen $\bar{\nu}$ [cm⁻¹], Wellenlängen in Å, $\lambda > 2000$ Å: λ_{Luft} · $\lambda < 2000$ Å: λ_{Vakuum}.

Li I: $Z = 3$, $Z_v = 1$, $V_J = 5{,}40$. G.T.: (He) $2s$; $^2S_{1/2}$. $V_a = 1{,}84$

Term	Termwert für $n =$				
	2	3	4	5	6
$n\ ^2S_{1/2}$	43 486,3	16 280,5	8475,2	5187,8	3500,4
$n\ ^2P^{0*}$	28 582,5	12 560,4	7018,2	4473,6	3099,2
$n\ ^2D$	—	12 203,1	6863,5	4389,6	3047,0
$n\ ^2F^0$	—	—	6856,1	4381,8	—

* Multiplettaufspaltung für $2\ ^2P$ von ^{7}Li: $0{,}3372 \pm 0{,}0005$ cm^{-1}.

Übergang	Wellenlänge für $n =$			
	2	3	4	5
$2\ ^2S_{1/2} - n\ ^2P$	6707,85	3232,61	2741,31	2562,50
$2\ ^2P - n\ ^2S_{1/2}$	6707,85	8126,52	4971,93	4273,28
$2\ ^2P - n\ ^2D$	—	6103,53	4602,99	4132,29
$3\ ^2D - n\ ^2F$	—	—	18697,0	12782,2
$2\ ^2P - n\ ^2P$	—	6240,1	4636,1	4148,0
$3\ ^2P - n\ ^2S$	—	—	24467,0	13566,4
$3\ ^2P - n\ ^2D$	—	—	17551,6	12232,4

Oszillatorenstärke

Übergang	$n =$			
	2	3	4	5
$2\ ^2S_{1/2} - n\ ^2P$	0,71	0,009	0,010	0,0025

Na I: $Z = 11$, $Z_v = 1$, $V_J = 5{,}14$. G.T.: (Ne) $3s$; $^2S_{1/2}$. $V_a = 2{,}10$

Term	Termwert für $n =$			
	3	4	5	6
$n\ ^2S_{1/2}$	41 449,463	15 709,59	8248,767	5076,817
$n\ ^2P^0_{1/2}$	24 493,280	11 181,63	6408,83	4152,80
$n\ ^2P^0_{3/2}$	24 476,084	11 176,14	6406,34	4151,30
$n\ ^2D_{3/2}$	12 276,559	6900,674	4412,658	3062,163
$n\ ^2D_{5/2}$	12 276,608	6900,709	4412,682	3062,176
$n\ ^2F^0$	—	6860,37	4390,37	—

Übergang	Wellenlänge für $n =$				
	3	4	5	6	7
$3\ ^2S_{1/2} - n\ ^2P_{3/2}$	5889,950 *	3302,34	2852,828	2680,335 **	2593,828 **
$3\ ^2S_{1/2} - n\ ^2P_{1/2}$	5895,924 *	3302,94	2853,031	2680,443 **	2593,927 **
$3\ ^2P_{3/2} - n\ ^2S_{1/2}$	5889,950	11 403,96	6160,747	5153,402	4751,822
$3\ ^2P_{1/2} - n\ ^2S_{1/2}$	5895,924	11 381,62	6154,225	5148,838	4747,941
$3\ ^2P_{3/2} - n\ ^2D_{5/2}$	8194,828	5688,205	4982,813	4668,560	4497,657
$3\ ^2P_{3/2} - n\ ^2D_{3/2}$	8194,791	5688,193	—	—	—
$3\ ^2P_{1/2} - n\ ^2D_{3/2}$	8183,256	5682,633	4978,541	4664,811	4494,180
$3\ ^2D - n\ ^2F$	—	18459,5	12677,6	—	—

* Res.-Linien   ** Im Sonnenspektrum beobachtet.

Termwerte in Wellenzahlen $\bar{\nu}$ [cm^{-1}], Wellenlängen in Å. $\lambda > 2000$ Å: $\lambda_{\text{Luft}} \cdot \lambda < 2000$ Å: λ_{Vakuum}.

Oszillatorenstärke f

Übergang		$n=$		
	3	4	5	6
$3\,{}^2S_{1/2} - 3\,{}^2P_{3/2}$	0,67	—	—	—
$3\,{}^2S_{1/2} - 3\,{}^2P_{1/2}$	0,33	—	—	—
	$\tau = 1,6\cdot 10^{-8}$ sec			
$3\,{}^2S - n\,{}^2P$	—	0,014	0,0022	0,00073
$3\,{}^2P - n\,{}^2S$	—	0,163	0,016	0,0042
$3\,{}^2P - n\,{}^2D$	0,832	0,108	0,031	—

Mg II: $Z = 12$, $Z_v = 1$, $V_J = 15,03$. G.T.: (Ne) $3s$; ${}^2S_{1/2}$

Term	Termwert für $n=$					
	3	4	5	6	7	8
$n\,{}^2S_{1/2}$	121267,4	51462,2	28481,2	18069,3	12482,7	9137,6
$n\,{}^2P^0_{1/2}$	85597,94	40646,6	28812,5	15644,3	—	—
$n\,{}^2P^0_{3/2}$	85506,44	40616,1	23798,4	15636,7	—	—
$n\,{}^2D$	49777,0	27955,3	17846,3	12366,5	9069,4	6921,7
$n\,{}^2F^0$	—	27467,4	17577,2	12204,8	8965,6	6863,8
$n\,{}^2G$	—	—	—	12194,2	8957,2	6858,8

Übergang	Wellenlänge für $n=$		
	3	4	5
$3\,{}^2S - n\,{}^2P_{3/2}$	2795,523*	1239,9	1026,0
$3\,{}^2S - n\,{}^2P_{1/2}$	2802,698*	1240,4	1026,1
$3\,{}^2P_{3/2} - n\,{}^2S$	—	2936,496*	1753,6
$3\,{}^2P_{1/2} - n\,{}^2S$	—	2928,625	1750,9
$3\,{}^2P_{3/2} - n\,{}^2D$	2797,989	1737,8	—
$3\,{}^2P_{1/2} - n\,{}^2D$	2790,768	1735,0	—
$3\,{}^2D - n\,{}^2F$	—	4481,129	3104,713

* Im Sonnenspektrum beobachtet

Al III: $Z = 13$, $Z_v = 1$, $V_J = 28,45$. G.T.: (Ne) $3s$; ${}^2S_{1/2}$

Term	Termwert für $n=$				
	3	4	5	6	7
$n\,{}^2S$	229453,99	103291,41	58817,61	—	—
$n\,{}^2P^0_{1/2}$	175774,11	85821,74	51023,50	—	—
$n\,{}^2P^0_{3/2}$	175536,11	85741,61	50984,35	—	—
$n\,{}^2D_{3/2}$	113496,68	63667,45	—	—	—
$n\,{}^2D_{5/2}$	113498,96	63668,73	40578,47	28079,62	20537,62
$n\,{}^2F^0_{5/2}$	—	61841,94	39578,65	—	—
$n\,{}^2F^0_{7/2}$	—	61841,56	39578,53	27484,47	20193,01

Termwerte in Wellenzahlen $\tilde{\nu}$ [cm⁻¹], Wellenlängen in Å. $\lambda > 2000$ Å: λ_{Luft}. $\lambda < 2000$ Å: λ_{Vakuum}.

Übergang	Wellenlänge für $n =$			
	3	4	5	6
$3\,^2S - n\,^2P_{1/2}$	1854,715	695,817	560,390	511,215
$3\,^2S - n\,^2P_{3/2}$	1862,749	696,212	—	—
$3\,^2P_{1/2} - n\,^2S$	—	1384,144	856,768	726,948
$3\,^2P_{3/2} - n\,^2S$	—	1379,670	855,040	725,716
$3\,^2P_{1/2} - n\,^2D$	1611,849	893,905	—	—
$3\,^2P_{3/2} - n\,^2D$	1605,776	892,056	—	—

K I: $Z = 19$, $Z_v = 1$, $V_J = 4{,}339$. G.T.: (Ar) $4s$; $^2S_{1/2}$. $V_a = 1{,}61$

Term	Termwert für $n =$			
	3	4	5	6
$n\,^2S_{1/2}$	—	35 009,08	13 982,3	7558,43
$n\,^2P^0_{1/2}$	—	22 023,97	10 307,71	6009,82
$n\,^2P^0_{3/2}$	—	21 966,26	10 289,02	6001,33
$n\,^2D_{3/2}$	13 472,33	7610,97	4823,39	3313,33
$n\,^2D_{5/2}$	13 474,66	7612,07	4823,90	3313,57
$n\,^2F^0$	—	6881,4	4403,5	3056,1

Übergang	Wellenlänge für $n =$			
	3	4	5	6
$4\,^2S_{1/2} - n\,^2P_{3/2}$	—	7664,94*	4044,140	3446,722
$4\,^2S_{1/2} - n\,^2P_{1/2}$	—	7699,01*	4047,201	3447,701
$4\,^2P_{3/2} - n\,^2S_{1/2}$	—	—	12 523,0	6938,76
$4\,^2P_{1/2} - n\,^2S_{1/2}$	—	—	12 434,3	6911,08
$4\,^2P_{3/2} - n\,^2D_{5/2}$	} 11 771,73	6964,69	5831,89	5359,66
$4\,^2P_{3/2} - n\,^2D_{3/2}$		6964,18	5831,72	—
$4\,^2P_{1/2} - n\,^2D_{5/2}$		—	—	—
$4\,^2P_{1/2} - n\,^2D_{3/2}$	} 11 689,76	6936,27	5812,15	5343,07
$3\,^2D_{5/2} - n\,^2F$		15 166,3	11 027,1	9595,60
$3\,^2D_{3/2} - n\,^2F$	—	—	—	9597,76

* Resonanzlinien.

Oberhalb der Ionisierungsschwelle befindet sich ein Dublett für den Zustand mit fünf $3p$ Elektronen und zwei $4s$ Elektronen.

Term	Termwert	Übergang	Wellenlänge
$3\,p^5\,4s^2\,^2P^0_{1/2}$	$-118\,060$	$^2S_{1/2} - 3p^5\,4s^2\,^2P_{3/2}$	662,38
$3p^5\,4s^2\,^2P^0_{3/2}$	$-115\,964$	$^2S_{1/2} - 3p^5\,4s^2\,^2P_{1/2}$	653,31

Termwerte in Wellenzahlen $\tilde\nu$ [cm^{-1}], Wellenlängen in Å. $\lambda > 2000$ Å: λ_{Luft}. $\lambda < 2000$ Å: λ_{Vakuum}.

Oszillatorenstärke f

Übergang	$n =$					
	3	4		5		6
	f	τ	f	τ	f	f
$4\,{}^2S_{1/2} - 4\,{}^2P_{1/2}$	—	$2{,}6\cdot10^{-8}$	0,35	—	—	—
$4\,{}^2S_{1/2} - 4\,{}^2P_{3/2}$	—	$2{,}6\cdot10^{-8}$	0,70	—	—	—
$4\,{}^2S - 5\,{}^2P$	—	—	—	$8{,}2\cdot10^{-7}$	0,014	—
$4\,{}^2S - 6\,{}^2P$	—	—	—	—	—	0,002
$4\,{}^2P - 6\,{}^2S$	—	—	—	—	—	0,016
$4\,{}^2P - n\,{}^2D$	0,881	—	0,0004	—	0,003	—

Ca II: $Z = 20$, $Z_v = 1$, $V_J = 11{,}87$. G.T.: (Ar) $4s$; ${}^2S_{1/2}$

Term	Termwert für $n =$				
	3	4	5	6	7
$n\,{}^2S_{1/2}$	—	95 739,70	43 572,71	25 062,10	16 310
$n\,{}^2P^0_{1/2}$	—	70 548,14	—	—	—
$n\,{}^2P^0_{3/2}$	—	70 325,29	—	—	—
$n\,{}^2D_{3/2}$	82 089,52	38 900,47	23 017,56	15 232	10 815
$n\,{}^2D_{5/2}$	82 029,73	38 881,30	23 008,95	—	—
$n\,{}^2F^0$	—	27 686	17 723	12 311	9 060

Übergang	Wellenlänge für $n =$			
	4	5	6	7
$4\,{}^2S - n\,{}^2P_{3/2}$	3933,664	—	—	—
$4\,{}^2S - n\,{}^2P_{1/2}$	3668,465	—	—	—
$4\,{}^2P_{3/2} - n\,{}^2S$	—	3736,903	2208,606	1851,3
$4\,{}^2P_{1/2} - n\,{}^2S$	—	3706,022	2197,791	1843,8
$4\,{}^2P_{3/2} - n\,{}^2D_{3/2}$	3181,283	—	—	—
$4\,{}^2P_{3/2} - n\,{}^2D_{5/2}$	3179,340	2112,763	1815,0	1680,5
$4\,{}^2P_{1/2} - n\,{}^2D_{3/2}$	3158,877	2103,239	1807,8	1674,1

Oszillatorenstärke f

Übergang	τ	f
$4\,{}^2S - 4\,{}^2P$	$0{,}6\cdot10^{-8}$	1,19

Rb I: $Z = 37$, $Z_v = 1$, $V_J = 4{,}17$.
G.T.: (Kr) $5s$; ${}^2S_{1/2}$. $V_a = 1{,}56$

Term	Termwert für $n =$			
	4	5	6	7
$n\,{}^2S_{1/2}$	—	33 689,1	13 557,9	7378,1
$n\,{}^2P^0_{1/2}$	—	21 110,2	9974,1	5854,2
$n\,{}^2P^0_{3/2}$	—	20 872,6	9896,6	5819,2
$n\,{}^2D_{3/2}$	14 334,3	7988,9	5002,4	3409,6
$n\,{}^2D_{5/2}$	—	7985,9	5000,2	3407,7
$n\,{}^2F^0$	6897,6	4418,2	3068,0	2252,4

Termwerte in Wellenzahlen $\tilde{\nu}$ [cm⁻¹], Wellenlängen in Å. $\lambda > 2000$ Å: λ_{Luft}. $\lambda < 2000$ Å λ_{Vakuum}.

8*

Übergang	Wellenlänge für $n =$			
	4	5	6	7
$5\,^2S - n\,^2P_{3/2}$	—	7 800,29*	4 201,82	3 587,08
$5\,^2S - n\,^2P_{1/2}$	—	7 947,64*	4 215,56	3 591,59
$5\,^2P_{3/2} - n\,^2D_{3/2}$	15 290,3	7 759,61	—	—
$5\,^2P_{3/2} - n\,^2D_{5/2}$	—	7 759,83	6 298,50	5 724,19
$5\,^2P_{1/2} - n\,^2D_{3/2}$	14 754,0	7 619,12	6 206,48	5 647,96
$5\,^2P_{1/2} - n\,^2S$	—	—	13 666,7	7 408,37
$5\,^2P_{1/2} - n\,^2S$	—	—	13 237,0	7 280,22
$4\,^2D - n\,^2F$	13 443,7	10 081,9	8 873,6	8 274,6

* Resonanzlinien.

Oberhalb der Ionisierungsschwelle befindet sich ein Dublett für den Zustand mit fünf $4p$ Elektronen und zwei $5s$ Elektronen.

Term	Termwert
$4p^5\ 5s^2\ ^2P_{3/2}$	$-89\,810$
$4p^5\ 5s^2\ ^2P_{1/2}$	$-96\,631$

Sr II: $Z = 38$, $Z_v = 1$, $V_J = 11{,}03$. G.T.: (Kr) $5s$; $^2S_{1/2}$

Term	Termwert für $n =$				
	4	5	6	7	8
$n\,^2S_{1/2}$	—	88 964,0	41 227,3	23 999,9	15 726,9
$n\,^2P^0_{1/2}$	—	65 248,6	33 194,3	20 318,8	—
$n\,^2P^0_{3/2}$	—	64 447,2	32 906,1	20 170,4	13 652,2
$n\,^2D_{3/2}$	74 408,0	35 677,4	21 441,0	14 342,7	10 275,2
$n\,^2D_{5/2}$	74 127,6	35 590,9	21 401,1	14 320,9	10 261,6
$n\,^2F^0$	27 972,3	17 898,2	12 410,6	9 102,7	6 958,1
$n\,^2G$	17 606,2	12 226,3	8 979,7	6 873,6	5 430,2

Übergang	Wellenlänge für $n =$					
	4	5	6	7	8	9
$5\,^2P_{3/2} - n\,^2S_{1/2}$	—	—	4 305,46	2 471,63	2 052,54	1 874,90
$5\,^2P_{1/2} - n\,^2S_{1/2}$	—	—	4 161,81	2 423,53	2 019,31	1 846,76
$5\,^2P_{3/2} - n\,^2D_{3/2}$	—	3 464,47	2 324,52	1 995,78	1 845,45	1 762,81
$5\,^2P_{3/2} - n\,^2D_{5/2}$	—	3 474,90	2 322,39	1 995,00	1 819,01	—
$5\,^2P_{1/2} - n\,^2D_{3/2}$	—	3 380,72	2 282,02	1 964,43	—	—
$4\,^2D_{5/2} - n\,^2F$	2 165,92	1 778,39	1 620,35	1 537,91	1 488,99	—
$4\,^2D_{3/2} - n\,^2F$	2 152,84	1 769,63	1 612,98	1 531,28	1 482,69	—
$4\,^2D_{5/2} - n\,^2P_{1/2}$	—	10 914,8	2 425,62	6 509,20	—	—
$4\,^2D_{5/2} - n\,^2P_{3/2}$	—	10 327,3	2 425,17	6 483,17	—	—
$4\,^2D_{3/2} - n\,^2P_{1/2}$	—	10 036,6	—	—	—	—

Termwerte in Wellenzahlen $\tilde{\nu}$ [cm^{-1}], Wellenlängen in Å. $\lambda > 2000$ Å: λ_{Luft} · $\lambda < 2000$ Å: λ_{Vakuum}.

Cs I: $Z = 55$, $Z_v = 1$, $V_J = 3{,}89$. G.T.: (X) $6s$; $^2S_{1/2}$. $V_a = 1{,}39$

Term	Termwert für $n =$			
	4	5	6	7
$n\,^2S_{1/2}$	—	—	31 404,6	12 868,9
$n\,^2P^0_{1/2}$	—	—	20 266,3	9 639,2
$n\,^2P^0_{3/2}$	—	—	19 672,3	9 458,1
$n\,^2D_{3/2}$	—	16 907,210	8 815,6	5 356,5
$n\,^2D_{5/2}$	—	16 809,620	8 772,8	5 335,6
$n\,^2F^0_{5/2}$	6 934,238	4 435,118	3 076,918	2 258,455
$n\,^2F^0_{7/2}$	6 934,413	4 435,285	3 077,040	2 258,544
$n\,^2G$	—	4 393,5	3 057,0	—
$n\,^2H^0$	—	—	3 046,1	—

Übergang	Wellenlänge für $n =$				
	4	5	6	7	8
$6\,^2S_{1/2} - n\,^2P_{3/2}$	—	—	8 521,12	4 555,26	3 876,39
$6\,^2S_{1/2} - n\,^2P_{1/2}$	—	—	8 943,46	4 593,16	3 888,65
$6\,^2P_{3/2} - n\,^2S_{1/2}$	—	—	—	14 694,8	7 944,11
$6\,^2P_{3/2} - n\,^2S_{1/2}$	—	—	—	13 588,1	7 609,13
$6\,^2P_{3/2} - n\,^2D_{3/2}$	—	36 127,0	9 208,40	6 983,37	6 217,27
$6\,^2P_{3/2} - n\,^2D_{5/2}$	—	34 892,0	9 172,23	6 973,17	6 212,87
$6\,^2P_{1/2} - n\,^2D_{3/2}$	—	30 100,0	8 761,35	6 723,18	6 010,33
$5\,^2D_{5/2} - n\,^2F$	10 124,1	8 079,24	7 280,34	6 871,10	6 628,78
$5\,^2D_{3/2} - n\,^2F$	10 025,4	8 015,90	7 228,85	6 825,11	—

Oberhalb der Ionisierungsschwelle befindet sich ein Dublett für den Zustand mit fünf $5\,p$ Elektronen und zwei $6s$ Elektronen.

Term	Termwert	Übergang	Wellenlänge
$5p^5\,6s^2\ ^2P^0_{3/2}$	— 67 854	$6\,^2S_{1/2} - 5p^5\,6s^2\ ^2P_{3/2}$	1 007,5
$5p^5\,6s^2\ ^2P^0_{1/2}$	— 77 664	$6\,^2S_{1/2} - 5p^5\,6s^2\ ^2P_{1/2}$	916,85
$5p^5\,6s\,5d\ ^4F^0_{3/2}$	— 99 122	$6\,^2S_{1/2} - 5p^5\,6s\,5d\ ^4F_{3/2}$	766,13

Oszillatorenstärke f

Übergang	$n =$			
	6		7	
	τ (sec)	f	τ (sec)	f
$6\,^2S_{1/2} - n\,^2P_{1/2}$	$3{,}8 \cdot 10^{-8}$	0,33	—	0,003
$6\,^2S_{1/2} - n\,^2P_{3/2}$	$3{,}8 \cdot 10^{-8}$	0,67	—	0,012

Termwerte in Wellenzahlen $\tilde{\nu}$ [cm^{-1}], Wellenlängen in Å. $\lambda > 2000$ Å: $\lambda_{\text{Luft}} \cdot \lambda < 2000$ Å: λ_{Vakuum}.

Ba II: $Z = 56$, $Z_v = 1$, $V_J = 10{,}03$. G.T.: (X) $6s$; $^2S_{1/2}$

Term	Termwert für $n =$				
	4	5	6	7	8
$n\,^2S_{1/2}$	—	—	80686,87	38331,80	22661,76
$n\,^2P^0_{1/2}$	—	—	60425,31	31298,90	19050,7
$n\,^2P^0_{3/2}$	—	—	58734,47	30677,40	19351,6
$n\,^2D_{3/2}$	—	75813,02	34707,45	20887,55	14015,00
$n\,^2D_{5/2}$	—	75012,07	34532,18	20792,22	13963,11
$n\,^2F^0_{5/2}$	32427,58	23295,94	16090,56	11475,17	8544,15
$n\,^2F_{7/2}$	32203,05	23055,07	15989,79	11426,14	8516,68
$n\,^2G_{7/2,\ 9/2}$	—	17659,81	12260,47	9003,95	6890,50

Übergang	Wellenlänge für $n =$					
	4	5	6	7	8	9
$6\,^2P_{3/2} - n\,^2S_{1/2}$	—	—	—	4899,97	2771,35	2286,11
$6\,^2P_{1/2} - n\,^2S_{1/2}$	—	—	—	4524,95	2647,28	2201,1
$6\,^2P_{3/2} - n\,^2D_{5/2}$	—	—	4166,02	2641,39	2235,4	—
$6\,^2P_{3/2} - n\,^2D_{3/2}$	—	—	4130,68	2634,80	2232,7	2054,9
$6\,^2P_{1/2} - n\,^2D_{3/2}$	—	—	3891,79	2528,51	2154,0	1987,7
$5\,^2D_{5/2} - n\,^2F_{5/2}$	2347,57	1933,64	1697,16	1573,92	—	—
$5\,^2D_{3/2} - n\,^2F_{5/2}$	2304,21	1904,16	1674,39	1554,5	1487,0	—
$5\,^2D_{5/2} - n\,^2F_{7/2}$	2325,25	1924,77	1694,31	1572,9	1503,9	—
$4\,^2F_{7/2} - n\,^2G$	—	6874,09	5013,00	4309,32	3949,51	3735,75
$4\,^2F_{5/2} - n\,^2G$	—	6769,62	4957,15	4267,95	3914,73	—

Cu I: $Z = 29$, $Z_v = 1$, $V_J = 7{,}72$. G.T.: (Ni) $4s$; $^2S_{1/2}$. $V_a = 3{,}80$

Term	Termwert für $n =$					
	4	5	6	7	8	9
$ns\,^2S_{1/2}$	62308,0	19171,1	9459,5	5636,7	3739,2	2660,3
$np\,^2P^0_{1/2}$	31772,8	—	7523,94	4888,69	3032,1	—
$np\,^2P^0_{3/2}$	31524,4	12925,05	7280,26	4359,29	2984,2	—
$nd\,^2D_{3/2}$	12372,8	6920,8	4415,5	3059,7	2245,0	1718
$nd\,^2D_{5/2}$	12365,9	6917,1	4413,4	3061,0	—	—
$nf\,^2F^0_{7/2}$	6881,8	4402,8	3047,8	2237,7	1706,8	—
$nf\,^2F^0_{5/2}$	6878,2	—	—	—	—	—

Übergang	Wellenlänge für $n =$					
	4	5	6	7	8	9
$4\,^2S_{1/2} - n\,^2P_{1/2}$	3273,967*	2024,33	—	—	—	—
$4\,^2S_{1/2} - n\,^2P_{3/2}$	3247,550*	—	—	—	—	—
$4\,^2P_{1/2} - n\,^2S_{1/2}$	—	8092,74	4530,843	3861,755	3598,01	3463,5
$4\,^2P_{3/2} - n\,^2S_{1/2}$	—	7933,20	4480,376	3825,05	3566,14	3433,98
$4\,^2P_{3/2} - n\,^2D_{3/2}$	5220,041	4063,296	3687,5	3512,122	3414,2	3353,8
$4\,^2P_{3/2} - n\,^2D_{5/2}$	5218,270	4062,694	3654,3	3481,9	3385,4	3326,2
$4\,^2P_{1/2} - n\,^2D_{3/2}$	5153,226	4022,667	—	—	—	—
$4\,^2D_{3/2} - n\,^2F$	18229,5	—	—	—	—	—
$4\,^2D_{5/2} - n\,^2F$	18194,7	—	—	—	—	—

Neben den hier angegebenen Termen mit der Grenze $3d^{10}\,^1S$ gibt es verschobene Dublett- und Quartett-Terme mit den Grenzen $3d^9\,4s\,^3D$ bzw. ^1D.   * Resonanzlinien.

Termwerte in Wellenzahlen $\tilde{\nu}$ [cm^{-1}], Wellenlängen in Å. $\lambda > 2000$ Å: λ_{Luft}. $\lambda < 2000$ Å: λ_{Vakuum}.

Oszillatorenstärke f

Übergang	f
$4\,^2S_{1/2} - 4\,^2P_{3/2}$	0,62
$4\,^2S_{1/2} - 4\,^2P_{1/2}$	0,32

Ag I: $Z = 47$, $Z_v = 1$, $V_J = 7,58$. G.T.: (Pd) $5s$; $^2S_{1/2}$; $V_a = 3,67$

Term	Termwert für $n =$				
	4	5	6	7	8
$ns\ ^2S_{1/2}$	—	61 106,50	18 550,35	9219,52	5525,21
$np\ ^2P^0_{1/2}$	—	31 554,45	12 809,31	7065,1	4488,2
$^2P^0_{3/2}$	—	30 633,79	12 605,90	6985,6	4446,1
$nd\ ^2D^0_{3/2}$	—	12 362,50	6903,37	4406,71	3056,49
$^2D_{5/2}$	—	12 342,28	6892,90	4400,96	3053,02
$nf\ ^2F^0$	6901,9	4 397,1 ?	—	—	—

Übergang	Wellenlänge für $n =$			
	5	6	7	8
$5s\ ^2S_{1/2} - np\ ^2P_{3/2}$	3280,680*	2061,830	1847,73	—
$5s\ ^2S_{1/2} - np\ ^2P_{1/2}$	3382,893*	2070,513	1850,47	1766,20
$5p\ ^2P_{3/2} - ns\ ^2S_{1/2}$	—	8273,519	4668,478	3981,589
$5p\ ^2P_{1/2} - ns\ ^2S_{1/2}$	—	7687,779	4476,042	3840,745
$5p\ ^2P_{3/2} - nd\ ^2D_{3/2}$	5471,547	4212,817	3811,775	3625,132
$5p\ ^2P_{3/2} - nd\ ^2D_{5/2}$	5465,503	4210,960	3810,940	3624,684
$5p\ ^2P_{1/2} - nd\ ^2D_{3/2}$	5209,078	4055,476	3682,505	3508,030

$5d\,^2D_{3/2} - 4f\,^2F$: 18382,3; $5d\,^2D_{5/2} - 4f\,^2F$: 18307,9.
* Resonanzlinien.

Au I: $Z = 79$, $Z_v = 1$, $V_J = 9,23$. G.T.: (Pt) $6s$; $^2S_{1/2}$. $V_a = 4,64$

Term	Termwert für $n =$				
	6	7	8	9	10
$n\ ^2S_{1/2}$	74 410,0	19 925,1	9667,6	5729,5	3792,3
$n\ ^2P^0_{3/2}$	33 235,7	13 681,1	7499,7	—	—
$n\ ^2P^0_{1/2}$	37 051,1	14 377,1	7808,7	—	—
$n\ ^2D_{5/2}$	12 376,3	6899,3	4402,4	3029,6	2239,2
$n\ ^2D_{3/2}$	12 458,4	6940,6	4438,7	3055,6	2246,2

Übergang	Wellenlänge für $n =$				
	6	7	8	9	10
$6\ ^2S_{1/2} - n\ ^2P_{3/2}$	2427,95*	—	—	—	—
$6\ ^2S_{1/2} - n\ ^2P_{1/2}$	2675,95*	—	—	—	—
$6\ ^2P_{3/2} - n\ ^2S_{1/2}$	—	7510,74	4241,20	3634,32	3395,43
$6\ ^2P_{1/2} - n\ ^2S_{1/2}$	—	5837,29	3650,79	3191,76	3005,86
$6\ ^2P_{3/2} - n\ ^2D_{5/2}$	4792,63	3801,88	3471,60	3312,46	3225,25
$6\ ^2P_{3/2} - n\ ^2D_{3/2}$	4811,61	3795,91	3467,23	3308,32	3222,19
$6\ ^2P_{1/2} - n\ ^2D_{3/2}$	4065,09	3320,32	3065,43	2940,68	2872,38

* Resonanzlinien.

Termwerte in Wellenzahlen $\tilde{\nu}$ [cm^{-1}], Wellenlängen in Å. $\lambda > 2000$ Å: λ_{Luft}· $\lambda < 2000$ Å: λ_{Vakuum}.

He I: $Z=2$, $Z_v=2$, $V_J=24{,}46$. G.T.: $1s^2$; $^1S_0$. $V_a=21{,}0$

Term	Termwert für $n=$							
	1	2	3	4	5	6		
$ns\,^1S$	198305	32033,30	19445,94	7370,50	4647,22	3195,83	2331,81	1775,9
$np\,^1P^0$	—	27175,852	12101,38	6818,05	4368,25	3035,83	2231,59	1709,44
$nd\,^1D$	—	—	12205,78	6864,29	4392,46	3049,98	2240,69	1715,27
$nf\,^1F^0$	—	—	—	6857,76	4390,69	—	—	—
$ns\,^3S$	—	38454,682	15073,92	8012,54	4963,67	3374,54	2442,37	1849,21
$np\,^3P^0$	—	29223,87	12746,08	7093,58	4509,93	3117,79	2283,28	1743,92
$nd\,^3D$	—	—	12209,09	6866,17	4393,52	3050,63	2241,00	1715,58
$nf\,^3F^0$	—	—	—	6858,22	4389,00	—	—	—

Übergang	Wellenlänge für $n=$								
	2	3	4	5	6	7	8	9	10
$1s\,^1S - np\,^1P_1$	584,328	537,014	522,186	515,596	512,07	509,97	508,63	507,71	507,08
$2s\,^1S - np\,^1P_1$	20581,312	5015,680	3964,732	3613,64	3447,590	3380,00	3296,786	3258,275	3231,266
$2p\,^1P - ns\,^1S$	(20581,312)	7281,360	5047,735	4437,552	4168,965	4023,973	3935,914	3878,183	3838,094
$2p\,^1P - nd\,^1D_2$	—	6678,150	4921,930	4387,931	4143,759	4009,270	3926,530	3871,819	3833,574
$3d\,^1D - nf\,^1F_3$	—	—	18693,4	12792,3	—	—	—	—	—
$2s\,^3S - np\,^3P$	10830,32	3888,649	3187,744	2945,104	2829,073	2763,800	2723,191	2696,119	2677,135
$2p\,^3P_{2,1} - ns\,^3S$	10829,11	7065,719	4713,373	4120,989	3867,631	3732,987	3652,104	3599,442	—
$2p\,^3P_0 - ns\,^3S$	10830,32	7065,200	4713,143	4120,817	3867,477	3732,861	3651,981	3599,304	3562,950
$2p\,^3P_0 - nd\,^3D$	—	5875,867	4471,681	4026,363	3819,761	3705,140	3634,367	3587,396	3554,524
$2p\,^3P_{2,1} - nd\,^3D$	—	5875,632	4471,479	4026,189	3819,614	3705,004	3634,235	3587,256	3554,394

Termwerte in Wellenzahlen $\tilde{\nu}$ [cm^{-1},] Wellenlängen in Å. $\lambda > 2000$ Å: $\lambda_{\text{Luft}} \cdot \lambda < 2000$ Å: λ_{Vakuum}.

Die Multiplettstruktur ist erst bei folgenden Termen bekannt:

Term	Termwert	Term	Termwert	Term	Termwert
$2p\ ^3P^0_0$	29223,87	$3p\ ^3P^0_1$	12746,06	$3d\ ^3D_3$	12209,07
$2p\ ^3P^0_1$	29223,799	$3p\ ^3P^0_2$	12745,81	$4d\ ^3D_1$	6866,17
$2p\ ^3P^0_2$	29222,878	$3d\ ^3D_1$	12209,09	$4d\ ^3D_2$	6866,14
$3p\ ^3P^0_0$	12746,08	$3d\ ^3D_2$	12209,03	$4d\ ^3D_3$	6866,16

Interkombinationen:

Übergang	Wellenlänge
$1s\ ^1S_0 - 2p\ ^3P_1$	591,44 Å
$1s\ ^1S_0 - 3p\ ^3P_1$	538,96 Å

Oszillatorenstärke f (τ in sec)

Übergang	$n =$ 2	3	4	5	6	7	8	9	10
$1\ ^1S - n\ ^1P$	0,349	0,0928	0,0357	0,0177	0,0105	0,0063	0,0041	0,0028	0,0022
	$\tau = 4,27 \cdot 10^{-10}$								
$2\ ^1S - n\ ^1P$	0,389	0,157	0,0570	0,0252	0,0136	0,0081	0,0053	0,0037	0,0026
$2\ ^3S - n\ ^3P$	0,542	0,0826	0,0270	0,0123	0,0066	0,0040	0,0026	0,0018	0,0013
	$\tau = 9,7 \cdot 10^{-10}$								
$2\ ^1P - n\ ^1S$	—	0,1439	0,0206	0,0096	0,0031	—	—	—	—
$2\ ^3P - n\ ^3S$	—	0,2299	0,0156	0,0003	0,0055	—	—	—	—
$2\ ^1P - n\ ^1D$	—	0,755	0,118	0,0416	0,0199	0,0122	0,0071	0,0047	**0,0033**
		$\tau = 1,46 \cdot 10^{-8}$							
$2\ ^3P - n\ ^3D$	—	0,553	0,129	0,0512	0,0260	0,0152	0,0097	0,0066	0,0047
		$\tau = 1,55 \cdot 10^{-8}$							
$3\ D - n\ F$	—	—	1,0175	0,1566	0,0539	—	—	—	—

Termwerte in Wellenzahlen $\mathfrak{f}$ [cm^{-1},] Wellenlängen in Å. $\lambda > 2000$ Å: $\lambda_{\text{Luft}} \cdot \lambda < 2000$ Å: λ_{Vakuum}.

Li II: $Z = 3$, $Z_v = 2$, $V_J = 75{,}26$. G.T.: (He) $^1S_0$

Term	Termwert für $n =$							
	1	2	3	4	5	6	7	8
$ns\,^1S_0$	610064	120000 ?	51300	28488	18095	12505	9154	—
$ns\,^3S_1$	—	134033	55318	30097	18895	12957	9438	—
$np\,^1P_1^0$	—	108264	48330	27245	17440	—	—	—
$^3P^0$	—	115806	50578	28187	17938	24413	—	—
$nd\,^1D_2$	—	—	48804	27448	17570	12202	8964	6865
^3D	—	—	48834	27467	17574	12203	8964	—
$nf\,^1F_3^0$	—	—	—	27434	17558	12192	8957	6858
$^3F^0$	—	—	—	27435	17552	12193	8958	—

Übergang	Wellenlänge	Übergang	Wellenlänge	Übergang	Wellenlänge
$1s^2\,^1S - 2p\,^1P$	199,282	$3p\,^1P - 6d\,^1D$	2767,0	$2p\,^3P - 3s\,^3S$	1653,3*
$1s^2\,^1S - 3p\,^1P$	178,015	$3d\,^1D - 4f\,^1F$	4677,7	$3p\,^3P - 4s\,^3S$	4881,4
$1s^2\,^1S - 4p\,^1P$	171,582	$3d\,^1D - 5f\,^1F$	3199,4	$3p\,^3P - 5s\,^3S$	3155,4
		$3d\,^1D - 6f\,^1F$	2730,7	$3p\,^3P - 6s\,^3S$	2657,3
$3s\,^1S - 5p\,^1P$	2952,7	$3d\,^1D - 7f\,^1F$	2508,9	$3p\,^3P - 7s\,^3S$	2430,0
$2p\,^1P - 3s\,^1S$	1755,4*			$2p\,^3P - 3d\,^3D$	1493,1*
$2p\,^1P - 3d\,^1D$	1681,8*	$2s\,^3S - 2p\,^3P$	5484,7	$3p\,^3P - 4d\,^3D$	4325,7
$3p\,^1P - 4s\,^1S$	5037,8	$2s\,^3S - 3p\,^3P$	1198,0*	$3p\,^3P - 5d\,^3D$	3029,1
$3p\,^1P - 5s\,^1S$	3305,2	$3s\,^3S - 4p\,^3P$	3684,1	$3p\,^3P - 6d\,^3D$	2605,1
$3p\,^1P - 4d\,^1D$	4788,8	$3s\,^3S - 5p\,^3P$	2674,4	$3p\,^3P - 7d\,^3D$	2408,3
$3p\,^1P - 5d\,^1D$	3249,8	$3s\,^3S - 6p\,^3P$	2330,0	$3d\,^3D - 4f\,^3F$	4671,8

* λ_{Luft}. — Keine Interkombinationen zwischen Singulett- und Triplett-Termen beobachtet

Termwerte in Wellenzahlen $\tilde\nu$ [cm^{-1},] Wellenlängen in Å. $\lambda > 2000$ Å: λ_{Luft}. $\lambda < 2000$ Å: λ_{Vakuum}.

Be I: $Z = 4$, $Z_v = 2$, $V_J = 9{,}32$. G.T.: (He) $2s^2$; $^1S_0$. $V_a = 2{,}72$

Die eingeklammerten Terme sind unsicher.

Term	Termwert für $n =$					
	2	3	4	5	6	7
$ns\,{}^1S_1^0$	75 194,3	20 517,1	9948,9	5872,0	3873,6	2746,1
$ns\,{}^3S_1$	—	23 110,22	10 684,6	6183,0	4030,4	2836,9
$np\,{}^1P_1^0$	32 629	—	—	—	—	—
$np\,{}^3P^0$	53 209,83*	(18 351)	(9243)	(5557,8)	(3709,4)	—
$nd\,{}^1D_2$	—	10 766,1	6413,1	4192,0	2943,2	2177,1
$nd\,{}^3D$	—	13 137,5	7248,7	4585,6	3161,7	2310,4

* Die übrigen Triplett-Terme: $^3P_1^0$: 53 212,86, $^3P_2^0$: 53 212,18.

Term		Termwert	Term		Termwert
$2p^2$	$^3P_2$	15 494,25	$2p\ 3s$	$^3P_1^0$	$-$ 10 364,72
$2p^2$	$^3P_1$	15 496,28	$2p\ 3s$	$^3P_0^0$	$-$ 10 362,67
$2p^2$	$^3P_0$	15 497,68	$2p\ 3d$	$^3D_3^0$	$-$ 18 998,97
$2p\ 3s$	$^3P_2^0$	$-$ 10 368,64	$2p\ 3d$	$^3D_2^0$	$-$ 18 997,82

Übergang	Wellenlänge für $n =$						
	3	4	5	6	7	8	9
$2\,{}^1P^0 - n\,{}^1S$	8254,10	4407,91	3736,28	3476,61	3345,44	3268,99	—
$2\,{}^1P^0 - n\,{}^1D$	4572,69	3813,40	3515,54	3367,64	3282,92	3229,62	3193,79
$2\,{}^3P_2^0 - n\,{}^3S$*	3321,347	2350,826	2126,37	2033,30	1985,13	1956,63	—

* Hier sind nur die Kombinationen mit $^3P_2$ angegeben.

Übergang	λ	Übergang	λ
$2s\ 3d\ ^3D - 2p\ 3s\ ^3P_2^0$	4253,05	$2p^2\quad {}^3P_1 - 2p\ 3d\ ^3D_2^0$	2898,19
$2p^2\quad {}^3P_2 - 2p\ 3s\ ^3P_1^0$	3866,03	$2s\ 2p\ ^3P_2^0 - 2p^2\ ^3P_1$	2650,779
$2p^2\quad {}^3P_2 - 2p\ 3s\ ^3P_2^0$	3863,43	$2s\ 2p\ ^3P_2^0 - 2p^2\ ^3P_2$	2650,636
$2p^2\quad {}^3P_2 - 2p\ 3d\ ^3D_3^0$	2898,27	$2s\ 2p\ ^3P_1^0 - 2p^2\ ^3P_2$	2650,470

Keine Interkombinationen beobachtet.

Termwerte in Wellenzahlen $\tilde{\nu}$ [cm^{-1}], Wellenlängen in Å. $\lambda > 2000$ Å: λ_{Luft}. $\lambda < 2000$ Å: λ_{Vakuum}.

22. Spektren

Mg I: $Z = 12$, $Z_v = 2$, $V_J = 7{,}64$. G.T.: (Ne) $3s^2$; $^1S_0$. $V_a = 2{,}73$

Term	Termwert für $n =$					
	3	4	5	6	7	8
$ns\ ^1S_0$	61 672,1	18 166,1	9112,77	5482,11	3659,68	—
$np\ ^1P_1^0$	26 617,78	12 322,5	6967	—	—	—
$nd\ ^1D_2$	15 266,00	8 534,44	5360,71	3645,87	2628,05	1979,12
$nf\ ^1F_3$	—	6 992,3	4467,4	3093,8	2268,1	1733,7
$ns\ ^3S_1$	—	20 471,77	9796,78	5777,31	3815,6	2706,65
$np\ ^3P_0^0$	39 818,7715 *	} 13 821,4		4650,3		
$^3P_1^0$	39 798,7141 *					
$^3P_2^0$	39 758,0000 *	13 817,3	7416,5	4649,0	3190,7	—
$nd\ ^3D_1$	13 712,0924 *	} 7 476,98	4700,83	3226,52	2351,7	1788,8
$^3D_2$	13 712,1221 *					
$^3D_3$	13 712,1049 *					
$nf\ ^3F$	—	6 992,3	4466,5	—	—	—

* Nur für $n = 3$ aufgelöst.

Übergang	λ	Übergang			λ
$3\ ^1S - 3\ ^3P_1$	4571,15 *	$3p^2\ ^3P_2 -$	$3p\ 3d$	$^3D_2$	3895,663
$3\ ^3P_2 - 3\ ^3D_1$	3838,2900	$^3P_2 -$		$^3D_2$	3898,120
$3\ ^3P_2 - 3\ ^3D_2$	3838,2942	$^3P_2 -$		$^3D_1$	3899,542
$3\ ^3P_2 - 3\ ^3D_3$	3838,2918	$^3P_1 -$		$^3D_2$	3891,976
$3\ ^3P_1 - 3\ ^3D_1$	3832,2996	$^3P_1 -$		$^3D_1$	3893,376
$3\ ^3P_1 - 3\ ^3D_2$	3832,3037	$^3P_0 -$		$^3D_1$	3890,241
$3\ ^3P_0 - 3\ ^3D_1$	3829,3549	$3p\ ^3P^0 - p^2$		^3P	2779,9 **

* Resonanzlinie.

** Im Sonnenspektrum beobachtet.

Oszillatorenstärke f

Übergang	$n =$			
	3		4	5
	τ (sec)	f		
$3\ ^1S - 3\ ^3P$	$5{,}3 \cdot 10^{-3}$	—	—	—
$3\ ^1S - 3\ ^1P$	$3{,}1 \cdot 10^{-9}$	1,745	—	—
$3\ ^1P - 4\ ^1S$	—	—	$0{,}160 \pm 0{,}006$	—
$3\ ^1P - n\ ^1D$	—	$0{,}318 \pm 0{,}004$	$0{,}017 \pm 0{,}005$	$0{,}021 \pm 0{,}010$
$3\ ^3P - 4\ ^3S$	—	—	0,136	—
$3\ ^3P - 3\ ^3D$	—	0,690	—	—
$4\ ^3S - n\ ^3P$	—	—	1,263	0,039
$3\ ^1D - n\ ^1F$	—	—	$0{,}52 \pm 0{,}04$	$0{,}16 \pm 0{,}06$

Termwerte in Wellenzahlen $\tilde{\nu}$ [cm$^{-1}\nu$,] Wellenlängen in Å. $\lambda > 2000$ Å: $\lambda_{\text{Luft}} \cdot \lambda < 2000$ Å: λ_{Vakuum}.

Übergang	Wellenlänge für $n =$						
	3	4	5	6	7	8	9
$3\,^1S - n\,^1P$	2852,120	2025,82	1828,1	—	—	—	—
$3\,^1P - n\,^1S$	—	11828,8	5711,070	4730,020	4354,540	—	—
$3\,^1P - n\,^1D$	8806,78	5528,240	4703,005	4351,923	4167,279	4057,520	3986,761
$3\,^1D - n\,^1F$	—	12083,2	9257,9	8213,22	7691,42	7387,69	7193,29
$4\,^3S - n\,^3P_2$	—	15023,3	7657,60	6318,23	5785,08	—	—
$4\,^3S - n\,^3P_{1,0}$	—	15032,7	—	6318,75	—	—	—
$3\,^3P_2 - n\,^3S$	—	5183,606	3336,69	2941,990	2781,42	2698,16	2649,12
$3\,^3P_1 - n\,^3S$	—	5172,686	3332,17	2938,469	2778,28	2695,19	2646,26
$3\,^3P_0 - n\,^3S$	—	5167,317	3329,93	2936,735	2776,70	2693,74	2644,87

Termwerte in Wellenzahlen $\tilde{\nu}$ [cm^{-1}], Wellenlängen in Å. $\lambda > 2000$ Å: λ_{Luft}. $\lambda < 2000$ Å: λ_{Vakuum}.

$$\textbf{Al II: } Z = 13,\ Z_v = 2,\ V_J = 18{,}83.\ \text{G.T.: (Ne) } 3s^2;\ {}^1S_0$$

Term	Termwert für $n =$			
	3	4	5	6
$ns\,{}^1S_0$	151 860,4	56 512,0	35 495,2	19 084,0
$np\,{}^1P_1$	92 010,7	44 942,2	25 993,7	16 943,1
$nd\,{}^1D_2$	66 381,4	41 772,9	27 068,4	17 946,3
$nf\,{}^1F_3$	—	28 392,3	18 177,0	12 617,5
$ns\,{}^3S_1$	—	60 589,2	31 770,6	19 648,0
$np\,{}^3P_2^0$	114 281,1	46 392,7	26 141,4	16 841,5
$np\,{}^3P_1^0$	114 406,6	46 422,0	26 154,2	16 848,3
$np\,{}^3P_0^0$	114 468,4	46 436,1	26 159,9	16 851,4
$nd\,{}^3D_3$	56 313,6	30 380,1	19 040,7	13 049,5
$nd\,{}^3D_2$	56 312,5	30 379,5	19 040,5	—
$nd\,{}^3D_1$	56 311,6	30 379,2	—	—

Term		Termwert	Term	Termwert	Übergang	Wellenlänge für $n = 4$
$3p^2$	${}^3P_2$	57 592,7	$3p\ 3d\ {}^3P_2^0$	5 261,1	$3\,{}^1D - n\,{}^1F$	2631,553
	${}^3P_1$	57 713,6	${}^3P_1^0$	5 263,5	$4\,{}^3S - n\,{}^3P_0^0$	7063,62
	${}^3P_0$	57 775,9	${}^3P_0^0$	5 265,4	$4\,{}^3S - n\,{}^3P_1^0$	7056,56
$3p\ 4s$	${}^3P_2^0$	5 901,0	${}^3D_3^0$	6 708	$4\,{}^3S - n\,{}^3P_2^0$	7042,06
	${}^3P_1^0$	6 027,8	${}^3D_{2,1}^0$	6 712	$3\,{}^1S - 3\,{}^1P^0$	1670,81
	${}^3P_0^0$	6 086,5				

$$\textbf{Ca I: } Z = 20,\ Z_v = 2,\ V_J = 6{,}11.\ \text{G.T.: (Ar) } 4s^2;\ {}^1S_0.\ V_a = 1{,}88$$

Term	Termwert für $n =$			
	3	4	5	6
$ns\,{}^1S_0$	—	49 304,8	15 988,2	7 518,4
$ns\,{}^3S_1$	—	—	17 765,1	8 830,3
$np\,{}^1P_1$	—	25 652,4	12 573,1	7 625,9
$np\,{}^3P_0^0$	—	34 146,9	12 752,5	—
$np\,{}^3P_1^0$	—	34 094,6	12 750,2	—
$np\,{}^3P_2^0$	—	33 988,7	12 730,3	—
$nd\,{}^1D_2$	27 455,3	12 006,3	6 385,5	4 314,7
$nd\,{}^3D_1$	28 969,1	11 556,4	6 561,4	4 255,5
$nd\,{}^3D_2$	28 955,2	11 552,6	6 559,7	4 254,0
$nd\,{}^3D_3$	28 933,5	11 547,0	6 556,9	4 252,2
$nf\,{}^1F^0$	—	6 961,3	4 500,3	3 122,6

Oszillatorenstärke

Übergang	τ	f
$4\,{}^1S_0 - 4\,{}^1P_1$	$3{,}5\cdot10^{-9}$	2,27

Termwerte in Wellenzahlen $\tilde{\nu}$ [cm^{-1}], Wellenlängen in Å. $\lambda > 2000$ Å: $\lambda_{\text{Luft}}\cdot\lambda < 2000$ Å: λ_{Vakuum}.

Übergang	Wellenlänge für $n =$			
	4	5	6	7
$4\,^1S - n\,^1P^0$	4226,73	2721,65	2398,58	2275,49
$4\,^1P^0 - n\,^1S$	—	10345,0	5512,98	4847,29
$4\,^1P^0 - n\,^1D$	7326,10	5188,85	4685,26	4412,30
$3\,^1D - n\,^1F^0$	4878,13	4355,10	4108,55	3972,58
$5\,^3S - n\,^3P^0_2$	—	19856,3	—	—
$5\,^3S - n\,^3P^0_1$	—	19935,2	—	—
$4\,^3P^0_2 - n\,^3S$	—	6162,18	3973,72	3487,61
$4\,^3P^0_1 - n\,^3S$	—	6122,22	3957,05	3474,77
$4\,^3P^0_0 - n\,^3S$	—	6102,72	3948,90	3468,48

Resonanzlinie 4; $^1S - 4$; $^3P^0_1$: 6572,78. — Außerdem noch die Serie $4\,^3P - n\,^3D$, deren Glieder je 6 Komponenten haben.

Sr I: $Z = 38$, $Z_v = 2$, $V_J = 5{,}69$. G.T.: (Kr) $5\,s^2$; $^1S_0$. $V_a = 1{,}80$

Term	Termwert für $n =$			
	4	5	6	7
$ns\,^1S_0$	—	45925,6	15345,6	7493,6
$ns\,^3S_1$	—	—	16897,8	8511,8
$np\,^1P^0_1$	—	24227,1	11838,7	7030,1
$np\,^3P^0_2$	—	31026,8	11963,8	6479,1
$np\,^3P^0_1$	—	31421,1	12068,4	6510,2
$np\,^3P^0_0$	—	31608,0	12109,8	6525,0
$nd\,^1D_2$	25775,5	11121,0	6203,4	4072,0
$nd\,^3D_1$	27606,0	10929,5	6250,7	4067,5
$nd\,^3D_2$	27706,6	10914,5	6245,8	4061,7
$nd\,^3D_3$	27766,6	10991,4	6233,5	—
$nf\,^1F^0_3$	6387,0	4417,5	3097,4	2280,4
$nf\,^3F^0_2$	7170,2	4571,3	3160,5	2314,5

Übergang	Wellenlänge für $n =$			
	4	5	6	7
$5\,^1S_0 - n\,^1P^0_1$	—	4607,34	2931,88	2569,50
$5\,^1P^0_1 - n\,^1S_0$	—	—	11242,3 ?	5970,10
$5\,^1P^0_1 - n\,^1D_2$	—	7621,54	5543,22	—
$4\,^1D_2 - n\,^1F^0_3$	5156,07	4678,30	4406,11	4252,97

Übergang	Wellenlänge für $n =$			
	6	7	8	9
$6\,^3S - n\,^3P^0_2$	2026,3	9597,0	—	—
$5\,^3P^0_2 - n\,^3S$	7070,10	4438,04	3865,46	3628,37
$5\,^3P^0_1 - n\,^3S$	6878,35	4361,71	3807,38	3577,33
$5\,^3P^0_0 - n\,^3S$	6791,05	4326,44	3780,46	3553,5

Resonanzlinie: $5\,^1S_0 - 5\,^3P^0_1 = 6892{,}62$. Die $^3P - ^3D$- und $^3D - ^3F$-Serien sind vollständig in je 6 Komponenten der einzelnen Serienglieder aufgelöst.

Termwerte in Wellenzahlen $\tilde{\nu}$ [cm^{-1}], Wellenlängen in Å. $\lambda > 2000$ Å: $\lambda_{\text{Luft}} \cdot \lambda < 2000$ Å: λ_{Vakuum}.

Ba I: $Z = 56$, $Z_v = 2$, $V_J = 5{,}21$. G.T.: (X) $6s^2$; $^1S_0$. $\dot{V}_a = 1{,}52$

Term	Termwert für $n =$				
	4	5	6	7	8
$ns\,^1S_0$	—	—	42029,4	16399,4	—
$ns\,^3S_1$	—	—	—	15869,3	8124,3
$np\,^1P_1^0$	—	—	23969,2	9482,2	5039,5
$np\,^3P_0^0$	—	—	29763,3	11280,4	6186,9
$np\,^3P_1^0$	—	—	29392,8	11214,4	6137,3
$np\,^3P_2^0$	—	—	28514,8	11042,3	6057,2
$nd\,^1D_2$	—	30634,1	13800,4	7931,0	4987,8
$nd\,^3D_1$	—	32995,6	11333,9	6320,1	4067,5
$nd\,^3D_2$	—	32814,1	11279,0	6267,3	4055,4
$nd\,^3D_3$	—	32433,0	11211,6	6244,2	4041,0
$nf\,^1F_3^0$	13475,2	6136,7	4254,4	—	—
$nf\,^3F_2^0$	7426,8	4634,6	3213,8	2351,2	1790,5

Resonanzlinie: $6\,^1S_0 - 6\,^3P_1^0 = 7911{,}36$.

Oszillatorenstärke

Übergang	τ	f
$6\,^1S_0 - 6\,^1P_1$	$1{,}2\cdot 10^{-8}$	$2{,}10 \pm 0{,}25$

Übergang	Wellenlänge für $n =$			
	6	7	8	9
$6\,^1S_0 - n\,^1P_1^0$	5535,53	3071,59	2702,65	2596,68
$6\,^1P_1^0 - n\,^1S_0$	—	13207	—	—
$6\,^1P_1^0 - n\,^1D_2$	—	9831,7	6233,59	5267,03

$5\,^1D_2 - 4\,^1F_3^0$: 5826,29; $5\,^1D_2 - 5\,^1F_3^0$: 4080,93.

Übergang	Wellenlänge für $n =$			
	7	8	9	10
$6\,^3P_2 - n\,^3S$	7905,80	4902,90	4239,56	3975,32
$6\,^3P_1^0 - n\,^3S$	7392,44	4700,45	4087,31	3941,15
$6\,^3P_0^0 - n\,^3S$	7195,26	4619,98	4026,30	3787,23

Termwerte in Wellenzahlen ν [cm^{-1}], Wellenlängen in Å. $\lambda > 2000$ Å: λ_{Luft}. $\lambda < 2000$ Å: λ_{Vakuum}.

Zn I: $Z = 30$, $Z_v = 2$, $V_J = 9{,}39$. G.T.: (Ni) $4s^2$; $^1S_0$. $V_a = 4{,}0$

Term	Termwert für $n =$			
	4	5	6	7
$ns\,^1S_0$	75766,8	19978,7	9729,5	5763,7
$ns\,^3S_1$	—	22094,4	10334,4	6020,5
$np\,^1P_1^0$	29021,7	12857,9	7160,6	4559,1
$np\,^3P_0^0$	43455,0	14519,4	7695,8	4789,2
$np\,^3P_1^0$	43265,2	14492,7	7686,0	4784,5
$np\,^3P_2^0$	42876,3	14436,5	7664,9	4774,2
$nd\,^1D_2$	13308,6	7428,9	4719,2	3276
$nd\,^3D_1$	12997,6	7187,0	4553,3	3138,7
$nd\,^3D_2$	12994,2	7185,9	—	—
$nd\,^3D_3$	12988,7	7183,9	—	—
$nf\,^3F^0$	6931,3	—	—	—

Resonanzlinien: $4\,^1S_0 - 4\,^3P_1^0 = 3075{,}901$; $3d^{10}\,4s^2\,^1S_0 - 3d^9\,4s^2\,4p\,^1P_1^0$: 1109,1; $4\,^1S_0 - 4\,^1P_1^0 = 2138{,}6$; $3d^{10}\,4s^2\,^1S_0 - 3d^9\,4s^2\,4p\,^3P_1^0$: 1055,8.

Übergang	Wellenlänge für $n =$				
	4	5	6	7	8
$4\,^1S_0 - n\,^1P_1$	2138,61*	1589,76	1457,56	1404,19	1376,87
$4\,^1P_1^0 - n\,^1S_0$	—	11055,4	5181,995	4298,327	3965,432
$4\,^1P_1^0 - n\,^1D_2$	6362,347	4629,814	4113,210	3883,340	—
$5\,^3S_1 - n\,^3P_2^0$	—	13054,89	6928,319	5772,102	5308,648
$5\,^3S_1 - n\,^3P_1^0$	—	13151,50	6938,372	5775,501	5310,241
$5\,^3S_1 - n\,^3P_0^0$	—	13197,79	6943,202	5777,112	5311,02
$4\,^3P_2^0 - n\,^3S_1$	—	4810,534	3072,062	2712,488	2567,80
$4\,^3P_1^0 - n\,^3S_1$	—	4722,16	3035,781	2684,161	2542,32
$4\,^3P_0^0 - n\,^3S_1$	—	4680,20	3018,352	2670,530	2530,09

*$\tau = 1{,}7 \cdot 10^{-9}$ sec

Übergang	
$4\,^3P_2^0 - 4\,^3D_1$	3345,934
$4\,^3P_2^0 - 4\,^3D_2$	3345,572
$4\,^3P_2^0 - 4\,^3D_3$	3345,020
$4\,^3P_1^0 - 4\,^3D_2$	3302,588
$4\,^3P_1^0 - 4\,^3D_1$	3302,941
$4\,^3P_0^0 - 4\,^3D_1$	3282,333

Termwerte in Wellenzahlen $\bar{\nu}$ [cm^{-1}], Wellenlängen in Å. $\lambda > 2000$ Å: $\lambda_{\text{Luft}} \cdot \lambda < 2000$ Å: λ_{Vakuum}.

Cd I: $Z = 48$, $Z_v = 2$, $V_J = 8{,}99$. G.T.: (Pd) $5s^2$; $^1S_0$. $V_a = 3{,}74$

Term	Termwert für $n =$			
	4	5	6	7
$ns\,^1S_0$	—	72 538,8	19 229,3	9 452,1
$ns\,^3S_1$	—	—	21 054,7	9 975,6
$np\,^1P_1^0$	—	29 846,6	12 633,2	7 044,6
$np\,^3P_0^0$	—	42 424,5	14 147,9	7 572,9
$np\,^3P_1^0$	—	41 882,6	14 077,2	7 517,5
$np\,^3P_2^0$	—	40 711,5	13 903,1	7 446,0
$nd\,^1D_2$	—	13 319,2	7 404,9	4 701,7
$nd\,^3D_1$	—	13 052,4	7 185,3	4 549,9
$nd\,^3D_2$	—	13 040,7	7 179,5	4 546,3
$nd\,^3D_3$	—	13 022,5	7 171,3	4 541,3
$nf\,^3F^0$	6 957,1	4 445,1	—	—
$4d^9\ 5s^2\quad np\,^1P_1$	—	− 25 267	− 54 931	− 61 663
$np\,^3P_1^0$	—	− 30 887	− 60 165	− 67 119
$nf\,^1P_1^0$	− 68 122	− 70 670	− 71 998	− 72 781
$nf\,^3P_1^0$	− 62 564	—	− 66 146	—

Oszillatorenstärke

Übergang	τ (sec)	f
$5\,^1S_0 - 5\,^1P_1$	$2{,}0 \cdot 10^{-9}$	1,19

Übergang	Wellenlänge für $n =$			
	4	5	6	7
$5\,^1S_0 - n\,^1P_1$	—	2288,02	1 669,29	1 526,85
$5\,^1P_1^0 - n\,^1S_0$	—	—	10 394,7	5 154,68
$5\,^1P_1^0 - n\,^1D$	—	6438,47	4 662,51	4 140,5
$6\,^3S_1 - n\,^3P_2^0$	—	—	13 379,22	7 346,2
$6\,^3S_1 - n\,^3P_1^0$	—	—	14 327,99	7 385,0
$6\,^3S_1 - n\,^3P_0^0$	—	—	14 474,62	7 398,9
$5\,^3D_3 - n\,^3F^0$	16 482,2	11 630,8	—	—
$5\,^3D_2 - n\,^3F^0$	16 433,8	—	—	—
$5\,^3D_1 - n\,^3F^0$	16 401,5	—	—	—

$5\,^1S_0 - 5\,^3P_1^0 = 3261{,}04$; Resonanzlinie.

Termwerte in Wellenzahlen $\tilde{\nu}$ [cm$^{-1}\nu$], Wellenlängen in Å. $\lambda > 2000$ Å: $\lambda_{\text{Luft}} \cdot \lambda < 2000$ Å: λ_{Vakuum}.

Hg I: $Z = 80$, $Z_v = 2$, $V_J = 10{,}44$. G.T.: (Pt) $6s^2$; $^1S_0$. $V_a = 4{,}67$

Term	Termwert für $n =$										bek. bis
	5	6	7	8	9	10	11	12	13	14	
$ns\,^1S_0$	—	84178,5	20255,7	9779,4	5779,9	3818,4	—	2023,3	1568,2	1251,1	21
$np\,^1P_1^0$	—	30112,8	12886,1	5368,2	4217,3	3027,0	2237,6	1717,2	1355,1	1097,3	16
$nd\,^1D_2$	—	12850,8	7119,9	4523,3	3126,6	2289,2	1748,6	1378,8	1115,1	920,2	21
$nf\,^1F_3^0$	6939,1	4437,7	3077,6	2258,8	1728,8	1365,7	1105,0	910,7	765,4	—	13
$ns\,^3S_1$	—	—	21833,6	10222,8	5967,7	3915,8	2768,6	2060,4	1593,1	1268,9	25
$np\,^3P_0^0$	—	46536,2	14664,6	7734,6	4805,8	3279,6	2381,3	—	—	—	—
$np\,^3P_1^0$	—	44768,9	14519,1	7714,4	4768,7	3264,7	2373,7	1802,3	1415,4	1142,0	—
$np\,^3P_2^0$	—	40138,3	12973,5	7357,8	4604,7	3158,4	2307,4	1759,3	1387,7	1120,1	—
$nd\,^3D_1$	—	12847,8	7099,4	4505,5	3113,5	2279,5	1741,1	1373,1	1110,7	916,9	22
$nd\,^3D_2$	—	12787,7	7076,1	4493,9	3106,4	2275,2	1737,8	1371,6	1109,8	916,2	26
$nd\,^3D_3$	—	12752,7	7054,6	4481,6	3098,9	2270,7	1734,9	1368,8	1107,8	914,5	29
$nf\,^3F_2^0$	6944,2	4435,2	3080,2	2260,6	1729,2	1365,4	—	—	—	—	10
$nf\,^3F_3^0$	6941,9	4432,8	3079,5	2259,8	1728,9	1364,3	1104,0	914,3	766,1	—	13
$nf\,^3F_4$	6937,2	4432,8	3077,0	2256,3	1727,4	1364,0	1104,1	911,6	763,2	—	13

Term	Termwert für $n =$									bek. bis
	6	7	8	9	10	11	12	13	14	
$5d^9\ 6s^2\ np\,^1P_1^0$	7315	— 21703	— 20094	— 30857	— 32320	— 33177	— 33737	— 34129	— 34387	18
$^3P_1^0$	— 4582	— 35775	— 42795	— 45743	— 46266	— 48167	— 48743	— 49134	— 49410	17
$5d^9\ 6s^2\ nf\,^1P_1^0$ (?)	— 46103	— 47466	— 48424	—	—	—	—	—	—	—
$^3P_1^0$ (?)	— 31064	— 32438	— 33244	— 33786	—	—	—	—	—	—

$$5d^{10}\ 6p^2\,^3P_0^0 : -\ 7860; \quad 6p^2\,^3P_1^0 : -\ 9798; \quad 6p^2\,^3P_2^0 : -\ 11022.$$

Termwerte in Wellenzahlen $\tilde{\nu}$ [cm^{-1}], Wellenlängen in Å. $\lambda > 2000$ Å: λ_{Luft}. $\lambda < 2000$ Å: λ_{Vakuum}.

Übergang	Wellenlänge für $n=$									
	5	6	7	8	9	10	11	12	13	14
$6\,{}^1S_0 - n\,{}^1P_1^0$	—	1849,57	1402,72	—	—	—	—	—	—	—
$6\,{}^1P_1^0 - n\,{}^1S_0$	—	—	10139,67	4916,04	4109,08	3801,67	—	3558,73	3502,00	3463,52
$6\,{}^1P_1^0 - n\,{}^1D_2$	—	5790,66	4347,50	3906,40	3704,22	3592,97	3524,27	3478,91	3447,27	3424,26
$6\,{}^1D_2 - n\,{}^1F_3^0$	16918,3	11886,6	10229,22	—	—	—	—	—	—	—
$7\,{}^3S_1 - n\,{}^3P_2^0$	—	—	11287,15	6907,53	5803,55	5334,05	—	—	—	—
$7\,{}^3S_1 - n\,{}^3P_1^0$	—	—	13673,09	7082,01	5859,32	5384,70	—	—	—	—
$7\,{}^3S_1 - n\,{}^3P_0^0$	—	—	13950,76	7092,20	5872,12	5389,01	—	—	—	—
$6\,{}^3P_2^0 - n\,{}^3S_1$	—	—	5460,74	3341,48	2925,41	2759,70	2674,99	2625,24	2593,41	2571,76
$6\,{}^3P_1^0 - n\,{}^3S_1$	—	—	4358,34	2893,60	2576,29	2446,90	2380,08	2340,55	2315,21	2297,97
$6\,{}^3P_0^0 - n\,{}^3S_1$	—	—	4046,56	2752,78	2464,06	2345,43	2283,91	2247,56	2224,19	2208,24
$6\,{}^3P_2^0 - n\,{}^3D_1$	—	3662,88	3025,62	2805,42	2699,81	2640,65	2603,42	—	—	—
$6\,{}^3P_2^0 - n\,{}^3D_2$	—	3654,83	3023,47	2804,46	2699,50	2640,15	2603,20	2578,59	2561,33	—
$6\,{}^3P_2^0 - n\,{}^3D_3$	—	3650,15	3021,50	2803,48	2698,85	2639,93	2602,97	2578,39	2561,15	2548,53
$6\,{}^3P_1^0 - n\,{}^3D_1$	—	3131,56	2653,68	2482,72	2399,74	2352,65	2323,21	—	—	—
$6\,{}^3P_1^0 - n\,{}^3D_2$	—	3125,66	2652,04	2482,01	2399,38	2352,48	2323,03	2303,43	2289,62	2279,51
$6\,{}^3P_0^0 - n\,{}^3D_1$	—	2967,28	2534,77	2378,34	2302,09	2258,87	2231,55	2213,36	2200,58	2191,25

Resonanzlinie: $6\,{}^1S_0 - 6\,{}^3P_1^0 = 2536,52$.

Termwerte in Wellenzahlen $\bar{\nu}$ [cm^{-1}], Wellenlängen in Å. $\lambda > 2000$ Å: $\lambda_{\text{Luft}} \cdot \lambda < 2000$ Å: λ_{Vakuum}.

Oszillatorenstärke

Übergang	τ	f
$6\,^1S_0 - 6\,^1P_1$	$1{,}3\cdot10^{-9}$	$1{,}184$
$6\,^3P_1 - 7\,^3S_1$	$1{,}7\cdot10^{-8}$	—
$6\,^3P_0 - 7\,^3S_1$	$7{,}2\cdot10^{-9}$	—
$6\,^3P_2 - 7\,^3S_1$	$1{,}5\cdot10^{-8}$	—

Übergang	Wellenlänge	Übergang	Wellenlänge
$6s\,6p \quad ^3P_2^0 - 6p^2\ ^3P_1$	$2001{,}91$	$^3P_1^0 - {}^3P_2$	$1792{,}46$
$^3P_2^0 - \quad ^3P_2$	$1954{,}7$	$^3P_0^0 - {}^3P_1$	$1775{,}2$
$^3P_1^0 - \quad ^3P_0$	$1900{,}09$	$^1P_1^0 - {}^3P_1$	$2504{,}91$
$^3P_1^0 - \quad ^3P_1$	$1832{,}64$		

Übergang	Wellenlänge für $n =$							
	5	6	7	8	9	10	11	12
$6\,^1S_0 -$ $5d^9\ 6s^2\ np\ ^1P_1^0$	—	$1301{,}00$	$944{,}45$	$890{,}69$	$869{,}30$	$858{,}38$	$852{,}12$	$848{,}07$
$^3P_1^0$	—	$1126{,}6$	$833{,}66$	$787{,}57$	$769{,}70$	$760{,}78$	$755{,}77$	$752{,}33$
$nf\ ^1P_1^0$	$782{,}66$	$767{,}57$	$759{,}62$	$745{,}14$	—	—	—	—
$^3P_1^0$	$877{,}11$	$867{,}74$	$857{,}52$	$851{,}63$	$847{,}72$	—	—	—

B I: $Z = 5,\ Z_v = 3,\ V_J = 8{,}28.$

G.T.: (He) $2s^2\,2p;\ ^2P_{1/2}^0.\ V_a = 5{,}00$

Terme der Rumpfkonfiguration $1s^2\,2s^2$

Term	Termwert	Term	Termwert
$2p\ ^2P_{1/2}^0$	$66\,840$	$3d\ ^2D$	$12\,075$
$2p\ ^2P_{3/2}^0$	$66\,824$	$4d\ ^2D$	$6\,851$
$3s\ ^2S_{1/2}$	$26\,800$	$5d\ ^2D$	$4\,359$
$4s\ ^2S_{1/2}$	$11\,831$	$6d\ ^2D$	$2\,993$
$5s\ ^2S_{1/2}$	$6\,694$	$2p^2\ ^2D$	$18\,983$

Stärkste Linien dieses Systems

Übergang	λ	Übergang	λ
$2p\ ^2P_{1/2} - 4s\ ^2S_{1/2}$	$1818{,}41$	$2p\ ^2P_{3/2} - 3d\ ^2D$	$1825{,}97$
$2p\ ^2P_{3/2} - 4s\ ^2S_{1/2}$	$1817{,}09$	$2p\ ^2P_{1/2} - 4d\ ^2D$	$1667{,}42$
$2p\ ^2P_{1/2} - 5s\ ^2S_{1/2}$	$1663{,}07$	$2p\ ^2P_{3/2} - 4d\ ^2D$	$1666{,}99$
$2p\ ^2P_{3/2} - 5s\ ^2S_{1/2}$	$1662{,}62$	$2p\ ^2P - 5d\ ^2D$	$1600{,}91$
$2p\ ^2P_{1/2} - 3d\ ^2D$	$1826{,}52$	$2p\ ^2P - 6d\ ^2D$	$1566{,}64$

Neben dem in der Tabelle zusammengestellten System gibt es noch zwei Dublett-Quartett-Systeme mit den Rumpfkonfigurationen $1s^2\,2s\,2p$ und $1s^2\,2p^2$. Über diese Systeme ist nur sehr wenig bekannt.

Termwerte in Wellenzahlen $\bar\nu$ [cm^{-1}], Wellenlängen in Å. $\lambda > 2000$ Å: $\lambda_{\text{Luft}} \cdot \lambda < 2000$ Å: λ_{Vakuum}.

Al I: $Z = 13$, $Z_v = 3$, $V_J = 5{,}97$.

G.T.: (Ne) $3s^2\,3p$; $^2P^0_{1/2}$. $V_a = 3{,}61$

Term	Termwert für $n =$				
	3	4	5	6	7
$np\ ^2P^0_{3/2}$	48168,92	15316,48	8003,24	4943,19	3350,6
$np\ ^2P^0_{1/2}$	48280,46	15331,70	8009,19	4946,01	3352,6
$ns\ ^2S_{1/2}$	—	22933,27	10591,64	6136,12	4007,73
$nd\ ^2D_{5/2}$	15844,17	9347,00	6043,25	4112,16	2935,14
$nd\ ^2D_{3/2}$	15845,51	9351,64	6047,24	4114,55	2936,68
$nf\ ^2F^0_{7/2,5/2}$	—	6962,6	4451,5	3089,0	—

Term		Termwert	Term		Termwert
$3s\ 3p^2$	$^4P_{5/2}$	19138,28	$3s\ 3p\ 3d$	$^4P^0_{5/2}$	$-23922,81$
	$^4P_{3/2}$	19214,06		$^4P^0_{3/2}$	$-23969,33$
	$^4P_{1/2}$	19260,64		$^4P^0_{1/2}$	$-23996,72$
$3s\ 3p\ 4s$	$^4P^0_{5/2}$	$-13562,45$		$^4D^0_{7/2}$	$-23005,31$
	$^4P^0_{3/2}$	$-13466,42$		$^4D^0_{5/2}$	$-22979,82$
	$^4P^0_{1/2}$	$-13410,33$		$^4D^0_{3/2}$	$-22963,42$

Term		Termwert	Term		Termwert
$3s\ 3p\ 3d$	$^4D^0_{1/2}$	$-22954,67$	$3s\ 3p\ 4d$	$^2P^0_{3/2}$	$-28272,7$
	$^2D^0_{5/2}$	$-19382,2$		$^2P^0_{1/2}$	$-28240,8$
	$^2D^0_{3/2}$	$-19354,3$	$3s\ 3p\ 6s$	$^2P^0_{3/2}$	$-30429,5$
	$^2P^0_{3/2}$	$-22903,7$		$^2P^0_{1/2}$	$-30331,5$
$3s\ 3p\ 5s$	$^2P^0_{3/2}$	$-24769,9$	$3s\ 3p\ 5d$	$^2F^0_{7/2}$	$-31910,9$
	$^2P^0_{1/2}$	$-24698,0$		$^2F^0_{5/2}$	$-31877,0$

Übergang	Wellenlänge für $n =$			
	4	5	6	7
$4\ ^2S_{1/2} - n\ ^2P^0_{3/2}$	13125,36	6696,064	5557,08	5105,14
$4\ ^2S_{1/2} - n\ ^2P^0_{1/2}$	13151,65	6698,734	5557,95	5105,64
$3\ ^2P^0_{3/2} - n\ ^2S_{1/2}$	3961,532	2660,393	2378,368	2263,731
$3\ ^2P^0_{1/2} - n\ ^2S_{1/2}$	3944,020	2652,484	2372,044	2257,999

Übergang	Wellenlänge für $n =$				
	3	4	5	6	7
$3\ ^2P^0_{3/2} - n\ ^2D_{3/2}$	3092,836	2575,393	2373,349	2269,220	2210,046
$3\ ^2P^0_{3/2} - n\ ^2D_{5/2}$	3092,710	2575,094	2373,124	2269,096	2204,627
$3\ ^2P^0_{1/2} - n\ ^2D$	3082,155	2567,984	2367,052	2263,462	2204,66
$3\ ^2D - n\ ^2F$	—	11255,5	8774,7	—	—

Termwerte in Wellenzahlen $\tilde{\nu}$ [cm⁻¹], Wellenlängen in Å. $\lambda > 2000$ Å: $\lambda_{\text{Luft}} \cdot \lambda < 2000$ Å: λ_{Vakuum}.

Ga I: $Z=31$, $Z_v=3$, $V_J=5{,}97$. G.T.: (Ni) $4s^2\,4p$; $^2P^0_{1/2}$. $V_a=3{,}08$

Term	Termwert für $n=$			Übergang	Wellenlänge für $n=$		
	4	5	6		4	5	6
$ns\ ^2S_{1/2}$	—	23591,5	10795,0	$5\ ^2S_{1/2}-n\ ^2P^0_{3/2}$	—	—	6396,89
$np\ ^2P^0_{1/2}$	48379,8	—	8004,3	$5\ ^2S_{1/2}-n\ ^2P^0_{1/2}$	—	—	6413,77
$np\ ^2P^8_{3/2}$	47553,8	—	7963,2	$4\ ^2P^0_{3/2}-n\ ^2S_{1/2}$	—	4172,06	2719,66
$nd\ ^2D_{3/2}$	13598,3	7577,1	4856,2	$4\ ^2P^0_{1/2}-n\ ^2S_{1/2}$	—	4033,03	2659,84
$nd\ ^2D_{5/2}$	12592,4	7568,7	4801,3	$4\ ^2P^0_{3/2}-n\ ^2D_{3/2}$	2944,18	—	—
				$4\ ^2P^0_{3/2}-n\ ^2D_{1/2}$	2943,66	1500,18	—
				$4\ ^2P^0_{1/2}-n\ ^2D_{1/2}$	2874,24	2450,10	—

In I: $Z=49$, $Z_v=3$, $V_J=5{,}79$. G.T.: (Pd) $5s^2\,5p$; $^2P^0_{1/2}$. $V_a=3{,}02$

Term	Termwert für $n=$			
	5	6	7	8
$ns\ ^2S_{1/2}$	—	22297,06	10368,24	6033,22
$np\ ^2P_{1/2}$	46669,93	14853,32	7808,58	4842,83
$np\ ^2P^0_{3/2}$	44457,37	14555,14	7697,09	4788,49
$nd\ ^2D_{3/2}$	13777,81	7621,45	4833,70	3334,30
$nd\ ^2D_{5/2}$	13754,51	7571,56	4808,36	3315,31
$nf\ ^2F^0_{5/2}$	—	—	2263,73	1731,22
$nf\ ^2F^0_{7/2}$	—	—	2263,67	1731,23

$5s\ 5p^2\ ^4P_{1/2}$: 11692,27
$\qquad\quad\ ^4P_{3/2}$: 10649,13
$\qquad\quad\ ^4P_{5/2}$: 9218,03

Übergang	Wellenlänge für $n=$			
	5	6	7	8
$6\ ^2S_{1/2}-n\ ^2P_{3/2}$	—	—	6847,44	5709,91
$6\ ^2S_{1/2}-n\ ^2P_{1/2}$	—	—	6900,13	5727,68
$5\ ^2P_{3/2}-n\ ^2S_{1/2}$	—	4511,310	2932,63	2601,756
$5\ ^2P_{1/2}-n\ ^2S_{1/2}$	—	4101,76	2753,878	2460,079
$5\ ^2P_{3/2}-n\ ^2D_{3/2}$	3258,565	2713,936	2522,985	2430,986
$5\ ^2P_{3/2}-n\ ^2D_{5/2}$	3256,089	2710,265	2521,371	2429,864
$5\ ^2P_{1/2}-n\ ^2D_{3/2}$	3039,356	2560,15	2389,543	2306,86
$5\ ^2D_{5/2}-n\ ^2F_{1/2}$	—	—	8700,19	8314,91
$5\ ^2D_{3/2}-n\ ^2F_{5/2}$	—	—	8682,64	8298,82

Tl I: $Z=81$, $Z_v=3$, $V_J=6{,}12$. G.T.: (Pt) $6s^2\,6p$; $^2P^0_{1/2}$, $V_a=3{,}29$

Term	Termwert für $n=$			
	5	6	7	8
$ns\ ^2S_{1/2}$	—	—	22786,7	10518,3
$np\ ^2P^0_{1/2}$	—	49264,2	15104,6	7895,9
$np\ ^2P^0_{3/2}$	—	41471,5	14103,4	7523,2
$nd\ ^2D_{3/2}$	—	13146,2	7252,8	4591,6
$nd\ ^2D_{5/2}$	—	13064,3	7215,2	4571,5
$nf\ ^2F^0$	6945,8	4440,7	—	2244,9?

Termwerte in Wellenzahlen $\tilde\nu$ [cm^{-1}], Wellenlängen in Å. $\lambda>2000$ Å: $\lambda_{\text{Luft}}\cdot$ $\lambda<2000$ Å: λ_{Vakuum}.

Übergang	Wellenlänge für $n =$				
	5	6	7	8	9
$7\,{}^2S_{1/2} - n\,{}^2P_{3/2}$	—	—	11 513,22	6549,77	5527,90
$7\,{}^2S_{1/2} - n\,{}^2P_{1/2}$	—	—	13 013,8	6713,69	5583,98
$6\,{}^2P_{3/2} - n\,{}^2S_{1/2}$	—	—	5350,46	3229,75	2826,75
$6\,{}^2P_{1/2} - n\,{}^2S_{1/2}$	—	—	3775,72	2580,14	2315,93
$6\,{}^2P_{3/2} - n\,{}^2D_{3/2}$	—	3 529,43	2921,52	2710,67	2609,77
$6\,{}^2P_{3/2} - n\,{}^2D_{5/2}$	—	3 519,24	2918,32	2709,23	2608,99
$6\,{}^2P_{1/2} - n\,{}^2D_{3/2}$	—	2 767,87	2379,58	2237,84	2168,61
$6\,{}^2D_{5/2} - n\,{}^2F$	16 340,3	11 594,5	—	9170,7	—
$6\,{}^2D_{3/2} - n\,{}^2F$	16 123,0	11 482,2	—	—	—

Sc I: $Z = 21$, $Z_v = 3$, $V_J = 6{,}7$. G.T.: (Ar) $3d\,4s^2$; ${}^2D_{3/2}$. $V_a = 2{,}0$
Relative Termwerte

Term		Termwert	Term		Termwert
$3d\,4s^2$	${}^2D_{3/2}$	0,00	$4p^2\,({}^3P)\,3d$	${}^4F_{3/2}$	44 823,60
	${}^2D_{5/2}$	168,34	—	${}^4F_{3/2}$	47 898,95
$3d^2\,({}^3F)\,4s$	${}^4F_{3/2}$	11 520,15	$3d^2\,({}^3P)\,4s$	${}^4P_{1/2}$	0,00
$3d\,4s\,({}^3D)\,4p$	${}^4F^0_{3/2}$	15 672,55		${}^4P_{3/2}$	29,03
$3d\,4s\,({}^3D)\,4p$	${}^4D^0_{1/2}$	16 009,71		${}^4P_{5/2}$	81,05
$3d\,4s\,({}^1D)\,4p$	${}^2D^0_{5/2}$	16 022,72	$3d^2\,({}^3P)\,4p$	${}^4S^0_{3/2}$	20 260,08
$3d^2\,({}^1D)\,4s$	${}^2D_{5/2}$	17 012,98		${}^4P^0_{1/2}$	20 651,73
$3d\,4s\,({}^3D)\,4p$	${}^4P^0_{1/2}$	18 504,05		${}^4P^0_{3/2}$	20 682,48
$3d\,4s\,({}^1D)\,4p$	${}^2F^0_{5/2}$	21 032,78		${}^4P^0_{5/2}$	20 738,82
$3d\,4s\,({}^3D)\,4p$	${}^2P^0_{1/2,\,3/2}$	24 656,80	$3d^2\,({}^3P)\,4s$	${}^2P_{1/2}$	0,00
$3d^2\,({}^1D)\,4p$	${}^2D^0_{5/2}$	37 039,77		${}^2P_{3/2}$	80,40
$3d\,4s\,({}^3D)\,4d$	${}^2P_{1/2}$	37 085,72	$3d^2\,({}^3P)\,4p$	${}^2D^0_{3/2}$	21 766,52
$3d^2\,({}^1G)\,4p$	${}^2H_{9/2}$	39 153,42		${}^2D^0_{5/2}$	21 820,74
$3d\,4s\,({}^3D)\,4d$	${}^4D_{1/2}$	39 701,30	—	${}^2D_{3/2}$	29 831,50
$3d^2\,({}^1G)\,4p$	${}^2F^0_{5/2}$	39 881,25	—	${}^2D_{5/2}$	29 929,54
$3d^2\,({}^3F)\,5s$	${}^4F_{3/2}$	41 921,94			

La I: $Z = 57$, $Z_v = 3$, $V_J = 5{,}6$. G.T.: (Xe) $5d\,6s^2$; ${}^2D_{3/2}$ $V_a = 2{,}23$
Relative Terme. Zuordnung und Deutung der Terme teilweise unsicher

Term		Termwert	Term		Termwert
$d\,s^2$	$a\,{}^2D_{3/2}$	0	$(a\,{}^3D)\,p\,y$	${}^2F^0_{5/2}$	16 856,82
	$a\,{}^2D_{5/2}$	1 053,20	$(a\,{}^1D)\,p\,y$	${}^2P^0_{3/2}$	20 019,00
$d^2\,s$	$a\,{}^4F_{3/2}$	2 668,20	$(a\,{}^3P)\,p\,z$	${}^2S^0_{1/2}$	23 260,90
$d^2\,s$	$b\,{}^2D_{3/2}$	8 446,03	$(a\,{}^3P)\,p\,y$	${}^4P^0_{1/2}$	25 616,90
$d^2\,s$	$a\,{}^2P_{1/2}$	9 044,21	$(b\,{}^1D)\,p\,w$	${}^2P^0_{3/2}$	27 225,27
$(a\,{}^1D)\,p\,z$	${}^2D^0_{5/2}$	14 804,10	$(a\,{}^3F)\,s\,e$	${}^4F_{3/2}$	29 874,89

Termwerte in Wellenzahlen ν [cm^{-1}], Wellenlängen in Å, $\lambda > 2000$ Å: λ_{Luft}. $\lambda < 2000$ Å: λ_{Vakuum}.

C I: $Z = 6$, $Z_v = 4$, $V_J = 11{,}27$. G.T.: (He) $2s^2\,2p^2$; $^3P_0$. $V_a = 7{,}5$

Termwerte der Terme

Term	$np\,^3D_1$	$np\,^3D_2$	$np\,^3D_3$	$np\,^3S_1$	$np\,^3P_0$
$n=2$	—	—	—	—	90878,3
3	21190,2	21169,0	21135,3	20139	19257,1
4	10694,5	10687,5	10657,7	9774,7	9568,5
5	—	—	—	—	—

Term	$np\,^3P_1$	$np\,^3P_2$	$np\,^1P_1$	$np\,^1D_2$	$np\,^1S_0$
$n=2$	90863,5	90836,0	—	80686,0	69231,0
3	19514,6	19494,2	22022	18269	16906
4	9554	9536	10317	9110	8628
5	—	—	6028	5480	5271

Term	Termwert für $n=$		
	3	4	5
$ns\,^3P_0^0$	30546,5	12777,9	7146,0
$ns\,^3P_1^0$	30527,5	12762,8	7130,8
$ns\,^3P_2^0$	30486,9	12732,4	7091,8
$ns\,^1P_1^0$	28898	12541	6996,6

Termwerte der Terme

Term	$nd\,^3F_2^0$	$nd\,^3F_3^0$	$nd\,^3F_4^0$	$nd\,^3D_1^0$	$nd\,^3D_2^0$
$n=3$	12680,0	12664,3	12629,8	12579,2	12574,2
4	7120,2	7109,7	—	7050,6	7044,2
5	4481,7	—	—	4509	4509
6	—	—	—	—	3128,3

Auswahl der stärksten Linien

Übergang	λ	Übergang	λ
$3p\,^1D - 3d\,^1D$	19742	$3p\,^1P_1 - 3d\,^1D_2$	11329,0
$3p\,^1D - 3d\,^3F_3$	17820,5	$3s\,^1P_1 - 3p\,^3P_1$	10653,6
$3p\,^1D - 3d\,^3D_3$	17504,9	$3p\,^1P_1 - 4s\,^1P_1$	10548,0
$3s\,^1P - 3p\,^1P_1$	14540,2	$3s\,^1P_1 - 3p\,^1D_2$	9405,3
$3p\,^3S_1 - 4s\,^1P_1$	13164,1	$2p\,^1S_0 - 3s\,^1P_1$	2478,525
$3p\,^3S_1 - 3d\,^1P_1$	12521,0	$2p\,^1D_2 - 3s\,^1P_1$	1930,930

Termwerte in Wellenzahlen $\tilde{\nu}$ [cm^{-1}], Wellenlängen in Å. $\lambda > 2000$ Å: λ_{Luft} · $\lambda < 2000$ Å: λ_{Vakuum}.

Übergang	λ	Übergang	λ
$2p\,^1S_0 - 3d\,^1P_1$	1751,9	$2p\,^3P_2 - 3d\,^3P_2$	1261,565
$2p\,^3P_2 - 3s\,^3P_1$	1658,13	$2p\,^3P_1 - 3d\,^3P_2$	1261,146
$2p\,^3P_1 - 3s\,^3P_0$	1657,92	$2p\,^3P_1 - 3d\,^3P_1$	1260,993
$2p\,^3P_1 - 3s\,^3P_1$	1657,37	$2p\,^3P_0 - 3d\,^3P_1$	1260,745
$2p\,^3P_2 - 3s\,^3P_2$	1657,01	$2p\,^3P_2 - 5d\,^3D_2$	1158,107
$2p\,^3P_1 - 3s\,^3P_2$	1656,27	$2p\,^3P_1 - 5d\,^3D_2$	1158,017

Die oben zusammengestellte Tabelle enthält nur Terme und Kombinationen des ersten Systems, d.h. des Systems mit der Rumpfkonfiguration $1s^2\,2s^2\,2p$.

Term		Termwert	Übergang	λ
$2s\,2p^3$	$^3S_1^0$	$-14\,920,0$	$2s\,2p^3\;^3D_1 - 2s^2\,2p\,4p\;^3P_0$	5805,76
	$^3P_{0,1,2}^0$	$15\,624,2$	$^3D_2 -\qquad ^3P_1$	5801,17
	$^3D_1^0$	$26\,788,0$	$^3D_3 -\qquad ^3P_2$	5793,51
	$^3D_2^0$	$26\,781,1$	$2s^2\,2p^2\;^3P_2 - 2s\,2p^3\;^3S_1$	945,576
	$^3D_3^0$	$26\,791,9$	$^3P_1 -\qquad ^3S_1$	945,345
$2s\,2p^3$	$^5S_2^0$	$57\,145,3$	$^3P_0 -\qquad ^3S_1$	945,182
$2s\,2p\,3s$	$^5P_1$	$-12\,661,3$		
	$^5P_2$	$-12\,682,0$		
	$^5P_3$	$-12\,706,8$		

$$\textbf{N II:}\; Z = 7,\; Z_v = 4,\; V_J = 29{,}62.\;\; \text{G.T.:}\; \text{(He)}\; 2s^2\,2p^2;\;^3P_0$$

Term	Termwert für $n =$ 2	3	4	Term	Termwert für $n =$ 3	4
$ns\;^3P_0^0$	—	89937,33	42305,61	$nd\;^3P_0^0$	49908,75	28069,7
$^3P_1^0$	—	89905,73	42253,82	$^3P_1^0$	49936,81	28095,2
$^3P_2^0$	—	89769,37	42143,53	$^3P_2^0$	49988,61	28141,3
$^1P_1^0$	—	89657,96	40987,42	$^1P_1^0$	48725,55	27511,2
$np\;^3P_0$	238846,7	68273,32	35682,0	$^3D_1^0$	51408,36	28600,9
$^3P_1$	238797,6	68238,07	35657,9	$^3D_2^0$	51384,32	28580,4
$^3P_2$	238715,4	68179,70	35587,0	$^3D_3^0$	51353,98	28544,8
$^3S_1$	—	69953,66	35313,9	$^1D_2^0$	51754,50	28919,78
$^1S_0$	—	60572,53	32519,2	$^3F_2^0$	52334,32	29171,4
$^3D_1$	—	72324,22	36131,76	$^3F_3^0$	52274,90	29107,2
$^3D_2$	—	72263,44	36080,84	$^3F_4^0$	52193,35	29021,4
$^3D_3$	—	72167,25	35984,64	$^1F_3^0$	49510,7	27741,9
$^1D_2$	—	64633,77	33496,0			

Term		Termwert	Term		Termwert
$2s\,2p^3$	$^1P_1^0$	72081,0	$2s\,2p^3$	$^3D_2^0$	146595,4
	$^1D_2^0$	94657,6		$^3D_3^0$	146608,8
	$^3S_1^0$	83716,8		$^5S_2^0$	192179,0
$2s\,2p^3$	$^3P_0^0$	129621,9	$2s\,2p^2\,3s$	$^5P_1$	33364,6
	$^3P_{1,2}^0$	129628,5		$^5P_2$	33308,6
	$^3D_1^{0'}$	146593,8		$^5P_3$	33238,0

Termwerte in Wellenzahlen $\tilde{\nu}$ [cm^{-1}], Wellenlängen in Å. $\lambda > 2000$ Å: λ_{Luft} · $\lambda < 2000$ Å: λ_{Vakuum}.

Kombinationen der Grundterme (Auswahl der stärksten Linien)

Übergang	λ	Übergang	λ
$2p\ ^3P_2\ -3s\ ^3P_1$	671,999	$2p\ ^3P_2-3d\ ^3D_3$	533,726
$2p\ ^3P_1\ -3s\ ^3P_0$	671,770	$2p\ ^3P_1-3d\ ^3D_1$	533,644
$2p\ ^3P_1\ -3s\ ^3P_1$	671,629	$2p\ ^3P_1-3d\ ^3D_2$	533,577
$2p\ ^3P_{0,2}-3s\ ^3P_{1,2}$	671,391	$2p\ ^3P_0-3d\ ^3D_1$	533,504
$2p\ ^3P_1\ -3s\ ^3P_2$	678,014	$2p\ ^3P_2-3d\ ^3P_2$	529,860
$2p\ ^1S\ -3s\ ^1P$	858,357	$2p\ ^3P_1-3d\ ^3P_1$	529,713
$2p\ ^1D\ -3s\ ^1P$	746,976	$2p\ ^3P_1-3d\ ^3P_2$	529,627
$2p\ ^1S\ -3d\ ^1P$	635,180	$2p\ ^3P_1-3d\ ^3P_1$	529,481
$2p\ ^1D\ -3d\ ^1D$	582,150	$2p\ ^3P_1-3d\ ^3P_0$	529,405
$2p\ ^1D\ -3d\ ^1F$	574,650	$2p\ ^3P_0-3d\ ^3P_1$	529,343
$2p\ ^3P_2\ -3d\ ^3D_2$	533,809		

Zahlreiche Interkombinationen zwischen Singulett- und Triplett-Termen beobachtet.

O III: $Z=8$, $Z_v=4$, $V_J=54,94$. G.T.: (He) $2s^2\ 2p^2$; $^3P_0$

Term	Termwert	Term	Termwert
$2p\ ^1S_0$	400010,0	$3p\ ^1D_2$	136608,7
$^1D_2$	422922,5	$4p\ ^1S_0$	70147,3
$3s\ ^1P_1^0$	170113,43	$6d\ ^1D_2^0$	28519
$4s\ ^1P_1^0$	84526,1	$3s\ ^3P_0^0$	175936,21
$5s\ ^1P_1^0$	50416	$4s\ ^3P_0^0$	86462
$3p\ ^1S_0$	129392,43	$5s\ ^3P_2^0$	50973
$^1P_1$	152236,88		

Term	Termwert	Term	Termwert
$2s2p^3\ ^1P_1^0$	232735,0	$2s\ 2p^3\quad ^3S_1^0$	246106,8
$^1D_2^0$	256144,1	$^3P_0^0$	300796,6
$^1D_2$	144904,1	$^3D_3^0$	323168,1

Si I: $Z=14$, $Z_v=4$, $V_J=8,15$. G.T.: (Ne) $3s^2\ 3p^2$; $^3P_0$. $V_a=4,93$

Term	Termwert für $n=4$	Term	Termwert
$ns\ ^3P_0^0$	26059,90	$3s\ 3p^3\quad ^3D_1^0$	17343,85
$^3P_1^0$	25982,80	$^3D_2^0$	17165,40
$^3P_2^0$	25787,88	$^3D_3^0$	16869,04
$^1P_1^0$	24751,26	$(4f)\qquad x'$	6633,1
		x''	6610,5

Termwerte der Terme

Term	$np\ ^3P_0$	$np\ ^3P_1$	$np\ ^3P_2$	$np\ ^1P_1$	$np\ ^3S_1$
$n=3$	65743,00	65665,85	65519,69	—	—
4	16714,83	16682,45	16554,39	18458,80	16343,34
5	8447,24	8414,36	8274,82	9317,9 ?	8201,14

Termwerte in Wellenzahlen $\tilde{\nu}$ [cm^{-1}], Wellenlängen in Å. $\lambda>2000$ Å: λ Luft. $\lambda<2000$ Å: λ Vakuum.

Term	$np\,^1S_0$	$np\,^3D_1$	$np\,^3D_2$	$np\,^3D_3$	$np\,^1D_2$
$n=3$	50 348,76	—	—	—	59 444,19
4	14 131,23	17 723,00	17 640,62	17 478,65	15 553,57
5	7 431,81	8 765,00	8 725,74	8 545,06	7 945,18

Auswahl der stärksten Linien

Übergang		λ	Übergang		λ
$4s\ ^3P_2^0 - 4p$	$^3P_1$	10 979,27	$4p\ ^3D_3 - 6d$	$^3F_4^0$	7005,84
$^1P_1^0 -$	$^1D_2$	10 869,54	$^3D_2 -$	$^3F_3^0$	7003,58
$^3P_2^0 -$	$^3P_2$	10 827,09	$4s\ ^1P_1^0 - 5p$	$^1D_2$	5948,584
$^3P_1^0 -$	$^3P_0$	10 786,86	$^3P_2^0 -$	$^3D_3$	5977,912
$^3P_1^0 -$	$^3P_1$	10 749,40	$^1P_1^0 -$	$^1S_0$	5772,258
$4p\ ^3D_3 -\ d$	$^3F_4^0$	10 727,21	$^3P_2^0 -$	$^3P_2$	5708,437
$^3D_2 -$	$^3F_3^0$	10 694,14	$^3P_1^0 -$	$^3P_1$	5690,470
$^3D_1 -$	$^3F_2^0$	10 689,52	$^3P_2^0 -$	$^3S_1$	5684,523
$4s\ ^3P_0^0 - 4p$	$^3P_1$	10 660,98	$3p\ ^1S_0 - 4s$	$^1P_1^0$	3905,527
$^3P_0^0 -$	$^3P_2$	10 606,38	$^1D_2 -$	$^1P_1^0$	2881,595
$^3P_2^0 -$	$^3S_1$	10 558,12	$3p\ ^1S_0 - 3d$	$^1P_1^0$	2631,28
$^3P_0^1 -$	$^3S_1$	10 371,23	$3p\ ^3P_2 - 4s$	$^3P_1^0$	2528,513
$^1P_1^0 -$	$^1S_0$	9413,59	$^3P_1 -$	$^3P_0^0$	2524,112
$3d\ ^1D_2^0 - 4f$	$^1F_3$	8752,17	$^3P_1 - 4s$	$^3P_0^0$	2519,206
$^1D_2^0 - 4f$	$^3F_3$	8742,60	$^3P_2 -$	$^3P_2^0$	2516,111
$^1D_2^0 -$	$^3G_3$	8556,64	$^3P_0 -$	$^3P_1^0$	2514,320
$4p\ ^3D_3 - 5d$	$^3F_4^0$	7943,94	$^3P_1 -$	$^3P_2^0$	2506,896
$^3D_2 -$	$^3F_3^0$	7932,20	$3p\ ^1D_2 - 3d$	$^1D_2^0$	2435,160
$^3D_1 -$	$^3F_2^0$	7918,38	$^3P_2 -$	$^3D_2^0$	2218,052
$^1P_1 -$	$^1D_2^0$	7680,35	$^3P_2 -$	$^3D_3^0$	2216,670
$3d\ ^3D_3^0 - 4f$	$^3F_4^0$	7423,54	$^3P_1 -$	$^3D_1^0$	2211,737
$^3D_2^0 -$	$^1F_3$	7416,00	$^3P_1 -$	$^3D_2^0$	2210,880
$^3D_2^0 -$	$^3F_3$	7409,11	$^3P_0 -$	$^3D_1^0$	2207,972
$^3D_1^0 -$	$^3F_2$	7405,85	$^1D_2 -$	$^1F_3^0$	2124,111
$^3D_3^0 -$	$^3G_4$	7289,25	$3p\ ^1D_2 - 5s$	$^1P_1^0$	2058,13
$^3D_2^0 -$	$^3G_3$	7275,28	$3p\ ^1D_2 - 4d$	$^1F_3^0$	1901,34
$^3D_3^0 -$	$^3D_3$	7250,69	$^3P_2 -$	$^3D_3^0$	1850,68
$3d\ ^1D_2^0 - 5f$	$^1D_2$	7165,62	$3p\ ^1D_2 - 5d$	$^1F_3^0$	1814,02
$^1D_2^0 - 5f$	$^3G_3$	7034,96			

Ge I: $Z = 32$, $Z_v = 4$, $V_J = 8,13$. G.T.: (Ni) $4s^2\,4p^2$; $^3P_0$. $V_a = 4,66$

Term	Termwert	Term	Termwert
$4p\ ^3P_0$	65 558	$4s\ 4p^3\ ^3D_1^0$	5 833,3
$4p\ ^3P_1$	65 000,9	$^3D_2^0$	5 869,9
$4p\ ^3P_2$	64 148,1	$^3D_3^0$	5 902,9
$4p\ ^1D_2$	58 432,8	$^1D_2^0$	7 466,7
$4p\ ^1S_0$	49 190,9	$^3P_2^0$	8 903,1
		$^3P_1^0$	8 160,9
		$^3P_0^0$	7 882,9
		$^1P_1^0$	10 084,4

Termwerte in Wellenzahlen $\tilde{\nu}$ [cm⁻¹], Wellenlängen in Å. $\lambda > 2000$ Å: λ_{Luft} · $\lambda < 2000$ Å: λ_{Vakuum}.

Term	Termwert für $n=$		Term	Termwert für $n=$	
	4	5		4	5
$ns\ ^3P^0_0$	—	28106,4	$nd\ ^3P^0_1$	13853,4	8127,3
$ns\ ^3P^0_1$	—	27855,8	$nd\ ^3P^0_0$	13578,2	7861,9
$ns\ ^3P^0_2$	—	26440,3	$nd\ ^1P^0_1$	12711,0	7501,4
$ns\ ^1P^0_1$	—	25537,7	$nd\ ^1D^0_2$	17078,3	9840,4
$nd\ ^1F^0_3$	12966,0	6616,4	$nd\ ^3D^0_1$	16595,7	10088,3
$nd\ ^3F^0_2$	15489,3	—	$nd\ ^3D^0_2$	16676,1	10185,6
$nd\ ^3F^0_3$	15235,2	—	$nd\ ^3D^0_3$	16413,9	9872,4
$nd\ ^3P^0_2$	14120,6	8379,5			

Auswahl der stärksten Linien

Übergang	Wellenlänge	Übergang	Wellenlänge
$4p\ ^1S_0 - 5s\ ^3P_1$	4685,841	$4p\ ^3P_2 - \quad 5s\ ^1P_1$	2589,201
$4p\ ^1S_0 - 5s\ ^1P_1$	4226,565	$4p\ ^1S_0 - 4s\ 4p^3\ ^1P_1$	2556,288
$4p\ ^1D_2 - 5s\ ^3P_1$	3269,503	$4p\ ^3P_1 - \quad 5s\ ^1P_1$	2533,241
$4p\ ^1D_2 - 5s\ ^3P_2$	3124,831	$4p\ ^3P_0 - \quad 5s\ ^1P_1$	2497,974
$4p\ ^1S_0 - 4d\ ^3D_1$	3067,138	$4p\ ^1D_2 - \quad 4d\ ^1D_2$	2417,375
$4p\ ^1D_2 - 5s\ ^1P_1$	3039,086	$4p\ ^1D_2 - \quad 4d\ ^3D_3$	2379,154
$4p\ ^1S_0 - 4d\ ^3P_1$	2829,012	$4p\ ^1D_2 - \quad 4d\ ^3F_2$	2327,934
$4p\ ^1S_0 - 6s\ ^3P_1$	2793,935	$4p\ ^1D_2 - \quad 4d\ ^3F_3$	2314,225
$4p\ ^3P_2 - 5s\ ^3P_1$	2754,596	$4p\ ^1D_2 - \quad 4d\ ^1F_3$	2198,73
$4p\ ^1S_0 - 4d\ ^1P_1$	2740,436	$4p\ ^3P_2 - \quad 4d\ ^3D_3$	2094,27
$4p\ ^3P_1 - 5s\ ^3P_0$	2709,631	$4p\ ^3P_1 - \quad 4d\ ^3D_2$	2068,66
$4p\ ^3P_1 - 5s\ ^3P_1$	2691,351	$4p\ ^3P_1 - \quad 4d\ ^3D_1$	2065,22
$4p\ ^3P_0 - 5s\ ^3P_1$	2651,580	$4p\ ^3P_2 - \quad 4d\ ^3F_3$	2043,79
$4p\ ^3P_2 - 5s\ ^3P_2$	2651,184	$4p\ ^3P_0 - \quad 4d\ ^3D_1$	2041,72
$4p\ ^3P_1 - 5s\ ^3P_2$	2592,548	$4p\ ^3P_1 - \quad 4d\ ^3F_2$	2019,08

Sn I: $Z=50$, $Z_v=4$, $V_J=7{,}297$. G.T.: (Pd) $5s^2\ 5p^2$; $^3P_0$. $V_a=4{,}30$

Term	Termwert	Term	Termwert
$5p^2\qquad\qquad ^3P_0$	59155,0	$5p\ (^2P^0_{3/2})\ 6p\ ^1D_2$	10965,3
$^3P_1$	57463,2	$5p\ (^2P^0_{1/2})\ 5d\ ^3D^0_2$	15472,0
$^3P_2$	55727,3	$5p\ (^2P^0_{3/2})\ 5d\ ^1D^0_2$	12009,3
$^1D_2$	50542,0	$5p\ (^2P^0_{1/2})\ 7s\ ^3P^0_0$	10938,8
$^1S_0$	41992,4	$^3P^0_1$	10932,9
$5p\ (^2P^0_{1/2})\ 6s\ ^3P^0_0$	24514,2	$(^2P^0_{3/2})\ 7p\ ^1P_1$	4165,0
$^3P^0_1$	24240,8	$5p\ (^2P^0_{1/2})\ 6d\ ^3D^0_2$	8144,5
$5p\ (^2P^0_{3/2})\ 6s\ ^3P^0_2$	20526,2	$(^2P^0_{3/2})\ 6d\ ^1D^0_2$	3858,9
$^1P^0_1$	19897,9	$(^2P^0_{1/2})\ 15s\ ^3P^0_1$	830,3

Termwerte in Wellenzahlen $\tilde{\nu}$ [cm^{-1}], Wellenlängen in Å, $\lambda > 2000$ Å: λ_{Luft}. $\lambda < 2000$ Å: λ_{Vakuum}.

Übergang	λ	Übergang	λ
$6s\ ^3P_1^0 - 6p\ ^1P_1$	8552,60	$5p\ ^3P_0 - 6s\ ^3P_1^0$	2863,324
$6s\ ^3P_1^0 - 7p\ ^3D_2$	6149,71	$5p\ ^3P_2 - 6s\ ^3P_2^0$	2839,99
$5p\ ^1S_0 - 6s\ ^3P_0^0$	5631,707	$5p\ ^3P_1 - 6s\ ^3P_2^0$	2706,510
$5p\ ^1S_0 - 6s\ ^1P_1^0$	4524,744	$5p\ ^1D_2 - 5d\ ^3D_3^0$	2571,576
$5p\ ^1D_2 - 6s\ ^3P_1^0$	3801,022	$5p\ ^3P_2 - 5d\ ^3F_3^0$	2429,488
$5p\ ^1D_2 - 6s\ ^3P_2^0$	3330,620	$5p\ ^1D_2 - 5d\ ^1F_3^0$	2421,697
$5p\ ^1D_2 - 6s\ ^1P_1^0$	3260,340	$5p\ ^3P_1 - 5d\ ^3F_2^0$	2354,837
$5p\ ^3P_2 - 6s\ ^3P_1^0$	3175,046	$5p\ ^1D_2 - 6d\ ^3F_3^0$	2317,23
$5p\ ^3P_1 - 6s\ ^3P_0^0$	3034,120	$5p\ ^3P_2 - 5d\ ^3D_3^0$	2268,913
$5p\ ^3P_1 - 6s\ ^3P_1^0$	3009,136	$5p\ ^3P_0 - 5d\ ^3D_1^0$	2246,048

Pb I: $Z = 82$, $Z_v = 4$, $V_J = 7{,}42$. G.T.: (Pt) $6s^2\ 6p^2$; $^3P_0$. $V_a = 4{,}33$

Term	Termwert für $n =$			
	6	7	8	9
$np\ ^3P_0$	59821	15424	8037	4961
$^3P_1$	52004	15149	7906	4895
$^3P_2$	49173	15014	—	—
$np\ ^1D_2$	38365	—	—	—
$np\ ^1S_0$	30365	—	—	—
$np\ ^3D_1$	—	16906	8503	5170
$ns\ ^3P_0^0$	—	24863	11096	6348
$nd\ d_1^0$	13754	7323	4666	3219
d_2^0	14380	7512	4740	3261
d_3^0	13494,5	7721	4820	3297
$np\ ^1S_0$	30365		$7s\ ^3P_1^0 : 24536$	

Übergang	Wellenlänge für $n =$			
	6	7	8	9
$7s\ ^3P_1^0 - np\ ^3P_1$	—	10650,8	6011,76	5089,95
$7s\ ^3P_0^0 - np\ ^3P_1$	—	10291,3	5895,68	5006,69
$7s\ ^3P_1^0 - np\ ^3P_0$	—	10971,5	6059,43	5107,27
$7s\ ^3P_1^0 - np\ ^3D_1$	—	13101,9	6235,317	5162,15
$7s\ ^3P_0 - np\ ^3D_1$	—	12563,8	6110,57	5076,5
$6p\ ^3P_1 - ns\ ^3P_0$	—	3683,47	2443,84	2189,61
$P_2 - nd\ d_1$	4062,149	3220,544	2966,50	2844,52
$P_2 - nd\ d_2$	4168,045	3240,195	2973,00	2847,78
$P_2 - nd\ d_3$	4019,644	3262,353	2980,162	2850,75

Termwerte in Wellenzahlen $\tilde{\nu}$ [cm^{-1}], Wellenlängen in Å. $\lambda > 2000$ Å: λ_{Luft} · $\lambda < 2000$ Å: λ_{Vakuum}.

Ti I: $Z = 22$, $Z_v = 4$, $V_J = 6{,}84$. G.T.: (Ar) $3d^2\,4s^2$; $^3F_2$. $V_a = 2{,}0$
Relative Termwerte

Term		Termwert	Term		Termwert
$3d^2\,4s^2$	$^3F_2$	0,00	$3d^2\,4s\,(^4F)\,5s$	$^5F_1^0$	35 959,07
	$^3F_3$	170,14	$3d^4$	$^3G_3$	36 065,75
	$^3F_4$	386,88	$3d^3\,(^4P)\,4p$	$^5P_1^0$	36 298,43
$3d^3\,(^5F)\,4s$	$^5F_1$	6 556,86	$3d^2\,4s\,(^4F)\,5s$	$^3F_2$	37 538,71
$3d^2\,4s^2$	$^1D_2$	7 255,29	$3d^3\,(^4F)\,5s$	$^5F_1$	39 107,25
	$^3P_0$	8 436,69	$3d^2\,4s\,(^2F)\,5s$	$^3F_2$	39 526,89
$3d^3\,(^5F)\,4s$	$^3F_2$	11 531,82	$3d^3\,(^2F)\,5s$	$^1F_3$	41 087,31
$3d^2\,4s^2$	$^1G_4$	12 118,46	$3d^2\,4s\,(^2G)\,4p$	$^1F_3^0$	41 585,24
$3d^3\,(^4P)\,4s$	$^5P_1$	13 981,75	$3d^2\,4s\,(^4F)\,5p$	$^5D_0^0$	41 822,99
$3d^3\,(^2G)\,4s$	$^3G_3$	15 108,12	$3d^3\,(^2D)\,4p$	$^3D_1^0$	42 146,39
$3d^2\,4s^2$	$^1S_0$	15 166,59	$3d^2\,4s\,(^4F)\,4d$	$^5P_1$	42 611,58
$3d^2\,4s\,(^4F)\,4p$	$^5G_2^0$	15 877,18	$3d^2\,4s\,(^2F)\,4d$	$^3F_3$	47 038,16
$3d^3\,(^2D)\,4s$	$^3D_1$	17 369,59	$3d^3\,(^4F)\,6s$	$^5F_4$	47 777,32
$3d^2\,4s\,(^4F)\,4p$	$^5D_0^0$	18 462,83	$3d^2\,4p^2$	$^5F_1$	48 058,85
$3d^2\,4s\,(2P)\,4p$	$^3P_2^0$	25 493,78	$3d^2\,4s\,(^4F)\,5d$	$^5D_0$	48 802,32
$3d^3\,(^4F)\,4p$	$^5G_2^0$	26 494,37	$3d^3\,(^2D)\,5s$	$^3D_2$	49 571,69
$3d^3\,(^4P)\,4p$	$^5D_0^0$	35 503,40	$3d^3\,(^2P)\,5s$	$^1P_1$	53 663,32

Zr I: $Z = 40$, $Z_v = 4$, $V_J = 6{,}95$. G.T.: (Kr) $4d^2\,5s^2$, $^3F_2$, $V_a = 1{,}84$
Relative Termwerte

Term		Termwert	Term		Termwert
$4d^2\,5s^2$	$^3F_2$	0,00	$4d^3\,(^4F)\,5p$	$^5G_2^0$	25 630,48
	$^3F_3$	570,41	$4d^3\,(^4F)\,5p$	$^3D_1^0$	26 902,45
	$^3F_4$	1 240,84	$4d^2\,5s\,(^2D)\,5p$	$^3P_0^0$	28 632,75
$4d^3\,(^4F)\,5s$	$^5F_1$	4 870,53	$4d^2\,5s\,(^4F)\,6s$	$^5F_1$	35 046,95
$4d^2\,5s^2$	$^1D_2$	5 101,68	$4d^2\,5s\,(^4F)\,6s$	$^3F_2$	37 459,60
$4d^2\,5s^2$	$^1S_0$	13 141,76	$4d^2\,5s\,(^4F)\,5d$	$^5H_4$	39 936,70
$4d^3\,(^2D)\,5s$	$^3D_1$	14 123,01	$4d^2\,5s\,(^4F)\,5d$	$^5G_2$	40 660,65
$4d^2\,5s\,(^4F)\,5p$	$^5G_2^0$	14 783,54	$4d^2\,5p^2$	$^5G_2$	45 798,48
$4d^4$	$^5D_0$	21 726,28	$4d^2\,5s\,(^2S)\,5p$	$^1P_1^0$	51 899,40
$4d^3\,(^4F)\,5p$	$^3F_2^0$	23 597,47			

Hf I: $Z = 72$, $Z_v = 4$. G.T.: (Xe) $4f^{14}\,5d^2\,6s^2$; $^3F_2$
Relative Termwerte. Etwa 200 Linien zwischen 9250 und 2480 Å. Terme
ohne nähere Zuordnung

Term	Termwert	Term	Termwert
$5d^2\,6s^2$	0,00	$5d^2\,6s^2$	25 634,22
	2 356,60		28 790,28
	8 983,70		32 533,33
	17 679,73		35 453,71
	20 960,07		40 194,43
	24 985,35		42 302,14

Termwerte in Wellenzahlen $\tilde{\nu}$ [cm^{-1}], Wellenlängen in Å. $\lambda > 2000$ Å: $\lambda_{\text{Luft}} \cdot \lambda < 2000$ Å: λ_{Vakuum}.

N I: $Z = 7$, $Z_v = 5$, $V_J = 14{,}55$. G.T.: (He) $2s^2\,2p^3$; $^4S^0_{3/2}$. $V_a = 10{,}3$

Term	Termwert für $n =$ 2	Termwert für $n =$ 3	Term	Termwert für $n =$ 3	Termwert für $n =$ 4
$np\ ^4S^0_{3/2}$	117345	20593,3	$nd\ ^4P_{5/2}$	12388	6942,2
$np\ ^4P^0_{5/2}$	—	21811,8	$nd\ ^4P_{3/2}$	12455	6994 ?
$np\ ^4P^0_{3/2}$	—	21850,1	$nd\ ^4P_{1/2}$	12481	7020,3
$np\ ^4P^0_{1/2}$	—	21868,5	$nd\ ^4D_{7/2}$	12325,5	7006,3 ?
$np\ ^4D_{7/2}$	—	22461,9	$nd\ ^4D_{5/2}$	12334,3	7057,2
$np\ ^4D^0_{5/2}$	—	22512,9	$nd\ ^4D_{3/2}$	—	7069,5
$np\ ^4D^0_{3/2}$	—	22550,2	$nd\ ^4D_{1/2}$	—	7123,6
$np\ ^4D^0_{1/2}$	—	22572,8	$nd\ ^4F_{9/2}$	12577 ?	7046,6
$np\ ^2S_{1/2}$	—	23762,7	$nd\ ^4F_{7/2}$	12626,5 ?	7096,6
$np\ ^2P^0_{3/2}\ (^3P_2)$	88505	19539,2	$nd\ ^4F_{5/2}$	12668,8 ?	7131,3
$np\ ^2P^0_{1/2}\ (^3P_1)$	88505	19574,9	$nd\ ^4F_{3/2}$	12688 ?	7149,1
$np\ ^2D^0_{5/2}\ (^3P_2)$	98122	20480,8	$nd\ ^2P_{3/2}$	12729,6	7123,3
$np\ ^2D_{3/2}\ (^3P_1)$	98144	20556,8	$nd\ ^2P_{1/2}$	12690,1	7100,4

Term	Termwert für $n =$ 3	4	5	6
$ns\ ^4P_{5/2}$	33979,0	13608,2	7417,1	4662,4
$ns\ ^4P_{3/2}$	34025,7	13676,9	7487,2	4734,4
$ns\ ^4P_{1/2}$	34059,5	13726,9	7531,5	4779,1
$ns\ ^2P_{3/2}$	31121,8	13117,6	7236,5	4522
$ns\ ^2P_{1/2}$	31213,6	13202,8	7315,8	—
$ns\ ^2D_{5/2}$	17681,0	—	—	—
$ns\ ^2D_{3/2}$	17681,0	—	—	—

Grundserien von N I

Übergang	Wellenlänge für $n =$ 3	4	5	6
$2p\ ^4S_{3/2} - ns\ ^4P_{1/2}$	1200,681	965,07	910,60	—
$2p\ ^4S_{3/2} - ns\ ^4P_{3/2}$	1200,200	964,57	910,21	—
$2p\ ^4S_{3/2} - ns\ ^4P_{5/2}$	1199,533	963,93	909,70	887,53
$2p\ ^4S_{3/2} - nd\ ^4P_{1/2}$	953,49	906,56	—	—
$2p\ ^4S_{3/2} - nd\ ^4P_{3/2}$	953,49	906,56	—	—
$2p\ ^4S_{3/2} - nd\ ^4P_{5/2}$	952,29	905,79	885,68	875,07
$2p\ ^4S_{3/2} - nd\ ^4D_{7/2}$	954,00	906,56	886,29	875,75

Weitere Terme (Ausgangsterme für ultrarote Linien)

Term	Termwert
$2s\ 2p^4\ ^4P_{5/2}$	29235,5
$2s\ 2p^4\ ^4P_{3/2}$	29191,6
$2s\ 2p^4\ ^4P_{1/2}$	29172,0
$sp^4\ ^2P_{1/2}$	17671
$sp^4\ ^2P_{3/2}$	17701

Termwerte in Wellenzahlen $\bar\nu$ [cm^{-1}], Wellenlängen in Å. $\lambda > 2000$ Å: λ_{Luft} · $\lambda < 2000$ Å: λ_{Vakuum}.

Wichtige ultrarote Linien

Übergang	Wellenlänge	Übergang	Wellenlänge
$sp^4\ ^4P_{5/2} - 3p\ ^4S^0_{3/2}$	11 564,8	$3s\ ^2P_{1/2} - 3p\ ^2D^0_{3/2}$	9 386,5
$^4P_{3/2} -\ ^4S^0_{3/2}$	11 628,0	$^2P_{3/2} -\ ^2D^0_{5/2}$	9 392,5
$^4P_{1/2} -\ ^4S^0_{3/2}$	11 656,0	$3p\ ^2D^0_{3/2} - 3d\ ^2F_{5/2}$	12 461,2
$^4P_{5/2} -\ ^4D^0_{7/2}$	14 755,7	$^2D^0_{5/2} -\ ^2F_{7/2}$	12 467,8

O II: $Z = 8,\ Z_v = 5,\ V_J = 35{,}16.$ G.T.: (He) $2s^2\ 2p^3;\ ^4S^0_{3/2}$

Term	Termwert für $n =$			
	2	3	4	5
$ns\ ^4P_{1/2}$	—	98 315,54	44 924,58	25 857,2
$^4P_{3/2}$	—	98 210,22	44 819,36	25 753,0
$^4P_{5/2}$	—	98 051,70	44 657,94	25 587,1
$^2P_{1/2}$	—	94 662,52	43 222,15	25 142,3
$^2P_{3/2}$	—	94 482,53	43 034,62	24 949,2
$np\ ^4S^0_{3/2}$	283 550,9	71 388,96	—	—
$^2S^0_{1/2}$	—	79 608,69	—	—
$^4P^0_{1/2}$	—	75 204,73	—	—
$^4P^0_{3/2}$	—	75 158,63	—	22 289,2

Term	Termwert für $n =$			
	2	3	4	5
$np\ ^4P^0_{5/2}$	—	75 066,66	—	22 196,6
$^2P^0_{1/2}$	243 082,5	69 381,16	35 125,55	—
$^2P^0_{3/2}$	243 084,0	69 321,42	35 036,67	—
$^4D^0_{1/2}$	—	76 820,10	37 783,10	—
$^4D^0_{3/2}$	—	76 764,56	37 734,61	22 592
$^4D^0_{5/2}$	—	76 673,00	37 648,05	22 509
$^4D^0_{7/2}$	—	76 548,38	37 521,95	22 371
$^2D^0_{3/2}$	256 721,5	72 028,92	35 541,8	21 853,4
$^2D^0_{5/2}$	256 742,5	71 838,42	33 365,6	21 681,5

Term	Termwert für $n =$		
	3	4	5
$nd\ ^2P_{1/2}$	50 006,81	28 269,5	—
$^2P_{3/2}$	50 120,80	28 378,4	—
$^2D_{3/2}$	49 148,12	27 707,8	—
$^2D_{5/2}$	49 096,45	27 635,7	17 695

Termwerte in Wellenzahlen $\bar{\nu}$ [cm^{-1}], Wellenlängen in Å. $\lambda > 2000$ Å: λ_{Luft}. $\lambda < 2000$ Å: λ_{Vakuum}.

Kombinationen der Grundterme (Auswahl)

Übergang	Wellenlänge für $n=$ 3	4	Übergang	Wellenlänge für $n=$ 3	4
$2p\ {}^2D_{3/2} - ns\ {}^2P_{1/2}$	617,051	—	$2p\ {}^2D_{3/2} - nd\ {}^2D_{3/2}$	481,755	436,649
$2p\ {}^2D_{3/2} - ns\ {}^2P_{3/2}$	616,363	—	$2p\ {}^2D_{5/2} - nd\ {}^2D_{3/2}$	481,704	—
$2p\ {}^2D_{5/2} - ns\ {}^2P_{3/2}$	616,291	467,926	$2p\ {}^2D_{3/2} - nd\ {}^2D_{5/2}$	481,635	—
$2p\ {}^2D_{3/2} - nd\ {}^2P_{3/2}$	484,025	—	$2p\ {}^2D_{5/2} - nd\ {}^2D_{5/2}$	481,587	436,510
$2p\ {}^2D_{5/2} - nd\ {}^2P_{3/2}$	483,976	—	$2p\ {}^2D_{3/2} - nd\ {}^2F_{5/2}$	485,515	437,683
$2p\ {}^2D_{3/2} - nd\ {}^2P_{1/2}$	483,752	—	$2p\ {}^2D_{5/2} - nd\ {}^2F_{5/2}$	485,465	—
$2p\ {}^4S - ns\ {}^4P_{1/2}$	539,853	—	$2p\ {}^2P\ \ - ns\ {}^2P_{1/2}$	673,768	500,343
${}^4P_{3/2}$	539,547	—	$2p\ {}^2P\ \ - ns\ {}^2P_{3/2}$	672,948	499,871
${}^4P_{5/2}$	539,086	418,598	$2p\ {}^2P\ \ - nd\ {}^2P_{3/2}$	518,242	465,760
$2p\ {}^4S - nd\ {}^4P_{5/2}$	430,177	392,002	$2p\ {}^2P\ \ - nd\ {}^2P_{1/2}$	517,937	465,529
${}^4P_{3/2}$	430,041	391,943	$2p\ {}^2P\ \ - nd\ {}^2D_{3/2}$	515,640	464,310
${}^4P_{1/2}$	429,918	391,912	$2p\ {}^2P\ \ - nd\ {}^2D_{5/2}$	515,498	464,194

P I: $Z = 15$, $Z_v = 5$, $V_J = 10{,}9$. G.T.: (Ne) $3s^2\ 3p^3$; ${}^4S^0_{3/2}$. $V_a = 6{,}94$

Relative Termwerte

Term	Termwert
$3s^2\ 3p^3\ {}^4S^0_{3/2}$	0,0
${}^2D^0_{3/2}$	11 361,7
${}^2D^0_{5/2}$	11 376,5
${}^2P^0_{1/2}$	18 722,4
${}^2P^0_{3/2}$	18 748,1
$({}^3P)\ 4s\ {}^4P_{1/2}$	55 939,23
$sp^4\ {}^4P_{5/2}$	59 533,4
$({}^1D)\ 4s\ {}^2D_{3/2,5/2}$	65 156,6
$({}^3P)\ 4p\ {}^4D^0_{5/2}$	65 585,1
$sp^4\ {}^2P_{3/2}$	67 908,6
$({}^3P)\ 4p\ {}^2P^0_{1/2}$	67 970,2
$({}^3P)\ 3d\ {}^2F_{5/2}$	70 391,3
$({}^3P)\ 3d\ {}^4D_{5/2}$	70 778,6
$sp^4\ {}^2S_{1/2}$	72 943,3
$({}^3P)\ 3d\ {}^2D_{5/2}$	73 248,1

Auswahl der stärksten Linien

Übergang	λ
$3p\ {}^4S^0\ - sp^4\ {}^4P_{3/2}$	1674,661
${}^4S^0_0\ - {}^4P_{5/2}$	1679,730
$3p\ {}^2D^0_{5/2} - 3d\ {}^2F_{7/2}$	1685,957
${}^2D^0_{3/2} - {}^2F_{5/2}$	1694,055
$3p\ {}^4S^0\ - 4s\ {}^4P_{5/2}$	1774,942
${}^4S^0\ - {}^4P_{3/2}$	1782,830
${}^4S^0\ - {}^4P_{1/2}$	1787,686
$3p\ {}^2P^0_{1/2} - 3d\ {}^2P_{1/2}$	1851,144
${}^2D^0_{3/2} - ({}^1D)\ 4s\ {}^2D_{3/2,5/2}$	1858,924
${}^2D^0_{5/2} - {}^2D_{3/2,5/2}$	1859,401
$3p\ {}^2P^0_{3/2} - sp^4\ {}^2P_{3/2}$	2034,146
${}^2D^0_{3/2} - 4s\ {}^2P_{3/2}$	2136,142
${}^2D^0_{5/2} - {}^2P_{3/2}$	2136,875
${}^2D^0_{3/2} - {}^2P_{1/2}$	2149,787
${}^2P^0_{1/2} - {}^2D_{3/2,5/2}$	2153,630
${}^2P^0_{3/2} - {}^2D_{3/2,5/2}$	2154,761

Sb I: $Z = 51$, $Z_v = 5$, $V_J = 8{,}64$. G.T.: (Pd) $5s^2\ 5p^3$; ${}^4S^0_{3/2}$. $V_a = 5{,}36$

Term	Termwert	Term	Termwert
$5s^2\ 5p^3\ {}^4S^0_{3/2}$	0,0	$5s^2\ 5p^2\ ({}^3P_0)\ 7s\ {}^4P_{1/2}$	57 597,3
$5s^2\ 5p^3\ {}^2D^0_{3/2}$	8 512,1	$5s^2\ 5p^2\ ({}^3P_1)\ 7s\ {}^4P_{3/2}$	60 964,7
$5s^2\ 5p^3\ {}^2D^0_{5/2}$	9 854,1	$5s^2\ 5p^2\ ({}^3P_1)\ 7s\ {}^2P_{1/2}$	61 386,3
$5s^2\ 5p^3\ {}^2P^0_{1/2}$	16 395,6	$5s^2\ 5p^2\ ({}^3P_0)\ 8s\ {}^4P_{1/2}$	62 960,0
$5s^2\ 5p^3\ {}^2P_{3/2}$	18 464,5	$5s^2\ 5p^2\ ({}^3P_2)\ 7s\ {}^4P_{5/2}$	63 516,6
$5s^2\ 5p^2\ ({}^3P_0)\ 6s\ {}^4P_{1/2}$	43 249,4	$5s^2\ 5p^2\ ({}^1S_0)\ 6s\ {}^2S_{1/2}$	65 653,2
$5s^2\ 5p^2\ ({}^3P_2)\ 6s\ {}^2P_{3/2}$	49 391,1	$5s^2\ 5p^2\ ({}^3P_1)\ 8s\ {}^4P_{3/2}$	66 113,0
$5s^2\ 5p^2\ ({}^1D_2)\ 6s\ {}^2D_{3/2}$	55 233,2	$5s^2\ 5p^2\ ({}^1D_2)\ 7s\ {}^2D_{5/2}$	70 880,3
$5s^2\ 5p^2\ ({}^1D_2)\ 6s\ {}^2D_{5/2}$	55 728,3	$5s^2\ 5p^2\ ({}^3P_2)\ 9s\ {}^4P_{5/2}$	71 089

Stärkste Kombinationen der Elektronenkonfigurationen $5s^2\ 5p^3 - 5s^2\ 5p^2\ 6s$.

Termwerte in Wellenzahlen $\tilde{\nu}$ [cm^{-1}], Wellenlängen in Å. $\lambda > 2000$ Å: λ_{Luft}. $\lambda < 2000$ Å: λ_{Vakuum}.

Relative Termwerte und stärkste Linien.
Weitere 440 Linien zwischen 1388 Å und 12470 Å

Übergang	λ	Übergang	λ
$^4P_{5/2} - 11^0_{3/2}$	11 266,23	$^2P_{3/2} - 7_{3/2}$	2851,11
$^4P_{3/2} - 9^0$	10 839,73	$^2D^0_{5/2} - {}^4P_{3/2}$	2769,95
$^4P_{3/2} - 10^0_{5/2}$	10 741,94	$^2P_{3/2} - 8_{5/2}$	2727,23
$^4P_{1/2} - 6^0_{3/2}$	10 677,41	$^2D^0_{3/2} - {}^4P_{3/2}$	2670,64
$^2P^0_{3/2} - {}^4P_{1/2}$	4033,55	$^2D^0_{5/2} - {}^4P_{5/2}$	2598,09
$^2P^0_{1/2} - {}^4P_{1/2}$	3722,79	$^2D^0_{3/2} - {}^2P_{1/2}$	2598,05
$^2P^0_{3/2} - {}^4P_{3/2}$	3637,83	$^2D^0_{5/2} - {}^2P_{3/2}$	2528,52
$^2P^0_{3/2} - {}^2P_{1/2}$	3504,48	$^2D^0_{3/2} - {}^2P_{3/2}$	2445,51
$^2P_{1/2} - {}^4P^0_{3/2}$	3383,15	$^4S^0_{3/2} - {}^4P_{1/2}$*	2311,47
$^2P^0_{1/2} - {}^2P_{1/2}$	3267,51	$^4S^0_{3/2} - {}^4P_{3/2}$	2175,81
$^2P^0_{3/2} - {}^2P_{1/2}$	3232,52	$^4S^0_{3/2} - {}^4P_{5/2}$	2068,33
$^2P^0_{1/2} - {}^2P_{3/2}$	3029,83	$^4S^0_{3/2} - {}^2P_{3/2}$	2024,00
$^2D^0_{3/2} - {}^4P_{1/2}$	2877,92		

* Resonanzlinie.

Bi I: $Z = 83$, $Z_v = 5$. G.T.: (Pt) $6s^2\,6p^3$; $^4S^0_{3/2}$
Relative Termwerte

Term	Termwert	Term	Termwert
$6s^2\,6p^3\;{}^4S^0_{3/2}$	0	$6s^2\,6p^2\,7s\;{}^4P_{1/2}$	32 588,0
$^2D^0_{3/2}$	11 418,77	$^4P_{3/2}$	43 911,7
$^2D^0_{5/2}$	15 438,42	$^4P_{5/2}$	48 489,0
$^2P^0_{5/2}$	21 661,81	$^2P_{1/2}$	45 915,0
$^2P^0_{3/2}$	33 165,01	$^2P_{3/2}$	51 018,3

Einige starke Linien

Übergang	Wellenlänge	Übergang	Wellenlänge
$S_{3/2} - {}^4P_{5/2}$	2061,73	$^2D_{3/2} - {}^2P_{1/2}$	2897,982
$^4S_{3/2} - {}^2P_{1/2}$	2176,618	$^2D_{5/2} - {}^4P_{5/2}$	3024,646
$^4S_{3/2} - {}^4P_{3/2}$	2276,578	$^2D_{3/2} - {}^4P_{1/2}$	4722,542
$^2D_{3/2} - {}^2P_{3/2}$	2524,520		

VI: $Z = 23$, $Z_v = 5$, $V_J = 6,71$. G.T.: (Ar) $3d^3\,4s^2$; $^4F_{3/2}$. $V_a = 2,06$
Relative Termwerte; Deutung der Terme nicht ganz sicher

Term		Termwert	Term		Termwert
$3d^3\,4s^2$	$^4F_{3/2}$	0,00	$3d^3\,4s\,4p\;(^3P)$	$^4D^0_{1/2}$	33 966,72
	$^4F_{5/2}$	137,38	$3d^4\,4p\;(^3P)$?	$^4S^0_{3/2}$	36 408,23
	$^4F_{5/2}$	323,42	$3d^5$	$^4F_{3/2}$	36 983,63
	$^4F_{9/2}$	553,02	$3d^3\,4s\,5s\;(^5F)$	$^6F_{1/2}$	37 374,98
$3d^4\,4s\;(^5D)$	$^6D_{1/2}$	2112,32	$3d^4\,4p\;(^3G)$	$^2H^0_{11/2}$	40 919,68
$3d^3\,4s^2$	$^4P_{1/2}$	9544,54	$3d^4\,4d\;(^5D)$	$^6F_{7/2}$	42 363,62
$3d^4\,4s\;(^3P)$	$^4P_{1/2}$	15 078,25	$3d^3\,4s\,5d\;(^5F)$	$^6P_{3/2}$	44 443,67
$3d^3\,4s\,4p\;(^5F)$	$^6G^0_{3/2}$	16 361,45	$3d^4\,4p\;(^3D)$	$^2P^0_{1/2}$	45 946,66
$3d^5$	$^6S_{5/2}$	20 202,49	$3d^3\,4s\,4d\;(^5F)$	$^6H_{5/2}$	49 717,57
$3d^4\,4p\;(^5D)$	$^6P^0_{3/2}$	24 648,10	$3d^3\,4s\,4p\;(^3H)$	$^2P^0_{1/2}$	57 744,12
$3d^4\,4p\;(^5D)$	$^4D^0_{1/2}$	26 182,60			

Termwerte in Wellenzahlen $\tilde{\nu}$ [cm⁻¹], Wellenlängen in Å. $\lambda > 2000$ Å: λ_{Luft}. $\lambda < 2000$ Å: λ_{Vakuum}.

Nb I: $Z = 41$, $Z_v = 5$. G.T.: (Kr) $4d^4\,5s$; $a\ ^6D_{1/2}$. $V_a = 2{,}97$

Relative Termwerte

Term	Termwert	Term	Termwert
$4d^4\ 5s\ ^6D_{1/2}$	0,00	$4d^3\ 5s\ 5p\ (^5F)\ ^6D^0_{1/2}$	19623,96
$^6D_{3/2}$	154,19	$4d^4\ 5p\ (^5D)\ \quad ^6F^0_{1/2}$	23984,87
$^6D_{5/2}$	391,99	$4d^3\ 5s\ 5p\ (^5P)\ ^6D^0_{1/2}$	26552,40
$^6D_{7/2}$	695,25	$4d^3\ 5s\ 5p\ (^3P)\ ^4P^0_{1/2}$	27666,46
$^6D_{9/2}$	1050,26	$4d^3\ 5s\ 5p\ (^3G)\ ^4F^0_{3/2}$	29779,44
$4d^3\ 5s^2\ ^4F_{3/2}$	1142,79	$4d^4\ 5p\ (^3F)\ \quad ^4D^0_{1/2}$	37536,56
$4d^4\ 5s\ ^4D_{1/2}$	8410,90	$4d^4\ 5p\ (^3F)\ \quad ^4F^0_{3/2}$	38903,00

Ta I: $Z = 73$, $Z_v = 5$. G.T.: (X) $4f^{14}\,5d^3\,6s^2$

2100 Linien zwischen 10325 und 2368 Å

Pa I: $Z = 91$. G.T.: (Rn) $6d^3\,7s^2$

Stärkste Linien: 4056,3 Å; 4097,3 Å; 4291,4 Å; 4387,3 Å; 4524,7 Å; 4530,6 Å; 4601,5 Å; 4628,0 Å; 5216,6 Å; 5310,8 Å; 6216,2 Å; 6379,3 Å.

O I: $Z = 8$, $Z_v = 6$, $V_J = 13{,}62$. G.T.: (He) $2s^2\,2p^4$; $^3P_2$. $V_a = 9{,}16$

Term	Termwert	Term	Termwert
$2p\ ^3P_2$	109837,3	$3d\ ^3D^0$	12350,0
$^3P_1$	109679,17	$4s\ ^5S^0$	14358,5
$^3P_0$	109610,52	$^3S^0$	13612,5
$2p\ ^1D$	93969,5	$4p\ ^5P_1$	10742,5
$2p\ ^1S$	76044,5	$^5P_2$	10743,7
$3s\ ^5S^0$	36069,0	$^5P_3$	10744,3
$^3S^0$	33043,3	^3P	10157,5
$3p\ ^5P_1$	23211,9	$5s\ ^5S^0$	7720,8
$^5P_2$	23209,2	$^3S^0$	7425,6
$^5P_3$	23205,8	$6s\ ^5S^0$	4819,9
$^3P_0$	21207,7	$^3S^0$	4672,8
$^3P_1$	21207,7	$7s\ ^5S^0$	3291,9
$^3P_2$	21207,2	$^3S^0$	3210,3
$3d\ ^5D^0$	12417,3		

Grundserien

Übergang	Wellenlänge	Übergang	Wellenlänge	Übergang	Wellenlänge
$2p\ ^3P_1 - 3s\ ^5S$	1358,66	$2p\ ^3P_1 - 5s\ ^3S$	978,00	$2p\ ^3P_1 - 4d\ ^3D$	973,26
$2p\ ^3P_2 - 3s\ ^5S$	1355,73	$2p\ ^3P_2 - 5s\ ^3S$	976,50	$2p\ ^3P_2 - 4d\ ^3D$	971,76
$2p\ ^3P_0 - 3s\ ^3S$	1306,12	$2p\ ^3P_0 - 6s\ ^3S$	952,96	$2p\ ^3P_0 - 5d\ ^3D$	950,79
$2p\ ^3P_1 - 3s\ ^3S$	1304,96	$2p\ ^3P_1 - 6s\ ^3S$	952,36	$2p\ ^3P_1 - 5d\ ^3D$	950,17
$2p\ ^3P_2 - 3s\ ^3S$	1302,25	$2p\ ^3P_2 - 6s\ ^3S$	950,95	$2p\ ^3P_2 - 5d\ ^3D$	948,73
$2p\ ^3P_0 - 4s\ ^3S$	1041,71	$2p\ ^3P_0 - 3d\ ^3D$	1028,21	$2p\ ^3P_0 - 6d\ ^3D$	938,59
$2p\ ^3P_1 - 4s\ ^3S$	1041,00	$2p\ ^3P_1 - 3d\ ^3D$	1027,49	$2p\ ^3P_1 - 6d\ ^3D$	938,03
$2p\ ^3P_2 - 4s\ ^3S$	1039,26	$2p\ ^3P_2 - 3d\ ^3D$	1025,84	$2p\ ^3P_2 - 6d\ ^3D$	936,62
$2p\ ^3P_0 - 5s\ ^3S$	978,62	$2p\ ^3P_0 - 4d\ ^3D$	973,92		

Termwerte in Wellenzahlen $\bar{\nu}$ [cm⁻¹], Wellenlängen in Å. $\lambda > 2000$ Å: λ_{Luft}. $\lambda < 2000$ Å: λ_{Vakuum}.

Serienauswahl

Übergang	Wellenlänge für $n =$					
	3	4	5	6	7	bek. bis
$3s\ ^5S\ -np\ ^5P_3$	7771,97	3947,33	—	—	—	—
$3s\ ^5S\ -np\ ^5P_2$	7774,01	3947,51	—	—	—	—
$3s\ ^5S\ -np\ ^5P_1$	7775,68	3947,61	—	—	—	—
$3s\ ^3S\ -np\ ^3P$	8446,38	4368,30	3692,44	—	—	—
$3p\ ^5P_3-ns\ ^5S$	—	11300	6465,07	5436,83	5020,13	10
$3p\ ^5P_2-ns\ ^5S$	—	11294	6454,55	5435,78	5019,34	—
$3p\ ^5P_1-ns\ ^5S$	—	11294	6453,69	5435,16	5018,78	—
$3p\ ^3P\ -ns\ ^3S$	—	13163,7	7254,05	6046,34	5554,94	10
$3p\ ^5P_3-nd\ ^5D$	9266,57	6158,20	5330,66	4968,76	4773,76	—
$3p\ ^5P_2-nd\ ^5D$	9263,88	6156,78	5329,59	4967,86	4772,89	10
$3p\ ^5P_1-nd\ ^5D$	—	6155,99	5228,98	4967,40	4772,54	—
$3p\ ^3P\ -nd\ ^3D$	11287,3	7002,22	5958,53	5512,71	5275,08	10

Übergang		Wellenlänge für $n =$				
		2	3	4	5	6
$2s\ 2p^5\ ^3P_2^0-2s^2\ 2p^3\ np\ (^4S)$	$^3P_2$	811,02	2883,78	4233,32	5146,1	5750,42
$^3P_2^0-$	$^3P_1$	812,09	2883,78			
$^3P_1-$	$^3P_2$	810,62	2878,95			
$^3P_1^0-$	$^3P_1$	811,69	2878,95	4222,78	5130,6	5731,0
$^3P_1^0-$	$^3P_0$	812,09	2878,95			
$^3P_0^0-$	$^3P_1$	811,43	2876,30	4217,09	5122,1	5720,61

„Grüne Nordlichtlinie": 5577,35 Å $(^1S_0-{}^1D_2)$.

S I: $Z = 16$, $Z_v = 6$, $V_J = 10,36$. G.T.: (Ne) $3s^2\ 3p^4$; $^3P_2$. $V_a = 6,53$

Term	Termwert	Term	Termwert
$3p\ ^3P_2$	83553	$4s\ ^3D^0$	13384
$^3P_1$	83153	$4p\ ^3F_2$	5404,00
$^3P_0$	82980	$3p\ ^1S$	64519
$3d\ ^5D_4^0$	15678,45	$4s\ ^3P_0^0$	6420,64
$4s\ ^5S^0$	30934,49	$4p\ ^3D$	2560,6
$4p\ ^5P_1$	20112,07	$^3P_0$	4138,03
$3s\ 3p^5\ ^3P_2^0$	11532	$^3P_1$	4150,97
$3p\ ^1D$	74312	$^3P_2$	4180,33
$3d\ ^3G^0$	6441,17		

Grundlinien

Übergang	Wellen-länge	Übergang	Wellen-länge	Übergang	Wellen-länge
$3p\ ^3P_1-4s\ ^5S$	1914,96	$3p\ ^3P_1-5s\ ^3S$	1433,27	$3p\ ^3P_1-3d\ ^3D$	1481,66
$3p\ ^3P_2-4s\ ^5S$	1900,47	$3p\ ^3P_2-5s\ ^3S$	1425,11	$3p\ ^3P_2-3d\ ^3D$	1472,99
$3p\ ^3P_0-4s\ ^3S$	1826,35	$3p\ ^3P_0-6s\ ^3S$	1326,69	$3p\ ^3P_0-4d\ ^3D$	1412,92
$3p\ ^3P_1-4s\ ^3S$	1820,53	$3p\ ^3P_1-6s\ ^3S$	1323,58	$3p\ ^3P_1-4d\ ^3D$	1409,41
$3p\ ^3P_2-4s\ ^3S$	1807,42	$3p\ ^3P_2-6s\ ^3S$	1316,63	$3p\ ^3P_2-4d\ ^3D$	1401,55
$3p\ ^3P_0-5s\ ^3S$	1436,92	$3p\ ^3P_0-3d\ ^3D$	1485,53		

Termwerte in Wellenzahlen $\bar{\nu}$ [cm^{-1}], Wellenlängen in Å. $\lambda > 2000$ Å: λ_{Luft}. $\lambda < 2000$ Å: λ_{Vakuum}.

Übergang	Wellenlänge für $n=$			
	4	5	6	7
$4s\,{}^5S - np\,{}^5P_1$	9237,49	4696,49	3962,49	—
$4s\,{}^5S - np\,{}^5P_2$	9228,11	4695,45	3962,00	—
$4s\,{}^5S - np\,{}^5P_3$	9212,91	4694,13	3961,55	3677,18
$4s\,{}^3S - np\,{}^3P_1$	10459,46	5278,91	4411,34	3992,16
$4s\,{}^3S - np\,{}^3P_0$	10456,79	5278,61	—	—
$4s\,{}^3S - np\,{}^3P_2$	10455,47	5278,04	—	—

Se I: $Z = 34$, $Z_v = 6$, $V_J = 9,73$. G.T.: (Ni) $4s^2\,4p^4$; ${}^5P_2$. $V_a = 5,98$

Term	Termwert für $n=$			Term	Termwert für $n=$		
	4	5	6		4	5	6
$ns\,{}^5S_2^0$	—	30476,03	12669,1	$np\,{}^1S_0$	56212,19	—	—
$\quad{}^3S_1^0$	—	27661,29	12035,1	$nd\,{}^5D_0^0$	15277,38	—	—
$np\,{}^5P_1$	—	19415,34	9394,77	$\quad{}^5D_1^0$	15275,48	8269,66	5114,54
$\quad{}^5P_2$	—	19370,31	9380,44	$\quad{}^5D_2^0$	15285,03	8269,16	5116,80
$\quad{}^5P_3$	—	19266,84	9343,64	$\quad{}^5D_3^0$	15270,76	8266,50	5110,66
$\quad{}^3P_1$	76668,73	18035,85	9058,73	$\quad{}^5D_4^0$	15288,15	8267,18	5110,5
$\quad{}^3P_2$	78658,22	17980,76	9044,15	$\quad{}^3D_1^0$	13358,78	7551,97	4794,34
$\quad{}^3P_0$	76123,87	17962,15	9028,75	$\quad{}^3D_2^0$	13380,26	7561,98	4838,23
				$\quad{}^3D_3^0$	13318,50	7503,26	4797,54

Auswahl der stärksten Linien

Übergang	Wellenlänge	Übergang	Wellenlänge
$4p\,{}^3P_1 - 5s\,{}^1P_1$	1377,98	$4p\,{}^3P_2 - 4d\,{}^3D_2$	1531,84
$4p\,{}^3P_2 - 5d\,{}^3D_3$	1405,37	$4p\,{}^3P_1 - 6s\,{}^3S_1$	1547,12
$4p\,{}^3P_2 - 5d\,{}^3D_1$	1406,37	$4p\,{}^3P_1 - 4d\,{}^3D_2$	1580,04
$4p\,{}^3P_2 - 5d\,{}^3D_2$	1406,60	$4p\,{}^3P_0 - 4d\,{}^5D_1$	1643,39
$4p\,{}^3P_1 - 5s\,{}^3P_1$	1444,85	$4p\,{}^1D_2 - 4d\,{}^3D_3$	1793,29
$4p\,{}^3P_1 - 5d\,{}^3D_1$	1446,78	$4p\,{}^1D_2 - 4d\,{}^3D_2$	1795,28
$4p\,{}^3P_1 - 5d\,{}^3D_2$	1446,98	$4p\,{}^1D_2 - 4d\,{}^5D_2$	1858,84
$4p\,{}^3P_1 - 5s\,{}^3P_0$	1449,16	$4p\,{}^3P_1 - 5s\,{}^3S_1$	2039,851
$4p\,{}^3P_0 - 5s\,{}^3P_1$	1456,31	$4p\,{}^3P_0 - 5s\,{}^3S_1$	2062,788
$4p\,{}^3P_2 - 6s\,{}^3S_1$	1500,91	$4p\,{}^3P_2 - 5s\,{}^5S_2$	2074,793
$4p\,{}^3P_2 - 4d\,{}^3D_3$	1530,39	$4p\,{}^3P_1 - 5s\,{}^5S_2$	2164,160
$4p\,{}^3P_2 - 4d\,{}^3D_1$	1531,33	$4p\,{}^1D_2 - 5s\,{}^3S_1$	2413,517

Te I: $Z = 52$, $Z_v = 6$, $V_J = 8,96$. G.T.: (Pd) $5s^2\,5p^4$; ${}^3P_2$. $V_a = 5,48$

Term	Termwert	Term	Termwert	Term	Termwert
$5s^2\;5p^4\,{}^3P_2$	72667	$6p\,{}^5P_1$	18505	$8p\;{}^3P_2$	5366
$\quad{}^3P_0$	67960	$6d\,{}^5D_0^0$	7646	$8d\;{}^5D^0$	3522
$\quad{}^3P_1$	67916	$7s\,{}^3S_1^0$	11580	$9s\;{}^5S_2^0$	4303
$\quad{}^1D_2$	62108	$7p\,{}^5P_1$	9110	$10s\,{}^5S_2^0$	2997
$\quad{}^1S_0$	49468	$7d\,{}^5D^0$	5230	$11s\,{}^5S_2^0$	2209
$6s\quad{}^5S_2^0$	28414	$8s\,{}^5S_2^0$	6734	$11f\,{}^5F$	1370

Termwerte in Wellenzahlen $\tilde{\nu}$ [cm^{-1}], Wellenlängen in Å. $\lambda > 2000$ Å: λ_{Luft}. $\lambda < 2000$ Å: λ_{Vakuum}.

Übergang	λ	Übergang	λ
$6s\ (^4S)\quad {}^5S_2 - 6p\ (^4S)\ {}^5P_1$	10089,0	$5d\ (^4S)\quad {}^5D_1 - 8p\ (^4S)\ {}^3P_1$	8276,6
${}^5S_2 - {}^5P_2$	10049,3	$5s^2\ 5p^4\ {}^1S_0 - 5d\ (^4S)\ {}^3D_1$	3175,15
$6p\ (^4S)\quad {}^5P_1 - 6s\ (^2P)\ {}^3P_1$	9867,0	${}^1D_2 - 5d\ (^4S)\ {}^3D_1$	2265,52
$6s\ (^4S)\quad {}^5S_2 - 6p\ (^4S)\ {}^5P_3$	9721,2	$5s^2\ 5p^4\ {}^1D_2 - 5d\ (^4S)\ {}^5D_2$	2208,74
$5d\ (^4S)\quad {}^5D_2 - 8p\ (^4S)\ {}^3P_2$	8700,6	${}^3P_1 - 5d\ (^4S)\ {}^3D_1$	2002,0
$5d\ (^4S)\quad {}^5D_1 - 8p\ (^4S)\ {}^3P_0$	8291,1		

Cr I: $Z = 24$, $Z_v = 6$, $V_J = 6{,}74$. G.T.: (Ar) $3d^5\ 4s$; ${}^7S_3$. $V_a = 2{,}90$
Relative Termwerte; Deutung der Terme nicht ganz sicher

Term	Termwert	Term	Termwert
$3d^5\ (^6S)\ 4s\qquad {}^7S_3$	0	$3d^4\ 4s\ (^4D)\ 4p\quad {}^3D_1^0$	38597,1
${}^5S_2$	7593,1	$3d^5\ (^6S)\ 4d\qquad {}^7D_1$	42253,3
$3d^4\ 4s^2\qquad {}^5D_0$	7750,7	$3d^5\ (^6S)\ 6s\qquad {}^5S_2$	45967,7
$3d^5\ (^4G)\ 4s\qquad {}^5G_2$	20517,5	$3d^4\ 4s\ (^6D)\ 5s\quad {}^7D_1$	46448,6
$3d^5\ (^6S)\ 4p\qquad {}^7P_2^0$	23305,0	$3d^4\ 4s\ (^6D)\ 5s\quad {}^5D_2$	48558,5
$3d^5\ (^4D)\ 4s\qquad {}^5D_0$	24277,1	${}^5F_5^0$	54537,9
$3d^4\ 4s\ (^6D)\ 4p\ {}^7F_0^0$	24971,1	${}^3H_6^0$	63997,6
$3d^5\ (^6S)\ 5s\qquad {}^7S_3$	36895,8		

Mo I: $Z = 42$, $Z_v = 6$, $V_J = 7{,}06$. G.T.: (Kr) $4d^5\ 5s$; ${}^7S_3$
Etwa 650 eingeordnete Linien

Term	Termwert	Term	Termwert
$4d^5\ (^6S)\ 5s\ {}^7S_3$	59560,4	$4d^5\ (^6S)\ 5p\ {}^7P_2^0$	33946,1
${}^5S_2$	48792,2	$4d^5\ (^6S)\ 5p\ {}^5D_4^0$	24479,3
$4d^4\ 5s^2\qquad {}^5D_0$	48594,6	$4d^5\ (^6S)\ 6s\ {}^7S_3$	19885,0
$4d^5\ (^4G)\ 5s\ {}^5G_2$	42919,6	$4d^5\ (^6S)\ 5d\ {}^7D_1$	14624,7
$4d^5\ (^4G)\ 5s\ {}^5P_1$	41080,9	${}^5D_0$	13752,6

W I: $Z = 74$, $Z_v = 6$, $V_J = 7{,}94$. G.T.: (Xe) $5d^4\ 6s^2$; ${}^5D_0$
Etwa 2600 klassifizierte Linien zwischen 2000 und 10500 Å.

Term	Termwert	Term	Termwert
$5d^4\ 6s^2\ {}^5D_0$	0	$5d^4\ 6s\ (^6D)\ 7s\quad {}^7D_1$	43451,89
${}^5D_1$	1670,27	$5d^4\ 6s\ (^6D)\ 7s\quad {}^5D_4$	51123,08
$5d^5\ 6s\ {}^7S_3$	2951,27	$5d^4\ 6s\ (^6D)\ 6p\quad {}^7F_0^0$	19389,38
$5d^4\ 6s^2\ {}^5D_2$	3325,50	$5d^4\ 6s\ (^6D)\ 6p\quad {}^7F_6^0$	28599,81
$5d^5\ 6s\ {}^3D$	18082,84	${}^5F_5^0$	33370,06
$5d^4\ 6s^2\ {}^3G_5$	19826,02		

U I: $Z = 92$, $Z_v = 6$, $V_J \sim 4$. G.T.: (Rn) $6d^4\ 7s^2$?

Etwa 9000 Linien zwischen 2900 und 11000 Å sind Kombinationen von etwa 300 Termen.

Term	Termwert	Term	Termwert
$5f^3\ 6d\ 7s^2\ {}^5L_5^0$	0,00	$5f^3\ 6d^2\ (^6M_{13/2})\ 7s\quad M_8^0$	6249,04
${}^5K_5^0$	620,33	$\phantom{5f^3\ 6d^2\ (^6M_{13/2})\ }7s^2\ M_7^0$	8118,64
${}^5L_7^0$	3800,83		
${}^5K_6^0$	4275,75		

Termwerte in Wellenzahlen $\tilde{\nu}$ [cm^{-1}], Wellenlängen in Å. $\lambda > 2000$ Å: λ_{Luft}. $\lambda < 2000$ Å: λ_{Vakuum}.

F I: $Z = 9$, $Z_v = 7$, $V_J = 17{,}43$. G.T.: (He) $2s^2\,2p^5$; $^2P^0_{3/2}$. $V_a = 12{,}72$
Zuordnung nicht immer sicher

Term	Termwert	Term	Termwert
$2p$ $^2P^0_{1/2}$	140 149,5	$3d$	11 854,82
$^2P^0_{3/2}$	410 553,5		11 946,62
$2s\,2p^6$ $^2S_{1/2}$	$-28\,000$		12 029,41
$3s$ $^2P_{1/2}$	35 496,40		12 213,97
$3p$ $^2S^0_{1/2}$	22 147,41		12 332,34
$3p$ $^4P^0_{1/2}$	24 409,11		12 332,85
$3d$ $^4D_{1/2}$	12 367,70		12 412,23
		$3s$ $^2D_{3/2}$	16 626,94
		$5p$ $^2D^0_{3/2}$	1 853,35

Term	Termwert	Term	Termwert
$5s$ $^2P_{1/2}$	7329,40	$4d$ $^4F_{7/2}$	6629,67
$4d$ $^4D_{1/2}$	6939,40	$^4F_{9/2}$	6947,11
$4d$ $^4D_{5/2}$	6995,36		6461,47
$^4D_{7/2}$	7008,23		6467,97
$^4F_{3/2}$	6581,44	$4d$	6587,03
$^4F_{5/2}$	6620,94	$4f$	6881

Auswahl der stärksten Linien

Übergang	Wellenlänge	Übergang	Wellenlänge
$3s\,^2P_{1/2} - 3p\,^2D^0_{3/2}$	7800,22	$3s\,^2P_{1/2} - 3p\,^2P^0_{3/2}$	7202,37
$3s\,^2P_{3/2} - 3p\,^2D^0_{5/2}$	7754,70	$3s\,^2P_{1/2} - 3p\,^2P^0_{1/2}$	7127,88
$3s\,^2P_{3/2} - 3p\,^2D_{3/2}$	7607,17	$3s\,^2P_{3/2} - 3p\,^2P^0_{3/2}$	7037,45
$3s\,^4P_{1/2} - 3p\,^4P^0_{3/2}$	7573,41	$3s\,^4P_{1/2} - 3p\,^4D^0_{3/2}$	6909,82
$3s\,^4P_{3/2} - 3p\,^4P^0_{5/2}$	7552,24	$3s\,^4P_{3/2} - 3p\,^4D^0_{5/2}$	6902,46
$3s\,^4P_{3/2} - 3p\,^4P^0_{1/2}$	7425,64	$3s\,^4P_{5/2} - 3p\,^4D^0_{7/2}$	6856,02
$3s\,^4P_{5/2} - 3p\,^4P^0_{5/2}$	7398,68	$3s\,^4P_{1/2} - 3p\,^4S^0_{3/2}$	6413,66
$3s\,^4P_{5/2} - 3p\,^4P^0_{3/2}$	7331,95	$3s\,^4P_{3/2} - 3p\,^4S^0_{3/2}$	6348,50
$3s\,^2P_{3/2} - 3p\,^2S^0_{1/2}$	7311,02		

Cl I: $Z = 17$, $Z_v = 7$, $V_J = 12{,}90$. G.T.: (Ne) $3s^2\,3p^5$; $^2P^0_{3/2}$. $V_a = 8{,}94$

Term	Termwert	Term	Termwert
$3p$ $^2P^0_{3/2}$	104 991	$6s$ $^4P_{5/2}$	7 757,63
$^2P^0_{1/2}$	104 110	$5d$ $^4D_{7/2}$	5 794,98
$4s$ $^4P_{5/2}$	33 037	$5d$ $^4F_{3/2}$	5 045,58
$^4P_{3/2}$	32 506,80	$6d$ $^4D_{7/2}$	4 005,40
$^2P_{3/2}$	30 769,56	$4s$ $^2D_{5/2}$	20 875,32
$4p$ $^4P^0_{5/2}$	22 076,46	$4p$ $^2P^0_{3/2}$	10 681,33
$5p$ $^4P^0_{5/2}$	10 513,07	$^2D^0_{3/2}$	8 509,30
$4d$ $^4D_{7/2}$	9 294,51		

Termwerte in Wellenzahlen $\tilde{\nu}$ [cm^{-1}], Wellenlängen in Å. $\lambda > 2000$ Å: λ_{Luft}. $\lambda < 2000$ Å: λ_{Vakuum}.

Wichtige langwellige Linien

Übergang	λ	Übergang	λ
$4s\ {}^2P_{3/2} \quad -4p\ {}^4D^0_{5/2}$	10091,64	$4s\ {}^4P_{5/2} \quad - \quad {}^4D^0_{5/2}$	8212,00
$\quad {}^2P_{1/2} \quad - \quad {}^2D^0_{3/2}$	9875,95	$\quad {}^2D_{3/2} \quad -5p\ {}^2P_{3/2}({}^3P)$	8200,20
$\quad {}^2P_{3/2} \quad - \quad {}^4D^0_{3/2}$	9744,33	$\quad {}^2D_{5/2}({}^1D) - \quad {}^2P_{3/2}({}^3P)$	8199,02
$\quad {}^4P_{1/2} \quad - \quad {}^4P^0_{3/2}$	9702,35	$\quad {}^4P_{3/2} \quad -4p\ {}^4D^0_{1/2}$	8194,35
$\quad {}^2P_{3/2} \quad - \quad {}^2D^0_{5/2}$	9592,20	$\quad {}^2D_{5/2}({}^1D) - \quad {}^2D^0_{5/2}({}^1D)$	8086,67
$\quad {}^4P_{3/2} \quad - \quad {}^4P^0_{5/2}$	9584,77	$\quad {}^2D_{3/2}({}^1D) - \quad {}^2D^0_{3/2}({}^1D)$	8085,54
$\quad {}^2P_{1/2} \quad - \quad {}^2P^0_{3/2}$	9452,06	$\quad {}^2D_{5/2}({}^1D) -4p\ {}^2D^0_{3/2}({}^1D)$	8084,48
$\quad {}^4P_{3/2} \quad - \quad {}^4P^0_{3/2}$	9393,81	$\quad {}^2D_{3/2}({}^1D) -5p\ {}^2P^0_{1/2}({}^3P)$	8015,57
$\quad {}^2P_{3/2} \quad - \quad {}^2D^0_{3/2}$	9288,82	$4s\ {}^4P_{3/2} \quad -4p\ {}^2D^0_{3/2}$	7997,80
$\quad {}^4P_{3/2} \quad - \quad {}^4P^0_{1/2}$	9161,67	$4p\ {}^4D^0_{5/2} \quad -4d\ {}^4F_{7/2}$	7935,00
$\quad {}^4P_{3/2} \quad - \quad {}^4P^0_{5/2}$	9121,10	$\quad {}^4D^0_{7/2} \quad - \quad {}^4F_{9/2}$	7933,85
$\quad {}^2P_{3/2} \quad - \quad {}^2S^0_{1/2}$	9073,15	$4s\ {}^4P_{1/2} \quad -4p\ {}^2P^0_{3/2}$	7924,62
$\quad {}^2P_{1/2} \quad - \quad {}^2P^0_{1/2}$	9045,40	$4p\ {}^4P^0_{3/2} \quad -4d\ {}^4D_{5/2}$	7899,28
$\quad {}^2D_{5/2}({}^1D) - \quad {}^2F^0_{7/2}({}^1D)$	9038,96	$4s\ {}^4P^0_{5/2} \quad -4p\ {}^2D^0_{5/2}$	7878,22
$\quad {}^4P_{5/2} \quad - \quad {}^4P^0_{3/2}$	8948,01	$4p\ {}^4P^0_{3/2} \quad -4d\ {}^4D_{3/2}$	7830,76
$\quad {}^2P_{3/2} \quad - \quad {}^2P^0_{3/2}$	8912,88	$\quad {}^4P^0_{5/2} \quad - \quad {}^4D_{7/2}$	7821,35
$\quad {}^2P_{3/2} \quad -4p\ {}^4S^0_{3/2}$	8686,28	$\quad {}^4P^0_{5/2} \quad - \quad {}^2D_{5/2}$	7769,18
$\quad {}^4P_{3/2} \quad - \quad {}^4D^0_{5/2}$	8585,96	$4s\ {}^4P_{1/2} \quad -4p\ {}^4S^0_{3/2}$	7744,94
$\quad {}^4P_{1/2} \quad - \quad {}^4D^0_{3/2}$	8575,25	$\quad {}^4P_{3/2} \quad - \quad {}^2P^0_{3/2}$	7717,57
$\quad {}^4P_{1/2} \quad - \quad {}^4D^0_{1/2}$	8428,25	$\quad {}^4P_{3/2} \quad - \quad {}^4S^0_{3/2}$	7547,06
$\quad {}^4P_{5/2} \quad - \quad {}^4D^0_{7/2}$	8375,95	$\quad {}^4P_{5/2} \quad - \quad {}^2P^0_{3/2}$	7414,10
$\quad {}^4P_{3/2} \quad - \quad {}^4D^0_{3/2}$	8333,29	$\quad {}^4P_{5/2} \quad - \quad {}^4S^0_{3/2}$	7256,63
$\quad {}^4P_{3/2} \quad - \quad {}^2D^0_{5/2}$	8221,73	$4p\ {}^4P^0_{3/2} \quad -6s\ {}^4P^0_{5/2}$	7086,80
$\quad {}^4P_{1/2} \quad - \quad {}^2D^0_{3/2}$	8220,40		

Kurzwellige Linien

$${}^2P_{1/2} - {}^4P_{3/2}:\ 1396,5 \qquad {}^2P_{3/2} - {}^4P_{5/2}:\ 1389,9 \qquad {}^2P_{3/2} - {}^4P_{3/2}:\ 1379,6$$
$${}^2P_{1/2} - {}^2P_{3/2}:\ 1363,5$$

Br I: $Z = 35$, $Z_v = 7$, $V_J = 11{,}76$. G.T.: (Ar) $4s^2\ 4p^5$; ${}^2P^0_{3/2}$. $V_a = 7.86$

Term	Termwert	Term	Termwert
$4p\ {}^2P^0_{3/2}$	95550	$6p\ {}^4S^0_{3/2}$	6602,88
$\quad {}^2P^0_{1/2}$	91865	$7s\ {}^4P_{5/2}$	7421,67
$5s\ {}^4P_{5/2}$	32120,18	$7p\ {}^4P^0_{5/2}$	6008,04
$5s\ {}^2P_{3/2}$	28373,13	$5d\ {}^4D_{7/2}$	3801,16
$5p\ {}^4P^0_{5/2}$	20884,33	$5s\ {}^2D_{5/2}$	18225,89
$5p\ {}^4S^0_{3/2}$	16880,08	$2p\ {}^2P^0_{1/2}$	6997,08
$6p\ {}^4P^0_{5/2}$	10029,96	$\quad {}^2P^0_{1/2}$	5791,96
$6p\ {}^4D^0_{7/2}$	9793,78		

Termwerte in Wellenzahlen $\bar{\nu}$ [cm⁻¹], Wellenlängen in Å. $\lambda > 2000$ Å: λ_{Luft}. $\lambda < 2000$ Å: λ_{Vakuum}.

Übergang	Wellenlänge	Übergang	Wellenlänge
Resonanzlinien		$5s\,^4P_{3/2} - 5p\,^2D_{5/2}$	7348,56
$4p\,^2P_{1/2} - 5s\,^2P_{3/2}$	1575,0	$5s\,^4P_{3/2} - 5p\,^2D_{3/2}$	6760,11
$4p\,^2P_{1/2} - 5s\,^2P_{1/2}$	1531,9	$5s\,^4P_{5/2} - 5p\,^2D_{5/2}$	6631,74
$4p\,^2P_{3/2} - 5s\,^2P_{3/2}$	1488,6	$5s\,^4P_{5/2} - 5p\,^2D_{3/2}$	6148,62
$4p\,^2P_{3/2} - 5s\,^2P_{1/2}$	1449,9	$5s\,^4P_{1/2} - 5p\,^2P_{3/2}$	8131,51
$4p\,^2P_{1/2} - 5s\,^4P_{3/2}$	1633,6	$5s\,^4P_{1/2} - 5p\,^2P_{1/2}$	8343,70
$4p\,^2P_{1/2} - 5s\,^4P_{1/2}$	1582,4	$5s\,^4P_{3/2} - 5p\,^2P_{1/2}$	7162,14
$4p\,^2P_{3/2} - 5s\,^4P_{5/2}$	1576,5	$5s\,^4P_{3/2} - 5p\,^2P_{3/2}$	7005,21
$4p\,^2P_{3/2} - 5s\,^4P_{3/2}$	1540,8	$5s\,^4P_{5/2} - 5p\,^2P_{3/2}$	6350,74
$4p\,^2P_{3/2} - 5s\,^4P_{1/2}$	1495,3	$5s\,^4P_{1/2} - 5p\,^2S_{1/2}$	7699,6
$4p\,^2P_{1/2} - 5s\,^2S_{1/2}$	1384,6	$5s\,^4P_{3/2} - 5p\,^2S_{1/2}$	6682,29
$4p\,^2P_{3/2} - 5s\,^2S_{1/2}$	1317,4 ?	$5s\,^4P_{1/2} - 5p\,^4D_{3/2}$	10140,0
		$5s\,^4P_{3/2} - 5p\,^4D_{5/2}$	9265,39
Serienlinien (Auswahl)		$5s\,^4P_{1/2} - 5p\,^4D_{1/2}$	8932,39
		$5s\,^4P_{3/2} - 5p\,^4D_{3/2}$	8446,55
$5s\,^2P_{1/2} - 5p\,^2D_{3/2}$	9320,83	$5s\,^4P_{5/2} - 5p\,^4D_{7/2}$	8272,46
$5s\,^2P_{3/2} - 5p\,^2D_{5/2}$	8825,26	$5s\,^4P_{5/2} - 5p\,^4D_{5/2}$	8153,94
$5s\,^2P_{3/2} - 5p\,^2D_{3/2}$	7989,94	$5s\,^4P_{3/2} - 5p\,^4D_{1/2}$	7591,59
$5s\,^4P_{1/2} - 5p\,^2D_{3/2}$	7803,03	$5s\,^4P_{5/2} - 5p\,^4D_{3/2}$	7513,01

J I: $Z = 53$, $Z_v = 7$, $V_J = 10{,}44$. G.T.: (Pd) $5s^2\,5p^5;\ ^2P^0_{3/2}$

Term	Termwert	Term	Termwert
$5p\,^2P^0_{3/2}$	84230,8	$6p\,^4D^0_{1/2}$	12051,02
$^2P^0_{1/2}$	76628,1	$6p\,^2D^0_{5/2}$	11705,14
$6s\,^4P_{5/2}$	29600,80	$7p\,^4D^0_{7/2}$	9040,3
$^2P_{3/2}$	22414,63	$^4S^0_{13/2}$	8613,11
$7s\,^4P_{5/2}$	12329,2	$6s\,^2D_{5/2}$	15426,0
$5d\,^4P_{5/2}$	18203,8	$6p\,^2D^0_{3/2}$	7564,5
		$^2P^0_{1/2}$	6641,2

Auswahl der stärksten Linien

Übergang	λ	Übergang	λ
$6s\,^2P_{3/2} - 6p\,^2D_{5/2}$	9335,7	$6s\,^2P_{3/2} - (^1D)\,6p\,^2P_{3/2}$	6024,26
$(^1D)\,6s\,^2D_{5/2} - 7p\,^4D_{3/2}$	9058,3	$6s\,^4P_{3/2} - 6p\,^2P_{3/2}$	5894,05
$6s\,^4P_{1/2} - 6p\,^4D_{3/2}$	9022,3	$^4P_{5/2} - ^4D_{3/2}$	5764,33
$^2P_{3/2} - ^2P_{3/2}$	8898,40	$^4P_{5/2} - ^2D_{5/2}$	5586,41
$^4P_{1/2} - ^4D_{1/2}$	8857,45	$6s\,^4P_{5/2} - 6p\,^2P_{3/2}$	5427,10
$(^1D)\,6s\,^2D_{3/2} - 7p\,^4D_{3/2}$	8853,36	$^4P_{1/2} - 7p\,^4D_{1/2}$	5234,60
$5d\,^4P_{1/2} - 7p\,^4D_{3/2}$	7969,53	$^4P_{3/2} - ^4P_{1/2}$	5204,18
$6s\,^2P_{3/2} - 7p\,^4P_{3/2}$	7556,65	$^4P_{3/2} - ^4S_{3/2}$	5119,34
$5d\,^4P_{3/2} - 7p\,^4D_{3/2}$	7413,68	$^4P_{5/2} - ^4P^0_{5/2}$	4917,03
$5d\,^4P_{5/2} - 7p\,^4D_{3/2}$	7236,83	$^4P_{5/2} - ^4P^0_{3/2}$	4896,78
$6s\,^2P_{3/2} - (^1D)\,6p\,^2D_{3/2}$	6732,08	$^4P_{5/2} - ^4D_{7/2}$	4862,33
$^2P_{1/2} - ^2P_{3/2}$	6566,48	$^4P_{5/2} - ^4S_{3/2}$	4763,37
$^2P_{3/2} - ^2P_{1/2}$	6338,03	$^4P_{3/2} - (^1D)\,6p\,^2P_{3/2}$	4478,64
$6s\,^4P_{3/2} - 6p\,^4D_{3/2}$	6293,95	$6s\,^4P_{3/2} - 7p\,^4D_{3/2}$	4208,98
$^4P_{3/2} - ^4D_{1/2}$	6213,15	$^4P_{5/2} - ^4D_{3/2}$	3965,34
$^4P_{3/2} - ^2D_{5/2}$	6082,40		

Termwerte in Wellenzahlen ϑ [cm^{-1}], Wellenlängen in Å. $\lambda > 2000$ Å: λ_{Luft}. $\lambda < 2000$ Å: λ_{Vakuum}.

Mn I: $Z = 25$, $Z_v = 7$, $V_J = 7{,}43$. G.T.: (Ar) $3d^5\,4s^2$; $^6S_{5/2}$. $V_a = 2{,}30$

Term	Termwert	Term	Termwert
$3d^5\,4s^2$ $^6S_{5/2}$	59937,47	$3d^6\,(^5D)\,4p$ $^6F^0_{1/2}$	16264,47
$3d^6\,(^5D)\,4s$ $^6D_{9/2}$	42885,17	$3d^6\,(^5D)\,4p$ $^4D^0_{1/2}$	13767,56
$3d^5\,4s\,(^7S)\,4p$ $^8P^0_{5/2}$	41534,98	$3d^5\,4s\,(^7S)\,4d$ $^8D_{3/2}$	13231,30
$3d^6\,(^5D)\,4s$ $^4D_{7/2}$	36640,81	$3d^6\,(^5D)\,4p$ $^4P^0_{5/2}$	13036,36
$3d^5\,4s\,(^7S)\,4p$ $^6P^0_{3/2}$	35158,16	$3d^5\,4s\,(^7S)\,6s$ $^8S_{7/2}$	9779,89
$3d^5\,4s\,(^5S)\,4p$ $^4P^0_{5/2}$	28936,41	$3d^5\,4s\,(^7S)\,7s$ $^8S_{7/2}$	5757,40
$3d^5\,4s\,(^7S)\,5s$ $^8S_{7/2}$	20506,13	$3d^5\,4s\,(^7S)8s$ $^8S_{7/2}$	3793,1
$3d^6\,(^5D)\,4p$ $^6D^0_{9/2}$	18148,04	$3d^5\,4p^2$ $^4D_{1/2}$	2231,68

Fe II: $Z = 26$, $Z_v = 7$, $V_J = 16{,}5$. G.T.: (Ar) $3d^6\,4s$; $^6D_{9/2}$

Spektrallinien

Alle λ als λ_{vac} angegeben.

Übergang	λ	Übergang	λ
$^6D_{9/2} - {}^6P^0_{7/2}$	1096,886	$^4P_{3/2} - {}^4D^0_{3/2}$	2008,364
$^6D_{7/2} - {}^6F^0_{9/2}$	1148,295	$^4P_{3/2} - {}^4D^0_{5/2}$	2016,154
$^4F_{9/2} - {}^4F^0_{9/2}$	1559,106	$^4P_{5/2} - {}^4D^0_{7/2}$	2021,394
$^4F_{7/2} - {}^4F^0_{7/2}$	1563,790	$^2D_{5/2} - {}^2F^0_{7/2}$	2037,093
$^4F_{9/2} - {}^4G^0_{9/2}$	1566,825	$^2P_{3/2} - {}^2D^0_{5/2}$	2055,931
$^4F_{5/2} - {}^4F^0_{5/2}$	1570,248	$^4P_{5/2} - {}^4F^0_{7/2}$	2057,993
$^4F_{3/2} - {}^4F^0_{3/2}$	1574,931	$^2P_{3/2} - {}^2P^0_{3/2}$	2151,774
$^6D_{9/2} - {}^6P^0_{7/2}$	1608,446	$^4H_{11/2} - {}^4H^0_{11/2}$	2220,582*
$^4F_{9/2} - {}^4D^0_{7/2}$	1637,400	$^2H_{11/2} - {}^2H^0_{11/2}$	2221,081*
$^4D_{5/2} - {}^4P^0_{3/2}$	1641,761	$^6D^0_{9/2} - {}^6F_{9/2}$	2246,171
$^4F^0_{7/2} - {}^4D^0_{5/2}$	1659,487	$^6D^0_{7/2} - {}^6F_{7/2}$	2248,388
$^4F_{5/2} - {}^4G_{7/2}$	1720,621	$^6D^0_{5/2} - {}^6F_{5/2}$	2249,754
$^6S_{5/2} - {}^6P^0_{5/2}$	1786,738	$^6D^0_{9/2} - {}^6F_{11/2}$	2252,531
$^2D_{5/2} - {}^2F^0_{7/2}$	1904,784	$^6D^0_{7/2} - {}^6F_{9/2}$	2256,369
$^2H_{11/2} - {}^2G^0_{9/2}$	2001,019		

* Übergang zwischen ungeradem und geradem Term $H_{11/2}$

Re I: $Z = 75$, $Z_v = 7$. $V_J \sim 8$. G.T.: (Xe) $4f^{14}\,5d^5\,6s^2$; $^6S_{5/2}$. $V_a = 3{,}36$

Relative Termwerte

Term	Termwert	Term	Termwert
Gerade Terme		$5d^5\,6s\,7s$ $^8S_{7/2}$	42598,22
$5d^5\,6s^2$ $^6S_{5/2}$	0,00	$5d^5\,6s\,8s$ $^8S_{7/2}$	53392,13
$^4P_{5/2}$	11583,88	$5d^6\,7s$ $^6D_{3/2}$	57665,40
$5d^6\,6s$ $^6D_{9/2}$	11754,43		
$5d^5\,6s^2$ $^4P_{3/2}$	13826,05	Ungerade Terme	
$5d^7$ $^4F_{9/2}$	22159,94	$5d^5\,6s\,6p$ $^6P^0_{5/2}$	28854,10
$5d^7$ $^4F_{7/2}$	24724,11	$^6P^0_{7/2}$	28889,61
$5d^7$ $^4D_{1/2}$	30131,50	$^6P^0_{3/2}$	28961,48

Termwerte in Wellenzahlen $\tilde{\nu}$ [cm^{-1}], Wellenlängen in Å. $\lambda > 2000$ Å: λ_{Luft}. $\lambda < 2000$ Å: $\lambda_{\mathrm{Vakuum}}$.

Auswahl der stärksten Linien

Übergang	Wellenlänge
$43814{,}9 \ (\approx 43811^0_{7/2}) - 5d^6 \ 6s \quad {}^6D_{9/2}$	3118,193
$43407{,}8 \ (\approx {}^8S^0_{7/2}) \ - \quad\quad\quad\quad\quad {}^6D_{9/2}$	3158,315
$5d^5 \ 6s \ 6d \ {}^8D_{1/2} - 5d^5 \ 6s \ 6p \ {}^8P^0_{5/2}$	3185,563
$ {}^8D_{7/2} - {}^8P^0_{7/2}$	3342,263
$41163{,}8 \ (\approx 4116^0_{7/2}) - 5d^6 \ 6s \quad {}^6D_{9/2}$	3399,299
$40946{,}47 \ (\approx 4094^0_{7/2}) - \quad\quad\quad\quad {}^6D_{9/2}$	3424,604
$5d^5 \ 6s \ 6p \ {}^6P^0_{7/2} - 5d^5 \ 6s^2 \quad {}^6S_{5/2}$	3460,74
$5d^5 \ 6s \ 7s \ {}^8S_{7/2} - 5d^5 \ 6s \ 6p \ {}^8P^0_{5/2}$	4227,46
$35923{,}0 \ (\approx 3592^0_{9/2}) - 5d^5 \ 6s^2 \quad {}^4G_{7/2}$	4791,419
$5d^5 \ 6s \ 6p \ {}^8P^0_{7/2} - 5d^5 \ 6s^2 \quad {}^6S_{5,2}$	4889,17
$5d^5 \ 6s \ 7s \ {}^8S_{7/2} - 5d^5 \ 6s \ 6p \ {}^8P^0_{9/2}$	5270,984
$5d^5 \ 6s \ 6p \ {}^8P^0_{5/2} - 5d^5 \ 6s^2 \quad {}^6S_{5/2}$	5275,53
$35923{,}0 \ (\approx 3592^0_{9/2}) - 5d^6 \ 6s \quad {}^4D_{7/2}$	5377,045
$5d^5 \ 6s \ 6p \ {}^6P^0_{3/2} - 5d^5 \ 6s^2 \quad {}^4P_{5/2}$	5752,951
$ {}^6P^0_{7/2} - \quad\quad\quad\quad\quad {}^4P_{5/2}$	5776,84
$ {}^6P^0_{7/2} - 5d^6 \ 6s \quad {}^6D_{9/2}$	5834,33
$ {}^6P^0_{7/2} - 5d^5 \ 6s^2 \quad {}^4G_{5/2}$	6813,42
$ {}^6P^0_{5/2} - \quad\quad\quad\quad\quad {}^4G_{5/2}$	6829,96
$5d^5 \ 6s \ 6p \ {}^6P^0_{3/2} - 5d^5 \ 6s^2 \quad {}^4P_{1/2}$	7246,67
$5d^5 \ 6s \ 7s \ {}^8S_{7/2} - 5d^5 \ 6s \ 6p \ {}^6P^0_{7/2}$	7292,67
$5d^5 \ 6s \ 6p \ {}^6P^0_{3/2} - 5d^6 \ 6s \quad {}^6D_{5/2}$	7578,72
$ {}^6P^0_{7/2} - \quad\quad\quad\quad\quad {}^6D_{5/2}$	7620,25
$ {}^6P^0_{5/2} - \quad\quad\quad\quad\quad {}^6D_{5/2}$	7640,93
$ {}^8P^0_{9/2} - \quad\quad\quad\quad\quad {}^6D_{9/2}$	8417,14
$ {}^6P^0_{3/2} - \quad\quad\quad\quad\quad {}^6D_{1/2}$	8527,73
$5d^5 \ 6s \ 6d \ {}^6D_{9/2} - \quad\quad 40946{,}47 \ (\approx 4094^0_{7/2})$	9949,90

Ne I: $Z = 10$, $Z_v = 8$, $V_J = 21{,}56$. G.T.: $1s^2 \ 2s^2 \ 2p^6$; ${}^1S_0$. $V_a = 16{,}63$

$$1s^2 \ 2s^2 \ 2p^6 \ {}^1S_0: \ 173\,930$$

Term*	Termwert für $n =$		Term*	Termwert für $n =$	
	3	4		3	4
s_5	39\,887,61	15\,328,31	p_1	20\,958,72	9643,51
s_4	39\,470,16	15\,133,47	d_3	12\,419,87	6961,80
s_3	39\,110,81	14\,549,47	d_5	12\,405,23	6954,13
s_2	38\,040,73	13\,395,73	d'_4	12\,339,15	6929,46
p_{10}	25\,671,65	11\,411,49	d_4	12\,337,32	6928,37
p_9	24\,272,41	11\,098,72	d_3	12\,322,26	6917,92
p_8	24\,105,23	11\,030,29	d_2	12\,292,85	6902,49
p_7	23\,807,85	10\,916,78	d''_1	12\,229,82	6881,85
p_6	23\,613,59	10\,891,04	d'_1	12\,228,05	6880,79
p_3	23\,012,02	10\,528,09	s''''_1	11\,520,82	6134,47
p_5	23\,157,34	10\,272,13	s'''_1	11\,519,26	6133,56
p_4	23\,070,94	10\,220,82	s''_1	11\,509,50	6132,51
p_2	22\,891,00	10\,221,69	s'_1	11\,493,78	6121,64

* Bezeichnung nach PASCHEN für die angegebenen Übergänge

Termwerte in Wellenzahlen $\tilde{\nu}$ [cm⁻¹], Wellenlängen in Å, $\lambda > 2000$ Å: λ_Luft. $\lambda < 2000$ Å: λ_Vakuum.

Resonanzlinien: $735{,}89$ Å $(^1S_0 - 3s_4)$; $743{,}70$ Å $(^1S_0 - 3s_2)$

Übergang	λ	Übergang	λ
$3s_2 - 3p_1$	5852,4875	$3s_5 - 3p_5$	5975,534
$3s_4 - 3p_1$	5400,556	$3s_2 - 3p_6$	6929,465
$3s_2 - 3p_2$	6598,953	$3s_5 - 3p_6$	6143,061
$3s_3 - 3p_2$	6163,594	$3s_4 - 3p_7$	6382,991
$3s_4 - 3p_2$	6029,999	$3s_5 - 3p_7$	6217,279
$3s_5 - 3p_2$	5881,896	$3s_2 - 3p_8$	7173,938
$3s_2 - 3p_3$	6652,093	$3s_4 - 3p_8$	6506,527
$3s_4 - 3p_3$	6074,337	$3s_5 - 3p_8$	6334,428
$3s_2 - 3p_4$	6678,275	$3s_5 - 3p_9$	6402,246
$3s_4 - 3p_4$	6096,162	$3s_4 - 3p_{10}$	7245,165
$3s_5 - 3p_4$	5944,834	$3s_5 - 3p_{10}$	7032,410
$3s_3 - 3p_5$	6266,495		

Oszillatorenstärke f

Übergang	τ (sec)	f
$3s_2 - 3p_1$	$3{,}9 \cdot 10^{-8}$	—
$3s_4 - 3p_1$	$3{,}9 \cdot 10^{-8}$	—
$3s_5 - 3p_4$	$8{,}0 \cdot 10^{-8}$	0,144
$3s_5 - 3p_6$	$9{,}0 \cdot 10^{-8}$	0,296
$3s_5 - 3p_8$	$11{,}5 \cdot 10^{-8}$	0,20
$3s_5 - 3p_9$	$20{,}0 \cdot 10^{-8}$	0,8
$3s_5 - 3p_{10}$	—	0,232

Na II: $Z = 11$, $Z_v = 8$, $V_J = 47{,}31$. G.T.: (Ne); $^1S_0$

Term		Termwert	Term		Termwert
$2p$	$^1S_0$	381 528	$3d$	$^3P_0^0$	50 974,82
$3s$	$^3P_2^0$	116 600,0	$4s$	$^3P_2^0$	50 027,71
	$^3P_1^0$	115 834,71	$3d$	$^3F_2^0$	49 858,60
	$^3P_0^0$	115 242,64	$4s$	$^3P_1^0$	49 650,33
	$^1P_1^0$	112 761,33	$3d$	$^1D_2^0$	48 721,94
$3p_{10}$	$^3S_1$	88 303,88	$4s$	$^1P_1^0$	48 416,40
$3p_2$	$^3P_1$	81 017,08	$4d$	$^1P_1^0$	27 955
$3p_1$	$^1S_0$	72 663,46			

Auswahl der stärksten Linien

Übergang	Wellenlänge	Übergang	Wellenlänge
$3s\ ^3P_1 - 3p\ ^3S_1$	3631,266	$3s\ ^3P_1 - 3p\ ^3P_1$	2871,270
$3s\ ^3P_2 - 3p\ ^3S_1$	3533,043	$3s\ ^3P_2 - 3p\ ^3D_2$	2841,721
$3s\ ^1P_1 - 3p\ ^3P_2$	3285,603	$3s\ ^1P_1 - 3p\ ^3P_0$	2493,152
$3s\ ^3P_2 - 3p\ ^3D_3$	3092,729	$2p\ ^1S_0 - 3s\ ^3P_1$	376,375
$3s\ ^3P_1 - 3p\ ^3P_2$	2984,183	$2p\ ^1S_0 - 3s\ ^1P_1$	372,069
$3s\ ^3P_1 - 3p\ ^3P_2$	2904,914		

Termwerte in Wellenzahlen $\bar{\nu}$ [cm^{-1}], Wellenlängen in Å. $\lambda > 2000$ Å: λ_{Luft}. $\lambda < 2000$ Å: λ_{Vakuum}.

Ar I: $Z = 18$, $Z_v = 8$, $V_J = 15,76$. G.T.: $1s^2\,2s^2\,2p^6\,3s^2\,3p^6$; $^1S_0$. $V_a = 11,55$

$$3s^2\,3p^6\,{}^1S_0: 127\,111$$

Valenz-elektron	j	*	Termwert für $n =$			
			3	4	5	6
s	2	s_5	—	33 967,70	13 643,05	7428,30
	1	s_4	—	33 360,86	13 468,31	7351,29
	0	s_3	—	32 557,78	12 249,90	6014,82
	1	s_2	—	31 711,62	12 136,41	5950,13
p	1	p_{10}	—	23 009,42	10 451,43	6042,50
	3	p_9	—	24 648,70	10 168,70	5944,94
	2	p_8	—	21 494,13	10 112,12	5919,48
	1	p_7	—	21 024,20	9960,10	5854,19
	2	p_6	—	20 873,91	9927,84	5840,46
	0	p_5	—	20 057,17	9548,47	5641,13
	1	p_4	—	19 979,75	8703,94	4510,00
	2	p_3	—	19 821,76	8642,38	4476,24
	1	p_2	—	19 615,04	8651,83	4501,81
	0	p_1	—	18 388,83	8240,51	4320,86
d	3	d_1'	13 394,64	7545,4	4781,81	3279,03
	2	d_1''	13 685,42	7666,55	4829,28	3284,65
	1	d_2	12 963,84	7263,70	4597,22	3175,53
	2	d_3	14 972,42	8204,85	5024,56	—
	4	d_4'	14 361,10	8087,81	5075,38	3458,28
	3	d_4	14 091,01	7898,59	4951,29	3339,54
	1	d_5	15 293,40	8460,07	5178,63	3643,51
	0	d_6	15 443,50	8599,40	5317,39	3602,55
	1	s_1'	11 744,60	6099,53	3302,90	1828,46
	2	s_1''	12 306,35	6492,46	3738,54	2045,03
	3	s_1'''	12 289,44	6357,99	3554,04	1961,50
	2	s_1''''	12 470,46	6510,60	3605,97	1998,09

* Bezeichnung nach PASCHEN für die angegebenen Übergänge.

Auswahl der stärksten Linien

Übergang	Wellenlänge	Übergang	Wellenlänge
$4p_{10} - 5s_2$	10 673,61	$4s_3 - 4p_7$	8667,94
$4p_{10} - 5s_4$	10 478,09	$4p_3 - 4d_3$	8605,78
$4s_3 - 5p_{10}$	10 470,09	$4s_2 - 4p_4$	8521,442
$4s_2 - 4p_8$	9784,49	$4s_4 - 4p_8$	8424,648
$4s_4 - 4p_{10}$	9657,76	$4s_2 - 4p_3$	8408,213
$4s_2 - 4p_7$	9354,22	$4s_2 - 4p_2$	8264,524
$4s_2 - 4p_6$	9224,49	$4s_5 - 4p_9$	8115,309
$4p_{10} - 5s_2$	9194,68	$4s_4 - 4p_7$	8103,692
$4s_5 - 4p_{10}$	9122,95	$4p_6 - 4d_5$	8053,32
$4p_2 - 4d_3$	8761,72		

Termwert in Wellenzahlen $\tilde{\nu}$ [cm^{-1}], Wellenlängen in Å. $\lambda > 2000$ Å: λ_{Luft}. $\lambda < 2000$ Å: λ_{Vakuum}.

Übergang	Wellenlänge	Übergang	Wellenlänge
$4s_5 - 4p_8$	8014,785	Resonanzlinien	
$4s_4 - 4p_6$	8006,157	$^1S_0 - 4s_4$	1066,660
$4s_3 - 4p_4$	7948,176	$^1S_0 - 4s_2$	1048,218
$4p_6 - 4d_3$	7891,10	Weitere Linien im UV	
$4s_3 - 4p_2$	7724,21	$^1S_0 - 3d\ 2^0_1$	894,30
$4s_5 - 4p_7$	7723,759	$^1S_0 - 3d\ 8^0_1$	876,06
$4p_8 - 4d_5$	7670,04	$^1S_0 - 5s\ 4^0_1$	869,75
$4s_5 - 4p_6$	7635,107	$^1S_0 - 3d\ 12^0_1$	866,80

K II: $Z = 19$, $Z_v = 8$, $V_J = 31{,}7$. G.T.: (Ar); $^1S_0$

Auswahl der stärksten Linien

Übergang	Wellenlänge	Übergang	Wellenlänge
$4p_{10} - 4s_5$	4829,23	$4p_4 - 4s_5$	4186,24
$4p_6 - 4s_2$	4608,45	$4p_4 - 4s_3$	4149,19
$4p_8 - 3d_3$	4505,33	$4p_8 - 4s_5$	4134,72
$4p_4 - 4s_2$	4388,16	$4p_7 - 4s_4$	4114,99
$4p_7 - 3d_5$	4340,03		
$4p_3 - 4s_2$	4309,10	Resonanzlinien	
$4p_6 - 4d_3$	4305,00	$^1S_0 - 4s_2$	600,75
$4p_8 - 4s_4$	4263,40	$^1S_0 - 3d_5$	607,90
$4p_6 - 3d_5$	4225,67	$^1S_0 - 4s_4$	612,61
$4p_2 - 4s_2$	4222,97	$^1S_0 - 4s_5$	615,40

Kr I: $Z = 36$, $Z_v = 8$, $V_J = 14{,}0$. G.T.: $1s^2\ 2s^2\ 2p^6\ 3s^2\ 3p^6\ 3d^{10}\ 4s^2\ 4p^6$;

$^1S_0$; $V_a = 9{,}91$

$4s\ 4p^6\ ^1S_0$: 112915,7

Valenzelektron	j	Bezeichnung nach Paschen	Termwert für $n =$		
			4	5	6
s	2	s_5	—	32943,165	13287,96 ?
	1	s_4	—	31998,139	13020,79
	0	s_3	—	27723,281	—
	1	s_2	—	27068,192	8027,588
p	1	p_{10}	—	**21746,389**	10027,695
	3	p_9	—	20620,503	9799,251
	2	p_8	—	20607,524	9793,745
	1	p_7	—	19950,507	9601,415
	2	p_6	—	19791,563	9552,277
	0	p_5	—	18822,039	9153,252
	1	p_4	—	15318,979	4476,620
	1	p_3	—	14995,746	4400,695
	2	p_2	—	14969,727	4347,112
	0	p_1	—	14059,824	4093,310

Termwerte in Wellenzahlen $\tilde{\nu}$ [cm^{-1}], Wellenlängen in Å. $\lambda > 2000$ Å: λ_{luft}. $\lambda < 2000$ Å: λ_{Vakuum}.

Valenz-elektron	j	Bezeichnung nach PASCHEN	Termwert für $n=$		
			4	5	6
d	3	d_1'	13835,55	7706,40	4868,55
	2	d_1''	14047,38	7751,41	4922,09
	1	d_2	13269,22	7266,47	4656,11
	2	d_3	15227,20	7907,660	5117,98
	4	d_4'	15117,47	8284,33	5136,010
	3	d_4	14688,55	7998,424	5037,988
	1	d_5	15829,86	9113,135	**5238,73**
	0	d_6	16143,40	8841,431	5311,28

Auswahl der stärksten Linien

Übergang	Wellenlänge	Übergang	Wellenlänge
$5p_6 - 4s_1''''$	9856,24	$5s_2 - 5p_1$	7685,2472
$5s_4 - 5p_{10}$	9751,74	$5s_5 - 5p_6$	7601,5465
$5s_5 - 5p_{10}$	8928,6934	$5s_4 - 5p_3$	5879,903
$5s_4 - 5p_8$	8776,7498	$5s_4 - 5p_2$	5870,914
$5s_2 - 5p_4$	8508,8736	$5s_2 - 6p_{10}$	5866,76
$5s_4 - 6p_7$	8298,1091	$5s_5 - 5p_3$	5570,285
$5s_2 - 5p_3$	8281,05	$5s_5 - 5p_2$	5562,223
$5s_2 - 5p_2$	8263,2412	$5s_4 - 6p_8$	4502,354
$5s_4 - 5p_6$	8190,0570	$5s_4 - 6p_7$	4463,694
$5s_5 - 5p_9$	8112,9023	$5s_5 - 6p_6$	4273,969
$5s_5 - 5p_8$	8104,3660		
$5p_9 - 4d_4'$	8104,02		
$5s_3 - 5p_4$	8059,5053	Resonanzlinien	
$5s_3 - 5p_3$	7854,823	$^1S_0 - 5s_4$	1235,819 Å
$5s_5 - 5p_7$	7694,5401	$^1S_0 - 5s_2$	1164,868 Å

Der Übergang zwischen den hervorgehobenen Termwerten $6d_5$ und $5p_{10}$ beim Isotop ^{86}Kr wird zur Festlegung des Meters benutzt. Das 1650763,73fache der dabei im Vakuum ausgestrahlten Wellenlänge ($\lambda_{vak} = 6057,8021$ Å) ist definitionsgemäß 1 m.

Rb II: $Z = 37$, $Z_v = 8$, $V_J = 27,3$. G.T.: (Kr); $^1S_0$

Übergang	Wellenlänge	Übergang	Wellenlänge
$4p^6\,{}^1S_0 - 5s\ {}^3P_1^0$	741,43	$4d\ 5_1^0 - 5p\ 6_0$	4855,361
$5s\ {}^3P_1^0 - 5p\ 6_0$	3796,823	$5s\ {}^3P_1^0 - 5p\ 1_1$	5152,094
${}^3P_2^0 - 5_2$	3940,568	$4d\ 5_1^0 - 5p\ 5_2$	5522,789
${}^3P_1^0 - 5_2$	4193,097	$5s\ {}^1P_1^0 - 5p\ 6_6$	5635,994
${}^3P_2^0 - 3_3$	4244,436	$4d\ 7_2^0 - 5p\ 5_2$	6775,062
${}^3P_2^0 - 2_2$	4273,176	$5_1^0 - 1_1$	7316,505
$5s\ {}^3P_1^0 - 5p\ 4_1$	4293,994	$8_{1,2}^0 - 5_2$	7664,43
${}^3P_1^0 - 2_2$	4571,790	$8_{1,2}^0 - 4_1$	7698,57
${}^3P_2 - 1_1$	4775,998		

Termwerte in Wellenzahlen $\bar{\nu}$ [cm^{-1}], Wellenlängen in Å. $\lambda > 2000$ Å: λ_{Luft}. $\lambda < 2000$ Å: λ_{Vakuum}.

Xe I: $Z = 54$, $Z_v = 8$, $V_J = 12{,}127$. G.T.: $1s^2\ 2s^2\ 2p^6\ 3s^2\ 3p^6\ 3d^{10}\ 4s^2\ 4p^6$ $4d^{10}\ 5s^2\ 5p^6$; $^1S_0$. $V_a = 8{,}31$

$5s^2\ 5p^6\ {}^1S_0$: $97\,834{,}8$ (Lage des Grundterms in cm^{-1} verglichen mit Xe$^+$)

Valenz-elektron	j	Bezeichnung nach PASCHEN	Termwert für $n =$	
			5	6
s	2	s_5	—	$30\,766{,}353$
	1	s_4	—	$29\,788{,}737$
	0	s_3	—	$21\,637{,}108$
	1	s_2	—	$20\,648{,}840$
p	1	p_{10}	—	$20\,564{,}751$
	2	p_9	—	$19\,714{,}097$
	3	p_8	—	$19\,430{,}838$
	1	p_7	—	$18\,877{,}862$
	2	p_6	—	$18\,621{,}430$
	0	p_5	—	$17\,714{,}926$
	1	p_4	—	$9\,454{,}753$
	2	p_3	—	$8\,671{,}520$
	1	p_2	—	$8\,555{,}167$
	0	p_1	—	$7\,973{,}862$
d	0	d_6	$18\,062{,}602$	$9\,342{,}88$
	4	d_4'	$17\,637{,}24$	$8\,922{,}205$
	3	d_4	$16\,863{,}42$	$8\,809{,}01$
	2	d_3	$17\,511{,}12$	$9\,125{,}44$
	1	d_5	$17\,847{,}24$	$9\,284{,}12$
	1	d_2	$13\,943{,}93$	$7\,801{,}75$

Auswahl der stärksten Linien

Resonanzlinien: $^1S_0 - 6s_4$: $1469{,}621$ Å; $^1S_0 - 6s_2$: $1295{,}560$ Å

Übergang	Wellenlänge	Übergang	Wellenlänge
$6s_5 - 8p_8$	$3967{,}541$	$6p_{10} - 7d_3$	$6469{,}705$
$6s_5 - 6p_2$	$4500{,}9772$	$6p_9 - 7d_4$	$6882{,}155$
$6s_5 - 6p_3$	$4524{,}6805$	$6p_8 - 7d_4'$	$7119{,}598$
$6s_4 - 6p_1$	$4582{,}7474$	$6s_3 - 6p_2$	$7642{,}025$
$6s_5 - 7p_6$	$4624{,}2757$	$6s_2 - 6p_1$	$7887{,}395$
$6s_5 - 7p_8$	$4671{,}226$	$6s_3 - 7p_7$	$7967{,}341$
$6s_5 - 7p_9$	$4697{,}020$	$6s_3 - 6p_4$	$8206{,}341$
$6s_4 - 6p_3$	$4734{,}1524$	$6s_5 - 6p_6$	$8231{,}6348$
$6s_4 - 7p_5$	$4807{,}019$	$6s_2 - 6p_2$	$8266{,}519$
$6s_4 - 7p_7$	$4829{,}709$	$6s_4 - 6p_5$	$8280{,}1163$
$6s_4 - 7p_3$	$4843{,}294$	$6s_2 - 6p_3$	$8346{,}823$
$6s_4 - 6p_4$	$4916{,}508$	$6s_5 - 6p_7$	$8409{,}190$
$6s_4 - 7p_9$	$4923{,}1522$	$6s_2 - 7p_5$	$8576{,}01$
$6s_4 - 7p_{10}$	$5028{,}2796$	$6s_2 - 7p_7$	$8648{,}54$
$6p_9 - 8d_4$	$6182{,}420$		

Termwerte in Wellenzahlen $\tilde{\nu}$ [cm^{-1}], Wellenlängen in Å. $\lambda > 2000$ Å: λ_{Luft}. $\lambda < 2000$ Å: λ Vakuum.

Cs II: $Z = 55$, $Z_v = 8$, $V_J = 23{,}4$. G.T.: (Xe) $^1S_0$

Die Zuordnung der Termwerte zu den Elektronenkonfigurationen ist zum großen Teil unsicher.

Übergang		Wellenlänge	Übergang		Wellenlänge
$5p^6\ ^1S_0 - (6d,\ 7s)$	I_1	612,82	$5p^6\ ^1S_0 - (5d,\ 6s)$	2_1	808,77
$^1S_0 - (6d)$	6_1	639,42	$^1S_0 - (5d,\ 6s)$	I_1	813,85
$^1S_0 - (6d)$	I_1	657,15	$^1S_0 - (5d)$	I_1	901,34
$^1S_0 - (7s)$	$^3P_1$	668,43	$^1S_0 - (6s)$	$^3P_1$	926,75

Rn I: $Z = 86$, $Z_v = 8$, $V_J = 10{,}75$.

G.T.: $1s^2\ 2s^2\ 2p^6\ 3s^2\ 3p^6\ 3d^{10}\ 4s^2\ 4p^6\ 4d^{10}\ 4f^{14}\ 5s^2\ 5p^6\ 5d^{10}\ 6s^2\ 6p^6\ ^1S_0$.

$6s^2\ 6p^6\ ^1S_0 = 86\,692{,}5$ (Lage des Grundterms in cm^{-1} verglichen mit Rn$^+$). $V_a = 6{,}76$

Valenzelektron	j	Bezeichnung nach PASCHEN	Termwerte für $n =$ 7	8
s	2	s_5	32072,15	—
	1	s_4	30703,47	—
	0	s_3	18785,98	—
	1	s_2	17801,16	—
p	1	p_{10}	20447,53	9653,12
	2	p_9	19984,97	9530,81
	3	p_8	18653,02	9087,97
	1	p_7	18360,40	9014,67
	2	p_6	17902,57	8864,68
	0	p_5	16948,52	8529,23
	0	d_6	9097,68	5458,35
	1	d_5	8876,38	5362,54

Rn I (Fortsetzung)
Auswahl der stärksten Linien

Übergang	Wellenlänge	Übergang	Wellenlänge
$7s_4 - 7p_9$	9327,02	$7s_4 - 8p_7$	4609,38
$7p_9 - 7d_4$	8675,83	$7s_4 - 8p_6$	4577,72
$7s_5 - 7p_{10}$	8600,07	$7s_4 - 8p_9$	4508,48
$7s_5 - 7p_9$	8270,96	$7s_5 - 8p_{10}$	4459,25
$7s_4 - 7p_7$	8099,51	$7s_5 - 8p_9$	4435,05
$7s_4 - 7p_6$	7809,82	$7s_5 - 8p_8$	4349,60
$7s_5 - 7p_8$	7450,00	$7s_5 - 8p_6$	4307,76
$7s_5 - 7p_7$	7291,00	$7s_4 - 9p_7$	3952,36
$7s_4 - 7p_5$	7268,11	$7s_4 - 9p_6$	3941,72
$7s_5 - 7p_6$	7055,42	$7s_4 - 9p_5$	3917,20
$7p_9 - 8d_4$	6751,81	$7s_4 - 9p_8$	3753,65
$7p_{10} - 8d_5$	6627,23		
$7p_8 - 9d_4$	6606,43		
$7p_{10} - 8d_3$	6557,49	Resonanzlinien	
$7p_9 - 9d_4$	6061,92	$^1S_0 - 7s_4$: 1786,07 Å	
$7s_4 - 8p_9$	4721,76	$^1S_0 - 7s_2$: 1451,56 Å	

Die Hauptquantenzahlen sind unsicher.

Termwerte in Wellenzahlen $\tilde{\nu}$ [cm^{-1}], Wellenlängen in Å. $\lambda > 2000$ Å: $\lambda_{\text{Luft}} \cdot \lambda < 2000$ Å: λ_{Vakuum}.

Fe I: $Z = 26$, $Z_v = 8$, $V_J = 7{,}83$. G.T.: (Ar) $3d^6\,4s^2$; $^5D_4$. $V_a = 2{,}44$
Relative Termwerte

Term		Termwert	Term		Termwert
$3d^6\,4s^2$	$^5D_4$	0,000	$3d^7\,(^4F)\,4p$	$^3D_3^0$	38 175,391
	$^5D_3$	415,934	$3d^6\,4s\,(^4D)\,4p$	$^5D_4^0$	39 625,847
	$^5D_2$	704,001	$3d^7\,(^4P)\,4p$	$^5S_2^0$	40 895,036
	$^5D_1$	888,126	$3d^6\,4s\,(^4D)\,4p$	$^5F_5^0$	40 257,367
	$^5D_0$	978,068	$3d^7\,(^4P)\,4p$	$^5P_3^0$	42 532,795
$3d^7\,(^4F)\,4s$	$^5F_5$	6928,272	$3d^6\,4s\,(^6D)\,5s$	$^7D_5$	42 815,890
$3d^7\,(^4P)\,4s$	$^5P_3$	17 550,207	$3d^7\,(^4P)\,4p$	$^5D_4^0$	43 499,534
$3d^6\,4s\,(^6D)\,4p$	$^7D_5^0$	19 350,899	$3d^6\,4s\,(^6D)\,5s$	$^5D_4$	44 677,635
$3d^7\,(^2H)\,4s$	$^3H_6$	19 390,197	$3d^6\,4s\,(^4D)\,5s$	$^5D_0$	45 595,112
$3d^6\,4s^2$	$^3F_4$	20 641,144	$3d^7\,4p$	$^3G_5^0$	45 294,902
$3d^6\,4s\,(^6D)\,4p$	$^7F_6^0$	22 650,447	$3d^7\,(^4P)\,4p$	$^3P_2^0$	46 727,137
$3d^7\,(^4P)\,4s$	$^3P_2$	22 838,360	$3d^7\,(^4F)\,5s$	$^5F_5$	47 005,538
$3d^6\,4s\,(^6D)\,4p$	$^7P_4^0$	23 711,475	$3d^7\,(^4F)\,5s$	$^5F_4$	47 377,991
$3d^7\,(^2G)\,4s$	$^3G_5$	23 783,654	$3d^7\,(^4P)\,4p$	$^3D_3^0$	47 017,239
$3d^6\,4s\,(^4D)\,4p$	$^3D_3^0$	31 322,637	$3d^7\,(^4F)\,5s$	$^3F_4$	47 960,973
$3d^7\,(^4F)\,4p$	$^5D_4^0$	33 095,976	$3d^6\,4s\,(^4D)\,5s$	$^3D_3$	51 294,262
$3d^6\,4s\,(^4D)\,4p$	$^3P_2^0$	33 947,965	$3d^6\,4s\,(^4D)\,5s$	$^3D_3$	54 683,369
$3d^7\,(^4F)\,4p$	$^3G_4^0$	35 767,603		$^3P_1$	55 376,117
$3d^6\,4s\,(^4D)\,4p$	$^5P_3^0$	36 767,007			

Betreffs der Spektrallinien von Fe I, siehe Kap. 6.

Ru I: $Z = 44$, $Z_v = 8$. G.T.: (Kr) $4d^7\,5s$; $^5F_5$. $V_a = 3{,}27$
Relative Termwerte; Deutung der Terme nicht ganz sicher

Term	Termwert	Term	Termwert	Term	Termwert
$^5F_5$	0	$^3P_2$	10 623,49	16_4^0	30 348,49
$^5F_4$	1 190,67	$^3P_0$	11 752,75	$^5S_2^0$	31 186,10
$^5F_3$	2 091,52	$^3P_1$	13 981,80	$^7P_3^0$	31 384,77
$^5F_2$	2 713,22	$^3P_2$	15 054,01	$^5P_3^0$	34 072,44
$^5F_1$	3 105,46	$^3D_1$	16 712,59	$^5D_4^0$	36 542,67
$^3F_4$	6 545,05	$^3D_2$	17 046,01	$^5D_3^0$	36 760,40
$^5D_3$	8 575,45	$^1P_1$	20 242,05	$^3D_2^0$	36 965,26
$^3F_4$	9 120,69	$^5D_1^0$	29 118,48	$^5P_2^0$	39 008,72

Auswahl der stärksten Linien

Übergang	Wellenlänge	Übergang	Wellenlänge	Übergang	Wellenlänge
$^5P_3 - {}^5D_4^0$	5699,047	$^3F_2 - {}^3G_3^0$	4410,026	$^5F_4 - {}^5G_5^0$	3436,737
$^5P_2 - {}^5D_3^0$	5136,550	$^3F_4 - {}^3G_3^0$	4397,797	$^5F_3 - {}^3D_3^0$	3368,451
$^3F_4 - 16_4^0$	4709,484	$^5D_3 - {}^3G_4^0$	4390,435	$^5F_5 - {}^5D_4^0$	2988,948
$^5P_3 - {}^5S_2^0$	4460,035	$^3F_3 - {}^5F_2^0$	4144,164	$^5F_4 - {}^5F_5^0$	2916,255

Termwerte in Wellenzahlen $\bar{\nu}$ [cm^{-1}], Wellenlängen in Å. $\lambda > 2000$ Å: λ_{Luft}. $\lambda < 2000$ Å: λ_{Vakuum}.

Os I: $Z = 76$, $Z_v = 8$, $V_J \sim 8{,}7$. G.T.: (Xe) $4f^{14}\ 5d^6\ 6s^2$; $^5D_4$. $V_a = 2{,}80$

Relative Termwerte

Term		Termwert	Term		Termwert
$5d^6\ 6s^2$	$^5D_4$	0,0	$5d^7\ 6s$	$^3H_4$	14 848,1
	$^5D_2$	2 740,5	$5d^6\ 6s\ 6p$	$^7D^0_4$	22 615,8
	$^5D_3$	4 159,4	$5d^6\ 6s\ 6p$	$^7D^0_3$	25 275,4
$5d^7\ 6s$	$^5F_5$	5 144,0	$5d^6\ 6s\ 7s$	$^7D^0_5$	47 198,8
$5d^7\ 6s$	$^5F_2$	10 165,9			

Co I: $Z = 27$, $Z_v = 9$, $V_J = 7{,}84$. G.T.: (Ar)$3d^7\ 4s^2$; $^4F_{9/2}$. $V_a = 2{,}93$

Relative Termwerte; Deutung der Terme nicht ganz sicher

Term		Termwert	Term		Termwert
$3d^7\ 4s^2$	$^4F_{9/2}$	0,00	$3d^7\ 4s\ (^3F)\ 5s$	$^2F_{7/2}$	52 763,68
	$^4F_{7/2}$	816,00		$^4F_{3/2}$	54 426,64
	$^4F_{5/2}$	1 406,84	$3d^7\ 4s\ (^5F)\ 5s$	$^4F_{9/2}$	47 524,47
	$^4F_{3/2}$	1 809,33	$3d^8\ (^3P)\ 4p$	$^2S^0_{1/2}$	47 977,94
	$^4P_{5/2}$	15 184,04		$^2P^0_{3/2}$	48 334,37
	$^2D_{5/2}$	21 920,09		$^4D^0_{1/2}$	46 502,15
	$^2H_{9/2}$	22 475,36	$3d^8\ (^1D)\ 4p$	$^2P^0_{3/2}$	43 537,71
$3d^8\ 4s$	$^2P_{3/2}$	18 389,57	$3d^8\ (^3F)\ 4p$	$^2D^0_{5/2}$	36 092,44
	$^2D_{3/2}$	16 470,60		$^2D^0_{3/2}$	36 875,13
	$^4P_{5/2}$	13 795,52		$^4D^0_{7/2}$	32 027,50
	$^2D_{5/2}$	27 497,06		$^4D^0_{1/2}$	33 449,18
$3d^8\ (^3F)\ 4d$	$^2P_{3/2}$	51 200,60			
	$^2D_{5/2}$	52 460,10	$3d^7\ 4s\ (^3P)\ 4p$	$^2S^0_{1/2}$	44 454,51
	$^4P_{5/2}$	51 042,26		$^2P^0_{3/2}$	46 685,43
$3d^7\ 4s\ (^5F)\ 4d$	$^4P_{5/2}$	53 936,68		$^2P^0_{1/2}$	47 091,14
	$^6P_{7/2}$	53 789,12		$^4S^0_{3/2}$	48 753,72
	$^6D_{9/2}$	53 725,20			
$3d^8\ (^3F)\ 5s$	$^2F_{7/2}$	45 924,98	$3d^7\ 4s\ (^3F)\ 4p$	$^2D^0_{5/2}$	33 462,83
	$^4F_{3/2}$	46 375,17		$^2F^0_{7/2}$	31 871,15

Betreffs der Spektrallinien von Co I siehe Kap. 6.

Rh I: $Z = 45$, $Z_v = 9$, $V_J = 7{,}7$. G.T.: (Kr) $4d^8\ 5s$; $^4F_{9/2}$. $V_a = 3{,}35$

Resonanzlinien:

Übergang		λ
$4d^8\ 5s\ ^4F_{9/2} - 4d^8\ 5p$	$^4D^0_{7/2}$	3692,36
$^4F_{9/2} -$	$^4G^0_{9/2}$	3502,54
$^4F_{9/2} -$	$^4G_{11/2}$	3434,90
$^4F_{9/2} -$	$^4F_{9/2}$	3396,82

Termwerte in Wellenzahlen $\tilde{\nu}$ [cm^{-1}], Wellenlängen in Å, $\lambda > 2000$ Å: λ_{Luft}. $\lambda < 2000$ Å: λ_{Vakuum}.

Ir I: $Z = 77$, $Z_v = 9$, $V_J \sim 9{,}2$. G.T.: (Xe) $4f^{14}\, 5d^7\, 6s^2$; $^4F_{9/2}$. $V_a = 3{,}27$
Relative Termwerte, Deutung der Terme nicht ganz sicher

Term	Termwert	Term	Termwert	Term	Termwert
$^4F_{9/2}$	0,0	$^6D^0_{9/2}$	26 307,48	$^6D^0_{1/2}$	35 647,93
$^4F_{3/2}$	4078,93	$^6D^0_{3/2}$	32 463,57	$^4D^0_{5/2}$	38 358,13
$^4F_{5/2}$	5784,58	$^6D^0_{5/2}$	33 064,83	$^4D^0_{1/2}$	39 289,29

Übergang	λ	Übergang	λ
$^6G^0_{13/2} - {}^6F_{11/2}$	5449,50	$^4F_{7/2} - {}^4G_{9/2}$	3212,121
$^6F^0_{11/2} - {}^6F_{11/2}$	4399,473	$^4F_{7/2} - {}^4D^0_{5/2}$	3198,917
$^4F^0_{7/2} - {}^6D^0_{7/2}$	4268,096	$^4F_{9/2} - {}^6G^0_{7/2}$	3068,897
$^4F^0_{5/2} - {}^6F^0_{5/2}$	3992,114	$^4F_{9/2} - {}^6G^0_{11/2}$	2924,783
$^4F^0_{5/2} - {}^6G^0_{7/2}$	3915,384	$^4F_{3/2} - {}^4D^0_{5/2}$	2916,357
$^4F^0_{9/2} - {}^6D^0_{9/2}$	3800,122	$^4F_{9/2} - {}^4D^0_{7/2}$	2882,624
$^4F_{9/2} - {}^6F^0_{11/2}$	3513,638	$^4F_{9/2} - {}^6G^0_{9/2}$	2849,724
$^4F_{3/2} - {}^6D^0_{5/2}$	3448,967	$^4F_{3/2} - {}^4F^0_{5/2}$	2836,394
$^4F_{7/2} - {}^6G^0_{7/2}$	3437,006	$^4F_{9/2} - {}^4G^0_{9/2}$	2824,444
$^4F_{9/2} - {}^6F^0_{9/2}$	3368,472	$^4F_{9/2} - {}^4D^0_{7/2}$	2664,783
$^4F_{5/2} - {}^6F^0_{3/2}$	3266,446	$^4F_{9/2} - {}^4F^0_{9/2}$	2639,698
$^4F_{9/2} - {}^6F^0_{7/2}$	3220,772		

Ni I: $Z = 28$, $Z_v = 10$, $V_J = 7{,}63$. G.T.: (Ar) $3d^8\, 4s^2$; $^3F_4$. $V_a = 3{,}20$
Relative Termwerte

Term		Termwert	Term		Termwert
$3d^8\, 4s^2$	$^3F_4$	0,00	$3d^8\, 4s\ (^2D)\, 4p$	$^1P^0_1$	43 463,90
	$^3F_3$	1 332,15		$^1D^0_2$	43 933,37
	$^3F_2$	2216,55	$3d^8\, 4s\ (^2D)\, 4p$	$^1F^0_3$	44 206,42
$3d^9\, 4s$	$^3D_3$	204,82	$3d^8\, 4s\ (^4P)\, 4p$	$^3P^0_2$	46 522,77
	$^3D_2$	879,82		$^5F_1$	50 744,57
	$^3D_1$	1 713,11	$3d^9\, 5p$	$^3F^0_3$	48 671,9
	$^1D_2$	3 409,95	$3d^9\, 4d$	$^3S_1$	48 953,40
$3d^8\, 4s^2$	$^1D_2$	13 521,29	$3d^9\, 5p$	$^3D^0_2$	49 184,8
$3d^{10}$	$^1S_0$	14 728,92	$3d^9\, 4d$	$^3D_3$	49 271,35
$3d^8\, 4s^2$	$^3P_2$	15 609,81	$3d^9\, 5p$	$^1P^0_1$	50 457,9
$3d^8\, 4s\ (^4F)\, 4p$	$^5D^0_4$	25 753,57	$3d^8\, 4s\ (^4F)\, 5s$	$^3F_4$	50 466,08
$3d^8\, 4s\ (^4F)\, 4p$	$^5F^0_4$	29 084,47	$3d^9\, 4d$	$^1P_1$	50 536,74
$3d^9\, 4p$	$^3P^0_2$	28 569,30	$3d^9\, 6s$	$^3D_3$	52 197,41
$3d^8\, 4s\ (^2F)\, 4p$	$^3G^0_5$	30 922,61	$3d^8\, 4s\ (^2F)\, 5s$	$^3F_4$	54 257,10
$3d^9\, 4p$	$^1F^0_3$	31 031,02	$3d_9\, 5d$	$^3S_1$	54 574,65
$3d^8\, 4s\ (^2F)\, 4p$	$^3F^0_4$	32 973,33	$3d^8\, 4s\ (^2F)\, 5s$	$^1F_3$	55 576,76
$3d^9\, 4p$	$^1P^0_1$	32 982,30	$3d^8\, 4s\ (^4F)\, 4d$	$^3P_1$	57 767,25
$3d^8\, 4s\ (^2F)\, 4p$	$^3D^0_1$	33 500,80	$3d^8\, 4s\ (^4F)\, 4d$	$^5P_2$	57 586,63
$3d^8\, 4s\ (^2F)\, 4p$	$^3D^0_1$	34 408,54	$3d^8\, 4s\ (^4F)\, 6s$	$^5F_5$	59 862,40
$3d^9\, 5s$	$^3D_3$	42 605,84	$3d^8\, 4s\ (^2F)\, 4d$	$^3F_4$	61 832,42
$3d^8\, 4s\ (^2D)\, 4p$	$^3D^0_3$	42 620,95	$3d^8\, 4s\ (^4F)\, 5d$	$^5H_7$	62 782,45
$3d^8\, 4s\ (^4F)\, 4p$	$^3D^0_3$	42 767,72			

Etwa 1100 eingeordnete Linien zwischen 18040 und 1960 Å.

Termwerte in Wellenzahlen $\tilde{\nu}$ [cm^{-1}], Wellenlängen in Å. $\lambda > 2000$ Å: λ Luft. $\lambda < 2000$ Å: λ Vakuum.

Pd I: $Z = 46$, $Z_v = 10$, $V_J = 8{,}1$. G.T.: (Kr) $4d^{10}$; $^1S_0$. $V_a = 4{,}23$

Relative Termwerte

Term	Termwert	Term	Termwert
$4d^{10}$ $\quad$ $^1S_0$	0,0	$4d^9$ $(^2D_{5/2})$ $6s$ $^3D_3$	48 804,2
$4d^9$ $(^2D_{5/2})$ $5s$ $^3D_3$	6 564,0	$(^2D_{3/2})$ $6s$ $^3D_1$	52 336,3
$4d^9$ $(^2D_{3/2})$ $5s$ $^3D_1$	10 093,9	$4d^9$ $(^2D_{5/2})$ $5d$ $^3S_1$	54 574,1
$4d^9$ $(^2D_{5/2})$ $5p$ $^3P_2^0$	34 068,8	$4d^9$ $(^2D_{5/2})$ $7s$ $^3D_3$	58 064,1
$4d^9$ $(^2D_{5/2})$ $5p$ $^3D_3^0$	37 393,5	$4d^9$ $(^2D_{3/2})$ $5d$ $^1P_1$	58 195,3
$4d^9$ $(^2D_{3/2})$ $5p$ $^3P_0^0$	38 088,0	$4d^9$ $(^2D_{5/2})$ $6d$ $^3S_1$	60 225,8
		$^3F_4$	60 404,0

Pd I: (Fortsetzung)

Übergang	λ	Übergang	λ
$5p$ $^3D_2^0 - 5d$ $^3F_3$	5542,80	$5s$ $^3D_1 - \quad ^3P_0^0$	3571,16
$^3F_4^0 - \quad ^3G_5$	5295,61	$^1D_2 - \quad ^1D_2^0$	3441,40
$^3F_3^0 - \quad ^3G_4$	5163,83	$^1D_2 - 5p$ $^1P_1^0$	3433,44
$^3P_2^0 - \quad ^3P_2$	4817,51	$^3D_2 - \quad ^3D_2^0$	3421,24
$5s$ $^1D_2 - 5p$ $^3F_3^0$	4212,95	$^3D_2 - \quad ^3D_3^0$	3373,02
$^1D_2 - \quad ^3P_1^0$	4087,37	$^3D_1 - \quad ^3D_1^0$	3302,15
$^1D_2 - \quad ^3D_2^0$	3958,64	$^3D_1 - \quad ^1D_2^0$	3258,80
$5s$ $^1D_2 - 5p$ $^3D_3^0$	3894,18	$^3D_1 - \quad ^1P_1^0$	3251,66
$^3D_1 - \quad ^3P_1^0$	3832,30	$^3D_2 - \quad ^1F_3^0$	3114,05
$^3D_2 - \quad ^3P_2^0$	3799,16	$5s$ $^3D_2 - 5p$ $^3D_1^0$	3065,30
$^3D_1 - \quad ^3D_2^0$	3718,91	$^3D_3 - \quad ^1F_3^0$	3002,66
$^1D_2 - \quad ^3F_2^0$	3690,34	$^3D_3 - \quad ^1D_2^0$	2922,50

Pt I: $Z = 78$, $Z_v = 10$, $V_J = 8{,}9$. G.T.: (Xe) $4f^{14}$ $5d^9$ $6s$; $^3D_3$. $V_a = 3{,}74$

Relative Terme

Term	Termwert	Term	Termwert
$5d^9$ $6s$ $\quad$ $^3D_3$	0,0	$5d^9$ $6p$ $\quad$ $^3F_4^0$	37 590,7
$^3D_2$	775,9	$5d^8$ $6s$ $6p$ $^5F_5^0$	38 536,2
$5d^8$ $6s^2$ $\quad$ $^3F_4$	823,7	$^5D_2^0$	40 516,3
$5d^{10}$ $\quad$ $^1S_0$	6140,0	$5d^9$ $6p$ $\quad$ $^3D_3^0$	40 970,1
$5d^8$ $6s^2$ $\quad$ $^3P_2$	6 567,5	$5d^8$ $6s$ $6p$ $^5D_1^0$	45 398,4
$5d^9$ $6s$ $\quad$ $^3D_1$	10 132,0	$5d^9$ $6p$ $\quad$ $^3P_0^0$	46 433,9
$5d^8$ $6s^2$ $\quad$ $^3F_2$	15 501,8	$5d^9$ $7s$ $\quad$ $^3D_3$	52 379,3
$5d^8$ $6s$ $6p$ $^5D_4^0$	30 157,0	$5d^8$ $6s$ $7s$ $^5F_3$	59 764,3
$5d^9$ $\quad$ $6p$ $^3P_2^0$	32 620,0	$^1D_2$	60 640,6
$5d^8$ $6s$ $6p$ $^5G_5^0$	33 680,5		

Neben diesen Termen eine große Zahl weiterer Terme, von denen nur die Elektronenkonfiguration und die innere Quantenzahl bekannt ist.

Termwerte in Wellenzahlen $\tilde{\nu}$ [cm^{-1}], Wellenlängen in Å. $\lambda > 2000$ Å: λ_{Luft}. $\lambda < 2000$ Å: λ_{Vakuum}.

225. Termschemata

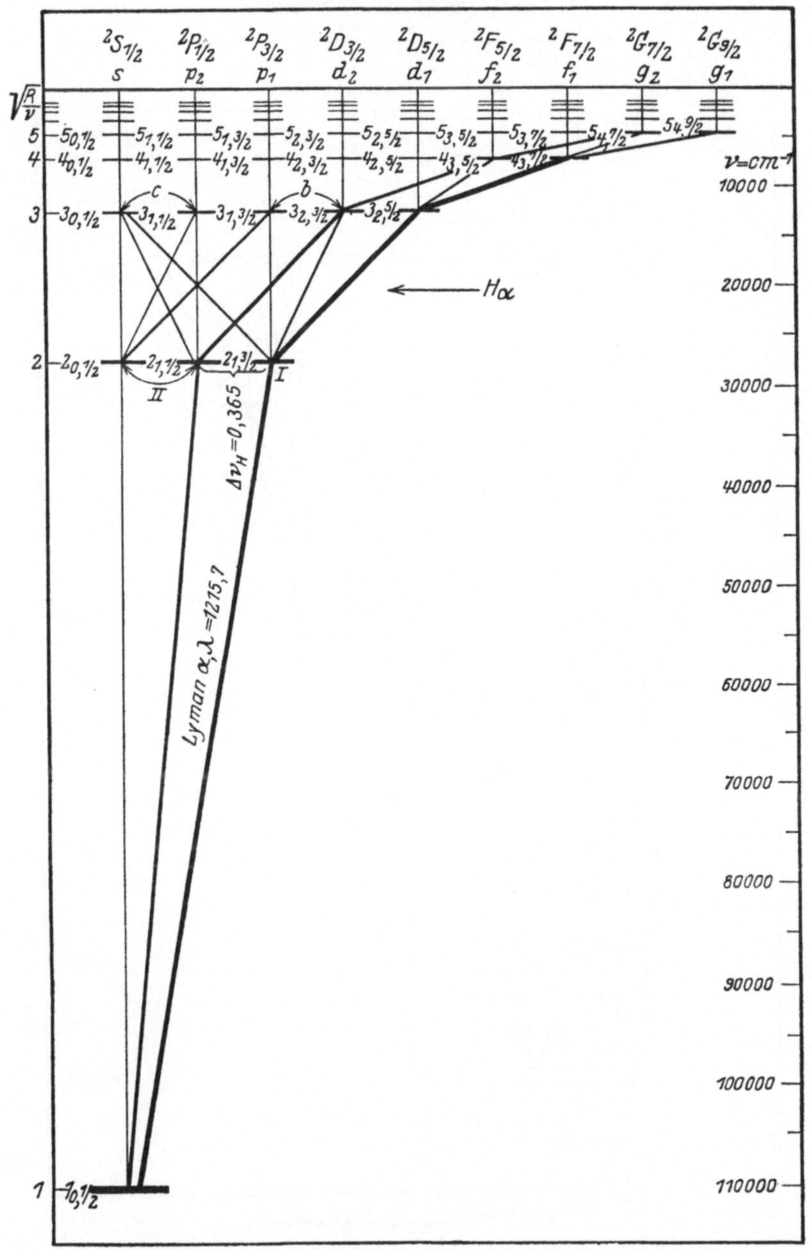

Abb. 7. Niveauschema des Wasserstoffatoms gemäß der n, l-Klassifikation der Quantenzustände
(Die Symbole n, l stehen immer *links* neben dem Niveau, zu dem sie gehören)

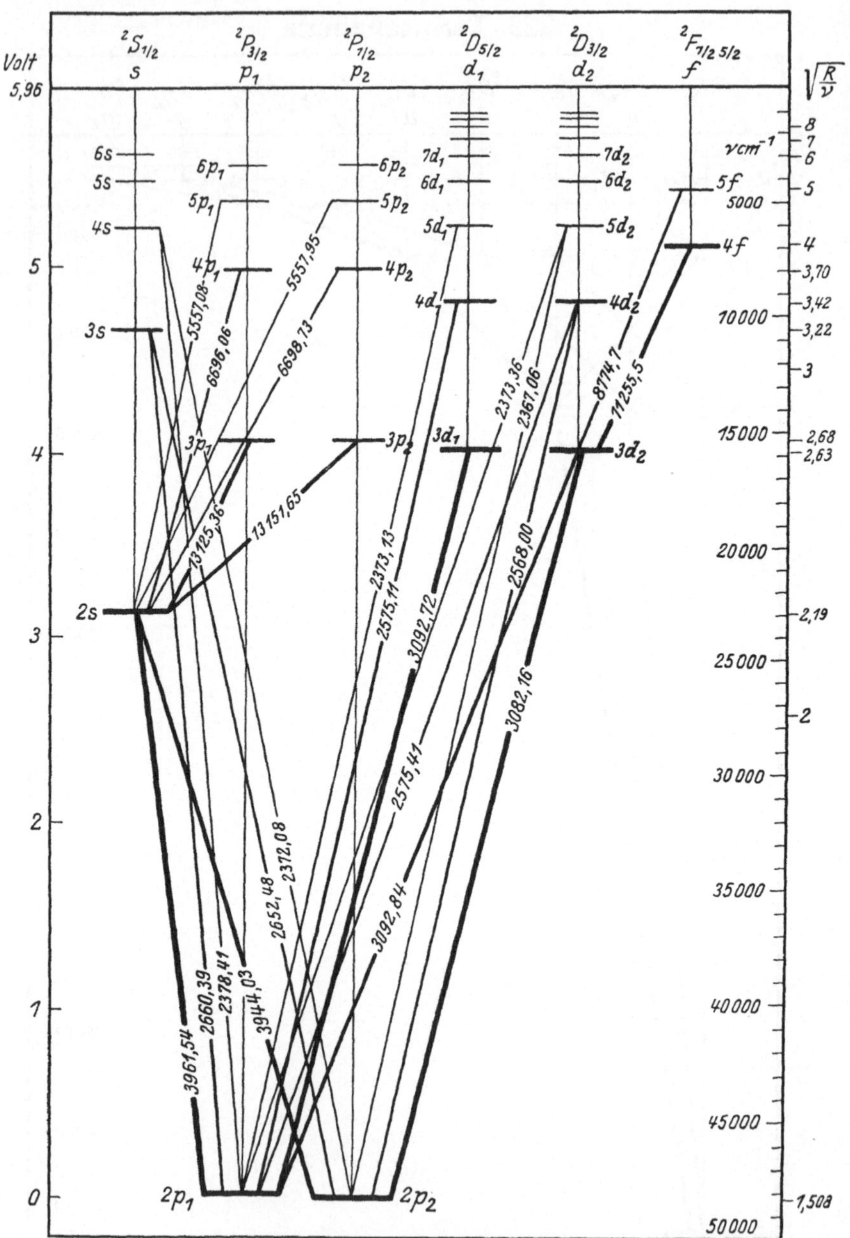

Abb. 8. Niveauschema des Aluminium I

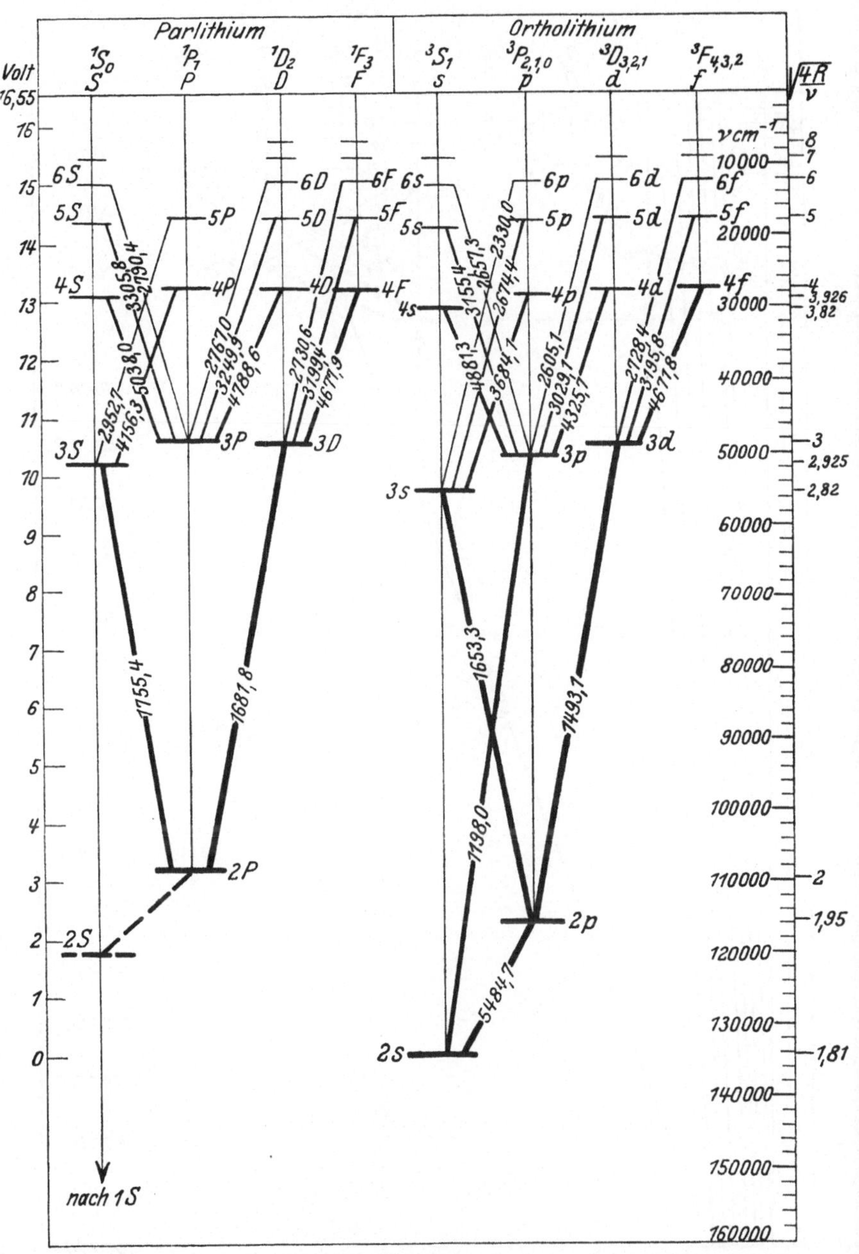

Abb. 9. Niveauschema des Lithium II von den zweiquantigen Zuständen an

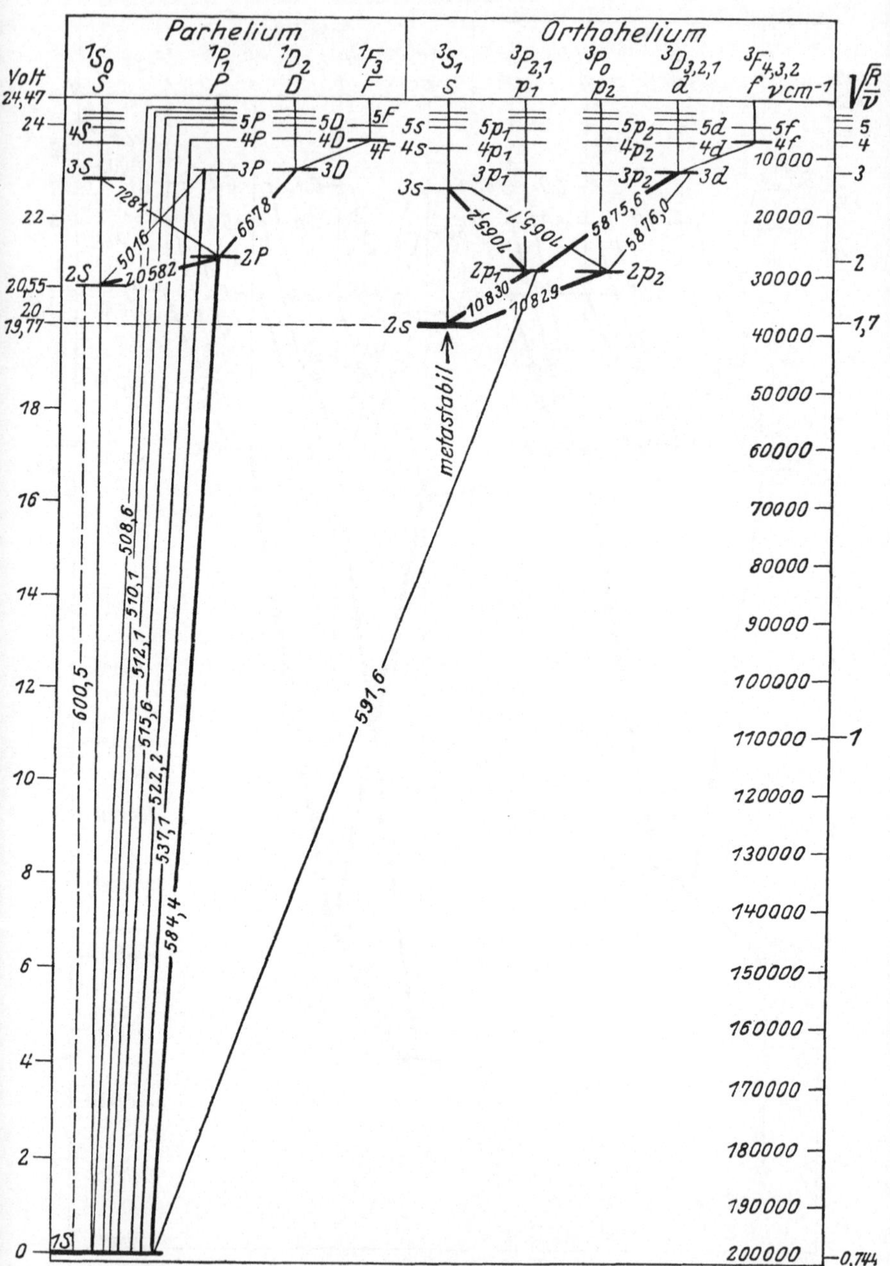

Abb. 10. Niveauschema des Helium I

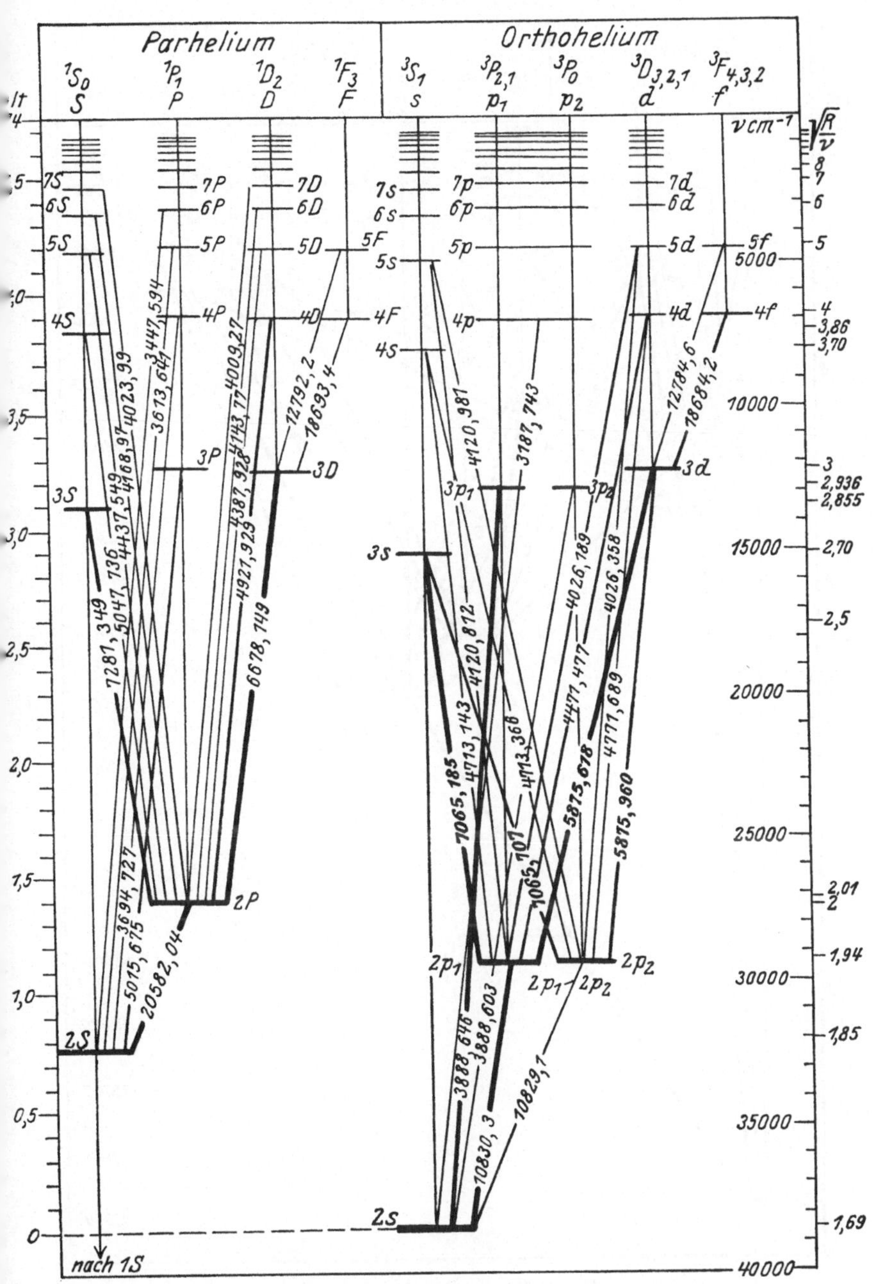

Abb. 11. Niveauschema des Helium I von den zweiquantigen Zuständen an

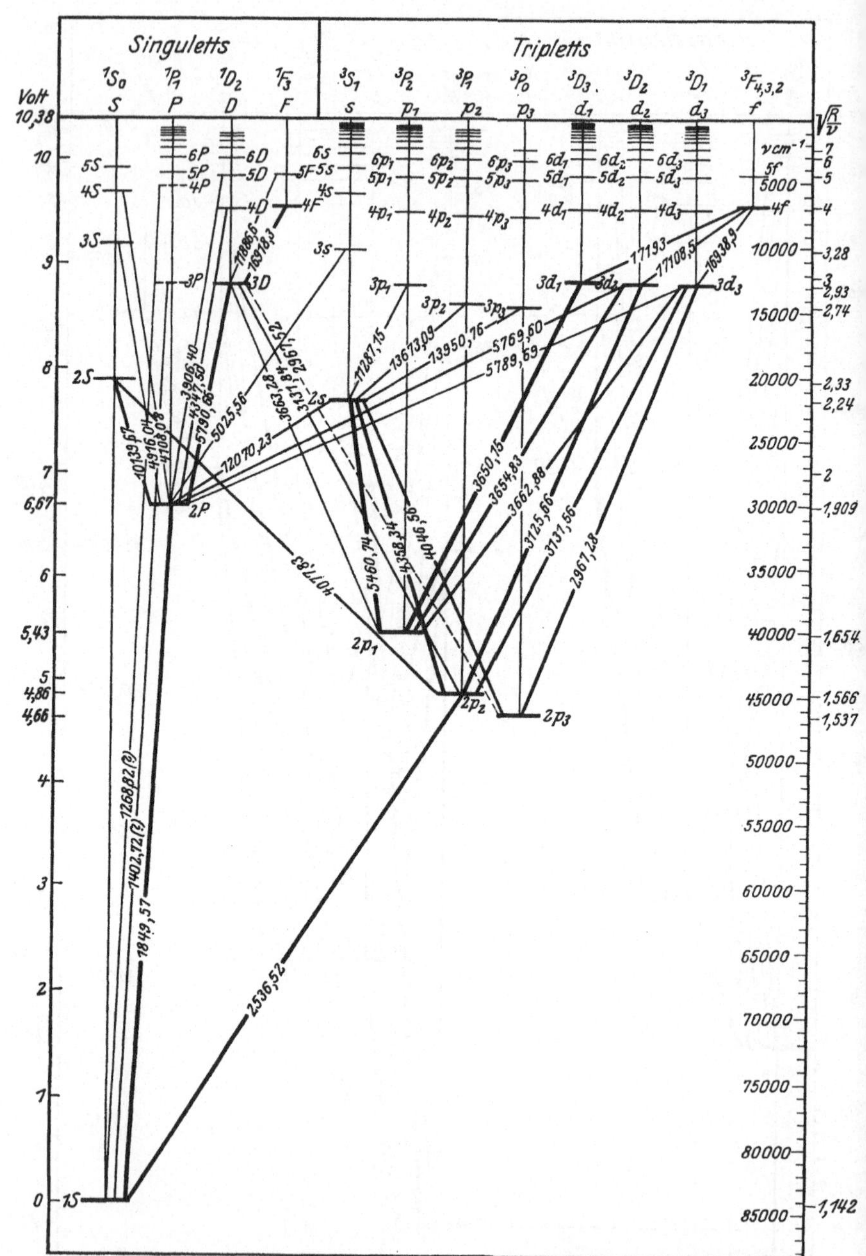

Abb. 12. Niveauschema des Quecksilber I

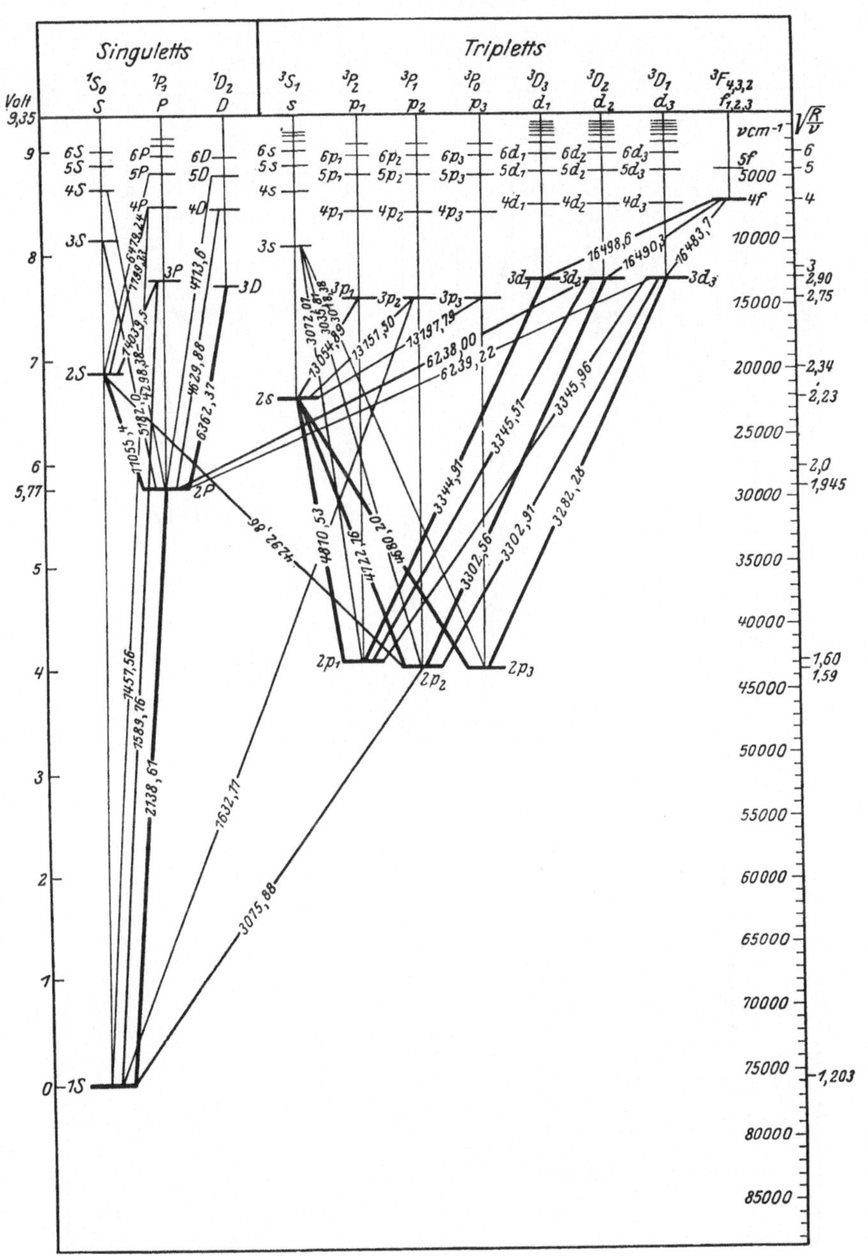

Abb. 13. Niveauschema des Zink[

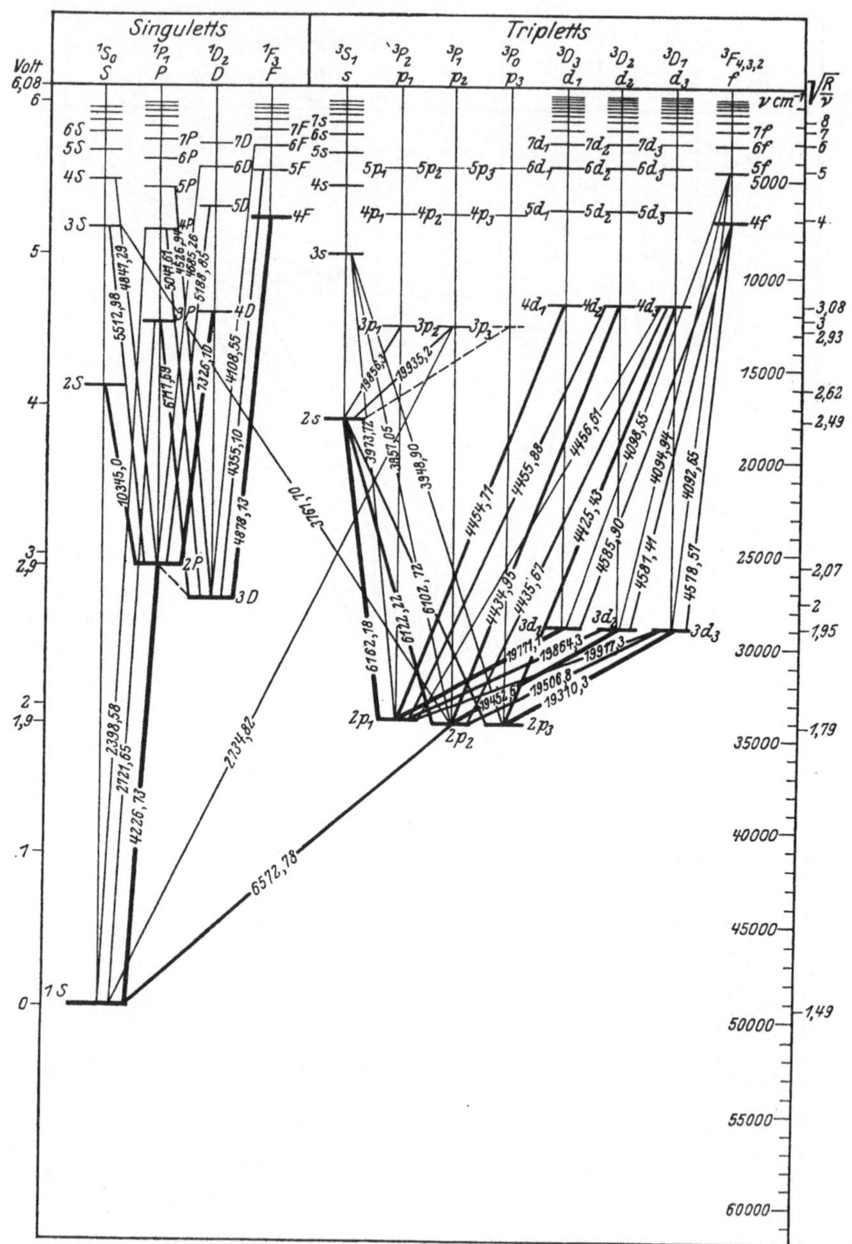

Abb. 14. Niveauschema des Calcium I

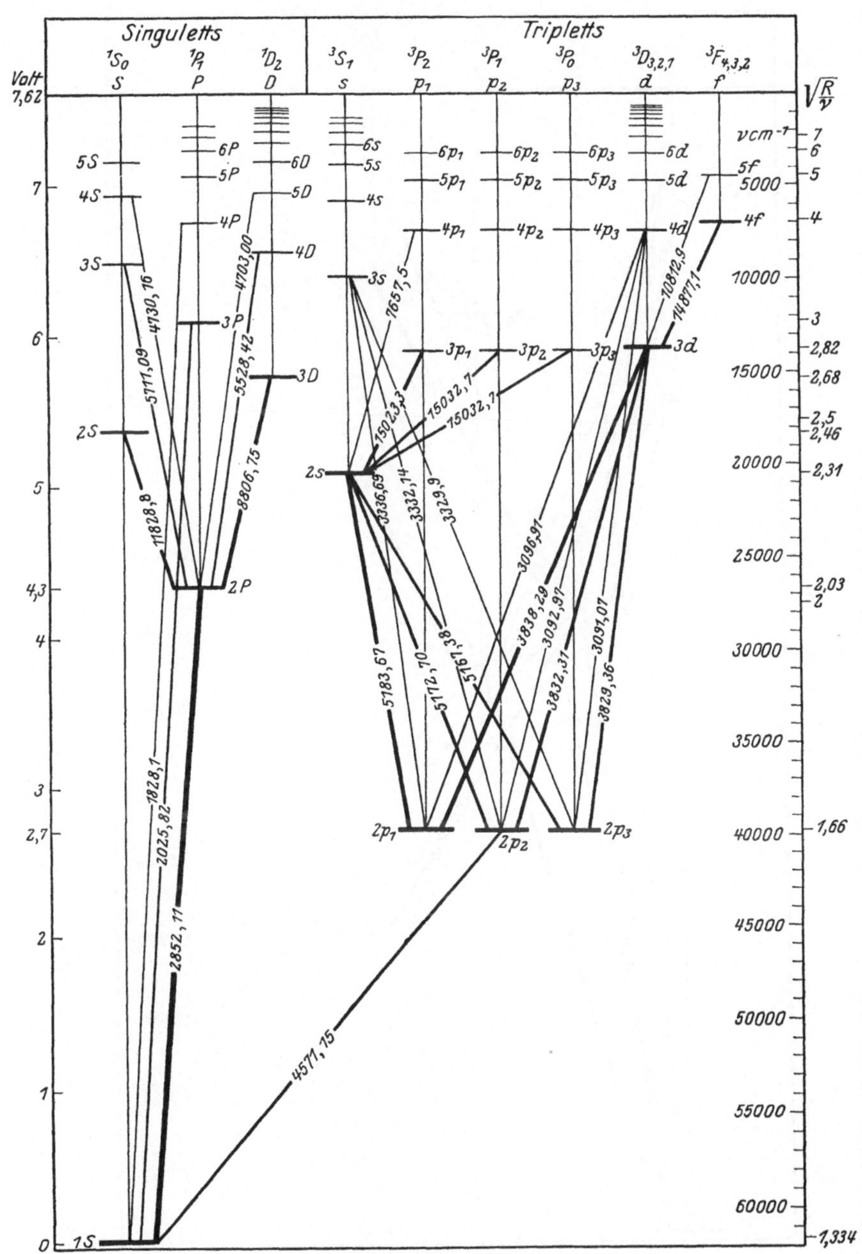

Abb. 15. Niveauschema des Magnesium I

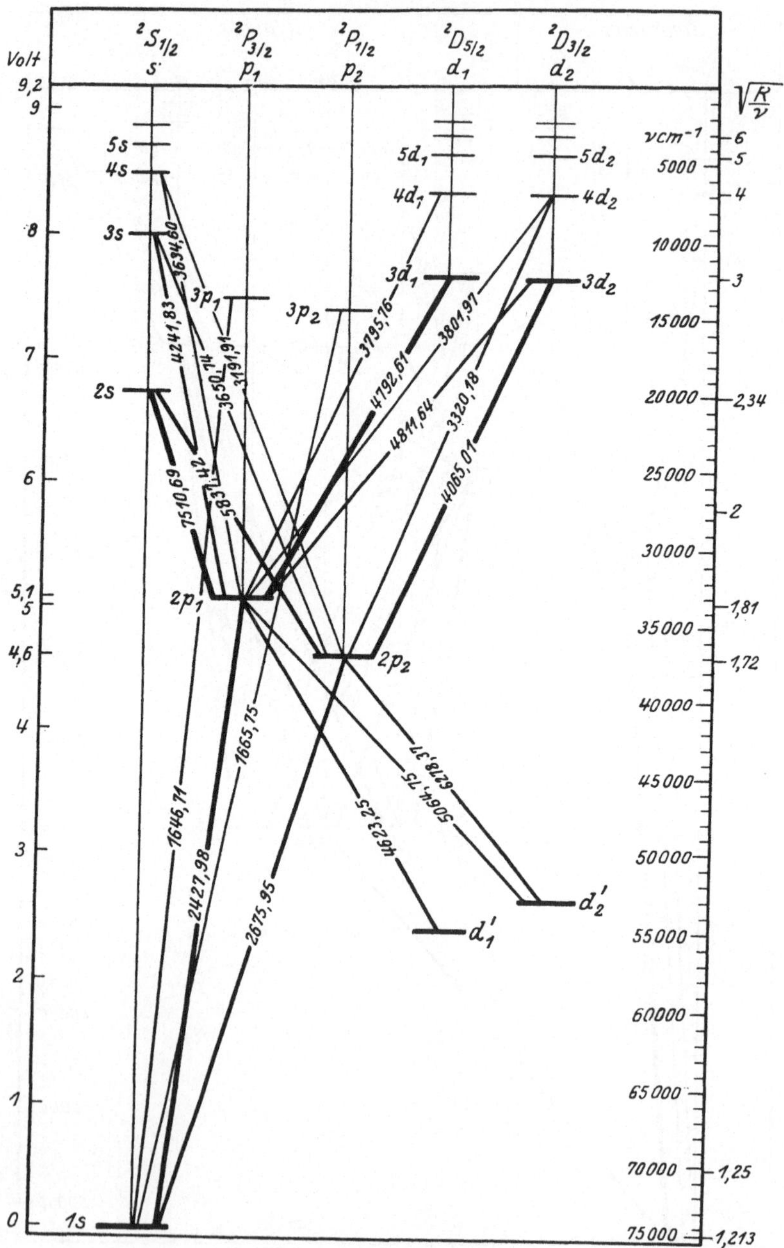

Abb. 16. Niveauschema des Gold I

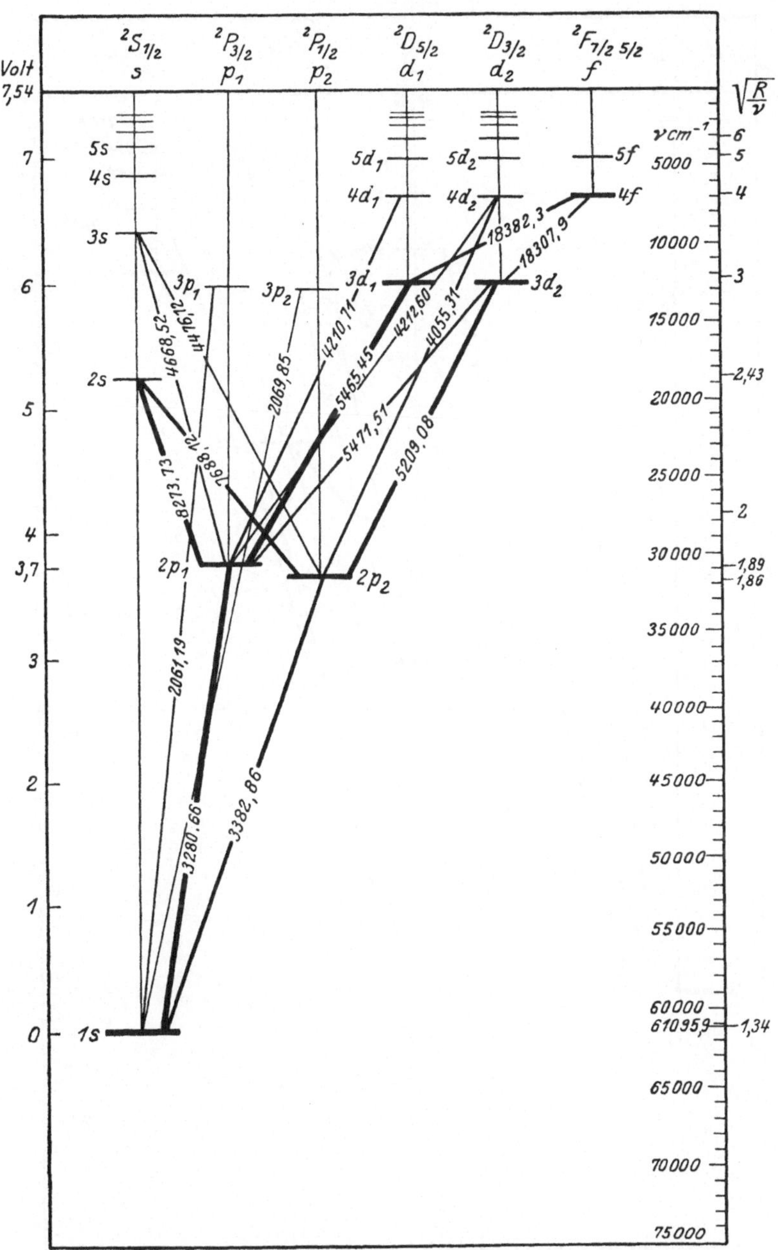

Abb. 17. Niveauschema des Silber I

 22. Spektren

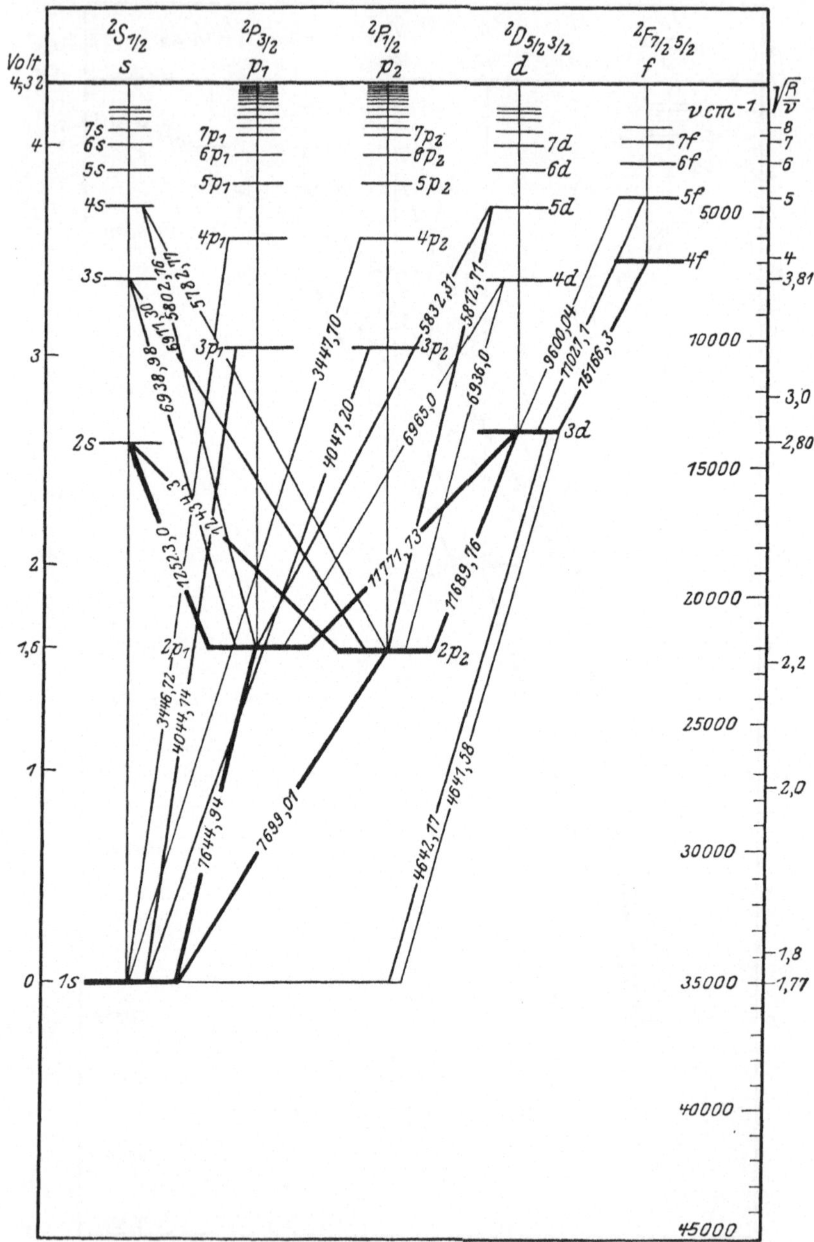

Abb. 18. Niveauschema des Kalium I

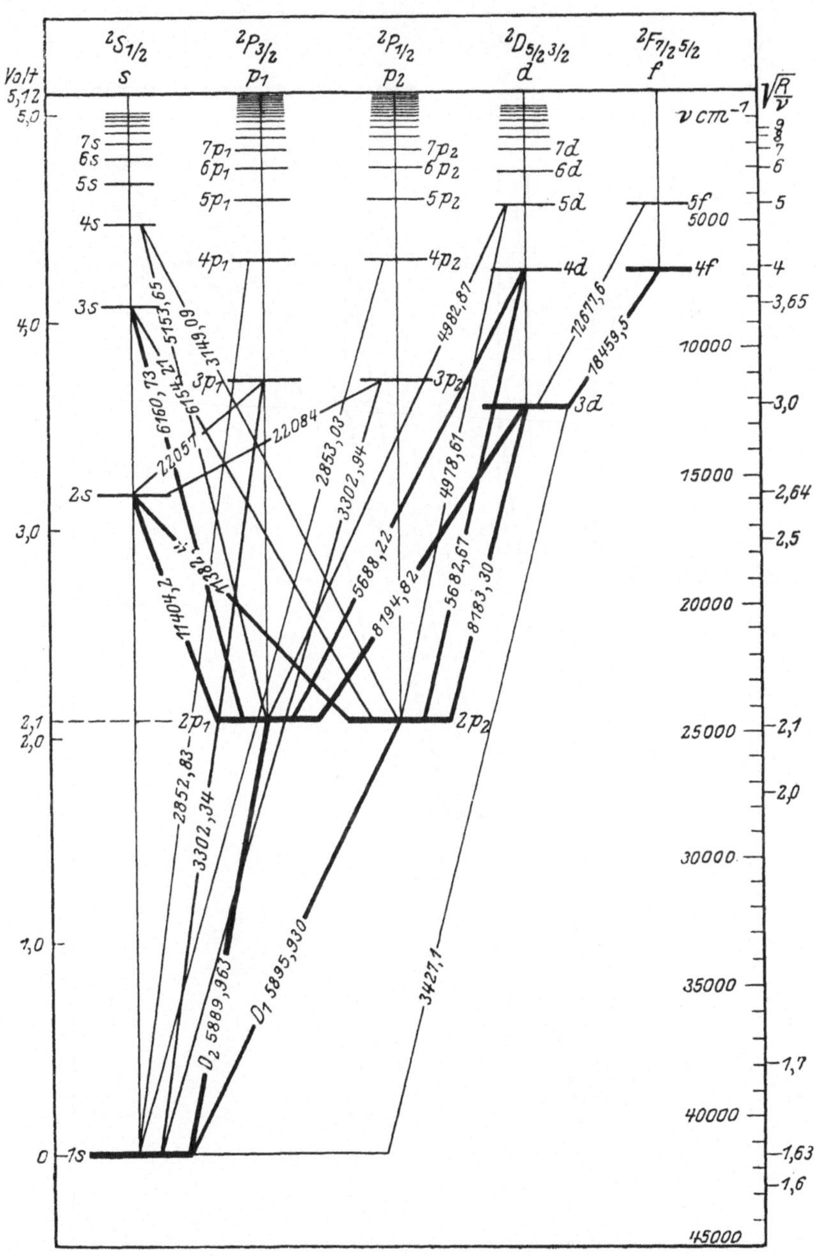

Abb. 19. Niveauschema des Natrium I

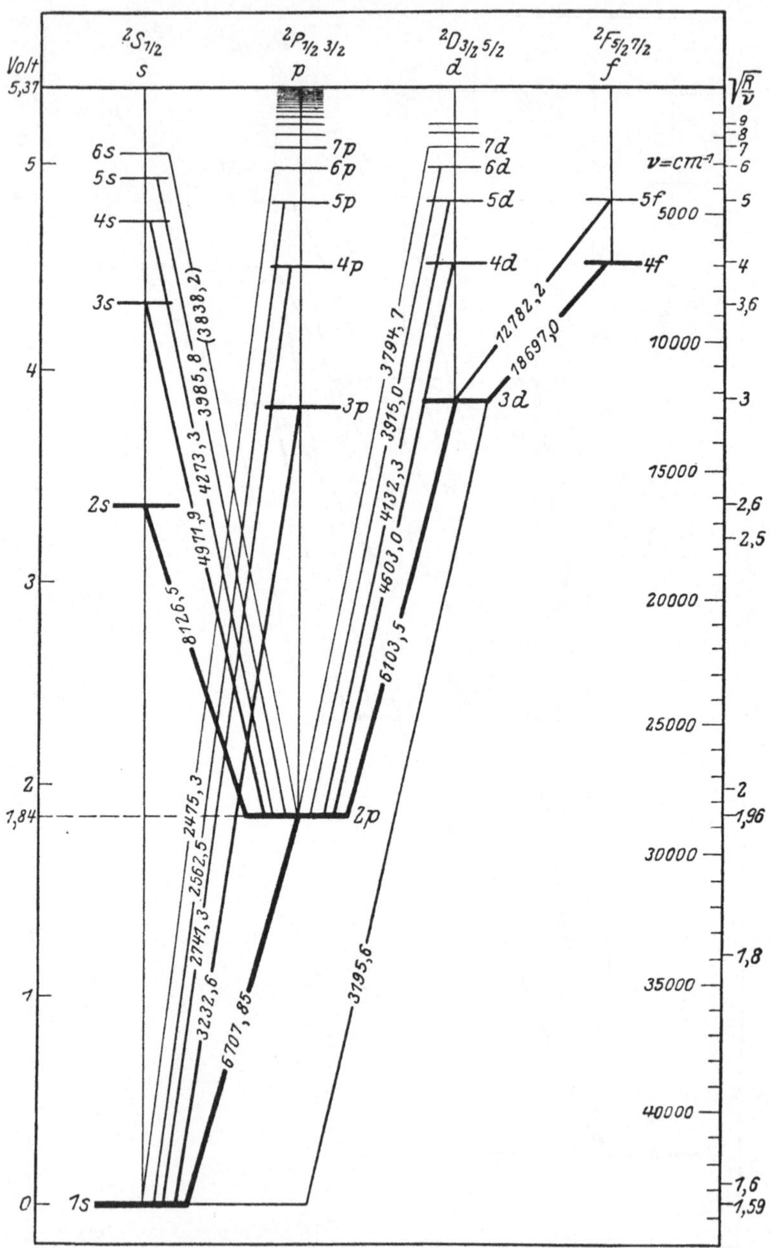

Abb. 20. Niveauschema des Lithium I

226. Infrarot- und Ramanspektren
Allgemeines

Bewegungen der Atome einer Molekel, bei denen der Schwerpunkt in Ruhe bleibt und auch keine Drehung um diesen stattfindet, nennt man inneratomare Schwingungen der Molekel. Eine beliebige derartige Schwingungsbewegung läßt sich — zumindestens bei kleinen Schwingungsamplituden — in eine Anzahl von rein harmonischen Normalschwingungen aufteilen. Diese Normalschwingungen können als Absorptionslinien bzw. Banden direkt im Infrarotspektrum beobachtet werden; sie treten ebenso im Ramanspektrum auf. Es gibt bei einer aus N-Atomen bestehende Molekel $n = 3N - 6$ bzw. $n = 3N - 5$ Normalschwingungen, sofern die Molekel gewinkelt bzw. linear gestreckt ist. Weil vornehmlich im Infrarotspektrum auch Kombinationsschwingungen und Oberschwingungen der Frequenzen $\nu_1 \pm \nu_2$ und $2\nu_1$ oder $2\nu_2$ usw. auftreten, wenn ν_1 und ν_2 die Frequenzen zweier Normalschwingungen sind, erfordert die Diskussion eines beobachteten Gesamtspektrums eine eingehende Analyse, um daraus auf die Frequenzen der einzelnen Normalschwingungen schließen zu können (vgl. Abb. 22, S. 221).

Die Normalschwingungen lassen sich aus mechanischen Molekülmodellen herleiten, bei denen die potentielle Energie, die bei der Verzerrung der Einzelatome der Molekel aus ihrer Ruhelage auftritt, zurückgeführt wird auf Federkräfte, welche die Atome an ihre Ruhelage binden oder welche die Winkel einer Molekel an ihren Normalwert fixieren. Im einfachsten Falle einer zweiatomigen Molekel wird die potentielle Energie durch einen rein quadratischen Ausdruck der Form $E_{\text{pot}} = {}^1/_2 A_1 \cdot x_1^2$ und die kinetische Energie durch einen entsprechenden Ausdruck $E_{\text{kin}} = {}^1/_2 M_1 \cdot \dot{x}_1^2$ gegeben, wo x_1 eine Bewegungskoordinate ist, bei der gleichzeitig beide Atome aus ihrer Ruhelage derart verzerrt werden, daß der Schwerpunkt in Ruhe bleibt und keine Drehung um ihn stattfindet, was bereits verlangt, daß hier die Verzerrung beider Atome in der Valenzrichtung erfolgt. Die Proportionalitätsfaktoren A_1 und M_1 sind dann Federkraftkonstante und Massenzahl.

Bei mehratomigen Molekeln verallgemeinern sich diese einfachen Ausdrücke in

$$E_{\text{pot}} = {}^1/_2 (A_{11} x_1^2 + 2 A_{12} x_1 x_2 + \cdots + A_{22} x_2^2 + \cdots)$$
$$E_{\text{kin}} = {}^1/_2 (M_{11} \dot{x}_1^2 + 2 M_{12} \dot{x}_1 \dot{x}_2 + \cdots + M_{22} \dot{x}_2^2 + \cdots) \tag{1}$$

aus denen dann die Kreisfrequenzen ω_i der Normalschwingungen über die Determinantengleichung

$$\begin{vmatrix} A_{11} - \omega^2 M_{11} & A_{12} - \omega^2 M_{12} \cdots \\ A_{12} - \omega^2 M_{12} & A_{22} - \omega^2 M_{22} \cdots \\ \cdots\cdots\cdots\cdots\cdots\cdots \end{vmatrix} = 0 \tag{2}$$

berechnet werden können. Diese Determinantengleichung besitzt im einfachsten Fall nur einer Schwingung (zweiatomige Molekel) die bekannte Lösung der elementaren Mechanik $\omega = \sqrt{A_1/M_1}$. Umgekehrt kann man versuchen, aus den im Spektrum beobachteten Frequenzen die in den A_{ij} enthaltenen Federkraftkonstanten zu ermitteln, was insbesondere bei symmetrisch gebauten Molekeln relativ leicht gelingt, weil bei diesen viele der Koeffizienten A_{ij} und M_{ij} verschwinden, so daß die Determinantengleichung (2) in mehrere Gleichungen von geringerem Grade aufspaltet.

Mit den aus Gl. (2) erhaltenen ω_i-Werten lassen sich die linearen Gleichungen

$$(A_{11} - \omega_i^2 M_{11})\, x_{i,1} + (A_{12} - \omega_i^2 M_{12})\, x_{i,2} + \cdots = 0$$

$$(A_{12} - \omega_i^2 M_{12})\, x_{i,1} + (A_{22} - \omega_i^2 M_{22})\, x_{i,2} + \cdots = 0 \qquad (3)$$

bekanntlich mit nicht verschwindenden $x_{i,1}$; $x_{i,2} \ldots$ lösen. Superponiert man die so bekannten Verzerrungs- bzw. Bewegungskonstanten $x_{i,j}$, so erhält man die bei der Normalschwingung ω_i der Molekel auftretende Schwingungskonfiguration. Freilich ergibt die so durchgeführte Berechnung etwas unterschiedliche Konfigurationsbilder je nach dem verwandten Modellansatz für die Kraftkonstanten, der nicht ganz willkürfrei zu erfolgen pflegt.

Man unterscheidet bei diesen Schwingungskonfigurationen Schwingungen, bei denen die Atome der Molekel sich im wesentlichen in der Valenzrichtung bewegen, sog. ν-Schwingungen, und solche, bei denen sie sich senkrecht dazu bewegen (δ-Schwingungen).

Eine Schwingung ist nun nur dann mit endlicher Intensität im Infrarot bzw. Ramaneffekt beobachtbar, wenn bei der Schwingung ein mit der Frequenz der Schwingung variables Dipolmoment bzw. eine damit variierende Polarisierbarkeit der Molekel auftritt. Ist keine solche Variation vorhanden, dann ist diese Schwingung im Infrarot bzw. Ramaneffekt verboten. Im anderen Falle kann natürlich die Intensität der Absorption bzw. Ramanstreuung so schwach sein, daß diese im Experiment noch nicht beobachtet wurde.

Die Tabelle 2261 ist so angelegt, daß sie in kleineren Einzeltabellen die Normalschwingungsfrequenzen von Molekeln gleicher oder ähnlicher Symmetriestruktur in cm^{-1} angibt. Es ist daher am Kopf der Tabelle die allgemeine Struktur der behandelten Stoffklasse angegeben; manchmal befindet sich dort auch eine Angabe über die allgemeine Aufteilung der $n = 3N - 6$ bzw. $3N - 5$ Normalschwingungen in ν-Schwingungen (Valenzschwingungen), δ-Schwingungen (Knickschwingungen) usw. In der ersten Spalte der eigentlichen Tabelle befindet sich dann der Name und (bzw. oder) die Formel der gerade diskutierten Molekel. Es folgen dann die Einzelwerte der Normalschwingungen, welche meist als ω_1, ω_2 usw. fortlaufend numeriert sind. Manchmal sind zwei oder drei ω-Werte zu einem Wert $\omega_{1,2}$ oder $\omega_{1,2,3}$ usw. zusammengefaßt, wenn zwei verschiedene Schwingungskonfigurationen die gleiche Frequenz aufweisen, was oft aus Symmetriegründen der Fall ist. In diesen Fällen ist die Schwingung zusätzlich als E- (entartet) oder F-Schwingung gekennzeichnet. Außerdem sind zusätzlich über die Art der Symmetrie der Schwingungskonfiguration zu Symmetrieelementen der Molekel gelegentlich Bezeichnungen in die Tabelle aufgenommen wie ein Index s (bzw. g) oder a (bzw. u) für symmetrisch (bzw., gerade) oder antisymmetrisch (bzw. ungerade). Unter diesen Symbolen befindet sich ein Hinweis darauf, ob die Linie der betreffenden Symmetrie aus Symmetriegründen im Ramaneffekt verboten ist (v) oder dort auftreten kann und polarisiert (p) oder depolarisiert (dp) ist.

Bestrahlt man nämlich beim Ramaneffekt mit polarisiertem Primärlicht, so kann die gestreute Ramanlinie im wesentlichen polarisiert bleiben oder sie wird weitgehend depolarisiert. Das Symmetrieverhalten der Molekel ist für das verschiedene Polarisationsverhalten maßgebend. Ähnlich ist vermerkt, ob die betreffende Normalschwingung im Infrarotspektrum aktiv (a) ist, also auftreten kann, oder inaktiv ist (ia). Unter den Zahlangaben der Frequenzen ist gelegentlich angegeben, ob die

Linie im Infrarotspektrum (Ultrarotspektrum) beobachtet wurde (U), und ob dort eine Parallel- (∥) oder Senkrechtbande ($\perp$) in Erscheinung trat (s. unten). Analog bedeutet ein R, daß die Linie im Ramaneffekt beobachtet wurde. Die Zahlenangaben unter den Frequenzen — manchmal auch neben den Frequenzangaben — geben ein Maß der Intensität der Linie; dabei ist 10 (oder auch $s\ st$ bzw. st) eine sehr starke bzw. starke Linie, 0 und 1 oder ($s\ s$) sind sehr schwach auftretende Linien, 2 oder (s) schwache Linien usw.

Rechts neben den Frequenzzahlen finden sich häufig Angaben über die Kraftkonstanten für die Valenzkräfte zwischen einzelnen Atomen der Molekel f_v bzw. f_{XY} und für die Knickkräfte, welche bei der Verbiegung der Valenzwinkel beansprucht werden. Mit diesen Kraftkonstanten wurden über die Gln. (1) und (2) manchmal Frequenzen von Linien berechnet, die im Spektrum direkt nicht beobachtet wurden, weil sie entweder verboten und inaktiv waren oder so schwach, daß sie sich der Beobachtung bislang entzogen. Unter den „Bemerkungen" in der letzten Spalte sind gelegentlich die aus den Rotationsstrukturen der Infrarotbanden entnommenen Trägheitsmomente (in 10^{-40} g $\cdot$ cm^2) aufgeführt.

Die Reihenfolge, nach der in den Einzeltabellen die Stoffe abgehandelt sind, ist die übliche, derart, daß die anorganischen Verbindungen alphabetisch nach den Elementsymbolen und die organischen Verbindungen nach dem Hillschen System geordnet wurden (System von HILL, Bd. II, S. 1092). Manche Verbindungen finden sich an verschiedenen Stellen; wenn z.B. eine CH$_3$-Gruppe als ein „Atom" betrachtet wird, kann eine Verbindung wie Propan vereinfacht als „dreiatomige" gewinkelte Molekel behandelt werden. Es findet sich diese Verbindung deshalb auch dort, wo echte dreiatomige gewinkelte Molekeln wie H$_2$O, SO$_2$ usw. stehen. Außerdem ist die Molekel noch unter Berücksichtigung der Eigenständigkeit der H-Atome der CH$_2$-Gruppe an einer weiteren Stelle behandelt.

Rotationsstruktur: Die einfachen Linien bzw. Banden im IR-Spektrum werden beobachtet, wenn sich die Schwingungsquantenzahl n einer Normalschwingung um eine Einheit ändert; gleichzeitig ändert sich im allgemeinen aber auch die Rotationsquantenzahl l um eine Einheit, nur in speziellen Fällen bleibt die Rotationsquantenzahl l konstant. Die Energien des angeregten Zustandes bei einer gestreckten Molekel sind infolgedessen wegen $\Delta l = \pm 1$

$$E_a = \left(n + \frac{3}{2}\right) h\nu + (l+1)(l+2)\frac{h^2}{8\pi^2 I}$$

oder

$$E_a = \left(n + \frac{3}{2}\right) h\nu + (l-1)\,l\,\frac{h^2}{8\pi^2 I} \tag{4}$$

$$(I = \text{Trägheitsmoment})$$

wenn der nicht angeregte Zustand die Energie

$$E_0 = \left(n + \frac{1}{2}\right) h\nu + l(l+1)\frac{h^2}{8\pi^2 I} \tag{4a}$$

besitzt, so daß die zu beobachtende Linie die Frequenz (in Wellenzahleneinheiten)

$$\frac{E_a - E_0}{h\,c} = \tilde{\nu} + 2(l+1)\frac{h}{8\pi^2 I\,c} \quad \text{mit} \quad l = 0, 1, 2, \ldots \tag{5}$$

R-Zweig der Bande

oder

$$\frac{E_a - E_0}{h\,c} = \tilde{\nu} - 2l\,\frac{h}{8\,\pi^2\,I\,c} \quad \text{mit} \quad l = 1,\,2,\,3,\,\dots \qquad (5\,\mathrm{a})$$

P-Zweig der Bande

aufweist. Bei Schwingungen, die in der Molekelachse erfolgen, sind nur diese P- und R-Zweige zu beobachten ($\parallel$-Banden); bei Schwingungen, deren Bewegung senkrecht auf der Molekelachse steht ($\perp$-Banden), gibt es auch einen zusätzlichen unverschobenen Q-Zweig mit $(E_a - E_0)/h\,c = \tilde{\nu}$. Die Abstände der Einzellinien innerhalb des P- oder R-Zweiges gestatten die Bestimmung von $B = h/8\,\pi^2\,I\,c$ und damit des Trägheitsmomentes der Molekel, über das dann oft die gegenseitige Entfernung der Atome der Molekel zugänglich ist, eine Größe, die ebenfalls in der letzten Spalte der Tabelle 2261 gelegentlich vermerkt ist.

Die Ermittlung der Größe $h/8\,\pi^2\,I\,c$ verlangt ein hohes Auflösungsvermögen des IR-Spektrographen. Ist ein solches nicht vorhanden oder ist das Trägheitsmoment zu hoch, so daß die einzelnen Linien eines Zweiges zu geringe Abstände besitzen, so gelingt eine Bestimmung des Trägheitsmomentes über den Abstand $\varDelta\tilde{\nu}$ der Maxima der Konturen des P- und R-Zweiges voneinander über die Beziehung (s. Abb. 21)

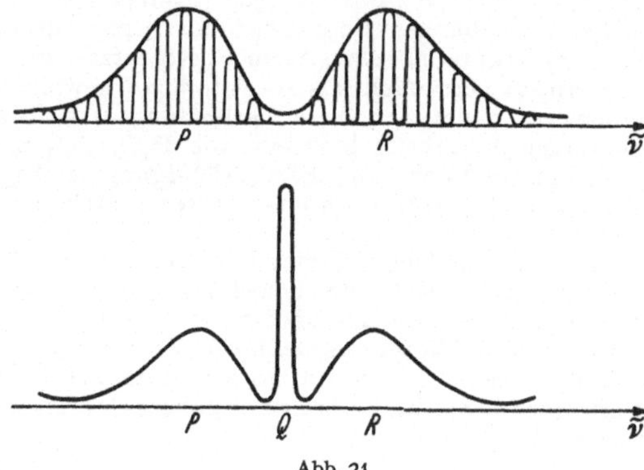

Abb. 21

$$\varDelta\tilde{\nu}_{\mathrm{max}} = \frac{1}{\pi c}\,\sqrt{\frac{kT}{I}} \qquad (6)$$

$k = $ Boltzmann-Konstante

eine Methodik, die freilich weniger genaue Resultate liefert. Die Rotationsstruktur von Ramanlinien ist mit der Auswahlregel $\varDelta l = \pm 2$ im allgemeinen nur schlecht beobachtbar, weil das Auflösungsvermögen meist nicht ausreicht.

Die Rotationsstruktur wird komplizierter, wenn die Molekel gewinkelt ist und mithin mehrere Trägheitsmomente I_A, I_B und I_C auftreten. Sind wenigstens zwei der Trägheitsmomente einander gleich ($I_A = I_B$) so gilt anstelle der Gl. (4a)

$$E = \left(n + \frac{1}{2}\right)h\nu + \frac{J(J+1)\,h^2}{8\,\pi^2\,I_C} + K^2\,\frac{h^2}{8\,\pi^2}\left(\frac{1}{I_C} - \frac{1}{I_B}\right) \qquad (7)$$

$J = 0,\,1,\,2,\,3,\,\dots \qquad |K| = 0,\,1,\,2,\,\dots\,J.$

Die Auswahlregeln sind hier $\Delta J = \pm 1$ und $\Delta J = 0$, es gibt also P-, Q- und R-Zweige, außerdem gilt die weitere Auswahlregel $\Delta K = \pm 1$.

Die meist sehr intensiveren Q-Zweige liegen dann um

$$[(K+1)^2 - K^2]\,\frac{h}{8\,\pi^2\,c}\left(\frac{1}{I_C} - \frac{1}{I_B}\right) = (2K+1)\,\frac{h}{8\,\pi^2\,c}\left(\frac{1}{I_C} - \frac{1}{I_B}\right) \qquad (7\,\mathrm{a})$$

$$K = 0,\,1,\,2\ldots$$

bzw.

$$[(K-1)^2 - K^2]\,\frac{h}{8\,\pi^2\,c}\left(\frac{1}{I_C} - \frac{1}{I_B}\right) = -(2K-1)\,\frac{h}{8\,\pi^2\,c}\left(\frac{1}{I_C} - \frac{1}{I_B}\right)$$

$$K = 1,\,2\ldots$$

vom Zentrum entfernt, d.h. jeweils um den Betrag

$$\Delta\tilde{\nu} = \frac{h}{4\,\pi^2\,c}\left(\frac{1}{I_C} - \frac{1}{I_B}\right) \qquad (7\,\mathrm{b})$$

auseinander, wenn wieder auf Wellenzahlen umgerechnet wird. Geht man von den Q-Zweig-Stellen zu den benachbarten Stellen des P- oder R-Zweiges über, so entnimmt man aus diesen Abständen wie bei zweiatomigen Molekeln I_C und über Gl. (7 b) schließlich $I_B = I_A$. Die entsprechende Bandenanalyse kann naturgemäß nur bei kleinen Molekeln in praxi durchgeführt werden.

Die Schwingungsfrequenzen und auch die Trägheitsmomente einer realen Molekel sind nicht exakt konstant, eine Frequenzkonstanz z.B. wäre nur bei einer streng harmonischen Schwingung gegeben; in Wirklichkeit sind die Schwingungen mehr oder weniger anharmonisch. Die Energie ist dann nicht mehr durch die einfache Formel $E_n = (n + {}^1\!/_2)\,h\nu$ gegeben, sondern in nächster Näherung durch

$$E_n = (n + \tfrac{1}{2})\,h\nu_e - x_e(n + \tfrac{1}{2})^2\,h\nu_e\,, \qquad (8)$$

wo x_e die sog. Anharmonizitätskonstante ist und ν_e die auf die Amplitude Null bezogene „harmonische Grenzfrequenz". Die Differenz zwischen zwei benachbarten Energieniveaus liefert dann Absorptionsfrequenzen

$$\tilde{\nu}_{n+1 \to n} = \tilde{\nu}_e - 2 x_e (n+1)\,\tilde{\nu}_e\,, \qquad (8\,\mathrm{a})$$

aus denen übrigens die Dissoziationsenergie einer zweiatomigen Molekel zu

$$E_D = \frac{h\nu_e}{4\,x_e} \qquad (8\,\mathrm{b})$$

folgt.

Außerdem besteht zwischen Schwingung und Rotation insofern eine Kopplung, als mit steigender Schwingungsquantenzahl das Trägheitsmoment größer wird. Auch durch die Zentrifugalkräfte wird bei stärkerer Rotation das Molekül gedehnt und das Trägheitsmoment vergrößert. Bei zweiatomigen Molekeln gilt an Stelle der Gl. (4a)

$$E_{n,l} = \left(n + \frac{1}{2}\right)h\nu_e - x_e\left(n + \frac{1}{2}\right)^2 h\nu_e +$$
$$+\,l(l+1)\,\frac{h^2}{8\,\pi^2\,I_e}\left(1 - \delta\left(n + \frac{1}{2}\right)\right) - 4\,l^2(l+1)^2\,\frac{h^2}{8\,\pi^2\,I_e}\left(\frac{h}{8\,\pi^2\,I_e\,\nu_e}\right)^2, \qquad (9)$$

wo jetzt I_e das Trägheitsmoment für die ruhende Molekel ist, während v_e und x_e die gleiche Bedeutung wie oben haben*.

Gl. (9) wird erst bei der Analyse von Elektronenbandenspektren wirklich benötigt. In Tabelle 2262 findet man jedoch schon Werte von $\tilde{v}_e$ und x_e die über Gl. (9) ermittelt wurden. Auch in Bd. I, S. 106 f., Tabelle 2142 sind Werte für x_e bzw. $x_e \tilde{v}_e$ (dort als $x_0 \omega_0$ bezeichnet) vermerkt.

Bei einigen einfachen Molekülen sind die Infrarotspektren so genau untersucht, daß die einzelnen Übergänge zwischen definierten Schwingungsquantenzahlen usw. angegeben werden können (Tabelle 2262), während meist nur die Grundfrequenzen festgelegt werden können. Bei diesen genauer untersuchten Molekeln sind noch besondere Resonanzaufspaltungen bekannt, wenn z.B. die doppelte Frequenz einer Normalschwingung mit einer einfachen Frequenz einer anderen Normalschwingung praktisch zusammenfällt oder dergl. (vgl. die Linien des CO_2 bei 1285 cm^{-1} und 1388 cm^{-1} in Tabelle 2262). Die Anharmonizität der Normalschwingungen bedingt wesentlich, daß auch Übergänge mit $\Delta n > 1$ auftreten, während die Auswahlregeln für die Rotationsquantenzahlen streng gelten.

Reine Rotationslinien, die im Spektrum für den Fall $\Delta l = 1$ aber $\Delta n = 0$ auftreten, werden nur bei sehr leichten Molekeln beobachtet, da die zugehörigen Frequenzen meist zu niedrig sind und aus dem normalen Infrarotbereich herausfallen; sie sind dann nur im Mikrowellenbereich zu messen. Es gilt dann nach Gl. (9) für die Rotationslinien

$$\tilde{v}_{\text{rot}} = 2\,(l+1)\frac{h}{8\,\pi^2\,I_e\,c}\left(1 - \delta\left(n + \frac{1}{2}\right)\right) - $$
$$- 16\,(l+1)^3\,\frac{h}{8\,\pi^2\,I_e\,c}\left(\frac{h}{8\,\pi^2\,I_e\,c\,\tilde{v}_e}\right)^2 \tag{9a}$$
$$l = 0,\, 1,\, 2 \dots$$

Einzelangaben aus Infrarotspektren in Tabelle 2262.

---

* Die Größe $\dfrac{h}{8\,\pi^2\,I_0\cdot c} = \dfrac{h}{8\,\pi^2\,I_e\cdot c}\left(1 - \delta\cdot\dfrac{1}{2}\right)$ wird oft als B_0 und $\dfrac{h}{8\,\pi^2\,I_e\cdot c}$ als B_e sowie $\tilde{v}_e - \dfrac{1}{4}\,x_e\,\tilde{v}_e$ als $\tilde{v}_0$ bezeichnet, womit gesetzt wird $I_0 = m_{\text{red}}\,r_0^2$ und $I_e = m_{\text{red}}\,r_e^2$, r_0 oder r_e = Abstand der Kerne.

2261. Eigenschwingungen
(auch Trägheitsmomente, Kernabstände und Kraftkonstanten) ausgewählter Molekeln aus Raman- und Ultrarotspektren

I. Zweiatomige Molekeln

Stoff	Formel	ν cm^{-1}	f in 10^5 dyn cm^{-1}	r in 10^{-8} cm
a) Einfachbindung				
Brom	Br·Br	320,5	2,38	2,28
Chlor	Cl·Cl	557	3,18	1,98
Fluor	F·F	(1110)	—	(1,3)
Wasserstoff	H·H	4160	5,1	0,75
	H·D	3630	5,2	0,75
	D·D	2989	5,2	0,75
Bromwasserstoff	H·Br	2558	3,8	1,41
	D·Br	1800	3,8	1,41
Chlorwasserstoff	H·Cl	2885	4,7	1,27
	D·Cl	2040	4,7	1,27
Fluorwasserstoff	H·F	3935	8,6	0,92
	D·F	2850 (ber.)	8,6	0,92
Jodwasserstoff	H·J	2233	2,9	1,62
	D·J	1570	2,9	1,62
Jod	J·J	213,0	1,68	2,66
b) Zweifachbindung				
Sauerstoff	O:O	1556	11,3	1,20
Schwefeloxid	S:O	1110	7,7	1,49
Schwefel	S:S	722	4,86	1,60
Selen	Se:Se	386	3,42	(2,1)
Tellur	Te:Te	250	2,32	2,86
c) Dreifachbindung				
Kohlenoxid	C⦂O	2144	18,6	1,13
Kohlenoxid-Ion	C⦂O$^+$	2181	18,7	1,11
Stickstoff	N⦂N	2331	22,2	1,09
Stickstoffoxid	N⦂O	1878	15,4	1,15
Sauerstoff-Ion	O⦂O$^+$	1843	16,0	1,14

II. Dreiatomige, lineare Molekeln

a) Typ: $X \cdot Z \cdot X$; Symmetrie: $D_{\infty h}$; $n = 2v + 1\delta$

Stoff		Formel	$\delta(a)$ E_u v, a	$v(s)$ A_g p, ia	$v(a)$ A_u v, a	f in 10^5 dyn cm^{-1}	$2d$ in 10^5 dyn cm^{-1}	Bemerkungen J in 10^{-40} g cm^2
CO$_2$ Kohlendioxid	g.	O:C:O	668 $U(\perp)$	1286, 1389 5, p 10, p Res. Aufsp.	2350 U (⦀)	14,1 ↔ 16,7	1,14	$J_A = 70,6$ C^{13}O$_2$ $v(a)$: 2284 U
CS$_2$, Schwefelkohlenstoff	fl.	S:C:S	397 1, dp, U	656 10, p	1523 U (⦀)	6,9 ↔ 8,1	0,47	$J_A = 264$
C$_3$H$_4$, Propadien-(1,2) Allen	fl.	C:C:C	353 2	1069 10	1980 U	9,45	—	$J_A = 97,0$
N$_2$O Distickstoffoxid	g.	O:N$^+$:N$^-$	589 $U(\perp)$	1287 10, U (⦀)	2224 1, U (⦀)	13,9 ↔ 14,6	0,97	$J_A = 66,0$ Symmetrie nur angenähert $D_{\infty h}$, strenggenommen $C_{\infty v}$

b) Typ: $X \cdot Z \cdot Y$; Symmetrie: $C_{\infty v}$; $n = 2v + 1\delta$

Stoff		Formel	δ E dp, a	vX A p, a	vY A p, a	f_{xz} in 10^5 dyn cm^{-1}	f_{zY} in 10^5 dyn cm^{-1}	$2d$ in 10^5 dyn cm^{-1}	Bemerkungen J in 10^{-40} g cm^2
HNC, Cyanwasserstoffsäure (Blausäure)	fl.	H·C:N	712 U	3313 U	2089 10, p	5,4	17,9	0,42	$J_A = 18,7$
DNC, D$_1$-Cyanwasserstoffsäure (D$_1$-Blausäure)	fl.	D·C:N	569 U	2630 R,U	1906 R	6,10	16,9	0,42	$J_A = 22,9$

II. Dreiatomige, lineare Molekeln

b) Typ: $X \cdot Z \cdot Y$; Symmetrie: $C_{\infty v}$; $n = 2v + 1\,\delta$ (Fortsetzung)

Stoff		Formel	δ E dp, a	νX A p, a	νY A p, a	f_{XZ} in 10^5 dyn cm^{-1}	f_{ZY} in 10^5 dyn cm^{-1}	$2d$ in 10^5 dyn cm^{-1}	Bemerkungen J in 10^{-40} g cm^2
BrCN, Cyanbromid (Bromcyan)	geschm. 56° C	Br·C⫶N	368 2, dp	580 5, p	2187 10, p	4,2	16,8	0,38	$J\mathrm{Br^{79}CN} = 203,6$ $J\mathrm{Br^{81}CN} = 204,8$
ClCN, Cyanchlorid (Chlorcyan)	fl.	Cl·C⫶N	397 3, dp	729 5, p	2201 10, p	5,1	16,6	0,43	$J\mathrm{Cl^{35}CN} = 140,5$ $J\mathrm{Cl^{32}CN} = 143,4$
JCN, Cyanjodid (Jodcyan)	Lsg.in CHCl$_3$	J·C⫶N	321 1	470 2	2158 10	2,95	16,7	0,29	$J = 249$
(CON)$^-$, Cyanat-Ion	Lsg.	O$^-$·C⫶N	485 ber.	857 R	2192 R	4,7	16,6	—	
(CSN)$^-$, Thiocyanat-Ion (Rhodan-Ion)	Lsg.	S$^-$·C⫶N	398 ber.	750 2, p	2066 5, p	5,3	14,3	0,41	$r\mathrm{HN} = 1,2 \pm 0,1$ $r\mathrm{NC} = 1,21 \pm 0,01$ $r\mathrm{CS} = 1,57 \pm 0,01$ $\not\subset \mathrm{HNC} = 112° \pm 10°$
COS Kohlenoxidsulfid	fl.	S⫶C⫶O	521 1 dp, $U\,(\perp)$	858 6, p $U\,(\parallel)$	2050, 2079 1, dp $U\,(\parallel)$	8,0	13,6	0,7	$J = 137,93$
C$_3$H$_4$, Propin (Methylacetylen)	fl.	C·C⫶C	333 9b, dp	926 5, p	2124 10, p	5,3	14,7	0,26	
HN$_3$, Stickstoffwasserstoffsäure	fl.	(HN)⫶N⫶N	540 U	1270 3 U	2139 1, U	9,1	20,4	—	$r\mathrm{NN} = 1,16$ $r\mathrm{NH} = 1,08$ $\nu\mathrm{NH} = 3336$ $\delta\mathrm{NH} = 1150$
N$_3^-$, Azid-Ion	Lsg. u. fest	N$^-$⫶N⫶N	636 0, U	1355 10, p	2070 0	8,6	15,6	1,1	

c) Metallverbindungen, Typ: $X \cdot Me \cdot X$; $\begin{cases} \text{linear: Symmetrie } D_{\infty h} \\ \text{oder} \\ \text{gewinkelt: Symmetrie } C_{2v} \end{cases} n = 2v + 1\delta.$

Stoff (Formel)		$\delta(a)$ E_u v, a $\delta(\pi)$ A_1 p, a	$v(s)$ A_g p, ia $v(\pi)$ A_1 p, a	$v(a)$ A_u v, a $v(\sigma)$ B_1 dp, a	Bemerkungen $\left.\begin{array}{l} \\ \\ \end{array}\right\} D_{\infty h}$ $\left.\begin{array}{l} \\ \\ \end{array}\right\} C_{2v}$
$CdBr_2$, Cadmiumbromid	Lsg.	—	160	—	
$CdCl_2$, Cadmiumchlorid	Lsg.	—	240	—	
CdJ_2, Cadmiumjodid	Lsg.	—	120	—	
CdH_6C_2 Cadmiumdimethyl	fl.	150 0	465 20, p	640 3, dp	$CH_3\ \delta$ 1130 1450 8 p 0 v 2900 2963 4 p 1

II. Dreiatomige Molekeln

c) Metallverbindungen, Typ: $X \cdot Me \cdot X$; $\begin{cases} \text{linear: Symmetrie } D_{\infty h} \\ \text{oder} \\ \text{gewinkelt: Symmetrie } C_{2v} \end{cases}$ $\Big\}$ $n = 2\nu + 1\,\delta$ (Fortsetzung)

Stoff (Formel)		$\delta(a)$ E_u v, a / $\delta(\pi)$ A_1 p, a	$\nu(s)$ A_g p, ia / $\nu(\pi)$ A_1 p, a	$\nu(a)$ A_u v, a $\}D_{\infty h}$ / $\nu(\delta)$ B_1 dp, a $\}C_{2v}$	Bemerkungen
$HgBr_2$, Quecksilber(II)bromid	Lsg. u. g.	64 ?	205 (Lsg.) 219 (g.)	297	
$HgCl_2$, Quecksilber(II)chlorid (Sublimat)	Lsg. u. g.	71 ?	320 (Lsg.) 355 (g.)	415	
HgJ_2, Quecksilber(II)jodid	Lsg.	50 ?	150	233	
HgH_6C_2 Quecksilberdimethyl	fl.	155 2	514 10 p	700 3 dp	CH_3 δ 1180 1443 ν 2904 2964
HgC_2N_2, Quecksilber(II)cyanid	Lsg.		260 4	—	
$ZnBr_2$, Zinkbromid	geschm.	80	137	155	Winkel. wahrsch.
$ZnCl_2$, Zinkchlorid	geschm.	100	230	290	Winkel. wahrsch. Lsg. beob. 188, 378
ZnH_6C_2, Zinkdimethyl		144 (2)	505 10, p	620 3 b, dp	CH_3 δ 1157 1388 1453 8 0 0 ν 2893 2948 10 0

III. Dreiatomige, gewinkelte Molekeln

a) Hydride $\left\{\begin{array}{l}\text{Typ}: H\cdot Z\cdot H,\ D\cdot Z\cdot D.\ \text{Symmetrie}: C_{2v}\\ \text{Typ}: H\cdot Z\cdot D.\ \text{Symmetrie}: C_S\end{array}\right\}\ n = 2v + 1\,\delta$

Stoff		Formel	C_{2v} C_S	$\delta(\pi)$ A_1 p,a δ A' p,a	$\nu(\pi)$ A_1 p,a νH A' p,a	$\nu(\sigma)$ B_1 dp,a νD A' p,a	f	$2d$	r	Symmetrie C_{2v} / Bemerkungen / Symmetrie C_s
H_2O, Wasser	g.	H·O·H	C_{2v}	1596 U	3654 R	3756 U	7,8	1,37	0,96	J in 10^{-40} g cm² J_A:0,995 $r_{OH}=0,956$ J_B:1,908
H_2O Wasser	fl.	H·O·H	C_{2v}	1650 R, U	3210 R	3430 R	—	—	—	J_C:2,980 $\alpha = 104,5°$ beobachtet: 3600 R
HDO, Halbschweres Wasser (D_1-Wasser)	g.	H·O·D	C_S	1403 U	3720 U	2720 R, U	7,8	1,38	0,96	
HDO, Halbschweres Wasser (D_1-Wasser)	fl.	H·O·D	C_S	1480 U	—	2530 U	—	—	—	
D_2O, Schweres Wasser (D_2Wasser)	g.	D·O·D	C_{2v}	1180 U	2666 R	2784 U	7,8	1,38	0,96	J_A 5,867 J_C 1,696 J_B 3,818
D_2O, Schweres Wasser (D_2-Wasser)	fl.	D·O·D	C_{2v}	1220 U	2512 R, U	2630 R	—	—	—	beobachtet: 2670 R
H_2S, Schwefelwasserstoff	g.	H·S·H	C_{2v}	1236 U ⦀	2610 $R, p\ U$ ⦀	2685 $U\ (\perp)$	3,9	0,9	1,35	J_A:5,926 $r_{SH}=1,35$ J_B:3,096
H_2Se, Selenwasserstoff	fl.	H·Se·H	C_{2v}	1080 U	2312 10	2350 U	3,2	0,7	—	J_C:2,693 $\alpha = 92°$ (85°) $J_A = 7,3$ $J_C = 3,6$

b) Typ: $X \cdot Z \cdot X$; Symmetrie: C_{2v}; $n = 2v + 1\delta$

Stoff		Formel	$\delta(\pi)$ A p, a	$v(\pi)$ A_1 p, a	$v(\sigma)$ B_1 dp, a	f	$2d$	Bemerkungen
CH_2Br_2, Dibrommethan	fl.	$Br \cdot C \cdot Br$	175 9, p, U	576 10, p, U	640 6, dp, U	2,13	0,82	
CH_2Cl_2, Dichlormethan	fl.	$Cl \cdot C \cdot Cl$	284 10, p	700 10, p	738 5b, dp, U	2,61	1,09	$r_{CCl} = 1,9$
CH_2F_2, Difluormethan	fl. $-60°$ C	$F \cdot C \cdot F$	532 5	1079 10	1262 9	—	—	
CH_2J_2, Dijodmethan	fl.	$J \cdot C \cdot J$	120 8, p	485 10b, p	567 6b, dp, U	1,76	0,55	
C_2H_6O, Dimethyläther	fl.	$C \cdot O \cdot C$	416 0, p	920 5, p	1095 1	4,53	0,68	CH_3: δ 1450 3b
C_2H_6O, Äthanol	fl.	$C \cdot C \cdot O$	433 1, p	885 8, p	1049 3, p ?	3,41 (4,31)	1,04	C_2H_5OD: 876 v (π)
C_2H_7N, Dimethylamin	Lsg. i. H_2O	$C \cdot N \cdot C$	390 1	930 4	1080 0	4,24	0,64	CH_3: δ 1438, 1472 3 3
C_2H_7N, Äthylamin	Lsg. i. H_2O	$C \cdot C \cdot N$	415 1b	890 6b	1047 2	3,55 (4,23)	0,47	
C_3H_8, Propan	fl.	$C \cdot C \cdot C$	375 2b	868 8, U	1053 3b, U	3,78	0,72	
Cl_2O, Chlormonoxid	g.	$Cl \cdot O \cdot Cl$	330 ? U	640 U	687 U	—	—	v:973 ? Zuordnung unsicher $\alpha = 105°$
ClO_2, Chlordioxid	g.	$O:Cl:O$	529 U (∥)	946 U (∥)	1109 U ($\perp$)	—	—	
F_2O, Fluormonoxid		$F \cdot O \cdot F$	?	870 U	1280 U	—	—	$\alpha = 100,6°$
NO_2, Stickstoffdioxid	g.	$O:N:O$	640 U (∥)	1370 U (∥)	1615 U ($\perp$)	—	—	

Stoff	Formel	$\delta\,(\pi)$ A $p,\,a$	$\nu\,(\pi)$ A_1 $p,\,a$	$\nu\,(\sigma)$ B_1 $dp,\,a$	f	$2d$	Bemerkungen
–(NO$_2$)$^+$ Nitrogruppe	O:N$^+$:O	650 4	1370 4, p	1560 3, dp	—	—	Durchschnittswerte
SO$_2$, fl. Schwefeldioxid	O:S:O	525 1, p	1145 10, p	1334 1, dp	9,56	1,60	$r_{80} = 1,37$
UO$_2$ (Pulver) Uranoxid	O:U:O	210 5,–	860 10, U	930 –, U	—	—	

c) Typ: X·Z·Y; Symmetrie: C_S, $n = 2\nu + 1\,\delta$

Stoff	Formel	δ A' $p,\,a$	ν_X A' $p,\,a$	ν_Y A' $p,\,a$	f_{XZ}	f_Y	$2d$	Bemerkungen
CH$_2$ClBr fl. Chlor-brom-methan	Br·C·Cl	226 10, p	603 10, p, U	728 5b p, U	—	—	—	
CH$_2$FBr, fl. Fluor-brom-methan	F·C·Br	314 p	1050 p	630 p	—	—	—	
CH$_2$BrJ, fl. Brom-jod-methan	J·C·Br	144 7	517 10b	616 4b	—	—	—	
CH$_2$FCl, fl. Fluor-chlor-methan	F·C·Cl	385 10	1046 2b	743 10b	—	—	—	
CH$_2$ClJ, fl. Chlor-jod-methan	J·C·Cl	194 8	527 10	718 3b	—	—	—	

CH_2O_2 Ameisensäure	fl.	O:C·O	678, 658 3 *U*	1728, 1740 3*b U*	1065 1, *U*	11,8	5,4	0,4	CH:γ 1200; δ 1398; ν 2960 (2 5*b* 7)
C_2H_3Br, 1-Bromäthen (Vinylbromid)	fl.	C:C·Br	344 8	1593 4	598 7	—	—	—
C_2H_3Cl, 1-Chloräthen (Vinylchlorid)	fl.	C:C·Cl	396 4	1601 5, *p*	705 1, *p*	—	—	—
C_2H_3J, 1-Jodäthen (Vinyljodid)	fl.	C:C·J	309 7	1581 3	535 6	—	—	—
C_2H_4O Äthanal (Acetaldehyd)	fl.	O:C·C	510 4, *dp, U*	1720 3*b, p, U*	915 1, *p, U*	—	—	—
C_2H_5Br, 1-Bromäthan (Äthylbromid)	fl.	Br·C·C	292 3, *p, U*	560 10, *p, U*	960 1*b, dp, U*	3,71	1,41	1,00
C_2H_5Cl, 1-Chloräthan (Äthylchlorid)	fl.	Cl·C·C	335 5, *p, U*	656, 600 10*b, p, U*	970 3, *dp, U*	3,77	2,22	0,86
C_2H_5J, 1-Jodäthan (Äthyljodid)	fl.	J·C·C	262 5, *p, U*	500 10, *p, U*	951 2, *p, U*	3,70	1,25	0,74
C_3H_6, Propen	g.	C:C·C	432 3, *p*	1648 10, *p*	920 6, *p*	—	—	—

Zusätzliche Angaben:

C_2H_4O (Äthanal, Acetaldehyd):
CH: δ 1110; δ 1392; ν 2840; γ 760, 890 (3*b* 2 3*b*)
CH_3: $\delta\nu$ 1110, 1351, 1440; (1 2 3*b*)
ν 2920, 2970, 2705, 2790 (12*b* 2)

IV. Vieratomige, ebene Sternmolekeln

a) Typ: $\begin{matrix} X\cdot\ \ \cdot X \\ Z \\ \dot{X} \end{matrix}$; Symmetrie: D_{3h}; $n = 2\nu + 1\delta + 1\gamma$

Stoff		Formel	γ A_2 $v, a\,(\parallel)$	δ E $dp, a\,(\perp)$	$\nu(s)$ A_1 p, ia	$\nu(a)$ E $dp, a\,(\perp)$	Bemerkungen J in 10^{-40} g cm²
Bortribromid,	fl.	BBr_3	—	151 8	279 10	806 $3b$	$B^{10}Br_3$:ν (a) 846 $1b$
Bortrichlorid,	g.	BCl_3	—	255 8	472 10	946, 958 $R, 3b\ U$	$B^{10}Cl_3$:ν (a) 989, 996 $1b\ \ U$
Bortrifluorid,	g.	BF_3	B^{11}:691,5 $U\,(\parallel)$	480 $4b, U$	888 $7, U$	B^{11}:1446 $U\,(\perp)$	$B^{10}F_3$: γ 719,8; ν (a) 1497 U
Carbonat-Ion,	Lsg.	$--CO_3$	(880) ? U	680	1060	1415	$J_A = 79$
Nitrat-Ion		$-NO_3$	(830) ? $U?$	720 $2, dp$	1050 $10, p$	1390 2	} Frequenzen bei den verschiedenen Salzen nicht konstant
H_3PO_3, Phosphorige Säure	Lsg.	$---PO_3$	523 0	425 2	946 6	1014 3	PH:ν 2485 6
Schwefeltrioxid, geschm.	g.	SO_3	530	653 $3, dp$	1068 $10, p, U$	1390 $4b, dp\ U$	

b) Typ: $Y \cdot Z \cdot Y$ (mit X unter Z); Symmetrie: C_{2v}, $n = 3\nu + 2\delta + 1\gamma$

Stoff	Formel	γ B_1 dp, a	$\delta(\sigma)$ B_2 dp, a	$\delta(\pi)$ A_1 p, a	$\nu_Y(\pi)$ A_1 p, a	$\nu_Y(\sigma)$ B_2 dp, a	$\nu_X(\pi)$ A_1 p, a	Bemerkungen J in 10^{-40} g cm²
CCl_2O Phosgen (Chlorkohlenoxid)	fl.	Cl·C·Cl Ö	—	443 4, dp	300 5, p	570 10, p	834 2, dp	1810 4, p	
CH_2O, Formaldehyd	g.	H·C·H Ö	1165 U?	1275 U,0($\perp$)	1503 0, U	2780 U	2875 U	1750 1, U	Trägheitsmoment: $J_A = 24{,}33$ $r_{HH} = 1{,}88 \cdot 10^{-8}$ $J_B = 21{,}39$ $r_{CO} \sim 1{,}2 \cdot 10^{-8}$ $J_C = 2{,}941$
CH_4ON_2, Harnstoff	Lsg. in H_2O	N·C·N Ö	530 $2b, dp$	595 1, dp	—	1000 7, p	—	1660? $3b, p$	NH_2: δ 1167, 1478, 1604? 4, p $2b, dp$ 4b, p? ν 3235, 3385, 3496 5b, p 6b, p 5b, dp
$C_2H_4O_2$, Essigsäure	fl.	C·C·OH Ö	—	625 3, dp	452 1, p	897 5, p	1015 0, dp?	1670 4, p	CH_3: δ 1120, 1365, 1435; 0 2, p 3, dp ν 2942, 3020 6, p 1
C_2H_5ON, Acetamid	geschm. (u. in Lsg. in H_2O u. Alkohol)	C·C·N Ö	(250)? 0	446 3	568 3	864 6	(1000)? 0	1660 3b	beob.: 1615, Mesomerie? 2b
C_3H_6O, Propanon-(2), Aceton	fl.	C·C·C Ö	390 1, dp	530 3b, dp	490 1, p	790 10, p	1225 5, dp	1710 5b, p	CH_3: δ 1068, 1357, 1433; 3, p 1b, p 5b, dp ν 2922, 2965, 3008 10, p 5, dp 2b
HNO_3, Salpetersäure	fl.	O:N:O OH	(450)? 1	610 3b	673 4	1296 10b	1665 3b	923 4b	

V. Vieratomige

a) Typ; XY_3; Symmetrie:

Stoff	Formel	$\delta(\sigma)$ E dp, a	$\delta(\pi)$ A_1 p, a
Arsentrifluorid, fl.	AsF_3	274 4	341 2
Arsin, g. (Arsenwasserstoff)	AsH_3	990 R, U	910 R, U
$(BrO_3)^-$, Bromat-Ion	Lsg. u. Krist.	$O:Br^-:O$ $\ddot{O}$ 356, 344 2, dp; U	450, 434 1; U ($\|\|\|$)
$(ClO_3)^-$, Chlorat-Ion	Lsg. u. Krist.	$O:Cl^-:O$ $\ddot{O}$ 480 487 4, dp, U ($\perp$)	625 2, p; U ($\|\|\|$)
$(JO_3)^-$, Jodat-Ion	Lsg. u. Krist.	$O:J^-:O$ $\ddot{O}$ 330, 322 2, dp; U	(390), 357 U
Ammoniak, g.	NH_3	1630 U ($\perp$)	933, 966 3, U ($\|\|\|$)
D_3-Ammoniak, fl.	ND_3	1191 U ($\perp$)	746, 749 U ($\|\|\|$)
Phosphortrichlorid, fl.	PCl_3	190 5, dp	258 3, p
Phosphortrifluorid, fl.	PF_3	486 3	531 3
Phosphin, g. (Phosphorwasserstoff)	PH_3	1115 1, U ($\perp$)	979 2, U
Antimontrichlorid, geschm.	$SbCl_3$	126 10	152 3
$HSiBr_3$, fl. Tribrom-silan (Siliciumbromoform)	$SiBr_3$	115 2	166 3
$HCBr_3$, fl. Tribrommethan (Bromoform)	CBr_3	153,8 8, dp	222,3 10, p
HCF_3, fl. bei Trifluormethan $-95°$ C	CF_3	508 5	697 6
$HCCl_3$, fl. Trichlormethan (Chloroform)	CCl_3	262 10, dp	367 8, p

Pyramidenmolekeln

C_{3v}, $n2\nu + 2\delta$

$\nu(\pi)$ A_1 p, a	$\nu(\sigma)$ E dp, a	Bemerkungen J in 10^{-40} g cm^2
707	644	$J_A = \quad J_C = 145$
10	9	$r_{AsF} = 1,7$
2095	—	$J_A = \quad J_C = 6,75$
R, U		
800	835, 820	
10, p; U (∥)	2; U ($\perp$)	
933	963	Cl_{37}
936	968	Cl_{35}
10, p; U (∥)	3, dp; U ($\perp$)	
780	826, 793	
10, p; U (∥)	5, dp; U ($\perp$)	
3334	(3415) ?	$r_{HH} = \quad 1,61;\ r_{NH} = 1,01$
10, U (∥)		$J_A = \quad J_C = 2,782$
		$J_B = 4,33;\ \sphericalangle\, HNH = 109°$
2399, 2421	2500, 2556	$J_A = \quad J_C = 5,397$
5 U (∥)	3 U ($\perp$)	$J_B = 8,985$
511	484	$J_A = \quad J_C = 315$
3, p	2, dp	$r_{ClCl} = 3,1$
		$r_{PCl} = 2,0 \qquad \sphericalangle\, ClPCl = 100°$
890	840	$J_A = \quad J_C = 107$
10	10	$r_{PF} = 1,5$
2306	—	$J_A = \quad J_C = 6,22$
10, U		
355	318	
5	10	
362	470	
6	4	
538,6	654	
10, p; U (∥)	5b, dp; U ($\perp$)	
937	1116	$J_A = \quad 81,08$
0	8	
668	760	
8, p; U (∥)	8b, dp; U (∥)	$r_{ClCl} = 3,0$

VI. Vieratomige, ungesättigte Ketten

$$\text{a) Mit Dreifachbindung}\begin{cases}\text{Typ: } X\cdot C\text{\textvdots}C\cdot X,\ X\text{\textvdots}C\cdot C\text{\textvdots}X;\quad \text{Symmetrie: } D_{\infty h}\\ \text{Typ: } X\cdot C\text{\textvdots}C\cdot Y;\qquad\qquad\ \text{Symmetrie: } C_{\infty v}\\ \text{Typ: } X\cdot Y\cdot Z\text{\textvdots}Z';\qquad\qquad \text{Symmetrie: } C_{s},\end{cases}\begin{aligned}&n=3\nu+2\delta\\ &n\\ &n=3\nu+2\delta+1\gamma\end{aligned}$$

Stoff	Formel			$\delta(s)$ E_g dp, ia	$\delta(a)$ E_u v, a	$\nu_X(s)$ A_g p, ia	$\nu_X(a)$ A_u v, a	$\nu_\sigma(s)$ A_g p, ia	Bemerkungen
		$D_{\infty h}$	—						
		$C_{\infty v}$	—	δ_1 E dp, a δ_1	δ_2 E dp, a δ_2	ν_X A p, a ν_X	ν_Y A p, a ν_Y	ν_Z A p, a ν_Z	
		C_s	γ A'' dp, a			A' p, a			
H_2S_2, Wasserstoffdisulfid	$H\cdot S\cdot S\cdot H$		—	882 2			510 8	2513 10	
C_2H_2, g. Äthin (Acetylen)	$H\cdot C\text{\textvdots}C\cdot H$	$D_{\infty h}$	—	612 U	730 U	3372 1	3285 U	1974 3, p	$J=23{,}49\begin{cases}r_{CH}=1{,}06\\ r_{CC}=1{,}20\end{cases}$
C_3H_4, fl. Propin (Methylacetylen)	$H\cdot C\text{\textvdots}C\cdot C$	$(C_{\infty v})$	—	643 $4b, dp$	336 $9b, dp$	3300 2	926 5, p	2124 10, p	CH_3: δ 1380, 1444; ν 2926, 2975 2, dp 2 8, p 2

VII. Vieratomige, gesättigte Ketten

$$\text{Typ: } X\cdot Z\cdot Z\cdot X; \quad \left.\begin{array}{ll}\text{trans,} & \text{Symmetrie: } C_{2h} \\ \text{cis,} & \text{Symmetrie: } C_{2v}\end{array}\right\} \; n = 3\nu + 2\delta + 1\gamma$$

$$\text{Typ: } \left\{\begin{array}{l} X\cdot Z\cdot Z\cdot Y; \\ Z\cdot X\cdot Y\cdot Z; \end{array}\right\} \text{(cis, tr) Symmetrie: } C_S$$

Stoff	Formel		γ	δ(s)	δ(a)	νX(s)	νX(a)	νZ(s)	Bemerkungen
		C_{2h}	A_u v,a	A_g p,ia	B_u v,a	A_g p,ia	B_u v,a	A_g p,ia	
		C_{2v}	γ A_2 dp,ia	$\delta(\pi)$ A_1 p,a δ_1	$\delta(\sigma)$ B_1 dp,a δ_2	$\nu_X(\pi)$ A_1 p,a ν_X	$\nu_X(\sigma)$ B_1 dp,a ν_Y	$\nu_Z(\pi)$ B_1 p,a ν_Z	
		C_s	γ A'' dp,a			A' p,a			
H_2O_2, Wasserstoffperoxid	H·O·O·H	C_{2h}	1370 U	1421 $1b$	1408 0	3395 $3b$	2870? U	875 $4,p,U$	nicht ebenes Modell wahrscheinlich
HDO_2, D_1-Wasserstoffperoxid	H·O·O·D	C_s	—	1406 R	1009 R	3407 R	2510 R	877 R	
D_2O_2, D_2-Wasserstoffperoxid (Deuteriumperoxid)	D·O·O·D	C_{2h}	—	1009 R	—	2510 R	—	877 R	
C_4H_{10}, n-Butan	C·C·C·C	C_{2h}	—	430 $5,p$	—	830 $7,p$	—	980 $2p$	zum Teil unsicher
		C_{2v}	220? 0	320 $1,p$		786 $3,p$	953 $2b,dp$		

VIII. Fünfatomige, totalsymmetrische Tetraedermolekeln

Typ: ZX_4; Symmetrie: T_d; $n = 2\nu + 2\delta$

Stoff		Formel	$\delta(s)$ E dp, ia	$\delta(a)$ F_2 dp, a	$\nu(s)$ A_1 p, ia	$\nu(a)$ F_2 dp, a	Bemerkungen J in 10^{-40} g cm²
Tetrabromkohlenstoff, (Kohlenstofftetrabromid)	fl.	CBr_4	123 5	184 4	267 5	654, 672 1, U	$J \sim 1480$, $r_{CBr} = 2{,}0$
Tetrachlorkohlenstoff, (Kohlenstofftetrachlorid)	fl.	CCl_4	217 3, dp	313 4, dp	459 10, p	759, 790 2, dp, U	$J \sim 520$, $r_{CCl} = 1{,}8$
Tetrafluorkohlenstoff (Kohlenstofftetrafluorid)	g.	CF_4	437 1	635 1, U	904 10	1252 U	
Methan,	g., fl.	CH_4	1520 ber.	1305 U	2914 10, p	3020 3b, dp; U	$J = 5{,}47$ $r_{CH} = 1{,}1$ (vgl. Abb. 22, S. 221)
D_4-Methan,	g.	CD_4	(1075) ber.	996,0 U	2085	2259,0 R, U	$J = 10{,}44$, $r_{CD} = 1{,}1$
Siliciumtetrachlorid,	fl.	$SiCl_4$	150 5, dp	220 5, dp	425 10, p	607 1, dp	$J \sim 640$, $r_{SiCl} = 2{,}0$
Silan (Siliciumwasserstoff)	g.	SiH_4	970 1	910 U	2180 10	2183 U	$J = 8{,}9$, $r_{SiH} = 1{,}4$
Zinntetrachlorid,	fl.	$SnCl_4$	105 3, dp	132 6, dp	368 8, p	403 2, dp	$J \sim 850$, $r_{SnCl} = 2{,}3$
Titantetrachlorid,	fl.	$TiCl_4$	120 3, dp	144 6, dp	385 4, p	496 2, dp	$J \sim 760$, $r_{TiCl} = 2{,}2$

IX. Fünfatomige, axialsymmetrische Tetraedermolekeln

a) Methylderivate. Typ: $X \cdot CH_3$; Symmetrie: C_{3v}; $n = 3v + 3\delta$

Stoff	Formel	$\delta_H(\pi)$ ω_1 A_1 p,a	$\delta_H(\sigma)$ $\omega_{2,3}$ E dp,a	$\delta_X(\sigma)$ $\omega_{5,6}$ E dp,a	$\nu_H(\pi)$ ω_7 A_1 p,a	$\nu_H(\sigma)$ $\omega_{8,9}$ E dp,a	$\nu_X(\pi)$ ω_4 A_1 p,a		J_B	J_C	r_{C-H}	r_{C-X}	∢
Brommethan, fl. (Methylbromid)	$Br \cdot CH_3$	1305 2, p; U (‖)	1450 1b, dp; U (⊥)	957 0, dp U (⊥)	2932 8, p; U (‖)	3061 2, dp; U (⊥)	610 10, p; U (‖)	H_3CBr	87,5	5,40	1,10	1,92	112°
Chlormethan, fl. (Methylchlorid)	$Cl \cdot CH_3$	1355 0, p; U (‖)	1460 1b, dp; U (⊥)	1020 1b, dp; U (⊥)	2928 10 p; U (‖)	3047 2b, dp; U (⊥)	732 9, p; U (‖)	H_3CCl	63,1	5,55	1,10	1,77	111°
Fluormethan, fl. (Methylfluorid)	$F \cdot CH_3$	1467,9 U (‖)	1469,7 U (⊥)	1200,0 U (⊥)	2862,9 U	3009,1 U (⊥)	1049,5 U (‖)	H_3CF	32,22	5,47	1,10	1,39	105°
Jodmethan, fl. (Methyljodid)	$J \cdot CH_3$	1240 4, p; U (‖)	1420 1b, dp; U (⊥)	890 0, dp; U (⊥)	2950 7, p; U (‖)	3050 2b, dp; U (⊥)	525 10, p; U (‖)	H_3CJ	114,4	5,54	1,10	2,11	118°
CH_4O Methanol	$(HO) \cdot CH_3$	1477 4b, dp	1455 1430 4b, dp U (⊥)	1240 1209 U (⊥)	2840	2980	1034 5 U (‖)	$J_A = 35,18$; $J_C = 6,8$ $J_B = 33,83$ OH: δ 1106; ν 3375 (fl.) 0 1 3683 (g.) U					
C_2H_6 g.,fl. Äthan (Dimethyl)	$(H_3C) \cdot CH_3$	1344, 1379 (s) (a) R U	1460, 1480 (s) (a) R U	827, 1170 (a) (s) U R	2880, 2925 (s) (a) R U	2940, 2980 (s) (a) R U	993 8, (U ia)	$\gamma \sim 300.$ r ber. $f_{CC} = 4,60$ $f_{CH} = 4,79$					

IX. Fünfatomige, axialsymmetrische Tetraedermolekeln

b) Halogenide. Typ: $X \cdot ZY_3$; Symmetrie: C_{3v}; $n = 3\nu + 3\delta$ (Fortsetzung)

Stoff		Formel	$\delta(\pi)$ A_1 p, a	$\delta(\sigma)$ E dp, a	$\delta_X(\sigma)$ E dp, a	$\nu_Y(\pi)$ A_1 p, a	$\nu_Y(\sigma)$ E dp, a	$\nu_X(\pi)$ A_1 p, a	Bemerkungen J in 10^{-40} g cm²
CFBr₃ Fluortribrommethan		$F \cdot C \cdot Br_3$	218 20, p	150 8, dp	306 2, dp	398 5, p	743 0, dp	1069 0, p	
CClBr₃ Chlortribrommethan		$Cl \cdot C \cdot Br_3$	214 9, p	140 8, dp	270 0, ?	680 1, p	742 0, dp	330 10, p	
CHBr₃ Tribrommethan (Bromoform)	fl.	$H \cdot C \cdot Br_3$	222,3 10, p	153,8 8, dp	1145 3b, dp $U(\perp)$	538,6 10, p $U(\parallel)$	654 5b, dp $U(\perp)$	3022 4b, p; U	
CHCl₃ Trichlor-methan (Chloroform)	fl.	$H \cdot C \cdot Cl_3$	367 8, p	262 10, dp	1216 3b, dp $U(\perp)$	668 8, p $U(\parallel)$	760 8b, dp $U(\perp)$	3019 2b, p; U	
CHF₃ Trifluor-methan (Fluoroform)		$H \cdot C \cdot F_3$	697 6	508 5	1376 3	937 0	1116 8	3062 10	J_A: 81,08
CHJ₃ Trijodmethan (Jodoform)		$H \cdot C \cdot J_3$			1053 U		576 U	$\sim$3000 U	

c) Typ: $X_2 \cdot Y \cdot Z \cdot W$; Symmetrie: C_{2v}, C_S, $n = 4\nu + 3\delta + 2\gamma\,(4\nu + 5\delta)$

Stoff	Formel	C_{2v} C_S	γ_1 B_2, dp,a A', p,a	γ_2 B_2, dp,a A'', dp,a	$\delta_2(\sigma)$ B_1, dp,a A', p,a	$\delta_2(\sigma)$ B_1, dp,a A'', dp,a	$\delta_3(\pi)$ A_1, p,a A', p,a	ν_1 A_1, p,a A', p,a	ν_2 A_1, p,a A', p,a	$\nu_2(\pi)$ A_1, p,a A', p,a	$\nu_3(\sigma)$ B_1, dp,a A'', dp,a	Bemerkungen
C_2H_2O Keten	$H_2C{:}C{:}O$	C_{2v}	588 0b	910	520 1b	1010 0	1386 2	1130 6b	2153 0	3066 4b	3162 n	
CH_2N_2 Cyanamid	$\begin{matrix}H \cdot\\ H \cdot\end{matrix} N \cdot C{\vdots}N$	C_S	513 0	1003? 0	429 1	1048? 0	1560 2	2210 6	1119 4b	3278 0	—	z.T. unsicher
HNO_3 Salpetersäure (konz.)	$\begin{matrix}O{:}\\ O{:}\end{matrix} N \cdot O \cdot H$	C_S	1400? 1	1527 1	?	609 3b	623 4	3400 b	923 4b	1296 10b	1685 1665 3b	

X. Fünfatomige Tetraedermolekeln

a) Methylenderivate

$$\text{Typ: } X\cdot\dot{C}\cdot X; \text{ Symmetrie: } C_{2v}; \ n = 4\nu + 5\delta$$

$$\text{Typ: } X\cdot\dot{C}\cdot Z; \text{ Symmetrie: } C_{s}; \ n = 4\nu + 3\delta + 2\gamma$$

Stoff	Formel	C_{2v} C_s	$\delta_X(\pi)$ A_1 p,a δ_{XZ} A' p,a	$\delta_X(\sigma)$ B_1 dp,a δ_1 A' p,a	$\delta_H(\pi)$ A_1 p,a δ_2 A' p,a	$\delta_2(\sigma)$ B_2 dp,a γ_1 A'' dp,a	$\delta(r)$ A_2 dp,ia γ_2 A'' dp,a	$\nu_X(\pi)$ A_1 p,a ν_X A' p,a	$\nu_X(\sigma)$ B_2 dp,a ν_Z A' p,a	$\nu_H(\pi)$ A_1 p,a $\nu_H(\pi)$ A' p,a	$\nu_H(\sigma)$ B_2 dp,a $\nu_H(\sigma)$ A'' dp,a	Bemer-kungen
CH_2ClBr, Chlor-brom-methan (Methylenchlorobromid)	fl. H $Cl\cdot\dot{C}\cdot Br$ $\dot{H}$	C_s	226 10, p	853 dp	1403 2, p	1130 2, dp	1226 2, p, U	728 5b, p, U	603 10, p, U	2984 5, p	3050 4b, dp	
CH_2Cl_2, Dichlor-methan (Methylenchlorid)	fl. H $Cl\cdot\dot{C}\cdot Cl$ $\dot{H}$	C_{2v}	284 10, p	899 1, dp	1417 3b, dp? U	1255 0, U	1150 1, dp	700 10, p	738 5b, dp, U	2985 9, p	3049 3 dp	
CH_2F_2, Difluor-methan (Methylenfluorid)	fl., $-60°$ C H $F\cdot\dot{C}\cdot F$ $\dot{H}$	C_{2v}	532 2	1054 3	1509 3	—	1294 0	1079 10	1262 9	2963 10	3003 5	

X. Fünfatomige Tetraedermolekeln

b)

$$\text{Typ: } X\cdot\overset{\overset{\displaystyle Y}{|}}{\underset{\underset{\displaystyle \dot{Y}}{|}}{C}}\cdot X; \text{ Symmetrie: } C_{2v};\ n = 4\nu + 5\delta$$

$$\text{Typ: } X\cdot\overset{\overset{\displaystyle Y}{|}}{\underset{\underset{\displaystyle \dot{Y}}{|}}{C}}\cdot X; \text{ Symmetrie: } C_{S};\ n = 4\nu + 3\delta + 2\gamma$$

Stoff	Formel	C_{2v} / C_s	$\delta X(\pi)$ A_1 p,a / δXZ A' p,a	$\delta_1(\sigma)$ B_1 dp,a / δ_1 A' p,a	$\delta Y(\pi)$ A_1 p,a / δ_2 A' p,a	$\delta_2(\sigma)$ B_2 dp,a / γ_1 A'' dp,a	$\delta(r)$ A_2 dp,ia / γ_2 A'' dp,a	$\nu X(\pi)$ A_1 p,a / νX A' p,a	$\nu X(\sigma)$ B_1 dp,a / νZ A' p,a	$\nu Y(\pi)$ A_1 p,a / $\nu Y(\pi)$ A' p,a	$\nu Y(\sigma)$ B_2 dp,a / $\nu Y(\sigma)$ A'' dp,a	Bemerkungen
H_2SO_4 Schwefelsäure, fl., Lsg.	$\overset{O}{\underset{\overset{\cdot\cdot}{O}}{(HO)\cdot\overset{\cdot\cdot}{S}\cdot(OH)}}$	C_{2v}	430 4	560 4	390 4	—	—	916 10	974 1	1040 2	1140 8	z. T. unsicher
SO_2Cl_2, Sulfonylchlorid, fl.	$\overset{O}{\underset{\overset{\cdot\cdot}{O}}{Cl\cdot\overset{\cdot\cdot}{S}\cdot Cl}}$	C_{2v}	403 10, p	278 5, dp	210 5, dp	387 5, dp	358 2, dp	556, 563 5, p	580 0, dp	1184 4, p	1412 3, dp	

XI. Sechsatomige, ebene Molekeln (Äthylentyp)

a) Typ: $\overset{\text{X}}{\underset{\text{X}}{\cdot}}\text{Z}\cdot\text{Z}\overset{\cdot\text{X}}{\underset{\cdot\text{X}}{}}$; Symmetrie: D_{2h}; $n = 5\nu + 4\delta + 3\gamma$

Stoff	Formel	$\gamma(r)$ γ_1 A_{1u} v, ia	$\gamma(a)$ γ_3 B_{1u} v, a	$\gamma(s)$ γ_2 B_{2g} dp, ia	$\delta(\pi, s)$ ω_1 A_{1g} p, ia	$\delta(\pi, a)$ ω_4 B_{3u} v, a	$\delta(\sigma, s)$ ω_6 B_{1g} dp, ia	$\delta(\sigma, a)$ ω_8 B_{2u} v, a	$\nu_X(\pi, s)$ ω_3 A_{1g} p, ia	$\nu_X(\pi, a)$ ω_5 B_{3u} v, a	$\nu_X(\sigma, s)$ ω_7 B_{1g} dp, ia	$\nu_X(\sigma, a)$ ω_9 B_{2u} v, a	$\nu_Z(\pi, s)$ ω_2 A_{1g} p, ia	Bemerkungen J in 10^{-40} g cm^2
C_2H_4, Äthen (Äthylen)	g., fl. $H_2C\colon CH_2$	$\sim$820	$\sim$(950)	(1100)	1342 10, p	1444 U	945 dp	950 U	3019 4, p	2989 U	3070 2, dp	3105 U	1623 8, p	J_A: 5,75 J_B: 28,09 J_C: 33,84 r_{CC} = 1,353 r_{CH} = 1,071 $\sphericalangle$ = 114°55'

XII. Siebenatomige Oktaedermolekeln

Typ: ZX_6; Symmetrie: O_h; $n = 3\nu + 3\delta$

Stoff		$\delta(a)$ F_{1u} v, a	$\delta_1(s)$ F_{2u} v, ia	$\delta_2(s)$ F_{2g} dp, ia	$\nu(s_6)$ A_{1g} p, ia	$\nu(s_4)$ E_g dp, ia	$\nu(a)$ F_{1u} v, a	r 10^{-8} cm
SF_6, Schwefelhexafluorid	fl. (g)	617 U	363 ber.	525 2	775 10	645 2	965 U	1,57
UF_6, Uranhexafluorid	g.	(200)	—	202 R	656 R	511 R	640 U	—

XIII. Achtatomige Molekeln (Äthantyp)

a) Typ: $X_3 \cdot Z \cdot Z \cdot X_3$; Symmetrie: D_{3d}; $n = 5\nu + 6\delta + 1\gamma$

Stoff	Formel	$\gamma(r)$ A_{1u} v, ia	$\delta(\pi, s)$ A_{1g} p, ia	$\delta(\pi, a)$ A_{2u} v, a	$\delta_1(\sigma, s)$ E_g dp, ia	$\delta_1(\sigma, a)$ E_u v, a	$\delta_2(\sigma, s)$ E_g dp, ia	$\delta_2(\sigma, a)$ E_u v, a	$\nu_X(\pi, s)$ A_{1g} p, ia	$\nu_X(\pi, a)$ A_{2u} v, a	$\nu_X(\sigma, s)$ E_g dp, ia	$\nu_X(\sigma, a)$ E_u v, a	$\nu_Z(\pi, s)$ A_{1g} p, ia	Bemerkungen
C_2H_6, Äthan (Dimethyl)	g., fl. $H_3 \cdot C \cdot C \cdot H_3$	$\sim$300 ber.	1344 2	1380 U (∥)	1170 ber.*	827 U ($\perp$)	1460 7	1480 U ($\perp$)	2880 10	2925 U	2940 10	2980 U	993 8	* nicht beobachtet $f_{CC} = 4{,}60$ $f_{CH} = 4{,}79$

XIV. Gesättigte Ringe und Derivate

a) Dreiatomige Ringe $\begin{cases} \text{D Typ: } (C_3); & \text{Symmetrie: } D_{3h};\ n = 2v \\ \text{D Typ: } (C_2X); & \text{Symmetrie: } C_{2v};\ n = 3v \end{cases}$

Stoff	Formel	D_{3h} / C_{2v}	$\nu(s)$ A_1 p, ia / $\nu(\pi)$ A_1 p, a	$\nu(a)$ E' dp, a — $\nu(\pi)$ A_1 p, a	$\nu(\sigma)$ B_1 dp, a	Bemerkungen J in 10^{-40} g cm²
C_2H_4O fl. Epoxy-äthan (Äthylenoxid)	O $\triangle$ C C	C_{2v}	1270 10, p	870 8, dp, U		$J_A = 31,8$; $J_B = 39,2$; $J_C = 59,0$
C_3H_6 fl. Cyclopropan	C $\triangle$ C C	D_{3h}	1188 10, p	865 7, dp, U		
O_3 g. Ozon	O $\triangle$ O O	D_{3h} ? C_{2v} ?	1043 U	710 U	1740 U	Symmetrie: C_{2v}; 2105? $f_1 \sim 8,5$ Struktur: $2d \sim 0,2$ $J_A = 60,5$ o—o Seite 1.2 oder $J_B = 52,0$ o—o Basis 2.0 $J_C = 8,5$ $\sphericalangle 110°$

XIV. Gesättigte Ringe und Derivate (Fortsetzung)

b) Vieratomige Ringe $\begin{cases} \text{Typ: } (C_4); & \text{Symmetrie: } D_{4h}; \; n = 3v + 1\delta + 1\gamma \\ \text{Typ: } (C_3X); & \text{Symmetrie: } C_{2v}; \; n = 4v + 1\delta + 1\gamma \\ \text{Typ: } (C_4X); & \text{Symmetrie: } C_{2v} \text{ und } C_s; \; n = 5v + 2\delta + 2\gamma \end{cases}$

Stoff	Formel								$\nu(a_2)$ E_u (v, a)			Bemerkungen
		D_{4h}	$\gamma(s)$ B_{2u} v, ia	—	$\delta(s)$ B_{2g} dp, ia	—	$\nu(s_2)$ B_{1g} dp, ia	$\nu(s_4)$ A_{1g} p, ia	$\nu(a_2)$ E_u v, a		$\gamma(s)$ E_g dp, ia	
		C_{2v} (C_3X)	γ B_2 dp, a	—	$\delta(\pi)$ A_1 p, a	—	$\nu_1(\sigma)$ B_1 dp, a	$\nu_1(\pi)$ A_1 p, a	$\nu_2(\sigma)$ B_1 dp, a	$\nu_2(\pi)$ A_1 p, a	—	γ-Symmetrieebene = Ringebene
Stoff	Formel	C_{2v} (C_4X)	γ_1 B_2 dp, a	γ_2 B_2 dp, a	$\delta(\pi)$ A_1 p, a	$\delta(\sigma)$ B_1 dp, a	$\nu_1(\sigma)$ B_1 dp, a	$\nu_1(\pi)$ A_1 p, a	$\nu_2(\sigma)$ B_1 dp, a	$\nu_2(\pi)$ A_1 p, a	$\nu X(\pi)$ A_1 p, a	
		C_s	δ_1 A' p, a	δ_2 A' p, a	$\gamma(\pi)$ A' p, a	$\gamma(\sigma)$ A'' dp, a	$\nu_1(\sigma)$ A'' dp, a	$\nu_1(\pi)$ A' p, a	$\nu_2(\sigma)$ A'' dp, a	$\nu_2(\pi)$ A' p, a	νX A' p, a	γ-Symmetrieebene ⊥ Ringebene
C_4H_6 Cyclobutan	C C C C	D_{4h}	$\nu\,(370)$	—	542 0	—	932 4	1005 8	902 U	—	—	Kette CH: γ 2900, (A_{2u}) U δ 1257 (A_{2u}) U γ
			$\nu\,(2900)$	—	2915 8	—	—	2937 8	2990 U	—	2973 7	
				—	1435 6	—	—	1469 6b	1453 U	—	1235 1	
				—	—	—	1340 1	—	627 U	—	745 0	

d) Sechsatomige Ringe

$$\left\{\begin{array}{lll} \text{Typ: } (C_6); & \text{Symmetrie: } D_{3d}(C_{2v}); & n = 4\nu + 4\delta \\ \text{Typ: } (C_3Z_3); & \text{Symmetrie: } C_{3v} & \\ \text{Typ: } (ZC_4Z); & \text{Symmetrie: } C_{2h}(C_{2v}) & \\ \text{Typ: } (ZC_4Y); & \text{Symmetrie: } C_s & \end{array}\right\}\; \begin{array}{l} \\ n = 6\nu + 6\delta \end{array}$$

<table>
<tr>
<td rowspan="5">Stoff</td>
<td rowspan="5">Formel</td>
<td></td>
<td>$\delta(\pi, s)$</td>
<td colspan="2">$\delta(\sigma, a)$</td>
<td colspan="2">$\delta(\sigma, s)$</td>
<td>$\delta(\pi, a)$</td>
<td>$\nu(\pi, s)$</td>
<td colspan="2">$\nu(\sigma, a)$</td>
<td colspan="2">$\nu(\sigma, s)$</td>
<td>$\nu(s_2)$</td>
<td rowspan="5">Bemerkungen
J in 10^{-40} g cm²</td>
</tr>
<tr>
<td>D_{3d}</td>
<td>γ_1
A_{1g}
p, ia</td>
<td colspan="2">$\gamma_{2,3}$
E_u
v, a</td>
<td colspan="2">$\omega_{1,2}$
E_g
dp, ia</td>
<td>ω_3
A_{2u}
v, a</td>
<td>ω_4
A_{1g}
p, ia</td>
<td colspan="2">$\omega_{5,6}$
E_u
v, a</td>
<td colspan="2">$\omega_{7,8}$
E_g
dp, ia</td>
<td>ω_9
A_{1u}
v, ia</td>
</tr>
<tr>
<td>C_{2v}</td>
<td>$\delta_1(\pi)$
A_1
p, a</td>
<td colspan="2">$\delta_1(\sigma)$
E
dp, a</td>
<td colspan="2">$\delta_2(\sigma)$
E
dp, a</td>
<td>$\delta_2(\pi)$
A_1
p, a</td>
<td>$\nu_1(\pi)$
A_1
p, a</td>
<td colspan="2">$\nu_1(\sigma)$
E
dp, a</td>
<td colspan="2">$\nu_2(\sigma)$
E
dp, a</td>
<td>$\nu_2(s_2)$
A_2
v, ia</td>
</tr>
<tr>
<td>C_{2h}</td>
<td>$\delta_1(\pi, s)$
A_g
p, ia</td>
<td>$\delta_1(\sigma, a)$
B_u
v, a</td>
<td>$\delta_1(\pi, a)$
A_u
v, a</td>
<td>$\delta_2(\pi, s)$
A_g
p, ia</td>
<td>$\delta_1(\sigma, s)$
B_g
dp, ia</td>
<td>$\delta_2(\sigma, a)$
B_u
v, a</td>
<td>$\nu_1(\pi, s)$
A_g
p, ia</td>
<td>$\nu_1(\pi, a)$
A_u
v, a</td>
<td>$\nu_1(\sigma, a)$
B_u
v, a</td>
<td>$\nu_2(\pi, s)$
A_g
p, ia</td>
<td>$\nu_1(\sigma, s)$
B_g
dp, ia</td>
<td>$\nu_2(\pi, a)$
A_u
v, a</td>
</tr>
<tr>
<td>C_s</td>
<td>A'
p, a</td>
<td>A''
dp, a</td>
<td>A'
p, a</td>
<td>A'
p, a</td>
<td>A''
dp, a</td>
<td>A''
dp, a</td>
<td>A'
p, a</td>
<td>A'
p, a</td>
<td>A''
dp, a</td>
<td>A'
p, a</td>
<td>A''
dp, a</td>
<td>A'
p, a</td>
</tr>
<tr>
<td>C_6H_{12} fl.
Cyclohexan</td>
<td></td>
<td>D_{3d}</td>
<td>382
$3p$</td>
<td colspan="2">—</td>
<td colspan="2">425
$2\,dp$</td>
<td>678
U</td>
<td>801
$10, p$</td>
<td colspan="2">906
U</td>
<td colspan="2">1265
$7, dp$</td>
<td>—</td>
<td>trans- (Sessel-)
Form wahr-
scheinlich
$J_A = J_B = 116,8$
$J_C = 201,8$</td>
</tr>
</table>

XVII. Ungesättigte, sechsatomige Ringe

a)
$$\begin{cases} \text{Typ: } (C_6X_6); & \text{Symmetrie: } D_{6h};\ n = (4\nu + 2\delta + 2\gamma)_R + (4\nu + 4\delta + 4\gamma)_X \\ \text{Typ: } (C_6H_3X_3); & \text{Symmetrie: } D_{3h};\ n = (4\nu + 2\delta + 2\gamma)_R + (2\nu + 2\delta + 2\gamma)_H + (2\nu + 2\delta + 2\gamma)_X \end{cases}$$

Stoff	Formel	Me Ko / D_{6h} / D_{3h}	$\gamma(a_2)$	$\gamma(s_2)$	$\gamma(s_3)$	$\gamma(s_6)$	$\delta(a_2)$	$\delta(s_2)$	$\delta(s_3)$	$\delta(s_6)$	$\nu(s_6)$	$\nu(a_2)$	$\nu(s_2)$	$\nu(s_3)$	Ring CX	Bemerkungen
		$\gamma_{2,3}(\nu_{16})$		$\omega_{1,2}(\nu_6)$	$\omega_2(\nu_{12})$		$\omega_4(\nu_1)$	$\omega_{5,6}(\nu_{19})$	$\omega_{7,8}(\nu_8)$	$\omega_9(\nu_{14})$						
		(Me Ko)	$\gamma_{2,3}(\nu_{16})$	—	$\gamma_1(\nu_4)$	—	—	$\omega_{1,2}(\nu_6)$	$\omega_2(\nu_{12})$	—	$\omega_4(\nu_1)$	$\omega_{5,6}(\nu_{19})$	$\omega_{7,8}(\nu_8)$	$\omega_9(\nu_{14})$	Ring CX
		D_{6h}	ν_{17} E_u^+ E_u^+ v,ia	ν_{10} E_g^- dp,ia	ν_5 B_{2u} B_{2u} v,ia	ν_{11} A_{2u} v,a	ν_{18} E_u^- v,a	ν_9 E_g^+ E_g^+ dp,ia	ν_{15} B_{1g} B_{1u} v,ia	ν_3 A_{2g} v,ia	ν_2 A_{1g} A_{1g} p,ia	ν_{20} E_u^- E_u^- v,a E'	ν_7 E_g^+ E_g^+ dp,ia E'	ν_{13} B_{1u} B_{1g} v,ia	Ring CX
		D_{3h}	E'' E'' E'' dp,ia		A_2'' A_2'' A_2'' v,a		E' E' E' dp,a		A_1' — — p,ia	— A_2' A_2' v,ia	A_1' A_1' A_1' p,ia	E' dp,a	E'	A_2' — — v,ia	Ring CX CH
C_6H_6 Benzol (Benzen) fl.	H, H, H, H, H, H (ring)	D_{6h}	(406), 1b	—	v	—	—	607, 4,dp	v	—	993, 6,p	1480, U	1584, 4,dp	v	Ring	beob. 1606 (Res.Aufsp?) 5, dp 984 C¹³
			—	849, 4,dp	v	670, U	1025, U	1178, 4,dp	v	v	3064, 7,p	3095, U	3045, 5(U?)	v	CH	1 $f_{CH}=7{,}6$; $2d_{CC}=1{,}3$; $f_{CH}=5{,}05$; $2d_{CH}=1{,}5$
C_6D_6 D_6-Benzol (D_6-Benzen) fl.	D, D, D, D, D, D (ring)	D_{6h}	v	—	v	—	—	580, 2	v	—	945, 7,p	1330, U	1555, 2b	v	Ring	beob. 1569 (Res. Aufsp. ?)
			v	665, 3	v	500, U	800, U	869, 3b	v	v	2292, 5,p	2295, U	2265, 3	v	CD	
$H_6N_3B_3$ Tribortriamin (Borazol)	H–B, H·N, N·H, H·B, B·H, N–H (ring)	D_{3h}	288, 2b		417, U		520, 3 dp, U		938, 7,p	—	851, 6,p	1466, 1,U	1845?, 0,U	v	Ring	
			798, 2		622, U		715, 1,U		—	v	2535, 9,p	2519, U		—	—	
			1070, 5,dp		917, U		1100, U		—	v	3450, 10,p	3400, U		—	—	

c) Monoderivate. Typ: $(C_6) \cdot X$; Symmetrie: C_{2v}; $n =$

Stoff	Formel	γ_R a B_2 dp, a	$\gamma_R(3)$ $A_2, B_2(2)$ $dp, ia;$ dp, a	$\delta_X(\sigma)$ ω_{10} B_1 dp, a	$\delta_1(\pi)$ ω_1 A_1 p, a	$\delta_1(\sigma)$ ω_2 B_1 dp, a	$\delta_0(\pi)$ ω_3 A_1 p, a	$\nu_X(\pi)$ ω_4 A_1 p, a	$\nu_0(\pi)$ ω_{11} A_1 p, a
C_7H_8 fl. Methyl-benzol (Toluol)	C	217 2b, dp	405 0, dp	342 0, dp	521 3, p	622 2, dp	1002 6, p	785 5, p	1030 8, p
C_6H_7N fl. Amino-Benzol (Anilin) (Phenylamin)	NH₂	234 3, dp	415 2	389 2, dp	531 3	619 3	995 6, p	818 5b	1027 5
C_6H_6O geschm. Phenol.	OH	240 4b	507 0	—	532 2	615 4	1000 5	810 4b	1025 5
C_6H_5Cl fl. Chlor-benzol	Cl	197 4b dp	465 0	298 1b, dp	418 4b, p	613 3, dp	1002 7, p	702 5, p	1024 6, p

XVIII. Mehratomige

Stoff	Formel	$D_{\infty h}$	δ_1 E_u v, a	$\delta_2(s)$ E_g dp, ia	$\delta_2(a)$ E_u v, a
C_3O_2 {fl. (R) Kohlen- {g. (U) stoffsuboxid	O:C:C:C:O	—	550 U	586 3	550 U
		$D_{\infty h}$	—	$\delta_H(s)$ E_g dp, ia	$\delta_H(a)$ E_u v, a
Wasserstoff-trisulfid fl.	H·S·S·S·H		207 5	882 2	
Wasserstoff-tetrasulfid fl.	H·S·S·S·S·H		183 4	882 1	

$$(6\nu + 3\delta + 3\gamma)_R + (5\nu + 5\delta + 5\gamma)_H + (1\nu + 1\delta + 1\gamma)_X$$

$\nu_1(\pi)$ ω_6 A_1 p, a	$\nu_1(\sigma)$ ω_5 B_1 dp, a	$\nu_2(\pi)$ $\nu_2(\sigma), \nu_3(\sigma)$ $\omega_{7,8,9}$ A_1, B_1 p, dp, a	$\gamma\,\text{CH}\,(5)$ $-$ A_2, B_2 dp, ia, a	$\delta\,\text{CH}\,(5)$ $-$ A_1, B_1 p, dp, a	$\nu\text{CH}(5)$ $-$ A_1, B_1 p dp, a	Me. Ko. Bemerkungen
1209 3, p	1500 0	1584 1604 1, dp 2	729, 842 0 0	1154,1177 1, dp 1	3051 3b, p	CH$_3$:δ 1377, 1445 2 5 ν 2920 2b
1277 2b, p	1498 0	— 1601 6, p	758, (818) 2 5b	1155,1171 2, dp 1	3050 3b	NH$_2$: ν 3359, 3423 1b 2b
1253 1b	1498 0	1595,1602 3 3	756, 829 1 1b	1154,1167 1 2	3062 4b	OH: δ 1429; ν 3520 0 0b
1083 3, p	1479 0	1584 3 dp	740, 832 1 1	1157,1176 1 1	3068 5, b	

Kettenmolekeln

$\nu_O(s)$ A_g p, ia	$\nu_O(a)$ A_u v, a	$\nu_X(s)$ A_g p, ia	$-$	$\nu_X(a)$ A_u v, a	Bemerkungen
843 4	1570 U	2200 2	—	2290 U	$n = 4s + 3\delta$
$\nu_H(s)'$ A_g p, ia 484 8 484 7	$\nu_H(a)'$ A_u v, a	— 2513 4 2513 3	$\nu_C(s)$ A_g p, ia	—	$n = 3s + 2\delta$

2262. Ausgewählte Linien des Raman- und IR-Spektrums einfacher Molekeln

Zweiatomige Molekeln

Halogenwasserstoffe: HF, HCl, HBr, H J
Oxide: CO, NO.

a) Molekelkonstanten

Molekel	Elektr.-Term	$\tilde{\nu}_0$ (cm⁻¹)	$\tilde{\nu}_0\, x$ (cm⁻¹)	B_0 (cm⁻¹)	I_0 (10⁻⁴⁰ g · cm²)	r_0 (10⁻⁸ cm)	f (10⁵ dyn · cm⁻¹)
HF	$^1\Sigma^+$	4141,30	90,87	20,543	1,346	0,923	9,55
HCl³⁵	$^1\Sigma^+$	2988,95	51,66	10,440	2,649	} 1,275	5,06
HCl³⁷	$^1\Sigma^+$	2986,92	51,80	10,425	2,653		5,06
DCl	$^1\Sigma^+$	2090,8	—	5,35	5,16	1,275	5,06
HBr	$^1\Sigma^+$	2649,67	45,21	8,355	3,311	1,414	4,06
DBr	$^1\Sigma^+$	(1801)	—	4,23	6,53	1,414	4,06
H J	$^1\Sigma^+$	2309,53	39,73	6,420	4,308	1,604	3,14
D J	$^1\Sigma^+$	(1570)	—	3,21	8,61	1,604	3,14
CO	$^1\Sigma^+$	2168,2	13,04	1,931	14,31	1,198	19,1
NO	$^2\Pi$	1906,52	14,50	1,709	16,18	1,150	15,9

Reine Rotationsspektren leichter Molekeln

l	3	4	5	6	7	
HCl	83	104	124,3	145,03	165,57	cm⁻¹
HBr	—	83,03	100,20	116,27	—	cm⁻¹
H J	—	76,76	89,01	102,18	115,60	cm⁻¹

l	8	9	10	11	12	
HCl	185,77	206,24	226,50	—	—	cm⁻¹
HBr	—	165,55	181,64	197,90	214,35	cm⁻¹
H J	—	—	—	—	—	cm⁻¹

Frequenzformeln:
$$\begin{cases} \text{HCl:} & \tilde{\nu}_\text{rot} = 20{,}794\,(l+1) - 0{,}00164\,(l+1)^3 \\ \text{HBr:} & \tilde{\nu}_\text{rot} = 16{,}685\,(l+1) - 0{,}00130\,(l+1)^3 \\ \text{H J:} & \tilde{\nu}_\text{rot} = 12{,}840\,(l+1) - 0{,}00082\,(l+1)^3 \end{cases}$$

Dreiatomige Molekeln

a) Kohlensäure CO_2. Symmetrie $D_{\infty h}$

$$M = 44{,}010, \quad I_0 = 71{,}85 \cdot 10^{-40} \text{ g cm}^2, \quad r_{CO} = 1{,}163_2 \cdot 10^{-8} \text{ cm}$$

Eigenfrequenzen:

Bezeichnung	CO_2		Symm.	Ra	UR
$\nu\,(a) = \nu_3$	2349,3		Σ_u^+	v	M_z
$\begin{cases}\nu\,(s) = \nu_1 \\ 2\,\delta = 2\nu_2\end{cases}$	$\left.\begin{array}{l}1388,4 \\ \mathbf{1285,5}\end{array}\right\}$	Fermi-resonanz	Σ_g^+	p	ia
$\delta = \nu_2$	667,3		Π_u	v	$M_{x,y}$

b) Wasser H_2O (Vergleich der Spektren der drei Aggregatzustände)

Dampf		Flüssigkeit		Eis		Zuordnung			
$\lambda(\mu)$	$\nu(\text{cm}^{-1})$	$\lambda(\mu)$	$\nu(\text{cm}^{-1})$	$\lambda(\mu)$	$\nu(\text{cm}^{-1})$	v_1	v_2	v_3	
6,27	1595,0	6,10	1640	6,08	1644	0	1	0	δ
Ra	3651,7	Ra	3448	Ra	3156	1	0	0	$\left.\begin{array}{c}\\ \\\end{array}\right\}\nu$
2,66	3755,8	3,10	3453	3,07	3256	0	0	1	
1,38	7251,6	1,43	6993	—	—	1	0	1	2ν

a) Kohlensäure CO_2

UR-Bande $\lambda(\mu)$	Banden-typ	Oberes Niveau						Unteres Niveau				Intensität und Wellenzahl
		ν cm⁻¹	Symm.	v_1	v_2^l	v_3	B_0 cm⁻¹	Symm.	v_1	v_2^l	v_3	
—	—	0	Σ_g^+	0	0^0	0	$0{,}3895_0$	—	—	—		—
14,986	σ	**667,3**	Π_u	0	1^1	0	$0{,}3899_5$	Σ_g^+	0	0^0	0	s. st.
14,97	σ	1335,6	Δ_g	0	2^2	0	—	Π_u	0	1^1	0	668,3, m
Ra	p	**1285,5**	Σ_g^+	0	2^0	0	$0{,}3899_6$	Σ_g^+	0	0^0	0	s. st.
16,18	σ	—	—		—		—	Π_u	0	1^1	0	618,1, m
Ra	p	**1388,4**	Σ_g^+	1	0^0	0	$0{,}3897_1$	Σ_g^+	0	0^0	0	s. st.
13,88	σ	—	—		—		—	Π_u	0	1^1	0	720,5 m.
5,174	σ	1932,4	Π_u	0	3^1	0	—	Σ_g^+	0	0^0	0	m.
Ra		—	—		—		—	Π_u	0	1^1	0	1264,8 m.
16,76	σ	—	—		—		—	Δ_g	0	2^2	0	596,8, s.
15,44	σ	—	—		—		—	Σ_g^+	0	2^0	0	647,6, s.
4,816	σ	2076,4	Π_u	1	1^1	0	—	Σ_g^+	0	0^0	0	m.
Ra		—	—		—		—	Π_u	0	1^1	0	1409,0, m.
13,50	σ	—	—		—		—	Δ_g	0	2^2	0	740,8, s.
12,64	σ	—	—		—		—	Σ_g^+	0	2^0	0	790,8, s. s.
4,25	π	**2349,3**	Σ_u^+	0	0	1	$0{,}3866_0$	Σ_g^+	0	0^0	0	s. st.
2,27	π	3609	Σ_u^+	0	2^0	1	—	Σ_g^+	0	0^0	0	s. +
2,69	π	3716	Σ_u^+	1	0	1	—	Σ_g^+	0	0^0	0	s. +

b) Wasser (g) H_2O, D_2O, HDO. Symmetrie: C_{2v}

$$M = 18,01, \quad I_A = 1,0229 + 0,0213\,(v_1 + {}^1/_2) - 0,1010\,(v_2 + {}^1/_2) + 0,0486\,(v_3 + {}^1/_2) \cdot 10^{-40} \text{ g cm}^2$$
$$I_B = 1,9207 + 0,0398\,(v_1 + {}^1/_2) - 0,0249\,(v_2 + {}^1/_2) + 0,0077\,(v_3 + {}^1/_2) \cdot 10^{-40} \text{ g cm}^2$$
$$I_C = 2,9436 + 0,0611\,(v_1 + {}^1/_2) + 0,0611\,(v_2 + {}^1/_2) + 0,0441\,(v_3 + {}^1/_2) \cdot 10^{-40} \text{ g cm}^2$$
$$r\text{OH} = 0,9584 \; 10^{-8} \text{ cm} \; \sphericalangle \; \text{OH}_2 \; 104^\circ,\; 27'$$
$$M = 20,02, \quad I_A = 1,820, \quad I_B = 3,860, \quad I_C = 5,784 \; 10^{-40} \text{ g cm}^2$$

Eigenfrequenzen:

Bezeichnung	H_2O	D_2O	HDO	Symm.	Ra	UR
$v\,(\pi) = v_1$	3651,7	2666	?	A_1	p	M_z
$v\,(\sigma) = v_3$	3755,8	2789	2719	B_1	dp	M_y
$\delta\,(\pi) = v_2$	1595,0	1178	1402	A_1	p	M_z

UR-Bande $\lambda(\mu)$	Banden-typ	Wellenzahl (cm^{-1})	Symm.	v_1	v_2	v_3	A	B	C	Intensität und Deutung		
—	—	0	A_1	0	0	0	27,79	14,50	9,29	—		
6,269	π	1595,0	A_1	0	1	0	30,70	14,70	9,12	δ	s. st.	H_2O
3,168	π	3151,4	A_1	0	2	0	35,8	15,0	9,00	$2\,\delta$	m.	
2,8	π	3651,7	A_1	1	0	0	—	—	—	$\}v$	st.	Ra
2,663	σ	3755,8	B_1	0	0	1	26,50	14,47	9,20		s. st.	
1,875	σ	5332,0	B_1	0	1	1	29,0	14,6	8,8	$v + \delta$	m.	
1,457	σ	6874	B_1	0	2	1	—	—	—	$v + 2\,\delta$	s.	
1,379	σ	7251,6	B_1	1	0	1	26,1	14,3	8,9	$2\,v$	m.	
1,208	π	8273,98	A_1	1	3	0	39,9	14,7	8,7	$\}v + 3\,\delta$	s.	
1,195	σ	8373,90	B_1	0	3	1	38,9	14,7	8,8		m.	

c) Ammoniak NH_3, ND_3. Symmetrie: C_{3v}

NH_3: $M = 17{,}02$,　　$I_A \sim 4{,}43 \cdot 10^{-40}$ g cm², 　　$I_{B.C} = 2{,}816 \cdot 10^{-40}$ g cm²

ND_3: $M = 20{,}02$,　　I_A　$8{,}86 \cdot 10^{-40}$,　　$I_{B.C} = 5{,}448 \cdot 10^{-40}$,

$$r_{NH} = 1{,}014 \cdot 10^{-8} \text{ cm}$$
$$\sphericalangle\, NH_2 = 106^\circ\, 50'$$

Eigenfrequenzen:

Bezeichnung	NH_3	ND_3	Symm.	Ra	UR
$\nu\,(\pi) = \nu_1$ $\left\{\begin{array}{c}\ \\ \ \end{array}\right.$	3335,9 3337,5	$\left.\begin{array}{c}\ \\ \ \end{array}\right\}$ 2419	A_1	p	M_x
$\nu\,(\sigma) = \nu_3$	(3410)	2555	E	dp	$M_{x,y}$
$\delta\,(\pi) = \nu_2$ $\left\{\begin{array}{c}\ \\ \ \end{array}\right.$	931,58 968,08	$\left.\begin{array}{c}748{,}6\\749{,}0\end{array}\right\}$ A_1		p	M_z
$\delta\,(\sigma) = \nu_4$	1627,5	1191,0	E	dp	$M_{x,y}$

$\lambda\,(\mu)$	Banden-typ	ν (cm⁻¹)	Symm.	v_1	v_2	v_3^l	v^l	Int. Zuordnung	
—	—	0	A_1	0	0^+	0^0	0^0	—	
—	K. W.	0,66	A_1	0	0^-	0^0	0^0	—	
10,73	π	932,24	A_1	0	1^+	0^0	0^0	s. st.	
10,33	π	968,08	A_1	0	1^-	0^0	0^0	s. st.	$\delta\,(\pi)$
—	—	1597,4	A_1	0	2^+	0^0	0^0		$2\,\delta\,(\pi)$
15,89	π	629,3	A_1		—			s.	$2\,\nu_2^+ - \nu_2^-$
5,208	? Ra	1920	A_1	0	2^-	0^0	0^0	s. s.	(Ra)
6,144	σ	1627,5	E	0	0^+	0^0	1^1	s. st.	$\delta\,(\sigma)$
—	—	2380	A_1	0	3^+	0^0	0^0		$3\,\delta\,(\pi)$
3,495	π	2861	A_1	0	3^-	0^0	0^0	s. s.	
3,106	π	3219,1	A_1	0	$0^{\pm}$	0^0	2^0	m.	(Ra)
2,998	π	3336,0	A_1	1	$0^{\pm}$	0^0	0^0	$\left.\begin{array}{c}\ \\ \ \end{array}\right\}$ s. st.	ν_{NH}
2,935	σ	(3407)	E	0	0	1^1	1^0		
4,098	σ	2440,1	E		—			s.	$\nu_3 - \nu_2^-$
4,045	σ	2472,6	E		—			s.	$\nu_3 - \nu_2^+$

$\delta\,(\pi)$ „Inversions“-Aufspaltung in cm⁻¹

$v =$	0	$1\pm$	$2\pm$	$3\pm$	$4\pm$
NH_3	0,66	25,7	313	481	—
ND_3	0,2	3,4	70	283	373

Einige Linien des Inversionsspektrums des NH_3 im Mikrowellenbereich

$N^{14}H_3$	$N^{15}H_3$	Rotations-quantenzahlen
Frequenz in MHz		J und K
$23\,694{,}49 \pm 0{,}02$	$22\,624{,}96 \pm 0{,}02$	1,1
$23\,722{,}62 \pm 0{,}02$	$22\,649{,}85 \pm 0{,}02$	2,2
$23\,870{,}12 \pm 0{,}02^*$	$22\,789{,}41 \pm 0{,}02$	3,3
$24\,139{,}40 \pm 0{,}02$	$23\,046{,}10 \pm 0{,}02$	4,4
$24\,532{,}96 \pm 0{,}02$	$23\,421{,}99 \pm 0{,}02$	5,5
$25\,056{,}03 \pm 0{,}02$	$23\,922{,}32 \pm 0{,}02$	6,6
$25\,715{,}15 \pm 0{,}02$	$24\,553{,}42 \pm 0{,}02$	7,7
$26\,518{,}91 \pm 0{,}1$	$25\,323{,}51 \pm 0{,}02$	8,8
$27\,478{,}00 \pm 0{,}1$	$26\,243{,}0 \ \pm 0{,}5$	9,9

* Frequenz der Ammoniakuhr.

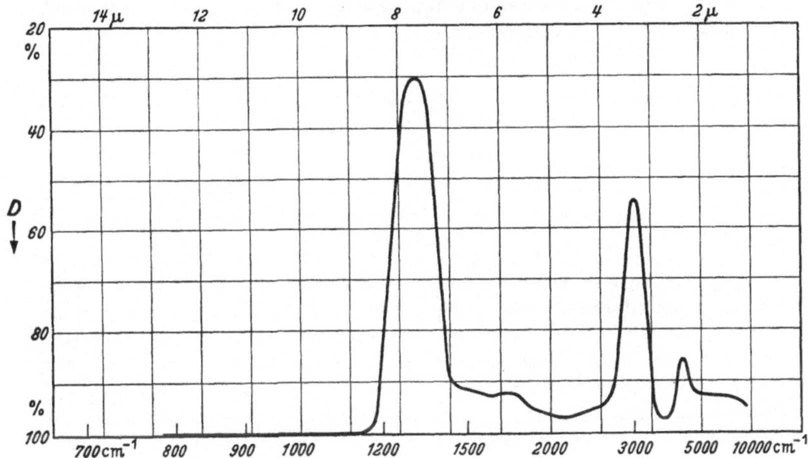

Abb. 22. Methanabsorption: Durchlässigkeit in einer Kuvette $d = 6{,}3$ cm bei $\vartheta = 22°$C und einer Füllung von 750 Torr

227. Mikrowellenspektren

Die reinen Rotationsübergänge, die im Infrarotspektrum nur noch bei Molekeln mit sehr kleinem Trägheitsmoment beobachtet werden können (s. Tabelle 2262) sind im Mikrowellenspektrum direkt zugänglich. Es gilt die schon bei Tabelle 226 besprochene Beziehung Gl. (9a) für die Übergänge bei zweiatomigen Molekeln:

$$\tilde{\nu}_{\mathrm{rot}} = 2\,B\,(J+1) - \mathrm{const.}\,(J+1)^3 \tag{1}$$

mit

$$B = \frac{h}{8\,\pi^2 I\,c} \quad \text{und const.} \approx 16\,B\left(\frac{h}{8\,\pi^2\,I\cdot\nu_s}\right)^2$$

($I = $ Trägheitsmoment, $\nu_s = $ Schwingungsfrequenz, $h = $ Plancksche Konstante, $J = $ Rotationsquantenzahl (früher l)).

Die Meßgenauigkeit ist im Mikrowellenbereich so groß, daß die Abhängigkeit des B-Wertes von der Schwingungsanregung entsprechend

$$B = B_s - \alpha\,(n + \tfrac{1}{2}) = B_e(1 - \delta(n + \tfrac{1}{2})) \quad \text{(ältere Formel } B = B_0 - \alpha\,n) \tag{2}$$

(vgl. Tabelle 226 Gl. (9)) genau erfaßt werden kann; auch die kleinen Unterschiede, die durch die verschiedenen Trägheitsmomente isotoper Molekeln bedingt sind, können im Mikrowellenspektrum leicht beobachtet werden.

Bei Molekeln mit mehreren Trägheitsmomenten (symmetrische Kreisel) gilt wieder für die Rotationsterme

$$T_{\mathrm{rot}} = \frac{h}{8\,\pi^2\,I_C \cdot c}\, J\,(J+1) + \frac{h}{8\,\pi^2\,c}\left(\frac{1}{I_C} - \frac{1}{I_B}\right) K^2 \tag{3}$$

$$|K| = 0,\, 1,\, 2,\, \ldots J\,,$$

so daß aus dem Spektrum beide Trägheitsmomente entnommen werden können.

Man beobachtet weiterhin eine Hyperfeinstruktur der Rotationsübergänge, welche durch die Kopplung der Molekülrotation mit den Kernspins verursacht wird. Diese Kopplung ist in erster Linie durch die Wechselwirkung des elektrischen Kernquadrupolmoments mit dem von den übrigen Ladungen am Kernort erzeugten elektrischen Feld bedingt. Besitzt nur ein Kern ein nennenswertes Quadrupolmoment, so ist die Hyperfeinstruktur zu kennzeichnen durch die Quantenzahl F des Gesamtdrehimpulses, welche sich aus den Quantenzahlen I des Kernspins und J der Elektronenhülle gemäß $\vec{F} = \vec{I} + \vec{J}$ zusammensetzt; bei zwei Kernen mit ins Gewicht fallenden Quadrupolmomenten hat man mit zwei Quantenzahlen des Gesamtdrehimpulses zu rechnen: $\vec{F_1} = \vec{J} + \vec{I_1}$ und $\vec{F} = \vec{J} + \vec{I_1} + \vec{I_2}$. Für F gilt wie auch in anderen Fällen die Auswahlregel $\Delta F = \pm 1;\, 0$.

Die folgenden Tabellen enthalten in der jeweils ersten Spalte in Frequenzeinheiten (Megahertz) die beobachteten Übergänge der in der nächsten Spalte durch Angabe der Rotationsquantenzahlen gekennzeichneten Zustände für die am Kopf der Tabelle genannte Molekel. Handelt es sich um unterschiedliche Isotope, die unter derselben chemischen Molekülformel in der Tabelle aufgeführt sind, so ist zwischen diese beiden Spalten noch eine weitere Spalte eingeschaltet, welche die jeweiligen Isotope charakterisiert. In zwei weiteren Spalten ist der Quantensprung der die Hyperfeinstruktur anzeigenden Quantenzahlen F_i angegeben und die Schwingungsquantenzahl [gegebenenfalls die Schwingungsquantenzahlen, wenn mehrere Normalschwingungen vorhanden sind (s. Tabelle 226)], in der sich die Molekel bei dem Rotationssprung befindet, weil die Übergangsfrequenz geringfügig auch von diesen Quantenzahlen abhängt. Manchmal ist in einer mit „Maximale Absorptionskonstante α_m" bezeichneten Spalte die Absorptionsstärke gekennzeichnet. Die α_m sind ein Maß für die Linienintensität gemäß

$$I\,(l) = I_0\, e^{-\alpha l} \qquad (I = \text{Intensität der Mikrowelle}) \tag{4}$$

nach Durchlaufen eines Gefäßes der Länge l, das mit einem Gas vom Druck 1 Torr bei 25°C gefüllt ist. Einige weitere Tabellen enthalten Werte der Konstanten B (bzw. B_0 oder B_e) der Gl. (2) zusammen mit dem zugehörigen Trägheitsmoment oder gegebenenfalls die Werte der Trägheitsmomente, wenn die Molekel gewinkelt ist. Es finden sich dort dann gewöhnlich auch Angaben über die Größe der Kernabstände in der Molekel und der Valenzwinkel.

a) Zweiatomige Molekeln

Molekel (Isotop)	Rotations-übergang $J \rightarrow J+1$	Frequenz in MHz	Schwin-gungs-zustand	HFS-Übergang $F-1$ $F \rightarrow F$ $F+1$
$^{81}\mathrm{BrF}$	$0 \rightarrow 1$	$21\,181,7$	1	$^3/_2 \rightarrow {}^3/_2$
$^{79}\mathrm{BrF}$	$0 \rightarrow 1$	$21\,319,4$	1	$^3/_2 \rightarrow {}^3/_2$
$^{81}\mathrm{BrF}$	$0 \rightarrow 1$	$21\,337,5$	0	$^3/_2 \rightarrow {}^3/_2$
$^{79}\mathrm{BrF}$	$0 \rightarrow 1$	$21\,475,4$	0	$^3/_2 \rightarrow {}^3/_2$
$^{12}\mathrm{C}^{16}\mathrm{O}$	$0 \rightarrow 1$	$115\,270,6 \pm 0,25$	0	
$^{13}\mathrm{C}^{16}\mathrm{O}$	$0 \rightarrow 1$	$110\,201,1 \pm 0,4$	0	

b) Mehratomige Molekeln

Rotationsspektrum des $\mathrm{N_2O}$ (Schwingungsgrundzustand)

Frequenz in MHz	Molekel (Isotop)	Rota-tions-über-gang $J \rightarrow J+1$	HSF-Übergang $F-1$ $F \rightarrow F$ $F+1$	Frequenz in MHz	Molekel (Isotop)	Rota-tions-über-gang $J \rightarrow J+1$	HSF-Übergang $F-1$ $F \rightarrow F$ $F+1$
$24\,274,53$	$\mathrm{N^{15}N^{14}O}$	$0 \rightarrow 1$	$1 \rightarrow 1$	$25\,121,55$	$\mathrm{N^{14}N^{15}O}$	$0 \rightarrow 1$	?
				$25\,123,03$	$\mathrm{N^{14}N^{14}O}$	$0 \rightarrow 1$	$1 \rightarrow 1$
$24\,274,61$	$\mathrm{N^{15}N^{14}O}$	$0 \rightarrow 1$	$1 \rightarrow 2$	$25\,123,28$	$\mathrm{N^{14}N^{14}O}$	$0 \rightarrow 1$	$1 \rightarrow 2$
$24\,274,73$	$\mathrm{N^{15}N^{14}O}$	$0 \rightarrow 1$	$1 \rightarrow 0$	$25\,123,64$	$\mathrm{N^{14}N^{14}O}$	$0 \rightarrow 1$	$1 \rightarrow 0$
$24\,274,78$	$\mathrm{N^{15}N^{15}O}$	$0 \rightarrow 1$	?				

Rotationsspektrum des OCS

Frequenz in MHz	Molekel (Isotop)	Rotations-übergang $J \rightarrow J+1$	Schwingungs-quantenzahlen v_1 v_2 v_3
$22\,239,6 \pm 0,2$	$\mathrm{O^{18}C^{12}S^{34}}$	$1 \rightarrow 2$	0 0 0
$22\,754,6 \pm 0,2$	$\mathrm{O^{18}C^{12}S^{32}}$	$1 \rightarrow 2$	1 0 0
$22\,763,8 \pm 0,2$	$\mathrm{O^{18}C^{13}S^{32}}$	$1 \rightarrow 2$	0 0 0
$22\,819,3$	$\mathrm{O^{18}C^{12}S^{32}}$	$1 \rightarrow 2$	0 0 0
$22\,848,7 \pm 0,1$	$\}*\;\mathrm{O^{18}C^{12}S^{32}}\;\{$	$1 \rightarrow 2$	0 1 $0, l_1$
$22\,871,3 \pm 0,1$		$1 \rightarrow 2$	0 1 $0, l_2$
$23\,198,66$	$\mathrm{O^{16}C^{12}S^{36}}$	$1 \rightarrow 2$	0 0 0
$23\,534,67$	$\mathrm{O^{17}C^{12}S^{32}}$	$1 \rightarrow 2$	0 0 0
$23\,646,92$	$\mathrm{O^{16}C^{13}S^{34}}$	$1 \rightarrow 2$	0 0 0
$23\,661$	$\mathrm{O^{16}C^{12}S^{34}}$	$1 \rightarrow 2$	1 0 0
$23\,731,33 \pm 0,03$	$\mathrm{O^{16}C^{12}S^{34}}$	$1 \rightarrow 2$	0 0 0

* Rotationsaufspaltung der angeregten Knickschwingung ($v_2 = 1$)

Rotationsspektrum des HCN (Schwingungsgrundzustand)

Frequenz in MHz	Molekel (Isotop)	Rotations- übergang $J \to J+1$	HFS-Übergang $F-1$ $F \to F$ $F+1$
$71\,173{,}6 \pm 0{,}2$	$DC^{13}N^{14}$	$0 \to 1$	$1 \to 1$
$72\,413{,}2 \pm 0{,}2$	$DC^{12}N^{14}$	$0 \to 1$	$1 \to 1$
$86\,308{,}1 \pm 0{,}3$	$HC^{13}N^{14}$	$0 \to 1$	$1 \to 1$
$88\,600{,}1 \pm 0{,}3$	$HC^{12}N^{14}$	$0 \to 1$	$1 \to 1$

Rotationsspektrum des $HC \equiv CCl$ (Schwingungsgrundzustand)

Frequenz in MHz	Molekel (Isotop)	Rotations- übergang $J \to J+1$	HSF-Übergang $F-1$ $F \to F$ $F+1$
$20\,336{,}84$	$D\text{–}C \equiv C\text{–}Cl^{37}$	$1 \to 2$	$\frac{1}{2} \to \frac{1}{2}$
$20\,749{,}76$	$D\text{–}C \equiv C\text{–}Cl^{35}$	$1 \to 2$	$\left\{ \begin{array}{l} \frac{5}{2} \to \frac{7}{2} \\ \frac{3}{2} \to \frac{5}{2} \end{array} \right.$
$22\,289{,}55$	$H\text{–}C \equiv C\text{–}Cl^{37}$	$1 \to 2$	$\frac{1}{2} \to \frac{1}{2}$
$22\,738{,}68$	$H\text{–}C \equiv C\text{–}Cl^{35}$	$1 \to 2$	$\left\{ \begin{array}{l} \frac{5}{2} \to \frac{7}{2} \\ \frac{3}{2} \to \frac{5}{2} \end{array} \right.$

Rotationsspektrum von CH_3Cl (Schwingungsgrundzustand)

Frequenz in MHz	Molekel (Isotop)	Rotations- übergang $J_K \to J_K+1$	HFS-Übergang $F-1$ $F \to F$ $F+1$
$26\,164{,}57 \pm 0{,}07$	CH_3Cl^{37}	$0_0 \to 1_0$	$\frac{3}{2} \to \frac{3}{2}$
$26\,570{,}77 \pm 0{,}07$	CH_3Cl^{35}	$0_0 \to 1_0$	$\frac{3}{2} \to \frac{3}{2}$

Rotationsspektrum des Wassers

Molekel (Isotop)	Rotations- übergang $J^{(A)}_{\tau} \to J^{(B)}_{\tau}$	Frequenz in MHz	Molekel (Isotop)	Rotations- übergang $J^{(A)}_{\tau} \to J^{(B)}_{\tau}$	Frequenz in MHz
H_2O	$5_{-1} \to 6_{-5}$	$22\,235{,}22 \pm 0{,}05$	HDO	$4_{-3} \to 3_1$	$20\,460{,}40$
			HDO	$5_0 \to 5_1$	$22\,307{,}67 \pm 0{,}05$
HDO	$2_1 \to 2_2$	$10\,278{,}99$	HDO	$3_0 \to 3_1$	$50\,236{,}90$

Rotationskonstanten, Trägheitsmomente und Deformationskonstanten aus Mikrowellenspektren. Lineare mehratomige Molekeln

Molekel	B_0 in MHz	I_0 in 10^{-40} g · cm²	α_1 in MHz	α_2 in MHz	D in Hz
$N^{14}N^{14}O$	12 561,6	66,79 ± 0,01			
$N^{15}N^{14}O$	12 137,3	69,12 ± 0,01			
$O^{16}C^{12}S^{32}$	6 081,480 ± 0,005	137,95 ± 0,01	18,12 ± 0,06	− 10,61 ± 0,01	1600 ± 50
$O^{16}C^{12}S^{33}$	6 004,92 ± 0,02	139,71 ± 0,02			
$O^{16}C^{12}S^{34}$	5 932,84 ± 0,01	141,41 ± 0,02		− 10,37 ± 0,06	1400 ± 100
$O^{16}C^{13}S^{32}$	6 061,92 ± 0,01	138,39 ± 0,02		− 9,98 ± 0,01	
$O^{16}C^{13}S^{34}$	5 911,73 ± 0,03	141,91 ± 0,02			
$O^{16}C^{14}S^{32}$	6 043,25	138,82 ± 0,02		− 9,4 ± 0,3	
$O^{18}C^{12}S^{32}$	5 704,82 ± 0,01	147,06 ± 0,02			
$HC^{12}N$	44 300,83	18,938			
$HC^{13}N$	43 154,83	19,441			
$DC^{12}N$	36 207,39	23,171			
$DC^{13}N$	35 587,56	23,575			
$HC \equiv CCl^{35}$	5 684,24	147,59			
$HC \equiv CCl^{37}$	5 572,38	150,55			
$DC \equiv CCl^{35}$	5 187,01	161,73			
$DC \equiv CCl^{37}$	5 084,24	165,01			

228. Molekülspektren

Wird ein Elektron — gewöhnlich ein Valenzelektron — einer Molekel in einen höheren Energiezustand gehoben, so wird meist gleichzeitig der Schwingungs- und Rotationszustand der Molekel geändert, so daß mit einem solchen Übergang ein kompliziertes Spektrum verbunden ist. Die für ein derartiges Bandenspektrum maßgebenden Terme setzen sich aus dem Elektronenterm, dem Schwingungs- und dem Rotationsterm zusammen. Die beiden letzteren werden dabei durch die bei Tabelle 226 gegebenen Relationen beschrieben.

Sehen wir deshalb zunächst von diesen Schwingungs- und Rotationstermen ab, so können die Elektronenterme der Molekülzustände analog zu denen der Atomzustände klassifiziert werden. Neben der Elektronenenergie ist bei einer zweiatomigen bzw. gestreckten Molekel auch die Komponente des Gesamtdrehimpulses der Elektronen in der Valenzrichtung definiert und besitzt einen der Werte $\Lambda \cdot \hbar$ mit $\Lambda = 0, \pm 1, \pm 2, \ldots$, während der Gesamtdrehimpuls selbst im Gegensatz zu den Verhältnissen beim Einzelatom keine Bedeutung hat und damit auch keinen definierten Wert aufweist, denn die beim Einzelatom vorliegende Kugelsymmetrie ist jetzt aufgehoben. Ähnlich wie bei den Atomen bezeichnet man die Elektronenterme, deren $|\Lambda|$ die Werte

$$|\Lambda| = 0, \quad 1, \quad 2, \quad 3 \ldots$$

besitzen, mit

$$\Sigma \quad \Pi, \quad \Delta, \quad \Phi \ldots \text{-Term.}$$

Zu diesen Termen gehören recht unterschiedliche Werte der Energie. Die Zustände mit $|\Lambda| = 1, 2, \ldots$ sind doppelt zu zählen, weil die Impulskomponente in der Valenzrichtung ja positiv oder negativ sein kann. Energetisch fallen diese Zustände mit $\Lambda = +1$ und -1 usw. nur so lange exakt zusammen, als man von einer Wechselwirkung mit der Rotation der Molekel absieht. Die Beachtung dieser Wechselwirkung gibt Anlaß zu einer — meist kleinen — Aufspaltung, welche als Λ-Verdoppelung bezeichnet wird. Oft ist sie so klein, daß sie sich der direkten Beobachtung entzieht.

Mit einer gewissen Annäherung kann man auch in der Molekel noch von den Komponenten des Drehimpulses der Einzelelektronen sprechen, die sich dann zu der Gesamtdrehimpulskomponente zusammensetzen derart, daß zwei Einzelkomponenten λ_1 und λ_2 ($\lambda_1 \geqq \lambda_2$) ein resultierendes Λ von $\lambda_1 - \lambda_2$ oder $\lambda_1 + \lambda_2$ ergeben.

Neben der Drehimpulskomponente in der Valenzrichtung besitzt auch die Spinkomponente in dieser Richtung einen definierten Wert, der auf $\pm^1/_2 \hbar$ pro Einzelelektron festgelegt ist und sich bei mehreren Elektronen auf ein halb- oder ganzzahliges Vielfaches $S \hbar$ aufsummiert. Die Elektronenzustände sind dann wieder bei den Atomen Multipletts von der Multiplizität $2S + 1$. Der Betrag der Multiplettaufspaltung wächst mit der Zahl der Elektronen in der Molekel. Diese Multiplettzahl wird gewöhnlich wieder links oben am Termsymbol vermerkt, also $^3\Pi$ für einen Triplettzustand usw.

Gesamtdrehimpulskomponente und Spinkomponente setzen sich wieder zu einer Totalkomponente Ω zusammen, die der Komponente der Quantenzahl J bei den Atomen entspricht. Gelegentlich wird diese Quantenzahl wieder rechts unten am Termsymbol vermerkt $^3\Pi_2$ usw.

Eine Hauptquantenzahl wie bei den Atomen pflegt man bei Molekültermen nicht anzugeben, man unterscheidet die verschiedenen Terme meist mit Buchstaben, die beim Grundterm mit X beginnen und dann mit A, B, C usw. (manchmal auch mit kleinen Buchstaben a, b, c, usw.) fortgesetzt werden.

Bei Σ-Termen ($\Lambda = 0$) pflegt man oben rechts ein $+$- oder $-$-Zeichen anzufügen (also Σ^+ oder Σ^-), um anzudeuten, daß die Wellenfunktion der Elektronen symmetrisch oder antisymmetrisch zu einer durch die benachbarten Kerne gelegten Spiegelungsebene ist. Ähnlich beschreibt man die Symmetrie oder Antisymmetrie zum Symmetriezentrum in der Mitte zwischen zwei gleichen Atomen durch ein rechts unten an das Termsymbol gefügtes g oder u, also Σ_g- oder Σ_u-Terme.

Mit Strahlung verbundene Elektronenübergänge sind in erster Näherung nur möglich zwischen g- und u-Termen, nicht zwischen $g-g$- und zwischen $u-u$-Termen, auch können nur Σ^+- mit Σ^+-Termen (nicht Σ^+- mit Σ^--Termen) kombinieren, und es muß sich die Quantenzahl Λ dabei um ± 1 ändern oder unverändert bleiben ($\Delta\Lambda = 0, \pm 1$). Außerdem kombinieren wie bei Atomen in erster Näherung nur Singlett-Terme mit Singlett-Termen, Tripletts mit Tripletts usw.

Durchbrechungen dieser Auswahlregeln werden gelegentlich beobachtet, insbesondere wenn aus einem angeregten Zustand überhaupt kein nicht verbotener Übergang in einen tiefer gelegenen Zustand — im Extremfalle in den Grundzustand — möglich ist. Es gibt dann eine von der normalen Elektronen-Dipolstrahlung abweichende Quadrupolstrahlung oder dergleichen, über die dann ein Übergang schließlich erzwungen wird.

Die Energie eines definierten Elektronenzustandes hängt noch vom Kernabstand in der Molekel ab. Bei stabilen Molekülzuständen erhält man für die Elektronenenergie als Funktion des Kernabstandes eine charakteristische Potentialkurve mit Minimum. Vergrößert man den Kernabstand allmählich, so gehen bei einer zweiatomigen Molekel die Einzelatome schließlich in Zustände des freien Atoms über, die in Tabelle 2281 in der mit „Termbezeichnung" gekennzeichneten Spalte in der bei Atomen üblichen Weise (s. S. 106f.) gekennzeichnet sind. So bedeutet z.B. $1s\sigma\,3p\pi\,^1\Pi_u$ eine Molekel, welche bei der Dissoziation in ein Atom in einem $1s$ und ein zweites in einem $3p$-Valenz-Elektronenzustand dissoziiert und dessen Drehimpulskomponenten in der Valenzrichtung $0 \cdot \hbar$ bzw. $1 \cdot \hbar$ sind, so daß der Molekülzustand ein Π-Zustand mit der resultierenden Drehimpulskomponente $1\,\hbar$ wird.

Instabile Molekülzustände besitzen monoton verlaufende Potentialkurven ohne Minima (s. Abb. 23 oben).

Bei einem stabilen Molekülzustand sind wieder Schwingungen (und Rotationen) um die jeweilige Gleichgewichtslage möglich. Die Differenz zwischen einem angeregten Schwingungszustand der Schwingungsquantenzahl n', der Wellenzahl $\tilde{\nu}'_e$ und der Anharmonizität x'_e und dem Grundzustand mit den Zahlen n'', $\tilde{\nu}''_e$ und x''_e lautet dann

$$\tilde{\nu} = \tilde{\nu}_{el} + \tilde{\nu}'_e (n' + {}^1/_2) - \tilde{\nu}'_e\,x'_e\,(n' + {}^1/_2)^2 - \tilde{\nu}''_e\,(n'' + {}^1/_2) + \tilde{\nu}''_e\,x''_e\,(n'' + {}^1/_2)^2, \quad (1)$$

wenn $\tilde{\nu}_{el}$ der Wellenzahlübergang des reinen Elektronensprungs ist.

Jedem Übergang zwischen zwei Elektronenzuständen (d.h. zwischen zwei Potentialkurven Abb. 23 u. 24), dem beim Atom eine Spektrallinie entspricht, ist jetzt ein ganzes System vom Termdifferenzen zugeordnet, die beim gleichen Elektronensprung verschiedenen Schwingungsübergängen $n' \rightleftarrows n''$ entsprechen und zusammen mit den Rotationsübergängen das Bandensystem ergeben. Die Rotationsübergänge bilden eine äußerst dichte Folge von Linien, die sich an einer Kante, dem Bandenkopf häufen. Es gilt hier, da es sich um Schwingungen in zwei verschiedenen Potentialkurven handelt, keine Auswahlregel $\Delta n = \pm 1$ oder dergleichen, aber es sind auch hier einzelne Übergänge $n' \rightleftarrows n''$ besonders intensiv im Spektrum vertreten, die sich aus der Lage der Schwingungsniveaus in den Potentialkurven ergeben (Franck-Condon-Prinzip). Die Wellenzahlen der Kanten pflegt man zu einem Kantenschema zusammenzufassen, in dem die

Horizontal- bzw. Vertikalreihen den Übergängen mit gleichem oberen bzw. unteren Schwingungsniveau entsprechen, und deren Einzelbanden nahezu gleichen Abstand voneinander besitzen. Wenn, wie in dem angegebenen Schema der violetten Cyanbanden, die Diagonalreihen nahezu gleiche Wellenzahlen aufweisen, spricht man von Sequenzen, nach denen die Banden entsprechend bestimmten Werten von $(n' - n'')$ geordnet sind.

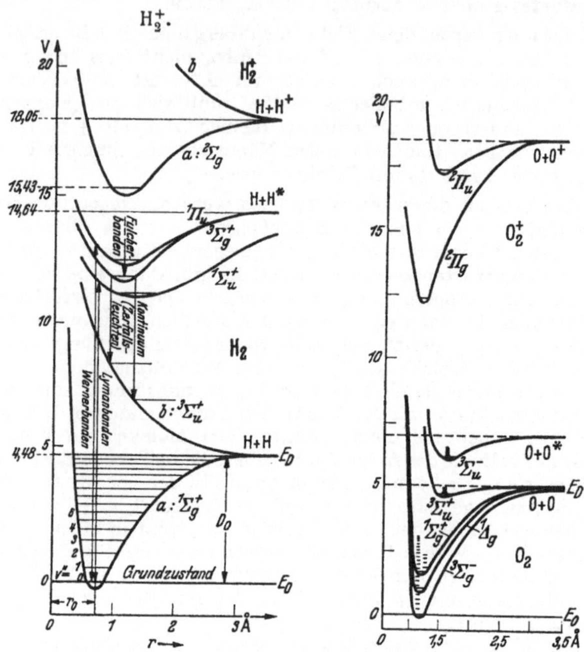

Abb. 23. Potentialkurven des H_2-Moleküls und des Molekülions H_2^+. Im Grundzustand ${}^1\Sigma g^+$ sind alle 14 Schwingungsniveaus angegeben. Zwischen $H_2\,{}^1\Pi_u$ und $H_2^+\,{}^2\Sigma g$ liegen sehr viele andere Elektronenterme

Abb. 24. Potentialkurvenschema des Sauerstoffmoleküls und -molekülions. Bei O_2 sind die beobachteten Schwingungsterme angedeutet. Übergänge: siehe Tabelle der Elektronenterme

Kantenschema der violetten Cyanbanden (in cm⁻¹)

n' \ n''	0	1	2	3	4	5	6	7
0	25 743,4	23 712,3	21 704,0	—	—	—	—	—
1	27 844,0	25 822,9	23 818,9	21 837,5	—	—	—	—
2	—	27 879,0	25 887,0	23 911,1	21 956,8	—	—	—
3	—	—	27 894,4	25 934,8	23 986,9	22 059,7	—	—
4	—	—	—	—	—	24 042,9	22 143,3	—
5	—	—	—	—	—	—	24 075,6	22 205,2

Bei zweiatomigen Molekeln wird die Rotationsstruktur der Terme wieder durch einen Ausdruck der Form

$$T'_{\text{rot}} = B'_v = J(J+1) \quad \text{mit} \quad B'_v = \frac{h}{8\pi^2 \, I\, c} \tag{2}$$

gegeben[1]. Die Trägheitsmomente I hängen dabei geringfügig von der Schwingungsquantenzahl ab, so daß

$$B_v = B_e\left[1 - \delta\left(n + \tfrac{1}{2}\right)\right] = B_e - \alpha\left(n + \tfrac{1}{2}\right) \tag{2a}$$

gilt. (Ältere Schreibweise $B_0 - \alpha n$.)

Viel stärker ist aber der Unterschied der Trägheitsmomente der verschiedenen Potentialkurven, so daß der durch die Rotationsübergänge bewirkte Termunterschied mit den Auswahlregeln

$$J' = \begin{cases} J'' + 1 & (R\text{-Zweig}) \\ J'' & (\text{außer } J'' = 0 \text{ und } \Sigma \to \Sigma) \quad (Q\text{-Zweig}) \\ J'' - 1 & (P\text{-Zweig}) \end{cases}$$

und den unterschiedlichen Werten B'_v und B''_v wird zu

$$\begin{aligned} \tilde{v}_{\text{rot}} &= \tilde{v}_0 + B'_v J'(J'+1) - B''_v J'(J'-1) = \\ &= \tilde{v}_0 + (B'_v + B''_v)J' + (B'_v - B''_v)J'^2 \\ & \qquad J' = 1, 2, 3, \ldots \quad (R\text{-Zweig}) \end{aligned}$$

$$\begin{aligned} \tilde{v}_{\text{rot}} &= \tilde{v}_0 + B'_v J'(J'+1) - B''_v J'(J'+1) = \\ &= \tilde{v}_0 + (B'_v - B''_v)J' + (B'_v - B''_v)J'^2 \\ & \qquad J' = 1, 2, 3, \ldots \quad (Q\text{-Zweig}) \end{aligned} \tag{3}$$

$$\begin{aligned} \tilde{v}_{\text{rot}} &= \tilde{v}_0 + B'_v J'(J'+1) - B''_v (J'+1)(J'+2) = \\ &= \tilde{v}_0 - 2B''_v - (3B''_v - B'_v)J' + (B'_v - B''_v)J'^2 \\ & \qquad J' = 0, 1, 2, \ldots \quad (P\text{-Zweig}) \end{aligned}$$

wenn noch in $\tilde{v}_0$ alle übrigen Termdifferenzen zusammengefaßt werden, die nicht mit der Rotation zusammenhängen.

Der Zusammenhang zwischen $\tilde{v}_{\text{rot}}$ und J' wird durch eine Parabel (Fortrat-Parabel) dargestellt. Der P-Zweig erstreckt sich nach kleineren Frequenzen (nach Rot), der R-Zweig nach Violett. Ist $B'_v < B''_v$, also der Kernabstand im oberen Elektronenzustand größer, so bildet der R-Zweig eine Kante und kehrt mit wachsendem J bei einer bestimmten Wellenzahl um, die Bande ist nach Rot abschattiert (in den Tabellen häufig mit R bezeichnet). Dies ist im allgemeinen der Fall, wenn das beim Elektronensprung angeregte Elektron im Grundzustand als bindend angesprochen werden kann. Ist $B'_v > B''_v$, so gibt es eine Umkehr im P-Zweig und eine Abschattierung nach Violett (in den Tabellen mit V bezeichnet). Wenn der Kernabstand in beiden Zuständen gleich oder fast gleich ist, wird keine Kante beobachtet, der Linienabstand ist dann praktisch konstant. Der in der Mitte gelegene Q-Zweig schrumpft für $B'_v \approx B''_v$ praktisch zu einer Linie zusammen; bei $\Sigma \to \Sigma$-Übergängen fehlt er gänzlich. Aus einer Analyse des Bandenspektrums speziell der Rotationsstruktur erhält man B_e oder B_0 und α bzw. δ von Gl. (2a), Charakteristika der Molekeln, welche in Tabelle 2281 meist angegeben sind.

---

[1] Man faßt den Elektronendrehimpuls (Komponente gekennzeichnet durch Λ) mit dem Drehimpuls der Kerne um ihren Schwerpunkt zusammen, womit schließlich eine Relation für die Terme resultiert, die von J und Λ abhängt, bei den Rotationslinien einer Bande bleibt aber Λ konstant, so daß man sich direkt auf Gl. (2) beschränken kann.

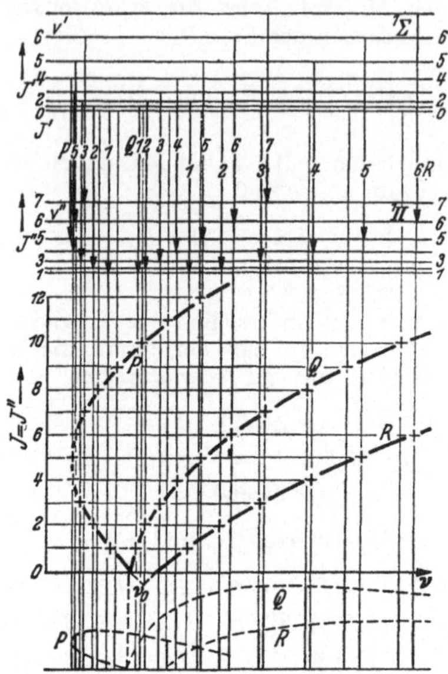

Abb. 25. Zur Struktur der Einzelbande (Rotationsstruktur). Rotationstermschema, Fortrat-
parabeln und Linienschema mit Intensitätskurven (--) für eine Bande mit P-, Q- und R-Zweig
($\Sigma \to \Pi$ = Übergang, J' = 0, 1, 2 ... J'' = 1, 2, 3 ...) P-Zweig nach violett abschattiert ($B' > B''$),
Kante bei J = 5 (CO = Ångström-Bande)

Bei mehratomigen gewinkelten Molekeln wird die Rotationsstruktur
wesentlich komplizierter, da dann mehrere voneinander verschiedene
Trägheitsmomente vorliegen, die zu Rotationsspektren der bereits in 226
beschriebenen Art Anlaß geben. Es werden dann in den Tabellen nur noch
die Trägheitsmomente und eventuell die aus diesen ermittelten Kernabstände und Winkel angegeben, ohne die Unterscheidung des Gleich-
gewichtsabstandes von dem mittleren Abstand bei höherer Schwingungsanregung vorzunehmen.

Auch die Rotationsterme werden nach dem Symmetrieverhalten der
Eigenfunktionen als positiv bzw. negativ unterschieden, wobei die Auswahlregel gilt, daß positive mit negativen kombinieren usw. Bei Σ^+-
Elektronenzuständen sind die Rotationsterme mit geradem J positiv und
die mit ungeradem J negativ; bei Σ^--Elektronenzuständen sind dagegen
die mit geradem J negativ und die mit ungeradem J positiv. Bei $\Lambda \neq 0$
(also Π, Δ-Termen usw.) gehören zu jedem J zwei Rotationsterme, ein
positiver und ein negativer, die gelegentlich deutlich aufgespalten sind
(Λ-Verdoppelung).

Bei Molekeln mit zwei gleichen Kernen wie H_2, D_2 usw. ist die Unterscheidung positiv—negativ gleichbedeutend mit der Unterscheidung
symmetrisch—antisymmetrisch bezüglich der Vertauschung der Kerne.
Bei geraden Elektronenzuständen sind die positiven Rotationsterme
symmetrisch, die negativen antisymmetrisch; bei ungeraden Elektronenzuständen ist es umgekehrt. Es sind nur Übergänge zwischen zwei symmetrischen oder zwischen zwei antisymmetrischen Termen möglich; sog.

Interkombinationen sind im Molekülspektrum verboten. Wegen der über die Statistik der Kerne (Bose-Einstein- oder Fermi-Dirac-Statistik) bedingten Koppelung der Kernspinzustände mit den Ortseigenfunktionen der Rotationen und der statistischen Verteilung der Kernspinzustände über $(s+1)(2s+1)$ symmetrische und $s(2s+1)$ antisymmetrische Zustände, wo s den Kernspin bedeutet, gibt es dann bei Gültigkeit der Fermi-Dirac-Statistik eine überwiegende Zahl von unsymmetrischen Ortszuständen der Rotation, bei der Gültigkeit der Bose-Einstein-Statistik ist es umgekehrt. Ist speziell $s=0$, so gibt es keine antisymmetrischen Spinzustände der Kerne, womit dann je nach der geltenden Statistik bei Σ-Zuständen jeder zweite Rotationszustand ausfällt. Bei $s \neq 0$ gibt es dann einen charakteristischen Intensitätswechsel zwischen Rotationszuständen mit geradem und ungeradem J, aus dem Rückschlüsse auf die Größe des Kernspins und die geltende Statistik gezogen werden können.

Die Tabelle 2281 enthält — eventuell neben der laufenden Nummer — in der ersten Spalte die Termbezeichnung des Molekülzustandes und gegebenenfalls auch die Kennzeichnung der Atomzustände, in die das Molekül dissoziiert. Es folgt dann in der zweiten Spalte der Termwert bezogen auf das Potentialminimum des Grundzustandes in $\mathrm{cm^{-1}}$.

Die nächsten beiden Spalten bringen die Schwingungsfrequenz — hier mit ω bezeichnet — in der vorliegenden Potentialmulde und die Anharmonizität in der Form $x \cdot \omega$, so daß beide Größen in $\mathrm{cm^{-1}}$ angegeben werden können.

Ein Index e bedeutet den auf den bewegungslosen Zustand (Potentialminimum bzw. Gleichgewicht) extrapolierten Wert, ein Index 0 den Wert für das Nullpunkts-Schwingungsquant. Es gilt:

$$\omega_0 = \omega_e - \tfrac{1}{4}\, x_e\, \omega_e$$

und

$$x_e\, \omega_e = x_0\, \omega_0 .$$

(4)

In den Tabellen ist darauf zu achten, daß gelegentlich in einer Tabelle die Bedeutung der in einer Spalte aufgeführten Zahlen zwischen ω_0 und ω_e wechselt, was gewöhnlich durch ein angefügtes Zeichen (*) angedeutet ist.

Die fünfte und sechste Spalte bringen dann unter α und B die gemäß

$$B_v = B_e - \alpha(n + \tfrac{1}{2}) \quad \text{oder} \quad B_v = B_0 - \alpha\, n \tag{5}$$

definierten Werte α und B_e bzw. B_0 in $\mathrm{cm^{-1}}$. Aus B_e oder B_0 ist dann der in der siebten Spalte aufgeführte Kernabstand r_e bzw. r_0 errechnet.

Gelegentlich sind außerdem noch für einige Übergänge in weiteren Spalten Wellenzahlangaben oder Wellenlängenangaben gemacht. Der Übergang dabei ist durch die Nummern oder die Termbezeichnungen von Ausgangs- und Endzustand gekennzeichnet. Es bedeutet dort

$$\tilde{\nu}_{00} = \tilde{\nu}_{el} + \omega'_e - \tfrac{1}{4} x'_e \omega'_e - \omega''_e + \tfrac{1}{4} x''_e \omega''_e \tag{6}$$

die auf den Schwingungsübergang $0 \to 0$ bezogene Wellenzahl, wenn $\tilde{\nu}_{el}$ den Abstand der Potentialminima in $\mathrm{cm^{-1}}$ bezeichnet. Bei diesen Angaben weist ein vorangestelltes V oder R auf die Abschattierung der Banden nach Violett oder Rot hin. Weiterhin ist manchmal der Spektralbereich durch Wellenlängenangaben abgegrenzt, in dem die fraglichen Übergänge im Bandenspektrum auftreten.

2281. Aus Bandenspektren ermittelte Molekülzustände und deren Schwingungen

Wasserstoffmolekelspektrum H_2

Termbezeichnung	Termwert T_e cm^{-1}	ω_e cm^{-1}	$x_e \omega_e$ cm^{-1}	α cm^{-1}	B_e cm^{-1}	r_e 10^{-8} cm	Übergang	D_0 in eV
$1s\sigma^2$ $^1\Sigma_g^+$	0	4395,2	117,995	2,993	60,809	0,74166		4,478
$1s\sigma$ $2p\sigma$ $^1\Sigma_u^+$	91 689,9	1356,9	19,932	1,1933	20,0159	1,29270	$2 \rightleftarrows 1R$	3,45
$1s\sigma$ $2p\pi$ $^1\Pi_u$	100 043,0	2442,7	67,03*	1,626	31,340	1,0331	$3 \rightleftarrows 1R$	2,35
$1s\sigma$ $2s\sigma$ $^1\Sigma_g^+$	100 062,8	2588,9	130,5*	1,818*	32,68	1,0117	$4 \rightarrow 2V$	
$1s\sigma$ $3d\sigma$ $^1\Sigma_g^+$	112 793	2404,3 2341,1	88,8 55,6		(28,4*)	(1,085*)	$5 \rightarrow 3R$ $5 \rightarrow 2V$	2,68
$1s\sigma$ $3d\pi$ $^1\Pi_g$	113 065	2265,2	78,47	1,515	29,79	1,0596	$6 \rightarrow 3R$	2,65
$1s\sigma$ $3s\sigma$ $^1\Sigma_g^+$	113 889	2538	124		(29,5*)	(1,065*)	$7 \rightarrow 3R$	2,54
$1s\sigma$ $3p\pi$ $^1\Pi_u$	113 888	2325,1	52,25*	1,468	31,30	1,034	$8 \rightarrow 4R$	2,53
$1s\sigma$ $3d\delta$ $^1\Delta_g$	113 404	2220*			(28,8*)	(1,077*)	$9 \rightarrow 3R$	2,33
$1s\sigma$ $4s\sigma$ $^1\Sigma_g^+$	119 851*				(32*)	(1,02*)	$10 \rightarrow 2$	2,62
$1s\sigma$ $4d\sigma$ $^1\Sigma_g^+$	119 512*				(30*)	(1,06*)	$11 \rightarrow 3$	2,65
$1s\sigma$ $4d\pi$ $^1\Pi_g$	(118 690)	2142*			(30*)	(1,06*)	$12 \rightarrow 3$	2,63
$1s\sigma$ $4d\delta$ $^1\Delta_g$	119 820*				(28,8*)	(1,077*)	$13 \rightarrow 2$	2,60
$^1\Sigma_g^+$	(103 480)	(1000)			(6,24)	(2,32)	$14 \rightarrow 2R$	
$(^1\Pi_g)$	(113 144)	742*			(16,3*)	(1,43*)	$15 \rightarrow 2R$	

Die mit * versehenen Werte bedeuten B_0, ω_0, I_0, $x_0 \omega_0$, r_0.

Termbezeichnung	Termwert cm⁻¹	ω_0 cm⁻¹	$x_0\omega_0$ cm⁻¹	α cm⁻¹	B_0 cm⁻¹	r_0 10^{-8} cm	Dissoziations-spannung D_0 in eV
$1s\sigma\ 2p\sigma\ {}^3\Sigma_u^+$	instabil						
$1s\sigma\ 2p\sigma\ {}^3\Pi_u$	94794	2404,0	61,4	1,43	30,36	1,047	2,88
$1s\sigma\ 2s\sigma\ {}^3\Sigma_g^+$	95086	2593,2	71,6	1,671	33,381	0,999	2,85
$1s\sigma\ 3s\sigma\ {}^3\Sigma_g^+$	111774	2331	64		30	1,06	
$1s\sigma\ 3p\sigma\ {}^3\Sigma_u^+$	106696	2130	67	1,4	26,54	1,120	
$1s\sigma\ 3p\pi\ {}^3\Pi_u$	111880	2305,3	66,3	1,545	29,59	1,059	2,69
$1s\sigma\ 3d\sigma\ {}^3\Sigma_g$	111720	2176,5	89				2,67
$1s\sigma\ 3d\pi\ {}^3\Pi_g^\times$	111959	2193	75				2,63
	112952						
$1s\sigma\ 3d\delta\ {}^3\Delta_g^\times$	112132	2254	54				
	112165	2275	62	(3,0)	(36,5)	(0,960)	
$1s\sigma\ 4p\sigma\ {}^3\Sigma_u^+$	117619	2141		2,18 ?	28,52	1,081	2,86
$1s\sigma\ 4p\pi\ {}^3\Pi_u$	117362	2276,5	60		29,345	1,065	2,66
$1s\sigma\ 4d\delta\ {}^3\Delta_g^\times$	117420	(2170)					2,63
	(117500)						
$1s\sigma\ 4d\pi\ {}^3\Pi_g^\times$	117469						2,61
	117516	(2170)					
$1s\sigma\ 4d\sigma\ {}^3\Sigma_g^+$	117382						2,63
$1s\sigma\ 5p\pi\ {}^3\Pi_u$	119936	2258,7	62,9		29,3	1,065	2,66
$1s\sigma\ 6p\pi\ {}^3\Pi_u$	121322	2236	57		29,28	1,065	2,64
$1s\sigma\ 7p\pi\ {}^3\Pi_u$	(122155)				(29)	(107)	2,63
H_2^+-Ion $1s\sigma$ $\quad{}^2\Sigma_g^+$	124429	2235	62	1,4	29,1	1,070	2,649

Die Terme mit × haben Λ-Verdoppelung. — Die eingeklammerten Werte sind unsicher.

Wasserstoffmolekelspektren HD, D_2

Termbezeichnung	Termwert cm^{-1}	ω_0 cm^{-1}	$x_0\,\omega_0$ cm^{-1}	α cm^{-1}	B_0 cm^{-1}	r_0 10^{-8} cm
HD $\quad 1s\sigma^2\ {}^1\Sigma_g^+$	0	3826,0*	98,51	1,993	45,68	0,748
$1s\sigma\ 2s\sigma\ {}^1\Sigma_g^+$	100115	2204,4*	81,6*		24,568*	1,0087
$1s\sigma\ 2p\sigma\ {}^1\Sigma_u^+$	91720*	1175,65*	14,9*	0,777	14,635*	1,306*
		1180,77*			15,205*	1,2821*
$1s\sigma\ 2p\pi\ {}^1\Pi_u$	100064*	2140,3*	66,72*	0,856	22,995	1,042
				1,026	23,298	1,035
$1s\sigma\ 2s\sigma\ {}^3\Sigma_g^+$	berechnet: (95938*)	2308,44*	53,77*	1,099	25,136	0,997

Termbezeichnung	Termwert cm^{-1}	ω_0 cm^{-1}	$x_0\,\omega_0$ cm^{-1}	α cm^{-1}	B_0 cm^{-1}	r_0 10^{-8} cm
D_2 $\quad 1s\sigma^2\ \quad {}^1\Sigma_g^+$	0	3118,8*	64,2*	1,0492*	30,429*	0,7410*
$1s\sigma\ 2s\sigma\ {}^1\Sigma_g^+$	100125,2*	1784,5*	48,1*	0,682*	16,373*	1,011*
$1s\sigma\ 2p\sigma\ {}^1\Sigma$	91698,4*	963,5*	11,0*	0,424*	10,0716	1,2819*
$1s\sigma\ 2p\pi\ {}^1\Pi_u$	100092,1*	1736,2*	39,1*	0,5739*	15,665*	1,0336*
$1s\sigma\ 3p\pi\ {}^1\Pi_u$	114000*	1638,5*	30,405*			
$1s\sigma\ 2s\sigma\ {}^3\Sigma_g^+$	berechnet: (95938*)	1885,84*	35,96*	0,606	16,806	0,996

Die mit * versehenen Werte bedeuten r_e, ω_e, B_e usw.

Elementmolekeln

Molekel	Termbezeichnung	Termwert cm^{-1}	ω_e cm^{-1}	$x_e\,\omega_e$ cm^{-1}	α cm^{-1}	B_e cm^{-1}	r_e 10^{-8} cm
C_2	$X\ ^2\Pi_u$	0	1641,35	11,67	0,01683	1,6326	1,3117
	$B\ ^3\Pi_g$	19306,26	1788,22	16,44	0,01608	1,7527	1,2660
	$C\ ^3\Pi_g$	40080,41	1106,56	39,26	0,0242	1,1922	1,5350
N_2	$X\ ^1\Sigma^+$	0	K 2359,61	14,456			
	$A\ ^3\Sigma_u^+$	50206	K 1460,37	13,891			
	$B\ ^3\Pi_g$	59626,3	1734,11	14,47			
	$a\ ^1\Pi_g$	69290,7	K 1692,01	12,791			
	$C\ ^3\Pi_u$	89147,3	2035,1	17,08	0,0197	1,8259	1,1482
	E	(95770)	K 2184,5*				
	F	97584*					
	$i\ ^1\Sigma_u^+$	(99327)	670*				
	$D\ ^3\Sigma_u^+$	101873*				1,961*	1,108*
N_2^+	$\sigma_g{}^2\sigma_u{}^2\pi_u{}^4\sigma_g$ $X\ ^2\Sigma_g^+$	0	2206,84	16,044	0,02	1,932	1,113
	$B\ ^2\Sigma_u^+$	25461,9	2417,67	20,949	0,025	2,806	1,071
	$C\ ^2\Sigma^+$	64622	(2050)		0,05*	1,65	1,21
		54024	2173,2	10,43			

Molekel	Termbezeichnung		Termwert cm^{-1}	ω_e cm^{-1}		$x_e \omega_e$ cm^{-1}	α cm^{-1}	B_e cm^{-1}	r_e 10^{-1} cm	D_e in eV
O_2	$\sigma_g{}^2\sigma_u{}^2\pi_u{}^4\sigma_g{}^2\pi_g{}^2$	X $^3\Sigma_g^-$	0		1580,32	11,993	0,016	1,446	1,204	5,082
		a $^1\Delta_g$	7918,1	K	1509,3*	12,9*	0,017	1,4178*	1,2192*	—
	$\sigma_g{}^2\sigma_u{}^2\pi_u{}^4\sigma_g{}^2\pi_g{}^2$	A $^1\Sigma_g^+$	13197,69	K	1432,615	13,925	0,0188	1,401	1,223	3,5
		C $^3\Sigma_u^+$	36096		819	22,5		1,05*	1,42*	0,4
	$\sigma_g{}^2\sigma_u{}^2\pi_u{}^3\sigma_g{}^2\pi_g{}^3$	B $^3\Sigma_u^-$	49802,1		700,36	8,002	0,011	0,820	1,599	0,95
O_2^+	$\sigma_g{}^2\sigma_u{}^2\pi_u{}^4\sigma_g{}^2\pi_g$	X $^2\Pi_g$	0	K	1876,4	16,53	0,009	1,6722	1,121	6,48
	$\sigma_g{}^2\sigma_u{}^2\pi_u{}^3\sigma_g{}^2\pi_g{}^2$	A $^2\Pi_u$	38596	K	898,9	13,7	0,014	1,0617	1,406	1,4
			38796							
Cl_2		X $^1\Sigma_g^+$	0	K	564,9	4,0	0,0017	0,2438	1,99	2,481
		A $^3\Pi_{0u}^+$	18310,5	K	239,4	5,42	0,003	0,158	2,47	
J_2		X $^1\Sigma_g^+$	0		214,57	0,6127				1,542
		A $^3\Pi_{1u}$	11888	K	44,0	1,0				
		B $^3\Pi_{0u}$	15641,5	K	128,0	0,83				
		D ($^1\Sigma_u^+$)	33744		104	0,2				
CO		X $^1\Sigma^+$	0	K	2170,2	13,46	0,01749	1,9314		
		P	126708		1576	15,6				
		Q	129043		1558	10,6				
		R	129154		1596	18,7				
CO$^+$		X $^2\Sigma^+$	0		2214,24	15,164	0,01896	1,9772	1,11506	(6,5)
		B $^2\Sigma^+$	45876,7		1734,18	27,927	0,03025	1,7999	1,1687	(3,7)
NO		E $^2\Sigma^+$	60628,5		2373,6	15,85	0,0182	1,9863	1,0661	
OH	$2p\,\sigma^2\,2p\,\pi^3$	X $^2\Pi$verk	0		3727,95	78,15	0,6931	18,861$_8$	0,9742	2,4
			139,12							
	$2p\,\sigma\,2p\,\pi^4$	A $^2\Sigma^+$	32681,16		3176,74	92,80	0,839$_4$	17,375$_3$	1,015	2,4

OH+		X $^3\Sigma$	0	2955*		0,732	16,793	1,027	
	$2p\sigma\ 2p\pi^3$	A $^3\Pi_{\text{verk}}$	(28937)	1986*		0,841	13,642	1,139	
OD		X $^2\Pi_{\text{verk}}$	0	27209	44,2	0,29	10,01	0,969	
		A $^2\Sigma^+$	35875,0	2319,9	52,0	0,329	9,19	1,012	
H^{19}F		X $^1\Sigma^+$	0	4143,01	91,69	0,7482	20,9093	0,9179	
DF		X $^1\Sigma^+$	0	3000,358	47,33$_6$	0,293$_6$	11,004$_5$	0,917	
H^{35}Cl		X $^1\Sigma$	0	2990,57	52,26	0,2995	10,5937	1,2744	
H^{37}Cl		X $^1\Sigma$	0	2986,50	51,50	0,2992	10,5700	1,2750	
HCl+	$3s\sigma^2\ 3p\sigma^2\ 3p\pi^3$	X $^2\Pi_i$	0	2675,4	53,5	0,318	9,9463	1,312	4,5
	$3s\sigma^2\ 3p\sigma\ 3p\pi^4$	A $^2\Sigma^+$	28637,2	1605,79	39,58	0,342	7,5077	1,510	
DCl+		X $^2\Pi_i$	0	1863,96*		0,117	5,1158		
		A $^2\Sigma^+$	28630,9	1111,66*		0,118	3,8566		
H^{79}Br		X $^1\Sigma$	0	2649,67	45,21	0,226	8,473	1,414	
H^{81}Br		X $^1\Sigma$	0			0,229	8,471	1,414	
HBr+		X $^2\Pi_{1/2}$	0				7,98*	1,45*	
		$^2\Pi_{3/2}$	2653				7,93*	1,46*	
		A $^2\Sigma$				0,25	5,85*	1,70*	
H^{127}J		X $^1\Sigma^+$	0	2309,53	39,73	0,183	6,551	1,604	

2282. Aus Bandenspektren ermittelte

Grundschwingungswellenzahlen $\omega_e = \dfrac{1}{\lambda}$ in cm^{-1} und Kernabstände r_e in Å von zweiatomigen Molekülen

Molekül	Grund-zustand	ω_e in cm^{-1}	r_e in Å
^{109}Ag^{81}Br	$(^1\Sigma)$	247,72	—
^{107}Ag^{35}Cl	$(^1\Sigma)$	343	—
AgH	$^1\Sigma^+$	1760,0	1,618
^{107}Ag^{127}J	$(^1\Sigma)$	206,18	—
Ag^{15}O	$^2\Sigma^-$	493,2	—
AlBr	$^1\Sigma$	378,0	—
^{27}Al^{35}Cl	$^1\Sigma$	481,3	2,14
^{27}Al^{1}H	$^1\Sigma^+$	1682,57	1,6461
^{27}Al^{2}H	$^1\Sigma^+$	1212,02	1,6458
^{27}Al^{127}J	$^1\Sigma$	316,1	—
^{27}Al^{16}O	$^2\Sigma$	978,2	1,618
^{75}As$_2$	$^1\Sigma_g^+$	429,44	—
^{75}As^{14}N	$^1\Sigma^+$	1067,96	—
^{75}As^{16}O	$^2\Pi$	967,4	—
^{107}Au^{35}Cl	$(^1\Sigma)$	382,8	—
^{197}Au^{1}H	$^1\Sigma^+$	2305,0	1,523
^{197}Au^{2}H	$^1\Sigma^+$	1634,9	1,524
^{138}Ba^{35}Cl	$^2\Sigma^+$	279,3	—
Ba^{19}F	$^2\Sigma^+$	468,9	—
Ba^{1}H	$^2\Sigma^+$	1172	2,232
Ba^{16}O	$(^1\Sigma)$	669,8	1,797
^{11}B^{79}Br	$^1\Sigma$	684,3	1,887
^{11}B^{35}Cl	$^1\Sigma$	839,1	—
^{9}Be^{35}Cl	$^2\Sigma^+$	846,58	—
^{9}Be^{19}F	$^2\Sigma^+$	1265,62	1,3616
^{9}B^{1}H	$^2\Sigma^+$	2058,6	1,343
^{9}B^{16}O	$^1\Sigma^+$	1487,3	1,3308
^{11}B^{19}F	$^1\Sigma^+$	1399,8	—
^{11}B^{1}H	$^1\Sigma^+$	(2366)	1,2326
^{11}B^{2}H	$^1\Sigma^+$	(1780)	1,231
^{11}B^{16}O	$^2\Sigma^+$	1885,44	1,2050
^{209}Bi^2	$(^1\Sigma)$	172,7	—
^{209}Bi^{79}Br	—	209,34	—
^{209}Bi^{35}Cl	—	308,0	—
^{209}Bi^{19}F	—	510,7	—
^{209}Bi^{1}H	$^1\Sigma$	1698,9	1,809
^{209}Bi^{2}H	$^1\Sigma$	1205,5	1,806
^{209}Bi^{127}J	—	163,9	—
^{209}Bi^{16}O	—	702,1	—
^{79}Br^{31}Br	$^1\Sigma_g^+$	323,2	2,284
^{12}C$_2$	$^3\Pi_u$	1641,70	1,3121
Ca^{35}Cl	$(^2\Sigma)$	369,8	—
$(^{40})$Ca^{19}F	$^1\Sigma$	587,1	—
$(^{40})$Ca^{1}H	$^2\Sigma^+$	1299	2,002
Ca^{127}J	$(^2\Sigma)$	242,0	—
$(^{40})$Ca^{16}O	$^1\Sigma$	650	—
CdBr	—	230,0	—

Molekül	Grund-zustand	ω_e in cm^{-1}	r_e in Å
Cd^{35}Cl	$^2\Sigma$	330,5	—
Cd^{1}H	$^2\Sigma^+$	1430,7	1,762
Cd^{127}J	$(^2\Sigma)$	178,5	—
^{12}C^{1}H	$^2\Pi_r$	2861	1,1201
^{12}C^{2}H	$^2\Pi_r$	2101	1,119
^{35}Cl$_2$	$^1\Sigma_g^+$	564,9	1,989
Cl^{16}O	—	865,0	—
^{12}C^{14}N	$^2\Sigma^+$	2068,705	1,1721
^{12}C^{10}O	$^1\Sigma^+$	2170,2	1,1284
^{12}C^{31}P	$^2\Sigma^+$	1239,67	1,5622
^{133}Cs$_2$	$^1\Sigma_g^+$	41,990	—
^{12}C^{32}S	$^1\Sigma^+$	1285,1	1,536
^{12}CSe	$^1\Sigma^+$	1036	—
^{133}Cs^{1}H	$^1\Sigma^+$	890,7	2,494
^{63}Cu^{79}Br	—	314,13	—
^{63}Cu^{35}Cl	—	416,9	—
^{63}Cu^{19}F	—	622,6	—
^{63}Cu^{1}H	$^1\Sigma^+$	1940,4	1,463
^{63}Cu^{2}H	$^1\Sigma^+$	1384,38	1,4627
^{63}Cu^{127}J	—	264,83	—
^{69}Ga^{81}Br	$^1\Sigma$	263,0	—
^{69}Ga^{35}Cl	$^1\Sigma$	365,0	—
^{69}Ga^{127}J	$^1\Sigma$	216,4	—
Ga^{16}O	$(^2\Sigma)$	767,69	—
Gd^{16}O	—	841	—
GeBr	$^2\Pi$	296,6	—
^{74}Ge^{35}Cl	$^2\Pi$	407,6	—
^{74}Ge^{16}O	$(^1\Sigma)$	985,7	—
^{74}Ge^{32}S	$(^1\Sigma)$	575,8	—
^{1}H$_2$	$^1\Sigma_g^+$	4405,3	0,7414
^{1}H^{2}H	$^1\Sigma_g^+$	3817,1	0,7413
^{2}H$_2$	$^1\Sigma_g^+$	3118,5	0,7417
^{1}HBr	$^1\Sigma^+$	2649,67	1,414
^{1}H^{35}Cl	$^1\Sigma^+$	2989,74	1,2747
^{2}H^{35}Cl	$^1\Sigma^+$	2090,78	1,275
^{4}He$_2$	$^3\Sigma_u^+$	[1790]	1,046
^{1}H^{19}F	$^1\Sigma^+$	4141,305	0,9166
Hg$_2$	$^1\Sigma_g^+$	(36)	3,3
HgBr	$(^2\Sigma)$	186,25	—
Hg^{35}Cl	$(^2\Sigma)$	292,6	—
Hg^{1}H	$^2\Sigma^+$	1387,09	1,741
Hg^{2}H	$^2\Sigma^+$	995,15	1,738
^{1}H^{127}J	$^1\Sigma^+$	2309,53	1,604
^{115}In^{81}Br	$^1\Sigma$	268,4	—
^{115}In^{35}Cl	$^1\Sigma$	384,2	—

Molekül	Grund-zustand	ω_e in cm^{-1}	r_e in Å	Molekül	Grund-zustand	ω_e in cm^{-1}	r_e in Å
^{115}In^{127}J	$^1\Sigma$	177,1	—	^{206}Pb^{16}O	$^1\Sigma$	721,8	1,923
In^{16}O	$^2\Sigma$	703,09	—	^{208}Pb^{32}S	$^1\Sigma$	428,14	2,395
				^{31}P^{14}N	$^1\Sigma^+$	1337,24	1,491
^{127}J$_2$	$^1\Sigma_g{}^+$	214,36	2,667	^{31}P^{16}O	$^2\Pi_r$	1230,64	1,447
				^{141}Pr^{16}O	—	818,9	—
^{39}K$_2$	$^1\Sigma_g{}^+$	92,64	3,923				
KBr	$^1\Sigma^+$	231	—	^{32}S$_2$	$^3\Sigma_g{}^-$	725,68	1,89
KCl	$^1\Sigma^+$	280	—	Sb$_2$	$(^1\Sigma)$	269,9	—
$(^{39})$K^{1}H	$^1\Sigma^+$	985,0	2,244	SbCl	—	488	—
K^{127}J	$^1\Sigma^+$	212	—	Sb^{19}F	—	614,2	—
				SbO	—	817,2	—
^{139}La^{16}O	$^2\Sigma$	811,6	—	^{45}Sc^{16}O	$^2\Sigma$	971,55	—
^{7}Li$_2$	$^1\Sigma_g{}^+$	351,436	2,6723	^{80}Se$_2$	$(^1\Sigma_g{}^+)$	391,8	2,16
^{7}Li^{1}H	$^1\Sigma^+$	1405,65	1,5956	Se^{16}O	—	907,1	—
^{7}Li^{2}H	$^1\Sigma^+$	1055,12	1,5951	SiBr	$^2\Pi$	425,4	—
				^{28}Si^{35}Cl	$^2\Pi$	535,4	—
^{24}MgBr	$(^2\Sigma)$	373,8	—	$(^{28})$Si^{19}F	$^2\Pi$	856,7	—
^{24}Mg^{35}Cl	$(^2\Sigma)$	465,4	—	^{28}Si^{14}N	$^2\Sigma^+$	1151,680	1,572
$(^{24})$Mg^{19}F	$^2\Sigma$	717,6	—	^{28}Si^{16}O	$^1\Sigma^+$	1242,03	1,510
$(^{24})$Mg^{1}H	$^2\Sigma^+$	1495,7	1,731	SiS	$^1\Sigma^+$	749,5	—
$(^{24})$Mg^{2}H	$^2\Sigma^+$	1077,76	1,7302	SnBr	$^2\Pi$	247,7	—
Mg^{127}J	$(^2\Sigma)$	[312]	—	Sn^{35}Cl	$^2\Pi$	352,5	—
Mg^{16}O	$(^1\Sigma)$	785,1	—	Sn^{19}F	$^2\Pi$	585,3	—
Mn^{1}H	—	1490	—	Sn^{16}O	$^1\Sigma$	822,4	1,838
Mn^{16}O	—	840,70	—	Sn^{32}S	$(^1\Sigma)$	488,25	—
				^{32}S^{16}O	$^3\Sigma^-$	1123,73	1,4935
^{14}N$_2$	$^1\Sigma_g{}^+$	2359,61	1,095	SrCl	$^2\Sigma$	302,3	—
^{23}Na$_2$	$^1\Sigma_g{}^+$	159,23	3,079	Sr^{19}F	$(^2\Sigma)$	500,1	—
^{23}NaBr	$^1\Sigma^+$	315	—	Sr^{1}H	$^2\Sigma^+$	1206,2	2,1457
^{23}NaCl	$^1\Sigma^+$	380	—	Sr^{127}J	—	173,9	—
^{23}Na^{1}H	$^1\Sigma^+$	1172,2	1,8875	Sr^{16}O	$^1\Sigma$	653,5	1,826
^{23}Na^{127}J	$^1\Sigma^+$	286	—				
NiCl	$^2\Pi$	419,2	—	Te$_2$	$^3\Sigma$	251,0	—
^{14}N^{16}O	$^2\Pi_r$	1904,6	1,150	Te^{16}O	—	796,0	—
				^{48}Ti^{35}Cl	—	456,4	—
^{16}O$_2$	$^3\Sigma_g{}^-$	1580,361	1,2076	$(^{48})$Ti^{16}O	$^3\Pi_u$	1008,14	1,620
^{16}O^{1}H	$^2\Pi_i$	3735,2	0,9710	Tl^{81}Br	$(^1\Sigma)$	192,1	—
^{16}O^{2}H	$^2\Pi_i$	2720,9	0,969	Ti^{35}Cl	$^1\Sigma$	287,47	—
				Tl^{19}F	$^1\Sigma$	475,00	—
^{31}P$_2$	$^1\Sigma_g{}^+$	780,43	1,887	Tl^{1}H	$(^1\Sigma^+)$	1390,7	1,870
Pb$_2$	—	256,5	—	^{51}V^{16}O	$(^2\Delta)$	1012,7	1,890
Pb^{79}Br	—	207,5	—	^{89}Y^{16}O	$(^2\Sigma)$	852,5	—
Pb^{35}Cl	—	303,8	—	Zn^{35}Cl	$^2\Sigma$	390,5	—
Pb^{19}F	$^2\Pi$	507,2	—	Zn^{1}H	$^2\Sigma^+$	1607,60	1,5947
Pb^{1}H	$^2\Sigma$	1564,1	1,839	^{90}Zr^{16}O	$^3\Pi$	936,6	1,416

Index r: Reihenfolge im Multiplett normal,
Index i: Reihenfolge im Multiplett invers

229. Fluorescenz und Photochemie
Fluorescenz von Molekülen

2291. Fluorescenz von zweiatomigen Molekülen

Die Erscheinungen der Fluorescenz sind bei den Dämpfen der zweiatomigen Moleküle nicht ganz einfach, sie lassen sich jedoch mühelos aus dem Termschema der Molekülspektren verstehen. Man muß unterscheiden zwischen der *Resonanzfluorescenz*, die bei sehr niedrigen Drucken und bei Anregung durch eine sehr schmale Linie auftritt, und der *normalen Fluorescenz*, die bei höheren Drucken oder bei Anregung durch eine breite Linie beobachtet wird. Unter mittleren Bedingungen können Übergangsformen zwischen beiden Fluorescenzarten erscheinen.

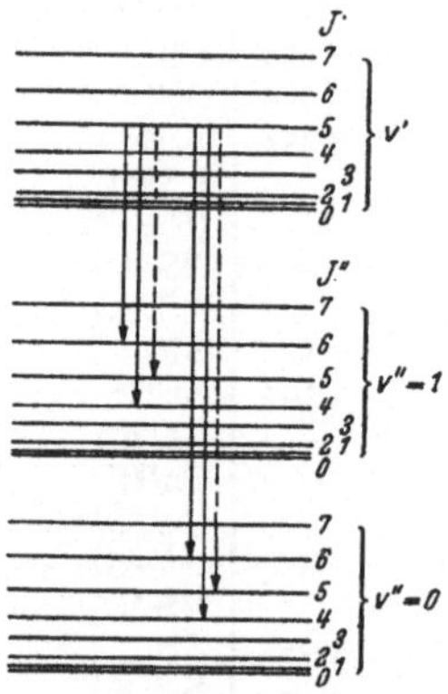

Abb. 26. Zur Erläuterung der Resonanzfluorescenz. Durch Einstrahlung einer schmalen Linie sei der 5. Rotationsterm des v'-ten Schwingungsniveaus des oberen Elektronenzustandes angeregt. Dann können in Fluorescenz beim Übergang nach dem Schwingungsniveau v'' des unteren Elektronenzustandes nur die Linien mit $J'' = 6$ und $J'' = 4$, u. U. auch, wenn die Banden einen Q-Zweig besitzen, mit $J'' = 5$ emittiert werden

Das Spektrum der Resonanzfluorescenz besteht im allgemeinen aus einer Folge von Linienpaaren und hat zunächst keine Ähnlichkeit mit den bekannten Molekülspektren. Das normale Fluorescenzspektrum besteht dagegen aus einer Folge der für die Molekülspektren typischen Teilbanden. Die Analyse ergibt, daß im Resonanzspektrum aus jeder Teilbande im allgemeinen nur zwei Linien ausgewählt sind.

Zum Verständnis der Erscheinungen der Fluorescenz müssen wir vom Termschema der Moleküle z. B. Abb. 23 u. 24 ausgehen. Die anregende Strahlung kann nur solche Übergänge bewirken, deren untere Terme bei den Versuchsbedingungen besetzt sind, das sind Terme, deren Energiedifferenz zum tiefsten Energiezustand nicht viel größer ist als kT. Da die höheren Elektronenzustände und meist auch die höheren Schwingungsterme einen größeren energetischen Abstand haben, ist der untere Zustand des anregenden Übergangs der Elektronengrundzustand mit dem Schwingungsterm $n = 0$. Die Energiedifferenzen der Rotationszustände sind dagegen von der Größenordnung kT, so daß im tiefsten Schwingungsterm des Elektronengrundzustandes die Rotationsterme besetzt sind.

Strahlt man nun eine passende Spektrallinie ein, so wird in einem höheren Elektronenzustand ein bestimmter Schwingungsterm n' und in diesem ein bestimmter Rotationszustand J' angeregt. Bei der nun folgen-

Das Resonanzspektrum des Jods bei Erregung mit der grünen Hg-Linie
5462,23 Å

Ordnungs-zahl	Wellenlänge Å λ	Ordnungs-zahl	Wellenlänge Å λ	Ordnungs-zahl	Wellenlänge Å λ
0	5462,23	9	fehlt	18	6818,63
	5463,74		6160,63		6820,01
1	5526,55	10	6162,48	19	?
	5528,10	11	6237,68	20	6998,96
2	fehlt		6239,56		7001,39
3	5658,71	12	6316,16	21	fehlt
	5660,38		6318,14	22	7186,23
4	5726,59	13	6396,08		7188,68
	5728,25		6398,05	23	7282,39
5	5795,79	14	fehlt		7284,92
	5797,51	15	6560,56	24	fehlt
6	5866,14		6562,68	25	7480,4
	5867,85	16	6645,0		7482,9
7	fehlt		6647,0	26	fehlt
8	6010,66	17	6731,2	27	7685,7
	6012,50		6733,25		7688,5

den Fluorescenzemission kehrt das Molekül in einen tieferen, meist den Elektronengrundzustand zurück. Da für die Schwingungsquantenzahlen n außer dem für die Intensität praktisch maßgebenden Franck-Condon-Prinzip keine Auswahlregeln bestehen, kann es in einen beliebigen Schwingungsterm des unteren Elektronenzustands übergehen ($n' \rightarrow n'' = 0, 1, 2 \ldots$). Für die Rotationsquantenzahl J besteht jedoch eine Auswahlregel: J darf sich nur um ± 1 ändern (gelegentlich ist auch, wenn die Banden einen Q-Zweig besitzen, $\Delta J = 0$ erlaubt). Das Molekül kann daher nur auf zwei bestimmte Rotationszustände übergehen. Dementsprechend besteht das Spektrum aus Folgen ($n' \rightarrow n'' = 0, 1, 2 \ldots$) von je zwei Linien, die den beiden erlaubten Rotationsübergängen entsprechen (s. Resonanzspektrum des Jods).

Wenn dagegen bei der Absorption infolge einer größeren spektralen Breite der Strahlung sehr viele Rotationszustände im oberen Zustand angeregt werden, oder wenn bei größeren Gasdrucken durch Stöße während der Lebensdauer des angeregten Zustands auch die übrigen oberen Rotationszustände besetzt werden, dann füllt sich das Spektrum zum gewöhnlichen Molekülspektrum auf (normale Fluorescenz).

2292. Fluorescenz mehratomiger anorganischer Moleküle

Über die Fluorescenz der mehratomigen anorganischen Moleküle im gasförmigen Zustand ist nur wenig bekannt. Im allgemeinen beruht die beobachtete Fluorescenz auf dem Leuchten von zweiatomigen Photodissoziationsprodukten.

In kondensierten Phasen leuchten nur wenige anorganische Moleküle. In wäßriger Lösung zeigen Halogenkomplexe von Thallium, Blei und Zinn sowie Uranylsalze und Platin-(II)--Komplexe Fluorescenz.

In festem Zustand ist die Fluorescenz der beiden letzten genauer untersucht worden, während die der ersteren in den Alkalihalogenidphosphoren beobachtet wird.

Die in Abb. 27 und 28 dargestellten Banden spalten bei tiefer Temperatur in zahlreiche Linien auf. Diese Aufspaltungen hängen von den Anionen und vom Kristallwasser ab und ändern sich infolgedessen mit der Zusammensetzung der Salze.

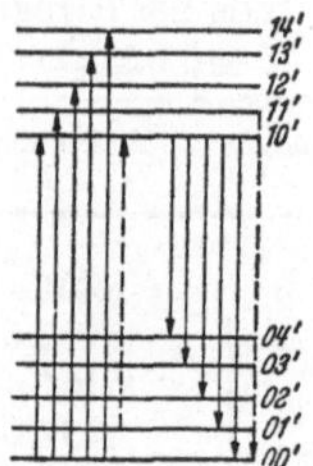

Abb. 27. Termschema des $UO_2{}^{++}$-Ions (Uranylfluorescenz). Bei der Temperatur der flüssigen Luft erscheinen die gestrichelten Linien nicht   Links: Absorption. Rechts: Emission

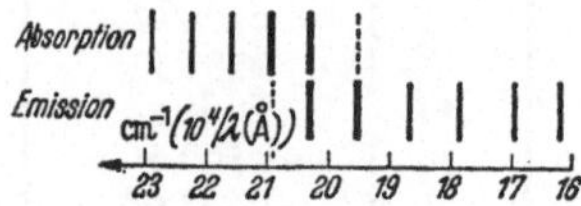

Abb. 28. Emissions- und Absorptionsspektrum der Uranylsalze (UO_2-Schwingung). Bei der Temperatur der flüssigen Luft erscheinen die gestrichelten Linien nicht

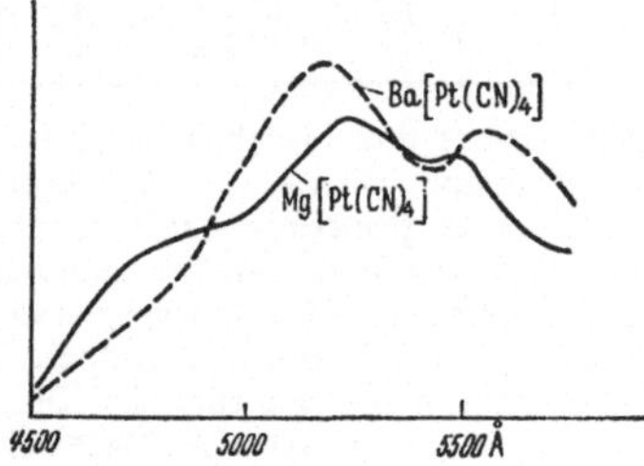

Abb. 29. Fluorescenzspektrum von Barium- und Magnesium-Platin-(II)-cyanid in wäßriger Lösung

2293. Fluorescenz organischer Moleküle

Im Gegensatz zu den Atomen und den zweiatomigen Molekülen tritt bei den organischen Molekülen im *Gaszustand* Luminescenz nicht allgemein auf. Der Grund hierfür liegt darin, daß in vielen Fällen (Absorption im kontinuierlichen Teil des Absorptionsspektrums) photochemische Dissoziation eintritt, in anderen Fällen (Absorption im kurzwelligen Teil des diskreten Absorptionsspektrums) Prädissoziation beobachtet wird. Schließlich findet häufig, insbesondere bei den hochatomigen Molekülen, eine Gleichverteilung der Energie auf die zahlreichen Schwingungsfreiheitsgrade des Moleküls und damit eine Umwandlung der Anregungsenergie in Wärme statt.

Die Leuchtfähigkeit der organischen Moleküle ist an bestimmte Atomgruppierungen gebunden, von denen die der konjugierten Kohlenstoffbindung die wichtigste ist. Daher findet man bei den aromatischen Verbindungen sehr häufig Luminescenzfähigkeit. Am genauesten ist die Fluorescenz des Benzols untersucht worden (s. Abb. 30 u. 31).

In den kondensierten Phasen, also im flüssigen und im festen Zustand, in flüssiger und fester Lösung, bei Adsorption an Grenzflächen und beim Einbau in anorganisches Grundmaterial (Organophosphore) ist die Luminescenz organischer Stoffe ebenfalls eine reine Molekülluminescenz, die durch die Wechselwirkung mit den Molekülen der Umgebung mittelbar und unmittelbar beeinflußt wird. Die unmittelbare Beeinflussung besteht in einer geringen Verschiebung und Veränderung der Absorptions- und

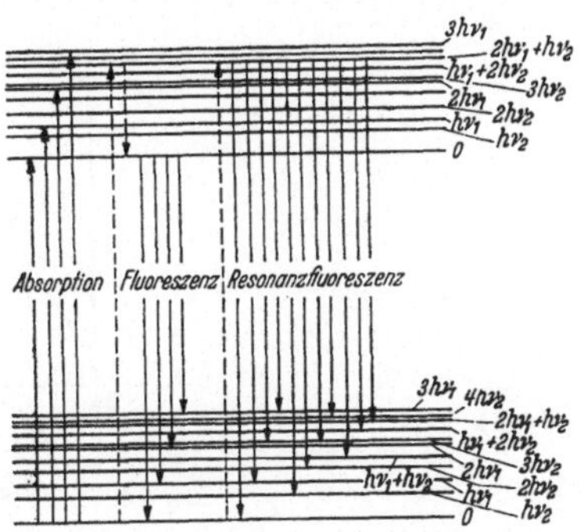

Abb. 30. Schema der Absorption, Fluorescenz und Resonanzfluorescenz des Benzoldampfes. (Nach INGOLD und WILSON)

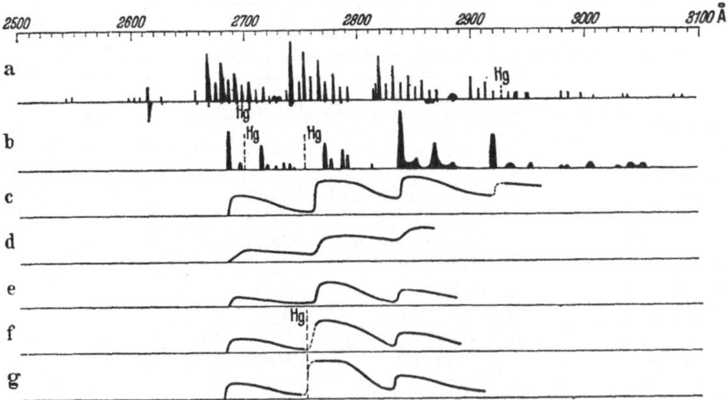

Abb. 31. Fluorescenz des Benzols bei Erregung mit weißem Licht. a Dampf (nach unten: die bei Erregung mit 2537 Å im Dampf von geringem Druck auftretenden Banden), b fest bei −180° c fest bei 0°, d flüssig bei 0° C, e 30%ige Lösung in Alkohol, f 12%ige Lösung in Alkohol, g 4%ige Lösung in Alkohol

Emissionsspektren, die mittelbare beruht auf den depolarisierenden und den auslöschenden Stößen sowie auf Assoziationsvorgängen. Diese Prozesse sind in Lösungen und an Adsorbaten besonders eingehend untersucht worden. Die Auslöschung kann durch den Lösungen zugesetzte Fremdmoleküle (Fremdauslöschung, die häufig zur photosensibilisierten Aktivierung führt) und durch eigene Moleküle erfolgen (Konzentrationsauslöschung). Bei der Auslöschung spielt die Zähigkeit des Lösungsmittels eine maßgebende Rolle. Zwischen Fluorescenzhelligkeit, Ausbeute, Polarisationsgrad, Abklingdauer, Zähigkeit des Lösungsmittels und Konzentration bestehen funktionelle Zusammenhänge, die verschiedentlich in recht befriedigender Weise formelmäßig dargestellt worden sind[1].

Bei organischen Molekülen im adsorbierten Zustand und in fester Lösung kann bei tiefen Temperaturen der Schutz gegen auslöschende Stöße so gut sein, daß Übergänge von metastabilen Termen mit Lebensdauern von der Größenordnung einer Sekunde nach dem Grundzustand möglich sind (rotverschobene Tieftemperaturbanden).

[1] Siehe z. B. FRANCIS PERRIN: Acta Physic. Polon. 5, 335/346 (1936).

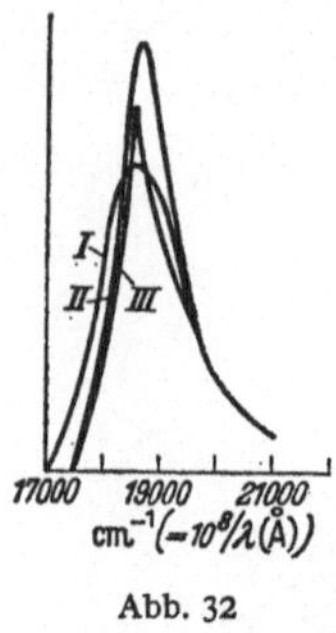

Abb. 32

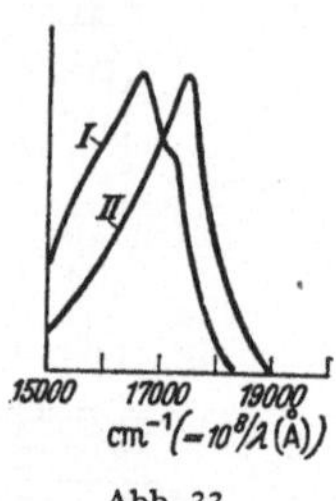

Abb. 33

Abb. 32. Abhängigkeit der spektralen Absorption von Rhodamin B vom Lösungsmittel
I Wasser, *II* Aceton mit Wasser, *III* Alkohol. (Nach G. BRAUN)

Abb. 33. Fluorescenzspektrum von Rhodamin B (*I*) und Rhodamin 6 G (*II*). (Nach SCHLEGEL)

Lage der Maxima der Fluorescenzbanden einiger organischer Stoffe

Stoff	Zustand	λ in Å
Äsculin	feste Lösung	4430, 4900, 5400, 6000
Anthracen	krist.	4025, 4220, 4450, 4575, 5090
Benzoflavin	in Glycerin + H_2O	5360
Chlorophyll a	in Aceton + O_2	6470, 6790
Chlorophyll a	in Aceton + CO_2	6460, 6770
Chlorophyll a	in Aceton + N_2	6480, 6790
Chlorophyll b	in Aceton	6540
Eosin	feste Lösung	5500, 5780
Eosin	in Glycerin + H_2O	5625, 5845
Erythrosin	feste Lösung	5040, 5400, 5800, 6400, 6700
Euchrysin 3 R	in Glycerin + H_2O	5420
Fluoren	krist.	3710, 3900, 4080, 4330, 4650
Fluorescein	feste Lösung	5270, 5700, 6400
Hydrochinon	rein	dunkel-veilchenblau
Isochinolinrot	rein	5900
Phenanthren	krist.	3920, 4130, 4360, 4600
Rheonin A	in Glycerin + H_2O	4920, 5440
Rhodamin	in Glycerin + H_2O	5900
Rhodulin	feste Lösung	5360, 5800, 6400, 7200
Rhodulingelb	krist.	5930
Rhodulingelb	in H_2O	4875
Bariumsalicylat	rein	4580
Trypaflavin	in Glycerin	5000, 5350, 5400
Trypaflavin	krist.	5880
Uranin	in Glycerin + H_2O	5520

In obiger Tabelle wird aus den nicht sehr zahlreichen Untersuchungen
über die Spektren organischer Stoffe eine Auswahl gebracht.

Kurz hingewiesen sei noch auf die Fluorescenz der Pseudoisocyanine
(SCHEIBE u. Mitarb.). Die Pseudoisocyanine polymerisieren eindimensional
zu langen, geldrollenähnlich aufgebauten Ketten mit bis zu 10^6 Molekülen.
Mit der Polymerisation treten je eine neue schmale Absorptions- und
Emissionsbande auf, die beide der Kette zuzuordnen sind. Die Abkling-

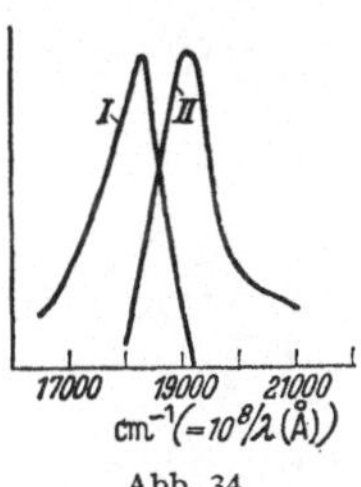

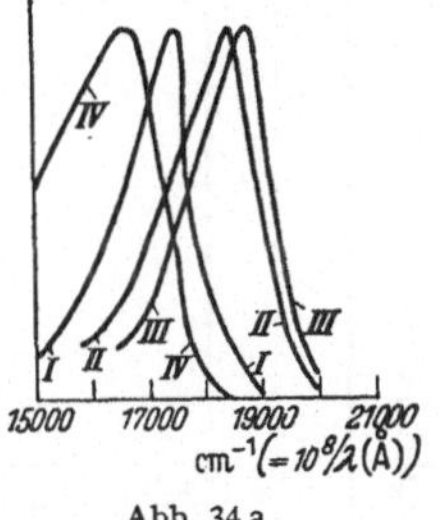

Abb. 34   Abb. 34 a

Abb. 34. Eosin in Alkohol. (Nach NICHOLS und MERRIT)
I Fluorescenzspektrum, *II* Absorptionsspektrum

Abb. 34 a. Fluorescenzspektren von Rhodamin 2G (*I*), Diaminofluoran (*II*), Fluorescein (*III*), Pyronin B (*IV*). (Nach SCHLEGEL)

zeit der Fluorescenz in der Kette ist mit $< 10^{-9}$s äußerst kurz. Die Anregungsenergie wandert mit sehr großer Geschwindigkeit durch die Kette. Zur Auslöschung der Fluorescenz genügt *ein* auslöschendes Fremdmolekül auf etwa 10^6 Moleküle des Pseudoisocyanins.

2294. Chemiluminescenz

Unter Chemiluminescenz versteht man die beim Ablauf chemischer Reaktionen angeregte Lumineszenz.

Bei Beobachtung mit hinreichend empfindlichen Anordnungen (Lichtzählern) kann ein Reaktionsleuchten bei zahlreichen chemischen Reaktionen nachgewiesen werden, z. B. bei der Neutralisation starker Säuren durch starke Basen, bei Oxidationsprozessen und anderen. Die Ausbeuten sind jedoch außerordentlich klein und betragen ungefähr ein Lichtquant auf $10^{14} \ldots 10^{16}$ Umsetzungen. Etwas größer sind sie bei der thermischen Zersetzung der Acide, wo sie Werte von etwa einem Lichtquant auf $10^{10} \ldots 10^{11}$ Umsetzungen annehmen. Auch die Hydratation und Dehydratation des Chininsulfats ist mit einer Lichtemission verbunden, deren energetische, auf die Hydratationswärme bezogene Ausbeute $10^{-14} \ldots 10^{-12}$ beträgt.

Chemiluminescenzen mit wesentlich größeren Ausbeuten werden in verdünnten Flammen beobachtet, bei der CO+O-Flamme z. B. von etwa 10%. Hierzu gehören u. a. die Reaktionen von Natriumdampf mit Halogenen und mit Polyhaliden, die kalten Flammen von P_4+O, P_2O_3+O, die Quecksilber-Halogenreaktionen, die Schwefeldampf-Sauerstoffreaktion und viele andere.

Auch in den gewöhnlichen Flammen beruht das Leuchten außer auf der vorwiegenden thermischen Anregung teilweise auf Chemiluminescenz.

In kondensierten Phasen sind am bekanntesten und am eingehendsten untersucht die Leuchterscheinungen, die mit der Oxidation des 3-Aminophthalhydrazids (Luminol) und der Salze des Dimethyldiacridiniums und verwandter Verbindungen in alkalischer Lösung verbunden sind. Auch hier sind die Ausbeuten klein und liegen unter dem Wert von einem Lichtquant auf 100 Umsetzungen.

Den biologischen Leuchterscheinungen liegt, wahrscheinlich allgemein, die Oxidation des Luciferins, katalysiert durch das Enzym Luciferase, zugrunde. Die Ausbeute der Reaktion der reinen Stoffe beträgt etwa ein Lichtquant auf 50 Umsetzungen, während sie z. B. in den Leuchtbakterien um eine Größenordnung kleiner ist. Auf dem durch die Cypridina ausgeschiedenen Luciferin und der Luciferase beruht das Meeresleuchten.

3. Größe und elektronischer Aufbau von Atomen, Ionen und Molekeln

31. Ionisierungsspannungen und Elektronenaffinitäten

311. Ionisierungsspannungen (-energien) von Atomen und Molekeln

		I		II	III	IV	V	VI	VII	VIII	IX	X
		kJ/Mol	eVolt				eVolt					
1.	H	1311,16	13,59									
2.	He	2368,71	24,56	54,1								
3.	Li	520,61	5,40	75,7	121,8							
4.	Be	899,36	9,32	18,2	153,9	216,6						
5.	B	798,5	8,28	25,1	37,9	259,3	338,5					
6.	C	1087,26	11,27	24,8	47,9	64,5	392,0	(487)				
7.	N	1404,07	14,55	29,6	47,4	77,4	97,9	551,9	(663)			
8.	O	1314,1	13,62	35,2	54,9	77,4	113,9	138,1	739,1	(867)		
9.	F	1681,95	17,43	34,9	62,7	87,3	114,3	157,2	185,2	953,0	(1100)	
10.	Ne	2079,9	21,56	40,9	63,9	96,4	125,8	~157	(207)	(238)	(1190)	(1350)
11.	Na	495,92	5,14	47,3	71,7	98,9	138,6	172,5	209,1	264,3	299,9	(1460)
12.	Mg	737,4	7,64	15,0	80,2	109,3	141,2	186,9	225,6	266,8	328,2	367
13.	Al	575,86	5,97	18,8	28,5	120,0	153,6	190,3	243,2	285,8	331,6	399,2
14.	Si	785,94	8,15	16,4	33,5	45,2	165,9	204,1	245,2	301,7	~349	(407)
15.	P	1051,27	10,9	19,7	30,2	51,4	65,0	(223)	(268)	(316)	(380)	(433)
16.	S	999,38	10,36	23,4	35,1	47,1	(72)	88,1	281	328,9	379,1	(459)
17.	Cl	1244,62	12,90	23,7	39,9	53,5	67,8	(97)	114,3	346,6	398,8	~453
18.	Ar	1520,4	15,76	27,5	40,7	~61	~78	89,0	124,0	142,8	(434)	(494)
19.	K	418,5	4,34	31,7	45,5	60,6	(83)	(101)	(120)	(155)	176,0	501,4
20.	Ca	589,25	6,11	11,9	51,0	67	84,0	(111)	~127	(151)	(189)	211,4
21.	Sc	646,6	6,7	12,8	24,8	73,6	91	110,5	(141)	~158	(185)	(227)
22.	Ti	659,5	6,84	13,6	27,6	43,3	99,4	119	140,1	(176)	(200)	(223)
23.	V	647,42	6,71	14,1	26,5	(48)	64,9	128,3	150	172,8	(214)	(239)
24.	Cr	650,35	6,74	16,7	(32)	(51)	(72)	~90	160,3	184	208,6	(255)
25.	Mn	716,47	7,43	15,46	(34)	(53)	76	(101)	119,3	~195	221	247,2

26.	Fe	755,4	7,83	16,5	~30	(56)	(79)	(105)	(133)	151,2	233,5	261
27.	Co	755,4	7,84	17,4	(34)	(53)	(82)	(109)	(138)	(170)	(202)	(295)
28.	Ni	735,7	7,63	18,2	(36)	(56)	(79)	(113)	(143)	(176)	(210)	(246)
29.	Cu	744,9	7,72	20,2	(38)	(59)	(83)	(109)	(148)	(182)	(217)	(255)
30.	Zn	906,05	9,39	18,0	40	(62)	(86)	(114)	(144)	(188)	(224)	(263)
31.	Ga	575,86	5,97	20,5	30,8	63,9	(90)	(118)	(149)	(183)	(231)	(271)
32.	Ge	784,27	8,13	16,0	34,2	45,7	93,5	(123)	(155)	(189)	(226)	(280)
33.	As	1012,77	10,5	~20	28,3	50,1	62,6	127,6	(160)	(196)	(234)	(274)
34.	Se	938,7	9,73	(21)	34	42,9	72,8	81,7	166	(202)	(241)	(282)
35.	Br	1134,1	11,76	19,2	35,6	50,2	(60)	(87)	(104)	210	(248)	(291)
36.	Kr	1350,5	14,0	24,5	36,8	(52)	(66)	(80)	(110)	(127)	256,6	(300)
37.	Rb	402,18	4,17	27,3	39,7	(53)	(71)	(86)	(102)	(134)	(153)	(308)
38.	Sr	548,6	5,69	11,0	(43)	57,0	(72)	(93)	(109)	(126)	(161)	(182)
39.	Y	627,7	6,5	12,3	20,4	(62)	76,9	(94)	(117)	(135)	(152)	(191)
40.	Zr	670,4	6,95	14	24,1	34,0	(83)	98,9	(118)	(143)	(163)	(181)
41.	Nb	—	—	(13)	(25)	(38)	~50	(106)	(125)	(145)	(172)	(193)
42.	Mo	680,9	7,06	—	(27)	46,0	~61	~67	(133)	(153)	(174)	(204)
43.	Tc	—	—	—	(29)	(43)	(59)	(76)	(94)	(162)	(184)	(206)
44.	Ru	~724	~7,5	(16)	(29)	(47)	(63)	(81)	(100)	(119)	(194)	(217)
45.	Rh	740,7	7,7	(18)	(31)	(46)	(67)	(85)	(105)	(126)	(147)	(228)
46.	Pd	782,6	8,1	~19,8	(33)	(49)	(66)	(90)	(111)	(132)	(155)	(178)
47.	Ag	731,1	7,58	21,4	35,9	(52)	(70)	(89)	(116)	(139)	(162)	(187)
48.	Cd	867,5	8,99	16,9	38,1	(55)	(73)	(94)	(115)	(146)	(170)	(195)
49.	In	558,3	5,79	18,9	27,9	57,9	(77)	(98)	(121)	(144)	(178)	(204)
50.	Sn	704,3	7,30	14,6	30,7	39,4	80,9	(103)	(126)	(151)	(176)	(213)
51.	Sb	833,6	8,64	(17)	24,9	44,2	55,7	107,7	(132)	(157)	(184)	(211)
52.	Te	864,2	8,96	(19)	30,6	37,8	60,3	72,4	137,3	(164)	(192)	(220)
53.	J	1007	10,44	19,0	(31)	(42)	(52)	(77)	(90)	169,9	(200)	(229)
54.	Xe	1170	12,13	21,2	32,1	(45)	(57)	(68)	(96)	(110)	204,7	(238)
55.	Cs	375,4	3,89	23,4	(34)	(46)	(62)	(74)	(86)	(117)	(132)	(246)
56.	Ba	502,6	5,21	10,0	(37)	(49)	(62)	(80)	(93)	(106)	(140)	(156)
57.	La	539,86	5,6	11,4	19,1	(52)	(66)	(80)	(100)	(114)	(128)	(165)
58.	Ce	631,1	6,54	—	—	36,5	(70)	(85)	(100)	(122)	(137)	(152)
59.	Pr	~560,8	~5,8	—	—	—	—	(89)	(106)	(122)	(146)	(162)
60.	Nd	~606,8	~6,3	—	—	—	—	—	(111)	(129)	(147)	(171)

		I		II	III	IV	V	VI	VII	VIII	IX	X
		kJ/Mol	eVolt	eVolt								
61.	Pm	—	—	—	—	—	—	—	—	(135)	(154)	(173)
62.	Sm	~539,9	~5,6	~11,4	—	—	—	—	—	—	(161)	(181)
63.	Eu	544	5,64	11,2	—	—	—	—	—	—	—	(187)
64.	Gd	644,5	6,7	—	—	—	—	—	—	—	—	—
65.	Tb	644,5	6,7	—	—	—	—	—	—	—	—	—
66.	Dy	~657	~6,8	—	—	—	—	—	—	—	—	—
70.	Yb	600	6,22	~12	—	—	—	—	—	—	—	—
71.	Lu	—	—	—	(19)	—	—	—	—	—	—	—
72.	Hf	—	—	~14,8	(21)	(31)	—	—	—	—	—	—
73.	Ta	—	—	—	(22)	(33)	(45)	—	—	—	—	—
74.	W	765,8	7,94	—	(24)	(35)	(48)	(61)	—	—	—	—
75.	Re	~770	~8	(13)	(26)	(38)	(51)	(65)	(79)	—	—	—
76.	Os	~837	~8,7	(15)	(25)	(40)	(54)	(68)	(83)	(99)	—	—
77.	Ir	~887	~9,2	(16)	(27)	(39)	(57)	(72)	(88)	(104)	(121)	—
78.	Pt	~858	~8,9	18,5	(29)	(41)	(55)	(75)	(92)	(109)	(127)	(146)
79.	Au	890	9,23	20,0	(30)	(44)	(58)	(73)	(96)	(114)	(133)	(153)
80.	Hg	1007	10,44	18,8	~34	(46)	(61)	(77)	(94)	(120)	(139)	(159)
81.	Tl	590,5	6,12	20,3	29,8	~50	(64)	(81)	(98)	(117)	(145)	(166)
82.	Pb	716	7,42	15,0	31,9	42,1	69,4	(84)	(103)	(122)	(142)	(173)
83.	Bi	(849)	(8,8)	(17)	26,6	(45)	55,7	~88	(107)	(127)	(148)	(169)
84.	Po	(791)	(8,2)	(19)	(28)	(38)	(61)	(73)	(112)	(132)	(154)	(176)
85.	At	925	(9,6)	(18)	(30)	(41)	(51)	(78)	(91)	(138)	(160)	(183)
86.	Rn	1037	10,75	(20)	(30)	(44)	(55)	(67)	(97)	(111)	(166)	(190)
87.	Fr	—	—	(22)	(32)	(43)	(59)	(71)	(84)	(117)	(133)	(197)
88.	Ra	508	5,27	10,1	(34)	(46)	(59)	(76)	(89)	(103)	(140)	(156)
89.	Ac	—	—	—	—	(49)	(62)	(76)	(95)	(109)	(123)	(164)
90.	Ph	—	—	—	—	~29,4	(65)	(80)	(94)	(115)	(130)	(145)
91.	Ra	—	—	—	—	—	—	(84)	(100)	(115)	(138)	(154)
92.	U	~385	~4	—	—	—	—	—	(104)	(121)	(137)	(162)

Stoff	$V_k(\text{eV})$	Prozeß
H_2	15,427	$H_2 \to H_2^+ + e$
	18	$H_2 \to H + H^+ + e$
C_2	12 ± 2	$C_2 \to C_2^+ + e$
N_2	16,8	$N_2 \to N_2^+ + e$
	23,5	$N_2 \to N^+ + N + e$
	$49,5 \pm 0,5$	$N_2 \to N_2^{++} + 2e$
	64 ± 2	$N_2 \to N^{++} + N + 2e$
O_2	$12,2 \pm 0,2$	$O_2 \to O_2^+ \, (^4\Pi_g) + e$
	16,1	$O_2 \to O_2^+ \, (^4\Pi_u) + e$
	$16,2 \pm 0,1$	$O_2 \to O_2^+ \, (^2\Pi_u) + e$
	$18,2 \pm 0,1$	$O_2 \to O_2^+ \, (^4\Pi_g) + e$
	$19,2 \pm 0,2$	$O_2 \to O^+ + O + e$
	$18,9 \pm 0,4$	$O_2 \to O^+ + O^-$
	$50,0 \pm 0,5$	$O_2 \to O_2^{++} + 2e$
	$3,0 \pm 0,4$	$O_2 + e \to O + O^-$
S_2	$10,7 \pm 0,3$	$S_2 \to S_2^+ + e$
Cl_2	13,2	(Cl_2^+)
Br_2	$13,0 \pm 0,5$	(Br_2^+)
	$13,7 \pm 0,5$	(Br^+)
	$39,5 \pm 0,5$	(Br_2^{++})
J_2	9 ± 1	$J_2 \to J_2^+ + e$
Cs_2	3,2	(Cs_2^+)
CO	14,3	$CO \to CO^+ + e$
	$22,5 \pm 0,5$	$CO \to C^+ + O + e$
	$23,7 \pm 0,5$	$CO \to C + O^+ + e$
	$43,5 \pm 2$	$CO \to CO^{++} + 2e$
	50 ± 3	$CO \to C^{++} + O + 2e$
	9,5	$CO + e \to CO^-$
CS	$10,6 \pm 0,3$	$CS \to CS^+ + e$
CN	14 ± 2	$CN \to CN^+ + e$
NO	$9,5 \pm 0,1$	$NO \to NO^+ + e$
	$21,8 \pm 0,2$	$NO \to N^+ + O + e$
	$21 \pm 0,5$	$NO \to N + O^+ + e$
	$19,9 \pm 0,2$	$NO \to N^+ + O^-$
	44 ± 1	$NO \to NO^{++} + 2e$
	$7,0 \pm 0,3$	$NO + e \to N + O^-$
OH	13,8	(OH^+)
SO	10,7	$SO \to SO^+ + e$
HF	5,4	(HF^+)
HCl	12,84	$HCl(^1\Sigma) \to HCl^+(^2\Pi) + e$
	$35,7 \pm 1,0$	$HCl \to HCl^{++} + 2e$
HBr	12,04	$HBr\,(^1\Sigma) \to HBr^+\,(^2\Pi) + e$
HJ	10,71	$HJ\,(^1\Sigma) \to HJ^+ + (^2\Pi) + e$

Mehratomige Molekeln

Stoff	V_k(eV)	Prozeß
H_2O	12,56	$H_2O \rightarrow H_2O^+ + e$
	$18,9 \pm 0,5$	$H_2O \rightarrow OH^+ + H + e$
	$33,5 \pm 1$	$H_2O \rightarrow H_2^+ + O^+ + 2e$
H_2S	$10,45 \pm 0,01$	$H_2S \rightarrow H_2S^+ + e$
CO_2	$13,73 \pm 0,01$	$CO_2 \rightarrow CO_2^+ \, (^2\Pi_g) + e$
	$19,6 \pm 0,4$	$CO_2 \rightarrow CO + O^+ + e$
	$20,4 \pm 0,7$	$CO_2 \rightarrow CO^+ + O + e$
	$28,3 \pm 1,5$	$CO_2 \rightarrow C^+ + 2O + e$
	52 ± 2	$CO_2 \rightarrow CO_2^{++} + 2e$
	55 ± 3	$CO_2 \rightarrow C^{++} + 2O + 2e$
CS_2	10,05	$CS_2 \rightarrow CS_2^+ \, (^2\Pi_g) + e$
	$14,0 \pm 0,5$	$CS_2 \rightarrow CS + S^+ + e$
	$14,7 \pm 0,5$	$CS_2 \rightarrow CS^+ + S + e$
	$21,5 \pm 1$	$CS_2 \rightarrow C^+ + 2S + e$
NO_2	11,0	$NO_2 \rightarrow NO_2^+ + e$
	17,7	$NO_2 \rightarrow NO + O^+ + e$
	20,8	$NO_2 \rightarrow N^+ + O_2 + e$
N_2O	12,9	$N_2O \rightarrow N_2O^+ + e$
	15,3	$N_2O \rightarrow NO^+ + N + e$
	16,3	$N_2O \rightarrow N_2 + O^+ + e$
	21,4	$N_2O \rightarrow NO + N^+ e$
SO_2	$12,05 \pm 0,05$	$SO_2 \rightarrow SO_2^+ + e$
	$16,0 \pm 0,7$	$SO_2 \rightarrow S^+ + O_2 + e$
	$16,5 \pm 0,5$	$SO_2 \rightarrow SO^+ + O + e$
NH_3	$11,5 \pm 0,1$	$NH_3 \rightarrow NH_3^+ + e$
$(CN)_2$	14,1	$(CN)_2 \rightarrow (CN)_2^+ + e$
	22,5	$(CN)_2 \rightarrow C^+ + C + N_2 + e$
HCN	13,7	(HCN^+)

Organische Verbindungen

Stoff	Name	V_k(eV)	Prozeß
CH_4	Methan	13,04	$CH_4 \rightarrow CH_4^+ + e$
		21,6	$CH_4 \rightarrow H^+ + CH_2 + e$
		3,8	$CH_4 + e \rightarrow CH_3 + H^-$
CD_4		13,21	$CD_4 \rightarrow CD_4^+ + e$
C_2H_6	Äthan	11,76	$C_2H_6 \rightarrow C_2H_6^+ + e$
C_3H_8	Propan	11,21	$C_3H_8 \rightarrow C_3H_8^+ + e$
C_4H_{10}	n-Butan	10,80	$n\text{-}C_4H_{10} \rightarrow n\text{-}C_4H_{10}^+ + e$
	i-Butan	10,80	$i\text{-}C_4H_{10} \rightarrow i\text{-}C_4H_{10} + e$
C_2H_4	Äthen	10,5	$C_2H_4 \rightarrow C_2H_4^+ + e$
		14,1	$C_2H_4 \rightarrow C_2H_3^+ + H + e$
C_4H_8	Isobutylen	$8,9 \pm 0,1$	$C_4H_8 \rightarrow C_4H_8^+ + e$
		$11,32 \pm 0,1$	$C_4H_8 \rightarrow C_4H_7^+ + H + e$
		$11,51 \pm 0,1$	$C_4H_8 \rightarrow C_3H_5^+ + CH_3 + e$
		$12,1 \pm 0,5$	$C_4H_8 \rightarrow C_2H_4^+ + C_2H_4 + e$
		$15,2 \pm 0,5$	$C_4H_8 \rightarrow C_2H_3^+ \; C_2H_4 + H + e$
C_2H_2	Acetylen	11,3	$C_2H_2 \rightarrow C_2H_2^+ + e$
		17,3	$C_2H_2 \rightarrow C_2H^+ + H + e$
		23,8	$C_2H_2 \rightarrow C_2^+ + 2H + e$
		24	$C_2H_2 \rightarrow C^+ + C + 2H + e$

Stoff	Name	V_k(eV)	Prozeß
C_6H_6	Benzol	9,2…9,8	$C_6H_6 \rightarrow C_6H_6^+ + e$
		14,5	$C_6H_6 \rightarrow C_6H_5^+ + H + e$
C_7H_8	Toluol	8,92	$C_7H_8 \rightarrow C_7H_8^+ + e$
C_8H_{10}	m-Xylol	9,0	$C_8H_{10} \rightarrow C_8H_{10}^+ + e$
CH_3Cl	Chlormethan	11,2	$CH_3Cl \rightarrow CH_3Cl^+ + e$
CH_3Br	Brommethan	10,5	$CH_3Br \rightarrow CH_3Br^+ + e$
CH_3J	Jodmethan	9,5	$CH_3J \rightarrow CH_3J^+ + e$
$CHCl_3$	Chloroform	11,5	$CHCl_3 \rightarrow CHCl_3^+ + e$
CCl_4	Tetrachlor-kohlenstoff	11,0	$CCl_4 \rightarrow CCl_4^+ + e$
C_6H_5Cl	Chlorbenzol	$8,5 \pm 0,2$	$C_6H_5Cl \rightarrow C_6H_5Cl^+ + e$
C_6H_5Br	Brombenzol	$8,5 \pm 0,2$	$C_6H_5Br \rightarrow C_6H_5Br^+ + e$
CH_4O	Methanol	10,8	$CH_4O \rightarrow CH_4O^+ + e$
C_2H_6O	Äthanol	10,7	$C_2H_6O \rightarrow C_2H_6O^+ + e$
$C_4H_{10}O$	Diäthyläther	10,2	$C_4H_{10}O \rightarrow C_4H_{10}O^+ + e$
CH_2O	Formaldehyd	10,9	$CH_2O \rightarrow CH_2O^+ + e$
C_2H_4O	Acetaldelyd	10,2	$C_2H_4O \rightarrow C_2H_4O^+ + e$
C_3H_6O	Aceton	10,1	$C_3H_6O \rightarrow C_3H_6O^+ + e$
CH_2O_2	Ameisensäure	11,3	$CH_2O_2 \rightarrow CH_2O_2^+ + e$

312. Elektronenaffinitäten

Die Elektronenaffinität eines atomaren Systems (Atom, Ion, Molekül) X ist definiert als die Ionisierungsspannung des Anions X^-. Zu ihrer Ermittlung wurden bisher folgende Methoden entwickelt:

1. Berechnung der Gitterenergien von Ionenkristallen und Anwendung des Born-Haberschen Kreisprozesses.

2. Die elektrische Bestimmung der Emission von Ladungsträgern aus einem Vorrat thermisch dissoziierter und ionisierter Gase oder Salzdämpfe bekannten Druckes und bekannter Temperatur läßt Schlüsse auf die Konzentration dieser Ladungsträger am Ort ihrer Entstehung zu. Unter Voraussetzung und Absolutberechnung thermischer Gleichgewichtszustände läßt sich hieraus die Ionisierungsspannung der beteiligten Anionen X^- ermitteln.

3. Beobachtung der langwelligen Grenze kontinuierlicher Absorptionsspektren in thermisch dissoziierten Salzdämpfen.

4. Ermittlung der minimalen Beschleunigungsspannung von Elektronen, die durch Stoßdissoziation von Gasmolekeln die betreffenden Anionen gerade noch mit verschwindender kinetischer Überschußenergie zu bilden vermögen.

5. Berechnung des Elektronenterms des Anions X^- nach wellenmechanischen Variationsmethoden.

6. Extrapolation der Ionisierungsspannungen von Systemen gleicher Elektronenkonfiguration, aber verschiedener Kernladung.

Die folgende Tabelle enthält die mit diesen Methoden ermittelten Elektronenaffinitäten in eVolt. Die vorletzte Spalte gibt die wahrscheinlichsten Werte auch in kcal mol^{-1} (1 eVolt $\triangleq$ 23,05 kcal mol^{-1}). Deren Unsicherheit liegt beim Wasserstoff, Sauerstoff und den Halogenen innerhalb $\pm$ 1 kcal mol^{-1} entsprechend $\pm$ 0,05 eVolt.

Anion X-	eVolt	kcal/Mol	kJ/Mol	Anion X-	eVolt	kcal/Mol	kJ/Mol
H⁻	0,72	16,5	69,0	S⁻⁻	−4	−90	−377
Li⁻	0,5	10	41,8	F⁻	3,56	82,1	343,6
Na⁻	0,08	1,8	7,5	Cl⁻	3,6	86,2	360,7
C⁻	1,2	28	117,2	Br⁻	3,4	80,9	338,6
Si⁻	0,60	13,8	57,7	J⁻	3,1	73,2	306,3
N⁻	0,04	0,9	3,77	CN⁻	3	70	293
O⁻	2,34	53,5	223,9	OH⁻	2	45	188
O⁻⁻	−6,5	−150	−627,7	SH⁻	2,5	60	251
S⁻	2,5	60	251	Hg⁻	1,79	41,3	173

313. Eingeprägte Spannungen (Elektromotorische Kräfte) von reversiblen galvanischen Elementen in wässerigen Lösungen

3131. Standardpotentiale (bei 25° C)

A. Standard-Elektrodenpotentiale (Spannungsreihe)

Diese Tabelle enthält die Standardelektrodenpotentiale (E_i^0-Werte der Gleichung

$$E_i = E_i^0 + \frac{RT}{n_{ei} F} \ln \frac{[a_{Me^{n+}}]_{Lsg.}}{[a_{Me}]_{fest}}$$

[R = Gaskonstante, T = Temperatur, F = Faraday, n_{ei} = elektrochemische Wertigkeit, a = Aktivität, $[a_{Me}]_{fest}$ = 1 für reine Metalle].) bezogen auf die Wasserstoffelektrode als Nullpunkt für 25° C. Die erste Spalte gibt dabei den für die jeweilige Elektrode potentialbestimmenden chemischen bzw. elektrochemischen Vorgang an, die zweite Spalte den Wert des Standardpotentials in Volt. Die Anordnung folgt der Größe der Standard potentiale bei großen negativen Werten beginnend (Spannungsreihe).

Von diesen Standardpotentialen sind die Normalpotentiale zu unterscheiden, für die das Potential des Wasserstoffs an platiniertem Platin in doppelt normaler Schwefelsäure (ohne Rücksicht darauf, ob die Aktivitäten sämtlich = 1 sind) Null gesetzt wird. Bei Messungen gegen diese Normal-Wasserstoff-Elektrode als Bezugselektrode gehen meist Flüssigkeitspotentiale ein, so daß wegen Unkenntnis der letzteren auf die Mitteilung der Normalpotentiale verzichtet wurde.

Die stöchiometrische Gleichung

$$Cu^{++} + 2e^- = Cu \tag{1}$$

gibt an, daß sich an einer Cu-Elektrode zweiwertig positive Ionen aus einer Cu-Lösung elektrochemisch niederschlagen. Wegen des Bezugs auf die Wasserstoffelektrode als Nullpunkt ist diese Umsatzgleichung noch mit der Gleichung

$$2H^+ + 2e^- = H_{2(Gas)} \tag{2}$$

zu kombinieren, so daß der E^0-Wert sich eigentlich auf die stöchiometrische Gleichung

$$Cu^{++} + H_{2(Gas)} = Cu + 2H^+ \tag{3}$$

bezieht, die formal durch Subtraktion von Gl. (1) und Gl. (2) entsteht und besagt, daß gleichzeitig mit dem Niederschlagen der Cu^{++}-Ionen an der Cu-Elektrode Wasserstoffionen an der Wasserstoffbezugselektrode in Lösung gehen. Der E^0-Wert von 0,345 Volt bedeutet, daß beim Umsatz eines Äquivalents nach Gl. (3) in Lösungen der Aktivität 1 und bei $p_{H_2} =$ 1 atm die Abnahme der freien Enthalpie bei $25°C = 0,345 \cdot 96494 \, CV/Ä$quivalent $= 33,3 \, kJ/Ä$quivalent ($\approx 7,9 \, kcal/Ä$quivalent) beträgt.

Beim Umsatz von einem Mol ist, da es sich um zweiwertige Cu-Ionen handelt, mit 2 zu multiplizieren

$$Cu^{++} + H_{2(Gas)} = Cu + 2H^+ \quad (\varDelta G^0_{25° \, c} = -66,6 \, kJ/Mol). \tag{4}$$

Außerdem ist auch bei den hier angegebenen Standardpotentialen nicht gesagt, daß in Ketten wie Pt/H_2, HCl, HgCl/Hg bzw. Pt/H_2, H_2SO_4/ Hg bzw. Pt/H_2, HBr, AgBr/Ag usw. bei Aktivität 1 der Säuren das Potential der Wasserstoffelektrode stets das gleiche ist. Ferner ist in diesen Standardpotentialen noch ein Potential Metall/Metall enthalten, so daß das Nullpotential Pt/H_2, H^+ kein eindeutiger fester absoluter Bezugspunkt ist.

Formaler Elektrodenprozeß	Potential in V
$Li^+ + e^- = Li$	$-3,00$
$Rb^+ + e^- = Rb$	$-2,96$
$Cs^+ + e^- = Cs$	$-2,92$
$K^+ + e^- = K$	$-2,922$
$Ba^{++} + 2e^- = Ba$	$-2,92$
$Sr^{++} + 2e^- = Sr$	$-2,89$
$Ca^{++} + 2e^- = Ca$	$-2,84$
$Na^+ + e^- = Na$	$-2,713$
$La^{+++} + 3e^- = La$	$-2,4$
$Mg^{++} + 2e^- = Mg$	$-2,38$
$Th^{++++} + 4e^- = Th$	$-2,1$
$Ti^{++} + 2e^- = Ti$	$-1,8$
$HfO^{++} + 2H^+ + 4e^- = Hf + H_2O$	$-1,7$
$Be^{++} + 2e^- = Be$	$-1,70$
$Al^{+++} + 3e^- = Al$	$-1,66$
$ZrO^{++} + 2H^+ + 4e^- = Zr + H_2O$	$-1,5$
$V^{++} + 2e^- = V$	$-1,5$
$WO_4^{--} + 4H_2O + 6e^- = 8OH^- + W$	$-1,1$
$Mn^{++} + 2e^- = Mn$	$-1,05$
$Te^{--} = Te + 2e^-$	$-0,92$
$UO_2^{++} + 4H^+ + 6e^- = U + H_2O$	$-0,82$
$Se^{--} = Se + 2e^-$	$-0,78$
$Zn^{++} + 2e^- = Zn$	$-0,763$
$H_3BO_3 + 3H^+ + 3e^- = 3H_2O + B$	$-0,73$
$Cr^{+++} + 3e^- = Cr$	$-0,71$
$SbO_2^- + 2H_2O + 3e^- = Sb + 4OH^-$	$-0,67$
$Cr^{++} + 2e^- = Cr$	$-0,56$
$Ga^{+++} + 3e^- = Ga$	$-0,52$
$S^{--} - 2e^- = S$	$-0,51$
$Fe^{++} + 2e^- = Fe$	$-0,441$
$Cd^{++} + 2e^- = Cd$	$-0,400$
$In^{+++} + 3e^- = In$	$-0,34$
$Tl^+ + e^- = Tl$	$-0,336$
$Co^{++} + 2e^- = Co$	$-0,283$
$Ni^{++} + 2e^- = Ni$	$-0,236$

Formaler Elektrodenprozeß	Potential in V
$Mo^{+++} + 3e^- = Mo$	$-0,2$
$Sn^{++} + 2e^- = Sn$	$-0,136$
$Pb^{++} + 2e^- = Pb$	$-0,126$
$Fe^{+++} + 3e^- = Fe$	$-0,045$
$D^+ + e^- = {}^1/_2 D_2$	$-0,003$
$H^+ + e^- = {}^1/_2 H_2$	0.000
$HAsO_2 + 3H^+ + 3e^- = As + 2H_2O$	$+0,25$
$BiO^- + 2H^+ + e^- = Bi + H_2O$	$+0,32$
$Cu^{++} + 2e^- = Cu$	$+0,345$
$2OH^- - 2e^- = {}^1/_2 O_2 + H_2O$	$+0,400$
$Cu^+ + e^- = Cu$	$+0,52$
$2J^- - 2e^- = J_2$	$+0,536$
$Te^{++++} + 4e^- = Te$	$+0,56$
$Po^{+++} + 3e^- = Po$	$+0,56$
$Rh^{++} + 2e^- = Rh$	$+0,6$
$Hg_2^{++} + 2e^- = 2Hg$	$+0,798$
$Ag^+ + e^- = Ag$	$+0,799$
$Pd^{++} + 2e^- = Pd$	$+0,83$
$Ir^{+++} + 3e^- = Ir$	$+1,0$
$2Br^- - 2e^- = Br_2$ (flüss.)	$+1,066$
$Pt^{++} + 2e^- = Pt$	$+1,2$
$2Cl^- - 2e^- = Cl_2$	$+1,359$
$Au^{+++} + 3e^- = Au$	$+1,42$
$Au^+ + e^- = Au$	$+1,7$
$2F^- - 2e^- = F_2$	$+2,85$

B. Standardpotentiale von häufig gebrauchten Elektroden

Diese Tabelle gibt die Potentiale einiger häufig benutzter Hilfselektroden wie z. B. der Kalomelelektrode, bezogen auf die Wasserstoffelektrode für 25°C an. Die Potentiale beschränken sich dabei nicht auf Potentiale in Lösungen der Aktivität 1 (eigentliche Standardpotentiale), sondern beziehen sich auch auf Lösungen gebräuchlicher Konzentrationen (gesättigte Lösungen; 1 normale; 0,1 normale Lösungen usw.).

Elektrode	Potential in V
$Pb(Hg)/PbSO_4, SO_4^{--}$	$-0,351$
$Ag/AgJ, J^-$	$-0,152$
$Ag/AgBr, Br^-$	$+0,071$
$Ag/AgCl, Cl^-$	$+0,2224$
$Hg/HgO, OH^-$	$+0,098$
$Hg/Hg_2Br_2, Br^-$	$+0,140$
$Hg/Hg_2Cl_2, Cl^-$	$+0,268$
$Hg/Hg_2Cl_2, KCl$ (gesätt.)	$+0,2412$
$Hg/Hg_2Cl_2, KCl$ (1 n)	$+0,2801$
$Hg/Hg_2Cl_2, KCl$ (1 m)	$+0,2809$
$Hg/Hg_2Cl_2, KCl$ (0,1 n)	$+0,3337$
$Hg/Hg_2Cl_2, KCl$ (0,1 m)	$+0,3339$
Chinhydronelektrode	$+0,69969$

C. Standard-Redoxpotentiale

Während sich die in Tabelle A angegebenen Standard-Elektrodenpotentiale auf Umsätze bezogen, bei denen eine Ionenart vollständig entladen wurde, beziehen sich die in Tabelle C wiedergegebenen Standardredoxpotentiale auf Umladungsvorgänge. Bei den Umsatzgleichungen treten jetzt auf beiden Seiten der Umsatzgleichung elektrisch geladene Teilchen auf. Gelegentlich ist die Ladungsänderung in der Umsatzgleichung nicht explizit zum Ausdruck gebracht (Wertigkeitsänderung). Eine Umladungsgleichung wie

$$Cu^{++} + e^- = Cu^+ \tag{5}$$

muß wieder mit

$$H^+ + e^- = {}^1/_2\, H_{2(gas)} \tag{6}$$

kombiniert werden und ergibt

$$Cu^{++} + {}^1/_2\, H_{2(gas)} = Cu^+ + H^+ \tag{7}$$

Eine Pt-Elektrode, die in eine Cu^{++}-, Cu^+- und H^+-Ionen enthaltende Lösung taucht, besitzt ein Potential wie eine Wasserstoffelektrode, die von H_2-Gas von einem Druck umspült wird, welcher dem Gleichgewicht der Gl. (7) entspricht:

$$\sqrt{p_{H_2}} = \frac{a_{Cu^+} \cdot a_{H^+}}{\mathrm{const}\; a_{Cu^{++}}} \tag{8}$$

Infolgedessen wird diese Wasserstoffelektrode gegenüber einer gewöhnlichen Wasserstoffelektrode ($p_{H_2} = 1$ atm) ein Potential

$$E = \frac{RT}{F}\, \ln \frac{a_{Cu^{++}}}{a_{Cu^+}} + \frac{RT}{F}\, \ln\,(\mathrm{const}) \tag{9}$$

$$E = \frac{RT}{F}\, \ln \frac{a_{Cu^{++}}}{a_{Cu^+}} + E_{0(Redox)}$$

besitzen, wobei die Größe $RT/F \ln$ (konst) als Standardredoxpotential bezeichnet wird. Die Anordnung in der Tabelle erfolgte wiederum nach der Größe des Redoxpotentials.

Das im Falle der Gl. (5) bzw. (7) angegebene Standardredoxpotential bedeutet entsprechend der Gl. (4), daß die Abnahme der freien Enthalpie der Reaktion (7) bei 25°C $0{,}167 \cdot 96{,}494$ V $\cdot$ C $= 16{,}1$ kJ/Mol ($\approx 3{,}85$ kcal/Mol) beträgt

$$Cu^{++} + {}^1/_2\, H_{2(gas)} = Cu^+ + H^+ \quad (\varDelta G^0_{25^\circ\,C} = -16{,}1 \text{ kJ/Mol}) \tag{10}$$

sofern die Reaktion unter Standardbedingungen $p_{H_2} = 1$ atm und Aktivitäten $= 1$ abläuft.

Thermodynamisch folgt Gl. (10) durch Subtraktion

$$
\begin{array}{lll}
Cu^{++} + H_{2(gas)} = Cu + 2H^+ & \varDelta G^0 = -66{,}6 \text{ kJ/Mol} & (11) \\
Cu^+ + {}^1/_2\, H_{2(gas)} = Cu + H^+ & \varDelta G^0 = -50{,}3 \text{ k/Mol} & \\
\hline
Cu^{++} + {}^1/_2\, H_{2(gas)} = Cu^+ + H^+ & \varDelta G^0 = -16{,}3 \text{ kJ/Mol} &
\end{array}
$$

in ausreichender Übereinstimmung mit dem bei Gl. (10) gegebenen Wert. Die zweite Gleichung in (11) errechnet sich aus dem in Tabelle 313 A angegebenen Standardelektrodenpotential $Cu^+ + e^- = Cu$ von $0{,}52$ Volt durch Multiplikation mit $F (= 96\,494$ C).

Formaler Elektrodenprozeß	Potential in V
$Cr^{+++} + e^- = Cr^{++}$	$-0,41$
$Ti^{+++} + e^- = Ti^{++}$	$-0,37$
$Co(CN)_6^{---} + e^- = CO(CN)_6^{---}$	$-0,83$
$V^{+++} + e^- = V^{++}$	$-0,20$
$Ti^{++++} + e^- = Ti^{+++}$	$-0,04$
$TiO^{++} + 2H^+ + e^- = Ti^{+++} + H_2O$	$+0,10$
$Sn^{+++} + 2e^- = Sn^{++}$	$+0,154$
$Cu^{++} + e^- = Cu^+$	$+0,167$
$Sn^{+++++} + 2e^- = Sn^{++}$	$+0,2$
$VO^{++} + 2H^+ + e^- = V^{+++} + H_2O$	$+0,314$
$Fe(CN)_6^{---} + e^- = Fe(CN)_6^{----}$	$+0,356$
$J_3^- + 2e^- = 3 J^-$	$+0,535$
$H_3AsO_4 + 2H^+ + 2e^- = H_3AsO_3 + H_2O$	$+0,559$
$PtCl_6^{--} + 2e^- = PtCl_4^{--} + 2Cl^-$	$+0,72$
$Fe^{+++} + e^- = Fe^{++}$	$+0,771$
$2Hg^{++} + e^- = Hg_2^+$	$+0,905$
$HJO + H^+ + 2e^- = J^- + H_2O$	$+0,99$
$V(OH)_4^+ + 2H^+ + e^- = VO^{++} + 3H_2O$	$+1,000$
$2JO_3^- + 12H^+ = J_2 + 6H_2O$	$+1,19$
$Au^{+++} + 2e^- = Au^+$	$+1,2$
$MnO_2 + 4H^+ + 2e^- = Mn^{++} + 2H_2O$	$+1,236$
$Tl^{+++} + 2e^- = Tl^+$	$+1,25$
$PdCl_6^{--} + 2e^- = PdCl_4^{--} + 2Cl^-$	$+1,288$
$HBrO + H^+ + 2e^- = Br^- + H_2O$	$+1,33$
$ClO_4^- + 8H^+ + 8e^- = Cl^- + 4H_2O$	$+1,35$
$Cr_2O_7^{--} + 14H^+ + 6e^- = 2Cr^{+++} + 7H_2O$	$+1,36$

314. Leitfähigkeit von Ionen (für c→0) in wäßriger Lösung

(zur Berechnung nach dem Kohlrausch'schen Gesetz)

Angabe in $\dfrac{\Omega^{-1} \cdot l \cdot cm^{-1}}{mol}$

Anion	18°C	25°C	Anion	18°C	25°C
$H_2AsO_4^-$		0,034	N_3^-		0,069
Br^-	0,067	0,078	NO_2^-	0,059	0,072
BrO_3^-	0,047	0,056	NO_3^-	0,062	0,071
CN^-		0,078	OH^-	0,173	0,197
CNO^-	0,055	0,065	PF_6^-		0,057
CNS^-	0,057	0,066	$H_2PO_4^-$	0,028	
$HCOO^-$		0,055	$\frac{1}{2}HPO_4^{--}$		0,054
$\frac{1}{2}CO_3^{--}$		0,072	$\frac{1}{3}PO_4^{---}$		0,070
HCO_3^-		0,044	$\frac{1}{4}P_2O_7^{4-}$		0,081
Cl^-	0,066	0,076	$\frac{1}{2}S^{--}$		0,054
ClO_3^-	0,055	0,064	HS^-	0,057	0,065
ClO_4^-	0,058	0,068	$\frac{1}{2}SO_3^{--}$		0,072
$\frac{1}{2}CrO_4^{--}$	0,072	0,084	HSO_3^-		0,050
F^-	0,047	0,055	$\frac{1}{2}SO_4^{--}$		0,080
$\frac{1}{4}Fe(CN)_6^{4-}$	0,098	0,110	HSO_4^-		0,050
$\frac{1}{3}Fe(CN)_6^{3-}$	0,085	0,100	$\frac{1}{2}S_2O_3^{--}$		0,085
J^-	0,066	0,077	$\frac{1}{2}WO_4^{--}$		0,069
JO_3^-	0,034	0,041			
JO_4^-	0,049	0,055			
MnO_4^-	0,053	0,061			
$\frac{1}{2}MoO_4^{--}$		0,075			

Kation	18°C	25°C
Ag^+	0,054	0,062
$\frac{1}{3}Al^{+++}$	0,040	
$\frac{1}{2}Ba^{++}$	0,055	
$\frac{1}{2}Ca^{++}$	0,052	0,059
$\frac{1}{2}Cd^{++}$	0,046	
$\frac{1}{2}Co^{++}$	0,044	
$\frac{1}{3}Cr^{+++}$	0,045	
Cs^+	0,068	0,078
$\frac{1}{2}Cu^{++}$	0,046	
$\frac{1}{3}Fe^{+++}$	0,061	
H^+	0,315	0,350
K^+	0,065	0,074
Li^+	0,034	0,039
$\frac{1}{2}Mg^{++}$	0,046	0,053
$\frac{1}{2}Mn^{++}$	0,044	
NH_4^+	0,065	0,074
Na^+	0,044	0,050
$\frac{1}{2}Ni^{++}$	0,045	
$\frac{1}{2}Pb^{++}$	0,061	
Rb^+	0,068	0,077
Tl^+	0,066	0,076
$\frac{1}{2}Zn^{++}$	0,047	

32. Ionenradien
321. Ionenradien, Elektronenaustrittspotential ψ und langwellige Grenze λ

Element	Ionenradien in Å für Wertigkeit		ψ in V	λ in mμ
Ac	(3 +) 1,18			
Ag	(1 +) 1,26	(2 +) 0,89	4,70	264
Al	(3 +) 0,51		4,20	295
Am	(3 +) 1,07	(4 +) 0,92		
As	(3 +) 0,58	(5 +) 0,46	4,79	259
At	(7 +) 0,62			
Au	(1 +) 1,37	(3 +) 0,85	4,71	263
B	(3 +) 0,22		4,6	269
Ba	(2 +) 1,34		2,52	492
Be	(2 +) 0,35		3,92	316
Bi	(3 +) 0,96	(5 +) 0,74	4,34	285
Br	(1 −) 1,96	(5 +) 0,47		
	(7 +) 0,39			
C	(4 +) 0,16		4,36	284
Ca	(2 +) 0,99		3,20	387
Cd	(2 +) 0,97		4,04	307
Ce	(3 +) 1,07	(4 +) 0,94	2,88	430
Cl	(1 −) 1,81	(5 +) 0,34		
	(7 +) 0,27			
Co	(2 +) 0,72	(3 +) 0,63	4,25	292
Cr	(2 +) 0,83	(3 +) 0,64	4,45	278
	(6 +) 0,52			
Cs	(1 +) 1,67		1,94	639
Cu	(1 +) 0,96	(2 +) 0,72	4,48	277
Dy	(3 +) 0,92			
Er	(3 +) 0,89			
Eu	(2 +) 1,29	(3 +) 0,98		
F	(1 −) 1,33	(7 +) 0,08		
Fe	(2 +) 0,74	(3 +) 0,64	4,63	268
Fr	(1 +) 1,80			
Ga	(3 +) 0,62		4,16	298
Gd	(3 +) 0,97			
Ge	(2 +) 0,73	(4 +) 0,53	4,62	268
H	(1 −) 1,54			
Hf	(4 +) 0,78		3,53	351
Hg	(1 +) 1,27	(2 +) 1,10		
Ho	(3 +) 0,91			
In	(3 +) 0,81			
Ir	(4 +) 0,68		4,57	271
J	(1 −) 2,20	(5 +) 0,62		
	(7 +) 0,50			
K	(1 +) 1,33		2,25	551
La	(3 +) 1,14		3,3	375
Li	(1 +) 0,68		2,46	504
Lu	(3 +) 0,85			
Mg	(2 +) 0,66		3,70	335
Mn	(2 +) 0,80	(3 +) 0,66	3,95	314
	(4 +) 0,60	(7 +) 0,46		
Mo	(3 +) 0,92	(4 +) 0,70	4,24	292
	(6 +) 0,62			

Element	Ionenradien in Å für Wertigkeit		ψ in V	λ in mμ
N	(3 +) 0,16	(5 +) 0,13		
Na	(1 +) 0,97		2,28	543
Nb	(4 +) 0,74	(5 +) 0,69	3,99	311
Nd	(3 +) 1,04		3,3	375
NH$_4$	(1 +) 1,43			
Ni	(2 +) 0,69		4,91	252
Np	(3 +) 1,10	(4 +) 0,95		
	(7 +) 0,71			
O	(2 −) 1,32	(6 +) 0,10		
Os	(4 +) 0,88	(6 +) 0,69	4,55	272
P	(3 +) 0,44	(5 +) 0,35		
Pa	(3 +) 1,13	(4 +) 0,98		
	(5 +) 0,89			
Pb	(2 +) 1,20	(4 +) 0,84	4,04	307
Pd	(2 +) 0,80	(4 +) 0,65	4,98	249
Pm	(3 +) 1,06			
Po	(6 +) 0,67			
Pr	(3 +) 1,06	(4 +) 0,92	2,7	460
Pt	(2 +) 0,80	(4 +) 0,65	5,36	231
Pu	(3 +) 1,08	(4 +) 0,93		
Ra	(2 +) 1,43			
Rb	(1 +) 1,47		2,13	582
Re	(4 +) 0,72	(7 +) 0,56	4,97	249
Rh	(3 +) 0,68		4,65	266
Ru	(4 +) 0,67		4,52	274
S	(2 −) 1,74	(4 +) 0,37		
	(6 +) 0,30			
Sb	(3 +) 0,76	(5 +) 0,62	4,56	272
Sc	(3 +) 0,81			
Se	(2 −) 1,91	(3 +) 0,83	4,87	254
	(4 +) 0,50	(6 +) 0,42		
Si	(4 +) 0,42		3,59	345
Sm	(3 +) 1,00		3,2	390
Sn	(2 +) 0,93	(4 +) 0,71	4,39	282
Sr	(2 +) 1,12		2,74	452
Ta	(5 +) 0,68		4,13	300
Tb	(3 +) 0,93	(4 +) 0,81		
Tc	(7 +) 0,56			
Te	(2 −) 2,11	(4 +) 0,70	4,73	262
	(6 +) 0,56			
Th	(4 +) 1,02		3,47	357
Ti	(2 +) 0,80	(3 +) 0,76	4,16	298
	(4 +) 0,68			
Tl	(1 +) 1,47	(3 +) 0,95	4,05	306
Tm	(3 +) 0,87			
U	(4 +) 0,97	(6 +) 0,80	3,45	359
V	(2 +) 0,88	(3 +) 0,74	4,11	301
	(4 +) 0,63	(5 +) 0,59		
W	(4 +) 0,70	(6 +) 0,62	4,53	273
Y	(3 +) 0,92			
Yb	(3 +) 0,86			
Zn	(2 +) 0,74		4,27	290
Zr	(4 +) 0,79		3,93	315

Die vorliegenden Ionenradien beziehen sich auf den NaCl-Gittertyp, s. S. 497

322. Bandabstand und ΔE Beweglichkeit von Halbleitern

Element	Bandabstand [eV]		$\dfrac{d\Delta E}{dT}$ bei 300° K [eV grd^{-1}]	Elektronenbeweglichkeit u_n [cm²/Vs]	Löcherbeweglichkeit u_p [cm²/Vs]
	0° K	300° K			
B	1,5		$-4 \cdot 10^{-4}$	1	55
C		5,4	$-3 \cdot 10^{-4}$	1 800	1400
Ge	0,785	0,66	$-4,4 \cdot 10^{-4}$	3 900	1900
P weiß oder gelb	>2,1				
P schwarz	0,33	0,57	$8 \cdot 10^{-4}$	220	350
P violett	1,55	1,45	$-3 \cdot 10^{-4}$		
Se metallisch		1,79	$-9 \cdot 10^{-4}$		
Se rot, mkl.	1,7	1,6	$-3 \cdot 10^{-4}$	<1	
Se rot, amorph	2,31	2,1	$-7 \cdot 10^{-4}$	0,005	0,13
Si	1,21	1,09	$-4 \cdot 10^{-4}$	1 350	480
Sn	0,094	0,08	$-5 \cdot 10^{-5}$	3 600	2400
Legierungen					
AlSb	1,7	1,6	$-3 \cdot 10^{-4}$	>60	400
CdTe		1,5			
GaAs	1,53	1,35	$-6 \cdot 10^{-4}$	8 500	435
GaP	2,325	2,24	$-3 \cdot 10^{-4}$	>100	150
GaSb	0,813	0,7	$-3,7 \cdot 10^{-4}$	2 500	1420
HgSe		0,6			
HgTe		0,02			
InAs	0,425	0,33	$-3 \cdot 10^{-4}$	27 000	450
InP	1,41	1,26	$-5 \cdot 10^{-4}$	4 500	150
InSb	0,2357	0,18	$-1,8 \cdot 10^{-4}$	77 000	700
ZnSe		2,67			
ZnTe		2,1			

33. Atomfaktoren und Wirkungsquerschnitte in Gasen

331. Atomfaktoren

Hilfstabelle zur Berechnung von Atomfaktoren

Der Atomfaktor für schwere Elemente ($Z > 17$) ist auf Grund der Ladungsverteilung nach THOMAS-FERMI mit nachfolgender Tabelle berechenbar als

$$F = Z \cdot f(u), \text{ wobei } u = \frac{4\pi \cdot 0,468}{\lambda \cdot Z^{1/3}} \cdot \sin \vartheta.$$

(F = Atomfaktor, Z = Ordnungszahl, λ = Wellenlänge in kX, 2ϑ = Streuwinkel.)

u	0	0,15	0,31	0,46	0,62	0,77	0,93
$f(u)$	1,000	0,922	0,796	0,684	0,589	0,522	0,469
u	1,08	1,24	1,39	1,55	1,70	1,86	2,02
$f(u)$	0,422	0,378	0,342	0,309	0,284	0,264	0,240
u	2,17	2,32	2,48	2,64	2,79	2,94	3,10
$f(u)$	0,244	0,205	0,189	0,175	0,167	0,156	0,147

332. Wirkungsquerschnitte in Gasen

Atome als gestoßene Teilchen
Gaskinetische Durchmesser

Aus Viskositätskoeffizienten und kritischen Daten

Für die druckunabhängige Viskosität η eines einheitlichen Gases gilt nach MAXWELL und CHAPMAN:

$$\eta = 0{,}499 \, \frac{m \cdot \overline{w}}{\sqrt{2} \cdot \pi \cdot \sigma_T^2} = 0{,}499 \, \frac{2 \, (m \cdot k \cdot T)^{1/2}}{\pi^{3/2} \cdot \sigma_T^2} \, .$$

η = Viskosität des Gases in $g \cdot cm^{-1} \cdot sec^{-1}$ bei ~ 1 Atm. Druck und der Temperatur T.

$\overline{w}$ = mittlere Geschwindigkeit der Gasmolekeln bei der Temperatur T

in $cm \cdot sec^{-1} = \sqrt{\dfrac{8kT}{\pi m}}$

m = Masse einer Gasmolekel in g.

k = $1{,}381 \cdot 10^{-16}$ erg $\cdot$ grad^{-1} (Boltzm.-Konst.).

T = Temperatur in °K.

σ_T = Atom- bzw. Molekeldurchmesser bei der Temperatur T in cm, berechnet aus η-Werten nach obiger Gleichung.

Atome und Molekeln üben auf andere Korpuskeln mit der Entfernung abnehmende Anziehungs- und Abstoßungskräfte aus. Wirkungsdurchmesser können daher nicht streng geometrisch definiert werden. Ihr Wert ist abhängig von der Art der zugrunde gelegten Meßgröße (Viskosität, Diffusion usw.) und von der Temperatur (siehe A. EUCKEN, Lb. d. Chem. Phys., Leipzig 1948, Bd. II, Kap. IV, 1, 2). Die Temperaturabhängigkeit von σ_T läßt sich annähernd wiedergeben durch die Gleichung:

$$\sigma_T^2 = \sigma_\infty^2 \, (1 + C/T) \, .$$

σ_∞ = Wirkungsdurchmesser bei sehr hoher Temperatur.

C = „Sutherland-Konstante" gemessen in Grad. Wo die Größe C über weitere Temperaturbereiche variiert, wurde nur der für das höchstliegende Temperaturgebiet gültige Wert zur Berechnung von σ_∞ verwendet und angegeben, vergl. auch S. 404 f.

σ_0 = die endliche Entfernung der Teilchen voneinander, in der ihre gegenseitige potentielle Energie nach dem Durchlaufen der Potentialmulde gleich Null wird.

Die mit einem Stern versehenen σ_0-Werte sind unsicher, weil bei den betreffenden Stoffen der Gültigkeitsbereich der Methode schon überschritten wird.

Gaskinetische Durchmesser σ_T, σ_∞ von Atomen aus Zähigkeit und kritischen Daten

Stoff	T °K σ_T(Å)	T °K σ_T(Å)	T °K σ_T(Å)	T °K σ_T(Å)	σ_∞(Å)	C	σ_0(Å)
Ar	90,0 4,70	273,0 3,66	575 3,34	987 3,20	2,99	142	3,42
H	273 2,52	373 2,48			2,39	31	
D	273 2,52	373 2,48			2,39	31	
He	20,4 2,64	273 2,19	555 2,07	949 1,98	1,82	173	2,70
Hg	491 4,25	573,7 4,09	694 3,85	883 3,60	2,51	942	2,83*
Kr	273 4,18	373 3,95			3,22	188	3,61
Ne	194,8 2,68	293 2,59	558 2,47	959 2,39	2,25	128	2,80
Xe	273 4,93	373,3 4,61	450 4,43	550 4,29	3,55	252	4,05

Molekeln als gestoßene Teilchen

Gaskinetische Durchmesser
Aus Viskositätskoeffizienten

Gaskinetische Durchmesser σ_T, σ_∞ und σ_0 von Molekeln
aus Zähigkeit und kritischen Daten

Stoff	$T\,°K$ $\sigma_T(\text{Å})$	$T\,°K$ $\sigma_T(\text{Å})$	$T\,°K$ $\sigma_T(\text{Å})$	$T\,°K$ $\sigma_T(\text{Å})$	$\sigma_\infty(\text{Å})$	C	$\sigma_0(\text{Å})$
a) Elemente, molekular							
Br_2	293 6,17	441 5,76	584 5,27	861 4,84	3,80	533	4,47
Cl_2	288,8 5,47	373 5,13	498,7 4,83	747,5 4,46	3,68	351	4,12
F_2	118,9 4,56	192,3 4,10	248,9 3,91		3,18	129	3,63
H_2**	90,3 3,06	273,2 2,75	572 2,58	986 2,47	2,22	234	2,97
J_2	379,3 6,87	505,3 6,48	602,0 6,22	795,8 5,83	4,45	568	4,98
N_2	90,2 4,65	273,2 3,78	572 3,51	986 3,39	3,22	105	3,68
Luft	90,2 4,64	273,3 3,74	681 3,42	1075 3,32	3,16	111	3,62

** Bei 14,1°K $\sigma_T=4,41$

Stoff	$T\,°K$ $\sigma_T(\text{Å})$	$T\,°K$ $\sigma_T(\text{Å})$	$T\,°K$ $\sigma_T(\text{Å})$	$T\,°K$ $\sigma_T(\text{Å})$	$\sigma_\infty(\text{Å})$	C	$\sigma_0(\text{Å})$
b) Anorganische Verbindungen							
AsH_3	273 5,20	3,73 4,82			3,59	300	4,06
$(CN)_2$	273 5,88	290 5,79			3,96	330	4,38
HCN	294,1 5,72	379,0 5,22	503,8 4,74	607,5 4,47	2,84	901	
CO	81,6 4,80	273 3,77	399,9 3,63	550,1 3,52	3,23	101	3,59
CO_2	190,0 5,07	280 4,64	572 4,04	985 3,81	3,45	213	4,00
COS	273 5,53	373 5,12			3,73	330	4,13
CS_2	273 6,51	387,5 5,98	501,4 5,60	583,0 5,39	3,95	500	4,44*
HBr	273 4,86	373 4,47			3,16	375	
HCl	273 4,51	326 4,31	371 4,16	475 3,93	2,96	362	3,31
HJ	293 5,64	373 5,06	473 4,79	523 4,69	3,55	390	

Stoff	$T\,°K$ $\sigma_T(\text{Å})$	$T\,°K$ $\sigma_T(\text{Å})$	$T\,°K$ $\sigma_T(\text{Å})$	$T\,°K$ $\sigma_T(\text{Å})$	$\sigma_\infty(\text{Å})$	C	$\sigma_0(\text{Å})$
H_2O	293,2 4,59	390,5 4,28	586,1 3,61	679,6 3,52	2,27	961	
H_2S	273 4,73	373 4,37			3,18	331	
H_2Se	293 4,99				3,33	365	
$HgCl_2$	528,0 6,42	633,7 6,07	741,9 5,81	860,5 5,54	3,82	947	
$HgBr_2$	492,2 7,02	582,1 6,74	747,6 6,30	854,7 6,11	4,59	657	5,41*
HgJ_2	556,0 7,55	666,5 7,23	785,3 6,95		5,03	717	5,63*
NH_3	196,1 4,79	273 4,47	405,3 4,08	667,0 3,44	2,47	626	
$NOCl$	288 5,73	373 5,31	473 4,99	576 4,65	(3,49)	(500)	
N_2O	185,2 5,15	273,3 4,68	497,6 4,14	686,8 3,92	3,25	314	3,88
NO	120,0 4,40	273,2 3,71	373 3,55	523 3,44	3,09	128	3,47
PH_3	273 4,95	373 4,59			3,45	290	
SO_2	198,1 5,97	273,2 5,57	586 4,63	952 4,26	3,71	306	4,29
SiH_4	273 4,86	373 4,55			3,58	229	4,15
$SnCl_4$	380,6 8,00	483,9 7,58	674,7 7,05	864,9 6,72	5,49	432	4,54*
$SnBr_4$	492,9 8,36	579,1 8,07	687,3 7,77	850,9 7,35	5,78	525	6,67*

c) Organische Verbindungen

Stoff	$T\,°K$ $\sigma_T(\text{Å})$	$T\,°K$ $\sigma_T(\text{Å})$	$T\,°K$ $\sigma_T(\text{Å})$	$T\,°K$ $\sigma_T(\text{Å})$	$\sigma_\infty(\text{Å})$	C	$\sigma_0(\text{Å})$
CH_4 Methan	90,4 5,31	273,2 4,18	523,2 3,80	772 3,66	3,33	162	3,82
C_2H_2 Acetylen	293 4,83	393 4,56			3,72	198	4,22
C_2H_4 Äthylen	193,9 5,29	293 4,94	373 4,70	523 4,45	3,72	225	4,23
C_2H_6 Äthan	290,4 5,31	373,6 5,03	473,5 4,80	523,2 4,73	3,88	252	4,42
C_3H_4 Methyl-acetylen	293 5,82	373 5,52			4,18	277	
C_3H_6 Cyclopropan	293 5,87	393 5,44			3,90	372	

Stoff	$T\,°K$ $\sigma_T(\text{Å})$	$T\,°K$ $\sigma_T(\text{Å})$	$T\,°K$ $\sigma_T(\text{Å})$	$T\,°K$ $\sigma_T(\text{Å})$	$\sigma_\infty(\text{Å})$	C	$\sigma_0(\text{Å})$
C_3H_6 Propylen	289,9 6,00	373,3 5,62	521,7 5,25		4,13	322	
C_3H_8 Propan	273 6,29	333,4 6,03	423,0 5,73	523,8 5,51	4,46	278	5,06
C_4H_8 Buten-(1)	313 6,63	393 6,28			4,63	329	
C_4H_8 Buten-(2)	313 6,73	393 6,34	423,1 6,24	523 5,99	4,61	362	
C_4H_8 Isobuten	313 6,53	393 6,18			4,53	339	
C_4H_{10} n-Butan	293 6,92	333 6,71	393 6,41		4,58	377	5,00
C_4H_{10} Isobutan	293 6,90	333 6,69	393 6,42		4,72	336	5,34
C_5H_{12} n-Pentan	298 7,67	373 7,28	491,3 6,74	579,1 6,52	5,06	383	5,77
C_5H_{12} Isopentan	298 7,57	373 7,20			(5,45)	(277)	
C_6H_6 Benzol	288,7 7,45	373,7 7,02	525,7 6,40	586,0 6,25	4,71	448	5,27
C_6H_{12} Cyclohexan	319,4 7,63	394,9 7,37	491,3 7,01	579,6 6,78	5,35	351	6,09*
C_6H_{14} n-Hexan	393,9 7,60	493,3 7,17	579,8 6,93		5,23	436	5,91
C_7H_8 Toluol	334,0 7,89	425,0 7,40	523,8 7,07		5,42	370	
C_7H_{16} n-Heptan	373,6 8,56	423,7 8,31	524,8 7,59		5,59	445	
C_7H_{16} 2,2,3 Trimethylbutan	343,5 8,28	449,3 8,00	535,3 7,74		6,37	257	
C_8H_{18} n-Oktan	373,6 9,11	423,8 7,96	524,1 7,16		5,58	337	7,45*
C_9H_{12} 1,3,5 Mesitylen	373,6 8,77	423,6 8,56	473,2 8,44		7,44	136	
$C_{13}H_{12}$ Diphenylmethan	439,0 9,44	491,7 9,21	633,9 8,73		6,88	387	
$CHCl_3$ Chloroform	293,3 7,12	394,5 6,59	491,9 6,27	580,7 6,07	4,74	373	5,43
CH_2Cl_2 Methylenchlorid	295,2 6,59	373,2 6,17	492,2 5,77	582,6 5,56	4,23	425	4,76
CH_2N_2 Azomethan	296 6,33						

Stoff	$T\,°K$ $\sigma_T(\text{Å})$	$T\,°K$ $\sigma_T(\text{Å})$	$T\,°K$ $\sigma_T(\text{Å})$	$T\,°K$ $\sigma_T(\text{Å})$	$\sigma_\infty(\text{Å})$	C	$\sigma_0(\text{Å})$
CH_3Br Methyl= bromid	283 5,91	333 5,64	393 5,41		3,86	379	
CH_3Cl Methyl= chlorid	273 5,71	380,1 5,26	492,5 4,92	573,5 4,75	3,57	441	3,38*
CH_4O Methanol	384,5 4,89	490,7 4,59	584,7 4,40		3,25	487	3,59*
CCl_4 Tetrachlor= kohlenstoff	323 7,48	423 7,10	523 6,72	588 6,55	5,15	365	5,88*
$C_2H_4O_2$ Essigsäure	366,4 7,24	423,5 6,08	522,7 5,66		(3,3)	(1030)	
$C_2H_4O_2$ Ameisen= säure= methylester	293 6,25	373 5,48					
C_2H_6O Äthanol	403,4 5,62	490,7 5,36	581,9 5,16		3,95	407	4,46*
C_2H_6O Dimethyl= äther	292,7 5,89	393 5,45			3,98	345	
C_3H_3SN Thiazol	372,6 6,46	525,7 6,12			(5,22)	(200)	
C_3H_6O Aceton	392,2 6,43	490,5 6,06	579,6 5,81		4,17	542	
$C_3H_6O_2$ Essigsäure= methyl= ester	416,5 6,47	491,7 6,20	579,8 5,97		4,37	502	
C_3H_8O Propanol	394,9 6,39	482,9 6,05	546,2 5,86		4,20	516	
C_3H_8O Isopropanol	393,5 6,37	491,5 6,00	581,1 5,79		4,33	460	
C_4H_4S Thiophen	293,1 7,83	369,4 6,83	518,6 6,23		4,67	407	
$C_4H_8O_2$ Essigsäure= äthyl= ester	401,3 7,07	491,5 6,72	586,9 6,42		4,71	504	
$C_4H_{10}O$ Diäthyl= äther	287,4 7,44	395,0 6,38	490,9 6,04	582,1 5,84	4,48	404	
C_5H_5N Pyridin	371,4 6,97	472,3 6,55	538 6,45		5,11	320	

Stoff	$T\,°K$ $\sigma_T(\text{Å}($	$T\,°K$ $\sigma_T(\text{Å})$	$T°\,K$ $\sigma_T(\text{Å})$	$T\,°K$ $\sigma_T(\text{Å})$	$\sigma_\infty(\text{Å}_\circ$	C	$\sigma_0(\text{Å})$
C_5H_6S Methyl= thiophen	323,7 7,60	423,2 7,22	522,8 6,74		5,08	400	
$C_5H_{10}O_2$ Ameisen= säureiso= butylester	290,9 7,50	336,8 7,19	373,1 6,81		(3,3)	(1200)	
$C_6H_{12}O_2$ Essigsäure= isobutyl= ester	289,3 8,07	373,0 7,08					
$C_{12}H_{10}O$ Diphenyl= äther	449,2 9,45	528,4 9,04	636,4 8,75		6,86	400	

Aus Selbstdiffusionskoeffizienten

Nach STEFAN-MAXWELL gilt:

$$D_{1,1} = \frac{4\,(k\cdot T)^{1/2}}{3\,\pi\,(\pi m)^{1/2}\cdot {}^1N\cdot\sigma_T^2}$$

für die Selbstdiffusion eines Gases und

$$D_{1,2} = \frac{2\,(2k\,T)^{1/2}}{3\,\pi\,({}^1N_1 + {}^1N_2)\,\pi^{1/2}\,\sigma_{T_{1,2}}^2}\left(\frac{m_1 + m_2}{m_1\cdot m_2}\right)^{1/2}$$

für die Diffusion eines Gases „1" in ein Gas „2".

$D_{1,2}$ bzw. $D_{1,1}$ = Diffusions- bzw. Selbstdiffusionskoeffizient in $cm^2\cdot sec^{-1}$
T = Temperatur in °K.
k = $1{,}381\cdot 10^{-16}$ erg grad^{-1} (Boltzmannsche Konstante).
${}^1N$ = Anzahl der Gasmolekeln einer Sorte in einem cm³.
m = Masse einer Gasmolekel in g.
σ_T = Durchmesser einer Gasmolekel bei der Temperatur T.
$\sigma_{T_{1,2}}$ = mittlerer Durchmesser zweier ineinander diffundierender Sorten
   von Gasmolekeln. Es gilt annähernd:
$\sigma_{T_{1,2}} = \tfrac{1}{2}\,(\sigma_{T_1} + \sigma_{T_2})$.

Für die Übereinstimmung der hier angeführten σ_T-Werte mit den nach anderen Methoden gefundenen gilt die in der Erläuterung S. 261 angegebenen Einschränkung.

Die mit * bezeichneten σ_T-Werte sind aus unmittelbar gemessenen Selbstdiffusionskoeffizienten berechnet (Diffusion von Isotopen) und sind daher genauer als die übrigen, die durch Kombination binärer Diffusionskoeffizienten nach obiger Beziehung gefunden wurden.

Durchmesser σ_T von Atomen aus Selbstdiffusionskoeffizienten

Stoff	$T\,°K$	$\sigma_T(\text{Å})$
Ar	295	3,30*
Cd	273	3,0
He	288	2,5
Hg	292,6	4,4
Kr	294,0	4,24*
Na	291	3,7
Ne	293	2,83*
Rn	288	5,2
Xe	292,6	5,41*

Durchmesser von Molekeln aus Selbstdiffusionskoeffizienten

Stoff	$T\,°K$	$\sigma_T(\text{Å})$
Br_2	273	4,6
H_2	20,4	4,59*
	85	3,09*
	273,2	2,71*
HBr	295,3	4,59*
HCl	295,0	4,46*
H_2O	273	3,9
J_2	287	6,5
N_2	293	3,57*
Luft	273	3,7
NH_3	273	3,9
N_2O	273	4,5
O_2	273	3,6
UF_6	303	7,11*

Stoff		$T\,°K$	$\sigma_T(\text{Å})$
Name	Formel		
Chlorcyan	$CNCl$	273	4,6
Phosgen	$COCl_2$	273	4,8
Tetrachlorkohlenstoff	CCl_4	296	6,7
Chloroform	$CHCl_3$	273	5,5
Cyanwasserstoffsäure	HCN	273	4,1
Methan	CH_4	293	4,12*
Methanol	CH_4O	282,7	4,6
Kohlenmonoxid	CO	273	3,7
Äthen	C_2H_4	273	5,5
Äthanol	C_2H_6O	282,7	5,6
Aceton	C_3H_6O	273	5,2
Propanol	C_3H_8O	282,7	6,5
Diäthyläther	$C_4H_{10}O$	273	5,8
Benzol	C_6H_6	296	6,4
Cyclohexan	C_6H_{12}	318	6,9

34. Kernabstände und Valenzwinkel in Molekülen

Struktur und Valenzwinkel

Elemente

Name	Formel	Struktur und Valenzwinkel	Abstände (in Å)
Arsen	As_4	Tetraeder	As–As $2{,}44 \pm 0{,}03$
Brom	Br_2		Br–Br $2{,}28$
Chlor	Cl_2		Cl–Cl $2{,}00$
Fluor	F_2		F–F $1{,}435 \pm 0{,}010$
Wasserstoff	H_2		H–H $0{,}74166$
Jod	J_2		J–J $2{,}66 \pm 0{,}01$
Stickstoff	N_2		N–N $1{,}094$
Sauerstoff	O_2		O–O $1{,}204$
Ozon	O_3	gleichschenkliges Dreieck O–O–O $127° \pm 3°$	O–O $1{,}26 \pm 0{,}02$
Phosphor	P_4	Tetraeder	P–P $2{,}21 \pm 0{,}02$
Schwefel	S_2		S–S $1{,}92 \pm 0{,}03$
	$S_2 + n$	S–S–S etwa $100°$	S–S (benachbart) $2{,}10\,?$
	S_8	Treppenring	S–S $2{,}08 \pm 0{,}02$
Selen	Se_2		Se–Se $2{,}19 \pm 0{,}03$
Tellur	Te_2		Te–Te $2{,}59 \pm 0{,}02$

Anorganische Verbindungen

Aluminiumbromid, dimer	Al_2Br_6	2 Tetraeder mit einer gemeinsamen Kante, jedes ein Metallatom enthaltend	Al...Al Al–Br Al–Br	$3,39 \pm 0,1$ $2,21 \pm 0,04$ Ring-Br $2,33 \pm 0,04$ Außen-Br
Aluminiumchlorid, dimer	Al_2Cl_6	2 Tetraeder mit einer gemeinsamen Kante, jedes ein Metallatom enthaltend	Al...Al Al–Cl Al–Cl	$3,41 \pm 0,2$ $2,06 \pm 0,04$ Ring-Cl $2,21 \pm 0,04$ Außen-Cl
Aluminiumjodid, dimer	Al_2J_6	2 Tetraeder mit einer gemeinsamen Kante, jedes ein Metallatom enthaltend	Al...Al Al–J Al–J	$3,24 \pm 0,15$ $2,53 \pm 0,04$ Ring-J $2,58 \pm 0,04$ Außen-J
Arsentribromid	$AsBr_3$	Br–As–Br $100,5° \pm 1,5°$ Pyramide	As–Br	$2,33 \pm 0,02$
Arsentrichlorid	$AsCl_3$	Cl–As–Cl $103° \pm 3°$ Pyramide	As–Cl Cl–Cl	$2,17 \pm 0,02$ $3,39 \pm 0,04$
Arsentrifluorid	AsF_3		As–F	$1,72 \pm 0,02$
Arsentrijodid	AsJ_3	J–As–J $101° \pm 1,5°$ sym. Tetraeder	As–J	$2,55 \pm 0,03$
Arsentrioxid	As_4O_6	As–O–As $126° \pm 3°$ O–As–O $100° \pm 1,5°$	As–As As–O	$3,20 \pm 0,03$ $1,80 \pm 0,02$
Bortribromid	BBr_3	eben Br–B–Br $120° \pm 6°$	B–Br Br–Br	$1,87 \pm 0,02$ $3,25 \pm 0,03$
Bortrichlorid	BCl_3	eben Cl–B–Cl $120° \pm 3°$	B–Cl Cl–Cl	$1,73 \pm 0,02$ $2,99 \pm 0,03$
Bortrifluorid	BF_3	eben F–B–F $120° \pm 3°$	B–F F–F	$1,30 \pm 0,02$ $2,25 \pm 0,03$
Borwasserstoff	B_2H_6	äthan- oder brückenartig ?	B–B B–H	$1,86 \pm 0,04$ $1,27 \pm 0,03$

Name	Formel	Struktur und Valenzwinkel	Abstände (in Å)	
Borwasserstoff	B_4H_{10}	Aufbau wie Butan	B–B	$1,84 \pm 0,04$
			B–H	$1,28 \pm 0,03$
Triborintriamin	$B_3N_3H_6$	ringförmig	B–N	$1,44 \pm 0,02$
Wismutbromid	$BiBr_3$	Pyramide Br–Bi–Br $100° \pm 4°$	Bi–Br	$2,63 \pm 0,02$
Wismutchlorid	$BiCl_3$	Pyramide Cl–Bi–Cl $100° \pm 6°$	Bi–Cl	$2,48 \pm 0,02$
Bromwasserstoff	HBr		Br–H	$1,414$
Cyanwasserstoff	HCN	gestreckt	C–H	$1,06$
			C–N	$1,13$
Dicyan	C_2N_2	linear	C–C	$1,37 \pm 0,02$
			C–N	$1,16 \pm 0,02$
Kohlenmonoxid	CO		C–O	$1,1282$
Kohlendioxid	CO_2	linear	O–O	$2,26 \pm 0,05$
			C–O	$1,15 \pm 0,02$
Kohlenstoffsuboxid	C_3O_2	linear	C=C	$1,27 \pm 0,04$
			C=O	$1,18 \pm 0,04$
Kohlenoxidsulfid	COS	linear	C–O	$1,16 \pm 0,02$
			C–S	$1,56 \pm 0,03$
Schwefelkohlenstoff	CS_2	linear	C–S	$1,56 \pm 0,02$
Cadmiumbromid	$CdBr_2$	wahrscheinlich linear	Cd–Br	$2,39$
Cadmiumchlorid	$CdCl_2$	wahrscheinlich linear	Cd–Cl	$2,23$
Cadmiumjodid	CdJ_2	wahrscheinlich linear	Cd–J	$2,60 \pm 0,02$
Chlorwasserstoff	HCl		Cl–H	$1,275$
Chlormonoxid	Cl_2O	Cl–O–Cl $115° \pm 4°$	Cl–O	$1,68 \pm 0,03$
			Cl–Cl	$2,84 \pm 0,03$
Chlordioxid	ClO_2	O–Cl–O $137° \pm 15°$	Cl–O	$1,53 \pm 0,02$
			O–O	$2,85 \pm 0,15$

Substanz	Formel	Valenzwinkel	Kernabstand
Chromylchlorid	CrO_2Cl_2	verzerrtes Tetraeder Cl–Cr–Cl 113° ± 3° O–Cr–O 105° ± 4° Cl–Cr–O 109° ± 3°	Cr–Cl 2,12 ± 0,02 Cr–O 1,57 ± 0,03 Cl–O 3,03 ± 0,03 Cl–Cl 3,54 ± 0,05 O–O 2,49 ± 0,10
Caesiumbromid	CsBr		Cs–Br 3,14 ± 0,03
Caesiumchlorid	CsCl		Cs–Cl 3,06 ± 0,03
Caesiumjodid	CsJ		Cs–J 3,41 ± 0,03
Kupfer(1)bromid	Cu_2Br_2		Cu–Br 2,25
Kupfer(1)chlorid	Cu_2Cl_2		Cu–Cl 2,13
Kupfer(1)jodid	Cu_2J_2		Cu–J 2,40
Fluorwasserstoff	HF		F–H 0,918
Fluorwasserstoff	(FH)n	Zick-Zack-Kette F–F–F 140° ± 5°	F–H 1,00 ± 0,06 F–H′ 1,55 ± 0,06 F–F 2,55 ± 0,03
Fluornitrat	FNO_3	NO_3 eben O–N–O 125° ± 5° N–O′–F 105° ± 5° F–O–F 105° ± 5°	N–O 1,29 ± 0,05 N–O′ 1,39 ± 0,05 F–O′ 1,42 ± 0,05
Fluoroxid	F_2O		O–F 1,40 ± 0,10
Germaniumtetrabromid	$GeBr_4$	Tetraeder	Ge–Br 2,32
Germaniumtetrachlorid	$GeCl_4$	Tetraeder	Ge–Cl 2,08 ± 0,02
Germaniumtetrajodid	GeJ_4	Tetraeder	Ge–J 2,48
Digerman	Ge_2H_6		Ge–Ge 2,41 ± 0,02
Trigerman	Ge_3H_8		Ge–Ge 2,41 ± 0,02
Wasser	H_2O	H–O–H 104,5°	O–H 0,956
Wasserstoffsuperoxid	H_2O_2		O–O 1,48 ± 0,02 O–H 1,01 ± 0,03
Schwefelwasserstoff	H_2S	H–S–H 92°	S–H 1,35
Wasserstoffdisulfid	H_2S_2	S–S–H 95°	H–S 1,33 S–S 2,05 ± 0,02
Quecksilberbromid	$HgBr_2$	linear	Br–Hg 2,44 ± 0,01
Quecksilbermonochlorid	HgCl		Hg–Cl 2,23 ± 0,03

Name	Formel	Struktur und Valenzwinkel	Abstände (in Å)	
Quecksilberchlorid	$HgCl_2$	linear	Cl–Hg	$2,27 \pm 0,03$
Quecksilberjodid	HgJ_2	linear	J–Hg	$2,61 \pm 0,01$
Jodmonochlorid	JCl		J–Cl	$2,30 \pm 0,03$
Jodpentafluorid	JF_5	Bipyramide (?)	J–F	2,57
Jodwasserstoff	HJ		J–H	1,604
Kaliumbromid	KBr		K–Br	$2,94 \pm 0,03$
Kaliumchlorid	KCl		K–Cl	$2,79 \pm 0,02$
Kaliumjodid	KJ		K–J	$3,23 \pm 0,04$
Molybdänpentachlorid	$MoCl_5$	trigonale Doppelpyramide	Mo–Cl	$2,27 \pm 0,02$
Molybdänhexafluorid.	MoF_6	rhombische Doppelpyramide ?	Mo–F	etwa 1,6—1,7
Stickstofftrifluorid	NF_3	F–N–F $\quad$ $102,5° \pm 1,5°$ (Pyramide)	N–F	$1,37 \pm 0,02$
Stickstoffdifluorid	N_2F_2	F–N=N–F cis und trans	N–F	$1,44 \pm 0,04$
		F–N–N $\quad$ $115° \pm 5°$	N=N	$1,25 \pm 0,04$
Ammoniak	NH_3	H–N–H $\quad$ 109°	N–H	1,01
			H–H	1,61
Distickstoffoxid	N_2O	linear		$2,32 \pm 0,02$ (zwischen End-atomen)
Stickstoffmonoxid	NO		N–O	1,146
Stickstoffdioxid	NO_2	O–N–O $\quad$ $132° \pm 3°$	N–O	$1,20 \pm 0,02$
Stickstofftetroxid	N_2O_4	wenn O_2NNO_2	N–N	1,6—1,7
Stickstoffpentoxid	N_2O_5	wenn $O_2NO'NO_2$	N–O	1,18
			N–O′	1,3—1,4
Salpetersäure	HNO_3	O–N–O $\quad$ $130° \pm 2°$	N–O	$1,21 \pm 0,02$
			N–O′	1,41

Name	Formel	Struktur / Valenzwinkel	Kernabstand
Nitrosylbromid	ONBr	Br–N–O 117° ± 3°	N–Br 2,14 ± 0,02 N–O 1,15 ± 0,04 Br–O 2,85 ± 0,02
Nitrosylchlorid	ONCl	Cl–N–O 116° ± 2°	N–Cl 1,95 ± 0,02 O–Cl 2,65 ± 0,01 N–O 1,14 ± 0,02
Natriumbromid	NaBr		Na–Br 2,64 ± 0,01
Natriumchlorid	NaCl		Na–Cl 2,51 ± 0,03
Natriumjodid	NaJ		Na–J 2,90 ± 0,02
Niobiumpentabromid	NbBr$_5$	trig. Doppelpyramide, Nb im Zentrum	Nb–Br 2,46 ± 0,03
Niobiumpentachlorid	NbCl$_5$	trig. Doppelpyramide, Nb im Zentrum	Nb–Cl 2,29 ± 0,03
Osmiumfluorid	OsF$_8$	entweder Kubus oder Antiprisma	Os–F 2,47 Os–F 2,52
Osmiumoxid	OsO$_4$		Os–O 1,79, 2,81
Phosphortribromid	PBr$_3$	Pyramide Br–P–Br 101,5° ± 1,5°	P–Br 2,18 ± 0,03
Phosphortrichlorid	PCl$_3$	Pyramide 101° ± 2°	P–Cl 2,03 ± 0,02 Cl–Cl 3,09 ± 0,02
Phosphorpentachlorid	PCl$_5$	trigonale Doppelpyramide	P–Cl 2,10 und 2,25 Cl–Cl 3,08 (min. Entf.
Phosphorfluordichlorid	PCl$_2$F	Pyramide, Cl–P–Cl 102° ± 3°	P–F 1,55 ± 0,05 P–Cl 2,02 ± 0,03
Phosphortrifluordichlorid	PCl$_2$F$_3$	trigonale Doppelpyramide F–P–F 120° Cl–P–Cl 180°	P–F 1,59 ± 0,03 P–Cl 2,05 ± 0,03
Phosphortrifluorid	PF$_3$	Pyramide 104° ± 4°	P–F 1,52 ± 0,03 F–F 2,39 ± 0,03
Phosphorpentafluorid	PF$_5$	trigonale Doppelpyramide F–P–F 90°, 120°, 180°	P–F 1,57 ± 0,02
Phosphortrijodid	PJ$_3$	Pyramide 102° ± 2°	P–J 2,49 ± 0,04
Phosphornitrilchlorid	P$_3$N$_3$Cl$_6$	Benzolartig	P–Cl 1,97 ± 0,03 P–N 1,65 ± 0,03

Name	Formel	Struktur und Valenzwinkel	Abständе (in Å)
Phosphortrioxid	P_4O_6	sym. Tetraeder P–O–P 127,5° ± 1° O–P–O 99° ± 1°	P–P 2,95 ± 0,03 P–O 1,65 ± 0,02
Phosphorpentoxid	P_4O_{10}	sym. Tetraeder P–O–P 123,5° ± 1° O–P–O 101,5 ± 1° O–P–O′ 116,5° ± 1°	P–P 2,84 ± 0,03 P–O 1,62 ± 0,02 P–O′ 1,39 ± 0,02
Phosphoroxidtribromid	$POBr_3$	Br–P–Br 108° ± 3°	P–Br 2,06 ± 0,03 P–O 1,41 ± 0,07
Phosphoroxidtrichlorid	$POCl_3$	Cl–P–Cl 106° ± 1°	P–Cl 2,02 ± 0,03 P–O 1,58
Phosphoroxidfluordichlorid	$POCl_2F$	F–P–Cl 106° ± 3° Cl–P–Cl 106° ± 3°	P–F 1,50 ± 0,03 P–Cl 1,99 ± 0,04
Phosphoroxiddifluorchlorid	$POClF_2$	F–P–F 106° ± 3° F–P–Cl 106° ± 3°	P–O 1,54 ± 0,03 P–F 1,51 ± 0,03 P–Cl 2,01 ± 0,04
Phosphoroxidtrifluorid	POF_3	F–P–F 107° ± 2°	P–O 1,55 ± 0,03 P–F 1,52 ± 0,02 P–O 1,56 ± 0,03
Bleibromid	$PbBr_2$	gewinkelt	Pb–Br 2,60
Bleichlorid	$PbCl_2$	gewinkelt	Pb–Cl 2,46
Bleitetrachlorid	$PbCl_4$	reg. Tetraeder	Pb–Cl 2,43
Bleijodid	PbJ_2	gewinkelt	Pb–J 2,79
Rubidiumbromid	$RbBr$		Rb–Br 3,06 ± 0,02
Rubidiumchlorid	$RbCl$		Rb–Cl 2,89 ± 0,01
Rubidiumjodid	RbJ		Rb–J 3,26 ± 0,02
Rutheniumoxid	RuO_4	wahrsch. rhombisch	Ru–O 1,66, 2,74
Schwefeldichlorid	SCl_2	Cl–S–Cl 103° ± 3°	S–Cl 2,00 ± 0,02
Dischwefeldichlorid	S_2Cl_2	Cl–S–S 103° ± 2°	S–S 2,05 ± 0,03 S–Cl 1,99 ± 0,03

Name	Formel	Valenzwinkel / Gestalt	Bindung	Kernabstand
Schwefelhexafluorid	SF$_6$	reg. Oktaeder	S–F	1,58 ± 0,03
Schwefeldioxid	SO$_2$	O–S–O 120° ± 5°	S–O	1,43 ± 0,01
Schwefeltrioxid	SO$_3$	eben O–S–O 120° ± 2°	S–O	1,43 ± 0,02
			O–O	2,48 ± 0,03
Thionylbromid	SOBr$_2$	Pyramide Br–S–Br 96° ± 2° Br–S–O 108° ± 3°	S–O	1,45
			S–Br	2,27 ± 0,02
			Br–O	3,05 ± 0,03
Thionylchlorid	SOCl$_2$	Pyramide Cl–S–Cl 97,5° ± 3° Cl–S–O 107,5° ± 3°	S–O	1,45 ± 0,02
			S–Cl	2,07 ± 0,03
			Cl–O	2,84 ± 0,03
			Cl–Cl	3,47 ± 0,03
Sulfurylchlorid	SO$_2$Cl$_2$	verzerrtes Tetraeder Cl–S–Cl 110°12′ ± 2° O–S–O 119°48′ ± 5° Cl–S–O 106°28′ ± 2°	S–Cl	1,99 ± 0,02
			S–O	1,43 ± 0,02
			Cl–O	2,76 ± 0,03
			Cl–Cl	3,28 ± 0,1
Sulfurylfluorid	SO$_2$F$_2$	verzerrtes Tetraeder F–S–O 105° ± 2° F–S–F 100° ± 8° O–S–O 130° ± 2°	F–O	2,37 ± 0,2
			S–F	1,56 ± 0,02
			S–O	1,43 ± 0,02
Antimontribromid	SbBr$_3$	Pyramide Br–Sb–Br 97° ± 2°	Sb–Br	2,49 ± 0,03
Antimontrichlorid	SbCl$_3$	Pyramide Cl–Sb–Cl 96° ± 4°	Sb–Cl	2,37 ± 0,02
Antimontrijodid	SbJ$_3$	Pyramide J–Sb–J 99° ± 1°	Sb–J	2,72 ± 0,03
Selentetrachlorid	SeCl$_4$	Tetraeder	Se–Cl	2,13
Selenhexafluorid	SeF$_6$	reg. Oktaeder	Se–F	1,67
Selendioxid	SeO$_2$		Se–O	1,61 ± 0,03
Siliciumtetrabromid	SiBr$_4$	reg. Tetraeder	Si–Br	2,15 ± 0,03
			Br–Br	3,51 ± 0,03
Siliciumtetrachlorid	SiCl$_4$	reg. Tetraeder	Si–Cl	2,02 ± 0,02
Siliciumhexachlorid	Si$_2$Cl$_6$	trans-Stellung	Si–Si	2,32 ± 0,06
			Si–Cl	2,00 ± 0,05

Name	Formel	Struktur und Valenzwinkel	Abstände (in Å)
Siliciumbromtrichlorid	$SiBrCl_3$		Si–Cl 2,05 ± 0,05 Si–Br 2,19 ± 0,05 Cl–Cl 3,39 ± 0,01 Br–Cl 3,41 ± 0,03
Siliciumtetrafluorid	SiF_4	reg. Tetraeder	Si–F 1,54 ± 0,02
Difluordibromsilicium (Dibromdifluorsilan)	SiF_2Br_2	Br–Si–Br 110°50′ ± 3° Br–Si–F 111°20′ ± 3° F–Si–F 99° ± 10°	Si–Br 2,16 ± 0,03 Br–Br 3,56 ± 0,05 F–Br 3,08 ± 0,04 F–F 2,35 ± 0,15
Siliciumchlortrifluorid	$SiClF_3$		Si–F 1,55 ± 0,02 Si–Cl 2,03 ± 0,03 Cl–F 2,94 ± 0,03
Siliciumwasserstoff	Si_2H_6	H–Si–Si 109,5°	Si–Si 2,32 ± 0,03 Si–H 1,47 ± 0,03
Siliciumbromoform	$SiHBr_3$	Br–Si–Br 110,5° ± 1,5°	Si–Br 2,16 ± 0,03 Br–Br 3,55
Monochlorsilan	SiH_3Cl		Si–Cl 2,06 ± 0,05
Dichlorsilan	SiH_2Cl_2	Cl–Si–Cl 110° ± 1°	Si–Cl 2,02 ± 0,03
Siliciumchloroform	$SiHCl_3$	Pyramide 110° ± 1°	Si–Cl 2,01 ± 0,03
Siliciumtetrajodid	SiJ_4	reg. Tetraeder	Si–J 2,43
Tantalbromid	$TaBr_5$	trigonale Doppelpyramide	Ta–Br 2,45 ± 0,03
Tantalchlorid	$TaCl_5$	trigonale Doppelpyramide	Ta–Cl 2,30 ± 0,02
Tellurdibromid	$TeBr_2$	Br–Te–Br 98° ± 3°	Te–Br 2,51 ± 0,02

Tellurdichlorid	TeCl$_2$	Cl–Te–Cl < 150°	Te–Cl 2,36 ± 0,03
Tellurtetrachlorid	TeCl$_4$		Te–Cl 2,33 ± 0,02
			Cl–Cl 3,37 ± 0,06
Tellurhexafluorid	TeF$_6$	Oktaeder	Te–F 1,82
Titantetrabromid	TiBr$_4$	reg. Tetraeder	Ti–Br 2,31
Titantetrachlorid	TiCl$_4$	reg. Tetraeder	Ti–Cl 2,21 ± 0,04
			Cl–Cl 3,61 ± 0,08
Thalliumbromid	TlBr		Tl–Br 2,68 ± 0,03
Thalliumchlorid	TlCl		Tl–Cl 2,55 ± 0,03
Thalliumjodid	TlJ		Tl–J 2,87 ± 0,03
Uranhexafluorid	UF$_6$	rhomb. Doppelpyramide ?	U–F 1,78, 1,99, 2,17
Vanadiumtetrachlorid	VCl$_4$	reg. Tetraeder	V–Cl 2,03 ± 0,02
			Cl–Cl 3,22 ± 0,03
Vanadiumoxidtrichlorid	VOCl$_3$	verzerrtes Tetraeder	V–Cl 2,12 ± 0,03
		Cl–V–Cl 111° ± 2°	V–O 1,56 ± 0,04
		Cl–V–O 108° ± 2°	Cl–O 3,00 ± 0,04
			Cl–Cl 3,50 ± 0,03
Wolframhexachlorid	WCl$_6$	reg. Oktaeder	W–Cl 2,28 ± 0,02
Wolframhexafluorid	WF$_6$	rhomb. Doppelpyramide ?	W–F 1,64, 1,84, 2,00
Zinkjodid	ZnJ$_2$	linear	Zn–J 2,42 ± 0,02
Zirkoniumtetrachlorid	ZrCl$_4$	Tetraeder	Zr–Cl 2,33

Organische Verbindungen
Reine Kohlenwasserstoffe

Name	Formel	Struktur und Valenzwinkel		Abstände (in Å)	
Acetylen	C_2H_2			$C\equiv C$	$1{,}205 \pm 0{,}008$
				$C-H$	$1{,}06 \pm 0{,}06$
Äthylen	C_2H_4	$H-C-H$	$110° \pm 5°$	$C=C$	$1{,}33 \pm 0{,}02$
				$C-H$	$1{,}06 \pm 0{,}03$
Äthan	C_2H_6			$C-C$	$1{,}55 \pm 0{,}03$
				$C-H$	$1{,}09 \pm 0{,}03$
Allen	C_3H_4	$C-C-C$	linear	$C=C$	$1{,}34 \pm 0{,}02$
		$H-C-H$	$109°28'$	$C-H$	$1{,}06$
Methylacetylen	C_3H_4	$C-C-C$	linear	$C\equiv C$	$1{,}20 \pm 0{,}03$
		$H-C-C$	$109°28'$	$C-CH_3$	$1{,}46 \pm 0{,}02$
				$C-H$	$1{,}09$ (Methylgr.)
				$C-H$	$1{,}06$
Cyclopropan	C_3H_6	$C-C-H$	$116{,}4° \pm 2°$	$C-C$	$1{,}54$
		$H-C-H$	$118{,}2° \pm 2°$	$C-H$	$1{,}08$
Propan	C_3H_8	$C-C-C$	$111°30' \pm 3°$	$C-C$	$1{,}54 \pm 0{,}02$
		$H-C-C$	$109°28'$	$C-H$	$1{,}09$
Diacetylen	C_4H_2		linear	$C\equiv C$	$1{,}19 \pm 0{,}02$
				$C-C$	$1{,}36 \pm 0{,}03$
Butadien (1,3)	C_4H_6		eben, trans	$C-C$	$1{,}47 \pm 0{,}03$
		$C-C=C$	$122°$	$C=C$	$1{,}37 \pm 0{,}02$
		$C=C-H$	$125°$	$C-H$	$1{,}06$
Dimethylacetylen	C_4H_6		C-Atome linear	$C\equiv C$	$1{,}20$
		$H-C-C$	$109°28'$	$C-C$	$1{,}47 \pm 0{,}02$
Buten-(2), cis	C_4H_8	H_3C-C-H	$110°$	$C=C$	$1{,}38 \pm 0{,}03$
		H_3C-C-C	$125°$	$C-C$	$1{,}54 \pm 0{,}03$
Buten-(2), trans	C_4H_8	H_3C-C-H	$110°$	$C=C$	$1{,}40 \pm 0{,}04$
		H_3C-C-C	$125°$	$C-C$	$1{,}56 \pm 0{,}04$

		Valenzwinkel	Kernabstände
Isobuten	C_4H_8	C–C–C 111°30′	C=C 1,34
			C–C 1,54 ± 0,02
Butan	C_4H_{10}		C–C 1,51 ± 0,05
Isobutan	C_4H_{10}	C–C–C 111°30′ ± 2°	C–C 1,54 ± 0,02
Cyclopentadien	C_5H_6	C–C–C 101° ± 4°	C=C 1,35
		C–C=C 110° ± 2°	C–C 1,46 ± 0,04
		und 109° ± 3°	C–H 1,09
1-Methyl-2-vinyl-acetylen (Pirylen)	C_5H_6	CH_3–C≡C–CH (=CH_2) C–C=C 125°	beste Übereinstimmung
			H_3C–C 1,47
			≡C–C= 1,42
			C=C 1,35
			C≡C 1,20
Methylencyclobutan $C_4H_{10}\cdot CH_2$	C_5H_8		C–C 1,55 ± 0,02
			C=C 1,34 ± 0,03
Spiropentan	C_5H_8	C-Atome bilden zwei Dreiecke mit gemeinsamer Spitze in C_3	C_1–C_3 1,48 ± 0,03
		C_2–C_3–C_1 61,5° ± 2°	C_1–C_2 1,51 ± 0,04
		H–C–H 120° ± 8°	
Cyclopentan	C_5H_{10}	ebenes oder schwach geknicktes Fünfeck	C–C 1,54 ± 0,03
			C–H 1,09
Pentan	C_5H_{12}		C–C 1,53 ± 0,05
Neopentan	$C(CH_3)_4$	reg. Tetraeder	C–C 1,54 ± 0,02
			C–H 1,09
Benzol	C_6H_6	eben	C–C 1,40 ± 0,01
			C–H 1,04 ± 0,05
Dimethyldiacetylen	C_6H_6	C-Atome linear	C≡C 1,20 ± 0,02
			C–C 1,38 ± 0,03
			C–CH_3 1,47 ± 0,02
Cyclohexan	C_6H_{12}	C–C–C 110° vorwiegend Sesselform	C–C 1,54 ± 0,03
			C–H 1,09
Tetramethyläthylen	C_6H_{12}	C–C–C 111°30′ ± 2°	C–C 1,54 ± 0,02

Name	Formel	Struktur und Valenzwinkel	Abstände (in Å)	
Hexan	C_6H_{14}		C–C	$1{,}54 \pm 0{,}05$
Xylol (1,4)	C_8H_{10}	eben	C_{ar}–C_{ar}	$1{,}40 \pm 0{,}01$
			C_{ar}–C_{al}	$1{,}50 \pm 0{,}01$
Mesitylen (1, 3, 5)	C_9H_{12}	eben	C_{ar}–C_{ar}	$1{,}39$
			C_{ar}–C_{al}	$1{,}54 \pm 0{,}01$
			C–H	$1{,}09$
Adamantan	$C_{10}H_{16}$	reg. Oktaeder mit eingebautem Tetraeder entspricht Hexamethylentetramin C–C–C $109{,}5° \pm 1{,}5°$	C–C	$1{,}54 \pm 0{,}01$
Diphenyl	$C_{12}H_{10}$	Ringebenen senkrecht zueinander mit großen Drehschwingungen?	Im Ring: C–C $1{,}39 \pm 0{,}02$ Ringabstand: C–C $1{,}54 \pm 0{,}04$	
Hexamethylbenzol	$C_{12}H_{18}$	eben	C_{ar}–C_{ar} 1,39	
			C_{ar}–C_{al}	$1{,}54 \pm 0{,}01$
			C–H	$1{,}09$
Trichlorbromkohlenstoff	$CBrCl_3$		C–Br	$2{,}01$
			C–Cl	$1{,}76$
			Br–Cl	$3{,}00$
			Cl–Cl	$2{,}95$
Bromcyan	CBrN	linear	C–N	$1{,}13 \pm 0{,}04$
			C–Br	$1{,}79 \pm 0{,}02$
Fluortribrommethan	$CFBr_3$		C–F	$1{,}44 \pm 0{,}06$
			C–Br	$1{,}91 \pm 0{,}04$
			Br–Br	$3{,}20 \pm 0{,}03$
			Br–F	$2{,}70 \pm 0{,}02$
Tetrabromkohlenstoff	CBr_4	reg. Tetraeder	C–Br	$1{,}942 \pm 0{,}003$
			Br–Br	$3{,}12 \pm 0{,}03$

Substanz	Formel	Valenzwinkel	Kernabstände
Chlorcyan	CClN	linear	C–N 1,13 ± 0,03 C–Cl 1,67 ± 0,02
Difluordichlormethan	CF_2Cl_2	F–C–F 109° ± 2° Cl–C–Cl 113° ± 2° F–C–Cl 110° ± 2°	C–F 1,35 ± 0,03 C–Cl 1,74 ± 0,03 F–F 2,21 ± 0,03 Cl–Cl 2,90 ± 0,03 Cl–F 2,52 ± 0,02
Phosgen	$COCl_2$	Cl–C–Cl 112,5° ± 1,5° Cl–C–O (123,7°)	C–O 1,18 ± 0,02 C–Cl 1,74 ± 0,02
Thiophosgen	$CSCl_2$	Cl–C–Cl 116° ± 2°	C–S 1,63 C–Cl 1,70 ± 0,02 Cl–Cl 2,88 ± 0,04 S–Cl 2,90 ± 0,04
Fluortrichlormethan	$CFCl_3$		Cl–Cl 2,94 ± 0,03 Cl–F 2,56 ± 0,04 C–F 1,44 ± 0,04 C–Cl 1,76 ± 0,02
Tetrachlorkohlenstoff	CCl_4	reg. Tetraeder	C–Cl 1,76 ± 0,01 Cl–Cl 2,86 ± 0,01 C–Cl 1,770 ± 0,01 Cl–Cl 2,877 ± 0,02
Tetrafluorkohlenstoff	CF_4	reg. Tetraeder	C–F 1,36 ± 0,02
Tetranitromethan	$C(NO_2)_4$	O–N–O 127° reg. Tetraeder	C–C 1,54 ± 0,02 C–N 1,47 ± 0,02 N–O 1,22 ± 0,02
Bromoform	$CHBr_3$	Br–C–Br 111° ± 2°	Br–Br 3,15 ± 0,03 C–Br (1,91 ge- schätzt)
Difluorchlormethan	$CHClF_2$	F–C–F= F–C–Cl 110,5° ± 1°	C–F 1,36 ± 0,03 C–Cl 1,73 ± 0,03 F–F 2,24 ± 0,04 Cl–F 2,56 ± 0,03

Name	Formel	Struktur und Valenzwinkel	Abstände (in Å)
Fluordichlormethan	$CHCl_2F$	Cl–C–Cl $112° \pm 2°$	C–F $1{,}41 \pm 0{,}03$ C–Cl $1{,}73 \pm 0{,}04$ Cl–Cl $2{,}87 \pm 0{,}03$ Cl–F $2{,}56 \pm 0{,}03$
Chloroform	$CHCl_3$	Cl–C–Cl $112° \pm 2°$	C–Cl $1{,}77 \pm 0{,}02$ Cl–Cl $2{,}93 \pm 0{,}02$
Jodoform	CHJ_3	J–C–J $113°$	C–J $2{,}12 \pm 0{,}04$
Methylenbromid	CH_2Br_2	Br–C–Br $112° \pm 2°$	C–Br $1{,}91 \pm 0{,}02$ Br–Br $3{,}17 \pm 0{,}03$
Chlorfluormethan	CH_2ClF	F–C–Cl $110° \pm 2°$	C–F $1{,}40 \pm 0{,}03$ C–Cl $1{,}76 \pm 0{,}02$ Cl–F $2{,}59 \pm 0{,}03$
Methylenchlorid	CH_2Cl_2	Cl–C–Cl $112° \pm 2°$	C–Cl $1{,}77 \pm 0{,}02$ Cl–Cl $2{,}93 \pm 0{,}02$
Methylenfluorid	CH_2F_2	F–C–F $110° \pm 1°$	C–F $1{,}36 \pm 0{,}02$ F–F $2{,}23 \pm 0{,}03$
Methylenjodid	CH_2J_2	J–C–J $114{,}7°$	C–J $2{,}12 \pm 0{,}04$ J–J $4{,}06 \pm 0{,}10$
Diazomethan	CH_2N_2	C=N≡N linear	C=N $1{,}34 \pm 0{,}05$ N≡N $1{,}13 \pm 0{,}04$
Formaldehyd	CH_2O	H–C–H $120° \pm 1°$	C=O $1{,}21 \pm 0{,}01$ C–H $1{,}09 \pm 0{,}01$
Ameisensäure, monomer	CH_2O_2	eben O–C=O $117° \pm 2°$	C–O $1{,}42 \pm 0{,}03$ C=O $1{,}24 \pm 0{,}03$
Ameisenäure, dimer	$(CH_2O_2)_2$	eben O–C=O $121° \pm 2°$	C–O $1{,}36 \pm 0{,}04$ C=O $1{,}25 \pm 0{,}03$ OH–O $2{,}73 \pm 0{,}05$
Borcarbonylhydrid	$B(CH_3)O$	B–C–O linear B in Tetraeder	B–C $1{,}57 \pm 0{,}03$ B–H $1{,}20 \pm 0{,}03$ C–O $1{,}13 \pm 0{,}03$

		Valenzwinkel		Kernabstände	
Methylbromid	CH_3Br	Tetraeder		C–Br	$1,91 \pm 0,06$
Methylchlorid	CH_3Cl			C–Cl	$1,77 \pm 0,02$
Methylfluorid	CH_3F			C–F	$1,42 \pm 0,02$
Methyljodid	CH_3J			C–J	$2,28 \pm 0,05$
Nitromethan	CH_3NO_2	O–N–O	$(127° \pm 3°)$	C–N	$1,47 \pm 0,02$
			$130 - 140°$	N–O	$1,22 \pm 0,02$
Methylnitrit	CH_3ONO'	C–O–N u. O–N–O'		C–O	$1,44 \pm 0,02$
		ungefähr Tetraederwinkel cis-Form		O–N	$1,37 \pm 0,02$
				N–O'	$1,22 \pm 0,02$
Methylnitrat	CH_3NO_3	O–N–O	$125°$	N–O	$1,22 \pm 0,04$
$CH_3–O'–NO_2$		N–O'–C	$105° \pm 5°$	N–O'CH_3	$1,37 \pm 0,03$
				C–O'	$1,44 \pm 0,03$
Methylazid	CH_3N_3	N–N'–N''	$180°$	N–C	$1,47 \pm 0,02$
		C–N–N'	$120° \pm 5°$	N–N'	$1,24 \pm 0,02$
				N'–N''	$1,10 \pm 0,02$
Dibromäthylen (cis)	$C_2H_2Br_2$			C–C	$1,32 \pm 0,08$
				C–Br	$2,05 \pm 0,08$
				Br–Br	$3,67 \pm 0,08$
Dibromäthylen (trans)	$C_2H_2Br_2$	Br–C–C	$121° \pm 3°$	C–C	$1,34$
				C–Br	$1,86 \pm 0,04$
				Br–Br	$4,56 \pm 0,02$
Dichloräthylen (1,1)	$C_2H_2Cl_2$	Cl–C–Cl	$116° \pm 2°$	C–C	$1,38$
		Cl–C–C	$122° \pm 1°$	C–Cl	$1,69 \pm 0,02$
				Cl–Cl	$2,86 \pm 0,02$
Dichloräthylen (cis)	$C_2H_2Cl_2$	Cl–C–C	$123,5° \pm 1°$	C–C	$1,38$
				C–Cl	$1,67 \pm 0,03$
				Cl–Cl	$3,22 \pm 0,02$
Dichloräthylen (trans)	$C_2H_2Cl_2$	Cl–C–C	$122,5° \pm 1°$	C–C	$1,38$
				C–Cl	$1,69 \pm 0,02$
				Cl–Cl	$4,27 \pm 0,02$
Difluoräthylen (1,1)	$C_2H_2F_2$	FCF $\sim 110°$		C–F	$1,32$
		HCH	$117° \pm 7°$	C–C	$1,31 \pm 0,035$
				C–H	$1,07 \pm 0,02$

Name	Formel	Struktur und Valenzwinkel	Abstände (in Å)
Dijodäthylen (cis)	$C_2H_2J_2$	J–C–C 125° ± 2°	C–C 1,34 C–J 2,03 ± 0,04 J–J 3,69 ± 0,02
Dijodäthylen (trans)	C_2H_2J	J–C–C 122° ± 2°	C–C 1,34 C–J 2,03 ± 0,04 J–J 4,90 ± 0,02
Keten	C_2H_2O	linear	C=C 1,35 ± 0,02 C=O 1,17 ± 0,02
Glyoxal	$C_2H_2O_2$	C–C=O 123° ± 2° Wahrsch. eben und in trans-Stellung	C–C 1,47 ± 0,02 C–O 1,20 ± 0,01
Vinylbromid	C_2H_3Br	C–C–Br 121° ± 3°	C–C 1,34 C–Br 1,86 ± 0,04
α-Methylhydroxylamin	CH_5ON	C–O–N 111° ± 3°	C–O 1,44 ± 0,02 N–O 1,37 ± 0,02 C–N 2,31 ± 0,03
Tetrajodkohlenstoff	CJ_4	reg. Tetraeder	C–J 2,12 ± 0,02
Dibromacetylen	C_2Br_2	linear	C≡C 1,20 ± 0,03 C–Br 1,80 ± 0,03
Tetrabromäthylen	C_2Br_4		C–Br 1,91
Dichloracetylen	C_2Cl_2	linear	C≡C 1,195 C–Cl 1,64
Tetrachloräthylen	C_2Cl_4	Cl–C–C 122° ± 1°	C–C 1,38
Bromacetylen	C_2HBr		C–Cl 1,71 ± 0,02 C–Br 1,80 ± 0,03
Tribromäthylen	C_2HBr_3		C≡C 1,20 ± 0,04 C–C 1,32 ± 0,08 C–Br 2,05 ± 0,08 Br–Br 3,67 ± 0,08 4,97 ± 0,08

Substanz	Formel	Valenzwinkel	Kernabstand
Chloracetylen	C_2HCl		C≡C 1,21 ± 0,04 C–Cl 1,68 ± 0,04
Trichloräthylen	C_2HCl_3	Cl–C–C 123° ± 2°	C–C 1,36 ± 0,04 C–Cl 1,72 ± 0,02
Chloral	C_2HOCl_3	–CCl₃ reg. Pyramide –CHO eben und in Sym. Ebene der Pyramide	C–C 1,52 ± 0,02 C–Cl 1,76 ± 0,02 C–O 1,15 ± 0,02 Cl–Cl 2,95 ± 0,03
Trifluoressigsäure, monomer	$C_2HF_3O_2$	F–C–F 110° ± 4°	C–F 1,36 ± 0,05
Trifluoressigsäure, dimer	$(C_2HF_3O_2)_2$	F–C–F 109° ± 2° O–C=O 130° ± 3°	C–F 1,36 ± 0,03 C–F 1,47 ± 0,03 OH–O 2,76 ± 0,06 Mittel von C–O und
Acetylbromid	C_2H_3OBr	C–C–Br 110° ± 10° O–C–Br 125° ± 10°	C=O 1,30 ± 0,03 C–C 1,54 ± 0,08 C–O 1,13 ± 0,05 C–Br 2,06 ± 0,01
Vinylchlorid	C_2H_3Cl	C–C–Cl 122° ± 2°	C–C 1,38 C–Cl 1,69 ± 0,02
Acetylchlorid	C_2H_3OCl	C–C–Cl 110° ± 10° O–C–Cl 125° ± 10°	C–C 1,54 ± 0,08 C–O 1,14 ± 0,05 C–Cl 1,82 ± 0,10
Vinyljodid	C_2H_3J	C–C–J 122° ± 2°	C–C 1,34 C–J 2,03 ± 0,04
Methylcyanid	CH_3CN	C–C–N linear	C–C 1,49 ± 0,03 C–N 1,16 ± 0,03
Methylisocyanid	CH_3NC	C–N–C linear	H₃C–N 1,44 ± 0,02 N–C 1,18 ± 0,02
Dibromäthan (1,1)	$C_2H_4Br_2$		Br–Br 3,56 ± 0,15

Name	Formel	Struktur und Valenzwinkel	Abstände (in Å)
Dibromäthan (1,2)	$C_2H_4Br_2$	trans-Form wahrscheinlich im Gleichgewicht mit 2 unebenen Formen in der Nähe der cis-Stellung	C–C 1,54 C–Br 1,94 Br–Br 4,59
Dichloräthan (1,2)	$C_2H_4Cl_2$		C–Cl 1,770 Cl–Cl 4,275
Dichloräthan (1,1)	$C_2H_4Cl_2$	Cl–C–Cl 112°	Cl–Cl 2,9 ± 0,3
Acetaldehyd	C_2H_4O	C–C–O 121° ± 2°	C–C 1,50 ± 0,02 C–O 1,22 ± 0,02
Äthylenoxid	C_2H_4O	Dreierring	C–C 1,56 ± 0,05 C–O 1,45 ± 0,05
Essigsäure, monomer	$C_2H_4O_2$	O–C=O 122–138° C–C=O 113–128°	C–O 1,43 ± 0,03 C=O 1,24 ± 0,03 C–C 1,54 ± 0,04
Essigsäure, dimer	$(C_2H_4O_2)_2$	O–C=O 130° ± 3°	C–O 1,36 ± 0,04 C=O 1,25 ± 0,03 C–C 1,54 ± 0,04
Äthylbromid	C_2H_5Br	C–C–Br 109° ± 2°	C–Br 1,91 ± 0,02
Äthylchlorid	C_2H_5Cl	C–C–Cl 110° ± 2°	C–C 1,54 ± 0,02 C–Cl 1,77 ± 0,01
Äthyljodid	C_2H_5J		C–J 2,32 ± 0,04
Dimethylborfluorid	$B(CH_3)_2F$	eben	B–F 1,29 ± 0,02 B–C 1,55 ± 0,02 C–F 2,48 ± 0,03
Azomethan	$(CH_3)_2N_2$	C–N–N 110 ± 10°	N=N 1,24 ± 0,05 C–N 1,47 ± 0,06
Dimethyläther	C_2H_6O	C–O–C 111° ± 4°	C–O 1,43 ± 0,03 C–C 2,35 ± 0,05
Dimethylsulfid	$(CH_3)_2S$	C–S–C 100° – 110°	S–C 1,82 ± 0,03
Dimethylsulfoxid	$SO(CH_3)_2$	Pyramide C–S–O 106° ± 3°	S–O 1,46 ± 0,02

Substanz	Formel	Valenzwinkel		Kernabstand	
Dimethylsulfon	$SO_2(CH_3)_2$	C–S–O C–S–C O–S–O	$105° \pm 3°$ $115° \pm 15°$ $115° \pm 15°$	C–S S–O C–O	$1{,}80 \pm 0{,}02$ $1{,}43 \pm 0{,}02$ $2{,}58 \pm 0{,}02$
Dimethylamin	C_2H_7N	C–N–C	$110° \pm 3°$	C–N C–H	$1{,}47 \pm 0{,}02$ $1{,}08 \pm 0{,}03$
N,N-Dimethylhydrazin	$(CH_3)_2N \cdot NH_2$	C–N–N C–N–C	$110° \mp 4°$ $110° \mp 4°$	C–N N–N	$1{,}47 \mp 0{,}03$ $1{,}45 \mp 0{,}03$
N,N′-Dimethylhydrazin	$CH_3NH \cdot HN'CH_3$	C–N–N	$110° \mp 4°$	C–N N–N	$1{,}47 \mp 0{,}03$ $1{,}45 \mp 0{,}03$
Dijodacetylen	C_2J_2	linear		$C{\equiv}C$ C–J	$1{,}18$ $2{,}03$
Aceton	C_3H_6O	eben O–C–C	 $123°$	C–C C=O C–H	$1{,}56$ $1{,}14$ $1{,}09$
Trimethylarsin	$As(CH_3)_3$	Pyramide $96° \pm 5°$		As–C	$1{,}98 \pm 0{,}02$
Bortrimethyl	$B(CH_3)_3$	eben C–B–C	 $120° \pm 3°$	B–C C–C	$1{,}56 \pm 0{,}02$ $2{,}70 \pm 0{,}03$
Trimethylamin	$N(CH_3)_3$	Pyramide C–N–C	 $108° \pm 4°$	N–C	$1{,}47 \pm 0{,}02$
Trimethylphosphin	$P(CH_3)_3$	Pyramide $100° \pm 4°$		P–C	$1{,}87 \pm 0{,}02$
Trimethylaminborwasserstoff	$H_3BN(CH_3)_3$			B–N N–C	$1{,}62 \pm 0{,}15$ $1{,}53 \pm 0{,}06$
Pyrazin	$C_4H_4N_2$	eben		C–C C–N C–H	$1{,}39$ $1{,}35 \pm 0{,}02$ $1{,}09$
Furan	C_4H_4O	C–C=C C–O–C O–C=C	$107° \pm 2°$ $107° \pm 4°$ $109° \pm 3°$	C=C C–C C–O C–H	$1{,}35$ $1{,}46$ $1{,}41 \pm 0{,}02$ $1{,}09$
Thiophen	C_4H_4S	C–S–C S–C=C C–C=C	$91° \pm 4°$ $112° \pm 3°$ $113° \pm 3°$	C=C C–C C–S	$1{,}35$ $1{,}44$ $1{,}74 \pm 0{,}03$
Pyrrol	C_4H_5N	C–C=C C–N–C N–C=C	$108° \pm 2°$ $105° \pm 4°$ $110° \pm 3°$	C=C C–C C–N C–H	$1{,}35$ $1{,}44$ $1{,}42 \pm 0{,}02$ $1{,}09$

Name	Formel	Struktur und Valenzwinkel	Abstände (in Å)
Epoxybutan (cis, 2, 3)	C_4H_8O		C–C $1,54 \pm 0,03$ C–O $1,38 \pm 0,03$
Epoxybutan (trans, 2, 3)	C_4H_8O		C–C $1,54 \pm 0,03$ C–O $1,38 \pm 0,03$
Tetrahydrofuran	C_4H_8O	ebenes oder schwach geknicktes Fünfeck	C–O $1,43 \mp 0,03$ C–C $1,54 \mp 0,03$
Dioxan (1,4)	$C_4H_8O_2$	C–O–C $111° \pm 2°$ C–O–C $108° \pm 5°$ C–C–O $106°$ Sessel	C–C $1,54$ C–O $1,42$
Butylbromid (tert.)	$(CH_3)_3CBr$	C–C–C $111°30' \pm 2°$	C–Br $1,92 \pm 0,03$ C–C $1,54 \pm 0,02$
Butylchlorid (tert.)	$(CH_3)_3CCl$	C–C–C $111°30' \pm 2°$	C–Cl $1,78 \pm 0,03$ C–C $1,54 \pm 0,02$
Diäthyläther	$C_4H_{10}O$	C–C–O $110° \pm 3°$ C–O–C $108° \pm 3°$	C–C $1,50 \pm 0,02$ C–O $1,43 \pm 0,02$
Diäthylthioäther	$C_4H_{10}S$	C–C–S $112° \pm 2°$	C–C $1,55 \pm 0,02$ C–S $1,81 \pm 0,01$
Siliciumtetramethyl	$Si(CH_3)_4$	reg. Tetraeder	Si–C $1,93 \pm 0,03$
Pyridin	C_5H_5N	Sechseck	C–C $1,39$ C–N $1,37 \mp 0,03$ C–H $1,09$
Hexabrombenzol	C_6Br_6	Br-Bindungen um 12° aus der Ringebene gebogen	C_1–Br_2 $2,81$ C_1–Br_3 $4,12$ C_1–Br_4 $4,64$ Br_1–Br_2 $3,30$ Br_1–Br_3 $5,62$ Br_1–Br_4 $6,50$
Hexachlorbenzol	C_6Cl_6	Cl-Bindungen um etwa 6° aus der Ringebene herausgebogen	C_1–Cl_2 $2,68$ C_1–Cl_3 $3,99$ C_1–Cl_4 $4,51$ Cl_1–Cl_2 $3,51$ Cl_1–Cl_3 $5,35$ Cl_1–Cl_4 $6,19$

Substanz	Formel	Bemerkung	Bindung	Abstand
Dibrombenzol (1,2)	$C_6H_4Br_2$	Br-Bindung um 18° aus der Ringebene gebogen	C–C C_1–Br_1 C_1–Br_2 C_1–Br_3 Br_1–Br_2	1,405 1,89 2,85 4,13 3,43
Dibrombenzol (1,4)	$C_6H_4Br_2$	eben	C–C C–Br	1,41 $1,88 \pm 0,01$
Dichlorbenzol (1,2)	$C_6H_4Cl_2$	Cl-Bindungen aus der Ringebene um etwa 18° herausgebogen	C_1–Cl_1 C_1–Cl_2 C_1–Cl_3 Cl_2–Cl_3	$1,77 \pm 0,03$ 2,70 3,97 3,28
Dichlorbenzol (1,3)	$C_6H_4Cl_2$	eben	C–Cl Cl–Cl	$1,69 \pm 0,03$ $5,35 \pm 0,05$
Dichlorbenzol (1,4)	$C_6H_4Cl_2$	eben	C–Cl Cl–Cl	$1,69 \pm 0,03$ $6,18 \pm 0,06$
Dijodbenzol (1,2)	$C_6H_4J_2$	eben C–C–J verzerrt	C–J J–J	$2,00 \pm 0,10$ $4,00 \pm 0,10$
Dijodbenzol (1,3)	$C_6H_4J_2$	eben	C–J J–J	$2,03 \pm 0,05$ $5,97 \pm 0,10$
Dijodbenzol (1,4)	$C_6H_4J_2$	eben	C–C C–J	1,41 $2,05 \pm 0,01$
Chlorbenzol	C_6H_5Cl	eben	C–C C–Cl	1,39 $1,69 \pm 0,03$
Fluorbenzol	C_6H_5F	eben	C–C C–F C–H	1,39 $1,31 \pm 0,03$ 1,06
Hexamethylentetramin	$(CH_2)_6N_4$	C–N–C $109,5° \pm 1°$ N–C–N $109,5° \pm 1°$	C–N N–N	$1,48 \pm 0,01$ 2,42
Paraldehyd	$C_6H_{12}O_3$	unregelmäßiger Ring, Valenzwinkel tetr.	C–C C–O	$1,54 \pm 0,02$ $1,43 \pm 0,02$
Hexamethyldisilian (Siliciumhexamethyl)	$Si_2(CH_3)_6$	Äthanstruktur C–Si–Si $109° \mp 4°$	Si–Si Si–C Si–C	$2,34 \pm 0,10$ $1,90 \pm 0,02$ $3,47 \pm 0,04$

Metallorganische Verbindungen

Name	Formel	Struktur und Valenzwinkel	Abstände (in Å)	
Aluminiumdimethylchlorid, dimer	$Al_2(CH_3)_4Cl_2$	Äthanstruktur C–Al–C 120—135° Cl–Al–Cl 89° ± 4°	Al–Cl C–Cl Al–C	2,31 ± 0,03 3,43 ± 0,05 1,85 ± 2,00
Aluminiumdimethylbromid, dimer	$Al_2(CH_3)_4Br_2$	Äthanstruktur C–Al–C 115—130° Br–Al–Br 90° ∓ 3°	Al–Br C–Br Al–C	2,42 ± 0,03 3,59 ± 0,05 1,90 — 2,05
Trimethylaluminium, monomer	$Al(CH_3)_3$	wahrscheinlich eben		
Trimethylaluminium, dimer	$Al_2(CH_3)_6$	Äthanstruktur C–Al–Al 100° ∓ 5°	Al–Al Al–C Al–C	2,20 ± 0,04 2,01 ± 0,04 3,24 ± 0,06
Kobaltcarbonylhydrid	$Co(CO)_4H$	CO-Gruppen tetr. um CO; H an einer CO-Gruppe	Co–COH Co–C C–O	1,75 ± 0,08 1,83 ± 0,02 1,15 ± 0,05
Kobaltnitrosocarbonyl	$Co(NO)(CO)_3$	Tetraeder Co–N–O linear Co–C–O linear	Co–C Co–N C–O N–O	1,83 ± 0,02 1,76 ± 0,03 1,14 ± 0,03 1,10 ± 0,04
Chromhexacarbonyl	$Cr(CO)_6$	Oktaeder Cr–C–O linear	Cr–C C–O Cr–O	1,92 ± 0,04 1,16 ± 0,05 3,08 ± 0,05
Eisencarbonyl	$Fe(CO)_5$	trigon. Bipyramide	Fe–C C–O	1,84 ± 0,03 1,15 ± 0,04
Eisencarbonylhydrid	$Fe(CO)_4H_2$	CO-Gruppen tetr. um Fe Fe–C–O linear	Fe–C (in Fe–CO) 1,84 ± 0,03 Fe–C (in Fe–COH) 1,79 ± 0,04 C–O 1,15 ± 0,05	

Eisennitrosocarbonyl	$Fe(NO)_2(CO)_2$	Tetraeder Fe–C–O linear Fe–N–O linear	Fe–C $1,84 \pm 0,02$ Fe–N $1,77 \pm 0,02$ N–O $1,12 \pm 0,03$ C–O $1,15 \pm 0,03$
Germaniumtetramethyl	$Ge(CH_3)_4$		Ge–C $1,98 \pm 0,03$
Quecksilberdimethyl	$(CH_3)_2Hg$	C–Hg–C linear ?	C–Hg $2,33 \pm 0,04$
Dibromdiphenylquecksilber (4,4′)	$C_{12}H_8Br_2Hg$	Br–Hg–Br30° Abweichung von linearer Stellung	C–Br $1,88$ C–Hg $2,10$
Molybdänhexacarbonyl	$Mo(CO)_6$	Oktaeder Mo–C–O linear	Mo–C $2,08 \pm 0,04$ C–O $1,15 \pm 0,05$ Mo–O $3,23 \pm 0,05$
Nickelcarbonyl	$Ni(CO)_4$	Tetraeder Ni–C–O linear	Ni–C $1,82 \pm 0,03$ C–O $1,15 \pm 0,02$
Bleitetramethyl	$Pb(CH_3)_4$	reg. Tetraeder	Pb–C $2,29 \pm 0,05$
Trimethylzinnmonobromid	$(CH_3)_3SnBr$	Br–Sn–C $\sim 109,5°$	Sn–Br $2,49 \pm 0,03$
Dimethylzinndibromid	$(CH_3)SnBr_2$	Br–Sn Br $109° \mp 3°$	Sn–Br $2,48 \pm 0,03$
Methylzinntribomid	CH_3SnBr_3	Br–Sn–Br $109,5° \mp 2°$	Sn–Br $2,45 \pm 0,03$
Zinntetramethyl	$Sn(CH_3)_4$	reg. Tetraeder	Sn–C $2,18 \mp 0,03$
Trimethylzinnmonochlorid	$(CH_3)_3SnCl$	Cl–Sn–C $108° \pm 4°$	Sn–Cl $2,37 \pm 0,03$
Dimethylzinndichlorid	$(CH_3)_3SnCl_2$	Cl–Sn–Cl $110° \mp 5°$	Sn–Cl $2,34 \pm 0,03$
Methylzinntrichlorid	CH_3SnCl_3	Cl–Sn–Cl $108° \mp 4°$	Sn–Cl $2,32 \pm 0,03$
Trimethylzinnmonojodid	$(CH_3)_3SnJ$	J–Sn–C $\sim 109,5°$	Sn–J $2,72 \mp 0,03$
Dimethylzinndijodid	$(CH_3)_2SnJ_2$	J–Sn–J $109,5° \mp 3°$	Sn–J $2,69 \pm 0,03$
Methylzinntrijodid	CH_3SnJ_3	J–Sn–J $109,5° \mp 2°$	Sn–J $2,68 \pm 0,02$
Wolframhexacarbonyl	$W(CO)_6$	reg. Oktaeder W–C–O linear	W–C $2,06 \pm 0,04$ W–O $3,19 \pm 0,05$ C–O $1,13 \pm 0,05$

4. Elektrische und optische Konstanten
41. Polarisierbarkeiten
Polarisierbarkeit und Refraktion von Atomen
Elektrische Polarisierbarkeit von Atomen

Atom	$\bar{\alpha} \cdot 10^{25}$ in cm^3
Helium	2,16
	2,06
Neon	3,98
Argon	16,3
Krypton	24,8
Xenon	40,1
Wasserstoff	6 ± 2
	6,6
	6,64
Sauerstoff (Grundzustand, P-Term)	$1,5 \pm 0,5$
Lithium	120 ± 10
	270
Natrium	270
Kalium	340 ± 20
	460
Rubidium	500
Caesium	420 ± 20
	610
Quecksilber	50,3—51,7
Beryllium	92,8

Atomrefraktionen

Atom	$R_{\lambda \to \infty}$ in cm^3 Mol^{-1}	Atom	R_D* in cm^3 Mol^{-1}
He	0,518	Zn	15,39
Ne	0,997	Cd	19,98
Ar	4,14	Hg	13,94
Kr	6,27		
Xe	10,13		

* Na-D-Linien

Polarisierbarkeiten und Refraktionen von freien Ionen
Polarisierbarkeit von freien Ionen. $\bar{\alpha} \cdot 10^{25}$ in cm^3

Ion		Ion		Ion	
He	2,01	Al^{3+}	0,52	Kr	24,6
H_2^+	3,75	Si^{++}	20,6	Rb^+	14,0
Li^+	0,313	Si^{4+}	0,165	Sr^{++}	8,6
Be^{++}	0,08	S^{--}	102	Y^{3+}	5,5
B^{3+}	0,03	Cl^-	36,6	Zr^{4+}	3,7
C^{++}	5,8	Ar	16,2	Te^{--}	140
C^{4+}	0,013	K^+	8,3	J^-	71,0
O^{--}	38,8	Ca^{++}	4,7	X	39,9
F^-	10,4	Sc^{3+}	2,86	Cs^+	24,2
Ne	3,90	Ti^{4+}	1,85	Ba^{++}	15,5
Na^+	1,79	Se^{--}	105	La^{3+}	10,4
Mg^{++}	0,94	Br^-	47,7	Ce^{4+}	7,3
Al^+	41,2				

Elektrische und optische Polarisierbarkeit von Molekeln

Erläuterungen (vergl. auch Tab. 42)

Allgemeines. Bringt man eine Molekel in ein elektrisches Feld, so erhält sie ein *induziertes elektrisches Moment*

$$\mu_l = \alpha E,$$

wo α also der Zahl nach das vom elektrischen Felde Eins ($est\,E$) induzierte elektrische Moment oder die *Polarisierbarkeit* [cm³] der Molekel bedeutet. Wird die Molekel von dem hochfrequenten Felde einer einfallenden Lichtwelle im Sichtbaren polarisiert, so spricht man von der *optischen* Polarisierbarkeit α, auch *Elektronenpolarisierbarkeit* genannt, da nur die Elektronen den schnellen Schwingungen des sichtbaren Lichtes zu folgen vermögen. α ist mit dem Brechungsindex n bzw. der *Molekularrefraktion R* durch die *Lorentz-Lorenzsche* Beziehung

$$\frac{4\pi}{3} N_A \alpha = \frac{n^2 - 1}{n^2 + 2} \frac{M}{\varrho} = R$$

verknüpft. Die Molekularrefraktion ist also ein Maß für die optische Polarisierbarkeit, genauer für die Deformierbarkeit der Elektronenwolke (Bindungsfestigkeit der Dispersionselektronen) im elektrischen Wechselfeld. Erst wenn wir zu Frequenzen übergehen, die unterhalb der Eigenfrequenzen der schweren Atomkerne liegen, kommt noch ein von der gegenseitigen Verschiebung der geladenen Atome und Atomgruppen herrührender Beitrag zur Polarisierbarkeit hinzu, der durch die *Atompolarisation P_A* gemessen wird. Im Grenzfall unendlich langer Wellen spricht man von der *elektrischen* Polarisierbarkeit der Molekel $\bar{\alpha}$, die sich aus der Gleichung berechnet

$$\frac{4\pi}{3} N_A \bar{\alpha} = P_E + P_A = P_V,$$

wobei P_E die *Elektronenpolarisation* (Maß für die Deformierbarkeit der Elektronenwolke im statischen Felde) und P_V die *Verschiebungspolarisation* bedeutet. Dabei gelten die Beziehungen

$$P_V = P_E + P_A = \frac{n_\infty^2 - 1}{n_\infty^2 + 2} \frac{M}{\varrho} = R_\infty \quad \text{und} \quad P_E = \frac{n_\infty'^2 - 1}{n_\infty'^2 + 2} \frac{M}{\varrho} = R'_\infty,$$

wo n_∞ und R_∞ die unter Berücksichtigung der ultraroten Eigenschwingungen auf unendlich lange Wellen extrapolierten Werte für den Brechungsindex und die Molekularrefraktion bedeuten, während n_∞' und R_∞' die aus Messungen von n im *Sichtbaren* extrapolierten Werte von n und R sind.

Bei dipollosen Stoffen, für die $\varepsilon = n_\infty^2$ ist, können wir R_∞ durch die *Molekularpolarisation P* ersetzen und erhalten dann mittels

$$P_V = P = \frac{\varepsilon - 1}{\varepsilon + 2} \frac{M}{\varrho} = \frac{4\pi}{3} N_A \bar{\alpha}$$

direkt die Verschiebungspolarisation und mittels $P_A = P_V - P_E$ die Atompolarisation. Bei Dipolstoffen enthält die Gesamtpolarisation noch die Orientierungspolarisation P_O, $P = P_E + P_A + P_O$, so daß erst eine Messung der Temperaturabhängigkeit den Betrag P_V ergibt.

Die Atompolarisation erhält man auch direkt aus Messungen der Dispersion oder der Absorption im Ultraroten. So folgt aus der allgemeinen

Dispersionsformel für den Beitrag P_{Ai} einer im Ultraroten aktiven Kernschwingung der Frequenz v_i zur Atompolarisation

$$P_{Ai} = \frac{N_A}{3\,\pi}\,\frac{e^2}{\overline{m}_i}\cdot\frac{f_i}{v_i^2 - v^2}$$

wo f_i die Oszillatorenstärke (s. Tab. 224) und $\overline{m}_i$ die reduzierte Masse für die betreffende Kernschwingung ist. Die Oszillatorenstärke erhält man am genauesten aus Messungen der Dispersion mittels der Gleichung

$$\Delta n_i = \frac{N_{ccm}}{2\,\pi}\,\frac{e^2}{\overline{m}_i}\cdot\frac{f_i}{v_i^2 - v^2}$$

wo Δn_i den Beitrag der Kernschwingung v_i zum Brechungsindex des Gases bedeutet. Leider sind Messungen, die sich so weit ins Ultrarote erstrecken, daß alle Eigenschwingungen erfaßt werden, noch sehr selten. Auch aus der Gesamtabsorption A_v einer Bande läßt sich die Oszillatorenstärke, wenn auch weniger genau, bestimmen, und zwar mit Hilfe der Beziehung

$$A_v = \int k\,dv = \frac{\pi\,e^2 f_i}{\overline{m}_i\,c}\,N_{ccm},$$

wo k den Absorptionskoeffizienten, gemessen aus dem Intensitätsabfall $J = J_0\,e^{-kx}$ in einer hinreichend dünnen Schicht bedeutet.

Die oben definierten Polarisierbarkeiten sind im allgemeinen nur Mittelwerte, da die Polarisierbarkeit der Molekeln in den einzelnen Richtungen meist verschieden ist, die Molekeln also *optisch anisotrop* sind. Die Polarisierbarkeit besitzt die Eigenschaften eines *Tensors*. Ihre Richtungsabhängigkeit läßt sich bei optisch inaktiven Molekeln durch das sog. *Polarisierbarkeitsellipsoid*, d.h. durch Angabe der drei *Hauptpolarisierbarkeiten* α_1, α_2, α_3, das sind die Polarisierbarkeiten in den drei aufeinander senkrechten *optischen Hauptachsen* der Molekel, beschreiben. Als Maß der *optischen Anisotropie* benutzt man die Größe

$$\delta^2 = \frac{(\alpha_1 - \alpha_2)^2 + (\alpha_2 - \alpha_3)^2 + (\alpha_3 - \alpha_1)^2}{(\alpha_1 + \alpha_2 + \alpha_3)^2}; \quad \alpha = \frac{\alpha_1 + \alpha_2 + \alpha_3}{3}.$$

Sie läßt sich quantitativ und unmittelbar aus Messungen des Depolarisationsgrades Δ_u des molekularen Streulichtes mittels der Beziehung

$$\delta^2 = \frac{10\,\Delta_u}{6 - 7\,\Delta_u}$$

bzw. bei dipollosen Molekeln auch aus der Kerr-Konstante bestimmen. Δ_u bezieht sich auf unpolarisiertes erregendes Licht. Die optischen Hauptpolarisierbarkeiten erhält man bei dipollosen Molekeln mit einer Symmetrieachse aus dem Depolarisationsgrade oder der Kerr-Konstante K des Gases und der Molekularrefraktion. Bei Dipolmolekeln kann man in vielen Fällen durch Kombination von Messungen von n, Δ_u und K an Gasen alle drei optischen Hauptpolarisierbarkeiten einzeln bestimmen. Die elektrischen Hauptpolarisierbarkeiten sind gegenüber den optischen, von Ausnahmen abgesehen, etwa im Verhältnis $\dfrac{\overline{\alpha}_1}{\alpha} = \dfrac{\overline{\alpha}_2}{\alpha} = \dfrac{\overline{\alpha}_3}{\alpha} = \dfrac{R_\infty}{R}$ vergrößert. Ihre Richtungen fallen im allgemeinen mit denen der optischen Hauptpolarisierbarkeiten zusammen. Aus der optischen Anisotropie lassen sich weitgehende Schlüsse auf die geometrische Form und den Bau einer Molekel ziehen (s. Tab. 34).

Bindungspolarisierbarkeiten

Da die Polarisierbarkeit einer Molekel die Eigenschaften eines Tensors besitzt, kann sie rein formal in für die einzelnen Bindungen charakteristische Beträge zerlegt werden. Aus den *Bindungspolarisierbarkeiten* parallel und senkrecht zur Valenzrichtung lassen sich dann umgekehrt durch eine Tensoraddition die Hauptpolarisierbarkeiten einer Molekel berechnen. Es muß aber betont werden, daß diese Werte nur formale Bedeutung haben und nicht die den einzelnen Bindungen wirklich zugehörigen Werte darstellen, weil infolge der sehr starken Wechselwirkung die resultierenden Hauptpolarisierbarkeiten auch nicht ungefähr als die Summe der Polarisierbarkeiten einzelner Bindungen dargestellt werden können. Nur die mittlere Polarisierbarkeit läßt sich einigermaßen als die Summe der wahren mittleren Polarisierbarkeiten der einzelnen Bindungen darstellen.

Bindung	Polarisierbarkeiten		Mittlere Polarisierbarkeit $\alpha \cdot 10^{25}$ [cm³]
	parallel zur Valenzrichtung $\alpha_\parallel \cdot 10^{25}$ [cm³]	senkrecht zur Valenzrichtung $\alpha_\perp \cdot 10^{25}$ [cm³]	
$C–H_{al}$	7,9	5,8	6,5
$C_{al}–C_{al}$	18,8	0,2	6,4
$C_{ar}–C_{ar}$	22,5	4,8	10,7
$C=C$	28,6	10,6	16,6
$C\equiv C$	35,4	12,7	20,3
$C–Cl$	36,7	20,8	26,1
$C–Br$	50,4	28,8	36,0
$>C=O$ (Carbonyl)	19,9	7,5	11,6
$C=O$ (CO_2)	20,5	9,6$_5$	13,3
$C=S$ (CS_2)	75,7	27,7	—
$C\equiv N$ (HCN)	31	14	—
$H–S$ (H_2S)	23,0	17,2	—
$H–N$ (NH_3)	5,8	8,4	7,5

Mittlere optische Polarisierbarkeit von gebundenen Atomen und Atomgruppen

Atom	$\alpha \cdot 10^{25}$ [cm³]	Atom	$\alpha \cdot 10^{25}$ [cm³]
aliphatische Verbindungen		aromatische Verbindungen	
H	4,3$_3$	CH (Mittelwert)	17,2
C	9,6$_1$	CH (in der Ringebene)	20,5
CH	13,9	CH (senkrecht zur Ringebene)	10,6
CH_2	18,2		
CH_3	22,6		

Mittlere optische Polarisierbarkeit und Hauptpolarisierbarkeiten von Molekeln

Molekel	Formel	$\alpha \cdot 10^{25} =$ $(\alpha_1 + \alpha_2 + \alpha_3)/$ $3 \cdot 10^{25}$ in cm³	$\alpha_1 \cdot 10^{25}$ in cm³	$\alpha_2 \cdot 10^{25}$ in cm³	$\alpha_3 \cdot 10^{25}$ in cm³	Lage der optischen Achsen und des elektrischen Momentes; Struktur der Molekel
			Anorganische Verbindungen			
Wasserstoff	H_2	7,9	$9,3_4$	$7,1_8$	7,1	α_1 Symmetrieachse
Stickstoff	N_2	17,6	23,8	14,5	14,5	α_1 Symmetrieachse
Sauerstoff	O_2	16,0	23,5	12,1	12,1	α_1 Symmetrieachse
Chlor	Cl_2	46,1	66,0	36,2	36,2	α_1 Symmetrieachse
Fluorwasserstoff	HF	24,6	(9,6)	(7,2)	(7,2)	α_1 Symmetrieachse
Chlorwasserstoff	HCl	26,3	31,3	23,9	23,9	α_1 Symmetrieachse
			$\bar{a}_1 = 44,2$	$\bar{a}_2 = \bar{a}_3 = 23,9$		
Bromwasserstoff	HBr	36,1	42,2	33,1	33,1	α_1 Symmetrieachse
Jodwasserstoff	HJ	54,5	65,8	48,9	48,9	α_1 Symmetrieachse
Distickstoffmonoxid	N_2O	30,0	48,6	20,7	20,7	α_1 Symmetrieachse; Molekel unsymmetrisch gestreckt N=N=O
Kohlenmonoxid	CO	19,5	26,0	16,25	16,25	α_1 Symmetrieachse
Kohlendioxid	CO_2	26,5	40,1—41,0	19,7—19,3	19,7—19,3	α_1 Symmetrieachse
			$\bar{a}_1 =$ 44,4—45,3	$\bar{a}_2 =$ 21,6—21,2	$\bar{a}_3 =$ 21,6—21,2	Molekel gestreckt
Schwefeldioxid	SO_2	37,2	54,9	27,2	34,9	$\alpha_3 \parallel$ zur Symmetrieachse; $\alpha_2 \perp$ Ebene OSO gewinkelt
Schwefelwasserstoff	H_2S	37,8	40,4	34,4	40,1	$\alpha_3 \parallel$ zur Symmetrieachse; $a_2 \perp$ Ebene HSH; gewinkelt
Schwefelkohlenstoff	CS_2	87,4	151,4	55,4	55,4	α_1 Symmetrieachse; Molekel gestreckt
Ammoniak	NH_3	22,6	24,2	21,8	21,8	α_1 Symmetrieachse; $\mu = \mu_1$; Pyramide
Cyan	$(CN)_2$	50,1	77,6	36,4	36,4	α_1 Symmetrieachse; Molekel gestreckt
Cyanwasserstoff	HCN	25,9	39,2	19,2	19,2	α_1 Symmetrieachse; Molekel gestreckt

Organische Verbindungen

Tetrachlorkohlenstoff	CCl_4	105	105	105	105	Reguläres Tetraeder
Chloroform	$CHCl_3$	82,3	66,8	90,1	90,1	$\alpha_1 \parallel$ Symmetrieachse; $\mu = \mu_1$
Methylenchlorid	CH_2Cl_2	64,8	50,2	84,7	59,6	$\mu = \mu_3$; $\alpha_1 \perp$ Ebene ClCCl
Methylbromid	CH_3Br	55,5	68,5	49	49	$\alpha_1 \parallel$ Symmetrieachse; $\mu = \mu_1$
Methylchlorid	CH_3Cl	45,6	54,2	41,4	41,4	$\mu = \mu_1$; $\alpha_1 \parallel$ Symmetrieachse
Methan	CH_4	26,0	26,0	26,0	26,0	Reguläres Tetraeder
Methanol	CH_4O	32,3	40	25,6	31,4	
Acetylen	C_2H_2	33,3	51,2	24,3	24,3	$\alpha_1 \parallel$ Symmetrieachse; Molekel gestreckt
Äthylen	C_2H_4	42,6	56,1*	35,9*	35,9*	$\alpha_1 \parallel$ Symmetrieachse;
Äthylchlorid	C_2H_5Cl	64	66,0	50,1	75,9	Gewinkelte Molekel
Äthan	C_2H_6	44,7	54,8	39,7	39,7	$\alpha_1 \parallel$ Symmetrieachse
Dimethyläther	C_2H_6O	51,6	63,0	43,1	48,6	$\alpha_3 \parallel$ zur Symmetrieachse: $\alpha_2 \perp$ Ebene COC Molekel gewinkelt
Aceton	CH_3COCH_3	63,3	71,0	48,2	70,8	$\alpha_3 \parallel$ zur Symmetrieachse; $\alpha_2 \perp$ Ebene COC; Molekel gewinkelt
Propan	C_3H_8	62,9	50,1*	69,3	69,3	$\alpha_1 \perp$ Ebene CCC;
Diäthyläther	$C_2H_5OC_2H_5$	87,3	112,6	70,7	78,7	$\alpha_3 \parallel$ zur Symmetrieachse; $\alpha_2 \perp$ Ebene COC; Molekel gewinkelt
Pyridin	C_5H_5N	95	118,8	57,8	108,4	Ebene Molekeln;
Chlorbenzol	C_6H_5Cl	112,5	132,4	75,8	159,3	$\alpha_3 \parallel$ zur Richtung des Dipolmoments
Nitrobenzol	$C_6H_5NO_2$	129,5	132,5	77,5	177,6	$\alpha_2 \perp$ zur Molekelebene
Benzol	C_6H_6	103,2	123,1	63,5	123,1	$\alpha_2 \perp$ zur Molekelebene
Toluol	$C_6H_5CH_3$	122,3	136,6	74,8	156,4	Ebene Molekeln;
o-Xylol	$C_6H_4(CH_3)_2$	141	(161,3)	(83)	(179,6)	$\alpha_3 \parallel$ zur Richtung des Dipolmoments
m-Xylol	$C_6H_4(CH_3)_2$	141,8	178,3	85,5	161,6	$\alpha_2 \perp$ zur Molekelebene
p-Xylol	$C_6H_4(CH_3)_2$	142	(156)	(88)	(182)	
Cyclohexan	C_6H_{12}	108,7	92,5*	116,8	116,8	$\alpha_1 \perp$ zur Ringebene

* Berechnet unter der Annahme, daß die Molekel Rotationssymmetrie besitzt, was jedoch nur annähernd richtig ist.

Atom- und Elektronenpolarisationen in cm³

Formel	Stoff	$P_E + P_A$	P_E	P_A
	Elemente			
He	Helium	0,54	0,52	(0,02)
Ne	Neon	1,00	1,03	(−0,03)
Ar	Argon	4,138	4,138	0
Kr	Krypton	6,26	6,27	(−0,01)
Xe	Xenon	10,09	10,14	(−0,05)
H_2	Wasserstoff	2,0	2,0	0
O_2	Sauerstoff	3,96	3,96	0
N_2	Stickstoff	4,38	4,38	0
	Anorganische Verbindungen			
H_2O	Wasser	3,76	3,67	0,1
HCl	Chlorwasserstoff	7,8	6,5	1,3
HBr	Bromwasserstoff	9,1	8,8	0,3
HJ	Jodwasserstoff	13,9	13,2	0,7
SO_2	Schwefeldioxid	10,7	9,8	0,9
SF_6	Schwefelhexafluorid	15,7	11,4	4,3
NH_3	Ammoniak	5,9	5,5	0,4
NO	Stickstoffmonoxid	4,7	4,3	0,4
N_2O	Distickstoffmonoxid	7,81	7,35	0,46
CO	Kohlenmonoxid	5,0	4,9	0,1
CO_2	Kohlendioxid	7,35	6,54	0,81
CS_2	Schwefelkohlenstoff	22,7	20,3	2,4
	Organische Verbindungen			
CCl_4	Tetrachlorkohlenstoff	28,2	25,8	2,4
$CHCl_3$	Chloroform	26,6	20,5	5,1
CH_3Br	Methylbromid	15,4	14,2	1,2
CH_3Cl	Methylchlorid	13,8	11,4	2,4
CH_3F	Methylfluorid	9	6,6	2,4
CH_3J	Methyljodid	20,2	18,5	1,7
CH_4	Methan	6,6	6,4	0,2
CH_4O	Methanol	9,5	8,1	1,4
CH_5N	Methylamin	13,4	10,0	3,4
C_2H_2	Acetylen	10,0	8,7	1,3
C_2H_4	Äthylen	10,7	10,3	0,4
C_2H_6	Äthan	11,2	11,1	0,1
C_2H_6O	Äthanol	14,2	12,4	1,8
C_2H_7N	Dimethylamin	16,8	14,8	2,0
C_3H_6O	Aceton	16,7	15,8	0,9
C_3H_8	Propan	16,0	15,7	0,3
C_4H_{10}	Butan	20,65	20,2	0,45
C_4H_{10}	Isobutan	20,88	20,18	0,7
$C_4H_{10}O$	Diäthyläther	25,3	22,0	3,3
C_6H_6	Benzol	26,2	25,1	1,1
C_7H_8	Toluol	32,3	29,8	2,5
C_7H_{16}	n-Heptan	34,2	33,7	0,5
C_8H_{10}	p-Xylol	36,6	34,6	2,0
C_8H_{18}	n-Octan	39,4	38,4	1,0

411. Depolarisationsgrad

Durchstrahlt man eine Substanz mit natürlichem Licht, so wird senkrecht zur Ausbreitungsrichtung des Primärlichtes ein im Idealfall polarisierter Streustrahl beobachtet. Oft bemerkt man jedoch, daß die Intensität des Streulichts, dessen elektrischer Vektor parallel zur Ausbreitungsrichtung des Primärstrahls schwingt, nicht verschwindet. Nennt man diese Intensität I_p und bezeichnet dementsprechend die Intensität des Streulichts, dessen elektrischer Vektor senkrecht dazu schwingt, mit I_s, so nennt man in diesen Fällen das Verhältnis I_p/I_s den Depolarisationsgrad der streuenden Teilchen. Die Abhängigkeit des Depolarisationsgrades von der Wellenlänge des benutzten Lichtes ist gering, so daß experimentell mit weißem Licht gearbeitet werden kann.

Das Auftreten einer solchen Depolarisation weist auf unterschiedliche Polarisierbarkeiten der Molekeln der durchstrahlten Moleküle in den verschiedenen Achsenrichtungen hin, d.h. auf eine Anisotropie der Polarisierbarkeit. Als Maß der optischen Anisotropie der Polarisierbarkeit benutzt man den Ausdruck

$$\delta^2 = \frac{(\alpha_1 - \alpha_2)^2 + (\alpha_2 - \alpha_3)^2 + (\alpha_3 - \alpha_1)^2}{(\alpha_1 + \alpha_2 + \alpha_3)^2}$$

in dem die α_i die Hauptpolarisierbarkeiten der Molekel sind. Bei Gasen und Dämpfen besteht zwischen dem Depolarisationsgrad Δ und der ebengenannten Anisotropie δ die quantitative Beziehung

$$\frac{10\Delta}{6 - 7\Delta} = \delta^2$$

Die folgende Tabelle 4111 enthält Werte des Depolarisationsgrades (in Prozenten) einiger ausgewählter anisotroper Molekeln. Die Tabelle gibt nach der Nennung von Formel und Name des Stoffes in den ersten beiden Spalten dann die Versuchstemperatur (falls bekannt) und den beobachteten Depolarisationsgrad 100Δ, also in % an.

4111. Einzelwerte anorg. Verbindungen und Elemente

Formel	Name	ϑ in °C	$100 \cdot \Delta$
CO	Kohlenmonoxid		2,1
CO_2	Kohlendioxid		9,8
CS_2	Schwefelkohlenstoff gasförmig		11,5
	Schwefelkohlenstoff flüssig		64
Cl_2	Chlor gasförmig		4,33
	Chlor flüssig		24,0
H_2	Wasserstoff		1,7
H_2O	Wasserdampf		1,99
	Wasser		8,5
H_2S	Schwefelwasserstoff		1,0
N_2	Stickstoff		3,6
N_2O	Distickstoffoxid		12,5
NH_3	Ammoniak		1,31
	Luft		4,15
O_2	Sauerstoff		6,4
SO_2	Schwefeldioxid gasförmig		4,5
	Schwefeldioxid flüssig		22,0
$SiCl_4$	Siliciumtetrachlorid		5,8

4112. Organische Verbindungen
Werte mit * versehen, bedeutet Orangefilter.

Formel	Name	ϑ in °C	$100 \cdot \Delta$
CCl_4	Tetrachlorkohlenstoff		5,6
$CHCl_3$	Chloroform	20	20,3
CH_2O_2	Ameisensäure		53,0
CH_4O	Methanol		6,0
C_2H_4	Äthen		2,9
C_2H_4O	Acetaldehyd		18,9*
$C_2H_4O_2$	Essigsäure		47
C_2H_6	Äthan		1,3
C_2H_6O	Äthanol		6,5
C_2H_6S	Dimethylsulfid		12,9
C_3H_6O	Aceton		23,1
$C_3H_6O_2$	Propionsäure		41,0
$C_3H_6O_2$	Essigsäuremethylester	30	29,0
C_3H_8O	Propanol		7,1
C_4H_4S	Thiophen		38,5
C_4H_5NS	Allylsenföl		50,1
$C_4H_6O_2$	Essigsäureanhydrid		43,0
$C_4H_8O_2$	Dioxan	20	13,4
$C_4H_8O_2$	Buttersäure		36
$C_4H_8O_2$	Essigsäureäthylester		23,0
$C_4H_{10}O$	Butanol		9,3*
$C_4H_{10}O$	Isobutanol		7,3*
$C_4H_{10}O$	tert. Butanol		4,1*
$C_4H_{10}O$	Diäthyläther	20	8,6
$C_4H_{10}S$	Diäthylsulfid		18,2
C_5H_5N	Pyridin		46
C_5H_8	Cyclopenten		22,2
C_5H_{10}	Cyclopentan		11,3
C_5H_{10}	β-Isoamylen		25,8
$C_5H_{10}N$	Piperidin		6,9
C_5H_{12}	n-Pentan		7,8
C_5H_{12}	2-Methylbutan		5,6
$C_5H_{12}O$	Amylalkohol		12,5
$C_5H_{12}O$	Isoamylalkohol		9,0
C_6H_5Cl	Chlorbenzol		57,9
$C_6H_5NO_2$	Nitrobenzol		65,2
C_6H_6	Benzol	20	43,2
C_6H_7N	Anilin		60,0
C_6H_{10}	Cyclohexen		22,5
C_6H_{12}	Cyclohexan	20	6,3
C_7H_6O	Benzaldehyd		69
C_7H_8	Toluol		47,2
C_7H_8O	Benzylalkohol		63
C_7H_8O	Anisol		50
C_8H_8O	Acetophenon	18	68,3
C_8H_{10}	o-Xylol	20	56,5
C_8H_{10}	m-Xylol		58,6
C_8H_{10}	p-Xylol		63,3
$C_8H_{10}O$	Phenetol		49,6
$C_{10}H_8$	Naphthalin	80	71,0
$C_{10}H_{18}$	Dekalin	20	17,6
$C_{13}H_{10}O$	Benzophenon	18	61,9
$C_{16}H_{32}O_2$	Palmitinsäure	65	29,4
$C_{18}H_{36}O_2$	Stearinsäure	70	31,1

42. Dipolmomente

Erläuterungen

Die Grundlage der am häufigsten benutzten Methoden (I bis III) zur Bestimmung des *festen elektrischen Moments* μ einer Molekel ist die Debyesche Beziehung für die *Molekularpolarisation* P:

$$P = \frac{\varepsilon - 1}{\varepsilon + 2}\, \frac{M}{\varrho} = \frac{4\,\pi}{3}\, N_A \left(\bar{\alpha} + \frac{\mu^2}{3\,k\,T}\right).$$

Dabei bedeuten ε die statische Dielektrizitätskonstante, M die Molmasse, ϱ die Dichte N_A die Avogadrosche Konstante, k die Boltzmannsche Konstante, T die absolute Temperatur, $\bar{\alpha}$ die *mittlere elektrische Polarisierbarkeit*, d.h. das vom statischen elektrischen Felde je Feldstärkeeinheit induzierte Moment.

Die Molekularpolarisation setzt sich aus zwei Teilchen zusammen: 1. Einem temperaturunabhängigen, von der Verschiebung der Elektronen und geladenen Atome herrührenden Beitrag, dem *optischen Glied* oder der *Verschiebungspolarisation* $P_V = \dfrac{4\,\pi}{3}\, N_A\, \bar{\alpha} = P_E + P_A$, wobei P_E die *Elektronenpolarisation* und P_A die *Atompolarisation* oder das *Ultrarotglied* bedeuten; 2. einem temperaturabhängigen, von der Orientierung der festen elektrischen Momente herrührenden Beitrag, dem *Dipolgliede* oder der *Orientierungspolarisation* $P_O = \dfrac{4\,\pi}{3}\, N_A \dfrac{\mu^2}{3\,k\,T}$. Die Gesamtpolarisation läßt sich also darstellen als

$$P = P_V + P_O = P_E + P_A + P_O.$$

Durch Messungen der Temperaturabhängigkeit von ε erhält man P_O und P_V getrennt. P_E folgt aus der Beziehung

$$P_E = \frac{n'^2_\infty - 1}{n'^2_\infty + 2}\, \frac{M}{\varrho} = R'_\infty,$$

wo n'_∞ und R'_∞ die aus Messungen von n im Sichtbaren, also ohne Berücksichtigung der ultraroten Eigenschwingungen auf unendlich große Wellenlängen extrapolierten Werte von n und R sind. P_A folgt schließlich aus der Beziehung $P_A = P_V - R'_\infty$. Vgl. dazu Tabelle 41.

Aus diesen Zusammenhängen und aus praktischen Gründen haben sich vor allem folgende Methoden zur Bestimmung von Momenten ergeben:

I. *Messungen an Gasen.* a) Messungen der *Temperaturabhängigkeit* der Dielektrizitätskonstante (DK). Diese ergeben direkt die Orientierungspolarisation P_O und damit das Moment.

b) Messungen der DK bei einer einzigen Temperatur. Da das Ultrarotglied im allgemeinen unbekannt ist, wird die Orientierungspolarisation entweder einfach durch Subtraktion der aus Messungen des Brechungsindex im Sichtbaren auf unendlich lange Wellen extrapolierten Molekularrefraktion R'_∞, also aus $P_O = P - R'_\infty$, bestimmt oder aus $P_O = P - R'_\infty - P_A$, indem man für P_A einen aus sonstigen Erfahrungen abgeschätzten Betrag einsetzt.

II. *Messungen an Flüssigkeiten.* Bei nicht assoziierenden Stoffen genügen mitunter Messungen der Temperaturabhängigkeit von ε an der homogenen Flüssigkeit. Liegen nur Messungen bei einer einzigen Temperatur vor, so wird die Orientierungspolarisation wie bei I b durch Subtraktion von R'_∞ berechnet.

III. *Messungen an verdünnten Lösungen.* Das ist die am häufigsten benutzte Methode. Es wird die Molekularpolarisation P_2 der Dipolkomponente 2 in einem dipolfreien indifferenten Lösungsmittel mit der Molekularpolarisation P_1 mittels der Mischungsformel

$$P_{12} = \frac{\varepsilon - 1}{\varepsilon + 2} \; \frac{c_1 M_1 + c_2 M_2}{\varrho} = c_1 P_1 + c_2 P_2$$

bestimmt. Dabei bedeuten c_1 und c_2 die Molenbrüche, M_1 und M_2 die Molmassen der Komponenten 1 und 2. Durch Extrapolation auf unendliche Verdünnung wird die Molekularpolarisation der Dipolkomponente für die „freie" Molekel $P_{2\,\infty}$ ermittelt. Mißt man nur bei einer einzigen Temperatur, so wird die Orientierungspolarisation wieder, wie oben, meist durch Subtraktion von R'_∞ erhalten.

Häufig versucht man, die Momentberechnung dadurch zu verbessern, daß man für die Atompolarisation einen bestimmten Anteil zwischen 5 und 15% der Elektronenpolarisation ansetzt. Mitunter setzt man auch für $P_E + P_A$ die Polarisation der *festen* Substanz P fest ein. Am sichersten sind natürlich Messungen der Temperaturabhängigkeit von $P_{2\,\infty}$, die dann direkt P_{2O} ergeben.

Durch Messungen in verdünnten Lösungen kann man die Wechselwirkung der Dipolmolekeln untereinander ausschließen, aber nicht die zwischen Dipolmolekel und den umgebenden Lösungsmittelmolekeln. Infolge dieser Wechselwirkung zeigen die in verschiedenen Lösungsmitteln gemessenen Molekularpolarisationen $P_{2\,\infty}$ und Momente kleine Abweichungen von den im Gase gemessenen Werten.

Bei Molekeln mit beweglichen (drehbaren) polaren Gruppen kann das Moment sich mit der Temperatur sehr stark ändern. Die Momentwerte der Tabelle gelten dann nur für die angegebene Temperatur.

Die Zahlenangaben der Dipolmomente in den folgenden Tabellen beziehen sich sämtlich auf die Einheit 1 Debye [1 D] $=10^{-18}$ elstat E.

Formel	Name	Dipol-moment D	Zustand	Temperatur °C
$CBrCl_3$	Trichlorbrommethan	0	Bzl.	—
CBr_2Cl_2	Dichlordibrommethan	0	Bzl.	25
CBr_3F	Fluortribrommethan	0	Bzl.	25
CCl_2F_2	Difluordichlormethan	0,51	Gas	32…197
CCl_2O	Phosgen	1,18	Gas	30…152
CCl_2S	Thiophosgen	0,28	Gas	30…141
CCl_3F	Fluortrichlormethan	0,45	Gas	26…103
CCl_3NO_2	Chlorpikrin	1,18	Gas	30…152
CCl_4	Tetrachlormethan	0	Gas	—
CF_4	Tetrafluormethan	0	Gas	—
$CHBr_3$	Tribrommethan	0,99	Gas	25
$CHClF_2$	Difluorchlormethan	1,40	Gas	30,9… 205,7
$CHCl_2F$	Fluordichlormethan	1,29	Gas	31,7… 151,3
$CHCl_3$	Trichlormethan	1,18	Bzl.	—
CHF_3	Trifluormethan	1,59	Gas	25…95
CHJ_3	Trijodmethan	0,95	Bzl.	25
CHN	Cyanwasserstoff	2,93	Gas	28…197
CHN_3O_6	Trinitromethan	2,71	CCl_4	25
CH_2Br_2	Dibrommethan	1,89	Bzl.	25
CH_2ClNO_2	Mononitromethan	2,91	Gas	139…211
CH_2Cl_2	Dichlormethan	1,58	Gas	—
CH_2J_2	Dijodmethan	1,08	Bzl.	10…70
CH_2N_2	Cyanamid	3,8	Bzl.	20
CH_2N_4	1,2,3,4-Tetrazol	5,11	Diox.	25
CH_2O	Formaldehyd	2,27	Gas	147…247
CH_2O_2	Ameisensäure	1,51	Gas	72…150
$(CH_2O_2)_2$	Ameisensäure	0,99	Gas	72…150
CH_3Br	Brommethan	1,82	Bzl. oder CCl_4	25
CH_3Cl	Chlormethan	1,86	Gas	17…183
CH_3F	Fluormethan	1,81	Gas	100…150
CH_3J	Jodmethan	1,64	Gas	15…120
CH_3NO	Formamid	3,22	Gas	152…176
CH_3NO_2	Nitromethan	3,10	Bzl.	25
CH_3NO_3	Methylnitrat	2,85	Bzl.	20
CH_3N_5	5-Amino-1,2,3,4-tetrazol	5,71	Diox.	25
CH_4	Methan	0,0	Gas	−80…100
CH_4N_2O	Harnstoff	4,56	Diox.	25
CH_4N_2S	Thioharnstoff	4,89	Diox.	25
CH_4O	Methanol	1,688	Gas	25…206
CH_5N	Methylamin	1,23	Gas	65…185
CH_6N_2	Methylhydrazin	1,68	Bzl.	15
CN_4O_8	Tetranitromethan	0,48	Bzl.	25
$C_2Cl_2O_2$	Oxalylchlorid	0,92	Bzl.	20
C_2Cl_3N	Trichloracetonitril	2,0	Hex.	—
C_2Cl_4	Tetrachloräthen	0	Bzl.	25
C_2Cl_4O	Trichloracetylchlorid	1,19	Bzl.	20
C_2Cl_6	Hexachloräthan	0	Gas	—
C_2HBr	Bromäthin	0	Gas	16…81
C_2HBr_3O	Bromal	1,69	Bzl.	20
C_2HCl	Chloräthin	0,44	Gas	14…90
C_2HCl_2N	Dichloracetonitril	2,0	Bzl.	25

Formel	Name	Dipol-moment D	Zustand	Temperatur °C
C_2HCl_3	Trichloräthen	0,94	Bzl.	30
C_2HCl_3O	Chloral	1,58	Bzl.	20
$C_2HCl_3O_2$	Trichloressigsäure	0,825	Bzl.	25
C_2HCl_5	Pentachloräthan	0,092	Gas	127...240
C_2H_2	Äthin	0	Gas	— 80... 25
C_2H_2BrCl	1-Brom-2-chlor-äthen (cis)	1,55	Bzl.	—
C_2H_2BrCl	1-Brom-2-chlor-äthen-(trans)	0	Bzl.	—
$C_2H_2Br_2$	1,2-Dibrom-äthen-(cis)	1,35	Bzl.	—
$C_2H_2Br_2$	1,2-Dibrom-äthen-(trans)	0	Bzl.	—
$C_2H_2Br_4$	1,1,2,2-Tetrabrom-äthan	1,31	Hex.	25
C_2H_2ClJ	1-Chlor-2-jod-äthen-(cis)	0,57	Bzl.	—
C_2H_2ClJ	1-Chlor-2-jod-äthen (trans)	1,27	Bzl.	—
C_2H_2ClN	Chloracetonitril	3,00	Bzl.	25
$C_2H_2Cl_2$	1,1-Dichlor-äthen	1,30	Bzl.	25
$C_2H_2Cl_2$	1,2-Dichlor-äthen-(cis)	1,74	Bzl.	25
$C_2H_2Cl_2$	1,2-Dichlor-äthen-(trans)	0	Bzl.	—
$C_2H_2Cl_2O$	Chloressigsäurechlorid	2,22	Bzl.	20
$C_2H_2Cl_2O_2$	Dichloressigsäure	1,09	Bzl.	25
$C_2H_2Cl_4$	1,1,1,2-Tetrachlor-äthan	1,2	Bzl.	—
$C_2H_2Cl_4$	1,1,2,2-Tetrachlor-äthan	1,30	Gas	90...228
$C_2H_2F_2$	1,1-Difluor-äthen	1,37	—	—
$C_2H_2J_2$	1,2-Dijod-äthen-(cis)	0,75	Bzl.	—
$C_2H_2J_2$	1,2-Dijod-äthen-(trans)	0	Bzl.	—
C_2H_2O	Keten	1,45	Gas	—
C_2H_3Br	Bromäthen	1,407	Gas	22...140
C_2H_3BrO	Essigsäurebromid	2,43	Bzl.	20
$C_2H_3Br_3O$	Tribromäthylalkohol	1,73	Bzl.	25
C_2H_3Cl	Chloräthen	1,442	Gas	14...140
C_2H_3ClO	Essigsäurechlorid	2,45	Bzl.	20
$C_2H_3ClO_2$	Chlorameisensäure=methylester	2,22	Bzl.	—
$C_2H_3ClO_2$	Chloressigsäure	2,29	Bzl.	30
$(C_2H_3ClO_2)_2$	Chloressigsäure	1,97	Bzl.	30
$C_2H_3Cl_3$	1,1,1-Trichlor-äthan	1,78	Gas	—
$C_2H_3Cl_3$	1,1,2-Trichlor-äthan	1,55	Bzl.	—
$C_2H_3F_3$	1,1,1-Trifluor-äthan	2,32	—	—
C_2H_3J	Jodäthen	1,26	Gas	17...140
C_2H_3JO	Essigsäurejodid	(2,2)	Bzl.	20
C_2H_3N	Acetonitril	3,44	Bzl.	20
C_2H_3NO	Isoxazol	2,81	Bzl.	25
C_2H_3NS	Methylisothiocyanat	3,18	Bzl.	20
C_2H_3NS	Methylthiocyanat	3,16	Bzl.	20
$C_2H_3N_3$	1,2,3-Triazol	1,77	Bzl.	25
$C_2H_3N_3$	1,2,4-Triazol	3,17	Diox.	25
C_2H_4	Äthen	0	Gas	— 80... 25
C_2H_4BrCl	2-Chlor-1-brom-äthan	1,19	n-Hept.	30

Formel	Name	Dipol-moment D	Zustand	Temperatur °C
$C_2H_4Br_2$	1,1-Dibrom-äthan	2,12	Bzl.	25
$C_2H_4Br_2$	1,2-Dibrom-äthan	1,46... 1,55	Bzl.	10...70
$C_2H_4Cl_2$	1,1-Dichlor-äthan	2,05	Gas	37...140
$C_2H_4Cl_2$	1,2-Dichlor-äthan	1,75	Bzl.	25
$C_2H_4J_2$	1,1-Dijod-äthan	2,30	Bzl.	25
$C_2H_4J_2$	1,2-Dijod-äthan	1,3	Bzl.	25
$C_2H_4N_2O_2$	Glyoxim	1,22	Diox.	20
$C_2H_4N_4$	1-Methyl-1,2,3,4-tetra=zol	5,38	Bzl.	25
C_2H_4O	Acetaldehyd	2,68	Gas	27...182
C_2H_4O	Äthylenoxid	1,88	Gas	20...180
$C_2H_4O_2$	Essigsäure	1,68	Bzl.	30
$(C_2H_4O_2)_2$	Essigsäure	0,94	Bzl.	30
$C_2H_3DO_2$	Schwere Essigsäure	1,64	Bzl.	30
$(C_2H_3DO_2)_2$	Schwere Essigsäure	0,93	Bzl.	30
$C_2H_5AsCl_2$	Äthylarsindichlorid	2,51	Bzl.	20
C_2H_5Br	Bromäthan	2,01	Gas	15...120
C_2H_5Cl	Chloräthan	2,00	Gas	30...130
C_2H_5ClO	2-Chloräthanol-(1)	1,88	Bzl.	25
C_2H_5ClO	Chlormethyläther	1,83	CCl_4	10...40
$C_2H_5ClO_2S$	Äthansulfosäurechlorid	4,86	Bzl.	25
C_2H_5F	Fluoräthan	1,92	Gas	100...150
C_2H_5J	Jodäthan	1,90	Gas	15...150
C_2H_5NO	Acetamid	3,6	Bzl.	20
$C_2H_5NO_2$	Äthylnitrit	2,20	Bzl.	20
$C_2H_5NO_2$	Aminoessigsäure	20,8	Wasser	1...30
$C_2H_5NO_2$	Nitroäthan	3,19	Bzl.	20
$C_2H_5NO_3$	Äthylnitrat	2,91	Bzl.	20
C_2H_6	Äthan	0	Gas	$-80...25$
$C_2H_6J_2Te$	Dimethyl-tellur=dijodid	2,26	Bzl.	25
$C_2H_6N_2$	Azomethan	0	Hept.	25
$C_2H_6N_2S$	Methylthioharnstoff	4,2	Diox.	25
C_2H_6O	Äthanol	1,696	Gas	25...206
C_2H_6O	Dimethyläther	1,29	Gas	17...155
$C_2H_6O_2$	Äthandiol-(1,2)	2,26	Gas	193,5
$C_2H_6O_2S$	Dimethylsulfon	4,41	Gas	151...253
$C_2H_6O_2S_2$	Dimethylthiosulfit	1,89	Bzl.	—
$C_2H_6O_3S$	s-Dimethyl-sulfit	2,90	Bzl.	20
$C_2H_6O_4S$	Dimethylsulfat	3,27	—	—
C_2H_6S	Äthylmerkaptan	1,39	Bzl.	20
C_2H_6S	Dimethylsulfid	1,40	Bzl.	20
C_2H_7N	Äthylamin	0,99	Gas	21,5... 71,5
C_2H_7N	Dimethylamin	1,02	Gas	15...154
C_2H_7NO	Äthanolamin	2,27	Diox.	25
$C_2H_7NO_2S$	Äthansulfonamid	4,03	Bzl.	25
$C_2H_8N_2$	Äthylendiamin	1,90	Bzl.	25
C_2J_2	Dijodäthin	(0,3)	CCl_4	0
C_3Cl_6	Hexachlorpropen	0,45	CCl_4	—
C_3Cl_8	Octachlorpropan	0	CCl_4	—
C_3HCl_7	1,1,1,2,2,3,3-Heptachlor=propan	0,8	CCl_4	—

Formel	Name	Dipol-moment D	Zustand	Temperatur °C
$C_3H_2Cl_2O_2$	Malonylchlorid	2,80	Bzl.	20
$C_3H_2N_2$	Propandinitril	3,56	Bzl.	25
$C_3H_2O_2$	Propiolsäure	2,08	Diox.	25
$C_3H_3F_3$	3,3,3-Trichlorpropen-(1)	2,43	Gas	56…103
C_3H_3N	Acrylsäurenitril	3,51	Bzl.	25
C_3H_3NS	Thiazol	1,64	Bzl.	25
$C_3H_3N_2O$	1,2,4-Triazol-5-on	3,30	Diox.	25
C_3H_4	Propadien	0,35	Gas	−27…213
$C_3H_4Cl_2$	1,1-Dichlor-cyclo-propan	2,04	Bzl.	25
$C_3H_4Cl_2$	1,2-Dichlor-cyclo-propan	1,18	Bzl.	25
$C_3H_4Cl_2$	1,1-Dichlor-propen-(1)	1,69	Bzl.	25
$C_3H_4Cl_2$	1,2-Dichlor-propen-(1)	0,84	Bzl.	30
$C_3H_4Cl_2$	1,3-Dichlor-propen-(1)	1,78	—	—
$C_3H_4N_2$	Imidazol	6,2	Bzl.	25
$C_3H_4N_2$	Pyrozol	1,47	Bzl.	25
$C_3H_4N_2S$	2-Aminothiazol	1,75	Bzl.	25
C_3H_4O	Acrolein	3,04	Gas	—
$C_3H_4O_3$	Kohlensäureglykolester	4,80	Bzl.	—
C_3H_5Br	1-Brom-propen-(1)	1,57	Bzl.	25
C_3H_5Br	1-Brom-propen-(2)	1,79	Bzl.	20
C_3H_5Br	2-Brom-propen-(1)	1,51	Bzl.	25
C_3H_5BrO	Bromaceton	2,38	Hex.	20
$C_3H_5BrO_2$	Bromessigsäuremethyl=ester	2,26	Bzl.	25
$C_3H_5Br_3$	1,2,3-Tribrom-propan	1,57	Bzl.	25
C_3H_5Cl	Chlorcyclopropan	1,76	Bzl.	25
C_3H_5Cl	1·Chlor-propen-(1)	1,66	Gas	—
C_3H_5Cl	2-Chlor-propen-(1)	1,53	Bzl.	25
C_3H_5Cl	3-Chlor-propen-(1)	2,02	Gas	30…130
C_3H_5ClO	Chloraceton	2,35	Hex.	20
C_3H_5ClO	Epichlorhydrin	1,8	CCl_4	—
C_3H_5ClO	Propionsäurechlorid	2,61	Bzl.	20
C_3H_5N	Äthylcyanid (Propionitril)	3,56	Bzl.	25
C_3H_5N	Äthylisocyanid	3,47	Bzl.	25
C_3H_5NO	Äthylisocyanat	2,81	Bzl.	—
C_3H_6	Propen	0,35	Gas	−27…203
$C_3H_6Br_2$	1,3-Dibrom-propan	2,06	Bzl.	25
$C_3H_6Cl_2$	1,1-Dichlor-propan	2,06	Bzl.	25
$C_3H_6Cl_2$	1,2-Dichlor-propan	1,85	Bzl.	25
$C_3H_6Cl_2$	1,3-Dichlor-propan	2,24	Bzl.	25
$C_3H_6Cl_2$	2,2-Dichlor-propan	2,18	Bzl.	25
$C_3H_6N_2O_2$	Methylglyoxim	0,882	Diox.	20
C_3H_6O	Aceton	2,81	Gas	20…180,
		2,83	Bzl.	—
C_3H_6O	Allylalkohol	1,63	Gas	50…204
C_3H_6O	Propenoxid	1,98	Bzl.	25
C_3H_6O	Propionaldehyd	2,54	Bzl.	20
C_3H_6O	Trimethylenoxid	2,01	—	—
$C_3H_6O_2$	Äthylformiat	1,94	Bzl.	25

Formel	Name	Dipol-moment D	Zustand	Temperatur °C
$C_3H_6O_2$	Methylacetat	1,74	Bzl.	22
$C_3H_6O_2$	Propionsäure	1,68	Bzl.	30
$(C_3H_6O_2)_2$	Propionsäure	0,88	Bzl.	30
$C_3H_6O_3$	Dimethylcarbonat	1,06	Bzl.	25
$C_3H_6O_3$	Trioxan	2,18	Bzl.	—
C_3H_7Br	1-Brom-propan	2,01	Gas	—
C_3H_7Br	2-Brom-propan	2,04	Bzl.	20
		2,19	Gas	
C_3H_7Cl	1-Chlor-propan	2,04	Gas	30…185
C_3H_7Cl	2-Chlor-propan	2,15	Gas	15…120
C_3H_7ClO	Trimethylenchlorhydri n	2,19	Bzl.	25
$C_3H_7ClO_2S$	Isopropyl-chlorsulfit	2,66	Bzl.	25
$C_3H_7ClO_2S$	Propyl-chlorsulfit	2,71	Bzl.	25
C_3H_7J	1-Jod-propan	1,93	Gas	—
C_3H_7J	2-Jod-propan	1,99	Bzl.	20
C_3H_7N	Allylamin	1,20	Gas	—
$C_3H_7NO_2$	α-Alanin	15,5		—
$C_3H_7NO_2$	β-Alanin	19,5		—
$C_3H_7NO_2$	Isonitro-propan	3,73	Gas	—
$C_3H_7NO_2$	1-Nitro-propan	3,72	Gas	109…184
$C_3H_7NO_2$	Propyl-nitrit	2,28	Bzl.	20
$C_3H_7NO_3$	Propyl-nitrat	2,98	Bzl.	20
C_3H_8	Propan	0	Gas	−80… 213
$C_3H_8N_2O$	N,N-Dimethylharnstoff	5,1	Bzl.	20
C_3H_8O	Methyläthyläther	1,22	Gas	—
C_3H_8O	Propanol-(1)	1,66	Bzl.	22
C_3H_8O	Propanol-(2)	1,64	Bzl.	30
$C_3H_8O_2$	2-Methoxy-äthanol-(1)	2,04	Bzl.	25
$C_3H_8O_2$	dl-Propylenglykol-(1,2)	2,28	Diox.	50
$C_3H_8O_2$	Trimethylenglykol	2,51	Diox.	50
$C_3H_8O_3$	Glycerin	2,67	Diox.	15
C_3H_8S	Propanthiol-(1)	1,33	Bzl.	20
C_3H_9Al	Trimethylaluminium	1,6	Gas	—
C_3H_9N	Propyl-amin	1,39	Gas	—
C_3H_9N	Trimethylamin	0,62	Gas	16…154
C_3H_9NO	Trimethylaminoxid	5,02	Bzl.	45
$C_3H_{10}N_2$	Trimethylendiamin	1,94	Bzl.	25
C_4Br_4S	Tetrabromthiophen	0,73	Bzl.	30
$C_4H_2Br_2O$	2,3-Dibrom-furan	1,53	—	—
$C_4H_2Br_2O$	2,5-Dibrom-furan	1,63	—	—
$C_4H_2Cl_2N_2$	2,5-Dichlor-pyrimidin	2,27	Diox.	35
$C_4H_2Cl_2S$	2,5-Dichlor-thiophen	1,12	Bzl.	30
$C_4H_2Cl_6O_2$	2,2,3,5,5,6-Hexachlor-1,4-dioxan	0	—	—
$C_4H_2N_2$	Fumarsäuredinitril	0	Bzl.	25
$C_4H_2N_2O_5$	2,5-Dinitro-furan	3,93	—	—
C_4H_3BrO	2-Brom-furan	1,46	—	—
C_4H_3BrO	3-Brom-furan	0,91	—	—
$C_4H_3BrO_3$	α-Brom-tetronsäure	6,00	Diox.	25
C_4H_3BrS	2-Brom-thiophen	1,37	Bzl.	30
$C_4H_3ClO_3$	α-Chlor-tetronsäure	5,69	Diox.	25
C_4H_3ClS	2-Chlor-thiophen	1,60	Bzl.	30
C_4H_3JO	2-Jod-furan	1,03	—	—

Formel	Name	Dipol-moment D	Zustand	Temperatur °C
$C_4H_3JO_3$	α-Jod-tetronsäure	5,59	Diox.	25
C_4H_3JS	2-Jod-thiophen	1,14	Bzl.	30
$C_4H_3NO_2$	Fumarsäurenitril	0	Bzl.	25
$C_4H_3NO_2S$	2-Nitrothiophen	4,23	Bzl.	25
$C_4H_3NO_3$	2-Nitro-furan	4,41	—	—
$C_4H_3NO_5$	α-Nitro-tetronsäure	6,10	Diox.	25
$C_4H_4Cl_2O_2$	Bernsteinsäuredichlorid	3,00	Bzl.	—
$C_4H_4Cl_2O_4$	α, β-Dichlor-bernstein=säure	2,93	Bzl.	—
$C_4H_4N_2$	Bernsteinsäuredinitril	3,8	Bzl.	25
$C_4H_4N_2$	Pyrazin	0,66	Diox.	35
$C_4H_4N_2$	Pyridazin	3,94	Diox.	35
$C_4H_4N_2$	Pyrimidin	2,42	Diox.	35
$C_4H_4N_2O$	4-Hydroxy-pyrimidin	2,70	Diox.	35
C_4H_4O	Furan	0,67	Bzl.	20
$C_4H_4O_2$	Diketen	3,31	Bzl.	25
$C_4H_4O_2$	Dimeres Keten	3,15	Bzl.	25
$C_4H_4O_3$	Bernsteinsäureanhydrid	4,16...4,24	Diox.	—
$C_4H_4O_3$	Tetronsäure	4,72	Diox.	25
C_4H_4S	Thiophen	0,54	Bzl.	20
C_4H_4Se	Selenophen	0,41	Bzl.	20
C_4H_5Cl	4-Chlor-butadien-(1,2)	2,02	Gas	21...118
C_4H_5Cl	2-Chlor-butadien-(1,3) (Chloropren)	1,42	—	—
C_4H_5ClO	Isocrotylchlorid	1,99	Gas	85...250
$C_4H_5Cl_3O_2$	Trichloressigsäureäthyl=ester	2,55	Bzl.	25
C_4H_5N	(trans)-Croton-nitril	4,50	Gas	136...243
C_4H_5N	Cyclopropylcyanid	3,75	Bzl.	25
C_4H_5N	Methacrylsäurenitril	3,69	Gas	122...200
C_4H_5N	Pyrrol	1,83	Bzl.	20
C_4H_5NO	α-Methyl-isoxazol	3,13		—
C_4H_5NO	γ-Methyl-isoxazol	2,85		—
$C_4H_5NO_2$	Bernsteinsäureimid	1,47	Diox.	30
$C_4H_5NO_2$	Bernsteinsäurenitril	3,90	Bzl.	25
C_4H_6	Butadien-(1,3)	0	Gas	26...188
C_4H_6	Butin-(1)	0,80	Gas	25...125
$C_4H_6Br_2$	1,4-Dibrom-buten-(2)-trans	1,63	Bzl.	25
$C_4H_6Cl_2$	2,3-Dichlor-buten-(1)-cis	2,41	Bzl.	21...30
$C_4H_6Cl_2$	2,3-Dichlor-buten-(1)-trans	0	Bzl.	20...26
$C_4H_6Cl_2$	1,1-Dichlor-2-methyl-propen	1,73	Bzl.	25
$C_4H_6Cl_2O_2$	2,3-Dichlor-1,4-dioxan	1,6	—	—
$C_4H_6Cl_2O_2$	Dichloressigsäureäthyl=ester	2,61	Bzl.	25
$C_4H_6N_2$	1-Methyl-imidazol	3,63	Bzl.	20
$C_4H_6N_2$	4-Methyl-imidazol	6,3	Bzl.	
$C_4H_6N_2$	1-Methyl-pyrazol	2,28	Bzl.	25
$C_4H_6N_2$	3-Methyl-pyrazol	1,43	Bzl.	25
$C_4H_6N_2O$	Dimethylfurazan	4,008	—	—

Formel	Name	Dipol-moment D	Zustand	Temperatur °C
$C_4H_6N_2O$	3-Methyl-5-pyrazolon	2,54	Diox.	25
$C_4H_6N_2O_2$	Diazoessigsäureäthyl=ester	2,07	Bzl.	22
$C_4H_6N_2O_2$	Dimethylfurazanper=oxid	4,77	Bzl.	25
$C_4H_6N_2O_2$	Dimethylfuroxan	4,40	Bzl.	25
C_4H_5O	Äthoxyacetylen	1,98	Bzl.	25
C_4H_6O	Crotonaldehyd	3,67	Gas	134…242
C_4H_6O	2,5-Dihydrofuran	1,53	Bzl.	20
C_4H_6O	Divinyläther	1,06	Bzl.	20
C_4H_6O	3,4-Epoxy-buten-(1)	1,84	Bzl.	25
C_4H_6O	Methylacrolein	2,68	Gas.	93…140
C_4H_6O	Methylvinylketon	2,98	Bzl.	25
$C_4H_6O_2$	Butin-(2)-diol-(1,4)	2,61	Diox.	—
$C_4H_6O_2$	γ-Butyrolacton	4,12	Bzl.	25
$C_4H_6O_2$	Diacetyl	1,25	Gas	66
$C_4H_6O_2$	Essigsäurevinylester	1,75	—	—
$C_4H_6O_3$	Essigsäureanhydrid	2,8	Gas	50…270
$C_4H_6O_3$	Kohlensäurepropandiol=ester	5,21	Bzl.	—
C_4H_6S	Divinylsulfid	1,20	Gas	—
C_4H_7BrO	1-Brom-butanon-(2)	2,33	Hex.	—
$C_4H_7BrO_2$	2-Brom-methyl-1,3-dioxolan	2,28	Bzl.	25
$C_4H_7BrO_2$	α-Brom-propionsäure-methylester	2,18	Bzl.	25
C_4H_7Cl	3-Chlor-2-methyl-propen	1,85	Gas	—
C_4H_7ClO	Buttersäurechlorid	2,61	Bzl.	20
$C_4H_7ClO_2$	Chloressigsäure=äthylester	2,64	Bzl.	25
$C_4H_7ClO_3$	Glykolmonochloracetat	3,94	Bzl.	25
C_4H_7N	Buttersäurenitril	3,46	Bzl.	20
C_4H_7N	Isobuttersäurenitril	3,61	Bzl.	25
C_4H_7N	Pyrrolin	1,42	Bzl.	20
C_4H_7NO	Acetoncyanhydrin	3,17	Bzl.	25
C_4H_7NO	Pyrrolidon-(2)	2,3	Bzl.	20
C_4H_8	Buten-(1)	0,30	Gas	20…95
C_4H_8	Buten-(2)-trans	0	Gas	20…95
C_4H_8	2-Methyl-propen-(2)	0,49	Gas	20…95
$C_4H_8Br_2$	1,4-Dibrom-butan	2,07	Bzl.	25
$C_4H_8Cl_2O$	α, β-Dichlor-äthyläther	1,76	Hex.	20
$C_4H_8Cl_2O$	β, β'-Dichlor-äthyläther	2,58	Bzl.	25
$C_4H_8Cl_2S$	β,β'-Dichlor-diäthyl-sulfid	1,76	Hex.	20
$C_4H_8J_2O$	β,β'-Dijod-diäthyläther	2,23	Bzl.	25
$C_4H_8N_2$	Acetaldazin	1,10	Hept.	25
$C_4H_8N_2O_2$	Dimethylglyoxim	1,38	Diox.	20
C_4H_8O	Butyraldehyd	2,57	Bzl.	20
C_4H_8O	Isobutyraldehyd	2,58	Bzl.	20
C_4H_8O	Methyläthylketon	2,75	Bzl.	22
C_4H_8O	Tetrahydrofuran	1,71	Bzl.	25 u. 50
C_4H_8OS	1,4-Thioxan	0,47	—	—
C_4H_8OSe	1,4-Selenoxan	0,30	—	—
$C_4H_8O_2$	Äthylacetat	1,82	Bzl.	22

Formel	Name	Dipol-moment D	Zustand	Temperatur °C
$C_4H_8O_2$	2-Buten-diol-(1,4)-cis	2,48	Diox.	—
$C_4H_8O_2$	2-Buten-diol-(1,4)-trans	2,45	Diox.	—
$C_4H_8O_2$	Buttersäure	1,65	Bzl.	30
$(C_4H_8O_2)_2$	Buttersäure	0,93	Bzl.	30
$C_4H_8O_2$	1,4-Dioxan	0,45	Bzl.	25
$C_4H_8O_2$	Isobuttersäure	1,175… 1,79	Bzl. Hex. oder Diox.	0 = …40
$C_4H_8O_2$	2-Methyl-1,3-dioxolan	1,21	Bzl.	25
$C_4H_8O_2$	Methylpropionat	1,69	Bzl.	22
$C_4H_8O_2$	Propylformiat	1,89	Bzl.	22
$C_4H_8O_3$	Glykolmonoacetat	2,33	Bzl.	30
C_4H_8S	Tetrahydrothiophen	1,87	Bzl.	20
C_4H_8Se	Tetrahydroselenophen	1,79	Bzl.	20
C_4H_9Br	1-Brom-butan	2,15	Gas	15…120
C_4H_9Br	2-Brom-butan	2,20	Gas	15…120
C_4H_9Br	1-Brom-2-methyl-propan	1,97	Bzl.	20
C_4H_9Br	2-Brom-2-methyl-propan	2,21	Bzl.	10…50
C_4H_9Cl	1-Chlor-butan	2,04	Gas	40…207
C_4H_9Cl	2-Chlor-2-methyl-propan	2,13	Gas	—
C_4H_9ClO	α-Chlor-diäthyläther	1,81	Hex.	20
C_4H_9ClO	β-Chlor-diäthyläther	2,18	Hex.	20
$C_4H_9ClO_2S$	Butyl-chlorsulfit	2,7	Bzl.	25
$C_4H_9ClO_2S$	Isobutylchlorsulfit	2,83	Bzl.	25
C_4H_9J	1-Jod-butan	1,93	Gas	—
C_4H_9J	1-Jod-2-methyl-propan	1,87	Bzl.	20
C_4H_9J	2-Jod-2-methyl-propan	2,13	Bzl.	20
C_4H_9N	Pyrrolidin	1,57	Bzl.	20
C_4H_9NO	N,N-Dimethylacetamid	3,79	Bzl.	30
C_4H_9NO	Monoäthylacetamid	3,87	Diox.	30
C_4H_9NO	Morpholin	1,58	Bzl.	25
$C_4H_9NO_2$	Aminoessigsäure-äthylester	2,11	Bzl.	5…75
$C_4H_9NO_2$	2-Methyl-2-nitro-propan	3,71	Gas	—
$C_4H_9NO_2$	Nitrobutan	3,29	Bzl.	20
$C_4H_9NO_3$	Butylnitrat	2,96	Bzl.	20
C_4H_{10}	Butan	0	Gas	20…95
C_4H_{10}	2-Methyl-propan	0	Gas	20…95
$C_4H_{10}N_2O$	Propylharnstoff	4,1	Diox.	20
$C_4H_{10}O$	Butanol-(1)	1,66	Bzl.	22
$C_4H_{10}O$	Tert. Butanol	1,66	Bzl.	22
$C_4H_{10}O$	Diäthyläther	1,15	Bzl.	7…44
$C_4H_{10}O$	Isobutanol	1,70	Bzl.	20
$C_4H_{10}O_2$	Butan-diol-(1,4)	2,4	Diox.	15
$C_4H_{10}O_2S$	Diäthylsulfon	4,41	Bzl.	25
$C_4H_{10}O_2S$	Diäthylsulfoxylat	1,90	Bzl.	—
$C_4H_{10}O_2S_2$	Diäthylthiosulfit	2,01	Bzl.	—
$C_4H_{10}O_3$	2,2'-Dihydroxy-äthyl-äther	2,31	Bzl.	20
$C_4H_{10}O_3S$	Diäthylsulfit	2,96	Bzl.	24
$C_4H_{10}S$	Butylmerkaptan	1,48	Bzl.	25
$C_4H_{10}S$	Diäthylthioäther	1,58	Bzl.	25 u. 50

Formel	Name	Dipol-moment D	Zustand	Temperatur °C
$C_4H_{11}BO_2$	Butylborsäure	1,72	Bzl.	—
$C_4H_{11}N$	Butylamin	1,40	Bzl.	25
$C_4H_{11}N$	tert.-Butyl-amin	1,29	Bzl.	25
$C_4H_{11}N$	Diäthylamin	1,13	Bzl.	25
$C_4H_{11}N$	Methyl-propylamin	1,28	Bzl.	25
$C_4H_{11}NO_2$	Diäthanolamin	2,81	Diox.	25
$C_4H_{12}N_2$	Tetramethylendiamin	1,93	Bzl.	25
$C_4H_{12}O_4Si$	Kieselsäuretetramethyl-ester	1,61	Bzl.	20
$C_4H_{12}Si$	Tetramethylsilan	0	flüssig	25
$C_5H_2Br_3N$	2,4,6-Tribrom-pyridin	2,05	Bzl.	17...67
$C_5H_3BrO_3$	4-Brom-brenzschleim-säure	1,03	—	—
$C_5H_3BrO_3$	5-Brom-brenzschleim-säure	2,19	—	—
$C_5H_3Br_2N$	2,6-Dibrom-pyridin	3,43	Bzl.	17...67
$C_5H_3Br_2N$	3,5-Dibrom-pyridin	0,98	Bzl.	17...67
C_5H_3ClJN	Pyridinjodchlorid	8,20	Bzl.	25
$C_5H_3NO_5$	5-Nitro-brenzschleim-säure	4,09	—	—
C_5H_4BrN	2-Brom-pyridin	2,98	Bzl.	20...67
C_5H_4BrN	3-Brom-pyridin	1,93	Bzl.	17...67
C_5H_4ClN	4-Chlor-pyridin	0,84	Bzl.	25
C_5H_4OS	Thiophen-aldehyd-(2)	3,55	Bzl.	30
$C_5H_4O_2$	Furfurol	3,57	Bzl.	—
$C_5H_4O_3$	Brenzschleimsäure	1,38	—	—
$C_5H_5BrO_3$	Methyl-α-brom-tetronat	6,19	Diox.	—
$C_5H_5JO_3$	Methyl-α-jod-tetronat	5,59	Diox.	—
C_5H_5N	4-Cyano-butadien-1,3	3,90	Gas	153...190
C_5H_5N	Pyridin	2,26	Bzl.	20
C_5H_6	Cyclopentadien-(1,3)	0,53	Gas	—
$C_5H_6N_2$	2-Amino-pyridin	2,17	Bzl.	17...67
$C_5H_6N_2$	3-Amino-pyridin	3,19	Bzl.	17...67
$C_5H_6N_2$	4-Amino-pyridin	3,79	Bzl.	17
$C_5H_6N_2$	Glutardinitril	3,91	Bzl.	25
C_5H_6O	Silvan	0,74	—	—
$C_5H_6O_2$	Furfurylalkohol	1,92	—	—
C_5H_6S	2-Methyl-thiophen	0,67	Bzl.	—
C_5H_6S	3-Methyl-thiophen	0,82	Bzl.	30
C_5H_7N	2-Methyl-cyclopropan-carbonitril	3,78	Bzl.	25
C_5H_7N	N-Methyl-pyrrol	1,94	—	—
C_5H_7NO	α,γ-Dimethyl-isoxazol	3,18	Bzl.	—
C_5H_8	Cyclopenten	0,97	Hex.	25
C_5H_8	2-Methyl-butadien-(1,3)	$\sim$0	Hept.	25
C_5H_8	Pentin-(1)	0,85	Gas	25...125
$C_5H_8Br_4$	Tetrabrompenta-erythrit	0	Gas	
$C_5H_8Cl_4$	Tetrachlorpenta-erythrit	0	Bzl.	
$C_5H_8J_4$	Tetrajodpentaerythrit	1,92	CCl_4	
$C_5H_8N_2O$	Methyläthylfurazan	4,061	—	—
$C_5H_8N_2O_2$	Methyläthylfurazanper-oxid	4,75	Bzl.	25

Formel	Name	Dipol-moment D	Zustand	Temperatur °C
$C_5H_8N_4O_{12}$	Pentaerythrittetra-nitrat	2,0	Bzl.	—
C_5H_8O	Cyclopentanon	3,00	Bzl.	22
C_5H_8O	Methyl-cyclopropyl-keton	2,84	Bzl.	25
C_5H_8O	Tiglinaldehyd	3,39	Bzl.	25
$C_5H_8O_2$	Acetylaceton	2,85	Bzl.	22
$C_5H_8O_3$	Butandiol-(1,3)-kohlensäureester	5,28	Bzl.	—
$C_5H_8S_2$	2,6-Dithio-4-spiroheptan	1,12	—	—
C_5H_9Br	Bromcyclopentan	2,20	Bzl.	25
$C_5H_9BrO_2$	α-Bromisobuttersäure-methylester	2,32	Bzl.	25
$C_5H_9BrO_2$	2-Bromomethyl-1,3-dioxan	2,89	Bzl.	25
C_5H_9Cl	Chlorcyclopentan	2,08	Bzl.	25
C_5H_9ClO	Isovaleriansäure-chlorid	2,63	Bzl.	20
C_5H_9ClO	Valeriansäurechlorid	2,61	Bzl.	20
$C_5H_9ClO_2$	α-Chlorpropionsäure-äthylester	2,44	Bzl.	25
C_5H_9F	Fluorcyclopentan	1,86	Bzl.	25
C_5H_9J	Jodcyclopentan	2,06	Bzl.	25
C_5H_9N	tert. Butyl-cyanid	3,65	Bzl.	25
C_5H_9N	Valero-nitril	3,57	Bzl.	20
C_5H_9NO	γ-Amino-valeriansäure-anhydrid	2,62	Bzl.	25
C_5H_{10}	Äthylcyclopropan	0,47	Gas	—
C_5H_{10}	Cyclopentan	0	flüssig	20
C_5H_{10}	2-Methyl-buten-(1)	0,54	flüssig	20
C_5H_{10}	2-Methyl-buten-(2)	0,47	flüssig	—
C_5H_{10}	Penten-(1)	0,51	Gas	—
$C_5H_{10}Br_2$	1,2-Dibrom-pentan	1,75	Bzl.	25
$C_5H_{10}Br_2$	1,5-Dibrom-pentan	2,28	Bzl.	25
$C_5H_{10}Br_2$	2,3-Dibrom-pentan	2,12	Bzl.	25
$C_5H_{10}N_2O_2$	Methyläthylglyoxim	1,106	Diox.	20
$C_5H_{10}O$	Diäthylketon	2,70	Bzl.	20…60
$C_5H_{10}O$	Isovaleraldehyd	2,60	Bzl.	20
$C_5H_{10}O$	Methylpropyl-keton	2,70	Bzl.	22
$C_5H_{10}O$	Pentamethylenoxid	1,87	—	—
$C_5H_{10}O$	Valeraldehyd	2,57	Bzl.	20
$C_5H_{10}O_2$	Ameisensäureisobutyl-ester	1,93	Bzl.	22
$C_5H_{10}O_2$	Buttersäuremethylester	1,71	Bzl.	22
$C_5H_{10}O_2$	2,2-Dimethyl-1,3-dioxolan	1,12	Bzl.	25
$C_5H_{10}O_2$	2,4-Dimethyl-1,3-dioxo-lan	1,32	Bzl.	25
$C_5H_{10}O_2$	Essigsäureisopropyl-ester	1,85	Bzl.	22
$C_5H_{10}O_2$	Essigsäurepropylester	1,84	Bzl.	22
$C_5H_{10}O_2$	Isovaleriansäure	0,63	Bzl.	25
$C_5H_{10}O_2$	2-Methyl-1,3-dioxan	1,89	Bzl.	25
$C_5H_{10}O_2$	Propionsäureäthylester	1,74	Bzl.	22

Formel	Name	Dipol-moment D	Zustand	Temperatur °C
$C_5H_{10}O_2$	Trimethylessigsäure	1,70	Bzl.	30
$(C_5H_{10}O_2)_2$	Trimethylessigsäure	0,92	Bzl.	30
$C_5H_{10}O_3$	Diäthylcarbonat	1,06	Bzl.	25
		1,06	Gas	80…204
$C_5H_{10}O_3$	2-Methoxy-äthanol-acetat	2,13	Bzl.	30
$C_5H_{10}S$	3,3-Dimethyl-1-thio⸗cyclo-butan	1,76	—	—
$C_5H_{11}Br$	2-Brom-2-methyl-butan	2,25	Bzl.	20
$C_5H_{11}Br$	4-Brom-2-methyl-butan	1,93	Bzl.	20
$C_5H_{11}Br$	1-Brom-pentan	1,95	Bzl.	20
$C_5H_{11}Cl$	2-Chlor-2-methyl-butan	2,14	Bzl.	20
$C_5H_{11}Cl$	4-Chlor-2-methyl-butan	1,92	Bzl.	20
$C_5H_{11}Cl$	1-Chlor-pentan	2,12	Gas	15…120
$C_5H_{11}F$	2-Fluor-2-methyl-butan	1,92	Bzl.	25
$C_5H_{11}F$	1-Fluor-pentan	1,85	Bzl.	25
$C_5H_{11}J$	2-Jod-2-methyl-butan	2,18	Bzl.	20
$C_5H_{11}J$	4-Jod-2-methyl-butan	1,83	Bzl.	20
$C_5H_{11}J$	1-Jod-pentan	1,88	Bzl.	20
$C_5H_{11}J$	2-Jod-pentan	2,09	CCl_4	—
$C_5H_{11}J$	3-Jod-pentan	2,09	CCl_4	—
$C_5H_{11}N$	Piperidin	1,17	Bzl.	10…40
$C_5H_{11}N$	Propylidenäthylamin	1,51	Bzl.	10…40
$C_5H_{11}NO$	Valeriansäureamid	3,7	Bzl.	—
$C_5H_{11}NO_2$	α-Amino-propionsäure⸗äthylester	2,09	Bzl.	25
$C_5H_{11}NO_2$	β-Amino-propionsäure⸗äthylester	2,14	Bzl.	5…75
$C_5H_{11}NO_2$	Amylnitrit	2,27	Bzl.	25
C_5H_{12}	Pentan	0	Gas	—
$C_5H_{12}N_2O$	Tetramethylharnstoff	3,3	Bzl.	20
$C_5H_{12}O$	2-Methyl-butanol-(2)	1,66	Bzl.	18
$C_5H_{12}O$	3-Methyl-butanol-(1)	1,64	Bzl.	30
$C_5H_{12}O$	Pentanol-(1)	1,65	Bzl.	30
$C_5H_{12}O$	Pentanol-(2)	1,66	Bzl.	—
$C_5H_{12}O$	Pentanol-(3)	1,64	Bzl.	—
$C_5H_{12}O_2$	Diäthoxymethan	1,22	Gas	56
$C_5H_{12}O_3$	asym. Trimethylol-äthan	2,76	Diox.	15
$C_5H_{12}O_4$	Orthokohlensäure⸗tetramethylester	0,8	Bzl.	—
$C_5H_{12}O_4$	Pentaerythrit	∼2	Gas	—
$C_5H_{12}S$	Pentanthiol-(1)	1,50	Bzl.	25
$C_5H_{12}S_4$	Tetramethyl-orthothio⸗carbonat	0,50	flüssig	70
$C_5H_{14}N_2$	Pentamethylendiamin	1,91	Bzl.	25
$C_6Cl_4O_2$	Chloranil	0,6	Bzl.	—
C_6Cl_6	Hexachlorbenzol	0,0	Bzl.	50
C_6HCl_5	Pentachlorbenzol	0,88	Bzl.	25
$C_6H_2Br_2O_2$	2,5-Dibrom-1,4-benzo⸗chinon	0,70	Bzl.	25
$C_6H_2Br_4$	1,2,3,5-Tetrabrom-benzol	0,70	Bzl.	—
$C_6H_2Cl_2O_2$	2,5-Dichlor-chinon	0,64	Bzl.	25

Formel	Name	Dipol-moment D	Zustand	Temperatur °C
$C_6H_2Cl_4$	1,2,3,4-Tetrachlor-benzol	1,90	Bzl.	25
$C_6H_2Cl_4$	1,2,3,5-Tetrachlor-benzol	0,65	Bzl.	—
$C_6H_2N_4O_6$	1,3-Dinitro-o-benzo=chinondioxim-peroxid	2,98	Diox.	25
$C_6H_2N_4O_6$	2,3-Dinitro-o-benzo=chinondioxim-perioxid	2,74	Diox.	25
$C_6H_2N_4O_6$	2,3-Dinitro-o-benzo=chinonfuroxan	2,74	Diox.	25
$C_6H_3BrN_2O_4$	1,3-Dinitro-4-brom=benzol	3,1	Bzl.	
$C_6H_3BrN_2O_4$	1,3-Dinitro-5-brom=benzol	2,4	Bzl.	
$C_6H_3Br_3$	1,3,5-Tribrom-benzol	0,31	Bzl.	20
$C_6H_3Br_3O$	2,4,6-Tribrom-phenol	1,56	Bzl.	—
$C_6H_3Cl_2NO_2$	2,3-Dichlor-nitrobenzol	3,86	Bzl.	25
$C_6H_3Cl_2NO_2$	2,4-Dichlor-nitrobenzol	2,66	Bzl.	25
$C_6H_3Cl_2NO_2$	2,5-Dichlor-nitrobenzol	3,45	Bzl.	25
$C_6H_3Cl_2NO_2$	2,6-Dichlor-nitrobenzol	4,18	Bzl.	25
$C_6H_3Cl_2NO_2$	3,4-Dichlor-nitrobenzol	2,17	Bzl.	25
$C_6H_3Cl_2NO_2$	3,5-Dichlor-nitrobenzol	2,66	Bzl.	25
$C_6H_3Cl_3$	1,2,3-Trichlor-benzol	2,31	—	20
$C_6H_3Cl_3$	1,2,4-Trichlor-benzol	1,25	Bzl.	—
$C_6H_3Cl_3$	1,3,5-Trichlor-benzol	0	Bzl.	20
$C_6H_3Cl_3O$	2,4,6-Trichlor-phenol	1,62	Bzl.	—
$C_6H_3JO_4N_2$	1,3-Dinitro-4-jod-benzol	3,4	Bzl.	
$C_6H_3J_3$	1,3,5-Trijod-benzol	0,27	Bzl.	20
$C_6H_3N_3O_3$	1-Nitro-o-benzochinon=furazan	5,76	Diox.	25
$C_6H_3N_3O_4$	1-Nitro-o-chinon-dioxim-peroxid	5,47	Diox.	25
$C_6H_3N_3O_4$	3-Nitro-o-chinon-dioxim-peroxid	2,50	Diox.	25
$C_6H_3N_3O_6$	1,3,5-Trinitro-benzol	$<0,5$	Bzl.	25
$C_6H_3N_3O_7$	Pikrinsäure	1,75	Bzl.	—
C_6H_4BrCl	1-Chlor-2-brom-benzol	2,21	Bzl.	—
C_6H_4BrCl	1-Chlor-3-brom-benzol	1,51	Bzl.	—
C_6H_4BrCl	1-Chlor-4-brom-benzol	0,04	Bzl.	—
$C_6H_4BrClO_2S$	p-Brombenzol-sulfo=chlorid	3,23	Bzl.	20
C_6H_4BrF	1-Brom-2-fluor-benzol	2,27	Bzl.	22,3
C_6H_4BrF	1-Fluor-4-brom-benzol	0,00	Bzl.	25
C_6H_4BrJ	1 Brom-2-jod-benzol	1,73	Bzl.	20
C_6H_4BrJ	1 Brom-3-jod-benzol	1,14	Bzl.	20
C_6H_4BrJ	1 Brom-4-jod-benzol	0,49	Bzl.	20
C_6H_4BrNO	p-Nitrosobrombenzol	1,92	—	—
$C_6H_4BrN_3$	p-Brom-phenylazid	0,64	Bzl.	23,3
$C_6H_4Br_2$	1,2-Dibrom-benzol	1,87	Bzl.	20
$C_6H_4Br_2$	1,3-Dibrom-benzol	1,55	Bzl.	20
$C_6H_4Br_2$	1,4-Dibrom-benzol	0	Bzl.	20
$C_6H_4Br_3N$	2,4,6-Tribromanilin	1,80	Bzl.	—
C_6H_4ClF	1-Fluor-2-chlor-benzol	2,33	Bzl.	18,2
C_6H_4ClJ	1-Chlor-2-jod-benzol	1,93	Bzl.	19,4

Formel	Name	Dipol-moment D	Zustand	Temperatur °C
C_6H_4ClJ	1-Chlor-3-jod-benzol	1,39	Bzl.	25
C_6H_4ClJ	1-Chlor-4-jod-benzol	0,46	Bzl.	25
$C_6H_4ClJO_2S$	p-Jodbenzol-sulfochlorid	3,53	Bzl.	25
$C_6H_4ClNO_2$	2-Chlor-1-nitro-benzol	4,33	Bzl.	20
$C_6H_4ClNO_2$	3-Chlor-1-nitro-benzol	3,4	Bzl.	20
$C_6H_4ClNO_2$	4-Chlor-1-nitro-benzol	2,57	Bzl.	20
$C_6H_4Cl_2$	1,2-Dichlor-benzol	2,16	Gas	147...175
$C_6H_4Cl_2$	1,3-Dichlor-benzol	1,67	Gas	140...185
$C_6H_4Cl_2$	1,4-Dichlor-benzol	0	Gas	161
$C_6H_4Cl_2O$	2,4-Dichlor-phenol	1,59	Bzl.	25
$C_6H_4Cl_2O_2$	Phthalylchlorid (Fp 13° C)	5,15	Bzl.	20
$C_6H_4Cl_2O_2S$	p-Chlorbenzol-sulfo= chlorid	3,20	Bzl.	25
$C_6H_4Cl_3N$	2,4,6-Trichlor-anilin	1,94	Bzl.	—
C_6H_4FJ	1-Fluor-2-jod-benzol	2,00	Bzl.	22,3
C_6H_4FJ	1-Fluor-4-jod-benzol	0,9	Gas	200
$C_6H_4FNO_2$	4-Fluor-1-nitro-benzol	2,63	Bzl.	21
$C_6H_4F_2$	1,2-Difluor-benzol	2,38	Bzl.	22
$C_6H_4F_2$	1,3-Difluor-benzol	1,58	Gas	79...150
C_6H_4JNO	2-Jod-1-nitro-benzol	3,66	Bzl.	25
C_6H_4JNO	3-Jod-1-nitro-benzol	3,22	Bzl.	25
C_6H_4JNO	4-Jod-1-nitro-benzol	2,63	Bzl.	25
$C_6H_4J_2$	1,2-Dijod-benzol	1,63	Bzl.	—
$C_6H_4J_2$	1,3-Dijod-benzol	1,01	Bzl.	—
$C_6H_4J_2$	1,4-Dijod-benzol	0,19	Bzl.	20
$C_6H_4N_2$	Isonicotinsäurenitril	1,61	Bzl.	25
$C_6H_4N_2O$	Furazan des o-Chinon-dioxims	4,37	Diox.	25
$C_6H_4N_2O_2$	o-Chinon-dioxim-peroxid	5,29	Diox.	25
$C_6H_4N_2O_3$	4-Nitro-1-nitroso-benzol	0,84	Bzl.	—
$C_6H_4N_2O_4$	1,2-Dinitro-benzol	5,98	Bzl.	20
$C_6H_4N_2O_4$	1,3-Dinitro-benzol	3,78	Bzl.	20
$C_6H_4N_2O_4$	1,4-Dinitro-benzol	0,58	Bzl.	20
$C_6H_4N_4O_2$	p-Nitro-phenyl-azid	2,96	Bzl.	18
$C_6H_4N_4O_6$	2,4,6-Trinitro-anilin	3,25	Diox.	—
$C_6H_4O_2$	p-Benzochinon	0	Gas	119...246
		0,65	Bzl.	25
$C_6H_4S_2$	Thiophthen	0	Hept.	—
$C_6H_4Se_2$	Isoselenophthen	ca. 0	Bzl.	25
$C_6H_4Se_2$	Selenophthen trans	1,07	Bzl.	25
C_6H_5Br	Brombenzol	1,53	Bzl.	20
C_6H_5BrO	2-Brom-phenol	1,36	Bzl.	25
C_6H_5BrO	4-Brom-phenol	2,12	Bzl.	—
C_6H_5Cl	Chlorbenzol	1,58	Bzl.	30
		1,76	Gas	90...151
C_6H_5ClO	2-Chlor-phenol	1,3	Bzl.	25
C_6H_5ClO	3-Chlor-phenol	2,15	Bzl.	25
C_6H_5ClO	4-Chlor-phenol	2,17	Bzl.	25
$C_6H_5ClO_2S$	Benzolsulfochlorid	4,47	Bzl.	20
$C_6H_5ClO_2S$	p-Chlorbenzol-sulfin= säure	2,18	Bzl.	25

Formel	Name	Dipol-moment D	Zustand	Temperatur °C
$C_6H_5Cl_2J$	Phenyljodiddichlorid	2,61	Bzl.	25
$C_6H_5Cl_2N$	2,5-Dichlor-anilin	1,68	Bzl.	—
C_6H_5F	Fluorbenzol	1,47	Bzl.	25
C_6H_5FO	2-Fluor-phenol	1,84	Diox.	25
C_6H_5FO	4-Fluor-phenol	2,08	Bzl.	25
C_6H_5J	Jodbenzol	1,35	Bzl.	20
C_6H_5NO	Nitrosobenzol	3,14	Bzl.	25
C_6H_5NOS	Thionylanilin	2,6	Bzl.	20
$C_6H_5NO_2$	Isonicotinsäure	2,7	Diox.	25
$C_6H_5NO_2$	Nitrobenzol	4,01	Bzl.	25
$C_6H_5NO_2$	4-Nitroso-phenol	4,72	Diox.	20
$C_6H_5NO_3$	1-Furyl-2-nitro-äthylen	5,07	—	—
$C_6H_5NO_3$	2-Nitro-phenol	3,10	Bzl.	25
$C_6H_5NO_3$	3-Nitro-phenol	3,90	Bzl.	25
$C_6H_5NO_3$	4-Nitro-phenol	5,05	Bzl.	25
$C_6H_5N_3$	1,2,3-Benztriazol	4,07	Diox.	25
$C_6H_5N_3$	Phenylazid	1,55	Bzl.	25
$C_6H_5N_3O_4$	2,3-Dinitro-anilin	7,30	Diox.	25
$C_6H_5N_3O_4$	2,4-Dinitro-anilin	6,48	Diox.	25
$C_6H_5N_3O_4$	2,5-Dinitro-anilin	2,67	Diox.	25
$C_6H_5N_3O_4$	2,6-Dinitro-anilin	1,88	Bzl.	25
$C_6H_5N_3O_4$	3,4-Dinitro-anilin	8,90	Diox.	25
$C_6H_5N_3O_4$	3,5-Dinitro-anilin	5,91	Diox.	25
C_6H_6	Benzol	0	Gas	53…207
C_6H_6BrN	2-Brom-anilin	1,77	Bzl.	20
C_6H_6BrN	3-Brom-anilin	2,65	Bzl.	20
C_6H_6BrN	4-Brom-anilin	2,99	Bzl.	20
C_6H_6ClN	2-Chlor-anilin	1,84	Bzl.	25
C_6H_6ClN	3-Chlor-anilin	2,91	Bzl.	25
C_6H_6ClN	4-Chlor-anilin	3,00	Bzl.	25
$C_6H_6Cl_6$	α-Hexachlorcyclohexan	2,12	Bzl.	20
$C_6H_6Cl_6$	β-Hexachlorcyclohexan	2,15	Bzl.	25
$C_6H_6Cl_6$	γ-Hexachlorcyclohexan	2,84	Bzl.	20
$C_6H_6Cl_6$	δ-Hexachlorcyclohexan	2,58	Diox.	—
C_6H_6FN	4-Fluor-anilin	2,75	Bzl.	24
C_6H_6JN	4-Jod-anilin	2,82	Bzl.	25
$C_6H_6N_2O$	Isonicotinsäureamid	3,88	Diox.	25
$C_6H_6N_2O_2$	o-Chinon-dioxim	3,84	Diox.	25
$C_6H_6N_2O_2$	p-Chinon-dioxim	2,37	Diox.	25
$C_6H_6N_2O_2$	2-Nitroanilin	4,25	Bzl.	20
$C_6H_6N_2O_2$	3-Nitroanilin	4,94	Bzl.	40
$C_6H_6N_2O_2$	4-Nitroanilin	6,4	Bzl.	70
$C_6H_6N_4O_4$	2,4-Dinitro-phenyl-hydrazin	5,8	Bzl.	17
C_6H_6O	Phenol	1,52	Bzl.	20
C_6H_6OS	2-Acetyl-thiophen	3,37	Bzl.	30
$C_6H_6O_2$	Brenzcatechin	2,62	Bzl.	27
$C_6H_6O_2$	Hydrochinon	1,4	Bzl.	44
$C_6H_6O_2$	Resorcin	2,07	Bzl.	44
$C_6H_6O_2S$	Phenyl-sulfinsäure	2,97	Bzl.	25
$C_6H_6O_3S$	Benzolsulfonsäure	3,77	Bzl.	—
C_6H_6S	Thiophenol	1,33	Bzl.	20
$C_6H_7BO_2$	Bor-dihydroxy-phenyl	1,85	Bzl.	—

Formel	Name	Dipol-moment D	Zustand	Temperatur °C
$C_6H_7BrN_2$	p-Brom-phenylhydrazin	2,89	Bzl.	16
C_6H_7N	Anilin	1,51	Bzl.	25
C_6H_7N	α-Picolin	1,96	Bzl.	25
C_6H_7N	β-Picolin	2,30	Bzl.	10…40
C_6H_7N	γ-Picolin	2,57	Bzl.	25
C_6H_7NO	3-Amino-phenol	1,83	Bzl.	25
C_6H_7NO	4-Methoxy-pyridin	2,94	Bzl.	25
$C_6H_7N_3O_2$	1,3-Diamino-4-nitro-benzol	7,11	Diox.	25
$C_6H_7N_3O_2$	1,3-Diamino-5-nitro-benzol	5,86	Diox.	25
$C_6H_7N_3O_2$	4-Nitro-phenylhydrazin	7,2	Bzl.	16
C_6H_8	Cyclohexadien-(1,4)	1,2	—	—
C_6H_8	Hexatrien-(1,3,5)	0	Hept.	—
$C_6H_8Br_4$	1,2,4,5-Tetrabrom-cyclohexan	2,22	Bzl.	—
$C_6H_8Cl_2O_4$	d,l-1,2-Dichlorbern=steinsäure-dimethyl-ester(rac)	2,93	Bzl.	18
$C_6H_8Cl_2O_4$	meso-1,2-Dichlorbern=steinsäure-dimethylester	2,47	Bzl.	18
$C_6H_8N_2$	2,5-Dimethyl-pyrazin	0	Bzl.	20…50
$C_6H_8N_2$	2,6-Dimethyl-pyrazin	0,53	Bzl.	20…50
$C_6H_8N_2$	o-Phenylendiamin	1,45	Bzl.	25
$C_6H_8N_2$	m-Phenylendiamin	1,8	Bzl.	25
$C_6H_8N_2$	p-Phenylendiamin	1,5	Bzl.	25
$C_6H_8N_2$	Phenylhydrazin	1,65… 1,73	Bzl.	18…19
$C_6H_8N_2$	Tetramethylendicyanid	3,93	Bzl.	25
$C_6H_8O_2$	Cyclohexandion-1,4	1,29	Bzl.	25
$C_6H_8O_6$	l-Ascorbinsäure	3,93	Diox.	25
C_6H_9Br	1-Brom-hexin-(1)	1,06	Bzl.	25
C_6H_9Cl	1-Chlor-hexin-(1)	1,23	Bzl.	25
C_6H_9J	1-Jod-hexin-(1)	0,75	Bzl.	25
C_6H_9N	Cyclopentylcyanid	3,71	Bzl.	25
C_6H_9NO	α,β,γ-Trimethyl-isoxazol	3,42	Bzl.	—
$C_6H_9S_3$	Trithioacetaldehyd, α-Form,	2,14	—	—
	β-Form	2,14	—	—
C_6H_{10}	2-Äthyl-butadien-(1,3)	0,45	Gas	—
C_6H_{10}	Cyclohexen	<0,61	Gas	35…203
C_6H_{10}	2,3-Dimethyl-butadien-(1,3)	,0 0	Hex.	−75…50
C_6H_{10}	Hexadien-(2,4)	0,36	Bzl.	25
C_6H_{10}	Hexin-(1)	0,87	Gas	25…125
C_6H_{10}	2-Methyl-pentadien-(1,3)	0,63	Gas	—
C_6H_{10}	3-Methyl-pentadien-(1,3)	0,65	Gas	—
C_6H_{10}	2-Methyl-pentadien-(2,4)	0,52	Hex.	−75…50
$C_6H_{10}Br_2$	1,4-Dibrom-cyclohexan, trans	0	Bzl.	18

Formel	Name	Dipol-moment D	Zustand	Temperatur °C
$C_6H_{10}Br_2$	1,4-Dibrom-2,3-di= methyl-buten-(2)-cis	2,49	Bzl.	25
$C_6H_{10}Br_2$	1,4-Dibrom-2,3-di= methyl-buten-(2)-trans	1,72	Bzl.	25
$C_6H_{10}Cl_2$	1,4-Dichlor-cyclohexan- trans	0	Bzl.	18
$C_6H_{10}O$	Butoxyacetylen	2,03	flüssig	25
$C_6H_{10}O$	Cyclohexanon	2,8	Bzl.	25
$C_6H_{10}O$	Mesityloxid	2,80	Bzl.	25
$C_6H_{10}O_2S$	Thioacetessigsäure= äthylester	2,38	Bzl.	25
$C_6H_{10}O_3$	Acetessigsäureäthylester	2,93	Gas	121…158
$C_6H_{10}O_4$	Adipinsäure	4,04	Diox.	—
$C_6H_{10}O_4$	Naphthodioxan, cis	1,90	Bzl.	20
$C_6H_{10}O_4$	Naphthodioxan, trans	0,79	Bzl.	20
$C_6H_{10}O_4$	Oxalsäurediäthylester	2,49	Bzl.	25
$C_6H_{10}O_6$	dl-Weinsäure-dimethyl= ester, rac.	2,9	Bzl.	25
$C_6H_{11}Br$	Bromcyclohexan	2,3	Bzl.	25
		2,11	Bzl.	—
$C_6H_{11}BrO_2$	2-Acetoxy-3-brom- butan, dl-threo	2,26	flüssig	25
$C_6H_{11}BrO_2$	2-Acetoxy-3-brom- butan, dl-erythro	2,23	flüssig	25
$C_6H_{11}Cl$	Chlorcyclohexan	2,3	Bzl.	25
$C_6H_{11}J$	Jodcyclohexan	1,98	Bzl.	—
$C_6H_{11}N$	Isoamylcyanid	3,51	Bzl.	25
C_6H_{12}	Äthylcyclobutan	0,05	flüssig	20
C_6H_{12}	Cyclohexan	0	Bzl.	25
C_6H_{12}	Methylcyclopentan	0,0	flüssig	—
C_6H_{12}	Propylcyclopropan	0,75	Bzl.	20
$C_6H_{12}Br_2$	1,6-Dibrom-hexan	2,33	Bzl.	25
$C_6H_{12}Br_2$	3,4-Dibrom-hexan dl-Form	2,06	flüssig	25
$C_6H_{12}Cl_2$	2,3-Dichlor-2,3- dimethyl-butan	1,35	Bzl.	—
$C_6H_{12}N_2$	Dimethylketazin	1,51	Gas	76…232
$C_6H_{12}N_2O_2$	Methyl-propyl-glyoxim	1,25	Diox.	20
$C_6H_{12}N_2O_3$	Glycylglycinäthylester	3,20	Bzl.	50
$C_6H_{12}N_4$	Hexamethylentetramin (Urotropin)	0	$CHCl_3$	25…45
$C_6H_{12}O$	Cyclohexanol	1,69	Bzl.	18
$C_6H_{12}O$	Methyl-butyl-keton	2,66	Bzl.	22
$C_6H_{12}O$	Methyl-tert. butyl-keton (Pinakolin)	2,79	Bzl.	15
$C_6H_{12}O$	Vinyl-butyl-äther	1,25	Bzl.	25
$C_6H_{12}O$	Vinyl-isobutyl-äther	1,20	Bzl.	25
$C_6H_{12}O_2$	Ameisensäureamylester	1,90	Gas	103…243
$C_6H_{12}O_2$	Buttersäureäthylester	1,74	Bzl.	22
$C_6H_{12}O_2$	Essigsäurebutylester	1,84	Bzl.	22
$C_6H_{12}O_2$	Essigsäure-tert. butyl= ester	1,91	Bzl.	22
$C_6H_{12}O_2$	Essigsäureisobutylester	1,87	Bzl.	25
$C_6H_{12}O_2$	Propionsäurepropylester	1,76	Bzl.	22

Formel	Name	Dipol-moment D	Zustand	Temperatur °C
$C_6H_{12}O_2$	Valeriansäuremethyl=ester	1,60	Bzl.	22
$C_6H_{12}O_3$	Glykol-monoäthyläther-acetat	2,32	flüssig	30…50
$C_6H_{12}O_3$	Paraldehyd	1,92	Bzl.	18
$C_6H_{13}Br$	1-Brom-hexan	1,97	Bzl.	18
$C_6H_{13}ClO_2S$	Hexyl-chlorsulfit	2,70	Bzl.	25
$C_6H_{13}J$	1-Jod-hexan	1,92	CCl_4	20
$C_6H_{13}N$	Cyclohexylamin	1,32	Bzl.	25
$C_6H_{13}N$	N-Methyl-piperidin	0,91	Bzl.	10…40
$C_6H_{13}NO$	Capronsäureamid	3,9	Bzl.	—
$C_6H_{13}NO$	Diäthylacetamid	3,72	Diox.	30
$C_6H_{13}NO_2$	α-Aminobuttersäure-äthylester	2,13	Bzl.	25
$C_6H_{13}NO_2$	β-Aminobuttersäure-äthylester	2,11	Bzl.	25
$C_6H_{13}NO_2$	ε-Amino-capronsäure	28,9	Wasser	—
$C_6H_{13}NO_2$	α-Aminovaleriansäure=methylester	1,6	Bzl.	—
$C_6H_{13}NO_2$	δ-Aminovaleriansäure=methylester	2,7	Bzl.	20…50
C_6H_{14}	Hexan	0	flüssig	−90…Kp.
$C_6H_{14}O$	Dipropyläther	1,20	Gas	58…200
$C_6H_{14}O$	Hexanol	1,64	Bzl.	25
$C_6H_{14}O_2$	1,2-Diäthoxy-äthan	1,07	Gas	55…203
$C_6H_{14}O_2$	Glykolmonobutyl=äther	2,08	Bzl.	24
$C_6H_{14}O_2$	Hexamethylenglykol	2,48	Diox.	25 u. 50
$C_6H_{14}O_2$	2-Methyl-pentandiol-(2,4)	2,1	Hept.	—
$C_6H_{14}S$	Dipropylsulfid	1,55	Bzl.	20
$C_6H_{15}BO_3$	Borsäuretriäthylester	0,75	Bzl.	20
$C_6H_{15}N$	Triäthylamin	0,79	Bzl.	25
$C_6H_{15}NO_3$	Triäthanolamin	3,57	Diox.	25
$C_6H_{15}O_4P$	Triäthylphosphat	3,07	Bzl.	25
$C_6H_{16}N_2$	Hexamethylendiamin	1,91	Bzl.	25
$C_7H_2Br_3N_3$	2,4,6-Tribrom-benzol-diazo-cyanid, cis	2,5	Bzl.	25
$C_7H_2Br_3N_3$	2,4,6-Tribrom-benzol-diazo-cyanid, trans	4,0	Bzl.	25
$C_7H_2Cl_3N$	2,4,6-Trichlor-phenyl=cyanid	3,88	Bzl.	—
$C_7H_3Cl_2N$	2,5-Dichlor-phenyl=cyanid	3,79	Bzl.	—
$C_7H_3Cl_5$	2,3,4,5,6-Pentachlor-1-methyl-benzol	1,55	Bzl.	25
C_7H_4BrClO	p-Brom-benzoylchlorid	2,03	Bzl.	20
C_7H_4BrN	p-Brom-phenylcyanid	2,64	Bzl.	20,8
$C_7H_4BrN_3$	o-Brom-benzol-diazo-cyanid, cis	3,79	Bzl.	25
$C_7H_4BrN_3$	o-Brom-benzol-diazo-cyanid, trans	5,32	Bzl.	25
$C_7H_4BrN_3$	p-Brom-benzol-diazo-cyanid, cis	2,91	Bzl.	25

Formel	Name	Dipol-moment D	Zustand	Temperatur °C
$C_7H_4BrN_3$	p-Brom-benzol-diazo-cyanid, trans	3,78	Bzl.	25
$C_7H_4ClF_3$	m-Chlor-benzo-trifluorid	2,22	Bzl.	30
$C_7H_4ClF_3$	p-Chlor-benzo-trifluorid	1,15	Bzl.	30
C_7H_4ClN	p-Chlor-benzo-isonitril	2,50	Bzl.	22
C_7H_4ClN	o-Chlor-benzo-nitril	4,73	Bzl.	—
C_7H_4ClN	m-Chlor-benzo-nitril	3,38	Bzl.	22
C_7H_4ClN	p-Chlor-benzo-nitril	2,08	Bzl.	22
$C_7H_4ClN_3$	p-Chlor-benzol-diazo-cyanid, cis	2,93	Bzl.	25
$C_7H_4ClN_3$	p-Chlor-benzol-diazo-cyanid, trans	3,73	Bzl.	25
$C_7H_4Cl_2O$	p-Chlor-benzoylchlorid	2,00	Bzl.	20
$C_7H_4Cl_3F$	3-Fluor-benzo-trichlorid	1,78	Bzl.	30
$C_7H_4Cl_3F$	4-Fluor-benzo-trichlorid	0,68	Bzl.	30
$C_7H_4Cl_4$	p-Chlor-benzotrichlorid	0,78	Bzl.	30
$C_7H_4F_4$	m-Fluor-benzotrifluorid	2,19	Bzl.	30
C_7H_4JN	p-Jod-phenyl-cyanid	2,81	Bzl.	23,3
$C_7H_4N_2O_2$	o-Nitrophenylcyanid	6,19	Bzl.	25
$C_7H_4N_2O_2$	m-Nitrophenylcyanid	3,78	Bzl.	25
$C_7H_4N_2O_2$	p-Nitrophenylcyanid	0,66	Bzl.	25
$C_7H_4N_4O_2$	p-Nitrobenzoldiazo=cyanid, cis	2,04	Bzl.	25
$C_7H_4N_4O_2$	p-Nitrobenzoldiazo=cyanid, trans	1,47	Bzl.	25
C_7H_5BrO	Benzoylbromid	3,37	Bzl.	20
C_7H_5BrO	4-Brom-benzaldehyd	2,20	Diox.	25
$C_7H_5BrO_2$	2-Brom-benzoesäure	2,5	Diox.	30
$C_7H_5BrO_2$	3-Brom-benzoesäure	2,15	Diox.	30
$C_7H_5BrO_2$	4-Brom-benzoesäure	2,08	Diox.	30
$C_7H_5Br_3$	3,5-Dibrom-benzyl-bromid	1,66	Bzl.	30
C_7H_5ClO	Benzoylchlorid	3,33	Bzl.	20
C_7H_5ClO	4-Chlor-benzaldehyd	2,03	Bzl.	20
$C_7H_5ClO_2$	2-Chlor-benzoesäure	2,43	Diox.	30
$C_7H_5ClO_2$	3-Chlor-benzoesäure	2,20	Diox.	30
$C_7H_5ClO_2$	4-Chlor-benzoesäure	2,00	Diox.	30
$C_7H_5ClO_4S$	Benzoesäure-m-sulfo=nyl-chlorid	3,84	Bzl.	25
$C_7H_5Cl_3$	Benzotrichlorid	2,074	Bzl.	25
C_7H_5FO	p-Fluor-benzaldehyd	1,96	Bzl.	25
$C_7H_5FO_2$	2-Fluor-benzoesäure	2,48	Bzl.	30
$(C_7H_5FO_2)_2$	2-Fluor-benzoesäure	2,10	Bzl.	30
$C_7H_5FO_2$	3-Fluor-benzoesäure	2,24	Bzl.	30
$(C_7H_5FO_2)_2$	3-Fluor-benzoesäure	2,05	Bzl.	30
$C_7H_5FO_2$	4-Fluor-benzoesäure	1,90	Bzl.	30
$(C_7H_5FO_2)_2$	4-Fluor-benzoesäure	1,00	Bzl.	30
$C_7H_5F_3$	Benzotrifluorid	2,56	Bzl.	30
C_7H_5N	Benzoisonitril	3,53	Bzl.	22
C_7H_5N	Benzonitril	4,02	Bzl.	20
C_7H_5NO	Anthranil	3,06	Bzl.	25
C_7H_5NO	4,5-Benz-isoxazol	3,04	Bzl.	25
C_7H_5NO	Benzoxazol	1,47	Bzl.	25
C_7H_5NO	Phenylisocyanat	2,28	Bzl.	20

Formel	Name	Dipol-moment D	Zustand	Temperatur °C
C_7H_5NO	Salicylsäurenitril	4,38	Bzl.	25
$C_7H_5NO_3$	3-Nitro-benzaldehyd	3,28	Bzl.	—
$C_7H_5NO_3$	4-Nitro-benzaldehyd	2,4	Bzl.	25
$C_7H_5NO_4$	Nitrobenzoesäure	3,5	Bzl.	25
$C_7H_5NO_4$	4-Nitro-benzoesäure	4,02	Diox.	25
C_7H_6BrCl	4-Chlor-benzyl-bromid	1,72	Hept.	25
C_7H_6BrCl	4-Brom-benzyl-chlorid	1,71	Hept.	25
$C_7H_6Br_2$	3,5-Dibrom-1-methyl-benzol	1,84	Bzl.	30
$C_7H_6Cl_2$	Benzalchlorid	2,03	Bzl.	25
$C_7H_6Cl_2$	2-Chlor-benzyl-chlorid	2,39	Bzl.	30
$C_7H_6Cl_2$	3-Chlor-benzyl-chlorid	2,05	Bzl.	30
$C_7H_6Cl_2$	4-Chlor-benzyl-chlorid	1,74	Bzl.	25
$C_7H_6Cl_2$	3,5-Dichlor-toluol	1,88	Bzl.	30
$C_7H_6N_2$	Benzimidazol	3,93	Diox.	25
$C_7H_6N_2$	Benzpyrazol	1,83	Bzl.	25
$C_7H_6N_2O$	Furazan des 1-Methyl-o-chinon-dioxims	4,50	Diox.	25
$C_7H_6N_2O$	3-Methyl-o-benzo=chinonfurazan	4,91	Diox.	25
$C_7H_6N_2O_2$	1-Methyl-o-benzo=chinonfuroxan	4,93	Diox.	25
$C_7H_6N_2O_2$	3-Methyl-o-benzo=chinonfuroxan	5,38	Diox.	25
$C_7H_6N_2O_3$	p-Nitrobenzamid	4,9	Diox.	20
$C_7H_6N_2O_4$	2,3-Dinitrotoluol	5,77	Bzl.	—
$C_7H_6N_2O_4$	2,4-Dinitrotoluol	3,75	Bzl.	—
$C_7H_6N_2O_4$	2,5-Dinitrotoluol	0,94	Bzl.	—
$C_7H_6N_2O_4$	2,6-Dinitrotoluol	2,95	Bzl.	—
$C_7H_6N_2O_4$	3,4-Dinitrotoluol	6,32	Bzl.	—
$C_7H_6N_2O_4$	3,5-Dinitrotoluol	4,05	Bzl.	—
C_7H_6O	Benzaldehyd	2,75	Bzl.	25
$C_7H_6O_2$	Benzoesäure	1,64	Bzl.	30
$(C_7H_6O_2)_2$	Benzoesäure	1,13	Bzl.	30
$C_7H_6O_2$	4-Hydroxy-benzaldehyd	4,19	Diox.	25
$C_7H_6O_2$	o-Phenylen-methylen-dioxid	1,0	—	—
$C_7H_6O_3$	2-Hydroxy-benzoesäure (Salizylsäure)	2,63	Diox.	25
$C_7H_6O_3$	3-Hydroxy-benzoesäure	2,37	Diox.	25
$C_7H_6O_3$	4-Hydroxy-benzoesäure	2,37	Diox.	25
C_7H_7Br	Benzylbromid	1,85	Bzl.	25
C_7H_7Br	2-Brom-1-methyl-benzol	1,44	Bzl.	20
C_7H_7Br	3-Brom-1-methyl-benzol	1,75	Bzl.	20
C_7H_7Br	4-Brom-1-methyl-benzol	1,96	Bzl.	25
C_7H_7BrO	o-Brom-anisol	2,47	Bzl.	25
C_7H_7BrO	p-Brom-anisol	2,23	Bzl.	25
C_7H_7Cl	Benzylchlorid	1,82	Bzl.	25
C_7H_7Cl	2-Chlor-1-methyl-benzol	1,43	Bzl.	20
C_7H_7Cl	3-Chlor-1-methyl-benzol	1,77	Bzl.	20
C_7H_7Cl	4-Chlor-1-methyl-benzol	1,94	Bzl.	20
C_7H_7ClO	2-Chlor-anisol	2,50	Bzl.	25
C_7H_7ClO	4-Chlor-anisol	2,24	Bzl.	22
$C_7H_7ClO_2S$	Benzylsulfonylchlorid	3,85	Bzl.	25

Formel	Name	Dipol-moment D	Zustand	Temperatur °C
$C_7H_7ClO_2S$	p-Toluol-sulfochlorid	5,01	Bzl.	20
$C_7H_7Cl_2J$	o-Tolyl-joddichlorid	2,55	Bzl.	25
$C_7H_7Cl_2J$	m-Tolyl-joddichlorid	2,82	Bzl.	25
$C_7H_7Cl_2J$	p-Tolyl-joddichlorid	3,02	Bzl.	25
C_7H_7F	Benzylfluorid	1,77	Bzl.	25
C_7H_7F	2-Fluor-1-methyl-benzol	1,35	Gas	77…150
C_7H_7F	3-Fluor-1-methyl-benzol	1,85	Gas	89…150
C_7H_7F	4-Fluor-1-methyl-benzol	2,01	Gas	78…150
C_7H_7FO	2-Fluor-anisol	2,31	Bzl.	25
C_7H_7FO	4-Fluor-anisol	2,09	Bzl.	19,9
C_7H_7J	2-Jod-1-methyl-benzol	1,21	Bzl.	22
C_7H_7J	3-Jod-1-methyl-benzol	1,58	Bzl.	22
C_7H_7J	4-Jod-1-methyl-benzol	1,71	Bzl.	22
C_7H_7JO	4-Jod-anisol	2,12	Bzl.	20,2
C_7H_7NO	Benzamid	3,6	Diox.	20
C_7H_7NO	4-Nitroso-toluol	3,79	—	—
$C_7H_7NO_2$	2-Amino-benzoesäure	1,51	Diox.	—
$C_7H_7NO_2$	3-Amino-benzoesäure	2,70	Diox.	—
$C_7H_7NO_2$	4-Amino-benzoesäure	3,51	Diox.	—
$C_7H_7NO_2$	2-Nitro-toluol	3,69	Bzl.	20
$C_7H_7NO_2$	3-Nitro-toluol	4,17	Bzl.	20
$C_7H_7NO_2$	4-Nitro-toluol	4,44	Bzl.	25
$C_7H_7NO_3$	2-Nitro-anisol	4,83	Bzl.	20
$C_7H_7NO_3$	3-Nitro-anisol	3,86	Bzl.	20
$C_7H_7NO_3$	4-Nitro-anisol	4,74	Bzl.	20
$C_7H_7N_3$	4-Azido-toluol	1,96	Bzl.	25
$C_7H_7N_3O_2$	Nitroformaldehyd-phe=nylhydrazon, α- oder cis-Form	3,34	Bzl.	20
C_7H_8	Methylbenzol, Toluol	0,34	Bzl.	⎮ 25
$C_7H_8Br_2O$	1,1-Dimethyl-2,3-dibrom-cyclopenten-(2)-on-(4)	3,65	Bzl.	20
$C_7H_8N_2O$	p-Aminobenzamid	4,7	Diox.	20
$C_7H_8N_2O$	Benzhydrazid	2,70	Bzl.	25
$C_7H_8N_2O$	N-Nitrosomethylanilin	3,62	Bzl.	20
$C_7H_8N_2O$	4-Nitrosomonomethyl=anilin	7,38	Bzl.	25
$C_7H_8N_2O$	Phenylharnstoff	3,6	Diox.	17
$C_7H_8N_2O_2$	3-Nitro-4-amino-toluol	4,37	Bzl.	—
C_7H_8O	Anisol	1,23	Bzl.	22
C_7H_8O	Benzylakohol	1,69	Bzl. od. Hex.	—
C_7H_8O	o-Kresol	1,44	Bzl.	25
C_7H_8O	m-Kresol	1,60	Bzl.	25
C_7H_8O	p-Kresol	1,64	Bzl.	25
C_7H_8OS	Dimethylthio-γ-pyron	5,05	Bzl.	20
$C_7H_8O_2$	2,6-Dimethyl-pyron-(4)	4,62	Bzl.	15…65
$C_7H_8O_2S$	Thiophen-carbonsäure-(2)-äthylester	1,91	Bzl.	30
$C_7H_8O_2S$	o-Tolyl-sulfinsäure	3,02	Bzl.	40
$C_7H_8O_2S$	p-Tolyl-sufinsäure	3,32	Bzl.	25
C_7H_8S	Thioanisol	1,27	Bzl.	21
C_7H_9ClO	Butylpropiolyl-chlorid	3,06	Bzl.	25

Formel	Name	Dipol-moment D	Zustand	Temperatur °C
C_7H_9N	Butylpropiolnitril	4,21	Bzl.	25
C_7H_9N	2,3-Dimethyl-pyridin	2,05	—	30
C_7H_9N	2,5-Dimethylpyridin	2,14	—	30
C_7H_9N	2,6-Dimethylpyridin	1,87	Bzl.	25
C_7HgN	3,4-Dimethylpyridin	1,85	—	30
C_7H_9N	N-Methylanilin	1,64	Bzl.	25
C_7H_9N	o-Toluidin	1,59	Bzl.	25
C_7H_9N	m-Toluidin	1,45	Bzl.	25
C_7H_9N	p-Toluidin	1,32	Bzl.	25
C_7H_9NO	o-Anisidin	1,45	Bzl.	—
C_7H_9NO	p-Anisidin	1,87	Bzl.	—
$C_7H_{10}Cl_2O_4$	Dichlormalonsäure=äthylester	3,37	Bzl.	25
$C_7H_{10}N_2$	as. Methyl-phenyl-hydrazin	1,79	Bzl.	19
$C_7H_{10}N_2$	o-Tolyl-hydrazin	1,54	Bzl.	18
$C_7H_{10}N_2$	m-Tolyl-hydrazin	1,64	Bzl.	15
$C_7H_{10}N_2$	p-Tolyl-hydrazin	2,04	Bzl.	18
$C_7H_{10}O$	Butylpropiolaldehyd	3,17	Bzl.	25
$C_7H_{10}O_4$	Citraconsäuredimethyl=ester (cis)	2,68	Bzl.	20
$C_7H_{10}O_4$	Mesaconsäuredimethyl=ester (trans)	2,06	Bzl.	20
$C_7H_{10}O_7$	Dimethylmesaconsäure=esterozonid (cis)	2,8	Bzl.	20
$C_7H_{10}O_7$	Dimethylmesaconsäure=esterozonid(trans)	2,5	Bzl.	20
$C_7H_{11}Br$	1-Brom-heptin-(1)	1,05	Bzl.	25
$C_7H_{11}Cl$	1-Chlor-heptin-(1)	1,27	Bzl.	25
$C_7H_{11}ClO_4$	Chlormalonsäureäthyl=ester	3,23	Bzl.	25
$C_7H_{11}J$	1-Jod-heptin-(1)	0,80	Bzl.	25
$C_7H_{12}O_2$	Cyclohexancarbonsäure	0,9	Bzl.	25
$C_7H_{12}O_4$	Malonsäurediäthylester	2,54	Bzl.	25
$C_7H_{13}BrO_2$	α-Brom-valeriansäure-äthylester	2,51	Bzl.	25
C_7H_{14}	Methylcyclohexan	0	Gas	70...200
$C_7H_{14}Br_2$	1,2-Dibrom-heptan	1,76	Bzl.	25
$C_7H_{14}Br_2$	1,7-Dibrom-heptan	2,44	Bzl.	25
$C_7H_{14}Br_2$	2,3-Dibrom-heptan	2,13	Bzl.	25
$C_7H_{14}Br_2$	3,4-Dibrom-heptan	2,13	Bzl.	25
$C_7H_{14}O$	Äthylbutylketon	2,78	Bzl.	22
$C_7H_{14}O$	Cyclohexylmethyläther	1,29	Gas	150...210
$C_7H_{14}O$	Di-isopropyl-keton	2,74	Bzl.	25
$C_7H_{14}O$	Dipropyl-keton	2,72	Bzl.	22
$C_7H_{14}O$	Heptylaldehyd	2,56	Bzl.	22
$C_7H_{14}O$	Methyl-amyl-keton	2,59	Bzl.	22
$C_7H_{14}O$	2-Methyl-cyclo-hexanol	1,95	Bzl.	25
$C_7H_{14}O$	3-Methyl-cyclo-hexanol	1,90	Bzl.	25
$C_7H_{14}O$	4-Methyl-cyclo-hexanol	1,90	Bzl.	25
$C_7H_{14}O_2$	Amylacetat (Mischung)	1,91	Bzl.	25
$C_7H_{14}O_2$	Butyl-propionat	1,85	Bzl.	—
$C_7H_{14}O_2$	Isomylacetat	1,89	Bzl.	22
$C_7H_{15}Br$	1-Brom-heptan	1,85	Bzl.	22

Formel	Name	Dipol-moment D	Zustand	Temperatur °C
$C_7H_{15}Br$	2-Brom-heptan	2,06	Bzl.	22
$C_7H_{15}Br$	3-Brom-heptan	2,04	Bzl.	22
$C_7H_{15}Br$	4-Brom-heptan	2,04	Bzl.	22
$C_7H_{15}BrO$	2-Brom-3-äthoxy-pentan	2,05	Bzl.	25
$C_7H_{15}BrO$	3-Brom-2-äthoxy-pentan	2,13	Bzl.	25
$C_7H_{15}BrO$	1-Brom-2-äthoxy-pentan	2,30	Bzl.	25
$C_7H_{15}Cl$	1-Chlor-heptan	1,85	Bzl.	22
$C_7H_{15}Cl$	2-Chlor-heptan	2,03	Bzl.	22
$C_7H_{15}Cl$	3-Chlor-heptan	2,04	Bzl.	22
$C_7H_{15}Cl$	4-Chlor-heptan	2,04	Bzl	22
$C_7H_{15}J$	1-Jod-heptan	1,84	Bzl.	22
$C_7H_{15}J$	3-Jod-heptan	1,93	Bzl.	22
$C_7H_{15}NO_2$	α-Aminoisovalerian=säure-äthylester	2,11	Bzl.	25
$C_7H_{15}NO_2$	α-Amino-valerian=säure-äthylester	2,13	Bzl.	25
C_7H_{16}	3-Äthyl-pentan	0	flüssig	120…100
C_7H_{16}	2,2-Dimethyl-pentan	0	flüssig	− 120…100
C_7H_{16}	2,3-Dimethyl-pentan	0	flüssig	− 120…100
C_7H_{16}	2,4-Dimethyl-pentan	0	flüssig	− 120…100
C_7H_{16}	3,3-Dimethyl-pentan	0	flüssig	− 120…100
C_7H_{16}	Heptan	0	Gas	—
C_7H_{16}	2-Methyl-hexan	0	flüssig	− 120…100
C_7H_{16}	3-Methyl-hexan	0	flüssig	− 120…100
C_7H_{16}	2,2,3-Trimethyl-butan	0	flüssig	− 120…100
$C_7H_{16}O$	Äthyl-isoamyl-äther	1,15	flüssig	20…50
$C_7H_{16}O$	Heptanol-(1)	1,71	Bzl.	22
$C_7H_{16}O$	Heptanol-(2)	1,71	Bzl.	22
$C_7H_{16}O$	Heptanol-(3)	1,71	Bzl.	22
$C_7H_{16}O$	Heptanol-(4)	1,70	Bzl.	22
$C_8H_2Cl_2F_6$	4,5-Dichlor-1,3-bis-(tri=fluormethyl)-benzol	1,51	Bzl.	30
$C_8H_3ClF_6$	2-Chlor-1,4-bis-(tri=fluor-methyl)-benzol	1,14	Bzl.	30
$C_8H_3ClF_6$	5-Chlor-1,3-bis-(trifluor=methyl)-benzol	1,29	Bzl.	30
$C_8H_3Cl_6F$	4-Fluor-1,3-bis-(tri=chlormethyl)-benzol	1,91	Bzl.	30
C_8H_4ClJ	o-Chlorphenyl-jod-äthin	1,42	Bzl.	25
C_8H_4ClJ	p-Chlorphenyl-jod-äthin	1,06	Bzl.	25
$C_8H_4Cl_2N_2$	2,3-Dichlor-chinoxalin	3,2	Bzl.	—
$C_8H_4Cl_2O_2$	sym. Phthalyldichlorid	5,12	Bzl.	20
$C_8H_4Cl_6$	1,3-Bis-(trichlormethyl)-benzol	1,99	Bzl.	30

Formel	Name	Dipol-moment D	Zustand	Temperatur °C
$C_8H_4F_6$	1,3-Bis-(trifluormethyl)-benzol	2,43	Bzl.	30
$C_8H_4N_2$	p-Dicyanobenzol	0	Bzl.	25
$C_8H_4N_2$	p-Diisocyanobenzol	0	Bzl.	25
$C_8H_4O_3$	Phthalsäureanhydrid	5,21	Bzl.	10
C_8H_5Br	o-Bromphenyl-äthin	1,79	—	—
C_8H_5Br	m-Bromphenyl-äthin	1,35	—	—
C_8H_5Br	p-Bromphenyl-äthin	0,95	—	—
C_8H_5Br	Phenylbromäthin	0,85	Bzl.	25
C_8H_5Cl	o-Chlorphenyl-äthin	1,69	Bzl.	25
C_8H_5Cl	m-Chlorphenyl-äthin	1,38	—	—
C_8H_5Cl	p-Chlorphenyl-äthin	0,96	Bzl.	25
C_8H_5Cl	Phenylchloräthin	1,10	Bzl.	25
$C_8H_5Cl_5$	Äthylpentachlorbenzol	0,88	Bzl.	25
C_8H_5J	Phenyljodäthin	0,55	Bzl.	25
$C_8H_5NO_2$	Isatin	5,72	Diox.	20
$C_8H_5NO_2$	p-Nitrophenylacetylen	3,63	Bzl.	13
C_8H_6	Äthinylbenzol	0,78	flüssig	25
C_8H_6BrN	Brombenzylcyanid	3,37	Bzl.	20
$C_8H_6Cl_2O_4$	2,3-Dichlor-5,6-dimethoxy-benzochinon	2,99	Bzl.	30
$C_8H_6Cl_2O_4$	3,6-Dichlor-2,5-dimethoxy-benzo-chinon	2,09	Bzl.	30
$C_8H_6Cl_4$	Tetrachlor-o-xylol	2,65	Bzl.	25
$C_8H_6N_2$	Cinnolin	4,14	Bzl.	25
$C_8H_6N_2O$	Phenylfurazan	4,0	—	—
$C_8H_6N_2O_2$	2-Nitrobenzylcyanid	3,84	Bzl.	25
C_8H_6O	2,3-Benzo-furan (Cumaron)	0,79	—	—
C_8H_6O	Phenoxyacetylen	1,41	flüssig	25
$C_8H_6O_2$	2-Phthalaldehyd	4,50	Bzl.	—
$C_8H_6O_2$	3-Phthalaldehyd	2,86	Bzl.	—
$C_8H_6O_2$	4-Phthalaldehyd	2,35	Bzl.	—
C_8H_7Br	p-Bromphenyl-äthen	1,35	Bzl.	25
C_8H_7Br	ω-Brom-stryrol	1,54	Bzl.	30
C_8H_7BrO	4-Brom-acetophenon	2,29	Bzl.	—
C_8H_7BrO	ω-Brom-acetophenon	3,11	Bzl.	20
$C_8H_7BrO_2$	Methyl-p-brom-benzoat	1,82	Bzl.	14
C_8H_7Cl	4-Chlorphenyl-äthen	1,28	Bzl.	25
C_8H_7Cl	ω-Chlor-styrol	1,40	Bzl.	19
C_8H_7ClO	ω-Chlor-acetophenon	3,26	Bzl.	20
C_8H_7ClO	4-Chlor-acetophenon	2,29	Bzl.	—
C_8H_7ClO	Phenylacetylchlorid	2,54	Bzl.	20
C_8H_7ClO	4-Toluyl-chlorid	3,81	Bzl.	20
$C_8H_7Cl_3$	3,4,5-Trichlor-1,2-dimethyl-benzol	2,46	Bzl.	25
C_8H_7JO	4-Jod-acetophenon	2,23	Bzl.	—
C_8H_7N	Benzylcyanid	3,47	Bzl.	25
C_8H_7N	Indol	2,11	Bzl.	25
C_8H_7N	o-Tolylcanid	3,77	Bzl.	20
C_8H_7N	m-Tolylcyanid	4,18	Bzl.	22
C_8H_7N	p-Tolylcyanid	4,37	Bzl.	22

Formel	Name	Dipol-moment D	Zustand	Temperatur °C
C_8H_7N	o-Tolylisocyanid	3,35	Bzl.	22
C_8H_7N	p-Tolylisocyanid	3,96	Bzl.	22
C_8H_7NO	o-Methoxy-benzonitril	4,97	Bzl.	25
$C_8H_7NO_2$	ω-Nitrostyrol	4,27	Diox.	25
$C_8H_7N_3$	1-Phenyl-1,2,3-triazol	4,08	Bzl.	25
$C_8H_7N_3$	1-Phenyl-1,2,4-triazol	2,88	Bzl.	25
$C_8H_7N_3$	2-Phenyl-1,2,3-triazol	0,97	Bzl.	25
$C_8H_7N_3$	4-Phenyl-1,2,4-triazol	5,63	Bzl.	25
C_8H_8	Äthenylbenzol, Styrol	0,37	Bzl.	30
C_8H_8BrNO	p-Bromacetanilid	4,32	Bzl.	25
$C_8H_8Br_2$	4,5-Dibrom-o-xylol	2,86	Bzl.	25
$C_8H_8Br_2$	p-Xylylendibromid	2,04	Bzl.	22
C_8H_8ClNO	p-Chloracetanilid	4,32	Bzl.	25
$C_8H_8Cl_2$	4,5-Dichlor-o-xylol	3,01	Bzl.	25
$C_8H_8Cl_2$	p-Xylylendichlorid	2,23	Bzl.	25
$C_8H_8NO_2$	Phthalimid	2,10	Diox.	20
$C_8H_8N_2O$	1,3-Dimethyl-o-benzochinonfurazan	4,82	Diox.	25
$C_8H_8N_2O_2$	1,3-Dimethyl-o-chinondioximperoxid	5,40	Diox.	25
$C_8H_8N_2O_2$	Phenylglyoxim, α-Form	1,396	Diox.	20
$C_8H_8N_2O_2$	Phenylglyoxim, β-Form	1,702	Diox.	20
$C_8H_8N_2O_3$	p-Nitrobenzaldehyd-α-oxim-o-methyläther	3,40	Bzl.	25
$C_8H_8N_2O_3$	p-Nitrobenzaldehyd-β-oxim-o-methyläther	3,89	Bzl.	25
$C_8H_8N_2O_3$	p-Nitrobenzaldoxim-N-methyläther	6,4	Bzl.	25
C_8H_8O	Acetophenon	2,97	Bzl.	18
C_8H_8O	Phenylacetaldehyd	2,48	Bzl.	20
C_8H_8O	Styroloxid	1,64	Bzl.	12
C_8H_8O	p-Tolyl-aldehyd	3,30	Bzl. u. Diox.	25
$C_8H_8O_2$	Anisaldehyd	3,85	Bzl.	25
$C_8H_8O_2$	Benzoesäuremethylester	1,91	Bzl.	22
$C_8H_8O_2$	2,5-Dimethyl-1,4-benzochinon	0,68	Bzl.	25
$C_8H_8O_2$	2-Hydroxy-acetophenon	3,16	Bzl.	25
$C_8H_8O_2$	3-Hydroxy-acetophenon	2,93	Bzl.	25
$C_8H_8O_2$	4-Hydroxy-acetophenon	3,92	Bzl.	25
$C_8H_8O_2$	o-Methoxy-benzaldehyd	4,21	Bzl.	25
$C_8H_8O_2$	Phenylacetat (Essigsäurephenylester)	1,52	Bzl.	22
$C_8H_8O_2$	Phenylessigsäure, monomer	1,66	Bzl.	—
$C_8H_8O_2$	Phenylessigsäure	1,75	Diox.	25
$C_8H_8O_2$	o-Tolylsäure, monomer	1,70	Bzl.	—
$C_8H_8O_2$	m-Tolylsäure, monomer	2,05	Bzl.	—
$C_8H_8O_3$	Salicylsäuremethyl	2,34	flüssig	30...40
$C_8H_8O_4$	Dehydracetsäure	2,83	Bzl.	25

Formel	Name	Dipol-moment D	Zustand	Temperatur °C
C_8H_9Br	4-Brom-1,2-dimethyl-benzol	2,07	Bzl.	25
C_8H_9BrO	4-Brom-phenetol	2,38	Bzl.	25
C_8H_9ClO	2-Chlor-phenetol	2,54	Bzl.	25
C_8H_9NO	Acetanilid	4,01	Bzl.	25
		3,65	Bzl.	25
C_8H_9NO	3-Aminoacetophenon	5,4	Bzl.	18
C_8H_9NO	4-Aminoacetophenon	4,29	Bzl.	—
$C_8H_9NO_2$	o-Aminobenzoesäure=methylester	1,0	Bzl.	20…50
$C_8H_9NO_2$	m-Aminobenzoesäure methylester	2,4	Bzl.	20…50
$C_8H_9NO_2$	p-Aminobenzoesäure=methylester	3,3	Bzl.	20…50
$C_8H_9NO_2$	Isonicotinsäureäthyl=ester	2,49	Bzl.	25
$C_8H_9NO_4$	Nitrohydrochinondi=methyläther	4,56	Bzl.	18
C_8H_{10}	Äthylbenzol	0,58	Gas	70…200
C_8H_{10}	1,2-Dimethyl-benzol	0,44	flüssig	−20…130
C_8H_{10}	1,3-Dimethyl-benzol	0,34	flüssig	−40…120
C_8H_{10}	1,4-Dimethyl-benzol	0	flüssig	20…130
C_8H_{10}	6,6-Dimethyl-fulven	1,48	Bzl.	24
$C_8H_{10}BrN$	4-Brom-N-dimethyl-anilin	3,37	Bzl.	25
$C_8H_{10}ClN$	4-Chlor-N-dimethyl-anilin	3,29	Bzl.	25
$C_8H_{10}JN$	p-Jod-N-dimethyl-anilin	3,24	Bzl.	25
$C_8H_{10}N_2$	Acetaldehydphenyl=hydrazon, α- od. cis-	2,61	Bzl.	20
$C_8H_{10}N_2$	Acetaldehydphenyl=hydrazon, β od. anti-	2,58	Bzl.	20
$C_8H_{10}N_2O$	N-Nitroso-N-äthylanilin	3,61	Bzl.	20
$C_8H_{10}N_2O$	p-Nitroso-N-dimethyl=anilin	6,89	Bzl.	25
$C_8H_{10}N_2O_2$	4-Nitro-N-dimethyl=anilin	6,87	Bzl.	25
$C_8H_{10}N_2O_2$	2-Nitro-m-xylidin	5,04	Bzl.	25
$C_8H_{10}O$	o-Kresol-methyl-äther	1,0	Bzl.	25
$C_8H_{10}O$	m-Kresol-methyl-äther	1,17	Bzl.	25
$C_8H_{10}O$	p-Kresol-methyl-äther	1,20	Bzl.	25
$C_8H_{10}O$	Phenetol	1,40	Gas	142
$C_8H_{10}O$	2-Phenyl-äthanol	1,64	Bzl.	25
$C_8H_{10}O$	Phenylmethylcarbinol	1,60	Bzl.	—
$C_8H_{10}O_2$	1,2-Dimethoxy-benzol	1,31	Bzl.	25
$C_8H_{10}O_2$	1,3-Dimethoxy-benzol	1,59	Bzl.	25
$C_8H_{10}O_2$	1,4-Dimethoxy-benzol	1,67	Bzl.	18
$C_8H_{10}O_3S$	o-Äthoxy-benzolsulfin=säure	3,99	Bzl.	25
$C_8H_{10}O_3S$	p-Toluol-sulfonsäure=methylester	5,18	Bzl.	25
$C_8H_{10}O_4$	Butin-diol-1,4-diacetat	2,43	Bzl.	—

Formel	Name	Dipol-moment D	Zustand	Temperatur °C
$C_8H_{11}ClO$	Amylpropiolyl-chlorid	3,08	Bzl.	25
$C_8H_{11}N$	N-Äthyl-anilin	1,68	Bzl.	20
$C_8H_{11}N$	n-Amylpropiolnitril	4,22	Bzl.	25
$C_8H_{11}N$	N-Dimethylanilin	1,55	Bzl.	25
$C_8H_{11}N$	2,3,4-Trimethyl-pyridin	2,11	—	30
$C_8H_{11}N$	2,3,6-Trimethyl-pyridin	2,09	—	30
$C_8H_{11}N$	2,4,6-Trimethyl-pyridin	1,93	Bzl.	10…40
$C_8H_{11}NO$	Nitrosomesitylen	1,37	Bzl.	8
$C_8H_{12}N_2$	p-Amino-N-dimethyl=anilin	1,42	Bzl.	25
$C_8H_{12}N_2$	Hexamethylendicyanid	3,54	Bzl.	25
$C_8H_{12}N_2$	Tetramethylpyrazin	$<$ 0,45	Bzl.	—
$C_8H_{12}O$	Amylpropiolaldehyd	3,18	Bzl.	25
$C_8H_{12}O$	Butylacetylacetylen	3,20	Bzl.	25
$C_8H_{12}O$	3,5-Dimethyl-cyclo=hexen-(2)-on-(1)	3,79	Bzl.	18
$C_8H_{12}O_2$	Äthylsorbat	2,07	Gas	227
$C_8H_{12}O_2$	2,2,4,4-Tetramethyl-cyclobutan-dion-(1,3)	0	Gas	90…203,5
$C_8H_{12}O_2$	1,1,3,3-Tetramethyl-cyclobutan-dion	0	Bzl.	25
$C_8H_{12}O_4$	cis-Buten-(2)-diol-(1,4)-diacetat	2,44	Bzl.	—
$C_8H_{12}O_4$	trans-Buten-(2)-diol-(1,4)-diacetat	2,32	Bzl.	—
$C_8H_{12}O_4$	Fumarsäurediäthyl=ester	2,38	Bzl.	25
$C_8H_{12}O_4$	Maleinsäurediäthyl=ester	2,54	Bzl.	25
$C_8H_{12}O_7$	Diäthylmalonsäureester-ozonid (cis)	2,53	CCl_4	23
$C_8H_{12}O_7$	Diäthylmalonsäure=esterozonid (trans)	2,29	CCl_4	23
$C_8H_{13}BrO_4$	Monobrombernstein=säureäthylester	2,57	Bzl.	25
C_8H_{14}	3,4-Dimethyl-hexadien-(2,4)	0,4	CCl_4	—
$C_8H_{14}O$	3,3-Dimethyl-cyclo=hexanon-(1)	2,92	Bzl.	18
$C_8H_{14}O$	3,4-Dimethyl-cyclo=hexanon-(1)	2,83	Bzl.	18
$C_8H_{14}O$	3,5-Dimethyl-cyclo=hexanon-(1)	2,89	Bzl.	18
$C_8H_{14}O_2$	Cyclohexylacetat	1,90	Bzl.	18
$C_8H_{14}O_4$	Bernsteinsäurediäthyl=ester	2,28	Gas	156,5
$C_8H_{14}O_4$	1,4-Diacetoxy-butan	2,45	Bzl.	—
$C_8H_{14}O_4$	d,l-2,3-Diacetoxy-butan	1,95	flüssig	25
$C_8H_{14}O_4$	meso-2,3-Diacetoxy-butan	2,35	flüssig	25
$C_8H_{14}O_6$	rac. 1,2-Dimethoxybern=steinsäure-dimethyl=ester	3,20	Bzl.	25

Formel	Name	Dipol-moment D	Zustand	Temperatur °C
$C_8H_{14}O_6$	meso-1,2-Dimethoxy-bernsteinsäure-dimethylester	2,90	Bzl.	25
$C_8H_{14}O_6$	D,L-Weinsäure-diäthyl-ester rac.	3,12	Bzl.	22
$C_8H_{14}O_6$	meso-Weinsäure-diäthylester	3,66	Bzl.	12 u. 22
C_8H_{16}	Äthylcyclohexan	0	Gas	70…200
C_8H_{16}	2,5-Dimethyl-hexen-(2)	0,77	flüssig	20
C_8H_{16}	3,5-Dimethyl-hexen-(2)	0,91	flüssig	20
C_8H_{16}	3-Methyl-hepten-(2)	0,72	flüssig	20
$C_8H_{16}Br_2$	1,8-Dibrom-octan	2,54	Bzl.	25
$C_8H_{16}O$	α-Äthyl-hexanal-(1)	2,64	Bzl. u. Diox.	25
$C_8H_{16}O$	3,5-Dimethyl-cyclo-hexanol			
	3-cis, 5-cis, 1-cis	1,31	—	20
	3-cis, 5-cis, 1-trans	1,82	—	20
	3-cis, 5-trans, 1-cis	1,85	—	20
$C_8H_{16}O$	Methylhexylketon	2,70	Bzl.	15
$C_8H_{17}Br$	1-Brom-octan	1,96	Bzl.	14
$C_8H_{17}J$	1-Jod-octan	1,89	CCl_4	—
$C_8H_{17}J$	2-Jod-octan	2,06	CCl_4	—
$C_8H_{17}NO$	2-Nitroso-2,5-dimethyl-hexan	1,0	Bzl.	25
$(C_8H_{17}NO)_2$	2-Nitroso-2,5-dimethyl-hexan	1,0	Bzl.	25
$C_8H_{17}NO_2$	Leucinäthylester	2,03	Bzl.	25
C_8H_{18}	Octan	0	flüssig	− 50… Kp.
C_8H_{18}	2,2,4-Trimethyl-pentan	0	flüssig	− 120… 100
$C_8H_{18}O$	2-Äthyl-hexanol-(1)	1,74	Bzl. od. Diox.	25
$C_8H_{18}O$	Dibutyläther	1,16	Gas	112…182
$C_8H_{18}O$	2-Methyl-heptanol-(3)	1,62	Bzl.	20…70
$C_8H_{18}O$	Octanol-(1)	1,70	Bzl.	20…70
$C_8H_{18}S$	Dibutylsulfid	1,57	Bzl.	20
$C_8H_{18}S$	Diisobutylsulfid	1,58	Bzl.	24,9
$C_8H_{20}N_2$	Oktamethylendiamin	1,98	Bzl.	25
$C_8H_{20}O_4Si$	Kieselsäuretetraäthyl-ester	1,70	Bzl.	32
$C_8H_{20}Si$	Tetraäthylsilan	0	CCl_4	20
$C_9H_5ClO_2$	o-Chlorphenylpropiol-säure	2,63	Diox.	25
$C_9H_5ClO_2$	p-Chlorphenylpropiol-säure	1,95	Diox.	25
C_9H_5N	Phenylpropiolnitril	4,50	Bzl.	25
$C_9H_5NO_4$	2-Nitrophenyl-propiol-säure	4,02	Diox.	25
C_9H_6ClN	2-Chlorchinolin	3,26	Bzl.	25
C_9H_6ClN	1-Chlor-isochinolin	3,33	Bzl.	25
$C_9H_6N_2O_2$	5-Nitrochinolin	2,55	Bzl.	25
$C_9H_6N_2O_2$	6-Nitrochinolin	4,12	Bzl.	25

Formel	Name	Dipol-moment D	Zustand	Temperatur °C
$C_9H_6N_2O_2$	8-Nitrochinolin	5,67	Bzl.	25
$C_9H_6N_2O_2$	5-Nitro-isochinolin (Fp 110° C)	3,72	Bzl.	25
C_9H_6O	Phenylpropinal	3,36	Bzl.	25
$C_9H_6O_2$	Cumarin	4,51	Bzl.	20
$C_9H_6O_2$	Phenylpropiolsäure	2,29	Diox.	25
C_9H_7Br	p-Tolyl-brom-äthin	1,27	Bzl.	25
C_9H_7Cl	p-Tolyl-chlor-äthin	1,90	Bzl.	25
C_9H_7ClO	Zimtsäurechlorid	3,63	Bzl.	25
C_9H_7J	p-Tolyl-jod-äthin	0,97	Bzl.	25
C_9H_7N	Chinolin	2,19	Bzl.	25
C_9H_7N	β-Cyan-styrol	4,14	Diox.	25
C_9H_7N	Isochinolin	2,55	Bzl.	25
C_9H_7NO	8-Hydroxychinolin	2,70	Bzl.	—
C_9H_7NO	α-Phenylisoxazol	3,34	Bzl.	—
C_9H_7NO	γ-Phenylisoxazol	3,07		—
C_9H_8	Inden	0,67	Bzl.	—
C_9H_8	4-Methyl-phenyl-äthin	1,01	Bzl.	25
$C_9H_8Br_2$	5,6-Dibrom-hydrinden	2,48	Bzl.	25
$C_9H_8Br_2O_2$	2,2-Dimethyl-5,6-dibrom-o-phenylen-methylendioxid	3,28	—	—
$C_9H_8Cl_2O_2$	2,2-Dimethyl-5,6-dichlor-o-phenylen-methylendioxid	3,39	—	—
$C_9H_8N_2$	2-Methyl-chinazolin	2,2	Bzl.	25
$C_9H_8N_2O$	Methylphenylfurazan	4,14	—	—
$C_9H_8N_2O$	Methylphenyloxy-diazol	3,43	—	—
$C_9H_8N_2O$	p-Tolylfurazan	4,17	—	—
$C_9H_8N_2O_2$	N-Benzylsydnon	6,09	Bzl.	25
$C_9H_8N_2O_2$	Methylphenylfurazan-peroxid	4,76	Bzl.	25
$C_9H_8N_2O_2$	Methylphenylfuroxan	4,92	Bzl.	25
$C_9H_8N_2O_2$	N-Phenyl-C-methyl-sydnon	6,60	Bzl.	25
$C_9H_8N_2O_2$	N-p-Tolylsydnon	6,89	Bzl.	25
C_9H_8O	Hydrindon-(1)	3,37	Bzl. od. Cyclohex.	20
C_9H_8O	Zimtaldehyd	3,71	Bzl.	18
$C_9H_8O_2$	Zimtsäure (trans)	1,78	Diox.	25
C_9H_9Br	o-Brom-α-methylstyrol	1,87	Bzl.	27
C_9H_9Br	p-Brom-α-methylstyrol	1,45	Bzl.	22
$C_9H_9BrO_2$	p-Brombenzoesäure-äthylester	2,31	—	30
$C_9H_9BrO_2$	2,2-Dimethyl-6-brom-o-phenylen-methylen-dioxid	2,70	—	—
$C_9H_9Br_3$	2,4,6-Tribrommesitylen	0	CCl_4	20…54
C_9H_9Cl	m-Chlor-α-methyl-styrol	1,89	Bzl.	27
C_9H_9Cl	Zimtsäurechlorid	1,90	Diox.	25
$C_9H_9ClO_2$	p-Chlorbenzoesäure-äthylester	2,24	—	30

Formel	Name	Dipol-moment D	Zustand	Temperatur °C
$C_9H_9ClO_2$	2,2-Dimethyl-6-chlor-o-phenylen-methylen-dioxid	2,74	—	—
$C_9H_9Cl_3$	2,4,6-Trichlormesitylen	$\sim$0,1	Bzl.	25
$C_9H_9Cl_3$	Trichlorpseudocumol	1,83	Bzl.	25
C_9H_9F	o-Fluor-α-methyl-styrol	1,54	Bzl.	26
C_9H_9J	o-Jod-α-methyl-styrol	1,48	Bzl.	26
C_9H_9N	1-Methyl-indol	2,16	Bzl.	25
C_9H_9N	2-Methyl-indol	2,47	Bzl.	25
C_9H_9N	Skatol	2,08	Bzl.	—
C_9H_9NO	Zimtsäureamid	3,61	Diox.	25
$C_9H_9NO_2$	p-Methyl-β-nistrostyrol	4,77	Diox.	25
$C_9H_9NO_4$	p-Nitrobenzoesäure=äthylester	4,05	—	30
$C_9H_9N_3O_6$	2,4,6-Trinitromesitylen	$<$0,5	Bzl.	—
C_9H_{10}	Hydrinden	0,53	Bzl.	25
C_9H_{10}	1-Methyl-3-äthenyl-benzol	0,36	Bzl.	25
C_9H_{10}	1-Methyl-4-äthenyl-benzol	0,63	Bzl.	25
C_9H_{10}	Phenylcyclopropan	0,49	Bzl.	25
C_9H_{10}	1-Phenyl-propen-(1)	0,71	Bzl.	20
C_9H_{10}	3-Phenyl-propen-(1)	0,5	Bzl.	20
$C_9H_{10}N_2$	p-Dimethyl-amino-benzonitril	5,90	Bzl.	25
$C_9H_{10}N_2O_2$	Methylphenylglyoxim	1,16	Diox.	20
$C_9H_{10}N_2O_2$	p-Tolylglyoxim	1,66	Diox.	20
$C_9H_{10}O$	Methylacetophenon	2,88	Bzl.	—
$C_9H_{10}O$	α-Phenyl-propion=aldehyd	2,79	Bzl.	20
$C_9H_{10}O$	β-Phenyl-propion=aldehyd	2,31	Bzl.	20
$C_9H_{10}O$	Zimtalkohol	1,79	Diox.	25
$C_9H_{10}O_2$	Benzoesäureäthylester	1,82	Bzl.	22
$C_9H_{10}O_2$	Benzylacetat	1,8	Bzl.	25
$C_9H_{10}O_2$	o-Kresol-acetat	1,67	Bzl.	22
$C_9H_{10}O_2$	m-Kresol-acetat	1,59	Bzl.	22
$C_9H_{10}O_2$	p-Kresol-acetat	1,52	Bzl.	22
$C_9H_{10}O_2$	2-Methoxy-acetophenon	3,99	Bzl.	25
$C_9H_{10}O_2$	3-Methoxy-acetophenon	2,85	Bzl.	25
$C_9H_{10}O_2$	4-Methoxy-aceto=phenon	3,53	Bzl.	25
$C_9H_{10}O_2$	2-Methyl-benzolcarbon=säure-(1)-methylester	1,59	Bzl.	22
$C_9H_{10}O_2$	3-Methyl-benzolcarbon=säure-(1)-methylester	1,92	Bzl.	22
$C_9H_{10}O_2$	4-Methyl-benzolcarbon=säure-(1)-methylester	2,04	Bzl.	22
$C_9H_{10}O_2$	Phenylpropionat	1,53	Bzl.	22
$C_9H_{10}O_2$	β-Phenyl-propionsäure	1,65	Bzl.	—
$C_9H_{10}O_3$	Allylbenzolozonid	1,18	Bzl.	20
$C_9H_{10}O_3$	rac. Mandelsäure=methylester	2,47	Bzl.	25
$C_9H_{10}O_3$	Salicylsäureäthylester	2,83	flüssig	30...40

Formel	Name	Dipol-moment D	Zustand	Temperatur °C
$C_9H_{11}Br$	Brommesitylen	1,52	Bzl.	30
$C_9H_{11}Br$	γ-Phenyl-propylbromid	1,78	Diox.	25
$C_9H_{11}Cl$	Chlormesitylen	1,55	Bzl.	30
$C_9H_{11}Cl$	γ-Phenyl-propylchlorid	1,76	Diox.	25
$C_9H_{11}F$	Fluormesitylen	1,36	Bzl.	30
$C_9H_{11}J$	Jodmesitylen	1,42	Bzl.	30
$C_9H_{11}NO$	Acetyl-p-toluidin	3,74	Bzl.	25
	Acetyl-m-toluidin	3,69	Bzl.	25
$C_9H_{11}NO$	Acetyl-o-toluidin	3,71	Bzl.	25
$C_9H_{11}NO$	4-Dimethylaminobenz=aldehyd	5,6	Bzl.	18
$C_9H_{11}NO_2$	p-Aminobenzylacetat	2,8	—	—
$C_9H_{11}NO_2$	N-Dimethylanthranil=säure	6,31	Bzl.	25
$C_9H_{11}NO_2$	Nitromesitylen	3,67	Bzl.	25
C_9H_{12}	Cumol, Isopropylbenzol	0,65	Gas	70…200
C_9H_{12}	1-Methyl-4-äthyl-benzol	0	Bzl.	25
C_9H_{12}	1,3,5-Trimethyl-benzol	0	Bzl.	20
$C_9H_{12}N_2$	Acetonphenylhydrazon	2,68	Bzl.	20
$C_9H_{12}O$	Mesitol	1,36	Bzl.	30
$C_9H_{12}O$	3-Phenyl-propanol-(1)	1,63	Bzl.	25
$C_9H_{12}O_3$	Phloroglucintrimethyl=äther	1,8	Bzl.	25
$C_9H_{12}O_8$	Methantetracarbon=säuretetramethylester	2,8	Bzl.	—
$C_9H_{13}N$	N-Dimethyl-p-toluidin	1,29	Bzl.	25
$C_9H_{13}N$	Mesidin	1,40	Bzl.	25
$C_9H_{13}NO$	p-Aminophenylpropyl=äther	1,7	—	—
$C_9H_{13}NO$	N-Dimethyl-p-anisidin	1,70	Bzl.	25
$C_9H_{14}N_2$	Heptamethylen=dicyanid	4,10	Bzl.	25
$C_9H_{14}O$	Amylacetylacetylen	3,20	Bzl.	25
$C_9H_{14}O$	Isophoron	3,96	Diox. CCl₄	25
$C_9H_{14}O$	Phoron	2,38	Diox.	25
$C_9H_{14}O_4$	Cyclopropan-dicarbon=säure-1,1-äthylester	2,40	Bzl.	25
$C_9H_{16}O$	2,4,5-Trimethyl-cyclo=hexanon-(1)	2,79	Bzl.	18
$C_9H_{16}O_4$	2,3-Diacetoxypentan, dl-threo	2,07	flüssig	25
	dl-erythro	2,48	flüssig	25
$C_9H_{16}O_4$	Dimethylmalonsäure=diäthylester	2,32	Bzl.	—
$C_9H_{16}O_4$	Glutarsäurediäthylester	2,41	Bzl.	25
$C_9H_{17}NO_4$	Glutaminsäurediäthyl=ester	2,56	Bzl.	25
C_9H_{18}	4-Äthyl-hepten-(3)	0,70	flüssig	20
C_9H_{18}	2,6-Dimethyl-hepten-(2)	0,81	flüssig	20
C_9H_{18}	3,6-Dimethyl-hepten-(3)	0,69	flüssig	20
C_9H_{18}	Isopropylcyclohexan	0	Gas	70…200
$C_9H_{18}Br_2$	1,9-Dibrom-nonan	2,55	Hept.	25
$C_9H_{18}O$	Hexamethylaceton	2,76	Bzl.	—

Formel	Name	Dipol-moment D	Zustand	Temperatur °C
$C_9H_{18}O$	1,3,5-Trimethyl-cyclo=hexanol	1,86	Bzl.	18
$C_9H_{19}Br$	1-Brom-nonan	1,89	Bzl.	21
$C_9H_{19}BrO$	1-Brom-2-äthoxy-heptan	2,27	Bzl.	20
$C_9H_{19}BrO$	2-Brom-3-äthoxy-heptan	2,08	Bzl.	25
$C_9H_{19}BrO$	3-Brom-4-äthoxy-heptan	2,11	Bzl.	25
C_9H_{20}	Nonan	0	flüssig	−50…Kp.
$C_9H_{20}N_2O$	Tetraäthylharnstoff	3,3	Bzl.	20
$C_9H_{20}O$	Nonanol-(1)	1,60	Bzl.	25
$C_9H_{20}O_2$	2,2-Dimethoxy-heptan	0,90	Bzl.	25
$C_9H_{20}O_2$	Propiondipropylacetal	1,35	Bzl.	—
$C_9H_{20}O_4$	ortho-Kohlensäure=äthylester	1,1	Bzl.	—
$C_9H_{20}O_4$	Pentaerythrittetra=methyläther	0,8	Bzl.	—
		< 0,3	Gas	—
$C_{10}H_4Cl_6O_4$	Hydrochinon-bis-tri=chloracetat	2,2	Bzl.	25
$C_{10}H_6BrCl$	1-Chlor-8-brom-naph=thalin	2,64	Bzl.	14
$C_{10}H_6BrF$	1-Brom-2-fluor-naph=thalin	2,34	Bzl.	20
$C_{10}H_6BrF$	1-Fluor-7-brom-naph=thalin	2,34	Bzl.	—
$C_{10}H_6BrJ$	1-Brom-2-jod-naph=thalin	1,80	Bzl.	20
$C_{10}H_6ClF$	1-Chlor-8-fluor-naph=thalin	2,86	Bzl.	19
$C_{10}H_6ClJ$	1-Chlor-8-jod-naph=thalin	2,55	Bzl.	14
$C_{10}H_6ClN$	8-Chlor-1-naphto-nitril	5,70	Bzl.	—
$C_{10}H_6Cl_2$	1,2-Dichlor-naphthalin	2,47	Bzl.	25
$C_{10}H_6Cl_2$	1,3-Dichlor-naphthalin	1,78	Bzl.	25
$C_{10}H_6Cl_2$	1,4-Dichlor-naphthalin	0	Bzl.	20
$C_{10}H_6Cl_2$	1,5-Dichlor-naphthalin	0,0	Bzl.	25
$C_{10}H_6Cl_2$	1,2-Dichlor-naphthalin	1,44	Bzl.	25
$C_{10}H_6Cl_2$	1,7-Dichlor-naphthalin	2,55	Bzl.	25
$C_{10}H_6Cl_2$	1,8-Dichlor-naphthalin	2,82	Bzl.	25
$C_{10}H_6Cl_2$	2,3-Dichlor-naphthalin	2,55	Bzl.	25
$C_{10}H_6Cl_2$	2,6-Dichlor-naphthalin	0	Bzl.	25
$C_{10}H_6Cl_2$	2,7-Dichlor-naphthalin	1,53	Bzl.	25
$C_{10}H_6Cl_2O_4S_2$	1,5-Naphthalindi=sulfonylchlorid	1,55	Bzl.	25
$C_{10}H_6F_2$	1,5-Difluor-naphthalin	0	Bzl.	22
$C_{10}H_6N_2O$	Furazan des β-Naphto=chinondioxims	4,84	Diox.	25
$C_{10}H_6N_2O_2$	β-Naphtochinon=dioximperoxid	5,33	Diox.	25
$C_{10}H_6N_2O_4$	1,5-Dinitronaphthalin	0,6	Bzl.	—
$C_{10}H_6N_2O_4$	1,8-Dinitronaphthalin	7,1	Bzl.	—
$C_{10}H_6O_4$	Furil	3,15	—	—

Formel	Name	Dipol-moment D	Zustand	Temperatur °C
$C_{10}H_7Br$	1-Brom-naphthalin	1,58	Bzl.	20
$C_{10}H_7Br$	2-Brom-naphthalin	1,71	Bzl.	20
$C_{10}H_7BrN_2O_2$	4-Brom-2-nitro-1-naphthylamin	5,60	Diox.	25
$C_{10}H_7BrN_2O_2$	5-Brom-2-nitro-1-naphthylamin	5,05	Diox.	25
$C_{10}H_7BrN_2O_2$	6-Brom-2-nitro-1-naphthylamin	5,13	Diox.	25
$C_{10}H_7Cl$	1-Chlor-naphthalin	1,51	Bzl.	25
$C_{10}H_7Cl$	2-Chlor-naphthalin	1,65	Bzl.	25
$C_{10}H_7ClO_2S$	α-Naphthalin-sulfo= säurechlorid	4,76	Bzl.	25
$C_{10}H_7ClO_2S$	β-Naphthalin-sulfo= säurechlorid	4,98	Bzl.	25
$C_{10}H_7F$	1-Fluor-naphthalin	1,41	Bzl.	20
$C_{10}H_7F$	2-Fluor-naphthalin	1,56	Bzl.	20
$C_{10}H_7J$	1-Jod-naphthalin	1,43	Bzl.	20
$C_{10}H_7J$	2-Jod-naphthalin	1,56	Bzl.	20
$C_{10}H_7N$	p-Tolyl-propiol-nitril	4,90	Bzl.	25
$C_{10}H_7NO_2$	1-Nitronaphthalin	3,88	Bzl.	20
$C_{10}H_7NO_2$	2-Nitronaphthalin	4,4	Bzl.	25
$C_{10}H_7NO_2$	2-Nitroso-naphthol-(1)	4,39	Bzl.	—
$C_{10}H_7NO_2$	1-Nitroso-naphthol-(2)	4,36	Bzl.	—
$C_{10}H_8$	Azulen	5,25	—	—
$C_{10}H_8$	Naphthalin	0	Bzl.	20
$C_{10}H_8BrN$	2-Brom-6-naphthylamin	3,31	Bzl.	25
$C_{10}H_8N_2$	2,2′-Dipyridyl	< 0,68	Bzl.	17…67
$C_{10}H_8N_2$	4,4′-Dipyridyl	< 0,55	Bzl.	17…67
$C_{10}H_8N_2O_2$	β-Naphthochinon= dioxim	3,80	Diox.	25
$C_{10}H_8N_2O_2$	1-Nitro-naphthyl= amin-(2)	4,63	Bzl.	25
$C_{10}H_8N_2O_2$	1-Nitro-naphthyl= amin-(4)	6,38	Bzl.	25
$C_{10}H_8N_2O_2$	1-Nitro-naphthyl= amin-(5)	4,96	Bzl.	25
$C_{10}H_8N_2O_2$	2-Nitro-naphthyl= amin-(1)	4,92	Bzl.	25
$C_{10}H_8N_2O_2$	2-Nitro-naphthyl= amin-(6)	5,14	Bzl.	25
$C_{10}H_8N_2O_2$	3-Nitronaphthyl= amin-(1)	5,14	Bzl.	—
$C_{10}H_8N_2O_2$	4-Nitronaphthyl= amin-(1)	6,97	Diox.	—
$C_{10}H_8N_2O_2$	4-Nitronaphthyl= amin-(2)	4,62	Bzl.	—
$C_{10}H_8N_2O_2$	5-Nitronaphthyl= amin-(1)	5,22	Bzl.	—
$C_{10}H_8N_2O_2$	5-Nitronaphthyl= amin-(2)	5,03	Bzl.	—
$C_{10}H_8N_2O_2$	6-Nitronaphthyl= amin-(2)	7,10	Diox.	—
$C_{10}H_8N_2O_2$	8-Nitronaphthyl= amin-(1)	3,12	Bzl.	—

Formel	Name	Dipol-moment D	Zustand	Temperatur °C
$C_{10}H_8N_2O_2$	8-Nitronaphthyl=amin-(2)	4,47	Bzl.	—
$C_{10}H_8O$	α-Naphthol	1,40	Bzl.	20
$C_{10}H_8O$	β-Naphthol	1,53	Bzl.	25
$C_{10}H_8O$	Phenylacetylacetylen	3,23	Bzl.	25
$C_{10}H_9BrO_2$	β-Bromzimtsäure=methylester	2,63	Bzl.	22
$C_{10}H_9N$	2-Methyl-chinolin	1,86	Bzl.	25
$C_{10}H_9N$	6-Methyl-chinolin	2,31	Bzl.	25
$C_{10}H_9N$	α-Naphthylamin	1,50	Bzl.	25
$C_{10}H_9N$	β-Naphthyl-amin	1,77	Bzl.	25
$C_{10}H_9NO$	α-Methyl-γ-phenyl=isoxazol	3,18	Bzl.	—
$C_{10}H_9NO_2S$	α-Naphthylsulfonamid	5,12	Diox.	25
$C_{10}H_9NO_2S$	β-Naphthylsulfonamid	5,27	Diox.	25
$C_{10}H_{10}$	1,2-Dihydro-naphthalin	1,4	Bzl.	25
$C_{10}H_{10}$	1,4-Dihydro-naphthalin	1,4	Hex.	25
$C_{10}H_{10}Br_2$	6,7-Dibrom-tetralin	2,81	Bzl.	25
$C_{10}H_{10}N_2$	2,3-Dimethyl-chinoxalin	<0,3	Bzl.	—
$C_{10}H_{10}N_2O$	6-Methoxy-8-amino=chinolin	1,89	Bzl.	—
$C_{10}H_{10}N_2O_2$	Methyl-p-anisyl-furazan	4,68	Bzl.	25
$C_{10}H_{10}N_2O_3$	Methyl-p-anisylfurazan=peroxid	4,68	Bzl.	25
$C_{10}H_{10}N_2O_3$	Methyl-p-anisyl=furoxan	5,55	Bzl.	25
$C_{10}H_{10}O$	Benzalaceton	3,31	Bzl.	—
$C_{10}H_{10}O_2$	p-Diacetyl-benzol	2,71	Bzl.	—
$C_{10}H_{10}O_2$	Zimtsäuremethylester	1,93	Diox.	25
$C_{10}H_{10}O_4$	Hydrochinondiessig=säureester	2,2	Bzl.	25
$C_{10}H_{10}O_4$	Phthalsäuredimethyl=ester	2,8	Bzl.	25
$C_{10}H_{10}O_4$	Terephthalsäure=dimethylester	2,2	Bzl.	25
$C_{10}H_{11}Br$	7-Brom-tetralin	2,23	Bzl.	25
$C_{10}H_{11}BrO_2$	p-Brom-β-phenyl=propionsäure-methyl=ester	2,39	Bzl.	20
$C_{10}H_{11}N$	1,2-Dimethyl-indol	2,52	Bzl.	25
$C_{10}H_{11}N$	1,3-Dimethyl-indol	2,04	Bzl.	25
$C_{10}H_{11}N$	2,3-Dimethyl-indol	2,39	Bzl.	25
$C_{10}H_{11}NO_2$	1-Nitro-tetralin	3,98	Bzl.	25
$C_{10}H_{11}NO_2$	2-Nitro-tetralin	4,81	Bzl.	25
$C_{10}H_{12}$	1-Äthyl-4-äthenyl-benzol	0,61	Bzl.	25
$C_{10}H_{12}$	o-α-Dimethyl-styrol	0,8	Bzl.	26
$C_{10}H_{12}$	1,2,3,4-Tetrahydro-naphthalin	0,41	flüssig	10…50
$C_{10}H_{12}Cl_2$	Dichlordurol	~25	Bzl.	25
$C_{10}H_{12}Cl_2$	Dichlorprehnitol	2,93	Bzl.	25
$C_{10}H_{12}N_2O_4$	Dinitrodurol	0,60	Bzl.	25
$C_{10}H_{12}N_2O_4$	Dinitroprehnitol	6,86	Bzl.	25
$C_{10}H_{12}O$	ω-Äthoxy-styrol	1,68	Bzl.	18

Formel	Name	Dipol-moment D	Zustand	Temperatur °C
$C_{10}H_{12}O$	Äthylacetophenon	2,83	Bzl.	—
$C_{10}H_{12}O$	Dimethylacetophenon	2,89	Bzl.	—
$C_{10}H_{12}O$	o-Methoxy-α-methyl-styrol	1,48	Bzl.	27
$C_{10}H_{12}O$	p-Methoxy-α-methyl-styrol	1,39	Bzl.	26
$C_{10}H_{12}O_2$	Phenylessigsäureäthyl=ester	1,82	—	30
$C_{10}H_{12}S$	Diamylsulfid	1,58	Bzl.	25
$C_{10}H_{13}Br$	2-Brom-p-cymol	1,76	Bzl.	25
$C_{10}H_{13}Br$	3-Brom-p-cymol	1,71	Bzl.	25
$C_{10}H_{13}Br$	Bromdurol	1,55	Bzl.	25
$C_{10}H_{13}Cl$	2-Chlor-p-cymol	1,64	Bzl.	25
$C_{10}H_{13}Cl$	3-Chlor-p-cymol	1 66	Bzl.	25
$C_{10}H_{13}NO_2$	p-tert-Butylnitro=benzol	4,61	Bzl.	25
$C_{10}H_{13}NO_2$	Methyl-N-dimethyl=anthranilat	2,05	Bzl.	25
$C_{10}H_{13}NO_2$	Nitrodurol	3,39	Bzl.	25
$C_{10}H_{13}NO_3$	Nitrodurenol	4,08	Bzl.	25
$C_{10}H_{14}$	tert.-Butyl-benzol	0,70	Gas	70…200
$C_{10}H_{14}$	p-Cymol	0	Bzl.	25
$C_{10}H_{14}$	1,4-Diäthyl-benzol	0,24	Bzl.	25
$C_{10}H_{14}$	6,6-Diäthyl-fulven	1,44	Bzl.	24
$C_{10}H_{14}BrN$	Bromaminodurol	2,75	Bzl.	25
$C_{10}H_{14}Br_2$	Dihydro-dicyclopenta=dien-dibromid (1,2), cis	3,14	Bzl.	—
$C_{10}H_{14}N_2O$	p-Nitrosodiäthylanilin	7,18	Bzl.	25
$C_{10}H_{14}N_2O_2$	p-Benzoylhydroxyazo=benzol	1,93	Bzl.	—
$C_{10}H_{14}N_2O_2$	Nitroaminodurol	4,98	Bzl.	25
$C_{10}H_{14}O$	Carvacrol	1,54	Bzl.	25
$C_{10}H_{14}O$	Carvon	3,17	Bzl.	—
$C_{10}H_{14}O$	Durenol	1,68	Bzl.	25
$C_{10}H_{14}O$	Thymol	1,60	Bzl.	18
$C_{10}H_{14}O_2$	Brenzcatechindiäthyl=äther	1,37	Bzl.	25
$C_{10}H_{14}O_2$	Hydrochinondiäthyl=äther	1 75	Bzl.	40
$C_{10}H_{14}O_2$	Resorcindiäthyläther	1 70	Bzl.	25
$C_{10}H_{15}N$	Aminodurol	1 39	Bzl.	25
$C_{10}H_{15}N$	N, N-Diäthyl-anilin	1,65	Bzl.	18
$C_{10}H_{16}$	d,l-Limonen	< 0,5	Bzl.	15
$C_{10}H_{16}$	d-Limonen	1,56	Bzl.	25
$C_{10}H_{16}N_2$	Tetramethyl-p-pheny=lendiamin	1,23	Bzl.	25
$C_{10}H_{16}O$	Campher	2,94	Bzl.	22
$C_{10}H_{16}O$	Fenchon	2,95	Bzl.	22
$C_{10}H_{16}O$	Pulegon	2,95	Bzl.	25
$C_{10}H_{16}O_4$	Cyclobutan-1,1-dicar=bonsäure-diäthylester	2,22	Bzl.	25
$C_{10}H_{16}O_4$	1,4-Diacetoxy-2,3-dimethyl-buten-(2) (cis)	2,58	Bzl.	25

Formel	Name	Dipol-moment D	Zustand	Temperatur °C
$C_{10}H_{16}O_4$	1,4-Diacetoxy-2,3-dimethyl-buten-2 (trans)	1,90	Bzl.	25
$C_{10}H_{16}O_4$	1,4-Diacetyl-cyclohexan	1,46	Bzl.	18
$C_{10}H_{16}O_4$	Hexahydroisophthal=säuredimethylester (cis)	2,30	—	20
$C_{10}H_{16}O_4$	Hexahydroisophthal=säuredimethylester (trans)	2,09	—	20
$C_{10}H_{18}$	Dekahydronaphthalin (cis)	0	flüssig	20…160
$C_{10}H_{18}$	Dekahydronaphthalin (trans)	0	flüssig	20…160
$C_{10}H_{18}$	Decin-(5)	0	flüssig	25…125
$C_{10}H_{18}N_2O_4$	Methyl-1-nitrosoiso=propylketon, dimer	3,32	Bzl.	25
$C_{10}H_{18}O$	l-Borneol	1,56	Bzl.	22
$C_{10}H_{18}O$	Isoborneol	1,65	Bzl.	—
$C_{10}H_{18}O$	Menthon	2,82	Bzl.	22
$C_{10}H_{18}O_4$	Adipinsäurediäthylester	2,40	Bzl.	25
$C_{10}H_{18}O_4$	dl-1,2-Diäthyl-bern=steinsäure-dimethyl=ester	2,27	Bzl.	—
$C_{10}H_{18}O_4$	meso-1,2-Diäthyl-bern=steinsäure-dimethyl=ester	2,00	Bzl.	—
$C_{10}H_{18}O_4$	Isopropylmalonsäure=diäthylester	2,40	Bzl.	—
$C_{10}H_{18}O_6$	rac. 1,2-Dimethoxy-bernsteinsäure-diäthylester	3,74	Bzl.	25
$C_{10}H_{18}O_6$	meso-1,2-Dimethoxy-bernsteinsäure-diäthylester	3,34	Bzl.	25
$C_{10}H_{20}$	2-Methyl-2-cyclohexyl-propan	0	Gas	70…200
$C_{10}H_{20}$	5-Methyl-nonen-(4)	0,48	flüssig	20
$C_{10}H_{20}$	2,4,6-Trimethyl-hepten-(3)	0,70	flüssig	20
$C_{10}H_{20}Br_2$	Dibromdecamethylen	2,54	Bzl.	25
$C_{10}H_{20}O$	l-Menthol	1,62	Bzl.	7
$C_{10}H_{20}O$	1,2,4,5-Tetramethyl-cyclohexanol	1,94	Bzl.	18
$C_{10}H_{20}O_2$	2-Methyl-2-amyl-1,3-dioxan	1,90	Bzl.	25
$C_{10}H_{21}Br$	Bromdecan	∼0,37	Bzl.	40
$C_{10}H_{22}$	Decan	0	flüssig	−30…170
$C_{10}H_{22}O$	Decylalkohol	1,61	Bzl.	25
$C_{10}H_{22}O$	Diamyläther	1,04	flüssig	30…50
$C_{10}H_{22}O$	Diisoamyläther	1,23	Bzl.	25
$C_{10}H_{22}O$	Tripropylcarbinol	1,65	Bzl.	18
$C_{10}H_{22}O_2$	Decamethylenglykol	2,52	Diox.	25

Formel	Name	Dipol-moment D	Zustand	Temperatur °C
$C_{11}H_6ClN$	8-Chlor-1-naphtho-nitril	5,70	Bzl.	19
$C_{11}H_7NO$	α-Naphthalinisocyanat	2,30	Bzl.	20
$C_{11}H_7NO$	β-Naphthalinisocyanat	2,34	Bzl.	20
$C_{11}H_8O_2$	Cyclopentadien-p-benzochinon	0,69	Bzl. od. CCl_4	25 u. 45
$C_{11}H_9NO_4$	p-Nitrophenylpropiol=säureäthylester	3,54	Bzl.	22
$C_{11}H_{10}N_2O$	8-Amino-6-methoxy=chinolin	1,89	Bzl.	—
$C_{11}H_{10}O_2$	Phenylpropiolsäure=äthylester	2,19	Bzl.	21
$C_{11}H_{11}N$	2,4-Dimethyl-chinolin	2,30	Bzl.	25
$C_{11}H_{11}N$	2,6-Dimethyl-chinolin	2,00	Bzl.	25
$C_{11}H_{11}NO_4$	p-Nitrozimtsäure=äthylester	3,50	Bzl.	21
$C_{11}H_{12}$	p-Isopropyl-phenyl-äthin	1,12	—	—
$C_{11}H_{12}N_2O$	1-Phenyl-2,3-dimethyl=pyrazolon-(5) (Antipyrin)	5,48	Bzl.	25
$C_{11}H_{12}O_2$	Zimtsäureäthylester	2,14	Bzl.	—
$C_{11}H_{12}O_4$	3,5-Diacetyl-2,6-di=methyl-γ-pyron	4,06	Bzl.	—
$C_{11}H_{12}O_9$	Zimtsäureäthyl=esterozonid (trans)	2,00	Bzl.	23
$C_{11}H_{13}N$	2-Methyl-3-äthyl-indol	2,41	Bzl.	—
$C_{11}H_{13}N$	3-Methyl-2-äthyl-indol	2,36	Bzl.	25
$C_{11}H_{13}NO$	p-Dimethylamino=zimtsäurealdehyd	5,4	Bzl.	21
$C_{11}H_{13}NO_4$	p-Nitro-β-phenyl=propionsäureäthyl=ester	4,58	Bzl.	20
$C_{11}H_{14}$	1-Äthenyl-2,4,5-trimethyl-benzol	0,45	Bzl.	25
$C_{11}H_{14}$	1-Äthenyl-2,4,6-tri=methylbenzol	0,42	Bzl.	25
$C_{11}H_{14}O_2$	Phenylmethylessig=säureäthylester	1,818	—	30
$C_{11}H_{14}O_2$	3-Phenyl-propionsäure-äthylester	1,75	Bzl.	21
$C_{11}H_{15}Cl$	Pentamethylchlor=benzol	1,85	Bzl.	25
$C_{11}H_{16}$	1-Methyl-4-tert. butyl-benzol	0,39	Gas	70...200
$C_{11}H_{16}N_2O$	N,N-Diäthyl-N'-phenyl=harnstoff	3,2	Diox.	17
$C_{11}H_{17}N$	N,N-Dimethylmesidin	1,03	Bzl.	25
$C_{11}H_{17}N$	Pentamethylanilin	1,10	Bzl.	25
$C_{11}H_{18}N_2$	Enneamethylendicyanid	4,39	Bzl.	25
$C_{11}H_{18}O_2$	Bornylformiat	2,04	Bzl.	22
$C_{11}H_{18}O_4$	Cyclopentan-1,1-dicar=bonsäure-äthylester	2,14	Bzl.	25
$C_{11}H_{20}BrN$	11-Brom-undecan-nitril	3,92	Bzl.	25
$C_{11}H_{20}O_2$	Menthylformiat	2,06	Bzl.	22

Formel	Name	Dipol-moment D	Zustand	Temperatur °C
$C_{11}H_{20}O_4$	3,4-Diacetoxy-heptan, dl-threo	2,18	flüssig	25
$C_{11}H_{20}O_4$	3,4-Diacetoxy-heptan, dl-erythro	2,68	flüssig	25
$C_{11}H_{20}O_4$	Diäthylmalonsäure=diäthylester	2,10	Bzl.	—
$C_{11}H_{20}O_4$	Pentaerythritdiacetonal	2,26	Bzl.	22
$C_{11}H_{22}N_2O_2$	Methyloctylglyoxim	1,48	Diox.	20
$C_{11}H_{22}O$	Methylnonylketon	2,69	Bzl.	15
$C_{11}H_{24}$	Undecan	0	flüssig	— 10… Kp
$C_{11}H_{24}O$	Undecylalkohol	1,66	Bzl.	25
$C_{11}H_{24}O_2$	Bis(2,2-dimethyl-propyl-oxy)-methan	0,88	Bzl.	25
$C_{12}H_6Br_4$	2,2-Bis-(bromomethyl)-diphenyl	2,81	Bzl.	—
$C_{12}H_6Cl_2N_2O_4$	4,4'-Dichlor-2,2-dinitro-diphenyl	4,90	Bzl.	25
$C_{12}H_6Cl_2O_2$	2,6-Dichlor-o-phenylen=dioxid	0,62	Bzl.	25
$C_{12}H_6Cl_2S_2$	2,6-Dichlor-o-phenylen-disulfid	1,37	Bzl.	25
$C_{12}H_6N_4O_8$	2,2', 4,4'-Tetranitro=diphenyl	4,38	Bzl.	25
$C_{12}H_6O_2$	Acenaphthenchinon	6,08	Bzl.	25
$C_{12}H_8Br_2$	4,4'-Dibrom-diphenyl	0	Bzl.	25
$C_{12}H_8Br_2N_2$	4,4'-Dibrom-azobenzol	1,0	CS_2	20
$C_{12}H_8Br_2O$	4,4'-Dibromdiphenyl=äther	0,60	Bzl.	25
$C_{12}H_8Br_2S$	4,4'-Dibrom-diphenyl-sulfid	0,65	Bzl.	25
$C_{12}H_8Br_2Se_2$	Bis[4-bromphenyl]-diselenid	0,70	Bzl.	25
$C_{12}H_8Cl_2$	2,2'-Dichlor-diphenyl	1,91	Bzl.	—
$C_{12}H_8Cl_2$	3,3'-Dichlor-diphenyl	1,80	Bzl.	25
$C_{12}H_8Cl_2$	4,4'-Dichlor-diphenyl	0	Bzl.	25
$C_{12}H_8Cl_2OS$	4,4'-Dichlor-diphenyl=sulfoxid	2,57	Bzl.	25
$C_{12}H_8Cl_2O_4S_4$	Diphenyl-disulfid-4,4'-disulfonyl-chlorid	4,64	Bzl.	25
$C_{12}H_8Cl_2S$	4,4'-Dichlor-diphenyl-sulfid	0,58	Bzl.	25
$C_{12}H_8Cl_2Se$	Bis-[4-chlorphenyl]-selenid	0,77	Bzl.	25
$C_{12}H_8F_2$	4,4'-Difluor-diphenyl	0,35	Bzl.	25
$C_{12}H_8F_2O$	4,4'-Difluordiphenyl=äther	0,51	Bzl.	25
$C_{12}H_8F_2OS$	4,4'-Difluor-diphenyl=sulfoxid	2,64	Bzl.	25
$C_{12}H_8F_2O_2S$	4,4'-Difluor-diphenyl=sulfon	3,28	Bzl.	25
$C_{12}H_8F_2S$	4,4'-Difluor-diphenyl-sulfid	0,48	Bzl.	25
$C_{12}H_8N_2$	Phenazin	0	Bzl.	14,9

22*

Formel	Name	Dipol-moment D	Zustand	Temperatur °C
$C_{12}H_8N_2O_4$	2,2′-Dinitrodiphenyl	5,19	Bzl.	25
$C_{12}H_8N_2O_4$	2,4′-Dinitro-diphenyl	6,28	Bzl.	—
$C_{12}H_8N_2O_4$	4,4′-Dinitrodiphenyl	1,02	Bzl.	25
$C_{12}H_8N_2O_5$	4,4′-Dinitrodiphenyl= äther	2,61	Bzl.	25
$C_{12}H_8N_3O_5$	4,4′-Dinitrodiphenyl= nitroxid	2,7	—	—
$C_{12}H_8O$	Diphenylenoxid	0,88	Bzl.	25
$C_{12}H_8O_2S_2$	Thianthren-disulfoxid (Fp 246°)	4,2	Bzl.	19
$C_{12}H_8O_2S_2$	Thianthren-disulfoxid (Fp 279°)	1,7	Bzl.	19
$C_{12}H_8S$	Diphenylensulfid	0	Bzl.	23,7
$C_{12}H_8S_2$	Thianthren	1,41	Bzl.	25
$C_{12}H_8Se_2$	cis-Selen-anthren	1,41	Bzl.	25
$C_{12}H_9Br$	4-Brom-diphenyl	1,64	Bzl.	25
$C_{12}H_9BrN_2$	4-Brom-azobenzol	1,42	Bzl.	20,1
$C_{12}H_9BrO$	4-Bromdiphenyläther	1,56	Bzl.	25
$C_{12}H_9Br_2N_3$	4,4′-Dibrom-diazo-amino-benzol	1,88	Bzl.	25
$C_{12}H_9Cl$	2-Chlor-diphenyl	1,45	Bzl.	25
$C_{12}H_9Cl$	3-Chlor-diphenyl	1,64	Bzl.	25
$C_{12}H_9Cl$	4-Chlor-diphenyl	1,63	Bzl.	—
$C_{12}H_9ClN_2$	4-Chlor-azobenzol	1,55	Bzl.	21,0
$C_{12}H_9ClOS$	4-Chlor-diphenyl= sulfoxid	3,47	Bzl.	25
$C_{12}H_9ClO_2S$	4-Chlor-diphenylsulfon	4,42	Bzl.	23,4
$C_{12}H_9ClS$	4-Chlor-diphenyl-sulfid	1,70	Bzl.	21
$C_{12}H_9Cl_2S_3$	4,4′-Dichlor-diazo-amino-benzol	1,94	Bzl.	25
$C_{12}H_9F$	4-Fluor-diphenyl	1,50	Bzl.	25
$C_{12}H_9FO$	4-Fluor-diphenyläther	1,35	Bzl.	25
$C_{12}H_9FO_2S$	4-Fluor-diphenylsulfon	4,26	Bzl.	25
$C_{12}H_9FS$	4-Fluor-diphenyl-sulfid	1,37	Bzl.	25
$C_{12}H_9F_2N$	4,4′-Difluor-diphenyl= amin	2,09	Bzl.	25
$C_{12}H_9N$	Carbazol	2,09	Diox.	20
$C_{12}H_9NO_2$	2-Nitro-diphenyl	3,80	Bzl.	25
$C_{12}H_9NO_2$	3-Nitro-diphenyl	3,90	Bzl.	25
$C_{12}H_9NO_2$	4-Nitro-diphenyl	4,17	Bzl.	25
$C_{12}H_9NO_3$	4-Nitrodiphenyläther	4,28	Bzl.	25
$C_{12}H_9NS$	Phenthiazin	2,13	Bzl.	25
$C_{12}H_{10}$	Acenaphthen	0,97	Bzl.	20
		1,60	Bzl.	80
$C_{12}H_{10}$	Diphenyl	0	flüssig	—
$C_{12}H_{10}AsCl$	Diphenylarsinchlorid	2,70	Hex.	—
$C_{12}H_{10}As_2$	Arsenobenzol	∼0	Hex.	25
$C_{12}H_{10}BrN$	4-Brom-4′-amino-diphenyl	3,30	Bzl.	25
$C_{12}H_{10}BrN_3$	4-Brom-diazo-amino-benzol	2,00	Bzl.	25
$C_{12}H_{10}Br_2Se$	Diphenylselendibromid	3,40	Bzl.	25
$C_{12}H_{10}Cl_2Se$	Diphenylselendichlorid	3,21	Bzl.	25
$C_{12}H_{10}FN$	p-Fluor-diphenylamin	1,86	Bzl.	25

Formel	Name	Dipolmoment D	Zustand	Temperatur °C
$C_{12}H_{10}NO$	Diphenylnitroxid	2,3	—	—
$C_{12}H_{10}N_2$	Azobenzol	0	Bzl.	24
$C_{12}H_{10}N_2O$	Azoxybenzol			
	cis	4,68	Bzl.	—
	trans	1,71	Bzl.	—
$C_{12}H_{10}N_2O$	Isoazoxybenzol	4,67	Bzl.	—
$C_{12}H_{10}N_2O$	Diphenylnitrosamin	3,35	Bzl.	25
$C_{12}H_{10}N_2O$	2-Hydroxyazobenzol	1,31	Bzl.	15
$C_{12}H_{10}N_2O$	4-Hydroxyazobenzol	1,62	Bzl.	15
$C_{12}H_{10}N_2O$	N-Nitrosodiphenylamin	3,39	Bzl.	20
$C_{12}H_{10}N_2O_2$	4,4′-Dihydroxyazobenzol			
	α-Form	2,60	Diox.	25
	β-Form	2,69	Diox.	25
$C_{12}H_{10}N_2O_2$	4-Nitro-4′-amino-diphenyl	6,46	Bzl.	25
$C_{12}H_{10}N_2O_2$	2-Nitro-diphenylamin	4,13	Bzl.	20
$C_{12}H_{10}N_2O_2$	4-Nitro-diphenylamin	5,82	Bzl.	20
$C_{12}H_{10}N_4O_2$	4-Nitro-diazoaminobenzol	1,49	Bzl.	—
$C_{12}H_{10}O$	Diphenyläther	1,17	Bzl.	25
$C_{12}H_{10}OS$	Diphenylsulfoxid	4,00	Bzl.	25
$C_{12}H_{10}OSe$	Diphenylselenoxid	4,44	Bzl.	25
$C_{12}H_{10}O_2S$	Diphenylsulfon	5,05	Bzl.	25
$C_{12}H_{10}O_4S_2$	Diphenyldisulfon	3,95	Bzl.	25
$C_{12}H_{10}S$	Diphenylsulfid	1,57	Bzl.	25
$C_{12}H_{10}S_2$	Diphenyldisulfid	1,81	Bzl.	24
$C_{12}H_{10}Se$	Diphenylselenid	1,38	Bzl.	20
$C_{12}H_{10}Se_2$	Diphenyldiselenid	1,67	Bzl.	25
$C_{12}H_{10}Te$	Diphenyltellurid	1,13	Bzl.	20,8
$C_{12}H_{11}N$	2-Amino-diphenyl	1,42	Bzl.	—
$C_{12}H_{11}N$	4-Amino-diphenyl	1,74	Bzl.	25
$C_{12}H_{11}N$	Diphenylamin	0,99	Bzl.	25
$C_{12}H_{11}N_3$	4-Amino-azo-benzol	2,71	Bzl.	25
$C_{12}H_{11}N_3$	Diazoaminobenzol	0,09	Bzl.	25
$C_{12}H_{12}N_2$	2,2′-Diaminodiphenyl	2,0	Bzl.	25
$C_{12}H_{12}N_2$	1,1-Diphenyl-hydrazin	1,87	Bzl.	20
$C_{12}H_{12}N_2$	Hydrazobenzol	1,66	Bzl.	20
$C_{12}H_{12}O_2$	1,5-Dimethoxy-naphthalin	0,36	—	—
$C_{12}H_{12}O_6$	Phloroglucintriacetat	2,4	Bzl.	25
$C_{12}H_{14}O_4$	Phthalsäurediäthylester	2,7	Bzl.	25
$C_{12}H_{14}O_4$	Terephthalsäurediäthylester	2,3	Bzl.	20…50
$C_{12}H_{15}N$	2-tert-Butyl-indol	2,44	Bzl.	25
$C_{12}H_{15}N$	1,2-Dimethyl-3-äthyl-indol	2,41	Bzl.	25
$C_{12}H_{15}N$	1,3-Dimethyl-2-äthyl-indol	2,42	Bzl.	25
$C_{12}H_{15}NO$	N-Dimethyl-p-aminobenzylidenaceton	5,3	Bzl.	24
$C_{12}H_{15}N_3O_6$	1,3,5-Triäthyl-2,4,6-trinitrobenzol	0,8	Bzl.	25
$C_{12}H_{15}N_3O_6$	Trinitro-5-tert.-butyl-m-xylol	1,14	Bzl.	25

Formel	Name	Dipol-moment D	Zustand	Temperatur °C
$C_{12}H_{16}O_2$	Benzoesäureisoamyl= ester	2,2	CCl_4	—
$C_{12}H_{17}NO_3$	Nitroäthoxydurol	3,69	Bzl.	25
$C_{12}H_{18}$	5-tert-Butyl-m-xylol	0,25	Bzl.	25
$C_{12}H_{18}$	Hexamethylbenzol	0	Bzl.	20
$C_{12}H_{18}$	1,3,5-Triäthyl-benzol	0,1	Bzl.	25
$C_{12}H_{18}N_2O_2$	Nitrodimethylamino= durol	4,11	Bzl.	25
$C_{12}H_{18}N_4O_7$	Dipropylammonium= pikrat	11,5	Bzl.	—
$C_{12}H_{18}N_4O_7$	Triäthylammonium= pikrat	11,7	Bzl.	—
$C_{12}H_{20}N_2$	Dodecandinitril	4,95	Bzl.	25
$C_{12}H_{20}O_2$	l-Bornyl-acetat	1,87	Bzl.	22
$C_{12}H_{20}O_4$	Cyclohexan-1,1-dicarbonsäure-äthylester	2,23	Bzl.	25
$C_{12}H_{20}O_4$	Hexahydroisophthal= säurediäthylester (cis)	2,35	—	20
$C_{12}H_{20}O_4$	Hexahydroisophthal= säurediäthylester (trans)	2,13	—	20
$C_{12}H_{22}$	Dodecin	0	flüssig	25…125
$C_{12}H_{22}O_2$	Essigsäure-l-menthyl-ester	1,83	Bzl.	22
$C_{12}H_{22}O_{11}$	Saccharose	2,8	Pyridin	20
$C_{12}H_{24}O_2$	Laurinsäure	0,75	Bzl.	25
$C_{12}H_{29}J$	Lauryljodid	1,85	CCl_4	20
$C_{12}H_{26}$	Dodecan	0	flüssig	−10−.. Kp.
$C_{12}H_{26}O$	Dodecanol-(1)	1,62	Bzl.	25
$C_{12}H_{27}BO_3$	Borsäuretributylester	0,77	Bzl.	—
$C_{12}H_{28}BrN$	Tri-n-butyl-ammonium-bromid	7,61	Bzl.	25
$C_{12}H_{28}ClN$	Tri-n-butyl-ammonium-chlorid	7,17	Bzl.	25
$C_{12}H_{28}JN$	Tri-n-butyl-ammonium-jodid	8,09	Bzl.	25
$C_{13}H_6Br_2O$	2,7-Dibrom-fluo= renon-(9)	4,44	Bzl.	25
$C_{13}H_6Br_2O_2$	2,7-Dibrom-xanthon	4,10	Bzl.	25
$C_{13}H_6N_2O_4$	2,5-Dinitrofluorenon	6	Bzl.	25
$C_{13}H_6N_2O_4$	2,7-Dinitrofluorenon	4,80	Bzl.	25
$C_{13}H_6N_2O_6$	α-Dinitroxanthon	2,98	Bzl.	25
$C_{13}H_9N_2O_6$	β-Dinitroxanthon	5,72	Bzl.	25
$C_{13}H_7NO_3$	2-Nitro-fluorenon	6,04	Bzl.	25
$C_{13}H_8Br_2$	2,7-Dibrom-fluoren	0,22	Bzl.	25
$C_{13}H_8Br_2O$	p,p′-Dibrom-benzo= phenon	1,69	Bzl.	22
$C_{13}H_8Cl_2$	9,9-Dichlor-fluoren	1,85	Bzl.	20
$C_{13}H_8Cl_2N_2$	Di-p-chlorphenyl-diazomethan	0,62	CCl_4	0
$C_{13}H_8Cl_2O$	p,p′-Dichlor-benzo= phenon	1,64	Bzl.	13

Formel	Name	Dipol-moment D	Zustand	Temperatur °C
$C_{13}H_8Cl_4$	Di-p-Chlorphenyl-dichlormethan	0,48	Bzl.	17
$C_{13}H_8F_2O$	p,p'-Diflor-benzophenon	1,74	Bzl.	25
$C_{13}H_8N_2O_4$	2,5-Dinitrofluoren	7,06	Bzl.	25
$C_{13}H_8N_2O_4$	2,7-Dinitrofluoren	1,7	Bzl.	—
$C_{13}H_8O$	Fluorenon	3,29	Bzl.	18
$C_{13}H_8O$	Xanthon	2,93	Bzl.	20
$C_{13}H_8OS$	Thioxanthon	5,4	Diox.	17
$C_{13}H_8OS$	Xanthion	5,4	Bzl.	28
$C_{13}H_8S_2$	Thioxanthion	5,2	Diox.	31
$C_{13}H_9BrO$	p-Brom-benzophenon	2,75	Bzl.	20
$C_{13}H_9Cl$	9-Chlor-fluoren	1,76	Bzl.	14
$C_{13}H_9ClO$	p-Chlor-benzophenon	2,71	Hex.	25
$C_{13}H_9Cl_2N$	p-Chlor-benzophenon-chlorimin			
	syn- oder β	2,67	Bzl.	25
	anti- oder α	2,47	Bzl.	25
$C_{13}H_9Cl_2N$	p-Chlor-benzyliden-p-chlor-anilin	1,56	Bzl.	25
$C_{13}H_9FO$	p-Fluor-benzophenon	2,63	Bzl.	25
$C_{13}H_9N$	Acridin	1,95	Bzl.	14
$C_{13}H_9NO_2$	2-Nitro-fluoren	4,1	Diox.	25
$C_{13}H_9N_3O_4$	p-Nitrobenzyliden-p-nitroanilin	3,56	Bzl.	25
$C_{13}H_{10}$	Fluoren	0,58	Bzl.	20
$C_{13}H_{10}BrN$	Benzophenonbromimin	2,83	Bzl.	25
$C_{13}H_{10}Br_2$	p,p'-Dibrom-diphenyl-methan	1,87	Bzl.	25
$C_{13}H_{10}ClN$	Benzophenonchlorimin	2,96	Bzl.	25
$C_{13}H_{10}ClN$	p-Chlorbenzyliden-anilin	1,77	Bzl.	25
$C_{13}H_{10}Cl_2$	p-Chlor-diphenyl-chlor-methan	1,89	Bzl.	25
$C_{13}H_{10}Cl_2$	Diphenyldichlormethan	2,39	Bzl.	17
$C_{13}H_{10}N_2$	Diphenylcarbodiimid	1,89	Bzl.	18
$C_{13}H_{10}N_2$	Diphenyldiazomethan	1,42	CCl_4	0
$C_{13}H_{10}N_2O$	Di-p-nitrophenylmethan	4,29	Bzl.	24
$C_{13}H_{10}N_2O_2$	2,7-Nitroaminofluoren	6,8	Diox.	25
$C_{13}H_{10}N_2O_2$	4-Nitrobenzalanilin	4,15	Bzl.	—
$C_{13}H_{10}N_2O_4$	p,p'-Dinitrodiphenyl-methan	4,29	Bzl.	23,9
$C_{13}H_{10}O$	Benzophenon	2,93	Bzl.	25
$C_{13}H_{10}O$	Xanthen	1,28	Bzl.	28
$C_{13}H_{10}O_2$	Benzoesäure-phenyl-ester	1,81	Bzl.	22
$C_{13}H_{10}O_2$	4-Hydroxy-benzo-phenon	3,96	Diox.	32
$C_{13}H_{10}O_3$	4,4'-Dihydroxy-benzo-phenon	4,49	Diox.	32
$C_{13}H_{10}O_3$	Salicylsäurephenylester	3,15	Bzl.	40
$C_{13}H_{10}S$	Thiobenzophenon	3,37	Bzl.	20
$C_{13}H_{11}BrO$	p-Bromphenyl-p-tolyl-äther	1,98	Hex.	25
$C_{13}H_{11}Br_2N_3$	4,4'-Dibrom-N-methyl-diazoaminobenzol	2,52	Bzl.	25

Formel	Name	Dipol-moment D	Zustand	Temperatur °C
$C_{13}H_{11}Cl$	3-α-Naphthyl-1-chlor-propen-(1)			
	feste Form	1,27	Bzl.	32
	fl. Form	1,47	Bzl.	32
$C_{13}H_{11}N$	Benzalanilin	1,57	Bzl.	25
$C_{13}H_{11}N_3O_3$	4-Nitro-4′-methoxyazo-benzol	6,5	Bzl.	17
$C_{13}H_{12}$	Diphenylmethan	0,37	flüssig	20...50
$C_{13}H_{12}$	α-Naphthyl-methyl-äthen	∼0	Bzl.	27
$C_{13}H_{12}N_2$	Benzalphenylhydrazin	1,89	Bzl.	20
$C_{13}H_{12}N_2$	Benzophenonhydrazon	2,02	Bzl.	16
$C_{13}H_{12}N_2$	2,9-Diamino-fluoren	1,96	Bzl.	18
$C_{13}H_{12}N_2O$	N,N-Diphenylharnstoff	2,7	Diox.	17
$C_{13}H_{12}N_2O$	N,N′-Diphenylharnstoff	4,6	Diox.	20
$C_{13}H_{12}N_2O$	p-Methoxy-azobenzol	1,29	Bzl.	23
$C_{13}H_{12}N_2S$	N,N′-Diphenyl-thio-harnstoff	4,9	Diox.	20
$C_{13}H_{12}O$	2,7-Dimethyl-benzo-cycloheptadienon	3,605	Bzl.	25
$C_{13}H_{12}O$	Phenyl-p-tolyl-äther	1,31	Bzl.	20
$C_{13}H_{13}N$	Phenyl-p-tolyl-amin	1,01	Bzl.	25
$C_{13}H_{13}N_3$	N-Methyl-diazoamino-benzol	1,49	Bzl.	25
$C_{13}H_{13}S$	Phenyl-p-tolyl-sulfid	1,75	Bzl.	25
$C_{13}H_{14}O$	2-Monobenzal-cyclo-hexanon	3,12	Bzl.	25
$C_{13}H_{16}O$	Allyläthylacetophenon	2,80	Bzl.	—
$C_{13}H_{16}O$	Allyldimethylaceto-phenon	2,68	Bzl.	—
$C_{13}H_{16}O_4$	Phenylmalonsäure-diäthylester	2,543	—	30
$C_{13}H_{17}N$	1-Methyl-3-tert.-butyl-indol	2,03	Bzl.	25
$C_{13}H_{17}NO_2$	N-Dimethyl-p-amino-zimtsäureäthylester	4,6	Bzl.	19
$C_{13}H_{20}O_8$	Methantetracarbon-säuretetraäthylester	3,0	Bzl.	—
$C_{13}H_{20}O_8$	Pentaerythrittetraessig-säurester	2,18	Bzl.	22
$C_{13}H_{22}O_2$	Propionsäure-l-bornyl-ester	1,84	Bzl.	22
$C_{13}H_{24}O_2$	Propionsäurementhyl-ester	1,89	Bzl.	22
$C_{13}H_{24}O_4$	Azelainsäurediäthylester	2,36	flüssig	30...40
$C_{13}H_{24}O_4$	Propylmalonsäure-diäthylester	2,15	Bzl.	—
$C_{13}H_{26}O_2$	Undecansäureäthylester	1,89	Hept.	25
$C_{13}H_{28}O_2$	2,2-Di-propyloxy-n-heptan	0,92	Bzl.	25
$C_{13}H_{28}O_4$	Pentaerythrittetraäthyl-äther	1,1	Bzl.	—
$C_{14}H_6Cl_2O_2$	1,8-Dichlor-anthra-chinon	2,82	Bzl.	22

Formel	Name	Dipol-moment D	Zustand	Temperatur °C
$C_{14}H_6Cl_2O_2$	2,3-Dichlor-anthra=chinon	2,52	Bzl.	22
$C_{14}H_6N_4O_{12}$	2,2', 4,4'-Tetranitro-6,6'-dicarboxy-biphenyl	5,86	Diox.	—
$C_{14}H_7ClO_2$	1-Chlor-anthrachinon	1,53	Bzl.	22
$C_{14}H_7ClO_2$	2-Chlor-anthrachinon	1,70	Bzl.	22
$C_{14}H_8Cl_2$	1,8-Dichlor-anthracen	3,2	Diox.	23
$C_{14}H_8Cl_2$	2,2-Dichlor-diphenyl-acetylen	1,92	Bzl.	25
$C_{14}H_8Cl_2$	3,3-Dichlor-diphenyl-acetylen	1,91	Bzl.	25
$C_{14}H_8Cl_4$	1,5,9,10-Tetrachlor-9,10-dihydro-anthracen	3,7	α-Methyl-naph=thalin	25
$C_{14}H_8N$	p,p'-Dicyan-diphenyl	1,14	Bzl.	25
$C_{14}H_8N_2O$	Benzoylbenzimidazol	1,97	Bzl.	25
$C_{14}H_8O_2$	Anthrachinon	0,6	Bzl.	—
$C_{14}H_8O_2$	Phenanthrenchinon	5,6	Bzl.	—
$C_{14}H_9Br$	9-Brom-anthracen	1,50	Bzl.	25
$C_{14}H_9Br_2Cl_3$	2,2-Bis (p-brom-phenyl)-1,1,1-trichlor-äthan	1,19	Bzl.	20
$C_{14}H_9Cl_5$	1,1-Bis (p-chlor-phe=nyl)-2,2,2-trichlor-äthan „DDT"	1,12	Bzl.	20
$C_{14}H_9Cl_5$	2-p-Chlor-phenyl-2-o-chlor-phenyl-1,1,1-tri=chlor-äthan	2,24	Bzl.	20
$C_{14}H_9Cl_5$	2-p-Chlor-phenyl-2-m-chlor-phenyl-1,1,1-trichlor-äthan	1,77	Bzl.	20
$C_{14}H_{10}$	Anthracen	0	Bzl.	25
$C_{14}H_{10}$	Diphenylacetylen	0	Bzl.	18
$C_{14}H_{10}$	Phenanthren	0	Hept.	20
$C_{14}H_{10}BrCl$	1-p-Chlorphenyl-1-phenyl-2-brom-äthen, hochschmelzend	2,27	Bzl.	17,3
	tiefschmelzend	1,28	Bzl.	17,9
$C_{14}H_{10}Br_2$	1-p-Bromphenyl-1-phenyl-2-brom-äthen, hochschmelzend	2,43	Bzl.	21
	tiefschmelzend	1,22	Bzl.	20
$C_{14}H_{10}Br_2$	1,1-Di-p-brom-phenyl-äthen	1,43	Bzl.	25
$C_{14}H_{10}Br_2$	1,1-Diphenyl-2,2-dibrom-äthen	1,62	Bzl.	15
$C_{14}H_{10}Cl_2$	1,1-Di-p-chlor-phenyl-äthen	1,43	Bzl.	25
$C_{14}H_{10}Cl_2$	1,1-Diphenyl-2,2-dichlor-äthen	1,79	Bzl.	12,9
$C_{14}H_{10}Cl_2$	α-Stilben-dichlorid	1,45	Bzl.	—
$C_{14}H_{10}Cl_2O_2$	1,5-Dichlor-9,10-di=hydroxy-9,10-dihydro=anthracen	2,95	Diox.	25,4

Formel	Name	Dipol-moment D	Zustand	Temperatur °C
$C_{14}H_{10}F_2$	1,1-Di-p-fluor-phenyl-äthen	1,52	Bzl.	25
$C_{14}H_{10}N_2O$	Diphenylfurazan (3,4-Diphenyl-1,2,5-oxdiazol)	4,39	—	—
$C_{14}H_{10}N_2O$	2,5-Diphenyl-1,3,4-oxdiazol	3,45	Bzl.	25
$C_{14}H_{10}N_2O_2$	Azodibenzoyl	2,85	Bzl.	25
$C_{14}H_{10}N_2O_2$	Diphenylfurazanperoxid	5,19	Bzl.	25
$C_{14}H_{10}N_2O_2$	N-Phenyl-C-phenyl-sydnon	6,60	—	—
$C_{14}H_{10}N_2O_4$	1,1-Diphenyl-2,2-dinitro-äthen	5,49	Bzl.	14,5
$C_{14}H_{10}N_2O_4$	α,β-Dinitro-stilben	0	Bzl.	16
$C_{14}H_{10}N_2O_4$	4,4′-Dinitro-stilben	ca. 0	α-Methylnaphthalin	16
$C_{14}H_{10}N_2O_5$	2,4′-Dinitro-stilbenoxid	4,96	Bzl.	15,3
$C_{14}H_{10}N_2O_5$	4,4′-Dinitro-stilbenoxid niedrigschmelzend	2,1	α-Methylnaphthalin	16,2
$C_{14}H_{10}N_2O_5$	hochschmelzend	5,75	Diox.	16,7
$C_{14}H_{10}O$	Anthron	3,66	Bzl.	20
$C_{14}H_{10}O$	Anthrol-(1)	1,44	Bzl.	20
$C_{14}H_{10}O$	Anthrol-(2)	1,53	Bzl.	20
$C_{14}H_{10}O_2$	Benzil	3,62	Bzl.	25
$C_{14}H_{10}O_2S_2$	Benzylpersulfid	1,1	Bzl.	25
$C_{14}H_{10}O_3$	Benzoesäureanhydrid	4,15	Bzl.	25
$C_{14}H_{10}O_4$	Benzoylperoxid	1,58	Bzl.	45
$C_{14}H_{11}Br$	1-Phenyl-1-(p-bromphenyl)-äthen	1,50	Bzl.	25
$C_{14}H_{11}Br$	1,1-Diphenyl-2-brom-äthen	1,51	Bzl.	22,2
$C_{14}H_{11}Cl$	1-Phenyl-1-(p-chlorphenyl)-äthen	1,49	Bzl.	25
$C_{14}H_{11}Cl_3$	2,2-Diphenyl-1,1,1-trichlor-äthan	1,94	Bzl.	20
$C_{14}H_{11}N$	2-Phenyl-indol	2,01	Bzl.	25
$C_{14}H_{11}N$	3-Phenyl-indol	2,21	Bzl.	25
$C_{14}H_{11}NO$	N-Methylacridon	3,5	Bzl.	30
$C_{14}H_{11}N_3O_2$	1,4-Diphenyl-3,5-dioxo-1,2,4-triazolidin	1,98	Bzl.	25
$C_{14}H_{11}N_3O_4$	α-Benzoyl-β-(p-nitrobenzoyl)-hydrazid	5,57	Bzl.	25
$C_{14}H_{12}$	1,1-Diphenyl-äthen	0,5	Bzl.	10...70
$C_{14}H_{12}$	1,2-Diphenyl-äthen cis (cis-Stilben)	0	Bzl.	18
$C_{14}H_{12}$	1,2-Diphenyl-äthen, trans (trans-Stilben)	0	Bzl.	10...70
$C_{14}H_{12}$	9,10-Dihydroanthracen	∼0,4	Bzl.	25
$C_{14}H_{12}ClN$	p-Chlor-benzyliden-p-toluidin	2,06	Bzl.	25
$C_{14}H_{12}ClN$	o-Methoxy-benzyliden-p-chlor-anilin	3,85	Bzl.	25

Formel	Name	Dipol-moment D	Zustand	Temperatur °C
$C_{14}H_{12}Cl_2$	α-Dichlor-stilben	1,27	Bzl.	25
$C_{14}H_{12}Cl_2$	β-Dichlor-stilben	2,75	Bzl.	25
$C_{14}H_{12}N_2$	Benzalazin	1,00	Bzl.	18
$C_{14}H_{12}N_2O$	Benzoylformaldehyd-phenylhydrazon, α- oder cis-Form	1,70	Bzl.	20
	β- oder trans-Form	2,72	Bzl.	20
$C_{14}H_{12}N_2O_2$	α,β-Dibenzoyl-hydrazid	2,63	Diox.	25
$C_{14}H_{12}N_2O_2$	α-Benzildioxim	1,49	Diox.	20
	β-Benzildioxim	2,12	Diox.	20
	γ-Benzildioxim	1,55	Diox.	20
$C_{14}H_{12}N_2O_3$	p-Nitrobenzo-phenon-α-oxim-N-methyläther	6,60	Bzl.	25
$C_{14}H_{12}N_2O_3$	p-Nitrobenzo-phenon-β-oxim-N-methyläther	1,09	Bzl.	25
$C_{14}H_{12}N_2O_3$	p-Nitrobenzophenon-α-oxim-o-methyläther	3,75	Bzl.	25
$C_{14}H_{12}N_2O_3$	p-Nitrobenzo-phenon-β-oxim-o-methyläther	4,26	Bzl.	25
$C_{14}H_{12}N_2O_4$	4,4'-Dinitro-2,2'-di= methylbiphenyl	1,30	Bzl.	25
$C_{14}H_{12}O$	Stilbenoxid	1,73	Bzl.	14
$C_{14}H_{12}O_2$	Benzoesäurebenzylester	2,08	Dekalin	25…90
$C_{14}H_{12}O_2$	Benzoin	3,57	Bzl.	18
$C_{14}H_{12}O_2$	2,6-Dimethyl-di-o-phenylendioxid	0,61	Bzl.	20
$C_{14}H_{12}O_2$	2-Methyl-2-phenyl-o-phenylen-methylen-dioxid	1,05	—	—
$C_{14}H_{13}NO$	Acetamidodiphenyl	3,83	Bzl.	25
$C_{14}H_{13}NO$	o-Methoxybenzyliden= anilin	3,02	Bzl.	25
$C_{14}H_{13}NO$	Salicylal-m-toluidin	2,59	Bzl.	25
$C_{14}H_{13}NO$	Salicylal-p-toluidin	2,63	Bzl.	25
$C_{14}H_{14}$	Dibenzyl	0	flüssig	—
$C_{14}H_{14}$	2,2'-Dimethyl-diphenyl	0,66	Bzl.	25
$C_{14}H_{14}$	4,4'-Dimethyl-diphenyl	0	Bzl.	—
$C_{14}H_{14}Br_2S$	Benzylsulfiddibromid	ca. 5,4	Bzl.	25
$C_{14}H_{14}J_2S$	Benzylsulfiddijodid	4,4	Bzl.	10
$C_{14}H_{14}NO_3$	p,p'-Dianisylnitroxid	3,3	—	—
$C_{14}H_{14}N_2$	9,10-Dimethyl-9,10-dihydrophenazin	ca. 0,4	Bzl.	25
$C_{14}H_{14}N_2$	4,4'-Azotoluol, trans	ca. 0	Bzl.	25
$C_{14}H_{14}N_2O$	o,o'-Azoxytoluol, cis	4,36	Bzl.	—
$C_{14}H_{14}N_2O$	o,o'-Azoxytoluol, trans	1,73	Bzl.	—
$C_{14}H_{14}N_2O$	p,p'-Azoxytoluol, cis	5,06	Bzl.	—
$C_{14}H_{14}N_2O$	p,p'-Azoxytoluol, trans	1,73	Bzl.	—
$C_{14}H_{14}N_2O$	α-Benzoyl-β-p-tolyl-hydrazid	3,38	Bzl.	25
$C_{14}H_{14}N_2O$	Di-p-tolyl-nitrosamin	3,79	Bzl.	25
$C_{14}H_{14}N_2O_2$	Dibenzylhyponitrit	0,4	Bzl.	20
$C_{14}H_{14}N_2O_3$	o,o'-Azoxyanisol, cis	6,16	Bzl.	—
$C_{14}H_{14}N_2O_3$	o,o'-Azoxyanisol, trans	2,40	Bzl.	—
$C_{14}H_{14}N_2O_3$	p,p'-Azoxyanisol	2,48	Bzl.	—

Formel	Name	Dipol-moment D	Zustand	Temperatur °C
$C_{14}H_{14}N_4O_2$	4-Nitro-4'-dimethyl=aminoazobenzol	8,1	Diox.	18
$C_{14}H_{14}O$	Dibenzyläther	1,38	Bzl.	21,0
$C_{14}H_{14}O$	3,3-Dimethyl-diphenyl=äther	1,40	Bzl.	30
$C_{14}H_{14}O$	3,4'-Dimethyl-diphenyl=äther	1,42	Bzl.	30
$C_{14}H_{14}O$	Di-p-tolyl-äther	1,42	Bzl.	25
$C_{14}H_{14}OS$	Di-p-tolyl-sulfoxid	4,40	Bzl.	25
$C_{14}H_{14}OS$	Dibenzylsulfoxid	3,88	Bzl.	23
$C_{14}H_{14}O_2$	o,o'-Dimethoxy-di=phenyl	1,52	Bzl.	25
$C_{14}H_{14}O_2$	p,p'-Dimethoxy-di=phenyl	1,52	Bzl.	25
$C_{14}H_{14}O_2$	d,l Hydrobenzoin	2,67	Bzl.	25
$C_{14}H_{14}O_2$	Hydrobenzoin	2,31	Bzl.	60
$C_{14}H_{14}S$	Di-p-tolyl-sulfid	1,93	Bzl.	25
$C_{14}H_{14}S$	Dibenzylsulfid	1,38	Bzl.	21
$C_{14}H_{15}N$	Di-p-tolyl-amin	0,93	Bzl.	25
$C_{14}H_{15}N_3$	4,4'-Diazoaminotoluol	0,9	Bzl.	25
$C_{14}H_{15}N_3$	p-Dimethylamino-azobenzol	3,68	Bzl.	27
$C_{14}H_{16}N_2$	6,6'-Diamino-2,2'-di=methyl-diphenyl	1,66	Bzl.	20
$C_{14}H_{17}NO$	p-Dimethylaminozinna=mylidenaceton	6,7	Bzl.	25
$C_{14}H_{18}O_4$	Phenylmethylmalon=säurediäthylester	2,52	—	30
$C_{14}H_{22}N_4O_7$	Dibutylammoniumpikrat	11,5	Bzl.	—
$C_{14}H_{22}N_4O_7$	Octylammoniumpikrat	12,1	Diox.	—
$C_{14}H_{22}O_2$	2,5-Di-tert.-butyl-1,4-dihydroxy-benzol	1,68	Bzl.	125 ± 15
$C_{14}H_{22}O_2$	Hydrochinondibutyl=äther	1,79	Bzl.	25
$C_{14}H_{22}O_9$	Tetraacetyl-α-methyl-glucosid	2,38	Bzl.	—
$C_{14}H_{22}O_9$	Tetraacetyl-β-methyl-glucosid	3,08	Bzl.	—
$C_{14}H_{24}O_2$	Buttersäure-l-bornyl=ester	1,92	Bzl.	22
$C_{14}H_{26}O_2$	Buttersäure-l-menthyl=ester	1,81	Bzl.	22
$C_{14}H_{26}O_4$	Sebacinsäurediäthyl=ester	2,49	Bzl.	25
$C_{14}H_{28}O_2$	Laurinsäureäthylester	1,3	flüssig	20…143
$C_{14}H_{28}O_2$	Myristinsäure	0,77	Bzl.	25
$C_{15}H_{10}$	Phenanthridin	1,50	Bzl.	25
$C_{15}H_{10}Br_2O$	α, β-Dibrom-benzyliden-acetophenon	3,17	Bzl.	22
$C_{15}H_{10}Br_2O$	p,p'-Dibrom-benzyliden-acetophenon	2,03	Diox.	17
$C_{15}H_{10}O_2$	3-Phenyl-cumarin	4,30	Bzl.	25
$C_{15}H_{11}BrO$	α-Brombenzyliden-acetophenon	3,87	Bzl.	20

Formel	Name	Dipol-moment D	Zustand	Temperatur °C
$C_{15}H_{11}BrO$	β-Brom-benzyliden-acetophenon	3,59	Bzl.	21
$C_{15}H_{11}BrO$	p-Brom-benzyliden-acetophenon	2,47	Bzl.	22
$C_{15}H_{11}BrO$	Benzyliden-p-brom=acetophenon	2,93	Bzl.	18
$C_{15}H_{11}ClO_3$	2-Phenyl-benzopyry=lium-perchlorat	ca. 8	Dimethyl-anilin	25
$C_{15}H_{11}NO$	α,γ-Diphenyl-isoxazol	3,33	Bzl.	—
$C_{15}H_{12}Cl_2$	1,1-Bis(p-chlor-phenyl)-cyclopropan	2,02	Bzl.	—
$C_{15}H_{12}O$	Benzalacetophenon	3,02	Bzl.	20
$C_{15}H_{12}O_2$	Benzalacetophenonoxid	3,86	Bzl.	15
$C_{15}H_{13}NO_3$	4-Nitro-4'-methoxy=stilben	7,8	Bzl.	17
$C_{15}H_{14}$	1,1-Diphenyl-cyclo=propan	0,2	p-Xyl.	—
$C_{15}H_{14}N_2$	Di-p-tolyl-diazo-methan	1,96	CCl_4	0
$C_{15}H_{14}N_2$	p,p'-Carbo-ditolylimid	1,96	Bzl.	17
$C_{15}H_{14}O$	Dibenzylketon	2,65	Bzl.	18
$C_{15}H_{14}O_2$	p-Phenyl-benzoesäure-äthylester	2,01	Bzl.	15
$C_{15}H_{14}O_2S$	Dianisylthioketon	4,44	Bzl.	25
$C_{15}H_{14}O_3$	p,p'-Dianisyl-keton	3,84	Bzl.	22
$C_{15}H_{14}S$	Dimethylsulfonium-9-fluorenylid	6,2	Bzl.	25
$C_{15}H_{15}N_3O_2$	p-Dimethyl-aminoben=zal-p'-nitroanilin	8,6	Bzl.	—
$C_{15}H_{16}$	1,3-Diphenyl-propan	0,55	Bzl.	25
$C_{15}H_{15}N_2$	Benzal-p-dimethyl=amino-anilin	2,65	Bzl.	—
$C_{15}H_{16}N_2$	sym. Diphenyl-di=methyl-harnstoff	3,6	Diox.	24
$C_{15}H_{16}N_2$	p-Dimethyl-amino-benzal-anilin	3,6	Bzl.	—
$C_{15}H_{16}O_2$	p,p'-Dianisyl-methan	1,75	Bzl.	22
$C_{15}H_{20}Br_2$	Dibrom-dihydro-α-tricyclo-penta=dien (1,2), cis	3,20	Bzl.	—
$C_{15}H_{20}Br_2$	Dibrom-dihydro-β-tri=cyclo-pentadien-(1,2), trans	1,92	Bzl.	—
$C_{15}H_{20}Br_2$	Dibrom-dihydro-β-tricyclo-pentadien (1,2), cis	3,26	Bzl.	—
$C_{15}H_{20}O$	2,5-Dicyclo-pentyliden-cyclo-pentanon	2,78	Bzl.	25
$C_{15}H_{20}O_4$	β-Phenyl-glutarsäure-diäthylester	2,505	—	30
$C_{15}H_{22}O_2$	Benzalacetophenonoxid	3,86	Bzl.	15,3
$C_{15}H_{22}O_{10}$	Tetraacetylmethyl-glucosid			
	α-Form	2,38	—	—
	β-Form	3,08	—	—

Formel	Name	Dipol-moment D	Zustand	Temperatur °C
$C_{15}H_{24}$	Cedren	0,38	flüssig	15…35
$C_{15}H_{28}$	Vetivon (cis)	0,93	Bzl.	23
$C_{15}H_{28}$	Vetivon (trans)	0,73	Bzl.	23
$C_{15}H_{30}O_2$	Myristinsäuremethyl=ester	1,74	Bzl.	25
$C_{15}H_{12}Br_2O_4$	Dimethyl-4,4'-dibrom-diphenat	2,17	Bzl.	25
$C_{16}H_{12}NO$	Benzol-azo-β-naphthol	1,60	Bzl.	25
$C_{16}H_{12}N_2O$	2-Benzolazo-naphthol-(1)	1,8	Bzl.	28
$C_{16}H_{12}N_2O$	4-Benzolazo-naph=thol-(1)	2,1	Diox.	28
$C_{16}H_{12}N_2O_8$	Dimethyl-4,4'-dinitro=diphenat	2,03	Bzl.	25
$C_{16}H_{13}ClO_5$	2-Phenyl-3-methyl-benzopyrylium-perchlorat	ca. 7	Di=methyl-anilin	25
$C_{16}H_{13}NO$	2-Methyl-4,5-diphenyl=oxazol	1,7	Bzl.	25
$C_{16}H_{13}NO_4$	p-Nitro-α-phenylzimt=säuremethylester	3,78	Bzl.	17
$C_{16}H_{13}N_3$	4-Benzol-azo-naph=thylamin-(1)	2,56	Bzl.	16
$C_{16}H_{13}N_3$	1-Benzol-azo-naph=thylamin-(2)	2,14	Bzl.	16
$C_{16}H_{14}O_2$	4,4'-Diacetyl-biphenyl	1,9	Bzl.	25
$C_{16}H_{14}O_2$	α-Phenyl-zimtsäure-methylester	3,78	Bzl.	17
$C_{16}H_{14}O_4$	o,o'-Diphensäure-dimethylester	2,3	Bzl.	25
$C_{16}H_{14}O_4$	p,p'-Diphensäure-dimethylester	2,2	Bzl.	25
$C_{16}H_{14}O_4$	2,2'-Dihydroxy-diphe=nyl-diessigsäureester	2,18	Bzl.	25
$C_{16}H_{14}O_4$	4,4'-Dihydroxy-diphe=nyl-diessigsäureester	1,9	Bzl.	25
$C_{16}H_{15}Cl_3$	2,2-Di-p-tolyl-1,1,1-trichlor-äthan	2,19	Bzl.	20
$C_{16}H_{15}Cl_3O_2$	1,1,1-Trichlor-2,2-bis-(p-methoxyphenyl)-äthan	2,87	Bzl.	20
$C_{16}H_{15}N$	1,2-Dimethyl-3-phenyl-indol	2,61	Bzl.	25
$C_{16}H_{15}N$	1,3-Dimethyl-2-phenyl-indol	2,18	Bzl.	25
$C_{16}H_{15}N$	2-Methyl-3-benzyl-indol	2,49	Bzl.	25
$C_{16}H_{15}N$	3-Methyl-2-benzyl-indol	2,11	Bzl.	25
$C_{16}H_{15}NO_3$	Salicyliden-p-amino=benzoesäure-äthyl=ester			
	rot	2,69	Bzl.	25
	gelb	2,69	Bzl.	25
$C_{16}H_{16}$	1,1-Diphenyl-2,2-di=methyl-äthen	0,51	Bzl.	30

Formel	Name	Dipol-moment D	Zustand	Temperatur °C
$C_{16}H_{16}N_2O_2$	Anisaldazin	1,84	Bzl.	—
$C_{16}H_{16}N_2O_2$	4-Nitro-4'-dimethyl-aminostilben	8,3	α-Methyl-naph=thalin	17
$C_{16}H_{16}O_2$	Diphenylessigsäure=äthylester	1,76	—	30
$C_{16}H_{18}$	1,4-Diphenyl-butan	0,52	Bzl.	25
$C_{16}H_{18}N_2O_3$	p-Azoxy-phenetol	2,55	Bzl.	—
$C_{16}H_{18}O_2$	p,p'-Diäthoxy-diphenyl	1,9	Bzl.	25
$C_{16}H_{20}N_2$	Tetramethyl-p,p'-benzidin	1,25	Bzl.	25
$C_{16}H_{20}N_2O_2$	2,2'-Diamino-4,4'-di=äthoxy-biphenyl	3,11	Bzl.	—
$C_{16}H_{22}O_{11}$	Pentaacetyl-α-glucose	3,47	Bzl.	—
$C_{16}H_{22}O_{11}$	Pentaacetyl-β-glucose	2,54	Bzl.	—
$C_{16}H_{26}O_2$	2,5-Di-t-butyl-1,4-dimethoxy-benzol	1,47	Bzl.	25
$C_{16}H_{32}O_2$	Palmitinsäure	0,72	Bzl.	25
$C_{16}H_{33}J$	Cetyljodid	1,81	CCl_4	20
$C_{16}H_{34}$	Hexadecan	0		
$C_{16}H_{34}O$	Cetylalkohol	1,70	Bzl.	20
$C_{16}H_{36}BrN$	Tetrabutyl-ammonium-bromid	11,6	Bzl.	25
$C_{17}H_{10}O$	Benzanthron	3,49	Bzl.	25
$C_{17}H_{12}OS$	2,6-Diphenyl-thio-γ-pyron	4,39	Bzl.	20
$C_{17}H_{12}O_2$	Diphenyl-γ-pyron	3,82	Bzl.	20
$C_{17}H_{12}O_3S$	2,6-Diphenyl-thio-γ-pyron-1-dioxid	0,93	Bzl.	20
$C_{17}H_{14}NO$	Toluol-azo-γ-naphthol	1,66	Bzl.	25
$C_{17}H_{14}N_2O$	4-Benzolazo-1-methoxy-naphthalin	0,93	Bzl.	25
$C_{17}H_{14}O$	Dibenzalaceton	3,28	Bzl.	—
$C_{17}H_{16}OS$	2,6-Diphenyl-thio-γ-pyran-on-(4),			
	cis-Form	1,64	Bzl.	20
	trans-Form	1,62	Bzl.	20
$C_{17}H_{16}O_2$	β-Phenyl-zimtsäure-äthylester	1,98	Bzl.	19
$C_{17}H_{16}O_2$	β-Äthoxy-benzal=acetophenon	3,30	Bzl.	20
$C_{17}H_{18}O_2$	Thymolphenylketon	3,34	Bzl.	32
$C_{17}H_{20}$	1,5-Diphenyl-pentan	0,48	Bzl.	25
$C_{17}H_{20}N_2O$	4,4'-Bis-dimethylamino-benzophenon (Mich=lers Keton)	5,14	Bzl.	25
$C_{17}H_{20}N_4O_7$	Diäthylbenzyl-ammo=niumpikrat	11,8	Bzl.	—
$C_{17}H_{25}N_3O$	6-Methoxy-8-(3-di=äthylamino)-propyl=aminochinolin (Plas=mocid)	1,61	Bzl.	—
$C_{17}H_{34}O$	Dioctylketon	2,38	flüssig	51

Formel	Name	Dipol-moment D	Zustand	Temperatur °C
$C_{17}H_{34}O_5$	8,9,15-Trihydroxy-palmitinsäure-methyl-ester	4,27	Diox.	25
$C_{18}H_{10}Cl_2$	9,11-Dichlor-naph-thacen	2,5	Bzl.	20
$C_{18}H_{10}O_2$	Naphthacen-6,11-chinon	2,3	Bzl.	25
$C_{18}H_{12}$	Naphthacen	0	Bzl.	27
$C_{18}H_{12}Br_2O_2$	Hydrochinon-di-p-bromphenyläther	0,89	Bzl.	25
$C_{18}H_{12}Cl_2$	6,6-Bis (p-chlorphenyl)-fulven	0,68	—	—
$C_{18}H_{14}$	ω,ω-Diphenyl-fulven	1,34	Bzl.	24
$C_{18}H_{14}FN$	p-Fluor-triphenylamin	1,40	Bzl.	25
$C_{18}H_{14}N_4O_{12}$	2,2′, 4,4′-Tetranitro-5,6′-dicarbäthoxy-biphenyl	5,10	Bzl.	—
$C_{18}H_{14}O_2$	Hydrochinondiphenyl-äther	1,42	Bzl.	10…40
$C_{18}H_{14}O_4$	Butin-diol-(1,4)-dibenzoat	3,22	Bzl.	—
$C_{18}H_{15}As$	Triphenylarsin	1,07	Bzl.	17,7
$C_{18}H_{15}Bi$	Wismut-triphenyl	0	Bzl.	16
$C_{18}H_{15}N$	Triphenylamin	0,55	Bzl.	25
$C_{18}H_{15}OP$	Triphenylphosphinoxid	4,31	Bzl.	25
$C_{18}H_{15}O_4P$	Phosphorsäure-tri-phenylester	2,79	Bzl.	25
$C_{18}H_{15}P$	Triphenylphosphin	1,45	Bzl.	17
$C_{18}H_{15}PS$	Triphenylphosphinsulfid	4,73	Bzl.	25
$C_{18}H_{15}Sb$	Antimontriphenyl	0	Bzl.	25
$C_{18}H_{16}O_4$	9,10-Dihydroanthracen-9,10-dicarbonsäure-dimethylester,			
	cis	2,6	Bzl.	24
	trans	1,7	Bzl.	24
$C_{18}H_{16}Si$	Silicium-triphenyl-hydrid	1,02	CCl_4	20
$C_{18}H_{18}N_2O_5$	p-Azoxybenzoesäure-diäthylester	3,11	Bzl.	—
$C_{18}H_{18}O_4$	p,p′-Dihydroxy-benzil-diäthyläther	5,4	Bzl.	25
$C_{18}H_{19}Cl_3$	2,2-Bis-(p-äthylphenyl) 1,1,1-trichlor-äthan	2,19	Bzl.	20
$C_{18}H_{19}Cl_3$	2,2-Bis-(2,4-dimethyl-phenyl)-1,1,1-trichlor-äthan	2,50	Bzl.	20
$C_{18}H_{19}Cl_3$	2,2-Bis-(2,5-dimethyl-phenyl)-1,1,1-trichlor-äthan	1,94	Bzl.	20
$C_{18}H_{19}Cl_3$	2,2-Bis-(3,4-dimethyl-phenyl)-1,1,1-trichlor-äthan	2,49	Bzl.	20
$C_{18}H_{19}Cl_3O_2$	2,2-Di-p-phenetyl-1,1 1-trichlor-äthan	2,97	Bzl.	20
$C_{18}H_{22}$	1,6-Diphenyl-hexan	0,52	Bzl.	25

Formel	Name	Dipol-moment D	Zustand	Temperatur °C
$C_{18}H_{27}N_3$	8-(1-Methyl-4-diäthyl-amino)-butyl-amino-chinolin (Neoplas-mochin)	0,70	Bzl.	—
$C_{18}H_{30}N_4O_7$	Tributylammonium-pikrat	13,1	Bzl.	25
$C_{18}H_{32}O_2$	Linolsäure	1,208	Bzl.	30
$C_{18}H_{34}O_2$	Ölsäure	1,00	Bzl.	30
$C_{18}H_{36}O$	Oleinalkohol	1,72	Bzl.	20
$C_{18}H_{36}O$	Elaidinalkohol	1,70	Bzl.	20
$C_{18}H_{36}O_2$	Palmitinsäureäthylester	1,2	flüssig	30...182
		1,87	Hept.	25
$C_{18}H_{36}O_2$	Stearinsäure	1,74	Diox.	25
$C_{18}H_{39}NO_2$	Tetrabutylammonium-acetat	11,2	Bzl.	25
$C_{19}H_{13}Cl_2N$	p,p'-Dichlor-benzo-phenon-phenylimid	0,97	Bzl.	25
$C_{19}H_{13}Cl_2N$	p-Chlor-benzo-phenon-p-chlor-phenylimid	2,49	Bzl.	25
$C_{19}H_{14}ClN$	p-Chlor-benzo-phenon-phenylimid	1,95	Bzl.	25
$C_{19}H_{14}ClN$	Benzophenon-p-chlor-phenylimid	2,91	Bzl.	12,4
$C_{19}H_{14}Cl_2$	p-Chlor-triphenyl-chlor-methan	1,95	Bzl.	17
$C_{19}H_{14}N_2$	9-Fluorenon-phenyl-hydrazon	2,12	Bzl.	16
$C_{19}H_{14}O$	4-Benzoyl-biphenyl	3,18	Bzl.	—
$C_{19}H_{14}O$	Fuchson	5,80	Bzl.	32
$C_{19}H_{14}O_2$	Benzaurin	6,85	Diox.	32
$C_{19}H_{14}O_3$	Aurin	7,96	Diox.	32
$C_{19}H_{15}Br$	Triphenylmethylbromid	2,1	Bzl.	25
$C_{19}H_{15}Cl$	Triphenylmethylchlorid	1,95	Bzl.	10...70
$C_{19}H_{15}N$	Diphenyl-methylen-anilin (Benzophenon-anil)	2,03	Bzl.	25
$C_{19}H_{15}N$	Benzophenonphenyl-imid	1,97	Bzl.	12,7
$C_{19}H_{16}$	Triphenylmethan	0	flüssig	94...175
$C_{19}H_{16}N_2$	Benzophenon-phenyl-hydrazon	2,22	Bzl.	15
$C_{19}H_{16}O$	2,5-Dibenzal-cyclo-pentanon	3,33	Bzl.	25
$C_{19}H_{16}O$	Triphenylcarbinol	2,11	Bzl.	10...70
$C_{19}H_{20}O_2$	2,6-Diphenyl-3,5-di-methyl-tetrahydro-γ-pyron	1,8	Bzl.	25
$C_{19}H_{20}O_4$	Diphenylmalonsäure-diäthylester	4,433	—	30
$C_{19}H_{26}O_2$	Androsten-(4)-dion-(3,17)	3,32	Diox.	25
$C_{19}H_{28}O_2$	Testosteron, cis	5,17	Diox.	25
$C_{19}H_{28}O_2$	Testosteron	4,32	Diox.	25
$C_{19}H_{28}O_2$	Androstandion-(3,17)	3,25	Diox.	25

Formel	Name	Dipol-moment D	Zustand	Temperatur °C
$C_{19}H_{28}O_2$	Δ^5-Androsten-3-cis-ol-17-on	2,46	Diox.	25
$C_{19}H_{30}O_2$	Androsteron	3,7	Diox.	25
$C_{19}H_{30}O_2$	Androstanol-(3β)-on-(17)	2,95	Diox.	25
$C_{19}H_{30}O_2$	Δ^5-Androsten-3 cis, 17-cis-diol	2,69	Diox.	25
$C_{19}H_{30}O_2$	Δ^5-Androsten-3 cis, 17-trans-diol	2,89	Diox.	25
$C_{19}H_{32}O_2$	Androstan-3 cis, 17-trans-diol	2,99	Diox.	25
$C_{19}H_{32}O_2$	Androstan-3 trans, 17-trans-diol	2,29	Diox.	25
$C_{20}H_{12}$	Perylen	1,9	Bzl.	30
$C_{20}H_{13}ClO$	p-Chlorbenzal-fluoren-oxid	1,88	Bzl.	14,7
$C_{20}H_{15}Br_2Cl$	α,β-Diphenyl-p-chlor-styryl-dibromid	1,57	Bzl.	16
$C_{20}H_{16}$	Triphenyläthylen	0,6	Bzl.	10…70
$C_{20}H_{16}Cl_2$	p-Bis-(α-chlorbenzyl)-benzol (meso)	2,28	Bzl.	25
$C_{20}H_{16}Cl_2$	p-Bis(α-chlorbenzyl)-benzol (d,l)	2,48	Bzl.	25
$C_{20}H_{16}Cl_2$	α,β-Diphenyl-styryl-dichlorid	1,52	Bzl.	18
$C_{20}H_{16}N_4$	Nitron(4,5-Dihydro-1,4-diphenyl-3,5-phenyl-imino-1,2,4-triazol)	7,2	Bzl.	30
$C_{20}H_{18}$	1,1,1-Triphenyl-äthan	0,4	Bzl.	10…70
$C_{20}H_{18}O$	2,6-Dibenzal-cyclo-hexanon	3,03	Bzl.	25
$C_{20}H_{18}O_2$	Hydrochinondi-p-tolyl-äther	1,80	Bzl.	10…40
$C_{20}H_{26}$	1,8-Diphenyl-octan	0,50	Bzl.	25
$C_{20}H_{30}N_4$	2,2-Bis-dimethylamino-biphenyl	1,55	Bzl.	—
$C_{20}H_{32}O_2$	17-Methyl-Δ^5-androsten-3 cis, 17-trans-diol	2,78	Diox.	25
$C_{20}H_{38}O_2$	Ölsäureäthylester	1,35	flüssig	28…150
$C_{20}H_{40}O_2$	Stearinsäureäthylester	1,88	Hept.	25
$C_{20}H_{44}BrN$	Tetraisoamylammo-niumbromid	14,7	Bzl.	25
$C_{21}H_{24}O_4$	β,β-Diphenyl-glutar-säure-diäthylester	2,43	—	30
$C_{21}H_{30}O$	$\Delta^{4,6}$-3,17-Dimethyl-andro-stadien-17 trans-ol	1,81	Diox.	25
$C_{21}H_{34}O$	3,17-Dimethyl-andro-stan-17 trans-ol	2,14	Diox.	25
$C_{21}H_{34}O_2$	3,17-Dimethyl-andro-stan-3 trans, 17-trans-diol	2,14	Diox.	25
$C_{21}H_{34}O_2$	3,17-Dimethyl-andro-stan-3 cis, 17-trans-diol	2,39	Diox.	25

Formel	Name	Dipol-moment D	Zustand	Temperatur °C
$C_{21}H_{42}O_3$	2-Methoxy-äthanol-stearat	2,08	flüssig	50
$C_{21}H_{42}O_4$	Glycerin-1-mono-stearat	3,04	Bzl.	30
$C_{22}H_{16}O_2$	6,12-Diaceto-naphtha=cen	3,33	Bzl.	25
$C_{22}H_{38}O_2$	Hydrochinondioctyl=äther	1,63	Bzl.	25
$C_{22}H_{42}O_4$	Octadecandisäure-(1,18)diäthylester	2,49	Bzl.	25
$C_{23}H_{24}$	1,3,5-Triphenyl-pentan	0,98	Bzl.	25
$C_{23}H_{26}N_2$	4,4'-Bis-dimethyl-amino-triphenyl-me=than (Leukomalachit=grün)	1,57	Bzl.	25
$C_{23}H_{44}O_2$	Trikosandion-(8,16)	3,6	Bzl.	—
$C_{23}H_{46}O$	Di-n-undecylketon	2,48	flüssig	69
$C_{24}H_{25}N_3$	4,4'-Bis-dimethyl-amino-triphenyl-methyl-cyanid (Malachitgrünleuko=cyanid)	1,13	Bzl.	25
$C_{24}H_{34}O_5$	3,7,12-Triketo-cholan=säure	5,63	Diox.	25
$C_{24}H_{36}O_4$	3,12-Diketo-cholansäure	4,82	Diox.	25
$C_{24}H_{36}O_5$	3-Hydroxy-7,2-diketo-cholansäure	5,16	Diox.	25
$C_{24}H_{38}N_4$	2,2-Bis-diäthylamino-biphenyl	1,82	Bzl.	—
$C_{24}H_{38}O_3$	3-Keto-cholansäure	3,72	Diox.	25
$C_{24}H_{38}O_4$	3-Hydroxy-12-keto-cholansäure	4,26	Diox.	25
$C_{24}H_{40}O_3$	3-Hydroxy-cholansäure	2,50	Diox.	25
$C_{24}H_{40}O_4$	3,12-Dihydroxy-cholan=säure	3,23	Diox.	25
$C_{24}H_{40}O_5$	Cholsäure	3,84	Diox.	25
$C_{26}H_{14}F_2$	2,2'-Difluor-bis-di=phenyl-äthylen	2,51	Bzl.	—
$C_{26}H_{16}$	Bis-diphenylen-äthen	0	Bzl.	16
$C_{26}H_{18}Cl_2$	9,10-Dichlor-9,10-di=phenyl-anthracen	3,0	Bzl.	38
$C_{26}H_{20}$	Tetraphenyläthylen	0	Bzl.	10 u. 70
$C_{26}H_{20}N_2$	Dibenzalbenzidin	1,4	Bzl.	—
$C_{26}H_{20}N_4$	1,4,5-Triphenyl-3,5-end=anilo-1,2,4-triazolin	9,1	Bzl.	25
$C_{26}H_{42}O_4$	Gitogenin	2,64	Diox.	25
$C_{27}H_{18}Br_2$	α,γ-Di-p-bromphenyl-α,γ-diphenyl-allen	1,92	Bzl.	19
$C_{27}H_{18}Cl_2$	α,α-Di-p-chlorphenyl-γ,γ-diphenyl-allen	1,57	Bzl.	25
$C_{27}H_{19}Cl$	p-Chlortetraphenyl-allen	1,55	Bzl.	22
$C_{27}H_{20}$	Tetraphenylpropadien	0	Bzl.	19
$C_{27}H_{20}N_2$	2,3-Diphenyl-indon=phenylhydrazon	1,93	Diox.	14

Formel	Name	Dipol-moment D	Zustand	Temperatur °C
$C_{27}H_{32}$	1,5,9-Triphenyl-nonan	0,85	Bzl.	25
$C_{27}H_{44}O_3$	Tigogenin	2,36	Diox.	25
$C_{27}H_{44}O_4$	Chlorogenin	2,67	Diox.	25
$C_{27}H_{46}O$	Cholesterol	1,99	Diox.	25
$C_{27}H_{46}O_2$	Cholestan-3-cis-ol-7-on	2,98	Diox.	25
$C_{27}H_{46}O_2$	Δ^5-Cholesten-3 cis ol-7-on	3,79	Diox.	25
$C_{27}H_{48}O$	Dihydrocholesterol	1,81	Diox.	25
$C_{27}H_{48}O_2$	Cholestan-3 cis, 7-cis-diol	2,55	Diox.	25
$C_{27}H_{48}O_2$	Cholestan-3 cis, 7-trans-diol	2,31	Diox.	25
$C_{28}H_{33}N_3$	4,4'-Bis-diäthyl-amino-triphenyl-methyl-cyanid (Brillantgrün=leukocyanin)	1,72	Bzl.	25
$C_{28}H_{38}O_{19}$	α-Cellobiose-octaacetat	2,8	$CHCl_3$	20
$C_{29}H_{58}O$	Di-n-tetradecyl-keton (Palmiton)	2,12	Bzl.	25
$C_{30}H_{50}O_2$	Cerin	2,39	Bzl.	50
$C_{31}H_{32}$	1,3,5,7-Tetraphenyl-heptan	1,51	Bzl.	25
$C_{39}H_{74}O_6$	Glycerintrilaurinat (Trilaurin)	2,59	Bzl.	30
$C_{44}H_{32}N_4$	α,β,γ,δ-Tetraphenyl-porphin	ca. 0	Bzl.	25
$C_{51}H_{98}O_6$	Glycerintripalmitat (Tripalmitin)	2,77	Bzl.	23
$C_{57}H_{104}O_6$	Glycerin-trioleat	3,16	Bzl.	30
$C_{57}H_{104}O_9$	Glycerin-triricinolat	4,12	Bzl.	29
$C_{57}H_{110}O_6$	Glycerin-tristearat	2,84	Bzl.	29

421. Relaxationszeit von Dipolmolekülen in Flüssigkeiten

Auch ein vollkommen frei drehbares Dipolmolekül könnte sich nur bei der Temperatur $T = 0°$ K genau in die Richtung eines äußeren elektrischen Feldes einstellen bzw. den Schwingungen dieses Feldes bei beliebiger Frequenz ungehindert folgen. Bei höherer Temperatur ist es dem Einfluß der Wärmebewegung, d.h. den Stößen der Nachbarmoleküle, ausgesetzt, durch die es mit gleicher Wahrscheinlichkeit in jeden beliebigen Raumwinkel gedreht wird; die Feldrichtung ist dann nur noch die Vorzugsrichtung für die Orientierung der Dipolachse. Die Orientierungspolarisation $(\sim 1/T)$ mißt den Mittelwert dieser bevorzugten Einstellung in die Feldrichtung; sie behält jedoch nur bei genügend kleiner Frequenz der Feldschwingungen den für statische Felder charakteristischen Wert; raschen Feldwechseln vermag die Orientierung der Dipolachsen nicht mehr trägheitsfrei zu folgen, so daß bei hohen Frequenzen „anomale Dispersion" der Polarisation und Dielektrizitätskonstanten und Absorptionserscheinungen auftreten (DEBYE). Die absorbierte Energie wird dabei dem äußeren elektrischen Wechselfeld entzogen und in Reibungswärme umgesetzt. Die ganze Erscheinung läßt sich durch eine Absorptionsfrequenz kennzeichnen bzw. durch Einführung einer Relaxationszeit τ beschreiben, die — nach der einfachen Debyeschen Theorie — der mittleren Reibungskraft der umgebenden Flüssigkeitsmoleküle (Zähigkeit η) und dem Volumen des schematisch als Kugel vom Radius a betrachteten Dipolmoleküls direkt und der Temperatur umgekehrt proportional ist:

$$\tau = 4\,\pi\,\frac{\eta\,a^3}{kT}\,. \tag{1}$$

Die Relaxationszeit ist zugleich diejenige Zeit, innerhalb der die z.B. von einem statischen Feld herrührende Ordnung der Dipolmoleküle nach Abschalten dieses Feldes auf den e-ten Teil abgedämpft ist.

Die mittlere Polarisierbarkeit bei der Frequenz ω des äußeren Feldes ist:

$$\gamma = \gamma' + \frac{1}{1 + i\,\omega\,\tau}\,\frac{\mu^2}{3kT} \tag{2}$$

(γ' = Anteil der Deformations-Polarisation, μ = Dipolmoment).

Darin, daß dieser Wert komplex ist, kommt zum Ausdruck, daß außer Dispersion auch Absorption auftritt, da man nun an Stelle eines reellen Brechungsindexes $n = \sqrt{\varepsilon}$ die komplexe Größe $n \equiv n'\,(1 - i\varkappa)$ mit der „Absorptionskonstante" $\varkappa$ einführen muß (Abb. 35).

Definieren wir, indem wir an der Clausius-Mossottischen Form des inneren Feldes festhalten, an Stelle von ε außer der „statischen Dielektrizitätskonstante" ε_0, — für Frequenzen des äußeren elektrischen (Wechsel-) Feldes, denen die molekularen Dipole in ihrer Einstellung nicht mehr zu folgen vermögen, bei denen sich aber doch noch keine ultraroten oder optischen Eigenschwingungen der Moleküle bemerkbar machen — eine „Hochfrequenz-Dielektrizitätskonstante" ε_∞, so ergibt sich für die Frequenzabhängigkeit der Molekularpolarisation folgender Ausdruck:

$$P = \frac{4\,\pi}{3}\,N\gamma = \frac{4}{3}\,\pi N\left(\gamma' + \frac{1}{1+i\omega\tau}\,\frac{\mu^2}{3kT}\right) = \frac{M}{\varrho}\,\frac{\varepsilon-1}{\varepsilon+2}$$
$$= \frac{M}{\varrho}\left[\frac{\varepsilon_\infty-1}{\varepsilon_\infty+2} + \frac{1}{1+i\omega\tau}\left(\frac{\varepsilon_0-1}{\varepsilon_0+2} - \frac{\varepsilon_\infty-1}{\varepsilon_\infty+2}\right)\right] = \frac{M}{\varrho}\,\frac{n^2-1}{n^2+2} \tag{3}$$

(M = Molekulargewicht; N = Avogadrosche Zahl; ϱ = Dichte).

Abb. 35 stellt den hieraus für $\varepsilon_0 = 57$ und $\varepsilon_\infty = 2$ berechneten Verlauf von $n' = \sqrt{\varepsilon}/(1 - i\varkappa)$, $n'\varkappa$ und $\varkappa$ dar. $\varkappa$ erreicht bei der Frequenz

$$\omega_{\mathrm{max}} = \frac{\varepsilon_\infty+2}{\varepsilon_0+2}\,\sqrt{\frac{\varepsilon_0}{\varepsilon_\infty}}\cdot\frac{1}{\tau} \tag{4}$$

ein Maximum vom Betrage

$$\varkappa_{\mathrm{max}} = \frac{\sqrt{\varepsilon_0} - \sqrt{\varepsilon_\infty}}{\sqrt{\varepsilon_0} + \sqrt{\varepsilon_\infty}}\,. \tag{5}$$

An dieser Stelle der Frequenzskala hat der Realteil des Brechungsindex n den Wert

$$n' = \sqrt{\frac{1}{2}\,\frac{\sqrt{\varepsilon_0\cdot\varepsilon_\infty}}{\varepsilon_0+\varepsilon_\infty}\,(\sqrt{\varepsilon_0}+\sqrt{\varepsilon_\infty})^2}\,. \tag{6}$$

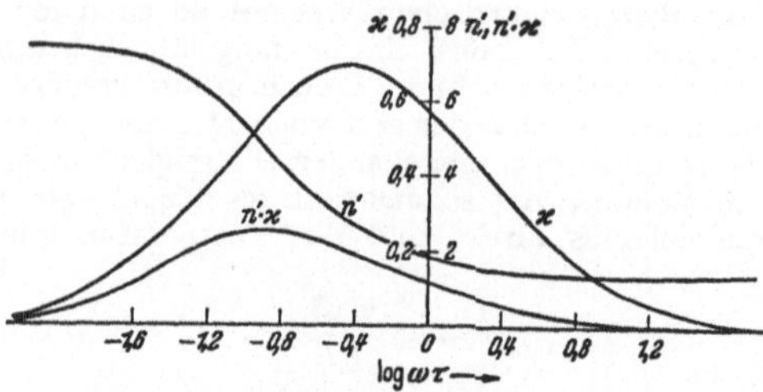

Abb. 35. Anomale Dispersion und Absorption in einer Dipolflüssigkeit (Relaxationszeit τ); theoretischer Verlauf

Man kann jedoch, statt einen komplexen Brechungsindex einzuführen, auch die komplexe Dielektrizitätskonstante ε in Real- und Imaginärteil zerlegen:

$$\varepsilon \equiv \varepsilon' + i\,\varepsilon''. \tag{7}$$

ε' ist dann die eigentliche, experimentell beobachtbare Dielektrizitätskonstante:

$$\varepsilon' = n'^{\,2}(1 - \varkappa^2). \tag{8}$$

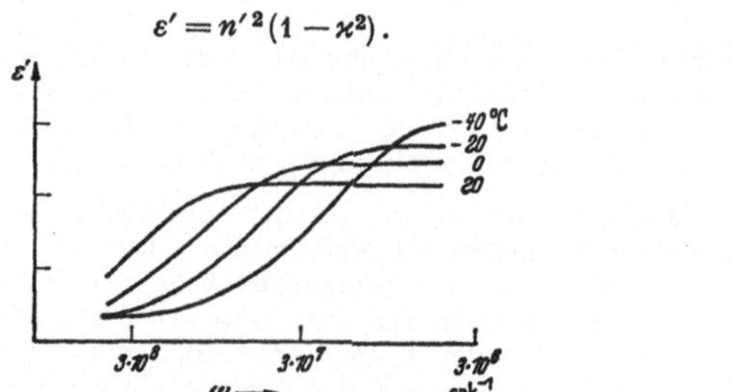

Abb. 36. Anomale Dispersion von Propanol-(1) bei -40 bis $+20°$ C (D. K. in Abhängigkeit von der Frequenz gemessen)

Die „Absorption" in einem äußeren elektrischen Wechselfelde mißt man durch den Phasenwinkel zwischen Spannungs- und Strommaximum der elektrischen Schwingungen (Verlustwinkel) $\mathrm{tg}\ \varphi = \dfrac{\varepsilon''}{\varepsilon'}$.

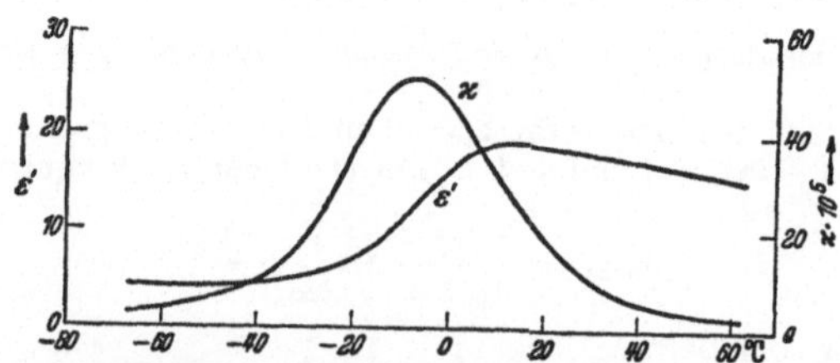

Abb. 37. Temperaturabhängigkeit von Dielektrizitätskonstante (ε') und Absorption elektrischer Wellen ($\varkappa$) bei bestimmter Frequenz (Propanol-(2)

Wie aus (1) hervorgeht, ist die Relaxationszeit der Zähigkeit proportional. Mit zunehmender Temperatur, d.h. abnehmender Zähigkeit, verschiebt sich daher die Absorptionsstelle ($\sim 1/\tau$) nach höheren Frequenzen (Abb. 36). Abb. 37 zeigt hierzu die Ergebnisse einer Messung von Dispersion und Absorption in Abhängigkeit von der Temperatur bei konstanter Frequenz.

Man bestimmt die Relaxationszeit von Dipolmolekülen gewöhnlich durch Absorption elektrischer Wellen von merklich kleinerer Frequenz, als der Absorptionsstelle $1/\tau$ entspricht, an verdünnten Lösungen dieser Moleküle in unpolaren Lösungsmitteln und findet dabei im allgemeinen Werte, die der normalen Zähigkeit des Lösungsmittels proportional sind; um die Absolutwerte der Relaxationszeit durch Formel (1) richtig darzustellen, hat man diese „markoskopische Zähigkeit" mit einem angenähert konstanten Reduktionsfaktor ($\sim 1/2$) zu multiplizieren.

Die Annahme von kugelförmigen Molekülen mit festem Dipol ist aber im allgemeinen eine zu grobe Vereinfachung, und man bekommt bessere Übereinstimmung mit den experimentell gefundenen Werten, wenn man die Moleküle statt dessen als Ellipsoide mit Hauptachsen a, b, c betrachtet und die Relaxationszeit, mit Hilfe eines aus der Orientierung der Dipolachse zu diesen Hauptachsenrichtungen theoretisch zu berechnenden Faktors f (PERRIN), zu

$$\tau = \frac{4\,\pi\eta' \cdot f \cdot abc}{kT} \tag{9}$$

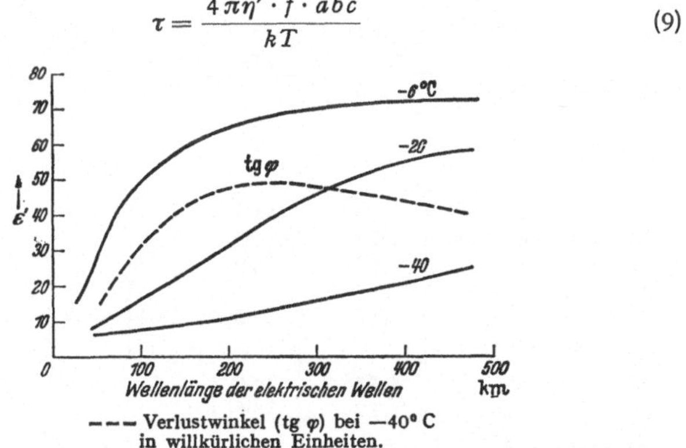

— — — Verlustwinkel (tg φ) bei —40° C in willkürlichen Einheiten.

Abb. 38. Anomale Dispersion elektrischer Wellen im Eis

annimmt. Strenggenommen hätte man dann zwar mit drei verschiedenen, den 3 Komponenten des Dipolmomentes entsprechenden Relaxationszeiten zu rechnen, jedoch spielt dieser Effekt bei ausreichendem Frequenzabstand von der Absorptionsstelle keine Rolle mehr. 4211 gibt einen Vergleich der in diesem Frequenzgebiet gemessenen und der nach (6) berechneten Werte der Relaxationszeit verschiedener Dipolmoleküle (nach FISCHER).

In konzentrierten Lösungen und reinen Dipolflüssigkeiten wird die Relaxationszeit ebenso wie die Orientierungspolarisation durch Dipol-Dipol-Wechselwirkungen und andere durch die quasikristalline Struktur der Flüssigkeiten bedingte Richtkräfte (Debyesche Rotationsbehinderung) beträchtlich herabgesetzt.

Auch in festen Körpern sind Dipolrotationen und dementsprechend kritische Frequenzen bzw. Relaxationseffekte beobachtet worden, so z.B. an festen Lösungen polarer Kettenmoleküle in Paraffinwachs und vor allem an Eis (Abb. 39). Für Eis ergab sich die Relaxationszeit zu $\tau \sim 2 \cdot 10^{-6}\,s$ bei $-2°$ C. Besonders interessante Erscheinungen beobachtet man an Seignettesalzkristallen ($NaKC_4H_4O_6 + 4H_2O$), deren in Richtung der Kristallachse ungewöhnliche hohe Dielektrizitätskonstante ($\varepsilon \sim 1000$) sich wie die Permeabilität von ferromagnetischen Stoffen verhält, indem sie schon bei einigen 100 V/cm dielektrische Sättigung und Remanenz (Hysteresisschleife) zeigen und bei 24° C einen Curie Punkt haben. An Mischkristallen

mit K-Tartrat sind bei $-190°$ C Relaxationszeiten der Größenordnung
1 min beobachtet worden („Umklappen", entsprechend den Barkhausen-
Sprüngen beim Ferromagnetismus).

Relaxationserscheinungen spielen außerdem unter anderem bei der
magnetischen Hysteresis, bei Nachladungserscheinungen von festen
Dielektriken und bei der Leitfähigkeit starker Elektrolyte („Relaxations-
effekt" in der Neubildung einer entgegengesetzt geladenen Ionenatmo-
sphäre um ein in Feldrichtung wanderndes Ion) eine Rolle.

4211. Relaxationszeit

	$\mu \cdot 10^{18}$ in dyn $^{1}/_{2}$ cm^{2}	$\tau \cdot 10^{11}$ s ge-messen	$\tau \cdot 10^{11}$ s berechnet nach (1) und auf o-Dichlorbenzol bezogen
Monochlorbenzol	1,69	1,26	1,78
o-Dichlorbenzol	2,26	1,65	1,65
Nitrochlorbenzol	3,95	1,20	1,57
1-Chlornaphthalin	1,65	2,60	2,56 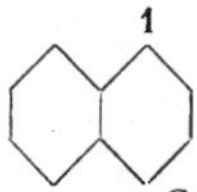
1-Chloranthrachinon	1,53	3,04	3,64 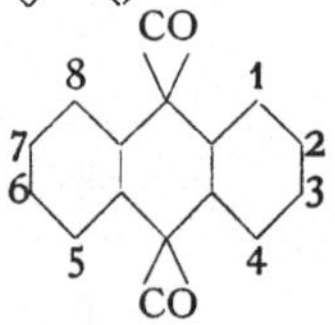
2-Chloranthrachinon	1,70	3,98	4,90
2,3-Dichlor-anthrachinon	2,82	7,59	5,32
1,8-Dichlor-anthrachinon	2,52	5,20	3,64
p-Chlordiphenyl	1,53	9,00	
m-Chlordiphenyl	1,72	3,96	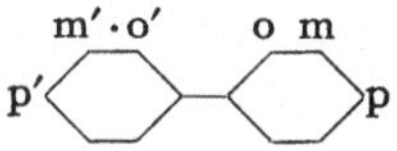
o-Chlordiphenyl	1,34	4,25	
mm′-Dichlordiphenyl	1,68	3,94	
oo′-Dichlordiphenyl	1,75	4,68	
Aceton	2,8	0,52	0,62 CH_3COCH_3
Diäthylketon		0,74	0,88 $CH_3CH_2COCH_2CH_3$
Di-n-Propylketon	2,74	0,99	1,29 $CH_3(CH_2)_2CO(CH_2)_2CH_3$
Di-n-Butylketon		1,27	1,61 $CH_3(CH_2)_3CO(CH_2)_3CH_3$
n-Propylchlorid		0,86	0,91 $CH_3CH_2CH_2Cl$
n-Oktylchlorid		3,70	2,90 $CH_3(CH_2)_6CH_2Cl$
n-Decylchlorid		4,66	4,25 $CH_3(CH_2)_8CH_2Cl$
Laurylchlorid	1,85…	5,89	5,48 $CH_3(CH_2)_{10}CH_2Cl$
Cetylchlorid	2,05	6,95	10,5 $CH_3(CH_2)_{14}CH_2Cl$
n-Propylbromid		1,12	1,08 $CH_3CH_2CH_2Br$
n-Heptylbromid		3,83	2,60 $CH_3(CH_2)_5CH_2Br$
Cetylbromid		8,84	11,7 $CH_3(CH_2)_{14}CH_2Br$
Methanol		0,21	0,30
Äthanol		0,25	0,49
n-Propanol	1,64…	0,29	0,60
n-Hexanol	1,69	0,48	1,09
n-Octanol		0,73	1,41
Cetylalkohol		1,64	2,71

43. Konstanten

431. Kerr-Konstanten

Unter dem Einfluß eines äußeren elektrischen Feldes werden viele Stoffe — sowohl im gasförmigen als auch im kondensierten (flüssigen) Zustand — doppelbrechend, eine als Kerr-Effekt bezeichnete Erscheinung.

Die Brechungsindizes für einen linear polarisierten Lichtstrahl, der sich senkrecht zum angelegten Felde der Feldstärke $\mathfrak{E}$ durch die zu untersuchende Substanz fortpflanzt, sind verschieden, je nachdem der elektrische Vektor des Lichtstrahls parallel oder senkrecht zum äußeren Felde schwingt. Die Differenz dieser Brechungsindizes ist proportional zum Quadrat der Feldstärke $\mathfrak{E}$, da der Effekt nur vom Absolutbetrag derselben abhängt.

Unter der Kerr-Konstante B versteht man den Proportionalitätsfaktor in der Gl. (1)

$$\Delta\lambda = B \cdot l \cdot E^2, \tag{1}$$

welche den Gangunterschied — gemessen in Vielfachen der Wellenlänge λ — beschreibt, der sich im Felde der Stärke E nach Durchlaufen einer Wegstrecke l herausbildet. Der Zusammenhang mit den Brechungsindizes n_p und n_s für die parallel und senkrecht zu $\mathfrak{E}$ schwingende linear polarisierte Welle wird durch

$$B = \frac{n_p - n_s}{\lambda} \cdot \frac{1}{E^2} \tag{2}$$

gegeben, wo λ die Lichtwellenlänge im Vakuum bedeutet; vielfach wird auch die Größe

$$K = \frac{B\lambda}{n} = \frac{n_p - n_s}{n} \cdot \frac{1}{E^2}$$

als Kerr-Konstante bezeichnet.

Die elektrische Doppelbrechung hängt sehr stark von der *Anisotropie* des inneren Feldes sowie von der *Rotationsbehinderung*, also vom *Ordnungszustande* der umgebenden Moleküle ab. Daher ist die Orientierungstheorie in der bisherigen Form nur für Gase gültig. Bei hochverdichteten Gasen und Flüssigkeiten ist die im wesentlichen von der Dichte abhängige Nahordnung schon so ausgeprägt, daß erhebliche Abweichungen von der einfachen Theorie auftreten. Zur Darstellung der Verhältnisse muß man sowohl die durch die Nahordnung bestimmte Anisotropie des inneren Feldes wie auch das Behinderungspotential berücksichtigen.

Für die *Temperaturabhängigkeit* der Kerr-Konstante läßt sich nur bei Gasen ein quantitativ und theoretisch begründetes Gesetz angeben. Dagegen läßt sich die *Abhängigkeit* von der *Wellenlänge* oder die *Dispersion* der Kerr-Konstante auch bei vielen Flüssigkeiten im sichtbaren Spektralgebiete mit guter Näherung durch eine einfache Beziehung, die sog. Havelocksche Formel

$$B = \frac{h(n^2 - 1)^2}{n\lambda}$$

darstellen. Die von der Wellenlänge unabhängige, mit der Temperatur jedoch veränderliche Konstante h heißt die Havelocksche Konstante des Stoffes. Bei Gasen ist $B \cdot \lambda$ oder K von der Wellenlänge praktisch unabhängig.

Formel	Name	Temperatur	λ in mμ	B in $10^{-9}\,cm^{-1}\,esE^{-2}$

Elemente

Formel	Name	Temperatur	λ in mμ	B
H_2	Wasserstoff	19,91° K	546	$3,45 \pm 0,06$
N_2	Stickstoff	77,4° K	546	8,00
O_2	Sauerstoff	−183° C	520	20

Anorganische Flüssigkeiten

Formel	Name	Temperatur	λ in mμ	B
CO_2	Kohlensäure (beim Sättigungsdruck, Dichte 0,76 g cm^{-3})	20,9° C	546	14
CS_2	Schwefelkohlenstoff	20° C	546	355
		20° C	590	322,6

Organische Verbindungen

Formel	Name	Temperatur	λ in mμ	B
CCl_4	Tetrachlorkohlenstoff	20° C	546	8,4
		20° C	589,3	7,2
$CHCl_3$	Chloroform	20° C	546	− 308
CH_4	Methan	111,95° K	546	1,96
C_2H_4	Äthylen	169,1° K	546	17,9
$C_2H_4Cl_2$	1,2-Dichloräthan	18,6° C	540	502
C_3H_6O	Aceton	18° C	weiß	1820
$C_4H_8O_2$	Dioxan	23,5° C	546	6,95
$C_4H_{10}O$	Diäthyläther	20° C	546	− 66
C_5H_5N	Pyridin	18° C	rot	2300
C_5H_{12}	n-Pentan	20° C	546	5,5
$C_6H_4Cl_2$	1,2-Dichlorbenzol	21° C	546	etwa 4400
$C_6H_4Cl_2$	1,3-Dichlorbenzol	19° C	546	893
$C_6H_4Cl_2$	1,4-Dichlorbenzol	75° C	546	263
C_6H_5Br	Brombenzol	24,9° C	560	990
C_6H_5Cl	Chlorbenzol	20° C	546	1050
$C_6H_5NO_2$	Nitrobenzol	20° C	546	40100
C_6H_6	Benzol	20° C	589,3	42,4
C_6H_{12}	Cyclohexan	19° C	546	5,9
C_6H_{14}	n-Hexan	20° C	546	6,6
$C_7H_7NO_2$	o-Nitrotoluol	20° C	546	20000
$C_7H_7NO_2$	m-Nitrotoluol	20° C	546	22700
C_7H_8	Toluol	20° C	546	71,4
		20° C	589	77,5
C_7H_8O	Anisol	20° C	586	112,3
C_7H_{16}	n-Heptan	20° C	546	7,6
C_8H_{10}	o-Xylol	20° C	589	134
C_8H_{10}	m-Xylol	20° C	589	75
C_8H_{10}	p-Xylol	20° C	589	75
$C_8H_{10}O$	Phenetol	16,4° C	586	119
C_8H_{18}	2,2,4-Trimethyl-pentan, Isooctan	20° C	546	6,2
$C_{10}H_8$	Naphthalin	80° C	546	214
$C_{12}H_{10}O$	Diphenyläther	72° C	546	14,7

Bei der Untersuchung von Flüssigkeiten und Lösungen ist es oft zweckmäßig, die sog. *molare Kerr-Konstante MK* zu verwenden, die durch

$$MK = K \left(\frac{n}{n^2 + 2} \right)^2 \left(\frac{1}{\varepsilon + 2} \right)^2 \cdot \frac{M}{d}$$

(M = Molmasse, d = Dichte, ε = relative Dielektrizitätskonstante)

definiert ist. Für eine binäre Mischung gilt die Beziehung

$$MK_{12} = K_{12} \left(\frac{n_{12}}{n_{12}^2 + 2} \right)^2 \left(\frac{1}{\varepsilon_{12} + 2} \right)^2 \frac{M_1 c_1 + M_2 c_2}{d_{12}} =$$

$$= K_1 \left(\frac{n_1}{n_1^2 + 2} \right)^2 \left(\frac{1}{\varepsilon_1 + 2} \right)^2 \frac{M_1 c_1}{d_1} + K_2 \left(\frac{n_2}{n_2^2 + 2} \right)^2 \left(\frac{1}{\varepsilon_2 + 2} \right)^2 \frac{M_2 c_2}{d_2}$$

oder wenn MK_1 und MK_2 die molaren Kerr-Konstanten der Komponenten sind, also

$$MK_1 = K_1 \left(\frac{n_1}{n_1^2 + 2} \right)^2 \left(\frac{1}{\varepsilon_1 + 2} \right)^2 \frac{M_1}{d_1}$$

$$MK_{12} = MK_1 c_1 + MK_2 c_2.$$

$$(c_i = \text{Molenbrüche})$$

Dabei beziehen sich die Indizes 12 auf die Mischung und die Indizes 1 und 2 auf die einzelnen Komponenten.

Vielfach werden in der Literatur an Stelle der Absolutwerte von B Relativwerte angegeben, die auf eine Standardsubstanz (meist bei 20°C) bei der vorliegenden Wellenlänge bezogen sind. Als Bezugsubstanz dient oft Schwefelkohlenstoff.

Die folgende Tabelle enthält die Werte der Kerr-Konstante B, wobei jeweils nach der Stoffangabe in der (meist) dritten Spalte die Temperatur und in der vierten die Wellenlängen angegeben sind, auf die sich die in der letzten Spalte aufgeführte Kerr-Konstante B bezieht.

432. Cotton-Mouton-Effekt

(Magnetische Doppelbrechung)

Ein optisch isotroper Stoff wird in einem Magnetfeld mehr oder weniger stark doppelbrechend, die Größe dieses als Cotton-Mouton-Effekt bezeichneten Phänomens ist proportional dem Quadrat der magnetischen Kraftflußdichte. Es gilt mit einer für den betrachteten Stoff charakteristischen Konstanten C, die als Cotton-Mouton-Konstante bezeichnet wird, für den bei dieser Doppelbrechung auftretenden Gangunterschied — gemessen in Vielfachen der Wellenlänge λ —

$$\Delta \lambda = C \cdot l \cdot B_0^2. \tag{1}$$

Dabei ist l die Länge des Lichtwegs in dem homogen magnetisierten Stoff und B_0 die magnetische Kraftflußdichte (gemessen in Gauss) am Ort des zu untersuchenden Stoffes (gemessen ohne Substanz). An Stelle von Gl. (1) kann auch

$$n_p - n_s = C \lambda \cdot l \cdot B_0^2 \tag{2}$$

gesetzt werden, wobei n_p der Brechungsindex der magnetisierten Substanz für einen linear polarisierten Lichtstrahl ist, dessen Vektor parallel zum Felde schwingt, und n_s der Brechungsindex für den Fall, daß der Lichtvektor senkrecht zum magnetischen Felde schwingt.

Gelegentlich wird die Cotton-Mouton-Konstante relativ zum Werte einer Vergleichsubstanz (v) gemessen; es wird dann meist die Größe

$$b = 100 \, C/C_v$$

angegeben, das ist die Größe des Effektes in Prozenten des Effektes bei dem Vergleichstoff.

Die Konstante des Cotton-Mouton-Effektes hängt von der Temperatur des untersuchten Stoffes und von der Wellenlänge des benutzten Lichtes ab.

Die folgende Tabelle gibt nach der Angabe von Formel und Name des untersuchten Stoffes in den ersten beiden Spalten in der dritten, vierten und fünften Spalte den Zustand (fl. = flüssig, gel. = gelöst, g. = gasförmig) die Untersuchungstemperatur (Z. = Zimmertemperatur, Smp. = Temperatur in der Nähe des Schmelzpunktes) und die benutzte Wellenlänge (w. = weißes Licht) an; es folgt dann in der letzten Spalte die Cotton-Mouton-Konstante in Einheiten von 10^{-13} cm^{-1} Gauss^{-2}.

Cotton-Mouton-Konstante
Elemente

Formel	Name	Zu-stand	Druck kg/cm^2	ϑ °C	λ mμ	$C\left[\dfrac{10^{-14}}{G^2\,\mathrm{cm}}\right]$
H_2	Wasserstoff	g.	100	20	546	nicht meßbar
				−80	546	nicht meßbar
N_2	Stickstoff	g.	100	Z.	weiß	− 0,33
		fl.		−194,5	546	−12
		fl.		−161,4	436	−60,9
O_2	Sauerstoff	g.	100	Z.	weiß	− 4,05
		fl.		−174,4	546	− 53,3

Anorganische Stoffe

Formel	Name	Zu-stand	Dichte g/cm^3	ϑ °C	λ mμ	$C\left[\dfrac{10^{-14}}{G^2\,\mathrm{cm}}\right]$
CO_2	Kohlendioxid	fl.	*	0	546	− 5,3
CS_2	Schwefelkohlen-stoff	fl.		Z.	578	− 56
H_2O	Wasser	fl.		16,6	546	− 0,39
HNO_3	Salpetersäure	fl.	1,49	Z.	578	6,3
SO_2	Schwefeldioxid	fl.	*	19	546	2,5

* Unter dem jeweiligen Dampfdruck.

Cotton-Mouton-Konstante $C\left[\dfrac{10^{-13}}{G^2\,\mathrm{cm}}\right]$
Organische Stoffe

Formel	Name	Zu-stand	ϑ in °C	λ in mμ	C
CCl_4	Tetrachlorkohlenstoff	fl.	20	546	±0,03
$CHCl_3$	Chloroform	fl.	20	546	−0,77
CH_2O_2	Ameisensäure	fl.	Z.	weiß	0,65
CH_4O	Methanol	fl.	∼20	∼578	−0,03
$C_2H_4O_2$	Essigsäure	fl.	Z.	578	0,4
C_2H_6O	Äthanol	fl.	15	546	−0,10
C_3H_6O	Aceton	fl.	18,8	546	0,5
$C_3H_6O_2$	Propionsäure	fl.	Z.	weiß	0,27
$C_3H_8O_3$	Glycerin	fl.	Z.	weiß	−0,5
C_4H_5N	Pyrrol	fl.	16	578	(1,8)
$C_4H_8O_2$	Buttersäure	fl.	Z.	578	0,4
$C_4H_{10}O$	Butanol	fl.	∼20	∼578	−0,09
C_5H_5N	Pyridin	fl.	18,5	578	(7)

Formel	Name	Zustand	ϑ in °C	λ in mμ	C
C_5H_{10}	2-Methyl-buten-(3) (β-Isoamylen)	fl.	Z.	weiß	0,7
C_5H_{12}	Pentan	fl.	Z.	weiß	$-0,2$
$C_6H_4Cl_2$	1,2-Dichlorbenzol	fl.	20	$\sim$546	10,0
C_6H_5Br	Brombenzol	fl.	20	550	8,0
C_6H_5Cl	Chlorbenzol	fl.	25	546	7,26
$C_6H_5NO_2$	Nitrobenzol	fl.	16,3	578	25,3
C_6H_6	Benzol	fl.	20	546	6,80
C_6H_6O	Phenol	fl.	47	578	5,78
C_6H_7N	Anilin	fl.	13,4	578	4,0
C_7H_8	Toluol	fl.	20	546	7,3
C_7H_8O	Benzylalkohol	fl.	20	589	5,9
C_7H_{16}	Heptan	fl.	$\sim$20	$\sim$578	$-0,116$
C_8H_{10}	o-Xylol	fl.	20	$\sim$546	7,6
	m-Xylol	fl.	20	589	6,3
	p-Xylol	fl.	20	589	6,5
C_8H_{18}	Octan	fl.	Z.	weiß	$-0,3$
$C_9H_{11}N$	Tetrahydrochinolin	fl.	16,8	578	9,2
C_9H_{12}	Mesitylen	fl.	20	546	7,1
$C_{10}H_8$	Naphthalin	fl.	88,5	578	19,3
$C_{12}H_{10}$	Diphenyl	fl.	$\sim$70	578	17,9

433. Faraday-Effekt

Durchquert ein linear polarisierter Lichtstrahl eine homogen magnetisierte Substanz in Richtung des magnetischen Feldes, so wird die Ebene des polarisierten Lichtes um einen Winkel α gedreht, ein Phänomen, das als Faraday-Effekt bezeichnet wird. Es gilt

$$\alpha = V \cdot l \cdot B_0, \tag{1}$$

wo l die Länge des vom Licht durchsetzten Stoffes und B_0 die magnetische Kraftflußdichte am Ort des Stoffes ist (gemessen ohne Substanz). V ist ein für den untersuchten Stoff charakteristischer Proportionalitätsfaktor, der als Verdetsche Konstante bezeichnet wird. Gelegentlich wird an Stelle der Verdet-Konstante V die „Magnetische Molekulardrehung" Ω oder auch die „Molekulare magnetische Drehungskonstante" D angegeben. Es gilt mit dem Molvolumen M/ϱ und dem Brechungsindex n

$$\Omega = \frac{V}{\varrho} \cdot M \tag{2}$$

und

$$D = \frac{q\,n\,M}{(n^2 + 2)^2} \frac{V}{\varrho} \tag{3}$$

(M = Molmasse, ϱ = Dichte).

Erfahrungsgemäß läßt sich D aus den für einzelne Bestandteile einer Verbindung gültigen Drehungsinkrementen D_i additiv zusammensetzen. Die Konstanten V, Ω und D hängen von der Untersuchungstemperatur und der Wellenlänge des benutzten Lichtes ab.

Die folgende Tabelle enthält nach dem Namen und der Formel der ersten beiden Spalten in den dann folgenden Spalten 3 bis 5 die Angabe des Aggregatzustandes, der Versuchstemperatur und der Wellenlänge des benutzten Lichtes. Es folgt dann in den letzten beiden Spalten die Verdet-Konstante V in Einheiten 10^{-2} min cm^{-1} Gauss^{-1} und die molekulare magnetische Drehungskonstante D in Einheiten 10^{-2} min cm^2 Gauss^{-1} Mol^{-1}.

Verdet-Konstante
Elemente

Formel	Name	Zustand	ϑ in °C	λ mμ	$V\left[\dfrac{10^{-2}\text{min}}{\text{Gauß·cm}}\right]$	$D\left[\dfrac{10^{-2}\text{min·cm}^2}{\text{Gauß·Mol}}\right]$
Ar	Argon	g.		578		20,6
Br_2	Brom	fl.	0	700	5,3	
Cl_2	Chlor	g.		578		71,0
H_2	Wasserstoff	g.		546		15,0
				578		13,5
He	Helium	g.		546		1,0
N_2	Stickstoff	g.		578		13,3
		fl.	−195	589	0,415	
Ne	Neon	g.		546		2,4
O_2	Sauerstoff	g.		578		13,1
		fl.	−182	589	0,782	

Anorganische Verbindungen

Formel	Name	Zustand	ϑ in °C	λ mμ	$V\left[\dfrac{10^{-2}\text{min}}{\text{Gauß·cm}}\right]$	$D\left[\dfrac{10^{-2}\text{min·cm}^2}{\text{Gauß·Mol}}\right]$
AsH_3	Arsenwasserstoff	g.		578		151
$(CN)_2$	Dicyan	g.		578		50,0
CO	Kohlenmonoxid	g.		578		24,5
CO_2	Kohlendioxid	g.		578		21,0
CS_2	Schwefelkohlenstoff	g.		578		171
		fl.	18	578	4,33	176
			25	589	4,19	
HBr	Bromwasserstoff	g.		578		71,5
		fl.	20	589	3,43	129
HCl	Chlorwasserstoff	g.		578		48,0
		fl.	20	589	2,24	55,5
HF	Fluorwasserstoff				0	
HJ	Jodwasserstoff	fl.	20	589	5,13	276
H_2O	Wasser	fl.	20	578	1,37	
				589	1,307	
D_2O		fl.	20	589	1,255	
H_2S	Schwefelwasserstoff	g.		578		93,0
H_2Se	Selenwasserstoff	g.		578		137,3
NH_3	Ammoniak	g.		578		43,0
		fl.	−40	578	1,73	
NO	Stickstoffoxid	fl.	−104	546	−3,88	
N_2O	Distickstoffoxid	g.		578		17,4
		fl.	−92	589	5,54	
$Ni(CO)_4$	Nickeltetracarbonyl	fl.	17	578	7,35	
PBr_3	Phosphortribromid	fl.	20	578	6,03	357
PCl_3	Phosphortrichlorid	g.		578		200
		fl.	26	578	3,05	197
PH_3	Phosphorwasserstoff	g.		578		125,3
S_2Cl_2	Dischwefeldichlorid	fl.	26	578	5,68	226
$SOCl_2$	Sulfurylchlorid	fl.	0	546	3,39	
SO_2Cl_2	Thionylchlorid	fl.	0	546	2,09	
SO_2	Schwefeldioxid	g.		578		66,5
		fl.	−10	578	1,87	67,9
$SbCl_5$	Antimonpentachlorid	fl.	18	546	1,11	
				578	9,45	
$SiCl_4$	Siliciumtetrachlorid	fl.	16	589	1,89	

Formel	Name	Zu-stand	ϑ in °C	λ mμ	$V\left[\dfrac{10^{-2}\,\text{min}}{\text{Gauß·cm}}\right]$	$D\left[\dfrac{10^{-2}\,\text{min·cm}^2}{\text{Gauß·Mol}}\right]$
$SnCl_4$	Zinntrachlorid	g.		578		378
		fl.	28	578	4,43	385
$TiCl_2$	Titandichlorid	fl.		589	−1,52	
$TiCl_4$	Titantetrachlorid	fl.	17,9	578	−1,62	

Kristalle

Formel	Name	Zu-stand	ϑ in °C	λ mμ	$V\left[\dfrac{10^{-2}\,\text{min}}{\text{Gauß·cm}}\right]$	
CaF_2	Flußspat, Calciumfluorid	kr.		589	0,897	
KCl	Sylvin, Kalium= chlorid	kr.		589	2,67	
$NaCl$	Steinsalz, Natriumchlorid	kr.		589	3,287	
SiO_2	Quarz, Silicium= dioxid	kr.	20	578	1,714	
		glas.	20	436	2,61	
				546	1,65	
				578	1,479	
ZnS	Zinkblende Zinksulfid	kr.	18	436	65,5	
				546	32,7	
				578	28,2	

Verdet-Konstante von wäßrigen Lösungen anorganischer Stoffe bei 0° C und $\lambda = 546$ mμ

Konzentration in Gew.-% der angegebenen Formel

Stoff	Gew.-%	$V\left[\dfrac{10^{-2}\,\text{min}}{\text{Gauß·cm}}\right]$	Stoff	Gew.-%	$V\left[\dfrac{10^{-2}\,\text{min}}{\text{Gauß·cm}}\right]$
$CsCl$	14,06	1,68	NH_4Br	20,05	2,06
HBr	20,60	2,16	NH_4CNS	21,32	2,02
HCl	16,22	2,01	NH_4Cl	19,54	2,00
H_2O_2	15,67	1,54	NH_4J	35,13	3,02
H_2S	0,23	1,56	NH_4OH	10,25	1,60
H_2SO_4	3,87	1,56	$(NH_4)_2SO_4$	5,146	1,58
			$(NH_4)_2S_2O_3$	5,875	1,63
KBr	24,30	2,06			
KCN	18,66	1,70	$NaBr$	25,58	2,22
$KCNO$	3,905	1,56	$NaBrO_3$	19,86	1,75
$KCNS$	25,99	2,01	$NaCl$	12,80	1,84
K_2CO_3	47,79	1,73	$NaClO_3$	23,91	1,64
$KHCO_3$	17,22	1,58	NaJ	34,88	3,05
KCl	15,34	1,81	$NaOH$	12,98	1,82
KF	21,46	1,59	Na_2SO_3	8,565	1,70
KJ	39,75	3,07			
KOH	14,78	1,75	$RbBr$	30,94	2,08
K_2S	19,23	2,26	$RbCl$	21,24	1,90
$LiBr$	23,70	2,24	$SOCl_2$	100	3,39
$LiCl$	13,05	1,89	SO_2Cl_2	100	2,09
$LiJO_3$	28,03	2,03			

Verdet-Konstante

Organische Verbindungen

Formel	Name	Zustand	ϑ °C	$\lambda\,m\mu$	V $\left[\dfrac{10^{-2}\,\text{min}}{\text{Gauß·cm}}\right]$	D $\left[\dfrac{10^{-2}\,\text{min cm}^2}{\text{Gauß·Mol}}\right]$
CCl_4	Tetrachlorkohlenstoff	g.		578		131,0
		fl.	20	578	1,68	126
				589	1,60	
$CHBr_3$	Bromoform	fl.	20	589	3,14	191
$CHCl_3$	Chloroform	g.		578		111
		fl.	18	578	1,67	105
				589	1,64	102 ,
CH_3Br	Methylbromid	g.		578		90
CH_3Cl	Methylchlorid	g.		578		60,5
CH_3J	Methyljodid	g.		578		161
		fl.	18	578	3,53	159
CH_4	Methan	g.		578		32,5
CH_4O	Methanol	fl.	20	589	0,96	32,4
C_2H_2	Acetylen	g.		578		73,0
C_2H_4	Äthen	g.		578		70,0
C_2H_5Br	Äthylbromid	g.		578		116,5
		fl.		578	1,92	112
C_2H_5Cl	Äthylchlorid	g.		578		81,0
		fl.		578	1,40	78,1
C_2H_5J	Äthyljodid	g.		578		188,5
		fl.	20	578	3,03	180
				589	2,94	
C_2H_6	Äthan	g.		578		52,5
C_2H_6O	Äthanol	fl.	20	589	1,1206	53,78
C_3H_6O	Aceton	fl.	15,2	589	1,13	68,5
			20	578	1,16	
			20	546	1,33	
			20	436	2,19	
C_3H_6O	Allylalkohol	fl.	20	589	1,62	87,5
$C_3H_6O_2$	Propionsäure	fl.	20	589	1,0941	66,23
$C_3H_6O_2$	Essigsäuremethylester	fl.	11,6	589	1,09	
$C_3H_6O_2$	Ameisensäureäthylester	fl.	14,8	589	1,065	
C_3H_7Br	1-Brom-propan	g.		578		134
		fl.	20	578	1,83	129
				589	1,78	126
C_3H_7Cl	1-Chlor-propan	g.		578		102
		fl.	19	578	1,38	98
				589	1,33	95
C_3H_7Cl	2-Chlor-propan	g.		578		107,5
		fl.	20	578	1,38	102
C_3H_8	Propan	g.		578		73,5
C_3H_8O	Propanol-(1)	fl.	20	589	1,1823	72,26
C_3H_8O	Propanol-(2)	fl.	13	589	1,252	
$C_3H_8O_3$	Glycerin	fl.	20	589	1,3304	74,14
C_4H_4O	Furan	fl.	20	589	1,78	
C_4H_4S	Thiophen	fl.	20	589	2,80	
C_4H_5N	Pyrrol	fl.		589	2,44	
$C_4H_6O_3$	Essigsäureanhydrid	fl.	16	442,9	1,98	
$C_4H_8O_2$	Buttersäure	fl.	20	589	1,1490	84,86

Formel	Name	Zustand	ϑ °C	λ mμ	V 10^{-3} min / Gauß·cm	D 10^{-3} min·cm² / Gauß·Mol
$C_4H_8O_2$	Essigsäureäthylester	fl.	11,7	589	1,092	
C_4H_{10}	Butan	g.		578		94,5
		fl.	−10	578	1,179	
	Butanol	fl.	13	589	1,224	
	Isobutanol	fl.	20	589	1,2640	93,77
	tert. Butanol	fl.	27	589	1,280	
$C_4H_{10}O$	Diäthyläther	g.		578		103
		fl.	20	578	1,18	99
				589	1,08	92,5
C_5H_{12}	n-Pentan	fl.	20	589	1,149	109,5
C_5H_{12}	2-Methyl-butan	fl.	20	589	1,1739	113,3
$C_5H_{12}O$	Isoamylalkohol	fl.	15	589	1,290	
$C_6H_5NO_2$	Nitrobenzol	fl.	20	578	2,26	
			15	589	2,16	159
C_6H_6	Benzol	g.		578		208
		fl.	20	578	3,10	206
			15	589	3,05	198
$C_6H_{10}O_3$	Acetessigsäureäthylester	fl.	10,4	589	1,230	
$C_6H_{10}O_4$	Oxalsäurediäthylester	fl.	9,5	589	1,179	
C_6H_{14}	n-Hexan	g.		578		133,5
		fl.	20	589	1,1971	127,9
C_7H_6O	Benzaldehyd	fl.	15	578	2,76	202
C_7H_7Cl	Benzylchlorid	fl.	15	589	2,88	231
C_7H_8	Toluol	fl.	15	589	2,71	214
C_7H_8O	Benzylalkohol	fl.	15	578	2,82	211
C_7H_{16}	n-Heptan	fl.	20	589	1,2310	
C_8H_{10}	m-Xylol	fl.	20	589	2,479	
C_9H_8O	Zimtaldehyd	fl.	20	589	3,40	
$C_{10}H_7Br$	1-Brom-naphthalin	fl.	20	589	8,192	
$C_{10}H_7Cl$	1-Chlor-naphthalin	fl.	150	578	4,34	
$C_{10}H_8$	Naphthalin	fl.	83,5	578	4,696	
$C_{10}H_{14}O$	d-Carvon	fl.	122	578	1,714	
$C_{10}H_{16}$	Limonen	fl.	16	578	1,64	200
$C_{10}H_{16}O$	d-Campher	fl.	180	578	1,22	
$C_{10}H_{20}O$	l-Menthol	fl.	150	578	1,297	
$C_{11}H_{10}$	1-Methylnaphthalin	fl.	150	578	4,19	
$C_{11}H_{10}$	2-Methylnaphthalin	fl.	150	578	4,03	
$C_{12}H_{22}$	Dicyclohexyl	fl.	20	589	1,3971	198,5
$C_{12}H_{24}O_2$	Laurinsäure	fl.	50	578	1,343	
			155	578	1,217	
$C_{14}H_{10}$	Phenanthren	fl.	150	578	5,506	
$C_{14}H_{20}O_2$	Myristinsäure	fl.	64	578	1,343	
			164	578	1,225	

Verdet-Konstante von Flüssigkeitsgemischen

Misch-komponente A	Misch-komponente B	Konzentration von A in Vol.-%	ϑ in °C	λ in mμ	V $\dfrac{10^{-2}\,\text{min}}{\text{Gauß}\cdot\text{cm}}$
Äthanol	Wasser	0	16	589,3	1,309
C_2H_6O	H_2O	29,81	16	589,3	1,294
		59,57	16	589,3	1,251
		99,21	16	589,3	1,139
Äthanol	Benzol	0	16	589,3	2,981
C_2H_6O	C_6H_6	30	16	589,3	2,402
		60	16	589,3	1,854
		90	16	589,3	1,314
Aceton	Wasser	0	16	589,3	1,309
C_3H_6O	H_2O	28,16	16	589,3	1,296
		55,17	16	589,3	1,260
		77,73	16	589,3	1,202
Aceton	Wasser	0	16	546,1	1,549
C_3H_6O	H_2O	28,16	16	546,1	1,534
		55,17	16	546,1	1,490
		77,73	16	546,1	1,424
Aceton	Wasser	0	16	436	2,508
C_3H_6O	H_2O	28,16	16	436	2,498
		55,17	16	436	2,439
		77,73	16	436	2,336
Isobutanol	Schwefelkohlen=	0	16	589,3	4,235
$C_4H_{10}O$	stoff CS_2	22,79	16	589,3	3,399
		82,78	16	589,3	1,694
Isobutanol	Schwefelkohlen=	0	16	546,1	5,070
$C_4H_{10}O$	stoff CS_2	22,79	16	546,1	4,050
		82,78	16	546,1	1,996
Nitrobenzol	Äthanol	0	20	589,3	1,148
$C_6H_5NO_2$	C_2H_6O	29,79	20	589,3	1,439
		60,35	20	589,3	1,753
		89,98	20	589,3	2,055
Nitrobenzol	Benzol	0	20	589,3	2,949
$C_6H_5NO_2$	C_6H_6	35,1	20	589,3	2,677
		65,13	20	589,3	2,423
		90,03	20	589,3	2,231

5. Zusammenhang der molekularen Eigenschaften mit makroskopischen Phänomenen

51. Mechanik molekularer Teilchen und Quantenstatistik

Sind die Energiezustände bekannt, in denen ein freies Atom oder eine freie Molekel existieren kann, so vermag man, auch ohne den Mechanismus zu kennen, mit Hilfe dessen ein atomares oder molekulares Teilchen (Partikel) von einem Zustand in einen anderen übergeht, die Verteilung eines größeren Systems freier Teilchen auf die verschiedenen Zustände nach rein statistischen Prinzipien zu ermitteln. Es stellt sich nämlich in

praxi stets diejenige Verteilung (Makrozustand) ein, welche die meisten
Realisierungen durch verschiedene Einzelverteilungen (Mikrozustände)
zuläßt. Zur Illustration sei die Verteilung von zwei Teilchen a und b auf
drei verschiedene Quantenzustände I, II und III betrachtet, die in dem
folgenden Schema durch drei Kästchen symbolisiert seien.

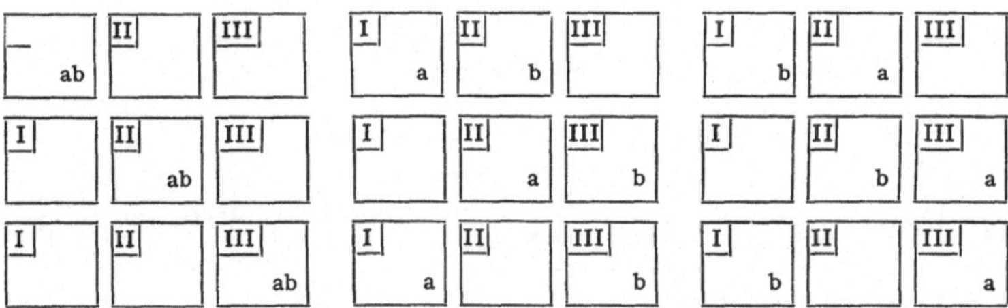

Wir haben so zunächst neun verschiedene Realisierungen durch Einzelverteilungen. Dabei ist vorerst angenommen, daß die beiden Partikel
(a und b) voneinander unterschieden werden können; die modernere
Atomistik zeigt aber, daß sich zwei Teilchen der gleichen Art prinzipiell
nicht voneinander unterscheiden lassen, so daß bei Berücksichtigung dieses
Umstandes nur die ersten sechs Verteilungen als verschiedene Realisierungen des Makrozustandes angesehen werden, bei dem zwei gleichartige
Partikel auf die drei Zustände I, II und III entfallen. Man spricht bei der
Anwendung dieser Prinzipien zur Unterscheidung *verschiedener* Realisierungen von Verteilungen in der Statistik von der klassischen oder Boltzmann-Statistik (erster Fall) und von der Quantenstatistik oder Bose-
Einstein-Statistik (zweiter Fall). In vielen Fällen, wenn nämlich die Teilchen
dem Pauli-Verbot unterliegen, sind Verteilungen, bei denen mehrere Teilchen sich im gleichen Quantenzustand befinden, als Realisierungen eines
Makrozustandes überhaupt auszuschließen. Im obigen Falle entfielen dann
die ersten drei Verteilungen, so daß wegen der allgemeinen Gültigkeit
der Ununterscheidbarkeit gleichartiger Teilchen nur die mittleren drei
Verteilungen als verschiedene Realisierungen übrigbleiben. Man spricht
dann von der Fermi-Dirac Statistik. Wir können unser obiges Ergebnis
über die verschiedenen Realisierungen dahin zusammenfassen, daß im Falle

der Bose-Einstein-Statistik   3 + 3 Realisierungen
der Fermi Dirac-Statistik   0 + 3 Realisierungen
der Boltzmann-Statistik $3 + 3 + 3 = 2(\tfrac{1}{2}3 + 3)$ Realisierungen

möglich sind, wobei wir zum Schluß die Zahl 2 (= 2!) als Anzahl der
Vertauschungsmöglichkeiten zwischen 2 Elementen a und b als konstanten
Faktor vorgezogen haben.

Die sich tatsächlich einstellende Verteilung eines molekularen Systems,
die also die meisten Realisierungen besitzt, muß noch Nebenbedingungen
wie etwa die vorgegebene Gesamtzahl der Teilchen und ihre Gesamtenergie berücksichtigen. Da aber ein Extremum verschiedener Verteilungen nicht davon beeinflußt wird, ob man *alle* Verteilungen mehrfach zählt,
erkennt man schon am obigen einfachen Beispiel, daß die klassische
Boltzmann-Statistik in ihrem Ergebnis zwischen dem Ergebnis der beiden
anderen Statistiken liegen wird. Bei hohen Temperaturen, wo sehr viele
Quantenzustände praktisch besetzt werden können, ist nun die mehrfache
Besetzung eines einzigen Quantenzustandes unwahrscheinlich, so daß das
Pauli-Verbot dann praktisch kaum eine Einschränkung bedeutet, und
somit die Ergebnisse der Bose-Einstein-Statistik mit denen der Fermi-
Dirac-Statistik und dann auch mit denen der dazwischengelegenen
Boltzmann-Statistik praktisch identisch werden.

Das Ergebnis der Betrachtungen über die wahrscheinlichste Verteilung besteht schließlich darin, daß die Zahl N_i der Partikeln, welche sich bei der Temperatur T in einem g_i-fach zu zählenden Quantenzustand — also in einem i. a. entarteten Zustand, wenn $g_i > 1$ ist, — der Energie ε_i befinden, gegeben wird durch:

$$N_i = C_{B,E} \cdot \frac{g_i}{e^{\varepsilon_i/kT} - 1} = \frac{g_i}{e^{(\varepsilon_i - \zeta_{B,E})/kT} - 1} \quad \text{(Bose-Einstein-Statistik)} \qquad (1\,a)$$

$$N_i = C_B \cdot \frac{g_i}{e^{\varepsilon_i/kT}} = \frac{g_i}{e^{(\varepsilon_i - \zeta_B)/kT}} \quad \text{(Boltzmann-Statistik)} \qquad (1\,b)$$

$$N_i = C_{F,D} \cdot \frac{g_i}{e^{\varepsilon_i/kT} + 1} = \frac{g_i}{e^{(\varepsilon_i - \zeta_{F,D})/kT} + 1} \quad \text{(Fermi-Dirac-Statistik)} \qquad (1\,c)$$

$k =$ Boltzmann-Konstante $(= 1{,}380 \cdot 10^{-16}$ erg/grad$)$.

Dabei sind die „Konstanten" $C_{B,E}$, C_B und $C_{F,D}$ oder die Werte $\zeta_{B,E}$ usw., die noch von der Temperatur abhängen, so zu bestimmen, daß die Gesamtzahl aller Teilchen $N_{ges} = \sum_i N_i$ mit der gegebenen Gesamtzahl übereinstimmt. Die nähere Diskussion zeigt, daß die ζ-Werte mit der freien Enthalpie pro Teilchen identisch sind. Man erkennt an den Gln. (1a) bis (1c) wieder die Mittelstellung der klassischen oder Boltzmann-Statistik zwischen den beiden eigentlichen Quantenstatistiken.

Die Gesamtenergie folgt in jeder Statistik durch Aufsummierung von $\varepsilon_i N_i$ über alle i-Werte oder durch Integration nach i, wenn die einzelnen Energiewerte „unendlich dicht" aufeinander folgen.

Im Falle der Translationsbewegung freier Gaspartikel (z. B. einatomige Gase) ergibt sich ein jeweils verschiedener Verlauf der inneren Energie U als Funktion der Temperatur. Im klassischen Falle ist dies durchweg eine Proportionalität mit der Temperatur $U = 3/2\,RT$ ($R =$ Gaskonstante), für die Bose-Einstein-Statistik erhält man bei $T = 0$ ebenfalls die Energie $U = 0$, weil sämtliche Teilchen den energetisch tiefsten Zustand $\varepsilon_0 = 0$ besetzen, wohingegen dann die innere Energie wie bei jedem quantisierten Zustand langsamer ansteigt als im klassischen Falle, um sich dann von unten her asymptotisch der klassischen Kurve $U = 3/2\,RT$ anzunähern. Im Falle der Fermi-Dirac-Statistik besitzt das Gas bereits eine erhebliche innere Energie U_0 bei $T = 0$, weil die Teilchen die tiefsten Energiezustände jeweils nur einfach besetzen, so daß schon bei $T = 0$ Energiezustände mit $\varepsilon_i > 0$ besetzt werden müssen. Mit steigender Temperatur nähert sich dann die innere Energie des Fermi-Dirac-Gases von oben her asymptotisch der klassischen Kurve an.

Die Molwärme C_v als Differentialquotient der inneren Energie nach der Temperatur besitzt im klassischen Fall den konstanten Wert $3/2 \cdot R$, während die Molwärme des Bose-Einstein-Gases vom Werte Null ansteigend ein Maximum durchläuft und sich von oben her dem klassischen Wert annähert, denn die $U(T)$-Kurve muß mindestens in der Umgebung einer Stelle steiler verlaufen als die klassische Kurve, wenn sie sich von unten her der klassischen $U(T)$-Kurve asymptotisch annähern soll. Die Molwärme des Fermi-Dirac-Gases steigt von Null bei $T = 0$ zunächst linear mit T an und nähert sich dem klassischen Werte $C_v = 3/2\,R$ von unten her an. Die Lage des Maximums der Molwärme des Bose-Einstein-Gases und die Temperatur, bei der das Fermi-Dirac-Gas den klassischen Wert von C_v „praktisch" erreicht hat, hängt noch von der Gas- bzw. Teilchendichte ab.

Um die Ergebnisse der verschiedenen Statistiken für die thermodynamischen Funktionen darzustellen, empfiehlt sich die Einführung einer Entartungstemperatur T_e, welche bei einem Gase, dessen elektronischer Grundzustand durch einen inneren Freiheitsgrad g-fach aufgespalten ist (z. B. zweifach beim Elektronengase wegen der zweifachen Spineinstellung) den Wert

$$T_e = \left(\frac{3}{g \cdot 4\pi}\right)^{\frac{2}{3}} \left(\frac{N_A}{V}\right)^{\frac{2}{3}} \frac{h^2}{2mk} = \frac{262,4}{g^{\frac{2}{3}} V^{\frac{2}{3}} M} \text{ g cm}^2 \text{ Mol}^{-\frac{5}{3}} \text{grad} \tag{2}$$

besitzt, wo N_A = Avogadrosche Zahl; V = Molvolumen, m = Partikelmasse, M = relative Molmasse, h = Plancksche Konstante und k = Boltzmannsche Konstante ist. Es gilt dann mit guter Näherung bei tiefen Temperaturen für die Molwärme C_v:

Bose-Einstein-Statistik:

$$C_v = 6,69 \, R \, (T/T_e)^{3/2} \quad \text{für} \quad T \leqq 0,437 T_e, \tag{3}$$

womit $C_v \approx 1,92_5 R$ resultiert für $T = 0,437 T_e$, d. i. die Temperatur, bei welcher der Maximalwert der Molwärme nach der Bose-Einstein-Statistik erreicht wird.

Fermi-Dirac-Statistik:

$$C_v = R\left[\frac{\pi^2}{2}\frac{T}{T_e} - \frac{3\pi^4}{20}\left(\frac{T}{T_e}\right)^3\right] \quad \text{für} \quad T < 1/3 \, T_e \tag{3a}$$

Klassische Boltzmann-Statistik: $C_v = 3/2 \, R$ für alle Temperaturen.

Dagegen gilt für hohe Temperaturen, d. h. oberhalb der eben für die beiden Statistiken angegebenen Grenzen:

Bose-Einstein-Statistik:

$$C_v = 3/2 \, R\left[1 + 0,0664\left(\frac{T_e}{T}\right)^{\frac{3}{2}} + 0,0037\left(\frac{T_e}{T}\right)^3 + \cdots\right] \tag{3b}$$

$$\text{für } T > 0,437 \, T_e$$

womit $C_v = 1,91_3 R$

$$\text{für } T = 0,437 \, T_e$$

folgt in guter Übereinstimmung mit dem eben erhaltenen Grenzwert im Maximum der B-E-Kurve für die Molwärme.

Fermi-Dirac-Statistik:

$$C_v = 3/2 \, R\left[1 - 0,0664\left(\frac{T_e}{T}\right)^{\frac{3}{2}} + 0,0037\left(\frac{T_e}{T}\right)^3 + \cdots\right] \quad \text{für} \quad T > 1/3 T_e. \tag{3c}$$

Die entsprechenden Beziehungen für die innere Energie lauten bei tiefen Temperaturen:

Bose-Einstein-Statistik:

$$U = 2,67 \cdot R \, T_e (T/T_e)^{\frac{5}{2}} \text{ für } T < 0,437 \, T_e \tag{4}$$

Fermi-Dirac-Statistik:

$$U = 3/5 \, R \, T_e + R \, T\left[\frac{\pi^2}{4}\left(\frac{T}{T_e}\right) - \frac{3\pi^4}{80}\left(\frac{T}{T_e}\right)^3\right] \quad \text{für} \quad T < 1/3 \, T_e \tag{4a}$$

und bei höheren Temperaturen:

Bose-Einstein-Statistik:

$$U = 3/2\,RT\left[1 - 0{,}1328\left(\frac{T_e}{T}\right)^{\frac{5}{2}} - 0{,}0019\left(\frac{T_e}{T}\right)^3 \cdots\right] \quad \text{für} \quad T > 0{,}437\,T_e \quad (4\,\text{b})$$

Fermi-Dirac-Statistik:

$$U = 3/2\,RT\left[1 + 0{,}1328\left(\frac{T_e}{T}\right)^{\frac{5}{2}} - 0{,}0019\left(\frac{T_e}{T}\right)^3 \cdots\right] \quad \text{für} \quad T > 1/3\,T_e \quad (4\,\text{c})$$

Es ist bemerkenswert, daß in dem sogenannten Entartungsgebiet $T < 0{,}437\,T_e$ der Bose-Einstein-Statistik die innere Energie wegen der Definition von T_e proportional mit dem Molvolumen anwächst und die räumliche Dichte der inneren Energie (U/V) nur von der Temperatur, nicht aber von der Teilchendichte abhängt. Wegen des Zusammenhangs zwischen dem Impuls einer Molekel und ihrer kinetischen Energie gilt bei allen Statistiken, solange keine relativistischen Effekte zu berücksichtigen sind: $U = 3/2 \cdot pV$, wo p der Druck ist, so daß im Entartungsgebiet der Bose-Einstein-Statistik auch der Gasdruck p unabhängig von der Teilchendichte wird. Auch bei den übrigen Temperaturen gibt es nicht durch zwischenmolekulare Kräfte bewirkte Abweichungen vom idealen Gasgesetz, die mit steigendem T/T_e verschwinden. Der Druck des Bose-Einstein-Gases verhält sich im Entartungsgebiet ähnlich wie der Dampfdruck über einem Kondensat, der ja gleichfalls nur von der Temperatur abhängt. Man spricht im Gebiet unterhalb $0{,}437\,T_e$ deshalb auch von der Kondensation des Bose-Einstein-Gases. Hier wirkt der Energiezustand $\varepsilon_0 = 0$ als Kondensationszustand. Verringert man das Volumen des Gases, so wird der zu $\varepsilon_0 = 0$ gehörige Energiezustand stärker besetzt und es entfallen dementsprechend weniger Teilchen auf die Quantenzustände mit $\varepsilon > 0$, die allein zur Energie und zum thermischen Druck Beiträge liefern, so daß der Druck jetzt sogar wie bei einem kondensierenden realen Gase unabhängig vom Volumen wird.

Für die Entropie nach der Bose-Einstein-Statistik und der Fermi-Dirac-Statistik gilt das Nernstsche Theorem, insofern die Entropie in beiden Statistiken für $T = 0$ verschwindet. Es ergeben sich bei tiefen Temperaturen die Entropiewerte

Bose-Einstein-Statistik:

$$S = 4{,}46\,R\left(\frac{T}{T_e}\right)^{\frac{3}{2}} \quad \text{für} \quad T \leqq 0{,}437\,T_e \qquad (5)$$

Fermi-Dirac-Statistik:

$$S = R\left[\frac{\pi^2}{2}\frac{T}{T_e} - \frac{\pi^4}{20}\left(\frac{T}{T_e}\right)^3 \cdots\right] \quad \text{für} \quad T < 1/3\,T_e. \qquad (5\,\text{a})$$

Bei höheren Temperaturen gilt:

Bose-Einstein-Statistik:

$$S = -R\ln\frac{4}{3\sqrt{\pi}}\,T_e^{\frac{3}{2}} + \frac{3}{2}\,R\ln T + \frac{5}{2}\,R$$
$$-R\left[0{,}0664\left(\frac{T_e}{T}\right)^{\frac{5}{2}} + 0{,}0019\left(\frac{T_e}{T}\right)^3 \cdots\right] \qquad (5\,\text{b})$$

Fermi-Dirac-Statistik:

$$S = -R\ln\frac{4}{3\sqrt{\pi}}\,T_e^{\frac{3}{2}} + \frac{3}{2}\,R\ln T + \frac{5}{2}\,R$$
$$+R\left[0{,}0664\left(\frac{T_e}{T}\right)^{\frac{5}{2}} - 0{,}0019\left(\frac{T_e}{T}\right)^3 \cdots\right]. \qquad (5\,\text{c})$$

Beide Statistiken liefern für Temperaturen, bei denen T_e/T vernachlässigbar klein geworden ist, den klassischen Entropiewert

$$S_{kl} = +2,303\,R\,[-3,51+\tfrac{3}{2}\log M + \log g] + \tfrac{5}{2}R + R\cdot\ln V + \tfrac{3}{2}R\ln T$$

$$= 2,302\,R\,[-1,59_2 + \tfrac{3}{2}\log M + \log g] + \tfrac{5}{2}R + \tfrac{5}{2}\,2,303\,R\log T \qquad (6)$$

$$-\,2,303\,R\log p, \quad (p \text{ in atm.})$$

wenn man den Wert für T_e aus Gl. (2) benutzt und einmal das Molvolumen nach dem Gasgesetz durch den Druck ersetzt. Der in der letzten eckigen Klammer enthaltene Ausdruck wird als „Chemische Konstante" des einatomigen idealen Gases bezeichnet.

Die freie Energie und die freie Enthalpie läßt sich jetzt in üblicher Weise aus den inneren Energien, Enthalpien und der Entropie zusammensetzen. Interessant ist, daß die freie Enthalpie des Bose-Einstein-Gases unterhalb $T = 0,437\,T_e$ verschwindet. Durch diese Eigenschaft läßt sich das Entartungsgebiet des Bose-Einstein-Gases gleichfalls charakterisieren.

In der Praxis hat die Bose-Einstein-Statistik ebenso wie die Fermi-Dirac-Statistik nur für extrem leichte Teilchen Bedeutung, weil sonst die aus Gl. (2) folgende Entartungstemperatur T_e zu klein wird, um noch bei Temperaturen zu Abweichungen von der klassischen Statistik zu führen, bei denen das Gas noch nicht kondensiert ist. Für die freien Elektronen in Metallen, das sogenannte Elektronengas, für welches die Fermi-Dirac-Statistik gilt, ergibt sich mit $g = 2$ und $M_{\text{Elektr.}} = 0,000549$ und $V_{\text{mol}} \approx 10-15\ \text{cm}^3$ (identisch mit dem Atomvolumen von Metallen) aus Gl. (2) eine Entartungstemperatur von $50-60000°$ K. In diesem Falle beträgt die Molwärme des Elektronengases bei Zimmertemperatur nach Gl. (3a) nur $0,025\,R = 0,21\ J/\text{grad}\cdot\text{Mol}$. Für Helium erhält man bei einem Molvolumen von $27\ \text{cm}^3$, das bereits der Dichte des flüssigen Heliums zwischen 2 und $3°$ K entspricht, mit $g = 1$ eine Temperatur $T_e \approx 7,3°$ K, so daß man daraus auf ein Maximum der Molwärme bei $0,437\cdot7,3°$ K $= 3,2°$ K schließen würde, weil für Helium (^{4}He) das Paulische Ausschließungsprinzip nicht gilt und mithin die Bose-Einstein-Statistik Anwendung finden sollte. Der bei $2,2°$ K gelegene λ-Punkt des ^{4}He — der beim ^{3}He, für das die Fermi-Dirac-Statistik gilt, nicht auftritt — wird mit diesem Extremum der Molwärme des Bose-Einstein-Gases in Verbindung gebracht. Bei allen anderen echten Gasen liegt das Temperaturgebiet $T \sim \tfrac{1}{2}\,T_e$ unterhalb des Schmelz- oder Tripelpunktes.

Für die Photonen als Teilchen mit der Ruhmasse Null ist T_e unendlich groß, so daß hier bei allen Temperaturen Entartung vorliegt. Die obigen Beziehungen für die Energie usw. sind jedoch hier nicht verwendbar, weil für die Photonen die relativistischen Beziehungen zwischen Impuls und Energie verwendet werden müssen, während für die oben angegebenen Beziehungen mit den klassischen für Geschwindigkeiten $v \ll c$ gültigen Relationen zwischen Impuls und Energie gerechnet worden war. Beim Photonengas gilt wieder — weil hier die Bose-Einstein-Statistik zu verwenden ist —, daß die freie Enthalpie im Entartungsgebiet, d.h. bei allen Temperaturen, verschwindet. Für den bei den Photonen gültigen Zusammenhang $U = 1/3\,p\,V$ (nicht wie im klassischen Falle $U = 2/3\,p\,V$) folgt dann sofort, daß $U = \text{const}\cdot T^4$ (Stefan-Boltzmannsches Gesetz) gelten muß, wenn die freie Enthalpie $U + 1/3\,U - TS$ verschwindet. Auch hier ist die Energiedichte der Lichtquanten und der Lichtdruck unabhängig von der etwa gegebenen Gesamtzahl der Lichtquanten, weil nur diejenigen Lichtquanten physikalisch in Erscheinung treten, die nicht zum Energiezustand $\varepsilon_0 = 0$ oder $\nu = 0$ gehören. Die Lichtquanten sind also bei allen Temperaturen teilweise „kondensiert" und nur die auf höhere Energiestufen gehobenen Lichtquanten werden im Endeffekt als existierend registriert.

Ähnlich wie die Lichtquanten ließen sich auch die Gitterschwingungen eines Kristalls als ein „Phononengas" behandeln. Damit hängt die große Ähnlichkeit der Ausdrücke für die innere Energie eines Gitters und die Energie des Spektrums eines schwarzen Strahlers zusammen.

Die Zahl der Lichtquanten, die sich in einem bestimmten Energiezustand in der Umgebung von $\varepsilon_i = hv$ befinden, ergibt sich mit $\zeta_{B.E.} \equiv 0$ (Entartung) aus Gl. (1a) mit $g_i = \dfrac{8\pi}{c^3} V v^2 \, dv$ zu

$$N_i = \frac{g_i}{e^{hv/kT} - 1} = \frac{8\pi}{c^3} V \frac{v^2 \, dv}{e^{hv/kT} - 1}. \tag{7}$$

Und mithin gilt für die Energiedichte $u = N_i \, hv/V$ der schwarzen Strahlung

$$u(v) \, dv = \frac{8\pi}{c^3} \frac{hv^3 \, dv}{e^{hv/kT} - 1} \tag{7a}$$

woraus

$$U = \int_0^\infty u(v) \, dv = \frac{8\pi}{c^3} \left(\frac{kT}{h}\right)^3 kT \int_0^\infty \frac{x^3 \, dx}{e^x - 1}$$

$$= \frac{8\pi}{c^3} \left(\frac{kT}{h}\right)^3 kT \frac{\pi^4}{15} = \text{const} \cdot T^4. \tag{7b}$$

Nach der Strahlungstheorie ist die Strahlungsdichte u mit der von einer Oberflächeneinheit ausgehenden Strahlungsintensität K durch $u = \dfrac{4K}{c}$ verknüpft, so daß die Bose-Einstein-Statistik für die Stefan-Boltzmannsche Strahlungskonstante σ gemäß $K = \sigma \cdot T^4$ den Wert

$$\sigma = \frac{2\pi^5}{15\,c^2} \frac{k^4}{h^3} \tag{8}$$

liefert.

Die Einführung der Wellenlänge anstelle der Frequenz führt zur üblichen Form für die spektrale Energieverteilung

$$u(\lambda) = \frac{8\pi h \lambda^{-5} \, d\lambda}{e^{hc/k\lambda T} - 1} \tag{9}$$

die an den Stellen mit

$$\lambda \cdot T = \frac{hc}{k \cdot 4{,}97} = 0{,}29 \text{ cm} \cdot \text{grad} \tag{9a}$$

Maxima besitzt.

Die Relation

$$U = \int_0^\infty U(v) \, dv = u(v) \, V \, dv = \frac{8\pi}{c^3} V \int \frac{h v^3 \, dv}{e^{hv/kT} - 1} \tag{10}$$

kann man durch formale Einführung eines Molvolumens V und einer charakteristischen Frequenz des Lichtquantengases gemäß $\dfrac{4\pi V}{3 c^3} \cdot v_g^3 = N_A$ (d.h. bis zur Frequenz $v = v_g$ gibt es nach den Ausführungen zu Gl. (7) N_A-Schwingungsquanten einer Polarisationsrichtung) umschreiben in

$$U = 2\,R\,T \cdot 3 \left(\frac{k\,T}{h\,\nu_g}\right)^3 \int\limits_0^\infty \frac{x^3\,dx}{e^x - 1} = 2\,R\,T \cdot \frac{\pi^4}{5} \left(\frac{k\,T}{h\,\nu_g}\right)^3 \qquad (11)$$

$R = $ Gaskonstante.

Diese Relation kann mit geringfügigen Abänderungen für das „Phononen-gas" der Gitterschwingungen eines Kristalls verwendet werden. Es liegt dies daran, daß die Gitterschwingungen wegen des Vorhandenseins einer potentiellen Energie einerseits den gleichen formalen Zusammenhang zwischen Impuls und Gesamtenergie: $E = p \cdot$ Geschwindigkeit besitzen wie die Lichtquanten (Phononen) $E = p \cdot c$ und zum anderen als „Teil-chen" (Phononen) angesehen werden können, die der Bose-Einstein-Statistik genügen. Es gibt jedoch neben den beiden zur Fortpflanzungs-richtung einer Welle transversalen Gitterschwingungen auch noch eine longitudionale Gitterschwingung, so daß der Faktor in der letzten Be-ziehung $3\,R\,T$ statt $2\,R\,T$ heißen muß. Außerdem gibt es bei den Pho-nonen eine Grenzfrequenz ν_g von endlicher Größe, deren zugehörige Wellenlänge von der Größe des Gitterabstandes ist; deshalb ist das letzte Integral nur bis zu dieser Grenze zu erstrecken, so daß für die Energie der Kristallgitterschwingungen (Phononen)

$$U = 3\,R\,T\,3 \left(\frac{k\,T}{h\,\nu_g}\right)^3 \int\limits_0^{h\nu_g/kT} \frac{x^3\,dx}{e^x - 1} \qquad (12)$$

und nur für kleine T

$$U = 3\,R\,T\,\frac{\pi^4}{5} \left(\frac{k\,T}{h\,\nu_g}\right)^3 \qquad (12a)$$

gilt. Daß hier im Gegensatz zu den Lichtquanten (Photonen) zwischen tiefer und höherer Temperatur unterschieden werden muß, liegt vornehm-lich daran, daß die Phononengrenzfrequenz ν_g ins Ultrarot-Gebiet fällt, während die Grenzfrequenz der Photonen zumindest praktisch „unendlich groß" ist.

Bei den Kristallgitterschwingungen ist die Ausbreitungsgeschwindig-keit (Schallgeschwindigkeit) der transversalen Wellen von denen der longitudionalen Wellen verschieden, so daß die Grenzfrequenz gewöhnlich aus

$$\frac{4\,\pi\,V}{3} \left(\frac{2}{c_t^3} + \frac{1}{c_2^3}\right) \nu_g^3 = 3\,N_A \qquad (13)$$

(c_l, c_t = Phasengeschwindigkeit der longitudionalen bzw. transversalen Gitterwellen)

entnommen wird. Mit dieser Grenzfrequenz wird die Debye-Temperatur $\Theta_D = h\nu_g/k$ ermittelt, mit der dann die innere Energie eines Kristalls geschrieben wird:

$$U = 3\,RT \cdot D\,(\Theta_D/T), \quad \text{wo} \quad D\,(\xi) = \frac{3}{\xi^3} \int\limits_0^\xi \frac{x^3\,dx}{e^x - 1} \qquad (14)$$

die sogenannte Debyesche Funktion ist. Hier ist bei der inneren Energie U des Kristalls die Nullpunktsenergie U_0 der Gitterschwingungen, für die sich übrigens der Wert $U_0 = \tfrac{9}{8} R\,\Theta_D$ ergibt, nicht mitgezählt. Für die Molwärme bei konstantem Volumen des Kristalls gilt:

$$C_v = 3\,R \left[4\,D\left(\frac{\Theta_D}{T}\right) - 3\,P\left(\frac{\Theta_D}{T}\right)\right] \quad \text{mit} \quad P(\xi) = \frac{\xi}{e^\xi - 1} \qquad (14a)$$

was in Einklang mit der Erfahrung bei hohen Temperaturen zu $C_v = 3\,R$ und bei tiefen Temperaturen $(\Theta_D/T \gg 15)$ zu

$$C_v = \frac{12\,\pi^4}{5}\,R\left(\frac{T}{\Theta_D}\right)^3 \approx 233{,}8\;R\left(\frac{T}{\Theta_D}\right)^3 = 1944\left(\frac{T}{\Theta_D}\right)^3 J/\text{grad Mol} \qquad (14\,\text{b})$$

(Debyesches T^3-Gesetz) führt.

Das Operieren mit einer Grenzfrequenz bei der statistischen Erfassung der Molwärme eines Festkörpers, dessen Energie im wesentlichen durch die Schwingungen seines Gitters geliefert wird, kann natürlich die mit den Feinheiten des Gesamtspektrums zusammenhängenden Einzelheiten wie z. B. die durch die Aufteilung in longitudionale und transversale Schwingungen und die sogenannte Dispersion der Phasen-(Schall-)Geschwindigkeit bedingten Phänomene nicht erfassen. Deshalb erweist sich die nach Gl. (14a) aus den Molwärmen berechnete charakteristische Temperatur Θ_D häufig als mehr oder weniger stark temperaturabhängig.

Bei der statistischen Behandlung der anderen Freiheitsgrade, wie der Rotation oder Schwingung einer freien Molekel genügt es, i. a. die für die Boltzmann-Statistik gültigen Verteilungsansätze (1b) zu verwenden, denn die Temperaturen, bei denen diese Freiheitsgrade angeregt sind, liegen i. a. so hoch, daß dort die Unterschiede in den Ergebnissen der verschiedenen Statistiken praktisch verschwunden sind. Die Rotationsenergie einer zweiatomigen oder gestreckten Molekel besitzt die Quantenzustände

$$\varepsilon_{\text{rot}} = \frac{l(l+1)\,h^2}{8\,\pi^2\,I} \qquad (l = 0, 1, 2, \ldots) \qquad (15)$$

$(I = \text{Trägheitsmoment}),$

wobei der l-te Quantenzustand $(2l+1)$-fach zu zählen ist, so daß die Zahl der Molekeln, die in diesem Rotationszustand vorkommen, gemäß Gl. (1b)

$$N_A \cdot \frac{(2l+1)\,e^{-\frac{l(l+1)\,h^2}{8\,\pi^2\,I\,kT}}}{\sum\limits_{l=0}^{\infty}(2l+1)\,e^{-\frac{l(l+1)\,h^2}{8\,\pi^2\,I\,kT}}} \qquad (16)$$

gegeben ist, wenn insgesamt N_A Molekeln vorhanden sind. Die Rotationsenergie von N_L rotierenden Molekeln wird dann:

$$N_A \frac{\sum\limits_{l=0}^{\infty}\frac{l(l+1)\,h^2}{8\,\pi^2\,I}(2l+1)\,e^{-\frac{l(l+1)\,h^2}{8\,\pi^2\,I\,kT}}}{\sum\limits_{l=0}^{\infty}(2l+1)\,e^{-\frac{l(l+1)\,h^2}{8\,\pi^2\,I\,kT}}} = \overline{E_{\text{rot}}}, \qquad (17)$$

was bei hohen Temperaturen zur thermischen Gesamtenergie der Rotation

$$E_{\text{rot}} = RT - \frac{R\,\Theta_{\text{rot}}}{3} - \frac{RT}{45}\left(\frac{\Theta_{\text{rot}}}{T}\right)^2 \qquad (17\,\text{a})$$

mit $\Theta_{\text{rot}} = h^2/8\,\pi^2\,I\,k$

führt, während bei tiefen Temperaturen

$$E_{\text{rot}} = RT\,[6\,\Theta_{\text{rot}}/T]\cdot e^{-2\,\Theta_{\text{rot}}/T} \tag{17b}$$

erhalten wird. Diese Energieanteile, die sich einfach zu den entsprechenden Anteilen für die Energie der Translation addieren, liefern die Molwärmeanteile

$$C_{\text{rot}} = R + \frac{R}{45}\left(\frac{\Theta_{\text{rot}}}{T}\right)^2$$

für hohe Temperaturen und $\qquad\qquad\qquad\qquad\qquad\qquad$ (18)

$$C_{\text{rot}} = 3\,R\left(\frac{2\,\Theta_{\text{rot}}}{T}\right)^2 e^{-2\,\Theta_{\text{rot}}/T}$$

bei tiefen Temperaturen.

Der Entropieanteil der Rotation folgt durch Bildung von

$$S_{\text{rot}} = \int\limits_0^T \frac{C_{\text{rot}}}{T}\,dT \quad \text{zu:} \tag{19}$$

$$S_{\text{rot}} = R\ln T - R\ln\Theta_{\text{rot}} + R \quad \text{für hohe Temperaturen}$$
$$= 2{,}303\,R\,[38{,}395 + \log I + \log T] + R. \tag{19a}$$

Die Zusammenfassung mit Gl. (6) liefert für die Gesamtentropieanteile der Translation und Rotation einer zweiatomigen oder gestreckten Molekel

$$S = 2{,}303\,R\,[36{,}80_3 + \tfrac{3}{2}\log M + \log I + \log g] + \tfrac{7}{2}R$$
$$+ \tfrac{7}{2}\cdot 2{,}303\,R\log T - 2{,}303\,R\log p. \tag{20a}$$

Diese Beziehung ändert sich durch die moderne Quantenstatistik insofern, als bei symmetrischen Molekeln wie N_2, H_2 oder CO_2 noch der Betrag $R\ln 2$ in Abzug zu bringen ist, weil die beiden durch Rotation entstehenden um 180° verdrehten Lagen bei solchen Molekeln nicht zu unterscheiden sind, womit schließlich entsteht:

$$S = 2{,}303\,R\left[36{,}803 + \frac{3}{2}\log M + \log I + \log\frac{g}{s}\right]$$
$$+ \frac{7}{2}\,R + \frac{7}{2}\cdot 2{,}303\,R\log T - 2{,}303\,R\log p \quad (p \text{ in atm}), \tag{20b}$$

wobei die sogenannte Symmetriezahl s für symmetrische Molekeln den Wert 2 besitzt und sonst den Wert 1.

Bei gewinkelten mehratomigen Molekeln folgt in ähnlicher Weise $C_{\text{rot}} = \tfrac{3}{2}R$ und $E_{\text{rot}} = \tfrac{3}{2}RT$ gültig für alle Temperaturen, bei denen die Molekel noch praktisch als Gas vorliegt, d.h. hier gilt für alle Temperaturen der klassische Gleichverteilungssatz, daß auf jeden Freiheitsgrad im Mittel bei der Temperatur T die Energie $\tfrac{1}{2}kT$ entfällt. Für die Entropie gilt dann

$$S_{\text{trans+rot}} = 2{,}303\,R\left[56{,}24 + \frac{3}{2}\log M + \frac{3}{2}\log I + \log\frac{g}{s}\right]$$
$$+ \frac{8}{2}\,R + \frac{8}{2}\cdot 2{,}303\,R\log T - 2{,}303\,R\log p \quad (p \text{ in atm}). \tag{20c}$$

Die Symmetriezahl s besitzt hier bei symmetrischen Molekeln auch Werte, die größer als 2 sind (z.B. bei Ammoniak $s = 3$; bei Methan $s = 12$). Die Größe I ist ein aus den Haupttätigkeitsmomenten I_1, I_2 und I_3 der Molekel gemäß $I^3 = I_1\cdot I_2\cdot I_3$ gemitteltes Trägheitsmoment der Molekel.

Beim Vorliegen von innermolekularen Schwingungen entfällt bei hohen Temperaturen entsprechend dem klassischen Gleichverteilungsgesetz auf jeden Schwingungsfreiheitsgrad, weil dieser kinetische *und* potentielle Energie enthält, die mittlere Energie kT, so daß dann jede innermolekulare Schwingung pro Mol den Betrag R zur Molwärme liefert. Im allgemeinen liegt die Temperatur, bei der dieser klassische Grenzwert erreicht wird, sehr hoch und es gilt sonst für den Molwärmeanteil C_s einer Schwingung:

$$C_s = R \left(\frac{h\nu}{kT} \right)^2 \frac{e^{h\nu/kT}}{(e^{h\nu/kT} - 1)^2} \tag{21}$$

wenn ν die Frequenz der fraglichen Schwingung ist. Der Energieanteil der Schwingung folgt zu

$$U_s = RT \frac{h\nu}{kT} \frac{1}{e^{h\nu/kT} - 1} + \frac{1}{2} RT \left(\frac{h\nu}{kT} \right) \tag{22}$$

wenn die Nullpunktsenergie mitgezählt wird. Der Entropieanteil der Schwingung wird durch

$$\int\limits_0^T (C_s/T) \, dT = R \left(\frac{h\nu}{kT} \right) \frac{e^{-h\nu/kT}}{1 - e^{-h\nu/kT}} - R \ln (1 - e^{-h\nu/kT}) \tag{23}$$

gegeben. Diese Funktionen für die Anteile der thermodynamischen Größen pro Schwingungsfreiheitsgrad hängen nur von $h\nu/kT$ ab und werden vielfach direkt als Funktionen dieses Arguments tabelliert, wobei freilich meist zur Abkürzung für $h\nu/k$ die charakteristische Temperatur Θ_s der Schwingung eingeführt wird, so daß als Argument der Funktionen der Ausdruck Θ_s/T zur Anwendung kommt (s. Bd. I, S. 1394 f.).

511. Zwischenmolekulare Kräfte und Abweichung vom idealen Gasgesetz

Bei mäßigen Drucken ($p < 3$ atm) kann die Zustandsgleichung eines realen Gases durch die Gleichung

$$pV = RT + B(T) p \tag{1}$$

bzw.

$$pV = RT \left(1 + \frac{B(T)}{V} \right) \tag{1a}$$

(p = Druck; V = Molvolumen; T = Temperatur und R = Gaskonstante) mit dem nur von der Temperatur abhängigen *zweiten Virialkoeffizienten* $B(T)$ geschrieben werden (s. Bd. I, Tabelle 3334, S. 860) für den sich aus der Statistik (Boltzmann-Statistik) die Beziehung

$$B(T) = 2\pi N_A \int\limits_0^\infty (1 - e^{-E_{\text{pot}}(r)/kT}) \, r^2 \, dr \tag{2}$$

(N_A = Avogadrosche Zahl, $6{,}02252 \cdot 10^{23}$, k = Boltzmannsche Konstante) ergibt, in der $E_{\text{pot}}(r)$ das Wechselwirkungspotential der zwischenmolekularen Kräfte zweier Teilchen aufeinander ist, das als nur vom Abstand r

der Teilchen abhängig angesehen werde (s. Abb. 41, S. 406). Macht man für dieses Potential den Ansatz

$$E_{pot}(r) = \frac{\alpha}{r^n} - \frac{\beta}{r^m} \qquad n > m \qquad (3)$$

in dem α und β geeignete Konstante sind, welche den Abstoßungsast α/r^n und den Anziehungsast β/r^m mit ausreichender Genauigkeit wiedergeben, einen Ansatz, den man auch mit den physikalisch sinnvolleren Größen r_{min} und $E_{pot,\,min}$ (s. Abb. 41) auf die Form

$$E_{pot}(r) = - \frac{|E_{pot,\,min}|}{\left(1 - \dfrac{m}{n}\right)} \left(1 - \frac{m}{n} \cdot \frac{r_{min}^{n-m}}{r^{n-m}}\right) \frac{r_{min}^m}{r^m} \qquad (3a)$$

bringen kann, so führt die Integration der Gl. (2) bei konstanter Temperatur auf eine Relation

$$B(T) = \frac{2\pi}{3} N_A\, r_{min}^3 \quad f_{n,\,m}\left(\frac{kT}{|E_{pot,\,min}|}\right), \qquad (4)$$

in der eine noch von den Exponenten n und m, aber sonst nur von dem Argument $kT/|E_{pot,\,min}|$ abhängige Funktion auftritt.

Mißt man r_{min} in Å und $B(T)$ in cm³/Mol, so erhält der temperaturunabhängige Teil $B_0 = 2\pi/3 \cdot N_A\, r_{min}^3$ den Wert

$$B_0 = \frac{2\pi}{3} N_A\, r_{min}^3 = 1{,}26_2 \left(\frac{r_{min}}{\text{Å}}\right)^3 \text{cm}^3/\text{Mol} \qquad (4a)$$

Die Funktionen $f_{n,\,m}$ für verschiedene n-Werte und konstantes $m = 6$ bzw. $m = 7$ sind in den Tabellen 5121 als Funktionen von $kT/|E_{pot,\,min}|$ wiedergegeben, denn es hat sich gezeigt, daß entsprechend den Untersuchungen von LONDON bei kleinen Molekeln die Anziehungskräfte der van der Waalsschen Potentiale mit β/r^6 variieren, während dagegen bei größeren Molekeln nach neueren Untersuchungen besser mit einem β/r^7-Potential der Anziehungskräfte gerechnet wird.

So entnimmt man z.B. bei einer Temperatur von 240° K und einem Wert $|E_{pot,\,min}| = 1{,}66 \cdot 10^{-14}$ erg $= k \cdot 120°$ K ($k = 1{,}380 \cdot 10^{-14}$ erg) aus Tabelle 5121 für $n = 12$ und $m = 6$ den Wert $f_{12,\,6}\left(\dfrac{k \cdot 240°}{k \cdot 120°}\right) = f_{12,\,2}(2{,}0) =$

$-0{,}4438$, der bei einem r_{min} von 3,82 Å, also einem $B_0 = 1{,}262 \cdot 3{,}82^3 = 70{,}3$ cm³/Mol, einen zweiten Virialkoeffizienten von $-31{,}2$ cm³/Mol liefert. Umgekehrt kann man versuchen, aus gemessenen Virialkoeffizienten auf r_{min} und $|E_{pot,\,min}|$ zu schließen.

Gelegentlich wird anstelle des Arguments $kT/|E_{pot,\,min}|$ ein Argument T/θ benützt, in dem θ mit $|E_{pot,\,min}/k|$ über

$$\theta = \frac{|E_{pot,\,min}|}{k} \left(\frac{n}{m}\right)^{m/(n-m)} \cdot \frac{n}{n-m} \qquad (5)$$

zusammenhängt. Mit diesem Argument kann man den zweiten Virialkoeffizienten ebenfalls auf die Form bringen

$$B(T) = \frac{2\pi}{3} N_A\, r_{min}^3 \cdot F_{n,m}\left(\frac{T}{\theta}\right) \qquad (6)$$

mit einer Funktion $F_{n,m}$, die ebenso wie $f_{n,m}$ außer von den Parametern n und m nur von der „reduzierten" Temperatur T/θ abhängt. Die Tabellen 5122 enthalten diese $F_{n,m}$-Werte wieder für $m = 6$ bzw. $m = 7$ bei verschiedenen n-Werten. Der Gebrauch dieser Tabellen geschieht prinzipiell in der gleichen Weise wie oben. Bei $|E_{pot,\,min}|/k = 120°\,\mathrm{K}$ findet man aus Gl. (5) für $n = 12$ und $m = 6$ den Wert $\theta = 4 \cdot 120°\,\mathrm{K} = 480°\,\mathrm{K}$, so daß bei $T = 240°\,\mathrm{K}$ wieder der Argumentwert $F_{12,6}\left(\dfrac{240}{480}\right) = F_{12,6}(0,5) = -0,444$ aus Tabelle 5122 entnommen wird, welcher naturgemäß den gleichen Virialkoeffizienten für $r_{min} = 3,82\ \text{Å}$ liefert, der oben bereits erhalten wurde.

Beim Vorliegen richtungsabhängiger zwischenmolekularer Kräfte, wie sie z. B. bei Molekeln mit Dipolmoment auftreten, kann mit guter Näherung zur Berechnung der zweiten Virialkoeffizienten Tabelle 5122 herangezogen werden; es ist dann nur mit einem temperaturabhängigen θ-Wert zu rechnen, der allgemein die Gestalt

$$\theta(T) = \left[\text{Const.} + \frac{\text{Konst}}{T}\right]^{n/(n-6)} \tag{6}$$

besitzt, wo

$$\text{Const} = \theta^{(n-6)/n} + 2\,\theta_{\bar{\alpha}}^{(n-6)/n} \quad \text{und} \quad \text{Konst} = 2\,\theta_{\mu}^{(n-6)/n} \tag{7}$$

ist mit

$$\theta_{\bar{\alpha}} = \left(\frac{\vartheta_{\bar{\alpha}}}{\theta}\right)^{\frac{6}{n-6}} \left(\frac{n}{m}\right)^{\frac{6n}{(n-m)(n-6)}} \vartheta_{\bar{\alpha}} \tag{7a}$$

und

$$\theta_{\mu} = \left(\frac{\vartheta_{\mu}(1)}{\theta}\right)^{\frac{6}{n-6}} \left(\frac{n}{m}\right)^{\frac{6n}{(n-m)(n-6)}} \vartheta_{\mu}(1) \tag{7b}$$

wo wiederum

$$\vartheta_{\bar{\alpha}} = \frac{\bar{\alpha}\,\mu^2}{k\,r_{min}^6} \quad \text{und} \quad \vartheta_{\mu}(1) = \frac{\mu^4}{6\,k^2\,r_{min}^6 \cdot 1\,(°\mathrm{K})} \tag{7c}$$

mit einer mittleren Polarisierbarkeit $\bar{\alpha}$ der Molekel und dem Dipolmoment μ. Bei länger gestreckten Molekeln rechnet man in Gl. (7c) zweckmäßig mit einem effektiven Dipolmoment μ_{eff} anstelle von μ, das sich aus einem Ersatzdipolmoment μ_e und dem normalen elektrischen Dipolmoment μ gemäß

$$\mu_{\text{eff}}^2 = \mu^2 + \mu_e^2 \tag{8}$$

zusammensetzt. Das Ersatzmoment μ_e wird dabei aus

$$\mu_e^2 = |E_{pot,\,min}|\,\frac{3n}{n-6}\left(\frac{r_{min}}{r}\right)^5 l^2\,r_{min} \tag{8a}$$

erhalten mit dem Zentrenabstand l und einem Mittelwert von r (etwa $r_{min}/r = 6/7$).

Der Zentrenabstand l ist vielfach von der Größenordnung der größten Kernabstände in der Molekel. Gl. (8) hat angenähert gleiche Richtung von Zentralachse und Dipolmomentachse zur Voraussetzung. Betreffs weiterer Anwendung der Tabellen 5121 und 5122 im Falle der Virialkoeffizienten von Gasmischungen usw. vgl. K. Schäfer: Statistische Theorie der Materie, Verlag Vandenhoeck u. Ruprecht, Göttingen, 1960.

Die Zahlenangaben oder Funktionen $f_{n,m}$ und $F_{n,m}$ schließen die typischen Quanteneffekte, die bei tiefen Temperaturen in Erscheinung treten und von der Masse der stoßenden Teilchen explizit abhängen, aus.

Ein solcher Quanteneffekt beruht übrigens schon auf der bloßen Anwendung der von der Boltzmann-Statistik abweichenden Bose-Einstein- bzw. Fermi-Dirac-Statistik. Man findet bei tiefen Temperaturen (aber nicht zu tiefen Temperaturen) bereits *ohne* das Vorhandensein von zwischenmolekularen Kräften eine Abweichung vom idealen Gasgesetz, die formal durch einen zweiten Virialkoeffizienten beschrieben werden kann, dessen Wert im Falle der Bose-Einstein-Statistik durch

$$B_{00} = -\frac{N_A}{2}\left(\frac{h^2}{2\pi m k T}\right)^{\frac{3}{2}}\frac{1}{2^{\frac{5}{2}}} \approx -\frac{560}{M^{\frac{3}{2}}\,T^{\frac{3}{2}}}\ \text{cm}^3/\text{Mol} \qquad (9)$$

(m = Molekelmasse, M = Molmasse, h = Plancksche Konstante, k = Boltzmann-Konstante, T = Temperatur)

gegeben ist. Im Fall der Fermi-Dirac-Statistik ändert sich lediglich das Vorzeichen von Gl. (9).

Man errechnet aus Gl. (9) im Fall des Heliums und des Wasserstoffs (H_2) an ihren jeweiligen Siedepunkten Werte von

$$\text{He:}\ B_{00}^{(4,2°)} = -8,1\ \text{cm}^3/\text{Mol} \qquad \text{bzw.} \qquad H_2\!:\ B_{00}^{(20,4°)} = -2,1\ \text{cm}^3/\text{Mol.}$$

Dies bedeutet beim He bereits eine Abweichung vom idealen Gasgesetz von fast $2^{1}/_{2}$% bei Atmosphärendruck am Siedepunkt[1], während beim H_2 nur noch $1^{1}/_{4}$°/$_{00}$ Abweichung durch diesen Effekt bedingt sind. Dieser Effekt geht sehr rasch gegen Null und spielt bei allen anderen realen Gasen praktisch keine Rolle, weil bei diesen bereits die in Betracht zu ziehenden Temperaturen weit höher liegen als beim Helium oder Wasserstoff.

---

[1] Beim Helium beträgt die gesamte Abweichung vom idealen Gasgesetz am Siedepunkt ca. 16% bei Atmosphärendruck, so daß weit über 10% dieser Abweichung durch die hier maßgebende Bose-Einstein-Statistik bedingt sind.

5111. Funktion
Die Zahlen am Fuß der
der Boyle-Temperatur,

$kT/|E_{\text{pot, min}}|$	$m = 6$ $n = 10$	6 12	6 15	6 18
0,25	− 37,7075	− 34,0844	− 30,4221	− 27,9168
0,30	− 21,8783	− 19,7145	− 17,5639	− 16,1126
0,35	− 14,7634	− 13,2617	− 11,7876	− 10,8030
0,40	− 10,8962	− 9,7572	− 8,6494	− 7,9150
0,45	− 8,5194	− 7,6049	− 6,7214	− 6,1388
0,50	− 6,9297	− 6,1661	− 5,4322	− 4,9501
0,55	− 5,7992	− 5,1436	− 4,5156	− 4,1044
0,60	− 4,9577	− 4,3826	− 3,8334	− 3,4745
0,65	− 4,3085	− 3,7959	− 3,3073	− 2,9884
0,70	− 3,7934	− 3,3305	− 2,8899	− 2,6026
0,75	− 3,3752	− 2,9528	− 2,5511	− 2,2892
0,80	− 3,0293	− 2,6405	− 2,2709	− 2,0300
0,85	− 2,7386	− 2,3781	− 2,0355	− 1,8121
0,90	− 2,4911	− 2,1546	− 1,8349	− 1,6264
0,95	− 2,2777	− 1,9622	− 1,6622	− 1,4665
1,00	− 2,0921	− 1,7947	− 1,5119	− 1,3272
1,05	− 1,9291	− 1,6477	− 1,3800	−1,2050
1,10	− 1,7850	− 1,5177	− 1,2633	− 1,0968
1,15	− 1,6566	− 1,4019	− 1,1593	− 1,0005
1,20	− 1,5415	− 1,2982	− 1,0662	− 0,9141
1,25	− 1,4378	− 1,2048	− 0,9823	− 0,8363
1,30	− 1,3439	− 1,1201	− 0,9063	− 0,7659
1,35	− 1,2585	− 1,0432	− 0,8372	− 0,7018
1,40	− 1,1805	− 0,9729	− 0,7741	− 0,6432
1,45	− 1,1089	− 0,9084	− 0,7162	− 0,5895
1,50	− 1,0431	− 0,8492	− 0,6630	− 0,5401
1,55	− 0,9824	− 0,7944	− 0,6139	− 0,4945
1,60	− 0,9261	− 0,7438	− 0,5684	− 0,4523
1,65	− 0,8739	− 0,6968	− 0,5262	− 0,4131
1,70	− 0,8253	− 0,6531	− 0,4869	− 0,3767
1,75	− 0,7800	− 0,6123	− 0,4503	− 0,3427
1,80	− 0,7377	− 0,5742	− 0,4161	− 0,3109
1,85	− 0,6980	− 0,5385	− 0,3840	− 0,2811
1,90	− 0,6608	− 0,5050	− 0,3539	− 0,2531
1,95	− 0,6257	− 0,4735	− 0,3256	− 0,2269
2,00	− 0,5927	− 0,4438	− 0,2990	− 0,2021
2,10	− 0,5322	− 0,3894	− 0,2501	− 0,1567
2,20	− 0,4780	− 0,3406	− 0,2063	− 0,1160
2,30	− 0,4292	− 0,2968	− 0,1670	− 0,0794
2,40	− 0,3851	− 0,2571	− 0,1313	− 0,0463
2,50	− 0,3449	− 0,2211	− 0,0990	− 0,0162
2,60	− 0,3084	− 0,1882	− 0,0695	+ 0,0112
2,70	− 0,2748	− 0,1581	− 0,0425	+ 0,0363
2,80	− 0,2441	− 0,1305	− 0,0177	+ 0,0594
2,90	− 0,2157	− 0,1050	+ 0,0052	+ 0,0806

$f_{n,\,m}$ (m = 6)

Tabelle kennzeichnen die Lage
für die $f_{n,\,m}$ verschwindet.

$m = 6$ $n = 24$	6 36	6 48	6 unendlich	$kT/|E_{\text{pot, min}}|$
—24,6502	—21,1246	—19,1992	—11,2124	0,25
—14,2436	—12,2547	—11,1805	—6,8154	0,30
—9,5464	—8,2228	—7,5136	—4,6706	0,35
—6,9838	—6,0100	—5,4910	—3,4289	0,40
—5,4037	—4,6388	—4,2326	—2,6269	0,45
—4,3438	—3,7151	—3,3820	—2,0688	0,50
—3,5884	—3,0544	—2,7718	—1,6587	0,55
—3,0247	—2,5599	—2,3140	—1,3452	0,60
—2,5892	—2,1767	—0,9585	—1,0977	0,65
—2,2430	—1,8715	—1,6749	—0,8975	0,70
—1,9616	—1,6229	—1,4435	—0,7322	0,75
—1,7285	—1,4166	—1,2511	—0,5934	0,80
—1,5324	—1,2427	—1,0889	—0,4753	0,85
—1,3652	—1,0943	—0,9502	—0,3735	0,90
—1,2210	—0,9661	—0,8303	—0,2849	0,95
—1,0954	—0,8543	—0,7256	—0,2070	1,00
—0,9851	—0,7560	—0,6335	—0,1381	1,05
—0,8874	—0,6688	—0,5518	—0,0766	1,10
—0,8004	—0,5911	—0,4789	—0,0214	1,15
—0,7223	—0,5214	—0,4133	+0,0283	1,20
—0,6520	—0,4584	—0,3542	+0,0735	1,25
—0,5882	—0,4013	—0,3005	+0,1146	1,30
—0,5302	—0,3493	—0,2516	+0,1522	1,35
—0,4772	—0,3018	—0,2069	+0,1868	1,40
—0,4285	—0,2582	—0,1658	+0,2186	1,45
—0,3838	—0,2180	—0,1279	+0,2481	1,50
—0,3424	—0,1808	—0,0929	+0,2754	1,55
—0,3042	—0,1464	—0,0604	+0,3008	1,60
—0,2686	—0,1145	—0,0303	+0,3244	1,65
—0,2355	—0,0847	—0,0022	+0,3465	1,70
—0,2047	—0,0569	+0,0241	+0,3672	1,75
—0,1758	—0,0309	+0,0487	+0,3867	1,80
—0,1488	—0,0065	+0,0717	+0,4049	1,85
—0,1234	+0,0164	+0,0934	+0,4222	1,90
—0,0995	+0,0379	+0,1137	+0,4384	1,95
—0,0770	+0,0582	+0,1330	+0,4538	2,00
—0,0357	+0,0955	+0,1683	+0,4821	2,10
+0,0013	+0,1290	+0,2000	+0,5076	2,20
+0,0346	+0,1591	+0,2286	+0,5307	2,30
+0,0647	+0,1864	+0,2545	+0,5518	2,40
+0,0921	+0,2113	+0,2781	+0,5710	2,50
+0,1171	+0,2340	+0,2996	+0,5887	2,60
+0,1400	+0,2547	+0,3194	+0,6050	2,70
+0,1610	+0,2739	+0,3376	+0,6200	2,80
+0,1804	+0,2915	+0,3544	+0,6339	2,90

$kT/|E_{\mathrm{pot, min}}|$	$m = 6$ $n = 10$	6 12	6 15	6 18
3,00	$-0,1895$	$-0,0815$	$+0,0263$	$+0,1003$
3,10	$-0,1652$	$-0,0597$	$+0,0459$	$+0,1185$
3,20	$-0,1426$	$-0,0394$	$+0,0640$	$+0,1354$
3,30	$-0,1216$	$-0,0206$	$+0,0809$	$+0,1511$
3,40	$-0,1020$	$-0,0030$	$+0,0967$	$+0,1658$
3,50	$-0,0836$	$+0,0134$	$+0,1114$	$+0,1795$
3,60	$-0,0665$	$+0,0288$	$+0,1252$	$+0,1923$
3,70	$-0,0503$	$+0,0432$	$+0,1382$	$+0,2044$
3,80	$-0,0352$	$+0,0568$	$+0,1504$	$+0,2157$
3,90	$-0,0209$	$+0,0696$	$+0,1618$	$+0,2263$
4,00	$-0,0075$	$+0,0816$	$+0,1726$	$+0,2364$
4,10	$+0,0052$	$+0,0930$	$+0,1828$	$+0,2459$
4,20	$+0,0173$	$+0,1037$	$+0,1924$	$+0,2548$
4,30	$+0,0286$	$+0,1139$	$+0,2015$	$+0,2633$
4,40	$+0,0394$	$+0,1235$	$+0,2102$	$+0,2714$
4,50	$+0,0496$	$+0,1327$	$+0,2184$	$+0,2790$
4,60	$+0,0594$	$+0,1413$	$+0,2261$	$+0,2862$
4,70	$+0,0686$	$+0,1496$	$+0,2335$	$+0,2931$
4,80	$+0,0774$	$+0,1575$	$+0,2406$	$+0,2997$
4,90	$+0,0858$	$+0,1649$	$+0,2473$	$+0,3059$
5,00	$+0,0938$	$+0,1721$	$+0,2536$	$+0,3118$
6,00	$+0,1570$	$+0,2283$	$+0,3039$	$+0,3587$
7,00	$+0,1994$	$+0,2659$	$+0,3375$	$+0,3900$
8,00	$+0,2293$	$+0,2923$	$+0,3610$	$+0,4119$
9,00	$+0,2512$	$+0,3115$	$+0,3781$	$+0,4278$
10,00	$+0,2676$	$+0,3259$	$+0,3907$	$+0,4396$
20,00	$+0,3219$	$+0,3715$	$+0,4300$	$+0,4762$
30,00	$+0,3255$	$+0,3726$	$+0,4297$	$+0,4757$
40,00	$+0,3208$	$+0,3667$	$+0,4234$	$+0,4696$
50,00	$+0,3142$	$+0,3595$	$+0,4161$	$+0,4626$
60,00	$+0,3075$	$+0,3523$	$+0,4089$	$+0,4557$
70,00	$+0,3011$	$+0,3455$	$+0,4021$	$+0,4492$
80,00	$+0,2951$	$+0,3393$	$+0,3959$	$+0,4433$
90,00	$+0,2895$	$+0,3335$	$+0,3901$	$+0,4377$
100,00	$+0,2843$	$+0,3281$	$+0,3848$	$+0,4326$
200,00	$+0,2482$	$+0,2909$	$+0,3478$	$+0,3968$
300,00	$+0,2268$	$+0,2688$	$+0,3256$	$+0,3751$
400,00	$+0,2120$	$+0,2534$	$+0,3100$	$+0,3598$
500,00	$+0,2008$	$+0,2417$	$+0,2982$	$+0,3481$
600,00	$+0,1919$	$+0,2324$	$+0,2887$	$+0,3387$
$kT_B/|E_{\mathrm{pot, min}}|$	4,058	3,418	2,877	2,558

$m = 6$ $n = 24$	6 36	6 48	6 unendlich	$kT/|E_{\text{pot, min}}|$
+ 0,1983	+ 0,3078	+ 0,3699	+ 0,6468	3,00
+ 0,2149	+ 0,3229	+ 0,3843	+ 0,6589	3,10
+ 0,2303	+ 0,3370	+ 0,3977	+ 0,6701	3,20
+ 0,2447	+ 0,3501	+ 0,4103	+ 0,6807	3,30
+ 0,2581	+ 0,3624	+ 0,4220	+ 0,6906	3,40
+ 0,2706	+ 0,3738	+ 0,4329	+ 0,6999	3,50
+ 0,2824	+ 0,3846	+ 0,4432	+ 0,7086	3,60
+ 0,2934	+ 0,3947	+ 0,4528	+ 0,7169	3,70
+ 0,3038	+ 0,4042	+ 0,4619	+ 0,7247	3,80
+ 0,3135	+ 0,4131	+ 0,4705	+ 0,7320	3,90
+ 0,3227	+ 0,4215	+ 0,4786	+ 0,7390	4,00
+ 0,3314	+ 0,4295	+ 0,4863	+ 0,7457	4,10
+ 0,3396	+ 0,4371	+ 0,4935	+ 0,7520	4,20
+ 0,3474	+ 0,4442	+ 0,5004	+ 0,7580	4,30
+ 0,3548	+ 0,4510	+ 0,5069	+ 0,7637	4,40
+ 0,3618	+ 0,4575	+ 0,5131	+ 0,7692	4,50
+ 0,3684	+ 0,4636	+ 0,5190	+ 0,7744	4,60
+ 0,3747	+ 0,4694	+ 0,5246	+ 0,7794	4,70
+ 0,3807	+ 0,4750	+ 0,5300	+ 0,7841	4,80
+ 0,3865	+ 0,4803	+ 0,5351	+ 0,7887	4,90
+ 0,3919	+ 0,4853	+ 0,5399	+ 0,7931	5,00
+ 0,4351	+ 0,5254	+ 0,5788	+ 0,8285	6,00
+ 0,4640	+ 0,5525	+ 0,6052	+ 0,8536	7,00
+ 0,4843	+ 0,5717	+ 0,6241	+ 0,8723	8,00
+ 0,4991	+ 0,5858	+ 0,6381	+ 0,8868	9,00
+ 0,5101	+ 0,5965	+ 0,6488	+ 0,8983	10,00
+ 0,5452	+ 0,6330	+ 0,6872	+ 0,9496	20,00
+ 0,5458	+ 0,6362	+ 0,6926	+ 0,9665	30,00
+ 0,5408	+ 0,6335	+ 0,6917	+ 0,9749	40,00
+ 0,5348	+ 0,6295	+ 0,6891	+ 0,9799	50,00
+ 0,5288	+ 0,6251	+ 0,6860	+ 0,9833	60,00
+ 0,5231	+ 0,6209	+ 0,6829	+ 0,9857	70,00
+ 0,5178	+ 0,6168	+ 0,6798	+ 0,9875	80,00
+ 0,5129	+ 0,6130	+ 0,6768	+ 0,9889	90,00
+ 0,5083	+ 0,6095	+ 0,6740	+ 0,9900	100,00
+ 0,4758	+ 0,5833	+ 0,6527	+ 0,9950	200,00
+ 0,4558	+ 0,5668	+ 0,6389	+ 0,9967	300,00
+ 0,4415	+ 0,5548	+ 0,6288	+ 0,9975	400,00
+ 0,4305	+ 0,5455	+ 0,6209	+ 0,9980	500,00
+ 0,4216	+ 0,5379	+ 0,6144	+ 0,9983	600,00
2,196	1,864	1,704	1,171	

5112. Funktion

Die Zahlen am Fuß der
der Boyle-Temperatur,

$kT/|E_{\text{pot, min}}|$	$m = 7$ $n = 10$	7 12	7 15	7 18
0,25	− 33,3576	− 30,0663	− 26,7217	− 24,4260
0,30	− 19,1089	− 17,1489	− 15,1929	− 13,8681
0,35	− 12,7485	− 11,3926	− 10,0564	− 9,1605
0,40	− 9,3142	− 8,2885	− 7,2870	− 6,6204
0,45	− 7,2162	− 6,3943	− 5,5972	− 5,0696
0,50	− 5,8203	− 5,1352	− 4,4741	− 4,0383
0,55	− 4,8325	− 4,2449	− 3,6901	− 3,3087
0,60	− 4,1002	− 3,5854	− 3,0919	− 2,7681
0,65	− 3,5375	− 3,0789	− 2,6402	− 2,3528
0,70	− 3,0924	− 2,6786	− 2,2833	− 2,0244
0,75	− 2,7323	− 2,3549	− 1,9945	− 1,7588
0,80	− 2,4352	− 2,0879	− 1,7565	− 1,5397
0,85	− 2,1861	− 1,8642	− 1,5570	− 1,3560
0,90	− 1,9745	− 1,6741	− 1,3876	− 1,2000
0,95	− 1,7925	− 1,5108	− 1,2420	− 1,0659
1,00	− 1,6344	− 1,3690	− 1,1156	− 0,9495
1,05	− 1,4960	− 1,2448	− 1,0049	− 0,8475
1,10	− 1,3736	− 1,1351	− 0,9071	− 0,7574
1,15	− 1,2649	− 1,0376	− 0,8202	− 0,6773
1,20	− 1,1675	− 0,9504	− 0,7424	− 0,6056
1,25	− 1,0799	− 0,8719	− 0,6725	− 0,5411
1,30	− 1,0007	− 0,8010	− 0,6093	− 0,4828
1,35	− 0,9288	− 0,7365	− 0,5519	− 0,4299
1,40	− 0,8631	− 0,6777	− 0,4995	− 0,3816
1,45	− 0,8030	− 0,6239	− 0,4515	− 0,3374
1,50	− 0,7477	− 0,5745	− 0,4075	− 0,2967
1,55	− 0,6968	− 0,5289	− 0,3668	− 0,2593
1,60	− 0,6496	− 0,4867	− 0,3293	− 0,2246
1,65	− 0,6059	− 0,4476	− 0,2945	− 0,1925
1,70	− 0,5653	− 0,4113	− 0,2621	− 0,1627
1,75	− 0,5274	− 0,3775	− 0,2320	− 0,1348
1,80	− 0,4921	− 0,3459	− 0,2038	− 0,1089
1,85	− 0,4590	− 0,3163	− 0,1775	− 0,0846
1,90	− 0,4279	− 0,2886	− 0,1528	− 0,0618
1,95	− 0,3988	− 0,2625	− 0,1296	− 0,0404
2,00	− 0,3713	− 0,2380	− 0,1078	− 0,0202
2,10	− 0,3210	− 0,1931	− 0,0678	+ 0,0167
2,20	− 0,2760	− 0,1529	− 0,0320	+ 0,0497
2,30	− 0,2356	− 0,1168	+ 0,0001	+ 0,0793
2,40	− 0,1990	− 0,0843	+ 0,0291	+ 0,1061
2,50	− 0,1659	− 0,0547	+ 0,0554	+ 0,1304
2,60	− 0,1357	− 0,0278	+ 0,0793	+ 0,1525
2,70	− 0,1081	− 0,0032	+ 0,1012	+ 0,1727
2,80	− 0,0827	+ 0,0194	+ 0,1213	+ 0,1912
2,90	− 0,0594	+ 0,0401	+ 0,1397	+ 0,2083

$f_{n, m}$ ($m = 7$)

Tabelle kennzeichnen die Lage
für die $f_{n, m}$ verschwindet.

$m = 7$ $n = 24$	7 36	7 48	7 unendlich	$kT/|E_{\text{pot, min}}|$
$-21{,}4216$	$-18{,}1613$	$-16{,}3715$	$-8{,}8363$	$0{,}25$
$-12{,}1551$	$-10{,}3218$	$-9{,}3263$	$-5{,}2197$	$0{,}30$
$-8{,}0123$	$-6{,}7958$	$-6{,}1404$	$-3{,}4726$	$0{,}35$
$-5{,}7718$	$-7{,}8790$	$-4{,}4005$	$-2{,}4697$	$0{,}40$
$-4{,}4009$	$-3{,}7011$	$-3{,}3273$	$-1{,}8266$	$0{,}45$
$-3{,}4878$	$-2{,}9135$	$-2{,}6074$	$-1{,}3816$	$0{,}50$
$-2{,}8408$	$-2{,}3536$	$-2{,}0943$	$-1{,}0565$	$0{,}55$
$-2{,}3606$	$-1{,}9370$	$-1{,}7116$	$-0{,}8089$	$0{,}60$
$-1{,}9914$	$-1{,}6158$	$-1{,}4160$	$-0{,}6142$	$0{,}65$
$-1{,}6991$	$-1{,}3611$	$-1{,}1811$	$-0{,}4573$	$0{,}70$
$-1{,}4625$	$-1{,}1543$	$-0{,}9902$	$-0{,}3281$	$0{,}75$
$-1{,}2671$	$-0{,}9834$	$-0{,}8321$	$-0{,}2199$	$0{,}80$
$-1{,}1032$	$-0{,}8398$	$-0{,}6991$	$-0{,}1280$	$0{,}85$
$-0{,}9639$	$-0{,}7176$	$-0{,}5858$	$-0{,}0409$	$0{,}90$
$-0{,}8441$	$-0{,}6123$	$-0{,}4881$	$+0{,}0197$	$0{,}95$
$-0{,}7400$	$-0{,}5207$	$-0{,}4030$	$+0{,}0800$	$1{,}00$
$-0{,}6487$	$-0{,}4404$	$-0{,}3283$	$+0{,}1332$	$1{,}05$
$-0{,}5681$	$-0{,}3693$	$-0{,}2622$	$+0{,}1806$	$1{,}10$
$-0{,}4964$	$-0{,}3060$	$-0{,}2033$	$+0{,}2232$	$1{,}15$
$-0{,}4322$	$-0{,}2493$	$-0{,}1505$	$+0{,}2615$	$1{,}20$
$-0{,}3744$	$-0{,}1983$	$-0{,}1028$	$+0{,}2962$	$1{,}25$
$-0{,}3222$	$-0{,}1520$	$-0{,}0597$	$+0{,}3278$	$1{,}30$
$-0{,}2747$	$-0{,}1100$	$-0{,}0204$	$+0{,}3566$	$1{,}35$
$-0{,}2313$	$-0{,}0716$	$+0{,}0154$	$+0{,}3831$	$1{,}40$
$-0{,}1917$	$-0{,}0364$	$+0{,}0483$	$+0{,}4075$	$1{,}45$
$-0{,}1552$	$-0{,}0040$	$+0{,}0786$	$+0{,}4301$	$1{,}50$
$-0{,}1215$	$+0{,}0258$	$+0{,}1066$	$+0{,}4509$	$1{,}55$
$-0{,}0904$	$+0{,}0535$	$+0{,}1324$	$+0{,}4704$	$1{,}60$
$-0{,}0616$	$+0{,}0791$	$+0{,}1565$	$+0{,}4884$	$1{,}65$
$-0{,}0347$	$+0{,}1030$	$+0{,}1788$	$+0{,}5053$	$1{,}70$
$-0{,}0097$	$+0{,}1252$	$+0{,}1997$	$+0{,}5211$	$1{,}75$
$+0{,}0136$	$+0{,}1460$	$+0{,}2192$	$+0{,}5360$	$1{,}80$
$+0{,}0355$	$+0{,}1655$	$+0{,}2375$	$+0{,}5499$	$1{,}85$
$+0{,}0560$	$+0{,}1838$	$+0{,}2546$	$+0{,}5630$	$1{,}90$
$+0{,}0753$	$+0{,}2010$	$+0{,}2708$	$+0{,}5754$	$1{,}95$
$+0{,}0934$	$+0{,}2172$	$+0{,}2860$	$+0{,}5871$	$2{,}00$
$+0{,}1267$	$+0{,}2468$	$+0{,}3139$	$+0{,}6087$	$2{,}10$
$+0{,}1564$	$+0{,}2734$	$+0{,}3389$	$+0{,}6281$	$2{,}20$
$+0{,}1831$	$+0{,}2973$	$+0{,}3614$	$+0{,}6457$	$2{,}30$
$+0{,}2072$	$+0{,}3189$	$+0{,}3818$	$+0{,}6617$	$2{,}40$
$+0{,}2291$	$+0{,}3386$	$+0{,}4003$	$+0{,}6763$	$2{,}50$
$+0{,}2491$	$+0{,}3565$	$+0{,}4172$	$+0{,}6897$	$2{,}60$
$+0{,}2673$	$+0{,}3728$	$+0{,}4327$	$+0{,}7020$	$2{,}70$
$+0{,}2840$	$+0{,}3879$	$+0{,}4469$	$+0{,}7134$	$2{,}80$
$+0{,}2994$	$+0{,}4017$	$+0{,}4600$	$+0{,}7240$	$2{,}90$

$kT/|E_{pot, min}|$	$m = 7$ $n = 10$	7 12	7 15	7 18
3,00	$-0,0379$	$+0,0593$	$+0,1568$	$+0,2240$
3,10	$-0,0179$	$+0,0770$	$+0,1725$	$+0,2385$
3,20	$+0,0006$	$+0,0934$	$+0,1871$	$+0,2520$
3,30	$+0,0178$	$+0,1087$	$+0,2007$	$+0,2646$
3,40	$+0,0338$	$+0,1230$	$+0,2133$	$+0,2763$
3,50	$+0,0487$	$+0,1362$	$+0,2251$	$+0,2872$
3,60	$+0,0627$	$+0,1487$	$+0,2362$	$+0,2974$
3,70	$+0,0759$	$+0,1603$	$+0,2465$	$+0,3069$
3,80	$+0,0882$	$+0,1712$	$+0,2562$	$+0,3159$
3,90	$+0,0998$	$+0,1815$	$+0,2653$	$+0,3243$
4,00	$+0,1107$	$+0,1912$	$+0,2739$	$+0,3322$
4,10	$+0,1210$	$+0,2003$	$+0,2820$	$+0,3397$
4,20	$+0,1307$	$+0,2089$	$+0,2896$	$+0,3467$
4,30	$+0,1399$	$+0,2171$	$+0,2968$	$+0,3534$
4,40	$+0,1486$	$+0,2248$	$+0,3036$	$+0,3597$
4,50	$+0,1569$	$+0,2320$	$+0,3101$	$+0,3657$
4,60	$+0,1647$	$+0,2390$	$+0,3162$	$+0,3713$
4,70	$+0,1721$	$+0,2455$	$+0,3220$	$+0,3767$
4,80	$+0,1792$	$+0,2518$	$+0,3276$	$+0,3818$
4,90	$+0,1859$	$+0,2577$	$+0,3328$	$+0,3866$
5,00	$+0,1923$	$+0,2634$	$+0,3378$	$+0,3913$
6,00	$+0,2426$	$+0,3076$	$+0,3769$	$+0,4273$
7,00	$+0,2759$	$+0,3367$	$+0,4024$	$+0,4510$
8,00	$+0,2990$	$+0,3567$	$+0,4200$	$+0,4672$
9,00	$+0,3156$	$+0,3710$	$+0,4325$	$+0,4786$
10,00	$+0,3278$	$+0,3814$	$+0,4415$	$+0,4869$
20,00	$+0,3632$	$+0,4094$	$+0,4643$	$+0,5077$
30,00	$+0,3604$	$+0,4045$	$+0,4584$	$+0,5020$
40,00	$+0,3523$	$+0,3955$	$+0,4492$	$+0,4931$
50,00	$+0,3437$	$+0,3864$	$+0,4400$	$+0,4844$
60,00	$+0,3355$	$+0,3778$	$+0,4316$	$+0,4763$
70,00	$+0,3279$	$+0,3701$	$+0,4239$	$+0,4690$
80,00	$+0,3211$	$+0,3630$	$+0,4170$	$+0,4623$
90,00	$+0,3148$	$+0,3566$	$+0,4106$	$+0,4563$
100,00	$+0,3090$	$+0,3507$	$+0,4049$	$+0,4507$
200,00	$+0,2696$	$+0,3105$	$+0,3652$	$+0,4125$
300,00	$+0,2467$	$+0,2870$	$+0,3418$	$+0,3898$
400,00	$+0,2308$	$+0,2707$	$+0,3255$	$+0,3738$
500,00	$+0,2189$	$+0,2584$	$+0,3131$	$+0,3617$
600,00	$+0,2094$	$+0,2486$	$+0,3031$	$+0,3519$
$kT_B/|E_{pot, min}|$	3,197	2,714	2,300	2,053

$\begin{matrix} m = 7 \\ n = 24 \end{matrix}$	$\dfrac{7}{36}$	$\dfrac{7}{48}$	$\dfrac{7}{\text{unendlich}}$	$kT/|E_{\text{pot, min}}|$
+ 0,3136	+ 0,4145	+ 0,4721	+ 0,7338	3,00
+ 0,3268	+ 0,4264	+ 0,4834	+ 0,7429	3,10
+ 0,3390	+ 0,4374	+ 0,4938	+ 0,7514	3,20
+ 0,3503	+ 0,4476	+ 0,5035	+ 0,7594	3,30
+ 0,3609	+ 0,4572	+ 0,5126	+ 0,7669	3,40
+ 0,3708	+ 0,4661	+ 0,5211	+ 0,7739	3,50
+ 0,3800	+ 0,4745	+ 0,5290	+ 0,7805	3,60
+ 0,3887	+ 0,4823	+ 0,5365	+ 0,7868	3,70
+ 0,3968	+ 0,4897	+ 0,5435	+ 0,7927	3,80
+ 0,4044	+ 0,4966	+ 0,5501	+ 0,7982	3,90
+ 0,4116	+ 0,5031	+ 0,5564	+ 0,8035	4,00
+ 0,4184	+ 0,5093	+ 0,5623	+ 0,8085	4,10
+ 0,4248	+ 0,5151	+ 0,5678	+ 0,8133	4,20
+ 0,4308	+ 0,5206	+ 0,5731	+ 0,8178	4,30
+ 0,4365	+ 0,5259	+ 0,5781	+ 0,8222	4,40
+ 0,4419	+ 0,5308	+ 0,5828	+ 0,8263	4,50
+ 0,4471	+ 0,5355	+ 0,5873	+ 0,8302	4,60
+ 0,4520	+ 0,5400	+ 0,5916	+ 0,8340	4,70
+ 0,4566	+ 0,5442	+ 0,5957	+ 0,8376	4,80
+ 0,4610	+ 0,5483	+ 0,5996	+ 0,8410	4,90
+ 0,4652	+ 0,5521	+ 0,6033	+ 0,8443	5,00
+ 0,4981	+ 0,5825	+ 0,6326	+ 0,8711	6,00
+ 0,5197	+ 0,6026	+ 0,6523	+ 0,8900	7,00
+ 0,5346	+ 0,6167	+ 0,6662	+ 0,9041	8,00
+ 0,5452	+ 0,6269	+ 0,6763	+ 0,9149	9,00
+ 0,5529	+ 0,6344	+ 0,6839	+ 0,9236	10,00
+ 0,5731	+ 0,6566	+ 0,7085	+ 0,9622	20,00
+ 0,5686	+ 0,6551	+ 0,7092	+ 0,9748	30,00
+ 0,5611	+ 0,6500	+ 0,7061	+ 0,9812	40,00
+ 0,5535	+ 0,6445	+ 0,7021	+ 0,9849	50,00
+ 0,5464	+ 0,6392	+ 0,6981	+ 0,9875	60,00
+ 0,5399	+ 0,6342	+ 0,6942	+ 0,9893	70,00
+ 0,5340	+ 0,6296	+ 0,6906	+ 0,9906	80,00
+ 0,5286	+ 0,6254	+ 0,6872	+ 0,9916	90,00
+ 0,5236	+ 0,6215	+ 0,6841	+ 0,9925	100,00
+ 0,4890	+ 0,5936	+ 0,6612	+ 0,9962	200,00
+ 0,4682	+ 0,5764	+ 0,6469	+ 0,9975	300,00
+ 0,4534	+ 0,5641	+ 0,6364	+ 0,9981	400,00
+ 0,4420	+ 0,5545	+ 0,6283	+ 0,9985	500,00
+ 0,4328	+ 0,5467	+ 0,6217	+ 0,9987	600,00
1,771	**1,506**	**1,378**	**0,935**	

5113. Funktion

T/θ	$m = 6$ $n = 10$	6 12	6 15	6 18
0,150	− 2,986	− 4,383	− 6,409	− 8,392
0,155	− 2,828	− 4,131	− 5,996	− 7,797
0,160	− 2,683	− 3,902	− 5,627	− 7,271
0,165	− 2,549	− 3,694	− 5,295	− 6,803
0,170	− 2,426	− 3,505	− 4,995	− 6,385
0,175	− 2,312	− 3,330	− 4,723	− 6,008
0,180	− 2,207	− 3,170	− 4,475	− 5,668
0,185	− 2,109	− 3,023	− 4,249	− 5,360
0,190	− 2,018	− 2,886	− 4,041	− 5,079
0,195	− 1,932	− 2,759	− 3,849	− 4,822
0,200	− 1,853	− 2,640	− 3,673	− 4,586
0,205	− 1,778	− 2,530	− 3,509	− 4,369
0,210	− 1,707	− 2,427	− 3,357	− 4,169
0,215	− 1,641	− 2,331	− 3,216	− 3,983
0,220	− 1,578	− 2,240	− 3,084	− 3,811
0,225	− 1,519	− 2,155	− 2,960	− 3,651
0,230	− 1,463	− 2,074	− 2,845	− 3,501
0,235	− 1,410	− 1,998	− 2,736	− 3,362
0,240	− 1,360	− 1,927	− 2,634	− 3,231
0,245	− 1,312	− 1,859	− 2,538	− 3,108
0,250	− 1,267	− 1,795	− 2,447	− 2,993
0,255	− 1,224	− 1,734	− 2,361	− 2,884
0,260	− 1,183	− 1,676	− 2,280	− 2,781
0,265	− 1,143	− 1,620	− 2,203	− 2,684
0,270	− 1,106	− 1,568	− 2,130	− 2,592
0,275	− 1,070	− 1,518	− 2,061	− 2,505
0,280	− 1,035	− 1,470	− 1,994	− 2,423
0,285	− 1,002	− 1,424	− 1,931	− 2,344
0,290	− 0,971	− 1,380	− 1,871	− 2,270
0,295	− 0,941	− 1,338	− 1,814	− 2,199
0,300	− 0,911	− 1,298	− 1,759	− 2,131
0,310	− 0,856	− 1,223	− 1,657	− 2,005
0,320	− 0,806	− 1,153	− 1,562	− 1,889
0,330	− 0,758	− 1,088	− 1,476	− 1,783
0,340	− 0,714	− 1,029	− 1,395	− 1,685
0,350	− 0,673	− 0,973	− 1,321	− 1,595
0,360	− 0,635	− 0,921	− 1,252	− 1,511
0,370	− 0,599	− 0,872	− 1,187	− 1,433
0,380	− 0,565	− 0,827	− 1,127	− 1,361
0,390	− 0,533	− 0,784	− 1,071	− 1,293
0,400	− 0,503	− 0,744	− 1,018	− 1,230
0,410	− 0,475	− 0,706	− 0,969	− 0,171
0,420	− 0,448	− 0,670	− 0,922	− 1,115
0,430	− 0,423	− 0,636	− 0,878	− 1,063
0,440	− 0,399	− 0,604	− 0,836	− 1,013

$F_{n,\,m}$ $(m = 6)$

$m = 6$ $n = 24$	6 36	6 48	6 unendlich	T/θ
$-12,226$	$-19,196$	$-25,151$	$-82,754$	$0,150$
$-11,227$	$-17,335$	$-22,462$	$-69,921$	$0,155$
$-10,358$	$-15,753$	$-20,205$	$-59,788$	$0,160$
$-9,598$	$-14,395$	$-18,293$	$-51,675$	$0,165$
$-8,928$	$-13,221$	$-16,659$	$-45,097$	$0,170$
$-8,334$	$-12,198$	$-15,251$	$-39,701$	$0,175$
$-7,804$	$-11,301$	$-14,028$	$-35,227$	$0,180$
$-7,329$	$-10,509$	$-12,959$	$-31,481$	$0,185$
$-6,901$	$-9,806$	$-12,019$	$-28,317$	$0,190$
$-6,513$	$-9,178$	$-11,186$	$-25,622$	$0,195$
$-6,162$	$-8,615$	$-10,446$	$-23,308$	$0,200$
$-5,841$	$-8,108$	$-9,784$	$-21,309$	$0,205$
$-5,547$	$-7,649$	$-9,189$	$-19,568$	$0,210$
$-5,278$	$-7,233$	$-8,652$	$-18,045$	$0,215$
$-5,029$	$-6,853$	$-8,166$	$-16,703$	$0,220$
$-4,800$	$-6,505$	$-7,723$	$-15,516$	$0,225$
$-4,588$	$-6,186$	$-7,320$	$-14,459$	$0,230$
$-4,390$	$-5,892$	$-6,950$	$-13,515$	$0,235$
$-4,207$	$-5,621$	$-6,611$	$-12,668$	$0,240$
$-4,035$	$-5,370$	$-6,298$	$-11,904$	$0,245$
$-3,875$	$-5,137$	$-6,009$	$-11,212$	$0,250$
$-3,725$	$-4,920$	$-5,742$	$-10,585$	$0,255$
$-3,584$	$-4,718$	$-5,493$	$-10,013$	$0,260$
$-3,452$	$-4,529$	$-5,262$	$-9,490$	$0,265$
$-3,327$	$-4,353$	$-5,047$	$-9,010$	$0,270$
$-3,210$	$-4,187$	$-4,845$	$-8,570$	$0,275$
$-3,099$	$-4,031$	$-4,657$	$-8,163$	$0,280$
$-2,993$	$-3,885$	$-4,480$	$-7,788$	$0,285$
$-2,894$	$-3,747$	$-4,314$	$-7,440$	$0,290$
$-2,799$	$-3,616$	$-4,157$	$-7,116$	$0,295$
$-2,709$	$-3,493$	$-4,010$	$-6,815$	$0,300$
$-2,543$	$-3,265$	$-3,739$	$-6,273$	$0,310$
$-2,391$	$-3,060$	$-3,496$	$-5,797$	$0,320$
$-2,253$	$-2,874$	$-3,277$	$-5,377$	$0,330$
$-2,126$	$-2,705$	$-3,078$	$-5,004$	$0,340$
$-2,009$	$-2,551$	$-2,898$	$-4,671$	$0,350$
$-1,902$	$-2,410$	$-2,733$	$-4,371$	$0,360$
$-1,803$	$-2,280$	$-2,582$	$-4,101$	$0,370$
$-1,710$	$-2,160$	$-2,443$	$-3,856$	$0,380$
$-1,625$	$-2,049$	$-2,315$	$-3,633$	$0,390$
$-1,545$	$-1,946$	$-2,196$	$-3,429$	$0,400$
$-1,470$	$-1,850$	$-2,086$	$-3,242$	$0,410$
$-1,400$	$-1,760$	$-1,984$	$-3,070$	$0,420$
$-1,334$	$-1,676$	$-1,888$	$-2,911$	$0,430$
$-1,273$	$-1,598$	$-1,799$	$-2,761$	$0,440$

T/θ	$m = 6$ $n = 10$	6 12	6 15	6 18
0,450	$-0,376$	$-0,574$	$-0,797$	$-0,966$
0,460	$-0,355$	$-0,545$	$-0,759$	$-0,922$
0,470	$-0,334$	$-0,518$	$-0,724$	$-0,880$
0,480	$-0,315$	$-0,492$	$-0,691$	$-0,841$
0,490	$-0,296$	$-0,467$	$-0,659$	$-0,803$
0,500	$-0,278$	$-0,444$	$-0,628$	$-0,767$
0,510	$-0,261$	$-0,421$	$-0,599$	$-0,733$
0,520	$-0,245$	$-0,400$	$-0,572$	$-0,701$
0,530	$-0,229$	$-0,379$	$-0,545$	$-0,670$
0,540	$-0,214$	$-0,359$	$-0,520$	$-0,640$
0,550	$-0,200$	$-0,341$	$-0,496$	$-0,612$
0,560	$-0,186$	$-0,323$	$-0,473$	$-0,584$
0,570	$-0,173$	$-0,305$	$-0,450$	$-0,558$
0,580	$-0,161$	$-0,289$	$-0,429$	$-0,534$
0,590	$-0,148$	$-0,272$	$-0,409$	$-0,510$
0,600	$-0,137$	$-0,257$	$-0,389$	$-0,487$
0,610	$-0,125$	$-0,242$	$-0,370$	$-0,465$
0,620	$-0,115$	$-0,228$	$-0,352$	$-0,444$
0,630	$-0,104$	$-0,214$	$-0,334$	$-0,423$
0,640	$-0,094$	$-0,201$	$-0,318$	$-0,404$
0,650	$-0,084$	$-0,188$	$-0,301$	$-0,385$
0,660	$-0,075$	$-0,176$	$-0,286$	$-0,366$
0,670	$-0,066$	$-0,167$	$-0,270$	$-0,349$
0,680	$-0,057$	$-0,152$	$-0,256$	$-0,332$
0,690	$-0,049$	$-0,141$	$-0,242$	$-0,315$
0,700	$-0,040$	$-0,130$	$-0,228$	$-0,300$
0,750	$-0,003$	$-0,081$	$-0,166$	$-0,228$
0,800	$+0,029$	$-0,039$	$-0,113$	$-0,166$
0,850	$+0,057$	$-0,003$	$-0,067$	$-0,113$
0,900	$+0,081$	$+0,029$	$-0,027$	$-0,066$
0,950	$+0,102$	$+0,057$	$+0,009$	$-0,026$
1,000	$+0,121$	$+0,082$	$+0,040$	$+0,011$
1,100	$+0,153$	$+0,124$	$+0,093$	$+0,072$
1,200	$+0,178$	$+0,157$	$+0,136$	$+0,122$
1,300	$+0,199$	$+0,185$	$+0,172$	$+0,163$
1,400	$+0,216$	$+0,209$	$+0,201$	$+0,197$
1,500	$+0,231$	$+0,228$	$+0,227$	$+0,226$
1,600	$+0,243$	$+0,245$	$+0,248$	$+0,251$
1,700	$+0,254$	$+0,259$	$+0,267$	$+0,273$
1,800	$+0,263$	$+0,272$	$+0,283$	$+0,292$
1,900	$+0,271$	$+0,283$	$+0,297$	$+0,308$
2,000	$+0,277$	$+0,292$	$+0,309$	$+0,323$
4,000	$+0,324$	$+0,364$	$+0,409$	$+0,443$
6,000	$+0,325$	$+0,374$	$+0,428$	$+0,470$
8,000	$+0,319$	$+0,372$	$+0,431$	$+0,477$
10,000	$+0,312$	$+0,367$	$+0,429$	$+0,477$

$m = 6$ $n = 24$	6 36	6 48	6 unendlich	T/θ
$-1,214$	$-1,525$	$-1,715$	$-2,627$	0,450
$-1,160$	$-1,455$	$-1,637$	$-2,500$	0,460
$-1,108$	$-1,390$	$-1,563$	$-2,381$	0,470
$-1,059$	$-1,329$	$-1,494$	$-2,270$	0,480
$-1,012$	$-1,271$	$-1,428$	$-2,166$	0,490
$-0,968$	$-1,216$	$-1,366$	$-2,069$	0,500
$-0,926$	$-1,163$	$-1,307$	$-1,977$	0,510
$-0,886$	$-1,114$	$-1,252$	$-1,891$	0,520
$-0,848$	$-1,067$	$-1,199$	$-1,809$	0,530
$-0,812$	$-1,022$	$-1,149$	$-1,732$	0,540
$-0,778$	$-0,979$	$-1,101$	$-1,659$	0,550
$-0,744$	$-0,939$	$-1,055$	$-1,590$	0,560
$-0,713$	$-0,900$	$-1,012$	$-1,524$	0,570
$-0,683$	$-0,863$	$-0,971$	$-1,461$	0,580
$-0,654$	$-0,827$	$-0,931$	$-1,402$	0,590
$-0,626$	$-0,793$	$-0,893$	$-1,345$	0,600
$-0,599$	$-0,761$	$-0,857$	$-1,291$	0,610
$-0,573$	$-0,729$	$-0,822$	$-1,239$	0,620
$-0,549$	$-0,699$	$-0,789$	$-1,190$	0,630
$-0,525$	$-0,671$	$-0,757$	$-1,143$	0,640
$-0,502$	$-0,643$	$-0,726$	$-1,098$	0,650
$-0,480$	$-0,616$	$-0,696$	$-1,054$	0,660
$-0,459$	$-0,590$	$-0,668$	$-1,013$	0,670
$-0,439$	$-0,566$	$-0,641$	$-0,973$	0,680
$-0,419$	$-0,542$	$-0,614$	$-0,934$	0,690
$-0,400$	$-0,519$	$-0,589$	$-0,897$	0,700
$-0,314$	$-0,415$	$-0,474$	$-0,732$	0,750
$-0,240$	$-0,326$	$-0,377$	$-0,593$	0,800
$-0,176$	$-0,250$	$-0,293$	$-0,475$	0,850
$-0,121$	$-0,184$	$-0,220$	$-0,374$	0,900
$-0,072$	$-0,126$	$-0,157$	$-0,285$	0,950
$-0,029$	$-0,075$	$-0,101$	$-0,207$	1,000
$+0,043$	$+0,011$	$-0,007$	$-0,077$	1,100
$+0,102$	$+0,081$	$+0,070$	$+0,028$	1,200
$+0,151$	$+0,139$	$+0,133$	$+0,115$	1,300
$+0,192$	$+0,187$	$+0,186$	$+0,187$	1,400
$+0,227$	$+0,229$	$+0,231$	$+0,248$	1,500
$+0,256$	$+0,264$	$+0,269$	$+0,301$	1,600
$+0,282$	$+0,295$	$+0,303$	$+0,347$	1,700
$+0,305$	$+0,322$	$+0,332$	$+0,387$	1,800
$+0,325$	$+0,345$	$+0,358$	$+0,422$	1,900
$+0,342$	$+0,366$	$+0,381$	$+0,454$	2,000
$+0,492$	$+0,549$	$+0,583$	$+0,739$	4,000
$+0,529$	$+0,599$	$+0,641$	$+0,829$	6,000
$+0,542$	$+0,619$	$+0,665$	$+0,872$	8,000
$+0,546$	$+0,629$	$+0,678$	$+0,898$	10,000

5114. Funktion

T/Θ	$m = 7$ $n = 10$	7 12	7 15	7 18
0,150	− 1,266	− 2,266	− 3,709	− 5,127
0,155	− 1,191	− 2,132	− 3,471	− 4,771
0,160	− 1,121	− 2,009	− 3,258	− 4,454
0,165	− 1,057	− 1,897	− 3,064	− 4,170
0,170	− 0,997	− 1,793	− 2,889	− 3,915
0,175	− 0,942	− 1,698	− 2,728	− 3,684
0,180	− 0,890	− 1,610	− 2,581	− 3,474
0,185	− 0,842	− 1,528	− 2,446	− 3,282
0,190	− 0,796	− 1,452	− 2,322	− 3,107
0,195	− 0,754	− 1,381	− 2,207	− 2,946
0,200	− 0,714	− 1,315	− 2,100	− 2,797
0,205	− 0,677	− 1,253	− 2,001	− 2,660
0,210	− 0,642	− 1,195	− 1,908	− 2,533
0,215	− 0,608	− 1,140	− 1,822	− 2,415
0,220	− 0,577	− 1,089	− 1,741	− 2,305
0,225	− 0,547	− 1,040	− 1,665	− 2,202
0,230	− 0,519	− 0,995	− 1,594	− 2,106
0,235	− 0,492	− 0,951	− 1,527	− 2,016
0,240	− 0,466	− 0,910	− 1,463	− 1,932
0,245	− 0,442	− 0,871	− 4,404	− 1,852
0,250	− 0,419	− 0,834	− 1,347	− 1,777
0,255	− 0,397	− 0,799	− 1,294	− 1,707
0,260	− 0,376	− 0,765	− 1,243	− 1,640
0,265	− 0,355	− 0,733	− 1,195	− 1,576
0,270	− 0,336	− 0,703	− 1,149	− 1,516
0,275	− 0,318	− 0,674	− 1,105	− 1,460
0,280	− 0,300	− 0,646	− 1,063	− 1,405
0,285	− 0,283	− 0,619	− 1,024	− 1,354
0,290	− 0,267	− 0,594	− 0,986	− 1,305
0,295	− 0,251	− 0,569	− 0,950	− 1,258
0,300	− 0,236	− 0,546	− 0,915	− 1,213
0,310	− 0,208	− 0,501	− 0,850	− 1,130
0,320	− 0,181	− 0,460	− 0,790	− 1,053
0,330	− 0,157	− 0,422	− 0,735	− 0,983
0,340	− 0,134	− 0,387	− 0,683	− 0,918
0,350	− 0,113	− 0,354	− 0,636	− 0,858
0,360	− 0,093	− 0,324	− 0,591	− 0,802
0,370	− 0,074	− 0,295	− 0,550	− 0,750
0,380	− 0,057	− 0,268	− 0,512	− 0,702
0,390	− 0,040	− 0,242	− 0,475	− 0,656
0,400	− 0,025	− 0,219	− 0,441	− 0,614
0,410	− 0,010	− 0,196	− 0,409	− 0,574
0,420	+ 0,004	− 0,175	− 0,379	− 0,537
0,430	+ 0,017	− 0,155	− 0,351	− 0,502
0,440	+ 0,029	− 0,136	− 0,324	− 0,468

$F_{n, m}$ (m = 7)

$m = 7$ $n = 24$	7 36	7 48	7 unendlich	T/Θ
− 7,913	− 13,147	− 17,786	− 68,868	0,150
− 7,285	− 11,906	− 15,925	− 58,049	0,155
− 6,734	− 10,844	− 14,355	− 49,514	0,160
− 6,250	− 9,927	− 13,018	− 42,687	0,165
− 5,819	− 9,130	− 11,870	− 37,157	0,170
− 5,436	− 8,432	− 10,876	− 32,624	0,175
− 5,092	− 7,817	− 10,010	− 28,871	0,180
− 4,782	− 7,271	− 9,249	− 25,731	0,185
− 4,501	− 6,785	− 8,578	− 23,082	0,190
− 4,247	− 6,350	− 7,982	− 20,827	0,195
− 4,014	− 5,958	− 7,450	− 18,894	0,200
− 3,801	− 5,604	− 6,973	− 17,225	0,205
− 3,606	− 5,282	− 6,544	− 15,774	0,210
− 3,426	− 4,990	− 6,156	− 14,505	0,215
− 3,260	− 4,722	− 5,803	− 13,389	0,220
− 3,106	− 4,477	− 5,482	− 12,402	0,225
− 2,963	− 4,251	− 5,188	− 11,525	0,230
− 2,829	− 4,043	− 4,919	− 10,742	0,235
− 2,705	− 3,850	− 4,671	− 10,040	0,240
− 2,589	− 3,671	− 4,442	− 9,408	0,245
− 2,480	− 3,505	− 4,230	− 8,836	0,250
− 2,378	− 3,351	− 4,034	− 8,318	0,255
− 2,282	− 3,206	− 3,852	− 7,846	0,260
− 2,192	− 3,071	− 3,682	− 7,415	0,265
− 2,106	− 2,944	− 3,524	− 7,021	0,270
− 2,026	− 2,825	− 3,375	− 6,658	0,275
− 1,949	− 2,713	− 3,236	− 6,324	0,280
− 1,877	− 2,608	− 3,106	− 6,016	0,285
− 1,808	− 2,509	− 2,983	− 5,731	0,290
− 1,743	− 2,415	− 2,868	− 5,466	0,295
− 1,681	− 2,326	− 2,759	− 5,220	0,300
− 1,566	− 2,161	− 2,558	− 4,776	0,310
− 1,461	− 2,013	− 2,378	− 4,388	0,320
− 1,365	− 1,878	− 2,216	− 4,046	0,330
− 1,277	− 1,756	− 2,069	− 3,743	0,340
− 1,196	− 1,644	− 1,935	− 3,473	0,350
− 1,121	− 1,541	− 1,812	− 3,230	0,360
− 1,052	− 1,446	− 1,700	− 3,012	0,370
− 0,987	− 1,359	− 1,597	− 2,814	0,380
− 0,927	− 1,278	− 1,501	− 2,634	0,390
− 0,872	− 1,203	− 1,413	− 2,470	0,400
− 0,819	− 1,133	− 1,331	− 2,319	0,410
− 0,770	− 1,068	− 1,255	− 2,181	0,420
− 0,724	− 1,007	− 1,184	− 2,054	0,430
− 0,681	− 0,950	− 1,117	− 1,936	0,440

T/θ	$m = 7$ $n = 10$	7 12	7 15	7 18
0,450	+ 0,041	− 0,118	− 0,299	− 0,437
0,460	+ 0,052	− 0,101	− 0,275	− 0,407
0,470	+ 0,063	− 0,085	− 0,252	− 0,379
0,480	+ 0,073	− 0,069	− 0,230	− 0,352
0,490	+ 0,083	− 0,054	− 0,209	− 0,327
0,500	+ 0,092	− 0,040	− 0,190	− 0,303
0,510	+ 0,101	− 0,027	− 0,171	− 0,280
0,520	+ 0,109	− 0,014	− 0,153	− 0,258
0,530	+ 0,117	− 0,002	− 0,136	− 0,237
0,540	+ 0,125	+ 0,010	− 0,120	− 0,217
0,550	+ 0,132	+ 0,021	− 0,104	− 0,198
0,560	+ 0,139	+ 0,032	− 0,089	− 0,179
0,570	+ 0,146	+ 0,042	− 0,075	− 0,162
0,580	+ 0,152	+ 0,052	− 0,061	− 0,145
0,590	+ 0,158	+ 0,061	− 0,048	− 0,129
0,600	+ 0,164	+ 0,071	− 0,035	− 0,114
0,610	+ 0,170	+ 0,079	− 0,023	− 0,099
0,620	+ 0,176	+ 0,088	− 0,011	− 0,084
0,630	+ 0,181	+ 0,096	+ 0	− 0,071
0,640	+ 0,186	+ 0,104	+ 0,011	− 0,057
0,650	+ 0,191	+ 0,111	+ 0,022	− 0,045
0,660	+ 0,196	+ 0,119	+ 0,032	− 0,032
0,670	+ 0,200	+ 0,126	+ 0,042	− 0,020
0,680	+ 0,205	+ 0,132	+ 0,051	− 0,009
0,690	+ 0,209	+ 0,139	+ 0,060	+ 0,002
0,700	+ 0,213	+ 0,145	+ 0,069	+ 0,013
0,750	+ 0,232	+ 0,174	+ 0,109	+ 0,061
0,800	+ 0,248	+ 0,199	+ 0,144	+ 0,103
0,850	+ 0,261	+ 0,220	+ 0,173	+ 0,139
0,900	+ 0,273	+ 0,239	+ 0,199	+ 0,170
0,950	+ 0,283	+ 0,255	+ 0,222	+ 0,197
1,000	+ 0,292	+ 0,269	+ 0,242	+ 0,222
1,100	+ 0,307	+ 0,293	+ 0,275	+ 0,263
1,200	+ 0,318	+ 0,312	+ 0,303	+ 0,296
1,300	+ 0,327	+ 0,327	+ 0,325	+ 0,323
1,400	+ 0,335	+ 0,340	+ 0,343	+ 0,345
1,500	+ 0,341	+ 0,351	+ 0,359	+ 0,364
1,600	+ 0,345	+ 0,359	+ 0,372	+ 0,381
1,700	+ 0,349	+ 0,367	+ 0,383	+ 0,395
1,800	+ 0,352	+ 0,373	+ 0,393	+ 0,407
1,900	+ 0,355	+ 0,379	+ 0,401	+ 0,417
2,000	+ 0,357	+ 0,383	+ 0,408	+ 0,426
4,000	+ 0,360	+ 0,409	+ 0,460	+ 0,497
6,000	+ 0,347	+ 0,404	+ 0,464	+ 0,507
8,000	+ 0,334	+ 0,395	+ 0,459	+ 0,506
10,000	+ 0,323	+ 0,385	+ 0,452	+ 0,502

$m = 7$ $n = 24$	7 36	7 48	7 unendlich	T/Θ
$-0,640$	$-0,896$	$-1,055$	$-1,827$	$0,450$
$-0,601$	$-0,845$	$-0,997$	$-1,725$	$0,460$
$-0,565$	$-0,798$	$-0,942$	$-1,630$	$0,470$
$-0,531$	$-0,753$	$-0,890$	$-1,542$	$0,480$
$-0,498$	$-0,710$	$-0,841$	$-1,459$	$0,490$
$-0,467$	$-0,670$	$-0,795$	$-1,382$	$0,500$
$-0,437$	$-0,632$	$-0,751$	$-1,309$	$0,510$
$-0,409$	$-0,596$	$-0,710$	$-1,240$	$0,520$
$-0,382$	$-0,562$	$-0,670$	$-1,175$	$0,530$
$-0,357$	$-0,529$	$-0,633$	$-1,114$	$0,540$
$-0,333$	$-0,498$	$-0,597$	$-1,056$	$0,550$
$-0,309$	$-0,468$	$-0,564$	$-1,002$	$0,560$
$-0,287$	$-0,439$	$-0,531$	$-0,950$	$0,570$
$-0,266$	$-0,412$	$-0,500$	$-0,900$	$0,580$
$-0,245$	$-0,386$	$-0,471$	$-0,854$	$0,590$
$-0,226$	$-0,361$	$-0,443$	$-0,809$	$0,600$
$-0,207$	$-0,338$	$-0,416$	$-0,766$	$0,610$
$-0,189$	$-0,315$	$-0,390$	$-0,726$	$0,620$
$-0,171$	$-0,293$	$-0,365$	$-0,687$	$0,630$
$-0,155$	$-0,272$	$-0,341$	$-0,650$	$0,640$
$-0,139$	$-0,251$	$-0,318$	$-0,614$	$0,650$
$-0,123$	$-0,232$	$-0,296$	$-0,580$	$0,660$
$-0,108$	$-0,213$	$-0,275$	$-0,548$	$0,670$
$-0,094$	$-0,195$	$-0,255$	$-0,516$	$0,680$
$-0,080$	$-0,178$	$-0,235$	$-0,486$	$0,690$
$-0,066$	$-0,161$	$-0,216$	$-0,457$	$0,700$
$-0,006$	$-0,085$	$-0,131$	$-0,328$	$0,750$
$+0,046$	$-0,020$	$-0,059$	$-0,220$	$0,800$
$+0,091$	$+0,035$	$+0,003$	$-0,128$	$0,850$
$+0,130$	$+0,083$	$+0,057$	$-0,049$	$0,900$
$+0,164$	$+0,126$	$+0,104$	$+0,020$	$0,950$
$+0,194$	$+0,163$	$+0,145$	$+0,080$	$1,000$
$+0,245$	$+0,226$	$+0,215$	$+0,181$	$1,100$
$+0,286$	$+0,276$	$+0,271$	$+0,261$	$1,200$
$+0,320$	$+0,318$	$+0,318$	$+0,328$	$1,300$
$+0,348$	$+0,353$	$+0,356$	$+0,383$	$1,400$
$+0,372$	$+0,383$	$+0,389$	$+0,430$	$1,500$
$+0,393$	$+0,408$	$+0,418$	$+0,470$	$1,600$
$+0,411$	$+0,430$	$+0,442$	$+0,505$	$1,700$
$+0,426$	$+0,449$	$+0,463$	$+0,536$	$1,800$
$+0,440$	$+0,466$	$+0,482$	$+0,563$	$1,900$
$+0,451$	$+0,481$	$+0,499$	$+0,587$	$2,000$
$+0,548$	$+0,608$	$+0,643$	$+0,804$	$4,000$
$+0,568$	$+0,640$	$+0,682$	$+0,871$	$6,000$
$+0,573$	$+0,652$	$+0,698$	$+0,904$	$8,000$
$+0,572$	$+0,656$	$+0,705$	$+0,924$	$10,000$

52. Kinetische Gastheorie

Das einfachste Modell eines Gases ist eine Gesamtheit (d.i. eine sehr große Anzahl) von völlig gleichartigen, sehr kleinen elastischen Kugeln, die mit großer Geschwindigkeit aneinander vorbeifliegen oder bei den außerordentlich häufigen gegenseitigen Zusammenstößen nach den bekannten Gesetzen des elastischen Stoßes Energie und Impuls austauschen und beim Aufprall auf die starren Wände des Gasbehälters ebenfalls elastisch, also unter Umkehrung der senkrecht zur Wand weisenden Impulskomponente, aber ohne Energieverlust „reflektiert" werden. Die „Molekülkugeln" von Luft z.B. fliegen bei Normaldruck und Zimmertemperatur schon mit fast 500 m/s Geschwindigkeit durch den Raum, kommen

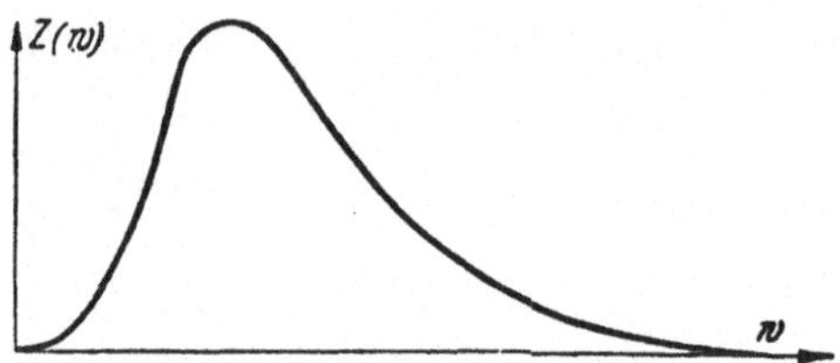

Abb. 39. Geschwindigkeitsverteilung nach MAXWELL

zwischen zwei Zusammenstößen jedoch im Mittel nur etwa 0,0001 mm weit, d.h. jedes einzelne Molekül erfährt im Mittel $5 \cdot 10^9$ Zusammenstöße je Sekunde.

Dieses Modell erklärt die beiden Haupteigenschaften der Gase — die unbegrenzte Raumerfüllung und den durch die außerordentlich häufigen Stöße gegen die Wände erzeugten, scheinbar kontinuierlichen Gasdruck. Da es keine Annahmen über Fernkräfte zwischen den Einzelmolekülen enthält, führt es nicht auf Kondensations- und ähnliche Erscheinungen. Die durch Anwendung der Mechanik und Statistik auf dieses Modell gefundenen Gesetzmäßigkeiten faßt man als „kinetische Gastheorie" zusammen:

1. *Zustandsgleichung idealer Gase und Molekulargeschwindigkeiten.* Für den vereinfachten Fall von unendlich kleinen, ausdehnungslosen Molekülkugeln —, wenn man also von den Zusammenstößen der Moleküle untereinander absieht —, ergibt sich das Boyle-Matiottesche Gesetz, die Zustandsgleichung der idealen Gase:

$$p \cdot V = \frac{N_A \cdot m \cdot \overline{w^2}}{3} = RT \tag{1}$$

(p Druck, V Molvolumen, m Masse der Gasmoleküle, $\overline{w^2}$ Mittelwert der Quadrate der Molekülgeschwindigkeiten, N_A Avogadrosche Zahl, d.h. Zahl der in 1 Mol des Gases enthaltenen Moleküle).

In Gl. (1) tritt die quadratisch gemittelte Molekulargeschwindigkeit auf, die sich durch eine Mittelwertbildung über die statistisch verteilten Geschwindigkeiten der Einzelteilchen ergibt. In einem Gase gibt es nämlich bei gegebener Temperatur Molekeln, die sich zufällig schneller, und andere, die sich langsamer als der Durchschnitt bewegen. Nach Boltzmann-

Maxwell ist die Zahl der Teilchen, deren Geschwindigkeit bei der Temperatur T zwischen w und $w + dw$ gelegen ist, in einem Gase von insgesamt N_A Molekeln (1 Mol) gegeben durch (s. Abb. 39)

$$N(w)\,dw = 4\,\pi\,N_A \left(\frac{m}{2\,\pi\,kT}\right)^{\frac{3}{2}} w^2\,e^{-\frac{m\,w^2}{2kT}}\,dw \tag{2}$$

(m Molekülmasse, k Boltzmannsche Konstante, N_A Avogadrosche Zahl).

Der quadratische Mittelwert der Molekulargeschwindigkeit ergibt sich dann zu:

$$\overline{w^2} = \int_0^\infty \frac{N(w)\,w^2\,dw}{N_A} = 4\,\pi \left(\frac{m}{2\,\pi\,kT}\right)^{\frac{3}{2}} \int_0^\infty w^4\,e^{-\frac{m\,w^2}{2kT}}\,dw \tag{3}$$

$$= 3\,\frac{kT}{m} = 3\,\frac{RT}{M}$$

(R Gaskonstante, M Molmasse).

Beim Einsetzen von Gl. (3) in den ersten Teil von Gl. (1) resultiert sofort wegen $N_A \cdot k = R$ das ideale Gasgesetz.

Man entnimmt weiter aus Gl. (3) die mittlere kinetische Energie eines Teilchens:

$$\frac{m}{2}\,w^2 = \frac{3}{2}\,kT = 3 \cdot \frac{1}{2}\,kT. \tag{4}$$

Es ist Gl. (4) ein Spezialfall des bekannten Gleichverteilungssatzes der Energie (hier für 3 Freiheitsgrade, nämlich die Bewegung in den 3 Raumrichtungen).

Neben der quadratisch gemittelten Molekulargeschwindigkeit benötigt man häufig die Kenntnis der linear gemittelten Molekulargeschwindigkeit, die sich analog Gl. (3) zu:

$$\overline{w} = \int_0^\infty \frac{N(w)\,w\,dw}{N_A} = 4\,\pi \left(\frac{m}{2\,\pi\,kT}\right)^{\frac{3}{2}} \int_0^\infty w^3\,e^{-\frac{m\,w^2}{2kT}}\,dw \tag{5}$$

$$= \sqrt{\frac{8}{\pi}\,\frac{kT}{m}} = \sqrt{\frac{8}{\pi}\,\frac{RT}{M}}$$

ergibt.

Das Maximum der Boltzmann-Maxwellschen Verteilungskurve, das durch Differentiation nach w aus Gl. (2) entnommen werden kann, liegt bei

$$w_{\mathrm{max}} = \sqrt{\frac{2\,kT}{m}} = \sqrt{\frac{2\,RT}{M}} \tag{6}$$

Tabelle 521 gibt die Zahlwerte der verschiedenen Mittelwerte der Molekulargeschwindigkeiten der wichtigsten Gase in m/sec für Temperaturen zwischen 0 und 1000° C an.

521. Molekulargeschwindigkeiten in m/sec nach den Gln. (3), (5), (6)

Element	Geschw.	Temperatur in °K							
		273,15	298,15	373,15	473,15	573,15	673,15	773,15	1273,15
Ar	$\sqrt{\overline{w^2}}$	413,2	431,6	482,9	543,8	598,5	648,6	695,1	892,0
	$\overline{w}$	380,7	397,8	445,0	501,1	551,5	597,7	640,5	822,0
	w_{max}	337,1	352,1	394,0	443,6	488,3	529,1	567,1	727,7
Br_2	$\sqrt{\overline{w^2}}$	206,6	215,8	241,4	271,9	299,2	324,3	339,3	446,0
	$\overline{w}$	190,4	198,9	222,5	250,5	275,7	298,8	312,7	410,9
	w_{max}	168,5	176,1	197,0	221,8	244,1	264,5	276,8	363,8
Cl_2	$\sqrt{\overline{w^2}}$	310,1	324,0	362,5	408,2	449,2	486,8	521,7	669,5
	$\overline{w}$	285,8	298,6	334,0	376,1	413,9	448,6	480,8	617,0
	w_{max}	253,0	264,3	295,7	333,0	366,5	397,2	425,6	546,2
F_2	$\sqrt{\overline{w_2}}$	423,6	442,6	495,1	557,6	613,7	665,0	712,7	914,6
	$\overline{w}$	390,4	407,9	456,3	513,8	565,5	612,8	656,8	842,8
	w_{max}	345,6	361,1	404,0	454,9	500,6	542,6	581,5	746,2
H_2	$\sqrt{\overline{w^2}}$	1839	1922	2150	2421	2664	2887	3094	3971
	$\overline{w}$	1695	1771	1981	2231	2455	2661	2851	3659
	w_{max}	1500	1568	1754	1975	2174	2356	2524	3239
D_2	$\sqrt{\overline{w^2}}$	1301	1359	1521	1712	1885	2042	2189	2809
	$\overline{w}$	1199	1253	1401	1578	1737	1882	2017	2589
	w_{max}	1061	1109	1241	1397	1538	1666	1786	2292
He	$\sqrt{\overline{w^2}}$	1305	1364	1526	1718	1891	2049	2196	2818
	$\overline{w}$	1203	1257	1406	1583	1742	1888	2024	2597
	w_{max}	1065	1113	1245	1402	1543	1672	1792	2299
J_2	$\sqrt{\overline{w^2}}$	163,9	171,2	191,6	215,7	237,4	257,3	275,8	353,9
	$\overline{w}$	151,1	157,8	176,5	198,8	218,8	237,1	254,1	326,1
	w_{max}	133,7	139,7	156,3	176,0	193,7	209,9	225,0	288,7
Kr	$\sqrt{\overline{w^2}}$	285,3	298,0	333,4	375,4	413,2	447,8	479,9	615,8
	$\overline{w}$	262,9	274,6	307,2	346,0	380,8	412,6	442,3	567,5
	w_{max}	232,7	243,1	272,0	306,3	337,1	365,3	391,5	502,4
N_2	$\sqrt{\overline{w^2}}$	493,4	515,5	576,7	649,3	714,7	774,5	815,6	1065,2
	$\overline{w}$	454,7	475,0	531,4	598,4	658,6	713,7	751,6	981,6
	w_{max}	402,5	420,5	470,5	529,8	583,1	631,9	665,4	869,0
Ne	$\sqrt{\overline{w^2}}$	581,3	607,3	679,4	765,0	842,0	912,5	977,9	1254,9
	$\overline{w}$	535,6	559,6	626,1	705,0	775,9	840,9	901,2	1156,4
	w_{max}	474,2	495,4	554,2	624,1	686,9	744,4	797,8	1023,8
O_2	$\sqrt{\overline{w^2}}$	461,6	482,3	539,6	607,6	668,7	724,7	776,7	996,6
	$\overline{w}$	425,4	444,4	497,2	559,9	616,2	667,8	715,7	918,4
	w_{max}	376,6	393,5	440,2	495,7	545,5	591,2	633,6	813,1
Rn	$\sqrt{\overline{w^2}}$	175	183	205	231	254	275	295	378
	$\overline{w}$	162	169	189	213	234	254	272	349
	w_{max}	143	149	167	188	207	224	241	309
Xe	$\sqrt{\overline{w^2}}$	227,9	238,1	266,4	299,9	330,1	357,8	383,4	492,0
	$\overline{w}$	210,0	219,4	245,5	276,4	304,2	329,7	353,3	453,4
	w_{max}	185,9	194,2	217,3	244,7	269,3	291,9	312,8	401,4

Ver-bindung	Geschw.	Temperatur in °K							
		273,15	298,15	373,15	473,15	573,15	673,15	773,15	1273,15
CO	$\sqrt{\overline{w^2}}$	493,4	515,5	576,7	649,4	714,7	774,6	830,1	1065
	$\overline{w}$	454,7	475,0	531,4	598,4	658,6	713,8	765,0	982
	w_{max}	402,5	420,5	470,5	529,8	583,1	631,9	677,2	869
CO_2	$\sqrt{\overline{w^2}}$	235,6	411,2	460,1	518,1	570,2	617,9	662,2	849,8
	$\overline{w}$	217,1	379,0	424,0	477,4	525,4	569,4	610,3	783,1
	w_{max}	192,2	335,5	375,3	422,6	465,2	504,1	540,3	693,3
CH_4	$\sqrt{\overline{w^2}}$	652,0	681,2	762,1	858,1	944,5	1023,6	1097	1407,7
	$\overline{w}$	600,8	627,7	702,3	790,8	870,3	943,2	1011	1297
	w_{max}	531,9	555,7	621,7	700,1	770,5	835,0	894,9	1148
C_2H_6	$\sqrt{\overline{w_2}}$	476,2	497,5	556,6	626,7	689,8	747,6	801,2	1028
	$\overline{w}$	438,8	458,5	512,9	577,6	635,7	688,9	738,3	947,4
	w_{max}	388,5	405,9	454,1	511,3	562,8	609,9	653,6	838,7
C_3H_8	$\sqrt{\overline{w_2}}$	393,2	410,8	459,6	517,3	569,6	617,3	661,6	848,9
	$\overline{w}$	362,4	378,6	423,5	476,7	524,9	568,9	609,6	782,3
	w_{max}	320,8	335,2	374,9	422,0	464,7	503,6	539,7	692,6
HCN	$\sqrt{\overline{w^2}}$	502,3	524,8	587,1	661,1	727,6	788,5	845,0	1084,4
	$\overline{w}$	462,8	483,6	541,0	609,2	670,5	726,6	778,7	999,3
	w_{max}	409,8	428,1	478,9	539,3	593,6	643,3	689,4	884,6
H_2O	$\sqrt{\overline{w^2}}$	615,3	642,9	719,2	809,8	891,3	965,9	1035,2	1328,4
	$\overline{w}$	567,0	592,4	662,7	746,3	821,4	890,1	954,0	1224,2
	w_{max}	502,0	524,5	586,7	660,7	727,2	788,0	844,6	1083,8
HF	$\sqrt{\overline{w^2}}$	583,8	609,9	682,3	768,3	845,6	916,4	982,1	1260,3
	$\overline{w}$	537,9	562,0	628,8	708,0	779,2	844,5	905,0	1161,4
	w_{max}	476,2	497,6	556,6	626,8	689,9	747,6	801,2	1028,2
HCl	$\sqrt{\overline{w^2}}$	432,5	451,8	505,5	569,2	626,4	678,9	727,6	933,7
	$\overline{w}$	398,5	416,4	465,8	524,5	577,3	625,6	670,5	860,4
	w_{max}	352,8	368,6	412,4	464,4	511,1	553,9	593,6	761,7
HBr	$\sqrt{\overline{w^2}}$	290,3	303,3	339,3	382,1	420,5	455,7	488,4	626,7
	$\overline{w}$	267,5	279,5	312,7	352,1	387,5	419,9	450,1	577,5
	w_{max}	236,8	247,4	276,8	311,7	343,1	371,8	398,4	511,3
H J	$\sqrt{\overline{w^2}}$	230,9	241,2	269,9	303,9	334,5	362,5	388,5	498,5
	$\overline{w}$	212,8	222,3	248,7	280,0	308,2	334,0	358,0	459,4
	w_{max}	188,4	196,8	220,2	247,9	272,9	295,7	316,9	406,7
NO	$\sqrt{\overline{w^2}}$	476,7	498,0	557,2	627,4	690,5	748,4	802,0	1029
	$\overline{w}$	439,3	459,0	513,5	578,2	636,3	689,6	739,1	948,4
	w_{max}	388,9	406,3	454,6	511,9	563,4	610,5	654,3	839,6
N_2O	$\sqrt{\overline{w^2}}$	393,6	411,2	460,1	518,1	570,2	617,9	662,2	849,8
	$\overline{w}$	362,7	379,0	424,0	477,4	525,4	569,4	610,3	783,1
	w_{max}	321,1	335,5	375,3	422,7	465,2	504,1	540,3	693,3
NH_3	$\sqrt{\overline{w^2}}$	632,8	661,1	739,6	832,8	916,6	993,4	1064,6	1366
	$\overline{w}$	583,1	609,2	681,5	767,5	844,7	915,4	981,0	1259
	w_{max}	516,2	539,3	603,4	679,4	747,8	810,4	868,5	1114,5
SO_2	$\sqrt{\overline{w^2}}$	326,3	340,9	381,3	429,4	472,6	512,2	548,9	704,4
	$\overline{w}$	300,7	314,1	351,4	395,7	435,5	472,0	505,8	649,1
	w_{max}	266,2	278,1	311,1	350,3	385,6	417,8	447,8	574,6
SO_3	$\sqrt{\overline{w^2}}$	291,8	304,9	341,1	384,1	422,8	458,2	491,0	630,1
	$\overline{w}$	269,0	281,0	314,3	354,0	389,6	422,2	452,5	580,6
	w_{max}	238,1	248,8	278,3	313,4	344,9	373,8	400,6	514,0

522. Prozentsatz der Gasmolekeln
mit Molekulargeschwindigkeiten $> W_{min}$;
$[\xi = W_{min}/W_{max},$ mit W_{max} nach Gl. (6)]

Bei kinetischen Problemen ist die Kenntnis des Prozentsatzes bzw. Bruchteils von Teilchen eines Gases, deren Molekulargeschwindigkeit größer ist als eine gewisse Mindestgeschwindigkeit w_{min} von Bedeutung, weil nur die schnellen Teilchen für die chemische Reaktion ins Gewicht fallen. Dieser Bruchteil wird gemäß Gl. (2) gegeben durch

$$\frac{\int\limits_{w_{min}}^{\infty} N(w)\,dw}{N_A} = 4\pi \left(\frac{m}{2\pi kT}\right)^{\frac{3}{2}} \int\limits_{w_{min}}^{\infty} w^2\, e^{-\frac{mw^2}{2kT}}\,dw. \tag{7}$$

Durch Einführung der Größe $\xi = \dfrac{w_{min}}{w_{max}}$ kann dieser Bruchteil auf die Form gebracht werden

$$p = \frac{2}{\sqrt{\pi}} \left[\xi\, e^{-\xi^2} + \int\limits_{\xi}^{\infty} e^{-x^2}\,dx\right] \tag{8}$$

für den sich Näherungsformeln ergeben:

$$p = \frac{2}{\sqrt{\pi}}\, \xi\, e^{-\xi^2} \left[1 + \frac{1}{2\,\xi^2} - \frac{1}{4\,\xi^4} + \frac{3}{8\,\xi^6} - \frac{15}{16\,\xi^8} \pm \cdots\right] \tag{8a}$$

gültig für große ξ bzw.

$$p = 1 - \frac{4}{\sqrt{\pi}} \left[\frac{\xi^3}{3} - \frac{\xi^5}{5} + \frac{\xi^7}{14} - \frac{\xi^9}{54} + \frac{\xi^{11}}{264} - \frac{\xi^{13}}{1560} \pm \cdots\right] \tag{8b}$$

gültig für kleine ξ.

Tabelle 522 gibt diese Bruchteile in % als Funktion von ξ an. Unter Zuhilfenahme von Tabelle 521 kann der jeweilige ξ-Wert direkt in Molekulargeschwindigkeiten (m/sec) umgerechnet werden.

ξ	%	ξ	%	ξ	%	ξ	%
0,1	99,93	1,1	48,99	2,1	3,17	3,1	$0,02_5$
0,2	99,41	1,2	41,05	2 2	2,20	3,2	$0,01_4$
0,3	98,07	1,3	33,67	2,3	1,42	3,3	$0,00_7$
0,4	95,62	1,4	27,02	2,4	0,92	große ξ	$\dfrac{2}{\sqrt{\pi}}\, \xi e^{-\xi^2}$
0,5	91,89	1,5	21,23	2,5	0,59		
0,6	86,85	1,6	16,32	2,6	0,36		$\cdot\,100$
0,7	80,61	1,7	12,28	2,7	0,22		
0,8	73,39	1,8	9,04	2,8	0,13		
0,9	65,49	1,9	6,52	2,9	$0,07_7$		
1,0	57,24	2,0	4,60	3,0	$0,04_4$		

523. Transportphänomene

Die elementare kinetische Gastheorie liefert für den Koeffizienten D der Selbstdiffusion und den Koeffizienten η der Viskosität die Relationen

$$D = {}^1/_3\, \overline{w}\, \Lambda \quad \text{bzw.} \quad = {}^1/_3\, {}^1N\, \overline{w} \cdot \Lambda \cdot m \tag{1}$$

($\overline{w}$ = linear gemittelte Molekulargeschwindigkeit, Λ = mittlere freie Weglänge, ${}^1N$ = Zahl der Teilchen pro Volumeneinheit, m = Masse der Molekeln).

Für die mittlere freie Weglänge Λ ergibt die elementare Gastheorie die Beziehung:

$$\Lambda = \frac{1}{{}^1N\sqrt{2\,\pi\,\sigma^2}} \tag{1a}$$

in der mit σ der Durchmesser der starr gedachten Molekeln bezeichnet wird.

Eine systematischere Theorie ergibt zunächst an Stelle der Faktoren $^1/_3$ in Gl. (1) etwas abweichende Werte, vor allem aber erweist sich der Moleküldurchmesser σ in Gl. (1a) als temperaturabhängig. Diese Temperaturabhängigkeit rührt von der Wirkung der zwischenmolekularen Kräfte her. Dabei wird der Molekülquerschnitt $\pi\,\sigma^2$ durch eine Integration über die beim Stoß zwischen zwei Teilchen auftretenden Ablenkungswinkel ϑ gegeben, wobei die Integrale über diese Winkel für Diffusion und Viskosität (und Wärmeleitfähigkeit) verschiedene Gestalt besitzen. Denkt man sich von zwei Teilchen das eine Teilchen festgehalten und läßt ein zweites Teilchen mit definierter Geschwindigkeit dagegen fliegen, so wird es — je langsamer es anfliegt — um so stärker durch die zwischenmolekularen Kräfte aus seiner Bahn agelenkt; außerdem ist der Ablenkungswinkel noch vom sogenannten Stoßparameter abhängig (s. Abb. 40).

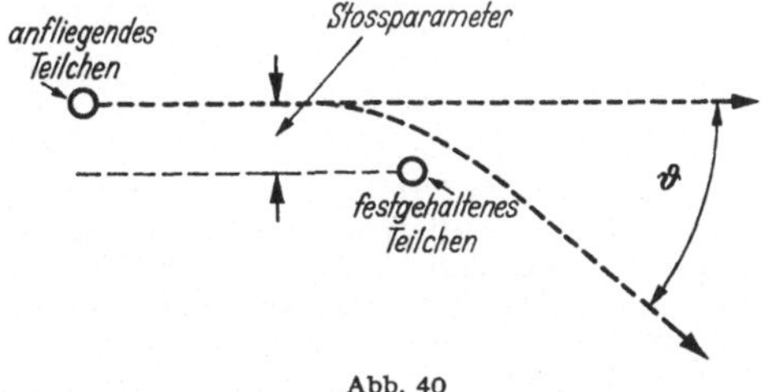

Abb. 40

Bezeichnet man den Ablenkungswinkel aus der geraden Bahn mit ϑ (s. Abb. 40) und wird mit $I(\vartheta)$ die Intensität bzw. Wahrscheinlichkeit für das Auftreten eines bestimmten Ablenkungswinkels ϑ bezeichnet, so gilt für den bei der Diffusion maßgebenden Querschnitt:

$$\pi\,\sigma_{\mathrm{D}}^2(w) = \pi \cdot 4 \int_0^\pi I(\vartheta)\,\sin^2\frac{\vartheta}{2}\,\sin\vartheta\,d\vartheta \tag{2}$$

und für den der Viskosität:

$$\pi\sigma_\eta^2(w) = \pi \cdot 3 \int_0^\pi I(\vartheta)\,\sin^3\vartheta\,d\vartheta \tag{2a}$$

Wünscht man aus diesen noch von der Geschwindigkeit abhängigen Querschnitten $\pi\sigma^2(w)$ die nur von der Temperatur abhängigen Querschnitte zu erhalten, so muß man die aus Gl. (2) bzw. (2a) folgenden Querschnitte noch entsprechend der Maxwellschen Geschwindigkeitsverteilung mitteln.

Diese Querschnitte kann man mit den für die zwischenmolekularen Kraftpotentiale charakteristischen Parametern r_{min} und $|E_{\mathrm{pot,\,min}}|$ (s. Abb. 41) auf die Form bringen

$$\pi\sigma_{\mathrm{D}}^2(T) = \pi \cdot r_{\mathrm{min}}^2\,\Omega_{n,\,m}^{(1,1)}(kT/|E_{\mathrm{pot,\,min}}|) \tag{3}$$

$$\pi\sigma_\mu^2(T) = \pi \cdot r_{\mathrm{min}}^2\,\Omega_{n,\,m}^{(2,2)}(kT/|E_{\mathrm{pot,\,min}}|),$$

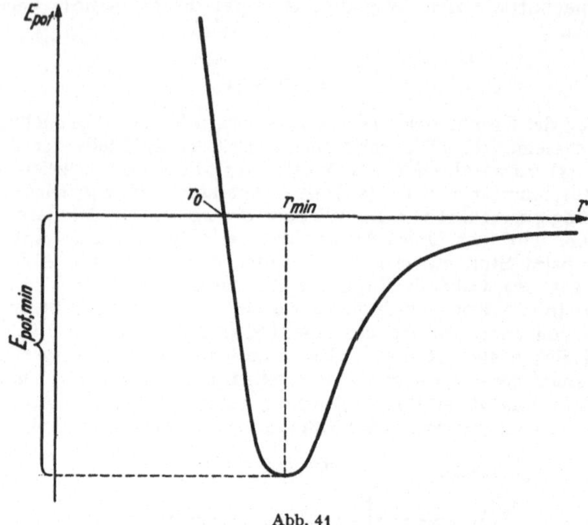

Abb. 41

wo die nur vom Argument $(kT/|E_{\text{pot, min}}|)$ und den Exponenten des zwischenmolekularen Kraftpotentials abhängigen Funktionen $\Omega^{(1,1)}$ und $\Omega^{(2,2)}$ als die für die Diffusion und Viskosität maßgebenden *Stoßintegrale* bezeichnet werden. Mit diesen temperaturabhängigen Querschnitten und den gegenüber $^1/_3$ geänderten Faktoren gewinnen die Gln. (1), wenn noch $\overline{w}$ durch T und M (Molmasse) und ^1N durch den Druck p und die Temperatur T ausgedrückt werden, die Gestalt:

$$D = \frac{26{,}28 \cdot 10^{-4}\, T^{\frac{3}{2}}}{p \cdot M^{\frac{1}{2}}\, r_{\min}^2\,(\text{Å})\, \Omega_{n,m}^{(1,1)}\left(\dfrac{kT}{|E_{\text{pot, min}}|}\right)}\ [\text{cm}^2/\text{sec}] \tag{4}$$

$$\eta = \frac{26{,}69 \cdot 10^{-6}\, M^{\frac{1}{2}}\, T^{\frac{1}{2}}}{r_{\min}^2\,(\text{Å})\, \Omega_{n,m}^{(2,2)}\left(\dfrac{kT}{|E_{\text{pot, min}}|}\right)}\ [\text{Poise}] \tag{4a}$$

Die Zahlfaktoren sind hier so festgelegt, daß bei Messung von T in $^\circ$K $r_{\min}$ in Å, p in atm und M in den üblichen relativen Atommasseneinheiten, D in cm²/sec und η in Poise erhalten wird.

Die folgenden Tabellen geben für jeweils konstantes m, nämlich $m = 6$ und $m = 7$ für verschiedene Abstoßungsexponenten n die Werte der Stoßintegrale $\Omega^{(1,1)}$ und $\Omega^{(2,2)}$ als Funktionen des Arguments $kT/|E_{\text{pot, min}}|$ an. So entnimmt man z. B. für $n = 12$ und $m = 6$ für ein $|E_{\text{pot, min}}| = 1{,}66 \cdot 10^{-14}\,\text{erg} = k \cdot 120^\circ\text{K}$ für $T = 240^\circ\text{K}$ die Werte

$$\Omega_{12,6}^{(1,1)}\left(\frac{k\,240}{k\,120}\right) = \Omega_{12,6}^{(1,1)}(2{,}0) = 0{,}859 \quad \text{und} \quad \Omega_{12,6}^{(2,2)}(2{,}0) = 0{,}944^1, \tag{5}$$

---

[1] Die Stoßintegrale $\Omega^{(1,1)}$ und $\Omega^{(2,2)}$ der Tabellen unterscheiden sich von den Zahlenangaben im Landolt-Börnstein, Bd. II, 5a, S. 726 f. ein wenig, insofern hier auf den Wert $r_{\min}$ im Nenner von Gl. (4) und (4a) bezogen ist, während im Landolt-Börnstein auf r_0 (s. Abb. 41) bezogen ist. Auf diesen Unterschied der Zahlenangaben sei besonders hingewiesen.

mit denen man mit $M = 40{,}0$ (Argon) und $r_{\min} = 3{,}82$ Å aus den Gln. (4) und (4a) die Werte erhält:

$$D = \frac{0{,}124}{p\,(\text{atm})}\ \text{cm}^2/\text{sec} \quad \text{und} \quad \eta = 190\,\mu P \tag{6}$$

Im Einklang mit der Erfahrung erweist sich bei gegebener Temperatur η als unabhängig vom Druck, D aber als umgekehrt proportional zum Druck p.

Man kann auch jetzt wieder versuchen, aus gemessenen Werten von η oder D auf $r_{\min}$ und $|E_{\text{pot, min}}|$ zu schließen (vgl. S. 381).

Die Wärmeleitfähigkeit λ eines Gases berechnet sich aus der Viskosität η nach

$$\frac{\lambda \cdot M}{C_v \cdot \eta} = \text{const} = f \tag{7}$$

(C_v = Molwärme bei konstantem Volumen)

mit

$$f \approx (2{,}5\,C_{\text{tr}} + C_{\text{rot}} + \frac{D \cdot \varrho}{\eta} \cdot C_{\text{vib}})/C_v \tag{7a}$$

wenn man sich mit einer einfachen Näherung begnügt. Es ist in Gl. (7a) $D \cdot \varrho/\eta$ der dimensionslose Quotient aus D multipliziert mit der Gasdichte dividiert durch die Viskosität gemäß den Gln. (4) und (4a); C_{tr}, C_{rot}, und C_{vib} sind die auf die Freiheitsgrade von Translation, Rotation und Vibration entfallenden Anteile der Molwärme des Gases. Gl. (7) ist insofern eine Annäherung, als noch der verschiedenartige Transport der Wärme über die genannten Freiheitsgrade genauer berücksichtigt werden muß, als dies in dieser vereinfachten Gleichung geschehen kann.

Die temperaturabhängigen Wirkungsquerschnitte, insbesondere der für die Viskosität maßgebende Querschnitt $\pi\sigma_{\text{D}}^2$ läßt sich bei höheren Temperaturen angenähert auf die Form bringen

$$\pi\sigma_{\text{D}}^2\,(T) = \pi\,r_{\min}^2\,\Omega_{n,m}^{(2,2)} \approx \pi\,\sigma_\infty^2 \left(1 + \frac{C}{T}\right) \tag{8}$$

wo C die sogenannte Sutherlandkonstante von der Dimension einer Temperatur ist und σ_∞ der formal für $T \to \infty$ maßgebende Moleküldurchmesser. Mit dieser Annäherung ergibt die Kombination der zweiten Gl. (1) mit Gl. (1a), wenn noch $1/3$ durch $0{,}491$ ersetzt wird (s. die Bemerkung zu Gl. (1a)]

$$\eta = \frac{0{,}491\,w \cdot m}{\sqrt{2}\,\pi\,\sigma_\infty^2 \left(1 + \dfrac{C}{T}\right)} \tag{8a}$$

Setzt man für den Diffusionsquerschnitt $\pi\sigma_{\text{D}}^2$ eine Sutherlandformel an, so ist offensichtlich mit anderen Werten von C zu rechnen als bei der Viskosität, weil die Stoßintegrale $\Omega^{(1,1)}$ und $\Omega^{(2,2)}$ sich voneinander unterscheiden; üblicherweise beziehen sich die Zahlenangaben der Sutherlandkonstante (s. S. 261 und Bd. I, S. 106 f.) auf die Viskositätsquerschnitte.

Es sei schließlich noch hervorgehoben, daß die hier angegebenen Formeln nur für kugelsymmetrische Kraftpotentiale exakt gültig sind. Bei Molekeln von länglicher Gestalt und mit Dipolmomenten könnte man wieder mit temperaturabhängigen $E_{pot,\,min}$ bzw. θ-Werten rechnen, eine Komplikation, auf die hier nur hingewiesen werden kann (vgl. die analogen Ausführungen zum Virialkoeffizienten, S. 382).

Typische Quanteneffekte, die nur bei sehr tiefen Temperaturen in Erscheinung treten, sind bei der Angabe der Stoßintegrale $\Omega^{(1,1)}$ und $\Omega^{(2,2)}$ vernachlässigt.

524. Stoßintegrale $\Omega_{n,\,6}^{(1,1)}$; $\Omega_{n,\,6}^{(2,2)}$

$n \leftrightarrow m$	12—6		18—6		24—6		36—6		48—6	
$\dfrac{kT}{\|E_{pot,\,min}\|}$	$\Omega^{(1,1)}$	$\Omega^{(2,2)}$	$\Omega^{(1,1)}$	$\Omega^{(2,2)}$	$\Omega^{(1,1)}$	$\Omega^{(2,2)}$	$\Omega^{(1,1)}$	$\Omega^{(2,2)}$	$\Omega^{(1,1)}$	$\Omega^{(2,2)}$
0,3	2,103	2,301	1,947	2,121	1,880	2,043	1,827	1,981	1,804	1,956
0,4	1,848	2,056	1,739	1,921	1,693	1,860	1,656	1,807	1,641	1,786
0,5	1,653	1,855	1,583	1,762	1,555	1,718	1,530	1,676	1,521	1,659
0,6	1,504	1,691	1,461	1,630	1,445	1,600	1,433	1,569	1,429	1,558
0,7	1,386	1,557	1,365	1,520	1,358	1,502	1,355	1,482	1,356	1,476
0,8	1,292	1,449	1,286	1,429	1,288	1,420	1,292	1,409	1,297	1,407
0,9	1,217	1,360	1,222	1,354	1,229	1,351	1,240	1,348	1,249	1,349
1,0	1,154	1,288	1,169	1 290	1,181	1,293	1,197	1,296	1,208	1,300
1,1	1,102	1,227	1,124	1,236	1,140	1,244	1,160	1,252	1,174	1,259
1,2	1,058	1,174	1,086	1,191	1,105	1,202	1,129	1,214	1,145	1,223
1,3	1,020	1,129	1,053	1,152	1,074	1,165	1,102	1,182	1,120	1,193
1,4	0,988	1,091	1,025	1,118	1,048	1,134	1,078	1,154	1,097	1,166
1,5	0,959	1,058	1,000	1,088	1,025	1,107	1,058	1,129	1,078	1,143
1,6	0,934	1,029	0,978	1,063	1,005	1,082	1,039	1,107	1,061	1,122
1,7	0,912	1,004	0,959	1,040	0,987	1,061	1,023	1,088	1,046	1,104
1,8	0,893	0,982	0,941	1,020	0,971	1,042	1,009	1,071	1,032	1,088
1,9	0,875	0,962	0,926	1,001	0,956	1,026	0,996	1,056	1,020	1,074
2,0	0,859	0,944	0,912	0,985	0,943	1,010	0,984	1,042	1,009	1,061
2,2	0,832	0,913	0,888	0,957	0,920	0,984	0,964	1,019	0,990	1,038
2,4	0,809	0,888	0,867	0,934	0,901	0,963	0,947	0,999	0,974	1,020
2,6	0,789	0,866	0,850	0,915	0,885	0,945	0,932	0,983	0,960	1,004
2,8	0,772	0,848	0,835	0,898	0,871	0,929	0,920	0,969	0,949	0,991
3,0	0,757	0,832	0,822	0,884	0,859	0,916	0,909	0,957	0,939	0,980
3,2	0,744	0,818	0,810	0,871	0,848	0,904	0,899	0,946	0,930	0,970
3,4	0,733	0,806	0,800	0,860	0,839	0,894	0,891	0,937	0,922	0,961
3,6	0,723	0,795	0,790	0,850	0,830	0,885	0,883	0,929	0,915	0,953
3,8	0,713	0,785	0,782	0,841	0,822	0,877	0,876	0,921	0,909	0,946
4,0	0,705	0,776	0,774	0,833	0,815	0,869	0,870	0,915	0,903	0,940
4,5	0,686	0,757	0,757	0,816	0,800	0,854	0,857	0,901	0,891	0,927
5,0	0,671	0,741	0,744	0,802	0,788	0,841	0,846	0,889	0,881	0,917
6,0	0,647	0,716	0,722	0,780	0,769	0,821	0,830	0,872	0,866	0,901
7,0	0,628	0,697	0,705	0,764	0,754	0,806	0,817	0,859	0,855	0,889
8,0	0,613	0,682	0,692	0,750	0,742	0,794	0,807	0,848	0,846	0,880
9,0	0,601	0,669	0,681	0,739	0,733	0,784	0,799	0,840	0,838	0,872
10,0	0,590	0,658	0,672	0,730	0,725	0,775	0,792	0,833	0,832	0,866
20,0	0,528	0,593	0,617	0,674	0,677	0,727	0,753	0,793	0,799	0,832
30,0	0,495	0,559	0,589	0,645	0,653	0,702	0,733	0,773	0,783	0,816
40,0	0,474	0,536	0,570	0,625	0,636	0,685	0,721	0,760	0,772	0,805
50,0	0,458	0,519	0,556	0,611	0,624	0,672	0,711	0,750	0,764	0,797

525. Stoßintegrale $\Omega_{n,7}^{(1,1)}$; $\Omega_{n,7}^{(2,2)}$

$n \leftrightarrow m$	12—7		18—7		24—7		36—7		48—7	
$\dfrac{kT}{\lvert E_{\text{pot, min}}\rvert}$	$\Omega^{(1,1)}$	$\Omega^{(2,2)}$	$\Omega^{(1,1)}$	$\Omega^{(2,2)}$	$\Omega^{(1,1)}$	$\Omega^{(2,2)}$	$\Omega^{(1,1)}$	$\Omega^{(2,2)}$	$\Omega^{(1,1)}$	$\Omega^{(2,2)}$
0,3	1,939	2,108	1,781	1,946	1,718	1,873	1,669	1,816	1,650	1,793
0,4	1,735	1,916	1,622	1,788	1,575	1,727	1,540	1,679	1,526	1,659
0,5	1,575	1,757	1,498	1,661	1,466	1,613	1,443	1,576	1,435	1,560
0,6	1,449	1,622	1,399	1,552	1,378	1,518	1,366	1,492	1,363	1,480
0,7	1,348	1,509	1,318	1,462	1,307	1,438	1,303	1,421	1,305	1,414
0,8	1,266	1,415	1,251	1,385	1,248	1,371	1,251	1,361	1,257	1,358
0,9	1,198	1,336	1,195	1,320	1,198	1,313	1,208	1,310	1,216	1,310
1,0	1,142	1,270	1,148	1,265	1,156	1,263	1,171	1,267	1,182	1,269
1,1	1,094	1,214	1,109	1,217	1,120	1,221	1,139	1,229	1,153	1,234
1,2	1,054	1,167	1,074	1,177	1,089	1,184	1,112	1,196	1,127	1,203
1,3	1,019	1,126	1,045	1,141	1,063	1,152	1,088	1,167	1,105	1,176
1,4	0,989	1,091	1,019	1,110	1,039	1,124	1,067	1,142	1,085	1,153
1,5	0,962	1,060	0,998	1,083	1,018	1,099	1,049	1,120	1,068	1,132
1,6	0,939	1,033	0,978	1,058	1,000	1,078	1,032	1,100	1,053	1,113
1,7	0,918	1,010	0,957	1,036	0,984	1,058	1,017	1,083	1,039	1,097
1,8	0,900	0,989	0,941	1,015	0,969	1,041	1,004	1,067	1,027	1,082
1,9	0,883	0,971	0,927	0,995	0,957	1,025	0,992	1,053	1,015	1,069
2,0	0,868	0,953	0,913	0,978	0,944	1,011	0,982	1,040	1,005	1,057
2,2	0,842	0,923	0,890	0,943	0,922	0,986	0,963	1,018	0,988	1,036
2,4	0,820	0,899	0,871	0,912	0,904	0,966	0,947	1,000	0,973	1,019
2,6	0,802	0,879	0,854	0,883	0,889	0,948	0,933	0,984	0,960	1,005
2,8	0,786	0,861	0,840	0,855	0,876	0,933	0,921	0,971	0,949	0,992
3,0	0,771	0,846	0,827	0,830	0,865	0,920	0,911	0,960	0,940	0,981
3,2	0,759	0,832	0,816	0,808	0,854	0,909	0,902	0,949	0,931	0,972
3,4	0,748	0,820	0,806	0,788	0,845	0,899	0,894	0,940	0,924	0,964
3,6	0,738	0,810	0,798	0,771	0,837	0,890	0,887	0,932	0,917	0,956
3,8	0,729	0,800	0,789	0,755	0,830	0,882	0,880	0,925	0,911	0,950
4,0	0,720	0,791	0,782	0,742	0,823	0,875	0,874	0,919	0,906	0,944
4,5	0,702	0,773	0,766	0,714	0,808	0,860	0,862	0,905	0,894	0,931
5,0	0,687	0,757	0,753	0,705	0,796	0,847	0,851	0,894	0,885	0,921
6,0	0,664	0,733	0,732	0,694	0,778	0,828	0,835	0,877	0,870	0,906
7,0	0,646	0,714	0,716	0,695	0,763	0,814	0,823	0,864	0,859	0,894
8,0	0,631	0,699	0,704	0,698	0,752	0,802	0,813	0,854	0,851	0,885
9,0	0,619	0,687	0,693	0,701	0,742	0,793	0,805	0,846	0,843	0,878
10,0	0,608	0,676	0,684	0,703	0,734	0,785	0,798	0,839	0,837	0,872
20,0	0,546	0,612	0,630	0,683	0,687	0,738	0,760	0,801	0,805	0,838
30,0	0,514	0,579	0,602	0,658	0,663	0,714	0,741	0,782	0,788	0,822
40,0	0,492	0,556	0,583	0,639	0,647	0,698	0,728	0,769	0,778	0,811
50,0	0,476	0,538	0,569	0,624	0,635	0,686	0,718	0,759	0,770	0,803

53. Kristallographische Gitterstrukturen
531. Übersichtstabelle Raumgruppensymbole

Nr. der Raum-gruppen	Hermann-Mauguin-Symbole		Schoenflies-Symbole
	vollständig	gekürzt	

Triklines System

Nr. der Raum-gruppen	vollständig	gekürzt	Schoenflies-Symbole
1	$P1$		C_1^1
2	$P\bar{1}$		C_i^1

Monoklines System

Nr. der Raum-gruppen	vollständig	gekürzt	Schoenflies-Symbole
3	$P121$	$P2$	C_2^1
4	$P12_11$	$P2_1$	C_2^2
5	$C121$	$C2$	C_2^3
6	$P1m1$	Pm	C_s^1
7	$P1c1$	Pc	C_s^2
8	$C1m1$	Cm	C_s^3
9	$C1c1$	Cc	C_s^4
10	$P1\frac{2}{m}1$	$P2/m$	C_{2h}^1
11	$P1\frac{2_1}{m}1$	$P2_1/m$	C_{2h}^2
12	$C1\frac{2}{m}1$	$C2/m$	C_{2h}^3
13	$P1\frac{2}{c}1$	$P2/c$	C_{2h}^4
14	$P1\frac{2_1}{c}1$	$P2_1/c$	C_{2h}^5
15	$C1\frac{2}{c}1$	$C2/c$	C_{2h}^6

Orthorhombisches System

Nr. der Raum-gruppen	vollständig	gekürzt	Schoenflies-Symbole
16	$P222$		$D_2^1 = V^1$
17	$P222_1$		$D_2^2 = V^2$
18	$P2_12_12$		$D_2^3 = V^3$
19	$P2_12_12_1$		$D_2^4 = V^4$
20	$C222_1$		$D_2^5 = V^5$
21	$C222$		$D_2^6 = V^6$
22	$F222$		$D_2^7 = V^7$
23	$I222$		$D_2^8 = V^8$
24	$I2_12_12_1$		$D_2^9 = V^9$
25	$Pmm2$		C_{2v}^1
26	$Pmc2_1$		C_{2v}^2
27	$Pcc2$		C_{2v}^3
28	$Pma2$		C_{2v}^4
29	$Pca2_1$		C_{2v}^5
30	$Pnc2$		C_{2v}^6
31	$Pmn2_1$		C_{2v}^7
32	$Pba2$		C_{2v}^8

Nr. der Raumgruppen	Hermann-Mauguin-Symbole		Schoenflies-Symbole
	vollständig	gekürzt	
33	$Pna2_1$		C_{2v}^9
34	$Pnn2$		C_{2v}^{10}
35	$Cmm2$		C_{2v}^{11}
36	$Cmc2_1$		C_{2v}^{12}
37	$Ccc2$		C_{2v}^{13}
38	$Amm2$		C_{2v}^{14}
39	$Abm2$		C_{2v}^{15}
40	$Ama2$		C_{2v}^{16}
41	$Aba2$		C_{2v}^{17}
42	$Fmm2$		C_{2v}^{18}
43	$Fdd2$		C_{2v}^{19}
44	$Imm2$		C_{2v}^{20}
45	$Iba2$		C_{2v}^{21}
46	$Ima2$		C_{2v}^{22}
47	$P\dfrac{2}{m}\dfrac{2}{m}\dfrac{2}{m}$	$Pmmm$	$D_{2h}^1 = V_h^1$
48	$P\dfrac{2}{n}\dfrac{2}{n}\dfrac{2}{n}$	$Pnnn$	$D_{2h}^2 = V_h^2$
49	$P\dfrac{2}{c}\dfrac{2}{c}\dfrac{2}{m}$	$Pccm$	$D_{2h}^3 = V_h^3$
50	$P\dfrac{2}{b}\dfrac{2}{a}\dfrac{2}{n}$	$Pban$	$D_{2h}^4 = V_h^4$
51	$P\dfrac{2_1}{m}\dfrac{2}{m}\dfrac{2}{a}$	$Pmma$	$D_{2h}^5 = V_h^5$
52	$P\dfrac{2}{n}\dfrac{2_1}{n}\dfrac{2}{a}$	$Pnna$	$D_{2h}^6 = V_h^6$
53	$P\dfrac{2}{m}\dfrac{2}{n}\dfrac{2_1}{a}$	$Pmna$	$D_{2h}^7 = V_h^7$
54	$P\dfrac{2_1}{c}\dfrac{2}{c}\dfrac{2}{a}$	$Pcca$	$D_{2h}^8 = V_h^8$
55	$P\dfrac{2_1}{b}\dfrac{2_1}{a}\dfrac{2}{m}$	$Pbam$	$D_{2h}^9 = V_h^9$
56	$P\dfrac{2_1}{c}\dfrac{2_1}{c}\dfrac{2}{n}$	$Pccn$	$D_{2h}^{10} = V_h^{10}$
57	$P\dfrac{2}{b}\dfrac{2_1}{c}\dfrac{2_1}{m}$	$Pbcm$	$D_{2h}^{11} = V_h^{11}$
58	$P\dfrac{2_1}{n}\dfrac{2_1}{n}\dfrac{2}{m}$	$Pnnm$	$D_{2h}^{12} = V_h^{12}$
59	$P\dfrac{2_1}{m}\dfrac{2_1}{m}\dfrac{2}{n}$	$Pmmn$	$D_{2h}^{13} = V_h^{13}$
60	$P\dfrac{2_1}{b}\dfrac{2}{c}\dfrac{2_1}{n}$	$Pbcn$	$D_{2h}^{14} = V_h^{14}$

Nr. der Raumgruppen	Hermann-Mauguin-Symbole		Schoenflies-Symbole
	vollständig	gekürzt	
61	$P\dfrac{2_1}{b}\dfrac{2_1}{c}\dfrac{2_1}{a}$	$Pbca$	$D_{2h}^{15} = V_h^{15}$
62	$P\dfrac{2_1}{n}\dfrac{2_1}{m}\dfrac{2_1}{a}$	$Pnma$	$D_{2h}^{16} = V_h^{16}$
63	$C\dfrac{2}{m}\dfrac{2}{c}\dfrac{2_1}{m}$	$Cmcm$	$D_{2h}^{17} = V_h^{17}$
64	$C\dfrac{2}{m}\dfrac{2}{c}\dfrac{2_1}{a}$	$Cmca$	$D_{2h}^{18} = V_h^{18}$
65	$C\dfrac{2}{m}\dfrac{2}{m}\dfrac{2}{m}$	$Cmmm$	$D_{2h}^{19} = V_h^{19}$
66	$C\dfrac{2}{c}\dfrac{2}{c}\dfrac{2}{m}$	$Cccm$	$D_{2h}^{20} = V_h^{20}$
67	$C\dfrac{2}{m}\dfrac{2}{m}\dfrac{2}{a}$	$Cmma$	$D_{2h}^{21} = V_h^{21}$
68	$C\dfrac{2}{c}\dfrac{2}{c}\dfrac{2}{a}$	$Ccca$	$D_{2h}^{22} = V_h^{22}$
69	$F\dfrac{2}{m}\dfrac{2}{m}\dfrac{2}{m}$	$Fmmm$	$D_{2h}^{23} = V_h^{23}$
70	$F\dfrac{2}{d}\dfrac{2}{d}\dfrac{2}{d}$	$Fddd$	$D_{2h}^{24} = V_h^{24}$
71	$I\dfrac{2}{m}\dfrac{2}{m}\dfrac{2}{m}$	$Immm$	$D_{2h}^{25} = V_h^{25}$
72	$I\dfrac{2}{b}\dfrac{2}{a}\dfrac{2}{m}$	$Ibam$	$D_{2h}^{26} = V_h^{26}$
73	$I\dfrac{2}{b}\dfrac{2}{c}\dfrac{2}{a}$	$Ibca$	$D_{2h}^{27} = V_h^{27}$
74	$I\dfrac{2}{m}\dfrac{2}{m}\dfrac{2}{a}$	$Imma$	$D_{2h}^{28} = V_h^{28}$

Tetragonales System

Nr. der Raumgruppen	Hermann-Mauguin-Symbole		Schoenflies-Symbole
	vollständig	gekürzt	
75	$P4$		C_4^1
76	$P4_1$		C_4^2
77	$P4_2$		C_4^3
78	$P4_3$		C_4^4
79	$I4$		C_4^5
80	$I4_1$		C_4^6
81	$P\bar{4}$		S_4^1
82	$I\bar{4}$		S_4^2
83	$P4/m$		C_{4h}^1
84	$P4_2/m$		C_{4h}^2
85	$P4/n$		C_{4h}^3
86	$P4_2/n$		C_{4h}^4

Nr. der Raumgruppen	Hermann-Mauguin-Symbole		Schoenflies-Symbole
	vollständig	gekürzt	
87	$I\,4/m$		C_{4h}^5
88	$I\,4_1/a$		C_{4h}^6
89	$P\,422$		D_4^1
90	$P\,42_12$		D_4^2
91	$P\,4_122$		D_4^3
91	$P\,4_12_12$		D_4^4
93	$P\,4_222$		D_4^5
94	$P\,4_22_12$		D_4^6
95	$P\,4_322$		D_4^7
96	$P\,4_32_12$		D_4^8
97	$I\,422$		D_4^9
98	$I\,4_122$		D_4^{10}
99	$P\,4mm$		C_{4v}^1
100	$P\,4bm$		C_{4v}^2
101	$P\,4_2cm$		C_{4v}^3
102	$P\,4_2nm$		C_{4v}^4
103	$P\,4cc$		C_{4v}^5
104	$P\,4nc$		C_{4v}^6
105	$P\,4_2mc$		C_{4v}^7
106	$P\,4_2bc$		C_{4v}^8
107	$I\,4mm$		C_{4v}^9
108	$I\,4cm$		C_{4v}^{10}
109	$I\,4_1md$		C_{4v}^{11}
110	$I\,4_1cd$		C_{4v}^{12}
111	$P\,\bar{4}2m$		$D_{2d}^1 = V_d^1$
112	$P\,\bar{4}2c$		$D_{2d}^2 = V_d^2$
113	$P\,\bar{4}2_1m$		$D_{2d}^3 = V_d^3$
114	$P\,\bar{4}2_1c$		$D_{2d}^4 = V_d^4$
115	$P\,\bar{4}m2$		$D_{2d}^5 = V_d^5$
116	$P\,\bar{4}c2$		$D_{2d}^6 = V_d^6$
117	$P\,\bar{4}b2$		$D_{2d}^7 = V_d^7$
118	$P\,\bar{4}n2$		$D_{2d}^8 = V_d^8$
119	$I\,\bar{4}m2$		$D_{2d}^9 = V_d^9$
120	$I\,\bar{4}c2$		$D_{2d}^{10} = V_d^{10}$
121	$I\,\bar{4}2m$		$D_{2d}^{11} = V_d^{11}$
122	$I\,\bar{4}2d$		$D_{2d}^{12} = V_d^{12}$
123	$P\dfrac{4}{m}\dfrac{2}{m}\dfrac{2}{m}$	$P\,4/mmm$	D_{4h}^1
124	$P\dfrac{4}{m}\dfrac{2}{c}\dfrac{2}{c}$	$P\,4/mcc$	D_{4h}^2
125	$P\dfrac{4}{n}\dfrac{2}{b}\dfrac{2}{m}$	$P\,4/nbm$	D_{4h}^3
126	$P\dfrac{4}{n}\dfrac{2}{n}\dfrac{2}{c}$	$P\,4/nnc$	D_{4h}^4
127	$P\dfrac{4}{m}\dfrac{2_1}{b}\dfrac{2}{m}$	$P\,4/mbm$	D_{4h}^5
128	$P\dfrac{4}{m}\dfrac{2_1}{n}\dfrac{2}{c}$	$P\,4/mnc$	D_{4h}^6

Nr. der Raumgruppen	Hermann-Mauguin-Symbole		Schoenflies-Symbole
	vollständig	gekürzt	
129	$P\dfrac{4}{n}\dfrac{2_1}{m}\dfrac{2}{m}$	$P4/nmm$	D_{4h}^{7}
130	$P\dfrac{4}{n}\dfrac{2_1}{c}\dfrac{2}{c}$	$P4/ncc$	D_{4h}^{8}
131	$P\dfrac{4_2}{m}\dfrac{2}{m}\dfrac{2}{c}$	$P4_2/mmc$	D_{4h}^{9}
132	$P\dfrac{4_2}{m}\dfrac{2}{c}\dfrac{2}{m}$	$P4_2/mcm$	D_{4h}^{10}
133	$P\dfrac{4_2}{n}\dfrac{2}{b}\dfrac{2}{c}$	$P4_2/nbc$	D_{4h}^{11}
134	$P\dfrac{4_2}{n}\dfrac{2}{n}\dfrac{2}{m}$	$P4_2/nnm$	D_{4h}^{12}
135	$P\dfrac{4_2}{m}\dfrac{2_1}{b}\dfrac{2}{c}$	$P4_2/mbc$	D_{4h}^{13}
136	$P\dfrac{4_2}{m}\dfrac{2_1}{n}\dfrac{2}{m}$	$P4_2/mnm$	D_{4h}^{14}
137	$P\dfrac{4_2}{n}\dfrac{2_1}{m}\dfrac{2}{c}$	$P4_2/nmc$	D_{4h}^{15}
138	$P\dfrac{4_2}{n}\dfrac{2_1}{c}\dfrac{2}{m}$	$P4_2/ncm$	D_{4h}^{16}
139	$I\dfrac{4}{m}\dfrac{2}{m}\dfrac{2}{m}$	$I4/mmm$	D_{4h}^{17}
140	$I\dfrac{4}{m}\dfrac{2}{c}\dfrac{2}{m}$	$I4/mcm$	D_{4h}^{18}
141	$I\dfrac{4_1}{a}\dfrac{2}{m}\dfrac{2}{d}$	$I4_1/amd$	D_{4h}^{19}
142	$I\dfrac{4_1}{a}\dfrac{2}{c}\dfrac{2}{d}$	$I4_1/acd$	D_{4h}^{20}

Trigonales System

Nr. der Raumgruppen	Hermann-Mauguin-Symbole		Schoenflies-Symbole
143	$P3$		C_3^{1}
144	$P3_1$		C_3^{2}
145	$P3_2$		C_3^{3}
146	$R3$		C_3^{4}
147	$P\bar{3}$		C_{3i}^{1}
148	$R\bar{3}$		C_{3i}^{2}
149	$P312$		D_3^{1}
150	$P321$		D_3^{2}
151	$P3_112$		D_3^{3}
152	$P3_121$		D_3^{4}
153	$P3_212$		D_3^{5}
154	$P3_221$		D_3^{6}
155	$R32$		D_3^{7}

Nr. der Raumgruppen	Hermann-Mauguin-Symbole		Schoenflies-Symbole
	vollständig	gekürzt	
156	$P3m1$		C_{3v}^1
157	$P31m$		C_{2v}^3
158	$P3c1$		C_{3v}^3
159	$P31c$		C_{3v}^4
160	$R3m$		C_{3v}^5
161	$R3c$		C_{3v}^6
162	$P\bar{3}1\dfrac{2}{m}$	$P\bar{3}1m$	D_{3d}^1
163	$P\bar{3}1\dfrac{2}{c}$	$P\bar{3}1c$	D_{3d}^2
164	$P\bar{3}\dfrac{2}{m}1$	$P\bar{3}m1$	D_{3d}^3
165	$P\bar{3}\dfrac{2}{c}1$	$P\bar{3}c1$	D_{3d}^4
166	$R\bar{3}\dfrac{2}{m}$	$R\bar{3}m$	D_3^5
167	$R\bar{3}\dfrac{2}{c}$	$R\bar{3}c$	D_{3d}^6

Hexagonales System

Nr. der Raumgruppen	Hermann-Mauguin-Symbole		Schoenflies-Symbole
	vollständig	gekürzt	
168	$P6$		C_6^1
169	$P6_1$		C_6^2
170	$P6_5$		C_6^3
171	$P6_2$		C_6^4
172	$P6_4$		C_6^5
173	$P6_3$		C_6^6
174	$P\bar{6}$		C_{3h}^1
175	$P6/m$		C_{6h}^1
176	$P6_3/m$		C_{6h}^2
177	$P622$		D_6^1
178	$P6_122$		D_6^2
179	$P6_522$		D_6^3
180	$P6_222$		D_6^4
181	$P6_422$		D_6^5
182	$P6_322$		D_6^6
183	$P6mm$		C_{6v}^1
184	$P6cc$		C_{6v}^2
185	$P6_3cm$		C_{6v}^3
186	$P6_3mc$		C_{6v}^4
187	$P\bar{6}m2$		D_{3h}^1
188	$P\bar{6}c2$		D_{3h}^2
189	$P\bar{6}2m$		D_{3h}^3
190	$P\bar{6}2c$		D_{3h}^4
191	$P\dfrac{6}{m}\dfrac{2}{m}\dfrac{2}{m}$	$P6/mmm$	D_{6h}^1
192	$P\dfrac{6}{m}\dfrac{2}{c}\dfrac{2}{c}$	$P6/mcc$	D_{6h}^2

Nr. der Raum-gruppen	Hermann-Mauguin-Symbole		Schoenflies-Symbole
	vollständig	gekürzt	
193	$P\dfrac{6_3}{m}\dfrac{2}{c}\dfrac{2}{m}$	$P6_3/mcm$	D_{6h}^3
194	$P\dfrac{6_3}{m}\dfrac{2}{m}\dfrac{2}{c}$	$P6_3/mmc$	D_{6h}^4

Kubisches System

Nr. der Raum-gruppen	vollständig	gekürzt	Schoenflies-Symbole
195	$P23$		T^1
196	$F23$		T^2
197	$I23$		T^3
198	$P2_13$		T^4
199	$I2_13$		T^5
200	$P\dfrac{2}{m}\bar{3}$	$Pm3$	T_h^1
201	$P\dfrac{2}{n}\bar{3}$	$Pn3$	T_h^2
202	$F\dfrac{2}{m}\bar{3}$	$Fm3$	T_h^3
203	$F\dfrac{2}{d}\bar{3}$	$Fd3$	T_h^4
204	$I\dfrac{2}{m}\bar{3}$	$Im3$	T_h^5
205	$P\dfrac{2_1}{a}\bar{3}$	$Pa3$	T_h^6
206	$I\dfrac{2_1}{a}\bar{3}$	$Ia3$	T_h^7
207	$P432$		O^1
208	$P4_232$		O^2
209	$F432$		O^3
210	$F4_132$		O^4
211	$I432$		O^5
212	$P4_332$		O^6
213	$P4_132$		O^7
214	$I4_132$		O^8
215	$P\bar{4}3m$		T_d^1
216	$F\bar{4}3m$		T_d^2
217	$I\bar{4}3m$		T_d^3
218	$P\bar{4}3n$		T_d^4
219	$F\bar{4}3c$		T_d^5
220	$I\bar{4}3d$		T_d^6
221	$P\dfrac{4}{m}\bar{3}\dfrac{2}{m}$	$Pm3m$	O_h^1
222	$P\dfrac{4}{n}\bar{3}\dfrac{2}{n}$	$Pn3n$	O_h^2

Nr. der Raumgruppen	Hermann-Mauguin-Symbole		Schoenflies-Symbole
	vollständig	gekürzt	
223	$P\dfrac{4_2}{m}\bar{3}\dfrac{2}{n}$	$Pm3n$	O_h^3
224	$P\dfrac{4_2}{n}\bar{3}\dfrac{2}{m}$	$Pn3m$	O_h^4
225	$F\dfrac{4}{m}\bar{3}\dfrac{2}{m}$	$Fm3m$	O_h^5
226	$F\dfrac{4}{m}\bar{3}\dfrac{2}{c}$	$Fm3c$	O_h^6
227	$F\dfrac{4_1}{d}\bar{3}\dfrac{2}{m}$	$Fd3m$	O_h^7
228	$F\dfrac{4_1}{d}\bar{3}\dfrac{2}{c}$	$Fd3c$	O_h^8
229	$I\dfrac{4}{m}\bar{3}\dfrac{2}{m}$	$Im3m$	O_h^9
230	$I\dfrac{4_1}{a}\bar{3}\dfrac{2}{d}$	$Ia3d$	O_h^{10}

532. Anorganische Verbindungen

A1-Typ $=$ Cu-Typ $\quad Fm3m \quad O_h^5$.

Kub. flächenzentriertes Gitter, kub. dichteste Kugelpackung mit $A = 4$ bzw. $M = 4$;

KoZ. 12; $d_{A\ldots A}^{12} = a/2\sqrt{2}.$

Ähnliche Typen: A6 und A13.

(s. Abb. 42 u. 43)

Element	Bem.	a	Element	Bem.	a
Ag	bei 25°C	4,0778	Ne	?	4,52
Al	bei 25°C	4,0414	Ni	bei 18°C	3,5172
Ar	bei 20° K	5,4	Pb	bei 18°C	4,939
Au	bei 25°C	4,0704	Pd	bei 18°C	3,8823
Ca	α	5,56	Pr	β	5,15
Ce	α	5,14	Pt	bei 18°C	3,915
Cu	bei 18°C	3,6077	Rh		3,795
Fe	γ, 1000°C	3,652	Sc	mit 0,4% Si	
	auf Zimmer-			und 0,4% Fe	4,53
	temp. extrapol.	3,56	Sr	bei 25°C	6,0847
Ir	bei 18°C	3,831	Th		5,08
Kr	bei 20° K	5,59	Xe	bei 88° K	6,2
La	β	5,30	Yb		5,46
Mn	δ?	3,70			

A 1 Fortsetzung

Verbindungen, deren Molekülschwerpunkte die A_1-Lage haben.

Verb.	Bem.	a
HBr	$> 115° K$	5,8
HCl	$> 98° K$	5,47
PH$_3$	$138° K$	6,31

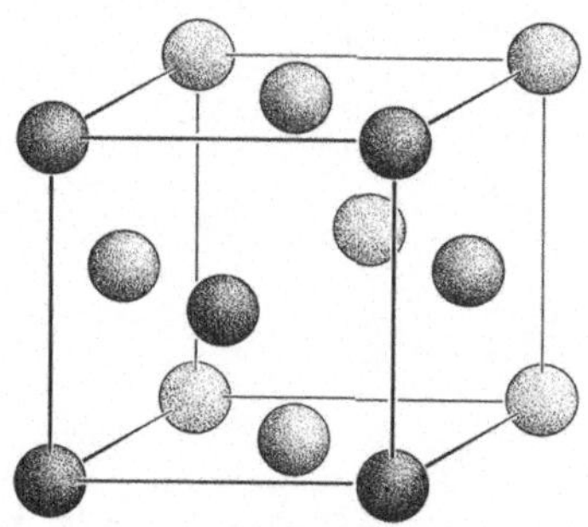

Abb. 42. A 1-(Cu)-Typ. Zelle, vierzählige Achse senkrecht

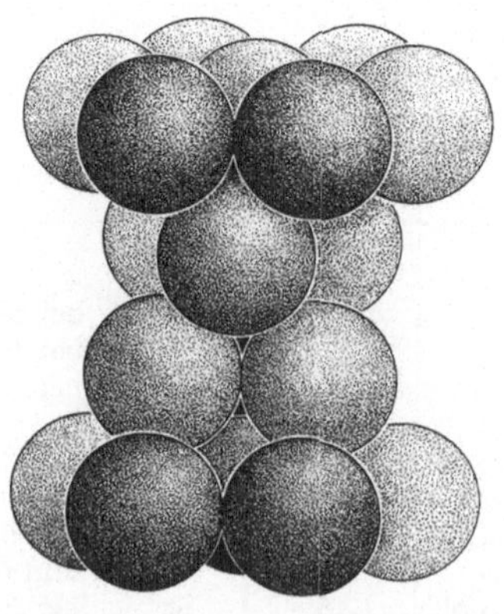

Abb. 43. A 1-Typ. Richtung der dreizähligen Achse senkrecht

A 2-Typ $=$ W-Typ $Im\,3m$ O_h^9.

Kub. raumz. Gitter mit $A = 2$ bzw. $M = 2$;

KoZ. 8; $d_{A\ldots A}^8 = a/2\,\sqrt{3}$.

Ähnliche Typen: A 12 und A 15.

(s. Abb. 44)

Element	Bem.	a	Element	Bem.	a
Ba	Zimmertemp.	5,01	Nb	20°C	3,294
Cr		2,879	Rb	Zimmertemp.	5,6
Cs	Zimmertemp.	6,13	Sr	γ, bei 614°C	4,85
Eu		4,57	Ta	20°C	3,30
Fe	α	2,86	Ti	β, > 880°C	3,32
K	Zimmertemp.	5,33	Tl	β, bei 262°C	3,874
^{6}Li	Zimmertemp.	3,5107	U	γ, > 760°C	3,48
^{7}Li	Zimmertemp.	3,5095	V		3,03
Mo	25°C	3,141	W	α, 20°C	3,158
Na	Zimmertemp.	4,3	Zr	β, > 840°C	3,61

A 3-Typ $=$ Mg-Typ $C6/mmc$ D_{6h}^4.

Hexagonal dichteste Kugelpackung mit $A = 2$ bzw. $M = 2$;

KoZ. 12; $d_{A\ldots A}^6 = a$; $d'^6_{A\ldots A} = \sqrt{a^2/3 + c^2/4}$; $d = d'$ wenn $c/a = 1{,}633$ (Idealfall).

Ähnliche Typen: A 20.

(s. Abb. 45 u. 46)

Element	Bem.	a	c	Element	Bem.	a	c
Be	α, 20°C	2,267	3,594	N_2	35−63°K; $M = 4$	4,03	6,67
Ca	> 450°C	3,98	6,52				
Cd	20°C	2,973	5,605	Nd		3,65	5,89
Ce	β, Zimmertemp.	3,65	5,96	Ni	in N_2 zerstäubt	2,60	4,15
Co	α, < 450°C	2,5	4,05	Os		2,7298	4,32
Cr	β	2,71	4,12	Pr	α, angenähert; 18°C	3,65	5,92
Dy		3,57	5,64				
Er		3,53	5,58	Re		2,755	4,449
Gd		3,62	5,74	Ru	18°C	2,699	4,273
H_2	4,2°K; $M = 4$	3,75	6,12	Sc		3,30	5,24
				Sr	β, bei 248°C	4,32	7,06
He	1,45°K; 37 at.	3,57	(5,83)	Tb		3,58	5,66
				Tc		2,74	4,39
Hf		3,20	5,07	Ti	α, < 880°C	2,95	4,72
Ho		3,55	5,62	Tl	< 230°C	3,45	5,52
La	α, Zimmertemp.	3,75	6,0	Tm		3,52	5,56
				Y		3,62	5,75
Lu		3,50	5,55	Zn	18°C	2,659	4,935
Mg	20°C	3,202	5,199	Zr	α, < 840°C	3,23	5,15

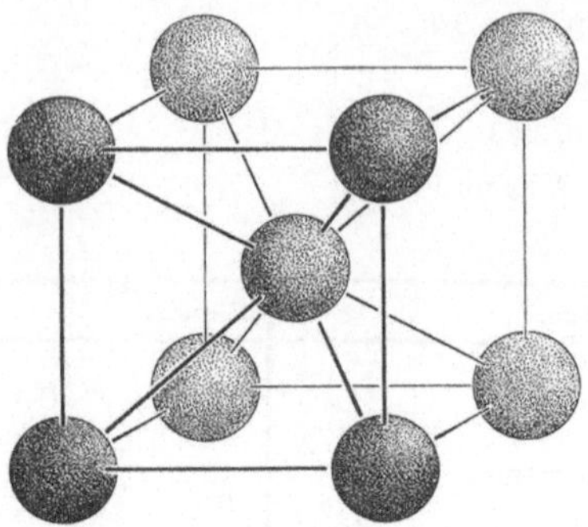

Abb. 44. A 2-(W)-Typ

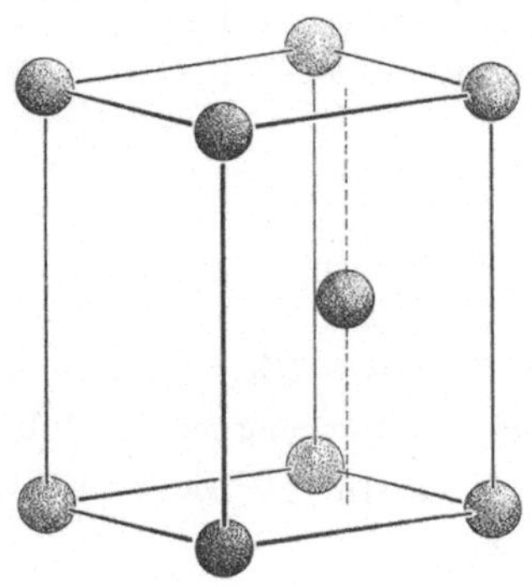

Abb. 45. A 3-(Mg)-Typ. Zelle

Abb. 46. A 3-Typ als hexagonal dichteste Kugelpackung

A 4-Typ = Diamant-Typ $F d\,3m$ O_h^7.

Zwei kub. flz. Gitter sind um $^1/_4$ der Raumdiagonale relativ zueinander verschoben.

KoZ. 4; $A = 8$ bzw. $M = 8$; $d_{A\ldots A}^4 = a/4\,\sqrt{3}$.

Ähnliche Typen: A 5.

(s. Abb. 47)

Element	Bem.	a
C	$18°C$	3,5597
Ge	bei $20°$ und $840°C$	5,64
Si	$25°C$	5,4304
Sn	α, grau	6,4

A 5-Typ = Typ des weißen Zinns $I\,4/amd$ D_{4h}^{19}.

Deformierter A 4-(Diamant)-Typ; $A = 4$;

KoZ. 4; $d_{Sn\ldots Sn}^4 = 3{,}02$; $d'^2_{Sn\ldots Sn} = 3{,}15$.

(s. Abb. 48)

Element	Bem.	a	c
Sn	β, weiß, $23°C$	5,819	3,175

A 6-Typ = In-Typ $I\,4/mmm$ D_{4h}^{17}.

Deformierter A 1-Typ. $A = 4$ bzw. $M = 4$; für die kleinste Zelle $A = 2$ bzw. $M = 2$.

$d_{A\ldots A}^4 = a/2\,\sqrt{2}$; $d'^8 = \tfrac{1}{2}\,\sqrt{a^2 + c^2}$.

Element	Bem.	a	c	Verb.	Bem.	a	c	M
In		4,58	4,93	H J	$125°K$	4,38	6,69	2
Mn	γ, $> 1191°C$	3,77	3,52		$21°K$	4,21	6,43	2
Ni	in N_2 zerstäubt	3,99	3,76					

A 7-Typ = As-Typ $R\,\overline{3}m$ D_{3d}^5.

Rhomboedr. deformiertes einfach kub. Gitter mit geringen gegenseitigen Atomverschiebungen, wodurch Netzmolekülbildung erkennbar wird. $A = 2$ für die rhomboedr. Zelle. Koordination: Ein Atom hat 3 nächste Nachbarn im Abstand d, die zum gleichen Netz gehören. Die Abstände d' zu den Nachbarn der folgenden Schicht sind etwas größer.

(s. Abb. 49)

Element	Bem.	a	α	A	Element	d	d'
As	kl. Zelle	4,14	$57°7'$	2	As	2,51	3,15
As	gr. Zelle	5,60	$84°36'$	8	Bi	3,10	3,47
Bi	kl. Zelle	4,736	$57°14'$	2	Sb	2,87	3,37
Bi	gr. Zelle	6,540	$87°34'$	8			
Sb	kl. Zelle, $25°C$	4,4976	$57°6'$	2			
Sb	gr. Zelle, $25°C$	6,221	$87°42'$	8			

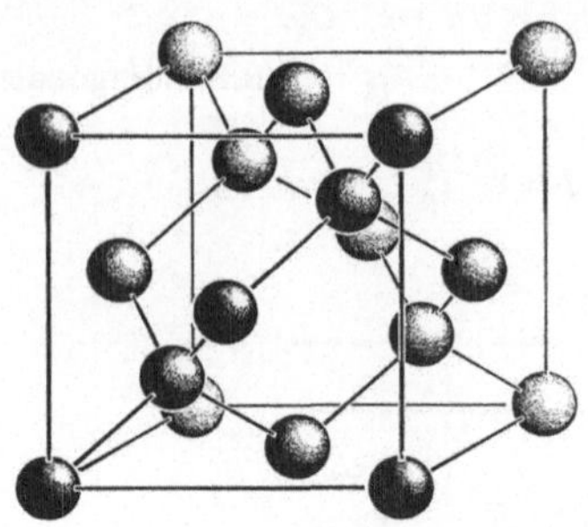

Abb. 47. A 4-(Diamant)-Typ

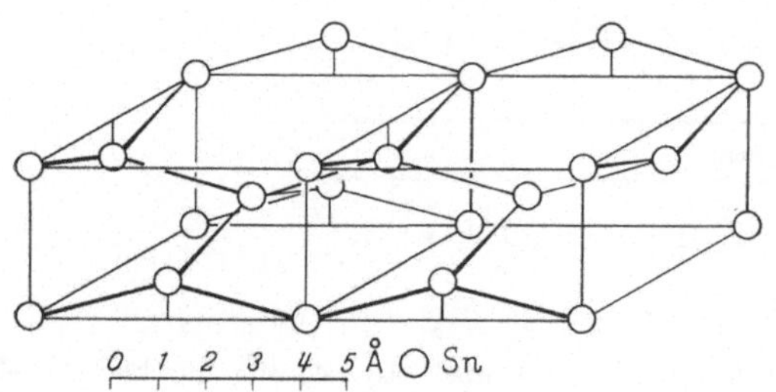

Abb. 48. A 5-Typ. Weißes Zinn

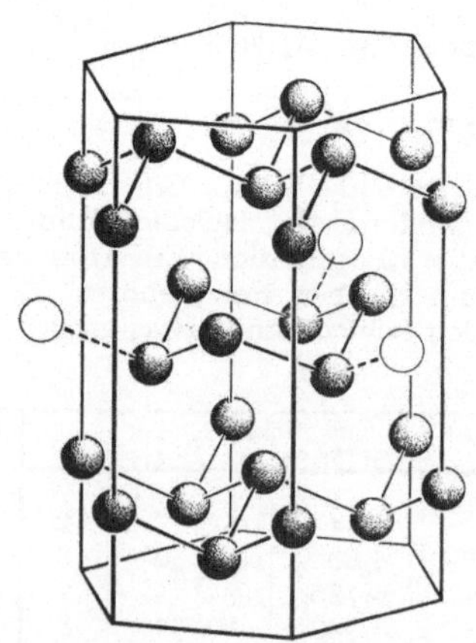

Abb. 49. A 7-Typ. Arsen

A 8-Typ = Se-Typ $C\,3_1\,2$ und $C\,3_2\,2$ D_3^4 und D_3^6.

Deformiertes einfach kub. Gitter mit geringen gegenseitigen Atomverschiebungen, wodurch Kettenbildung erkennbar wird. $A = 3$.

Koordination: Ein Atom hat 2 Nachbarn im Abstand d, 4 im Abstand d'.

(s. Abb. 50)

Element	d_2	d_4'
Se	2,32	3,46
Te	2,86	3,74

A 9-Typ = Graphit-Typ $C\,6/mmc$ D_{6h}^4 $A = 4$.

Die Zelle enthält zwei kristallographisch nicht gleichwertige Atome A und B $d_{A\ldots B}^3 = 1,42$. Abstand zu den nächsten Nachbarn der benachbarten Schichten $d'^2 = c/2 = 3,40$.

Ähnlicher Typ: A 12 (BN).

Verwandtschaft zum A 9-Typ zeigen die Graphit-Alkalilegierungen mit Einlagerung der Alkaliatome zwischen den Schichten: C_8K, $C_{16}K$, C_8Rb, $C_{16}Rb$, C_8Cs, $C_{16}Cs$.

(s. Abb. 51)

Element	Bem.	a	c
C	Graphit	2,46	6,7

A 10-Typ = Hg-Typ $R\,\overline{3}m$ D_{3d}^5.

Rhomboedr. def. A 1-Typ. $A = 1$ für die kleinste rhomboedr. Zelle. $d^6 = 3,00$.

(s. Abb. 52)

Ähnliche Typen: L 1_1 (Pt Cu).

Element	Bem.	a	c/a	Bem.	a	c/a
Hg	$-46°$C kl. Zelle	2,999	$70°\,31,7'$	gr. Zelle	4,581	$98°\,12,8'$

A 11-Typ = Ga-Typ $A\,bma$ D_{2h}^{18} $A = 8$.

Koordination: Angenähert 7 Nachbarn.

$d_{Ga\ldots Ga}^7 : d^1 = 2,44$; $d'^2 = 2,71$; $d''^2 = 2,74$; $d'''^2 = 2,80$.

Element	Bem.	a	b	c
Ga		4,5167	4,5107	7,644

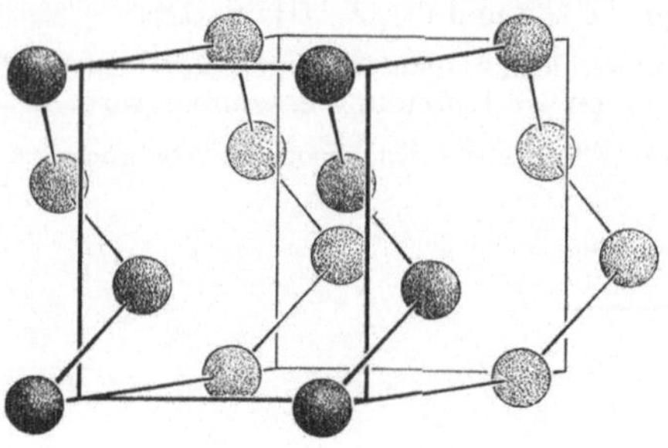

Abb. 50. A 8-Typ. Selen

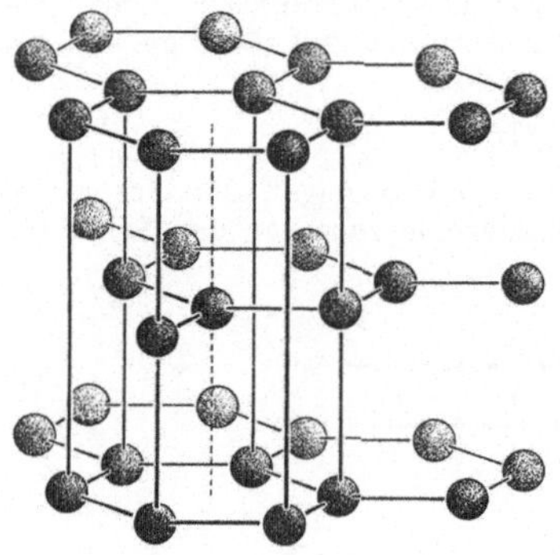

Abb. 51. A 9-Typ. Graphit. Um den Schichtencharakter zu zeigen, sind mehrere Zellen gezeichnet

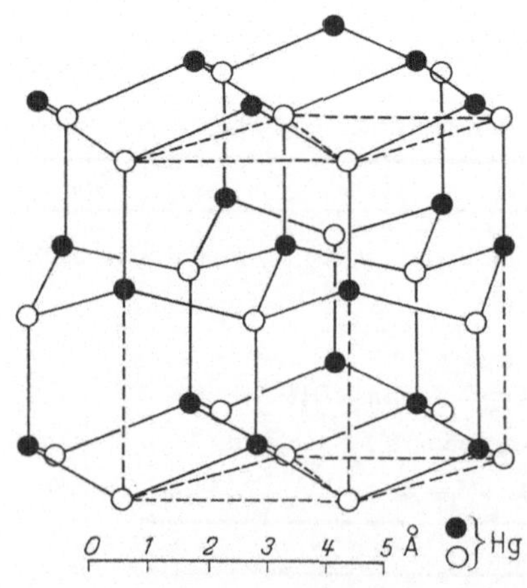

Abb. 52. A 10-Typ. Quecksilber

A 12-Typ = α-Mangan-Typ $\quad I\,4\,3\,m \quad T_d^3 \quad A = 58.$

Komplizierte kub. Struktur, die mit der kub. raumz. (A 2) verwandt ist.

Element	Bem.	a	Element	Bem.	a	Leg.	Bem.	a
γ-Cr		8,71	α-Mn	$< 742°C$	8,89	Al_2Mg_3	β'	10,45–10,56

A 13-Typ = β-Mangan-Typ $\quad P\,4_3\,3\,O^6$ und $P\,4_1\,3\,O^7$; $\quad A = 20.$

Komplizierte kubische Struktur mit zwei kristallographisch ungleichwertigen Atomen I und II.

Koordination: 12 Nachbarn mit annähernd gleichen Abständen von 2,36 — 2,67.

$d^3_{MnI....MnI} = 2{,}36;$ $\quad d'^3_{MnI....MnII} = 2{,}53;$ $\quad d''^6_{MnI....MnII} = 2{,}67;$ $\quad d'^2_{MnII....MnI} = 2{,}53;$

$d'''^2_{MnII....MnII} = 2{,}60;$ $\quad d''''^4_{MnII....MnII} = 2{,}66;$ $\quad d''^4_{MnII....MnI} = 2{,}67.$

Element	Bem.	a	Leg.	Bem.	a	Verb.	Bem.	a
β-Mn	$> 742 -$ $< 1191°C$	6,30	Ag_3Al Au_3Al $\sim ZnCo$	β' β' $50 -$ $41\% Co$	6,92 6,91 $6{,}30 -$ 6,36	Cu_5Si	γ- Phase	6,21

A 14-Typ = Jod-Typ $\quad Ccma \quad D_{2h}^{18} \quad A = 8.$

Molekelgitter unter Ausbildung von J_2-Molekeln, die selbst wiederum zu Netzen zusammentreten.

Koordination: $d^1_{J...J} = 2{,}70;$ $d^1_{Br...Br} = 2{,}27.$

Element	Bem.	a	b	c
Br_2	bei $-150°C$	4,48	6,67	8,72
J_2	bei $20°C$	4,774	7,250	9,77

A 15-Typ = β-Wolfram-Typ $\quad Pm\,3\,n \quad O_h^3 \quad A = 8.$

Koordination: Die WI-Atome haben 12 Nachbarn mit $d^{12}_{WI...WI} = 2{,}82,$ die WII-Atome 14 Nachbarn: $d'^2_{WII...WII} = 2{,}52;$ $d^4_{WII...WI} = 2{,}82;$ $d''^8_{WII...WII} = 3{,}09.$

Element	Bem.	a	Verb.	Bem.	a	Leg.	Bem.	a
β-W		5,03	Cr_3Si Mo_3Si V_3Si		4,56 4,89 4,71	$GeCr_3$ GeV_3		4,61 4,76

A 16-Typ = Schwefel-Typ $Fddd$ D_{2h}^{24} $A = 128$.
Das Gitter ist aus gewellten S_8-Ringen aufgebaut.
$d_{8...8}^2 = 2,11$.
(s. Abb. 53)

Element	Bem.	a	b	c
$S_{rhomb.}$		10,4	12,9	24,5

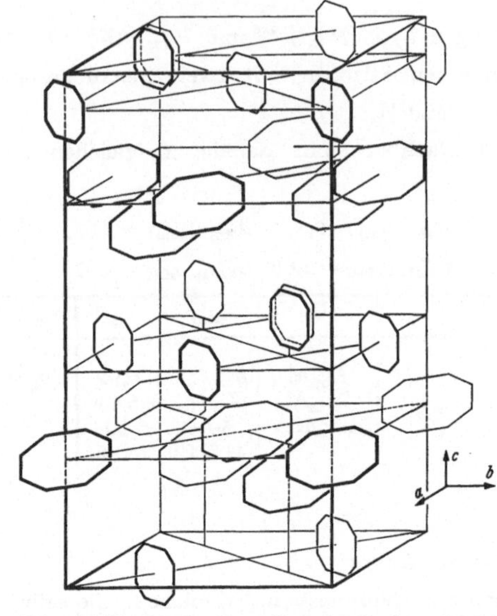

Abb. 53. A 16-Typ. Schwefel. Vereinfachte Darstellung der Struktur. S 8-Ringe durch Achtecke
dargestellt

A 17-Typ = s. Phosphor-Typ $Bmab$ D_{2h}^{18} $A = 8$.
Koordination: 2 Nachbarn in der gleichen Ebene der Doppelschicht,
$d^2 = 2,17$; ein weiterer Nachbar zur anderen Ebene der Doppelschicht
$d'^1 = 2,21$.
Ähnlicher Typ: A 11 (Ga).

Element	Bem.	a	b	c
P	schwarz	3,31	4,38	10,50

A 18-Typ = Chlor-Typ $P4/ncm$ D_{4h}^{16} $A = 16$.
Molekelgitter von Cl_2-Molekeln.
Koordination: $d_{Cl....Cl}^1 = 1,81$; nächster Abstand zur benachbarten
Molekel = 2,52.

Element	Bem.	a	c
Cl_2	bei $-185°C$	8,56	6,12

$A\,20$-Typ $=$ U-Typ $\quad Cmcm \quad D_{2h}^{17} \quad A=4.$

Deformierter $A\,3$-Typ.

Koordination: $d_{\mathrm{U}\ldots\mathrm{U}}^{12}$: $d'^{\,2}=2{,}76$; $d''^{\,2}=2{,}85$; $d'''^{\,4}=3{,}27$; $d''''^{\,4}=3{,}36.$

Element	Bem.	a	b	c
α-U	$<640°\mathrm{C}$	2,85	5,86	4,94

$B\,1$-Typ $=$ NaCl-Typ $\quad Fm\,3m \quad O_h^5.$

Die Na- und Cl-Ionen bilden jede für sich ein $A\,1$-Gitter. Beide Gitter sind relativ zueinander um $\tfrac{1}{2}\,\tfrac{1}{2}\,\tfrac{1}{2}$ verschoben. $M=4$; KoZ. 6.

$d_{\mathrm{N}\ldots\mathrm{Cl}}^{6}=a/2$; $d_{\mathrm{Na}\ldots\mathrm{Na}}^{12}=d_{\mathrm{Cl}\ldots\mathrm{Cl}}^{12}=a/2\,\sqrt{2}.$

Ähnliche Typen: $B\,16$ (GeS); $B\,24$ (TeF); $B\,29$ (SnS).

(s. Abb. 54)

Verb.	Bem.	a	Verb.	Bem.	a
AgBr		5,77	KCl		6,28
AgCl		5,54	KF		5,33
AgCN		5,69	KH		5,70
AgF		4,92	KJ		7,05
Al_2O_3	γ	7,7—8,0	KOH	$\beta,\ >248°\mathrm{C}$	5,78
AmO		4,95	KSH	$\beta,\ >-165°\mathrm{C}$	6,62
BaNH	wahrscheinl.	5,84	KSeH	Hochtemp.	6,87
BaO		5,52	LaAs		6,13
BaS		6,37	LaN		5,28
BaSe		6,59	LaP	wahrscheinl.	5,28
BaTe		6,99	LaSb		6,48
CaNH	wahrscheinl.	5,16	LiBr		5,49
CaO		4,80	LiCl		5,13
CaS		5,67	LiD		4,065
CaSe		5,91	LiF		4,017
CaTe		6,34	$Li_3Fe_2O_4$		4,14
CeAs		6,06	LiH		4,085
CeN	wahrscheinl.	5,01	LiJ		6,00
CeP	wahrscheinl.	5,90	Li_2TiO_3		4,14
CeS		5,77	MgO		4,20
CeSb		6,40	MgS		5,19
CdO		4,68	MgSe		5,45
CoO		4,25	MnO		4,43
CrN	γ-Phase	4,14	MnS	α, grün	5,21
CsCl	$\beta,\ >445°\mathrm{C}$	7,1	MnSe	α	5,45
CsF		6,01	NaBr		5,96
CsH		6,38	NaCl		5,6273
CuH		4,33	Na_2CeO_3		4,82
EuS		5,96	NaF		4,62
EuSe		6,17	NaH		4,88
EuTe		6,57	NaJ		6,46
FeO	Wüstit	4,28—4,36	NaO_2		5,49
GdN		4,99	Na_2PrO_3		4,84
HfC		4,46	NaSH	$\beta,\ >-90°\mathrm{C}$	6,05
KBr		6,59	NaSeH	Hochtemp.	6,26

Verb.	Bem.	*a*	Verb.	Bem.	*a*
NbN		4,44	RbSeH	β, Hoch-temp.	7,16
NdAs		5,96			
NdN	wahrscheinl.	5,14	ScN		4,4
NdP		5,83	SnAs		5,72
NdSb		6,31	SnTe		6,28
NH_4Br	$> 138°C$	6,90	SrNH	wahrscheinl.	5,45
NH_4Cl	β, $>184,3°C$		SrO		5,14
	$< 30–32°C$	6,53	SrS		6,00
NH_4J	$> -17,6°C$	7,24	SrSe		6,23
NiO	bei 275°C	4,19	SrTe		6,65
NpN		4,89	TaC		4,45
NpO		5,00	TiC		4,31
PbS		5,91	ThS		5,67
PbSe		6,14	TiN		4,22
PbTe		6,44	TiO		4,24
PrAs		6,00	UC		4,96
PrN	wahrscheinl.	5,16	U_2CN		4,93
PrP	wahrscheinl.	5,86	UN		4,88
PrSb		6,35	UO		4,92
PuC		4,91	UP		5,59
PuN		4,90	US		5,47
PuO		4,95	VC		4,15
PuS		5,52	VN		4,13
RbBr		6,85	VO		4,08
RbCl		6,54	YbSe		5,87
RbF		5,63	YbTe		6,34
RbH		6,04	ZrC		4,67
RbJ		7,33	ZrN		4,63
RbSH	β, Hoch-temp.	6,92			

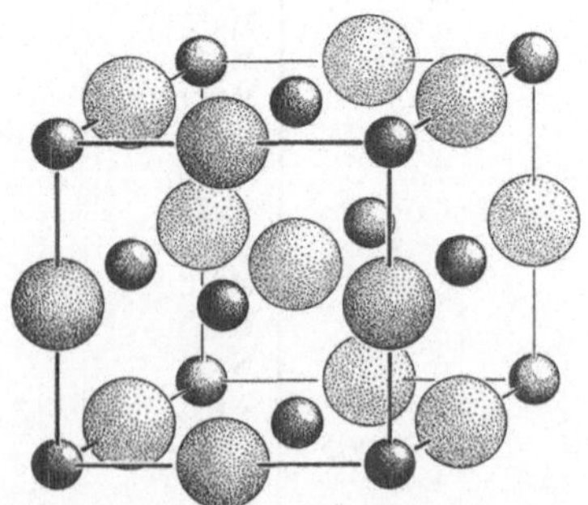

Abb. 54. B 1-Typ. NaCl. Na = kleine Kugeln

B2-Typ = CsCl-Typ $Pm\,3m$ O_h^1.

Die Cs- und Cl-Ionen bilden jede für sich ein einfach kubisches Gitter. Beide Gitter sind relativ zueinander um $\frac{1}{2}\,\frac{1}{2}\,\frac{1}{2}$ verschoben. $M = 1$; KoZ. 8. $d_{A\ldots B}^{8} = a/2\,\sqrt{3}$; $d_{A\ldots A}^{6} = d_{B\ldots B}^{6} = a$.

Ähnliche Typen: B10, H4_1.

(s. Abb. 55)

Verb.	Bem.	a	Verb.	Bem.	a
CsBr		4,29	NH_4NO_3	I, 125—169° C	4,4
CsCl	$< 445°$ C	4,11	RbCl	$< 190°$ C	3,74
CsJ		4,56	RbJ	hoh. Druck	4,34
$CsNO_3$	$> 161°$ C	4,49	$RbNO_3$	165—225° C	4,37
CsSH		4,30	TlBr		3,978
CsSeH		4,44	TlCl		3,83
NH_4Br	$< 138°$ C	4,05	TlCN		3,82
NH_4Cl	α, $< 184,3°$ C	3,87	TlJ		4,20
NH_4J	$< -17,6°$ C	4,37	$TlNO_3$	$> 150°$ C	4,31

B3-Typ = ZnS (Zinkblende)-Typ $F4\,3m$ T_d^2.

Die Struktur kann auf das Diamantgitter (A4-Typ) zurückgeführt werden, in dem die Punktlagen des einen kub. flz. Gitters mit Zn, die des anderen mit S besetzt sind. $M = 4$; KoZ. 4.

Koordination: Jedes Zn ist von 4 S und jedes S von 4 Zn tetraedrisch umgeben.

$d_{A\ldots B}^{4} = a/4\,\sqrt{3}$; $d_{A\ldots A}^{12} = d_{B\ldots B}^{12} = a/2\,\sqrt{2}$.

(s. Abb. 56)

Verb.	Bem.	a	Verb.	Bem.	a
AgJ		6,47	GaSb		6,09
AlAs		5,62	Ga_2Te_3		5,87
AlP		5,42	HgS	Metacinna-	5,84
AlSb		6,10		barit	
BeS		4,86	HgSe		6,07
BeSe		5,13	HgTe		6,44
BeTe		5,61	InAs		6,04
CdS		5,81	InP		5,86
CdSe		6,04	InSb		6,46
CdTe		6,46	In_2Te_3	$M = 1,33$	16,15
CuBr		5,68	MnS	β, rot	5,60
CuCl		5,41	MnSe	β	5,82
CuF		4,26	SiC	β, bei 19° C	4,36
CuJ	α	6,05	ZnO	def.	4,62
GaAs		5,63	ZnS	Blende	5,40
GaP		5,44	ZnSe		5,66
Ga_2S_3	α, $< 550°$ C	5,17	ZnTe		6,09

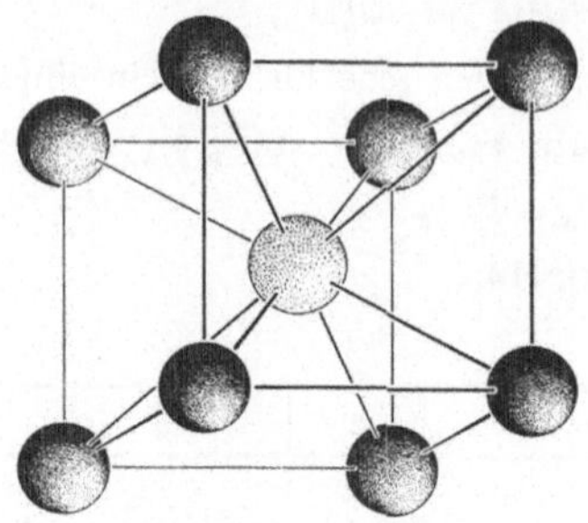

Abb. 55. B 2-Typ. CsCl. Cs = dunkle Kugeln

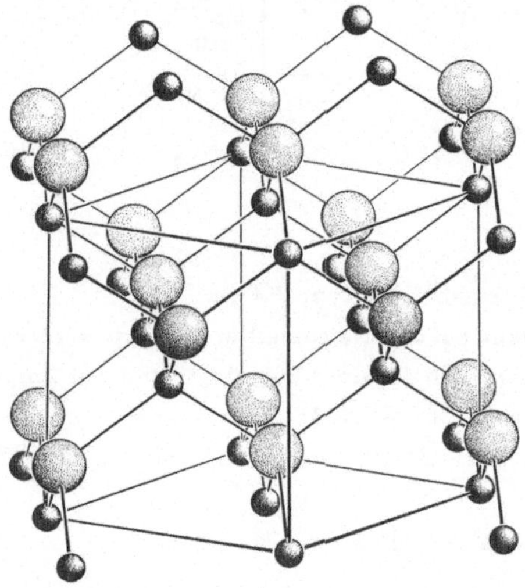

Abb. 56. B 3-Typ. ZnS. Projektionsrichtung etwa (110). Zn = kleine Kugeln

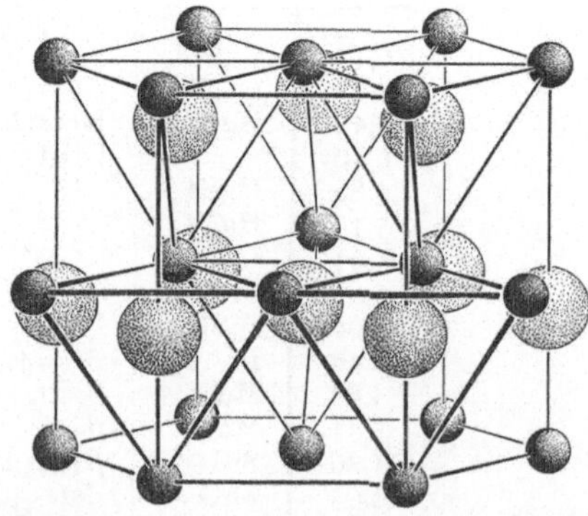

Abb. 57. B 4-Typ. Wurtzit-(ZnS)- oder ZnO-(Zinkit)-Typ. Es sind mehr als drei Zellen gezeichnet, um den polaren Charakter zu zeigen. Zn = dunkle Kugeln. Koordinatenanfang in der Mitte der unteren Flächen, gegenüber der Punktlagenbezeichnungen um —($\frac{1}{3}$ $\frac{2}{3}$ 0) verschoben

B4-Typ = ZnS-(Wurtzit)-Typ) $C6mc$ C_{6v}^4.

$M = 4$; KoZ. 4.

$d_{Zn\ldots S}^4 = d_{S\ldots Zn}^4$; $d_{Zn\ldots S}^1 = uc$; $d_{Zn\ldots S}^{'3} = \sqrt{a^2/3 + c^2(u + \tfrac{1}{2})^2}$; $d_{Zn\ldots Zn}^6 = d_{S\ldots S}^6 = a$;

$d_{Zn\ldots Zn}^{'6} = d_{S\ldots S}^{'6} = \sqrt{a^2/3 + c^2/4}$.

Ähnliche Typen: $H2_5$, B5, B6, B7.

(s. Abb. 57)

Verb.	Bem.	a	c	Verb.	Bem.	a	c
AgJ	bei $-180°$C	4,58	7,49	InN		3,53	5,69
				MgTe		4,52	7,3
AlN		3,10	4,97	MnS	γ, rot	3,98	6,43
BeO		2,69	4,37	MnSe	γ	4,12	6,72
CdS		4,13	6,69	NH$_4$F		4,4	7,0
CdSe	2. Mod.	4,30	7,01	ZnO	Zinkit	3,24	5,19
GaN		3,16–3,18	5,13–5,17	ZnS	Wurtzit	3,81	6,23
Ga$_2$S$_3$	β, 550–600°C	3,68	6,02				

B5-, B6-, B7-Typ.

Es besteht enge Verwandtschaft zum B4-Typ. Auch hier handelt es sich um „Tetraeder''-Gitter. Jedes Atom ist von 4 Atomen der anderen Sorte umgeben. Die Tetraeder liegen parallel in Schichten $\perp c$. Je nach der Art der Überlagerung der Schichten zeigt die Struktur hexagonale oder rhomboedrische Symmetrie (H- bzw. R-Typen). Die Gitterkonstante $a = 3,07$ ist bei allen Typen gleich; c bildet n-fache von 2,51.

Substanztabelle:

SiC (Carborund).

(s. Abb. 58)

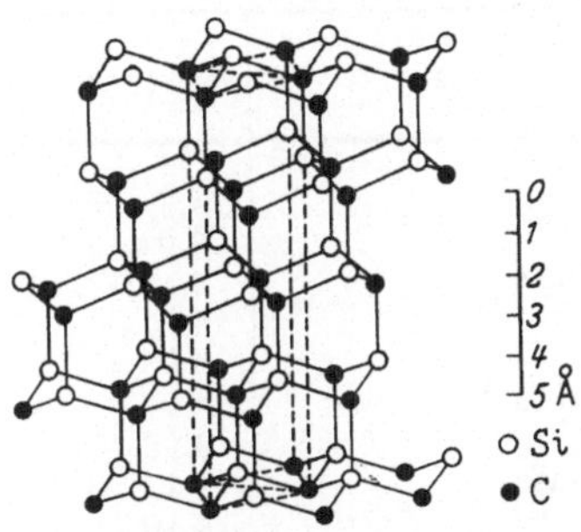

Abb. 58. Carborund III

$B8$-Typ $=$ NiAs-Typ $C6/mmc$ D_{6h}^4.

$M = 2$; KoZ. 6.

$d_{A\ldots B}^6 = \sqrt{a^2/3 + c^2/16}$; $d_{A\ldots A}^2 = c/2$; $d_{B\ldots B}^{12} = a$.

(s. Abb. 59)

Verb.	Bem.	a	c
CoS	51 — 53 At % S	3,367 — 3,361	5,177 — 5,160
CoSe		3,61	5,28
CoTe		3,88	5,37
CrS	52,4 — 54,2 At % S	3,45	5,75
CrSb		4,11	5,47
CrSe	50 — 53,5 At % Se	3,68	6,02
CrTe		3,98 — 3,89	6,21 — 5,91
FeS	50 — 53 At % S	3,44	5,79 — 5,69
FeSb		4,1	5,1
FeSe	50 — 53 At % Se	3,6	5,9
FeTe		3,8	5,65
MnAs		3,72	5,70
MnSb		4,12	5,78
MnTe		4,12	6,70
NiAs		3,6	5,0
NiS	Hochtemp.	3,43	5,34
NiSb		3,91 — 3,94	5,13
NiSe		3,7	5,3
NiTe		3,96	5,35
PdSb		4,07	5,58
PdTe		4,13	5,66
PtSb		4,13	5,47
VS		3,36	5,81
VSe		3,58	5,98

Legierungen

Leg.	Bem	a	c
AuSn		4,31	5,51
CO_2Ge		3,92	5,00
CO_3Sn_2	γ-Phase	4,12 — 4,10	5,18 — 5,17
Cu_2In		4,27	5,24
$\sim Fe_2Ge$		4,03	5,02
NiBi	55 At % Ni	4,07	5,34
Ni_2Ge		3,95	5,04
Ni_2In	β-Phase	4,17	5,12
PtSn		4,10	5,43
SnIr		3,98	5,56

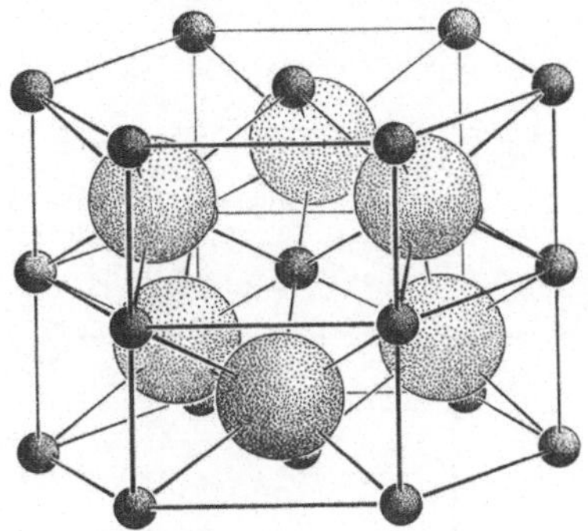

Abb. 59. B 8-Typ. NiAs. Die Abbildung gibt 3 Elementarzellen. Ni = kleine Kugeln

B9-Typ = HgS-Typ $\quad C\,3_1\,2,\ D_3^4$ und $C\,3_2\,2,\ D_3^6 \quad M = 3$.
Deformierter NaCl(B1)-Typ.
$d_{Hg\ldots S}^6$: $d_{Hg\ldots S}^3 = 2,52$; $d_{Hg\ldots S}'^2 = 3,25$; $d''^2 = 2,91$.

Verb.	Bem.	a	c
HgS	Zinnober, Cinnabarit	4,15	9,50

B 10-Typ = PH_4J-Typ $\quad P4/nmm \quad D_{4h}^7 \quad M = 2$.
Deformierte B2-Struktur.
Koordination: $d_{P\ldots J}^4 = 3,67$; $d_{P\ldots J}'^4 = 4,21$.
Für LiOH $d_{Li\ldots O}^4 = 1,97$.
(s. Abb. 60)

Verb	Bem.	a	c	Verb.	Bem.	a	c
BiIn	γ	5,00	4,77	NH_4SH		6,01	4,01
FeSe	43,8 At % Se	3,77	5,52	PbO	rot	3,96	5,00
				PdO	oder B 11	3,03	5,31
LiOH		3,55	4,33	PH_4J		6,34	4,62
NH_4Br	γ, $< \sim\!-40°$ C	5,7	4,0	SnO	oder B 11	3,80	4,82
NH_4J	γ, Tief- temp.	6,18	4,37				

B 12-Typ = BN-Typ $\quad C\,6/mmc \quad D_{6h}^4 \quad M = 2$.
Graphitgitter, bei dem die beiden ungleichen Lagen mit verschiedenen Atomen besetzt sind.
$d_{B\ldots N}^3 = 1,45$.
(s. Abb. 61)

Verb.	Bem.	a	c
BN		2,51	6,69

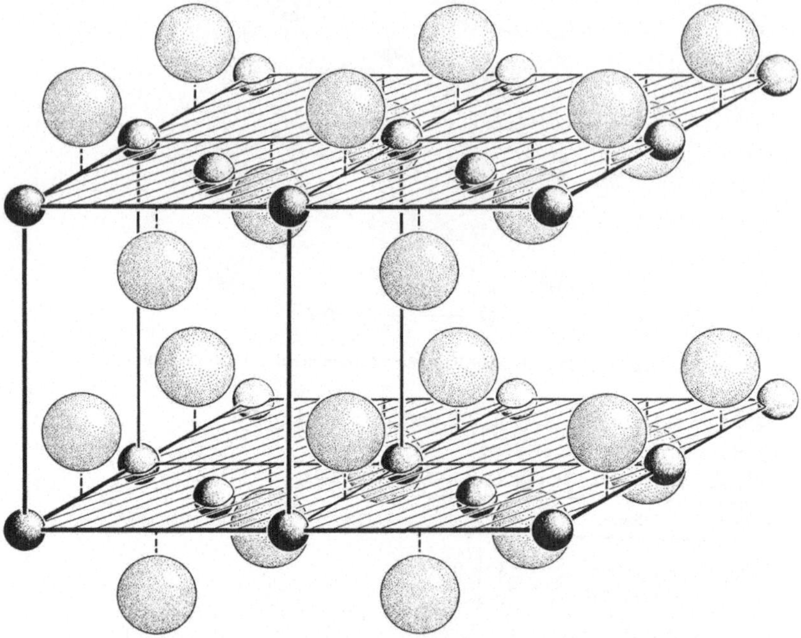

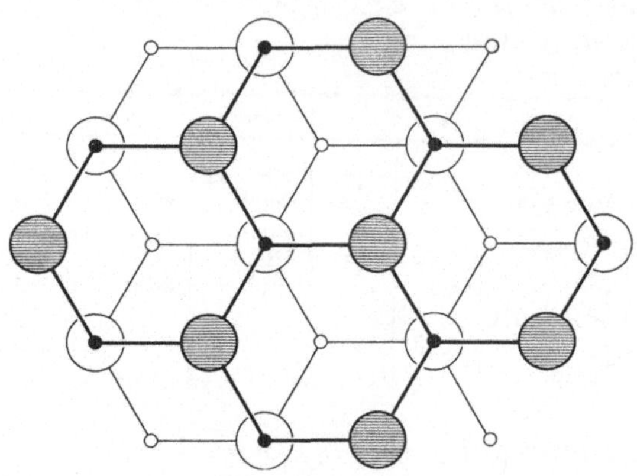

Abb. 60. B 10-Typ. Beispiel LiOH. Es sind 4 Zellen gezeichnet, um den Schichtencharakter zu zeigen. Li = kleine dunkle Kugeln. Koordinatenanfang vorn unten links

Abb. 61. B 12-Typ. BN

B 13-Typ = NiS-(Millerit)-Typ $R\,3m$ C_{3v}^5 $M = 3$.

Verb.	Bem.	a	c	Verb.	Bem.	a	c
NiS	tief. Temp.	9,59	3,14	NiSe	γ-Phase	9,84	3,18

B 16-Typ D_{2h}^{16} $M = 4$.

Verb.	Bem.	a	b	c
GeS		4,29	10,42	3,64

B 17-Typ = PtS-(Cooperit)-Typ $P4/mmc$ D_{4h}^{9} $M = 2$.

Koordination: S tetraedrisch von 4 Pt umgeben, Pt von 4 S, die ein Rechteck bilden.

$d_{S...Pt}^{4} = 2{,}32$; $d_{Pt...S}^{4} = 2{,}32$.

(s. Abb. 62)

Verb.	Bem.	a	c
PtS		3,47	6,12

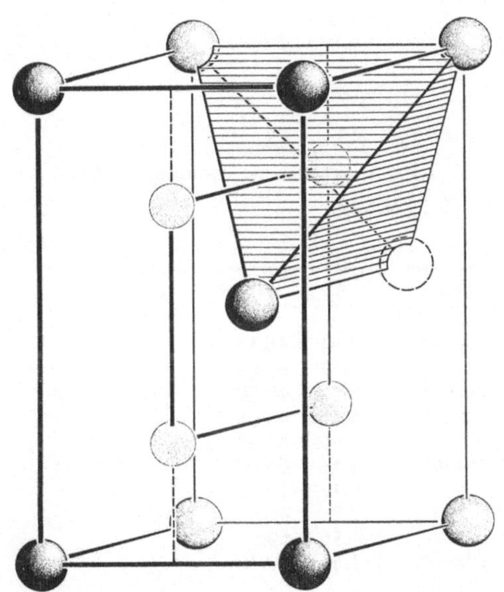

Abb. 62. B 17-Typ. PtS. Pt = dunkle Kugeln

B 18-Typ = CuS-(Covellin)-Typ $C6/mmc$ D_{6h}^{4} $M = 6$.

Komplizierte Struktur mit kristallographisch nicht gleichwertigen Atomen.

Verb.	Bem.	a	c
CuS		3,75	16,26
CuSe		3,94	17,25

28*

B20-Typ = FeSi-Typ $P2_1 3$ T^4 $M = 4$.

Koordination angenähert $d^7_{Fe\ldots Si}$: $d^1_{Fe\ldots Si} \approx 2{,}24$; $d'^3_{Fe\ldots Si} = 2{,}34$; $d''^3_{Fe\ldots Si} = 2{,}52$.

Verb.	Bem.	a	Verb.	Bem.	a	Verb	Bem.	a
AuBe	β	4,67	FeSi	ε-Phase	4,49	GeCr		4,78
CoSi		4,44	GaPd		4,88	MnSi		4,55
CrSi		4,62	GaPt		4,90	SnRh		5,12

B21-Typ = CO-Typ $P2_1 3$ T^4. $M = 4$.

Die Schwerpunkte der CO-Moleküle bilden angenähert ein kub. flz. Gitter. Abstand C—O = 1,51.

Stoff	Bem.	a
CO	α, $< 61{,}5°$ K	5,63
N_2	α, $< \sim 35°$ K	5,67
O_2	γ, $50°$ K	6,83; $A = 18$.

B22-Typ = KSH-Typ $R\bar{3}m$ D^5_{3d}.

Deformierter B2-Typ. $M = 1$ für die rhomboedr. Zelle.

Koordination: $d^6_{K\ldots S} = 3{,}30$.

(s. Abb. 63)

Verb.	Bem.	a	α
KNO_3	$> \sim 120°$ C	7,21	46,15
KSH	α, $< 165°$ C	4,37	69,03
KSeH	Tieftemp.	4,52	69,30
$NaNO_3$	$> 185°$ C	6,56	45,58
NaSH	α, $< 90°$ C	3,99	67,93
NaSeH	Tieftemp.	4,16	68,07
$RbNO_3$		4,77	70,17
	$> 219°$ C	7,81	41,1
RbSH	α	4,56	69,1
RbSeH	Tieftemp.	4,66	70,40

B23-Typ = α AgJ-Typ $Im\,3m$ O^9_h.

Kub. raumzentr. Gitter der J-Atome. Für 2 Ag-Atome stehen 42 Punktlagen mit Koordination 2, 3 und 4 zur Verfügung, die statistisch besetzt sind.

Verb.	Bem.	a
AgJ	α, $> 146°$ C	5,03

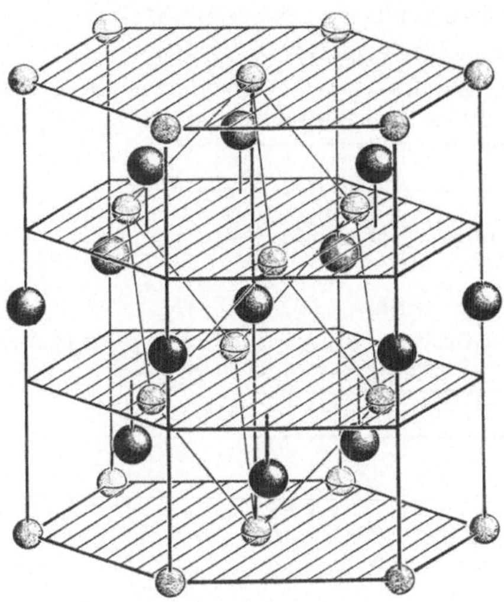

Abb. 63. B 22-Typ. KSH. Hexagonale Aufstellung, 3 Zellen. Die rhomboedrische Zelle ist angedeutet

B 24-Typ = TlF-Typ $Fmmm$ D_{2h}^{23} $M = 4$.

Rhomb. def. B 1-Typ mit Ausweitung in der c-Richtung.

Beginn einer Schichtengitterbildung.

Koordination: $d_{Tl\ldots F}^6$: $d_{Tl\ldots F}^2 = 2{,}59$; $d'^2_{Tl\ldots F} = 2{,}75$; $d''^2_{Tl\ldots F} = 3{,}04$.

(s. Abb. 64)

Verb.	Bem.	a	b	c
TlF		5,18	5,50	6,08

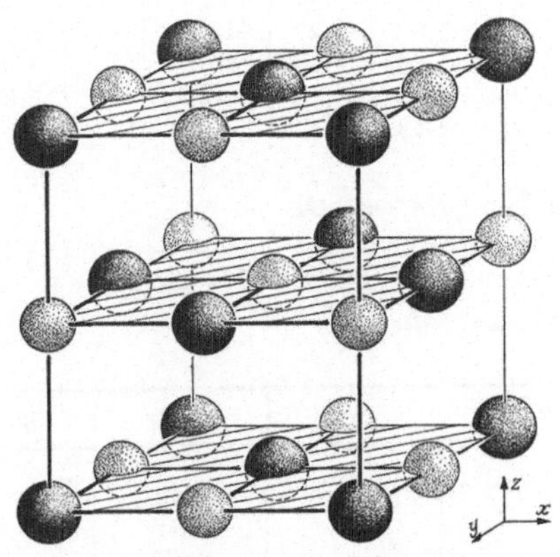

Abb. 64. B 24-Typ. TlF. Tl = dunkle Kugeln

B 26-Typ = CuO-(Tenorit)-Typ $C\,2/c$ C_{2h}^6 $M = 4$.
Ähnlichkeit mit dem PtS-Typ (B 17).
Koordination: $d^4_{Cu\ldots O} = 1{,}95$; die O-Atome bilden ein Rechteck.
$d^4_{O\ldots Cu} = 1{,}95$; die Cu-Atome bilden ein verzerrtes Tetraeder.

Verb.	Bem.	a	b	c	β
CuO		4,65	3,41	5,11	99,5

B 27-Typ = FeB-Typ $Pbnm$ D_{2h}^{16} $M = 4$.
Zickzackförmige B-Ketten. $d^2_{B\ldots B} = 1{,}77$; $d_{Fe\ldots B} = 2{,}12 - 2{,}18$. B ist umgeben von ~ 6 Fe; Fe von 2 bzw. 7 B.

Verb.	Bem.	a	b	c
CoB		3,95	5,24	3,04
FeB		4,05	5,50	2,95
MnB		5,56	2,98	4,15
USi		5,65	7,65	3,90

B 29-Typ = SnS-Typ $Pmcn$ D_{2h}^{16} $M = 4$.
Stark deformierter NaCl-Typ (B 1). $d_{Sn\ldots S} = 2{,}62 - 3{,}39$. Mit $d^1_{SnS} = 2{,}62$ und $d^2_{SnS} = 2{,}68$ ergibt sich ein Schichtengitter.

Verb.	Bem.	a	b	c
$PbSnS_2$		4,04	4,28	11,33
SnS		3,98	4,33	11,18

B 31-Typ = MnP-Typ $Pbnm$ D_{2h}^{16} $M = 4$.
Deformierter NiAs-Typ (B 8); $d_{Mn\ldots P} = 2{,}30 - 3{,}32$.

Verb.	Bem.	a	b	c	Verb.	Bem.	a	b	c
CoAs		5,96	5,15	3,51	FeP		5,78	5,18	3,09
CoP		5,89	5,07	3,27	MnAs		6,38	5,63	3,62
CrAs		6,21	5,73	3,48	MnP		5,91	5,25	3,17
CrP		5,93	5,36	3,12	SnPd		3,86	6,12	6,31
FeAs		6,02	5,43	3,37					

B 32-Typ = NaTl-Typ $Fd\,3m$ O_h^7.
Jede der beiden Atomsorten bildet ein A 4-Gitter. Die beiden Gitter sind um $\tfrac{1}{2}\,\tfrac{1}{2}\,\tfrac{1}{2}$ gegeneinander verschoben. $M = 8$; KoZ. 4.
$d^4_{A\ldots B} = d^4_{A\ldots A} = d^4_{B\ldots B} = a/4\,\sqrt{3}$.
(s. Abb. 65)

Leg.	Bem.	a	Leg.	Bem.	a
LiAl		6,36	LiZn		6,21
LiCd		6,69	NaIn		7,30
LiGa		6,20	NaTl		7,47
LiIn		6,79			

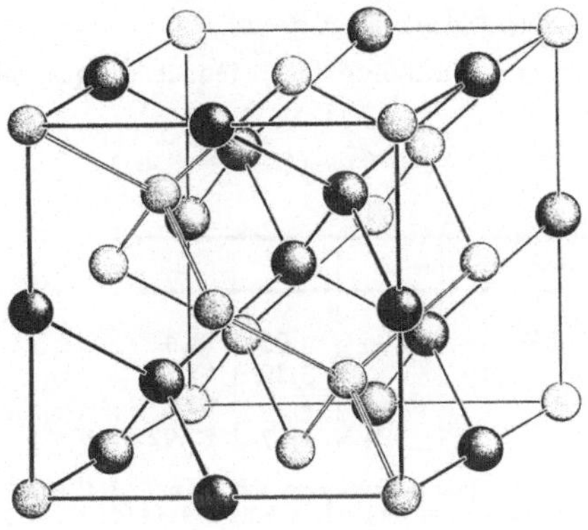

Abb. 65. B 32-Typ. NaTl

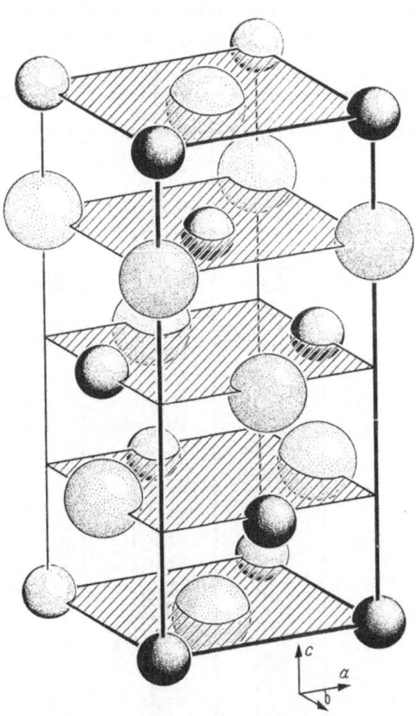

Abb. 66. B 33-Typ. TlJ

B 33-Typ = TlJ-Typ   *A m a m* D_{2h}^{17} $M = 4$.

Verwandtschaft zum NaCl-Typ (B1), jedoch ausgesprochenes Schichtengitter.

Koordination: $d_{\text{Tl}\ldots\text{J}}^{1} = 3{,}36$; $d_{\text{Tl}\ldots\text{J}}^{4} = 3{,}49$; $d_{\text{Tl}\ldots\text{J}}^{2} = 3{,}87$.

(s. Abb. 66)

Verb.	Bem.	a	b	c
KOH	α, $> 248°$C	3,95	4,03	11,4
NaOH	α	3,40	3,40	11,32
RbOH	α	4,15	4,30	12,2
TlJ	2	5,24	4,57	12,92

Anmerkung zu KOH: Nach IBERS, KUMAMOTO und SNYDER; J. Chem. Phys. **33** (1960) S. 1164]
auch $P2_1$-Gruppe möglich (monoklin) mit $a = 3{,}95$; $b = 4{,}00$; $c = 5{,}73$ Å; $\beta = 103{,}6°$; $M = 2$
unterhalb 248°C.

C 1-Typ = CaF_2-Typ   *F m* 3*m* O_h^5.

Kub. flz. Gitter der Ca-Atome. Die F-Atome befinden sich in der Mitte
jedes $\tfrac{1}{8}$-Würfels. $M = 4$; KoZ. 8:4.

Koordination: Jedes Ca von 8 F umgeben, jedes F tetraedrisch von 4 Ca.
$d_{\text{Ca}\ldots\text{F}}^{8} = d_{\text{F}\ldots\text{Ca}}^{4} = a/4\,\sqrt{3}$; $d_{\text{Ca}\ldots\text{Ca}}^{12} = a/2\,\sqrt{2}$ 2; $d_{\text{F}\ldots\text{F}}^{6} = a/2$.

(s. Abb. 67)

Verb.	Bem.	a	Verb.	Bem.	a
AcOF		5,93	Na_2O		5,55
AmO_2		5,38	Na_2S		6,53
BaF_2		6,18	Na_2Se		6,81
Be_2C		4,33	Na_2Te		7,31
CaF_2		5,45	NpO_2		5,42
CdF_2		5,39	PbF_2	$> 200°$C	5,93
CeF_4K	$M = 2$	5,89	PrO_2		5,38
CeOF		5,66–5,73	PuOF	ähnlich	5,70
CeO_2		5,40	PuO_2		5,39
CrH_2		3,86	RaF_2		6,37
CuF_2		5,41	Rb_2O		6,74
Cu_2Se		5,84	Rb_2S		7,64
EuF_2		5,80	Rh_2P		5,51
HfO_2		5,1	$SrCl_2$		6,98
HgF_2		5,54	SrF_2		5,78
Ir_2P			TbO_2		5,21
K_2O		6,44	ThF_6K_2	α	5,99
K_2S		7,39	ThF_6Na_2	α	5,68
K_2Se		7,68	ThO_2		5,59
K_2Te		8,15	UF_6K_2	α	5,94
LaF_4K	α	5,94	UF_6Na_2	α	5,56
Li_2O		4,62	UN_2		5,32
Li_2S		5,71	UO_2		5,46
Li_2Se		6,01	YOF	β	5,36
Li_2Te		6,50	ZrO_2	def.	5,08
Mg_2Si		6,39			

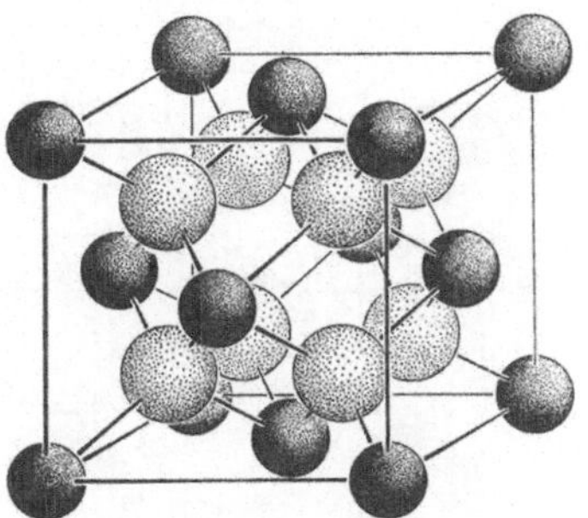

Abb. 67. C 1-(CaF_2)-Typ. Große Kugeln = F

Legierungen

Leg.	Bem.	a	Leg.	Bem.	a
$AuAl_2$		5,99	$PbMg_2$		6,80
$AuGa_2$		6,06	$PtAl_2$		5,91
$AuIn_2$		6,50	$PtGa_2$		5,91
BiCuMg		6,26	$PtIn_2$		6,35
$GeMg_2$		6,38	$PtSn_2$		6,42
In_2Ni	tetr. $c = 6,12$	6,19	SnMgCu		6,26
$IrSn_2$		6,34	$SnMg_2$		6,77

C 2-Typ $= FeS_2$-Typ bzw. CO_2-Typ $\quad Pa3 \quad T_h^6$

B 1-Typ mit Fe-Atomen und S_2-Gruppen. $M = 4$; KoZ. 6:3.

(s. Abb. 68 u. 69)

Verb.	Bem.	a	Verb.	Bem.	a
$AuSb_2$		6,64	NiSbS		5,90
Bi_2Pt		6,68	$NiSe_2$		5,95
CO_2		5,56	OsS_2		5,61
CoAsS		5,60	$OsSe_2$		5,93
CoS_2		5,52	$OsTe_2$		6,37
$CoSe_2$		5,85	$PdAs_2$		5,97
FeS_2	Pyrit	5,41	$PdSb_2$		6,44
H_2S		5,78	$PtAs_2$		6,0
H_2Se		6,02	PtP_2		5,68
MnS_2	Hauerit	6,10	$PtSb_2$		6,43
$MnSe_2$		6,42	RhS_2		5,57
$MnTe_2$		6,94	RuS_2		5,59
N_2O		5,66	$RuSe_2$		5,92
NiAsS		5,70	$RuTe_2$		6,36
NiS_2		5,67			

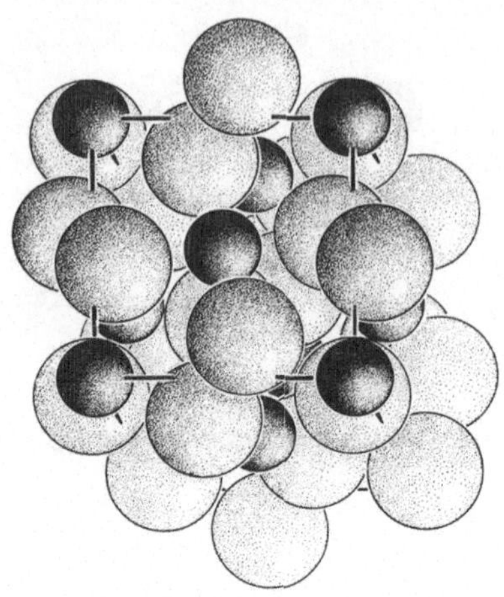

Abb. 68. C 2-(Pyrit)-Typ. Kleine Kugeln = Fe

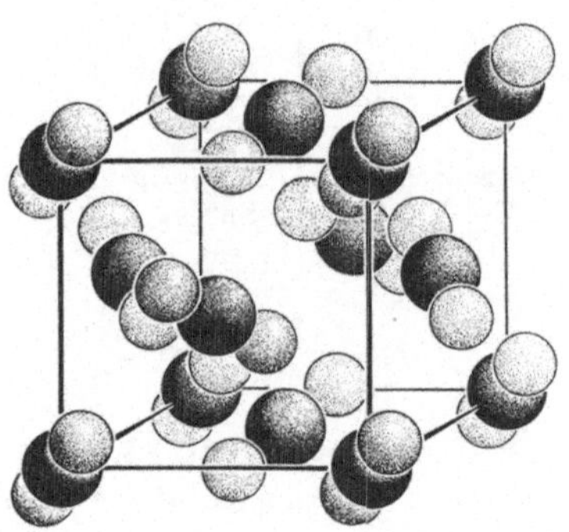

Abb. 69. C 2-(CO_2)-Typ. Dunkle Kugeln = C

C 3-Typ $= Cu_2O$-Typ　$Pn\,3m$　O_h^4.

Jedes O ist tetraedrisch von 4 Cu umgeben, jedes Cu von 2 gegenüberliegenden O.

$M = 4$; KoZ. 4:2.

$d_{O\cdots Cu}^4 = d_{Cu\cdots O}^2 = 1{,}84$; $d_{O\cdots O}^8 = 3{,}69$; $d_{Cu\cdots Cu}^{12} = 3{,}01$.

(s. Abb. 70)

Verb.	Bem.	a	Verb.	Bem.	a
Ag_2O	$M = 2$	4,74	Cu_2O	$M = 2$	4,26
Ag_2S		4,9	$Zn(CN)_2$	$M = 2$	5,89
$Cd(CN)_2$	$M = 2$	6,32			

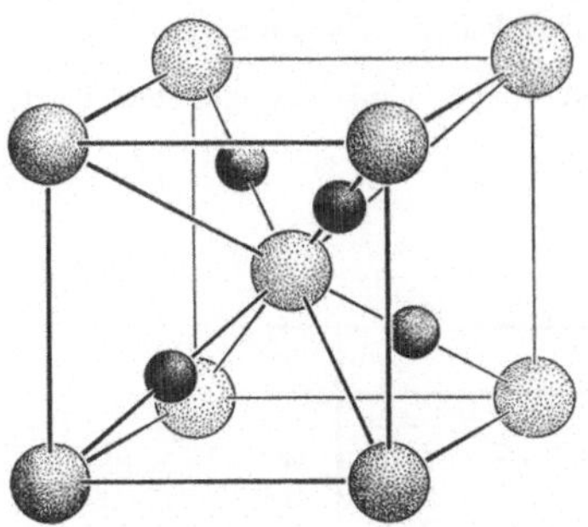

Abb. 70. C 3-(Cuprit)-Typ

C 4-Typ $= TiO_2$-(Rutil)-Typ $P\,4/mnm$ D_{6h}^{14}.

Jedes Ti von 6 O angenähert oktaedrisch umgeben. $M = 2$; KoZ. 6:3.

$d^6_{\text{Ti}\ldots\text{o}} : d^2_{\text{Ti}\ldots\text{o}} = u \cdot a\sqrt{2} = 2{,}01$; $d^4_{\text{Ti}\ldots\text{o}} = \sqrt{a^2\,(2\,n^2 - 2\,n + \tfrac{1}{2}) + c^2/4}$.

(s. Abb. 71)

Verb.	Bem.	a	c	Verb.	Bem.	a	c
$AlSbO_4$		4,51	2,96	NiF_2		4,71	3,11
CoF_2		4,70	3,19	OsO_2		4,51	3,19
CrO_4Nb		4,64	3,00	PbO_2		4,93	3,37
CrO_2		4,41	2,86	PdF_2			
CrO_4Ta		4,62	3,01	RhO_4Nb			
$CrSbO_4$		4,58	3,04	RhO_4Ta			
FeF_2		4,67	3,30	RhO_4V			
FeO_4Nb		4,68	3,05	$RhSbO_4$			
FeO_4Ta		4,67	3,04	RuO_2		4,51	3,11
$FeSbO_4$		4,62	3,01	SnO_2		4,72	3,17
$GaSbO_4$		4,59	3,03	TeO_2		4,79	3,77
GeO_2		4,39	2,86	TiO_2	Rutil	4,49	2,89
IrO_2		4,49	3,14	VO_2		4,54	2,88
MgF_2		4,64	3,06	WO_2	δ, ähnl., C_2^2	5,56	5,55
MnF_2		4,87	3,31		$b = 4{,}88$;		
MnO_2	β	4,38	2,86		$\alpha\ 118{,}9°$		
MoO_2	ähnlich, C_2^2	5,61	5,53	ZnF_2		4,72	3,14
	$b = 4{,}84$;						
	$\alpha\ 119{,}6°$						

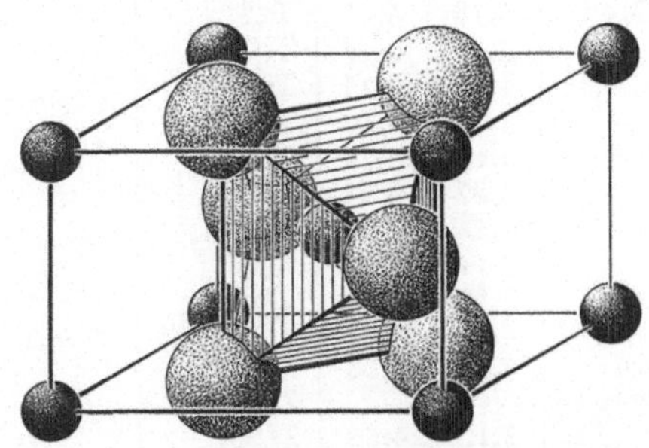

Abb. 71. C 4-(TiO_2, Rutil)-Typ. Ti = kleine Kugeln. Koordinatenanfang vorn links

C 5-Typ $=$ TiO$_2$-(Anatas)-Typ   C 4/amc D_{4h}^{16} $M = 4$.

Koordination: Ti ist von 6 O mit fast gleicher Entfernung umgeben:

$d_{Ti\ldots O}^2 = 1{,}91$; $d_{Ti\ldots O}^4 = 1{,}95$; O ist von 3 Ti umgeben: $d_{O\ldots Ti}^1 = 1{,}91$; $d_{O\ldots Ti}^2 = 1{,}95$.

(s. Abb. 72)

Verb.	Bem.	a	c	M
TeO$_2$		4,79	3,77	2
TiO$_2$	Anatas	5,36	9,53	8

C 6-Typ $=$ CdJ$_2$-Typ $H\overline{3}\,1\,m$ D_{3d}^3.

Schichtengitter: $M = 1$ für die kleinste hex. Zelle; $M = 3$ für die rhomboedr. Zelle. KoZ. 6:3.

Koordination: Cd hat 6 J-Nachbarn im gleichen Abstand; $d_{Cd\ldots J}^6 = 2{,}99$; $d_{Cd\ldots Cd}^6 = a = 4{,}24$; J hat 3 Cd-Nachbarn $d_{J\ldots Cd}^3 = 2{,}99$; $d_{J\ldots J}^{12} : d_{J\ldots J}^6 = a = 4{,}24$; $d_{J\ldots J}^6 = 4{,}33$.

(s. Abb. 73)

Verb.	Bem.	a	c	Verb.	Bem.	a	c
Ag$_2$F		2,99	5,71	NiTe$_2$		3,86	5,30
Ca(OH)$_2$		3,6	4,9	PbJ$_2$		4,54	6,90
CdJ$_2$		4,24	6,84	PdTe$_2$		4,03	5,12
Cd(OH)$_2$		3,48	4,71	PtS$_2$		3,54	5,02
CoBr$_2$		3,69	6,12	PtSe$_2$		3,72	5,06
CoJ$_2$		3,96	6,65	PtTe$_2$		4,01	5,20
Co(OH)$_2$		3,2	4,7	SnS$_2$		3,64	5,87
CoTe$_2$	1. Mod.	3,78	5,40	TaS$_2$		3,40	5,90
FeBr$_2$		3,74	6,17	TiCl$_2$		3,56	5,87
FeJ$_2$		4,04	6,75	TiJ$_2$		4,11	6,82
Fe(OH)$_2$		3,24	4,47	TiS$_2$		3,40	5,69
GeJ$_2$		4,13	6,79	TiSe$_2$		3,54	5,99
MgBr$_2$		3,82	6,26	TiTe$_2$		3,76	6,52
MgJ$_2$		4,14	6,9	VBr$_2$		3,77	6,18
Mg(OH)$_2$		3,11	4,73	VJ$_2$		4,00	6,67
MnBr$_2$		3,82	6,19	YbJ$_2$		4,48	6,96
MnJ$_2$		4,16	6,82	ZnJ$_2$		4,25	6,54
Mn(OH)$_2$	Pyrochroit	3,34	4,68	Zn(OH)$_2$		3,19	4,65
				ZrS$_2$		3,68	5,85
Ni(OH)$_2$		3,12	4,60	ZrSe$_2$		3,79	6,18
NiOOH	β	2,81	4,84				

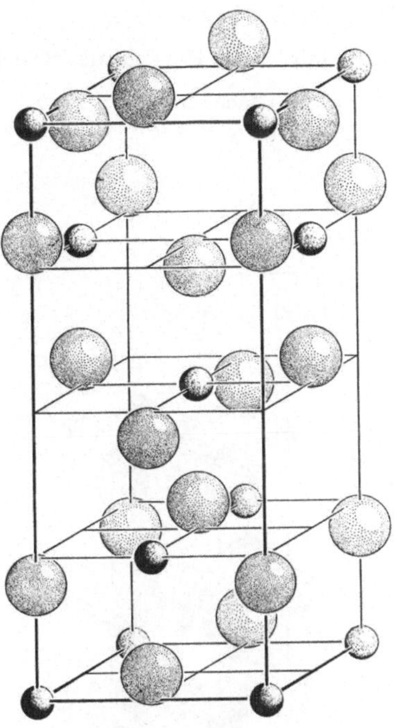

Abb. 72. C 5-(TiO$_2$, Anatas)-Typ. Kleine dunkle Kugeln = Ti

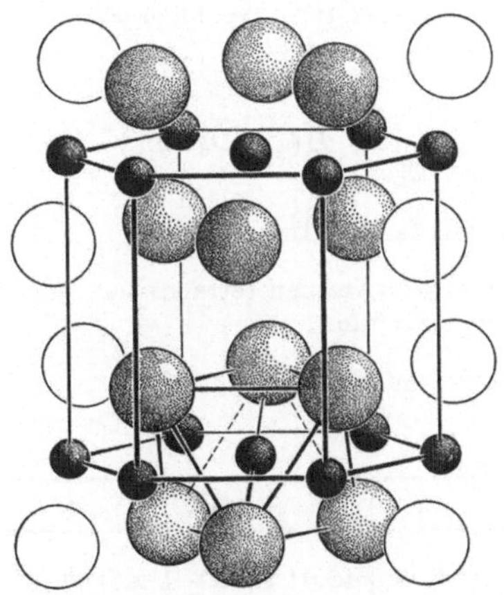

Abb. 73. C 6-(CdJ$_2$)-Typ. Kleine dunkle Kugeln = Cd

$C\,7$-Typ $= MoS_2$-Typ $C\,6/mmc$ D_{6h}^4.

$M = 2$ für die kleinste hex. Zelle. Hexagonales Schichtengitter.

Koordination: Mo hat 6 S-Nachbarn; $d_{Mo\cdots S}^6 = 2{,}35$; $d_{Mo\cdots Mo}^6 = a = 3{,}15$; S hat 3 Mo-Nachbarn; $d_{S\cdots Mo}^3 = 2{,}35$; $d_{S\cdots S}^1 = 2{,}98$; $d_{S\cdots S}^6 = a = 3{,}15$; $d_{S\cdots S}^3 = 3{,}66$.

(s. Abb. 74)

Verb.	Bem.	a	c
MoS_2		3,15	12,30
WS_2		3,18	12,5
WSe_2		3,29	12,97

Abb. 74. C 7-(Molybdänit, MoS_2)-Typ. Kleine schwarze Kugeln = Mo

$C\,8$-Typ $= SiO_2$-Typ (Quarz) $H\,6_2\,2\;D_6^4$ und $H\,6_4\,2\;D_6^5$ für β-Quarz. $C\,3_1\,12\;D_3^4$ und $C\,3_2\,12\;D_3^6$.

$M = 3$ für α-Quarz. Gerüststruktur.

Die Si-Atome sind von 4 O-Atomen tetraedrisch umgeben. Jedes O-Atom gehört zwei SiO_4-Tetraedern an.

Koordination: $d_{Si\cdots O}^4 = 1{,}59$ für β-Quarz.

(s. Abb. 75)

Verb.	Bem.	a	c	Verb.	Bem.	a	c
$AlPO_4$	$< 800°C$	4,92	10,91	SiO_2	α, Tiefquarz	4,91	5,39
BeF_2	2.	4,72	5,18	SiO_2	β, Hochquarz	5,01	5,47
GeO_2		4,97	5,65				

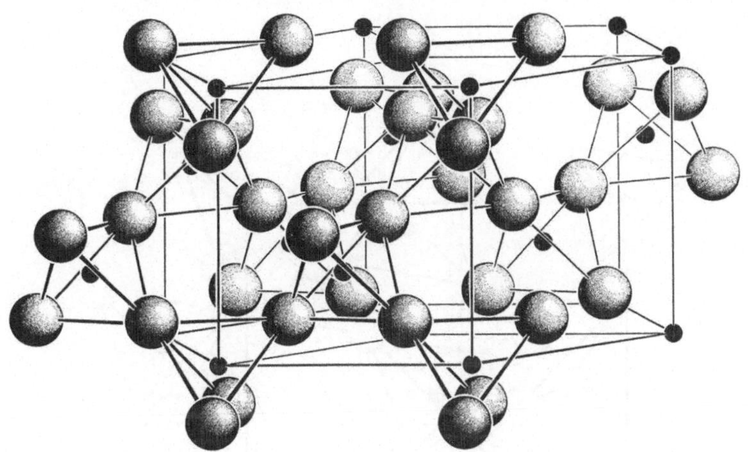

Abb. 75. C 8-Typ. β-Quarz. Es sind in der Abbildung nur die vorderen SiO_4-Tetraeder dargestellt. Anordnung in einer Rechtsschraube. Si = kleine schwarze Kugeln

C 9-Typ $= \beta$-Cristobalit-Typ $Fd\,3m$ O_h^7.

$M = 8$; Gerüststruktur.

Die Si-Atome bilden ein Diamantgitter. Die O-Atome liegen in der Mitte zwischen zwei benachbarten Si-Atomen.

Koordination: $d_{Si\ldots O}^4 = d_{O\ldots Si}^2 = 1{,}58$.

(s. Abb. 76)

Verb.	Bem.	a	Verb.	Bem.	a
$AlPO_4$	$> 1100°C$	7,11	SiO_2	β Cristobalit	7,04
BeF_2	ähnl. tetr.	6,60		Hochtemp.	
		$c = 6{,}74$			

C 10-Typ $= SiO_2$-(β-Tridymit)-Typ $C\,6/mmc$ D_{6h}^4 $M = 4$.

Die Si-Atome bilden ein Wurtzit-Gitter. Die O-Atome liegen in der Mitte zwischen zwei benachbarten Si-Atomen. Gerüststruktur wie C 8 und C 9.

Koordination: $d_{Si\ldots O}^4 = 1{,}54$.

(s. Abb. 77 u. 78)

Verb.	Bem.	a	c	Verb.	Bem.	a	c
$AlPO_4$	$800{-}1000°C$	—	—	H_2O		4,51	7,35
D_2O		4,51	7,35	SiO_2	β-Tridymit	5,03	8,22

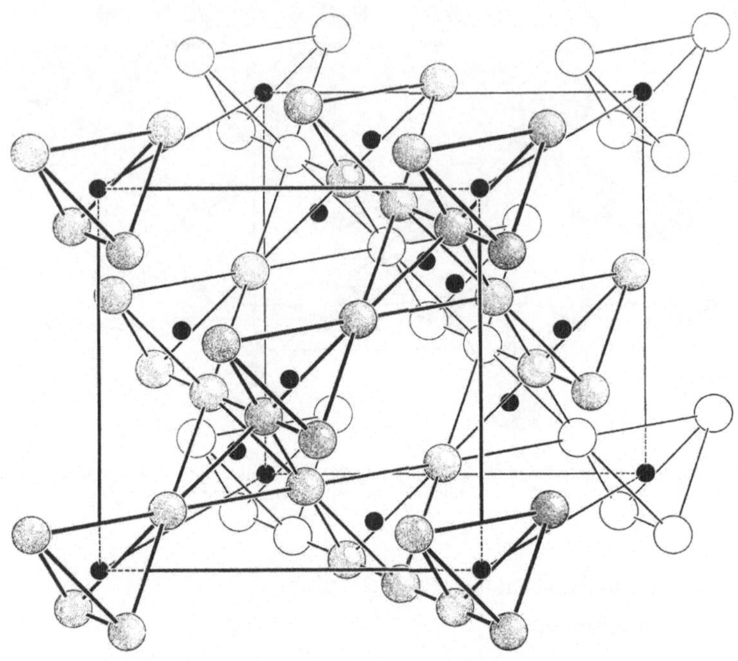

Abb. 76. C 9-(β-Cristobalit)-Typ. Si = kleine schwarze Kugeln

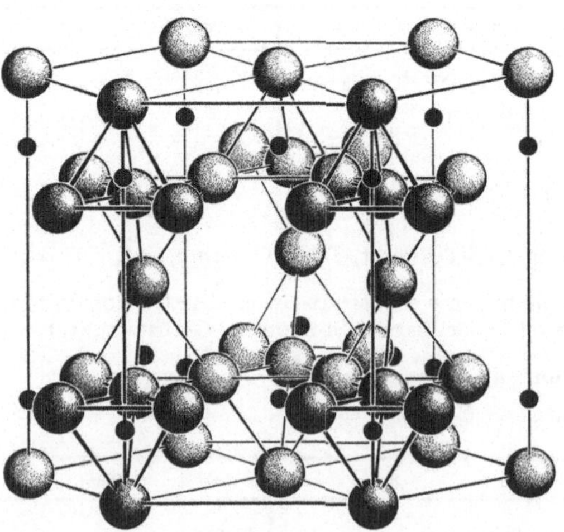

Abb. 77. C 10-(β-Tridymit)-Typ. Kleine schwarze Kugeln = Si

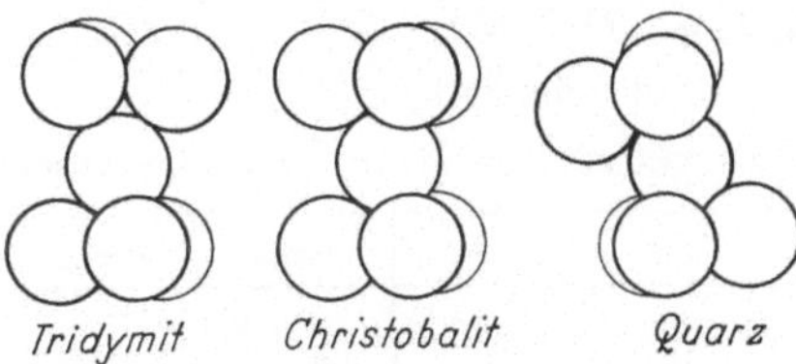

Abb. 78. Anordnung benachbarter Teilchen in den verschiedenen SiO_2-Strukturen

C 11-Typ $= CaC_2$-Typ $\quad I\,4/mmm \quad D_{4h}^{17} \quad M = 2$.

Die Struktur kann auf den NaCl-Typ zurückgeführt werden durch Ersetzen der Na durch Ca und Cl durch C_2.

Koordination: Ca ist durch 6 C_2-Gruppen, jede C_2-Gruppe von 6 Ca umgeben.

$d_{Ca\ldots C}^6 : d_{Ca\ldots C}^1 = 2{,}48; \quad d_{Ca\ldots C}^4 = 2{,}83; \quad d_{C\ldots C}^1 = 1{,}53.$

(s. Abb. 79)

Verb.	Bem.	a	c	Verb.	Bem.	a	c
BaC_2		4,40	7,06	$MoSi_2$		3,20	7,86
BaO_2		3,77	6,77	NdC_2		3,82	6,23
CaC_2	$< 480°C$	3,87	6,37	PrC_2		3,85	6,38
CaO_2		5,01	5,92	RbO_2		5,98	7,00
CeC_2		3,87	6,48	$ReSi_2$		3,12	7,65
CsO_2		6,25	7,25	SmC_2		3,75	6,28
Hg_2Mg	η	3,83	8,78	SrC_2		4,10	6,68
KO_2		5,70	6,72–	SrO_2		3,54	6,55
			6,75	UC_2		3,52	5,99
LaC_2		3,92	6,55	WSi_2		3,21	7,88

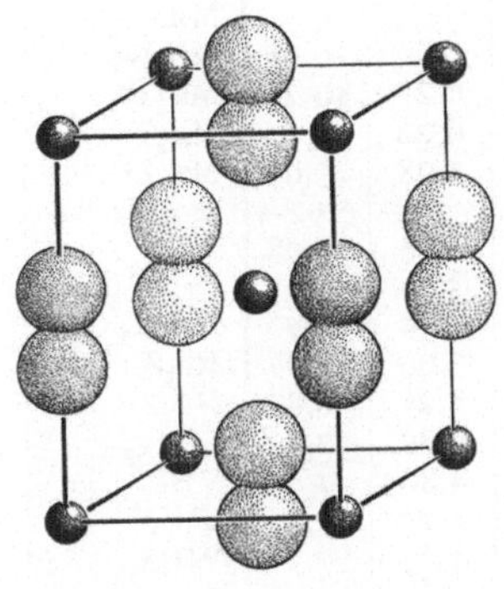

Abb. 79. C 11-(Calciumcarbid)-Typ. Kleine schwarze Kugeln = Ca

$C\,12$-Typ $= CaSi_2$-Typ $R\bar{3}m$ D_{3d}^5.

$M = 2$ für die rhomboedrische Zelle.

Die Si-Atome bilden ein Diamantgitter, in das Ca-Atome eingelagert sind.

Verb.	Bem.	a	β	Verb.	Bem.	a	β
$CaSi_2$		10,4	21,5	Ge_2Ca		10,49	21,7

$C\,13$-Typ $= HgJ_2$-Typ $P4/nmc$ D_{4h}^{15} $M = 2$.

Schichtengitter. Kub. dichteste Packung der J-Atome. Die Hälfte der Tetraederlücken zwischen 2 benachbarten J-Schichten z. B. zwischen der 1. und 2., 3. und 4. Schicht, sind mit Hg-Atomen gefüllt. Die Lücken zwischen den 2. und 3., 4. und 5. J-Schichten bleiben leer. Die HgJ_4-Tetraeder sind schwach deformiert.

$$d_{Hg\ldots J}^4 = \sqrt{a^2/4 + c^2\,u^2} = 2{,}78.$$

Verb.	Bem.	a	c
HgJ_2	rot	4,36	12,36

$C\,14$-Typ $= MgZn_2$-Typ $C6/mmc$ D_{6h}^4 $M = 4$ KoZ. 12:6.

Vertreter der Laves-Phasen. Annähernd hex. dichteste Kugelpackung der Zn-Atome, jedoch sind Zn-Atome aus den Ebenen entfernt. Die Mg-Atome, die unter sich ein Wurtzit-Gitter bilden, sind zwischen den Zn-Schichten eingelagert.

$d_{Mg\ldots Zn}^{12}$: $d_{Mg\ldots ZnI}^3 = d_{Mg\ldots ZnII}^3 = 3.02$; $d_{Mg\ldots ZnII}^6 = 3{,}03$; $d_{ZnI\ldots Mg}^6 = d_{ZnII\ldots Mg}^6 = 3{,}02$; $d_{ZnI\ldots ZnII}^6 = d_{ZnII\ldots ZnI}^2 = 2{,}61.$

(s. Abb. 80)

Verb.	Bem.	a	c	Verb.	Bem.	a	c
$(AgAl)_2Ca$		—	—	$MnBe_2$		4,23	6,91
$BaMg_2$		6,64	10,66	Mn_2Nb		4,86	7,96
$CaLi_2$		6,25	10,23	Mn_2Ta		4,86	7,94
$CaMg_2$		6,22	10,10	Mn_2Ti		4,81	7,88
Cd_2Ca		5,98	9,64	Mn_2Zr		5,03	8,22
$CrBe_2$	31 — 44	4,24 —	6,92 —	$MoBe_2$		4,43	7,28
	At % Cr	4,26	6,98	Ni_2U		4,97	8,25
Cr_2Zr		5,13	8,37	Os_2Zr		5,18	9,51
$CuAlMg$		5,09	8,40	$ReBe_2$		4,35	7,09
Cu_3Mg_2Si		5,00	7,87	Re_2Zr		5,25	8,58
$FeBe_2$		4,21	6,83	Ru_2Zr		5,13	8,49
Fe_2Nb		4,82	7,87	$SrMg_2$		6,43	10,47
Fe_2Ta		4,80	7,84	VBe_2		4,39	7,13
Fe_2Ti		4,77	7,79	V_2Zr		5,28	8,65
Fe_2W		4,73	7,70	WBe_2		4,44	7,27
Ir_2Zr		—	—	Zn_2Mg		5,21	8,54
KNa_2		7,48	12,27				

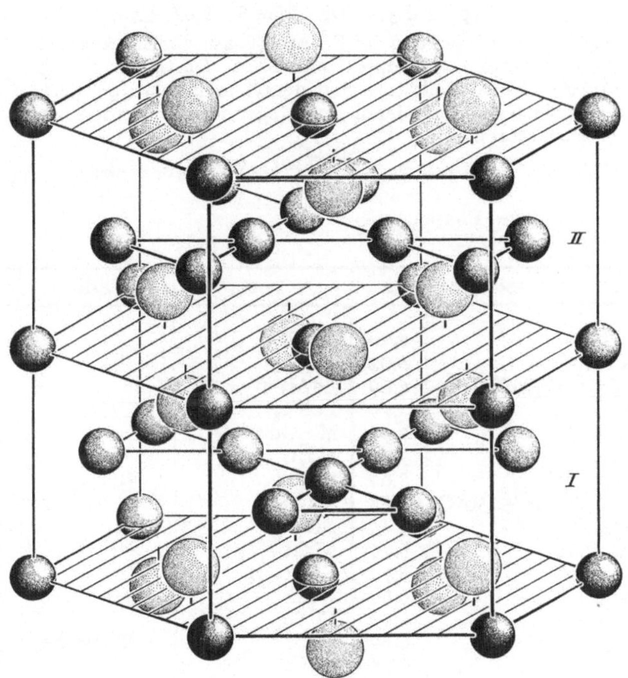

Abb. 80. C 14-(MgZn$_2$)-Typ. Kleine dunkle Kugeln = Zn

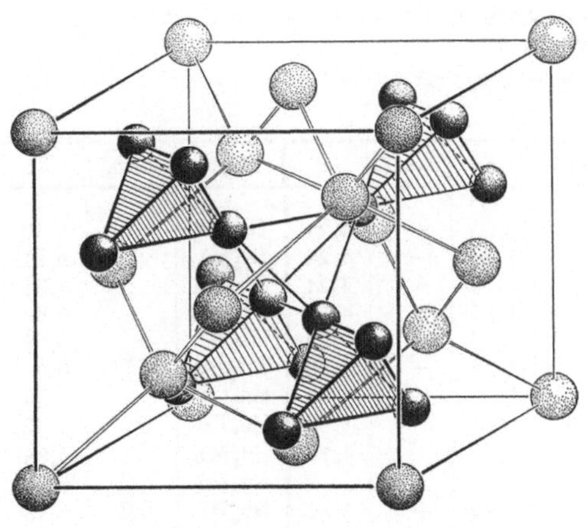

Abb. 81. C 15-(Cu$_2$Mg)-Typ. Kleine Kugeln = Cu

C 15-Typ $= Cu_2Mg$-Typ $\ Fd\,3m\ \ O_h^7\ \ M = 8\ \ $ KoZ. 12:6.

Kub. dichteste Kugelpackung der Cu-Atome, aus der die Hälfte der Atome entfernt ist, so daß Cu_4-Gruppen entstehen. Die Mg-Atome bilden ein Diamantgitter. Beide Teilgitter sind derart ineinander gelagert, daß die Lücken des Gitters der anderen Art eingenommen werden, ohne deren Anordnung zu stören.

$$d_{Cu\ldots Cu}^{8} = a/4\sqrt{2} = 2{,}49;\ d_{Mg\ldots Mg}^{4} = a/4\sqrt{3} = 3{,}05;\ d_{Cu\ldots Mg}^{6} = d_{Mg\ldots Cu}^{12} = a/8\sqrt{11} = 2{,}92$$

Vertreter der Laves-Phasen.

(s. Abb. 81)

Verb.	Bem.	a	Verb.	Bem.	a
$AgBe_2$		6,29	Fe_2U		7,06
Al_2Ca		8,02	Fe_2Zr		7,04
$AuBe_5$	$= (AuBe)Be_4$	6,69	$LaAl_2$		8,12
Au_2Na		7,79	$LaMg_2$		8,77
$BiAu_2$		7,94	Mn_2Gd		7,73
Bi_2K		9,50	Mn_2U		7,16
$CeAl_2$		8,04	Mo_2Zr	(?)	7,58
$CeMg_2$	$615 - 750°C$	8,68	Ni_2Ce		7,19
Co_2Ce		7,15	NiFeK		7,05
Co_2Nb		6,74	Ni_2La		7,25
Co_2Ta		6,72	Ni_2Pr		7,19
Co_2Ti		6,69	Ni_5U	ähnlich	6,78
Co_2U		6,99	$PbAu_2$		7,91
Co_2Zr		6,89	$PdBe_5$	$= (PdBe)Be_4$	5,98
$CuBe_{2.35}$		5,94	Pt_2Ce		7,71
Cu_2Mg		7,03	$TiBe_2$		6,44
Cu_5U	ähnlich	7,03	UAl_2		7,80
$FeBe_5$	$= (FeBe)Be_4$	5,88	W_2Zr		7,61
Fe_2Ce		—	$(Zn_{0,6}Ag_{0,4})_2Mg$		7,46
Fe_2Gd		7,43	ZnNiMg		6,96

C 16-Typ $= CuAl_2$-Typ $\ \ I\,4/mcm\ \ D_{4h}^{18}\ \ M = 4.$

Aluminiumschichten, zwischen denen die Cu-Atome mit Achterkoordination eingelagert sind.

$$d_{Cu\ldots Al}^{8} = d_{Al\ldots Cu}^{4} = 2{,}59;\ d_{Cu\ldots Cu}^{2} = 2{,}44.$$

(s. Abb. 82)

Verb.	Bem.	a	b	c	Leg.	Bem.	a	b	c
Co_2B		5,01	—	4,21	Ge_2Fe		5,90	—	4,94
Fe_2B		5,10	—	4,24	In_2Ag	γ	6,87	—	5,60
Mn_2B		5,15	—	4,21	Pb_2Au		7,31	—	5,64
Mo_2B		5,54	—	4,74	Pb_2Pd		6,84	—	5,82
Ni_2B		4,98	—	4,24	Pb_2Rh		6,65	—	5,85
Ta_2B		5,78	—	4,86	Sn_4Au	C_{2v}^{17}	6,44	6,47	11,58
$TiSb_2$		6,65	—	5,80	Sn_2Co		6,36	—	5,45
VSb_2		6,54	—	5,62	Sn_2Fe		6,52		5,31
W_2B		5,56	—	4,74	Sn_2Mn		6,65		5,43
Legierungen					Sn_4Pd	C_{2v}^{17}	6,38	6,41	11,47
$AuNa_2$		7,40	—	5,51	Sn_4Pt	C_{2v}^{17}	6,38	6,41	11,33
$CuAl_2$		6,05	—	4,87	Sn_2Rh		6,41	—	5,65
$CuMg_2$	C_{2v}^{19}	5,27	9,05	18,21					

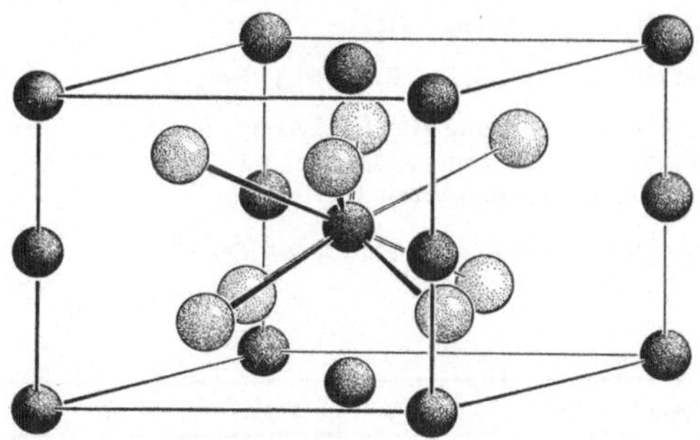

Abb. 82. C 16-(CuAl$_2$)-Typ. Dunkle Kugeln = Cu

C 18-Typ = FeS$_2$-(Markasit)-Typ $\quad Pnmm \quad D_{2h}^{12}$.
Verwandtschaft zum B 1- und C 4-Typ.

Koordination: Fe wird von 6 S-Atomen umgeben, die angenähert ein Oktaeder bilden. Die Ähnlichkeit mit dem C 4-Typ ist auch bezüglich der Atomabstandsverhältnisse weitgehend ausgeprägt.

(s. Abb. 83)

Verb.	Bem.	a	b	c
CoAs$_2$	$M = 4$	6,4	4,9	5,8
CoSb$_2$		3,21	5,78	6,42
CoTe$_2$	bei 250°C	3,88	5,30	6,30
CrSb$_2$		3,27	6,02	6,86
FeAs$_2$		2,86	5,20	5,12
FeP$_2$		2,73	4,98	5,66
FeS$_2$	Markasit	3,4	4,4	5,4
FeSb$_2$		3,19	5,82	6,52
FeSe$_2$		3,58	4,79	5,72
FeTe$_2$		3,85	5,34	6,26
NiAs$_2$	Rammelsbergit	3,53	4,78	5,78
NiSb$_2$	ε-Phase	3,21	5,63	6,23

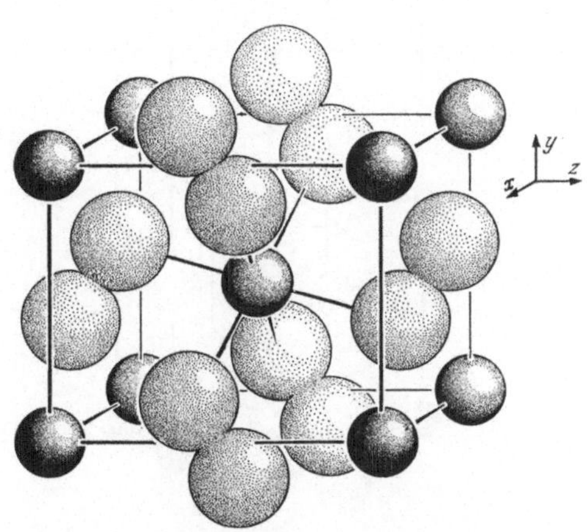

Abb. 83. C 18-(Markasit, FeS$_2$)-Typ. Schwarze Kugeln = Fe

C 19-Typ = $CdCl_2$-Typ $R\bar{3}m$ D_{3d}^5.

$M = 1$ für die rhomboedr. Zelle. KoZ. 6:3; Schichtengitter.

Kub. dichteste Kugelpackung der Cl-Atome. Einlagerung von Cd-Atomen in die oktaedrischen Lücken zwischen zwei Cl-Schichten. Die Lücken zwischen den folgenden Schichten bleiben leer.

$d_{Cd\ldots Cl}^6 = d_{Cl\ldots Cd}^3 = 2,74$; $d_{Cd\ldots Cd}^6 = d_{Cl\ldots Cl}^6 = 3,99$; $d_{Cl\ldots Cl}^6$ zu den benachbarten Schichten $= 3,68$.

(s. Abb. 84)

Verb.	Bem.	a	α	Verb.	Bem.	a	α
$CdBr_2$		6,67	34,8	$NiBr_2$		6,47	33,3
$CdCl_2$		6,2—6,4	36—37	$NiCl_2$		6,12	33,5
$CoCl_2$		6,11–6,16	33,5	NiJ_2		6,92	32,7
Cs_2O		6,74	36,93	NiOOH	$\gamma,\ M=4$	2,82	20,65
$FeCl_2$		6,19	33,6	$ZnBr_2$		6,64	34,3
$MgCl_2$		6,35	36,7	$ZnCl_2$		6,32	34,7
$MnCl_2$		6,20	34,5	ZnJ_2		4,28	21,5

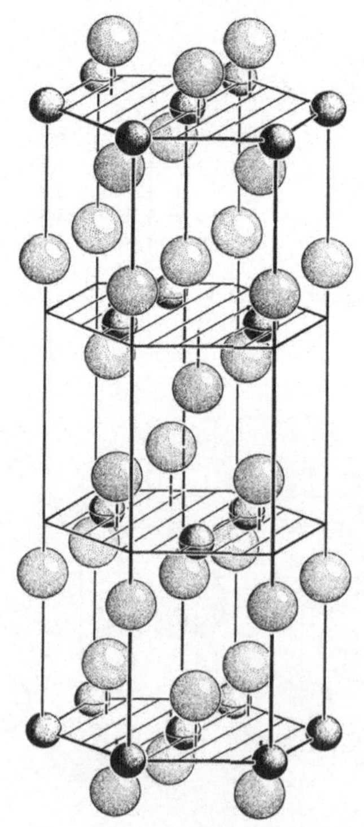

Abb. 84. C 19-($CdCl_2$)-Typ. Kleine Kugeln = Cd

C 22-Typ = Fe_2P-Typ $C32$ D_3^2 $M = 3$.

Verb.	Bem.	a	c	Verb.	Bem.	a	c
Fe_2P		5,93	3,45	Ni_2P		5,85	3,37
Mn_2P		6,08	3,45				

C 23-Typ = $PbCl_2$-Typ $Pmnb$ D_{2h}^{16} $M = 4$.

In eine deformierte hexagonale Kugelpackung von Cl-Atomen sind in die Cl-Ebenen Pb-Atome derart eingelagert, daß angenähert eine Neunerkoordination für Pb erzielt wird.

$d_{Pb\cdots Cl}^9$ von 2,67 bis 3,29.

Verb.	Bem.	a	b	c
$BaBr_2$		4,95	8,25	9,84
$BaCl_2$		4,71	7,82	9,33
BaJ_2		5,27	8,86	10,57
Co_2P		6,64	5,67	3,52
$EuCl_2$		4,49	7,50	8,91
$PbBr_2$		4,72	8,04	9,52
$PbCl_2$		4,52	7,61	9,03
PbF_2	$< 200°C$	3,89	6,43	7,63
ThS_2		4,26	7,25	8,60

C 24-Typ = $HgBr_2$-Typ Cmc C_{2v}^{12} $M = 4$.
Schichtengitter, ähnlich dem CdJ_2-Typ (C6) und dem $CdCl_2$-Typ (C 19).

Verb.	Bem.	a	b	c
$HgBr_2$		4,62	6,80	12,44

C 26-Typ = NO_2-Typ $I23$, T^3 oder $Im3$ T_h^5 $M = 12$.

Verb.	Bem.	a
NO_2		7,77

C 27-Typ = β-CdJ_2-Typ $C6mc$ C_{6v}^4 $M = 2$.
Kombination von C6 und C19.

Verb.	Bem.	a	c
CdJ_2	β, 2. Mod.	4,24	13,67

C 28-Typ = $HgCl_2$-Typ $Pmnb$ D_{2h}^{16} $M = 4$.
Molekelgitter mit gradlinigen $HgCl_2$-Molekeln.
(s. Abb. 85)

Verb.	Bem.	a	b	c
$HgCl_2$		5,96	12,74	4,33

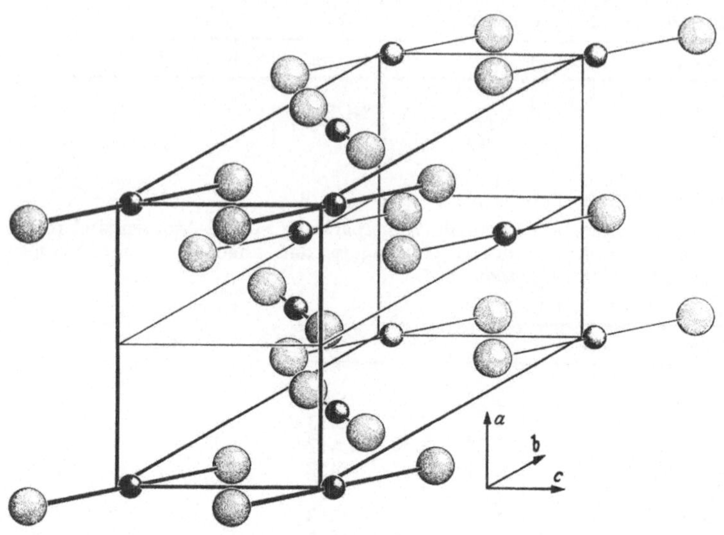

Abb. 85. C 28-(HgCl₂)-Typ. Hg = kleine Atome

C 29-Typ $Pnma$ D_{2h}^{16} $M = 4$.

Verb.	Bem.	a	b	c	Verb.	Bem.	a	b	c
BaH_2		6,79	7,83	4,17	CaH_2		5,94	6,84	3,60

C 31-Typ $P2_1\,2_1\,2_1$ D_2^4.

Verb.	Bem.	a	b	c
$Be(OH)_2$		4,61	7,02	4,53

C 35-Typ $Pnmm$ D_{2h}^{12}.

Verb.	Bem.	a	b	c	Verb.	Bem.	a	b	c
$CaBr_2$		6,55	6,88	4,34	$CaCl_2$		6,22	6,42	4,15

C 36-Typ = $MgNi_2$-Typ $C6/mmc$ D_{6h}^4 $M = 8$.

Koordination: Mg ist von 12 Ni-Atomen, Ni von 6 Mg-Atomen umgeben.

Die Struktur kann als Kombination des $MgZn_2$-(C 14)- und des $MgCu_2$-(C 15)-Typs aufgefaßt werden. Die Anordnung der Ni-Atome entspricht für aufeinanderfolgende Ni-Schichten z. T. einer hexagonalen, zum anderen Teil einer kubischen Kugelpackung, aus der jedoch jedesmal die Hälfte der Ni-Atome entfernt ist. Die Umgebung der Mg-Atome ist daher für einen Teil die des C 14-, zum anderen Teil die des C 15-Typs. Gegenüber dem C 14-Typ ergibt sich eine Verdoppelung der C-Achse.

(s. Abb. 86)

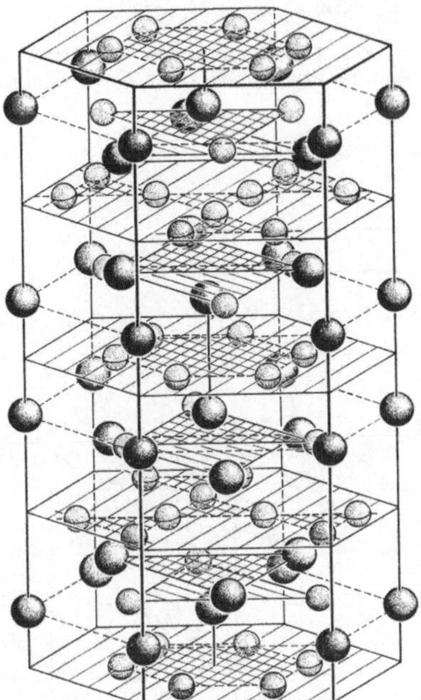

Abb. 86. C 36-(MgNi$_2$)-Typ. Kleine Kugeln = Ni

C 38-Typ = Cu$_2$Sb-Typ $P4/nmm$ D_{4h}^7 $M = 2$.

Koordination: $d_{CuI\ldots CuII}^4 = d_{CuII\ldots CuI}^4 = 2,59$; $d_{CuI\ldots Sb}^4 = 2,70$; $d_{CuI\ldots CuI}^4 = d_{CuII\ldots Sb}^4 = 2,82$; $d_{CuII\ldots Sb}^1 = 2,62$.

Verb.	Bem.	a	c	Verb.	Bem.	a	c
AgCuSe		4,08	6,29	Fe$_2$As		3,63	5,97
AlSi$_4$Na		4,13	7,40	~Ga$_2$Cu	angenähert	2,83	5,84
Cr$_2$As		3,61	6,33	Mn$_2$As		3,76	6,27
CuAsMg		3,95	6,22	Mn$_2$Sb		4,08	6,56
Cu$_2$Sb	„γ"-Phase	3,99	6,09				

C 40-Typ = CrSi$_2$-Typ $C6_2 2$ D_6^4 $M = 3$.

Gerüststruktur, die aus hexagonalen Kugelpackungen von Cr-Si-Schichten abgeleitet werden kann.

Koordination: für Cr 4, 6 oder 10 Si-Nachbarn; für Si 5 Cr- und 5 Si-Nachbarn.

Verb.	Bem.	a	c	Verb.	Bem.	a	c
CrSi$_2$		4,42	6,35	NbSi$_2$		4,78	6,57
Ge$_2$Nb		4,96	6,77	TaSi$_2$		4,77	6,56
Ge$_2$Ta		4,95	6,74	VSi$_2$		4,56	6,19

C 42-Typ = SiS$_2$-Typ   *Icma* D_{2h}^{26} $M = 4$.

Jedes Si-Atom ist von 4 S tetraedrisch umgeben. Benachbarte SiS$_4$-Tetraeder haben eine Kante gemeinsam. Es entstehen dadurch kettenförmige Bauverbände.

Koordination: $d_{Si\ldots S}^4 = d_{S\ldots Si}^2 = 2{,}14$.

(s. Abb. 87)

Verb.	Bem.	a	b	c
SiS$_2$		5,60	5,53	9,55

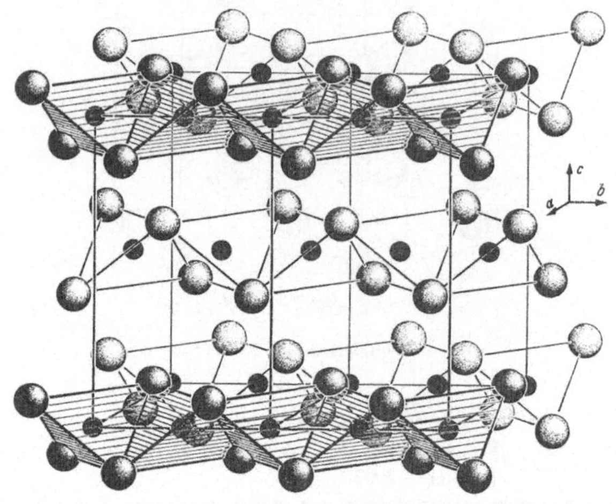

Abb. 87. C 42-(SiS$_2$)-Typ. Kleine schwarze Kugeln = Si

DO$_3$-Typ = BiF$_3$-Typ   *Fm* 3*m* O_h^5 $M = 4$.

Ableitung der Struktur aus dem CaF$_2$-Typ durch Einlagerung eines weiteren kub. flz. Gitters von F-Atomen, das gegen das Ca-Gitter um $\frac{1}{2}\,\frac{1}{2}\,\frac{1}{2}$ verschoben ist.

$d_{Bi\ldots FI}^8 = d_{FI\ldots Bi}^4 = a/4\,\sqrt{3}$; $d_{Bi\ldots FII}^6 = d_{FII\ldots Bi}^6 = a/2$.

Verb.	Bem.	a	Verb.	Bem.	a
BiF$_3$		5,85	Fe$_3$Si	α-Phase	5,64
BiLi$_3$		6,71	Hg$_3$Li		6,55
CeMg$_3$		7,42	LaMg$_3$		7,48
Cu$_3$Al	β_1, 300–600° C	5,84	Li$_3$Sb	β	6,56
Cu$_3$Sb	18–26 At % Sb	5,91–5,93	PrMg$_3$		7,37
	$A = 16$		YF$_3$	ähnl.; $M = 3$	5,64
Fe$_3$Al		5,78			

DO_4-Typ $= CrCl_3$-Typ $C3_1 1 2\ D_9^8$ bzw. $C3_2 1 2\ \ D_3^5$.

Schichtengitter, ähnlich $CdCl_2$-Typ, aus dem $\frac{1}{3}$ der Cr-Atome entfernt sind. Kub. Kugelpackung der Cl-Atome, deren oktaedr. Lücken z.T. mit Cr gefüllt sind. $M = 6$.

$d_{Cr\cdots Cl}^6 = d_{Cl\cdots Cr}^2 = 2{,}38$.   (s. Abb. 88)

Verb.	Bem.	a	c
$CrCl_3$		6,0	17,3

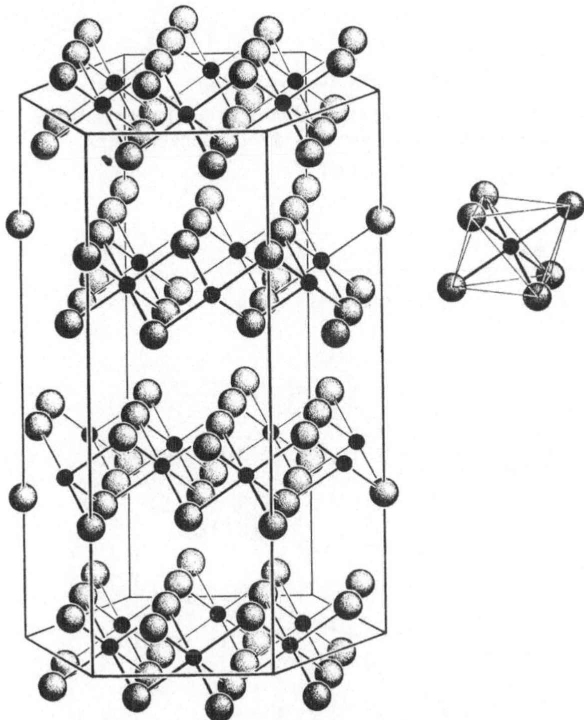

Abb. 88. DO_4-$(CrCl_3)$-Typ. Die „oktaedrische" Umgebung einer $CrCl_6$-Gruppe ist gesondert gezeichnet

DO_5-Typ $= BiJ_3$-Typ $R\bar{3}\ \ C_{3i}^2$.

Das Gitter kann auf den CdJ_2-Typ zurückgeführt werden, bei dem $\frac{1}{3}$ der Bi-Atome entfernt sind. Die J-Atome bilden eine hexagonale Kugelpackung.

Koordination: Bi hat 6 J, J 2 Bi als direkte Nachbarn. $M = 2$.

Verb.	Bem.	a	β	Verb.	Bem.	a	β
AsJ_3		8,25	51,7	SbJ_3		8,21	54,3
BiJ_3		8,14	54,8	$ScCl_3$	$M = 6$	6,38	17,78
$CrBr_3$		7,06	52,6	$TiCl_3$		6,82	53,3
$FeCl_3$		6,69	52,5	VCl_3		6,74	52,9

DO_6-Typ $= LaF_3$-(Tysonit)-Typ　$C6/mcm$　D_{6h}^3　$M = 6$.

Koordination: $d_{La\ldots F}^5 = 2{,}37$; $d_{La\ldots F}^{11} = 2{,}37 - 2{,}70$.

Verb.	Bem.	a	c	Verb.	Bem.	a	c
AcF_3		4,27	7,53	PrF_3		7,06	7,22
CeF_3		7,11	7,27	PuF_3	$M = 2$	4,09	7,24
LaF_3		7,16	7,33	$SmCl_3$		6,98	7,15
NdF_3		7,02	7,20	UF_3	$M = 2$	4,14	7,33
NpF_3	$M = 2$	4,11	7,27				

DO_7-Typ $= Al(OH)_3$-γ-(Hydrargillit)-Typ　$P2_1/n$　C_{2h}^5　$M = 8$.

Schichtengitter. Zwischen 2 OH-Schichten sind in oktaedr. Lücken Al-Atome eingelagert. Dabei bleibt $\frac{1}{3}$ dieser Lücken leer.

Koordination: $d_{Al\ldots OH}^6 = 1{,}73 - 1{,}98$.

(s. Abb. 89)

Verb.	Bem.	a	b	c	β
$Al(OH)_3$	γ	8,62	5,06	9,70	85,4

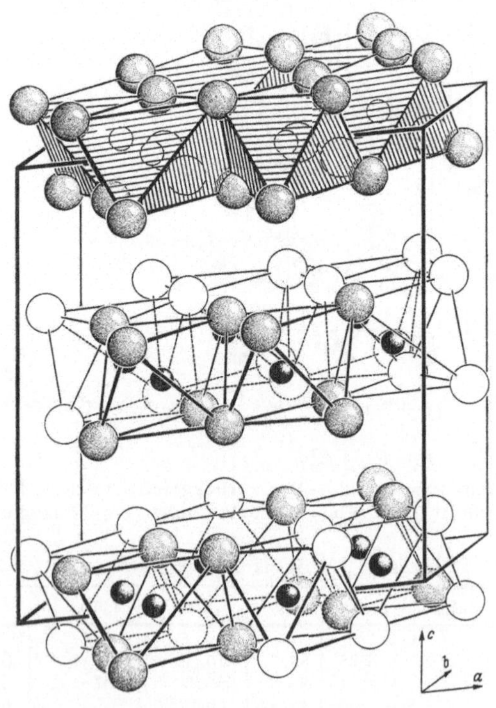

Abb. 89. DO_7-(Hydrargillit)-Typ. Al = schwarze Kugeln

DO_9-Typ $= ReO_3$-Typ $Pm\,3m$ O_h^1 $M = 1$.

Einfach kub. Gitter der Re-Atome. Die O-Atome sind in der Mitte zwischen zwei Re-Atomen auf den Würfelkanten angeordnet.

Koordination: $d_{Re\cdots O}^6 = d_{O\cdots Re}^2 = 1{,}87$.

Verb.	Bem.	a	Verb.	Bem.	a
Cu_3N	?	3,81	ScF_3	$\beta = 89{,}5°$	4,02
$Fe(CN)_3$		~5,1	$Sc(OH)_3$	T_h^5	7,88
$In(OH)_3$		7,92	TaF_3		3,90
ReO_3		3,73			

DO_{11}-Typ $= Fe_3C$-(Cementit)-Typ $Pbnm$ D_{2h}^{16} $M = 4$.

Komplizierte Gerüststruktur. CFe_6-Gruppen (C in der Mitte eines gleichseitigen trigonalen Prismas, dessen Ecken mit Fe-Atomen besetzt sind) bilden gewinkelte Ketten. Zwei benachbarte Prismen haben eine Basiskante gemeinsam. Die Ketten sind zu Netzen verbunden.

$d_{C\cdots Fe}^6 = 1{,}89-2{,}15$; $d_{Fe\cdots Fe}^{12} = 2{,}52-2{,}68$; $d_{Fe\cdots Fe}^{11} = 2{,}49-2{,}68$.

Verb.	Bem.	a	b	c
Co_3C	$500-800°\,C$	4,5	5,1	6,7
Fe_3C		4,52	5,07	6,74
$(Fe, Mn)_3C$	Spiegeleisen	4,50	5,04	6,73

DO_{14}-Typ $= AlF_3$-Typ $R3\,2$ D_3^7 $M = 2$.

Annähernd hexagonale Kugelpackung der F-Atome mit einer Teilfüllung der oktaedrischen Lücken.

Koordination: $d_{Al\cdots F}^6 = 1{,}70-1{,}89$; $d_{F\cdots Al}^2 = 1{,}89$.

Verb.	Bem.	a	α	Verb.	Bem.	a	α
AlF_3		5,03	58,5	PdF_3		5,56	54,0
CoF_3		5,30	57,0	RhF_3		5,34	54,3
FeF_3		5,39	58	VF_3	?	5,37	57,5

DO_{15}-Typ $= AlCl_3$-Typ $C2$ C_{2h}^3 $M = 4$.

Schichtengitter. Hexagonal dichteste Kugelpackung der Cl-Atome. 2 Al sind derart in die Lücken eingelagert, daß Al_2Cl_6-Gruppen entstehen.

Koordination: $d_{Al\cdots Al}^1 = 0{,}64$; $d_{Al\cdots Cl}^6 = 2{,}15-2{,}58$.

(s. Abb. 90)

Verb.	Bem.	a	b	c	β
$AlCl_3$		5,93	10,24	6,16	71,4

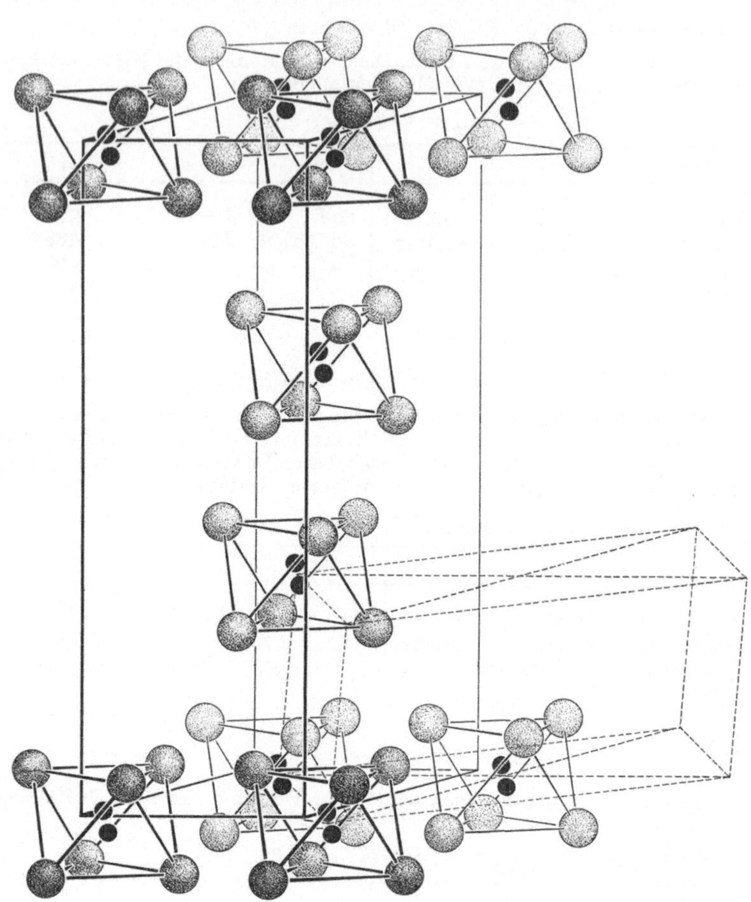

Abb. 90. DO$_{18}$-(AlCl$_3$)-Typ. Kleine schwarze Kugeln = Al

DO$_{18}$-Typ = Na$_3$As-Typ $C6/mmc$ D_{6h}^4.

Die As-Atome bilden eine hexagonale Kugelpackung, in deren Lücken kristallographisch verschiedene Na-Atome (I und II) mit verschiedener Umgebung eingelagert sind.

Koordination: $d_{As\cdots Na}^5 : d_{As\cdots NaI}^3 = 2{,}94$; $d_{As\cdots NaII}^2 = 2{,}97$.

Verb.	Bem.	a	c	Verb.	Bem.	a	c
AgMg$_3$	γ, 20,5–25 At % Ag	4,63	8,44	Li$_3$P		4,26	7,58
BiK$_3$		6,18	10,93	Li$_3$Sb		4,70	8,31
BiNa$_3$		5,45	9,66	Na$_3$As		5,09	8,98
HgMg$_3$	β	4,86	8,64	Na$_3$P		4,98	8,80
K$_3$Sb		6,03	10,69	Na$_3$Sb		5,36	9,50
Li$_3$As		4,39	7,81				

DO_{19}-Typ $= Ni_3Sn$-Typ $\quad C6/mmc \quad D_{6h}^4 \quad C_{6h}^2$ (UCl_3-Typ).

Es handelt sich um eine Überstruktur des $A3$-Typs.

$d_{Sn\ldots Ni}^{12} : d_{Sn\ldots Ni}^6 = 2,61;\ d_{Sn\ldots Ni}'^6 = d_{Ni\ldots Sn}'^2 = 2,64;\ d_{Ni\ldots Sn}^2 = 2,61.$

Enge Verwandtschaft besteht zum UCl_3-Typ.

Verb.	Bem.	a	c	Verb.	Bem.	a	c
$AcBr_3$		8,06	4,68	$Nd(OH)_3$		6,42	3,74
$AcCl_3$		7,62	4,55	$NpBr_3$	ähnlich	7,93	4,39
$AmCl_3$		7,38	4,25	$NpCl_3$		7,42	4,28
$CeBr_3$		7,94	4,44	$PrBr_3$		7,92	4,38
$CeCl_3$		7,44	4,30	$PrCl_3$		7,41	4,25
$Dy(OH)_3$		6,27	3,53	$Pr(OH)_3$		6,47	3,76
$Er(OH)_3$		6,25	3,53	$PuCl_3$		7,38	4,27
$Gd(OH)_3$		6,26	3,54	$Sm(OH)_3$		6,27	3,54
$LaBr_3$		7,95	4,50	UBr_3		7,93	4,43
$LaCl_3$		7,47	4,37	UCl_3		7,43	4,31
$La(OH)_3$		6,51	3,84	$Y(OH)_3$		6,24	3,53
$NdCl_3$		7,40	4,24				

DO_{19} Fortsetzung

Leg.	Bem.	a	c	Leg.	Bem.	a	c
Cd_3Mg		6,26	5,07	$PbTi_4$		5,97	4,84
$CdMg_3$		6,2	5,0	SnF_3		5,45	4,35
Co_3Mo	Überstr. $A3$	$2\cdot2,56$	4,11	Sn_3Mn_{11}	auch $A3$-Typ	5,65	4,53
Co_3W		$2\cdot2,56$	4,12	$SnNi_3$	β, $< 900°C$	$\sim5,28$	$\sim4,23$
Hg_3Li		6,24	4,79				
$InNi_3$	γ-Phase	5,32	4,24	Ti_4Sb		5,95	4,80

DO_{22}-Typ $= TiAl_3$-Typ $\quad F4/mmm \quad D_{4h}^{17}$.

Überstruktur des Al-($A1$)-Gitters. $M = 4$ bzw. 16 Atome je Zelle.

Koordination: $d_{Ti\ldots Al}^{12} : d_{Ti\ldots Al}^4 = a/2 = 2,71;\ d_{Ti\ldots Al}^8 = \frac{1}{4}\sqrt{c^2 + 2a^2} = 2,88.$

Leg.	Bem.	a	c	Leg.	Bem.	a	c
Ga_3Ti		5,55	8,09	$TaAl_3$		5,42	8,54
Ga_3Zr		5,60	8,71	$TiAl_3$		5,42	8,58
$NbAl_3$		5,43	8,58	VAl_3		5,33	8,30

DO_{23}-Typ $= ZrAl_3$-Typ $\quad I4/mmm \quad D_{4h}^{17} \quad M = 4.$

Engste Verwandtschaft zum DO_{22}-Typ, nur treten Koordinatenverschiebungen in geringem Maße ein.

Leg.	Bem.	a	c
$ZrAl_3$		4,01	17,29

D 1_1-Typ = SnJ$_4$-Typ $Pa3$ T_h^6.

Angenähert ein Zinkblende-Gitter, in dem nur $^1/_4$ der Kationenplätze besetzt sind. Kub. dichteste Kugelpackung der J-Atome. Einlagerung der Sn-Atome mit Viererkoordination.

Koordination: $d_{Sn\ldots J}^4 = d_{J\ldots Sn}^1 = a/8\,\sqrt{3} = 2{,}65$.

Verb.	Bem.	a
GeJ$_4$		11,89
PSBr$_3$		11,03
SiJ$_4$		11,99
SnJ$_4$		12,23
TiBr$_4$		11,25
TiJ$_4$		12,00
ZrCl$_4$	wahrsch.	10,32

D 2_1-Typ = CaB$_6$-Typ $Pm3m$ O_h^1 $M = 1$.

Dreidimensionales Gerüst der B-Atome mit der KoZ. 5, in das die Ca-Atome eingelagert sind.

Koordination: $d_{B\ldots B}^5 = 1{,}72$; $d_{Ca\ldots B}^{24} = d_{B\ldots Ca}^4 = 3{,}06$.

(s. Abb. 91)

Verb.	Bem.	a	Verb.	Bem.	a
BaB$_6$		4,28	NdB$_6$		4,12
CaB$_6$		4,15	PrB$_6$		4,12
CeB$_6$		4,13	SrB$_6$		4,19
ErB$_6$		4,10	ThB$_6$		4,2
GdB$_6$		4,12	YB$_6$		4,07
LaB$_6$		4,15	YbB$_6$		4,13

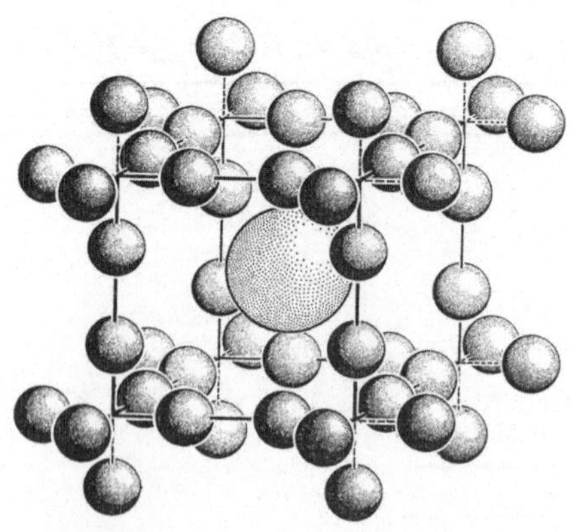

Abb. 91. D 2_1-(CaB$_6$)-Typ. Kleine Kugeln = B

D2_3-Typ = NaZn$_{13}$-Typ $Fm\,3\,c$ O_h^6 $M=8$.

Leg.	Bem.	a	Leg.	Bem.	a	Leg.	Bem.	a
Cd$_{13}$Cs		13,89	ThBe$_{13}$		10,40	Zn$_{13}$Sr		12,22
Cd$_{13}$K		13,78	UBe$_{13}$		10,26	Zn$_{13}$K		12,36
Cd$_{13}$Rb		13,88	Zn$_{13}$Ba		12,33	Zn$_{13}$Na		12,26
CeBe$_{13}$		10,38	Zn$_{13}$Ca		12,13	ZrBe$_{13}$		10,05

D3_1-Typ = HgCl-(Kalomel)-Typ $I\,4/mmm$ D_{4h}^{17}.
$M=2$ für die kleinste tetragonale Zelle.

Verb.	Bem.	a	c	Verb.	Bem.	a	c
Hg$_2$Br$_2$		4,65	11,12	Hg$_2$F$_2$		3,66	10,9
Hg$_2$Cl$_2$	Kalomel	4,46	10,91	Hg$_2$J$_2$		4,92	11,61

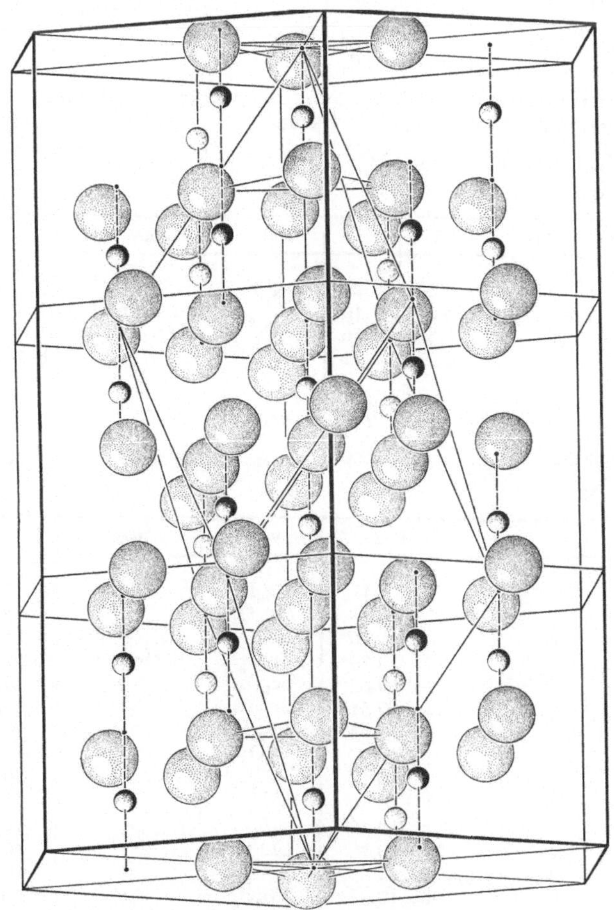

Abb. 92. D 5_1-(Al$_2$O$_3$, α)-Typ. Kleine Kugeln = Al

D 5_1-Typ $= \alpha$-Korund-Typ $R\,\bar{3}c$ D_{3d}^6.

$M = 2$ für die kleinste rhomboedr. Zelle.

Wenig deformierte hexagonal dichteste Kugelpackung der O-Atome, in deren oktaedr. Lücken die Al-Atome eingelagert sind. $^2/_3$ der Lücken sind leer. Die Al-Atome bilden ein As-(A 7)-Gitter.

$d_{\text{Al}\cdots\text{O}}^6 : d_{\text{Al}\cdots\text{O}}^3 = 1{,}93; \quad d_{\text{O}\cdots\text{Al}}^4 : d_{\text{O}\cdots\text{Al}}^2 = 1{,}93; \quad d_{\text{Al}\cdots\text{O}}^{\prime 3} = d_{\text{O}\cdots\text{Al}}^{\prime 2} = 1{,}89.$

(s. Abb. 92)

Verb.	Bem.	a	α	Verb.	Bem.	a	α
Al_2O_3		5,13	55,3	Rh_2O_3		5,47	55,7
Cr_2O_3		5,35	55,0	Ti_2O_3		5,42	57
Fe_2O_3		5,43	54,5	V_2O_3		5,45	55,8
Gd_2O_3		5,31	55,8				

D 5_2-Typ $= La_2O_3$-Typ $C\,\bar{3}m$ D_{3d}^3 $M = 1$.

Ausgeweitete deformierte kub. Packung der O-Atome, in die mit Siebener-Koordination La-Atome eingelagert sind.

$d_{\text{La}\cdots\text{O}}^7 : d_{\text{La}\cdots\text{O}}^4 = 2{,}42; \quad d_{\text{La}\cdots\text{O}}^{\prime 3} = 2{,}69.$

(s. Abb. 93)

Verb.	Bem.	a	c	Verb.	Bem.	a	c
Ac_2O_3		4,07	6,29	Mg_3Sb_2		4,57	7,23
Bi_2Mg_3	„Antityp"	4,67	7,40	Nd_2O_3	höh. Temp.	3,84	6,01
Ce_2O_3		3,88	6,06	Pr_2O_3	A-Mod.	3,85	6,00
La_2O_3		3,93	6,11	Th_2N_3		3,88	6,18

D 5_3-Typ $= Mn_2O_3$-Typ $I\,a\,3$ T_h^7 $M = 16$.

$d_{\text{MnI}\cdots\text{O}}^6 = 2{,}01; \quad d_{\text{MnII}\cdots\text{O}}^{\prime 6} = 2{,}00 - 2{,}03; \quad d_{\text{O}\cdots\text{Mn}}^4 = 2{,}00 - 2{,}03.$

(s. Abb. 94)

Verb.	Bem.	a	Verb.	Bem.	a
Be_3N_2		8,13	Mg_3P_2		12,01
Be_3P_2		10,15	Mn_2O_3		9,41
Ca_3N_2	α	11,40	Nd_2O_3	tief. Temp.	11,05
Cd_3N_2		10,79	Pr_2O_3	C-Mod.	11,14
Dy_2O_3		10,63	Sc_2O_3		9,79
Er_2O_3		10,51	Sm_2O_3		10,89
Eu_2O_3		10,84	Tb_2O_3		10,69
Gd_2O_3		10,79	Tl_2O_3		10,57
In_2O_3		10,12	Tm_2O_3		10,5
In_2O_4Be		10,10	U_2N_3		10,68
In_2O_4Zn		10,10	U_2O_3		10,68
$In_2O_5Zn_2$		10,10	UO_3Ca		10,73
La_2O_3	tief. Temp.	11,4	Y_2O_3		10,6
Lu_2O_3		10,38	Yb_2O_3		10,41
Mg_3As_2		12,33	Zn_3N_2		9,74
Mg_3N_2		9,95			

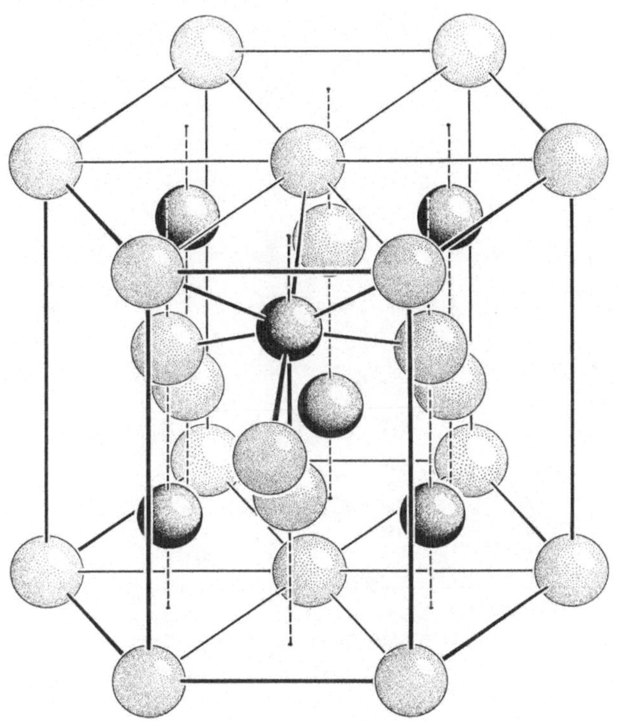

Abb. 93. D 5_2-(La$_2$O$_3$)-Typ. Dunkle Kugeln = La

D 5_8-Typ = Sb$_2$S$_3$-Typ $\quad$ *Pbnm* $\quad$ D_{2h}^{16} $\quad$ $M = 4$.

Verb.	Bem.	a	b	c
Bi$_2$S$_3$		11,13	11,27	3,97
Np$_2$S$_3$		10,3	10,6	3,85
Sb$_2$S$_3$		11,20	11,28	3,83
Th$_2$S$_3$		10,97	10,83	3,95
U$_2$S$_3$		10,39	10,63	3,88

D 5_9-Typ = Zn$_3$P$_2$-Typ $\quad$ *P*4/*nmc* $\quad$ D_{4h}^{15} $\quad$ $M = 8$.

Verwandtschaft besteht zum D 5_3-Typ = Mn$_2$O$_3$-Typ.

Verb.	Bem.	a	c
Cd$_3$As$_2$		8,95	12,7
Cd$_3$P$_2$		8,75	12,28
Zn$_3$As$_2$		8,32	11,76
Zn$_3$P$_2$		8,10	11,45

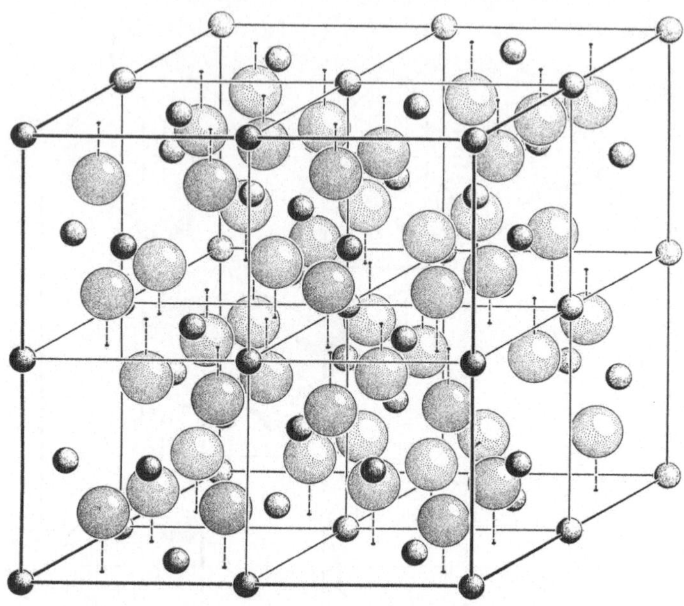

Abb. 94. D 5_3-(Mn_2O_3)-Typ. Dunkle kleine Kugeln = Mn

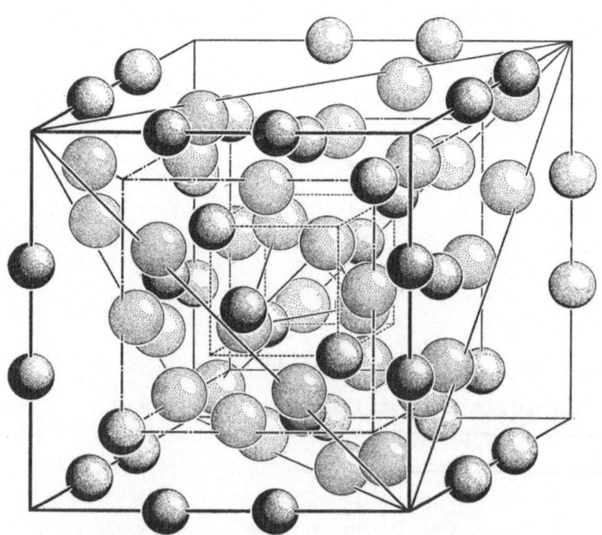

Abb. 95. D 8_2-(γ-Messing)-Typ. Schwarze Kugeln = Cu

$D\,8_{1-3}$-Typ.

Es besteht bei allen drei Typen eine enge Verwandtschaft zum Wolfram-(A 2)-Typ, jedoch sind in der 3^3fach so großen Zelle statt 54 Atome nur 52 vorhanden, die sich auf mindestens 3 strukturell verschiedene Punktlagen verteilen. Gegenüber dem A 2-Typ finden geringe Koordinatenverschiebungen statt. Die Unterschiede zwischen den 3 Typen beruhen auf einer verschiedenen Verteilung der Atomarten auf diese Punktlagen.

$D\,8_1$-Typ $= Fe_3Zn_{10}$-Typ $\quad O_h^9 \quad Im\,3m$.

$D\,8_2$-Typ $= Cu_5Zn_8$-(γ-Messing)-Typ $\quad T_d^3 \quad I\,4\,3m$.

$D\,8_3$-Typ $= Cu_9Al_4$-Typ $\quad T_d^1 \quad P\,4\,3m$.

Koordination: Zahl der Nachbarn 9...12.
(s. Abb. 95)

$D\,8_4$-Typ $= Cr_{23}C_6$-Typ $\quad Fm\,3m \quad O_h^5 \quad M = 4$.

Verb.	Bem.	a
$Cr_{23}C_6$	früher Cr_4C	10,54

$D\,8_5$-Typ $= Fe_7W_6$-Typ $\quad R\,\bar{3}m \quad D_{3d}^5 \quad M = 1$.

Leg.	Bem.	a	β
Co_7Mo_6		8,99	31,3
$Co\,W_6$		8,9–9,0	30,7
Fe_7Mo_6	früher Fe_3Mo_2	8,97	30,6
Fe_7W_6	früher Fe_3W_2	9,02	30,5

EO_1-Typ $= PbFCl$-Typ $\quad P\,4/nmm \quad D_{4h}^7 \quad M = 2$.

5 Atomebenen aus Cl Pb F Pb Cl bilden ein Schichtenpaket. Die Pb-F-Pb-Ebenen zeigen eine Anordnung wie das CaF_2-Gitter. Zu beiden Seiten sind Cl-Atome angelagert.

Koordination: $d^4_{F...Pb} = d^4_{Pb...F} = 2,52$; $d^4_{Pb...Cl} = 3,07$; $d^1_{Cl...Pb}$ zum benachbarten Schichtenpaket $= 3,21$.

Verb.	Bem.	a	c	Verb.	Bem.	a	c
AcOBr		4,27	7,40	NpOS		3,82	6,64
AcOCl		4,24	7,07	PbFBr		4,18	7,59
BiOBr		3,92	8,09	PbFCl		4,09	7,21
BiOCl		3,89	7,36	PrOCl		4,04	6,79
BiOF		3,75	6,22	PuOBr		4,01	7,56
BiOJ		3,99	9,14	PuOCl		4,00	6,78
LaOBr		4,14	7,36	PuOJ		4,03	9,15
LaOCl		4,11	6,86	ThOS		3,96	6,73
LaOJ		4,14	9,14	UOS		3,84	6,68
NdOBr		4,01	7,60	YOCl		3,89	6,59
NdOCl		4,03	6,76				

EO_2-Typ $= \alpha$-AlOOH-(Diaspor)-Typ $Pbnm$ D_{2h}^{16} $M = 4$.

Wenig deformierte hexagonale Kugelpackung der O-Atome, deren oktaedrische Lücken zur Hälfte mit Al-Atomen gefüllt sind. Die H-Atome sind in der Struktur nicht mit Sicherheit festzulegen.

Koordination: $d_{Al\cdots O}^6 = 1{,}77 - 2{,}10$.

(s. Abb. 96)

Verb.	Bem.	a	b	c
AlOOH	Diaspor	4,4	9,4	2,8
FeOOH		4,64	10,00	3,03
GaOOH		4,53	9,76	2,97
MnO_2	γ, Ramsdellit	4,53	9,27	2,87
MnOOH	α-Groutit	4,58	10,76	2,89

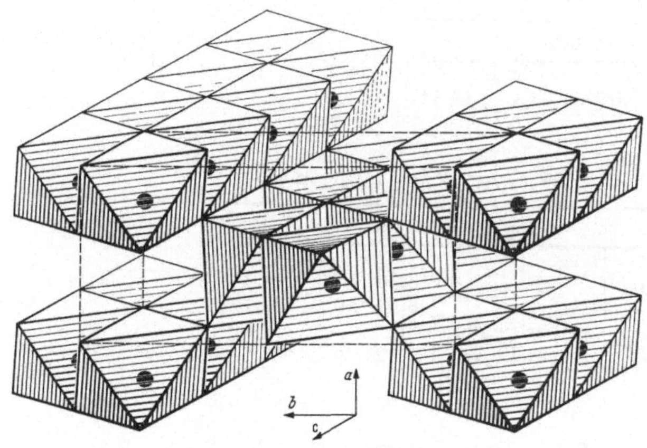

Abb. 96. EO_2-(α-AlOOH-Diaspor)-Typ. Schwarze Kugeln = Al. Die O-Atome sind in den Eckpunkten der AlO_6-Oktaeder zu denken. Die Zelle ist gestrichelt gezeichnet

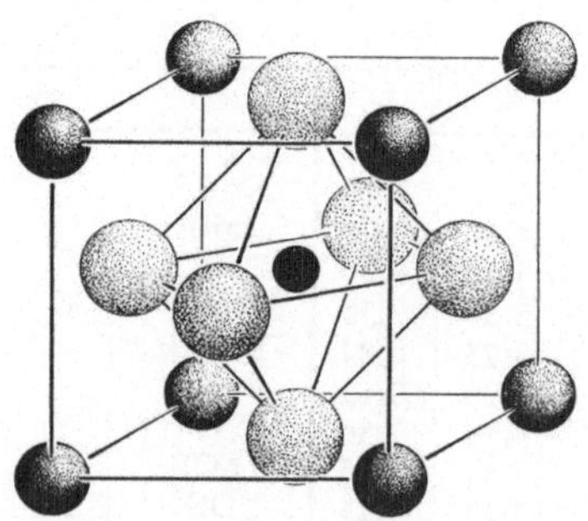

Abb. 97. E 2_1-($CaTiO_3$-Perowskit)-Typ. Kleine schwarze Kugeln = Ti. Mittelgroße dunkle Kugeln = Ca

$E\,2_1$-Typ $=$ CaTiO$_3$-(Perowskit-)Typ $\quad Pm\,3m \quad O_h^1$ und C_{2h}^2.

Ti ist oktaedrisch von 6 Sauerstoffatomen umgeben, die in den Flächenmitten eines Würfels liegen. Die Ecken dieses Würfels sind mit Ca besetzt. Die Substanzen haben meist keine kubische Symmetrie; es liegen rhomboedrische, hexagonale, tetragonale, rhombische und monoklin deformierte Gitter vor. $M = 1$ oder 8.

Koordination: $d^6_{Ti\ldots O} = d^2_{O\ldots Ti} = 1{,}90$; $d^{12}_{Ca\ldots O} = d^4_{O\ldots Ca} = 2{,}69$; $d^6_{Ca\ldots Ca} = 3{,}80$.

(s. Abb. 97)

Verb.	Bem.	a	b	c	β
AlBiO$_3$		7,61	—	7,94	—
AlCeO$_3$		3,76	—	3,79	—
AlYO$_3$		7,34	7,34	7,34	$\sim$90
BaCeO$_3$		8,77	8,77	8,77	$\sim$90
BaPrO$_3$		8,72	8,71	8,72	$\sim$90
BaSnO$_3$		4,10	—	—	—
BaThO$_3$		8,96	8,96	8,96	$\sim$90
BaZrO$_3$		4,18	—	—	—
CaCeO$_3$		7,72	7,72	7,72	$\sim$90
CaSnO$_3$	1.	7,86	7,86	7,86	$\sim$90
	2.	7,90	7,88	7,90	91,5
CaThO$_3$		8,74	8,74	8,74	$\sim$90
CaTiO$_3$		7,65	7,65	7,65	90,6
CaZrO$_3$		8,02	8,01	8,02	91,7
CdSnO$_3$		7,80	7,80	7,80	$\sim$90
CdTiO$_3$		7,58	7,61	7,58	91,2
CeCdO$_3$		7,67	7,67	7,67	$\sim$90
CePbO$_3$		7,64	7,64	7,64	$\sim$90
Ce(TiO$_3$)$_2$		3,83	—	—	—
CrBiO$_3$		7,77	—	8,08	—
CsAuCl$_3$		5,3	—	—	—
CsCdBr$_3$		10,70	10,70	10,70	$\sim$90
CsCdCl$_3$		10,40	10,40	10,40	$\sim$90
CsCd(NO$_2$)$_3$		5,39	—	—	—
CsFe(CN)$_3$		$\sim$5,1	—	—	—
CsHgBr$_3$		11,54	11,54	11,54	$\sim$90
CsHgCl$_3$		10,88	10,88	10,88	$\sim$90
CsHg(NO$_2$)$_3$		5,48	—	—	—
CsJO$_3$		9,32	9,32	9,32	$\sim$90
Cu$_2$Fe(CN)$_6$		10,0	—	—	—
Cu$_2$Mn(CN)$_6$		10,14	—	—	—
KCd(NO$_2$)$_3$		5,33	—	—	—
K$_2$CuFe(CN)$_6$		10,0	—	—	—
K$_2$Cu$_3$Fe(CN)$_{12}$		10,0	—	—	—
KFe(CN)$_3$		$\sim$10,2	—	—	—
KJO$_3$		8,92	8,92	8,92	$\sim$90
KMgF$_3$		8,00	8,00	8,00	$\sim$90
KMg(H$_2$O)$_6$Br$_3$		13,59	6,80	6,80	$\sim$90
KNiF$_3$		8,02	8,02	8,02	$\sim$90
KTaO$_3$		3,98	—	—	—
KZnF$_3$		8,10	8,10	8,10	$\sim$90
LaAlO$_3$		7,58	7,58	7,58	$\sim$90
LaCoO$_3$		3,82	—	—	90,7
LaCrO$_3$		3,88	—	—	—

Verb.	Bem.	a	b	c	β
$LaFeO_3$		3,89	—	—	—
$LaGaO_3$		3,89	—	—	—
$LaMnO_3$		3,88	—	—	—
$Li_2CuFe(CN)_6$		10,0	—	—	—
$LiFe(CN)_3$		$\sim 5{,}1$	—	—	—
$MgCeO_3$		8,54	8,54	8,54	~ 90
$Na_2CuFe(CN)_6$		10,0	—	—	—
$NaFe(CN)_3$		$\sim 5{,}1$	—	—	—
$NaTaO_3$		7,76	7,76	7,76	~ 90
$NH_4Cd(NO_2)_3$		5,36	—	—	—
$(NH_4)_2CuFe(CN)_6$		10,1	—	—	—
NH_4JO_3		9,20	9,20	9,20	~ 90
$NH_4Mg(H_2O)_6Cl_3$		13,30	6,66	6,68	~ 90
$PbTiO_3$	1.	4,00	4,21	3,88	—
	2. kub.	3,96	—	—	—
$PbZrO_3$	1.	4,16	—	4,11	—
	2. kub.	9,28	—	—	—
$RbCd(NO_2)_3$		5,38	—	—	—
$Rb_2CuFe(CN)_6$		10,0	—	—	—
$RbFe(CN)_3$		$\sim 5{,}1$	—	—	—
$RbHg(NO_2)_3$		5,45	—	—	—
$RbJO_3$		9,04	9,04	9,04	~ 90
$RbMg(H_2O)_6Cl_3$		13,30	6,65	6,62	~ 90
$SnPbO_3$		7,86	—	8,13	—
$SrCeO_3$		8,54	8,54	8,54	~ 90
$SrHfO_3$		8,15	8,15	8,15	~ 90
$SrSnO_3$	1.	8,07	8,07	8,07	~ 90
	2. kub.	4,04	—	—	—
$SrThO_3$		8,84	8,84	8,84	~ 90
$SrTiO_3$		3,90	—	—	—
$SrZrO_3$	1.	8,21	8,21	8,21	~ 90
	2. kub.	4,10	—	—	—
$ThCdO_3$		8,74	8,74	8,74	~ 90
$ThPbO_3$		8,95	8,95	8,95	~ 90
$TlCd(NO_2)_3$		5,34	—	—	—
$TlHg(NO_2)_3$		5,39	—	—	—

$E\,5_1$-Typ $=$ (Fe, Mn)Nb_2O_6-(Niobit-)Typ   *Pbcn* D_{2h}^{14} $M = 4$.

In eine hexagonale Kugelpackung von O-Atomen sind nach einem bestimmten Bauplan die Metallatome in „oktaedrische" Lücken eingelagert. Dabei wird die Hälfte dieser Lücken gefüllt.

Verb.	Bem.	a	b	c
$CoNb_2O_6$		14,12	5,70	5,04
$FeNb_2O_6$		13,96	5,62	4,99
$MgNb_2O_6$		14,18	5,66	5,02
$MnNb_2O_6$		14,39	5,77	5,08
$MnSb_2O_6$		14,18	5,74	5,11
$MnTa_2O_6$		14,41	5,75	5,09
$NiNb_2O_6$		14,01	5,66	5,01
PbO_2		4,94	5,94	5,49
$ZnNb_2O_6$		14,18	5,72	5,04
$ZnTa_2O_6$		14,08	5,68	5,06

$F\,5_1$-Typ $=$ $NaHF_2$-Typ $\quad R\bar{3}m\quad D_{3d}^5$.

$M = 1$ für die kleinste rhomboedrische Zelle.

Stark deformiertes NaCl-Gitter, in dem das Anion durch die HF_2-Gruppe ersetzt ist. Die gradlinigen HF_2-Gruppen liegen der trigonalen Achse parallel.

Verb.	Bem.	a	β	Verb.	Bem.	a	c
$CaCN_2$		5,40	39,9	$NaCrSe_2$	$M=3$	3,71	20,29
$CsJCl_2$		5,46	70,7	$NaFeO_2$		5,59	31,3
$CuFeO_2$		5,96	29,4	$NaHF_2$		5,05	40,03
$KCrS_2$	$M=3$	3,62	21,16	NaN_3		5,48	38,72
$NaCrS_2$	$M=3$	3,51	19,57	$NaOCN$		5,44	38,37

$F\,5_2$-Typ $=$ KHF_2-Typ $\quad I4/mcm\quad D_{4h}^{18}\quad M=4$.

Deformiertes CsCl-Gitter, in dem das Anion durch die HF_2-Gruppe ersetzt ist. Die gradlinigen HF_2-Gruppen liegen senkrecht zur vierzähligen Achse.

Verb.	Bem.	a	b	c
AgN_3	ähnlich	5,6	5,9	6,0
KHF_2		5,67 — 5,64		6,81 — 6,74
KN_3		6,09		7,06
$KOCN$		6,07		7,03
RbN_3		6,36		7,41

$F\,5_9$-Typ $=$ $KSCN$-Typ $\quad Pcmb\quad D_{2h}^{11}\quad M=4$.

Verb.	Bem.	a	b	c
$KSCN$		6,7	7,6	6,6
$TlSCN$		6,80	6,78	7,52

GO_1-Typ $=$ $CaCO_3$-(Calcit-)Typ $\quad R\bar{3}c\quad D_{3d}^6\quad M=2$.

Die Ca- und C-Atome bilden ein deformiertes NaCl-Gitter. Die ebenen CO_3-Gruppen bewirken eine Dehnung senkrecht zur trigonalen Hauptachse.

Koordination: $d_{Ca\ldots O}^6 = 2,37$; $d_{C\ldots O}^3 = 1,29$.

(s. Abb. 98)

Verb.	Bem.	a	β	Verb.	Bem.	a	β
$CaCO_3$	Calcit	6,36	46,1	$MnCO_3$		5,84	47,3
$CdCO_3$		6,11	47,4	$NaNO_3$	$<185°C$	6,32	47,23
$CoCO_3$		5,71	48,2		$>185°C$	6,56	45,58
$FeCO_3$		5,8	47,9	$RbNO_3$	225–291°C	7,81	41,1
$InBO_3$		5,84	48,2	$ScBO_3$		5,78	48,5
KNO_3	$>120°C$	7,21	46,15	YBO_3		6,45	46,3
$LiNO_3$		5,74	48,05	$ZnCO_3$		5,67	48,4
$MgCO_3$		5,63	48,1				

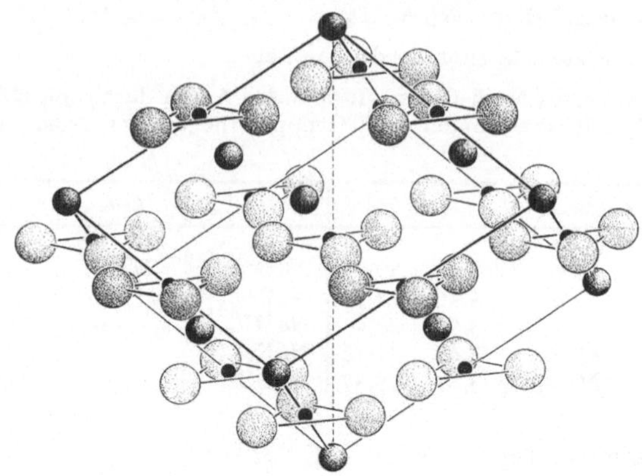

Abb. 98. GO_1-Typ. $CaCO_3$. Große helle Kugeln = O, mittlere Kugeln = Ca, schwarze Kugeln = C. Es ist ein anderer Bereich gezeichnet als die Elementarzelle angibt, um den prinzipiellen Aufbau besser zu zeigen

GO_2-Typ = $CaCO_3$-(Aragonit-)Typ $Pmcn$ D_{2h}^{16} $M = 4$.

Das Aragonit-Gitter kann auf ein deformiertes NiAs-Gitter zurückgeführt werden, bei dem die Ni-Atome durch C, die As-Atome durch Ca ersetzt werden. Die CO_3-Gruppen sind eben und liegen parallel.

Koordination: $d_{Ca...O}^9 \sim 2,5$; $d_{C...O}^3 = 1,30$.

Verb.	Bem.	a	b	c
$BaCO_3$		5,3	8,8	6,5
$CaCO_3$	Aragonit	4,94	7,94	5,72
KNO_3	$< 127°C$	5,42	9,17	6,45
$LaBO_3$		5,10	8,22	5,83
$PbCO_3$		5,17	8,48	6,13
$SrCO_3$		5,11	8,40	6,08

GO_3-Typ = $NaClO_3$-Typ $P2_13$ T^4 $M = 4$.

Verwandtschaft besteht zum NaCl-Typ für die Lage der Cl- und Na-Atome. Die ClO_3-Gruppen zeigen eine pyramidenförmige Anordnung mit Cl an der Spitze.

Verb.	Bem.	a
$NaBrO_3$		6,69
$NaClO_3$		6,55

GO_7-Typ = $KBrO_3$-Typ $R\bar{3}m$ D_{3d}^5 $M = 1$.

Das $KBrO_3$-Gitter kann auf ein deformiertes CsCl-Gitter durch Ersatz von Cs durch K und Cl durch die BrO_3-Gruppe zurückgeführt werden.

Verb.	Bem.	a	β	Verb.	Bem.	a	β
$KBrO_3$		4,40	86,0	$TlBrO_3$		4,45	87,4
$RbClO_3$		4,44	86,6	$TlClO_3$		4,43	86,3

$G\,2_1$-Typ $= Pb(NO_3)_2$-Typ $Pa\,3$ T_h^6 $M = 4$.

Betrachtet man nur die Pb- und N-Atome, besteht Verwandtschaft zum CaF_2-Typ. Die N-Atome sind gegenüber den F-Atomen aus ihrer Lage verschoben. Man erhält dadurch die KoZ. 6 des Pb. Die NO_3-Gruppen bilden ebene Dreiecke.

Koordination: $d^6_{Pb...N} = 3{,}20$; $d^3_{N...O} = 1{,}22$.   (s. Abb. 99)

Verb.	Bem.	a	Verb.	Bem.	a
$Ba(NO_3)_2$		8,10	$Pb(NO_3)_2$		7,81
$Ca(NO_3)_2$		7,6	$Sr(NO_3)_2$		7,80

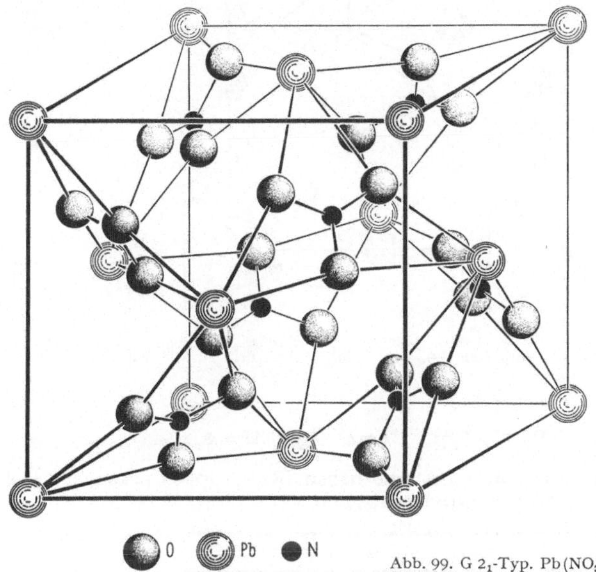

Abb. 99. G 2_1-Typ. $Pb(NO_3)_2$

$G\,5_1$-Typ $= H_3BO_3$-Typ $P\,1$ C_i^1 $M = 4$.

Schichtengitter, bei dem jede H_3BO_3-Schicht hexagonale Symmetrie zeigt. Das B-Atom ist von 3 O-Atomen umgeben, die ein gleichseitiges Dreieck bilden. Die H-Atome liegen zwischen 2 O-Atomen.

Verb.	Bem.	a	b	c	β
H_3BO_3	Sassolin	7,04	7,04	6,56	101,2

HO_1-Typ $= CaSO_4$-(Anhydrit-)Typ $Bbmm$ D_{2h}^{17} $M = 4$.

Die pseudotetragonale Struktur läßt Ca-Atome und SO_4-Gruppen erkennen. Die 4 O-Atome umgeben das S-Atom in der Form eines fast regulären Tetraeders. Ähnlichkeit besteht zum Zirkon-Typ.

Koordination: $d^4_{S...O} = 1{,}65$; $d^8_{Ca...O} \sim 2{,}2$.   (s. Abb. 100)

Verb.	Bem.	a	b	c
$CaSO_4$	Anhydrit	6,22	6,96	6,97
$NaBF_4$		6,25	6,77	6,82
$NaClO_4$		6,48	7,06	7,08

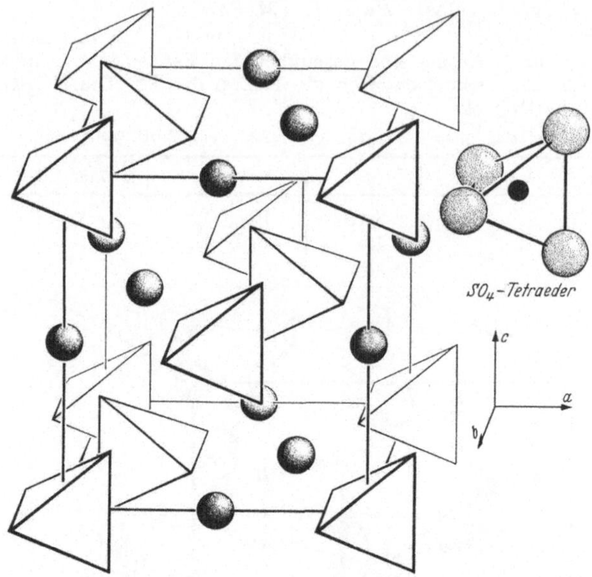

Abb. 100. H 0₁-Typ. CaSO₄ = Anhydrit. Dunkle Kugeln = Ca

HO_2-Typ = $BaSO_4$-Typ   *Pnma* D_{2h}^{16} $M = 4$.

Die Struktur läßt Ba-Atome neben SO_4-Gruppen erkennen. Ähnlichkeit besteht zum $CaWO_4$-(Scheelit-)Typ.

Verb.	Bem.	a	b	c
$BaPO_3F$		8,68	5,63	7,28
$BaSO_4$		8,85	5,44	7,13
$BF_3 \cdot 2H_2O$		8,7	5,6	7,3
$CsBF_4$		9,4	5,8	7,7
$CsClO_4$		9,82	6,00	7,79
$CoSO_4$		8,45	4,65	6,71
$EuSO_4$		8,46	5,37	6,90
$[H_3O^+]ClO_4$		9,00	5,68	7,23
KBF_4	tief. Temp.	7,84	5,68	7,38
$KClO_4$	$< 295°C$	8,83	5,65	7,24
$KMnO_4$		9,10	5,73	7,39
NH_4BF_4		9,06	5,64	7,23
NH_4ClO_4	$< 240°C$	9,20	5,82	7,45
$[NO]ClO_4$		9,00	5,68	7,23
$PbSO_4$		8,45	5,38	6,93
$RbBF_4$		9,07	5,60	7,23
$RbClO_4$		9,27	5,81	7,53
$SrSO_4$		8,36	5,36	6,84
$TlBF_4$		9,47	5,81	7,40
$TlClO_4$	$< 266°C$	9,42	5,88	7,50

HO_4-Typ $= CaWO_4$-Typ $I\,4_1/a$ C_{4h}^6 $M = 4$.

Ca-Atome und WO_4-Gruppen bauen die Struktur auf. Die 4 O-Atome sind fast regelmäßig um das W-Atom angeordnet.

(s. Abb. 101)

Verb.	Bem.	a	c
$AgJO_4$		5,37	12,01
$AgReO_4$		5,35	11,92
$AlLi(MoO_4)_2$		5,31	11,67
$AlNa(MoO_4)_2$		5,33	11,70
$BaMoO_4$		5,56	12,76
$BaWO_4$		5,6	12,7
$BiAsO_4$		5,08	11,70
$BiK(MoO_4)_2$	tetr.	5,38	11,92
$BiLi(MoO_4)_2$	tetr.	5,23	11,50
$BiNa(MoO_4)_2$	tetr.	5,26	11,55
$CaMoO_4$		5,23	11,44
$CaWO_4$		5,25	11,35
$CdMoO_4$		5,15	11,17
$CeK(WO_4)_2$		5,39	11,94
$CeNa(WO_4)_2$		5,32	11,59
$CrFO_3Cs$		5,72	14,5
$CrFO_3K$		5,46	12,89
$CsJO_4$	rhomb. def. $b = 6,01$	5,84	14,36
$CsReO_4$	$b = 5,97$	5,74	14,24
$CsSO_3F$		5,61	14,13
KJO_4		5,75	12,63
$KReO_4$		5,62	12,5
$LaK(MoO_4)_2$		5,42	12,11
$LaK(WO_4)_2$		5,44	12,03
$LaLi(MoO_4)_2$		5,31	11,67
$LaLi(WO_4)_2$		5,34	11,63
$La_2(MoO_4)_3$		5,33	11,85
$LaNa(MoO_4)_2$		5,33	11,70
$LaNa(WO_4)_2$		5,34	11,63
$NaJO_4$		5,32	11,93
$NaReO_4$		5,30	11,72
NH_4JO_4		5,94	12,79
NH_4ReO_4		5,87	12,94
$RbJO_4$		5,87	12,94
$RbReO_4$		5,80	13,17
$PbMoO_4$		5,41	12,08
$PbWO_4$		5,45	12,03
$SrMoO_4$		5,38	11,97
$SrWO_4$		5,41	11,90
$TlReO_4$	$\alpha, < 123°C$ rhomb. def. $b = 5,79$	5,62	13,30
$TlReO_4$	$\beta, > 123°C$	5,76	13,33

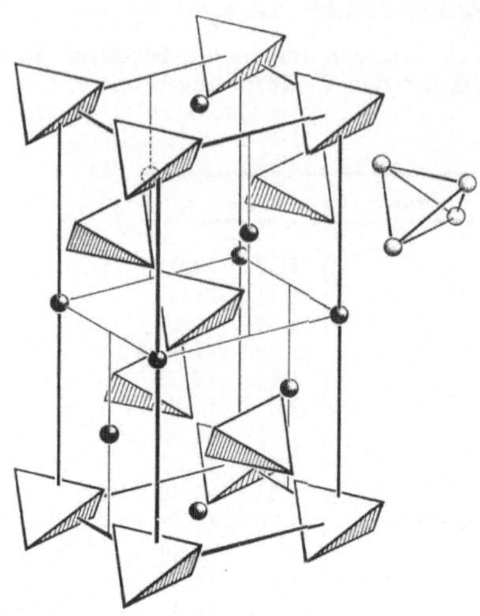

Abb. 101. H O_4-Typ. CaWO$_4$ = Scheelit. Kleine punktierte Kugeln = Ca

HO_5-Typ $= KClO_4$(kubisch)-Typ $F\bar{4}\,3m$ T_d^2 $M = 4$.

Die Struktur ist ein Steinsalzgitter mit K-Atomen und ClO$_4$-Gruppen.

Koordination: $d_{Cl\cdots O}^4 = 1,6$; $d_{K\cdots O}^{12} = 3,1$.

(s. Abb. 102)

Verb.	Bem.	a	Verb.	Bem.	a
AgClO$_4$	$> 155°$C	7,0	NH$_4$BF$_4$	2. Mod.	7,55
CsClO$_4$	$> \sim 220°$C	7,97	NH$_4$ClO$_4$	2. Mod. $> 240°$C	7,7
KBF$_4$	2. Mod. bei 300°C	7,26	RbClO$_4$	$> 279°$C	7,7
KClO$_4$	$> 295°$C	7,47	TlClO$_4$	$> 266°$C	7,7
NaClO$_4$	$> 308°$C	7,08			

HO_6-Typ $= MgWO_4$-Typ $P2/c$ C_{2h}^4 $M = 2$.

Verb.	Bem.	a	b	c	β
CoWO$_4$		4,66	5,68	4,93	$\sim$90
FeWO$_4$		4,71	5,69	4,95	$\sim$90
MgWO$_4$		4,68	5,66	4,92	89,7
MnWO$_4$		4,8	5,8	5,0	89,1
NiWO$_4$		4,68	5,66	4,93	89,7
ZnWO$_4$		4,68	5,73	4,95	89,5

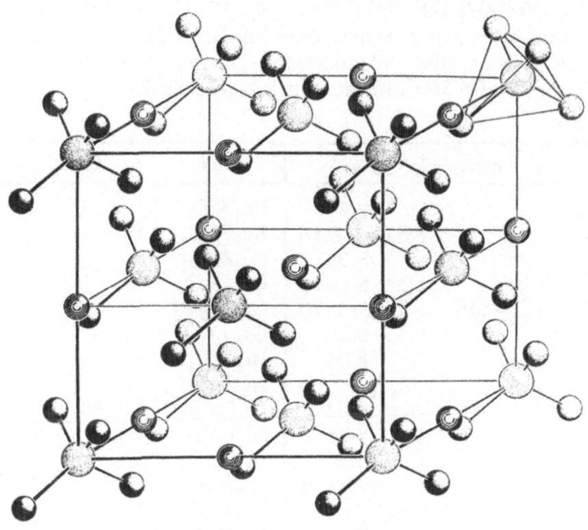

Abb. 102. HO_5-Typ. $KClO_4$ = (kubisch)

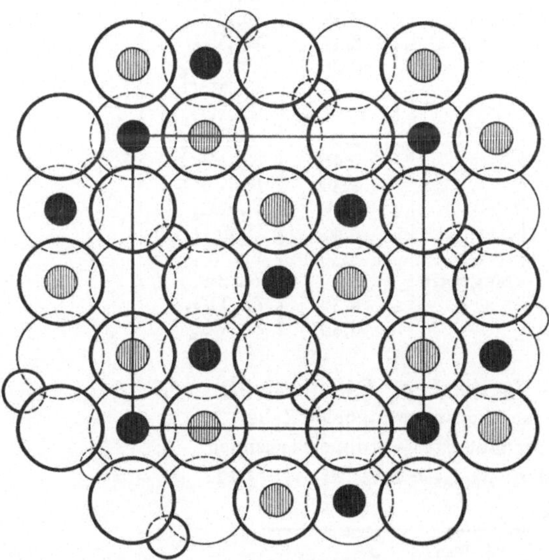

Abb. 103. H 1_1-Typ. $MgAl_2O_4$ = AB_2O_4. Die Abbildung zeigt zwei aufeinanderfolgende Schichten von O- und B-Atomen ∥ (001) (O = große Kreise, B = schwarz bzw. schraffiert). Die A-Atome (kleine Kreise) sind in halber Höhe zwischen den beiden Schichten mit 4er-Koordination ange-ordnet. Weitere O- und B-Schichten folgen, die aber relativ zu den ersten beiden verschoben zu denken sind

H 1_1-Typ $=$ Al$_2$MgO$_4$-(Spinell-)Typ $Fd\,3m$ O_h^7 $M=8$.

Die O-Atome bilden angenähert eine kubisch dichteste Kugelpackung, in deren oktaedrische und tetraedrische Lücken (mit den Koordinationszahlen 6 und 4) die Metallatome eingelagert sind.

(s. Abb. 103)

Verb.	Bem.	a	Verb.	Bem.	a
Ag$_2$MoO$_4$		9,26	Fe$_2$NiO$_4$		8,36
Al$_2$CoO$_4$		8,06 — 8,10	Fe$_2$PbO$_4$		7,81
Al$_2$CuO$_4$		8,09	Fe$_2$ZnO$_4$		8,35 — 8,44
Al$_2$FeO$_4$		8,10	Ga$_2$CdO$_4$		8,59
Al$_2$MgO$_4$	Spinell	8,05 — 8,10	Ga$_2$MgO$_4$		8,28 — 8,30
Al$_2$MnO$_4$		8,28	Ga$_2$ZnO$_4$		8,32
Al$_2$NiO$_4$		8,05	In$_2$CaS$_4$		10,77
Al$_2$ZnO$_4$		8,06 — 8,10	In$_2$CdS$_4$		10,80
Co$_2$CuO$_4$		8,04	In$_2$CoS$_4$		10,56
Co$_2$MgO$_4$		8,11	In$_2$FeS$_4$		10,60
Co$_2$MnO$_4$		8,27	In$_2$HgS$_4$		10,81
Co$_3$O$_4$		8,04 — 8,11	In$_2$MgO$_4$		8,81
Co$_2$SnO$_4$		8,61	In$_2$MgS$_4$		10,69
Co$_2$TiO$_4$		8,43	In$_2$MnS$_4$		10,69
Co$_2$ZnO$_4$		8,06 — 8,11	In$_2$NiS$_4$		10,46
Cr$_2$CdO$_4$		8,58	K$_2$Cd(CN)$_4$		12,84
Cr$_2$CdS$_4$		10,19	K$_2$Hg(CN)$_4$		12,76
Cr$_2$CoO$_4$		8,32	K$_2$Zn(CN)$_4$		12,54
Cr$_2$CoS$_4$		9,91	LiAl$_5$O$_8$		7,90
Cr$_2$CuO$_4$		8,35	LiFe$_{10}$O$_{16}$		8,37
Cr$_2$HgS$_4$		10,21	Mg$_2$SnO$_4$		8,58
Cr$_2$MgO$_4$		8,33	Mg$_2$TiO$_4$		8,4
Cr$_2$MnO$_4$		8,44	Mg$_2$VO$_4$		8,40
Cr$_2$MnS$_4$		10,06	Mn$_2$TiO$_4$		8,67
Cr$_2$NiO$_4$		8,32	Na$_2$MoO$_4$		8,99
Cr$_2$ZnO$_4$		8,28 — 8,32	Na$_2$WO$_4$		8,99
Cr$_2$ZnS$_4$		9,9	Ni$_2$GeO$_4$		8,20
Cu$_2$CoS$_4$		9,46	Rh$_2$MgO$_4$		8,53
CuFe$_5$O$_8$		8,39	Rh$_2$ZnO$_4$		8,52
Fe$_2$CdO$_4$		8,70	V$_2$FeO$_4$		8,47
Fe$_2$CoO$_4$		8,41	V$_2$MgO$_4$		8,42
Fe$_2$CuO$_4$		8,39	V$_2$ZnO$_4$		8,38
Fe$_3$O$_4$	Magnetit	8,39	Zn$_2$SnO$_4$		8,61 — 8,65
Fe$_2$MgO$_4$		8,36	Zn$_2$TiO$_4$		8,41 — 8,46
Fe$_2$MnO$_4$		8,59	Zn$_2$VO$_4$		8,40

H 1_5-Typ $=$ K$_2$PtCl$_4$-Typ $P4/mmm$ D_{4h}^1.

$M=1$ für die kleinste tetragonale Zelle.

Die Struktur läßt PtCl$_4$-Gruppen erkennen.

Koordination: $d_{\text{Pt}\cdots\text{Cl}}^4 = 2,32$; $d_{\text{K}\cdots\text{Cl}}^8 = 3,22$.

(s. Abb. 104)

Verb.	Bem.	a	c
K$_2$PdCl$_4$		7,05	4,10
K$_2$PtCl$_4$		6,99	4,31
(NH$_4$)$_2$PdCl$_4$		7,21	4,26
[Pt(NH$_3$)$_4$]Cl$_2$		7,39	4,21

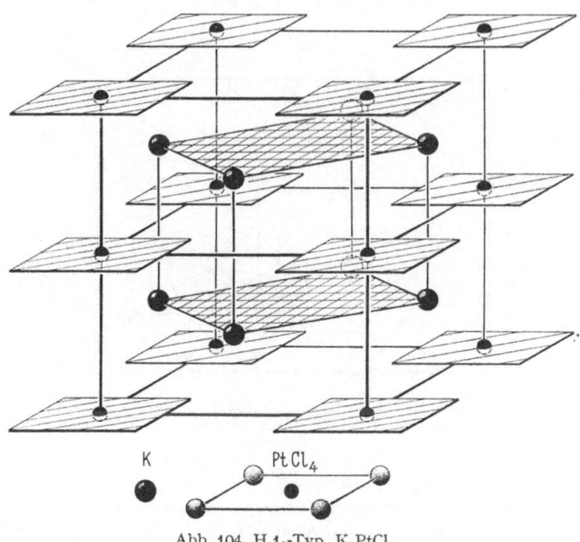

Abb. 104. H 1$_5$-Typ. K$_2$PtCl$_4$

H 1$_6$-Typ = K$_2$SO$_4$-β-Typ *Pman* D_{2h}^{16} $M = 4$.

Ein Teil der K-Atome (KI) und die SO$_4$-Gruppen sind in gewellten, graphitartig gebauten Netzen angeordnet. Angenähert über bzw. unter den so gebildeten Sechsecksmitten dieser Netze liegen die KII-Atome. Es liegt allerdings nur Pseudosymmetrie vor.

Koordination: $d_{S...O}^4 \sim 1{,}5$; $d_{KI...O}^{10} = 2{,}72—3{,}11$; $d_{KII...O}^9 = 2{,}68—3{,}07$.

(s. Abb. 105)

Verb.	Bem.	a	b	c
Ba$_2$SiO$_4$		5,76	10,17	7,56
Cs$_2$CrO$_4$		6,23	11,14	8,36
Cs$_2$SO$_4$		6,24	10,93	8,23
K$_2$BeF$_4$		5,69	9,90	7,27
KCaPO$_4$	β, $> 705°$C	9,74	7,61	5,48
K$_2$CrO$_4$		5,92	10,40	7,61
K$_2$SO$_4$	β, $< 583°$C	5,7	10,1	7,5
K$_2$SeO$_4$		6,2	10,4	7,6
K$_2$TeO$_4$		6,3	10,5	7,9
NaCaPO$_4$	α, $> 680°$C	9,32	6,83	5,22
(NH$_4$)$_2$BeF$_4$		5,8	10,2	7,5
(NH$_4$)$_2$SO$_4$		5,97	10,61	7,78
RbBaPO$_4$		10,60	7,78	5,73
Rb$_2$CrO$_4$		10,70	7,98	6,29
Rb$_2$SO$_4$		5,97	10,43	7,81
Sr$_2$SiO$_4$		5,59	9,66	7,26
Tl$_2$CrO$_4$		5,91	10,68	7,80
Tl$_2$SO$_4$		6,02	10,68	7,81
		5,92*	10,66	7,80

* Lit. Naturw. 1960.

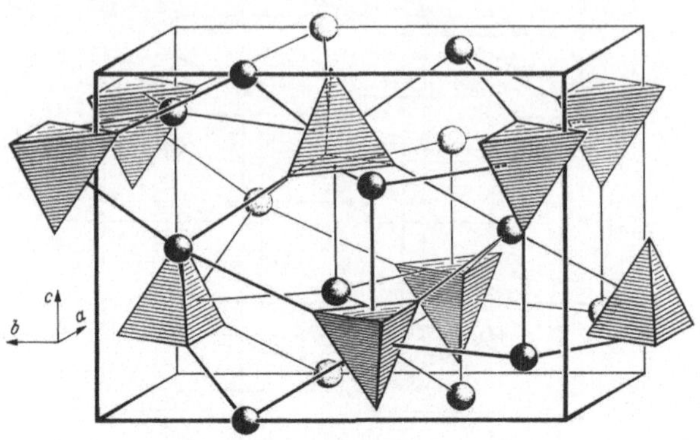

Abb. 105. H 1₆-Typ. β-K₂SO₄. Kleine Kugeln = K, SO₄-Gruppe = schraffierte Tetraeder. Das S-Atom ist in der Mitte der regulären Tetraeder zu denken, die O-Atome an den Ecken der Tetraeder

H 1₇-Typ = Na_2SO_4-Typ *F d d d* D_{2h}^{24} $M = 8$.

In dem Gittergerüst sind die Na-Atome ziemlich gleichmäßig zwischen 5 SO₄-Gruppen angeordnet. Die Abstände Na⋯O zu 6 O-Atomen dieser 5 SO₄-Gruppen unterscheiden sich sehr wenig.

Koordination: $d_{S\cdots O}^4 = 1{,}49$; $d_{Na\cdots O}^{16} = 2{,}32—2{,}48$.

(s. Abb. 106)

Verb.	Bem.	a	b	c
Ag_2SO_4		5,82	12,65	10,25
Ag_2SeO_4		6,07	12,82	10,21
Na_2SO_4	Thenardit	5,8	12,3	9,8

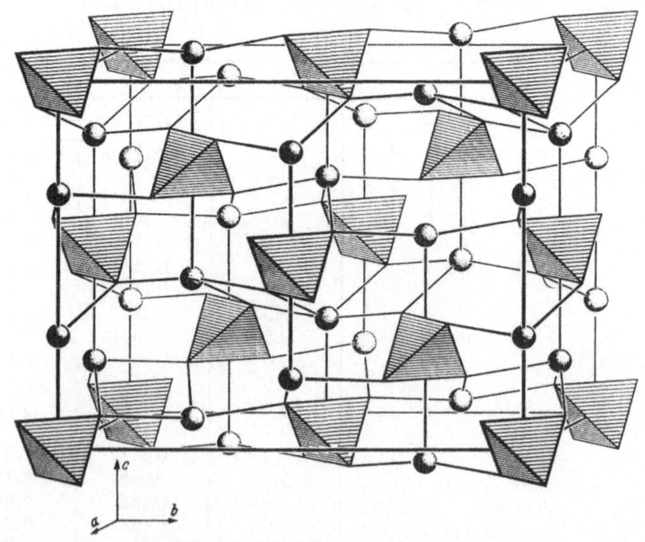

Abb. 106. H 1₇-Typ. Na₂SO₄. Kleine Kugeln = Na. Schraffierte Tetraeder = SO₄-Gruppe. Das S-Atom ist in der Mitte des Tetraeders zu denken, die O-Atome an den Ecken der Tetraeder

$H\,2_2$-Typ $= KH_2PO_4$-Typ $I\bar{4}\,2\,d$ D_{2d}^{12} $M = 4$.

Die Struktur hat große Ähnlichkeit mit dem Zirkon-Typ ($S\,1_1$), sofern von den H-Atomen abgesehen wird. Die PO_4-Tetraeder sind jedoch in die Länge gezogen.

Koordination: $d_{P\ldots O}^4 = 1{,}42$; $d_{K\ldots O}^8 : d_{K\ldots O}^4 = 2{,}48$; $d'^4_{K\ldots O} = 2{,}69$.

Verb.	Bem.	a	c
CsH_2PO_4	$b = 6{,}38$	4,91	15,06
KH_2PO_4	über $-151°C$	7,43	6,94
$(NH_4)H_2PO_4$		7,51	7,53
RbH_2PO_4		7,58	7,28

$H\,3_2$-Typ $= KAl(SO_4)_2$-Typ (wasserfreie Aläune) $C\,3\,2$ D_3^2 $M = 1$.

Verb.	Bem.	a	c
$KAl(SO_4)_2$		4,71	7,96
$KCr(SO_4)_2$		4,74	8,03
$NH_4Al(SO_4)_2$		4,72	8,23
$NH_4Fe(SO_4)_2$		4,83	8,31

$H\,4_1$-Typ $= K_2CuCl_4$-Typ $P\,4/mnm$ D_{4h}^{14} $M = 2$.

Verb.	Bem.	a	c
$K_2CuCl_4 \cdot 2H_2O$		7,45	7,88
$(NH_4)_2CuBr_4 \cdot 2H_2O$		7,98	8,41
$(NH_4)_2CuCl_4 \cdot 2H_2O$		7,81	8,00
$Rb_2CuCl_4 \cdot 2H_2O$		7,81	8,00

$H\,4_4$-Typ $= (NH_4)_2Mg(SO_4)_2 \cdot 6H_2O$-Typ $P\,2_1/a$ C_{2h}^5 $M = 2$.

Das Mg-Atom ist oktaedrisch von 6 H_2O-Molekeln umgeben. Die SO_4-Gruppe bildet fast reguläre Tetraeder. Die NH_4-Gruppen sind je mit 4 SO_4-Tetraedern und 2 $Mg(H_2O)_6$-Oktaedern verbunden.

Koordination: $d_{S\ldots O}^4 = 1{,}60$; $d_{Mg\ldots H_2O}^6 = 1{,}85-2{,}14$; $d_{NH_4\ldots O}^6 = 2{,}69-2{,}92$; $d_{NH_4\ldots H_2O}^8 = 2{,}63-3{,}27$.

Verb.	Bem.	a	b	c	β
$K_2Mg(SO_4)_2 \cdot 6H_2O$		9,04	12,24	6,10	104,8
$(NH_4)_2Cd(SO_4)_2 \cdot 6H_2O$		9,35	12,71	6,27	106,7
$(NH_4)_2Fe(SO_4)_2 \cdot 6H_2O$		9,28	12,57	6,22	106,8
$(NH_4)_2Mg(SO_4)_2 \cdot 6H_2O$		9,28	12,57	6,20	107,1
$(NH_4)_2Ni(BeF_4)_2 \cdot 6H_2O$		9,04	12,31	6,04	106,7
$(NH_4)_2Ni(SO_4)_2 \cdot 6H_2O$		8,98	12,22	6,10	107,1
$(NH_4)_2Zn(SO_4)_2 \cdot 6H_2O$		9,21	12,48	6,23	106,9
$Tl_2Mg(SO_4)_2 \cdot 6H_2O$		9,22	12,42	6,19	106,5

$H4_6$-Typ $= CaSO_4 \cdot 2H_2O$-(Gips)Typ $C2/c$ C_{2h}^6 $M = 4$.

Gips bildet ein Schichtengitter. Ca-Atome und SO_4-Gruppen bilden Schichtenpakete, die durch H_2O-Schichten voneinander getrennt werden. Koordination: $d_{Ca\ldots O}^6 = 2{,}38 - 2{,}59$; $d_{Ca\ldots H_2O}^2 = d_{H_2O\ldots Ca}^1 = 2{,}44$; $d_{S\ldots O}^4 = 1{,}49$; $d_{H_2O\ldots O}^2 = 2{,}70$ und $2{,}71$.   (s. Abb. 107)

Verb.	Bem.	a	b	c	β
$CaPO_4H \cdot 2H_2O$		10,5	15,2	6,3	95,3
$CaSO_4 \cdot 2H_2O$		10,47	15,15	6,28	99,0
$YPO_4 \cdot 2H_2O$		6,48	15,12	6,28	129,4

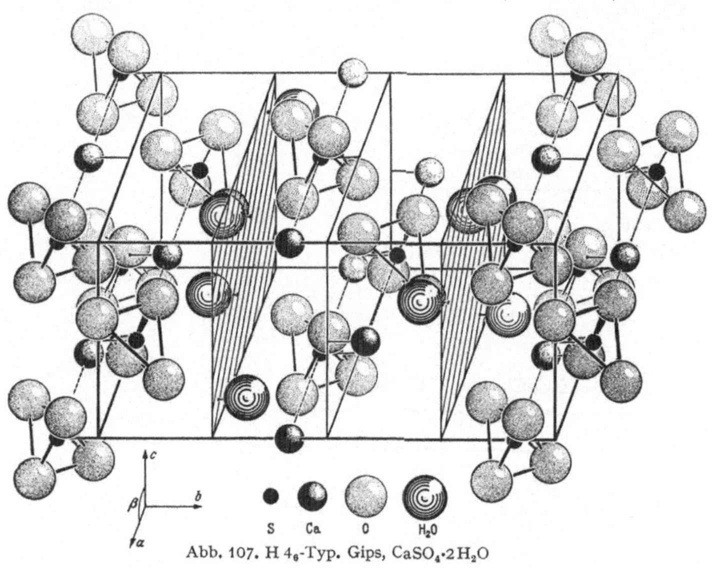

Abb. 107. $H4_6$-Typ. Gips, $CaSO_4 \cdot 2H_2O$

$H4_{10}$-Typ $= CuSO_4 \cdot 5H_2O$-Typ $P\bar{1}$ C_i^1 $M = 2$.

Cu ist oktaedrisch (verzerrt) von 4 H_2O-Molekeln und 2 O-Atomen umgeben, S tetraedrisch von 4 O-Atomen. Außer diesen Bausteinen der Struktur sind noch H_2O-Molekeln vorhanden, die nur von O und H_2O koordiniert sind.

Verb.	Bem.	a	b	c	β
$CuSO_4 \cdot 5H_2O$		6,12	10,70	5,97	107,4

$H4_{11}$-Typ $= Mg(ClO_4)_2 \cdot 6H_2O$-Typ Pmn C_{2v}^7 $M = 2$.

Verb.	Bem.	a	b	c
$Cd(ClO_4)_2 \cdot 6H_2O$	ps. hex.	15,59	—	5,30
$Co(ClO_4)_2 \cdot 6H_2O$	ps. hex.	15,52	—	5,20
$Fe(ClO_4)_2 \cdot 6H_2O$	ps. hex.	15,58	—	5,24
$Mg(ClO_4)_2 \cdot 6H_2O$		7,76	13,46	5,26
$Mn(ClO_4)_2 \cdot 6H_2O$	ps. hex.	15,70	—	5,30
$Ni(ClO_4)_2 \cdot 6H_2O$	ps. hex.	15,46	—	5,17
$Zn(ClO_4)_2 \cdot 6H_2O$	ps. hex.	15,52	—	5,20

$H\,4_{12}$-Typ $=$ $NiSO_4 \cdot 7\,H_2O$-Typ $P2_1\,2_1\,2_1$ D_2^4 $M = 4$.

Ni ist von 6 H_2O-Molekeln oktaedrisch umgeben, S von 4 O tetraedrisch. Außerdem findet sich ein weiteres H_2O-Molekel in allgemeiner Lage.

Verb.	Bem.	a	b	c
$MgCrO_4 \cdot 7\,H_2O$		11,89	12,01	6,89
$NiSO_4 \cdot 7\,H_2O$		11,8	12,0	6,8
$ZnSO_4 \cdot 7\,H_2O$		11,85	12,09	6,83

$H\,4_{13}$-Typ $=$ $KAl(SO_4)_2 \cdot 12\,H_2O$-Typ ($\alpha$-Alaun) $Pa3$ T_h^6 $M = 4$.

Bauelemente der Struktur sind $Al(H_2O)_6$-Oktaeder, sehr verzerrte $K(H_2O)_6$-Oktaeder und SO_4-Tetraeder. Dabei bilden die Al- und K-Atome ein Steinsalzgitter (B1-Typ). Die SO_4-Gruppen liegen in der Mitte jedes $\frac{1}{8}$ Würfels der Zelle. Die H_2O-Molekeln der Oktaeder sind mit einer Bindung an Al bzw. K gebunden, die anderen Bindungen führen zu H_2O-Molekeln und O-Atomen.

Koordination: $d_{Al\cdots H_2O}^6 = 1,98$; $d_{K\cdots H_2O}^6 = 2,94$; $d_{S\cdots O}^4 = 1,47-1,54$.

Verb.	Bem.	a
$CsCr(SO_4)_2 \cdot 12\,H_2O$		12,38
$KAl(SO_4)_2 \cdot 12\,H_2O$		12,13
$KAl(SeO_4)_2 \cdot 12\,H_2O$		12,35
$KCr(SO_4)_2 \cdot 12\,H_2O$		12,2
$KGa(SO_4)_2 \cdot 12\,H_2O$		12,22
$(NH_4)Al(SO_4)_2 \cdot 12\,H_2O$		12,22
$(NH_4)Cr(SO_4)_2 \cdot 12\,H_2O$		12,25
$(NH_4)Fe(SO_4)_2 \cdot 12\,H_2O$		12,3
$(NH_4)Ga(SO_4)_2 \cdot 12\,H_2O$		12,26
$RbAl(SO_4)_2 \cdot 12\,H_2O$		12,22
$RbCr(SO_4)_2 \cdot 12\,H_2O$		12,26
$RbGa(SO_4)_2 \cdot 12\,H_2O$		12,27
$TlAl(SO_4)_2 \cdot 12\,H_2O$		12,21

$H\,4_{14}$-Typ $=$ $(NH_3CH_3)Al(SO_4)_2 \cdot 12\,H_2O$-Typ ($\beta$-Alaun) $Pa3$ T_h^6 $M = 4$.

Durch Vergrößerung des einwertigen Ions sind die Koordinationsverhältnisse gegenüber dem $H\,4_{13}$-Typ etwas verändert.

Verb.	Bem.	a
$CsAl(SO_4)_2 \cdot 12\,H_2O$		12,33
$CsGa(SO_4)_2 \cdot 12\,H_2O$		12,40
$(NH_3CH_3)Al(SO_4)_2 \cdot 12\,H_2O$	β,	12,48
$TlCr(SO_4)_2 \cdot 12\,H_2O$		12,24
$TlGa(SO_4)_2 \cdot 12\,H_2O$		12,25

$H\,4_{15}$-Typ $=$ NaAl$(SO_4)_2 \cdot 12\,H_2O$-Typ (γ-Alaun) $Pa3$ T_h^6 $M=4$.

Es besteht gegenüber dem α-Alaun $(H\,4_{13}$-Typ) etwas andere Orientierung, besonders bei den SO_4-Tetraedern.

Verb.	Bem.	a
CsRh$(SO_4)_2 \cdot 12\,H_2O$		12,30
NaAl$(SO_4)_2 \cdot 12\,H_2O$		12,19

$H\,4_{18}$-Typ $=$ LiClO$_4 \cdot 3\,H_2O$-Typ $C6mc$ C_{6v}^4 $M=2$.

Bauelemente der Struktur sind Li$(H_2O)_6$-Oktaeder und ClO$_4$-Tetraeder.

Verb.	Bem.	a	c
Ba$(ClO_4)_2 \cdot 3\,H_2O$	ähnlich	7,28	9,64
LiClO$_4 \cdot 3\,H_2O$		7,71	5,42
Li J $\cdot 3\,H_2O$	ähnlich	7,45	5,45
LiMnO$_4 \cdot 3\,H_2O$		7,78	5,39

$H\,5_7$-Typ $=$ Ca$_5$(Cl, F, OH) $(PO_4)_3$-(Apatit)-Typ $C6_3m$ C_{6h}^2 $M=2$.

Die Struktur zeigt folgende Koordinationen: P ist tetraedrisch von vier O-Atomen umgeben, Ca$_I$ von 9 O-Atomen, Ca$_{II}$ von 6 O-Atomen und 1 — 2 Halogenatomen.

Verb.	Bem.	a	c
Ba$_5(PO_4)_3$(OH)		10,19	7,70
Ca$_5(AsO_4)_3$F	Svabit	9,7	6,95
Ca$_8$Na$_2(PO_4)_4(SO_4)_2$F$_2$		9,52	6,90
Ca$_4$Na$_6(SO_4)_6$F$_2$		9,52	7,02
Ca$_9$Na$_2$(SiO$_4$)(PO$_4)_4$(SO$_4$)F$_2$		9,39	6,89
Ca$_5(PO_4)_3$Cl	Chlorapatit	9,52	6,85
Ca$_5(PO_4)_3$(Cl, F)	Apatit	9,4	6,9
Ca$_5(PO_4)_3$F	Fluorapatit	9,36	6,88
Ca$_5(PO_4)_3$(OH)	Hydroxylapatit	9,40	6,92
Ca$_9(PO_4)_6 \cdot 2\,H_2O$	Wasserapatit	9,25	6,88
Ca$_{10}$(SiO$_4$)(PO$_4)_4$(SO$_4$)F$_2$		9,45	6,96
Ca$_5$(SiO$_4$, PO$_4$, SO$_4)_3$(F, OH)	Wilkeit	9,48	6,91
Ca$_{10}$(SiO$_4$)(PO$_4)_4$(SO$_4$)(OH)$_2$		9,44	6,96
Ca$_{10}$(SiO$_4$)(SO$_4)_3$(F, OH)$_2$	Ellestadit	9,53	6,91
Cd$_5(PO_4)_6$F$_2$Ca$_5$		9,12	6,71
Cd$(PO_4)_6$F$_2$Ca		9,36	6,88
Pb$_9(AsO_4)_6$		10,02	7,37
Pb$_5(AsO_4)_3$Cl	Mimetosit	10,4	7,5
Pb$_5$Ca$_5(PO_4)_6$(OH)$_2$		9,62	7,08
Pb$_5$Cl(VO$_4)_3$	Vanadinit	10,3 — 10,5	7,3 — 7,4
Pb$_5(PO_4)_3$(Cl, F)	Pyromorphit	9,95	7,32
Pb$_5(PO_4)_2$(OH)		9,90	7,29

I 1_1-Typ $=$ K$_2$PtCl$_6$-Typ $\quad Fm\,3m \quad O_h^5 \quad M = 4$.

Bauelemente der Struktur sind PtCl$_6$-Gruppen und K-Atome. Die Pt- und K-Atome bilden ein CaF$_2$-Gitter (C1-Typ).

Koordination: $d^6_{\mathrm{Pt\ldots Cl}} = 2,3$; $d^{12}_{\mathrm{K\ldots Cl}} = 3,44$.

(s. Abb. 108)

Verb.	Bem.	a
[Ca(NH$_3$)$_6$]Br$_2$		10,71
[Ca(NH$_3$)$_6$]J$_2$		11,24
[Cd(NH$_3$)$_6$](BF$_4$)$_2$		11,38
[Cd(NH$_3$)$_6$]Br$_2$		11,54
[Cd(NH$_3$)$_6$](ClO$_4$)$_2$		11,59
[Cd(NH$_3$)$_6$]J$_2$		11,04
[Cd(NH$_3$)$_6$](SO$_3$F)$_2$		11,62
[Co(NH$_3$)$_6$](BF$_4$)$_2$		11,3
[Co(NH$_3$)$_6$]Br$_2$		10,39
[Co(NH$_3$)$_6$]Cl$_2$		10,10
[Co(NH$_3$)$_6$](ClO$_4$)$_2$		11,45
[Co(NH$_3$)$_6$]J$_2$		10,9
[Co(NH$_2$CH$_3$)$_6$]J$_2$		12,05
[Co(NH$_3$)$_6$](PF$_6$)$_2$		11,94
[Co(NH$_3$)$_6$](SO$_3$F)$_2$		11,49
[Co(NH$_3$)$_6$](SO$_4$)Br		10,51
[Co(NH$_3$)$_5$H$_2$O](SO$_4$)Br		10,45
[Co(NH$_3$)$_6$](SeO$_4$)Br		10,63
[Co(NH$_3$)$_6$](SO$_4$)(ClO$_4$)		10,95
[Co(NH$_3$)$_6$](SeO$_4$)J		10,79
[Co(NH$_3$)$_5$H$_2$O](SO$_4$)(ClO$_4$)		10,89
[Co(NH$_3$)$_6$](SO$_4$)J		10,71
[Co(NH$_3$)$_5$H$_2$O](SO$_4$)J		10,62
[Cr(NH$_3$)$_5$H$_2$O](SO$_4$)Br		10,54
Cs$_2$GeCl$_6$		10,21
Cs$_2$GeF$_6$		8,99
Cs$_2$PbCl$_6$		10,42
Cs$_2$PdBr$_6$		10,64
Cs$_2$PdCl$_6$		10,16
Cs$_2$PtBr$_6$		10,65
Cs$_2$PtCl$_6$		10,2
Cs$_2$SeCl$_6$		10,27
Cs$_2$SiF$_6$		8,88
Cs$_2$SnBr$_6$		10,8
Cs$_2$SnCl$_6$		10,35
Cs$_2$SnJ$_6$		11,63
Cs$_2$TeCl$_6$		10,45
Cs$_2$TiCl$_6$		10,22
Cs$_2$ZrCl$_6$		10,41
[Cu(NH$_3$)$_6$]Br$_2$		10,30
[Cu(NH$_3$)$_6$]J$_2$		10,72
Fe(BF$_4$)$_2 \cdot$ 6NH$_3$		11,34
[Fe(NH$_3$)$_6$]Br$_2$		10,47
[Fe(NH$_3$)$_6$]Cl$_2$		10,15
[Fe(NH$_3$)$_6$](ClO$_4$)$_2$		11,52
[Fe(NH$_3$)$_6$]J$_2$		10,97
Fe(SO$_3$F)$_2 \cdot$ 6NH$_3$		11,54

Verb.	Bem.	a
K_2OsBr_6		10,30
K_2OsCl_6		9,73
K_2PdBr_6		9,92
K_2PdCl_6		9,74
K_2PtBr_6		10,4
K_2PtCl_6		9,73
K_2ReBr_6		10,44
K_2ReCl_6		9,86
K_2SeBr_6		10,36
K_2SiF_6		8,17
K_2SnBr_6	$c = 10,61$	10,51
K_2SnCl_6		9,98
$Mg(BF_4)_2 \cdot 6NH_3$		11,34
$Mg(ClO_4)_2 \cdot 6NH_3$		11,53
$[Mg(NH_3)_6]Br_2$		10,47
$[Mg(NH_3)_6]J_2$		10,98
$Mn(BF_4)_2 \cdot 6NH_3$		11,37
$[Mn(NH_3)_6]Br_2$		10,52
$[Mn(NH_3)_6]Cl_2$		10,80
$[Mn(NH_3)_6](ClO_4)_2$		11,58
$[Mn(NH_3)_6]J_2$		11,04
$Mn(SO_3F)_2 \cdot 6NH_3$		11,59
$(NH_4)_2IrCl_6$		9,87
$(NH_4)_2PbCl_6$		10,14
$(NH_4)_2PdBr_6$		9,95
$(NH_4)_2PdCl_6$		9,81
$(NH_4)_2PtCl_6$		9,83
$(NH_4)_2SbBr_6$		10,67
$(NH_4)_2SeBr_6$		10,46
$(NH_4)_2SeCl_6$		9,94
$(NH_4)_2SiF_6$		8,34
$(NH_4)_2SnBr_6$		10,57
$(NH_4)_2SnCl_6$		10,04
$(NH_4)_2TeCl_6$		10,18
$(NH_4)_2[VF_5H_2O]$		8,42
$[Ni(NH_3)_6](BF_4)_2$		11,27
$[Ni(NH_3)_6]Br_2$		10,4
$[Ni(NH_3)_6]Cl_2$		10,1
$[Ni(NH_3)_6](ClO_4)_2$		11,4
$[Ni(NH_3)_6]J_2$		10,9
$[Ni(NH_2CH_3)_6]J_2$		12,03
$[Ni(NH_3)_6](NO_3)_2$		10,96
$[Ni(NH_3)_6](PF_6)_2$		11,91
$[Ni(NH_3)_6](SO_3F)_2$		11,47
$Pb_2[Ni(NO_2)_6]$		10,55
$Rb_2[CrF_5H_2O]$		8,38
Rb_2PbCl_6		10,20
Rb_2PdBr_6		10,25
Rb_2PdCl_6		10,0
Rb_2PtCl_6		9,88
Rb_2SbBr_6		10,67
Rb_2SbCl_6		10,18
Rb_2SeCl_6		9,98
Rb_2SiF_6		8,45

Verb.	Bem.	a
Rb_2SnBr_6		10,6
Rb_2SnCl_6		10,10
Rb_2SnJ_6		11,60
Rb_2TeCl_6		10,23
Rb_2TiCl_6		9,92
$Rb_2[VF_5H_2O]$		8,42
Rb_2ZrCl_6		10,18
$Tl_2[CrF_5H_2O]$		8,41
Tl_2PtCl_6		9,76
Tl_2SiF_6		8,56—8,60
Tl_2SnCl_6		9,97
Tl_2TeCl_6		10,11
$Tl_2[VF_5H_2O]$		8,45
$[Zn(NH_3)_6]Br_2$		10,46
$[Zn(NH_3)_6](ClO_4)_2$		10,25
$[Zn(NH_3)_6]J_2$		10,96

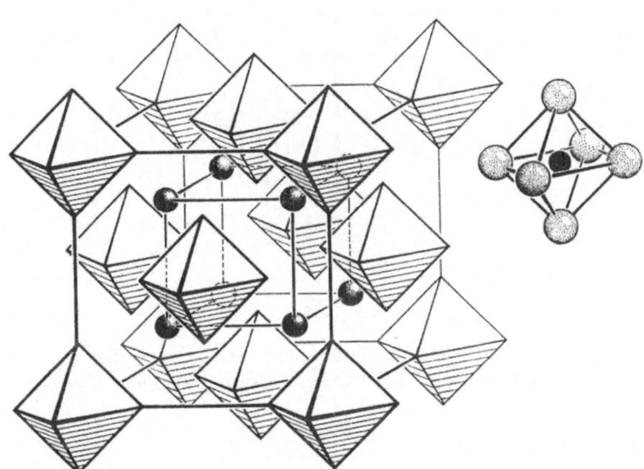

Abb. 108. I 1_1-Typ. K_2PtCl_6. Kleine Kugeln = K. Oktaeder = $PtCl_6$-Gruppe. Die Anordnung der $PtCl_6$-Gruppe ist in der Nebenzeichnung dargestellt

I 1_3-Typ = $K_2Pt(SCN)_6$-Typ $\quad P\bar{3}m \quad D_{3d}^1 \quad M = 1.$

Bauelemente der Struktur sind K-Ionen und $Pt(SCN)_6$-Gruppen, in denen das Pt-Atom von 6 (SCN) oktaedrisch umgeben ist. Auch das K hat 6 (SCN)-Nachbarn, die ein trigonales Prisma bilden.

Verb.	Bem.	a	c	Verb.	Bem.	a	c
$K_2Pt(SCN)_6$		6,73	10,26	$Rb_2Pt(SCN)_6$		6,75	10,47
$(NH_4)_2Pt(SCN)_6$		6,77	10,45				

Sehr ähnlich, aber in der Raumgruppe $D_3^2 - C32$ kristallisieren:

Verb.	Bem.	a	c
$[Ba(H_2O)_6]J_2$		8,9	4,6
$[Ca(H_2O)_6]Br_2$		7,92	3,97
$[Ca(H_2O)_6]Cl_2$		7,86	3,87
$[Ca(H_2O)_6]J_2$		8,4	4,25
$[Sr(H_2O)_6]Br_2$		8,21	4,15
$[Sr(H_2O)_6]Cl_2$		7,9	4,1
$[Sr(H_2O)_6]J_2$		8,51	4,29

$I2_1$-Typ $= (NH_4)_3AlF_6$-Typ $Fm\,3m$ O_h^5 $M = 4$.

Das Gitter kann auf den K_2PtCl_6-Typ ($I1_1$) zurückgeführt werden durch Ersatz von $PtCl_6$ durch AlF_6 und K_2 durch $(NH_4)_2$. Die dritte (NH_4)-Gruppe bildet ebenfalls ein flächenzentriertes Gitter, dessen Nullpunkt in $\frac{1}{2}\,\frac{1}{2}\,\frac{1}{2}$ liegt.

Verb.	Bem.	a	Verb.	Bem.	a
$[Co(NH_3)_6](ClO_4)_3$		11,38	$(NH_4)_3AlF_6$		8,90
$[Co(NH_3)_6]J_3$		10,88	$(NH_4)_3CrF_6$		9,01
$[Cr(NH_3)_6](ClO_4)_3$		11,55	$(NH_4)_3FeF_6$		9,2
			$(NH_4)_3VF_6$		9,04

$I2_4$-Typ $= K_3[Co(NO_2)_6]$-Typ $Fm\,3$ T_h^3 $M = 4$.

Enge Beziehung besteht zum $I2_1$-Typ. Das AlF_6-Oktaeder ist durch die $Co(NO_2)_6$-Gruppe zu ersetzen. Dadurch vermindert sich die Symmetrie von O_h^5 auf T_h^3.

(s. Abb. 109)

Verb.	Bem.	a	Verb.	Bem.	a
$AgCs_2[Bi(NO_2)_6]$		11,19	$LiCs_2[Bi(NO_2)_6]$		10,94
$AgCs_2[Co(NO_2)_6]$		10,62	$LiK_2[Bi(NO_2)_6]$		10,54
$AgK_2[Bi(NO_2)_6]$		10,95	$Li(NH_4)_2[Bi(NO_2)_6]$		10,63
$AgK_2[Co(NO_2)_6]$		10,26	$LiRb_2[Bi(NO_2)_6]$		10,59
$Ag(NH_4)_2[Bi(NO_2)_6]$		11,10	$LiTl_2[Bi(NO_2)_6]$		10,64
$Ag(NH_4)_2[Co(NO_2)_6]$		10,33	$NaCs_2[Bi(NO_2)_6]$		11,15
$AgRb_2[Bi(NO_2)_6]$		11,05	$NaK_2[Bi(NO_2)_6]$		10,88
$AgRb_2[Co(NO_2)_6]$		10,41	$Na(NH_4)_2[Bi(NO_2)_6]$		10,99
$AgTl_2[Bi(NO_2)_6]$		11,06	$Na(NH_4)_2[Rh(NO_2)_6]$		10,52
$CaK_2[Ni(NO_2)_6]$		10,34	$NaRb_2[Bi(NO_2)_6]$		10,98
$Cs_3[Bi(NO_2)_6]$		11,19	$NaTl_2[Bi(NO_2)_6]$		11,01
$K_3[Co(NO_2)_6]$		10,4	$(NH_4)_3[Co(NO_2)_6]$		10,78
$K_4[Ni(NO_2)_6]$		10,49	$Tl_2[AgCo(NO_2)_6]$		10,39
$K_2Pb[Cu(NO_2)_6]$		10,65			

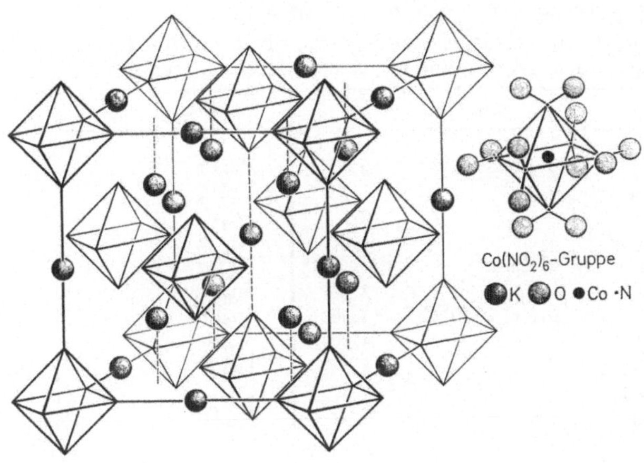

Abb. 109. I 2₄-Typ. K₃[CO(NO₂)₆]. Die Abbildung stellt außerdem den I 2₁-Typ dar (in diesem Fall Kugeln = (NH₄)-Gruppe, Oktaeder = AlF₆-Gruppe

L 1₀-Typ = AuCu-Typ $P4/mmm$ D_{4h}^1 $A = 4$.

Tetragonal deformierter A 1-Typ mit geordneter Verteilung der Cu- und Au-Atome in der Art, daß abwechselnd Cu- und Au-Schichten aufeinanderfolgen.

Leg.	Bem.	a	c
AuCu		3,98	3,72
BiLi	α	4,75	4,25
BiNa		4,90	4,80
CdPd		4,31	3,65
CdPt		4,24	3,91
InMg		3,24	4,38
PdFe	25 At % Pd	3,85	3,72
~ZnNi	β_1	2,73 − 2,75	3,17 − 3,21
~ZnPd		4,09	3,34
ZnPt		4,04	3,50

L 1₁-Typ = PtCu-Typ (rhomboedrisch) $R\bar{3}m$ D_{3d}^5 $M = 32$.

Rhomboedrisch deformierter A 1-Typ mit geordneter Verteilung der Cu- und Pt-Atome in der Art, daß abwechselnd Cu- und Pt-Schichten aufeinanderfolgen.

Leg.	Bem.	a	β
CuPt		7,56	90,9

L 1_2-Typ = AuCu$_3$-Typ $Pm\,3m$ O_h^1 $M = 4$.

Von den vier einfach kubischen Gittern, die das kubisch flächenzentrierte Gitter aufbauen, ist das eine mit Au, die drei anderen mit Cu besetzt.

Leg.	Bem.	a	Leg.	Bem.	a
~AgPt$_3$	γ-Phase	3,88	Pb$_3$Pr		4,86
AuCu$_3$		3,75	PbPt$_3$		4,04
~Cu$_3$Pd		3,7	Pd$_3$Fe		3,84
In$_3$Mg		4,60	Sn$_3$Ca		4,73
Ni$_3$Al	α'-Phase	3,56–3,58	Sn$_3$Ce		4,71
Ni$_3$Fe		3,54	Sn$_3$La		4,77
Ni$_3$Si	β_1, < 1040°C	3,50	Sn$_3$Pr		4,70
Pb$_3$Ce		4,86	Sn$_3$U		4,62
Pb$_3$La		4,89	Tl$_3$Ca		4,79
~Pb$_5$Na$_2$		4,87	UAl$_3$		4,28
PbPd$_3$		4,01	Zn$_3$Ti		3,02

L$'2$ = L$'2$0-Typ.

Martensit-(α-Fe+C)-Typ D_{4h}^{17} $I\,4/mmm$ $M = 2$.

Fe bildet ein tetragonales raumzentriertes Gitter; die C-Atome besetzen die Punktlagen $\frac{1}{2}\,\frac{1}{2}\,0$, $0\,0\,\frac{1}{2}$. Diese Punktlagen sind jedoch in Abhängigkeit von der Konzentration des Kohlenstoffes nur teilweise besetzt (bei max. 6% At.-% C sind 10—12% der verfügbaren Plätze besetzt). Das Achsenverhältnis c/a ändert sich angenähert linear mit der C-Konzentration.

(s. Abb. 110)

Substanzentabelle:

NbH (kubisch) | TaH, γ- | Fe + C, Martensit.

SO$_1$-Typ = Al$_2$[SiO$_4$ · O]-(Disthen-)Typ $P1$ C_i^1 $M = 4$.

Inselsilikat. Die SiO$_4$-Tetraeder sind nur durch die Al-Atome miteinander verknüpft. Jedes O-Atom der SiO$_4$-Gruppe gehört außerdem zu einem AlO$_6$-Oktaeder. Die AlO$_6$-Oktaeder haben Ecken und z. T. Kanten gemeinsam. Es entstehen durch die Kantenverknüpfung zusammenhängende Schichten. Die O-Atome bilden angenähert eine kubisch dichteste Kugelpackung.

Koordination: $d_{Si\ldots O}^4 = 1{,}55 - 1{,}70$; $d_{Al\ldots O}^6 = 1{,}95 - 2{,}15$.

Verb.	Bem.	a	b	c	β
Al$_2$O$_3$ · SiO$_2$	Disthen	7,1	7,7	5,6	101,0

SO$_2$-Typ = Al$_2$[SiO$_4$/O]-(Andalusit-)Typ $Pnnm$ D_{2h}^{12} $M = 4$.

Inselstruktur. Die Hälfte der Al-Atome ist von 6 O-Atomen umgeben, der Rest hat Fünferkoordination. Benachbarte AlO$_6$-Gruppen haben gemeinsame Kanten und bilden Ketten. Je zwei AlO$_5$-Gruppen bilden eine Al$_2$O$_8$-Gruppe.

Koordination: $d_{Si\ldots O}^4 = 1{,}53 - 1{,}66$; $d_{Al\ldots O}^6 = 1{,}88 - 2{,}23$; $d_{Al\ldots O}^5 = 1{,}77 - 1{,}90$.

Verb.	Bem.	a	b	c
Al$_2$O$_3$ · SiO$_2$	Andalusit	7,76	7,9	5,56

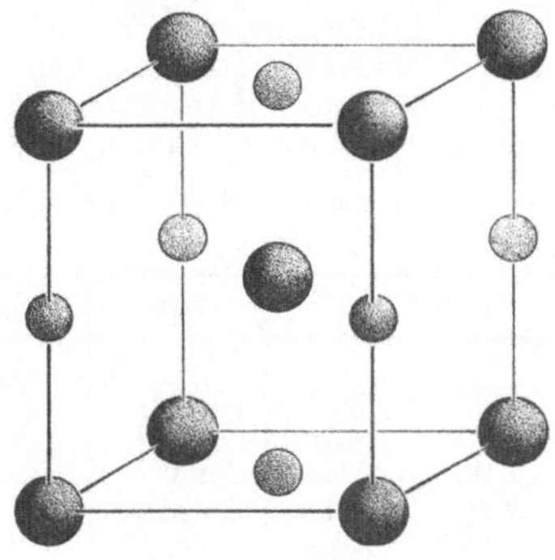

Abb. 110. L'20-Typ. Martensit, α-Fe + C

SO_3-Typ = Al[AlSiO$_5$]-(Sillimanit-)Typ $Pbnm$ D_{2h}^{16} $M = 4$.

Die Si- und Al$_{II}$-Atome sind angenähert tetraedrisch von O-Atomen umgeben. Diese Tetraeder haben nur Ecken gemeinsam. Durch die Verknüpfung mit anderen O-Atomen entstehen Doppelketten. Die Al$_I$-Atome sind von 6 O-Atomen umgeben. Diese AlO$_6$-Gruppen bilden ebenfalls Ketten.

Koordination: $d_{Si\cdots O}^4 = 1{,}59 - 1{,}70$; $d_{Al_I\cdots O}^6 = 1{,}84 - 1{,}86$; $d_{Al_{II}\cdots O}^4 = 1{,}62 - 1{,}70$.

Verb.	Bem.	a	b	c
Al$_2$O$_3$ · SiO$_2$	Sillimanit	7,5	7,7	5,8
3 Al$_2$O$_3$ · 2 SiO$_2$	Mullit	7,5	7,6	5,7

SO_7-Typ = [Mg(F, OH)$_2$] · n Mg$_2$SiO$_4$-Typ.

n = ungerade: $Pmcn$ D_{2h}^{16} $M = 4$.

n = gerade: $P2_1/c$ C_{2h}^5 $M = 2$.

Wie beim Olivin-Typ (S 1$_2$) liegen auch hier angenähert hexagonal dichtest gepackte Anionen vor. Es folgt auf n Schichten des Olivintypus eine Schicht Mg(OH, F)$_2$.

Verb.	Bem.	a	b	c
AlPO$_4$ · 2 H$_2$O	Variscit	9,85	9,55	8,50
FeAsO$_4$ · 2 H$_2$O	Skorodit	8,92	10,30	10,01
FePO$_4$ · 2 H$_2$O	Strengit	8,65	10,06	9,85
1 Mg$_2$SiO$_4$ · Mg(OH, F)$_2$	Norbergit	10,2	4,70	8,72
2 Mg$_2$SiO$_4$ · Mg(OH, F)$_2$	Chondrodit	10,27	4,73	7,87
3 Mg$_2$SiO$_4$ · Mg(OH, F)$_2$	Humit	10,23	4,74	20,86
4 Mg$_2$SiO$_4$ · Mg(OH, F)$_2$	Klinohumit	10,27	4,75	13,68

S 1_1-Typ = $ZrSiO_4$-Typ $I\,4/amd$ D_{4h}^{19} $M = 4$.

Inselstruktur mit SiO_4-Tetraedern. Das Zr-Atom ist von 8 O-Atomen umgeben, von denen je 4 ein deformiertes Tetraeder bilden. Die Struktur zeigt große Ähnlichkeit zum $CaSO_4$-Typ (HO_1).

Koordination: $d_{Zr...O}^4 = 2{,}05$; $d_{Zr...O}^4 = 2{,}41$; $d_{Si...O}^4 = 1{,}62$.

(s. Abb. 111)

Verb.	Bem.	a	c	Verb.	Bem.	a	c
$CaCrO_4$		7,25	6,34	$PrVO_4$		7,29	6,41
$DyVO_4$		7,09	6,27	$SmVO_4$		7,22	6,35
$ErVO_4$		7,06	6,24	$TmVO_4$		7,00	6,21
$EuVO_4$		7,19	6,33	$YAsO_4$		6,89	6,23
$GdVO_4$		7,18	6,30	YPO_4		6,86	6,17
$LuVO_4$		7,00	6,21	YVO_4		7,13	6,18
$NdVO_4$		7,31	6,42	$YbVO_4$		7,02	6,23
				$ZrSiO_4$		6,58	5,93

S 1_2-Typ = $(Mg, Fe, Mn)_2SiO_4$-(Olivin-)Typ $Pmcn$ D_{2h}^{16} $M = 4$.

Angenähert hexagonal dichteste Kugelpackung der O-Atome, deren tetraedrische Lücken z.T. durch Si besetzt sind, so daß SiO_4-Inseln entstehen, die nur durch die Kationen miteinander verbunden sind. Die Mg-Atome sind oktaedrisch von 6 O-Atomen umgeben.

Koordination: $d_{Si...O}^4 = 1{,}81$; $d_{MgI...O}^6 = 2{,}09$; $d_{MgII...O}^6 = 1{,}9$.

Verb.	Bem.	a	b	c
$BeAl_2O_4$	Chrysoberyll	4,42	9,39	5,47
$CaMgSiO_4$	Monticellit	4,82	11,1	6,37
Ca_2SiO_4	γ, $< 675°C$	5,06	11,28	6,78
Fe_2SiO_4	Fayalit	4,80	10,59	6,16
$(Fe, Mg)_2SiO_4$	Olivin	4,77	10,28	6,00
$(Fe, Mn)(PO_4)$	Heterosit	4,76	9,68	5,82
$(Fe, Mn)(PO_4)Li$	Ferrisickerit	4,79	10,09	5,94
$(Fe, Mn)(PO_4)Li$	Triphylin	4,71	10,37	6,04
Li_3PO_4		4,86	10,26	6,07
Mg_2SiO_4	Forsterit	4,76	10,21	5,99
$(Mn, Ca)_2SiO_4$	Glaukochroit	6,49	4,91	11,12
$MnPO_4Na$	Natrophyllit	10,52	6,32	4,97
Mn_2SiO_4	Tephroit	6,22	4,86	10,62
Na_2BeF_4	β,	4,89	10,90	6,56
Ni_2SiO_4		4,71	10,12	5,92

S 1_3-Typ = Be_2SiO_4-(Phenakit-)Typ $R\bar{3}$ C_3^2 $M = 6$.

Si und Be sind tetraedrisch von O-Atomen umgeben. Jedes O-Atom hat 2 Be- und 1 Si-Atom zu Nachbarn.

Verb.	Bem.	a	α	Verb.	Bem.	a	α
Be_2GeO_4		7,89	108,1	Li_2MoO_4		8,8	108,2
Be_2SiO_4	Phenakit	7,68	108,0	Li_2WO_4		8,77	108,2
Li_2BeF_4		8,19	106,3	Zn_2GeO_4		8,78	107,8
				Zn_2SiO_4	Willemit	8,63	107,8

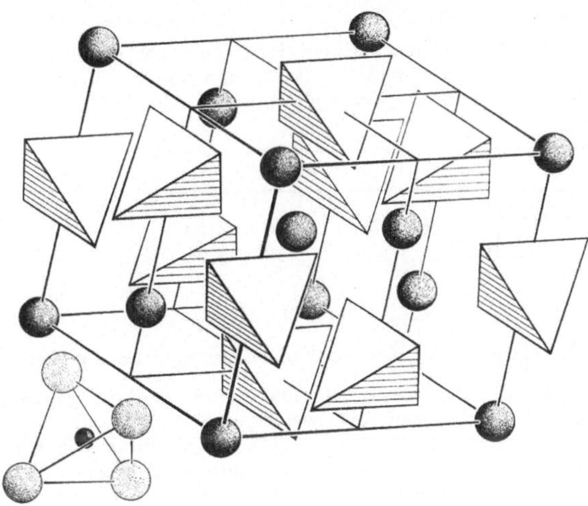

Abb. 111. S 1_1-(Zirkon)-Typ. Dunkle Kugeln = Zr. Die Tetraeder stellen die SiO_4-Gruppe dar

S 4_1-Typ = $CaMgSi_2O_6$-(Diopsid-)Typ　　$C2/c$　C_{2h}^6　$M=4$.

Struktur mit $(SiO_3)\infty$-Ketten. Jedes SiO_4-Tetraeder ist über zwei Eck-atome mit zwei anderen Tetraedern verbunden. Die SiO_3-Ketten werden durch die Ca- und Mg-Atome zusammengehalten, die in Schichten liegen.

Koordination: $d^4_{Si\ldots O} = 1{,}54-1{,}76$; $d^6_{Mg\ldots O} = 2{,}07-2{,}12$; $d^8_{Ca\ldots O} = 2{,}34-2{,}87$.

(s. Abb. 112)

Verb.	Bem.	a	b	c	β
$Al(SiO_3)_2Li$	Spodumen	9,50	8,30	5,24	110,3
$Al(SiO_3)_2Na$	Jadeit	9,5	8,7	5,1	—
$Ca(SiO_3)_2Mg$	Diopsid	9,71	8,89	5,24	74,2
$Ni(SiO_3)_2Ca$		9,67	8,88	5,25	74,2

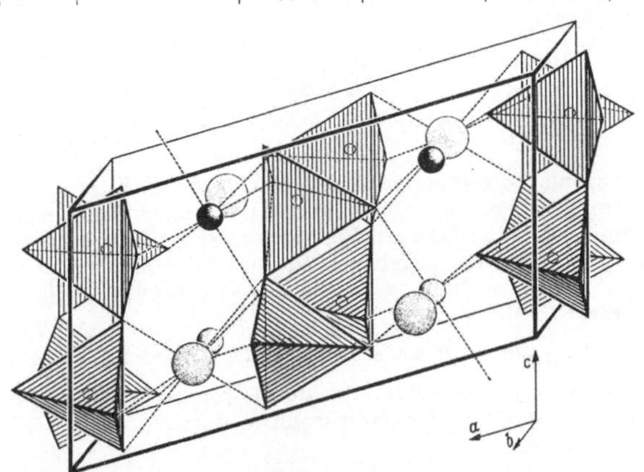

Abb. 112. Diopsid-S 4_1-Typ. Dunkle Kugeln = Mg, punktiert = Ca. Das Si-Atom inmitten der SiO_4-Tetraeder ist angedeutet

S4_3-Typ $=$ MgSiO$_3$-(Enstatit-)Typ   *Pbca* D_{2h}^{15} $M = 16$.

Die Struktur ist der der monoklinen Pyroxene sehr ähnlich. Sie unterscheidet sich von diesen vor allem durch eine relative Verschiebung der (SiO$_3$)∞-Ketten zueinander. Die Mg-Atome haben ebenfalls 6 O-Atome zu Nachbarn.

Verb.	Bem.	a	b	c
(Fe, Mg) SiO$_3$	Hypersthen	18,20	8,86	5,20
MgSiO$_3$	Enstatit	18,18	8,82	5,20

5321. Gitterenergien und Madelungsche Zahlen

Kristallgitter, die aus Ionen aufgebaut sind, besitzen gegenüber den freien Ionen eine Bindungsenergie, welche sich im wesentlichen aus den Coulombschen Potentialen der Ionen ergibt, wenn diese sich bis auf den im Gitter vorliegenden Abstand einander nähern. Hierbei muß natürlich die Wirkung der Übernachbarn gemäß ihrer dem Gittertyp entsprechenden Anzahl berücksichtigt werden. Auch müssen die Abstoßungskräfte und die van der Waalschen Kraftwirkungen in Rechnung gesetzt werden. Meist macht man für die Abstoßungs- und Coulomb-Potentiale zwischen zwei verschiedenen Ionen den Ansatz

$$E_{\text{pot}} = \frac{A}{r^n} - \frac{z_A \, z_K \, e_0^2}{r} \tag{1}$$

wo r der Abstand der Ionen voneinander, z_A und z_K die elektrochemischen Wertigkeiten von Anion und Kation, e_0 die Elementarladung und A eine die Größe der Abstoßungsenergie beschreibende Konstante ist. Der Exponent n des Abstoßungsastes liegt meist in der Größenordnung 10.

Gelegentlich werden auch Potentialansätze benutzt, in denen in Gl. (1) an Stelle von A/r^n ein Exponentialausdruck $A \cdot \exp[-r/r_0]$ gesetzt ist.

Die Aufsummierung der Potentiale (1) für die gesamte Umgebung eines Zentralteilchens und die Umrechnung auf ein Mol ergibt für den Gleichgewichtsabstand r_{gl} einen Ausdruck der Form

$$E_G = - \frac{N_A \, z^2 \, \alpha_G \left(1 - \dfrac{1}{n}\right)}{r_{gl}}, \tag{2}$$

dessen Betrag als Gitterenergie bezeichnet wird. Hier ist α_G ein bei der Aufsummierung über den Gittertyp entstehender Zahlwert von der Größenordnung 1, während z ein Wertigkeitsfaktor (ganze Zahl) ist, denn z_A und z_K stehen bei einem gegebenen Gittertyp in einem festen Verhältnis, so daß das in Gl. (1) enthaltene Produkt $z_A \cdot z_K$ durch ein reines Quadrat z^2 ersetzt werden kann.

Man pflegt α_G die Madelungsche Zahl des Gitters zu nennen.

Der Abstand r_{gl} ergibt sich aus der Forderung, daß E_G für $r = r_{gl}$ ein Extremum besitzt; r_{gl} ist dann gegeben durch

$$r_{gl} = \sqrt[n-1]{\frac{A^* \cdot n}{\alpha_G \cdot z^2}} \tag{3}$$

wo A^* eine durch die Aufsummierung aus A entstehende Zahl ist, die bei genügend großem n der Zahl der nächsten Nachbarn eines Ions (Koordinationszahl) proportional ist. Bei sonst gleichen Kraftverhältnissen ist r_{gl} deshalb noch von der Koordinationszahl abhängig. Bei den Koordinationszahlen 8, 6 und 4 verhalten sich die Gleichgewichtsabstände zwischen sonst gleichen Ionen bei einem $n = 10$ wie $1{,}03_2 : 1{,}000 : 0{,}95_1$. Weil nun die Angaben der Ionenradien aus den experimentell ermittelten r_{gl}-Werten stammen, sind die Zahlwerte einer Tabelle der Ionenradien auf einen bestimmten Gittertyp bezogen; in der Regel ist dies der NaCl-Gittertyp (s. S. 428 *). Wünscht man die Zahlen für ein anderes Gitter zu verwenden, so muß man bei einer Koordinationszahl 8 die Ionenradien um ca. 3% vergrößern und bei einer Koordinationszahl 4 um fast 5% verkleinern.

Um noch genauere Resultate zu erzielen, muß man die Wirkung der van der Waalschen Kräfte berücksichtigen, die vornehmlich bei großen Ionen stark ins Gewicht fallen und deren Einfluß bei Gittern mit höherer Koordinationszahl wiederum größer ist als bei Gittern mit geringerer Koordinationszahl.

Wegen der Nullpunktsenergie ist die Bindung der Ionen im Kristall um $9/8\, R\theta_D$ geringer als der Betrag der Gitterenergie; hier bedeutet θ_D die Debyesche Temperatur (s. Tabelle 377) und R die Gaskonstante.

---

* vergl. dazu die Angaben auf S. 258 f.

Die folgende Tabelle gibt die Werte der Madelungschen Zahlen für verschiedene einfache Ionengitter an. Die Tabelle enthält in der ersten Spalte die Angabe des Gittertyps, in der zweiten den Wert der dimensionslosen Madelungschen Zahl α_G und in der dritten bzw. vierten Spalte den Zahlenwert des Coulombschen Anteils der Gitterenergie in kJ/Mol bzw. kcal/Mol für $z = 1$ und ein Molvolumen von 1 cm³, so daß der Zahlwert der Tabelle zur Errechnung dieses Gitterenergieanteils nur mit $z^2 / \sqrt[3]{V_{\mathrm{mol}}}$ zu multiplizieren ist.

Gittertyp	α_G	Elektrostatische Raumgitterenergie [kJ/Mol] · cm	Elektrostatische Raumgitterenergie [4] [kcal/Mol] · cm
NaCl	1,7476	2581	616,9
CsCl	1,7627	2386	570,3
ZnS	1,6381	2794	667,7
Wurtzit[1]	1,641	2797	668,5
Cuprit	4,1155	8841	2113
Fluorit	5,0388	8594	2054
Rutil[2]	4,816	9079	2170
Anatas[2]	4,800	8954	2140
β-Quarz[3]	4,4394	11242	2687
α-Korund[2]	25,0312	53723	12840
CdJ_2[2]	4,71	7280	1740

[1] Berechnet für ideales Koordinationsgitter.

[2] Berechnet für die zu minimaler elektrostatischer Energie gehörigen Werte der Gitterparameter.

[3] Berechnet für die maximale Gesamtenergie ergebenden Werte der Gitterparameter.

[4] Thermochemische Kalorien.

533. Organische Verbindungen

Formel	Name	Kristall-system	Raumgruppe		Kanten	Winkel, Inhalt
CBr_4	Tetrabrommethan oberhalb 46,91° C	kub.	T_d^1	$P\bar{4}3m$	$a = 5,67$	$Z = 1$
	unterhalb 46,91° C	mkl.	C_{2h}^6	$C2/c$	$a = 12,10$ $b = 3,41$ $c = 10,20$	$\beta = 125° 3'$ $Z = 8$
CCl_2O	Phosgen bei $-160°$ C	tetr.	C_{4h}^6	$I4_1/a$	$a = 15,82$ $c = 5,72$	$Z = 16$
$CHCl_3$ CHJ_3	Chloroform 8 $CHCl_3 \cdot 136\ H_2O$ Jodoform	kub. hex.	O_h^7 C_6^6	$Fd3m$ $P6_3$	$a = 17$ $a = 6,818$ $c = 7,524$	$Z = 8 + 136$ $Z = 2$
CH_2N_2	Cyanamid	orh.	D_{2h}^{15}	$Pbca$	$a = 9,03$ $b = 7,06$ $c = 6,82$	$Z = 8$
CH_2N_4	Tetrazol	orh.	—	—	$a = 5,00$ $b = 5,46$ $c = 3,75$	$Z = 1$
CH_2O_2	Ameisensäure bei $-45°$ C	orh.	C_{2v}^9	Pna	$a = 10,22$ $b = 3,62$ $c = 5,34$	$Z = 4$
CH_3Cl	Monochlormethan bei $-125°$ C	orh.	C_{2v}^{12}	Cmc	$a = 6,495$ $b = 5,139$ $c = 7,523$	$Z = 4$
CH_3NO	Formamid bei $-50°$ C	mkl.	C_{2h}^5	$P2_1/c$	$a = 3,69$ $b = 9,18$ $c = 6,87$	$\beta = 98°$ $Z = 4$
CH_4	Methan bei 13,9° K	kub.	T_d^2	$F\bar{4}3m$	$a = 5,84$	$Z = 4$

Formel	Name	System	Klasse	Raumgruppe	Gitterkonstanten	Z
CH_4N_2O	Harnstoff	tetr.	D_{2d}^3	$P4\bar{2}_1m$	$a = 5{,}661$ $c = 4{,}712$	$Z = 2$
CH_4N_2S	Thioharnstoff	orh.	D_{2h}^{16}	$Pnma$	$a = 5{,}50$ $b = 7{,}68$ $c = 8{,}57$	$Z = 4$
$CH_4N_4O_2$	Nitroguanidin	orh.	C_{2v}^{19}	Fdd	$a = 17{,}47$ $b = 24{,}50$ $c = 3{,}59$	$Z = 16$
CH_4O	Methanol bei 165° K	hex.	—	—	$a = 4{,}44$ $c = 7{,}25$	
	β-Phase oberhalb 157,8 K bei − 110° C	orh.	D_{2h}^{17}	$Cmcm$	$a = 6{,}43$ $b = 7{,}24$ $c = 4{,}67$	$Z = 4$
	α-Phase unterhalb 157,8° K bei − 160° C	mkl.	C_{2h}^2	$P2_1/m$	$a = 4{,}53$ $b = 4{,}69$ $c = 4{,}91$	$\beta = 90°$ $Z = 2$
CH_5N	Methylamin	orh.	D_{2h}^{15}	$Pbca$	$a = 5{,}75$ $b = 6{,}18$ $c = 13{,}61$	$Z = 8$
CH_5N_3	Guanidin Molekel-Verbindung mit HCl 1:1	orh.	D_{2h}^{15}	$Pbca$	$a = 7{,}76$ $b = 9{,}22$ $c = 13{,}6$	$Z = 8$
CJ_4	Tetrajodmethan	kub.	O^3	$P\bar{4}3m$	$a = 5{,}82$	$Z = 1$
CN_4O_8	Tetranitromethan	kub.	T_d^3	$I\bar{4}3m$	$a = 7{,}08$	$Z = 2$
$C_2Br_2Cl_4$	1,2-Dibrom-tetrachloräthan	orh.	D_{2h}^{16}	$Pnma$	$a = 11{,}73$ $b = 10{,}37$ $c = 6{,}50$	$Z = 4$
	1,1-Dibrom-tetrachloräthan	orh.	D_{2h}^{16}	$Pnma$	$a = 11{,}61$ $b = 10{,}35$ $c = 6{,}51$	$Z = 4$
C_2Br_6	Hexabromäthan	orh.	D_{2h}^{16}	$Pnma$	$a = 12{,}00$ $b = 10{,}64$ $c = 6{,}69$	$Z = 4$

Formel	Name	Kristall-system	Raumgruppe		Kanten	Winkel, Inhalt
C_2Cl_6	Hexachloräthan unterhalb 45° C	orh.	D_{2h}^{16}	$Pnma$	$a = 11,56$ $b = 10,18$ $c = 6,42$	$Z = 4$
C_2HCl_3O	Chloralhydrat Trichloracetaldehyd mit 1 H_2O	mkl.	C_{2h}^{4}	$P2/c$	$a = 11,57$ $b = 6,04$ $c = 9,6$	$\beta = 120°\ 7'$ $Z = 4$
C_2H_2	Acetylen bei − 117° C	kub.	T_h^{6}	$Pa3$	$a = 6,14$	$Z = 4$
$C_2H_2O_4$	Oxalsäure α-Form	orh.	D_{2h}^{15}	$Pbca$	$a = 6,456$ $b = 7,847$ $c = 6,086$	$Z = 4$
	β-Form	mkl.	C_{2h}^{5}	$P2_1/c$	$a = 6,12$ $b = 6,09$ $c = 5,51$	$\beta = 106,2°$ $Z = 2$
C_2H_3N	Acetonitril Molekel-Verbindung mit BF_3 1:1	orh.	D_{2h}^{16}	$Pnma$	$a = 7,76$ $b = 7,20$ $c = 8,34$	$Z = 4$
	Molekel-Verbindung mit BCl_3 1:1	orh.	D_{2h}^{16} oder C_{2v}^{9}	$Pnma$ Pna	$a = 8,72$ $b = 7,30$ $c = 10,20$	$Z = 4$
	Molekel-Verbindung mit BBr_3 1:1	orh.	D_{2h}^{16} oder C_{2v}^{9}	$Pnma$ Pna	$a = 8,91$ $b = 7,51$ $c = 10,94$	$Z = 4$
C_2H_4	Äthen bei − 175° C	orh.	D_{2h}^{12}	$Pnnm$	$a = 4,87$ $b = 6,46$ $c = 4,14$	$Z = 2$

$C_2H_4Cl_2$	1,2-Dichloräthan Hochtemperaturmodifikation bei $-50°$ C	mkl.	C_{2h}^5	$P2_1/c$	$a = 5{,}04$ $b = 5{,}56$ $c = 8{,}00$	$\beta = 109{,}5°$ $Z = 2$
	Tieftemperaturmodifikation bei $-140°$ C	mkl.	C_{2h}^5	$P2_1/c$	$a = 4{,}66$ $b = 5{,}42$ $c = 7{,}88$	$\beta = 103{,}5°$ $Z = 2$
$C_2H_4N_2O_2$	Oxalsäurediamid	trikl.	C_1^1	$P1$	$a = 5{,}18$ $b = 3{,}63$ $c = 5{,}65$	$\alpha = 66° \ 5'$ $\beta = 84°$ $\gamma = 64°$ $Z = 1$
			oder C_i^1	$P\bar{1}$	$a = 3{,}61$ $b = 5{,}17$ $c = 5{,}62$	$\alpha = 83° \ 50'$ $\beta = 113° \ 54'$ $\gamma = 115°$ $Z = 1$
$C_2H_4N_2O_3$	Äthylnitrolsäure	orh.	D_2^4	$P2_12_12_1$	$a = 11{,}28$ $b = 8{,}06$ $c = 4{,}85$	$Z = 4$
$C_2H_4N_4$	Dicyandiamid	mkl.	C_{2h}^6	$C2/c$	$a = 15{,}00$ $b = 4{,}44$ $c = 13{,}12$	$\beta\,115° \ 20'$ $Z = 8$
C_2H_5NO	Acetamid	trig.	C_{3h}^6	$R3c$	$a = 8{,}0$	$\alpha = 91° \ 17'$ $Z = 6$
$C_2H_5NO_2$	Aminoessigsäure, Glykokoll Glycin-(α)	mkl.	C_{2h}^5	$P2_1/c$	$a = 5{,}04$ $b = 12{,}1$ $c = 5{,}41$	$\beta = 111° \ 38'$ $Z = 4$
	Glycin-(β)	mkl.	C_s^2	Pc	$a = 5{,}18$ $b = 6{,}18$ $c = 5{,}29$	$\beta = 114° \ 20'$
C_2H_6	Äthan	hex.	D_{6h}^4	$C6/mmc$	$a = 4{,}46$ $c = 8{,}19$	$Z = 2$

Formel	Name	Kristall-system	Raumgruppe		Kanten	Winkel, Inhalt
$C_2H_6J_2Te$	Dimethyltellur-dijodid	mkl.	C_{2h}^5	$P2_1/c$	$a = 12,26$ $b = 21,89$ $c = 9,46$	$\beta = 72°\ 24'$ $Z = 12$
$C_2H_6N_2O$	Methylharnstoff	orh.	D_2^4	$P2_12_12_1$	$a = 6,89$ $b = 6,96$ $c = 8,45$	$Z = 4$
$C_2H_6N_2O_2$	Dimethylnitramin	mkl.	C_{2h}^5	$P2_1/c$	$a = 6,13$ $b = 6,48$ $c = 6,08$	$\beta = 114°\ 33'$ $Z = 2$
C_2J_4	Tetrajodäthylen	mkl.	C_{2h}^5	$P2_1/c$	$a = 15,10$ $b = 4,45$ $c = 13,00$	$\beta = 109°$ $Z = 4$
$C_3H_4N_2$	Methylenaminoacetonitril	orh.	C_{2v}^7	Pmn	$a = 15,20$ $b = 10,21$ $c = 7,02$	$Z = 12$
$C_3H_4O_4$	Malonsäure	orh.	—	—	$a = 8,70$ $b = 11,53$ $c = 17,05$	$Z = 16$
$C_3H_6N_6$	Melamin, Cyanuramid	mkl.	C_{2h}^5	$P2_1/c$	$a = 10,54$ $b = 7,45$ $c = 7,25$	$\beta = 112°\ 2'$ $Z = 4$
$C_3H_6S_3$	Trithioformaldehyd	orh.	C_{2h}^7	Pmn	$a = 7,63$ $b = 7,00$ $c = 5,25$	$Z = 2$
C_3H_7NO	Acetonoxim	hex.	C_{6v}^2	$P6_3/m$	$a = 10,61$ $c = 7,02$	$Z = 6$
$C_3H_7NO_2$	d-Alanin	orh.	D_{2h}^4	$2_12_12_1$	$a = 6,0$ $b = 21,1$ $c = 5,75$	$Z = 4$

$C_3H_7NO_2$	dl-Alanin α-Amino-propionsäure	orh.	C_{2v}^9	Pna	$a = 12,06$ $b = 6,05$ $c = 5,82$	$Z = 4$
$C_3H_7NO_2$	β-Amino-propionsäure	orh.	—	—	$a = 9,86$ $b = 13,81$ $c = 6,09$	$Z = 8$
$C_3H_7NO_3$	2-Amino-3-hydroxy-propionsäure, DL-Serin	mkl.	C_{2h}^5	$P2_1/c$	$a = 10,72$ $b = 9,14$ $c = 4,83$	$\beta = 106° 27'$ $Z = 4$
$C_3H_8N_2O$	Dimethylharnstoff, symm.	orh.	D_{2h}^{13}	P/mmn	$a = 4,53$ $b = 5,14$ $c = 10,92$	$Z = 2$
$C_4H_2O_4$	Acetylendicarbonsäure mit $2 H_2O$	mkl.	C_{2h}^5	$P2_1/c$	$a = 11,05$ $b = 3,86$ $c = 7,98$	$\beta = 98,0°$ $Z = 2$
$C_4H_4N_2O_2$	2,4-Dioxo-tetrahydro-pyrimidin, Uracil	mkl.	—	—	$a = 11,4$ $b = 12,38$ $c = 3,63$	$\beta = 113°$ $Z = 4$
$C_4H_4O_2$	Diketen	mkl.	C_{2h}^5	$P2_1/c$	$a = 4,00$ $b = 20,67$ $c = 5,11$	$\beta = 101,8°$ $Z = 4$
$C_4H_4O_3$	Bernsteinsäureanhydrid	orh.	D_{2h}^1	$Pmmm$	$a = 6,93$ $b = 11,66$ $c = 5,39$	$Z = 4$
$C_4H_4O_4$	Fumarsäure, Äthylendicarbonsäure, trans	trikl.	C_i^1	$P\bar{1}$	$a = 7,56$ $b = 15,00$ $c = 6,20$	$\alpha = 90° 40'$ $\beta = 88° 30'$ $\gamma = 89° 48'$ $Z = 6$
	Maleinsäure, Äthylendicarbonsäure, cis	mkl.	C_{2h}^5	$P2_1/c$	$a = 7,47$ $b = 10,15$ $c = 7,65$	$\beta = 123° 30'$ $Z = 4$

Formel	Name	Kristall-system	Raumgruppe		Kanten	Winkel, Inhalt
C_4H_4S	Thiophen bei $-55°$ C (Modifikation von $-38°$ bis $-98°$ C)	orh.	D_{2h}^{18}	$Cmca$	$a = 9,76$ $b = 7,20$ $c = 6,67$	$Z = 4$
$C_4H_5NO_2$	2,5-Dioxo-pyrrolidin Bernsteinsäureimid	orh.	D_{2h}^{1}	$Pmmm$	$a = 7,50$ $b = 9,60$ $c = 12,75$	$Z = 8$
C_4H_6	Butadien-(1,3)	tetr.	—	—	$a = 13,2$ $c = 8,46$	$Z = 16$
$C_4H_6O_4$	Oxalsäuredimethylester	tetr.	D_{4h}^{19}	I 4/amd	$a = 7,57$ $c = 10,28$	$Z = 4$
$C_4H_6O_6$	L(+)-Weinsäure	mkl.	C_2^2	$P2_1$	$a = 7,72$ $b = 6,00$ $c = 6,20$	$\beta = 100° 10'$ $Z = 2$
	DL-Weinsäure, Traubensäure	trikl.	C_i^1	$P\bar{1}$	$a = 7,18$ $b = 9,71$ $c = 4,98$	$\alpha = 82° 20'$ $\beta = 118°$ $\gamma = 72° 58'$ $Z = 2$
	mit H_2O	trikl.	C_i^1	$P\bar{1}$	$a = 8,06$ $b = 9,60$ $c = 4,85$	$\alpha = 70,4°$ $\beta = 97,2°$ $\gamma = 112,5°$ $Z = 1$
	Mesoweinsäure	trikl.	C_i^1	$P\bar{1}$	$a = 9,24$ $b = 6,33$ $c = 5,45$	$\alpha = 70,5°$ $\beta = 78,0°$ $\gamma = 79,5°$ $Z = 2$
$C_4H_7NO_3$	Acetylaminoessigsäure, Acetursäure	mkl.	C_{2h}^5	$P2_1/c$	$a = 4,86$ $b = 11,54$ $c = 14,63$	$\beta = 138° 12'$ $Z = 2$

Formel	Name	Kristallsystem	Klasse	Raumgruppe	Gitterkonstanten	Winkel / Z
$C_4H_7NO_4$	L-Asparaginsäure, 2-Aminobutandisäure-(1,4)	mkl.	C_2^2	$P2_1$	$a = 5,1$ $b = 6,9$ $c = 15,1$	$\beta = 96°$ $Z = 4$
	DL-Asparaginsäure	mkl.	C_s^4 oder C_{2h}^6	Cc $C2/c$	$a = 9,15$ $b = 7,5$ $c = 15,8$	$\beta = 96°$ $Z = 8$
C_4H_8	Cyclobutan Rotationsunordnung mit Annäherung an sphärische Symmetrie	kub.	—	—	$a = 6,06$	$Z = 2$
$C_4H_8N_2O_2$	Bernsteinsäurediamid	mkl.	—	—	$a = 6,96$ $b = 8,02$ $c = 9,90$	$\beta = 102,5°$ $Z = 4$
$C_4H_8N_2O_3$	L-Asparagin, L-Asparaginsäure-β-monoamid Molekel-Verb. mit H_2O	orh.	D_2^4	$P2_12_12_1$	$a = 5,6$ $b = 11,8$ $c = 9,86$	$Z = 4$
$C_4H_8S_2$	1,4-Dithian	mkl.	C_{2h}^5	$P2_1/c$	$a = 10,09$ $b = 5,46$ $c = 6,74$	$\beta = 130° 22'$ $Z = 2$
C_4H_9Br	tert. Butylbromid 2-Brom-2-methyl-propan	kub. flz.	—	—	$a = 8,78$	$Z = 4$
C_4H_9Cl	tert. Butylchlorid	kub. flz.	—	—	$a = 8,40$	$Z = 4$
$C_4H_9NO_2$	DL-α-Aminobuttersäure	mkl.	C_{2h}^5	$P2_1/c$	$a = 9,87$ $b = 4,80$ $c = 12,10$	$\beta = 101°$ $Z = 4$
$C_4H_{10}O_4$	Erythrit	tetr.	C_{4h}^6	$I4_1/a$	$a = 6,88$ $c = 18,11$	$Z = 8$
C_5H_5NO	Acetamid	trig.	C_{3v}^6	$R3c$	$a = 8,0$	$\alpha = 91° 17'$ $Z = 6$
$C_4H_8Br_4$	Tetrabrompentaerythrit	mkl.	C_{2h}^1	$P2/m$	$a = 7,19$ $b = 6,32$ $c = 5,71$	$\beta = 112° 53'$ $Z = 1$

Formel	Name	Kristallsystem	Raumgruppe		Kanten	Winkel, Inhalt
$C_5H_8Cl_4$	Tetrachlorpentaerythrit	mkl.	C_{2h}^1	$P2/m$	$a = 13{,}88$ $b = 25{,}08$ $c = 33{,}24$	$\beta = 112°\ 54'$ $Z = 48$
$C_5H_8J_4$	Tetrajodpentaerythrit	mkl.	C_{2h}^1	$P2/m$	$a = 7{,}55$ $b = 6{,}43$ $c = 6{,}07$	$\beta \sim 112°$ $Z = 1$
$C_5H_8O_4$	Glutarsäure Pentandisäure-(1,5)	mkl.	C_{2h}^6	$C2/c$	$a = 10{,}34$ $b = 5{,}08$ $c = 32{,}9$	$\beta = 129°$ $Z = 8$
$C_5H_9NO_2$	Pyrrolidin-α-carbonsäure L-Prolin	orh.	D_2^4	$P2_12_12_1$	$a = 11{,}64$ $b = 9{,}05\ Z$ $2 = 5{,}18$	$= 4$
$C_5H_9NO_4$	L-Glutaminsäure, 2-Amino-pentandisäure-(1,5)	orh.	D_2^4	$P2_12_12_1$	$a = 7{,}06$ $b = 10{,}3$ $c = 8{,}75$	$Z = 4$
$C_5H_{11}NO_2$	DL-α-Amino-isovaleriansäure, DL-Valin	trikl.	C_1^1 oder C_i^1	$P1$ $P\bar{1}$	$a = 5{,}25$ $b = 5{,}43$ $c = 11{,}05$	$\alpha = 91°$ $\beta = 92{,}4°$ $\gamma = 109{,}4°$ $Z = 2$
C_5H_{12}	2,2-Dimethyl-propan, Neopentan	kub.	O_h^7	$Fd3m$	$a = 11{,}25$	$Z = 8$
$C_5H_{12}S_4$	Tetramethyl-orthothiocarbonat unter 23,2° C	tetr.	D_{2d}^4	$P\bar{4}2_1c$	$a = 8{,}536$ $c = 6{,}949$	$Z = 2$
	23,2° bis 45,5° C	tetr.	D_{4h}^{17}	$I\,4/mmm$	$a = 8{,}17$ $c = 7{,}96$	$Z = 2$
	45,5° bis 65,7° C	kub.	O_h^9	$Im3m$	$a = 8{,}15$	$Z = 2$
$C_6Br_4O_2$	Bromanil	mkl.	C_{2h}^5	$P2_1/c$	$a = 8{,}62$ $b = 6{,}22$ $c = 17{,}94$	$\beta = 102°$ $Z = 4$

Formel	Name	Kristallsystem	Klasse	Raumgruppe	Achsen	Winkel / Z
C_6Br_6	Hexabrombenzol	mkl.	C_{2h}^4	$P2/c$	$a = 8,57$ $b = 4,10$ $c = 17,6$	$\beta = 116°\ 29'$ $Z = 2$
$C_6Cl_4O_2$	Chloranil	mkl.	C_{2h}^5	$P2_1/c$	$a = 8,77$ $b = 5,78$ $c = 17,05$	$\beta = 103°\ 24'$ $Z = 4$
C_6Cl_6	Hexachlorbenzol	mkl.	C_{2h}^5	$P2_1/c$	$a = 8,10$ $b = 3,86$ $c = 16,68$	$\beta = 116°\ 52'$ $Z = 2$
C_6F_{12}	Dodekafluor-cyclohexan	kub. flz.	—	—	$a = 10,00$	$Z = 4$
$C_6H_2ClN_3O_6$	2-Chlor-1,3,5-trinitro-benzol, Pikrylchlorid	mkl.	C_{2h}^5	$P2_1/c$	$a = 11,1$ $b = 6,83$ $c = 14,68$	$\beta = 124°\ 10'$.
$C_6H_2JN_3O_6$	Pikryljodid	tetr.	D_4^4 oder D_8^4	$P4_12_1$ $P4_32_1$	$a = 7,03$ $c = 19,8$	$Z = 4$
C_6H_4BrCl	1-Brom-4-chlor-benzol	mkl.	C_{2h}^5	$P2_1/c$	$a = 15,2$ $b = 5,86$ $c = 4,11$	$\beta = 113°$ $Z = 2$
C_6H_4BrNO	4-Brom-1-nitroso-benzol, dimer	mkl.	C_{2h}^5	$P2_1/c$	$a = 12,98$ $b = 3,90$ $c = 12,73$	$\beta = 104°$ $Z = 4$
$C_6H_4Br_2$	1,4-Dibrombenzol	mkl.	C_{2h}^5	$P2_1/c$	$a = 15,36$ $b = 5,75$ $c = 4,10$	$\beta\ 112°\ 38'$ $Z = 2$
$C_6H_4Cl_2$	1,4-Dichlorbenzol	mkl.	C_{2h}^5	$P2_1/c$	$a = 14,8$ $b = 4,0$ $c = 5,8$	$\beta = 112°\ 38'$ $Z = 2$
$C_6H_4J_2$	1,4-Dijodbenzol	orh.	D_{2h}^{16}	$Pnma$	$a = 17,00$ $b = 7,38$ $c = 6,21$	$Z = 4$

Formel	Name	Kristall-system	Raumgruppe		Kanten	Winkel, Inhalt
$C_6H_4N_2O_4$	1,2-Dinitrobenzol	mkl.	C_{2h}^5	$P2_1/c$	$a = 7{,}95$ $b = 13{,}0$ $c = 7{,}45$	$\beta = 112°\ 7'$ $Z = 4$
	1,3-Dinitrobenzol	orh.	C_{2v}^9	Pna	$a = 13{,}3$ $b = 14{,}1$ $c = 3{,}80$	$Z = 4$
$C_6H_4N_2O_4$	1,4-Dinitrobenzol	mkl.	C_{2h}^5	$P2_1/c$	$a = 11{,}5$ $b = 5{,}42$ $c = 5{,}65$	$\beta = 92°\ 18'$ $Z = 2$
$C_6H_4N_4O_6$	2,4,6-Trinitro-anilin	mkl.	C_{2h}^5	$P2_1/c$	$a = 15{,}3$ $b = 9{,}28$ $c = 6{,}01$	$\beta = 99°\ 12'$ $Z = 4$
$C_6H_4O_2$	o-Benzochinon	mkl.	—	—	$a = 11{,}40$ $b = 6{,}43$ $c = 6{,}85$	$\beta = 93°\ 20'$ $Z = 4$
$C_6H_4O_2$	p-Benzochinon	mkl.	C_{2h}^5	$P2_1/c$	$a = 7{,}03$ $b = 6{,}79$ $c = 5{,}77$	$\beta = 101°$ $Z = 2$
$C_6H_4S_2$	Thiophthen	orh.	D_{2h}^{15}	$Pbca$	$a = 10{,}05$ $b = 9{,}806$ $c = 6{,}127$	$Z = 4$
$C_6H_5NO_2$	Pyridin-carbonsäure-(3), Nicotinsäure	mkl.	C_{2h}^5	$P2_1/c$	$a = 7{,}175$ $b = 11{,}682$ $c = 7{,}220$	$\beta = 113°\ 23'$ $Z = 4$
$C_6H_5NO_3$	4-Nitrophenol	mkl.	C_{2h}^5	$P2_1/c$	$a = 15{,}34$ $b = 11{,}15$ $c = 3{,}79$	$\beta = 106°\ 55'$ $Z = 4$

C_6H_6	Benzol	orh.	D_{2h}^{15}	$Pbca$	$a=7,44$ $b=9,65$ $c=6,81$	$Z=4$
$C_6H_6N_2O_2$	o-Nitroanilin, 2-Nitro-1-amino-benzol	mkl.	C_{2h}^6	$C2/c$	$a=8,5$ $b=10,0$ $c=29,5$	$\beta=90°$ $Z=16$
$C_6H_6N_2O_2$	m-Nitroanilin	orh.	C_{2v}^5	Pca	$a=19,23$ $b=6,48$ $c=5,06$	$Z=4$
	p-Nitroanilin	mkl.	C_{2h}^5	$P2_1/c$	$a=15,31$ $b=6,08$ $c=8,63$	$\beta=126°\ 11'$ $Z=4$
C_6H_6O	Phenol	orh.	D_2^2	$P222_1$	$a=9,40$ $b=5,98$ $c=15,25$	$Z=6$
$C_6H_6O_2$	1,2-Dihydroxybenzol, Brenzkatechin	mkl.	C_{2h}^3	$C2/m$	$a=17,46$ $b=10,74$ $c=5,48$	$\beta=94°\ 15'$ $Z=8$
$C_6H_6O_2$	1,3-Dihydroxy-benzol, Resorcin unterhalb 74° C, α	orh.	C_{2v}^9	Pna	$a=10,53$ $b=9,53$ $c=5,66$	$Z=4$
	oberhalb 74° C, β	orh.	C_{2v}^9	Pna	$a=7,91$ $b=12,57$ $c=5,50$	$Z=4$
$C_6H_6O_2$	1,4-Dihydroxybenzol, Hydrochinon, α	trig.	C_{3i}^1	$P\bar{3}$	$a=22,06$ $c=5,62$	$Z=18$
	β	trig.	C_{3l}^2	$R\bar{3}$	$a=16,25$ $c=5,53$	$Z=9$
	γ	mkl.	C_{2h}^5	$P2_1/c$	$a=13,24$ $b=5,20$ $c=8,11$	$\beta=107°$ $Z=4$

Formel	Name	Kristall-system	Raumgruppe		Kanten	Winkel, Inhalt
$C_6H_6O_4$	Kojisäure 5-Hydroxy-2-hydroxymethyl-pyron-(4)	mkl.	C_{2h}^5	$P2_1/c$	$a = 3,85$ $b = 18,4$ $c = 8,55$	$\beta = 84°$ $Z = 4$
C_6H_7NO	o-Amino-phenol 1-Amino-2-hydroxy-benzol	orh.	D_{2h}^{15}	$Pbca$	$a = 7,84$ $b = 7,28$ $c = 19,7$	$Z = 8$
C_6H_7NO	m-Amino-phenol 1-Amino-3-hydroxy-benzol	orh.	C_{2v}^2	Pmc	$a = 6,14$ $b = 11,10$ $c = 8,38$	$Z = 4$
C_6H_7NO	p-Amino-phenol 1-Amino-4-hydroxy-benzol, α	orh.	C_{2v}^9	$Pna2_1$	$a = 12,90$ $b = 8,19$ $c = 5,25$	$Z = 4$
	β	orh.	C_{2v}^5	Pca	$a = 8,25$ $b = 5,32$ $c = 13,06$	$Z = 4$
$C_6H_8N_2$	o-Phenylendiamin, 1,2-Diaminobenzol	mkl.	C_{2h}^4	$P2/c$	$a = 7,74$ $b = 7,56$ $c = 11,76$	$\beta = 121° \, 10'$ $Z = 4$
$C_6H_8N_2$	m-Phenylendiamin 1,3-Diaminobenzol	mkl.	C_{2h}^5	$P2_1/c$	$a = 8,25$ $b = 12,22$ $c = 22,8$	$\beta = 90°$ $Z = 16$
$C_6H_8N_2$	p-Phenylendiamin 1,4-Diaminobenzol	mkl.	C_{2h}^5	$P2_1/c$	$a = 8,48$ $b = 6,00$ $c = 23,2$	$\beta = 93°$ $Z = 8$
$C_6H_8O_2$	Sorbinsäure, Hexadien-(2,4)-säure	mkl.	C_{2h}^6	$C2/c$	$a = 20,00$ $b = 4,03$ $c = 15,83$	$\beta = 102,5°$ $Z = 8$

$C_6H_8O_4$	Fumarsäuredimethylester	trikl.	C_i^1	$P\bar{1}$	$a = 3,92$ $b = 9,24$ $c = 5,93$	$\alpha = 101° 47'$ $\beta = 112° 49'$ $\gamma = 109° 20'$ $Z = 1$
$C_6H_8O_6$	l-Ascorbinsäure, Vitamin C	mkl.	C_2^2	$P2_1$	$a = 17,12$ $b = 6,29$ $c = 6,40$	$\beta = 102° 16'$ $Z = 4$
$C_6H_{10}J_2$	1,4-Dijodcyclohexan	mkl.	C_{2h}^5	$P2_1/c$	$a = 12,50$ $b = 5,72$ $c = 6,20$	$\beta = 98°$ $Z = 2$
$C_6H_{10}O_4$	Adipinsäure, Hexandisäure	mkl.	C_{2h}^5	$P2_1/c$	$a = 10,07$ $b = 5,16$ $c = 10,03$	$\beta = 137,1°$ $Z = 2$
$C_6H_{10}O_6$	Weinsäuredimethylester	orh.	D_2^2	$P222_1$	$a = 18,5$ $b = 10,00$ $c = 8,45$	$Z = 8$
C_6H_{12}	Cyclohexan bei $-40°$ C bei $-70°$ C	kub.	T^1 T_d^2 oder O^3 oder O_h^5	$P23$ $F\bar{4}3m$ $F43$ $Fm3m$	$a = 8,76$ $a = 8,73$ $a = 8,41$	$Z = 4$ $Z = 4$ $Z = 4$
$C_6H_{12}N_2O_4S_2$	l-Cystin	hex.	D_6^2	$P6_12$	$a = 5,40$ $c = 5,40$	$Z = 6$
$C_6H_{12}N_4$	Hexamethylentetramin, Urotropin	kub.	T_d^3	$I\bar{4}3m$	$a = 7,02$	$Z = 2$
$C_6H_{12}O$	Cyclohexanol bei $+ 7°$ C	kub.	O_h^5	$Fm3m$	$a = 8,83$	$Z = 4$
$C_6H_{13}NO_2$	α-Amino-n-capronsäure, 2-Amino- hexansäure-(1)	mkl.	C_{2h}^5	$P2_1/c$	$a = 9,84$ $b = 4,74$ $c = 16,56$	$\beta = 104° 30'$ $Z = 4$
$C_6H_{14}O_6$	d-Dulcit	mkl.	C_{2h}^5	$P2_1/c$	$a = 8,61$ $b = 11,60$ $c = 9,05$	$\beta = 113° 45'$ $Z = 4$

Formel	Name	Kristall-system	Raumgruppe		Kanten	Winkel, Inhalt
$C_6H_{14}O_6$	D-Mannit	orh.	D_2^4	$P2_12_12_1$	$a = 8,65$ $b = 16,90$ $c = 5,56$	$Z = 4$
$C_6H_{15}N_3$	2,4,6-Trimethyl-hexahydro-1,3,5-triazin $+$ 3 H_2O, Acetaldehydammoniak	trig.	D_{3d}^5	$R\bar{3}m$	$a = 11,29$ $c = 15,86$	$Z = 6$
$C_6H_{16}N_2$	1,6-Diaminohexan, Hexamethylendiamin	orh.	D_{2h}^{15}	$Pbca$	$a = 6,94$ $b = 5,77$ $c = 19,22$	$Z = 4$
	Molekel-Verbindung mit HCl 1:2	mkl.	C_{2h}^5	$P2_1/c$	$a = 4,60$ $b = 14,19$ $c = 15,68$	$\beta = 90,8°$ $Z = 4$
	Molekel-Verbindung mit HBr 1:2	mkl.	C_{2h}^5	$P2_1/c$	$a = 4,68$ $b = 14,53$ $c = 16,21$	$\beta = 91°$ $Z = 4$
$C_7H_5ClO_2$	p-Chlor-benzoesäure	trikl.	C_1^1 oder C_i^1	$P1$ $P\bar{1}$	$a = 14,36$ $b = 6,28$ $c = 3,58$	$\alpha = 91° 38'$ $\beta = 95° 18'$ $\gamma = 92° 44'$ $Z = 2$
$C_7H_5JO_2$	o-Jod-benzoesäure	mkl.	C_{2h}^5	$P2_1/c$	$a = 11,30$ $b = 15,17$ $c = 4,336$	$\beta = 90° 44'$ $Z = 4$
$C_7H_5JO_2$	m-Jod-benzoesäure	mkl.	C_{2h}^5	$P2_1/c$	$a = 6,206$ $b = 4,683$ $c = 26,14$	$\beta = 91° 30'$ $Z = 4$
$C_7H_5NO_4$	o-Nitrobenzoesäure	trikl.	C_i^1	$P\bar{1}$	$a = 7,58$ $b = 14,01$ $c = 5,05$	$\alpha = 131° 11'$ $\beta = 109° 37'$ $\gamma = 61°54,5'$ $Z = 2$

Formel	Name		Kristallsystem	Raumgruppe		Gitterkonstanten	
$C_7H_5NO_4$	m-Nitrobenzoesäure	mkl.	C_{2h}^5	$P2_1/c$	$a = 10,41$ $b = 10,7$ $c = 13,22$	$\beta = 91° 12'$ $Z = 4$
$C_7H_5NO_4$	p-Nitrobenzoesäure	mkl.	C_{2h}^5	$P2_1/c$	$a = 12,95$ $b = 5,04$ $c = 21,31$	$\beta = 96° 38'$ $Z = 8$
$C_7H_5NS_2$	2-Mercapto-benzthiazol	mkl.	—	—	$a = 15,9$ $b = 5,99$ $c = 7,995$	$\beta = 109°$ $Z = 4$
$C_7H_5N_3O_6$	2,4,6-Trinitro-toluol	mkl.	C_{2h}^6	$C2/c$	$a = 40,5$ $b = 6,19$ $c = 15,2$	$\beta = 89° 29'$ $Z = 16$
$C_7H_6O_2$	Benzoesäure	mkl.	C_{2h}^5	$P2_1/c$	$a = 5,44$ $b = 5,18$ $c = 21,8$	$\beta = 97° 5'$ $Z = 4$
$C_7H_6O_3$	Salicylsäure	mkl.	C_{2h}^5	$P2_1/c$	$a = 11,52$ $b = 11,21$ $c = 4,90$	$\beta = 91°$ $Z = 4$
$C_7H_6O_3$	Benzoylperoxid	orh.	D_{2h}	—	$a = 8,91$ $b = 9,45$ $c = 14,33$	$Z = 4$
$C_7H_7NO_2$	o-Aminobenzoesäure Anthranilsäure, A	orh.	D_{2h}^{16}	$Pnma$	$a = 16,16$ $b = 11,77$ $c = 7,17$	$Z = 8$
	B	orh.	D_{2h}^5	$Pmma$	$a = 12,77$ $b = 10,8$ $c = 9,403$	$Z = 8$
$C_7H_7NO_2$	p-Aminobenzoesäure	mkl.	C_{2h}^5	$P2_1/c$	$a = 12,26$ $b = 8,61$ $c = 6,30$	$\beta = 108° 54'$ $Z = 4$

Formel	Name	Kristall-system	Raumgruppe		Kanten	Winkel, Inhalt
C_7H_9N	o-Toluidin, 2-Amino-1-methylbenzol	orh.	D_2^4	$P2_12_12_1$	$a=6,50$ $b=7,48$ $c=23,62$	$Z=4$
C_7H_9N	p-Toluidin	orh.	D_{2h}^{16}	$Pnma$	$a=5,98$ $b=9,05$ $c=23,3$	$Z=8$
$C_7H_9NO_2S$	Toluolsulfonsäure-(2)-amid	tetr.	C_{4h}^6	$I4_1/a$	$a=18,8$ $c=9,15$	$Z=16$
$C_7H_{12}O_4$	Pimelinsäure, α	mkl.	C_{2h}^5	$P2_1/c$	$a=5,68$ $b=9,69$ $c=22,36$	$\beta=137,5°$ $Z=4$
	β	mkl.	C_{2h}^6	$C2/c$	$a=9,84$ $b=4,89$ $c=22,43$	$\beta=130°\ 40'$ $Z=4$
$C_8Cl_4O_3$	Tetrachlor-phthalsäureanhydrid	mkl.	—	—	$a=18,10$ $b=5,83$ $c=12,54$	$\beta=132°$ $Z=4$
$C_8H_5NO_2$	Isatin	mkl.	C_{2h}^5	$P2_1/c$	$a=6,19$ $b=14,55$ $c=7,19$	$\beta=95°$ $Z=4$
$C_8H_5NO_2$	Phthalsäureimid	mkl.	C_{2h}^5	$P2_1/c$	$a=27,70$ $b=7,61$ $c=3,765$	$\beta=91°\ 18'$ $Z=4$
C_8H	Cyclooctatetraen	orh.	C_{2v}^{17}	Aba	$a=7,76$ $b=7,80$ $c=10,66$	$Z=4$
$C_8H_8N_2O_4$	4,6-Dinitro-1,3-dimethyl-benzol	mkl.	C_{2h}^2	$P2_1/m$	$a=11,5$ $b=5,49$ $c=7,2$	$\beta=98°$ $Z=2$

$C_8H_8O_2$	Phenylessigsäure	mkl.	C_{2h}^5	$P2_1/c$	$a = 14,2$ $b = 4,90$ $c = 10,10$	$\beta = 101°$ $Z = 4$
$C_8H_8O_3$	p-Methoxybenzoesäure, Anissäure	mkl.	C_{2h}^5	$P2_1/c$	$a = 16,82$ $c = 10,94$ $c = 3,95$	$\beta = 94° 54'$ $Z = 4$
C_8H_9NO	N-Acetyl-anilin, Acetanilid	orh.	D_{2h}^{15}	$Pbca$	$a = 19,50$ $b = 9,46$ $c = 7,96$	$Z = 8$
$C_8H_9NO_2$	α-Amino-phenylessigsäure, Phenylglycin	orh.	C_{2v}^5 oder D_{2h}^{11}	Pca $Pbcm$	$a = 15,20$ $b = 5,05$ $c = 9,66$	$Z = 4$
$C_8H_{12}N_2$	Tetramethylpyrazin	orh.	D_{2h}^{15}	$Pbca$	$a = 8,45$ $b = 9,38$ $c = 10,30$	$Z = 4$
$C_8H_{12}N_2O_3$	5,5-Diäthylbarbitursäure, Veronal	orh.	D_{2h}^{17}	$Cmcm$	$a = 7,11$ $b = 14,4$ $c = 9,7$	$Z = 4$
$C_8H_{14}O_4$	Suberinsäure, Octandisäure-(1,8)	mkl.	C_{2h}^5	$P2_1/c$	$a = 10,12$ $b = 5,06$ $c = 12,56$	$\beta = 135°$ $Z = 2$
C_9H_7NO	3-Hydroxychinolin	trikl.	C_i^1	$P\bar{1}$	$a = 8,70$ $b = 6,77$ $c = 7,29$	$\alpha = 93° 25'$ $\beta = 123° 2'$ $\gamma = 97° 55'$ $Z = 2$
$C_9H_{11}NO$	2-Nitroso-1,3,5-trimethyl-benzol	orh.	D_{2h}^{15}	$Pbca$	$a = 10,82$ $b = 35,1$ $c = 8,88$	$Z = 8$
$C_9H_{11}NO$	N-Methyl-N-acetyl-anilin, Methylacetanilid	orh.	D_2^3	$P2_12_12$	$a = 6,56$ $b = 7,06$ $c = 16,56$	$Z = 4$

Formel	Name	Kristall-system	Raumgruppe		Kanten	Winkel, Inhalt
$C_5H_{11}NO_2$	4-Methoxy-acetanilid, p-Acetanisidin	orh.	D_{2h}^{15}	$Pbca$	$a=24,44$ $b=9,08$ $c=7,54$	$Z=8$
$C_9H_8O_4$	Acetylsalicylsäure, Aspirin	mkl.	C_{2h}^{5}	$P2_1/c$	$a=11,37$ $b=6,54$ $c=11,37$	$\beta=95,7°$ $Z=4$
$C_9H_{16}O_4$	Azelainsäure, Nonandisäure-(1,9) α-Form	mkl.	C_{2h}^{2}	$P2_1/m$	$a=9,72$ $b=4,83$ $c=27,14$	$\beta=129°\ 30'$ $Z=4$
	β-Form	mkl.	C_{2h}^{5}	$P2_1/c$	$a=5,61$ $b=9,58$ $c=27,20$	$\beta=136°\ 30'$ $Z=4$
$C_{10}H_4N_4O_8$	1,2,4,7-Tetranitro-naphthalin	orh.	D_{2h}^{15}	$Pbca$	$a=10,3$ $b=12,3$ $c=18$	$Z=8$
$C_{10}H_6Cl_2$	1,5-Dichlor-naphthalin	mkl.	C_{2h}^{6}	$C2/c$	$a=15,00$ $b=4,10$ $c=14,2$	$\beta=92°\ 56'$ $Z=4$
$C_{10}H_6N_2O_4$	1,5-Dinitro-naphthalin	mkl.	C_{2h}^{5}	$P2_1/c$	$a=7,81$ $b=16,02$ $c=3,62$	$\beta=102°$ $Z=2$
$C_{10}H_6N_2O_4$	1,8-Dinitro-naphthalin	orh.	D_2^4	$P2_12_12_1$	$a=11,39$ $b=15,15$ $c=5,40$	$Z=4$
$C_{10}H_7Cl$	2-Chlor-naphthalin	mkl.	—	—	$a=7,65$ $b=5,93$ $c=18,4$	$\beta\sim103°$ $Z=4$

Formel	Name					
$C_{10}H_8$	Naphthalin	mkl.	C_{2h}^5	$P2_1/c$	$a = 8,235$ $b = 6,003$ $c = 8,658$	$\beta = 122°\,55'$ $Z = 2$
$C_{10}H_8$	Azulen	mkl.	C_{2h}^5	$P2_1/c$	$a = 7,79$ $b = 6,01$ $c = 7,91$	$\beta = 101,7°$ $Z = 2$
$C_{10}H_8N_2$	2,2′-Dipyridyl	mkl.	C_{2h}^5	$P2_1/c$	$a = 5,51$ $c = 6,24$ $c = 13,68$	$\beta = 120°$ $Z = 2$
$C_{10}H_9N$	2-Amino-naphthalin	mkl.	C_{2h}^5	$P2_1/c$	$a = 8,60$ $c = 6,0$ $c = 16,0$	$\beta = 116°$ $Z = 4$
$C_{10}H_{10}N_2$	1,5-Diamino-naphthalin	mkl.	C_{2h}^5	$P2_1/c$	$a = 20,70$ $b = 10,75$ $c = 5,08$	$\beta = 100°$ $Z = 6$
$C_{10}H_{10}O_4$	Terephthalsäure-dimethylester	orh.	D_{2h}^{15}	$Pbca$	$a = 22$ $b = 7,1$ $c = 5,7$	$Z = 4$
$C_{10}H_{11}NO_2$	Acetessigsäure-anilid	orh.	—	—	$a = 11,07$ $b = 19,31$ $c = 8,68$	$Z = 8$
$C_{10}H_{12}N_2O_3$	Diallylbarbitursäure	mkl.	C_{2h}^6	$C2/c$	$a = 14,5$ $b = 7,1$ $c = 21,0$	$\beta = 100°$ $Z = 8$
$C_{10}H_{12}O_4$	Cantharidin	orh.	D_{2h}^{16}	$Pnma$	$a = 11,05$ $b = 12,54$ $c = 6,74$	$Z = 4$
$C_{10}H_{13}NO_2$	Phenacetin, 4-Acetamino-phenoläthyläther	mkl.	C_{2h}^5	$P2_1/c$	$a = 13,78$ $b = 9,73$ $c = 7,82$	$\beta = 109°\,17'$ $Z = 4$

Formel	Name	Kristall-system	Raumgruppe		Kanten	Winkel, Inhalt
$C_{10}H_{14}$	1,2,4,5-Tetramethylbenzol, Durol	mkl.	C_{2h}^5	$P2_1/c$	$a = 11,57$ $b = 5,77$ $c = 7,03$	$\beta = 113,3°$ $Z = 2$
$C_{10}H_{14}BrO$	d-α-Bromcampher	mkl.	C_2^2	$P2_1$	$a = 7,38$ $b = 7,57$ $c = 9,12$	$\beta = 94°$ $Z = 2$
$C_{10}H_{14}ClO$	d-α-Chlorcampher	mkl.	C_2^2	$P2_1$	$a = 7,25$ $b = 7,51$ $c = 9,04$	$\beta = 93° \ 15'$ $Z = 2$
$C_{10}H_{15}NO$	d-Ephedrin mit $^1/_2$ H_2O	orh.	D_2^5	$C222_1$	$a = 11,35$ $b = 24,47$ $c = 7,38$	$Z = 4$
$C_{10}H_{15}NO$	d-Pseudoephedrin	orh.	D_2^4	$P2_12_12_1$	$a = 16,22$ $b = 7,36$ $b = 8,70$	$Z = 4$
$C_{10}H_{18}O_4$	Sebacinsäure, Decandisäure-(1,10)	mkl.	C_{2h}^5	$P2_1/c$	$a = 10,10$ $b = 5,00$ $c = 15,10$	$\beta = 133,8°$ $Z = 2$
$C_{10}H_{20}O$	l-Menthol	trig.	C_3^2	$P3_1$	$a = 11,82$ $c = 19,29$	$Z = 8$
$C_{11}H_{10}$	2-Methylnaphthalin	mkl.	C_{2h}^5	$P2_1/c$	$a = 7,80$ $b = 5,98$ $2 = 18,6$	$\beta = 103° \ 16'$ $Z = 4$
$C_{11}H_{12}N_2O$	Antipyrin	mkl.	C_{2h}^6	$C2/c$	$a = 17,83$ $b = 7,43$ $c = 16,90$	$Z = 8$
$C_{12}H_8Br_2O$	Bis-(p-bromphenyl)-äther	orh.	C_{2v}^{13}	Ccc	$a = 7,70$ $b = 26,50$ $c = 5,85$	$Z = 4$

$C_{12}H_8Br_2S$	Bis-(p-bromphenyl)-sulfid	mkl.	C_{2h}^6	$C2/c$	$a = 8{,}02$ $b = 5{,}86$ $c = 24{,}81$	$\beta = 96°$ $Z = 4$
$C_{12}H_8J_2O$	Bis-(p-jodphenyl)-äther	mkl.	C_{2h}^3	$C2/m$	$a = 5{,}84$ $b = 28{,}14$ $c = 9{,}84$	$\beta = 52°$ $Z = 4$
$C_{12}H_8N_2$	Phenyzin, Dibenzopyrazin	mkl.	C_{2h}^5	$P2_1/c$	$a = 13{,}2$ $b = 5{,}07$ $c = 7{,}12$	$\beta = 108° \ 55'$ $Z = 2$
$C_{12}H_8S_2$	Thianthren	mkl.	C_{2h}^5	$P2_1/c$	$a = 14{,}4$ $b = 6{,}11$ $c = 11{,}9$	$\beta = 110°$ $Z = 4$
$C_{12}H_9NO_2$	p-Nitro-diphenyl	orh.	D_{2h}^{15}	$Pbca$	$a = 23{,}25$ $b = 11{,}38$ $c = 7{,}55$	$Z = 8$
$C_{12}H_9NS$	Phenthiazin, Dibenzothiazin	orh.	C_{2v}^9 oder D_{2h}^{16}	Pbn $Pnma$	$a = 5{,}91$ $b = 7{,}90$ $c = 21{,}0$	$Z = 4$
$C_{12}H_{10}$	Diphenyl	mkl.	C_{2h}^5	$P2_1/c$	$a = 8{,}11$ $b = 5{,}67$ $c = 9{,}57$	$\beta = 94{,}5°$ $Z = 2$
$C_{12}H_{10}As$	Arsenobenzol	mkl.	C_{2h}^5	$P2_1/c$	$a = 24{,}3$ $b = 6{,}16$ $c = 12{,}14$	$\beta = 111°$ $Z = 8$
$C_{12}H_{10}N_2Cl_2$	2,2'-Dichlor-benzidin, 2,2-Dichlor-4,4'-diamino-diphenyl	orh.	D_{2h}^{14}	$Pbcn$	$a = 7{,}51$ $b = 15{,}20$ $c = 10{,}40$	$Z = 4$
$C_{12}H_{10}N_2$	Azobenzol trans-Form	mkl.	C_{2h}^5	$P2_1/c$	$a = 12{,}20$ $b = 5{,}77$ $c = 15{,}40$	$\beta = 114{,}4°$ $Z = 4$
	cis-Form	orh.	D_{2h}^{14}	$Pbcn$	$a = 7{,}57$ $b = 12{,}71$ $c = 10{,}30$	$Z = 4$

Formel	Name	Kristallsystem	Raumgruppe		Kanten	Winkel, Inhalt
$C_{12}H_{10}N_2O$	Azoxybenzol	mkl.	C_{2h}^4	$P2/c$	$a = 16{,}0$ $b = 8{,}08$ $c = 20{,}5$	$\beta = 107°\ 30'$ $Z = 8$
$C_{12}H_{10}O_4$	Chinhydron	mkl.	C_{2h}^5	$P2_1/c$	$a = 7{,}70$ $b = 6{,}04$ $c = 21{,}8$	$\beta = 90°$ $Z = 4$
$C_{12}H_{10}S_2$	Diphenyldisulfid	orh.	D_2^4	$P2_12_12_1$	$a = 8{,}11$ $b = 23{,}67$ $c = 5{,}61$	$Z = 4$
$C_{12}H_{11}N$	Diphenylamin	mkl.	—	—	$a = 14{,}0$ $b = 13{,}9$ $c = 39{,}5$	$\beta = 91{,}5°$ $Z = 32$
$C_{12}H_{11}N_3$	4-Amino-azobenzol	mkl.	C_{2h}^5	$P2_1/c$	$a = 13{,}69$ $b = 5{,}604$ $c = 14{,}18$	$\beta = 81°\ 49'$ $Z = 4$
$C_{12}H_{12}$	2,6-Dimethyl-naphthalin	orh.	D_{2h}^{15}	$Pbca$	$a = 7{,}54$ $b = 6{,}07$ $c = 20{,}2$	$Z = 4$
$C_{12}H_{12}N_2$	Hydrazo-benzol, 1,2-Diphenylhydrazin	orh.	D_{2h}^2	$Pnnn$	$a = 7{,}35$ $b = 7{,}50$ $c = 18{,}75$	$Z = 4$
$C_{12}H_{14}O_4$	Terephthalsäurediäthylester	mkl.	C_{2h}^5	$P2_1/c$	$a = 9{,}12$ $b = 15{,}39$ $c = 4{,}21$	$\beta = 93{,}4°$ $Z = 4$
$C_{12}H_{22}O_{11}$	Rohrzucker	mkl.	C_2^2	$P2_1$	$a = 10{,}89$ $b = 8{,}69$ $c = 7{,}77$	$\beta = 103°$ $Z = 2$

$C_{12}H_{24}O_2$	Laurinsäure, Dodecandisäure-(1,12) α-Form	mkl.	C_{2h}^5	$P2_1/c$	$a = 9{,}524$ $b = 4{,}965$ $c = 35{,}39$	$\beta = 129°\ 13'$ $Z = 4$
$C_{13}H_8O$	Fluorenon	orh.	D_{2h}^{15}	$Pbca$	$a = 16{,}00$ $b = 12{,}50$ $c = 18{,}63$	$Z = 16$
$C_{13}H_9N$	Acridin, Dibenzopyridin II. Form	mkl.	C_{2h}^5	$P2_1/c$	$a = 16{,}34$ $b = 18{,}90$ $c = 6{,}08$	$\beta = 95°\ 5'$ $Z = 8$
	III. Form	mkl.	C_{2h}^5	$P2_1/c$	$a = 11{,}41$ $b = 5{,}99$ $c = 13{,}69$	$\beta = 98°\ 48'$ $Z = 4$
	I. Form, Molekel-Verbindung mit 1 H_2O	orh.	D_{2h}^{14}	$Pbcn$	$a = 17{,}55$ $b = 26{,}60$ $c = 8{,}93$	$Z = 16$
$C_{13}H_{10}$	Fluoren	orh.	C_{2v}^9	Pna	$a = 8{,}47$ $b = 5{,}70$ $c = 18{,}87$	$Z = 4$
$C_{13}H_{24}O_4$	Brassylsäure, Tridecandisäure-(1,13)	mkl.	C_{2h}^5	$P2_1/c$	$a = 9{,}63$ $b = 4{,}82$ $c = 37{,}95$	$\beta = 128°\ 30'$ $Z = 4$
$C_{14}H_8O_2$	Anthrachinon-(1,2)	mkl.	C_{2h}^5	$P2_1/c$	$a = 8{,}9$ $b = 11{,}56$ $c = 9{,}30$	$\beta = 102°\ 50'$ $Z = 4$
$C_{14}H_8O_2$	Anthrachinon-(9,10) I. Modifikation	mkl.	C_{2h}^5	$P2_1/c$	$a = 15{,}85$ $b = 3{,}98$ $c = 7{,}92$	$\beta = 102°\ 7'$ $Z = 2$
	II. Modifikation	orh.	D_2^6	$C222$	$a = 19{,}7$ $b = 24{,}5$ $c = 3{,}95$	$Z = 8$

Formel	Name	Kristall-system	Raumgruppe		Kanten	Winkel, Inhalt
$C_{14}H_8O_2$	Anthrachinon-(1,4) I. Modifikation	mkl.	C_s^2	Pc	$a = 4{,}19$ $b = 5{,}81$ $c = 19{,}62$	$\beta = 101°\ 30'$ $Z = 2$
	II. Modifikation	mkl.	C_{2h}^2	$P2_1/m$	$a = 13{,}82$ $b = 9{,}54$ $c = 7{,}31$	$\beta = 100°\ 50'$ $Z = 4$
$C_{14}H_8O_4$	Alizarin	orh.	D_{2h}^{21}	$Cmma$	$a = 21{,}0$ $b = 77{,}4$ $c = 3{,}75$	$Z = 24$
$C_{14}H_{10}$	Anthracen	mkl.	C_{2h}^5	$P2_1/c$	$a = 8{,}561$ $b = 6{,}036$ $c = 11{,}163$	$\beta = 124°\ 42'$ $Z = 2$
$C_{14}H_{10}N_2O$	3,4-Dibenzyl-furazan	orh.	D_2^4	$P2_12_12_1$	$a = 11{,}89$ $b = 12{,}95$ $c = 6{,}99$	$Z = 4$
$C_{14}H_{10}O_2$	Benzil	trig. oder orh.	D_3^4 D_3^6 D_2^3	$P3_12$ $P3_22$ $P2_12_12_1$	$a = 8{,}15$ $c = 13{,}46$	$Z = 3$
$C_{14}H_{10}O_4$	Dibenzoylperoxid				$a = 5{,}34$ $b = 8{,}46$ $c = 11{,}04$	$Z = 2$
$C_{14}H_{10}O_4$	2,2'-Diphensäure	mkl.	C_{2h}^5	$P2_1/c$	$a = 13{,}70$ $b = 11{,}95$ $c = 14{,}05$	$\beta = 91°\ 40'$ $Z = 8$
$C_{14}H_{12}$	1,2-Diphenyläthen, trans, trans-Stilben	mkl.	C_{2h}^5	$P2_1/c$	$a = 12{,}35$ $b = 5{,}70$ $c = 15{,}92$	$\beta = 114°$ $Z = 4$
$C_{14}H_{12}O_2$	Benzoin	mkl.	C_{2h}^5	$P2_1/c$	$a = 18{,}75$ $b = 5{,}72$ $c = 10{,}46$	$\beta = 106°\ 50'$ $Z = 4$

Formel	Name		Kristallklasse	Raumgruppe	Gitterkonstanten	
$C_{14}H_{14}$	Dibenzyl	mkl.	C_{2h}^5	$P2_1/c$	$a = 12,77$ $b = 6,12$ $c = 7,70$	$\beta = 116°$ $Z = 2$
$C_{16}H_{10}$	Pyren	mkl.	C_{2h}^5	$P2_1/c$	$a = 13,60$ $b = 9,24$ $c = 8,37$	$\beta = 100,2°$ $Z = 4$
$C_{16}H_{10}N_2O_2$	Indigo	mkl.	C_{2h}^5	$P2_1/c$	$a = 11,00$ $b = 5,8$ $c = 10,1$	$\beta = 107,5°$ $Z = 2$
$C_{16}H_{15}Cl_3O_2$	p,p′-Dianisyl-trichloräthan	trikl.	C_i^1	$P\bar{1}$	$a = 12,20$ $b = 6,41$ $c = 11,18$	$a = 84° 38′$ $\beta = 94° 58′$ $\gamma = 67° 29′$ $Z = 2$
$C_{16}H_{32}O_2$	Palmitinsäure, α-Form	mkl.	—	—	$a = 9,41$ $b = 5,00$ $c = 45,9$	$\beta = 50° 50′$ $Z = 4$
	β-Form	mkl.	—	—	$a = 5,68$ $b = 7,39$ $c = 49,03$	$\beta = 63° 38′$ $Z = 4$
$C_{16}H_{34}O$	Hexadecanol	mkl.	C_{2h}^4	$P2/c$	$a = 8,80$ $b = 4,90$ $c = 44,2$	$\beta = 56° 40′$ $Z = 4$
$C_{18}H_{14}$	1,2-Diphenyl-benzol	orh.	D_2^4	$P2_12_12_1$	$a = 18,6$ $b = 6,05$ $c = 11,8$	$Z = 4$
$C_{18}H_{15}As$	Arsentriphenyl	trikl.	C_1^1 oder C_i^1	$P1$ $P\bar{1}$	$a = 19,43$ $b = 17,72$ $c = 11,14$	$\alpha = 80° 9′$ $\beta = 128° 28′$ $\gamma = 99° 58′$ $Z = 8$
$C_{18}H_{15}Bi$	Wismut-triphenyl	mkl.	C_{2h}^6	$C2/c$	$a = 26,74$ $b = 5,78$ $c = 20,44$	$\beta = 109° 34′$ $Z = 8$

Formel	Name	Kristall-system	Raumgruppe		Kanten	Winkel, Inhalt
$C_{18}H_{15}BiCl_2$	Triphenyl-wismut-dichlorid	orh.	D_2^2	$P2_122$	$a = 17{,}31$ $b = 22{,}39$ $c = 9{,}20$	$Z = 8$
$C_{18}H_{15}N$	Triphenylamin	mkl.	C_s^1	Pm	$a = 22{,}6$ $b = 11{,}2$ $c = 11{,}2$	$\beta = 90°$ $Z = 8$
$C_{18}H_{15}Sb$	Triphenyl-antimon	trikl.	C_i^1	$P\bar{1}$	$a = 15{,}22$ $b = 21{,}87$ $c = 19{,}43$	$\alpha = 100°\ 38'$ $\beta = 103°\ 37'$ $\gamma = 75°\ 25'$ $Z = 16$
$C_{18}H_{21}NO_3$	Codein	orh.	D_2^4	$P2_12_12_1$	$a = 27{,}70$ $b = 29{,}80$ $c = 7{,}59$	$Z = 16$
$C_{18}H_{30}$	Hexaäthylbenzol	trikl.	C_1^1 oder C_i^1	$P1$ $P\bar{1}$	$a = 9{,}90$ $b = 9{,}84$ $c = 6{,}10$	$\alpha = 58°\ 5'$ $\beta = 103°\ 54'$ $\gamma = 123°\ 43'$ $Z = 1$
$C_{18}H_2O_2$	Stearolsäure, Octadecin-(9)-säure-(1)	mkl.	C_{2h}^4	$P2/c$	$a = 9{,}551$ $b = 4{,}686$ $c = 49{,}15$	$\beta = 53°\ 4'$ $Z = 4$
$C_{18}H_{36}O_2$	Stearinsäure, Octadecansäure α-Form	mkl.	C_{2h}^5	$P2_1/c$	$a = 9{,}46$ $b = 4{,}96$ $c = 50{,}4$	$\beta = 52{,}5°$ $Z = 4$
	β-Form	mkl.	C_s^2	Pc	$a = 5{,}55$ $b = 7{,}38$ $c = 48{,}84$	$\beta = 63°\ 38'$ $Z = 4$

Formel	Name				Gitterkonstanten	
$C_{19}H_{14}O_3$	Aurin	orh.	D_{2h}^{11}	$Pbcm$	$a = 9,6$ $b = 18,8$ $c = 16,9$	$Z = 8$
$C_{19}H_{15}Br$	Triphenylbrommethan	trig.	C_{3i}^1 oder C_3^1	$P\bar{3}$ $P3$	$a = 13,86$ $c = 13,36$	$Z = 6$
$C_{19}H_{15}Cl$	Triphenylchlormethan	trig.	C_{3i}^1 oder C_3^1	$P\bar{3}$ $P3$	$a = 13,97$ $c = 13,17$	$Z = 6$
$C_{19}H_{16}$	Triphenylmethan	orh.	—	—	$a = 15,2$ $b = 26,3$ $c = 7,6$	$Z = 8$
$C_{19}H_{28}O_2$	Testosteron	mkl.	C_2^2	$P2_1$	$a = 14,7$ $b = 11,09$ $c = 11,01$	$\beta = 125°$ $Z = 4$
$C_{19}H_{30}O_2$	Androsteron	mkl.	C_2^2	$P2_1$	$a = 9,45$ $b = 7,7$ $c = 11,95$	$\beta = 111°$ $Z = 2$
$C_{20}H_{12}$	Perylen	mkl.	C_{2h}^5	$P2_1/c$	$a = 10,3$ $b = 10,8$ $c = 13,6$	$\beta = 126,5°$ $Z = 4$
$C_{20}H_{12}$	1,2-Benzopyren	mkl.	C_{2h}^5	$P2_1/c$	$a = 4,52$ $b = 20,32$ $c = 13,47$	$\beta = 97,4°$ $Z = 4$
$C_{21}H_{21}N$	Tribenzylamin	mkl.	C_{2h}^5	$P2_1/c$	$a = 22,03$ $b = 8,92$ $c = 9,04$	$\beta = 95° 4'$ $Z = 4$
$C_{22}H_{40}O_2$	Behenolsäure	mkl.	C_{2h}^5	$P2_1/c$	$a = 9,551$ $b = 4,686$ $c = 59,10$	$\beta = 53° 30'$ $Z = 4$

Formel	Name	Kristall-system	Raumgruppe		Kanten	Winkel, Inhalt
$C_{24}H_{18}$	Quaterphenyl	mkl.	C_{2h}^5	$P2_1/c$	$a = 8{,}05$ $b = 5{,}55$ $c = 17{,}81$	$\beta = 95{,}8°$ $Z = 2$
$C_{24}H_{18}$	1,3,5-Triphenylbenzol	orh.	C_{2v}^9	Pna	$a = 7{,}55$ $b = 19{,}76$ $c = 11{,}22$	$Z = 4$
$C_{24}H_{18}$	1,8-Dimethyl-picen	mkl.	C_2^2	$P2_1$	$a = 8{,}16$ $b = 6{,}36$ $c = 15{,}35$	$\beta = 84°$ $Z = 2$
$C_{24}H_{20}Ge$	Tetraphenyl-german	tetr.	D_{2d}^4	$P\bar{4}2_1c$	$a = 11{,}60$ $c = 6{,}85$	$Z = 2$
$C_{24}H_{20}Si$	Tetraphenylsilicium	tetr.	D_{2d}^4	$P\bar{4}2_1c$	$a = 11{,}30$ $c = 7{,}05$	$Z = 2$
$C_{24}H_{20}Sn$	Tetraphenyl-zinn	tetr.	D_{2d}^4	$P\bar{4}2_1c$	$a = 11{,}85$ $c = 6{,}65$	$Z = 2$
$C_{24}H_{48}O_2$	Lignocerinsäure	mkl.	C_{2h}^5	$P2_1/c$	$a = 9{,}0$ $b = 4{,}97$ $c = 66{,}5$	$\beta = 127{,}5°$ $Z = 4$
$C_{29}H_{60}$	Nonikosan	orh.	D_{2h}^{16}	$Pnma$	$a = 7{,}45$ $b = 4{,}97$ $c = 77{,}2$	$Z = 4$
$C_{30}H_{62}$	n-Triakontan	orh.	D_{2h}^{16}	$Pnma$	$a = 7{,}452$ $b = 4{,}965$ $c = 81{,}60$	$Z = 4$

6. Verzeichnis der Spektrallinien für analytische Zwecke

Von RUDOLF RITSCHL, Berlin

Ordnung der Elemente alphabetisch nach dem Symbol.

Abkürzungen

Abkürzungen im Tabellenkopf

λ in Å = Wellenlänge	F = im Funken
Int. = Intensität:	G = im Geisslerrohr
B = im Bogen	Ion.-Grad = Ionisationsgrad

Bei Ionisationsgrad bedeutet:

I = Linie des neutralen Atoms

II = Linie des einfach ioni- sierten Atoms

III = Linie des doppelt ioni- sierten Atoms

IV = Linie des dreifach ionisierten Atoms usw.

Abkürzungen unter Bemerkungen

R = die Linie zeigt leicht Selbstumkehr

u = die Linie ist unscharf

su = die Linie ist sehr unscharf

d = die Linie ist diffus

b = die Linie ist breit

r = die Linie ist nach Rot verbreitert

v = die Linie ist nach Violett ver- breitert

LL = letzte Linie oder Restlinie, besonders analytisch emp- findlich

(M) = Intensität nach MEGGERS

λ in Å	Int. B	Int. F	Ion.-Grad	Bem.	λ in Å	Int. B	Int. F	Ion.-Grad	Bem.
			Ag Silber		5238,35	1	—	I	u
8747,6	—	2	II		5209,08	8	5	I	R
8492,5	—	3	II		5172,8	3	—	I	
8273,58	2	2	I		5138,34	2	—	I	u
8254,7	—	4	II		5129,2	2	—	I	
7687,78	2	—	I		5123,50	3	—	I	u
5801,92	1	—	I	u	4992,89	5	—	I	u
5667,34	5	3	I		4956,18	1	—	I	
5637,01	1	—	I	u	4935,75	4	—	I	
5623	—	1			4934,07	2	—	I	
5593	—	3			4917,5	4	—	I	su
5559,58	1	—	I	u	4888,21	5	—	I	
5545,67	2	—	I	u	4874,10	7	2	I	
5523,7	1	—			4847,82	4	—	I	
5521,0	—	2			4822,79	2	—	I	su
5489	—	1			4796,2	3	—	I	u
5475,38	4	—	I		4677,60	4	—	I	u
5471,55	8	5	I		4668,48	8	4	I	
5465,50	10	7	I		4615,69	4	1	I	u
5436,00	2	—	I	u	4563,8	1	—	I	
5333,62	1	—	I		4556,0	3	1	I	u
5329,75	2	—			4476,04	7	5	I	
5323,7	2	—			4396,23	3	1	I	
5276,36	1	—	I	u	4379,2	2	—		

λ in Å	Int. B	Int. F	Ion.-Grad	Bem.	λ in Å	Int. B	Int. F	Ion.-Grad	Bem.
4354,7	2	—	I	su	3382,89	10	10	I	R LL
4311,07	5	5	I						(M 2800)
4294,27	2	—	I	u	3354,63	2	—	I	u
4242,19	2	—	I	u	3339,20	2	—	I	u
4228,7	2	—	I	sü	3331,8	—	3		
4212,82	8	5	I	R	3329,7	—	4	II	
4212,52	2	—	I		3327,70	3	—	I	u
4210,96	10	7	I	R	3305,67	3	—	I	u
4196,34	2	—	I	su	3301,5	—	2		
4172,0	1	—	I		3299,5	—	2		
4083,43	3	—	I	u	3280,68	10	10	I	R LL
4062,71	2	—	I	u					(M 5500)
4062,08	2	—	I	u	3265,72	2	—	I	
4055,48	10	5	I	R	3252,8	—	3		
4055,20	2	1	I		3244,97	—	4		
3992,15	4	—	I	u	3233,18	3	—	I	
3981,58	7	2	I		3225,15	3	—	I	
3979,44	2	—	I	u	3223,47	—	4		
3951,28	2	—	I	u	3216,71	—	2		
3942,97	4	1	I	u	3215,67	3	1	I	u
3940,43	4	1	I	u	3177,33	3	—	I	
3933,6	—	2			3170,58	4	2	I	u
3928,01	3	—	I	u	3130,12	5	2	I	
3847,85	3	—	I		3099,10	4	2	I	
3840,75	5	2	I		2938,42	6	6	I	
3811,78	5	—	I		2934,2	—	7	II	
3810,94	8	2	I		2928,95	2	—	I	u
3784,1	2	—	I		2929,4	—	6	II	
3768,51	3	—	I	u	2926,77	2	—	I	u
3753,14	4	—	I	u	2920,0	—	4		
3727,42	2	—	I	u	2919,03	2	—	I	u
3709,20	6	3	I		2902,08	—	5	II	
3682,51	5	3	I		2896,48	—	6	II	
3654,62	2	—	I	u	2873,54	—	5	II	
3624,68	5	2	I		2824,39	4	4	I	u
3623,49	3	—	I	u	2815,6	—	5	II	
3586,67	3	—	I	u	2799,7	—	6	II	
3557,01	3	—	I	u	2786,5	—	4		
3547,16	3	—	I	u	2767,5	—	7	II	
3542,61	5	5	I		2756,5	—	6	II	
3537,23	2	—	I		2743,8	—	5	II	
3521,12	4	—	I		2821,77	5	3	I	
3513,38	3	—	I	u	2712,1	—	6	II	
3508,03	5	2	I		2711,2	—	4		
3505,02	2	—	I	u	2688,4	—	3		
3501,92	4	2	I		2681,4	—	4		
3499,67	2	—	I	u	2660,5	—	5	II	
3499,54	2	—	I	u	2656,6	—	4	II	
3487,79	3	—	I		2628,6	—	4		
3469,16	5	2	I		2625,6	—	5		
3457,07	2	—	I		2614,5	—	5		
3410,78	4	2	I		2606,14	—	5		
3403,78	2	—	I	u	2595,6	—	2		

λ in Å	Int. B	Int. F	Ion.-Grad	Bem.
2580,8	—	6	II	
2575,5	4	4		
2567,15	—	2		
2564,42	—	3		
2553,41	—	2		
2535,3	—	5	II	
2506,65	1	7	II	
2504,07	—	4		
2485,8	—	3		
2480,42	—	4		
2477,30	—	4		
2473,88	—	6	II	
2469,62	—	2	III	
2462,27	—	4		
2461,27	—	2		
2460,32	—	4		
2453,37	—	5	II	
2447,91	2	7	II	
2446,3	—	2		
2444,20	—	4		
2437,77	4	8	II	R LL
2429,65	—	5		
2420,12	—	4	II	
2413,22	3	6	II	R
2411,38	1	5	II	
2402,75	—	4	II	
2395,69	—	3	III	
2390,57	—	4		
2386,84	—	4	III	
2383,17	—	4	II	u
2375,02	5	5	I	u
2365,7	—	3	II	
2363,99	—	2	II	
2362,19	—	3	II	
2358,85	—	5	II	
2357,92	—	6	II	
2331,35	—	6	II	R
2325,1	2	5	II	
2324,63	4	6	II	R
2321,52	—	3		
2320,24	3	6	II	R
2317,03	2	5	II	R
2312,4	4	2		
2309,56	5	3		R
2279,97	2	6	II	
2277,38	—	3		
2275,24	—	4		
2253,45	—	4	II	
2248,73	3	6	II	R
2246,38	4	7	II	R
2243,4	—	3	II	
2229,51	2	5	II	
2226,12	—	3	II	

λ in Å	Int. B	Int. F	Ion.-Grad	Bem.
2219,70	—	2	II	
2211,18	—	2		
2208,5	—	3		
2205,95	—	4	II	
2202,1	—	4	II	
2113,8	2	3	II	R
2081,04	—	3	III	
2065,9	—	4	II	
2056,99	—	2	III	
2011,49	—	2	III	
2000,7	—	2	II	

Al Aluminium

λ in Å	Int. B	Int. F	Ion.-Grad	Bem.
11255,5	3	—	I	
8773,91	5	—	I	
7836,15	6	—	I	
7835,33	4	—	I	
7471,41	—	5	II	
7362,31	5	—	I	
6698,64	5	—	I	
6695,97	5	—	I	
6243,36	—	10	II	
6231,76	—	8	II	
6183,42	—	10	II	v
5861,53	—	7	II	
5722,65	—	6	III	
5696,47	—	8	III	
5593,23	—	10	II	
5557,59	5	—	I	
5557,07	7	—	I	
5163,9	—	7	III	
5150,8	—	6	III	
4701,6	—	6	III	
4663,05	—	10	II	
4589,75	—	4	II	
4588,19	—	5	II	
4585,82	—	6	II	
4529,18	—	6	III	
4512,83	—	6	III	
4479,8	—	5		d
4226,83	—	6	II	r
3961,53	8	8	I	R LL (M 900)
3944,02	7	7	I	R LL
3900,68	—	5	II	
3713,10	—	3	III	
3703,22	—	4	II	
3702,09	—	2	III	
3655,00	—	8	II	
3654,98	—	6	II	
3651,09	—	4	II	
3649,22	—	1	II	
3649,18	—	2	II	

λ in Å	Int. B	Int. F	Ion.-Grad	Bem.
3612,35	—	7	III	
3601,62	—	8	III	
3586,55	—	6	II	r
3443,65	3	3	I	
3439,35	2	2	I	
3092,84	6	6	I	R LL (M 650)
3092,71	10	10	I	R LL
3082,16	8	8	I	R LL
3066,16	4	4	I	
3064,30	4	4	I	
3060,0	1	1	I	
3059,07	2	2	I	
3057,16	6	6	I, II	
3054,69	5	5	I	
3050,07	5	5	II	
2907,05	—	8	III	
2837,95	2	—	I	
2816,19	—	7	II	
2762,8	—	4	III	
2669,17	5	5	II	
2660,39	8	5	I	R
2652,48	7	4	I	R
2631,55	—	5	II	
2575,39	3	2	I	R
2575,09	10	6	I	R
2567,98	8	4	I	R
2545,60	—	2	II	
2519,21	3	3	I	
2513,32	5	5	I	
2378,37	6	4	I	
2373,55	8	6	I	
2373,35	2	1	I	R
2373,12	8	6	I	R
2372,12	10	8	I	
2372,04	3	1	I	
2370,21	4	2	I	
2369,29	5	3	I	
2368,09	3	1	I	
2367,60	3	1	I	
2367,05	8	3	I	R
2321,57	4	1	I	
2321,56	—	5	II	
2319,07	2	1	I	
2317,49	4	4	I, II	
2313,53	3	3	I	
2312,49	2	2	I	
2269,22	4	2	I	R
2269,10	8	4	I	R
2263,73	7	3	I	R
2263,46	5	2	I	R
2258,00	2	—	I	
2210,05	5	3	I	R

λ in Å	Int. B	Int. F	Ion.-Grad	Bem.
2204,66	4	2	I	R
2204,59	3	1	I	R
2199,15	1	—	I	
2174,03	1	—	I	R
2168,81	1	—	I	R
2099,68	—	5	II	
2095,2	—	6	II	
2094,8	—	4	II	
2094,3	—	2	II	
2016,26	—	4	II	

Ar Argon

λ in Å	Int. G	Int. F	Ion.-Grad	Bem.
11590	8	—		
10640	9	—		
9784,50	10	—		
9666,9	5	—	I	
9657,78	10	—	I	
9478,4	5	—	I	
9475,20	—	3	II	
9374,15	—	1	II	
9354,22	8	—	I	
9291,6	7	—	I	
9279,72	—	2	II	
9252,63	—	2	III	
9224,50	10	—	I	
9122,97	9	—	I	
9079,67	—	3	III	
9035,92	—	2	III	
9017,59	—	5	II	
8986,62	—	8	III	
8968,25	—	3	III	
8799,1	7	—	I	
8771,88	—	7	II	
8761,7	8	—	I	
8667,94	9	—	I	
8620,5	7	—	I	
8605,8	7	—	I	
8521,44	5	—	I	
8424,65	10	—	I	
8408,21	6	—	I	
8264,52	4	—	I	
8115,31	10	—	I	
8103,69	3	—	I	
8014,79	8	—	I	
8006,16	4	—	I	
7948,18	4	—	I	
7849,42	—	4	II	
7724,21	3	—	I	
7723,76	4	—	I	

λ in Å	Int. G	Int. F	Ion.-Grad	Bem.	λ in Å	Int. G	Int. F	Ion.-Grad	Bem.
7635,11	4	—	I		5572,55	5	—	I	
7618,03	—	7	II		5558,71	5	—	I	
7589,33	—	7	II		5495,87	7	—	I	
7514,65	3	—	I		5473,4	5	—	I	
7505,13	—	7	II		5451,65	5	—	I	
7503,87	4	—	I		5442,2	5	—	I	
7440,46	—	6	II		5440,0	5	—	I	
7435,3	4	—	I		5421,35	5	—	I	
7383,98	6	—	I		5410,47	5	—	I	
7372,12	4	—	I		5373,49	5	—	I	
7353,32	4	—	I		5305,8	4	—		
7311,7	4	—	I		5221,27	5	—	I	
7272,94	5	—	I		5187,75	6	—	I	
7206,99	4	—	I		5162,29	5	—	I	
7107,50	4	—	I		5145,4	—	4	II	
7067,22	5	—	I		5062,02	—	4	II	
7030,26	4	—	I		5048,81	5	—	I	
6965,43	6	—	I		5017,2	—	3		
6937,67	3	—	I		5009,25	—	4	II	
6888,17	3	—	I		4972,20	—	3	II	
6871,29	5	—	I		4933,23	—	4	II	
6756,1	3	—	I		4894,69	5	—	I	
6752,83	6	—	I		4888,7	—	3		
6719,2	4	—	I		4887,95	6	—	I	
6698,9	4	—	I		4882,29	—	2	III	
6684,36	—	5	II		4879,8	—	5	II	
6677,28	4	—			4876,26	6	—	I	
6664,0	5	—	I		4875,26	—	4	II	
6660,6	4	—	I		4847,78	—	5	II	
6643,79	—	5	II		4836,69	5	—	I	
6638,24	—	4	II		4805,99	—	5	II	
6604,9	3	—			4768,67	5	—	I	
6416,32	5	—	I		4764,89	—	5	II	
6384,72	5	—	I		4752,94	5	—	I	
6212,51	5	—	I		4735,89	—	3	II	
6173,11	5	—	I		4726,85	—	5	II	
6172,2	—	3			4702,31	10	—	I	
6170,18	5	—	I		4628,44	9	—	I	
6145,4	5	—	I		4657,88	—	5	II	
6114,92	—	5	II		4609,60	—	7	II	
6059,37	5	—	I		4596,10	9	—	I	
6043,23	5	—	I		4589,89	—	5	II	
6032,12	8	—	I		4579,35	—	4	II	
6031,3	3	—			4545,06	—	3	II	
5928,5	3	—			4544,75	3	—	I	
5921,09	5	—	I		4522,32	7	—	I	
5880,1	4	—	I		4510,73	8	—	I	
5681,90	5	—	I		4481,83	—	4	II	
5659,13	5	—	I		4433,83	—	3	III	
5650,70	8	—	II		4431,00	—	4	II	
5606,73	5	—	I		4430,19	—	2	II	
5597,5	5	—	I		4426,00	—	5	II	
5588,7	5	—	I		4401,00	—	3		

λ in Å	Int. G	Int. F	Ion.-Grad	Bem.	λ in Å	Int. G	Int. F	Ion.-Grad	Bem.
4400,09	—	2			3729,30	—	7	II	
4379,66	—	4	II		3718,25	—	3		
4371,36	—	4	II		3690,90	5	—	I	
4370,75	—	3	II		3678,33	3	—		
4348,06	—	5	II		3675,22	5	—	I	
4345,17	9	—	I		3670,64	5	—	I	
4335,34	7	—	I		3649,83	8	—	I	
4333,56	9	—	I		3639,86	—	5	II	
4331,19	—	3	II		3634,46	5	—	I	
4300,10	10	—	I		3632,68	5	—	I	
4277,6	—	4	II		3606,52	10	—	I	
4272,17	10	—	I		3588,48	—	7	II	
4266,52	—	3	II		3582,39	—	5	II	
4266,29	10	—	I		3581,65	—	3		
4259,36	10	—	I		3576,66	—	7	II	
4251,19	7	—	I		3572,29	5	—	I	
4228,2	—	3			3567,66	5	—	I	
4200,68	10	—	I		3565,06	3	—		
4198,32	10	—	I		3561,06	—	4		
4191,03	10	—	I		3559,54	—	4		
4190,71	6	—	I		3554,31	5	—	I	
4181,88	8	—	I		3545,84	—	6	II	
4164,18	8	—	I		3545,64	—	5	II	
4158,59	10	—	I		3545,58	—	8	II	
4131,78	—	4	II		3535,37	—	3		
4103,96	—	5	II		3521,97	—	3		
4076,70	—	3			3514,43	—	6	II	
4072,01	—	4	II		3514,1	—	7	III	
4045,97	5	—	I		3511,16	—	9	III	
4044,42	10	—	I		3491,57	—	6	II	
4042,89	—	4	II		3491,24	—	4	II	
4013,85	—	4	II		3480,49	—	6	II	
3979,40	—	3			3461,08	5	—	I	
3968,37	—	5	II		3417,49	—	4	III	
3948,98	10	—	I		3413,53	—	3	III	
3947,50	5	—	I		3393,75	5	—	I	
3944,30	—	4	II		3391,77	—	3		
3932,56	—	3			3388,54	—	5	II	
3928,60	—	5	II		3376,47	—	5	II	
3914,78	—	4	II		3373,48	5	—	I	
3894,66	5	—	I		3358,6	—	8	III	
3891,98	—	5	II		3344,73	—	9	III	
3875,25	—	3			3336,15	—	9	III	
3868,57	—	5	II		3323,59	—	5	III	
3850,57	—	7	II		3319,34	5	—	I	
3841,52	—	4			3311,19	—	9	III	
3834,68	7	—	I		3301,81	—	10	III	
3795,38	—	3			3293,66	—	4	II	
3781,36	5	—	I		3285,77	—	10	III	
3780,87	—	7	II		3281,71	—	3		
3770,37	6	—	I		3249,83	—	4	II	
3765,32	—	4	II		3243,72	—	4	II	
3737,92	—	3			3210,41	—	4	III	

λ in Å	Int. G	Int. F	Ion.-Grad	Bem.
3187,90	—	3	III	
3181,09	—	4	II	
3172,96	5	—	I	
3169,74	—	5	II	
3161,43	—	3		
3157,42	—	3	III	
3139,08	—	4	II	
3093,40	—	5	II	
3078,15	—	5	III	
3054,82	—	6	III	
3024,05	—	6	III	
2979,1	—	3		
2967,2	4	—		
2955,4	—	3		
2942,9	—	4	II	
2824,66	—	3	III	
2806,2	—	10		
2785,23	—	3	III	
2783,65	—	3	III	
2760,6	—	3		
2753,8	—	4		
2744,8	—	4		
2708,3	—	4		
2647,5	6	—		
2562,2	—	3		
2516,7	—	4		
2516,2	2	—		
2515,5	—	4		
2491,08	—	3		
2481,53	—	5		
2480,91	—	7		
2479,09	—	5		
2474,05	—	3		
2459,98	—	3		
2454,29	—	10		
2438,7	—	4		
2424,1	—	6	III	
2422,76	—	3		
2422,72	—	2		
2420,48	—	7		
2415,17	—	4		
2410,97	—	5		
2404,38	—	10		
2385,00	—	2		
2383,50	—	3		
2344,23	—	4		
2337,80	—	5		
2331,46	—	7		
2316,31	—	4	II	
2314,98	—	4		
2313,72	—	5		
2309,16	—	3		
2302,1	—	5	III	

λ in Å	Int. G	Int. F	Ion.-Grad	Bem.
2298,17	—	3		
2290,61	—	3	III	
2289,82	—	3		
2287,8	—	3		
2284,04	—	4		
2282,63	—	5	III	
2282,05	—	3		
2280,6	—	3		
2243,67	—	5	III	
2235,77	—	3		
2234,69	—	5	III	
2229,72	—	3		
2227,29	—	4	III	
2222,93	—	3		
2213,0	—	3		
2187,35	—	5	III	
2177,2	—	5	III	
2175,59	—	7		
2164,17	—	4	II	
2159,0	—	3		d
2152,6	—	3		
2148,38	—	3	III	
2138,59	—	5	III	
2130,44	—	7		
2129,44	—	3	III	
2126,67	—	6	III	
2119,98	—	3	III	
2104,89	—	3	III	
2103,33	—	5	III	
2092,78	—	3	III	
2092,30	—	3	III	
2091,63	—	5	III	
2080,36	—	5	III	
2079,69	—	4	III	

As Arsen

λ in Å	Int. B	Int. F	Ion.-Grad	Bem.
10023,98	1	—	I	
9833,76	1	—	I	
9826,69	1	—	I	
9597,94	1	—	I	
9300,62	2	—	I	
9267,29	1	—	I	
9134,81	1	—	I	
8993,08	1	—	I	
8935,58	2	—	I	
8869,69	4	—	I	
8821,76	6	—	I	
8654,16	4	—	I	
8564,71	4	—	I	

λ in Å	Int. B	Int. F	Ion.-Grad	Bem.	λ in Å	Int. B	Int. F	Ion.-Grad	Bem.
8541,65	2	—	I		4509,33	—	1		
8428,94	4	—	I		4507,92	—	2	II	
8355,00	1	—	I		4494,59	—	8	II	
8305,62	2	—	I		4475,69	—	2		
8042,95	1	—	I		4474,60	—	8		
7960,26	1	—	I		4466,60	—	3	II	
6170,47		6	II		4461,27	—	2		
6110,66	—	6	II		4458,74	—	2		
6110,30	—	6	II		4456,86	—	1		
6022,81	—	6	II		4431,73	—	8	II	
5825,50	—	1	II		4421,06	—	1		
5783,51	—	1	II		4413,64	—	3	II	
5731,96	—	1	II		4412,25	—	1		
5685,74	—	2			4404,53	—	1	II	
5657,20	—	2	II		4371,38	—	2	II	
5651,53	—	8	II		4353,02	—	4	II	
5558,31	—	8	II		4352,25	—	8	II	
5497,98	—	8	II		4336,85	—	4	II	
5497,09	—	1			4324,10	—	2	II	
5471,92	—	1	II		4315,86	—	2	II	
5385,52	—	1	II		4299,51	—	1	II	
5331,54	—	8	II		4297,43	—	1	II	
5231,50	—	3	II		4278,82	—	1	II	
5223,27	—	1	II		4243,26	—	4		
5215,56	—	1			4228,42	—	1		
5205,40	—	1			4226,7	—	6	III	
5182,32	—	2	II		4197,61	—	2	II	
5161,25	—	2			4119,85	—	2	II	
5107,80	—	6	II		4101,4	—	7	III	
5105,80	—	6	II		4084,13	—	1	II	
4985,60	—	2	II		4082,57	—	1	II	
4888,74	—	2	II		4062,73	—	1	II	
4802,25	—	1			4060,69	—	6	IV	
4799,68	—	1	II		4037,2	—	9	III	
4787,29	—	1	II		4031,0	—	10	III	
4730,92	—	5	II		4006,34	—	2	II	
4707,82	—	8	II		3948,74	—	2	II	
4672,70	—	2	II		3931,28	—	1	II	
4630,14	—	8	II		3922,6	—	10	III	
4627,80	—	8			3842,82	—	2	II	
4619,63	—	1			3749,77	—	4	II	
4617,30	—	1	II		3551,82	—	1	II	
4607,46	—	8			3513,13	—	0		
4602,73	—	8	II		3189,94	—	6	IV	
4591,02	—	2			3119,60	4	2	I	
4580,92	—	1			3116,64	—	6	II	
4552,37	—	2	II		3108,81	—	8	IV	
4549,23	—	5	II		3075,32	3	2	I	
4543,76	—	8			3058,10	—	1	II	
4539,97	—	8	II		3032,85	6	3	I	
4532,36	—	1			3003,93	—	2		
4528,61	—	1	II		2990,99	3	1	I	
4516,14	—	1	II		2982,0	—	10	III	

λ in Å	Int. B	Int. F	Ion.-Grad	Bem.	λ in Å	Int. B	Int. F	Ion.-Grad	Bem.
2959,70	—	4		d	2047,59	2	0	I	
2926,3	—	10	III		2013,32	4	0	I	R
2898,71	6	3	I	r	2012,76	0	—	I	
2884,51	—	1	II		2010,04	1	—	I	
2860,44	8	5	I	R, (M 90)	2009,19	4	—	I	r
					2003,34	10	1	I	R
2831,26	—	1	II		2002,54	1	—	I	
2780,29	9	9	I	R (M 140)					
						Au Gold			
2744,99	7	7	I	R	7510,75	5	—	I	
2602,96	—	1			6652,6	3	—	I	
2512,18	—	6	IV		6456,52	2	1	II	
2492,91	4	4	I		6436,2	2	—	I	
2461,43	—	9	IV		6278,18	10	5	I	
2456,53	4	4	I	r	6162,23	1	0		
2454,03	—	10	IV		6160,1	1	—	I	
2446,06	—	8	IV		5962,72	1	0		
2437,23	3	3	I		5956,98	6	3	I	
2417,53	—	10	IV		5862,94	5	2	I	
2405,73	—	6	IV		5837,40	10	6	I	d
2381,18	4	4	I	r	5759,9	—	3		
2370,77	5	5	I	r	5726,82	3	1	I	
2369,67	5	5	I	r	5721,26	1	—	I	
2363,05	1	—	I		5655,77	6	3	I	
2349,84	10	10	I	R LL	5578,5	—	5		b
2344,03	3	3	I		5261,82	5	2	I	
2288,12	10	10	I	R LL	5230,26	10	8	I	
2271,36	2	1	I		5147,39	5	—	I	
2266,70	1	—	I		5145,2	—	4		
2266,13	—	5	IV		5064,61	8	5	I	
2246,70	—	5	IV		4902,72	—	5		
2228,66	1	0	I		4811,62	8	8	I	
2205,97	1	0	I		4792,60	10	10	I	b
2205,16	0	—	I		4760,20	—	3		b
2198,34	0	—	I		4684,1	—	5		
2182,94	1	0	I		4673,1	—	4		
2176,26	1	3	I		4607,34	5	5		R
2166,2	—	5	III		4587,89	—	3		
2165,52	6	4	I		4488,25	8	10	I	
2156,2	—	9	III		4437,27	5	5	I	
2151,6	—	8	III		4420,63	—	2	II	
2144,08	4	2	I		4315,17	—	3	II	d
2147,5	—	7	III		4315,09	8	8	I	
2133,80	2	1	I		4259,89	—	2	II	
2132,8	—	3	III		4241,77	5	5	I	
2112,99	4	1	I		4172,77	—	3		
2089,74	1	0	I		4089,59	—	3		
2085,25	1	0	I		4084,12	5	5	I	
2074,5	—	1			4076,33	—	5	II	
2069,78	1	0	I		4065,08	8	8	I	
2067,11	1	0	I		4052,81	—	5	II	
2065,36	2	0	I		4040,94	4	4	I	
2053,4	—	5	III		4016,05	—	5	II	

λ in Å	Int. B	Int. F	Ion.-Grad	Bem.	λ in Å	Int. B	Int. F	Ion.-Grad	Bem.
3979,59	—	3	II		3191,7	3	—		
3976,66	—	3			3156,59	—	4	II	
3959,11	—	2			3147,58	5	—		
3927,66	4	5	I		3122,78	10	10	I	b, d
3914,72	—	4	I		3117,0	3	5		
3909,38	5	3	I		3103,94	2	2	II	d
3907,65	1	0	I		3064,9	5	—		
3897,89	8	8	I		3038,92	2	—		
3889,47	1	2	I		3033,18	4	4		d
3880,20	—	3	II		3029,21	5	4	I	
3874,67	2	4			3024,49	3	2		d
3871,35	1	1			3015,83	4	4	II	
3836,48	2	2			2994,99	1	5	II	
3829,38	1	1			2990,28	2	4	II	
3825,65	—	2	II		2982,11	—	2	II	
3821,91	—	1		b, d	2973,25	3	—		b
3816,13	1	2			2970,4	3	—		
3804,00	—	5	II		2963,74	—	1		
3795,90	5	3	I	d	2954,5	—	5		
3706,82	—	2		d	2932,19	5	5	I, II	
3682,86	2	1		d	2918,37	—	3	II	
3650,75	1	1	I		2913,54	2	6	II	
3649,09	0	1			2907,06	—	2		
3642,8	2	1	II		2905,90	6	6	I, II	
3633,24	0	4	II		2893,42	—	4		
3620,23	2	4			2891,96	4	4	I	
3614,00	—	5			2885,60	—	2	II	
3607,54	2	5			2883,45	6	3	I	
3598,08	3	1	I		2856,91	—	4		
3594,15	2	1			2847,09	—	5	II	
3591,99	1	0			2838,03	—	6		d
3586,74	10	10	I		2825,45	2	4		
3580,08	2	2			2822,71	—	6		d
3565,93	3	2	I		2819,95	—	7		d
3553,57	8	8	I		2805,32	—	3		
3528,0	—	3			2802,19	—	9		d
3523,35	—	2			2780,83	—	3		
3467,13	6	3		d	2748,26	10	8	I, II	b
3417,7	2	—			2732,01	—	3	II	
3382,00	4	4	II		2700,89	5	3	I	
3361,21	3	0			2694,37	2	1		
3358,44	0	3			2688,71	4	4	I	
3355,14	4	3	I		2688,16	—	3	II	
3349,40	1	0			2687,63	—	4		
3327,16	5	0			2675,95	10	9	I	R, b (M 340)
3323,19	1	0	I						
3320,15	9	4	I		2666,97	—	1	II	
3308,31	6	4	I		2641,49	8	4	I	
3267,08	1	1			2627,03	—	2		
3230,64	6	10	I, II	b	2625,50	—	1		
3221,89	4	5			2617,41	—	1		
3204,74	6	8	I		2616,57	—	3		
3194,71	4	6	I		2592,09	—	2		

λ in Å	Int. B	Int. F	Ion.-Grad	Bem.
2590,04	5	4	I, II	
2580,1	3	—		
2565,71	—	3		
2552,80	—	2		d
2550,24	—	2		d
2544,19	5	3	I	
2538,00	3	2		d
2533,69	—	4		d
2528,11	3	1		
2515,16	—	2	II	
2510,49	5	3	I	
2506,30	—	2		
2503,29	—	5		
2495,10	3	—		
2492,64	—	1	II	
2491,24	3	1	I	
2480,28	—	3		d
2477,71	—	4	II	
2476,04	—	2		d
2458,12	—	1		
2445,53	—	2	II	d
2442,34	—	3		
2427,95	10	10	I	R, b (M 200)
2419,34	—	4	II	
2416,61	—	4	II	
2404,81	4	1	I	
2402,71	—	2		
2387,75	6	4	I	
2376,25	5	2	I	
2371,60	—	5	II	
2369,36	—	4		
2364,89	—	5		d
2364,56	5	5	I, II	
2352,67	7	4	II	
2340,19	—	6	II	
2322,28	—	3		
2315,85	—	6		d
2314,64	—	6		d
2309,43	—	5		
2304,81	—	9		b
2291,52	—	7	II	d
2283,32	2	5	II	
2282,90	—	4		
2277,64	—	4		b
2263,72	—	3	II	d
2262,73	—	4		
2249,0	—	3		
2248,74	—	2		
2246,68	—	6		d
2242,71	2	5		
2240,28	—	3	II	d
2233,70	—	3		

λ in Å	Int. B	Int. F	Ion.-Grad	Bem.
2231,31	—	5	II	d
2229,03	—	8	II	b
2219,22	—	2		d
2215,76	—	6		d
2213,18	—	3	II	
2210,66	—	2	II	
2201,35	2	5		
2197,12	2	—		
2188,98	—	5	II	d
2176,33	1	—	I	
2172,16	—	2		
2157,11	—	3		
2129,48	2	2	I	
2126,64	3	3	I	
2125,34	1	5		
2113,58	—	3		
2110,80	4	10		b
2097,4	—	3		
2082,0	1	—	I	
2021,38	2	—	I	
2012,00	3	3	I	
2000,6	—	3	II	

B Bor

λ in Å	Int. B	Int. F	Ion.-Grad	Bem.
4121,95	—	2	II	
3871,39	—	2		d
3451,41	—	10	II	
3369,09	1	2		
3323,20	—	1	II	
3260,74	1	2	II	
3179,35	2	5	II	
2785,14	—	4		
2779,26	2	5		
2566,26	—	1	II	
2514,39	—	3		
2497,73	10	10	I	R LL (M 480)
2496,78	8	8	I	R LL (M 240)
2434,95	—	1		
2432,29	—	2	II	
2359,06	—	1	II	
2369,96	—	1		
2363,88	—	1		
2357,03	—	0		
2355,25	—	0		
2089,57	7	2	I	
2088,84	6	1	I	
2067,9	—	2	III	
2066,4	—	1	III	

λ in Å	Int. B	Int. F	Ion.-Grad	Bem.	λ in Å	Int. B	Int. F	Ion.-Grad	Bem.
Ba Barium					6654,11	8	3	I	R
10471,26	6	—	I		6527,31	7	3	I	R
10274,04	5	—	I		6498,76	6	3	I	R
10233,22	6	—	I		6496,90	10	10	I, II	R
10188,23	4	—	I						(M 1200)
10032,12	6	—	I, II		6482,91	7	3	I	R
10001,09	3	—	I		6450,85	7	3	I	
9830,37	7	—	I		6341,68	7	3	I	R
9713,75	2	—	I		6235,3	3	—		
9645,72	4	—	I		6141,72	10	10	I, II	R
9608,88	10	—	I						(M 2000)
9589,37	5	—	I		6110,79	7	5	I	R
9527,5	10	—			6083,46	2	—		
9455,92	5	—	I		6063,12	6	3	I	R
9370,06	3	—	I		6019,47	6	3	I	R
9324,58	5	—	I		5997,09	6	3	I	R
9308,08	5	—	I		5971,70	6	3	I	
9219,69	2	—	I		5964,79	3	—		
9189,4	2	—			5907,6	5	2	I	
8914,99	4	—	I		5853,69	8	5	I, II	R
8860,98	4	—	I		5826,30	7	4	I	
8799,76	2	—	I	b	5818,93	4	—	I	
8654,03	4	—			5805,71	5	2		R
8582,1	4	—			5800,3	6	2	I	
8567,6	3	—			5784,2	3	6	II	
8559,97	10	—	I		5777,70	9	5	I	R
8210,30	10	—	I		5680,17	5	1		
8147,8	2	—			5593,28	2	—		
8120,5	3	—			5535,48	10	6	I	R LL
7911,31	6	—	I	LL					(M 650)
7905,77	7	—	I		5519,11	5	3	I	
7839,57	4	—			5424,62	4	2	I	
7751,73	3	—			5391,6	—	4	II	
7706,58	3	—			5361,4	—	3	II	
7672,10	4	—	I		5302,81	1	—		
7642,91	2	—	I		5013,0	—	4	II	
7636,90	1	—	I		4957,2	—	4	II	
7610,48	2	—	I		4947,32	2	—		
7488,04	6	—	I		4934,09	8	10	II	R LL
7459,78	5	—	I						(M 2000)
7417,48	5	—	I		4902,88	4	—	I	
7392,42	7	—	I		4900,0	4	8	II	
7359,29	1	—	I		4891,8	2	4	II	
7280,29	8	—	I	R	4877,65	5	—	I	
7228,84	6	—	I		4843,5	4	6	II	
7195,22	7	—	I		4726,45	6	4	I	
7153,64	5	—			4708,9	—	3	II	
7120,27	8	—	I		4700,45	3	1	I	
7059,92	9	—	I	R	4691,63	6	3		R
6867,85	4	—	I		4673,61	4	1	I	
6865,67	7	—	I		4628,33	3	1	I	
6693,82	8	2	I	R	4619,98	2	1	I	
6675,26	7	2	I	R	4599,75	3	2		R

λ in Å	Int. B	Int. F	Ion.-Grad	Bem.
4591,8	2	—	I	
4589,7	2	—	I	
4579,66	6	6		R
4573,88	5	3		R
4554,03	10	10	II	R LL
				(M 6500)
4525,0	5	7	II	
4523,25	5	2		
4505,94	5	3		
4493,64	4	1	I	
4488,97	4	1	I	
4467,14	2	—		
4431,91	6	4		
4413,69	2	—		
4406,86	3	—		
4402,55	5	3		
4359,56	2	—		
4350,38	6	4		
4332,9	2	1	I	
4325,18	1	—		
4323,0	3	1	I	
4309,3	4	4	II	
4304,9	2	—		
4291,17	5	—		
4283,12	6	6	I	
4268,0	4	4	II	
4264,4	2	—		
4239,6	4	—	I	
4224,0	3	—		
4166,02	5	10	II	
4132,44	6	3		
4130,68	8	10	II	R
3995,66	4	4	I	
3993,40	6	6	I	
3937,88	3	3	I	
3935,72	5	5	I	
3909,92	4	4	I	
3892,65	1	—		
3891,78	3	6	II	R
3889,32	5	1		
3794,75	4	4	II	
3688,5	3	2	I	
3662,54	2	1		
3640,40	1	1		
3636,9	2	1		
3630,65	3	2		
3611,0	2	1		
3599,42	3	2	I	
3588,15	2	1		
3568,52	2	1		
3579,7	5	5	I	
3577,62	1	1		
3576,04	1	—		

λ in Å	Int. B	Int. F	Ion.-Grad	Bem.
3566,68	2	—		
3561,98	2	—		
3547,7	3	3	I	
3544,7	5	5	I	
3525,0	4	4	I	
3501,11	6	6	I	R LL
3421,48	4	2	I	
2421,01	4	—	I	
3420,32	5	—	I	
3377,39	4	2	I	
3376,98	4	—	I	
3356,9	4	1	I	
3320,8	3	—		
3281,75	3	—	I	b
3262,24	2	—	I	b
3071,60	6	6	I	R
2785,26	7	—	I	
2771,41	5	7	II	
2739,26	5	—		
2702,65	6	—	I	
2647,28	5	5	II	
2646,5	6	—		
2641,4	4	4	II	
2634,80	6	6	II	
2596,68	10	—	I	
2543,2	6	—		
2528,51	5	5	II	
2347,58	6	6	II	
2336,25	8	10	II	R
2304,22	7	8	II	

Be Beryllium

λ in Å	Int. B	Int. F	Ion.-Grad	Bem.
5272,7	2	2		
5270,84	—	10	II	br
5270,32	—	8	II	br
4673,46	—	10	II	b
4672,2	—	10		b
4573,1	—	3		b
4572,67	8	10	I	b
4407,91	5	—	I	
4364,0	—	5		
3866,03	3–6–2 } 10I			br
3865,15	5–8–3 }			
3813,42	8	—	I	d
3736,28	2	—	I	
3515,55	5	7	I	
3455,20	7	9	I	
3367,62	2	3	I	
3321,34	10–9–8 10I }			
3321,01				
3274,64	—	2	II	
3229,69	1	—		
3213,5	—	8		v

λ in Å	Int. B	Int. F	Ion.-Grad	Bem.	λ in Å	Int. B	Int. F	Ion.-Grad	Bem.
3131,07	6	10	II	bb	5209,29	—	5	II	
				(M 320)	5208,8	1	3	II	br
3130,42	8	10	II	bb	5144,48	1	6	II	d
				(M 480)	5124,3	—	2		bd
3110,84	5	8	I	b	4722,83	2	1	I	
3046,68	2	2	II		4722,55	10	5	I	
3019,60 }	3–6–8		7 I	d	4722,19	2	1	I	
3019,34 }					4705,35	—	3	II	
2986,09	4	7	I	d	4561,15	—	1	III	
2975,9	—	4		b?	4379,4	3	2	II	
2898,27	5	9	I	d	4340,59	—	4	II	d
2738,09	3	5	I		4308,50	2	1		
2728,83	—	2	II		4308,18	6	1	I	
2650,78 }	2–1–2 }		10 I	b	4302,14	1	3	II	bd
2650,47 }	2–3–10 }				4259,62	—	4	II	bd
2494,73 }	10–8–5		10 I	b, d	4121,86	7	3	I	bd
2494,58 }					4079,21	1	7	II	
2453,89	—	3	II		3888,23	4	5	I	
2350,83	3	7	I	br	3887,94	2	1	I	
2350,69	3	7	I		3864,2	—	8		d
2348,61	10	5	I	R LL	3863,9	—	3	II	
				bdr	3846,03	—	3		
				(M 300)	3816,17	—	5	II	
2175,07 }	10 }		8 I	bdr	3792,8	—	10	II	bd
2174,94 }	3 }				3756,38	—	7		d
2056,52	6	—	I		3695,55	—	6	III	
					3596,11	6	8	I	d
Bi Wismut					3510,85	8	8	I	d
9828,02	3	—	I		3455,28	—	3	II	
9657,2	10	—	I	d	3451,05	—			d
9342,55	5	—		d	3431,23	—	8	II	d
9058,62	1	—	I	br	3405,66	3	3	I	
8907,9	2	—	I	bd	3405,33	2	1		
8761,53	1	—		bd	3397,21	8	10	I	d
8754,92	1	—	I		3302,55	3	1		
8628,0	2	—		bd	3115,42	—	5	III	d
8579,81	1	—	I		3111,20	—	2	II	
8544,52	2	—	I		3076,66	4	4	I	
8501,8	1	—		bd	3067,72	10	10	I	abs. LL
8210,81	1	—	I						R, bd
7975,9	3	—		bd					(M 3600)
7840,61	2	—	I	d	3035,18	3	3	I	d
7838,70	8	—	I	d	3034,87	3	5		d
7502,33	2	—	I	d	3024,64	7	8	I	R, d
7036,15	2	—	I		2993,34	8	8	I	R, d
6991,12	4	—		d	2989,03	8	8	I	d
6808,6	—	7	II		2938,30	8	10	I	R, bd
6600,2	—	7	II		2897,98	9	9	I	R, d, LL
6497,65	1	2	II						(M 400)
6134,82	5	3	I		2863,75	4	7	I	R, d
6128,12	—	3	II		2855,67	—	8	III	
5742,55	3	1			2809,63	4	8	I	R, d
5552,35	4	2		br	2803,65	—	3	II	

Left table:

λ in Å	Int. B	Int. F	Ion.-Grad	Bem.
2803,57	—	2	II	
2803,48	—	6	II	
2798,69	3	4	I	
2780,52	6	8	I	d
2730,51	3	6		R
2696,76	1	1	I	
2696,62	5	6	I	
2627,91	6	7	I	
2582,15	1	2	I	d
2532,57	—	2		bd
2524,49	4	5	I	R
2515,69	3	3	I	R
2499,51	1	2	I	
2448,06	1	1	I	
2433,45	1	1		
2430,45	1	1	I	
2414,80	—	5	III	d
2400,88	5	6	I	R
2368,55	} 2–2–2–		} 3 II	
2368,20	} 3–1			
2309,73	—	—		bd
2276,58	6	8	I	abs. R, d
2230,61	6	10	I	abs. R
2228,25	5	8	I	abs. R
2214,12	1	2	I	d
2203,12	1	2		bd
2189,59	3	1	I	d
2176,62	2	1	I	abs. R
2164,10	2	1		
2156,95	7	—	I	R
2153,53	4	—		bd
2152,91	5	—		R
2143,46	—	2	II	
2143,40	—	2	II	
2143,35	—	1	II	
2134,31	8	1	I	R, d
2133,63	8	4	I	b
2110,26	10	5	I	abs. R
2064,79	5	1		d
2061,70	10	4	I	R
2057,68	4	1	I	d
2049,69	3	2		
2041,96	8	2		
2023,99	5	—		
2021,21	4	2	I	abs, bd
2021,2	—	3	III	

C Kohlenstoff

λ in Å	Int. B	Int. F	Ion.-Grad	Bem.
9405,77	3	2	I	
9111,85	2	1	I	
9094,89	5	3	I	
9088,57	2	1	I	
9062,53	1	2	I	

Right table:

λ in Å	Int. B	Int. F	Ion.-Grad	Bem.
9061,48	4	2	I	
8335,19	2	1	I	
7236,19	—	2	II	
7231,12	—	1	II	
7119,45	—	1	II	
7118,5	—	2	II	
7115,13	—	2	II	
6783,75	—	3	II	
6582,85	—	4	II	
6578,03	—	6	II	
5793,51	2	—	I	
5145,16	—	3	II	
4652,68	—	3	III	
4651,46	—	1	III	
4648,70	—	2	III	
4267,27	—	10	II	
4267,02	—	7	II	
4076,00	—	2	II	
4074,53	—	1	II	
3920,68	—	4	II	
3876,67	—	1	II	
3876,41	—	2	II	
3876,19	—	3	II	
2967,22	2	—	I	
2964,85	1	—	I	
2837,60	—	8	II	
2836,71	—	10	II	
2747,31	—	6	II	
2746,50	—	5	II	
2582,90	5	—	I	
2512,03	—	8	II	
2511,71	—	2	II	
2509,11	—	4	II	
2478,57	10	10	I	b, LL (M 10)
2297,59	1	5	III	
2296,89	—	9	III	
2163,60	—	5	II	

Ca Calcium

λ in Å	Int. B	Int. F	Ion.-Grad	Bem.
10343,84	8	—	I	LL
9694,5	2	—		
9688,6	2	—	I	
9250,8	3	—	I	
8662,16	—	10	II	
8542,11	—	12	II	
8498,03	—	3	II	
7610,0	1	—		
7326,11	4	—	I	
7202,17	5	—	I	
7148,15	6	—	I	
6717,75	5	—	I	
6572,76	3	—	I	LL

λ in Å	Int. B	Int. F	Ion.-Grad	Bem.	λ in Å	Int. B	Int. F	Ion.-Grad	Bem.
6499,65	4	3	I		4240,46	2	1	I	
6493,78	5	4	I		4226,73	10	10	I	R LL
6471,66	4	4	I						(M 1100)
6462,57	6	6	I		4108,55	1	—	I	
6455,57	2	1	I		4098,57	1	1	I	
6449,81	4	3	I		4098,53	3	1	I	
6439,07	5	3	I		4094,96	1	—	I	
6169,55	4	2	I		4094,93	2	1	I	
6169,05	2	1	I		4092,63	2	1	I	
6166,49	1	1	I		4081,74	—	2	III	
6163,80	1	1	I		3973,7	4	2	I	
6162,17	5	3	I	R	3968,47	10	10	II	R LL
6161,32	2	1	I						(M 2200)
6122,22	4	4	I	R	3957,07	3	1	I	
6102,72	3	3	I	R	3948,91	2	1	I	
5857,45	4	4	I		3933,67	10	10	II	R LL
5602,84	1	1	I						(M 4200)
5601,28	1	1	I		3875,78	1	—	I	
5598,26	2	1	I		3736,90	5	10	II	R
5594,46	3	2	I		3706,02	3	8	II	R
5590,11	4	2	I		3644,76	2	2	I	
5588,75	3	3	I		3644,40	4	4	I	
5581,97	1	1	I		3630,96	1	1	I	
5512,98	2	1	I		3630,75	3	3	I	
5349,47	4	2	I		3624,11	3	3	I	
5270,27	5	5	I		3487,61	3	3	I	
5265,56	4	4	I		3474,78	2	—	I	
5264,14	2	2	I		3468,48	2	—	I	
5261,70	2	2	I		3361,91	6	3	I	
5260,39	1	1	I		3350,19	4	2	I	
5188,84	2	2	I		3344,49	2	1	I	
5041,61	4	3	I		3286,08	3	1	I	
4878,13	5	4	I		3225,8	4	2	I	
4685,26	3	1	I		3215,13	2	1	I	
4585,96	2	—	I		3209,9	1	1	I	
4585,87	4	6	I		3181,28	2	4	II	
4581,47	4	4	I		3179,34	4	10	II	R
4578,55	2	2	I		3158,88	3	8	II	R
4526,94	4	3	I		3119,66	—	2	III	
4515,3	1	4	II		3009,21	3	2	I	
4456,61	2	1	I		3006,86	5	3	I	
4455,88	8	6	I		3000,87	3	2	I	
4454,77	10	8	I	R	2999,65	3	2	I	
4435,67	8	6	I	R	2997,31	4	3	I	
4434,95	10	8	I	R	2994,95	3	2	I	
4425,43	9	7	I	R	2988,61	—	2	III	
4355,10	6	2	I		2924,33	—	2	III	
4318,65	5	5	I	R	2899,78	—	3	III	
4307,74	5	5	I	R	2721,65	2	—		
4302,52	6	6	I	R	2398,58	4	1	I	R
4298,99	5	5	I	R	2275,5	2	1	I	R
4289,38	5	5	I	R	2208,61	3	3	II	
4283,01	5	5	I	R	2197,79	3	3	II	

λ in Å	Int. B	Int. F	Ion.-Grad	Bem.	λ in Å	Int. B	Int. F	Ion.-Grad	Bem.
2112,77	2	3	II		4057,5	—	3		
2103,24	2	3	II		4049,4	—	3	III	
2040,3	4	—			4029,08	—	5	II	
2035,1	4	—			3993,8	—	3	IV	
					3991,7	—	3	IV	
		Cd Cadmium			3990,8	—	4	IV	
					3988,0	—	4	IV	
8495,64	3	—			3981,8	1	—	I	
8200,1	1	—	I		3977,8	—	4	III	
7396,7	1	—	I		3976,4	—	4	IV	
7385,3	2	—	I		3958,5	—	5	III	
7382,3	2	—	I		3957,40	—	4	II	
7346,0	1	—	I		3939,8	—	3	III	
6777,7	2	—	I		3852,1	—	2		
6725,83	—	4	II		3729,06	3	—	I	R
6464,98	—	3	II		3614,4	4	2	I	LL
6438,47	10	10	I	R	3612,88	6	6	I	R LL
6359,93	—	3	II		3610,51	8	8	I	R LL
6329,94	5	—	I						(M 360)
6325,1	5	1	I						
6128,6	2	—	I		3535,71	—	5	II	
6116,12	3	1	I		3499,99	4	—	I	
6111,5	5	—	I		3495,33	—	4	II	
6099,2	5	—	I		3467,66	6	6	I	R
6031,4	4	—	I		3466,18	7	7	I	R
5688,0	—	4			3464,4	—	2	II	
5637,3	5	—			3417,40	—	4	II	
5604,7	2	—	I		3412,48	—	2		
5598,8	3	—	I		3403,60	7	7	I	R
5490,0	3	—			3298,97	2	2		
5381,82	—	5	II		3261,05	7	7	I	R LL
5378,12	—	5	II		3252,53	6	6	I	
5338,5	—	5	II		3250,11	—	5	II	
5337,4	—	3	II		3221,6	—	3	III	
5297,7	3	—	I		3217,8	—	4	III	
5085,82	10	10	I	R	3210,1	—	3	III	
4882,04	—	5	II		3185,53	—	3	III	
4799,92	10	10	I	R	3161,8	—	2	III	
4678,16	10	10	I		3157,07	—	4		
4662,35	5	—	I		3141,6	—	3	III	
4614,2	2	—	I		3133,17	5	5	I	
4415,66	5	6	II		3129,23	—	2	III	
4414,63	—	4	II		3121,8	—	2	III	
4413,04	2	—	I		3118,9	—	2	III	
4412,31	—	5	II		3095,50	—	3	III	
4245,1	—	4	III		3084,92	—	2	III	
4216,9	—	4			3080,83	4	4	I	
4101,6	—	3			3077,2	—	3	III	
4139,7	—	5	III		2981,34	4	4	I	R
4137,3	—	4	III		2980,62	6	6	I	R
4134,78	—	5	II		2961,43	2	—	I	
4127,0	—	2			2929,3	—	3	II	
4116,4	—	4	IV		2914,7	—	3	II	
4094,5	—	5	IV		2910,8	—	3	III	

λ in Å	нInt. B	F	Ion.-Grad	Bem.	λ in Å	нInt. B	F	Ion.-Grad	Bem.
2881,2	4	4	I	R	8819,10	10	—	I	
2880,78	6	6	I	R	8575,33	5	—		
2868,3	4	4	I		8378,42	7	—	I	
2862,2	2	—	I		8372,85	8	—	I	
2836,9	5	5	I	R	8299,02	5	—		
2834,19	—	3	III		8269,39	8	—		
2805,6	—	2	III		8208,67	7	—	I	
2775,0	4	4	I		8193,06	8	—	I	
2767,2	—	2	III		8153,03	6	—		
2764,1	3	3	I	R	8116,43	7	—		
2763,9	5	5	I	R	8094,40	8	—	I	
2748,67	—	10	II		8066,50	7	—		
2733,9	4	2	I		8056,07	8	—	I	
2726,9	—	2	III		8043,34	8	—		
2712,6	5	3	I		8029,29	7	—		
2707,14	—	3	II		8022,15	7	—		
2677,6	6	6	I		8007,31	8	—	I	
2660,4	5	3	I		7987,36	9	—	I	
2639,50	5	4	I	R	7926,57	9	—	I	
2619,0	—	3	III		7908,74	9	—	I	
2573,04	2	8	II		7871,43	6	—		
2553,6	3	—	I		7869,92	6	—		
2552,17	—	2	II		7855,88	7	—	I	
2469,84	—	4	II		7840,05	7	—		
2329,27	4	4	I	R LL	7838,16	8	—	I	
2321,15	—	6	II		7734,25	8	—	I	
2312,8	2	8	II	R	7712,71	9	—	I	
2306,63	4	4	I	R LL	7610,31	6	—	I	
2294,70	—	2	II		7590,65	6	—	I	
2288,02	10	10	I	R LL	7554,01	8	—	I	
2267,47	3	3	I	R	7457,43	8	—	I	
2265,02	6	10	II	R LL	7417,39	8	—	I	
2239,86	4	4	I	R	7388,66	7	—		
2194,62	—	6	II		7354,67	8	—		
2144,38	4	6	II	R LL	7354,57	3	—		
2091,5	—	4			7285,29	7	—		
2062,0	—	3			7234,33	4	—		
2055,3	—	1			7193,60	4	—		
2028,5	—	2			7159,76	4	—		
2004,0	—	3	III		7154,71	4	—	I	
					7134,33	4	—		
Co Kobalt					7084,97	10	—	I	
9746,02	1	—	I		7054,05	4	—		
9597,90	2	—	I		7052,85	10	—	I	
9544,52	3	—	I		7027,82	6	—		
9356,98	2	—	I		7016,60	8	—	I	
9095,36	6	—			7004,82	3	—	I	
9037,92	8	—			6937,83	4	—		
8926,24	8	—			6872,38	8	2	I	
8904,65	8	—			6814,94	9	2	I	
8870,79	4	—			6771,03	8	2	I	
8850,74	10	—			6767,40	3	—		
8835,22	8	—			6678,81	5	—	I	

λ in Å	Int. B	Int. F	Ion.-Grad	Bem.	λ in Å	Int. B	Int. F	Ion.-Grad	Bem.
6632,44	6	2			5301,04	4	—	I	
6617,30	5	1			5280,63	5	1	I	
6595,88	6	3	I		5266,49	6	1	I	
6563,40	7	3	I		5264,22	4	—	I	
6494,75	3	—			5237,91	4	—	I	
6490,32	4	1			5230,20	5	1	I	
6477,89	5	—			5212,70	5	1	I	
6455,03	8	4	I		5176,07	6	—		
6450,24	10	6	I		5133,45	5	1		
6430,34	4	—	I		5122,76	4	1	I	
6429,89	5	—			4971,95	4	—	I	
6417,80	6	1			4867,88	7	5	I	
6395,19	4	1			4840,28	7	5	I	
6347,72	7	1	I		4813,49	7	7	I	
6320,33	6	1			4792,87	6	4	I	
6282,65	8	4	I		4780,00	6	2	I	
6271,40	4	—			4749,69	6	3	I	
6257,59	5	2			4693,20	5	1	I	
6249,50	6	—	I		4682,36	6	2	I	
6231,02	7	3	I		4663,41	6	2	I	
6211,13	4	—			4629,38	7	3	I	
6188,99	8	3	I		4596,90	4	1	I	
6122,24	6	2	I		4594,62	4	1		
6116,98	7	—			4581,62	7	5	I	
6107,93	4	1			4565,61	6	6		
6093,12	8	2	I		4549,66	6	4		
6086,65	5	2			4530,97	8	8	I	
6082,46	8	4	I		4469,57	7	4	I	
6049,06	5	2			4339,64	4	1		
6007,63	4	2			4285,78	6	2	I	
6006,30	5	2			4252,30	6	2		
6000,71	6	2			4190,71	7	4	I	R
5991,89	8	4	I		4160,7	2	7		
5984,19	7	2	I		4121,33	10	10	I	R LL
5946,51	5	1			4118,78	10	10	I	R
5935,37	6	—	I		4110,54	9	9	I	
5915,53	7	2			4092,40	9	8	I	R
5890,48	5	1			4086,32	8	8	I	
5830,06	4	—			4066,39	7	5	I	R
5647,22	9	2			4045,40	8	5	I	R
5590,73	5	1	I		4020,90	7	5	I	R
5530,77	5	1	I		3997,91	8	8	I	R
5523,29	5	—			3995,31	10	10	I	R LL
5483,34	7	2	I		3991,84	—	4		
5454,55	5	1	I		3978,66	5	2	I	
5444,55	5	1	I		3974,73	5	2	I	R
5369,58	4	1	I		3957,94	6	4	I	R
5362,76	5	1			3952,92	8	2	I	
5353,48	4	1			3952,33	4	1	I	
5352,05	5	2	I		3941,74	6	3	I	R
5343,38	4	1	I		3935,97	7	7	I	R
5342,68	6	2	I		3906,30	4	—	I	
5331,45	4	—	I		3894,98	6	—	I	R

λ in Å	Int. B	Int. F	Ion.-Grad	Bem.
3894,08	6	6	I	R
				(M 340)
3881,88	6	2	I	R
3876,84	5	2	I	R
3873,96	7	3	I	R
3873,18	4	1	I	R
3861,17	5	4	I	R
3845,47	10	10	I	R
				(M 300)
3842,06	8	6	I	R
3755,45	5	3	I	R
3745,50	5	3	I	R
3732,40	5	—	I	
3730,48	5	—	I	
3683,05	6	6	I	
3676,56	5	3		
3639,44	7	2		
3627,81	5	2	I	R
3621,22	—	8	II	
3602,08	5	4	I	R
3594,87	5	2	I	R
3587,19	8	8	I	R
				(M 240)
3585,16	3	5	I	R
3575,36	7	5	I	R
3574,96	5	3	I	R
3569,38	7	7	I	R
				(M 550)
3564,95	5	3	I	R
3560,90	3	2	I	R
3550,60	3	2	I	R
3543,27	4	2	I	
3533,36	6	4	I	R
3529,81	7	5	I	R
				(M 460)
3529,04	5	3	I	R
3526,85	8	5	I	R
				(M 400)
3523,44	4	4	I	R
3521,57	5	5	I	R
3520,09	4	3	I	R
3518,35	4	2	I	R
				(M 300)
3513,48	5	4	I	R
3512,64	6	4	I	R
				(M 300)
3510,42	4	3	I	R
3509,84	5	4	I	R
3506,32	6	5	I	R
				(M 440)
3502,63	4	2	I	
3502,28	8	6	I	R
				(M 600)

λ in Å	Int. B	Int. F	Ion.-Grad	Bem.
3501,7	—	4	II	
3495,69	6	4	I	R
3489,41	7	5	I	R
				(M 300)
3485,35	5	3		
3474,02	8	7	I	R
				(M 500)
3465,80	6	4	I	R
				(M 320)
3462,80	6	4	I	R
				(M 320)
3455,24	4	4	I	
3453,50	9	8	I	R LL
				(M 1300)
3449,44	7	5	I	R
3449,17	7	5	I	R
3446,4	4	4	II	
3443,64	7	7	I	R
				(M 550)
3442,92	4	—	I	
3433,04	7	7	I	R
				(M 280)
3431,58	6	6	I	R
3417,16	6	5	I	
3412,64	7	5	I	R
3412,34	7	5	I	R
				(M 420)
3409,18	6	4	I	R
				(M 280)
3405,12	8	7	I	R
				(M 700)
3395,38	7	6	I	R
3388,18	6	5	I	R
3385,20	4	3	I	R
3377,06	6	1		R
3367,11	7	5	I	R
3354,38	7	5	I	R
3346,94	5	3		
3334,15	6	4	I	R
3319,48	5	3		
3283,45	7	5		
3265,25	6	3		R
3260,81	7	4		R
3254,20	7	5	I	R
3249,99	5	2	I	R
3247,17	7	5	I	R
3243,84	6	5		R
3226,99	4	1		R
3159,66	6	3	I	R
3158,76	7	4	I	R
3154,78	6	4	I	
3154,67	5	3	I	
3149,30	6	2	I	R

λ in Å	Int. B	Int. F	Ion.-Grad	Bem.
3147,06	7	5	I	R
3139,94	7	5	I	R
3137,32	8	6	I	R
3121,56	7	5	I	R
3121,41	5	3	I	R
3086,77	8	6	I	R
3082,61	6	4	I	R
3072,34	7	5	I	R
3061,82	6	4	I	R
3044,01	7	5	I	R
2989,59	7	5	I	R
2987,17	6	4	I	R
2954,7	—	5	II	
2886,45	5	2		
2815,55	4	2		
2803,78	6	2	I	
2766,22	6	3		
2764,18	6	3		
2761,37	4	1		
2745,10	5	2		
2731,11	6	3		
2695,85	6	2		
2694,68	4	7		
2685,34	6	3		
2675,99	5	2		
2663,53	5	8		
2653,7	—	5		
2650,27	4	1	I	
2648,65	6	5	I	
2646,42	5	1	I	
2632,4	—	7	II	
2622,43	5	—	I	
2622,06	5	—	I	
2614,13	5	5	I	
2587,23	5	7		
2582,2	6	6		
2580,84	6	—	I	
2580,35	7	7	II	
2574,88	—	4		
2574,37	6	—		
2573,47	7	—	I	
2564,04	6	8	II	
2560,1	—	5		
2559,41	5	7	II	
2553,37	6	—	I	
2553,03	6	—	I	
2541,95	2	6		
2528,97	5	5	I	
2524,98	3	6	II	
2521,36	5	—	I	
2519,8	2	5		
2517,87	5	—		
2511,01	6	4		

λ in Å	Int. B	Int. F	Ion.-Grad	Bem.
2506,92	5	—		
2506,47	6	7	II	
2464,21	2	5		
2447,7	—	6		
2432,5	3	5		
2424,94	4	—	I	R
2417,66	—	4		
2415,30	5	2	I	R
2411,62	4	2	I	R
2407,26	3	1	I	R
2397,4	2	6	II	
2388,90	5	7	II	R
2383,45	2	5	II	
2378,62	5	7	II	
2363,8	6	8		
2353,4	2	6	II	
2311,6	5	7	II	
2307,9	6	8	II	R
2286,17	6	8	II	R LL
2276,6	4	—		
2245,13	1	5	II	
2213,9	3	—		
2202,96	1	4	II	
2196,6	5	—		
2165,6	3	2		
2105	4	1		
2011,5	—	7		

Cr Chrom

λ in Å	Int. B	Int. F	Ion.-Grad	Bem.
9949,06	4	—	I	
9900,87	3	—	I	
9734,52	5	—	I	
9670,48	5	—	I	
9667,20	3	—	I	
9574,25	5	—	I	
9571,76	3	—	I	
9447,00	5	—	I	
9294,17	2	—	I	
9290,44	5	—	I	
9035,86	2	—	I	
9021,69	4	—	I	
9017,10	5	—	I	
9009,95	6	—	I	
8976,88	3	—	I	
8947,20	4	—	I	
8916,20	5	—	I	
8548,83	4	—	I	
8455,24	3	—		
8450,26	3	—		
8348,28	4	—		
8322,06	4	—	I	
8287,38	5	—	I	
8238,29	3	—	I	

35*

λ in Å	Int. B	Int. F	Ion.-Grad	Bem.	λ in Å	Int. B	Int. F	Ion.-Grad	Bem.
8235,89	6	—	I		5206,04	8	5	I	R (M 700)
8163,22	6	—	I						
7942,02	3	—	I		5204,54	7	5	I	R (M 440)
7910,50	2	—	I						
7908,30	3	—	I		5196,45	—	4		
7722,9	1	—			4922,26	6	4		
7462,36	5	—	I		4824,13	3	—		
7400,23	5	—	I		4801,04	5	2		
7355,94	5	—	I		4789,35	6	4		
7185,52	2	—			4756,13	6	8		
6979,81	7	—	I		4718,45	6	5		
6978,44	8	—	I		4708,04	5	3		
6925,92	2	—	I		4698,49	5	5		
6925,22	6	—	I		4652,17	7	5	I	R
6924,16	6	—	I		4651,30	6	4	I	
6883,03	7	—	I		4646,17	7	7	I	R
6882,40	6	—	I		4634,11	—	4		
6881,67	6	—	I		4626,19	6	4	I	R
6734,19	3	—			4618,84	—	5		
6669,26	4	—			4616,13	7	6	I	R
6661,09	4	1			4613,34	5	3	I	
6630,01	3	—			4600,75	6	4	I	R
6362,86	5	3	I		4592,07	—	3		
6330,11	6	3	I		4591,41	5	2	I	
5791,02	10	8			4580,06	6	3	I	
5787,98	8	6			4565,53	4	2	I	
5785,81	7	5			4558,67	—	5		
5785,02	7	5			4545,96	6	5	I	R
5783,93	8	3			4540,71	4	6		
5783,13	7	3			4535,72	5	5		
5781,81	6	2			4530,74	5	3		
5781,17	6	2			4526,48	6	5		
5712,77	4	2			4514,51	4	1	I	
5702,31	5	3			4511,92	4	6		
5698,33	4	2			4496,86	8	6	I	R
5694,73	4	2			4391,76	4	1	I	
5664,05	5	3			4384,98	7	6	I	R
5409,80	8	6	I		4371,28	8	6	I	R
5348,31	7	5	I		4359,63	8	7	I	R
5345,80	8	6	I		4351,77	9	7	I	R (M 190)
5328,35	7	5	I						
5300,74	4	2	I		4351,06	6	4	I	R
5298,28	6	5	I		4344,51	8	7	I	R (M 160)
5297,93	3	1	I						
5296,69	5	4	I		4339,72	7	6	I	R
5280,30	—	5			4339,45	8	7	I	R
5276,03	3	1	I		4337,56	7	6	I	R
5275,66	2	—	I		4289,72	10	10	I	R LL (M 850)
5275,16	4	4	I						
5265,73	5	2	I	R	4274,80	10	10	I	R LL (M 1300)
5264,15	7	5	I	R					
5247,56	5	3	I	R	4254,35	10	10	I	R LL (M 1700)
5208,44	9	7	I	R (M 900)					

λ in Å	Int. B	Int. F	Ion.-Grad	Bem.
4163,63	4	4		
4153,83	4	2		
4126,52	5	3	I	
4076,05	—	3		
3992,85	3	1		
3991,67	4	2		
3991,12	5	3	I	R
3984,35	3	1		
3983,92	5	3		R
3976,66	6	5	I	
3969,75	6	5		
3963,69	7	6	I	(M 160)
3941,50	5	3	I	R
3928,65	5	3	I	R
3921,02	4	2	I	R
3919,16	6	4	I	R
				(M 160)
3916,25	3	2	I	R
3908,76	5	3	I	R
3902,9	3	1	I	
3894,05	3	1	I	R
3886,80	3	1	I	R
3885,22	4	2	I	R
3883,29	6	3	I	
3804,80	3	1		
3743,88	4	3	I	R
3743,56	2	1		R
3712,95	—	4		
3639,80	5	4	I	R
3636,59	3	1		R
3605,33	8	6	I	R LL
				(M 1600)
3603,74	—	4		
3593,49	8	6	I	R
				(M 2100)
3578,69	9	7	I	R
				(M 2400)
3433,60	6	5	I	R
3422,74	5	6		
3421,21	4	5		
3408,76	5	6	II	
3403,32	5	6	II	
3382,68	3	5		
3368,05	5	7	II	
3360,32	4	5	II	
3358,50	4	5	II	
3347,80	1	4	II	
3342,58	2	5	II	
3339,80	2	5	II	
3336,33	1	3	II	
3335,30	2	4		
3324,3	—	5		
3324,1	—	3		

λ in Å	Int. B	Int. F	Ion.-Grad	Bem.
3307,06	1	3		
3238,76	4	—		
3217,40	4	5		
3209,18	5	6		
3197,08	5	6	II	
3180,73	5	7	II	
3147,20	2	4	II	
3132,05	6	8	II	
3124,97	5	7	II	
3120,37	5	6	II	
3118,65	5	6	II	
3053,88	6	2	I	R
3050,14	2	6		
3040,85	6	5	I	R
3037,05	6	1	I	R
3034,20	5	1		R
3030,25	4	1		R
3026,67	2	5		
3024,36	4	1		R
3021,56	5	2	I	R
				(M 360)
3020,67	4	1		R
3018,82	5	1	I	R
3018,50	6	2	I	R
3017,57	6	2	I	R
				(M 360)
3015,20	5	1	I	R
3014,92	7	3	I	R
3014,76	5	1	I	R
				(M 180)
3005,07	4	1		R
2989,19	2	6		
2986,47	6	2	I	R
				(M 240)
2986,00	5	2	I	R
				(M 170)
2985,32	2	6		
2979,74	2	6		
2971,90	2	6		
2971,11	4	4	I	R
2928,3	2	7		
2928,1	1	5		
2898,53	1	5		
2875,98	2	7	II	
2870,43	1	5	II	
2867,65	2	5	II	
2866,75	2	6	II	
2865,11	3	7	II	
2862,58	2	6	II	
2860,94	1	5	II	
2855,66	6	7	II	
2851,36	1	5	II	
2849,83	6	8	II	

λ in Å	Int. B	Int. F	Ion.-Grad	Bem.	λ in Å	Int. B	Int. F	Ion.-Grad	Bem.
2843,25	7	8	II	(M 190)	2524,5	—	4	II	
2840,02	1	5			2520,4	—	3	II	
2835,63	6	8	II	LL (M 280)	2519,8	—	4	II	
2830,48	2	6			2519,52	7	—		
2822,38	2	6			2516,90	6	—		
2822,04	1	5			2516,7	—	3	II	
2818,39	1	4			2504,31	6	—		
2812,01	2	5			2502,56	5	—		
2800,77	2	6			2496,31	5	—		
2792,16	2	5			2492,53	5	—		
2785,71	1	4			2478,61	—	5		
2780,71	6	2	I	R	2408,67	8	—		
2769,91	5	1	I	R	2383,29	7	—		
2766,54	3	6	II		2366,85	6	—	I	R
2762,60	2	6	II		2365,96	5	—	I	R
2757,72	1	5	II		2365,20	6	—		
2751,87	2	6	II		2364,74	7	—	I	R
2750,73	2	5	II		2324,9	—	8	III	
2748,99	1	5	II		2319,1	—	7	III	
2743,62	1	5	II		2314,6	—	6	III	
2742,03	1	4	II		2258,0	—	5	III	
2731,90	6	2	I	R	2251,5	—	6	III	
2726,51	7	2	I	R	2244,1	—	7	III	
2718,35	2	6			2237,6	—	6	III	
2712,31	1	5			2235,9	—	8	III	
2703,56	1	5			2233,8	—	5	III	
2697,91	5	6			2231,8	—	4	III	
2693,53	3	5			2226,7	—	10	III	
2691,05	7	8			2162,5	6	—		
2688,4	3	5			2157,8	6	—		
2687,08	2	4			2154,5	4	—		
2678,79	6	7	II		2117,6	—	6	III	
2677,16	8	8	II	R (M 200)	2113,8	—	6	III	
					2065,5	—	7	II	
2672,83	4	6	II		2061,5	—	8	II	
2671,82	5	7	II		2055,6	—	9	II	
2668,72	6	7	II		2039,3	3	—		
2666,03	7	8							
2663,43	8	9			Cs Caesium				
2653,59	3	5	II		10123,60	6	—	I	R
2591,86	6	2	I	R	10123,42	1	—	I	
2560,71	7	3	I		10024,36	5	—	I	R
2658,3	—	4	II		9208,46	4	—	I	
2557,15	6	2	I		9172,24	10	—	I	R
2553,06	5	2	I		8943,50	10	—	I	R LL (M 800)
2549,51	6	3	I		8761,38	5	—	I	
2549,4	2	5	II		8521,10	10	—	I	R LL (M 1500)
2539,8	—	3	II						
2539,1	3	6	II		8079,02	8	—	I	
2537,6	—	4	II		8078,92	3	—	I	
2531,8	4	1	I		8015,71	8	—	I	
2530,9	1	6	II		7944,1	6	—	I	

λ in Å	Int. G	Int. F	Ion.-Grad	Bem.	λ in Å	Int. G	Int. F	Ion.-Grad	Bem.
7609,1	5	—	I		4277,1	—	9	II	
7280,0	5	5	II		4264,68	—	10		
7270,7	4	—			4234,4	—	5		
7228,6	5	—	I		4232,19	—	6		
7219,7	4	—			4213,13	—	6	II	
6983,37	6	1	I		4151,3	—	4		
6973,14	10	3	I	R	4068,77	—	6	II	
6955,52	—	4	II		4067,96	—	6	II	
6723,3	10	3	I	R	4047,2	—	4		
6587,0	5	—	I		4039,8	—	9		
6586,5	8	2	I		4006,5	—	6		
6562,8	5	5			4001,7	—	4		
6354,5	4	1	I		3978,0	—	5		
6217,6	3	1	I		3974,2	—	6		
6213,0	8	2	I		3965,19	—	6	II	
6128,6	—	4	II		3959,50	—	5	II	
6034,2	3	1	I		3955,9	—	4		
6010,5	4	2	I		3925,58	—	6	II	
5925,7	—	5			3906,9	—	4		
5831,2	—	5	II		3896,98	—	7	II	
5663,9	5	1	I	R	3888,62	4	2	I	R
5635,0	2	—	I		3876,18	2	1	I	R
5563,02	2	7	II		3805,10	—	6	II	
5419,7	—	5	II		3785,42	—	5	II	
5402,8	—	4			3751,4	—	4		
5370,98	—	6	II		3699,5	—	5		
5274,0	—	4			3661,4	—	6		
5249,37	—	6	II		3618,5	—	9		
5227,00	—	8	II		3611,45	4	2	I	R
5096,6	—	4	II		3608,3	—	5		
5043,80	—	6	II		3597,4	—	6		
4972,6	—	5	II		3564,1	—	4		
4952,84	—	6	II		3559,8	—	5		
4870,0	—	6			3411,3	—	9		
4830,16	—	6	II		3349,4	—	4		
4763,6	—	5			3344,0	—	4		
4670,3	—	4			3340,5	—	5		
4646,5	—	5			3315,5	—	5		
4623,1	—	4			3299,9	—	3		
4616,1	—	4			3286,3	—	10		
4603,76	10	10	II		3271,63	—	5	II	
4593,20	10	3	I	R LL	3268,3	—	5		
4555,52	10	4	I	R LL	3267,14	—	7	II	
4538,94	—	6	II		3265,92	—	7	II	
4526,73	—	7	II		3211	—	6		
4501,53	—	7	II		3210	—	6		
4435,7	—	4	II		3152,5	—	6		
4405,25	—	7	II		3149,4	—	8		
4399,5	—	4			3066,7	—	10		
4384,4	—	5	II		2976,9	—	6		
4373,02	—	6	II		2963	—	8		
4300,64	—	6	II		2938	—	8		
4288,35	—	7	II		2931,0	—	10		

λ in Å	Int. G	Int. F	Ion.-Grad	Bem.
2894	—	8		
2887	—	10		
2859,4	—	10		
2846,19	—	5	II	
2838	—	8		
2811	—	6		
2776	—	10		
2707	—	10		
2701,2	—	10		
2700	—	8		
2630,6	—	10		
2600,04	—	8		
2596,9	—	10		
2573,1	—	8		
2544,0	—	10		
2533	—	5		
2525,6	—	10		
2495	—	8		
2455,9	—	10		
2274,5	—	10		im Vak.
2268,3	—	10		im Vak.
2221,3	—	10		im Vak.
2206,3	—	10		im Vak.
2180,2	—	9		im Vak.
2147,5	—	10		im Vak.
2142,2	—	10		im Vak.
2132,4	—	10		im Vak.
2102,4	—	10		im Vak.
2089,2	—	8		im Vak.
2080,6	—	8		im Vak.
2035,7	—	8		im Vak.

Cu Kupfer

λ in Å	Int. G	Int. F	Ion.-Grad	Bem.
10172,00	2	—	I	
10146,78	5	—	I	
8092,63	5	—	I	
7933,13	7	—	I	
7570,1	6	—	I	
6920,2	4	—		
6905,94	5	—	I	
6890,9	3	—		
6741,42	5	—	I	
6672,23	4	—	I	
6621,63	3	—	I	
6268,3	4	—	I	
6163,3	3	—		
6148,6	4	—	I	
5782,13	8	6	I	R
5732,34	4	—	I	
5700,24	7	4	I	R
5554,94	2	—		
5535,79	3	—		
5292,52	4	4	I	

λ in Å	Int. G	Int. F	Ion.-Grad	Bem.
5220,07	5	4	I	
5218,20	8	8	I	
5153,24	7	7	I	
5111,91	3	—	I	
5105,54	7	6	I	
5016,61	4	4	I	
4704,59	5	2	I	
4674,78	4	3	I	
4651,12	6	5	I	
4587,00	5	5	I	
4539,7	5	—	I	
4530,79	6	2	I	
4509,37	5	3	I	
4480,36	6	2	I	
4415,6	4	—	I	
4378,17	5	5	I	
4275,11	7	7	I	
4259,42	4	—	I	
4248,96	5	3	I	
4177,70	4	2	I	
4063,24	5	2	I	
4062,64	10	7	I	
4022,63	7	5	I	
3861,75	3	1	I	
3860,48	1	—	I	
3771,8	2	1		
3741,25	2	1	I	
3654,3	4	—	I	
3621,25	3	1	I	
3602,03	4	4	I	
3599,14	4	4	I	
3533,74	2	1		
3530,38	5	2	I	
3527,47	2	1		
3520,00	2	1		
3512,11	2	2	I	
3483,75	2	2	I	
3457,85	2	1	I	
3454,72	2	1		
3450,34	2	2	I	
3402,23	1	1		
3381,43	2	1		
3365,34	3	2	I	
3337,85	5	4	I	R
3319,68	2	2	I	
3317,22	2	2	I	
3307,95	5	5	I	
3293,92	3	2		R
3290,55	3	3	I	
3282,69	4	2	I	
3279,82	6	4	I	R
3273,96	8	7	I	R LL (M 2500)

λ in Å	Int. G	Int. F	Ion.-Grad	Bem.
3247,54	10	10	I	R LL (M 5000)
3243,15	3	3	I	
3235,70	2	2	I	
3231,17	3	1	I	
3208,23	5	2	I	
3194,10	6	4	I	R
3146,82	3	2		
3142,43	3	2	I	
3140,33	3	1		
3128,67	2	1		
3126,11	4	4	I	
3116,33	2	1		
3108,60	4	4	I	
3099,92	3	3	I	
3093,99	5	2	I	R
3073,80	4	2	I	R
3063,41	5	4	I	R
3036,10	5	4	I	R
3010,84	5	4	I	R
2997,36	4	3	I	R
2991,16	6	6	I	R
2882,93	5	4	I	R
2824,37	6	5	I	R
2769,87	2	5	II	
2766,37	6	4	I	R
2718,97	—	3	II	
2713,70	—	3	II	
2701,16	—	3	II	
2689,49	—	3	II	
2618,37	8	5	I	R
2600,45	—	3	II	
2544,80	—	5	II	
2529,47	—	3	II	
2506,44	—	4	II	
2492,15	7	3	I	R
2489,64	—	3	II	
2473,46	—	2	II	
2441,64	6	—	I	R
2406,66	6	3	1	
2403,49	—	3	II	
2400,10	—	5	II	
2392,63	7	3	I	R
2369,89	5	7	I, II	
2356,63	—	2	II	
2319,56	5	2	I	
2303,12	6	3	I	
2294,37	3	7	II	
2293,84	7	3	I	R
2276,25	5	5	II	
2263,08	5	3	I	R
2260,53	4	2	I	R
2247,00	5	7	II	

λ in Å	Int. G	Int. F	Ion.-Grad	Bem.
2244,27	3	1	I	R
2242,61	4	6	II	
2238,44	4	—	I	R
2230,08	3	3	I	R
2228,86	—	5	II	
2227,78	3	3	I	R
2225,70	3	—	I	R
2218,10	1	5	II	R
2215,65	2	1	I	R
2214,58	2	1	I	R
2210,26	1	5	II	
2199,75	4	3	I	R
2199,58	5	4	I	R
2192,26	—	5	II	
2181,72	4	—	I	R
2179,40	—	5	II	
2178,94	4	—	I	
2165,09	5	—	I	
2148,97	—	5	II	
2135,98	—	7	II	
2134,36	—	2	II	
2130,76	1	—	I	
2126,03	—	5	II	
2112,09	—	4	II	
2104,78	—	3	II	

Fe Eisen

λ in Å	Int. G	Int. F	Ion.-Grad	Bem.
9889,08	4	—	I	
9861,79	3	—	I	
9800,34	2	—	I	
9763,91	2	—	I	
9763,45	2	—	I	
9753,13	1	—	I	
9738,62	10	—	I	
9653,14	2	—	I	
9626,56	3	—	I	
9569,96	4	—	I	
9414,14	2	—	I	
9350,46	2	—	I	
9259,05	2	—	I	
9258,30	2		I	
9210,03	2	—		
9118,89	4	—	I	
9089,41	3	—	I	
9088,33	5	—	I	
9079,60	4	—		
9024,47	2	—	I	
9012,10	3	—	I	
8999,56	10	—	I	
8975,41	2	—	I	
8945,20	2	—	I	
8866,96	10	—	I	
8838,43	3	—	I	

[*Kursiv:* Interferometrisch gemessen (Normale)].

λ in Å	Int. B	Int. F	Ion.-Grad	Bem.	λ in Å	Int. B	Int. F	Ion.-Grad	Bem.
8824,23	3	—	I		7187,332	10	—	I	
8793,38	10	—	I		7181,20	3	—		
8764,00	10	—	I		7164,463	8	—	I	
8757,19	5	—	I		7132,989				
8710,29	2	—	I		7130,942	9	—	I	
8688,63	2	—	I		7112,176				
8674,75	6	—	I		7107,461				
8661,91	6	—	I		7095,425				
8611,81	6	—	I		7090,404	5	—	I	
8582,27	5	—	I		7068,415	4	—		
8514,08	8	—	I		7067,44	—	2	II	
8468,41	4	—	I		7038,251	3	—	I	
8446,42	7	—			7022,98	2	—	I	
8387,78	8	—	I		6999,902	3	—	I	
8331,94	4	—	I		6988,530				
8327,06	8	—	I		6978,855	7	—	I	
8220,41	7	—	I		6951,261	3	—		
8085,20	5	—	I		6945,208	7	—	I	
8046,07	6	—	I		6916,702	3	—		
8028,34	1	—	I		6885,77	3	—		
7998,97	7	—	I		6858,15	2	—		
7945,88	6	—	I		6855,176	6	—	I	
7937,17	6	—	I		6843,671	3	—		
7832,22	4	—	I		6841,349	5	—		
7807,80	5	—	I		6828,610	3	—		
7780,59	3	—	I		6810,27	3	—		
7771,99	7	—			6752,72	2	—		
7748,28	4	—	I		6750,152	4	—	I	
7742,71	9	—	I		6726,67	2	—		
7710,39	1	—			6705,117				
7664,30	3	—			6677,993	7	—	I	
7620,54	3	—			6663,444	6	—	I	
7586,048	8	—	I		6633,75	5	—	I	
7583,80	5	—	I		6609,116	3	—		
7568,93	4	—	I		6593,878	3	—	I	
7531,162	4	—			6592,918	7	—	I	
7511,042	8	—	I		6575,022	2	—		
7495,084	4	—	I		6569,231	4	—	I	
7462,38	—	2	II		6546,242	6	—	I	
7445,769	9	—	I		6518,376	2	—		
7411,174	6	—	I		6516,05	—	3	II	
7389,414	6	—	I		6496,46	5	—	I	
7386,40	3	—			6494,983	6	3	I	
7376,46	—	2			6475,64	2	—		
7320,70	—	4	II		6469,241	3	—		
7311,101					6462,731	4	—	I	
7307,97	—	5	II		6456,41	—	2	II	
7293,068	5	—	I		6446,43	—	4	II	
7288,760	6	—	I		6430,850	5	1	I	
7239,885	3	—	I		6421,354	4	1	I	
7223,668					6419,95	3	—	I	
7219,686					6416,94	—	2	II	
7207,41	10	—	I		6411,658	5	1	I	

[*Kursiv:* Interferometrisch gemessen (Normale)].

λ in Å	Int. B	Int. F	Ion.-Grad	Bem.	λ in Å	Int. B	Int. F	Ion.-Grad	Bem.
6408,031	4	—	I		5952,75	4	1		
6400,010	6	2	I		5934,66	5	1	I	
6393,603	5	2	I		5930,18	5	—	I	
6380,748	3	—			5914,16	6	1		
6358,692	3	—	I		5883,42	4	—	I	
6355,038	4	—			5862,36	5	—	I	
6344,154					5859,59	5	—	I	
6336,835	5	1	I		5775,08	5	—	I	
6335,338	5	1	I		5762,99	5	1	I	
6322,693	3	—	I		5753,12	4	—	I	
6318,021	4	1	I		5731,77	3	—		
6315,32	2	—			5717,85	3	—		
6302,49	4	—	I		5709,38	5	1	I	
6301,50	5	1	I		5701,55	4	—	I	
6297,800	4	—	I		*5662,524*	3	—	I	
6290,968	3	—	I		*5658,825*	5	1	I	
6280,625					*5638,266*				
6265,139	4	1	I		*5624,548*	5	1	I	
6256,370	4	—	I		*5615,650*	7	4	I	
6254,262	3	—	I		5602,94	5	—	I	
6252,559	5	2	I		5598,30	3	1	I	
6247,56	—	3	II		*5586,761*	7	4	I	
6246,32	5	1	I		5576,09	5	1	I	
6240,656					*5572,848*	7	3	I	
6238,41	—	2	II		5569,624	6	2	I	
6232,64	3	—	I		*5565,708*				
6230,727	5	2	I		*5563,604*				
6219,290	3	—	I		*5554,895*	2	—		
6213,438	4	1	I		*5506,782*	7	2	I	
6191,561	6	3	I		*5501,468*	6	2	I	
6173,34	3	1	I		*5497,518*	7	2	I	
6170,51	3	—	I		5487,75	4	—		
6157,73	3	1	I		5476,57	5	—	I	
6149,27	—	2	II		5463,27	5	1	I	
6147,79	—	4	II		*5455,613*	8	6	I	
6141,73	2	—	I		5455,45	2	—	I	
6137,696	4	2	I		*5446,919*	8	6	I	
6137,01	3	—			*5445,04*	6	—	I	
6136,618	5	3	I		*5434,526*	7	5	I	
6103,19	1	—	I		*5429,699*	8	6	I	
6102,18	3	—	I		*5424,072*	8	6	I	
6078,50	1	—	I		*5415,201*	7	7	I	
6065,486	5	2	I		*5410,913*	5	—	I	
6056,00	2	—	I		*5405,777*	8	6	I	
6027,06	3	1	I		*5404,144*	6	6		
6024,06	5	2	I		5400,50	3	—	I	
6020,17	4	1	I		*5397,130*	8	6	I	
6008,56	3	—	I		*5393,174*	3	—	I	
6003,01	4	—	I		5389,48	2	—	I	
5987,07	3	—	I		*5383,374*	7	9		
5984,82	4	—	I		*5371,493*	8	6	I	
5983,69	3	—	I		*5369,965*	5	—		
5976,78	2	—	I		*5367,470*	4	—	I	

[*Kursiv:* Interferometrisch gemessen (Normale)].

λ in Å	Int. B	Int. F	Ion.-Grad	Bem.	λ in Å	Int. B	Int. F	Ion.-Grad	Bem.
5364,874	3	—			5123,72	3	1	I	
5362,87	4	8	II		5110,414	5	1	I	
5341,025	4	2	I		5107,64	3	1	I	
5339,935	3	—	I		5107,45	2	—	I	
5332,90	2	—	I		5098,70	5	2	I	
5328,53	4	2	I		5097,00	2	—	I	
5328,042	9	5	I		5090,78	2	—	I	
5325,56	—	3	II		5083,342	3	1	I	
5324,185	6	5	I		5079,74	2	1	I	
5316,65	—	4	II		5079,23	4	2	I	
5302,307	5	2	I		5074,75	5	—	I	
5283,628	6	2	I		5068,77	5	—	I	
5281,796	5	2	I		5065,02	3	—	I	
5276,01	—	3	II		5051,637	5	2	I	
5273,37	2	—	I		5049,824	6	3	I	
5273,16	3	—	I		5041,76	5	2	I	
5270,350	8	4	I		5041,07	4	1	I	
5269,54	10	8	I		5028,13	2	—	I	
5266,562	7	3	I		5027,12	2	—	I	
5263,31	3	—	I		5022,24	3	—	I	
5250,65	2	—	I		5018,44	—	4	II	
5242,50	1	1	I		5014,94	4	—	I	
5234,63	—	3	II		5012,071	6	3	I	
5232,946	8	4	I		5006,126	8	4	I	
5229,85	2	—	I		5005,71	4	—	I	
5227,191	8	4	I		5002,79	2	—	I	
5226,87	2	—	I		5001,87	5	2	I	
5217,39	2	—	I		4994,133	4	1	I	
5216,276	5	1	I		4988,95	2	—	I	
5215,18	3	—	I		4985,54	3	—	I	
5208,59	4	—	I		4985,25	3	—	I	
5202,339	5	1	I		4983,85	2	1	I	
5198,71	3	1	I		4983,25	2	—	I	
5197,59	—	3	II		4982,50	3	—		
5195,47	3	—	I		4966,094	5	2	I	
5194,943	4	1	I		4957,603	10	8	I	
5192,350	8	2	I		4957,31	6	3	I	
5191,45	7	2	I		4946,39	2	—	I	
5171,599	7	2	I		4939,69	1	—	I	
5169,03	2	5	II		4938,81	6	2	I	
5168,899	2	—	I		4923,92	—	5	II	
5167,490	8	4	I		4920,509	10	8	I	
5166,28	3	1	I		4918,999	8	4	I	
5165,41	2	—	I		4903,316	6	2	I	
5162,27	4	—	I		4891,496	9	5	I	
5151,91	3	1	I		4890,76	7	4	I	
5150,84	4	1	I		4878,217	6	2	I	
5139,46	7	3	I		4872,144	7	3	I	
5139,25	5	2	I		4871,323	8	4	I	
5137,38	2	—	I		4859,747	6	2	I	
5133,70	6	2	I		4789,652	3	1	I	
5127,36	3	1	I		4788,76	2	—	I	
5125,12	2	—	I		4786,809	3	1	I	

[*Kursiv:* Interferometrisch gemessen (Normale)].

λ in Å	Int. B	Int. F	Ion.-Grad	Bem.	λ in Å	Int. B	Int. F	Ion.-Grad	Bem.
4772,816	1	—	I		4422,57	4	2	I	
4745,805					4415,125	8	8	I	
4736,780	6	3	I		4408,418	4	1	I	
4733,595	2	1	I		4407,71	3	—	I	
4710,286	2	1	I		4404,75	8	8	I	
4707,280	4	2	I		4401,29	3	—	I	
4704,95	2	—	I		4390,956	2	—	I	
4691,414	4	2	I		4388,41	2	—	I	
4678,851	4	2	I		4383,548	10	10	I	r
4673,16	2	—	I		4375,932	5	2	I	
4669,17	2	—	I		4369,774	3	2	I	
4668,13	3	—	I		4367,58	3	—	I	
4667,459	3	1	I		4352,737	4	2	I	
4654,62	3	—	I		4351,77	—	3	II	
4654,50	3	—	I		4337,049	5	2	I	
4647,436	3	1	I		4325,765	9	9	I	
4638,02	3	1			4315,087	5	3	I	
4637,52	2	—	I		4308,90	8	8	I	
4632,92	3	1	I		4307,906				
4625,052	2	—	I		4305,455				
4619,30	2	—			4299,242	7	4	I	
4611,285	3	1	I		4296,56	—	3	II	
4607,66	3	1	I		4294,128	6	4	I	
4602,944	4	2	I		4291,466	2	—	I	
4592,655	3	1	I		4285,444				
4583,84	—	4	II		4282,406	6	3	I	
4555,90	—	3	II		4271,764	8	8	I	
4549,48	—	4	II		4271,15	6	6	I	
4547,850					4267,829	2	—	I	
4531,152	4	2	I		4260,480	10	10	I	
4528,618	8	5	I		4250,790	8	6	I	
4525,142	2	—	I		4250,12	7	4	I	
4522,64	—	4	II		4247,432	5	2	I	
4520,24	—	3	II		4245,258	3	—	I	
4515,34	—	3	II		4238,816	4	2	I	
4508,29	—	4	II		4238,02	2	—	I	
4494,567	5	4	I		4235,942	8	4	I	
4489,740	2	1	I		4233,608	6	3	I	
4484,227	2	—	I		4233,16	—	4	II	
4482,25	3	2	I		4227,43	7	4	I	
4482,17	2	—	I		4225,45	4	1	I	
4476,08	3	2	I		4224,17	3	—	I	
4476,021	6	3	I		4222,21	5	2	I	
4469,381	4	3	I		4220,34	2	—	I	
4466,554	6	3	I		4219,36	5	2	I	
4461,654	4	2	I		4217,55	4	—	I	
4459,121	5	3	I		4216,19	4	1	I	
4454,383	3	—	I		4213,65	2	—	I	
4447,721	5	2	I		4210,34	7	3	I	
4443,198	3	—	I		4207,13	2	—	I	
4442,342	5	2	I		4203,987	2	—	I	
4430,618	4	1	I		4202,032	7	6	I	
4427,311	5	2	I		4199,10	7	5	I	

[*Kursiv:* Interferometrisch gemessen (Normale)].

λ in Å	Int. B	Int. F	Ion.-Grad	Bem.	λ in Å	Int. B	Int. F	Ion.-Grad	Bem.
4198,30	7	3	I		4062,44	5	2	I	
4196,21	2	—	I		4058,22	2	—	I	
4195,33	3	—	I		*4045,814*	10	10	I	R
4191,43	6	3	I						(M 300)
4187,80	7	4	I		4024,72	3	—	I	
4187,04	7	4	I		*4021,869*	6	2	I	
4184,895	5	2	I		4017,15	3	—	I	
4181,75	6	4	I		*4014,534*	5	2		
4178,87	—	3	II		*4009,714*	5	2	I	
4177,59	2	—	I		4007,27	3	—	I	
4176,57	3	—	I		*4005,244*	8	6	I	
4175,640	5	2	I		4001,66	3	—	I	
4174,91	3	—	I		*3998,054*	5	2	I	
4173,48	—	3	II		*3997,394*	6	3	I	
4170,91	3	—	I		3995,98	2	—	I	
4158,79	3	—	I		3986,17	2	—		
4157,78	4	—	I		*3983,960*	5	2	I	
4156,80	6	2	I		3981,77	3	—	I	
4154,81	4	2	I		*3977,743*	5	2	I	
4154,50	6	—	I		3976,62	2	—		
4153,90	5	—	I		*3971,325*	4	1	I	
4152,17	2	—	I		*3969,260*	8	5	I	
4150,25	2	—	I		*3967,424*	4	2	I	
4149,37	3	—	I		3966,63	5	2	I	
4147,674	5	2	I		*3966,064*	5	2	I	
4143,871	7	5	I		3963,10	3	—	I	
4143,41	5	3	I		*3956,680*	6	3	I	
4137,00	3	—			3956,46	3	2	I	
4134,682	5	2			3953,15	2	—	I	
4132,90	4	—	I		*3952,606*	4	1	I	
4132,061	7	4	I		*3951,164*	4	2		
4127,61	4	1	I		*3949,954*	5	2	I	
4122,52	2	—	I		*3948,778*	5	2	I	
4121,81	3	—	I		3948,10	3	1	I	
4120,21	2	—			3947,53	3	—	I	
4118,549	7	4			3947,00	2	—	I	
4114,45	3	1	I		*3942,442*	3	1	I	
4109,80	4	2	I		*3940,880*	4	1	I	
4107,492	6	3	I		*3935,814*	4	1	I	
4098,18	2	—	I		3932,63	2	—		
4095,975	2	—	I		*3930,298*	7	4	I	R
4085,30	2	—	I		*3927,921*	7	4	I	
4084,49	3	—	I		*3922,913*	7	4	I	R
4079,84	2	—	I		*3920,259*	6	3	I	r
4078,35	2	—	I		3918,65	4	1		
4076,63	5	2	I		*3917,184*	5	2	I	
4074,79	3	1	I		*3916,733*	3	—		
4073,76	2	—	I		3913,63	2	—	I	
4071,741	8	8	I		*3907,937*	3	1	I	
4067,98	5	2	I		*3906,481*	5	3	I	
4067,28	2	1	I		3903,90	3	1	I	
4066,98	4	1	I		*3902,948*	7	5	I	
4063,597	10	10	I	R	*3899,708*	7	5	I	

[*Kursiv:* Interferometrisch gemessen (Normale)].

λ in Å	Int. G	Int. F	Ion.-Grad	Bem.
3898,01	5	2	I	
3897,90	4	2		
3895,658	7	4	I	r
3893,391	4	2	I	
3891,93	3	1		
3888,516	8	4	I	
3887,050	6	3	I	
3886,284	7	4	I	R
3878,66	3	—		
3878,574	10	5	I	r
3878,020	8	4	I	
3873,762	4	2	I	
3872,503	8	4	I	
3867,218	2	1		
3865,525	7	4	I	
3859,91	10	6	I	R (M 420)
3859,214	8	5	I	
3856,373	9	5	I	
3852,574	3	—	I	
3850,820	6	4	I	
3849,969	8	4	I	
3846,802	4	—		
3845,17	2	—	I	
3843,258	5	2		
3841,049	9	5	I	r
3840,439	9	5	I	r
3839,258	4	2		
3836,332				
3834,224	10	6	I	r
3833,31	3	1		
3827,824	7	6	I	
3825,884	10	8	I	R (M 320)
3824,445	8	5	I	R
3821,181	3	1		
3820,428	10	10	I	R (M 500)
3815,842	8	8	I	R
3812,966	7	4	I	
3807,538	4	2	I	
3806,698	5	3		
3805,344	6	3		
3799,549	8	4	I	
3798,513	7	3	I	
3797,517	5	3		
3795,004	8	5	I	
3790,095	5	2	I	
3787,882	8	4	I	
3785,95	4	2	I	
3776,45	3	—	I	
3774,82	3	—	I	
3767,193	9	4	I	r

λ in Å	Int. G	Int. F	Ion.-Grad	Bem.
3765,541	8	4	I	
3763,791	10	6	I	r
3760,53	3	—		
3760,050	4	2		
3758,234	10	7	I	R (M 300)
3753,612	5	2	I	
3749,487	10	7	I	(M 400)
3748,264	8	4	I	R
3745,90	6	3	I	
3745,56	10	8	I	R (M 240)
3743,47	4	6		
3743,364	7	3	I	
3738,306	4	2		
3737,134	10	7	I	R (M 340)
3734,87	6	6	I	R (M 700)
3733,318	8	4	I	r
3732,398	5	1		
3727,621	8	5	I	R
3724,378	4	2	I	
3722,563	7	4	I	r
3719,937	10	10	I	R (M 600)
3716,447	6	—	I	
3715,91	2	—	I	
3709,248	8	4	I	r
3707,92	5	4	I	
3707,048				
3705,567	10	6	I	r
3704,463	5	2	I	
3701,090	7	3	I	
3697,43	3	—	I	
3695,053	4	—		
3694,010	8	3	I	
3689,460	6	2	I	
3687,66	2	—	I	
3687,459	7	4	I	
3686,000	6	3	I	
3684,11	6	3	I	
3683,056	5	2	I	
3679,915	8	4	I	
3677,630	6	2		
3676,313	4	1	I	
3669,524	6	2	I	
3659,52	5	1	I	
3655,41	4	1		
3651,470	7	3	I	
3650,28	2	—		
3649,508	6	3	I	
3647,843	10	6	I	R

[*Kursiv:* Interferometrisch gemessen (Normale)].

λ in Å	G	F	Ion.-Grad	Bem.
3645,82	4	2		
3640,391	6	3	I	
3638,301	6	2	I	
3637,86	3	1		
3634,70	2	—		
3634,33	4	1	I	
3633,84	2	—		
3632,04	5	2		
3631,465	10	6	I	R (M 200)
3631,10	2	—		
3625,14	3	1	I	
3623,19	5	2	I	
3622,005	6	3	I	
3621,464	7	3	I	
3618,769	10	6	I	R (M 200)
3617,788	5	2		
3616,58	4	2	I	
3612,07	4	1	I	
3610,163	6	2	I	
3608,862	10	6	I	R (M 200)
3606,682	6	4	I	
3605,454	6	3	I	
3603,206	5	3	I	
3594,63	4	—	I	
3589,46	3	1	I	
3589,108	4	1	I	
3586,986	8	4	I	
3586,114	4	2	I	
3585,71	4	2	I	
3585,321	5	3	I	
3584,96	6	3		
3584,664	4	2	I	
3582,20	3	1		
3581,196	10	10	I	R (M 600)
3576,76	2	1		
3575,38	3	—		
3573,90	3	—		
3572,00	5	2	I	
3570,24	5	—		
3570,10	10	10	I	R (M 400)
3568,98	3	1		
3567,04	2	—		
3565,58	3	—		
3565,381	8	5	I	r
3558,518	6	4	I	
3556,88	5	2	I	
3554,929	8	4	I	
3554,12	2	—		
3553,74	4	2		
3545,64	4	1	I	
3543,68	2	—		
3542,079	4	2	I	
3541,087	7	3	I	
3540,12	2	1		
3537,89	2	—		
3537,73	3	1	I	
3536,558	7	3	I	
3533,20	5	2	I	
3533,01	3	1		
3530,39	3	1	I	
3529,82	3	—		
3527,79	2	1	I	
3526,68	4	1	I	
3526,47	3	1		
3526,38	2	—		
3526,17	4	2	I	
3524,24	3	1	I	
3524,08	3	1		
3521,264	6	3	I	
3516,40	4	2		
3513,819	7	4	I	
3508,52	3	—	I	
3506,50	4	1	I	
3497,843	8	4	I	
3497,11	2	1		
3495,29	4	—	I	
3490,575	10	6	I	R
3489,67	2	1		
3485,341	5	2	I	
3483,01	2	1	I	
3476,704	7	3	I	
3475,65	3	—		
3475,45	8	4	I	R
3468,85	3	1	I	
3465,862	6	4	I	R
3459,92	3	1		
3452,27	5	2	I	
3451,92	5	2	I	
3450,33	5	2	I	
3447,28	4	1	I	
3445,151	6	3	I	
3443,878	8	4	I	r
3442,37	2	1		
3440,99	8	4	I	R
3440,61	10	5	I	R (M 400)
3428,19	4	2	I	
3427,120	6	3	I	
3426,64	4	1		
3426,39	2	1		d
3425,01	2	—		

[*Kursiv:* Interferometrisch gemessen (Normale)].

λ in Å	Int. B	Int. F	Ion.-Grad	Bem.	λ in Å	Int. B	Int. F	Ion.-Grad	Bem.
3424,28	5	2	I		3259,99	3	—	I	
3422,66	4	2	I		*3257,59*	4	1	I	
3418,51	5	2	I		*3254,36*	5	2	I	
3417,85	3	2	I		3253,61	2	—		
3415,53	2	—	I		3252,93	2	—		
3413,133	7	3	I		3251,24	4	1	I	
3407,461	7	4	I		3248,21	5	3	I	
3406,81	2	—	I		3246,96	3	1	I	
3404,36	5	2	I	d	3246,01	4	—	I	
3402,26	3	1			*3244,19*	7	2	I	
3401,52	3	—	I		*3239,43*	7	2	I	
3399,336	6	2	I		*3236,22*	4	1	I	
3396,98	2	—	I		3234,61	3	1	I	
3394,58	4	1	I		3233,97	6	—	I	
3392,65	6	2	I		3233,05	4	2		
3392,30	4	1	I		3230,96	5	2	I	
3387,41	2	—			3230,21	2	—		
3383,98	4	1	I		3229,12	2	—		
3383,69	4	1	I		3228,26	2	1		
3380,11	5	1	I		3227,80	4	4	I	
3379,02	3	1	I		3227,75	4	7	II	
3378,68	3	1			*3225,79*	8	3	I	
3370,787	5	2	I		*3222,07*	6	3	I	
3369,55	4	—			3219,81	4	—	I	
3355,23	4	—			3219,58	5	—	I	
3347,93	4	1	I		*3217,38*	4	1	I	
3341,91	3	1			3216,94	3	—		
3340,57	3	—	I		*3215,94*	3	1		
3337,67	4	1			3214,05	6	2	I	
3328,87	3	1			3213,31	3	5	II	
3325,47	2	—			3211,99	5	2	I	
3324,54	2	—			3211,70	3	1		
3323,74	4	1			3211,49	3	—		
3322,47	3	—			3210,83	5	1	I	
3317,13	2	—			3210,23	4	1	I	
3314,74	5	2			3209,30	3	—	I	
3307,23	3	—			3208,47	2	—	I	
3306,35	7	3	I		3205,40	7	2	I	
3305,97	7	3	I		*3200,47*	6	1	I	
3298,13	4	1	I		3199,53	7	2	I	
3292,59	5	2	I		*3196,93*	8	4	I	
3292,02	5	2			3196,08	—	3	II	
3290,99	3	1	I		3194,42	2	—		
3290,73	2	—			3193,80	—	3	II	
3286,75	7	3	I		3193,22	2	—		
3284,59	2	—	I		3192,80	5	2	I	
3282,90	2	1			*3191,66*	4	1	I	
3280,26	5	1			3188,82	4	1	I	
3271,00	6	2	I		3188,57	2	—	I	
3268,23	3	—	I		3186,74	—	3	II	
3265,62	6	2	I		*3184,89*	4	1	I	
3265,05	4	1	I		3181,52	3	1	I	
3264,52	3	1			3180,76	4	—	I	

[*Kursiv:* Interferometrisch gemessen (Normale)].

λ in Å	Int. B	Int. F	Ion.-Grad	Bem.	λ in Å	Int. B	Int. F	Ion.-Grad	Bem.
3180,22	8	3	I		*3024,03*	6	2	I	r
3178,01	6	1	I		3021,07	10	5	I	R
3175,45	8	2	I		3020,64	10	5	I	R
3171,34	2	2	II						(M 280)
3166,44	3	1	I		3020,50	8	4	I	R
3161,95	4	1	I		3018,98	6	3	I	r
3160,66	6	2	I		3017,63	6	3	I	r
3157,88	4	1	I		3016,19	5	2	I	
3157,04	5	2	I		3011,48	3	1		
3156,28	3	—			*3009,57*	8	4	I	r
3154,20	2	2			3008,14	8	4	I	R
3153,20	3	—	I		3007,15	2	1		
3151,35	6	1			3000,95	10	5	I	R
3144,49	2	—			3000,45	4	1	I	
3143,99	3	—			*2999,51*	7	3	I	R
3142,89	2	1			*2999,39*	2	—		
3142,45	3	1			2996,39	2	—		
3140,39	2	—			2994,43	10	5	I	R
3134,11	5	2	I		2991,63	3	—		
3129,34	2	—			2990,39	3	1		
3126,18	4	1			*2987,29*	5	2	I	
3125,65	7	2	I		2985,55	2	4	II	
3120,44	4	1			2984,83	4	6	II	
3119,50	4	1			2983,57	8	2	I	R
3116,63	5	2	I		2981,96	2	—		
3100,67	7	4	I		2981,85	3	—		
3100,30	7	4	I		*2981,45*	6	3	I	r
3099,97	3	3	I		2973,24	2	1	I	
3099,90	3	—	I		2973,14	2	1	I	
3091,58	6	2	I		2970,11	8	4	I	R
3083,74	6	2	I		2969,47	5	2	I	
3075,72	8	3	I	r	2966,90	8	4	I	R
3068,18	5	2	I		*2965,26*	7	3	I	
3067,24	8	4	I		*2959,99*	5	2		
3067,12	3	—			*2957,37*	6	3	I	R
3060,98	2	—	I		*2953,94*	7	4	I	R
3059,09	10	5	I	R	2953,78	2	4	II	
3057,45	9	5	I	R	2950,24	6	1		
3055,26	5	—	I		2948,44	3	1		
3053,07	2	1			2947,88	9	5	I	R
3047,61	10	5	I	R	2947,65	3	5	II	
3045,08	4	—			2944,40	3	5	II	
3042,67	7	3	I		*2941,34*	6	3	I	r
3042,02	6	2	I		2937,81	5	—		
3041,75	3	1	I		2936,90	9	5	I	R
3040,43	6	3	I		2929,12	2	—		
3037,39	10	5	I	R	*2929,01*	7	2	I	r
3031,64	7	3	I		2926,58	4	6	II	
3031,21	5	2	I		2923,85	4	—	I	
3030,15	6	3			2923,29	4	—		
3026,46	6	2	I		*2920,69*	2	—	I	
3025,85	9	4	I	R	2918,02	5	2		
3025,64	3	1			*2912,16*	8	3	I	r

[*Kursiv:* Interferometrisch gemessen (Normale)].

λ in Å	Int. B	Int. F	Ion.-Grad	Bem.
2901,91	3	—		
2901,38	2	—	I	
2899,42	4	1		
2895,03	4	1	I	
2894,51	5	1		
2887,81	3	1		
2880,76	2	4	II	
2877,30	5	1	I	
2875,30	3	—	I	
2874,17	6	2	I	
2872,33	4	2	I	
2869,31	6	2	I	
2866,62	3	1	I	
2863,86	5	2	I	
2863,43	4	1	I	
2858,90	3	—	I	
2851,80	7	3	I	r
2848,71	3	1	I	
2845,59	4	2	I	d
2843,98	8	3	I	R
2843,63	5	1	I	
2840,42	3	—	I	
2838,12	6	2	I	
2835,46	4	1	I	
2832,44	6	1	I	R
2831,56	3	4	II	
2828,81	3	—		
2857,89	3	1	I	
2825,56	6	2	I	
2823,28	7	2	I	
2817,51	3	—	I	
2813,29	9	4	I	R
2806,98	7	2	I	
2804,52	7	1	I	
2797,78	6	2	I	
2791,79	3	1	I	
2789,80	3	1		
2788,11	7	2	I	
2787,94	3	—		
2783,69	3	5	II	
2781,84	3	1	I	
2779,30	3	4	II	
2778,84	3	1		
2778,22	7	2	I	
2774,73	4	2	I, II	
2772,11	3	1	I	
2772,08	2	—		
2767,52	7	5	I, II	
2766,91	4	1	I	
2763,11	4	1	I	
2762,03	5	1	I	
2761,81	2	4	II	
2761,78	8	2	I	

λ in Å	Int. B	Int. F	Ion.-Grad	Bem.
2759,81	4	1	I	
2757,32	4	1	I	
2756,33	7	2	I	
2755,74	8	10	II	
2754,03	3	1	I	
2753,69	3	1	I	
2753,29	5	5	II	
2750,87	3	1		
2750,14	7	3	I	
2749,48	2	4	II	
2749,33	7	10	II	
2749,18	2	4	II	
2746,98	7	8	II	
2746,48	7	10	II	
2744,53	5	1	I	
2744,07	7	2	I	
2743,20	4	6	II	
2742,41	6	2	I	r
2742,26	3	1		
2742,02	2	—	I	
2739,55	6	8	II	
2737,31	7	2	I	r
2736,96	3	3	I, II	
2735,47	6	2	I	
2734,27	3	1	I	
2734,00	3	1	I	
2733,58	8	3	I	
2730,73	4	4	II	
2728,02	3	1	I	
2727,54	4	6	II	
2726,05	4	1	I	
2724,95	5	—	I	
2724,89	3	3	II	
2723,58	6	2	I	
2720,90	8	3	I	
2719,02	9	4	I	R (M 260)
2718,44	4	1	I	
2716,22	2	4	II	
2715,22	3	—	I	
2714,41	3	5	II	
2711,65	3	—	I	
2708,57	3	1		
2706,99	3	—		
2706,58	5	2	I	
2706,01	2	—		
2703,99	3	4	II	
2699,11	4	1	I	
2698,16	2	—		
2696,28	3	—		
2696,00	3	—		
2694,54	3	—		
2692,60	3	4	II	

[*Kursiv:* Interferometrisch gemessen (Normale)].

λ in Å	Int. B	Int. F	Ion.-Grad	Bem.	λ in Å	Int. B	Int. F	Ion.-Grad	Bem.
2689,83	3	1	I		2570,86	3	3	II	
2689,21	5	2	I		2570,54	3	1		
2684,75	5	5	I, II		2569,75	3	—	I	
2681,59	3	—			2569,61	4	—	I	
2679,06	6	2	I		2566,92	3	3	II	
2669,50	2	—			2563,9	—	2		
2666,81	4	—	I		2563,48	4	4	II	
2666,40	3	3	I, II		2562,53	5	5	II	
2664,67	3	4			2560,28	4	4	II	
2651,71	3	1	I		2551,09	4	—		
2644,00	4	—	I		2550,68	3	4	II	
2641,65	3	1	I		2550,03	2	3	II	
2635,81	4	1	I		2549,62	6	—	I	r
2632,24	3	1	I		2545,98	6	—	I	r
2631,33	3	4	II		2544,72	3	—		
2631,05	3	4	II		2543,93	4	1		
2630,08	2	3	II		2543,38	4	6	II	
2629,58	3	3	I, II		2542,11	4	1		
2629,08	3	—	I		2541,83	3	4	II	
2628,29	5	6	I, II		2540,98	6	—	I	R
2625,67	4	6	II		2540,66	3	—		
2625,50	3	2			2539,36	4	—	I	
2623,54	4	1	I		2538,99	3	—		
2621,67	3	4	II		2538,20	1	3	II	
2620,70	2	3	II		2537,45	3	1		
2620,42	3	4	II		2537.18	5	—		
2619,08	2	3	II		2535,61	6	—	I	r
2618,02	4	1	I		2534,42	—	7	II	
2617,62	5	5	II		2533,8	—	4	II	
2614,49	3	—	I		2533,63	4	—		
2613,82	8	8	II		2530,69	3	—		
2612,77	4	—	I		2529,83	4	—	I	
2611,87	8	10	II		2529,55	—	5	II	
2611,07	—	3	II		2529,14	5	1	I	r
2607,89	5	7	II		2527,44	6	2	I	r
2607,10	4	6	II		2527,16	3	—		
2606,83	4	—	I		2526,29	—	7	II	
2605,66	4	—	I		2525,39	—	4		
2599,40	6	10	II	(M 200)	2524,29	6	2	I	r
2598,37	7	8	II		2523,66	4	1		
2593,73	4	4	II		2522,85	8	3	I	R
2592,78	3	3	II						(M 280)
2591,55	5	5	II		2519,63	5	2		
2588,01	3	2			2519,04	—	4	II	
2585,88	7	10	I, II		2518,11	6	2	I	r
2584,53	4	1	I		2517,66	4	1	I	
2582,59	4	4	II		2517,12	4	5	I, II	
2582,31	4	—			2514,38	—	4	II	
2577,92	4	5	II		2512,37	3	—		
2576,92	4	5	II		2511,76	—	8	II	
2576,69	4	—	I		2510,84	7	2	I	R
2575,74	3	1			2507,90	3	1		
2574,37	3	4	I, II		2506,09	—	5	II	

[*Kursiv:* Interferometrisch gemessen (Normale)].

λ in Å	Int. B	Int. F	Ion.-Grad	Bem.	λ in Å	Int. B	Int. F	Ion.-Grad	Bem.
2503,87	−	4	II		2434,73	7	−		
2502,39	−	3	II		2432,87	−	7	II	
2501,14	7	−	I	R	2431,96	−	7	II	
2498,90	−	8	II		*2431,03*	6	−		
2497,82	−	7	II		2430,08	−	6	II	
2496,53	3	1			2428,36	−	5	II	
2493,26	−	5	II		2424,14	−	7		
2491,98	4	−			2417,87	−	4	II	
2491,16	7	−	I	R	*2413,31*	3	6	II	LL
2490,64	8	−	I	R	*2411,07*	2	5	II	
2489,76	6	−	I	r	*2410,52*	4	7	II	LL
2488,15	9	4	I	R	*2406,66*	4	6	II	
				(M 260)	*2404,88*	4	7	II	LL
2487,37	3	1			*2404,43*	4	7	II	
2487,06	6	2			2402,60	1	4	II	
2486,69	5	1	I		*2399,24*	3	5	II	
2486,38	2	5	II		2395,62	4	8	II	
2485,99	5	−			2395,42	3	4	II	
2484,19	7	−	I	R	2391,47	2	5	II	
2483,54	5	−	I		*2389,97*	7	−	I	
2483,27	10	4	I	R	*2388,63*	3	8	II	
				(M 280)	*2384,39*	3	6	II	
2480,16	−	3	II		2383,24	2	4	II	
2479,78	5	2	I	R	2382,04	6	9	II	LL
2479,45	3	−	I		*2380,76*	4	6	II	
2478,57	−	4	II		*2379,28*	4	7	II	
2474,81	5	2			*2375,19*	2	5	II	
2473,16	2	−			*2374,52*	5	−	I	
2472,91	6	2	I	R	2373,74	−	6	II	
2472,87	4	−	I		2373,62	8	−	I	
2472,34	5	−			*2371,43*	7	−	I	
2470,66	−	5	II		*2370,50*	3	6	II	
2468,88	4	1			*2368,59*	3	7	II	
2466,68	−	4	II		*2366,59*	3	−		
2465,15	4	−	I		*2364,83*	3	8	II	
2464,00	2	6	II		2362,02	2	5	II	
2462,65	5	1	I	r	*2360,29*	4	8	II	
2462,19	4	1	I		*2360,00*	3	8	II	
2462,28	3	7	II		*2359,10*	5	9	II	
2458,78	4	8	II		*2354,89*	3	6	II	
2457,60	5	1	I		2354,47	3	−		
2453,48	3	1			2351,20	3	−		
2447,71	8	3	I		2348,30	5	10	II	
2446,47	−	6	II		2348,12	6	10	II	
2445,57	−	8	II		*2344,28*	4	8	II	
2443,87	7	2	I		2343,96	2	6	II	
2442,57	7	2			2343,49	7	10	II	
2440,11	6	−			*2338,01*	5	8	II	
2439,74	7	2			*2332,80*	8	10	II	
2439,30	−	8	II		*2331,31*	4	7	II	
2438,18	7	−	I		*2327,39*	4	7	II	
2436,34	5	−			*2320,36*	7	−	I	
2434,95	8	−			*2313,10*	7	−	I	

[*Kursiv:* Interferometrisch gemessen (Normale)].

λ in Å	Int. B	Int. F	Ion.-Grad	Bem.	λ in Å	Int. B	Int. F	Ion.-Grad	Bem.
2310,01	3	—	I		2245,65	6	—	I	
2309,00	6	—	I		2240,63	4	—		
2303,58	5	—	I		2233,9	2	3	II	
2303,42	4	—			2231,21	7	—	I	
2301,68	6	—	I		2228,9	3	5	II	
2301,17	3	—			2228,17	5	—	I	
2300,14	6	—	I		2221,3	3	—		
2299,22	5	—	I		2220,4	3	4	II	R
2298,66	3	—			2213,6	3	—		
2297,79	7	—	I		2206,2	2	4	II	
2296,92	4	—	I		2200,72	6	—	I	
2294,41	5	—	I		2200,3	4	—		
2293,84	5	—			2198,7	2	4	II	
2292,52	6	—	I		2196,04	7	—	I	
2291,12	6	—			2191,84	8	—	I	
2290,55	4	—			2191,20	5	—	I	
2289,03	4	—			2187,19	8	—	I	
2287,63	6	—			2186,48	8	—	I	
2287,25	7	—	I		2178,11	8	—	I	
2284,09	8	—	I		2178,08	8	8	I, II	
2284,0	—	2	II		2175,5	2	4	II	
2283,65	5	—	I		2173,21	4	—	I	
2283,30	4	—	I		2171,29	8	—	I	
2283,08	4	—			2166,77	10	—	I	
2280,22	3	—			2165,86	4	—		
2279,92	2	4	II		2163,37	5	—		
2277,66	5	—			2161,58	3	3	II	
2277,10	4	—			2159,9	4	—		
2276,02	5	—	I		2157,79	4	—	I	
2274,09	5	—	I		2151,10	4	5	III	
2272,82	3	—			2150,18	3	4	II	R
2272,07	7	—	I		2144,4	4	—		
2271,78	8	—			2139,70	4	—		
2270,86	6	—	I		2115,17	3	—		
2269,09	6	—	I		2107,23	2	4	III	
2267,57	3	5	II		2103,7	2	4	III	
2267,47	7	—			2097,4	3	4	III	
2267,08	4	—	I		2093,6	4	—	I	
2266,90	5	—			2090,1	2	4	III	
2266,00	2	4	II		2084,3	2	4	III	
2265,05	6	—	I		2082,1	2	4		
2264,39	9	—			2078,1	2	4	III	
2260,86	4	6	II		2068,2	1	3	III	
2260,08	3	5	II		2063,7	3	—		
2259,51	6	—			2040,6	3	4	II	
2255,86	9	—		R	2020,6	3	—		
2253,13	5	7	II						
2251,87	6	6	I, II	R		Ga Gallium			
2250,93	3	5	II		6414,01	—	2	I	R
2250,78	5	—	I		6396,61	—	3	I	
2250,17	3	4	II		4172,06	10	10	I	bd,
2249,18	5	7	II						R LL
2248,86	8	—							(M 2000)

[*Kursiv*: Interferometrisch gemessen (Normale)].

λ in Å	Int. B	Int. F	Ion.-Grad	Bem.
4032,98	8	8	I	b, R LL (M 1000)
3004,06	4	3		
2944,18	10	10	I	R
2943,64	10	10	I	bd, R
2874,24	10	8	I	bd, R
2780,15	—	5	II	
2719,65	8	5	I	d
2700,47	—	2	II	
2691,29	2	—	I	
2665,05	2	—	I	
2659,87	6	4	I	d, R
2632,66	2	—	I	
2624,82	3	—	I	
2607,47	2	—	I	
2500,71	3	3	I	bd, R
2500,19	7	6	I	bd, R
2450,08	10	6	I	bd, R
2418,70	6	3	I	d, R
2371,33	5	2	I	R
2338,60	10	3	I	bd, R
2297,87	4	1	I	R
2294,20	6	2	I	d, R
2259,22	3	1	I	bd, R
2255,03	3	—	I	R
2236,10	2	1	I	d, R
2218,04	2	—	I	bd, R
2091,34	—	2	II	

Ge Germanium

λ in Å	Int. B	Int. F	Ion.-Grad	Bem.
6484,32	—	1	II	
6021,14	—	2	II	
5893,46	—	3	II	
5178,58	—	3	II	
5131,7	—	3	II	
4814,80	—	4	II	
4741,94	—	2	II	
4685,84	5	—	I	
4260,80	1	2	III	d
4226,57	5	5	I	
4179,04	—	2	III	
3269,49	7	7	I	
3255,34	—	1	III	
3124,82	7	5	I	
3067,01	4	3	I	
3039,06	10	8	I	bd (M 750)
2845,52	—	9	II	bd
2831,85	—	6	II	d
2829,01	3	2	I	
2793,94	4	2	I	
2754,59	8	6	I	bR (M 650)

λ in Å	Int. B	Int. F	Ion.-Grad	Bem.
2740,43	5	4	I	
2709,63	7	6	I	b (M 850)
2691,34	6	5	I	
2651,58	4	4	I	
2651,18	6	6	I	R (M 1200)
2644,19	3	2	I	
2592,54	7	6	I	d
2589,19	4	3	I	
2556,31	3	2	I	
2533,23	5	5	I	
2497,96	6	5	I	
2436,39	3	2	I	
2417,37	5	5	I	b
2397,89	3	2		
2394,10	2	1	I	
2389,47	3	2	I	
2379,14	4	3	I	
2359,21	2	—		
2338,67	2	—		
2327,90	3	3	I	
2314,20	3	3	I	
2256,00	2	2		
2220,37	1	0		
2205,85	—	1	II	
2198,70	4	7	I, III	R, d
2197,64	—	2	II	
2186,46	1	—	I	
2124,75	1	2	I	
2123,82	1	1	I	
2105,80	1	2		
2102,26	0	—	I	
2094,23	5	5	I	R
2068,66	9	7	I	R
2065,22	6	—	I	R
2057,25	5	—	I	R
2054,46	5	—	I	
2043,76	7	5	I	R
2041,69	8	6	I	R
2019,08	6	—	I	R
2011,31	4	—	I	R
2007,05	—	5	II	

He Helium

λ in Å	Int. G	Int. F	Ion.-Grad	Bem.
10830,34	10	—	I	LL
10830,25	8	—	I	LL
10829,08	5	—	I	LL
9625,80	3	—	I	

λ in Å	Int. G	Int. F	Ion.-Grad	Bem.	λ in Å	Int. B	Int. F	Ion.-Grad	Bem.
9529,27	4	—	I		7757,89	1	2	II	
9526,17	10	—	I		7663,09	0	3	II	
9463,57	7	—	I		7561,08	0	1	II	
9210,28	6	—	I		7398,96	—	1	II	
9063,40	6	—	I		7328,64	0	3	II	
8361,77	4	—	I		7277,67	1	5	II	
7816,16	4	—	I		7240,87	7	9		
7281,35	3	—	I		7237,10	8	10	I	
7065,70	1	—	I		7131,81	9	10	II	
7065,19	5	—	I		7119,52	2	5		
6678,15	6	—	I		7030,33	3	9	II	
6560,13	—	5	II		6980,91	8	10	II	
5875,96	1	—	I		6935,16	1	5	II	
5875,61	10	—	I		6911,40	2	5		
5411,55	3	—	II		6858,70	2	5		
5047,73	2	—	I		6855,29	1	5	II	
5015,68	6	—	I		6850,07	2	6		
4921,93	4	—	I		6818,94	8	10	I	
4713,37	1	—	I		6789,27	5	8	I	
4713,14	3	—	I		6754,61	6	8	II	
4685,75	—	7	II		6719,40	0	5	II	
4471,69	1	—	I		6647,06	3	8	II	
4471,48	6	—	I		6644,60	8	10	II	
4387,93	3	—	I		6567,39	1	6	II	
4143,76	2	—	I		6557,91	2	8	II	
4120,81	3	—	I		6542,80	1	5	II	
4026,36	1	—	I		6248,95	8	9	II	
4026,19	5	—	I		6135,10	1	3	II	
3964,73	4	—	I		6098,67	3	0		
3888,65	10	—	I	LL	6097,47	—	2	II	
3888,63	2	—	I		6027,57	0	3	II	
3819,75	1	—	I		5842,23	1	4	II	
3819,61	4	—	I		5809,50	0	1	II	
3613,64	3	—	I		5801,71	0	1	II	
3447,59	2	—	I		5767,18	0	2	II	
3203,16	—	4	II		5719,18	4	2		
3187,74	8	—	I		5698,04	3	1		
2945,11	6	—	I		5613,27	5	1	I	
2829,07	4	—	I		5552,12	5	2	I	
2763,80	2	—	I		5550,60	5	2	I	
2733,32	—	3	II		5524,35	2	3		
2733,24	7	—	I		5463,38	0	2		
2511,22	—	2	II		5440,07	1	3		
2385,39	—	2	II		5373,86	4	1	I	
2306,12	—	1	II		5354,73	3	0		
2252,72	—	1	II		5346,30	0	3	II	

λ in Å	Int. B	Int. F	Ion.-Grad	Bem.

Hf Hafnium

λ in Å	Int. B	Int. F	Ion.-Grad	Bem.	λ in Å	Int. B	Int. F	Ion.-Grad	Bem.
					5324,26	0	2	II	
					5311,60	5	6	II	
					5298,06	5	5	II	
					5294,87	5	1	I	
					5275,04	3	0		
9742,28	1	—	II		5264,95	3	4	II	
8236,13	0	1	II		5260,44	1	3	II	

λ in Å	B	F	Ion.-Grad	Bem.	λ in Å	B	F	Ion.-Grad	Bem.
5247,10	1	6	II		4605,77	5	5	II	
5243,99	5	0			4602,71	0	3		
5210,5	4	—			4599,44	1	4	II	
5193,1	4	—			4598,80	5	5	I	
5187,75	0	3	II		4586,25	0	3	II	
5181,86	4	1	I		4573,79	1	4	II	
5173,16	3	—			4570,69	1	5	II	
5164,56	0	3	II		4565,94	6	3	I	
5128,53	1	4	II		4563,81	—	3		d
5110,61	—	2	II		4541,30	5	5	II	
5079,65	2	5	II		4540,93	5	0	I	
5074,71	4	—			4535,37	1	5	II	
5047,45	3	0			4533,15	1	4	II	
5040,82	7	5	II		4524,74	1	5	II	
5040,21	4	—			4519,03	0	3		
4999,68	0	3	II		4490,60	0	4	II	
4975,25	5	1	I		4486,65	0	3	II	
4948,94	4	0	I		4486,13	1	3	II	
4934,45	3	5	II		4483,29	—	2	II	
4904,52	1	4	II		4466,40	1	5	II	
4877,58	5	1			4461,18	6	4	I	
4865,43	0	3	II		4457,34	5	3		
4863,27	3	0			4452,70	—	6	II	
4859,24	5	4			4443,07	0	3		
4848,46	1	5	II		4438,04	6	2	I	
4844,00	0	3	II		4426,18	1	4		
4837,24	4	0	I		4422,74	4	8	II	
4818,84	2	0			4417,91	4	0	I	
4817,21	3	6	II		4417,35	5	8	II	d
4809,18	5	1	II		4408,81	4	—		
4800,50	6	4	I		4395,01	5	3		
4790,73	1	4	II		4385,52	—	3		
4782,74	5	3			4370,97	6	6	II	
4773,72	4	1	I		4367,91	1	5	II	
4766,51	4	0			4365,73	—	2		
4765,78	0	3	II		4356,33	5	4		
4735,67	6	4	II		4350,51	2	7	II	
4731,37	1	5	II		4336,66	5	6	II	
4721,71	5	1			4334,64	1	5	II	
4719,10	1	5	II		4330,27	3	2		
4703,61	5	5	II		4321,36	1	5	II	
4699,72	2	6	II		4320,67	2	5	II	
4682,67	0	3	II		4294,79	4	3	I	
4675,46	1	4	II		4272,85	3	5		
4664,12	6	6	II		4269,65	0	3	II	
4659,22	0	2	II		4263,39	4	1	I	
4655,65	—	4			4262,72	0	3	II	
4655,19	5	1			4249,34	2	4		
4640,09	1	5	II		4245,84	0	4	II	
4626,42	0	3	II		4241,93	0	4	II	
4622,70	0	6	II		4232,44	2	5	II	
4620,86	5	1			4228,08	3	1		
4608,09	3	0			4206,58	2	5	II	

λ in Å	Int. B	Int. F	Ion.-Grad	Bem.	λ in Å	Int. B	Int. F	Ion.-Grad	Bem.
4201,76	—	2			3817,21	2	5	II	d
4187,66	1	3	II		3806,07	2	6	II	
4179,55	—	5			3797,92	2	2	II	
4177,51	3	6	II		3793,37	2	4	II	
4174,34	4	3			3787,37	0	2		
4162,36	2	5	II		3785,46	5	3	I	(M 140)
4158,88	3	4	II		3777,64	6	2	I	(M 140)
4127,80	6	6	II		3768,25	4	1		
4125,10	1	3			3766,92	4	5	II	
4123,33	0	4	II		3762,51	0	4	II	d
4113,53	2	5	II		3747,49	1	2	II	
4106,58	6	2			3746,80	3	0		
4093,16	7	6	II		3744,98	0	3	II	
4082,68	3	3	II		3739,04	2	0		
4080,44	4	4	II		3737,88	1	4	II	
4071,22	1	2			3733,79	3	0	I	
4062,84	8	2			3729,10	2	—		
4050,67	4	5	II		3726,49	2	0		
4049,45	5	5	II		3719,28	2	4	II	
4048,46	—	6			3717,80	2	1	I	
4047,96	2	6			3705,41	0	3	II	
4033,88	2	3	II		3704,92	2	—		
4029,17	2	3	II		3701,15	1	4	II	
4020,25	4	2	II		3699,72	0	3		
4008,46	2	3	II		3682,24	4	—	I	(M 220)
4007,35	5	4	II		3638,40	0	2	II	
3998,51	—	3	II	d	3696,52	2	0		
3996,80	1	3	II	d	3682,24	4	2	I	
3984,85	2	3	II		3675,74	2	0		
3984,03	3	6	II		3672,27	2	0		
3979,40	1	6	II		3663,35	1	3		
3975,15	2	2	II		3661,05	0	1	II	
3970,05	4	0			3651,85	2	0		
3968,01	3	0			3649,11	2	0	I	
3964,95	2	4	II		3644,36	3	4	II	
3951,83	3	3			3637,59	2	0		
3946,01	—	4	II		3630,87	2	0	II	
3945,36	0	5	II		3624,00	2	3	II	
3935,65	0	4	II		3620,04	3	2	II	
3933,66	4	6	II		3600,06	0	3	II	d
3932,40	0	2	II		3599,14	1	3	II	
3931,38	2	2			3597,42	1	3		
3923,91	3	5	II		3569,04	2	5	II	(M 120)
3918,09	4	6	II		3561,66	3	4	II	(M 150)
3917,45	0	6	II		3552,70	2	3	II	
3900,65	0	4	II		3535,55	1	4	II	
3899,94	4	3	I		3518,75	1	3	II	
3889,33	3	2			3511,88	1	2	II	
3889,23	2	1			3505,23	5	7	II	(M 140)
3880,82	3	5	II		3497,49	3	2	I	d
3877,10	2	6	II		3495,93	2	3	II	
3872,55	2	6	II		3495,75	2	4	II	
3820,73	5	4	I	(M 130)	3487,57	0	3		

λ in Å	Int. B	Int. F	Ion.-Grad	Bem.	λ in Å	Int. B	Int. F	Ion.-Grad	Bem.
3479,29	2	2	II		3176,86	4	5	II	
3479,99	4	5	II		3172,94	3	2	I	
3472,41	3	2	I		3168,39	3	0		
3462,64	3	3	II		3162,61	3	4	II	
3438,24	4	4	II		3159,82	3	2	I	
3428,37	3	2	II		3156,63	2	0		
3419,18	2	0	I		3151,63	1	0		
3417,35	2	0			3148,41	2	0		
3413,14	--	2			3145,32	3	3	II	
3410,17	3	4	II		3140,76	2	3	II	
3407,76	0	3	II		3139,65	2	2	II	
3399,80	7	7	II	(M 260)	3134,72	5	6	II	
3394,98	4	6	II		3131,81	3	0	I	
3394,59	3	5	II		3119,98	2	0	I	
3389,83	4	5	II		3110,87	3	4	II	
3384,70	2	2	II		3109,12	5	7	II	
3384,14	0	3	II		3101,40	4	5	II	
3370,69	0	2	II		3096,76	2	0	I	
3366,68	2	0			3092,25	2	2	II	
3360,06	3	0			3091,79	0	2	II	
3358,91	3	0			3080,85	1	0	I	
3352,06	4	5	II		3080,66	3	5	II	
3349,17	0	2	II		3072,88	4	3	I	(M 240)
3332,73	4	0	I		3067,41	3	0	I	
3331,89	1	2			3064,68	0	4	II	
3328,21	3	3	II		3057,02	4	3	I	(M 120)
3324,18	0	2	II		3055,44	0	3	II	
3323,36	0	3	II		3054,52	0	3	II	
3317,99	3	2	II		3050,76	3	0	I	
3312,87	3	1	I		3046,08	0	4		
3310,27	2	0	I		3031,16	4	5	II	
3306,12	1	0			3025,29	3	4		
3294,68	0	1	II		3024,76	0	2		
3291,05	2	0			3020,53	5	—	I	(M 130)
3279,08	3	4			3018,31	3	0	I	
3273,66	3	3	II		3016,94	4	3	II	(M 120)
3255,28	4	4	II		3016,78	3	1	I	
3253,70	5	5	II		3012,90	5	6	II	(M 120)
3249,53	2	0	I		3011,24	0	2		
3247,66	2	2			3005,56	3	2		
3243,00	0	2	II		3000,10	3	3	II	
3220,61	2	3	II		2980,81	3	2	I	(M 120)
3218,20	0	2	II		2977,60	0	3		
3217,31	2	2	II		2975,88	4	5	II	
3210,98	2	0			2968,81	3	4	II	
3206,77	0	1			2967,23	0	3		
3206,11	2	0	I		2966,93	3	0	I	
3203,67	0	2	II		2964,88	3	1	I	(M 160)
3202,16	0	1	II		2961,80	0	2		
3199,99	2	3	II		2960,82	0	2		
3194,19	4	4	II	d	2958,02	2	0	I	
3193,53					2954,20	3	0	I	(M 120)
3181,01	2	0	I		2950,68	3	0	I	(M 140)

λ in Å	Int. B	Int. F	Ion.-Grad	Bem.	λ in Å	Int. B	Int. F	Ion.-Grad	Bem.
2947,13	0	2			2706,73	2	4	II	
2940,77	4	2	I	(M 220)	2705,61	3	1		
2987,80	4	5	II		2687,22	—	2		
2929,63	5	3			2685,22	0	3		
2919,59	2	3	II		2683,35	3	5	II	
2917,49	2	0			2678,43	0	1		
2916,48	4	2	I	(M 220)	2671,25	0	2		
2909,91	2	0			2669,00	1	2		
2904,75	3	3	I		2665,97	1	3		
2904,52	1	1			2661,88	2	4		
2904,41	3	3	I	(M 140)	2657,84	2	3		
2898,71	0	3			2657,50	1	3		
2898,20	4	3	I	(M 200)	2651,17	0	3		
2885,47	0	2			2649,15	0	2		
2879,11	0	1			2647,29	4	6	II	
2876,33	3	5	II		2641,41	4	7	II	(M 120)
2869,83	2	3			2638,71	4	6	II	(M 120)
2866,37	4	3	I	(M 240)	2635,79	0	3		
2861,70	5	7	II		2626,95	1	2	II	
2861,01	4	6	II		2622,74	3	4	II	
2860,31	0	3			2613,61	2	4	II	
2852,01	3	4			2607,03	3	5	II	
2851,21	3	3			2606,37	3	4		
2849,21	2	5			2599,22	0	2		
2834,13	1	0			2591,33	2	3	II	
2833,28	2	0			2582,54	3	4	II	d
2829,31	0	3			2578,14	2	4	II	
2822,68	3	5	II		2576,82	2	4	II	
2820,22	3	6	II	(M 140)	2573,90	2	5	II	
2819,74	2	0			2571,67	3	5	II	
2814,76	0	4			2570,71	0	2	II	
2813,87	3	3			2563,61	3	4	II	
2808,00	3	3			2559,19	2	4	II	
2789,73	3	4			2559,02	1	—		
2789,50	2	2			2551,40	3	5	II	d
2786,30	0	2			2548,20	1	3	II	
2779,37	2	1	I		2537,33	2	3	II	
2775,27	0	2			2531,19	3	4	II	
2774,02	2	4			2521,49	0	3	II	
2773,36	5	5	II		2516,88	3	5	II	
2772,32	0	2			2515,48	0	4	II	
2770,46	0	2			2515,16	0	5	II	
2776,96	2	0			2513,03	4	5	II	
2761,63	3	0	I, II		2512,69	4	5	II	
2756,91	0	3			2500,74	0	3	II	
2753,61	0	2			2496,99	3	4	II	
2751,81	3	4	II		2495,17	—	5		
2738,76	4	6			2483,33	2	3	II	
2732,98	—	1		d	2481,44	0	4	II	
2732,68	0	2			2478,56	5	8	II	bd
2718,51	3	3			2473,92	2	5	II	
2712,43	3	4			2469,18	3	6	II	
2712,14	0	3			2465,06	0	3	II	

λ in Å	B	F	Ion.-Grad	Bem.
2464,19	3	6	II	
2463,97	1	3	II	
2461,72	1	4		d
2460,49	3	5	II	
2453,34	1	4	II	
2449,44	2	4	II	
2447,25	3	6	II	
2437,76	—	3		
2433,56	2	5	II	
2428,99	0	4	II	
2425,98	2	5	II	
2417,69	3	6	II	
2415,96	0	2	II	
2413,33	0	3	II	
2410,14	3	6	II	
2406,44	2	5	II	
2405,43	3	6	II	
2404,56	0	2	II	
2400,78	2	4	II	
2393,83	5	8	II	
2393,36	4	6	II	
2393,18	1	3	II	
2383,55	—	5		
2381,00	0	3	II	
2380,30	3	4	II	
2377,57	—	4		
2373,28	0	4	II	
2365,98	—	2		
2355,49	—	4		
2351,22	3	5	II	
2347,44	2	5	II	
2343,32	2	4	II	
2337,33	2	2	II	
2336,47	—	6	II	
2332,97	1	3	II	
2324,89	2	5	II	
2324,50	1	4	II	
2323,25	2	4	II	
2322,47	3	5	II	
2321,14	0	4	II	
2319,06	—	4		
2313,42	—	6		
2310,21	—	4		
2298,34	0	2	II	
2291,64	0	2	II	
2284,60	0	2	II	
2283,56	—	2		
2277,16	2	5	II	
2273,15	1	3	II	
2266,83	1	3	II	
2266,52	1	2	II	
2255,15	1	2	II	
2254,01	2	3	II	

λ in Å	B	F	Ion.-Grad	Bem.
2234,60	—	4		d
2214,84	—	1		
2213,53	—	2		
2212,45	0	1	II	
2195,41	—	3		
2190,36	—	2		
2190,22	0	1	II	
2183,48	—	2		
2178,90	0	2	II	
2178,49	—	1		
2175,36	0	0	II	
2174,32	—	1		
2156,44	0	0	II	
2155,72	—	3		
2129,10	1	2	II	
2124,59	1	2	II	
2107,47	1	1	II	
2096,18	2	3	II	
2088,77	1	1	II	
2086,29	0	—		
2083,80	4	3	II	
2082,80	2	1	II	
2068,84	2	0		d
2064,78	1	0	II	
2028,18	2	1	II	
2012,78	1	0		

Hg Quecksilber

λ in Å	B	F	Ion.-Grad	Bem.
10139,8	7	—	I	
9999,0	4	—	I	
9980,9	7	—	I	
9969,3	9	—	I	
9945,1	4	—		
9838,1	6	—	I	
9526,2	5	—	I	
9495,8	8	—	I	
9442,8	7	—	I	
9438,3	7	—	I	
9432,1	7	—	I	
9425,6	8	—	I	
9338,4	6	—	I	
9298,5	3	—		
9253,9	6	—	I	
9243,1	7	—	I	
8991,4	5	—	I	
8988,9	6	—	I	
8973,7	6	—	I	d
8893,7	5	—	1	d
8783,71	3	—	I	
8778,5	5	—	I	
8773,1	8	—	I	
8763,0	7	—	I	
8758,1	7	—	I	

λ in Å	Int. B	Int. F	Ion.-Grad	Bem.	λ in Å	Int. B	Int. F	Ion.-Grad	Bem.
8751,9	5	—	I		3654,83	7	4	I	R LL
8703,0	3	—			3650,15	9	6	I	R
8652,7	6	—	I		3638,34	3	7	II	
8548,2	—	8	II		3341,48	8	5	I	
8505,5	5	—	I		3332,11	2	7	II	
8401,6	6	—	I		3131,84	7	4	I	R
8200,8	6	—	I		3131,55	6	4	I	R
8195,61	8	—	I		3125,66	8	6	I	R
8172,2	3	—			3021,50	10	6	I	R
8165,8	5	—	I		2967,64	8	5	I	R
8163,3	6	—	I		2957,4	2	7	II	
8070,3	3	—			2893,60	5	3	I	
8022,3	5	—	I		2860,3	—	7	II	
7944,66	—	6	II		2847,67	—	8	II	
7821,2	6	—	I		2814,93	—	6	II	
7728,5	8	—	I		2803,5	4	—	I	
7674,4	5	—	I		2761,97	—	5	II	
7602,5	3	—		d	2752,78	4	—	I	
7552,7	3	—			2702,48	—	6	II	
7551,8	4	—	I		2698,8	4	—	I	
7485,87	—	8	II		2655,13	3	—	I	R
7367,1	3	—		d	2653,68	3	—	I	R
7091,99	7	—	I		2652,04	5	—	I	R
7081,9	8	—	I		2572,15	—	8	II, IV	
6907,16	8	—	I		2536,52	10	10	I	R LL (M 1500)
6716,17	6	—	I						
6234,35	5	—	I		2534,77	4	2	I	R
6123,46	4	—			2482,72	3	—	I	
6072,64	4	—	I		2482,01	3	—	I	
5790,66	9	5	I		2414,13	—	6	II	
5769,60	9	5	I	R	2407,35	—	5	II	
5675,9	5	—	I		2399,76	3	—	I	
5460,74	10	8	I	R	2378,34	3	—	I	
5001,2	—	8	II		2315,23	—	4	II	
4980,57	—	8	II		2314,39	—	4	II	
4973,7	—	6	II		2306,44	—	6	II, IV	
4960,3	4	—			2303,50	—	6	II	
4916,04	8	2	I		2289,69	4	4	I, II	
4358,34	9	7	I	(M 400)	2262,23	—	7	II	
4347,50	6	1	I		2260,26	—	7	II	
4339,23	6	1	I		2252,78	—	5	II	
4180,95	—	7	II		2244,4	—	5	III	
4178,03	—	6	II		2230,0	—	4	II	
4140,38	—	5	II		2224,71	4	8	II	
4108,08	4	—	I		2224,19	3	—	I	
4077,83	5	2	I	R	2224,47	—	4	III	
4046,77	8	5	I		2190,74	—	4	II	
4046,56	8	5	I	R	2148,00	—	8	II	
3983,96	4	8	II		2052,93	—	7	II	
3906,40	5	—	I		2026,97	—	6	II	
3904,7	—	6	II		2022,2	—	4	II	
3663,28	8	5	I	R					
3662,88	6	3	I						

λ in Å	Int. B	Int. F	Ion.-Grad	Bem.	λ in Å	Int. B	Int. F	Ion.-Grad	Bem.
In Indium					2358,70	5	—	I	d
6900,37	5	—	I		2340,19	6	—	I	R
6847,77	6	—	I		2306,88	4	5	I	
5709,75	5	—	I	bd	2278,20	3	—	I	d, R
5644,86	—	7			2230,70	1	—	I	R
4682,00	—	8	II	bd	2079,26	—	2	II	
4681,11	—	4	II		2062,0	—	1		
4655,79	—	6	II	b	**Ir Iridium**				
4655,66	—	3	II		7183,71	4	—	I	
4655,41	—	3	II		6929,88	5	—	I	
4638,86	1	4			6830,01	5	—	I	
4638,25	—	6	II		5625,55	3	—		
4638,10	—	8	II		5454,51	—	3	II	
4637,97	—	2	II		5449,50	4	4	I	
4612,13	—	7			4938,09	—	3		
4511,32	10	10	I	bd R LL	4809,47	—	1		
				(M 1800)	4795,67	—	3		
4101,77	10	10	I	b R LL	4778,15	4	3		
				(M 1700)	4756,44	2	2		
4072,40	—	6		bd	4728,86	5	3		
4057,87	—	1			4675,54	3	3		d
4024,83	—	5		bd	4658,18	4	—		
3343,27	1	0	I		4616,39	5	3		
3258,56	8	6	I	R	4604,48	2	2		d
3256,09	10	8	I	R	4570,02	4	2		
				(M 1300)	4568,09	5	3		
3187,03	2	1	I		4550,78	4	—		
3051,25	4	1	I		4548,49	5	3		
3039,36	10	8	I	b, R	4545,68	6	2		
				(M 800)	4532,87	4	2		
2957,01	3	2	I		4495,35	5	3		
2941,05	—	5	II		4491,36	2	2		d
2932,62	8	4	I	b, R	4478,48	6	3		
2890,16	—	3	II		4450,18	3	1		
2858,74	4	1	I		4426,27	3	4		
2836,92	4	0	I		4403,79	4	3		
2775,36	3	0	I		4399,47	4	5		
2753,88	7	4	I	b, R	4392,59	2	1		
2713,94	6	2	I	b, R	4377,01	5	2		
2710,27	10	6	I	bd, R	4352,56	3	1		
2601,76	8	3	I	b, R	4351,30	3	—		
2650,23	10	5	I	bd, R	4311,50	4	4		
2522,99	4	—	I		4310,59	3	3		
2521,37	10	—	I	bd, R	4301,60	3	3		
2470,59	2	3	I		4286,62	6	2		
2468,02	7	3	I	b, R	4268,10	5	4	I	
2460,08	7	3	I	R	4265,31	2	1		
2447,90	—	4	II		4259,11	2	2		
2430,99	6	—	I	rb, R	4182,47	4	2		
2423,17	3	—	I		4172,56	4	3		
2422,59	3	—	I		4166,04	4	2		
2399,18	7	—	I	b, R	4155,70	2	1		
2389,54	10	—	I	rb, R					

λ in Å	Int. B	Int. F	Ion.-Grad	Bem.	λ in Å	Int. B	Int. F	Ion.-Grad	Bem.
4117,60	2	1			3266,44	5	4	I	
4155,79	5	3			3262,01	3	3	I	
4100,15	5	1		d	3241,52	5	4	I	
4092,61	3	3			3232,00	2	2		
4069,92	4	4			3230,76	2	1	I	
4033,76	2	3			3229,28	3	3	I	
4020,03	3	5			3220,78	5	5	I	(M 500)
3992,12	3	4			3219,51	3	2	I	
3976,31	4	5			3212,12	4	4	I	
3946,27	2	1			3198,92	4	3	I	
3934,84	2	4			3180,35	3	2	I	
3915,38	3	3			3177,58	3	2	I	
3902,51	5	5		d	3168,88	4	4	I	
3865,64	3	2			3168,18	2	2	I	
3833,88	4	—			3159,15	5	2	I	d
3800,12	5	5	I	(M 320)	3154,74	4	3	I	
3790,53	3	—			3150,61	3	2	I	
3768,68	3	1	I		3140,41	5	0	I	R
3747,20	5	2	I		3137,72	0	3		
3738,53	3	1			3133,32	2	2	I	(M 340)
3734,77	2	2			3121,78	3	3	I	
3731,36	1	1			3120,76	3	3	I	
3728,03	3	1			3118,84	1	3		
3725,39	2	2	I		3117,33	0	2		
3674,98	1	2	I		3100,45	7	7	I	d
3664,62	3	3	I		3088,04	4	3	I	
3661,71	3	3			3086,44	3	2	I	
3653,19	1	4	I		3083,22	1	4	I	
3636,20	4	3	I		3069,71	3	0		
3628,67	6	5	I		3068,89	5	5	I	(M 160)
3617,21	4	3	I		3047,16	4	1	I	d
3609,78	4	3			3042,65	1	4		
3605,83	1	5			3039,26	4	3	I	
3594,39	4	5			3032,41	5	1		
3573,72	4	6	I	(M 120)	3029,36	4	3	I	
3558,99	1	3	I		3025,82	5	3	I	
3557,17	1	2	I		3003,63	4	4	I	
3522,03	4	4	I		3002,25	—	4		
3515,95	1	3	I		2997,41	1	4	I	
3513,64	5	6	I	(M 320)	2997,19	4	0	I	
3448,97	6	5	I		2996,08	4	2	I	
3437,50	2	2	I		2980,65	5	3	I	
3437,01	4	5	I		2971,39	—	4		d
3368,48	6	5	I		2954,78	—	4		d
3338,37	2	0	I		2951,22	5	3	I	
3334,16	3	2	I		2943,15	5	4	I	(M 200)
3322,87	1	1	I		2936,68	3	1		d
3322,60	4	3	I		2934,64	5	4	I	
3312,13	2	1	I		2924,79	6	5	I	(M 320)
3310,53	3	2	I		2921,12	—	3		
3287,56	3	2	I		2916,36	4	0	I	
3287,06	2	1	I		2901,95	3	2	I	
3277,28	3	2	I		2897,15	5	4	I	

λ in Å	Int. B	Int. F	Ion.-Grad	Bem.	λ in Å	Int. B	Int. F	Ion.-Grad	Bem.
2882,64	4	3	I		2564,18	3	2	I	
2875,98	3	2	I		2558,55	0	3		
2875,61	2	1	I		2546,03	4	0	I	
2849,72	5	4	I	(M 280)	2543,97	4	6	I	(M 380)
2840,22	4	3	I		2534,46	3	0	I	
2839,16	4	3	I		2533,13	1	1	I	
2833,24	1	5			2512,58	2	4		
2836,40	2	1	I		2512,10	—	4		
2824,45	5	4	I		2511,94	2	0		
2823,18	4	3	I		2502,98	3	3	I	(M 200)
2800,82	3	4	I		2502,63	3	3	I	
2797,70	1	3	I	(M 120)	2493,08	3	0	I	
2797,35	5	4			2488,28	3	0		
2785,22	3	0	I		2481,18	3	2	I	R (M 100)
2781,29	4	0	I						
2774,97	0	5			2478,11	3	0	I	
2763,19	—	4			2475,12	5	0	I	(M 160)
2753,85	—	3			2469,51	0	4		
2752,88	0	3			2467,51	—	2		
2740,33	0	4			2465,09	2	—	I	
2740,18	3	—	I		2464,90	1	1	I	
2732,67	2	0			2457,23	3	3	I	
2732,41	—	4			2457,03	3	3	I	
2714,10	—	4			2455,87	4	0	I	
2712,74	3	1	I		2455,61	4	0	I	
2708,68	—	3			2445,34	3	1	I	
2705,12	0	2	I		2445,09	2	0	I	
2704,93	2	4	I		2436,29	—	3		
2704,23	5	4	I		2432,58	2	1	I	
2694,23	5	4	I	(M 220)	2432,36	2	—	I	
2683,83	—	4			2431,94	2	2	I	
2673,61	3	2	I		2431,24	1	3	I	
2671,84	4	2	I		2427,61	2	—		
2664,79	5	1	I	(M 200)	2418,11	3	2	I	
2664,45	—	5			2417,90	—	3		
2662,63	4	2	I		2410,73	2	0	I	
2661,98	5	2	I	(M 130)	2410,17	2	3	I	
2653,95	4	3	I		2398,75	1	5		
2653,77	1	1	I		2391,25	—	4		
2639,71	8	5	I	(M 170)	2391,18	4	4		
2634,25	1	3	I		2390,62	4	5		
2619,88	3	1	I		2386,89	3	1		
2617,78	4	2	I		2384,73	0	3		
2617,07	—	2			2381,82	0	3		
2611,30	3	3	I		2381,62	3	0		
2608,25	2	0	I		2372,77	5	4	I	
2599,04	5	1	I		2368,33	—	4		
2592,06	3	3	I		2368,04	—	6		
2586,06	2	5			2363,04	3	0		
2579,49	0	3			2353,12	0	4		
2577,27	4	3	I		2343,61	3	0	I	
2572,95	—	2			2343,18	3	0	I	
2572,20	3	0	I		2341,70	—	2		

λ in Å	Int. B	Int. F	Ion.-Grad	Bem.
2340,04	0	1		
2334,96	—	3		
2334,51	3	0	I	
2333,84	2	0	I	
2333,30	2	0	I	
2329,42	0	3		
2326,05	0	3		
2324,71	0	3		
2323,63	0	3		
2321,45	2	0		
2321,37	1	0		
2317,44	0	5		
2315,38	2	0		
2314,90	1	4		
2314,11	0	2		
2310,53	0	3		
2308,93	2	0		
2304,22	3	—	I	
2300,91	0	4		
2300,50	0	4	I	
2298,25	0	3		
2298,16	2	—	I	
2298,05	1	—	I	
2297,14	0	1		
2290,80	0	5		
2281,02	2	5		
2265,16	2	5		
2260,65	0	3		
2258,86	2	0	I	
2258,51	2	3	I	
2257,50	0	5		
2255,10	2	0	I	
2253,49	2	0		
2253,38	1	—		
2246,90	0	3		
2245,76	0	5		
2242,68	2	7		
2239,30	1	—	I	
2238,82	2	0	I	
2237,09	0	2		
2235,75	2	0		
2235,29	2	0		
2233,37	0	3	I	
2232,25	0	2		
2221,07	2	5		
2220,37	2	0	I	
2213,77	—	2		
2212,32	—	3		
2211,25	0	2		
2208,96	0	3		
2208,72	—	4		
2204,96	0	6		
2198,85	2	0		

λ in Å	Int. B	Int. F	Ion.-Grad	Bem.
2197,50	0	5		
2196,44	0	4		
2190,38	—	4		
2178,98	0	3		
2178,17	2	0	I	
2175,25	2	3	I	
2175,01	—	3		
2169,42	0	6		
2160,74	0	3		
2158,05	2	4	I	
2152,68	1	6		
2152,62	0	5		
2148,22	1	3		
2132,56	0	3		
2131,66	—	2		
2130,45	0	4		
2127,94	2	1	I	
2127,43	1	—	I	
2126,81	1	6		
2123,64	0	3		
2118,52	—	3		
2111,96	0	2		
2109,38	0	4		
2103,87	—	4		
2097,55	0	2		
2097,30	—	2		
2096,20	0	3		
2088,82	3	3		
2080,64	0	3		
2070,51	0	3		
2063,03	0	4		
2051,16	1	3		
2044,83	0	4		
2044,19	1	5		
2022,83	0	3		
2021,51	—	3		
2017,41	—	3		
2012,71	1	0		

K Kalium

λ in Å	Int. B	Int. F	Ion.-Grad	Bem.
12521,0	3	—	I	
12437,7	4	—	I	
11773,05	10	—	I	LL
11690,17	10	—	I	
11022,3	10	—	I	b
9955,2	4	—	I	b
9950,5	4	—	I	b
9597,76	4	—	I	b
9595,60	8	—	I	
8904,04	2	—	I	
8902,20	4	—	I	
8503,51	3	—	I	
8298,11	6	—	I	

λ in Å	B	F	Ion.-Grad	Bem.
7698,98	10	—	I	R
				(M 900)
7664,91	10	—	I	R LL
				(M 1800)
6964,69	5	—	I	
6964,18	3	—	I	
6938,76	8	—	I	
6911,08	10	—	I	
5831,89	5	—	I	
5831,59	6	—	I	R
5812,15	3	—	I	
5801,74	6	—	I	R
5782,37	5	—	I	R
5359,66	5	—	I	R
5359,58	5	—	I	R
5343,08	4	—	I	R
5339,79	4	—	I	R
5323,38	4	—	I	R
5310,21	—	5	II	
5112,17	5	—	I	R
5099,4	3	—	I	R
5097,12	2	—	I	R
5084,3	2	—	I	R
5005,59	—	8	II	
4964,94	1	—	I	R
4956,6	1	—	I	R
4950,76	1	—	I	R
4943,24	—	6	II	
4608,43	—	8	II	
4595,7	—	7	II	
4505,34	—	6	II	
4466,66	—	3	II	
4388,13	—	7	II	
4309,08	—	7	II	
4304,94	—	7	II	
4288,7	—	4	II	
4263,31	—	7	II	
4225,61	—	7	II	
4222,98	—	7	II	
4186,23	—	8	II	
4149,17	—	7	II	
4134,72	—	7	II	
4047,20	6	5	I	R LL
4044,14	8	6	I	R LL
4001,20	—	7	II	
3042,5	—	6	II	
3897,87	—	8	II	
3817,54	—	7	II	
3744,49	—	5	II	
3681,53	—	4	II	
3618,43	—	3	II	
3608,87	—	5	II	
3530,71	—	7	II	

λ in Å	B	F	Ion.-Grad	Bem.
3447,38	6	2	I	
3446,37	8	3	I	R
3440,00	—	7	II	
3385,3	—	4		
3381,0	—	4		
3364,2	—	6	III	
3362,9	—	7	III	
3345,7	—	5		
3217,6	4	2	I	R
3217,1	6	3	I	R
3102,2	2	1	I	R
3102,0	4	2	I	R
3062,2	—	5	II	
3034,8	4	—	I	R
2992,2	—	6	III	
2963,2	1	—	I	R
2942,7	1	—	I	R
2550,0	—	6	II, III	
2190,0	—	6	II	

Kr Krypton

λ in Å	G	F	Ion.-Grad	Bem.
9704,22	5	—	I	
9619,61	—	8	II	
9605,80	—	10	II	
9470,93	—	4	II	
9402,82	—	4	II	
9362,93	3	—	I	
9361,95	—	6	II	
9352,25	4	—	I	
9320,99	—	4	II	
9293,82	—	10	II	
9238,48	—	10	II	
8999,19	6	—	I	
8977,99	10	—	I	
8928,69	4	—	I	
8780,29	3	—	I	
8776,75	5	—	I	
8774,05	10	—	I	
8697,50	8	—	I	
8605,75	3	—	I	
8560,89	10	—	I	
8537,86	4	—	I	
8508,87	5	—	I	
8498,21	6	—	I	
8412,43	5	—	I	
8298,07	3	—		
8281,05	4	—	I	
8272,36	5	—	I	
8263,24	5	—	I	

λ in Å	Int.		Ion.-Grad	Bem.	λ in Å	Int.		Ion.-Grad	Bem.
	G	F				G	F		
8218,40	8	—	I		5783,89	5	—	I	
8206,62	6	—	I		5690,35	—	9	II	
8202,72	9	—	I		5672,45	7	—	I	
8195,07	6	—	I		5649,56	8	—	I	
8190,05	4	—	I		5633,0	4			
8132,98	8	—	I		5580,39	7	—	I	
8112,90	5	—	I		5570,29	6	—	I	
8104,36	8	—	I		5562,23	4	—	I	
8104,02	6	—	I		5333,41	—	10	II	
8059,50	3	—	I		5308,66	—	4	II	
7993,22	—	8	II		5208,32	—	10	II	
7982,41	7	—	I		5125,73	—	8	II	
7981,82	6	—	I		5086,52	—	6	II	
7981,19	4	—	I		5022,40	—	6	II	
7928,60	7	—	I		4945,59	—	6	II	
7920,47	7	—	I		4846,60	—	4	II	
7913,42	8	—	I		4832,07	—	6	II	
7854,82	3	—	I		4825,18	—	4	II	
7806,52	8	—	I		4812,64	4	—	I	
7776,28	7	—	I		4811,76	—	4	II	
7746,83	8	—	I		4765,74	—	4	II	
7741,28	5	—	I		4762,43	—	3	II	
7735,69	—	10	II		4739,00	—	6	II	
7694,54	3	—	I		4694,44	—	2	II	
7685,25	10	—	I		4691,28	—	2	II	
7601,54	5	—	I		4680,41	—	2	II	
7587,41	5	—	I		4671,61	5	—	I	
7524,46	—	9	II		4658,87	—	6	II	
7435,78	—	9	II		4633,88	—	3	II	
7407,02	—	10	II		4624,29	5	—		
7289,78	—	10	II		4619,15	—	6	II	
7287,26	8	—	I		4615,28	—	6	II	
7224,10	7	—	I		4582,85	—	4	II	
7213,13	—	9	II		4577,20	—	6	II	
6904,68	7	—	I		4556,61	—	2	II	
6904,22	5	—	I		4550,30	8	—	I	
6699,23	5	—	I		4523,14	—	8	II	
6652,24	5	—	I		4502,36	4	—	I	
6576,42	4	—	I		4489,88	—	2	II	
6456,29	9	—	I		4475,00	—	6	II	
6421,03	7	—	I		4463,69	4	—	I	
6420,18	—	9	II		4453,92	10	—	I	
6263,30	5	—	I		4436,81	—	2	II	
6082,84	5	—	I		4431,67	—	2	II	
6056,13	8	—	I		4425,19	5	—	I	
6035,82	6	—	I		4418,76	3	—	I	
6012,11	9	—	I		4416,88	2	—	I	
5992,22	—	10	II		4410,37	3	—	I	
5879,90	7	—	I		4399,97	5	—	I	
5870,92	8	—	I		4386,54	—	6	II	
5866,75	4	—	I		4376,12	7	—	I	
5832,86	8	—	I		4369,69	—	4	II	
5824,49	4	—	I		4362,64	9	—	I	

λ in Å	Int. G	Int. F	Ion.-Grad	Bem.	λ in Å	Int. G	Int. F	Ion.-Grad	Bem.
4355,47	—	8	II		3669,01	—	9	II	
4319,58	10	—	I		3665,33	4	—	I	
4318,55	6	—	I		3653,97	—	5	II	
4317,81	—	4	II		3648,6	4	—		
4300,49	5	5	I, II		3631,87	—	5	II	
4292,92	—	4	II		3628,16	3	—	I	
4286,49	4	—	I		3607,88	—	3	II	
4282,97	6	—	I		3599,90	—	2	II	
4273,97	5	—	I		3589,65	—	2	II	
4154,46	—	4	III		3564,23	—	5	III	
4145,12	—	6	II		3544,5	3	—		
4131,33	—	4	III		3544,1	3	—		
4109,23	—	5	II		3535,35	—	5	II	
4098,7	—	4	II		3522,67	2	—	I	
4088,33	—	5	II		3507,42	—	7	III	
4067,37	—	3	III		3503,25	—	5	II	
4065,11	—	5	II		3495,99	3	—	I	
4057,01	—	8	II		3488,59	—	8	II, III	
4050,5	4	—			3474,65	—	6	III	
4044,6	5	—			3470,0	3	—		
4005,6	5	—			3460,09	—	2	II	
3997,95	—	5	II		3446,5	3	—		
3994,83	—	5	II		3439,46	—	7	III	
3991,26	3	—			3431,72	6	—	I	
3991,08	4	—	I		3424,94	5	—	I	
3954,7	5	—			3405,16	—	2	II	
3920,14	—	4	II		3351,93	—	7	III	
3917,64	—	4	II		3342,48	—	4	III	
3912,5	—	3	II		3330,76	—	5	III	
3906,25	—	4	II		3325,75	—	9	III	
3894,7	5	—			3320,3	—	5		
3875,44	—	7	II		3311,47	—	4	III	
3868,70	—	4	III	b	3304,7	3	—		
3863,8	5	—			3268,48	—	7	III	
3860,45	5	—			3264,81	—	8	III	
3837,82	5	—	I		3245,69	—	10	III	
3812,22	3	—	I		3240,44	—	3	III	
3800,54	5	—	I		3239,52	—	3	III	
3796,88	4	—	I		3207,8	4	—		
3783,13	—	5	II		3200,40	—	5	II	
3778,09	—	8	II		3191,21	—	6	III	
3773,42	5	—	I		3189,11	—	7	III	
3754,2	—	3	II		3150,93	—	8	II	
3744,80	—	8	II		3141,88	—	2	III	
3741,69	—	9	II		3141,35	—	5	III	
3735,8	3	—			3124,39	—	7	III	
3721,35	—	7	II		3120,61	—	6	I	
3718,63	—	3	II		3112,25	—	4	III	
3718,02	—	5	II		3063,13	—	4	III	
3690,6	4	—			3046,93	—	3	III	
3686,14	5	—			3024,45	—	6	III	
3680,37	—	10	II		3022,30	—	4	III	
3679,61	6	—	I		2992,22	—	5	III	

λ in Å	Int. G	Int. F	Ion.-Grad	Bem.
2967,25	—	8	II	
2952,56	—	5	III	
2893,68	—	2	III	
2892,18	—	7	III	
2870,61	—	3	III	
2833,00	—	9	II	
2816,5	4	—		
2795,91	—	8	II	
2712,40	—	8	II	
2696,59	—	2	III	
2681,19	—	4	III	
2639,76	—	5	III	
2628,90	—	2	III	
2592,48	—	6	II	
2506,6	9	—		
2464,77	—	10	II	
2459,6	7	—		
2457,72	—	5	III	
2456,1	8	—		
2453,3	6	—		
2452,29	—	5	III	
2446,5	8	—		
2442,6	7	—		
2441,0	5	—		
2439,2	8	—		
2428,3	10	—		
2426,4	9	—		
2420,2	10	—		
2418,2	10	—		
2415,0	9	—		
2413,9	9	—		
2409,1	8	—		
2408,5	7	—		
2406,4	6	—		
2398,3	10	—		
2397,0	5	—		
2393,94	—	4	III	
2392,8	7	—		
2375,6	10	—		
2373,7	6	—		
2371,5	8	—		
2365,7	5	—		
2362,9	8	—		
2359,9	10	—		
2345,5	6	—		
2340,8	5	—		
2329,2	8	—		
2326,5	5	—		
2315,4	9	—		
2314,4	9	—		
2311,9	8	—		
2302,8	6	—		
2301,6	8	—		

λ in Å	Int. G	Int. F	Ion.-Grad	Bem.
2300,3	8	—		
2298,9	6	—		
2287,7	10	—		
2282,8	10	—		
2279,7	5	—		
2277,1	7	—		
2273,1	6	—		
2245,3	6	—		
2237,0	5	—		
2227,92	—	3	II	
2088,16	—	2	II	

λ in Å	Int. B	Int. F	Ion.-Grad	Bem.
Li Lithium				
8126,5	10	—	I	
6708,1	10	—		R
6707,84	10	10	I	R LL (M 3600)
6240,6	3	—	I	
6103,64	10	10	I	R LL (M 320)
5484,7	—	7	II	
4971,93	7	4	I	
4788,5	—	4	II	
4678,2	2	8	II	
4636,0	4	—	I	
4602,9	8	5	I	R
4602,0	10	6	I	R
4273,3	5	2	I	
4148,4	3	—	I	
4132,3	5	1	I	R
3985,5	3	—	I	
3915,3	2	—	I	R
3861,4	—	2		
3794,7	5	2	I	
3719	2	—		
3718,7	3	—		
3232,6	8	3	I	R LL
3199,4	2	7	II	
2790,4	—	2	II	
2741,2	10	5	I	R
2562,31	5	—	I	R
2475,06	4	—	I	R
2425,43	3	—	I	R
2394,39	1	—	I	R
Mg Magnesium				
9257,9	3	—	I	
8929,35	2	—	I	
8806,78	4	—	I	

λ in Å	Int. B	Int. F	Ion.-Grad	Bem.	λ in Å	Int. B	Int. F	Ion.-Grad	Bem.
8736,04	5	—	I		2848,34	1	—	I	
7896,3	—	4	II		2846,71	2	—	I	
7877,1	—	3	II		2811,07	1	—	I	
7656,60	3	—	I		2809,79	2	—	I	
6347,1	—	3	II		2802,70	7	7	II	R
6318,23	3	—	I						(M 600)
5711,08	5	—	I		2798,02	3	5	II	
5528,40	4	—	I		2795,53	6	8	II	R LL
5183,60	8	8	I	R LL					(M 1000)
5172,68	7	7	I	R LL	2790,83	2	7	II	R
5167,32	6	6	I	R LL	2782,97	5	5	I	R
4851,1	—	3	II		2781,42	5	5	I	R
4739,6	—	3	II		2779,85	7	7	I	R
4730,03	2	—	I		2778,28	5	5	I	R
4702,99	6	3	I		2776,70	5	5	I	R
4571,10	5	2	I		2736,56	4	1	I	
4481,33	—	10	II	LL	2735,51	2	—	I	
4434,0	—	8	II		2734,55	4	—		
4428,0	—	7	II		2733,51	4	1	I	
4390,65	—	10	II		2732,01	2	—	I	
4384,6	—	8	II		2698,16	3	—	I	
4351,90	5	2	I		2695,19	2	—	I	
4167,27	4	1	I		2693,74	2	—	I	
4057,51	3	—	I		2672,56	3	—	I	
3986,76	2	—	I		2669,63	6	—	I	
3895,66	3	—	I		2668,23	3	—	I	
3893,38	1	—	I		2660,82	—	5	II	
3891,98	1	—	I		2660,76	—	5	II	
3890,24	1	—	I		2025,82	6	6	II	
3850,4	—	4	II						
3848,2	—	7	II				Mn Mangan		
3838,29	8	8	I	R	9686,3	2	—	I	
3832,30	7	7	I	R	9684,9	2	—	I	
3829,36	6	6	I	R	9676,50	4	—	I	
3538,8	—	6	II		9608,56	10	—	I	
3535,0	—	5	II		9584,0	1	—	I	
3336,69	5	5	I		9550,8	2	—	I	
3332,17	4	4	I		9542,14	4	—	I	
3329,93	3	3	I		9444,90	4	—	I	
3104,71	—	5	II	d	9429,58	3	—	I	
3096,90	6	6	I	R	9412,78	1	—	I	
3093,00	5	5	I	R	9336,47	4	—	I	
3091,08	4	4	I	R	9334,90	2	—	I	
2941,99	3	—	I		9243,29	10	—	I	
2938,47	2	—	I		9234,40	1	—	I	
2936,74	2	—	I		9172,09	10	—	I	
2936,52	—	8	II		9114,02	5	—	I	
2928,6	—	7	II		9084,29	3	—	I	
2925,50	—	3			8929,72	6	—	I	
2852,13	8	8	I	R LL	8926,06	2	—	I	
				(M 6000)	8740,93	10	—	I	
2851,65	2	—	I		8737,32	10	—	I	
2848,42	3	—	I		8734,60	3	—	I	

λ in Å	Int. B	Int. F	Ion.-Grad	Bem.	λ in Å	Int. B	Int. F	Ion.-Grad	Bem.
8703,76	5	—	I		5551,99	5	1		
8699,13	10	—	I		5537,84	7	2	I	
8673,97	10	—	I		5516,77	8	2	I	
8672,06	10	—	I		5505,88	6	1	I	
8670,92	10	—	I		5481,40	6	1	I	
8659,38	1	—	I		5470,64	8	2	I	
8654,63	4	—	I		5432,56	4	1	I	R
8431,20	2	—	I		5420,37	7	3	I	
8409,88	2	—	I		5413,70	6	2		
8395,87	1	—	I		5407,43	7	2	I	
8212,43	4	—	I		5399,51	8	3		
7942,91	3	—	I		5394,67	7	2	I	R
7821,25	2	—	I		5377,63	8	3		
7816,61	3	—	I		5377,22	3	—		
7790,82	2	—	I		5341,07	10	5	I	
7764,72	5	—	I		5302,32	—	3	II	
7755,15	2	—	I		5299,28	—	3	II	
7712,42	5	—	I		5296,97	—	2	II	
7709,08	4	—	I		5295,29	—	2	II	
7706,52	1	—	I		5294,22	—	1	II	
7680,22	10	—	I		5255,33	5	2		
7646,34	3	—			5196,60	3	1		
7326,53	6	—	I		4965,86	5	1		
7302,90	6	—	I		4823,52	8	4	I	
7283,81	6	—	I		4783,43	7	3	I	
7247,83	5	—			4766,43	5	3	I	
7184,29	5	—	I		4765,86	4	2	I	
7151,33	8	—			4762,37	6	3	I	
7069,86	4	—	I		4761,53	3	1	I	
6989,93	4	—			4754,04	7	6	I	
6942,52	7	—			4739,00	5	2	I	
6605,57	4	—			4727,46	5	2	I	
6491,71	7	—			4709,07	5	2	I	
6443,50	6	—			4626,54	4	2		
6440,98	7	—	I		4502,22	5	2	I	
6382,19	3	—			4498,90	5	2	I	
6237,4	3	—			4490,09	5	2	I	
6204,7	3	—			4472,80	5	2	I	
6176,7	3	—			4470,14	5	2	I	
6130,79	—	2	II		4464,68	6	3	I	
6129,02	—	1	II		4462,03	7	4	I	
6128,73	—	2	II		4461,09	5	2	I	
6126,21	—	1	II		4458,27	5	2	I	
6125,86	—	3	II		4457,55	5	2	I	
6122,44	—	4	II		4457,04	4	1	I	
6078,36	5	—			4455,82	4	1	I	
6021,80	10	1	I		4455,32	5	2	I	
6016,64	8	1	I		4455,02	5	2	I	
6013,49	7	1	I		4453,01	4	1	I	
5848,97	3	—			4451,58	7	3	I	
5780,17	5	—			4436,36	6	3	I	
5738,28	4	—	I		4414,89	7	4	I	
5567,77	4	—	I		4374,94	4	2		

λ in Å	Int. B	Int. F	Ion.-Grad	Bem.
4312,55	4	1	I	
4281,10	6	4	I	
4265,92	6	4	I	
4257,66	5	3	I	
4239,73	5	3	I	
4235,29	8	8	I	
4235,14	8	—	I	
4189,99	4	2		
4176,60	4	2		
4131,12	4	4		
4083,64	7	5	I	
4082,95	7	5	I	
4079,43	7	4	I	
4079,24	7	4	I	
4070,28	5	—		
4063,55	6	6		
4058,94	6	4	I	
4055,55	7	5	I	
4048,76	6	6	I	
4045,20	4	6		
4041,36	7	7	I	R (M 420)
4035,73	5	5	I	R
4034,49	8	8	I	R LL (M 800)
4033,63	3	3		R
4033,07	10	10	I	R LL (M 1400)
4030,76	10	10	I	R LL (M 2000)
4018,11	6	6	I	
3985,24	4	3		
3843,99	5	3	I	
3841,08	6	2	I	
3839,77	4	5	I	
3834,36	6	6	I	R
3833,87	5	3	I	
3823,90	5	4	I	
3823,51	7	5	I	R (M 240)
3809,60	5	3	I	
3806,72	7	7	I	(M 360)
3629,74	6	—	I	
3623,79	7	—	I	
3619,40	6	3	I	
3610,30	7	3	I	
3608,48	7	3	I	
3607,53	7	3	I	
3586,54	5	4	I	
3577,88	7	5	I	R
3570,03	4	2	I	R
3569,80	7	4	I	R
3569,49	8	5	I	R (M 340)

λ in Å	Int. B	Int. F	Ion.-Grad	Bem.
3548,18	8	4	I	R
3548,02	9	4	I	R
3547,79	10	5	I	R
3532,11	5	4	I	R
3531,99	8	5	I	R
3531,83	7	4	I	R
3497,54	—	5	II	
3496,81	—	4	II	
3495,83	5	6	II	
3488,68	4	8	II	
3482,91	4	8	II	
3474,12	3	7	II	
3474,04	4	8	II	
3460,31	4	9	II	
3460,04	2	4	II	
3441,98	5	10	II	
3438,98	1	3	II	
3330,68	4	2	I	
3320,70	4	2	I	
3317,30	4	1	I	R
3256,14	4	2	I	
3248,52	6	3	I	
3243,79	5	3	I	
3237,39	5	2	I	
3236,79	6	3	I	
3228,10	6	3	I	
3212,89	6	2	I	
3178,53	5	2	I	
3148,19	4	1	I	
3110,69	5	1		
3079,63	5	1	I	
3062,13	4	1	I	
3054,38	4	2	I	
3046,27	2	4	II	
3044,57	7	3	I	
3039,55	—	4	II	
3019,04	—	5	II	
2949,20	6	8	II	(M 240)
2940,39	6	1	I	
2939,31	6	8	II	
2933,06	6	8	II	
2925,59	7	1	I	
2914,61	7	1	I	
2902,90	—	4	II	
2897,07	—	5	II	
2889,52	3	6		
2886,68	—	4		
2879,49	1	5		
2816,33	—	5	II	
2801,06	5	5	I	R LL (M 480)
2798,27	6	6	I	R LL (M 650)

λ in Å	Int. B	Int. F	Ion.-Grad	Bem.
2794,82	10	10	I	R LL (M 800)
2724,46	—	4	II	
2722,10	—	4	II	
2719,74	—	4	II	
2711,63	—	5	II	
2710,34	—	5	II	
2708,45	—	6	II	
2707,55	—	3	II	
2705,73	2	8	II	
2705,56	—	3	II	
2703,97	—	4	II	
2701,70	3	5	II	
2701,17	—	3	II	
2701,04	—	3	II	
2695,36	1	4	II	
2693,19	—	4	II	
2673,38	—	3	II	
2672,59	1	5	II	
2667,03	—	3	II	
2655,93	—	3	II	
2639,86	—	6	II	
2638,18	1	7	II	
2632,36	1	7	II	
2625,61	—	7	II	
2618,14	4	8	II	
2610,21	—	8	II	
2605,70	6	8	II	R (M 550)
2603,73	—	4	II	
2598,91	—	4	II	
2593,73	6	8	II	R (M 800)
2592,95	4	1		
2589,73	—	3	II	
2576,80	6	3	I	R LL
2576,10	—	5	II	(M 1200)
2575,51	5	—		
2565,22	—	6	II	
2563,64	—	5	II	
2559,41	—	3	II	
2558,61	—	7	II	
2557,54	—	4	II	
2556,89	—	3	II	
2556,57	—	4	II	
2548,75	—	4	II	
2543,46	—	4	II	
2453,13	—	4	II	
2452,49	2	8	II	
2437,85	—	4	II	
2437,37	—	7	II	
2373,8	—	5	III	
2360,1	—	5	III	

λ in Å	Int. B	Int. F	Ion.-Grad	Bem.
2221,80	3	—	I	R
2213,80	3	—	I	R
2208,73	2	—	I	R
2181,9	—	4	III	
2174,2	—	4	III	
2169,8	—	5	III	
2003,4	3	—	I	

Mo Molybdän

λ in Å	Int. B	Int. F	Ion.-Grad	Bem.
9348,01	2	—	I	
8695,53	2	—	I	
8489,28	6	—	I	
8380,28	6	—	I	
8328,43	5	—	I	
8245,06	3	—	I	
7720,74	4	—	I	
7656,74	5	—	I	
7485,73	4	—	I	
7391,36	5	—	I	
7245,87	4	—	I	
7242,54	7	—	I	
7134,09	4	—	I	
7109,87	8	—	I	
7060,23	4	—	I	
6989,01	4	—		
6914,05	5	—	I	
6886,37	4	—		
6838,95	3	—	.	
6746,26	5	1		
6734,00	7	1	I	
6650,38	7	1		
6619,15	9	8	I	
6519,84	4	3		
6424,37	8	8		
6357,21	5	3		
6030,66	10	10	I	
5928,82	10	10	I	
5926,33	8	6	I	
5888,32	10	10	I	
5858,28	8	8	I	
5851,53	7	—		
5791,84	10	10	I	
5751,42	10	10	I	
5722,77	8	7	I	
5689,15	8	6	I	
5650,13	6	4	I	
5632,47	7	5	I	
5570,45	10	10	I	R (M 150)
5533,05	10	10	I	R (M 320)
5506,49	10	10	I	R (M 480)

λ in Å	Int. B	Int. F	Ion.-Grad	Bem.	λ in Å	Int. B	Int. F	Ion.-Grad	Bem.
5493,85	5	—			4251,86	7	3	I	R
5473,35	5	4			4250,68	2	8	II	
5465,35	5	5			4244,8	2	6		
5364,2	6	3	I		4232,59	8	4	I	(M 140)
5360,59	10	8	I		4194,57	5	2		
5240,94	6	3	I		4188,32	8	4	I	(M 240)
5238,20	7	4	I		4185,82	6	3		
5174,15	6	3	I		4143,56	8	4	I	(M 280)
5173,15	6	3			4122,78	2	5		
5172,94	4	2			4120,12	6	2		
4979,12	5	2			4107,48	6	2	I	
4868,03	6	3			4102,16	5	1	I	
4830,52	8	4			4084,39	7	3	I	
4819,26	8	4			4081,47	6	2		
4811,07	4	2			4069,88	8	6	I	(M 220)
4760,20	9	9			4062,09	7	3	I	
4731,45	9	7			3986,25	1	4	II	
4717,92	4	—			3961,49	3	6		
4708,22	4	—			3941,50	2	6	II	
4707,25	8	4			3902,96	10	8	I	R LL (M 1800)
4626,45	8	4	I						
4621,35	5	2			3869,08	4	1	I	
4609,88	7	3	I		3864,11	10	8	I	R LL (M 2800)
4595,15	5	2	I						
4576,49	6	3	I		3833,75	6	3	I	(M 160)
4558,11	4	—	I		3828,87	4	1	I	
4524,34	5	2	I		3826,70	3	1	I	
4491,30	5	2			3798,25	10	8	I	R LL (M 3200)
4484,98	4	—							
4474,60	6	2			3786,37	2	5	II	
4468,26	5	2			3782,19	2	5		
4457,36	6	2			3702,55	3	7	II	
4449,74	5	2			3694,94	5	3	I	(M 160)
4443,08	3	—			3692,65	2	6	II	
4442,22	4	—			3690,60	2	4		
4434,96	8	4			3688,32	1	7	II	
4433,51	1	6	II		3680,67	5	2	I	d, (M 140)
4426,70	4	—							
4423,63	5	2			3659,36	6	2		
4411,70	8	6	I	(M 240)	3652,30	1	5	II	
4381,64	10	8	I	(M 180)	3651,14	1	6		
4377,76	2	8	II		3635,45	5	—		
4363,65	2	8	II		3635,15	1	9	II	
4350,34	6	2			3624,46	5	2	I	(M 170)
4326,75	4	—	I		3614,25	7	3		
4326,14	6	2			3581,89	5	2	I	(M 170)
4293,89	7	3	I		3524,65	2	7	II	
4293,24	8	4	I		3504,42	4	1		
4292,21	8	4	I		3456,39	6	2	I	
4288,65	9	5	I		3447,12	8	2	I	(M 400)
4279,03	2	8	II		3446,10	2	5		
4277,26	10	6	I		3445,49	2	6		
4276,92	7	4	I		3437,21	4	1		

λ in Å	Int. B	Int. F	Ion.-Grad	Bem.
3434,06	5	2		
3418,52	4	1		
3406,93	5	2		
3405,94	6	2	I	(M 160)
3404,35	4	1	I	
3402,81	1	7		
3384,62	6	2	I	(M 240)
3379,97	4	7	I	
3367,96	2	6		
3363,80	4	1		
3358,12	7	2	I	(M 200)
3347,26	4	1		
3346,40	2	6		
3344,75	6	2	I	(M 160)
3327,31	5	2	I	
3325,68	5	2		
3292,32	1	8		
3290,32	1	8		
3290,80	5	2		
3289,02	6	2	I	(M 140)
3208,83	8	2	I	(M 380)
3193,98	9	3	I	R (M 950)
3170,35	9	3	I	R (M 1100)
3158,16	8	2	I	(M 750)
3152,80	2	7		
3132,59	9	5	I	R (M 1800)
3121,99	2	9		
3116,09	1	6		
3112,12	7	2	I	(M 170)
3087,61	2	8		
3077,65	1	6		
2944,84	2	6		
2930,50	5	7	II	(M 140)
2924,33	2	4		
2923,40	5	8	II	(M 160)
2911,92	5	8	II	(M 140)
2909,11	3	6	II	
2903,07	2	8	II	
2891,00	5	5	II	(M 160)
2871,50	5	9	II	LL (M 220)
2863,80	3	7		
2853,19	2	8		
2848,23	5	10	II	LL (M 220)
2816,15	5	7	II	(M 220)
2807,73	3	5		
2785,00	3	5		
2780,04	5	7		
2775,40	6	9	II	(M 220)

λ in Å	Int. B	Int. F	Ion.-Grad	Bem.
2774,40	2	5		
2756,06	3	6		
2737,8	3	6		
2737,0	2	5		
2726,97	2	5		
2717,34	3	6		
2701,42	5	8	II	
2695,2	2	5		
2694,19	2	5	II	
2687,98	6	9		
2684,13	5	8	II	
2683,22	4	7		
2679,8	5	2		
2672,84	3	8	II	
2671,8	2	5		
2660,58	3	8	II	
2655,04	5	2		
2653,34	3	7	II	
2649,47	6	3		
2646,48	3	6	II	
2644,33	5	7	II	
2638,76	5	8	II	
2636,66	5	7	II	
2629,85	6	2		
2628,74	5	1		
2613,10	5	2		
2607,38	5	1		
2602,82	3	6	II	
2585,9	1	5		
2582,17	5	2		
2572,34	5	2		
2567,06	4	1		
2548,26	5	2		
2542,68	2	5		
2538,46	5	8		
2527,2	2	4		
2524,7	1	4		
2481,2	1	4		
2412,8	4	8		

N Stickstoff

λ in Å	Int. G	Int. F	Iion.-Grad	Bem.
8680,35	1	—	I	
8629,61	1	—	I	
8242,47	1	—	I	
8223,28	1	—	I	
8216,46	2	—	I	
8210,94	1	—	I	
8188,16	1	—	I	
8185,05	1	—	I	

λ in Å	Int. G	Int. F	Ion.-Grad	Bem.
7468,79	6	—	I	
7442,56	5	—	I	
7423,88	3	—	I	
6723,12	10	—	I	
6644,96	10	—	I	
6610,58	5	—	I	
6484,88	10	—	I	
6483,75	2	—	I	
6482,74	10	—	I	
6441,70	4	—	I	
6008,48	10	—	I	
5999,47	5	—	I	
5941,67	6	—	II	
5931,79	5	—	II	
5686,21	5	—	II	
5679,56	10	—	II	
5676,02	5	—	II	
5666,64	8	—	II	
5543,49	2	—	II	
5535,59	4	—	II	
5530,27	3	—	II	
5495,70	4	—	II	
5462,62	2	—	II	
5328,70	4	—	I	
5179,50	4	—	II	
5045,10	6	—	II	
5016,39	4	—	II	
5010,62	5	—	II	
5007,32	6	—	II	
5005,14	10	—	II	
5001,47	6	—	II	
5001,13	5	—	II	
4994,36	2	—	II	
4987,38	1	—	II	
4935,03	7	—	I	
4914,90	1	—	I	
4867,14	2	—	III	
4858,82	2	—	III	
4803,27	2	—	II	
4788,13	1	—	II	
4779,71	1	—	II	
4643,11	5	—	II	
4640,64	3	—	III	
4634,16	3	—	III	
4630,55	8	—	II	
4621,41	3	—	II	
4613,89	2	—	II	
4607,17	3	—	II	
4601,49	5	—	II	
4530,37	2	—	II	
4514,9	2	—	III	
4510,9	2	—	III	
4494,67	1	—	I	

λ in Å	Int. G	Int. F	Ion.-Grad	Bem.
4492,40	2	—	I	
4447,04	8	—	II	
4432,71	2	—	II	d
4379,09	4	—	III	
4358,27	7	—	I	
4305,46	2	—	I	
4241,80	5	—	II	d
4236,98	2	—	II	d
4227,83	1	—	II	d
4223,04	2	—	I	
4196,70	2	—	III	
4176,17	1	—	II	d
4151,46	10	—	I	
4145,76	1	—	II	
4109,98	10	—	I	
4103,37	4	—	III	
4094,94	6	—	I	
4097,31	5	—	III	
4043,54	1	—	II	d
4041,33	1	—	II	d
4035,09	1	—	II	d
4026,09	1	—	II	d
3995,00	8	—	II	
3955,85	2	—	II	
3919,00	2	—	II	
3869,10	1	—		
3856,07	1	—	II	
3842,20	1	—	II	
3838,39	2	—	II	
3830,39	6	—	I	
3822,07	2	—	I	
3650,19	4	—	I	
3437,16	2	—	II	
3328,79	1	—	III	
3006,86	3	—	II	

Na Natrium

λ in Å	Int. B	Int. F	Ion.-Grad	Bem.
12677,6	5	—	I	
11403,96	10	—	I	LL
11381,62	6	—	I	
8194,82	10	—	I	LL
8183,26	5	—	I	
6160,75	4	3	I	
6154,23	3	2	I	
5895,92	8	8	I	R LL (M 1000)
5889,95	10	10	I	R LL (M 2000)
5688,20	7	5	I	R LL

λ in Å	Int. B	Int. F	Ion.-Grad	Bem.
5682,63	6	4	I	LL
5675,8	3	3	I	
4982,81	4	3	I	LL
4978,54	3	2	I	
4751,82	4	2	I	
4747,94	3	2		
4669,0	4	3	I	
4664,81	3	3	I	
3711,07	—	6	II	
3631,27	—	8	II	
3533,04	—	10	II	
3302,94	8	8	I	R LL
3302,34	7	7	I	R LL
3285	—	5		
3274,22	—	5	II	
3258,97	—	6	II	
3212,19	—	6	II	
3189,78	—	6	II	
3149,27	—	5	II	
3136,48	—	5	II	
3092,73	—	10	II	
3078,32	—	6	II	
3074,33	—	6	II	
3056,16	—	6	II	
2984,18	—	7	II	
2979,66	—	6	II	
2974,99	—	6	II	
2951,23	—	8	II	
2893,95	—	6	II	
2853,0	5	5	I	R
2852,8	4	4	I	R
2841,72	—	7	II	
2680,4	4	4	I	R
2680,3	3	3	I	R
2678,09	—	5	II	
2671,83	—	6	II	
2661,00	—	7	II	
2593,9	2	2	I	R
2593,8	3	3	I	R
2493,15	—	6	II	

Nb Niob

λ in Å	Int. B	Int. F	Ion.-Grad	Bem.
10003,85	3	—		
9957,29	2	—		
9912,26	3	—		
9910,35	2	—		
9676,75	5	—		
9650,97	1	—		
9631,11	5	—		
9626,88	8	—		
9595,06	6	—		
9408 60	2	—		
9323,54	4	—		

λ in Å	Int. B	Int. F	Ion.-Grad	Bem.
9197,60	2	—		
9186,96	2	—		
9141,31	5	—		
9061,43	2	—		
8967,76	2	—		
8959,75	2	—		
8905,78	3	—		
8815,56	8	—		
8767,97	1	—		
8740,96	1	—		
8697,55	4	—		
8614,45	2	—		
8575,87	3	—		
8560,54	3	—		
8547,25	2	—		
8526,99	5	—		
8475,98	10	—		
8439,77	3	—		
8406,23	2	—		
8350,04	1	—		d
8320,93	10	—		
8240,00	5	—		
8135,20	8	—		
7954,76	1	—		
7938,89	3	—		
7885,31	6	—		
7726,68	6	—		
7574,58	8	2		
7382,50	10	3	I	
7353,16	6	1		
7159,43	8	2	I	
7098,94	6	1		
7046,81	10	4	I	
6990,32	8	2	II	
6918,32	8	1		
6902,89	6	1		
6876,36	8	1		
6828,11	10	3		
6739,88	8	2		
6723,62	8	3		
6701,21	8	2		
6677,33	10	5	II	
6660,84	10	8	II	
6544,61	8	1		
6430,46	8	1		
5997,93	5	1		
5900,62	10	10	II	
5866,47	5	2		
5838,64	10	8		
5787,54	8	2		
5729,19	3	2		
5671,02	3	2		
5665,63	4	6		

λ in Å	Int. B	Int. F	Ion.-Grad	Bem.	λ in Å	Int. B	Int. F	Ion.-Grad	Bem.
5664,70	2	0	I		4573,08	5	6	I	
5642,11	3	3			4564,53	5	6		
5576,16	3	1			4550,05	0	5		
5365,88	0	4			4546,82	6	7		
5350,74	5	5			4527,65	1	7		
5344,17	5	6	I		4523,41	6	7	I	
5334,87	5	1			4503,04	5	7		
5318,60	4	5			4492,96	1	8	II	
5276,20	3	3			4437,22	3	6		
5271,53	4	4			4401,17	0	7		
5232,81	3	1			4372,65	0	5		
5219,10	5	1			4367,97	4	9	II	
5193,08	4	4			4359,85	5	5		
5189,20	4	1			4331,37	4	6		
5186,98	3	1			4326,33	3	5		
5180,31	5	4			4321,49	0	5		
5164,38	5	2			4318,01	0	6		
5160,33	4	4			4311,27	3	8		
5152,63	4	1			4300,99	5	6		
5134,75	6	2			4299,60	5	5		
5120,30	3	1			4292,48	3	5		
5100,16	4	1			4274,89	0	6		
5095,30	5	6			4270,69	3	5		
5078,96	4	5			4266,02	4	5		
5065,25	3	1			4262,05	5	6		
5058,01	2	1			4255,44	3	5		
5039,04	5	5			4254,69	0	4		
5026,36	3	1			4252,97	3	5		
5017,75	4	1			4229,15	0	3		
4988,97	4	4			4218,52	—	4		
4967,78	9	5			4217,95	4	5		
4965,37	8	2			4216,23	0	5		
4848,37	9	7			4214,82	4	5		
4816,38	7	5			4214,67	—	8		
4810,60	8	1			4205,31	4	4		
4789,96	3	6			4192,07	4	4		
4766,81	3	6			4190,88	5	5		
4749,71	5	5			4184,44	2	5		
4733,89	6	6			4168,13	6	7	I	(M 360)
4708,29	5	3			4164,66	6	7	I	(M 420)
4706,14	5	5			4163,66	6	8	I	(M 460)
4685,14	5	7			4156,68	0	6		
4675,37	6	7			4152,58	5	7	I	(M 460)
4672,09	6	7	I		4150,12	3	4		
4667,22	4	0			4139,71	5	7	I	(M 280)
4666,24	5	0			4137,10	4	5	I	(M 240)
4663,83	4	6			4129,93	3	4		
4648,95	5	0			4129,43	3	4		
4606,76	6	4	I		4123,81	5	6	I	(M 550)
4593,79	—	4			4119,28	0	7		
4589,02	—	5			4104,17	0	5		
4581,62	5	7			4100,92	7	6	I	(M 700)
4579,45	—	5			4079,73	7	6	I	(M 1200)

λ in Å	Int. B	Int. F	Ion.-Grad	Bem.
4058,94	8	7	I	(M 1700)
4032,52	5	4		
4012,17	—	8		
4000,61	0	4		
3976,51	—	4		d
3966,25	5	5	II	
3965,69	3	3		
3964,28	0	4		
3952,37	1	4	II	
3949,46	0	4		
3943,67	2	4		
3938,55	0	4		d
3936,02	1	9		
3920,76	0	4		d
3920,20	2	8		
3919,72	0	8		
3914,70	2	8		
3898,29	0	6	II	
3891,30	4	8		
3885,68	3	2		
3885,44	6	5		
3879,35	1	10		
3877,56	4	2		
3875,76	1	4		
3865,02	—	9		d
3858,95	2	4		
3855,50	—	4		
3831,84	0	6	II	
3824,88	3	4	I	
3818,86	1	8	II	
3810,49	2	4		
3804,74	2	4		
3802,92	4	4	I	(M 280)
3798,12	5	5	I	(M 280)
3791,21	6	6	I	(M 360)
3790,15	4	4	I	R
				(M 140)
3787,06	4	5	I	(M 180)
3781,38	3	6	II	
3759,55	4	4	I	
3746,91	2	6		
3742,39	4	4	I	(M 180)
3740,73	3	5		
3739,80	5	4	I	(M 280)
3726,24	5	4	I	(M 280)
3722,57	—	2		d
3720,46	0	8		
3719,64	—	3		b
3717,07	1	7	II	d
3713,01	5	6	I	d
				(M 340)
3707,92	0	8	I	b
3697,85	4	4	I	d (M 160)

λ in Å	Int. B	Int. F	Ion.-Grad	Bem.
3696,68	0	3		
3687,97	1	7		d
3659,61	1	6	II	d
3651,19	0	6	II	d
3628,18	0	2		
3619,73	0	6		
3619,51	1	7	II	
3602,56	4	3	I	
3593,97	4	3	I	
3591,20	0	3		
3589,36	5	4	I	
3589,11	3	1		
3584,97	3	5	I	
3580,27	6	5	I	(M 600)
3575,85	5	4	I	(M 180)
3568,51	1	3		
3568,00	0	3		
3563,50	5	4	I	
3559,60	0	8		
3554,66	4	3	I	
3541,25	3	0		
3540,96	1	7	II	
3537,48	5	6	I	(M 150)
3535,30	5	5	I	(M 240)
3534,22	0	6		
3528,48	0	3		
3522,36	—	3		b
3517,67	0	5		
3515,42	1	6	II	
3514,04	—	3		
3511,16	3	0		
3510,26	4	7	II	
3499,95	1	3		
3498,63	2	3		
3491,03	2	3		
3489,09	0	6		
3488,83	0	4		
3484,05	1	8		
3482,95	0	8		
3479,56	1	9	II	
3478,78	0	3		
3474,67	8	0		
3470,25	0	8		
3468,13	—	4		
3463,81	2	4		
3454,91	0	6		
3454,71	0	4		
3453,97	—	8		
3452,35	0	9		
3450,76	1	4		
3448,22	1	4		d
3445,68	4	7		
3440,59	1	7	II	
3439,92	1	4		

λ in Å	Int. B	Int. F	Ion.-Grad	Bem.	λ in Å	Int. B	Int. F	Ion.-Grad	Bem.
3438,42	0	4		b d	3262,56	4	1		d
3436,96	2	4		R	3261,70	1	3		
3432,70	1	7	II		3260,56	1	6	II	
3426,57	0	6	II		3254,88	0	3		
3425,85	4	2		R	3254,07	1	5	II	
3425,42	1	6	II	R	3250,27	0	6		
3421,16	1	4		b	3248,94	0	3		
3420,63	0	4			3247,47	3	6		b
3415,97	4	4			3238,02	2	8		
3412,94	0	6	II		3237,69	0	3		
3409,19	1	8	II		3236,40	3	7	II	
3408,68	0	4	II		3229,56	1	3		
3405,41	7	4			3225,48	4	8	II	b, R
3403,02	2	7		b	3223,32	1	6		
3402,02	—	4			3217,02	0	7		
3397,32	—	4			3215,60	1	7		
3396,37	0	8			3208,59	0	6		b
3394,98	0	4			3206,34	1	6	II	
3390,63	2	4			3204,97	1	7		
3388,94	0	7			3203,35	1	6		
3386,24	1	8			3198,22	0	3		
3380,94	—	9			3194,98	4	8	II	
3379,30	0	8			3194,28	0	7		b
3372,56	2	10		d	3191,43	0	5		
3370,16	—	7			3191,10	1	5	II	b
3369,16	0	4			3189,28	1	8		R
3365,58	0	4			3184,22	1	7		
3362,17	—	8			3180,29	0	8	II	
3360,90	0	4			3175,85	0	6		
3358,42	8	5	I	(M 200)	3173,20	0	6		
3354,74	5	0			3163,40	3	9	II	R (M 140)
3349,35	1	8							
3349,06	5	5	I	(M 200)	3154,82	0	7		
3348,28	0	4		d	3152,16	0	3		
3346,75	1	4			3150,41	0	3		
3343,71	4	7	I	(M 150)	3145,40	1	7	II	R
3341,97	8	4	I	R (M 150)	3130,79	4	8	II	R (M 180)
3341,60	0	6			3127,53	1	7	II	b
3324,66	1	4			3097,12	0	6		
3323,89	0	4			3094,18	5	9	II	R (M 220)
3320,81	1	8							
3319,58	0	4			3080,35	1	6		
3312,60	3	4			3076,86	1	3	II	b
3305,61	0	8			3071,56	1	3		
3301,49	0	8			3070,90	0	3		
3297,05	0	4	II		3069,68	1	4		
3294,36	0	8			3065,26	1	8		
3292,02	0	8			3064,53	0	8		b
3291,06	1	8	II		3055,52	0	6		
3283,46	—	7	II		3049,53	—	7		
3273,89	2	8		b R	3048,20	0	3		
3263,37	0	5	II		3039,82	1	9		

λ in Å	Int. B	Int. F	Ion.-Grad	Bem.	λ in Å	Int. B	Int. F	Ion.-Grad	Bem.
3034,95	0	6			2793,05	2	6		b
3032,77	1	9			2791,74	1	6		
3028,44	5	10	II		2780,25	2	7	II	
3024,74	1	7		b	2773,20	4	1	I	
3022,74	1	6		b	2768,12	3	6	II	
3005,77	0	3			2758,61	4	6	I	b
2994,73	6	9	II		2754,52	2	6		b
2993,96	—	3			2753,14	0	7	II	d
2991,95	0	6			2753,01	1	3		d
2920,26	1	7	II		2746,10	0	3		d
2985,05	0	3		d	2745,73	0	3		
2982,10	1	5	II	b	2740,18	0	5		
2980,72	1	3			2739,24	—	3		
2978,94	0	3			2737,08	1	6	II	
2977,68	0	9			2734,35	1	4		
2974,09	0	6	II	d	2733,74	0	3		
2972,57	2	6			2733,26	5	8		b
2950,88	5	7	II	(M 170)	2730,32	1	7		
2945,88	0	6			2723,66	1	7		
2941,54	2	7	II		2721,99	4	7	II	
2932,66	0	4		d	2716,63	4	7	II	
2932,13	—	3			2715,88	0	6		
2931,47	1	3			2715,34	0	6		
2927,81	5	9	II	R	2707,83	1	5		
				(M 170)	2706,40	6	6	II	
2917,05	2	6		b R	2702,52	2	5	II	
2911,74	4	6	II	R	2702,20	1	6	II	
2910,58	5	7	II	R	2698,87	3	7	II	
2908,24	4	8	II		2697,06	4	9	II	R
2900,68	—	6		bd					(M 150)
2899,23	3	5	II		2691,77	2	6	II	
2897,80	4	5	II		2686,39	0	7		
2893,07	—	6		b	2680,06	1	4		
2888,82	1	6	II		2677,66	0	3		
2883,18	5	7	II	R	2675,95	1	6	II	
2880,72	1	3		b	2673,57	1	10	II	
2877,03	0	1	II	b R	2671,93	3	7	II	
2876,95	5	10	II	b R	2666,59	0	3	II	
2875,39	4	6	II	R	2665,25	1	8		
2868,53	1	8			2658,03	—	7	III	
2861,09	1	6			2656,08	1	7	II	
2859,04	0	3			2654,45	4	2	I	R
2849,56	1	6	II		2651,12	1	7		R
2846,29	1	3	II		2647,50	5	1	I	d
2842,65	1	6	II		2646,26	1	6	II	bd
2841,15	1	6	II		2642,24	0	7		
2835,12	0	6			2638,13	1	8		
2829,75	0	3			2627,44	6	5	I	d
2827,12	—	5			2623,51	3	1		
2827,08	1	3			2601,29	4	7	II	
2816,68	0	3			2598,88	—	6	III	
2810,81	1	6			2592,19	4	0	I	
2797,69	1	7			2590,94	3	9	II	

λ in Å	Int. B	Int. F	Ion.-Grad	Bem.
2583,98	1	10	II	bd R
2545,64	0	7	III	b
2544,80	2	8	II	R
2501,41	—	7	III	
2499,75	—	7		
2490,85	—	4		bd
2490,11	—	4		
2488,75	—	3		
2469,41	0	5		
2468,74	0	3		
2462,05	0	6		
2460,40	—	7	III	b
2458,09	1	3		
2457,00	0	8	III	b
2453,37	2	—	I	
2451,87	1	6		
2446,44	—	3		
2446,09	—	4		
2445,83	—	6		
2442,68	—	3		b
2442,14	1	4		
2437,42	2	6		
2435,95	1	3		
2433,80	1	6		
2421,91	—	7	II, III	b
2418,69	3	9	II	
2417,16	—	1	II	d
2416,99	1	8	II	
2414,49	—	6	II, III	
2413,94	—	5	II	
2412,46	3	6	II	
2405,85	1	3		b
2405,34	1	3		b
2404,89	1	3		
2398,48	2	5		
2388,27	1	4		b
2387,52	1	5		bd
2387,09	0	4		
2376,40	3	4	II	
2372,73	0	4		
2362,49	—	2		
2362,05	—	3		
2349,21	—	3		
2338,09	—	3		b
2334,80	3	4	II	
2324,24	2	3	II	
2324,06	0	3		
2316,93	3	1		d
2313,32	—	5	II	b
2309,24	3	4	II	r
2302,09	4	4	II	
2295,68	5	5	II	
2290,39	—	3	III	b

λ in Å	Int. B	Int. F	Ion.-Grad	Bem.
2286,89	2	0		d
2283,00	3	3	II	r
2281,51	—	3	III	
2275,22	—	3	III	
2274,20	0	5		
2273,57	3	3	II	
2269,53	3	3	II	
2265,68	0	3	II	
2265,59	—	3		b, d
2252,21	—	4	III	
2246,76	—	3	II	
2246,18	5	—		
2242,58	1	3		dr
2237,50	2	3	II	
2232,55	8	—	I	
2229,72	2	3	II	
2203,63	2	3	II	
2199,96	1	3	II	
2176,76	1	2		
2175,84	1	3		
2167,24	0	2		
2160,27	2	5	II	
2156,73	1	2		
2155,62	0	3		
2149,54	1	2		
2147,19	1	2		
2146,36	—	3	III	b
2134,95	0	2		
2134,71	1	3		
2134,49	0	2		
2131,18	1	3	II	
2126,54	1	3	II	
2125,21	1	3	II	
2113,09	2	4	I, II	r
2109,42	2	5	II	
2029,32	1	5		

λ in Å	Int. G	Int. F	Ion.-Grad	Bem.
Ne Neon				
9915,1	2	—	I	
9902,3	3	—	I	
9900,6	4	—	I	
9837,5	2	—	I	
9665,42	10	—	I	
9535,17	5	—	I	
9495,2	3	—	I	
9486,68	5	—	I	
9425,4	5	—	I	
9373,28	2	—	I	
9326,66	5	—	I	

λ in Å	Int. G	Int. F	Ion.-Grad	Bem.	λ in Å	Int. G	Int. F	Ion.-Grad	Bem.
9314,0	3	—	I		6444,70	5	—		
9310,6	8	—	I		6421,69	5	—		
9300,9	6	—	I		6409,41	4	—	I	
9275,5	1	—	I		6402,25	10	—	I	
9226,7	2	—	I		6401,08	6	—		
9221,6	2	—	I		6382,99	10	—	I	
9220,28	4	—	I		6364,97	5	—		
9201,88	6	—	I		6351,8	5	—		
9148,72	2	—	I		6334,43	9	—	I	
8988,58	3	—	I		6330,89	6	—		
8919,50	3	—	I		6328,16	7	—		
8865,76	3	—	I		6313,65	6	—		
8853,86	3	—	I		6304,79	5	—	I	
8783,76	4	—	I		6293,7	5	—		
8780,62	4	—	I		6276,01	3	—		
8681,92	3	—	I		6273,00	4	—		
8679,49	3	—	I		6266,49	10	—	I	
8654,38	6	—	I		6258,78	5	—		
8639,77	5	—			6246,71	5	—		
8634,65	5	—	I		6217,28	10	—	I	
8591,26	6	—	I		6213,88	6	—		
8495,36	7	—	I		6205,76	5	—		
8418,43	7	—	I		6189,05	4	—		
8377,61	7	—	I		6182,15	6	—	I	
8300,33	7	—	I		6163,59	9	—	I	
8266,08	5	—	I		6150,27	5	—		
8259,38	4	—	I		6143,06	10	—	I	
8236,42	7	—			6142,51	5	—		
8218,55	5	—			6128,45	6	—		
8136,41	7	—	I		6096,16	8	—	I	
8118,55	5	—	I		6074,34	9	—	I	
8082,46	8	—	I		6030,00	8	—	I	
7943,18	8	—	I		6000,95	5	—		
7544,05	6	—	I		5991,68	6	—		
7535,77	8	—	I		5987,91	8	—	I	
7488,87	9	—	I		5975,53	10	—	I	
7472,45	6	—			5974,63	9	—	I	
7438,90	8	—	I		5965,47	10	—	I	
7245,17	10	—	I		5961,63	6	—		
7173,94	10	—	I		5944,83	9	—	I	
7059,11	8	—	I		5939,32	5	—		
7051,30	4	—			5934,46	6	—		
7032,41	10	—	I		5918,91	8	—	I	
7024,05	9	—	I		5914,83	9	—	I	
6929,47	10	—	I		5913,63	5	—	I	
6717,04	5	—	I		5906,44	5	—		
6678,28	9	—	I		5902,48	5	—		
6666,89	6	—			5881,90	10	—	I	
6652,09	7	—			5872,83	9	—	I	
6602,90	6	—	I		5872,15	6	—	I	
6598,95	8	—	I		5868,39	6	—		
6532,88	5	—	I		5852,49	10	—	I	
6506,53	10	—	I		5828,91	6	—		

λ in Å	Int. G	Int. F	Ion.-Grad	Bem.	λ in Å	Int. G	Int. F	Ion.-Grad	Bem.
5820,16	9	—	I		5154,42	4	—		
5811,42	7	—			5151,96	5	—		
5804,45	9	—	I		5145,12	4	—	I	
5804,10	6	—	I		5145,01	9	—	I	
5770,31	5	—			5144,94	9	—	I	
5764,42	9	—	I		5122,34	7	—	I	
5760,58	5	—			5122,26	7	—	I	
5748,65	6	—	I		5116,50	7	—	I	
5748,30	9	—	I		5113,66	4	—		
5719,53	6	—	I		5080,38	6	—	I	
5719,22	9	—	I		5037,75	9	—	I	
5718,90	7	—	I		5031,35	8	—	I	
5689,82	7	—	I		5005,33	4	—		
5662,55	6	—			5005,16	9	—	I	
5656,66	9	—	I		4994,92	4	—		
5656,03	6	—	I		4975,34	4	—		
5652,57	5	—			4957,12	6	—	I	
5563,05	5	—			4957,03	9	—	I	
5562,80	9	—	I		4955,38	5	—		
5562,44	7	—	I		4944,98	4	—		
5538,64	5	—			4939,03	4	—		
5533,68	4	—			4892,09	8	—	I	
5448,51	7	—	I		4885,08	4	—		
5433,65	8	—	I		4884,92	9	—	I	
5420,16	4	—			4837,31	8	—	I	
5418,56	6	—			4827,59	7	—	I	
5412,66	7	—			4827,34	9	—	I	
5400,56	10	—	I		4823,17	4	—		
5374,98	4	—			4821,92	7	—	I	
5372,31	5	—			4818,79	5	—		
5360,01	7	—	I		4817,64	7	—	I	
5358,02	10	—			4810,63	4	—		
5355,42	7	—	I		4810,07	5	—		
5355,18	7	—	I		4790,22	9	—	I	
5349,21	5	—			4789,60	4	—		
5343,28	9	—	I		4788,93	10	—	I	
5341,09	10	—	I		4780,34	6	—	I	
5333,32	4	—			4758,72	5	—		
5330,78	10	—	I		4754,44	4			
5326,41	4	—			4752,73	8	—	I	
5301,77	4	—			4749,57	7	—	I	
5298,19	7	—	I		4715,34	10	—	I	
5280,07	4	—			4712,06	9	—	I	
5234,02	4	—			4710,06	9	—	I	
5222,34	4	—			4708,85	10	—	I	
5210,57	4	—			4704,40	10	—	I	
5208,87	4	—			4702,53	4	—		
5203,90	7	—	I		4687,66	4	—		
5193,21	7	—	I		4680,36	4	—		
5193,13	7	—	I		4679,14	6	—	I	
5188,61	7	—	I		4678,22	7	—	I	
5158,89	4	—			4667,36	4	—		
5156,66	4	—			4661,10	6	—	I	

λ in Å	Int. G	Int. F	Ion.-Grad	Bem.	λ in Å	Int. G	Int. F	Ion.-Grad	Bem.
4656,39	7	—	I		3593,64	7	—	I	
4645,42	7	—	I		3593,53	9	—	I	
4636,63	4	—			3571,9	6	—		
4636,13	4	—			3568,7	8	—		
4628,31	7	—	I		3542,9	—	7	II	
4614,40	4	—			3520,47	10	—	I	
4609,91	7	—	I		3515,19	6	—	I	
4582,45	6	—	I		3501,22	6	—	I	
4582,04	6	—	I		3498,06	5	—	I	
4575,86	10	—			3472,57	9	—	I	
4575,06	7	—	I		3466,58	6	—	I	
4569,0	—	5	II		3464,34	5	—	I	
4540,38	9	—	I		3460,52	5	—	I	
4538,31	6	—			3454,20	6	—	I	
4537,86	5	—			3450,77	4	—	I	
4537,75	10	—	I		3447,70	7	—	I	
4536,31	5	—			3423,91	4	—	I	
4517,74	5	—	I		3418,01	4	—	I	
4498,9	—	5	II		3417,90	9	—	I	
4488,09	7	—	I		3392,8	—	7	II	
4483,19	6	—	I		3388,5	—	6	II	
4475,66	5	—	I		3375,65	4	—	I	
4466,81	5	—	I		3369,91	10	—	I	
4460,18	6	—	I		3369,81	8	—	I	
4428,5	—	6	II		3367,2	—	6	II	
4425,40	6	—	I		3360,6	—	5	II	
4424,80	6	—	I		3357,9	—	10	II	
4422,52	7	—	I		3355,1	—	7	II	
4397,9	—	6	II		3344,4	—	5	II	
4391,9	—	7	II		3334,84	—	9	II	
4363,52	4	—	I		3311,3	—	4	II	
4334,13	4	—	I		3297,7	—	8	II	
4231,6	—	5	II		3244,1	—	5	II	
4219,7	—	6	II		3218,2	—	8	II	
3818,4	—	6	II		3214,4	—	4	II	
3777,16	—	8	II		3198,6	—	5	II	
3754,22	4	—	I		3167,57	5	—		
3751,26	—	4	II		3153,40	5	—		
3727,1	—	9	II		3118,60	6	—		
3713,1	—	10	II		3126,19	6	—		
3709,64	—	7	II		3079,18	5	—		
3701,23	5	—	I		3078,87	5	—		
3694,2	—	10	II		3076,97	6	—		
3685,74	6	—	I		3063,69	6	—		
3682,24	6	—			3057,39	7	—		
3674,7	—	5	II		3054,7	—	5	II	
3668,5	—	6	II		3047,6	—	6	II	
3664,09	—	8	II		3030,31	5	—		
3643,9	—	5	II		3017,35	5	—		
3633,66	5	—	I		3012,13	5	—		
3609,18	5	—	I		3001,7	—	7	II	
3603,6	—	5	II		2992,13	6	—		
3600,17	5	—			2983,8	—	5	III	

λ in Å	Int. G	Int. F	Ion.-Grad	Bem.
2982,66	7	—		
2980,92	5	—		
2979,81	5	—		
2974,71	7	—		
2955,7	—	7	II	
2947,30	6	—		
2932,72	5	—	II	d
2919,1	—	5		
2913,17	6	—		
2872,66	5	—		
2866,6	—	6	III	
2795,10	5	—		
2792,1	—	5	II	
2678,6	—	4	III	
2677,9	—	5	III	
2675,64	5	—		
2675,24	6	—		
2651,01	5	—		
2647,42	7	—		
2645,70	5	—		
2645,51	5	—		
2613,4	—	3	III	
2610,0	—	5	III	
2595,7	—	6	III	
2593,6	—	9	III	
2590,0	—	10	III	
2412,7	—	5	III	
2263,2	—	4	III	
2261,1	—	5	III	
2213,8	—	4	III	
2163,8	—	5	III	
2096,3	—	3	II	
2092,4	—	4	III	
2059,5	—	6	III	

Ni Nickel

λ in Å	Int. G	Int. F	Ion.-Grad	Bem.
9898,90	4	—	I	
9520,06	10	—	I	
9106,40	3	—	I	
8968,20	3	—	I	
8965,94	5	—	I	
8877,07	1	—	I	
8862,59	10	—	I	
8809,47	3	—	I	
8637,04	2	—	I	
7917,46	7	—	I	
7863,70	5	—	I	
7861,10	4	—	I	
7797,66	7	—	I	
7788,99	10	—	I	
7748,96	10	—	I	
7727,67	10	—	I	
7715,66	7	—	I	

λ in Å	Int. G	Int. F	Ion.-Grad	Bem.
7714,36	8	—	I	
7619,27	9	—	I	
7617,04	10	—	I	
7574,12	9	—	I	
7555,68	8	—	I	
7525,20	8	—	I	
7522,85	8	—	I	
7481,49	5	—	I	
7422,36	8	—	I	
7414,59	5	—	I	
7409,42	8	—	I	
7393,70	8	—	I	
7386,24	5	—	I	
7385,23	4	—	I	
7381,93	3	—		
7291,30	5	—	I	
7261,93	5	—	I	
7197,01	8	—	I	
7182,20	9	—	I	
7167,04	6	—	I	
7122,22	10	—	I	
7110,90	5	—	I	
7095,47	4	—		
7063,05	6	—	I	
7034,42	3	—		
7030,10	5	—	I	
7024,76	5	—	I	
7001,55	3	—	I	
6965,10	5	—		
6955,10	2	—	I	
6914,58	8	—	I	
6842,04	6	—	I	
6772,33	7	—	I	
6767,78	10	—	I	
6643,64	10	—	I	
6635,14	6	—		
6598,54	6	—	I	
6592,48	5	—	I	
6586,33	7	—	I	
6532,89	4	—	I	
6482,84	7	—	I	
6421,47	5	—		
6414,63	5	—	I	
6404,64	2	—		
6384,69	6	—	I	
6378,23	7	—	I	
6366,43	6	—	I	
6360,76	5	—	I	
6339,16	8	—	I	
6327,60	5	—	I	
6314,67	8	—	I	
6256,37	8	1	I	
6223,97	5	—	I	

λ in Å	Int. G	Int. F	Ion.-Grad	Bem.	λ in Å	Int. G	Int. F	Ion.-Grad	Bem.
6204,62	5	—	I		5048,82	5	—	I	
6191,20	8	1	I		5042,19	5	—	I	
6186,77	6	—	I		5035,36	10	3	I	
6176,81	10	2	I		5018,30	4	—	I	
6175,43	8	1	I		5017,61	9	2	I	
6163,36	7	—			5000,34	6	—	I	
6116,16	8	1	I		4984,12	9	2	I	
6111,01	6	—	I		4980,17	9	2		
6108,12	8	1	I		4937,28	5	—	I	
6086,34	8	1	I		4935,84	5	—	I	
6053,70	4	—	I		4904,40	10	3	I	
6012,25	3	—	I		4873,45	5	—	I	
6007,32	4	—	I		4866,28	7	2	I	
5996,78	5	—	I		4855,42	8	3	I	
5892,88	10	2	I		4831,19	5	2	I	
5857,76	10	2	I		4829,04	8	3	I	
5831,60	8	—			4786,54	10	3	I	
5805,20	10	—	I		4756,52	7	2	I	
5760,84	6	1	I		4715,76	8	3	I	
5754,66	7	1	I		4714,42	10	6	I	
5715,09	8	1	I		4703,80	5	—		
5711,90	6	—	I		4701,54	6	—		
5709,56	10	2	I		4686,22	5	—	I	
5694,97	7	1			4648,66	10	3	I	
5682,19	8	1	I		4604,99	9	3	I	
5625,28	7	1			4600,36	8	1	I	
5614,79	6	1	I		4592,53	9	4	I	
5593,74	6	1	I		4546,94	8	8		
5592,25	8	2	I		4470,49	9	3	I	
5587,88	5	—	I		4462,46	8	3	I	
5578,71	4	—	I		4459,05	9	8	I	
5509,98	6	—	I		4410,49	5	—		
5476,91	10	10	I		4401,55	10	8	I	
5462,48	5	—			4359,59	10	8	I	
5435,87	6	1	I		4331,64	5	—	I	
5424,65	5	—	I		4325,61	7	—	I	
5411,20	6	1			4259,90	5	—	I	
5371,4	6	—			4288,05	4	—	I	
5220,2	5	—	I		4288,01	6	—	I	
5176,55	6	1			4284,68	6	—	I	
5168,66	8	2	I		4231,04	6	—		
5155,76	9	2	I		4201,73	6	—		
5146,48	9	2	I		4200,45	5	—		
5142,77	8	2	I		4195,53	6	—		
5137,10	9	1	I		4142,32	7	—		
5129,38	7	1	I		3984,17	8	—	I	
5125,20	6	—	I		3974,68	8	—	I	
5115,43	9	2	I		3973,55	10	—	I	
5099,98	10	2	I		3972,16	8	—	I	
5099,36	5	1	I		3970,49	7	—	I	
5084,07	6	1	I		3944,10	7	—	I	
5081,12	9	3			3889,67	8	—	I	
5080,53	8	3	I		3858,28	10	8	I	

λ in Å	Int. G	Int. F	Ion.-Grad	Bem.	λ in Å	Int. G	Int. F	Ion.-Grad	Bem.
3832,87	5	—	I		3437,28	7	5	I	R
3831,69	7	2	I		3433,57	9	6	I	R
3807,14	8	8	I		3423,71	8	5	I	R
3793,60	5	—	I		3414,76	10	10	I	R LL (M 750)
3783,52	8	5	I		3413,94	3	2	I	R
3775,56	8	5	I		3413,48	5	3	I	R
3749,04	4	—	I		3409,58	3	—	I	
3744,56	3	—	I		3407,3	4	4	II	
3739,21	5	—			3392,99	10	8	I	R (M 300)
3736,81	6	3	I		3391,05	7	4	I	R
3729,23	4	—	I		3380,89	7	5	I	R
3722,48	7	1	I		3380,57	8	6	I	R (M 300)
3688,41	6	—	I		3374,64	5	2	I	
3674,11	8	3	I		3374,23	5	2	I	R
3670,42	6	—			3372,00	6	3	I	R
3669,23	5	—	I		3369,58	8	5	I	R
3664,09	7	—	I		3366,81	5	2	I	
3634,94	5	—	I		3366,16	6	3	I	R
3624,73	6	—	I		3365,77	5	2	I	R
3619,39	10	8	I	(M 600)	3361,56	5	2	I	R
3612,73	5	5	I	R	3322,32	6	3	I	
3610,45	7	6	I	R	3320,26	7	4	I	R
3609,31	4	1	I		3315,67	8	4	I	R
3602,28	4	1	I		3312,32	4	—	I	
3597,70	7	5	I	R	3286,95	3	—	I	
3587,93	4	—	I		3250,75	4	—	I	
3571,87	6	4	I	R	3243,06	8	3	I	R
3566,37	8	6	I	R (M 460)	3234,66	5	2	I	R
3548,19	5	3	I		3232,95	8	3	I	R
3527,99	4	1	I		3225,03	5	2	I	R
3524,54	10	8	I	R LL (M 750)	3221,66	4	2	I	R
3519,78	5	2	I	R	3197,12	5	2	I	
3515,05	9	7	I	R LL (M 600)	3145,70	4	—	I	
3513,95	5	2	I		3134,11	7	5	I	R
3510,34	7	4	I	R	3129,30	3	—	I	
3501,85	4	—	I		3114,13	5	2	I	
3500,85	5	3	I	R	3105,47	5	2		
3492,96	10	8	I	R LL (M 500)	3101,88	9	3	I	R
3485,90	4	1			3101,56	8	3	I	R
3483,78	6	4	I	R	3099,12	5	2	I	
3472,55	7	5	I	R	3097,12	6	3	I	
3469,48	4	1	I		3080,76	6	3	I	
3467,51	4	1	I		3064,63	6	3	I	R
3461,65	10	8	I	R (M 460)	3057,65	8	5	I	R
3458,47	10	8	I	R (M 460)	3054,32	7	4	I	R
3452,89	8	6	I	R	3050,82	9	6	I	R (M 280)
3446,26	10	8	I	R (M 440)	3045,01	4	2	I	
					3037,94	8	6	I	R
					3031,87	5	2	I	

λ in Å	Int. G	Int. F	Ion.-Grad	Bem.
3019,15	5	3	I	R
3012,00	8	6	I	R
				(M 300)
3003,63	7	5	I	R
3002,49	8	6	I	R
				(M 320)
2994,46	5	3	I	R
2992,60	4	2	I	R
2984,13	3	—	I	
2981,65	5	3	I	R
2943,92	6	4	I	
2907,43	5	2		
2865,51	5	2	I	
2821,30	4	1	I	
2805,10	3	1		
2803,15	3	—		
2802,30	5	—		
2798,66	6	2	I	
2746,75	8	3	I	
2743,0	—	4	II	
2696,50	5	2		
2615,2	2	5	II	
2610,1	2	6	II	
2578,46	6	—		
2561,45	5	—		
2559,77	4	—		
2545,92	2	4	II	
2532,10	5	—		
2528,05	4	—		
2525,4	—	4	II	
2524,21	5	1		
2510,89	8	8	II	
2473,18	4	4	II	
2472,95	3	—		
2472,23	5	—		
2472,12	1	—		
2441,67	7	2		
2437,88	2	5	II	
2424,07	5	—		
2423,71	5	—		
2423,38	5	—		
2419,31	6	—	I	
2416,14	5	8	II	R
2412,65	7	2	I	
2405,2	5	5	II	
2401,85	5	—	I	
2394,8	—	5	II	
2394,56	2	10	II	R
2392,96	6	2	I	
2392,6	—	4	II	
2386,59	5	—	I	
2375,43	2	7	II	
2367,4	—	5	II, III	

λ in Å	Int. G	Int. F	Ion.-Grad	Bem.
2366,6	—	4	II	
2346,65	5	—	I	
2345,55	6	2	I	R
2345,44	—	5	II	
2345,26	—	5	II	
2343,5	3	5	II	
2341,2	5	7	II	
2337,49	7	2	I	
2337,10	4	1	I	R
2329,97	7	2	I	R
2325,80	7	2	I	R
2321,39	7	2	I	R
2320,03	8	3	I	R
2317,16	6	1	I	R
2316,04	5	7	II	R
2313,98	8	3	I	R
2313,66	6	1	I	R
2312,9	2	5	II	
2312,34	6	2	I	R
2310,96	8	3	I	R
2310,03	4	1	I	R
2309,49	4	1	I	R
2302,97	3	7	II	R
2300,77	4	1	I	
2290,08	6	2	I	R
2287,16	5	1	I	
2287,11	2	5	II	R
2278,81	6	6	II	R
2273,9	4	2		
2270,24	5	5	II	R
2264,45	4	4	II	R
2261,43	4	—	I	
2253,87	3	5	II	R
2253,68	3	—		
2226,3	5	5	II	
2224,9	5	5	II	R
2223,0	6	6	II	R
2220,4	4	4	II	R
2216,5	6	7	II	R
2206,7	4	4	II	R
2201,4	5	5	II	R
2197,38	3	—	I	
2185,5	—	4	II	R
2184,6	—	6	II	R
2174,7	—	7	II	R
2165,6	—	8	II	R
2161,2	—	2	II	
2158,34	5	—	I	
2157,84	2	—	I	
2129,96	2	—	I	
2107,9	—	4	II	R
2059,9	3	—	I	
2055,5	4	—	I	

λ in Å	Int. G	Int. F	Ion.-Grad	Bem.	λ in Å	Int. G	Int. F	Ion.-Grad	Bem.
2047,4	3	—	I		4772,89	3	—	I	
2035,1	6	—	I		4772,54	2	—	I	
2034,4	3	—	I		4751,34	3	—	II	
2029,2	—	6	II		4705,32	8	—	II	
2026,6	5	—	I		4699,21	5	—	II	
2025,4	3	—	I		4676,25	5	—	II	
2021,0	—	6	II		4661,65	5	—	II	
2019,0	—	6	II		4655,36	3	—	I	
2014,3	4	—	I		4650,85	4	—	II	
					4649,15	8	—	II	
	O Sauerstoff				4641,83	6	—	II	
9262,61	1	—	I		4638,87	4	—	II	
8446,38	10	—	I		4596,13	6	—	II	
7952,18	3	—	I		4590,94	8	—	II	
7950,82	5	—	I		4448,20	4	—	II	
7947,57	10	—	I		4416,97	6	—	II	
7775,43	5	—	I		4414,89	8	—	II	
7774,14	8	—	I		4368,30	10	—	I	
7771,93	10	—	I		4366,91	5	—	II	
7157,36	4	—	I		4351,28	5	—	II	
7002,22	3	—	I		4349,44	8	—	II	
6654,21	3	—	I		4347,43	4	—	II	
6640,90	4	—	II		4345,57	5	—	II	
6456,07	9	—	I		4319,65	6	—	II	
6454,55	6	—	I		4317,16	6	—	II	
6453,69	5	—	I		4253,98	5	—	II	d
6158,20	10	—	I		4233,32	5	—	I	
6156,78	8	—	I		4222,78	3	—		
6155,99	6	—	I		4217,09	2	—		
6046,34	6	—	I		4189,79	9	—	II	
5958,53	5	—	I	d	4185,45	6	—	II	
5950,60	4	—	I		4153,31	6	—	II	
5436,83	6	—	I		4132,82	5	—	II	
5435,76	5	—	I		4120,27	3	—	II	
5435,16	4	—	I		4119,22	8	—	II	
5330,66	9	—	I		4105,00	5	—	II	
5329,59	6	—	I		4097,24	4	—	II	
5328,98	5	—	I		4092,94	4	—	II	
5299,00	4	—	I		4089,27	3	—	II	d
5146,06	4	—	I		4085,21	4	—	II	
5020,13	4	—	I		4075,87	10	—	II	
5019,34	3	—	I		4072,16	8	—	II	
5018,78	2	—	I		4069,90	5	—	II	
4968,76	5	—	I		3982,73	1	—	II	
4967,86	4	—	I		3973,27	5	—	II	
4967,40	3	—	I		3954,60	2	—	I	
4942,97	5	—	II		3954,38	2	—	I, II	
4941,02	3	—	II		3947,61	1	—	I	
4924,50	3	—	II		3947,51	3	—	I	
4906,80	3	—	II		3947,33	8	—	I	
4856,76	1	—	II		3945,04	1	—	II	
4803,00	3	—	I		3911,95	6	—	II	
4773,76	4	—	I		3882,43	1	—	II	

λ in Å	Int. G	Int. F	Ion.-Grad	Bem.	λ in Å	Int. B	Int. F	Ion.-Grad	Bem.
3825,25	1	—	I		4631,83	5	0		
3825,09	2	—	I		4616,78	6	3		
3823,47	5	—	I		4597,16	5	0		
3727,30	3	—	II		4595,04	5	0		
3712,74	2	—	II		4551,30	4	2		
3692,44	3	—	I		4550,41	7	5		
2883,82	1	—	I		4548,66	4	0		
2881,70	1	—	I		4539,92	5	1		
2182,64	1	—	II		4537,62	2	—		
					4529,67	4	1		
					4524,87	4	1		

λ in Å	Int. B	Int. F	Ion.-Grad	Bem.	λ in Å	Int. B	Int. F	Ion.-Grad	Bem.
Os Osmium					4488,60	3	—		
7602,95	2	—			4484,76	6	3		
7653,49	2	—			4479,81	5	2		
7148,91	2	—			4459,53	4	0		
7145,54	3	—			4447,35	6	0		
7060,67	2	—			4439,64	4	1		
6729,56	3	—	I		4437,09	3	0		
6403,15	2	—			4436,32	5	3		
6227,7	3	—			4432,41	4	0		
5996,00	5	—			4420,47	8	5	I	(M 440)
5857,76	6	—			4402,74	4	2		
5800,60	5	—			4397,26	4	1		
5780,82	5	—			4394,86	5	3		
5721,93	7	—			4370,66	3	1		
5584,44	5	—			4365,67	5	3		
5523,53	8	5			4358,14	4	2		
5443,31	5	—			4328,68	6	4		
5416,69	5	—			4326,25	5	2		
5416,35	7	4			4311,40	6	5		
5376,79	5	—			4293,95	5	4	I	
5202,63	8	2		d	4269,61	2	0		
5149,74	6	—			4269,36	4	0		
5103,50	5	—			4260,85	7	5	I	(M 440)
5039,12	5	—			4211,86	6	4		
4979,32	4	—			4202,06	5	1		
4912,61	4	—			4195,14	5	0		v
4899,22	5	—			4189,91	3	0		
4865,60	8	5			4175,63	5	2		
4815,95	8	3			4173,23	6	3	I	
4813,80	5	—			4172,57	3	0		
4793,99	7	5			4158,78	2	0		
4763,10	3	0			4137,84	5	1		
4752,16	3	0			4135,78	6	4	I	(M 220)
4743,89	4	0			4128,96	3	0		
4738,35	4	2			4112,02	7	3	I	
4738,04	1	0			4100,30	3	0		
4692,06	4	2			4091,82	5	1		
4663,82	5	3			4088,44	5	0		d
					4074,68	4	1		
					4071,56	3	—		
					4071,01	3	—		
					4070,86	3	—		

λ in Å	Int. B	Int. F	Ion.-Grad	Bem.	λ in Å	Int. B	Int. F	Ion.-Grad	Bem.
4066,71	4	4			3703,25	5	3		
4041,92	5	1			3692,66	—	3		
4037,84	4	1			3689,06	8	3		
4018,26	3	1			3670,89	3	2		
4004,02	2	0			3656,90	3	1	I	
4003,48	3	0			3654,49	5	1		
3998,93	4	1			3648,81	5	1		
3996,81	3	1			3640,33	3	0		
3988,18	3	1			3619,43	3	2		
3977,23	4	5	I		3616,57	7	2		
3975,44	3	1			3604,48	0	5		
3969,67	2	3			3601,83	3	2		
3964,97	3	1			3598,11	8	3		
3963,63	5	5	I		3587,32	3	1		
3961,02	6	1			3569,78	5	2		
3960,51	3	1			3562,34	3	1		
3949,78	3	1			3560,86	7	7	I	R
3939,57	3	1			3559,79	7	5	I	
3938,59	6	2			3542,71	6	0		
3930,00	4	1			3532,80	5	1		
3928,54	3	1			3530,06	5	1		
3901,71	7	2			3528,60	8	6	I	R
3900,39	3	1			3526,04	4	1		
3881,86	6	1			3523,64	7	2		
3878,57	3	1			3518,73	8	3		
3876,77	8	3	I		3504,66	4	5		
3865,47	6	7	I		3501,16	5	1		
3857,09	7	2	I		3498,54	4	1		
3853,44	5	1			3487,46	3	1		
3849,94	6	2	I		3478,53	5	1		
3843,67	4	1			3465,44	3	1		
3840,30	7	2			3459,02	5	1		
3836,06	7	2	I		3458,39	7	1		
3827,14	3	1			3455,03	3	1		
3800,44	3	1			3449,20	5	2		
3793,91	6	8	I		3445,55	4	1		
3790,73	5	2			3444,46	3	1		
3790,14	4	3	I		3427,67	4	1		
3782,20	6	6	I	(M 200)	3402,51	4	3	I	
3776,99	5	1			3401,87	5	5	I	
3776,25	3	1			3387,84	4	6	I	
3774,62	3	1			3378,68	3	1		
3774,40	3	1			3370,60	6	8	I	R
3768,14	4	2			3364,12	5	1		
3766,30	5	2			3361,15	4	2		
3752,52	8	7	I	(M 360)	3357,97	5	1		
3746,47	5	2			3351,74	3	1		
3732,85	8	1		R, d	3336,15	6	7	I	R
3720,13	4	2	I		3327,43	4	1		
3719,52	2	1	I		3324,33	3	1		d
3713,73	5	2			3315,42	3	1		
3712,84	3	1			3310,91	4	1		
3706,56	3	1			3306,23	4	1		

λ in Å	Int. B	Int. F	Ion.-Grad	Bem.	λ in Å	Int. B	Int. F	Ion.-Grad	Bem.
3301,56	9	9	I	R (M 800)	3140,31	4	1		
3290,26	3	4			3131,12	4	5		
3277,97	4	0			3129,23	3	1		
3275,20	4	5			3129,94	7	1		d, b
3269,21	4	5			3118,33	7	2		
3267,94	6	6	I	R (M 320)	3118,12	4	1		
3264,69	5	1		d	3116,48	3	1		
3262,75	4	5			3114,81	3	1		
3262,29	6	7	I	(M 320)	3111,09	5	2		
3260,30	4	1			3109,38	5	7		
3256,92	4	1			3108,98	6	1		
3254,91	3	1			3105,99	7	2		
3252,01	3	1			3104,98	8	2		d
3241,04	4	2			3101,53	6	2		
3238,63	5	2			3093,59	6	1		
3234,73	5	1			3090,49	4	1		
3234,20	7	1			3090,30	5	1		
3232,54	7	1			3090,09	5	1		
3232,06	6	8	I	(M 200)	3088,27	3	1		
3231,42	7	1			3087,75	3	1		
3229,21	6	0			3086,27	3	1		
3227,28	6	1			3084,60	3	1		
3223,86	5	0			3078,38	6	1		
3213,31	3	2			3078,11	6	1		
3195,38	5	1			3077,72	5	3		
3194,69	3	1			3077,44	6	8		
3194,23	6	2			3077,06	5	1		
3189,46	6	1			3074,96	6	2		
3187,34	4	1			3074,08	6	2		
3186,98	5	1			3069,94	6	1		
3185,33	7	1			3066,12	3	1		
3182,57	5	1			3062,19	5	3		
3181,88	5	1			3060,31	5	3		
3178,24	4	1			3058,66	6	7	I	(M 900)
3178,07	5	6			3055,21	4	1		
3173,93	4	2			3054,97	3	1		
3173,20	5	1			3051,17	4	1		
3168,28	5	1			3050,39	5	3		
3166,51	8	2			3049,46	4	1		
3165,66	1	4			3044,91	5	1		
3164,61	3	1			3044,41	3	1		
3161,73	5	1			3043,64	3	1		
3161,45	4	1			3043,51	5	1		
3157,24	5	0			3042,74	2	3		
3156,78	5	0			3040,90	5	5	I	(M 300)
3156,25	6	8	I	(M 320)	3032,81	3	1		
3153,61	6	2			3030,70	5	7	I	
3152,67	7	2			3019,38	4	2		
3152,07	4	1			3018,04	5	5	I	R (M 460)
3145,96	3	1			3017,25	3	3		
3140,94	3	1			3015,65	3	1		
					3013,07	7	2		

λ in Å	Int. B	Int. F	Ion.-Grad	Bem.	λ in Å	Int. B	Int. F	Ion.-Grad	Bem.
3003,48	3	1			2454,74	0	4		
2970,97	4	5			2453,90	2	0		
2962,15	4	5			2450,74	3	4		
2949,53	6	6			2446,02	4	0		
2948,23	6	5			2440,82	0	6		
2919,79	5	6	I	(M 200)	2431,61	3	0		
2912,33	5	5	I	(M 200)	2431,19	3	0		
2909,06	7	7	I	R	2427,90	0	5		
				(M 900)	2426,81	0	5		
2874,96	0	3			2424,97	4	0	I	
2872,41	3	0			2424,57	3	0		
2860,96	5	5	I		2423,07	1	5		
2850,76	4	2	I		2414,52	2	0		d
2844,40	5	5	I	(M 220)	2405,08	0	7		
2838,63	8	10	I	(M 480)	2396,77	4	1		
2814,20	6	1			2395,88	4	0	I	
2806,91	5	5		(M 260)	2395,40	5	0	I	
2804,07	4	2			2391,78	5	1		
2796,73	5	1			2387,29	3	3		
2782,55	3	4			2377,61	3	1		
2770,70	0	1			2377,03	3	3		
2761,42	3	1			2375,06	1	6		
2732,81	3	1	I		2372,91	4	0		
2721,86	4	1			2372,65	5	0		
2720,04	4	1			2371,18	3	1		
2715,36	4	4			2369,24	3	1		
2714,64	5	5	I	r	2367,35	4	8		
				(M 280)	2362,77	3	1		
2706,70	4	0			2358,68	0	5		
2699,59	3	1			2355,28	1	5		
2689,82	5	5	I	(M 200)	2350,23	3	5		
2674,89	1	3			2340,69	1	3		
2674,57	4	4			2339,81	0	3		
2661,18	4	0			2336,80	2	7		
2658,60	5	5	I	(M 180)	2325,65	0	5		
2644,11	5	5	I	(M 180)	2320,18	2	0	I	
2637,13	6	5	I	(M 360)	2315,45	0	4		
2613,06	4	4	I	R	2315,16	1	4		
2612,63	4	4			2313,75	1	5	I	
2590,76	4	4	I		2308,31	3	0	I	
2581,96	3	0			2306,05	0	5		
2580,03	1	3		d	2303,51	2	0	I	
2542,51	3	0			2297,31	1	0	I	
2538,00	0	6			2289,32	2	0	I	d
2513,25	3	0	I	(M 200)	2283,67	2	1	I	
2503,67	1	3		d	2282,26	3	7	I	
2498,41	3	1	I	d	2279,11	4	1	I	
				(M 220)	2278,44	0	4		
2492,37	2	0			2272,54	0	5		
2488,55	5	7	I	b	2270,17	3	1	I	
				(M 380)	2264,60	3	0	I	
2486,24	0	5		d	2261,73	1	5		r
2461,43	3	4			2260,11	1	4		

λ in Å	Int. B	Int. F	Ion.-Grad	Bem.
2255,85	4	8	I	
2252,15	3	0	I	
2234,61	2	1		
2231,16	1	4		
2227,98	2	5	I	
2225,44	2	0	I	
2225,27	0	5	I	
2218,30	0	2		
2214,76	0	3		
2206,27	2	5		
2205,74	2	4		
2204,85	0	3		
2194,39	3	7		
2188,97	3	—		
2167,75	3	1		
2164,85	2	4		
2161,00	3	0		
2159,98	3	0		
2159,52	3	—		
2158,53	3	1		
2158,04	0	2		
2156,88	0	3		
2156,31	3	0		
2150,42	0	2		
2147,36	0	1		
2147,27	0	4		
2137,11	5	2		
2127,97	0	3		
2119,79	6	1		
2117,96	4	1		
2102,91	0	1		
2045,36	3	1		

λ in Å	Int. B	Int. F	Int. G	Ion.-Grad	Bem.
4178,36	6	—			b
4080,04	—	—	3	III	
4059,27	—	2	2	III	
3827,44	—	—	3	II	r
3706,05	—	—	3	II	b
3556,48	—	—	2	II	
3424,87	—	—	2	II	
3419,24	—	—	2	II	
3371,10	—	—	1	IV	
3364,43	—	—	1	IV	
3347,7	—	1	1	IV	
3233,61	—	—	2	III	
3219,30	—	—	2	III	b
3175,14	—	—	1	V	
2895,32	—	—	1	III	b
2883,90	—	—	1	III	
2739,32	—	—	1	IV	
2725,67	—	1	1	IV	
2677,3	—	2	2		
2644,20	—	—	1		
2606,0	—	—	3	II	
2554,93	3	—	6	I	
2553,28	4	—	8	I	LL (M 38)
2535,65	4	—	9	I	LL (M 60)
2534,01	3	—	7	I	
2154,08	1	—	2	I	
2149,11	1	—	2	I	
2136,20	1	—	2	I	
2033,49	1	—	2	I	
2024,55	1	—	1	I	
2013,47	1	—	1	I	

P. Phosphor

λ in Å	Int. B	Int. F	Int. G	Ion.-Grad	Bem.
6043,05	—	—	3	II	
6024,14	—	—	1	II	
5676,89	—	—	1		
5499,71	—	—	3	II	
5425,92	—	—	3	II	b
5296,09	—	—	6	II	b
5253,48	—	—	6	II	b
4943,41	—	—	3	II	r
4727,46	—	—	2		
4601,96	—	—	6	II	b
4587,91	—	—	8	II, III	
4475,27	—	—	3	II	r
4385,33	—	—	2		r
4246,88	1	—	3	III	b
4222,15	6	3	3	III	

Pb Blei

λ in Å	Int. B	Int. F	Ion.-Grad	Bem.
10500,0	10	—		
10291,3	10	—	I	
9069,3	—	5	II	
9063,7	—	4	II	
9050,7	—	4	II	
8395,6	—	4	II	
7632,2	—	4	II	
7228,98	6	—	I	
7193,6	—	5	II	
6660,0	—	3	II	
6059,4	5	—	I	
6002,0	5	—		
5895,68	4	—	I	
5608,8	4	8	II	

λ in Å	Int. B	Int. F	Ion.-Grad	Bem.
5005,45	5	2	I	
4386,6	—	6	II	
4272,6	—	3	III	
4245,08	—	4	IV	
4245,0	—	6	II	
4242,5	—	4	II	
4168,04	6	5	I	R
4062,14	7	5	I	
4057,81	10	10	I	R LL (M 3400)
4019,64	5	4	I	
3962,45	—	5	IV	
3952,1	—	3	III	
3854,0	—	6	III	
3739,94	7	7	I	R
3683,48	10	8	I	R LL (M 1400)
3671,50	5	4	I	R
3655,61	—	3	IV	
3639,57	9	7	I	R
3572,73	8	8	I	R
3221,30	—	4	IV	
3220,54	4	4	I	
3176,6	—	4	III	
3137,9	—	4	III	
3052,66	—	5	IV	
3043,87	—	4	III	
2873,32	8	8	I	R
2864,31	—	4	IV	
2833,06	10	10	I	R LL (M 950)
2823,19	7	7	I	R
2802,00	10	10	I	R LL (M 1000)
2663,16	8	8	I	R
2628,29	5	5		
2614,18	7	5	I	R
2613,66	5	4	I	R
2577,27	6	5	I	R
2562,3	—	4	III	
2476,38	7	5	I	R
2461,51	—	5	IV	
2446,18	5	4	I	
2443,86	4	3		R
2411,75	3	1		R
2401,95	4	3	I	R
2393,80	6	5	I	R
2332,47	3	1		R
2246,90	5	4		R
2237,42	3	1		R
2203,53	2	6	II	
2175,6	2	—		R
2170,0	6	2	I	R LL

λ in Å	Int. B	Int. F	Ion.-Grad	Bem.
2159,6	2	—		R
2115,0	4	—		R
2088,2	4	4		R
2060,7	5	5		
2057,3	5	7		
Pd Palladium				
7915,80	1	—	I	
7764,03	2	—	I	
7368,12	2	—	I	
6916,55	1	—	I	
6833,42	1	—	I	
6784,52	1	0	I	
6774,54	1	—	I	
6130,56	1	—	I	
5739,68	5	0	I	
5695,09	6	3	I	
5670,07	7	4	I	
5619,46	5	1	I	
5547,02	6	4	I	
5542,80	7	5	I	
5395,24	8	5	I	
5362,66	5	1	I	
5345,10	4	0	I	
5312,57	5	1	I	
5295,63	9	7	I	
5256,18	4	0	I	
5234,86	5	4	I	
5208,91	4	0		
5163,84	9	7	I	
5127,71	4	0	I	
5117,02	5	4	I	
5110,81	5	3	I	
5063,41	4	0	I	
4971,96	4	0		
4919,86	4	0	I	
4875,43	6	5	I	
4817,51	7	6	I	
4788,18	6	5	I	d
4724,00	4	0	I	
4677,46	5	0	I	
4552,89	5	0	I	
4541,14	6	3	I	
4516,18	5	2	I	
4489,48	6	3	I	
4473,59	7	4	I	
4351,01	4	0	I	d
4344,67	6	0	I	
4268,33	8	0	I	d
4212,95	8	0	I	
4169,84	7	3	I	
4156,96	0	2		
4098,90	4	0	I	b

λ in Å	Int. B	Int. F	Ion.-Grad	Bem.	λ in Å	Int. B	Int. F	Ion.-Grad	Bem.
4087,34	5	4	I		3161,95	—	5	II	d
4020,23	4	0	I	b	3155,59	—	4	II	
3958,64	8	6	I	R, b	3142,81	6	5	I	
3894,20	8	6	I	R, b	3152,51	—	3	II	
3832,29	7	6	I		3114,04	8	7	I	b
3799,19	6	5	I	R, b	3109,16	2	3	II	d
3718,91	6	5	I	R	3075,17	4	0	I	
3690,34	7	6	I	R, b	3066,10	6	0	I	
3634,70	10	8	I	R, b	3065,31	8	6	I	b, R
				(M 2200)	3059,43	—	5	II	b
3609,55	10	10	I	R, b	3052,15	—	5	II	d
				(M 2200)	3050,08	—	4	II	d
3597,70	4	5		b	3032,20	—	6	II	d
3571,16	7	7	I	d, R	3027,91	8	5	I	R, b
3566,63	4	4			3026,1	—	3	II	
3553,08	9	9	I	R, b	3020,70	3	—		
				(M 1300)	3018,50	—	3	II	d
3528,72	3	3	I		3009,78	4	0	I	R
3516,94	10	8	I	b, R	3002,65	6	4	I	R, b
				(M 1300)	2999,55	—	5	II	d
3507,95	0	5	II	d	2980,66	—	6	II	R
3489,77	7	7	I	d	2956,50	—	3	II	d
3481,15	9	8	I	R, b	2954,39	—	4	II	d
				(M 1100)	2934,84	0	6	II	d, b
3468,54	—	4	II	d	2925,42	0	4	II	d
3460,77	9	8	I	R, b	2922,49	5	3	I	R, b
3451,35	—	6	II	b	2893,09	—	4	II	
3441,40	9	8	I	R, b	2877,87	—	7	II	d, b
3433,45	8	7	I	b	2871,37	—	7	II	d, b
3421,24	9	8	I	R, b	2857,73	—	5	II	
				(M 1400)	2854,58	—	9	II	d, b
3419,65	3	2	I		2841,03	—	6	II	
3404,58	10	10	I	R, b	2839,89	—	6	II	
				(M 2600)	2837,66	—	6	II	d, b
3382,57	4	4	II	d	2822,94	—	5	II	d, b
3380,67	3	3	I	b, d	2821,85	—	6	II	d
3373,00	7	7	I	R, b	2807,33	—	7	II	d
3327,23	0	5	II	d	2800,4	—	7	II	d
3302,13	7	8	I	R, b	2787,92	—	8	II	d
3287,25	5	5	I	R	2776,84	—	9	II	d, b
3280,68	4	0		d	2763,09	8	7	I	R, b
3272,56	—	4	II	d	2751,06	—	5	II	d
3267,35	—	5	II	d	2742,60	—	6	II	
3258,78	7	6	I	R, b	2731,81	—	6	II	b
3251,64	6	6	I	R	2727,89	—	5	II	
3243,13	—	3	II	d	2726,78	—	4	II	d
3242,70	9	9	I	b, d, R	2714,90	—	5	II	
				(M 1200)	2714,32	—	5		
3218,97	4	0	I		2709,21	—	5	II	d, b
3210,45	—	5	II	d	2698,55	—	4	II	
3179,41	4	3	I	d	2688,55	—	5	II	
3178,77	—	3	II		2687,66	—	5	II	
3170,26	—	4	II	d	2686,28	4	0	I	

λ in Å	Int. B	Int. F	Ion.-Grad	Bem.	λ in Å	Int. B	Int. F	Ion.-Grad	Bem.
2679,58	—	5	II		2447,91	6	—	I	b
2679,12	—	4	II	d	2446,71	—	6	II	
2677,85	—	5	II		2446,18	—	7	II	
2677,03	—	4	II	d	2441,44	6	—		b
2661,14	—	5	II		2436,35	—	4	II	d
2658,72	3	7	II		2435,32	3	6	II	
2657,56	—	6	II		2433,10	3	6	II	
2655,1	4	0			2430,93	2	4	II	
2649,47	—	2	II		2426,87	3	6	II	
2642,17	—	1	II		2426,08	—	3	II	
2637,07	—	1	II		2425,80	—	4	II	
2635,94	2	7	II		2424,48	2	5	II	
2630,33	—	5	II	d	2418,73	3	4	II	
2628,25	2	7	II		2415,61	—	5	II	
2613,43	—	6	II		2414,73	3	6	II	
2609,86	—	2	II		2408,74	0	4	II	
2605,06	3	0			2406,74	2	6	II	
2602,76	0	5	II		2401,38	—	6	II	d
2595,97	—	5	II		2401,13	—	4	II	
2593,27	1	8	II		2400,97	—	4	II	
2584,13	1	6	II		2388,33	3	7	II	
2583,85	—	2	II		2385,01	—	0	II	b, d
2576,40	0	5	II		2383,40	—	0	II	b, d
2575,49	—	1	II		2382,57	—	5	II	d
2569,55	2	6	II		2377,92	2	4	II	
2565,51	3	7	II		2372,15	3	7	II	
2551,85	3	7	II	d	2367,96	4	6		
2550,66	—	6	II		2362,32	3	5	II	
2544,83	—	5	II		2361,31	—	4	II	d
2539,36	—	6	II	b, d	2360,53	2	0		
2537,97	—	1	II		2357,63	2	6	II	
2537,17	—	1	II		2351,86	1	6	II	
2534,60	2	8	II		2351,34	3	5	II	
2514,48	—	6	II		2347,76	2	5	II	
2513,1	4	—		b	2347,31	—	2	II	b
2509,11	—	5	II	d	2337,17	—	4		
2505,74	3	8	II		2336,60	3	5	II	
2498,78	3	9	II	b, d	2336,41	3	5	II	
2496,69	—	5	II		2331,41	2	4	II	
2489,61	—	8	II		2327,51	2	0	I	d
2488,92	4	8	II		2322,58	—	3		
2486,53	3	7	II		2321,90	—	3	II	
2478,80	—	5	II	d	2319,25	3	0		
2477,01	—	5	II		2316,47	2	0		
2476,42	7	0	I	b	2315,87	—	4	II	
2472,51	—	2	II		2308,60	—	4	II	
2471,15	—	2	II		2307,50	—	6	II	b
2470,01	—	5	II		2302,01	2	6	II	b
2469,25	2	6	II		2299,60	—	3	II	
2457,76	—	5	II		2299,43	—	5	II	
2457,26	—	6	II		2296,51	3	7	II	b, R
2454,76	—	4	II		2282,10	1	4	II	
2448,16	—	1	II		2280,83	2	4	II	

λ in Å	Int. B	Int. F	Ion.-Grad	Bem.
2266,95	—	3	II	
2264,28	2	4	II	
2262,48	1	5	II	
2262,14	0	3	II	
2254,26	2	0	I	
2252,03	0	4	II	
2251,50	0	3	II	
2231,56	2	6	II	b
2229,22	—	4	II	
2225,29	2	—	I	
2223,73	—	4	II	b
2222,29	—	4		b
2218,16	—	5	II	
2217,54	—	5	II	
2217,32	—	3	II	
2214,04	—	5	II	
2212,14	1	5	II	
2207,47	0	4	II	
2203,48	—	3	II	
2202,36	1	4	II	
2190,45	—	3	II	
2182,34	—	3	II	
2178,27	1	0	I, II	
2176,90	—	2	II	
2172,38	—	3	II	
2162,27	—	4	II	
2152,75	—	3	II	
2149,13	—	4		
2144,25	1	3		
2140,26	—	3	II	
2137,24	—	3	II	
2110,80	—	1		
2103,66	—	2	II	
2092,38	—	2	II	
2092,01	—	2	II	
2045,62	—	5	II	

Pt Platin

λ in Å	Int. B	Int. F	Ion.-Grad	Bem.
8224,79	6	—		
7217,58	6	—	I	
7113,75	8	—		
7094,77	6	—	I	
6842,60	7	—	I	
6760,00	9	—	I	
6710,40	8	—	I	
6648,31	4	—		
6523,46	6	—	I	
6326,60	7	1		
6283,50	3	—		
6216,00	3	—		
5840,13	7	1		
5763,58	4	—		
5525,85	2	—		

λ in Å	Int. B	Int. F	Ion.-Grad	Bem.
5478,50	6	2	I	
5475,78	7	2	I	
5390,79	5	—	I	
5368,99	7	1		
5301,02	9	5	I	
5227,64	9	2		
5059,49	7	3	I	
5044,04	5	—	I	
5033,53	3	—	I	
4684,09	4	1		
4657,95	5	2		
4554,5	3	—		
4552,42	8	6	I	
4547,88	5	—		
4520,90	6	3	I	
4514,14	—	3		
4511,25	3	—		
4498,75	9	7	I	
4445,55	3	—		
4442,56	9	4		
4327,04	4	2		
4164,71	—	4		
4118,69	9	9		
3966,36	4	6		
3922,98	8	6	I	
3898,73	6	4		
3818,68	6	4		
3674,05	4	—		
3672,00	7	3		
3643,16	7	7	I	
3628,11	7	6		
3485,27	8	7		
3408,14	8	7	I	
3401,87	5	—	I	
3323,78	4	—		
3301,85	8	7	I	
3290,22	4	—		
3283,26	3	—	I	
3281,96	3	—	I	
3268,42	3	—		
3255,91	6	5		
3251,98	3	—		
3233,42	3	—		
3230,29	3	—		
3204,05	8	6	I	R
3200,72	7	5		
3159,10	—	6		
3156,56	8	7		
3139,37	9	8	I	R
3100,00	4	7		
3064,71	10	10	I	R LL (M 320)
3042,62	7	7	I	R

λ in Å	Int. B	Int. F	Ion.-Grad	Bem.
3036,43	7	5		
3002,27	6	4	I	R
3001,18	3	6		
2997,97	7	7	I	R
				(M 180)
2929,79	8	6	I	R
				(M 170)
2919,34	5	—		
2913,55	6	2		
2912,66	5	1		
2899,68	2	5		
2897,88	6	6	I	
2893,87	7	7	I	R
2893,22	4	—		
2890,40	2	5		
2877,47	5	7		
2830,30	8	8	I	R
				(M 140)
2822,50	6	4		
2794,21	5	9	II	
2773,99	7	7		
2771,67	5	5		R
2754,90	6	6		
2753,85	5	4		
2733,96	8	7		R
				(M 180)
2729,90	4	—		
2719,04	6	5	I	R
				(M 130)
2705,89	6	5	I	R
				(M 160)
2702,40	7	6	I	R
				(M 200)
2698,41	4	—		
2677,13	6	5	I	R
2659,45	10	9	I	R LL
				(M 280)
2650,86	6	5		R
2646,87	6	5	I	R
2628,03	7	5		R
				(M 110)
2625,32	3	5		
2616,74	3	5		
2572,63	3	5		
2513,90	4	6		
2488,72	4	5		
2487,18	7	6		R
2467,44	8	6	I	R
2450,96	6	5		
2442,6	3	5		
2440,08	5	—	I	R
2436,69	4	—	I	R
2428,20	6	2	I	R

λ in Å	Int. B	Int. F	Ion.-Grad	Bem.
2428,03	4	—	I	
2424,88	4	7		
2420,8	1	4		
2405,75	2	5		
2403,10	5	2	I	R
2401,87	3	—	I	R
2396,68	6	5		
2377,27	7	6		
2368,3	5	2	I	R
2357,10	6	3	I	R
2340,2	4	1	I	R
2319,91	6	5		
2315,5	4	—	I	R
2310,97	5	7		
2298,8	3	—	I	R
2292,4	3	—	I	R
2289,3	3	—	I	R
2288,19	7	5		
2276,9	3	—	I	R
2276,4	2	—	I	R
2274,8	2	—	I	R
2274,4	4	—	I	R
2268,8	5	—	I	R
2251,5	—	5		
2249,3	2	—	I	R
2245,5	6	5	I	R
2234,91	3	—	I	R
2222,60	3	—	I	R
2217,33	3	—	I	R
2203,2	5	—	I	R
2202,20	4	—	I	R
2201,08	2	—	I	
2199,7	2	—	I	
2190,2	3	—	I	R
2182,8	3	—	I	R
2180,5	4	—	I	R
2180,3	3	—	I	
2174,6	5	—	I	R
2165,1	4	—	I	R
2153,5	4	—	I	R
2145,0	3	—	I	
2144,2	5	—	I	R
2128,6	4	—	I	R
2109,7	4	—	I	
2109,5	3	—	I	R
2103,3	3	—	I	R
2101,6	3	—	I	R
2084,6	4	—	I	
2082,6	2	—	I	R
2070,9	3	—	I	R
2067,5	2	—	I	R
2062,8	2	—	I	R
2060,8	2	—	I	R

λ in Å	Int. B	Int. F	Ion. Grad	Bem.
2049,4	3	—	I	
2049,2	3	—	I	
2036,5	4	—	I	R
2032,4	3	—	I	R
2030,6	3	—	I	R

Ra Radium

λ in Å	Int. G	Int. F	Ion.-Grad	Bem.
9932,21	2	—	I	
8693,94	1	—	I	
8335,07	2	—		
8269,03	1	—		
8248,70	1	—		
8177,31	3	—	I	
8019,70	5	—	II	
8019,25	0	—		
8005,13	1	—		
7896,43	1	—		
7877,08	0	—		
7838,12	2	—	I	
7565,49	0	—		
7499,87	4	—		
7310,27	6	—	I	
7225,16	9	—	I	
7141,21	10	—	I	
7118,50	8	—	I	
7078,02	2	—	II	
6980,22	9	—	I	
6903,01	3	—	I	
6758,2	5	—	I	
6719,32	6	—	II	
6653,33	1	—		
6645,95	1	—		
6599,47	3	—	I	
6593,34	6	—	II	
6585,41	5	—		
6545,93	3	—		
6532,08	3	—	I	
6528,92	1	—	I	
6487,32	9	—	I	
6446,20	9	—	I	
6438,9	3	—	I	
6336,90	6	—	I	
6247,16	4	—	II	
6200,30	9	—	I	
6167,03	4	—	I	
6151,19	3	4	I	
5957,67	3	6		
5823,49	1	5	I	
5813,63	6	6	II	

λ in Å	Int. G	Int. F	Ion.-Grad	Bem.
5811,58	3	5	I	
5795,78	3	5	I	
5755,45	2	5		
5728,83	2	2	II	
5690,16	2	5	I	
5661,73	5	5	II	
5660,81	9	7	I	
5623,43	2	2	II	
5620,47	2	—	I	
5616,66	5	—	I	
5601,5	4	4	I	
5555,85	6	6	I	
5553,57	5	—	I	
5544,25	2	—		
5505,50	3	4	I	
5501,98	4	—	I	
5488,32	3	—	I	
5482,13	3	3	I	
5406,81	6	6	I	
5400,23	6	—	I	
5399,80	5	—	I	
5320,29	5	—	I	
5283,28	5	—	I	
5263,96	2	—		
5205,93	5	—	I	
5097,56	5	—	I	
5081,03	3	3	I	
5066,57	2	2	II	
5041,56	3	—	I	
4982,03	1	—		
4971,77	2	2		
4927,53	4	4	II	
4903,24	1	2	I	
4859,41	4	3	II	
4825,91	8	—	I	
4699,28	3	3	I	
4682,28	8	7	II	
4663,52	1	1	II	
4641,29	3	—	I	
4533,11	5	4	II	
4436,27	4	3	II	
4426,35	2	—		
4366,30	2	—		
4340,64	9	9	II	
4305,00	1	—	I	
4265,12	2	—	I	
4244,72	3	2	II	
4195,56	1	1	II	
4194,09	3	2	II	
4177,98	1	—	I	
3894,55	3	2	II	
3851,90	3	2	II	
3814,42	10	8	II	

λ in Å	Int. G	Int. F	Ion.-Grad	Bem.
3771,57	1	—		
3686,16	1	1	II	
3649,55	9	8	II	
3514,8	1	0	II	
3423,1	1	0	II	
3101,80	3	—	I	
3033,44	4	3	II	
2836,46	2	2	II	
2813,76	5	4	II	
2795,21	4	3	II	
2708,96	5	4	II	
2643,73	4	3	II	
2595,15	1	1	II	
2586,61	3	2	II	
2480,11	1	1	II	
2475,50	4	3	II	
2460,55	3	2	II	
2377,10	1	1	II	
2369,73	3	2	II	
2223,3	1	0	II	
2197,8	1	1	II	
2169,9	4	3	II	
2131,0	2	1	II	
2107,6	1	0	II	
2070,6	0	0	II	
2012,75	1	0	II	
2006,4	0	0	II	

Rb Rubidium

λ in Å	Int. B	Int. F	Ion.-Grad	Bem.
10888,6	1	—		
10075,71	2	—	I	
10075,28	3	—	I	
10052,2	3	—	I	
8861,5	2	—	I	
7947,60	1	—	I	R (M 1500)
7800,23	2	—	I	R LL (M 3000)
7759,43	2	—	I	
7757,65	1	—	I	
7618,93	3	—	I	
7408,17	6	—	I	
7280,00	7	—	I	
6775,06	—	9	II	
6299,22	8	—	I	
6298,33	10	3	I	
6206,31	8	2	I	
6159,62	6	—	I	
5724,95	5	2	I	

λ in Å	Int. B	Int. F	Ion.-Grad	Bem.
5724,45	8	3	I	
5699,16	—	6		
5653,74	5	—	I	
5648,10	7	—	I	
5635,99	—	6	II	
5578,78	3	—	I	
5522,79	—	6	II	
5431,53	5	—	I	b
5425,43	1	—		
5362,60	2	—	I	
5260,03	1	—	I	
5195,27	1	—	I	
5152,09	—	6	II	
5095,29	1	—		
4885,63	—	5		
4782,87	—	7		
4776,00	—	9	II	
4648,56	—	8	II	
4622,45	—	5		
4571,79	—	10	II	
4530,36	1	6		
4430,7	—	10		
4426,1	—	10		
4401,4	—	10		
4380,7	—	10		
4377,15	—	10		
4371,8	—	10		
4348,3	—	10		
4331,5	—	10		
4293,99	—	10	II	
4288,00	—	10		
4273,18	—	10	II	
4266,62	—	5		
4244,44	—	10	II	
4215,58	7	5	I	R LL
4201,81	8	6	I	R LL
4193,10	—	9	II	
4136,13	—	7		
4104,31	—	8	II	
4083,93	—	6		
4006,29	—	10		
3978,21	—	7		
3940,57	—	10	II	
3801,93	—	5		
3728,66	—	8		
3699,62	—	10		
3664,2	—	10		
3662,78	—	7		
3600,68	1	5		
3591,59	8	6	I	R
3587,07	10	7	I	R
3531,60	—	9	II	
3492,75	—	10	II	

λ in Å	B	F	Ion.-Grad	Bem.
3461,60	—	10	II	
3434,72	—	7	II	
3434,25	—	8	II	
3393,12	—	7	II	
3354,0	—	8		
3350,88	5	5	I	R
3348,73	7	7	I	R
3340,61	—	8	II	
3330,3	—	7		
3321,56	—	8	II	
3271,0	—	7	II	
3229,1	2	—	I	R
3228,0	4	—	I	R
3198,77	—	8	II	
3111,43	—	6	II	
3086,9	—	5		
3023,66	—	5	II	
2956,12	—	6	II	
2807,63	—	6	II	
2631,80	—	5	II	
2561,92	—	4		
2472,3	—	1	II	
2364,3	—	1	II	

Re Rhenium

λ in Å	B	F	Ion.-Grad	Bem.
9949,90	8	—	I	
9945,45	6	—	I	
9943,70	2	—	I	
9872,38	1	—	I	d, v
9842,63	2	—	I	b
9762,65	2	—	I	
9710,52	5	—	I	
9470,14	3	—	I	
9423,44	1	—	I	
9383,74	4	—		
9380,24	1	—	I	
9363,13	2	—	I	
9268,46	1	—		b
9250,02	1	—	I	
8886,58	1	—	I	
8882,95	1	—	I	b, v
8797,70	3	—	I	b, r
8786,77	4	—	I	b, r
8697,26	2	—	I	b
8675,65	5	—	I	b, r
8648,97	3	—	I	b, r
8643,61	1	—	I	
8570,71	1	—	I	
8527,73	9	—	I	b, r
8417,14	8	—	I	
8357,59	3	—	I	
8301,01	2	—	I	b
8293,73	2	—		

λ in Å	B	F	Ion.-Grad	Bem.
8088,25	1	—		
8060,03	3	—	I	
8052,11	1	—		b, v
7980,75	9	—	I	b, r
7912,94	10	—	I	b, r
7869,60	7	—	I	b, r
7640,93	10	—	I	b, r
7620,25	8	—	I	b, r
7611,90	7	—	I	
7578,22	8	—	I	b
7352,03	5	—	I	
7292,67	9	—	I	
7273,84	7	—	I	
7246,67	9	—	I	
7024,13	7	—	I	
7006,05	7	—	I	
6971,53	8	—	I	
6829,96	8	—	I	b
6813,42	8	—	I	b
6752,03	5	—		
6751,22	5	—		
6652,40	6	—		b
6605,19	7	—	I	b
6592,54	6	—	I	b
6577,15	5	—	I	b
6511,48	6	—	I	
6350,75	7	—	I	R
6321,89	7	—	I	b
6307,72	7	—	I	b
6243,22	5	—	I	b
6146,82	5	—	I	
6145,80	5	—		b
5943,24	7	—		
5834,33	6	6	I	
5815,87	2	—		b
5776,84	3	4	I	b
5752,95	4	5	I	b
5740,30	2	—		b
5667,90	3	4	I	
5563,21	4	—	I	b
5532,66	3	—		
5431,89	0	3		
5377,05	4	5	I	b
5369,46	0	3		
5333,85	3	—		
5331,90	4	—		
5327,46	5	—		
5278,24	3	3		
5275,56	7	7	I	b
				(M 160)
5270,95	6	6	I	b
				(M 130)
5210,03	4	5		

λ in Å	Int. B	Int. F	Ion.-Grad	Bem.	λ in Å	Int. B	Int. F	Ion.-Grad	Bem.
5178,91	5	—		b	4367,58	5	5		
5126,69	3	—		b	4358,69	5	6	I	
5104,63	3	—		b	4357,97	0	5		
5096,50	3	5	I		4332,26	4	5	I	
5058,56	2	3	I		4304,41	4	5	I	
4985,99	4	5	I	b	4291,65	3	4	I	
4956,77	3	4			4291,18	4	5		b
4946,74	4	5	I		4257,59	5	6	I	b
4933,74	3	4		b	4246,81	0	5		
4923,93	5	6	I		4241,16	5	6	I	
4915,03	3	4			4227,46	6	8	I	b
4889,14	7	8	I	b, v					(M 360)
				(M 220)	4221,08	5	5	I	
4791,42	5	6	I	b	4204,53	1	4		
4758,86	2	0			4182,98	6	6	I	R
4749,03	1	2		b	4170,39	4	4		
4748,38	4	5		b	4144,36	5	6	I	b
4727,62	4	5		b	4136,45	6	6	I	b
4705,03	4	5		b					(M 180)
4700,43	3	0			4133,42	5	5	I	
4695,01	3	0		b	4121,63	3	4	I	
4682,33	4	5		b	4110,90	3	4	I	
4674,31	0	4			4104,42	2	3		
4662,50	2	0			4083,59	0	2	I	
4652,32	4	5			4081,43	4	3	I	
4630,84	4	6	I		4069,13	0	4		b
4621,38	4	5			4048,99	4	3	I	
4605,73	5	5	I		4033,31	5	4	I	
4580,67	4	5	I		4029,64	4	0	I	
4559,70	4	5		b	4023,35	4	0	I	b
4559,26	4	5			4022,97	4	0	I	d
4545,16	5	5			3984,23	2	4		
4529,93	5	6	I	b	3962,48	5	4	I	
4525,99	4	5			3961,03	3	0	I	
4523,89	4	6			3945,91	4	3	I	
4522,72	6	7	I		3929,84	5	3	I	
4516,63	6	6	I		3917,28	5	4	I	b
4513,31	7	8	I	(M 260)	3876,89	5	3	I	
4507,99	4	5	I	b	3875,25	5	3	I	
4507,03	5	6	I	b	3834,23	5	4	I	
4481,45	0	5			3833,70	4	3	I	
4478,39	5	5		b	3796,60	3	0	I	
4477,99	4	5		b	3787,53	6	5	I	
4475,08	4	5			3742,27	0	3		
4467,94	4	5			3740,43	3	2	I	
4454,67	5	6	I		3740,10	5	4	I	b
4453,88	0	4			3735,33	5	4	I	
4440,44	3	0			3735,00	5	3	I	b
4415,83	4	5			3725,76	6	6	I	b, d
4406,40	3	5							(M 400)
4394,37	5	6	I		3717,29	5	3	I	b
4392,49	3	4	I		3703,24	4	3	I	
4391,33	4	5	I	b	3697,70	5	0		b

λ in Å	Int. B	Int. F	Ion.-Grad	Bem.
3691,48	5	4	I	b
				(M 500)
3689,52	4	3	I	b
3670,52	3	2	I	
3651,97	3	2	I	
3651,66	0	1		b
3642,99	4	0	I	
3637,84	3	2	I	
3617,08	4	5	I	
3583,02	5	6	I	b
3580,97	5	6	I	b
3580,13	3	4	I	
3579,13	4	5	I	
3570,26	3	0		
3558,95	2	0	I	b
3537,47	4	3	I	b
3517,33	4	3		
3516,65	4	3		
3512,29	2	0		
3503,06	5	5	I	
3480,85	3	3	I	
3480,38	3	3	I	
3467,96	5	3	I	b
3464,73	7	8	I	(M 4000)
3460,46	9	9	I	b
				(M 5500)
3453,50	5	3	I	
3451,88	6	7	I	(M 1600)
3449,37	4	3	I	R
3437,72	4	4	I	b
3427,62	4	3	I	
3424,62	6	6	I	b
				(M 800)
3419,40	5	3	I	
3409,83	3	0	I	
3408,68	3	0		
3405,89	4	0	I	
3404,72	4	0	I	
3399,30	6	5	I	b
				(M 400)
3379,72	4	3	I	
3379,05	2	5		
3355,29	2	0		d
3346,20	3	2	I	
3344,35	4	3	I	
3342,24	5	4	I	(M 160)
3338,18	2	0	I	(M 200)
3335,37	3	0	I	
3331,17	5	5	I	
3322,48	5	4	I	
3318,67	2	4		
3308,48	0	5		
3303,21	0	6		

λ in Å	Int. B	Int. F	Ion.-Grad	Bem.
3296,99	4	0	I	
3269,04	4	0		
3261,55	3	—		
3259,55	4	3	I	
3258,85	4	3	I	
3246,31	1	5		
3235,94	4	0		
3212,95	3	—		
3204,25	5	5	I	(M 110)
3200,04	3	—	I	b
3194,48	3	—	I	b
3185,57	5	5	I	(M 110)
3184,76	5	5	I	(M 110)
3182,87	4	4	I	
3177,72	4	—		
3174,78	4	0	I	b
3168,38	5	4	I	b
3158,32	5	3	I	
3153,79	4	3	I	
3151,63	4	5	I	b
3134,02	3	0	I	
3128,95	4	0	I	b
3121,37	4	3	I	
3118,19	4	3	I	
3110,86	4	0	I	
3108,81	5	5	I	
3103,26	0	6		
3100,67	4	3	I	
3093,65	3	—	I	
3088,77	4	1	I	
3082,43	5	3	I	b
3071,17	3	0		
3069,95	6	0		
3067,40	6	4	I	(M 160)
3058,79	3	—	I	
3042,30	0	4	I	
3030,45	4	0	I	
3016,49	5	3		
3016,02	4	2	I	b
2999,60	6	5	I	(M 500)
2992,36	5	4	I	(M 160)
2976,29	3	—	I	b
2965,76	5	4	I	b
				(M 140)
2965,13	4	3	I	
2943,14	1	3	I	
2930,62	3	—		
2927,40	5	4		b
2909,82	4	2		
2905,58	4	2	I	
2904,53	0	3		
2902,48	4	3	I	b
2896,02	5	1	I	b

λ in Å	Int. B	Int. F	Ion.-Grad	Bem.	λ in Å	Int. B	Int. F	Ion.-Grad	Bem.
2888,01	0	3			2592,87	3	—	I	
2887,68	5	4	I	(M 260)	2588,55	—	3		
2883,45	3	—			2588,02	—	3		
2875,29	4	—	I		2586,79	3	0		
2871,81	3	—	I		2573,77	3	—		
2850,98	4	0	I		2571,82	0	4		b
2834,06	4	0		R	2568,64	4	5		b
2823,88	0	4			2564,19	4	0		
2819,96	5	4	I	b	2558,05	3	—		
2814,68	3	—			2556,51	4	0	I	
2807,87	3	—		b	2554,63	0	4		
2803,24	3	3		d	2553,56	0	4		
2802,84	2	2			2552,03	4	—		
2783,57	4	3	I	b	2550,10	0	5		
2770,42	3	—	I		2545,49	3	—		
2766,40	3	—		b	2544,89	4	4		
2763,80	3	—			2544,74	3	0		
2758,00	3	—		b	2534,80	5	—		b
2753,69	0	4			2521,59	5	—		R
2753,05	3	1	I		2520,01	2	—	I	
2750,62	0	3			2516,12	4	0		
2733,04	3	4		b	2508,99	4	3	I	(M 150)
2731,56	0	3			2504,60	4	—		
2722,71	3	—	I		2502,38	3	5		
2715,47	5	3	I	(M 120)	2501,72	4	—		
2697,27	3	—	I		2487,23	4	3		
2690,26	3	—		d	2486,78	2	—		b
2688,53	0	6			2485,81	2	—		
2684,86	0	5			2483,92	4	2		
2683,57	3	—			2467,70	3	0		
2674,34	5	3	I		2467,57	0	4		
2671,84	3	—			2461,86	3	5		
2670,80	3	—			2457,37	0	4		
2663,63	3	0			2455,85	2	3		
2654,12	3	0			2449,71	3	4		
2651,90	4	1			2449,04	0	4		
2649,58	3	0			2446,99	3	0		b
2649,05	5	0			2441,46	4	0		
2647,12	3	0	I		2432,17	5	0		b
2642,76	6	—			2431,53	5	0		
2636,64	5	4	I		2428,58	5	0	I	(M 160)
2635,82	0	4			2423,75	0	3		
2631,58	0	3			2421,76	5	4		
2623,31	3	—		b	2419,72	4	0		
2620,35	2	—			2419,34	3	0		
2620,02	3	—			2418,29	0	4		
2614,56	3	—			2410,37	4	0		
2611,60	3	0			2405,60	4	0		
2608,50	—	4			2405,05	5	0		
2607,32	0	3			2398,73	0	4		
2603,87	5	—			2393,91	0	4		b
2599,86	4	—			2386,89	0	3		
2595,24	3	—	I		2380,24	3	0		

λ in Å	Int. B	Int. F	Ion.-Grad	Bem.	λ in Å	Int. B	Int. F	Ion.-Grad	Bem.
						Rh Rhodium			
2379,79	4	0							
2373,52	0	3			8425,51	3	—	I	
2370,78	0	4			8193,63	3	—	I	
2369,29	4	0			8136,20	5	—	I	
2367,69	4	0			8045,40	7	—	I	
2352,10	4	0			8036,11	5	—	I	
2348,80	5	0			8029,91	7	—	I	
2336,74	0	4			7830,05	6	—	I	
2334,36	3	0			7824,91	10	—	I	
2327,28	0	4			7791,61	9	—	I	
2323,44	0	4			7772,90	5	—	I	
2322,51	4	0			7495,24	5	—	I	
2305,56	4	0			7475,74	5	—	I	
2298,12	0	4			7442,39	5	—	I	
2294,50	6	3			7270,82	10	—	I	
2287,52	6	4			7268,18	6	—	I	
2281,66	5	3			7101,64	3	—	I	
2275,25	7	8		R	6965,67	10	—	I	
2274,65	4	3			6879,94	2	—	I	
2256,22	3	0			6752,35	7	1	I	
2255,75	2	0			6630,16	2	—	I	
2248,58	0	3			6519,70	2	—	I	
2235,79	0	4			6414,72	3	1	I	
2235,46	3	0			6102,72	5	1	I	
2232,31	0	2			5983,60	10	2	I	
2226,92	2	2			5831,58	4	1	I	
2226,45	3	2			5806,91	5	1	I	
2226,06	0	2			5686,38	5	1	I	
2214,27	5	7		b	5599,42	10	3	I	
2206,88	0	4		d	5544,89	3	1	I	
2198,94	2	0			5535,04	4	1	I	
2190,26	0	3			5424,07	1	—	I	
2188,23	0	2			5404,73	3	3	I	
2186,38	0	3			5390,44	6	3	I	
2181,81	0	3			5381,48	5	1	I	
2179,11	2	0			5379,10	1	1	I	
2178,79	0	2			5354,40	10	5	I	
2177,87	0	4			5237,16	5	1	I	
2177,59	0	2		b, d	5193,14	10	3	I	
2176,23	2	0			5184,19	5	—	I	
2167,96	2	1			5175,97	10	—	I	
2156,71	2	1			5155,54	7	—	I	
2144,11	0	3			5090,63	7	—	I	
2139,06	0	4			4963,71	5	—	I	
2118,77	0	3		d	4851,62	10	3	I	
2113,91	0	3			4843,99	5	—	I	
2112,28	0	5			4675,03	5	3	I	
2111,90	0	4			4569,01	5	—	I	
2109,25	0	2			4528,73	10	5	I	
2106,55	0	2			4379,92	3	1	I	
2092,49	1	3			4374,80	10	10	I	R
2091,50	0	4		d					(M 360)
2023,66	1	3			4288,71	10	8	I	R

λ in Å	B	F	Ion.-Grad	Bem.
4211,14	10	10	I	R
4196,50	5	—	I	
4135,27	10	10	I	R
4128,87	10	10	I	R
4121,68	7	—	I	
4119,68	5	—	I	
4097,52	1	1	I	
4082,78	5	3	I	
3958,87	10	10	I	R
3934,23	5	4	I	R
3856,52	3	3	I	R
				(M 500)
3833,89	2	2	I	R
3828,48	5	5	I	R
3822,26	5	5	I	R
3799,31	2	2	I	R
				(M 420)
3793,22	10	10	I	R
3765,08	5	5	I	R
3748,22	10	10	I	
3713,02	5	—	I	
3700,91	7	7	I	R
				(M 650)
3692,36	10	10	I	R LL
				(M 800)
3690,70	7	7	I	R
3657,99	10	10	I	R LL
				(M 700)
3639,51	7	—	I	
3626,59	7	7	I	R
3612,47	10	—	I	
3597,15	10	10	I	R
				(M 500)
3596,19	10	10	I	R
				(M 400)
3583,10	10	8	I	R
				(M 400)
3570,18	10	10	I	
3549,54	7	—	I	
3543,95	7	—	I	
3538,14	5	—	I	
3528,02	10	10	I	R
				(M 750)
3507,32	10	10	I	
3502,52	10	10	I	(M 500)
3498,70	10	10	I	
3478,91	10	10	I	R
3474,78	10	7	I	R
				(M 400)
3472,25	5	—	I	
3470,66	10	8	I	R
				(M 400)
3469,62	5	—	I	

λ in Å	B	F	Ion.-Grad	Bem.
3462,04	10	10	I	R
				(M 500)
3457,93	6	—	I	
3457,07	5	—	I	
3455,22	10	—	I	
3451,15	1	—	I	
3450,29	5	—	I	
3434,89	10	10	I	R LL
				(M 700)
3412,27	10	10	I	
3390,70	10	10	I	
3396,85	10	10	I	R LL
				(M 480)
3372,25	10	—	I	
3368,38	10	—	I	
3362,18	5	—	I	
3359,90	5	—	I	
3338,55	10	—	I	
3323,09	10	10	I	R LL
				(M 360)
3300,47	5	—	I	
3289,14	7	—	I	
3283,57	7	5	I	R
3280,55	1	1	I	
3271,61	10	5	I	
3263,14	10	3	I	
3191,19	10	5	I	
3189,05	5	—	I	
3185,59	5	—	I	
3155,78	7	3	I	
3137,71	5	—	I	
3123,70	7	3	I	
3121,76	7	3	I	
3114,91	5	—	I	
3083,97	7	—	I	
3013,91	5	—	I	
2986,20	7	—	I	
2977,68	6	—	I	
2968,66	6	1	I	
2929,11	5	—	I	
2924,02	5	—	I	
2907,21	5	—	I	
2880,76	5	—	I	
2862,94	7	—	I	
2826,68	5	—	I	
2796,63	5	—	I	
2791,16	5	—	I	
2783,03	7	—	I	
2779,54	5	—	I	
2778,06	5	—	I	
2771,51	5	—	I	
2767,73	5	—	I	
2736,76	5	—	I	

λ in Å	Int. B	Int. F	Ion.-Grad	Bem.	λ in Å	Int. B	Int. F	Ion.-Grad	Bem.
2728,95	10	5	I		5456,13	3	4		
2718,55	7	—	I		5454,82	4	3		
2717,51	5	—	I		5401,39	4	4	I	
2715,30	2	10			5401,04	5	—		
2714,41	7	—	I		5361,77	4	4		
2707,23	5	—	I		5335,93	3	1		
2705,62	3	10			5334,70	2	0		
2703,73	7	—	I		5309,27	5	4	I	
2652,66	5	—	I		5304,86	1	—		
2625,40	2	8			5284,08	3	2		
2555,36	5	—	I		5223,55	2	1		
2520,53	2	10			5195,02	4	3	I	
2492,30	5	—	I		5171,03	7	5	I	
2490,76	3	10			5155,14	5	4	I	
2483,33	5	—	I		5151,06	2	1		
2473,09	3	—	I		5147,24	3	2	I	
2471,47	3	—	I		5142,77	2	1		
2470,39	3	—	I		5136,55	5	4	I	
2407,88	3	—	I		5107,07	4	3	I	
2382,89	2	—	I		5101,39	2	1	I	
2368,34	3	—	I		5093,82	4	3		
2322,58	3	—	I		5057,33	6	5	I	
2264,14	3	—	I		5057,29	4	—		
					5011,23	4	3		
Ru Ruthenium					4992,74	3	1	I	
8264,96	1	—			4980,35	3	2	I	
7924,13	1	—	I		4976,20	1	3	I	
7881,49	5	—			4968,90	3	0	I	
7847,80	5	—	I		4955,26	3	4		
7791,86	5	—			4938,43	4	3	I	
7775,41	3	—			4921,07	5	4	I	
7774,14	5	—			4907,89	2	0	I	
7771,88	5	—			4903,04	5	4	I	
7559,61	5	—	I		4895,60	4	4	I	
7499,75	6	—			4869,15	7	5	I	b
7485,79	5	—			4861,87	3	2		
7475,40	2	—			4844,56	4	4	I	
7468,91	6	—			4833,00	3	4	I	
7393,93	6	—			4815,52	5	5	I	v
7238,92	6	—			4795,57	2	0	I	
7027,98	7	—	I		4794,38	2	0	I	
6982,01	6	—			4769,30	3	1	I	
6923,23	8	—			4757,84	5	4	I	b
6911,48	5	—			4756,23	4	3		
6824,09	6	—			4733,47	4	3	I	
6690,00	8	—			4731,33	4	3	I	
6663,14	5	—			4709,48	7	5	I	b
5814,98	3	0	I		4690,10	5	3	I	
5699,05	4	3	I		4684,02	4	2	I	
5636,24	6	5	I		4681,79	4	3	I	
5559,75	3	2	I		4654,32	6	5	I	
5510,71	4	3			4647,61	6	5		
5484,32	3	0	I		4645,09	4	3	I	

λ in Å	Int. B	Int. F	Ion.-Grad	Bem.	λ in Å	Int. B	Int. F	Ion.-Grad	Bem.
4635,69	4	2			4197,58	5	5	I	
4599,09	4	3	I		4196,87	3	2		
4592,51	5	3	I		4167,51	5	6	I	
4591,56	5	3	I		4161,66	1	2	I	
4591,10	3	—	I		4148,38	3	1	I	
4584,45	6	4	I	b	4146,77	5	4	I	
4559,08	3	1			4145,74	5	4	I	
4554,51	8	6	I	R (M 500)	4144,16	5	5	I	
					4113,38	2	2		
4547,85	4	3			4112,74	5	4	I	
4547,33	5	4			4097,79	4	4	I	
4530,85	4	3	I		4085,43	3	2	I	
4520,95	3	2	I		4080,60	6	5	I	(M 550)
4517,82	3	2	I		4076,73	3	3	I	
4516,89	4	3	I		4068,38	2	2	I	
4498,15	5	4	I		4064,46	4	3	I	
4473,93	4	3	I		4054,05	3	3		
4460,04	6	5	I	b	4052,20	1	2		
4449,34	5	4	I		4051,40	4	3		
4439,76	6	5	I		4039,21	1	2		
4428,46	5	4	I		4023,83	3	3	I	
4421,46	4	3	I		4022,16	3	3	I	
4410,03	6	5	I		3987,80	3	3		
4397,80	3	2	I		3984,86	4	4	I	
4391,02	3	2	I		3979,42	3	3	I	
4390,44	5	4	I	R	3978,45	3	4	I	
4385,65	3	2	I		3968,46	1	6		
4385,39	6	5	I		3964,90	3	2		
4372,21	6	5	I	(M 220)	3950,21	5	5	I	
4361,21	5	5	I		3945,57	4	4		
4354,13	4	3	I		3933,68	0	6		
4349,70	4	3	I		3931,76	3	3		
4319,88	3	3	I		3925,92	4	3	I	R (M 300)
4318,44	2	2	I						
4307,60	4	3	I		3923,47	3	3		
4297,71	5	4	I	(M 340)	3925,93	4	4	I	R
4295,93	4	3	I		3923,47	4	3		
4294,79	3	2	I		3909,08	4	5		
4284,33	4	3	I		3901,24	1	1	I	
4246,73	4	4			3892,21	2	1		
4246,33	4	4			3867,84	5	5		
4243,06	3	3	I		3862,65	0	3		
4241,07	3	3	I		3857,55	2	1		
4230,31	2	2	I		3856,46	2	0		
4226,66	4	2	I		3850,43	2	1		
4220,68	3	3	I		3839,70	2	3		
4217,27	4	4	I		3835,05	2	0		
4214,44	5	4	I	R	3831,80	3	2		
4212,06	6	5	I	(M 500)	3822,09	2	1		
4206,02	5	4	I		3819,03	2	1	I	
4199,90	5	4	I	R (M 700)	3817,27	2	3		
					3808,68	2	1		
4198,88	4	2	I		3799,35	5	5	I	R (M 700)

λ in Å	Int. B	Int. F	Ion.-Grad	Bem.
3798,90	5	5	I	(M 700)
3790,51	4	4	I	R
				(M 550)
3786,06	4	4	I	R
				(M 360)
3781,18	2	2		
3777,59	2	2	I	
3767,35	2	2		
3760,03	5	4	I	
3755,93	2	1	I	
3753,55	2	1		
3745,59	3	4	I	(M 260)
3744,40	3	3		
3744,22	2	2		
3742,78	3	3		
3742,28	4	4	I	(M 320)
3730,43	5	5	I	R
				(M 650)
3728,03	6	5	I	b, R
				(M 1000)
3726,93	5	5	I	R
				(M 800)
3726,10	0	3		
3700,99	2	1		
3696,59	2	0	I	
3690,03	0	5	II	
3669,49	2	3		
3663,37	2	2		
3661,35	5	6	I	(M 600)
3634,93	5	4	I	R
				(M 300)
3625,20	3	2		
3599,76	4	3		
3596,18	4	4	I	R
				(M 650)
3593,02	4	4	I	R
				(M 700)
3589,22	3	4	I	(M 650)
3587,20	2	2		
3574,58	2	1		
3570,59	3	3		
3541,63	3	1		
3539,37	4	3	I	
3537,95	3	2	I	
3536,57	1	0		
3535,83	3	1		
3532,81	3	1		
3531,39	3	1		
3528,68	3	1		
3520,13	3	2		
3519,64	2	2		
3518,98	4	2		
3514,49	5	3		

λ in Å	Int. B	Int. F	Ion.-Grad	Bem.
3509,72	2	2		
3509,20	1	3		
3498,94	8	7	I	R
				(M 850)
3495,97	3	1		
3494,25	2	1	I	
3483,29	3	1	I	
3481,30	3	2	I	
3473,75	2	2	I	
3472,23	3	1		
3467,05	2	0		
3463,14	3	0	I	
3456,62	3	1	I	
3452,40	4	2		
3446,49	2	—		
3446,07	2	1		
3440,21	3	1	I	
3438,37	3	1	I	
3436,74	6	6	I	R
				(M 650)
3435,19	3	2	I	
3432,74	4	2	I	
3432,26	3	2	I	
3430,77	4	3	I	
3429,54	3	2		
3428,31	5	5	I	R
				(M 500)
3420,08	3	1		
3417,35	4	4	I	R
				(M 320)
3416,28	2	0		
3412,80	2	0	I	
3411,64	4	2		
3409,28	3	2		
3406,59	2	0	I	
3401,74	3	2	I	
3399,38	3	0		
3392,54	3	2		
3389,50	3	2	I	
3388,71	4	2		
3385,71	2	0		
3385,14	3	2		
3380,18	3	1	I	
3379,61	3	1	I	
3378,02	3	1		
3374,65	4	2	I	
3373,98	3	0	I	
3371,86	4	2	I	
3370,05	0	2		
3369,28	0	2		
3368,45	3	2	I	R
3362,34	2	0		d
3362,00	3	1	I	

λ in Å	Int. B	Int. F	Ion.-Grad	Bem.	λ in Å	Int. B	Int. F	Ion.-Grad	Bem.
3359,55	3	2			3241,24	3	1	I	
3359,10	4	2	I		3239,61	2	0	I	
3353,65	2	0			3238,78	2	0	I	
3351,93	2	0	I		3238,53	5	1		
3348,71	2	0	I		3232,75	2	0		
3348,01	2	0	I		3228,53	3	5	I	
3347,61	3	1			3226,37	2	0	I	
3345,32	3	0			3223,27	4	1	I	
3344,53	3	1		I	3201,62	1	1		
3341,66	3	2			3196,59	2	0		
3341,09	2	0			3195,15	—	2		
3339,78	1	4			3189,98	3	1	I	
3339,55	3	4	I		3188,34	2	1	I	
3337,82	3	1	I		3186,04	2	0	I	
3336,64	2	0			3179,26	2	2		R
3335,69	4	1	I		3177,05	1	5	II	
3332,64	3	0			3176,29	2	0		
3327,71	2	0			3175,15	1	4	II	
3325,00	3	1	I		3174,13	2	0		
3318,82	2	1			3172,67	0	2		
3317,89	2	1	I		3168,53	4	2		R
3316,90	0	2			3167,47	0	4		
3316,39	2	2	I		3164,95	0	3		
3315,23	3	2	I		3163,18	1	4		
3315,05	2	1	I		3159,92	3	2	I	
3307,98	2	—	I		3158,89	3	1	I	
3306,17	3	1	I		3156,82	2	—	I	
3304,83	2	0	I		3153,82	3	1		
3304,00	3	1			3150,69	3	3		
3301,59	4	2	I		3147,45	1	4		
3299,33	2	0	I		3147,21	2	0	I	
3298,41	2	1	I	R	3144,26	3	1		
3297,96	2	1	I		3143,66	2	4	II	
3297,26	2	0			3140,97	3	1	I	
3296,65	2	0	I		3140,48	2	—		
3296,11	2	1	I		3136,56	3	1		
3294,11	3	5	II		3135,80	1	4		
3274,71	2	1	I		3134,80	1	5	I	
3273,08	3	1	I		3132,88	3	0		
3268,79	0	3			3129,84	3	0	I	
3268,213	1	1			3129,60	2	0		
3266,45	2	1	I		3126,61	1	2		
3264,66	2	2	I		3125,96	4	1	I	
3264,55	2	2	I		3124,61	2	0		
3260,35	3	2	I		3124,17	3	1	I	
3259,67	3	1	I		3118,69	2	0		
3258,97	1	3	II		3118,07	2	2	I	
3258,04	3	1	I		3113,40	2	—	I	
3256,33	2	0			3112,68	2	0		
3254,71	2	1			3111,91	2	1		
3254,54	2	1	I		3110,55	3	1	I	
3243,50	3	1			3107,72	3	1	I	
3242,17	4	—			3107,58	2	3		

λ in Å	B	F	Ion.-Grad	Bem.
3106,84	2	0	I	
3105,41	2	0	I	
3105,28	2	2		
3103,41	0	2		
3100,84	3	2	I	
3099,28	5	3	I	
3097,23	4	0		
3096,57	4	1		
3094,56	1	2		
3094,39	2	0		
3093,90	2	4		
3091,87	2	1		
3090,23	2	1		
3089,80	3	1	I	
3089,15	3	1	I	
3086,07	3	1		
3083,15	2	0	I	
3081,38	0	2		
3080,90	2	1	I	
3076,78	2	0	I	
3073,52	1	4		
3073,34	2	1	I	
3068,26	3	1		
3064,84	5	3		
3060,49	1	2		
3060,23	1	2		
3059,17	2	—		
3056,87	1	4		
3054,94	4	1	I	
3049,17	0	3		
3048,79	3	0	I	
3048,50	2	0		
3045,71	3	1	I	
3042,83	3	1	I	
3042,48	4	1		
3040,31	3	1	I	
3038,18	3	1	I	
3037,96	2	1	I	
3036,47	2	4		
3035,47	3	0	I	
3034,06	3	1	I	
3033,45	4	1	I	
3027,79	1	2		
3020,88	4	1	I	
3017,81	1	3		
3017,24	3	1		
3015,41	1	2		
3013,36	3	1	I	
3012,92	3	0	I	
3008,80	2	1		
3008,26	2	0		
3006,59	4	3		
3004,60	2	0		

λ in Å	B	F	Ion.-Grad	Bem.
3001,64	3	1		
2999,81	1	2	I	
2998,89	2	4		
2998,35	4	1		
2996,90	3	1		
2995,99	0	2		
2994,96	4	2	I	
2993,27	3	1	I	
2991,62	2	5		
2988,95	5	3	I	R
2981,94	3	0		
2980,96	1	2		
2979,96	2	5		
2979,72	0	3		
2978,64	2	5		
2977,48	1	3		
2977,23	2	4		
2976,93	3	1		
2976,59	5	5		
2973,99	2	1		
2968,95	3	1	I	
2965,55	4	5	II	
2965,16	4	1	I	
2963,72	3	3	I	
2963,40	3	5		
2961,69	3	0		
2961,53	1	2		
2958,00	3	1	I	
2955,36	2	0		
2954,49	4	2	I	
2952,50	3	0	I	
2949,50	4	1	I	
2946,99	3	1	I	
2945,67	3	6	II	
2945,10	1	3		
2943,92	2	1		
2942,25	1	4		
2940,36	2	0	I	
2935,52	1	4		
2933,25	1	5		
2927,54	2	6		
2919,61	4	1		
2918,50	—	3		
2917,77	3	0		
2916,35	0	3		
2916,26	4	1	I	R
2914,30	2	—		
2913,97	—	2		
2913,17	2	0		
2909,74	—	5		
2905,65	4	1		
2902,01	0	3		
2901,94	3	0		

λ in Å	Int. B	Int. F	Ion.-Grad	Bem.	λ in Å	Int. B	Int. F	Ion.-Grad	Bem.
2900,42	—	2			2792,65	2	0		
2898,22	—	3			2792,33	1	4		
2897,72	1	3			2788,71	—	2		
2886,54	3	2			2787,83	3	5		
2882,12	1	6			2785,65	3	6	I	
2879,76	2	1			2784,53	3	4		
2879,06	—	3			2782,21	2	0	I	
2874,98	4	2	I	R	2778,99	2	2		
2873,31	0	3			2778,38	—	5		
2871,64	2	1			2777,50	1	2		
2870,55	—	2			2777,39	—	2		
2868,31	3	0			2775,91	—	2	I	
2866,64	4	1	I	R	2775,63	2	5		
2863,32	1	4			2775,19	2	—		
2862,88	1	3			2774,48	3	0		
2861,41	4	1	I		2772,61	2	—		
2860,02	3	1	I		2772,45	—	5		
2857,78	0	3			2771,07	—	4		
2856,55	0	2			2770,70	3	—		
2854,72	0	3			2770,30	3	0		
2854,07	3	1	I		2768,93	3	6		
2849,29	0	4			2766,55	—	4		
2848,58	2	0			2465,87	—	2		
2844,71	—	5			2765,44	2	5		
2841,68	2	5			2765,13	0	4		
2841,13	0	2			2764,73	2	0		
2840,54	3	1			2763,42	4	1		
2827,87	3	0			2762,31	2	0		
2829,16	4	3	I		2757,81	2	—		
2826,68	—	4			2754,61	2	0	I	
2826,22	—	3			2753,44	2	2		
2825,46	—	3			2752,77	3	6		
2825,06	—	2			2752,45	3	0		
2823,18	1	3			2752,11	0	5		
2822,55	1	6			2750,35	2	—		
2822,03	2	1			2749,68	2	1		
2821,42	1	4			2746,07	2	1		
2818,95	2	0	I		2745,83	2	3		
2818,36	2	1	I		2745,25	1	5		
2817,09	2	0	I		2744,45	1	2		
2813,72	2	5	I		2743,94	2	4		
2813,30	—	4			2743,53	1	4		
2810,55	4	5	I		2742,35	0	2		
2810,25	0	2			2739,22	4	1	I	
2810,03	4	1	I		2738,89	3	0		
2808,23	2	—			2737,79	—	3		
2806,74	2	4			2737,60	—	2		
2804,88	—	3			2736,81	1	3		
2803,50	2	0			2736,48	1	4		
2802,81	2	5			2735,72	4	3		
2799,91	—	2			2734,35	4	6		
2792,65	—	2			2733,59	4	0		
2795,35	1	4		d	2731,90	2	—		

λ in Å	Int. B	Int. F	Ion.-Grad	Bem.	λ in Å	Int. B	Int. F	Ion.-Grad	Bem.
2730,93	4	1	I		2664,76	2	0	I	
2730,33	3	0	I		2661,86	2	—		
2729,46	3	—			2661,61	4	6		
2728,83	3	—			2661,17	1	4		
2726,97	3	1			2659,62	3	1	I	
2725,47	4	7			2657,19	—	2		
2724,88	0	6			2656,25	1	4		
2724,06	3	0			2653,95	—	3		
2723,10	—	2			2651,84	4	1		
2722,65	3	0	I		2650,41	2	—		
2721,56	3	1	I		2648,78	1	4		
2719,72	1	2			2647,32	2	0		
2719,52	4	1	I	R	2646,02	1	5		
2717,86	—	2			2644,61	1	3		
2717,40	2	5			2643,13	0	3		
2716,58	—	4			2642,96	4	—	I	
2716,12	—	5			2642,79	—	4		
2715,78	2	—			2641,62	—	3		
2713,74	3	0		d	2640,33	2	0		
2713,58	—	4			2639,87	2	—		
2713,19	3	0			2639,12	2	0		
2713,07	—	3			2638,51	2	0		
2712,41	4	6			2636,67	2	—		
2710,23	2	4			2636,54	1	5		
2709,20	3	1			2635,86	1	2		
2707,97	2	0			2633,80	—	1		
2707,29	—	3			2633,46	2	0		d
2704,57	—	4			2632,71	—	1		
2703,80	3	0			2632,50	2	0		
2702,83	4	1	I		2631,57	2	0		
2701,34	3	1			2631,09	—	2		
2700,48	2	—			2630,24	1	0		d
2700,15	—	4			2630,02	—	2		
2693,29	4	0		d	2628,73	—	3		
2692,07	4	7			2627,65	2	0		
2689,90	2	—			2626,48	2	—		
2688,11	1	5			2626,35	1	2		
2687,50	1	5			2626,21	2	—		
2686,29	4	1	I		2623,83	2	—		
2687,07	0	3			2620,61	2	0		
2680,54	1	2			2619,67	2	0		
2678,76	4	7			2619,35	—	2		
2676,35	2	0			2617,07	—	2		
2676,19	1	4			2615,09	2	4		
2675,52	—	2			2614,59	2	0		
2674,20	—	2			2614,07	2	0		
2673,60	2	0			2612,52	—	2		
2673,48	2	0			2612,07	4	3		
2673,01	1	2			2611,51	—	3		
2669,42	—	4			2611,05	2	0		
2667,97	2	—			2610,08	—	2		
2667,79	—	3			2609,06	3	2	I	
2667,40	1	5			2605,35	2	0		

λ in Å	Int. B	Int. F	Ion.-Grad	Bem.	λ in Å	Int. B	Int. F	Ion.-Grad	Bem.
2604,12	—	2			2517,32	2	4		
2602,25	—	3			2515,29	2	0		
2598,77	0	2			2513,32	2	5		
2597,15	—	2		d	2512,81	3	0		
2595,80	—	3			2509,07	—	2		
2593,85	2	0			2508,67	—	2		
2592,02	2	1			2508,27	3	4	I	
2591,24	0	5			2507,01	2	5		
2591,12	2	—			2501,48	2	0		
2590,97	1	3			2499,78	2	0		
2589,57	2	0			2498,57	4	5		
2589,41	—	2			2498,42	2	1		
2585,74	2	—			2497,68	2	0		d
2583,04	1	3			2495,69	3	1		
2584,14	2	0			2494,48	2	2		
2581,14	2	0			2494,02	3	—		
2580,80	2	0			2493,69	1	4		
2579,02	1	2			2489,91	2	—		
2576,08	—	4			2491,56	0	3		
2573,55	0	2			2491,10	0	4		
2571,09	0	3			2481,11	1	4	I	
2570,97	2	—			2480,81	1	3		
2568,77	2	1	I		2478,93	2	5		
2565,18	2	—			2476,88	2	0		
2564,58	2	0			2476,31	2	—		
2563,15	2	0			2475,41	3	0		
2560,26	2	0			2474,04	2	0		b, d
2558,54	2	0			2464,70	2	0		
2556,31	2	—			2458,62	3	0		
2556,05	0	3			2456,57	2	2		
2551,98	0	4			2456,44	4	6		
2549,58	5	0			2455,53	2	5		R
2549,79	0	4			2454,92	2	0		
2549,18	0	4			2435,51	0	4		
2547,67	0	2			2434,88	2	3		
2544,22	2	0			2432,93	2	—		
2543,68	3	0			2429,60	2	—		
2543,25	2	4			2422,93	2	0		
2541,28	2	—			2420,82	3	3		
2540,30	1	3			2416,95	0	3		
2539,72	1	3			2415,22	0	5		
2535,59	—	3			2414,83	3	4		
2534,00	0	2			2410,16	0	4		
2533,24	2	—	I		2407,92	3	4		
2528,88	2	0			2402,72	4	6		R
2528,04	—	2			2396,71	2	4		
2526,83	2	1			2393,97	2	—		
2525,17	2	—			2393,25	3	—		
2524,86	1	2			2392,42	2	0		
2521,61	2	0			2387,90	3	—		
2519,21	1	3			2381,99	3	5		
2518,40	0	2			2375,63	2	5		
2517,62	2	—			2375,27	3	0	I	R

λ in Å	Int. B	Int. F	Ion.-Grad	Bem.
2370,17	2	0		
2358,79	1	4		
2357,91	2	5		
2351,34	2	5	I	R
2350,58	0	2		
2349,34	2	0		
2348,33	1	0		
2342,85	3	6		
2342,72	2	1		
2340,69	2	0		
2334,96	2	4		
2333,91	1	3		
2333,57	0	2		
2331,07	0	3		
2322,01	2	0		
2320,70	2	—		
2318,76	2	0		
2318,54	1	0		
2317,80	3	1	I	R
2306,92	2	0		
2305,52	2	4		
2304,83	2	5		
2302,54	3	0	I	R
2300,37	2	—		
2296,65	0	4		
2287,68	3	0		
2287,07	0	4		
2285,38	2	0		
2281,71	2	5		
2279,57				
2278,19	3	0	I	R
2272,09	3	0	I	R
2268,13	2	4		
2263,50	1	4		
2255,52	2	0	I	R
2243,22	1	0		
2241,07	2	0		
2238,33	1	0		
2235,84	2	0		
2232,08	1	0		
2230,88	0	1		
2229,60	0	2		
2229,33	0	1		
2227,64	2	0		
2218,53	1	4		
2209,07	2	0		
2207,32	0	2		
2203,39	0	1		
2202,57	0	1		
2200,28	1	0		
2200,07	0	2		
2194,42	1	0		
2192,86	0	4		

λ in Å	Int. B	Int. F	Ion.-Grad	Bem.
2188,75	1	2		
2178,47	0	1		
2176,70	0	2		
2175,07	0	1		
2163,03	0	1		
2160,22	0	2		
2155,23	0	3		
2149,81	0	3		
2146,67	0	1		
2142,07	0	3		
2138,55	0	3		
2135,03	0	2		
2131,85	0	1		
2128,88	0	1		
2127,19	0	4		
2119,80	0	2		
2115,21	0	2		
2107,33	0	5		

λ in Å	Int. G	Int. F	Ion.-Grad	Bem.
		S Schwefel		
9237,49	6	—	I	
9228,11	6	—	I	
9212,91	6	—	I	
8694,71	6	—	I	
8585,60	6	—	I	
7696,73	6	—	I	
7686,13	5	—	I	
7679,60	2	—	I	
7244,77	3	—	I	
6757,10	5	—	I	
6748,79	3	—	I	
6743,58	2	—	I	
6538,57	2	—	I	
6455,36	2	—		
6413,71	4	—		
6398,05	5	—		
6384,89	4	—		
6312,68	6	—	II	
6305,51	7	—		
6287,06	7	—		
6052,63	4	—	I	
6046,04	1	—	I	
6041,93	1	—	I	
5706,11	2	—	I	
5700,24	1	—	I	
5696,63	0	—	I	
5664,73	5	—	II	
5659,93	5	—	II	
5646,98	7	—	II	

λ in Å	Int. G	Int. F	Ion.-Grad	Bem.	λ in Å	Int. G	Int. F	Ion.-Grad	Bem.
5640,37	7	—			4269,76	2	—	II	
5639,98	7	—	II		4267,80	3	—	II	
5606,10	6	—	II		4230,98	1	—	II	
5578,86	5	—	II		4217,23	2	—	II	
5564,93	6	—	II		4189,71	2	—	II	
5556,01	4	—	II		4174,30	3	—		
5509,67	7	—	II		4174,04	1	—	II	
5507,01	1	—			4168,41	2	—	II	
5473,63	6	—	II		4162,70	4	—	II	
5453,88	7	—	II		4162,39	1	—	II	
5432,83	5	—	II		4157,70	1	—	I	
5428,69	4	—	II		4153,10	3	—	II	
5345,66	5	—	II		4145,10	2	—	II	
5320,70	5	—	II		4142,29	2	—	II	
5278,91	0	—	I		4032,81	3	—	II	
5278,61	0	—	I		4028,79	4	—	II	
5278,1	3	—	I		3998,79	2	—	II	
5201,35	1	—	II		3993,53	1	—	II	
5201,00	3	—	II		3946,98	3	—	II	
5141,89	3	—			3933,25	3	—		
5103,40	3	—			3668,98	2	—	II	
5047,74	2	—			3595,99	3	—	II	
5032,39	5	—	II		3594,46	2	—	II	
5027,18	3	—			3497,34	4	—	III	
5014,01	4	—	II		3097,46	1	—	IV	
5009,54	4	—							

λ in Å	Int. B	Int. F	Ion.-Grad	Bem.

λ in Å	Int. G	Int. F	Ion.-Grad	Bem.
4993,51	1	—	I	
4991,97	3	—		
4925,32	6	—	II	
4924,08	4	—	II	
4917,15	3	—	II	
4885,63	2	—	II	
4815,52	5	—	II	
4792,02	2	—	II	
4779,11	2	—	II	
4716,23	4	—	II	
4696,25	2	—	I	
4695,45	3	—	I	
4694,13	4	—	I	
4656,74	4	—	II	
4552,38	4	—	II	
4549,55	2	—	II	
4524,95	4	—	II	
4524,68	3	—	II	
4486,66	1	—	II	
4483,42	2	—	II	
4464,43	3	—		
4463,58	4	—	II	
4456,43	1	—	II	
4318,68	3	—	II	
4294,43	4	—	II	
4282,63	3	—	II	
4278,54	2	—	II	

Sb Antimon

λ in Å	Int. B	Int. F	Ion.-Grad	Bem.
9949,14	9	—	I	d
9518,68	9	—	I	
7969,6	3	—	I	d
7924,65	8	—	I	
7844,41	5	—	I	
6806,35	1	—		b, d
6778,75	—	1	II	
6611,48	1	—		
6129,98	1	5	II	d
6079,80	—	4	II	
6079,55	1	5		d
6005,21	—	7	II	
6004,6	—	6	II	d
5910,64	—	4		d
5895,09	—	3	II	b, d
5730,46	1	—		
5639,74	—	5	II	b, d
5631,97	1	2	II	
5568,09	1	8	II	b, d
5464,08	—	4		
5381,20	—	4		
5238,94	—	3	II	d

λ in Å	Int. B	Int. F	Ion.-Grad	Bem.	λ in Å	Int. B	Int. F	Ion.-Grad	Bem.
5141,2	—	4		d	2682,76	4	5	I	R
5113,86	—	5		v	2670,64	4	5	I	R
4948,52	—	6	II	d	2669,39	0	3	III	
4877,24	—	5	II	b	2652,61	3	6	I	R, b
4784,03	—	3	II	b	2614,67	4	6		
4757,82	—	4	II		2612,30	3	3	I	
4735,39	—	4	II		2598,06	7	9	I	R, b, LL
4711,26	—	8	II	bb					(M 600)
4692,91	—	3	III	b	2590,24	0	3	I	
4657,91	—	2			2574,11	4	5		
4623,07	—	2		d	2567,74	—	2	II	
4599,09	—	4	II		2565,54	—	3		d
4506,91	—	5		b	2554,65	2	3		
4411,50	—	4		d	2543,84	—	3		d
4352,16	—	5	III	b, v	2528,52	6	8	I	R, b, LL
4314,32	—	5	II	bb					(M 320)
4265,08	—	3	III	d	2510,53	3	3	I	
4260,01	—	1			2481,74	1	2		
4219,07	—	3	II	b	2480,44	2	3	I	
4195,17	—	5	II	b	2478,31	3	4	I	
4140,63					2474,58	1	2	I	
4133,63	—	4	II	b, d	2445,52	4	5	I	R
4104,77	—	2		d	2426,35	3	4	I	
4033,54	5	5			2422,14	2	3	I	
3960,55	—	2	II	d	2395,20	2	2	I	
3850,23	—	3	II	d	2383,63	3	5	I	b
3722,79	7	5	II	r	2373,62	3	5	I	b
3637,83	6	6	I		2360,50	2	3	I	
3597,51	0	10		b	2352,20	1	2		
3559,24	0	3	II	d	2329,08	0	2		d
3504,07	4	7	III		2315,88	2	3	I	
3498,46	0	9	II	b	2311,47	6	7	I	R, b
3473,92	0	8	II	b	2306,50	3	5	I	R
3383,14	6	6	I		2293,46	2	3	I	
3303,90	0	5	II	b	2288,99	2	3	I	
3267,50	8	9	I	R, b	2270,08	0	2	I	
3241,28	—	10	II	b	2262,54	3	5	I	r
3232,54	7	7	I	R, b	2224,94	2	4	I	
3040,67	—	7	II	b	2222,08	1	3	I	
3029,82	6	6	I		2220,80	2	4	I	
3022,19	—	3	II		2208,53	2	6	I	
3011,07	—	5		d	2207,80	1	2		d
2980,96	—	4	II	b	2203,0	0	2		
2966,10	—	3	II		2201,40	1	6		
2891,51	—	3		b	2190,96	—	2	II	
2877,92	7	7	I	R, b	2179,26	2	7	I	R
				(M 140)	2175,89	3	8	I	R, b
2851,11	5	5	I		2170,23	0	4		
2790,27	—	4	III	b	2159,26	1	3	I	
2769,94	5	6	I	R	2158,97	1	2	I	
2727,21	3	4	I		2145,04	1	5	I	d, r
2718,89	4	5	I	R	2141,76	1	4	II	v
2692,25	3	4	I	R	2139,76	2	5	I	d

λ in Å	Int. B	Int. F	Ion.-Grad	Bem.
2137,11	1	3		
2127,46	1	3	I	
2118,52	1	2		
2098,47	2	4	I	
2068,38	8	0	I	R
2063,44	2	1	I	
2054,04	2	0		
2049,46	1	1	I	
2039,60	1	1	I	
2023,86	1	0	I	

Sc Scandium

λ in Å	Int. B	Int. F	Ion.-Grad	Bem.
4400,36	6	2	II	
4374,46	5	1	II	
4354,61	3	1	II	
4325,01	2	2	II	
4320,75	2	2	II	
4314,08	2	6	II	
4246,83	4	8	II	(M 1400)
4082,40	2	1	I	
4047,79	2	1	I	
4023,69	5	2	I	(M 1800)
4023,22	3	—	I	
4020,40	2	1	I	(M 1800)
3996,61	2	1	I	
3933,38	3	3	I	
3911,81	6	2	I	(M 2100)
3907,49	6	2	I	(M 1800)
3651,80	3	3	II	
3645,31	3	3	II	(M 600)
3642,79	3	3	II	(M 1200)
3630,75	3	4	II	(M 1800)
3613,84	2	4	II	(M 2500)
3580,94	1	3	II	(M 700)
3576,35	1	2	II	(M 900)
3572,53	2	3	II	(M 1200)
3567,70	1	3	II	
3558,55	1	3	II	(M 600)
3535,73	1	2		
3372,15	1	6	II	(M 600)
3368,95	3	2	II	
3361,94	2	1	II	
3361,27	2	1	II	
3359,86	3	2	II	
3353,73	3	3	II	(M 900)
3273,62	2	1	I	
3269,90	2	1	I	
3065,11	1	2	II	d
3052,93	1	1	II	d, r
3045,71	1	2	II	
3039,92	0	2	II	d, r
3019,35	2	1	I	
2988,95	2	0	II,I	d, v

λ in Å	Int. B	Int. F	Ion.-Grad	Bem.
2822,13	3	2	II	
2699,10	0	2	III	
2560,23	1	2	II	
2552,36	2	3	II	
2273,18	—	1		
7800,44	2	—	I	
7741,17	2	—	I	
7697,73	1	—	I	
6835,03	1	—		
6829,54	1	—	I	
6819,52	1	—	I	
6817,08	1	—		
6737,87	0	—		
6604,60	1	—	II	
6413,35	1	2	I	
6305,67	3	2	I	
6258,96	1	1	I	
6210,68	1	1	I	
5711,75	4	—	I	
5700,23	7	—	I	R
5686,83	4		I	
5671,81	5	—	I	b
5657,87	2	—	I	
5526,81	4	5	II	b, d
5520,50	3	—		
5514,22	2	—	I	
5484,62	2	—	I	
5482,00	2	—	I	
5349,29	1	—	I	
5239,82	1	5	II	
5099,23	4	3	I	R
5086,95	2	1	I	
5085,55	4	3	I	
5083,71	4	3	I	
5081,55	4	4	I	
5031,01	2	6	II	d
4779,35	4	2	I	
4743,81	5	3	I	d
4741,02	5	3	I	d
4737,64	5	3	I	d
4734,09	5	3	I	d
4729,23	5	2	I	d
4728,77	2	1	I	
4670,40	5	7	II	d, b
4431,37	2	1	II	
4415,56	5	2	II	

Se Selen

λ in Å	Int. G	Int. F	Ion.-Grad	Bem.
7062,06	10	—	I	
6831,27	4	—	I	

λ in Å	Int. G	Int. F	Ion.-Grad	Bem.	λ in Å	Int. G	Int. F	Ion.-Grad	Bem.
6746,43	2	—	I		4516,25	2	—	II	
6699,56	1	—	I		4467,60	3	—	II	
6679,43	1	—	I		4449,15	2	—	II	
6490,48	3	—	II	d	4446,02	3	—	II	
6444,25	2	—	I		4432,33	2	—	II	
6422,90	3	—	II		4406,58	1	—	II	
6326,87	1	—	I, II		4401,02	3	—	II	
6055,96	6	—	II		4382,87	4	—	II	
5962,01	2	—	I		4320,39	0	—	II	
5866,27	4	—	II		4280,36	2	—	II	
5842,68	1	—	II		4248,00	2	—	II	
5753,32	0	—	I		4230,05	1	—	II	
5747,62	4	—	II		4215,02	2	—		
5697,88	3	—	II		4212,58	3	—	II	
5623,13	5	—	II		4211,83	3	—	II	
5617,87	0	—	I		4180,94	4	—	II	
5591,16	4	—	II		4175,32	4	—	II	
5566,93	5	—	II		4169,65	1	—	II	
5522,42	5	—	II		4169,10	1	—	III	
5455,58	0	—	II		4152,34	2	—		
5374,14	2	—	I		4136,28	3	—	II	
5369,91	2	—	I		4132,76	3	—		
5365,47	1	—	I		4129,15	3	—	II	
5305,35	6	—	II		4126,57	2	—	II	
5271,22	5	—	II		4108,83	2	—	II	
5253,63	4	—	II		4083,2	1	—		
5253,07	3	—	II		4046,7	1	—		
5227,51	6	—	II		4007,90	2	—	II	
5175,98	6	—	II		3901,53	1	—	III	
5142,14	5	—	II		3877,28	1	—	II	
5134,31	4	—	II		3849,60	0	—		
5117,77	4	—	II		3800,9	2	—	III	
5109,59	5	—	II		3738,7	2	—	III	
5096,57	5	—	II		3711,6	2	—	III	
5093,26	4	—	II		3637,5	2	—	III	
5068,65	5	—	II		3544,2	2	—		
5031,26	3	—	II		3514	2	—		
5019,32	3	—	II		3444,2	1	—		
4992,75	6	—	II		3387,2	3	—	III	
4992,03	1	—	II		3384,98	1	—		
4975,66	4	—	II		3379,8	1	—	III	
4844,96	5	—	II		3323,1	1	—		
4840,63	4	—	II		3225,9	1	—		
4765,52	2	—	II		3185,5	2	—		
4763,65	4	—	II		3094,3	1	—		
4742,25	1	—	I		3069,9	1	—		
4740,97	3	—	II		3060,8	2	—		
4739,03	2	—	I		3041,3	2	—	II	
4730,78	3	—	I		3038,66	3	—	II	
4648,44	5	—	II		2964,0	3	—		
4618,77	4	—	II		2951,7	2	—	III	
4604,34	5	—	II		2914,89	0	—		
4563,95	4	—	II		2880,31	0	—		

λ in Å	Int. G	Int. F	Ion.-Grad	Bem.
2837,21	0	—		
2777,7	1	—		
2767,4	1	—	III	
2719,5	2	—		
2688,3	1	—		
2685,9	2	—		
2630,92	3	—		
2591,41	3	—		
2561,69	1	—		
2549,19	1	—		
2547,98	2	—	I	
2459,5	1	—	III	
2413,52	3	—	I	
2354,35	0	—		
2074,79	2	—	I	
2062,79	8	—	I	
2039,85	10	—	I	(M 40)

Si Silicium

λ in Å	Int. B	Int. F	Ion.-Grad	Bem.
9413,59	8	—	I	
8949,33	2	—	I	b
8892,97	3	—	I	b
8752,17	10	—	I	
8742,60	8	—	I	
8729,02	1	—	I	
8728,38	2	—	I	b
8648,89	8	—		d, r
8556,64	8	—	I	d
8502,38	3	—	I	b
8501,50	2	—	I	b
8444,00	2	—	I	b
8230,67	2	—	I	
8093,32	3	—	I	d
7970,26	1	—	I	d
7943,94	10	—	I	b
7932,20	9	—	I	b
7918,38	8	—	I	
7680,35	7	—	I	b
7424,63	2	—	I	
7423,54	10	—	I	
7416,00	8	—	I	
7415,37	2	—	I	
7409,11	7	—	I	
7405,85	9	—	I	
7373,02	1	—	I	b
7289,25	8	—	I	
7275,28	5	—	I	
7250,69	4	—	I	
7226,20	1	—	I	

λ in Å	Int. B	Int. F	Ion.-Grad	Bem.
7165,62	10	—	I	d
7034,96	5	—	I	d
7017,68	1	—	I	d
7005,84	5	—	I	d
7003,58	5	—	I	d
6976,53	3	—	I	d
6347,01	0	5	II	
6254,55	2	—	I	d, r
6244,56	1	—	I	
6243,86	1	—	I	d
6155,32	5	—	I	d
6155,22	2	—	I	d
6145,22	1	—	I	d
5948,58	5	1	I	
5797,91	3	—	I	
5793,13	2	—	I	
5780,45	2	—	I	
5772,26	3	—	I	
5754,26	4	—	I	
5708,44	4	0	I	d
5701,14	2	—	I	
5690,47	3	—	I	
5056,10	—	1	II	
4574,66	—	2	III	
4567,66	—	3	III	
4552,50	—	3	III	
4130,96	—	3	II	b
4128,11	—	2	II	b
4088,88	—	1	IV	
3905,53	2	2	I	b
3862,51	—	1	II	
3856,09	—	1	II	
3806,60	—	1	III	
3796,18	—	1	III	
3791,13	—	0	III	
3590,77	—	0	III	
3165,78	—	1	IV	
3149,67	—	1	IV	
3093,61	—	0	III	
3093,28	—	1	III	
3086,44	—	1	III	
2987,65	3	3	I	
2970,35	2	2	I	
2881,60	8	10	I	R, LL (M 260)
2631,31	3	5	I	
2577,13	1	—	I	
2568,64	1	1	I	
2541,91	0	3	III	
2532,38	1	1	I	
2528,52	5	5	I	R
2524,12	5	4	I	R
2519,21	4	4	I	R

λ in Å	Int. B	Int. F	Ion.-Grad	Bem.	λ in Å	Int. B	Int. F	Ion.-Grad	Bem.
2516,11	5	6	I	R	4585,1	—	3	III	
				(M 360)	4524,74	10	10	I	LL
2514,33	4	4	I	R	3861,3	—	7	III	
2506,90	4	5	I	R	3801,02	10	10	I	R LL
2452,14	2	2	I		3655,78	5	3	I	R
2443,38	1	1	I		3352,4	—	6	II	
2438,78	3	2	I		3330,62	8	5	I	R
2435,16	4	5	I		3283,5	—	5	II	
2303,02	1	1	I		3262,34	10	8	I	R
2289,61	1	—	I		3175,05	10	9	I	R LL
2287,06	—	1	IV		3141,84	4	5	I	
2218,08	1	1	I		3071,5	—	3	III	
2216,69	1	2	I		3034,12	8	8	I	R
2210,91	0	1	I						(M 850)
2207,98	0	1	I		3032,81	4	4	I	R
2124,15	10	5	I	R	3009,14	7	7	I	R
2122,99	1	—	I						(M 700)
2084,47	2	—	I		2913,54	5	4	I	R
2082,01	1	—	I		2887,8	—	3	III	
2058,13	1	—	I		2863,32	8	8	I	R
									(M 1000)
Sn Zinn					2850,62	5	5	I	R
9850,52	5	—	I		2839,99	10	10	I	R LL
9805,38	3	—	I						(M 1400)
9746,0	6	—			2813,58	5	5	I	R
9616,40	2	—	I		2812,59	3	3	I	
9415,37	3	—	I		2785,03	4	4	I	R
9023,2	4	—			2779,81	5	5	I	R
8552,60	7	—	I		2706,51	8	8	I	R
8422,72	3	—	I						(M 700)
8357,04	4	—	I		2661,24	4	5	I	R
8114,09	7	—	I		2658,61	—	4	III	
7754,97	2	—	I		2643,6	—	3	III	
6844,1	2	2	II		2631,87	—	3		
6579,2	—	4			2594,42	6	5	I	R
6452,8	3	6	II		2571,58	7	5	I	R
6310,78	4	—	I		2546,55	8	6	I	R
6171,49	4	—			2495,70	6	6	I	R
6154,60	5	—	I		2483,39	7	6	I	R
6149,71	6	—	I		2449,8	—	3	II	
6073,46	4	—	I		2429,49	8	8	I	R
6069,00	7	—	I		2421,70	7	7	I	R
6054,86	5	—	I		2408,15	4	4	I	R
6037,70	5	—	I		2380,72	4	3	I	R
5970,30	5	—	I		2368,23	—	4	II	
5799,4	—	8	II		2354,84	6	6	I	R
5731,70	7	3			2334,80	5	5	I	R
5631,71	5	—	I	R	2317,23	5	5	I	R
5589,4	—	8	II		2286,68	3	3	I	R
5588,4	—	3			2268,91	4	4	I	R
5562,9	—	8	II		2267,19	2	—	I	R
5333,2	—	8	II		2266,06	—	3		
4585,6	—	7	III		2246,05	—	2	II	

λ in Å	Int. B	Int. F	Ion.-Grad	Bem.	λ in Å	Int. B	Int. F	Ion.-Grad	Bem.
2246,02	3	3	I	R	6386,53	4	1	I	
2231,73	2	2	I	R	6380,74	4	1	I	
2229,2	—	1	III		6369,98	2	1	I	
2209,65	3	3	I		6363,95	2	1	I	
2199,34	2	2	I	R	5970,2	2	—	I	
2194,49	2	2	I	R	5543,29	2	1	I	
2171,32	2	2	I	R	5540,04	2	1	I	
2151,43	2	2	I	R	5534,80	2	1	I	
2148,73	3	—	I	R	5521,75	3	2	I	
2148,46	2	—	I	R	5504,17	3	2	I	
2141,43	2	—	I	R	5486,13	2	1	I	
2140,73	3	—	I	R	5480,84	4	2	I	
2121,27	2	—	I	R	5450,83	2	—	I	
2118,38	1	—	I		5256,90	3	2	I	
2113,93	3	—	I	R	5238,54	2	1	I	
2100,93	2	—	I	R	5229,28	1	1		
2096,39	4	—	I	R	5225,11	1	1	I	
2094,35	1	—	I		5222,23	1	1		
2091,58	2	—	I	R	5156,08	2	1	I	
2084,3	—	3	III		4967,92	3	1	I	
2080,62	2	—	I		4962,25	5	2	I	R
2073,08	6	—	I	R	4892,01	5	2	I	
2072,89	6	—	I		4876,31	6	1	I	
2064,00	2	—	I		4876,07	6	1	I	
2058,31	5	—	I		4872,48	6	2	I	
2040,91	2	—	I		4868,74	4	—	I	
2040,66	5	—	I		4855,07	4	1	I	
2039,5	—	5			4832,07	6	3	I	
2026,98	3	—	I		4811,86	5	4	I	R
2020,83	1	—	I		4784,32	4	—	I	
2015,76	3	—	I		4741,91	5	1	I	
2008,05	2	—	I		4722,27	5	2	I	
					4678,30	4	—	I	
Sr Strontium					4607,33	10	6	I	R LL (M 650)
10914,8	2	2	II						
10327,3	10	10	II		4531,35	4	—		
10036,6	3	3	II		4480,54	3	—		
7673,06	6	—	I		4438,04	5	2	I	
7621,50	3	—	I	b	4361,71	5	2	I	
7309,41	4	—	I		4337,70	6	—	I	
7232,20	1	—	I		4326,45	3	—	I	
7167,20	2	—	I		4305,46	6	6	II	
7070,10	6	1	I		4215,52	10	10	II	R LL (M 3200)
6892,56	4	—	I	LL					
6878,32	6	—	I		4161,81	4	4	II	
6791,0	5	1	I		4077,71	10	10	II	R LL (M 4600)
6643,53	4	2	I						
6617,26	5	3	I		4032,39	3	—	I	
6550,22	5	2	I		4030,39	5	3	I	
6546,77	3	1	I		3940,80	3	1	I	
6503,99	6	3	I		3705,9	4	1		
6408,48	6	4	I		3653,85	3	1		
6388,27	3	1	I		3653,17	3	1		

λ in Å	B	F	Ion.-Grad	Bem.
3629,00	2	1		
3628,47	2	1		
3547,77	2	1		
3499,25	1	1		
3477,18	1	—		
3474,90	2	5	II	
3464,47	4	8	II	
3380,72	3	6	II	
3366,34	2	2	I	
3351,26	4	4	I	
3330,01	2	2		
3322,23	2	2	I	
3307,54	2	2	I	
3301,74	2	2	I	
2931,86	2	1	I	
2569,50	7	1	I	R
2471,66	2	5		
2428,11	8	1	I	R
2423,63	—	4		b
2354,3	7	1	I	R
2322,43	2	5		
2307,5	6	—		R
2282,10	1	4		b
2275,5	4	—		R
2166,0	—	1	II	R

Ta Tantal

λ in Å	B	F	Ion.-Grad	Bem.
8447,62	2	—	I	
8281,62	2	—	I	
8026,50	2	—		
7950,19	2	—	I	
7882,37	5	—	I	
7842,76	2	—	I	
7814,03	2	—	I	
7485,90	7	—		
7407,89	5	—	I	
7369,09	4	—	I	
7356,96	4	—	I	
7352,86	5	—	I	
7346,41	4	—	I	
7301,74	6	—	I	
7250,27	3	—	I	
7172,90	5	—	I	
7148,63	5	—	I	
7125,72	3	—	I	
7081,30	2	—		
7025,03	3	—	I	
7006,96	4	—	I	
7005,07	2	—		
6995,39	6	—	I	
6966,13	5	—	I	
6953,88	2	—		
6951,26	4	—	I	

λ in Å	B	F	Ion.-Grad	Bem.
6928,54	5	—	I	
6927,38	5	—	I	
6902,10	5	—	I	
6900,55	3	—		
6875,27	6	—	I	
6866,23	6	—	I	
6813,25	6	—	I	
6789,00	2	—	I	
6774,25	4	—	I	b
6771,74	4	—	I	
6740,73	3	—	I	
6675,53	8	—	I	
6673,73	6	—	I	
6621,30	6	—	I	
6611,95	7	—	I	
6574,84	4	—	I	
6516,10	4	—	I	
6514,39	4	—	I	
6505,52	4	—		
6485,37	9	—	I	
6450,37	6	—	I	
6430,79	5	—	I	
6389,45	4	—		
6373,06	2	—		
6360,84	4	—	I	
6356,14	4	—	I	
6341,17	2	—		
6332,91	2	—	I	
6325,08	4	—	I	
6309,58	4	—	I	
6281,33	2	—	I	
6268,70	6	—	I	
6266,37	2	—		b
6256,68	7	—	I	
6249,79	4	—	I	
6189,66	2	—		
6158,84	3	—	I	b
6154,50	6	—	I	
6152,54	2	—		
6144,56	2	—	I	
6101,58	5	—		
6090,82	2	—		b
6053,64	6	—		r
6047,25	4	—	I	r
6045,39	6	—	I	r
6020,27	7	—	I	R
5997,23	6	—	I	bb
5944,02	3	—	I	d
5939,77	3	—	I	r
5918,95	3	—	I	v
5901,91	3	—	I	
5882,30	3	—		
5877,36	4	—		

λ in Å	B	F	Ion.-Grad	Bem.	λ in Å	B	F	Ion.-Grad	Bem.
5866,61	2	—			5037,37	3	4	I	
5849,95	2	—		b	5012,52	2	—		
5849,68	3	—	I	b	4968,53	2	—		bb
5811,10	4	—	I		4936,42	2	3	I	
5780,71	3	—	I		4926,00	1	2		
5780,02	2	—			4923,47	2	—		bb
5776,77	3	—	I		4921,27	2	3	I	
5767,91	4	—	I	b	4920,11	2	3	I	
5746,71	2	—		r	4914,96	1	—		
5706,28	2	—			4907,73	1	0		
5699,24	3	—	I	b	4904,59	2	0		bb
5688,25	4	—		b	4883,95	4	0	I	
5664,90	2	0			4871,70	1	0	I	
5645,91	2	3	I		4864,66	1	5		
5640,18	0	3			4852,17	3	0	I	
5620,68	4	—	I	b	4846,45	1	3		
5598,75	2	—			4832,19	1	—		
5584,02	2	—			4825,43	2	3	I	
5548,33	2	—			4819,53	2	3	I	
5518,91	4	—	I	bb	4812,75	3	4	I	
5499,44	2	—		v	4794,07	0	3		d
5494,78	2	—	I		4780,94	2	1	I	R
5490,11	2	—			4768,98	2	4	I	R
5461,29	3	—	I		4758,03	0	4		
5435,27	3	—	I		4756,51	3	5	I	
5431,66	2	—		b	4740,16	3	4	I	R
5419,13	3	—	I	R	4730,12	1	0	I	
5404,96	3	—	I		4722,88	2	—	I	
5402,51	2	4	I	b	4708,66	0	5		d
5395,99	3	—		b	4706,09	2	0	I	
5389,30	4	—		bb	4701,32	2	0		d
5354,68	3	—	I	R	4693,35	1	3		
5349,09	3	—	I		4691,90	3	4	I	
5342,25	3	—	I		4685,27	2	0	I	
5341,05	5	—	I	b	4684,87	2	0	I	
5318,91	0	3			4683,10	0	3		
5279,82	2	—		b	4681,88	1	3	I	
5260,43	0	3			4669,14	2	1	I	
5235,39	0	5			4661,12	2	0	I	
5230,80	3	—	I	b	4633,06	2	0	I	
5218,45	1	2			4622,96	1	0	I	
5212,74	3	—	I	b	4619,51	3	4	I	
5161,81	3	4	I	b	4604,85	2	—		bb
5156,56	3	4		bb	4602,19	1	0		
5136,47	3	4	I		4601,42	1	2	I	b, d
5115,84	3	4	I		4583,17	3	1	I	
5090,71	1	5			4580,69	3	1		bb
5087,37	2	—			4574,31	3	4	I	
5076,37	1	—			4573,29	2	0	I	d
5067,87	1	3	I		4566,86	1	0		d
5058,69	0	4			4565,85	2	3		
5043,23	2	—	I		4556,35	2	0	I	
5037,67	1	0			4553,69	2	0	I	r

λ in Å	Int. B	Int. F	Ion.-Grad	Bem.	λ in Å	Int. B	Int. F	Ion.-Grad	Bem.
4551,95	3	1	I		4040,87	2	1		d
4547,15	2	0	I		4033,07	2	1	I	
4530,85	3	5	I		4029,94	1	0		
4529,99	0	5			4026,94	2	1	I	
4527,50	2	0			3996,17	2	1		d
4521,09	3	1	I	d	3979,28	1	0		d
4511,50	3	1	I	bb	3973,18	1	4		bb
4510,98	4	4	I		3970,10	2	1	I	
4509,29	1	0			3922,92	2	1		d
4496,50	2	0	I		3922,78	2	1		
4494,97	1	0			3922,42	0	3		
4489,32	0	5			3918,51	1	0	I	
4480,93	2	1		b, d	3896,43	1	0		
4441,48	2	0	I	r, d	3890,71	0	2		
4441,03	1	0	I	d	3870,69	0	3		
4415,74	1	0	I		3866,47	0	4		
4403,72	1	5			3833,74	1	5		
4402,50	1	0	I	d	3796,21	—	1		
4386,07	1	0	I		3792,02	1	0	I	
4374,21	1	5			3787,15	0	2		
4358,03	1	4			3784,25	3	1	I	b
4355,15	1	0		d	3763,44	1	3		
4306,80	0	4			3731,02	1	0	I	
4302,98	1	0		bb	3694,52	0	2		
4294,02	1	6			3662,34	0	2		
4286,38	1	0		d	3642,06	3	3		
4279,06	1	0	I		3631,6	0	6		
4271,51	1	4		b, d	3628,67	0	4		
4268,26	1	0		b	3626,62	4	3	I	(M 130)
4267,30	0	5			3625,24	1	0		R, d
4230,83	0	6		bb	3610,60	0	4		
4218,44	0	4			3609,93	0	5		
4208,44	0	3		d	3607,41	1	0	I	(M 100)
4206,40	1	0			3595,64	1	0		
4176,99	1	6			3584,21	1	0		
4175,21	1	0	I	d	3579,45	0	5		
4162,6	0	8			3573,44	0	6		b
4161,00	1	4		d	3566,72	2	0		r
4154,39	2	0			3565,63	—	6		r
4147,89	2	2			3551,12	0	5		
4139,1	0	1			3549,05	2	0		
4136,20	2	2	I		3542,24	—	4		
4129,38	2	2	I		3541,89	—	4		
4123,17	1	0		R, b	3527,07	1	0	I	d
4104,24	2	1			3520,50	—	4		b
4099,41	0	2			3511,04	2	1	I	b
4095,54	0	2			3504,98	1	0	I	
4085,80	0	1		bb	3503,87	1	0	I	d
4079,19	2	0			3497,85	3	0	I	
4073,00	0	2			3480,52	3	1	I	b, v
4067,91	2	1	I		3473,90	0	3		
4064,63	2	0			3471,05	0	3		
4061,40	3	3	I		3463,77	3	0	I	

λ in Å	Int. B	F	Ion.-Grad	Bem.	λ in Å	Int. B	F	Ion.-Grad	Bem.
3446,91	3	1		b	3245,28	1	0		
3440,24	0	1			3242,83	2	1	I	
3439,00	—	1		bb	3242,05	2	1	I	
3437,37	0	3	I	b, d	3239,99	2	6	I	b
3436,00	1	0		b	3237,85	1	0	I	d
3430,94	1	5			3234,69	1	0		
3419,75	1	0	I	d	3230,86	2	1	I	b
3414,14	1	3			3229,88	0	1		d
3406,94	3	4	I		3229,24	3	1	I	b
3407,42	0	3			3227,32	1	0		r
3398,33	2	3			3223,83	3	1		bb
3385,05	3	0			3221,32	1	0		v
3379,52	1	4		R	3216,92	2	1		b
3376,49	0	1	I	d	3213,97	0	5		
3371,54	3	0	I		3207,85	1	0	I	
3366,66	1	0		b	3206,39	1	0		
3361,64	2	1	I	bb	3199,23	0	4		r
3358,53	1	0	I	bb	3198,94				r
3349,22	0	5			3198,67	2	1		
3339,91	0	4			3192,25	1	0	I	b
3337,80	2	0	I	v	3191,16	1	0	I	
3332,81	0	4			3184,55	1	0		
3332,41	1	4	I		3182,57	1	0		R
3331,01	2	6		b	3180,95	3	1		
3325,74	1	0	I		3176,29	1	0	I	
3318,84	3	3	I	b	3173,59	1	0		
				(M 90)	3172,87	1	0		d
3318,53	1	0			3170,29	3	1		
3317,93	2	0	I	bb	3168,18	—	1		
3311,16	3	4	I	b	3163,13	1	0	I	R
				(M 140)	3162,72	1	0	I	
3309,78	1	0	I		3157,96	0	5		R
3304,38	1	0	I		3157,65	0	4		d
3303,90	0	3		bb	3156,76	0	5		
3302,77	1	0	I	d	3155,25	0	3		d
3299,77	1	0			3150,85		1	I	b
3295,33	2	1	I	b	3148,04	1	0	I	
3293,93	1	0			3147,37	1	1	I	
3292,48	1	0	I		3142,96	0	3		
3287,26	1	0			3141,38	0	4		d, r
3279,29	1	0	I	R	3137,44	0	1		
3275,94	1	0			3135,89	2	5		
3275,68	1	5			3132,64	3	1	I	b
3274,95	2	5		bb	3130,85	4	0	I	
3273,13	1	5			3129,95	1	0		
3271,19	1	0		b, d	3129,55	1	6		b
3269,14	1	0	I	r	3124,97	4	1	I	
3263,76	1	0	I		3117,44	1	0		
3260,18	2	0	I	b	3115,86	1	0	I	b
3259,87	1	0	I		3113,90	1	1		b
3256,77	2	0			3112,92	0	5		r
3250,36	1	0			3110,82	—	5		b
3248,52	2	0	I	d	3103,25	4	1	I	

λ in Å	Int. B	Int. F	Ion.-Grad	Bem.	λ in Å	Int. B	Int. F	Ion.-Grad	Bem.
3101,03	0	7		bb	2942,14	2	1	I	
3095,39	1	0		b	2940,22	3	0	I	(M 140)
3093,87	1	0			2940,06	2	1	I	r
3092,44	1	0	I		2939,28	3	1		d
3087,76	0	2		b, d	2938,43	1	0		
3085,54	1	0	I		2933,55	3	1	I	(M 200)
3081,85	1	0	I		2932,70	3	1	I	b
3079,96	1	0	I	b, d	2926,46	2	0	I	
3078,23	1	0	I		2925,66	2	0		
3077,25	3	1	I	b, d	2925,27	2	1	I	r
3069,24	3	1			2918,96	0	3		
3063,88	0	2			2915,49	3	0	I	
3063,56	3	0	I		2915,34	2	0	I	b
3060,29	2	1		bb	2914,13	2	1	I	
3058,64	1	0	I		2908,91	2	0		
3057,12	1	4		b	2905,24	1	4		
3056,62	0	3		r	2904,07	4	1	I	b
3052,53	—	1		r	2902,05	10	3	I	b
3049,56	4	1	I		2901,05	2	0		
3048,86	2	0	I		2900,75	0	1		r
3045,96	2	1	I	b	2900,36	2	1	I	
3042,44	0	4			2899,04	2	0		
3042,06	0	3			2896,44	0	1		d
3040,98	1	0		b	2895,10	2	0		
3037,51	0	3		d	2892,00	1	0		d
3028,78	1	0			2891,84	5	1	I	bb
3027,51	2	1	I	b					(M 90)
3025,16	1	0			2891,04	2	1		bb
3012,54	4	4	I	r	2882,33	0	1		
				(M 240)	2880,02	3	0	I	
3011,88	2	0	I	b	2879,74	2	0		
3011,12	2	0	I	bb	2879,52	1	0		v, d
3010,84	0	3	I		2877,69	0	1		d
2991,25	1	0	I		2876,11	1	0	I	R
2989,50	3	0			2874,17	2	0	I	
2986,81	0	2		d	2873,56	2	1	I	r
2978,75	3	1		R	2873,36	3	1	I	bb, d
2978,18	—	2	I	r	2871,42	3	1	I	
2976,77	0	3			2868,65	2	1		
2976,26	0	3		b, d	2867,41	0	4		
2975,56	2	1	I		2864,50	2	0		
2969,90	1	0		d	2858,44	2	4		
2969,47	2	1	I		2857,28	1	0		
2965,92	0	1			2852,36	0	2		r
2965,54	2	3	I	(M 90)	2850,99	5	1	I	
2965,13	3	4	II	(M 90)	2850,49	3	1	I	
2963,91	1	0			2849,82	0	1		bb, v
2963,32	4	0	I	(M 180)	2848,53	2	1	I	
2957,60	2	1			2848,05	2	0		
2956,84	0	2		r	2846,75	2	0		d, v
2952,99	1	2		d	2846,35	2	0	I	
2951,92	4	3	I	b, r	2844,76	2	1		
2946,91	2	0	I		2844,46	2	2		r

λ in Å	Int. B	Int. F	Iion. Grad	Bem.	λ in Å	Int. B	Int. F	Ion.- Grad	Bem.
2844,25	5	4			2747,25	1	0		
2843,51	0	1			2746,68	2	3	I	
2842,82	2	1			2740,21	2	0		d
2840,39	0	1			2739,26	0	1		
2838,24	0	2			2736,25	3	0	I	v
2836,62	1	0		R	2732,92	2	0	I	bb
2833,64	3	1	I	b	2727,78	2	1		
2828,58	1	3	I	b	2727,44	3	5		
2827,18	2	0			2725,42	0	2		b
2826,18	1	0	I		2721,83	1	—		
2824,81	1	0		bb, d	2720,76	2	0	I	
2819,37	2	0			2718,38	1	—		
2827,55	0	3			2717,18	2	—		
2817,50	1	0		r	2714,67	4	3	I	(M 300)
2817,10	1	2		d	2710,13	3	0	I	(M 140)
2815,12	3	0	I		2709,27	1	4		
2815,01	2	0	I		2706,69	1	0		
2814,80	1	0			2704,31	1	—		
2814,31	1	1		R	2703,06	1	3	I	
2811,72	0	2			2702,80	0	3		
2810,92	3	1	I	bb	2698,30	3	1	I	(M 120)
2806,58	4	1	I		2696,81	2	0	I	
2806,30	3	1	I		2694,76	1	5		
2802,07	3	1	I		2692,40	2	0		
2800,57	2	1		bb, d	2691,31	2	—		
2798,40	2	0			2685,17	4	6	II	(M 180)
2797,76	2	5		d	2684,28	3	0	I	
2796,57	2	—	I		2681,87	1	—		
2796,34	3	1			2680,06	0	1		(M 90)
2791,67	2	0			2675,90	3	5	II	
2791,37	0	2			2668,62	0	2		
2790,71	2	0	I		2668,07	1	—	I	
2788,30	2	0			2665,60	1	0		d
2787,69	4	1	I	R	2664,24	0	2		d
2784,97	1	2			2661,89	1	—	I	
2781,37	1	0	I		2661,34	4	0	I	(M 180)
2779,10	2	0		b, d	2658,86	0	1		
2775,88	3	1	I		2656,61	5	0	I	R (M 220)
2775,35	1	0							
2775,11	2	1		bb	2653,27	5	3	I	(M 300)
2774,88	2	0			2651,48	1	—		
2771,83	0	2		d	2651,22	—	1		
2770,78	1	0		b, d	2647,47	4	0	I	(M 280)
2763,37	0	1		d	2646,77	1	1		d
2762,05	0	3		r	2646,37	2	0	I	
2761,68	3	4			2646,22	4	0	I	
2761,55	1	—		(M 120)	2645,10	1	0		d
2758,31	4	1	I		2644,60	0	1		bb
2752,49	3	3			2643,89	1	—		(M 100)
2752,30	1	0			2636,90	4	1	I	
2750,38	0	3			2636,67	3	0	I	
2749,83	3	1	I	(M 100)	2635,93	1	—	I	
2748,78	4	0	I	(M 140)	2635,58	3	5	II	(M 140)

λ in Å	Int. B	Int. F	Ion.-Grad	Bem.	λ in Å	Int. B	Int. F	Ion.-Grad	Bem.
2633,79	0	1		b, d	2526,35	2	—	I	
2632,27	0	1			2526,02	2	1		
2624,12	1	—			2519,78	1	—	I	
2615,66	1	0			2512,65	2	—	I	
2615,47	1	0			2512,04	0	5		
2614,17	3	—		b, d	2511,69	0	2		d
2612,61	1	1			2507,45	2	0	I	
2611,34	2	—			2504,45	3	0		
2609,00	1	0			2490,47	3	4		
2608,63	3	0	I	(M 160)	2488,70	2	5		
2607,84	0	4			2488,40	1	—		
2603,57	0	5			2484,95	3	0		
2601,06	1	0	I	b, d	2482,58	1	1		
2600,14	1	—			2478,22	1	—	I	
2599,40	2	1	I		2474,62	3	0	I	
2596,45	1	2			2472,13	1	—	I	
2595,59	1	1		d	2470,90	3	5		
2595,26	2	0			2465,26	1	—		
2593,66	1	5	I		2461,07	0	4		
2593,09	2	0	I		2460,55	1	—		
2584,69	0	4			2454,48	1	—	I	
2584,03	1	5		b	2454,21	1	—		
2580,16	2	—	I		2449,44	0	4		
2579,62	1	—	I		2444,67	1	5		
2579,05	0	2		d	2444,13	0	4		
2577,78	3	0	I		2443,94	1	—		
2577,37	3	4		d	2432,70	3	5		R
2575,47	1	—	I		2427,64	3	0		
2574,38	1	—	I		2417,86	0	4		b
2573,79	2	0	I		2416,89	2	2		
2573,54	2	0	I		2406,55	2	0	I	
2569,13	1	1		d	2400,63	3	5	II	
2563,70	1	—	I		2396,30	2	—		
2563,33	1	—	I		2388,37	0	2		
2562,10	2	—			2387,06	4	5		
2560,68	1	0	I	(M 120)	2381,52	3	5		
2559,43	2	0	I		2381,13	3	5		
2557,71	1	2			2364,24	3	5		
2555,05	1	—			2343,64	0	5		
2554,91	2	3		d	2332,19	4	4		
2554,62	2	4			2331,98	4	4		
2551,73	2	0		d	2319,07	3	4		
2551,19	2	—			2315,46	2	3		
2551,07	2	—			2312,60	2	3		
2549,38	2	—	I		2303,49	2	4		
2546,80	1	—	I		2302,93	3	5		r
2545,49	0	4			2302,24	2	3		
2546,80	1	—	I		2301,47	2	3		
2536,23	2	—		bb	2296,86	0	4		
2535,60	1	—		d	2292,54	2	4		
2532,13	2	5			2289,16	3	5		
2526,66	1	—			2285,25	0	4		
2526,45	3	3	I	(M 120)	2285,02	0	3		

λ in Å	Int. B	Int. F	Ion.-Grad	Bem.	λ in Å	Int. B	Int. F	Ion.-Grad	Bem.
2272,59	2	4			5164,00	—	4		
2271,85	2	3			5083,0	—	3	I	
2262,30	3	5		r	5037,97	—	6		
2261,62	2	4			4910,55	—	3		
2261,42	3	5			4894,94	—	5		
2255,77	1	3			4893,58	—	3		
2250,76	2	4		r	4866,22	—	10		bd
2249,79	1	2		r	4831,29	—	9	II	bd
2239,48	2	4		r	4784,85	—	8		
2239,01	0	2			4729,83	—	4		
2227,84	2	4			4706,53	—	5		
2217,82	1	3		r	4686,95	—	5		d
2215,60	1	3		r	4665,33	—	5		
2212,42	1	2		r	4654,38	—	6		d
2210,03	1	2		v	4602,37	—	8	II	d
2207,14	1	2			4434,96	—	5		
2199,67	2	3			4377,10	—	4		
2196,03	2	4		r	4006,50	—	6		
2193,88	1	3			3617,55	—	3		
2193,20	1	2			3521,07	—	5		
2182,71	1	3		r	3496,3	—	4	III	
2179,54	0	2			3480,28	—	2		d
2178,03	0	2		v	3456,84	—	2		
2158,40	—	1			3455,07	—	4		d
2146,87	1	2			3422,22	—	5		
2143,16	0	2			3407,09	—	6		d
2140,13	1	2			3362,83	—	7	II	d
2132,88	0	1		v	3329,25	—	8	II	d
2131,79	0	2			3282,67	—	3		d
2124,08	0	2			3256,81	—	4		d
2113,68	0	1			3211,20	—	2		
					3175,11	5	8	I	
Te Tellur					3132,58	—	3		
6437,06	—	10	II		3073,53	—	4	II	
5974,70	—	6	I		3047,00	—	8	II	d
5935,21	—	4			3017,51	—	5		
5851,09	—	4			2967,21	—	6	II	
5765,25	—	5			2942,16	—	4		
5755,87	—	8			2895,49	—	8	II	
5741,66	—	3			2868,86	—	7		
5708,07	—	9	II	b	2861,03	—	3		
5666,26	—	7			2858,29	0	8		
5649,30	—	10	II	b	2786,41	—	6		
5618,47	—	4			2769,65	5	—	I	
5576,40	—	5	II		2711,61	—	4		d
5488,07	—	5			2697,67	—	2		
5479,13	—	6			2695,55	—	3		
5449,82	—	7	II		2662,11	—	3		d
5410,41	—	5			2530,73	5	6	I	
5366,91	—	6			2431,78	1	4	I	
5311,07	—	5			2420,14	1	4		
5300,67	—	4			2385,76	8	10	I	b, d, R (M 70)
5172,99	—	6							

λ in Å	Int. B	Int. F	Ion.-Grad	Bem.
2383,27	—	2	II	
2383,25	7	8	I	bd
				(M 55)
2265,52	4	7		
2259,04	5	8		
2255,48	4	7	I	
2208,83	3	6	I	
2207,17	1	—		
2166,88	2	—		
2159,79	—	5	I	
2147,19	2	8	I	
2142,75	3	10	I	R (M 55)
2107,63	2	—		
2107,20	2	—		
2081,03	8	—	I	
2074,74	1	—		
2070,9	3	—		
2039,79	6	—		
2002,72	1	0	I	
2001,59	8	—		
2000,2	1	—	I	

Th Thorium

λ in Å	Int. B	Int. F	Ion.-Grad	Bem.
7168,89	2	—	I	
6989,66	2	—	I	
6531,35	2	—	I	
6462,65	3	—		
6457,29	2	—	I	
6342,86	2	—	I	
6279,17	2	0	II	
6274,11	3	0	II	
6261,06	2	0	II	
6120,55	2	0		
5989,04	2	1		
5707,09	2	1	II	
5415,43	2	0	II	
5247,65	2	0		
5049,81	3	1	II	
5028,61	4	1		
5017,25	5	1	II	
4919,81	5	2	II	
4872,93	2	—		
4863,18	2	1	II	
4752,41	2	1	II	
4740,52	2	2		
4651,56	3	2		
4537,07	2	1		
4510,54	3	2	II	
4488,68	3	1		
4487,50	2	1		
4480,82	3	1		

λ in Å	Int. B	Int. F	Ion.-Grad	Bem.
4465,35	3	2		v
4440,87	2	1		
4439,13	2	2		
4432,97	3	2		
4391,11	5	4	II	(M 80)
4381,86	3	3	II	(M 90)
4282,04	3	3	II	(M 50)
4281,07	2	1		
4277,32	2	1	II	
4273,36	2	2		
4165,47	2	1		b
4116,71	1	2	II	(M 75)
4094,75	2	2	II	(M 50)
4086,52	1	1	II	(M 50)
4085,04	2	2	II	(M 50)
4069,21	4	3	II	(M 65)
4041,21	2	1		
4025,61	2	2		
4022,09	2	2		
4019,14	1	1	II	(M 300)
4007,03	2	2		
4005,55	2	3		b
3994,55	3	1		
3988,02	5	3		
3981,11	2	2		
3951,52	2	2		
3950,39	3	3		
3948,97	3	3		
3946,15	2	2		
3945,52	2	2		
3929,67	3	2	II	(M 42)
3905,19	3	3		
3904,09	2	2		
3900,89	3	3		
3859,43	2	1		
3884,83	2	2		
3872,73	3	2		
3863,39	2	2		
3854,55	2	2		
3845,02	2	1		b
3841,96	2	2		
3836,51	5	5		b
3833,04	2	1		b
3829,41	4	2		b
3824,76	2	1		d
3824,35	2	2		b
3823,08	2	1		b
3820,81	2	2		
3817,37	2	1		
3811,38	2	1		
3805,82	2	2		
3803,07	2	2	I	(M 42)
3795,75	2	1		b

λ in Å	Int. B	Int. F	Ion.-Grad	Bem.	λ in Å	Int. B	Int. F	Ion.-Grad	Bem.
3795,39	2	1			3025,44	2	1		d
3793,79	2	1			3000,92	3	1		d
3793,49	2	1		b	2982,05	5	1		
3789,12	2	2			2980,34	2	1		
3787,19	4	2		b	2978,64	0	8		d
3783,30	2	2			2976,02	2	1		
3783,02	2	2			2932,52	—	3		b, d
3781,69	2	1			2917,39	3	1		d
3780,86	2	1			2899,72	2	1		
3780,51	2	1			2898,93	—	3		b, d
3779,81	2	1			2896,71	—	2		b, d
3777,12	4	2			2887,82	2	2		
3775,94	2	1			2870,40	2	2	II	(M 48)
3775,32	2	1			2837,30	2	1	II	(M 110)
3773,76	2	2			2832,31	2	3	II	(M 70)
3771,38	3	2		b	2826,86	1	1		
3767,91	2	2			2824,68	—	3		d
3765,26	2	1			2819,33	1	1		
3762,89	2	2			2768,85	2	2		
3760,28	2	1			2752,17	2	1		
3759,31	2	1			2708,18	1	2		
3756,32	5	2		R	2703,96	2	2		
3754,60	2	1			2692,42	2	2	II	(M 42)
3754,04	2	1		b	2686,16	—	4		d
3752,57	4	5	II	(M 46)	2684,29	2	2		
3750,15	2	1			2680,97	—	3		
3742,93	2	1			2658,67	2	1		
3742,25	2	1			2641,49	2	1		
3741,19	8	8	II	(M 90)	2600,89	2	0		
3740,85	4	2			2600,64	—	2		
3739,79	2	1			2597,05	2	1		
3738,85	2	2			2589,06	2	1		
3726,73	3	2			2567,83	—	2		
3724,74	3	2			2566,59	2	1		d, v
3722,19	4	3			2565,60	1	2	II	(M 44)
3721,83	4	3	II	(M 55)	2564,36	—	2		b, d
3719,44	3	1	I	(M 42)	2554,73	—	2		d
3717,83	2	1			2549,52	—	2		
3711,31	3	2			2547,90	2	1		
3609,44	1	1	II	(M 70)	2545,35	2	0		
3493,53	3	2			2545,10	—	2		
3469,92	1	2	II	(M 95)	2512,74	—	2		d
3434,00	1	1	II	(M 70)	2501,12	—	2		d
3402,70	1	2	II	(M 70)	2475,33	—	2		
3392,03	1	2	II	(M 90)	2473,98	—	2		
3351,23	1	2	II	(M 70)	2463,69	—	3		
3256,28	1	2	II	(M 65)	2431,74	0	3		
3180,20	2	2	II	(M 75)	2427,99	0	3		
3122,96	2	2			2413,49	1	2		
3111,83	2	1		d	2391,52	—	2		b, d
3088,47	2	2			2363,09	—	2		
3063,03	3	3		d	2324,70	—	2		
3049,10	2	2			2301,22	—	3		

λ in Å	Int. B	Int. F	Ion.-Grad	Bem.	λ in Å	Int. B	Int. F	Ion.-Grad	Bem.
					5675,43	5	2	I	
	Ti Titan				5662,92	7	4	I	
9997,94	2	—	I		5662,16	7	4	I	
9927,35	2	—	I		5644,14	5	2	I	
9787,67	5	—	I		5565,47	5	2	I	
9743,60	5	—	I		5514,54	7	5	I	
9705,64	7	—	I		5514,36	6	3	I	
9675,55	8	—	I		5512,53	6	4	I	
9647,40	4	—	I		5488,23	4	—	I	
9638,28	8	—	I		5477,23	5	2	I	
9599,53	4	—	I		5336,80	—	5	II	
9546,07	4	—	I		5297,25	4	1	I	
8692,34	6	—	I		5283,45	4	2	I	
8682,99	7	—	I		5226,54	2	5	II	
8675,38	8	—	I		5210,39	7	5	I	
8548,07	5	—	I		5192,98	6	4	I	
8518,37	5	—	I		5188,69	4	8	II	
8468,46	5	—	I		5173,74	6	5	I	R
8435,68	9	—	I		5129,15	—	6	II	
8434,98	9	—	I		5064,65	6	4	I	
8426,50	8	—	I		5039,96	5	2	I	
8412,36	7	—	I		5038,41	7	4	I	
8382,54	5	—	I		5036,47	6	3	I	
8377,90	5	—	I		5035,91	4	4	I	
7251,75	6	—	I		5025,58	6	4	I	
7244,82	4	—	I		5024,85	6	5	I	
7209,44	8	—	I		5022,87	6	4	I	
6861,47	5	1	I		5020,03	5	2	I	
6743,15	5	3	I		5016,17	4	1	I	
6556,07	6	5	I		5014,25	8	6	I	LL
6546,28	3	—	I		4999,50	8	6	I	LL
6303,77	6	3	I						(M 380)
6261,10	8	6	I		4991,07	9	7	I	LL
6258,71	10	6	I						(M 440)
6258,10	8	5	I		4981,73	10	8	I	LL
6215,26	5	5	I						(M 550)
6126,22	6	3	I						
6091,18	5	2	I		4885,09	6	4	I	
6085,24	6	3	I		4870,14	5	2	I	
5999,67	5	2	I		4840,88	7	4	I	
5978,54	5	2	I		4820,42	5	2	I	
5965,83	6	5	I		4759,28	6	3	I	
5953,16	7	5	I		4758,13	5	2	I	
5941,75	4	1	I		4731,17	5	2	I	R
5922,10	4	1	I		4698,77	6	3	I	
5918,54	3	1	I		4691,34	6	3	I	
5899,30	7	5	I		4681,91	8	5	I	
5866,45	8	6	I		4667,59	7	4	I	
5766,33	5	2	I		4656,46	7	4	I	
5762,28	5	2	I		4639,95	5	4	I	
5715,12	5	2	I		4639,67	5	4	I	
5708,23	4	1	I		4639,37	5	4	I	
5702,68	5	2	I		4623,11	7	4	I	
5689,48	6	3	I		4571,98	4	7	II	

λ in Å	Int. B	Int. F	Ion.-Grad	Bem.	λ in Å	Int. B	Int. F	Ion.-Grad	Bem.
4563,77	3	6	II		4078,48	6	4	I	
4555,49	7	4	I		4024,58	6	4	I	
4552,45	6	3	I		4009,66	4	—	I	
4549,62	3	7	II		4008,93	5	2	I	
4548,76	7	4	I		3998,64	8	5	I	LL (M 650)
4544,69	7	4	I						
4536,05	8	4	I	R	3989,76	7	4	I	R (M 480)
4535,92	6	3	I	R					
4535,58	7	4	I	R	3981,76	7	4	I	R (M 400)
4534,78	8	5	I	R					
4533,97	2	6	II		3964,27	5	2	I	
4533,24	9	5	I	R LL (M 500)	3962,86	6	3	I	
					3958,21	6	3	I	(M 440)
4527,31	6	3	I		3956,34	5	2	I	(M 380)
4522,80	7	4	I		3948,67	6	3	I	(M 380)
4518,02	7	4	I		3947,77	5	2	I	
4512,73	7	4	I		3924,53	5	2	I	
4501,28	4	8	II		3921,42	4	1	I	
4496,15	4	1	I		3913,45	4	7	II	
4481,27	6	2	I		3904,79	6	3		
4468,50	5	7	II		3900,55	4	7	II	
4457,42	7	4	I		3882,88	5	2	I	
4455,33	6	3	I		3882,32	4	—		
4453,71	3	1	I		3882,15	4	—		
4453,32	6	4	I		3761,33	5	7	II	
4443,81	4	6	II		3759,30	5	7	II	
4427,10	7	3	I		3757,69	—	3	II	
4395,04	4	7	II		3752,86	7	4	I	(M 440)
4337,92	4	7	II		3741,63	6	6	II	
4318,65	5	—			3741,06	6	3	I	
4314,81	7	3	I		3729,81	7	4	I	R
4307,89	—	4	II		3706,22	2	5	II	
4305,91	9	6	I		3685,19	8	10	II	R
4301,08	8	3	I		3662,24	3	6	II	
4300,58	—	3	II		3659,75	2	5	II	
4300,55	8	2	I		3653,50	8	5	I	R LL (M 600)
4300,06	6	8	II						
4299,64	6	4	I		3642,68	7	5	I	(M 550)
4298,66	7	4	I		3641,34	3	5	II	
4295,76	6	3	I		3635,46	7	5	I	R (M 400)
4294,11	5	8	II						
4291,14	5	—			3596,05	3	5	II	
4290,94	7	2	I		3535,41	3	6	II	
4290,23	3	7	II		3520,26	2	5	II	
4289,08	7	3	I		3510,85	3	6	II	
4287,42	6	3	I		3504,89	3	7	II	
4286,07	5	2	I		3477,19	3	6	II	
4282,71	5	2	I		3461,50	3	6	II	
4274,59	8	4	I		3456,39	3	6	II	
4256,05	7	2			3452,48	1	4	II	
4186,12	6	2	I		3444,32	2	6	II	
4171,92	3	8	II		3394,58	5	6	II	
4163,66	4	8	II		3387,83	5	6	II	

λ in Å	Int.		Ion.-Grad	Bem.	λ in Å	Int.		Ion.-Grad	Bem.
	B	F				B	F		
3385,93	6	2	I		3046,69	3	6		
3383,76	6	7	II	(M 480)	3029,73	4	7		
3380,28	4	5	II		3017,18	5	7	II	
3377,58	6	2	I		2984,8	—	4	III	
3372,80	6	7	II	(M 480)	2967,22	5	2	I	
3371,45	6	2	I	R	2959,98	2	6	II	
				(M 360)	2956,13	8	3	I	R
3370,44	5	1	I	R	2954,76	2	6	II	
3361,22	8	8	I, II	R	2948,25	7	2	I	
				(M 600)	2945,47	2	6	II	
3354,63	7	2	I		2941,99	8	7	I, II	
3349,41	6	8	II	R LL	2938,7	3	5		
				(M 1000)	2936,2	3	5		
3349,04	6	8	II	R LL	2912,09	6	3	I	
				(M 360)	2884,10	3	6	II	
3341,88	7	7	I, II	R	2877,42	2	5	II	
				(M 480)	2862,32	2	5		
3335,19	5	6	II		2851,10	2	4		
3332,11	5	7	II		2841,94	3	6	II	
3329,45	5	5	II	R	2832,18	2	5		
3322,94	5	6	II	R	2828,15	3	6	II	
3261,59	4	7	II		2817,84	4	7	II	
3254,25	2	5	II		2810,28	4	7	II	
3252,85	2	5	II		2805,0	2	6	II	
3251,89	2	5	II		2802,50	7	2		
3248,60	4	7	II		2758,07	5	2		
3241,98	6	7	II	R	2751,70	—	6	II	
3239,04	6	7	II	R	2742,33	5	—		
3236,57	7	7	II	R	2698,52	—	6		d
				(M 440)	2679,93	5	2		
3234,52	7	7	II	R	2669,60	5	2	I	
				(M 550)	2661,97	4	—	I	
3229,18	4	5	II		2646,65	7	5	I	
3224,24	3	5	II		2646,08	2	5	II	
3222,82	5	6	II		2644,28	7	2	I	
3217,06	5	5	II		2641,12	6	2	I	
3202,54	4	5	II		2619,94	5	1	I	
3199,92	6	2	I	R	2611,28	7	2	I	R
3191,99	5	2	I		2605,15	5	—	I	
3190,88	4	6	II		2599,91	5	2	I	
3186,45	6	2	I		2571,04	2	5		
3168,52	5	7	II		2567,5	—	5	III	
3162,57	3	6	II		2565,4	—	6	III	
3161,78	2	5	II		2563,4	—	7	III	
3161,21	2	5	II		2540,0	—	5	III	
3088,03	5	7	II	R	2531,26	—	5	II	
3078,65	5	6	II		2528,00	2	6	III	
3075,22	5	6	II		2525,62	2	5	II	
3072,97	4	6	II		2516,0	—	6	III	
3072,10	3	5	II		2418,36	4	—		
3066,36	5	7	II		2414,0	—	7		
3066,22	5	7	II		2384,43	3	—		
3058,08	4	7	II		2375,0	—	5		

λ in Å	B	F	Ion.-Grad	Bem.
2346,8	–	6	III	
2269,14	–	4		
2261,23	–	4		
2253,26	–	3		
2250,05	–	3		
2230,91	–	3		
2227,10	–	2		
2074,6	–	3		
2068,3	–	3	III	
2067,5	5	–	I	
Tl Thallium				
9512,4	1	–	I	
9570,7	1	–	I	
9536,1	1	–	I	
6713,69	5	2	I	
6549,77	8	2	I	d, r
5350,46	10	8	I	R
				(M 1800)
3775,72	10	8	I	R, LL
				(M 1200)
3652,95	5	2	I	r
3529,43	8	8	I	R
				(M 500)
3519,24	10	10	I	R
				(M 2000)
3455,8	0	3		
3381,00	0	3	II	
3261,61	2	5	II	R
3229,75	5	8	I	R
3162,6	0	2		
3091,66	0	7	II	
2945,04	1	0	I	r
2921,52	3	5	I	R
2918,32	5	9	I	R
2826,16	2	5	I	R
2767,87	4	10	I	R, b
				(M 440)
2710,67	3	9	I	R, b
2709,23	5	2	I	R
2665,57	3	5	I	d
2609,77	2	–	I	R
2608,99	4	5	I	R, bb
2580,14	5	6	I	R, bb
2552,53	3	0	I	R
2531,82	–	5	III	
2530,82	0	5	II	b
2451,94	–	4	II	d
2380,34	1	2		
2379,69	2	8	I	R
2315,98	1	3	I	R
2298,95	1	5	II	
2298,16	0	1	II	

λ in Å	B	F	Ion.-Grad	Bem.
2298,08	–	2	II	
2297,88	–	1	II	
2237,85	1	3	I	R
U Uran				
7784,13	2	–	I	
7533,91	2	–	I	
7128,91	2	–	I	
7074,81	3	–	I	
6826,93	3	–	I	
6465,01	2	–	I	
6449,17	5	–	I	
6395,45	4	–	I	
6372,47	3	–	I	
6359,31	2	–	I	
6171,87	2	–	I	
6077,30	3	–	I	
5997,33	1	–	I	
5986,12	1	–	I	
5976,34	2	–	I	
5971,53	2	–	I	
5915,40	5	3	I	
5837,71	1	1	II	
5798,55	1	0		
5780,61	2	–	I	
5620,79	4	3	I	
5581,61	1	4		
5527,85	1	5	II	
5492,97	2	3	II	
5482,55	1	2	II	
5480,28	1	3	II	
5475,73	1	3	II	
5386,21	0	2		
5308,54	2	0		
5280,39	3	0		
5257,04	0	2	II	
5247,75	0	3	II	
5205,18	0	3		
5204,32	0	3		
5184,59	0	4	II	
5160,33	0	1	II	
5117,25	0	3		
5027,40	4	0	I	
5008,22	2	2	II	
4972,12	0	3		
4899,29	1	4	II	
4885,13	3	–	I	
4861,02	0	3	II	
4859,75	0	2		
4858,09	0	3		
4842,51	4	0		
4819,54	0	3	II	
4772,70	0	4	II	

λ in Å	Int. B	Int. F	Ion.-Grad	Bem.
4769,26	0	3	II	
4756,80	3	2		
4755,73	0	3	II	
4731,60	1	4	II	
4722,73	2	4	II	
4701,23	2	—		
4689,07	2	3	II	
4671,41	1	3	II	
4666,86	1	3	II	
4663,76	2	0	I	
4646,60	2	3	II	
4641,67	0	1	II	(M 75)
4631,62	3	0	I	
4627,08	2	3	II	
4620,22	3	2	I	
4611,44	0	3		
4605,15	—	2	II	
4603,67	2	3	II	
4579,64	2	2	II	
4567,69	2	0		
4555,10	1	3	II	
4563,95	2	0		
4553,86	0	2		
4545,58	3	2	II	
4543,63	3	4	II	
4516,73	2	—	I	
4515,28	2	3	II	
4494,75	2	—		
4490,84	2	3	II	
4477,71	0	3		
4472,34	3	4	II	
4469,33	2	—		
4462,97	0	3	II	
4450,50	0	3		
4440,74	2	0		
4433,89	0	2	II	
4427,65	1	2	II	
4426,94	3	0	I	
4426,68	0	2	II	
4415,24	0	3	II	
4402,44	0	3		
4393,59	4	3		
4383,27	2	2		
4382,34	1	0	I	
4373,41	0	3	II	
4372,76	3	0	I	
4372,57	3	4	II	
4371,76	2	0	I	
4362,93	—	4		
4362,26	0	5	II	
4362,05	2	0		
4355,62	—	3		
4355,74	3	1	I	

λ in Å	Int. B	Int. F	Ion.-Grad	Bem.
4347,19	1	3	II	
4341,69	3	4	II	
4335,74	2	0		
4313,88	0	3		
4313,15	2	0	I	d
4306,78	4	0		R
4297,11	0	3		
4288,34	2	0	I	
4287,87	1	3	I	
4282,45	0	3		
4282,03	0	3	II	
4273,98	0	3	II	
4269,61	2	3	II	
4269,40	—	1		
4266,33	2	—	I	
4246,26	3	2	I	
4244,37	2	4	II	
4241,67	3	4	II	
4231,68	1	—	I	
4222,38	2	0	I	
4213,88	2	0		
4211,62	1	—	I	
4204,37	0	3	II	
4189,28	2	4	II	
4188,07	—	3		
4174,19	0	3	II	
4171,59	3	4	II	(M 100)
4169,05	2	0	I	d
4163,68	2	2	II	
4162,43	2	0	I	d
4156,65	3	3	I	
4155,41	1	4	II	
4153,97	4	3	I	(M 65)
4153,48	0	3		
4141,23	0	4	II	
4133,49	2	—	I	
4128,34	0	3		
4124,73	0	4	II	
4116,10	3	4	II	(M 60)
4106,93	0	3	II	
4099,27	2	0	I	R
4098,03	3	2	II	
4097,75	2	—		
4090,14	4	3	II	(M 160)
4071,11	0	2		
4063,12	2	3		
4062,55	4	1	II	(M 65)
4058,16	3	—		
4051,91	1	2	II	
4050,04	4	3	II	(M 120)
4044,42	1	2		
4042,76	3	1	I	(M 75)
4026,02	2	2	II	

λ in Å	Int. B	Int. F	Ion.-Grad	Bem.	λ in Å	Int. B	Int. F	Ion.-Grad	Bem.
4018,99	0	1	II		3390,39	3	0		
4017,72	2	2	II		3371,29	0	3		
3990,42	2	1	II		3368,80	0	2		
3985,80	3	3	II	(M 85)	3342,68	1	3		
3966,57	3	3			3341,66	1	3	II	
3954,66	0	2	II		3337,79	2	4	II	
3943,82	4	0	I	(M 90)	3305,93	3	4		
3935,38	0	2			3291,34	2	4		
3932,03	3	3	II		3288,21	2	3		
3931,49	0	2			3287,45	0	3		
3915,88	0	1	II		3285,22	2	0		
3914,27	0	2			3270,12	2	3	II	
3892,68	—	2	II		3265,81	2	3		
3890,36	3	3	II	(M 160)	3232,16	3	4	II	
3881,46	0	2	II	(M 75)	3229,50	0	4		
3871,04	3	1	I		3224,26	0	3		
3865,92	3	3	I	(M 140)	3218,34	0	3		
3859,58	4	4	II	(M 360)	3206,23	1	0		
3854,66	3	3	II	(M 180)	3206,05	1	0		
3854,22	2	—	I	(M 46)	3177,33	2	0		
3839,62	3	0	I	(M 90)	3176,21	2	0		
3831,46	2	3	II	(M 150)	3149,21	2	3		
3812,00	2	0	I	(M 140)	3147,09	0	3		
3782,84	2	2	II	(M 140)	3145,56	0	4	II	
3748,68	0	2	II	(M 90)	3139,56	2	0	II	
3731,45	2	—			3124,90	2	0		
3701,52	1	2	II	(M 80)	3119,35	3	5	II	
3700,58	1	1	II		3115,93	0	4		
3670,07	2	3	II	(M 160)	3111,62	2	0		
3659,16	2	2	I	(M 55)	3102,39	2	4		
3640,95	0	4			3095,04	1	0	II	
3638,20	1	0	I	(M 48)	3094,83	2	0		
3630,73	0	5			3093,01	2	0		
3591,75	2	0			3044,16	3	3		
3590,50	0	3			3022,21	2	2		
3589,66	2	0			3021,22	1	1		
3584,88	3	3	I	(M 130)	2956,06	1	2		
3582,02	0	3			2954,77	2	2		
3581,84	0	3	II		2941,92	1	3	II	(M 55)
3566,60	3	—	I	(M 95)	2908,28	3	4		
3550,82	0	4	II	(M 48)	2906,91	1	2		
3540,47	0	4	II		2906,80	1	2		
3531,11	0	3	II		2882,74	4	3		
3514,61	2	0	I	(M 65)	2821,12	3	1		
3507,34	2	0			2802,56	3	2		
3489,37	3	3	I	(M 65)	2793,94	3	2		
3473,50	2	0			2744,40	0	2		
3472,51	0	4			2744,27	0	1		
3466,30	3	0			2743,40	0	2		
3453,57	0	3			2733,97	3	2		
3435,53	2	0	I		2669,17	2	0		
3412,36	0	3			2652,83	2	0		
3394,78	0	2			2649,07	2	0		

λ in Å	Int. B	Int. F	Ion.-Grad	Bem.	λ in Å	Int. B	Int. F	Ion.-Grad	Bem.
2645,47	3	0			6296,72	6	4	I	
2635,53	3	2			6292,85	7	5	I	
2606,73	2	1			6285,18	7	5	I	
2606,52	1	1			6274,65	6	5	I	
2601,54	2	1			6268,85	5	4	I	
2597,69	2	1			6251,80	8	6	I	
2591,25	2	1			6243,10	9	5	I	
2565,41	2	2			6242,85	5	5	I	
2562,94	2	2			6233,18	8	4	I	
2556,19	2	1	II		6230,77	5	3	I	
2500,86	1	1			6224,50	4	2	I	
2484,01	1	0			6219,55	8	5		R
2470,65	1	0			6216,34	6	5	I	
2457,17	0	2			6211,68	3	—		
2448,93	2	0			6199,17	8	6		
2442,90	0	1			6150,15	7	4	I	
2427,62	1	0			6135,36	8	5	I	
2427,45	2	0			6119,51	9	6	I	R
2423,70	2	0			6111,62	8	6	I	
2419,57	3	0			6090,18	10	8	I	R
2397,32	2	2			6081,42	8	6	I	
2378,16	0	3			6039,69	8	6	I	
2351,87	0	2			5830,75	4	—		
2346,16	0	2			5743,44	6	3	I	
2336,42	0	1		d	5737,04	8	6	I	
2324,80	0	1			5731,28	7	5	I	
2318,47	0	3			5727,66	5	2	I	R
2318,18	0	3			5727,02	10	10	I	R
2306,91	0	1			5725,63	4	—		
2298,37	0	2			5706,97	9	8	I	R
2282,78	0	2			5703,56	9	8	I	R
					5698,51	10	9	I	R
					5670,87	9	8	I	

V Vanadium

λ in Å	Int. B	Int. F	Ion.-Grad	Bem.	λ in Å	Int. B	Int. F	Ion.-Grad	Bem.
					5668,38	7	4	I	
9611,60	7	—	I		5657,46	7	5		
8919,85	8	—	I		5646,12	5	4		
8282,35	8	—	I		5627,66	8	8	I	
8255,90	8	—	I		5626,05	4	2	I	
8253,51	8	—	I		5624,65	8	6	I	
8241,55	8	—			5584,54	4	—	I	
8203,05	8	—	I		5507,75	4	7		
8161,06	9	—	I		5487,98	3	6		
8116,80	10	—	I		5415,28	6	4		
8093,48	7	—	I		5194,85	3	7		
8027,36	7	—	I		5193,65	3	6		
7338,90	6	—			5138,44	4	8		
6753,03	6	—			5128,54	4	7		
6624,87	5	—	I		4904,39	3	7		
6605,98	5	—	I		4881,55	8	8	I	
6531,43	8	5	I		4875,46	8	8	I	
6504,18	5	4	I		4864,71	8	7	I	
6452,38	6	—	I		4851,59	8	8	I	
6326,57	4	—			4832,43	6	4	I	

λ in Å	B	F	Ion.-Grad	Bem.
4831,64	6	4	I	
4827,15	6	4	I	
4807,56	5	4	I	
4799,92	3	—	I	
4796,94	5	5	I	
4786,52	5	5	I	
4781,48	3	—	I	
4776,48	4	6		
4776,36	6	4	I	
4766,64	5	3	I	
4757,50	4	2	I	
4751,57	3	—	I	
4748,53	4	2	I	
4670,50	6	4	I	
4616,40	5	3	I	
4635,18	6	4	I	
4619,77	7	6	I	
4606,15	5	3	I	
4600,2	3	6		
4594,10	9	8	I	R
4591,23	3	5		
4586,36	8	7	I	
4580,39	8	7	I	
4577,17	8	7	I	
4571,79	4	7		
4560,72	6	8		
4549,65	5	7		
4545,40	7	6		
4488,90	7	9		
4469,71	7	7		
4462,37	7	7		
4460,30	8	8	I	
4459,78	8	7	I	
4457,48	7	5	I	
4452,04	8	9		
4444,22	8	7	I	
4441,69	8	8	I	
4437,84	7	5	I	
4436,14	7	5	I	
4429,80	6	5	I	
4428,52	6	5	I	
4426,01	7	6	I	
4421,59	7	6	I	
4419,24	5	3	I	
4416,48	6	5	I	
4408,51	10	10	I	R LL (M 360)
4408,20	10	5	I	R (M 280) (M 220)
4407,64	8	5	I	
4406,65	8	5	I	
4400,59	7	7	I	
4395,23	9	8	I	(M 280)

λ in Å	B	F	Ion.-Grad	Bem.
4389,97	9	8	I	R (M 380)
4384,72	10	10	I	R (M 550)
4379,24	10	10	I	R (M 150)
4355,96	5	3	I	
4352,89	8	6	I	
4341,02	7	7	I	
4332,83	7	7	I	
4330,31	7	7	I	
4309,80	6	5	I	
4306,22	5	4	I	
4291,83	6	6		
4284,06	7	9		
4276,96	7	9		
4271,56	7	9		
4268,64	7	9		
4234,53	5	2		
4234,00	5	2		
4233,03	4	2		
4232,83	5	2		
4232,46	5	2		
4209,85	6	6	I	
4205,07	2	8		
4202,44	1	6		
4183,44	2	8		
4134,50	8	8	I	
4132,02	9	9	I	R (M 240)
4128,07	8	8	I	(M 240)
4123,56	7	7	I	
4116,60	4	2	I	
4116,48	7	7	I	
4115,18	8	2	I	(M 340)
4111,78	9	8	I	R LL (M 700)
4109,78	8	6	I	
4105,17	7	4	I	(M 220)
4102,17	6	3	I	
4099,80	8	3	I	
4095,49	6	3	I	(M 220)
4092,69	8	4	I	
4090,58	7	7	I	
4065,1	4	—		
4035,62	2	7		
4023,37	2	8		
4005,71	3	8		
3998,73	6	3		
3997,13	3	6		
3992,80	7	4		
3990,57	6	4		
3973,64	3	7		

λ in Å	Int. B	Int. F	Ion.-Grad	Bem.	λ in Å	Int. B	Int. F	Ion.-Grad	Bem.
3951,96	3	7			3504,44	2	6		
3916,40	2	6			3496,94	2	6		
3914,31	2	7			3457,13	3	6		
3909,88	6	—	I	R	3337,9	—	5		
3902,26	6	2	I	R	3279,84	2	6		
3878,73	2	7			3276,12	5	8	II	R
3875,89	6	2			3271,64	4	7	II	
3875,08	7	2	I	R	3271,11	4	7	II	R
3864,86	6	2	I		3267,71	5	8	II	R
3855,84	7	3	I	(M 320)	3254,75	2	5		
3855,37	6	2	I		3237,87	3	6		
3847,32	3	6			3217,11	4	7	II	
3840,75	7	3	I	(M 280)	3207,42	5	—	I	
3828,56	6	2	I		3202,38	6	2	I	R
3822,01	5	1	I		3198,01	6	2	I	R
3818,24	7	3	I		3190,67	5	8	II	R
3815,51	3	6			3188,51	4	7	II	R
3813,50	7	3	I		3187,70	4	7	II	R
3808,52	5	2	I		3185,40	8	3	I	R
3794,96	5	2	I						(M 500)
3790,33	4	1	I		3184,00	8	3	I	R LL
3787,15	2	6							
3778,68	4	1	I		3183,98	7	2	I	(M 700)
3770,97	2	7	II		3183,41	8	3	I	R
3760,88	2	7	II						(M 420)
3745,80	3	7			3139,75	2	6	II	
3732,75	3	8			3136,52	2	6	II	
3728,34	2	5	II		3134,94	3	7	II	
3727,46	1	8	II		3130,27	2	6	II	
3715,47	3	8			3126,21	2	5	II	
3705,04	7	4	I		3125,29	3	7	II	
3704,71	6	3	I		3118,38	5	8	II	R
3703,57	7	3	I						(M 260)
3700,34	1	6			3110,71	6	9	II	R
3695,87	7	3	I						(M 340)
3692,22	5	1	I		3102,30	6	9	II	R
3690,28	5	1	I						(M 400)
3688,07	6	2	I		3093,11	5	9	II	R LL
3683,11	3	—	I						(M 500)
3675,70	2	—	I		3067,11	4	8	II	
3669,42	2	6			3066,38	5	2	I	R
3667,72	5	2							(M 320)
3618,95	2	6			3063,25	4	8	II	
3593,33	4	8			3060,46	5	2	I	R
3592,02	5	9	II		3056,34	5	2	I	R
3589,75	5	9	II		3048,22	2	5	II	
3566,17	2	5			3044,93	4	1		
3556,80	3	9	II		3033,82	3	7	II	
3545,20	3	8	II		3033,45	2	6	II	
3533,73	6	—			3014,82	1	5		
3530,77	2	7			3008,62	2	6	II	
3524,72	1	5			3001,20	2	6	II	R
3517,30	3	8	II		2989,60	1	5	II	

λ in Å	Int. B	Int. F	Ion.-Grad	Bem.	λ in Å	Int. B	Int. F	Ion.-Grad	Bem.
2977,55	5	1			2706,19	8	8	II	
2976,53	4	6	II		2702,21	7	8	II	
2976,21	5	1			2700,96	8	9	II	
2975,65	4	1			2697,74	6	2	I	
2975,07	4	1			2697,00	5	1	I	
2974,24	5	2			2690,28	4	7	II	
2968,39	4	8	II		2689,95	3	6	II	
2957,52	3	6	II		2687,99	5	8	II	
2955,80	6	—			2683,12	2	5	II	
2952,08	4	6	II	R	2683,09	8	8	I	
2944,59	3	6	II	R	2682,91	2	5	II	
2943,20	6	2			2679,35	8	8	II	
2942,35	7	2		R	2678,60	8	8	II	
2941,43	3	7	II	R	2677,83	8	8	II	
2937,70	6	2			2672,04	9	8	II	
2935,87	6	2			2663,30	2	8		
2934,40	2	6	II		2661,42	8	1	I	R
2930,81	3	7	II	R	2656,22	7	1	I	R
2924,64	4	8	II	R	2655,7	—	7		
				(M 220)	2651,90	8	2	I	R
2924,02	4	8	II	R	2649,4	4	7		
				(M 320)	2647,71	7	1	I	R
2923,63	7	—	I	R	2630,66	4	8		
2919,99	6	2			2595,10	3	6		
2914,93	7	2			2593,05	3	6		
2911,06	3	6	II	R	2574,02	7	3	I	R
2910,39	6	2	I	R	2562,13	7	2	I	R
2910,02	6	2	I	R	2553,0	2	6		
2908,82	6	8	II	R	2552,64	6	1		
				(M 320)	2549,3	2	6		
2907,47	2	5	II	R	2530,17	7	2	I	R
2906,45	6	7		R	2528,90	6	8		
2906,13	5	5			2528,47	6	8		
2904,13	6	1			2527,92	6	8		
2903,70	6	2			2526,21	6	1	I	R
2893,32	6	9		R	2519,62	6	1	I	R
2892,67	7	10		R	2517,14	5	—	I	R
2892,46	5	7			2516,17	7	2		
2891,65	6	8		R	2514,70	2	6		
2884,79	5	8	II		2511,94	5	—	I	R
2882,51	4	6			2511,64	4	—	I	
2880,04	4	6	II		2507,78	7	2	I	R
2869,12	5	8			2506,90	7	2	I	R
2855,24	6	8			2506,23	5	5		
2851,78	4	6			2503,03	—	5		
2810,24	2	8			2483,11	—	5		
2765,7	4	7			2482,40	—	5		
2753,4	5	8			2479,57	—	6		
2731,35	8	2	I		2479,09	—	5		
2728,66	8	6			2439,10	5	—	I	
2722,56	6	—	I		2435,52	6	—	I	R
2715,69	9	8	II		2430,5	5	—		
2706,72	7	7	II		2428,27	5	—	I	R

λ in Å	Int. B	Int. F	Ion.-Grad	Bem.	λ in Å	Int. B	Int. F	Ion.-Grad	Bem.
2421,06	4	—	I	R	8017,17	4	—		
2420,12	4	—	I	R	7909,19	2	—		
2417,35	4	—	I	R	7905,25	2	—		
2416,75	5	—	I	R	7886,45	2	—		
2415,33	4	—	I	R	7880,34	2	—		
2413,93	4	—	I	R	7867,01	2	—		
2412,69	5	—	I	R	7863,45	2	—		
2407,90	4	4	I, III	R	7808,95	2	—		
2406,75	4	—	I	R	7784,11	3	—		
2404,9	—	6	III		7776,67	2	—		
2401,90	5	—	I		7761,13	2	—		
2400,4	—	3	III		7700,96	2	—		
2399,95	4	—	I	R	7688,93	3	—		
2393,7	—	6			7614,07	3	—		
2382,5	—	7			7612,13	2	—		
2371,1	—	7			7582,85	2	—		
2366,3	—	6			7569,87	3	—		
2358,7	—	5			7537,42	3	—		
2352,2	—	4			7504,07	2	—		
2342,2	—	4			7483,34	3	—		
2340,48	4	—	I		7451,37	2	—		
2331,8	—	5			7385,08	3	—		
2330,4	—	5			7296,57	3	—		
2292,8	—	4			7285,82	3	—		
2292,7	—	3			7278,21	2	—		
2232,9	—	4			7269,57	3	—		
2182,22	6	—	I	R	7226,02	2	—		
2177,00	5	—	I	R	7216,31	2	—		
2170,74	3	—	I	R	7200,16	2	—		
2075,2	—	6			7162,64	2	—		
					7140,51	3	—		
					6984,29	4	—		
W Wolfram					6964,14	3	—		
					6934,28	4	—		
8865,50	2	—			6908,32	3	—		
8746,59	2	—			6820,27	4	—		
8744,64	3	—			6814,93	3	—		
8740,44	2	—			6693,12	5	—		
8641,56	2	—			6678,42	3	—		
8614,49	2	—			6611,63	3	—		
8613,22	3	—			6573,96	3	—		
8594,38	3	—			6563,22	3	—		
8585,07	3	—			6538,16	4	—		
8538,99	2	—			6532,41	3	—		
8516,37	2	—			6445,15	4	2		
8515,36	2	—			6404,22	4	2		
8506,95	2	—			6303,25	3	—		
8486,81	2	—			6292,05	4	2		
8470,92	2	—			6285,90	3	—		
8417,08	2	—			6203,52	3	—		
8338,02	2	—			6128,29	3	—		
8123,78	3	—			6012,80	4	3		
8060,35	2	—			5965,88	3	—		
8055,61	3	—							

λ in Å	Int. B	Int. F	Ion.-Grad	Bem.
5947,58	4	2		
5804,86	6	4		
5796,52	3	—		
5749,22	3	—		
5735,10	8	8		
5697,83	3	—		
5674,43	4	2		
5660,73	5	2		
5648,39	6	8		
5514,71	10	10		
5503,49	4	4		
5492,34	8	8		
5477,81	3	—		
5435,07	4	2		
5224,68	8	8		
5071,74	5	5		
5069,16	7	6		
5054,62	6	5		
5053,30	8	5		
5015,33	6	4		
5006,17	7	5		
4982,61	6	4		
4886,92	7	5		
4843,03	8	6		
4757,56	5	4		
4680,54	9	6		
4659,87	8	5		
4609,93	3	—		
4599,97	3	—		
4588,73	5	3		
4570,66	5	3		
4551,85	3	—		
4546,49	4	1		
4543,52	4	1		
4484,20	8	4		
4336,91	3	—		
4408,28	3	—		
4364,78	2	—		
4348,12	5	2		
4302,11	8	5	I	LL (M 240)
4294,61	9	6	I	R LL (M 450)
4269,40	7	4	I	(M 150)
4244,37	6	3		
4241,45	5	2		
4215,38	4	6		
4137,46	3	—		
4102,70	7	3	I	(M 110)
4074,36	8	5	I	(M 550)
4008,75	9	9	I	LL (M 950)
3970,81		3	—	

λ in Å	Int. B	Int. F	Ion.-Grad	Bem.
3881,39	6	4		
3867,98	7	4	I	(M 200)
3851,57	3	—		
3847,50	5	3		
3846,20	6	3		
3838,50	7	5		
3817,48	7	5	I	(M 160)
3780,77	6	4	I	(M 120)
3768,45	6	4	I	(M 120)
3717,06	—	5		
3707,93	6	3		
3657,68	2	5		
3647,53	—	4		
3645,60	—	4		
3641,41	2	5		
3617,52	7	4	I	(M 240)
3613,79	2	5		
3592,42	3	6		
3572,47	3	6		
3570,66	3	—		
3549,05	—	4		
3545,23	6	3		
3508,74	4	3		
3401,87	1	4		
3376,14	2	6		
3358,61	—	4		
3343,40	1	5		
3342,46	—	4		
3311,39	4	—		
3300,83	5	1		
3243,36	—	4		
3215,57	6	5		
3160,02	—	4		
3152,47	—	3		
3151,29	—	3		
3149,85	—	4		
3145,77	—	3		
3077,51	2	6		
3051,30	—	4		
3049,68	5	5		R
3046,43	4	1	I	
3043,77	3	1		
3041,86	4	1		R
3024,50	2	5		
3017,44	5	2		R
3016,46	3	—		
3009,08	3	—		
2997,79	3	—		
2993,62	4	—		
2979,86	5	1		
2964,53	4	—		
2952,27	—	4		
2947,39	5	1		

λ in Å	Int. B	Int. F	Ion.-Grad	Bem.
2946,98	7	3	I	R LL
				(M 300)
2944,40	6	4	I	R LL
				(M 300)
2934,99	5	4		R
2896,45	6	4	I	(M 190)
2896,01	5	3		
2879,40	5	2		
2879,11	5	4		
2866,05	6	4		
2848,05	6	4		
2831,38	6	5	I	(M 200)
2830,13	—	5		
2822,59	—	3		
2818,07	3	—		R
2805,93	—	4		
2799,03	—	5		
2792,75	3	—		
2776,51	—	5		
2774,48	3	3		
2774,01	2	—		R
2764,28	4	7		R
2740,77	—	4		
2724,35	7	4	I	(M 320)
2718,90	6	3	I	(M 260)
2703,5	—	3		
2702,1	2	6		
2697,7	2	5		
2681,41	7	3	I	(M 260)
2671,47	5	2		
2669,3	—	3		
2664,3	3	6		
2658,02	3	7		
2656,54	6	2	I	(M 200)
2633,10	5	1		
2620,25	—	4		
2615,33	—	3		
2613,86	4	—		
2613,07	4	—		
2603,0	—	3		
2598,8	—	3		
2589,14	2	5		
2580,49	6	2		
2579,6	—	5		
2579,3	—	4		
2572,3	—	4		
2571,46	—	5		
2569,26	—	3		
2563,1	—	3		
2555,14	—	4		
2554,89	—	4		
2551,35	5	2	I	(M 280)
2547,14	4	1	I	(M 120)

λ in Å	Int. B	Int. F	Ion.-Grad	Bem.
2522,01	2	6		
2510,58	2	6		
2496,7	—	3		
2489,23	2	6		
2488,77	2	6		
2481,44	5	—	I	(M 160)
2477,81	2	6		
2466,85	1	5	I	(M 140)
2446,4	1	6		
2435,96	6	3	I	(M 160)
2435,0	—	5		
2427,48	2	5		
2405,64	5	2		
2397,11	2	8		
2390,4	—	3		
2370,03	2	5		
2326,11	—	5		
2323,1	—	3		
2303,9	1	4		
2270,3	—	5		
2249,9	—	5		

X Xenon

λ in Å	Int. G	Int. F	Ion.-Grad	Bem.
9513,38	7	—	I	
9162,65	4	—	I	
8952,25	6	—	I	
8819,41	8	—	I	
8739,37	8	—	I	
8409,19	5	—	I	
8280,12	5	—	I	
8266,52	3	—	I	
8231,63	6	—	I	
8206,34	3	—	I	
8061,33	6	—	I	
8057,26	7	—	I	
7967,34	10	—	I	
7802,65	5	—	I	
7642,02	5	—	I	
7584,68	7	—	I	
7393,79	6	—	I	
7386,00	5	—	I	
7316,27	4	—	I	
7285,30	3	—	I	
7283,96	2	—	I	
7119,60	10	—	I	
6976,18	5	—	I	

λ in Å	Int. G	Int. F	Ion.-Grad	Bem.	λ in Å	Int. G	Int. F	Ion.-Grad	Bem.
6882,16	8	—	I		5719,6	6	—		
6866,84	3	—	I		5716,25	7	—	I	
6846,61	4	—	I		5715,72	5	—	I	
6728,01	7	—	I		5695,75	9	—	I	
6681,04	2	—	I		5667,6	6	—	I	
6678,97	3	—	I		5659,5	5	—		
6668,92	6	—	I		5618,88	8	—	I	
6666,70	4	—	I		5531,1	7	—		
6632,46	3	—	I		5488,56	7	—	I	
6595,56	5	—	I		5472,7	7	—	I	
6554,20	3	—	I		5460,04	2	—	I	
6533,16	5	—	I		5439,92	3	—	I	
6521,51	2	—	I		5419,2	10	—		
6504,18	7	—	I	d	5401,04	—	5	III	
6498,72	5	—	I		5394,74	2	—	I	
6487,77	6	—	I		5392,80	9	—	I	
6472,84	6	—	I		5372,4	8	—		
6469,71	8	—	I		5364,63	3	—	I	
6430,16	2	—	I		5362,24	2	—	I	
6318,06	10	—	I		5339,4	9	—		
6292,65	3	—	I		5314,0	8	—		
6286,01	5	—	I		5292,2	10	—		
6265,30	3	—	I		5283,95	—	6	III	
6224,17	3	—	I		5162,71	10	—	I	
6206,30	2	—	I		5080,7	7	—		
6200,89	4	—	I		4923,15	8	—	I	
6198,26	5	—	I		4921,5	5	—		
6182,42	8	—	I		4916,51	8	—	I	
6179,67	6	—	I		4890,1	5	—		
6178,30	7	—	I		4883,5	6	—		
6163,94	4	—	I		4876,5	7	—		
6163,66	5	—	I		4862,5	8	—		
6152,07	2	—	I		4844,33	10	—		
6111,95	3	—	I		4843,29	8	—	I	
6111,76	3	—	I		4829,71	8	—	I	
6097,6	7	—			4823,3	6			
6051,2	7	—			4807,02	9	—	I	
6036,2	6	—			4734,15	10	—	I	
6007,91	3	—	I		4697,02	8	—	I	
5998,12	4	—	I		4690,97	7	—	I	
5976,5	7	—			4671,23	10	—	I	
5974,15	4	—	I		4652,0	6	—		
5931,17	9	—	I		4624,28	10	—	I	
5931,24	7	—	I		4603,03	10	—		
5922,55	2	—	I		4592,0	6	—		
5904,46	2	—	I		4585,5	8	—		
5895,00	9	—	I		4582,75	5	—		
5875,02	9	—	I		4545,2	8	—		
5856,51	2	—	I		4540,9	8	—		
5824,80	10	—	I		4524,68	9	—	I	
5814,51	6	—	I		4500,98	10	—	I	
5807,31	2	—	I		4481,08	7	—		
5751,0	5	—			4462,2	10	—		

λ in Å	Int. G	Int. F	Ion.-Grad	Bem.	λ in Å	Int. G	Int. F	Ion.-Grad	Bem.
4448,1	10	—			3454,25	—	7	III	
4434,16	—	5	III		3444,23	—	6	III	
4414,8	7	—			3331,7	6	—		
4395,7	10	—			3322,2	6	—		
4393,2	10	—			3285,8	8	—		
4383,91	10	—	I		3268,96	—	8	III	
4272,29	2	—	I		3242,86	—	8	III	
4330,5	10	—			3239,3	6	—		
4245,4	10	—			3196,2	5	—		
4238,2	10	—			3151,0	6	—		
4208,5	6	—			3150,7	6	—		
4205,40	1	—	I		3138,3	6	—		
4203,69	5	—	I		3091,06	—	5	III	
4193,53	—	8	II		3083,6	6	—		
4193,1	8	—			3065,2	6	—		
4180,0	10	—			3023,80	—	10	III	
4135,13	2	—	I		2993,0	5	—		
4116,12	8	—	I		2979,4	6	—		
4109,71	6	—	I		2957,7	5	—		
4109,07	—	10	III		2935,9	6	—		
4078,82	10	—	I		2871,68	3	—	III	
4060,43	—	6	III		2827,45	—	3	III	
4057,4	5	—			2816,0	5	—		
4050,05	—	10	III		2814,5	6	—		
3992,7	7	—			2794,9	5	—		
3985,20	3	—	I		2717,4	—	7	II	
3974,42	4	—	I		2677,2	—	8	II	
3967,54	5	—	I		2605,6	—	10	II	
3950,92	5	—	I		2489,2	—	7	II	
3950,56	—	10	III		2475,9	—	10	II	
3948,16	1	—	I		2442,7	—	7	II	
3922,5	—	5	III		2344,5	—	6	II	
3907,9	7	—			2316,8	—	6	II	
3895,0	6	—			2296,6	—	7	II	
3880,5	6	—							
3877,80	—	8	III						
3841,52	—	7	III						
3796,30	4	—	I				Zn Zink		
3780,98	—	10	III		10979,4	4	—	I	
3776,3	7	—			10970,7	4	—	I	
3693,49	4	—	I		7799,40	5	—	I	
3685,90	4	—	I		7732,50	—	5	II	
3676,63	—	5	III		7698,93	4	—		
3624,05	—	8	III		7624,77	3	—		
3596,6	5	—			7612,90	—	4	II	
3583,64	—	8	III		7588,48	—	7	II	
3579,69	—	10	III		7578,75	3	—		
3552,13	—	5	III		7578,79	—	10	II	
3542,33	—	5	III		7264,2	4	—		
3522,83	—	8	III		6943,20	4	—	I	
3468,2	5	—			6938,32	6	—	I	
3467,2	5	—			6928,33	5	—	I	
3458,8	6	—			6482,98	—	7	II	

λ in Å	Int. B	Int. F	Ion.-Grad	Bem.	λ in Å	Int. B	Int. F	Ion.-Grad	Bem.
6479,16	7	—	I		2756,45	6	6	I	R
6417,07	7	—	I		2720,8	—	5	III	
6438,27	—	5	II		2712,49	5	5	I	
6438,01	—	8	II		2684,19	5	5	I	
6362,35	10	8	I		2670,57	3	—	I	
6239,20	5	—	I		2658,2	—	4	II	
6238,00	6	—	I		2618,8	—	4	IV	
6214,58	—	8	II		2608,64	4	4	I	
6111,55	—	7	II		2608,56	6	6	I	
6102,53	1	9	II		2593,0	—	4	III	
6021,25	1	8	II		2582,5	7	5	I	R
5894,37	4	8	II		2575,8	—	5	III	
5777,0	5	—	I		2570,72	—	2		
5775,2	6	—	I		2569,92	6	4	I	R
5772,2	8	—	I		2567,92	4	—	I	
5310,90	4	—	I		2557,96	5	8	II	
5310,18	6	—	I		2527,0	—	4	III	
5308,57	8	—	I		2522,0	—	4	III	
5182,00	8	1	I		2515,9	5	5	I	
4924,0	6	8	II		2509,2	—	4	III	
4911,6	5	7	II		2502,0	3	10	II	
4810,53	10	10	I	R (M 140)	2493,6	3	—	I	
4722,16	8	8	I	R	2491,5	6	1	I	
4680,14	7	7	I	R	2486,8	—	5	III	
4629,81	5	—	I		2479,78	3	—	I	
4298,4	4	—	I		2467,0	—	5	III	
4292,9	4	—	I		2463,5	3	—	I	
4148,57	—	5	II		2442,0	—	6	III	
4112,2	—	4	II		2439,9	3	—	I	
3989,23	—	6	II		2426,9	—	6	III	
3840,6	—	7	II		2423,3	—	4	III	
3805,9	—	5	II		2418,7	—	5	III	
3345,93	6	4	I	LL	2408,5	—	4	III	
3345,57	8	5	I	R LL	2393,80	4	—		
3345,02	10	6	I	R LL (M 140)	2393,2	—	3		
3306,1	—	5	II		2390,04	—	3	II	
3302,94	8	8	I	R	2313,8	—	4	III	
3302,59	10	10	I	R	2138,56	10	5	I	R LL (M 1000)
3288,3	4	—	I		2104,4	4	—	I	
3282,33	7	6	I	R	2102,2	—	2	II	
3172,2	—	4	II		2099,9	—	5	II, III	
3075,90	9	6	I	R LL	2096,9	4	—	I	
3072,06	8	6	I	R	2087,1	4	—	I	
3035,78	7	5	I	R	2079,0	4	—	I	
3018,35	6	4	I		2064,2	—	2	II	
2802,0	3	—	I	R	2062,01	3	5	II	LL
2800,87	9	7	I	R	2056,9	—	5	II	
2800,0	5	—	I	R	2039,3	—	4	II	
2781,31	3	—	I		2028,5	3	—		R
2770,98	6	6	I	R	2025,49	4	6	II	LL
2770,87	8	6	I	R	2024,0	—	2	II	
					2012,0	—	5	II	

Zr Zirkonium

λ in Å	Int. B	Int. F	Ion.-Grad	Bem.	λ in Å	Int. B	Int. F	Ion.-Grad	Bem.
					4027,21	5	0	I	
					3998,97	2	2	II	
7169,09	6	—	I		3991,13	5	3	II	
7103,72	3	—	I		3975,29	3	0	I	
7102,91	4	—	I		3968,26	5	0	I	
7097,70	5	—	I		3961,59	10	1		
6990,84	3	—	I		3958,22	10	6	II	
6953,84	4	—	I		3921,79	5	0	I	
6769,16	3	—	I		3915,94	2	1	II	
6762,38	3	—	I		3914,34	4	1	II	
6489,65	3	—	I		3900,52	5	—	I	
6470,21	2	—	I		3891,38	5	0	I	(M 180)
6313,02	6	—	I		3890,32	6	1	I	(M 260)
6299,66	3	—	I		3864,34	3	1	I	
6143,20	8	—	I		3835,96	2	0	I	(M 280)
6134,55	8	—	I		3825,27	2	3		
6127,44	10	—	I		3751,60	2	3	II	
6121,91	3	—	I		3709,26	3	2	II	
5879,80	3	—	I		3698,17	3	4	II	
5797,74	3	—	I		3674,72	5	2	II	
5680,90	3	—	I		3863,65	5	1	I	
5664,51	3	—	I		3636,45	6	2	II	
5385,14	1	—	I		3614,77	2	4	II	
5155,45	1	—	I		3611,89	1	2	II	
5046,59	2	—	I		3601,19	9	1	I	(M 550)
4815,63	2	—	I		3576,85	1	2	II	(M 200)
4772,31	5	—	I		3575,79	5	0	I	
4739,48	5	—	I		3572,47	3	4	II	(M 340)
4710,08	3	—	I		3556,60	1	3	II	(M 340)
4687,80	5	—	I	(M 200)	3551,95	3	4	II	
4633,99	2	—	I		3547,68	6	1	I	(M 280)
4575,52	3	—	I		3542,62	1	2	II	
4347,89	2	—	I		3519,60	5	1	I	(M 320)
4341,13	3	0	I		3505,67	2	2	II	
4302,89	5	0	I		3505,49	2	2	II	
4282,20	2	0	II		3496,21	5	5	II	(M 650)
4282,03	1	—	I		3481,15	3	4	II	(M 200)
4256,04	3	—	I		3479,39	3	4	II	(M 190)
4241,69	5	0	I		3463,02	1	2	II	
4241,20	5	0	I		3447,37	6	0	I	b
4240,34	5	0	I		3438,23	7	6	II	(M 750)
4239,31	5	0	I	(M 180)	3430,53	3	3	II	
4227,76	6	1	I	(M 180)	3410,25	3	3	II	
4201,46	3	0	I		3399,35	5	2	II	
4166,37	3	0	I		3391,98	8	9	II	(M 900)
4161,21	2	2	II		3388,30	3	2	II	
4156,24	2	1	II		3387,87	5	5	II	
4149,20	5	5	II		3357,26	3	2	II	
4081,22	6	1	I	(M 180)	3356,09	3	2	II	
4072,70	5	0	I	(M 180)	3326,80	5	5	II	
4064,16	5	1	I		3306,28	4	4	II	
4055,03	5	0	I		3284,71	2	2	II	
4048,67	2	2	II		3279,26	3	3	II	(M 200)

λ in Å	Int.		Ion.-Grad	Bem.	λ in Å	Int.		Ion.-Grad	Bem.
	B	F				B	F		
3273,05	3	4	II		2722,61	3	3	II	
3182,86	1	1	II		2700,13	3	3	II	
3029,52	3	0	I		2678,63	4	5	II	(M 200)
3020,47	3	2	II		2571,39	8	9	II	R
3011,75	5	0	I		2568,87	5	6	II	
2985,39	3	0	I		2567,64	5	5	II	
2968,96	1	2	II		2550,74	5	3	II	
2875,98	4	0	I		2550,51	1	—	I	
2848,52	5	—	I		2542,10	5	3	II	
2844,58	3	3	II		2539,65	3	—	I	
2837,23	5	—	I		2449,85	3	1	II	
2814,91	4	0	I		2331,57	—	5		b
2798,27	5	—	I		2303,14	5	—		
2752,21	2	2	II		2294,05	3	1	II	
2734,86	2	2	II		2291,11	4	2	II	
2726,49	3	3	II		2285,23	5	—		

Atomspektren-Übersicht (Seitenzahlen)

	I (neutral)	II (einfach ionisiert)	III (zweifach ionisiert)		I (neutral)	II (einfach ionisiert)	III (zweifach ionisiert)
Ag	119, 177			N	144	138	
Al	134, 168	126	113	Na	112, 179	157	
Ar	158			Nb	148		
Au	119, 176			Ne	156		
B	133			Ni	165		
Ba	128	118		O	148	145	139
Be	123			Os	164		
Bi	147			P	146		
Br	153			Pa	148		
C	137			Pb	142		
Ca	126, 174	115		Pd	166		
Cd	130			Pt	166		
Cl	152			Rb	115	160	
Co	164			Re	155		
Cr	151			Rh	164		
Cs	117	162		Rn	162		
Cu	118			Ru	163		
F	152			S	149		
Fe	163	155		Sb	146		
Ga	135			Sc	136		
Ge	140			Se	150		
H	109, 167			Si	139		
He	120, 170, 171	111		Sn	141		
Hf	143			Sr	127	116	
Hg	131, 172			Ta	148		
In	135			Te	150		
Ir	165			Ti	143		
J	154			Tl	135		
K	114, 178	159		U	151		
Kr	159			V	147		
La	136			W	151		
Li	112, 180	122, 169		Xe	161		
Mg	124, 175	113		Zn	129, 173		
Mn	155			Zr	143		
Mo	151						

Sachverzeichnis